Friedrich von Tschudi

Das Thierleben der Alpenwelt

Salzwasser

Friedrich von Tschudi

Das Thierleben der Alpenwelt

1. Auflage | ISBN: 978-3-84609-790-8

Erscheinungsort: Paderborn, Deutschland

Erscheinungsjahr: 2014

Salzwasser Verlag GmbH, Paderborn.

Nachdruck des Originals von 1868.

Friedrich von Tschudi

Das Thierleben
der
Alpenwelt.
von
F. von Tschudi.

Das

Thierleben der Alpenwelt.

Naturansichten

und

Thierzeichnungen aus dem schweizerischen Gebirge.

Von

Dr. Friedrich von Tschudi.

Illustrirt von E. Rittmeyer und W. Georgy.

Achte, vielfach verbesserte Auflage.
Volksausgabe.

Leipzig
Verlagsbuchhandlung von J. J. Weber.
1868.

Das

Thierleben der Alpenwelt.

„Unter der himmlischen Halle,
Auf der Erde festem Grund,
Wo ich walle,
Wo mein Auge schweift,
Wird mir laut und schweigend kund
Das Leben der Natur.
Mich ergreift
Unnennbar geistig Wehen,
Als hört' ich den Gott durch die Schöpfung gehen,
Als säh' ich des Geistes verkörperte Spur."

Vorwort.

Je mehr das Studium der Naturwissenschaften zu einem der bedeutungsvollsten und in seinem Einflusse mächtig übergreifenden Momente im fortschreitenden Kulturprozesse der Gegenwart geworden ist, je mehr sich die ehrwürdige Arbeit seiner Jünger und Meister in alle Formen der Naturphänomene und in alle Gesetze ihres Lebens vertieft, um die alte Welt der Erscheinung für die neue des Begriffes zu erobern, um so weniger fühlt der Nichteingeweihte Kraft und Vertrauen in sich, jenen großartigen Bestrebungen zu folgen, oder auch nur sich den Ueberblick über dieselben zu sichern, und an ihren Resultaten sich zu betheiligen. Zu sehr in Anspruch genommen von der nächsten, ernsten Arbeit, bleibt dem Naturforscher von Fach nur sehr selten Muße, ihm jenen Genuß des Gewonnenen zu erleichtern; darum mag es dem Fernerstehenden vergönnt sein, dieses Amt in aller Bescheidenheit und in eigener Weise zu übernehmen.

Die schweizerischen Forscher haben von jeher mit Vorliebe die wunderbare und mannigfaltige Natur ihrer Heimat beobachtet, und die eminenten Studien, die sie diesem Spezialfelde gewidmet, haben nicht am wenigsten dazu beigetragen, ihrer ehrwürdigen Familie einen geachteten Namen auf dem Gebiete deutscher und europäischer Wissenschaft zu sichern. Seit den phantastisch genialen Intuitionen eines Paracelsus bei den Thermen von Pfäfers, deren „calor innatus" er nachsann, seit J. Müller Rellicanus an den Felsen des berner Stockhorns zuerst die eigenthümlichen Gebilde der alpinen Flora studirte, vor Allem aber seit des deutschen Plinius, des unsterblichen Konrad Geßner's, Thiergeschichte die Basis der ganzen neuern Zoologie und seine Pflanzenhistorie die ersten, von dem gelehrten Brüderpaar Bauhin weiter verfolgten Ahnungen eines natürlichen Systems boten, — herab über Wagner's oft abenteuerliche Kollektaneen, J. v. Muralt's, J. G. Sulzer's, Dr. Bruckner's, G. S. Gruner's, Bourrit's geologische Studien, der Scheuchzer fleißige und vielseitige Forschungen, des großen Albrecht's v. Haller imposante Leistungen, B. Stähelin's, v. Lachenal's und Joh. Geßner's achtbare botanische Arbeiten, J. C. Füßlin's und J. H. Sulzer's entomologische Beobachtungen und Höpfner's fleißige Sammelwerke — bis auf Horaz Benedikt's von Saussure geistvolle und ewig denkwürdige Arbeiten und weiter herab bis auf den großen Kreis begabter und vielverdienter Genossen unseres Jahrhunderts, auf Steinmüller, Hagenbach, Ebel, Conrado von Baldenstein, Jürine, Meisner, Römer, Imhoff, Schinz, die Studer, Charpentier, Agassiz, die Escher, Merian, Hugi, Siegfried, Pictet, de la Harpe, de Luc, Horner, Lardy, Favre, Blanchet, Depierre, Necker, Nicolet, Chavannes, Duby, de Candolle, Lusser, Suter, Hegetschweiler, Bouga, Schärer, Trog, Gosse, O. Heer, Gaudin, Moritzi, Usteri, Desor, Mayor, Nägeli, Pfluger, Perti, Bremi, Theobald, Fatio u. s. w. — welche Reihe vaterländischer Gelehrten (und unter ihnen wie viele große europäische Namen), die ihre Kräfte bald ausschließlich, bald theilweise der Erforschung der heimatlichen Natur gewidmet haben! Das schweizerische Berg= und Alpenland im Besonderen ist mit allen seinen Naturerscheinungen, und zwar ebenfalls weit überwiegend von einheimischen Kräften, so anhaltend und vielseitig beobachtet worden, wie kein anderes auf dem Kontinent. Wir dürfen dies mit dankbarem Stolze aussprechen, so sehr wir auch die Lücken und die noch allzu engen Grenzen dieser großartigen wissenschaftlichen Arbeit fühlen.

Diese wenigstens in ihrem kleinern Theile und nach dem Maße bescheidener Kräfte für jene Gebildeten nutzbar zu machen, welche einen Mitgenuß der wissenschaftlichen Entwicklung beanspruchen und mit warmem Interesse an der Welt der Gebirge hangen, haben wir in den folgenden Bogen versucht. Vielleicht mögen in ihnen wenigstens die Spuren treuer Liebe und eigner Beobachtung nicht verkannt werden. Die ganze Auffassung aber und die Haltung der Arbeit möge sich selbst zu rechtfertigen versuchen.

Der Verfasser.

Inhaltsverzeichniß.

Einleitung.

Erster Theil.

Die freilebende Thierwelt.

Erster Kreis.

Die Bergregion. (2500—4000' ü. M.)

Erstes Kapitel.

Allgemeine Charakteristik der Bergregion.

XI. Die Bären.

Dritter Kreis.

Die Schneeregion. (7000—14,000' ü. M.)

Erstes Kapitel.

Die Bodenverhältnisse der Schneezone.

Zweites Kapitel.

Schneegrenze und Gebirgstrümmer.

Drittes Kapitel.

Firn und Gletscher.

Viertes Kapitel.

Pflanzenleben der Schneewelt.

Verzeichniß der Abbildungen.

Erster Theil.

Die freilebende Thierwelt.

———◦○✵○◦———

Einleitung.

Die Alpenwelt mitten in den Ländern der Kultur — eine fremde Welt. — Die mühsame Erkenntniß. — Die Größe und Mannigfaltigkeit ihrer Erscheinungen. — Der Zweck und Umfang unserer Aufgabe.

> In die Berge hinein, in das liebe Land,
> In der Berge dunkelschattige Wand!
> In die Berge hinein, in die schwarze Schlucht,
> Wo der Waldbach tos't in wilder Flucht!
> Hinauf zu der Matten warmduftigem Grün,
> Wo sie blühn
> Die rothen Alpenrosen!
>
> C. Morell.

Eine kühne, majestätische Erscheinung steht das Centralalpengebiet des europäischen Festlandes als Völkerscheide zwischen den ausgedehnten, dichtbevölkerten Kulturländern der romanischen und germanischen Stämme. An seinen beiden Seiten hat sich hohe Gesittung der Nationen angesiedelt und zur vollen Blüthe entfaltet, die Natur und deren Kräfte sich dienstbar gemacht, den fruchtbaren Boden fleißig bebaut und zu reichen Ernten erzogen. Siegreich ist die humane Kultur in das Alpengelände selbst eingedrungen. In dessen nördlichem Vorlande und zwischen den Ausläufern entwickelt das schweizerische Volk seine großartige Betriebsamkeit, besitzt es blühende Städte, wo Wissenschaft, Handel und Gewerbe ein Zeugniß gesunder, tüchtiger Bildung ablegen, reichbevölkerte und wohlhabende Dörfer, in denen Ackerbau und Industrie im Schutze der bürgerlichen Freiheit fröhlich gedeihen. Die Vorberge, die mittlern und obern Thäler des Gebirges sind mit Weilern und Höfen bedeckt; bis hoch und tief in den Schooß der Alpen dringt eroberungslustig das rührige Volk mit seinen Heerden und überzieht im Sommer wie eine Kulturarmee die ganze kolossale Gebirgskette, soweit sie Raum und Schutz für eine Hütte und einen wenn auch nur noch kümmerlichen Weideplatz seinen Thieren bietet. Aber hier schon hält das freie Natur-

leben dem Menschen, der es sich dienstbar zu machen sucht, die Wage, und über
der letzten tributbaren Grasterrasse thürmen sich in ewiger Freiheit und Größe
die Zinnen und Gipfel der Hochalpen auf wie eine fremde, ursprüngliche und
unbezähmbare Naturmacht. Kalt und stolz weist sie die menschliche Dienstbarkeit
zurück. Der intelligente Herr der Erde wird hier zum Fremdling. Die Kraft
des Geistes in schwacher Hülle bricht an dem kolossalen Widerstande der Materie;
der warme Odem, das klopfende Herz ringen mühsam mit Frost, Sturm und
erschöpfender Naturgewalt, — ein wunderbares, fremdes, ewig freies Gebiet
mitten in blühenden, dichtbevölkerten Landen.

Die Alpen sind der Stolz des Schweizers, der an ihrem Fuße und in ihrem
Schooße seine Heimath aufgeschlagen hat. Ihre Nähe übt einen unbeschreiblich
weit reichenden Einfluß auf seine ganze Existenz aus. Sie bedingen theilweise
sein natürliches und geistiges, sein geselliges und politisches Leben. Er liebt sie
fast instinktmäßig; er hängt mit den verborgenen Wurzeln seines Gemüthes an
ihnen und sehnt sich, wenn er sie verlassen hat, immer wieder nach seinen Höhen
zurück. Seine Liebe zu ihnen ist vielleicht größer als seine Kenntniß ihrer Natur.
Noch in diesen Jahren, wo man die Furche sucht, in der am leichtesten über den
niedrigsten Sattel der Centralalpen die kosmopolitische Lokomotive sich hinwinden
könnte, wo der galvanische Strom am Eisendrahte hingleitet, nachdem herrliche
Kunststraßen sie schon lange dem Weltverkehre geöffnet, und Tausende von Touristen aus allen Himmelsgegenden sie besucht haben, — noch heute, nachdem
schon lange der unermüdliche Forschergeist unserer zahlreichen und großen einheimischen Naturkundigen tausend reiche Streifzüge nach den strahlenden Scheiteln
des Hochgebirges unternommen, ruht ein tiefes Geheimniß über ihnen. Ihr
wundersamer Aufbau, die Schichtung und Verwerfung ihrer Gesteine, die Bildung
ihrer Firndiademe und Gletscherwüsten, ihre Theilnahme an dem wechselnden
Kreislaufe der Naturperioden, ihr Verhältniß zu den lebendigen Organismen,
ihre erste und letzte Geschichte — alles das sind kaum in der Lösung begriffene
Räthsel. Gewaltige Gebirgsmassen sind noch von keinem Menschenfuße betreten
und erheben namenlose Hörner in die Luft, die nie eines Menschen Stimme, die
nur der sausende Flügelschlag des königlichen Bartgeiers bewegt hat. Stundenlange Eismeere wölben ihre ehernen Fluten, die nie ein Wanderer berührt oder
nur gesehen hat. Das thierische und pflanzliche Leben ihrer steinigen Gletscher-
inseln hat kein Forscher belauscht. Manches in den zerrissenen Armen der Hochalpen ruhende Thal hat kaum eines Jägers, eines Wurzelsammlers oder Krystall-
gräbers Fuß betreten und ist unbekannter als die Küste der entlegensten Insel-
gruppen oder das Uferland des obern Nils und Mississippi. Und nicht nur dies
— selbst das Gebiet, das wir vor den Augen und unter den Füßen haben, die
oft betretene Alpenwelt in ihren mineralischen Rinden- und Kernverhältnissen,
ihren Eisbildungen, Vegetationsprocessen, meteorologischen Gesetzen, mit ihren
klimatischen Wechseln und Abstufungen, mit den Entwicklungsreihen ihrer lebenden Wesen und deren Wechselverhältnissen zu ihrer Unterlage, deren Unterschieden

nach den Gebirgslagen und eigenthümlich alpinen Formen, — selbst das ist uns noch lange keine erkannte Welt; wir stehen erst an den Pforten des Wissens und nur Wenige sind es, die ernstlich angepocht und Einlaß erstrebt haben.

Und doch ist das, was wir jenen wenigen ehrwürdigen Arbeitern im Dienste der Wissenschaft verdanken, so großartig, oft so staunenswerth und verheißungs= voll! Wie die Berge hoch und einsam über das Flachland hinaufragen, so ragen die Gedanken Gottes, die in ihnen ruhen, über das alltägliche Leben und Gemüth, und wir würden wohl tief aufathmen und die Hüllen unserer so oft in kleinlicher Verbildung ruhenden Weltanschauungen brechen, wenn wir unsern Ideenkreis und unser Gemüthsleben öfter an jenen ewig schönen Originalien, an jenen krystallisirten Schöpfungsgedanken des Weltgeistes auffrischen und aus= weiten wollten.

Langsam arbeitet menschliches Vermögen an der Hebung dieses Naturschatzes. Es treibt die strenge Naturwissenschaft mühevoll ihre Stollen nach dem Golde der Erkenntniß in hundertjähriger Arbeit. Sie beobachtet und vergleicht, sucht wieder und wieder, folgert und bildet nach im trocknen Werke des Systems. Sie spießt die minutiöse neue Errungenschaft auf das Insektenbrett des schon Gewonnenen, arbeitet sich mit keuscher Treue durch den eroberten Staub zu den großen ver= körperten Schöpfungsgedanken durch, und sieht oft plötzlich das längst schon ge= wonnen Geglaubte wieder von Grund aus erschüttert. Erst wenn sie ihre stille Maulwurfsarbeit vollendet, werden jene Gedanken zum allgemeinen Eigenthum und die Einsicht in den Zusammenhang dieser Naturgröße zum Besitzthum des Gebildeten; — bis dahin stehen wir gern auf den aufgeworfenen Hügelchen und naschen von der quadratzölligen Weisheit, die wir ihr abzulauschen meinen, wäre es auch nur, um einer ahnungsvollen Sehnsucht unseres Gemüthes nachzukommen.

Die Gebirgswelt ist eine so außerordentlich mannigfaltige, ihre Erscheinung so merkwürdig und eigenthümlich, daß jeder Streifzug dahin schon seine Beute und seinen Lohn hat. Von dem waldbesäumten Fuße, von der freundlichen Hügelregion, mit der sie im Thale aufsteht, bis zu den Firnkronen ihres Hauptes nährt sie nach festen, durch klimatische Bedingungen modificirten Gesetzen ein wechselndes, unendlich reiches Leben, und bietet so oft in einem aufsteigenden Flächenraume von wenigen Quadratmeilen eine Stufenfolge animalischer Erschei= nungen, die wir im Tieflande theils gar nicht, theils nur in Entfernungen von Hunderten von Meilen wiederfinden. Wenige Wegstunden führen uns von dem letzten Kastanienwalde, in dessen Nachbarschaft noch der italienische Skorpion am Gemäuer klettert, zu reducirten Pflanzen= und Thierformen der Polargegenden. Die große Verschiedenartigkeit der Gebirgslokalitäten, ihre mittlere Stellung zwi= schen dem europäischen Süden und Norden, ihre vielfach sich abändernden klima= tischen und meteorologischen Verhältnisse bedingen und begünstigen diesen groß= artigen Reichthum organischer Erscheinungen, der auch in jenen eisumstarrten Gebieten, welche man sich gewöhnlich von allem Leben entblößt und in kaltem Tode versunken denkt, mit wunderbarem Haushalt und unglaublicher Zähigkeit

noch ausdauert. Welch eine Stufenfolge thierischer Individualitäten von dem
gewaltigen Geieradler, der sich auf den Morgenwolken wiegt und den verborgenen
Raub in entlegener Schlucht wittert, bis zu dem Gletscherfloh, der in den Haar=
spalten der öden Eismeere sich regt, von der flüchtigen und vorsichtigen Gemse
bis zu den mikroskopischen Infusorien im rothen Schnee!

So versuchen wir es denn, diese großartige Welt der Gebirge in den Um=
rissen ihres thierischen Lebens und im Zusammenhange ihrer ganzen Erscheinung
aufzufassen. Wäre es auch nur ein kleiner Grad ihres Verständnisses, den wir
dadurch gewinnen, so möchte es doch immerhin eine Ermuthigung sein, sie un=
aufhörlich weiter zu beobachten, und eine wachsende Erkenntniß mit jener ange=
borenen Liebe zu verbinden, die wir ihr als der Wiege der schweizerischen Freiheit
und Nationalität in treuem Gemüthe widmen.

Erster Kreis.

Die Bergregion. (2500—4000' ü. M.)

Erstes Kapitel.

Allgemeine Charakteristik der Bergregion.

Ueberblick. — Abgrenzung der Kreise. — Das Vorland. — Reichthum der montanen Region. — Selbständige Bergregion: Jura. — Angelehnte Bergregion. — Thäler und Paßstraßen. — Stromgebiet der Rhone. — Berner Oberland. — Graubünden. — Romantische Labyrinthe. — Wechsel der Berglandschaft. — Die untern Gebirgs= seen und deren Umgebung. — Alte Seebecken. — Wasserfälle. — Charakterisirende Bergwälder. — Das Kalkgebirge in seiner untern Formation. — Terrassen. — Klima. — Gang der Winde. — Ihr Streit und Einbruch in die Thäler. — Lokal= winde. — Der Fön. — Seine Vorzeichen und Wirkungen. — Wärme der Höhen im Winter. — Nebel. — Charakter der Gebirgslandschaft im Schnee. — Ver= änderungen der Schneedecke. — Menschen und Thiere im Winter. — Vernichtung des Winters. — Der Frühling, die lauteste Jahreszeit im Gebirge. — Mächtig= werden des Naturlebens. — Reise des Frühlings. — Die Runsen und ihre Schreck= nisse. — Die großen Bergstürze. — Kuriositäten des Gebirges: Maibrunnen, Höhlen= bildungen, Wind= und Wetterlöcher, Eisgrotten.

Die Alpenwelt der Schweiz in ihren zahllosen Abwechselungen und Ver= bindungen mit dem Flachlande bildet einen zusammenhängenden, scheinbar organisch gegliederten Theil des europäischen Gebirgsbogens, der mit einem Flächenraum von etwa 8000 Quadratmeilen und in einer Länge von 300 Meilen von der sardinisch=französischen Mittelmeerküste bis tief in's osmanische Reich streicht und seine Arme weit nach Italien, Deutschland und Frankreich ausstreckt. Der schweizerische Theil dieses Hochgebirgszuges enthält die mächtigsten Verbin=

dungen und die meisten gewaltigen Erhebungen, besonders den Monterosastock mit
mehreren Höhen von über 14000′ ü. M. und einem höchsten Gipfel von 14429′
ü. M.*), nach dem Montblanc der höchste Berg Europa's. Unsere Alpen bilden mit
einer mittlern Kammhöhe von 7600′ die große Felsenmauer, die den europäischen
Süden vom Norden trennt, und stellen in ihren zahllosen Zerklüftungen und Verzweigungen ein wunderbares Lokalbild der Erdrinde dar, indem sie zugleich am
deutlichsten an die langen und gigantischen Revolutionen erinnern, denen unsere
Erde ihre gegenwärtige Gestalt verdankt. Das Gebirge hat durch seine auffallende
Massenformation auch einen eigenthümlichen Haushalt für alle Naturerscheinungen
gebildet, ist ein eigener Kosmos geworden. Wie sein Baumaterial nicht aus den
Materialien des Flachlandes besteht, sondern aus den himmelhohen Riesenmassen
ältern und jüngern Gesteins nach eigenthümlichen, zum Theil noch unerklärten
Lagerungen, so gewinnen auf dieser Basis alle Zweige seines Naturlebens ihre
besondere Gestaltung. Die atmosphärischen Niederschläge, Luft und Winde,
Kälte und Wärme, Thier und Pflanze, See und Bach zeigen sich anders bestimmt
als im Flachlande, und bilden in ihrem Zusammenhange eine besondere Welt
voll eigenthümlicher Schönheit und Großartigkeit. Und wie das Gebirge in sich
selbst ein millionenfältiges, nie sich wiederholendes, immer in neuen, frischen
Massen sich darstellendes ist, wie es auf dem gleichen Grundgestell mit jedem
Tausend von Fußen seiner Erhebung ein anderes wird, so auch sein Pflanzen-
und Thierleben, seine Luft, seine Sonne, sein Klima, sein ganzer Charakter.
Naturerscheinungen, die zu ihrer Entstehung auf dem Flachlande ungeheurer
Distanzen bedürfen, drängt das Gebirge im engen Raum zusammen und gibt
eine große Masse solcher, die nur ihm angehören und nur in ihm möglich sind,
noch dazu.

Wir finden innerhalb des Gebirgsumfanges diese Mannigfaltigkeit durch
gewisse unsichtbare und in ihren nähern Uebergängen auch unfühlbare, im
Ganzen aber sich doch entschieden zeichnende Grenzen eingerahmt. Es sind nicht
die Grenzen allfälliger mineralischer Gebirgsveränderungen, sondern Höhen-
abgrenzungen; der Grad der Erhebung bestimmt in weit höherm Maße die
Gestaltung der Naturerscheinungen als die Substanz des Gebirgskeletts. Um
nicht nur die Thierwelt desselben, sondern den Reichthum seiner ganzen Produktion zu übersehen, ist es nöthig, sich an solche natürliche Grenzen zu halten,
welche den ihnen eignen Inhalt im Ganzen eben so scharf abgrenzen wie das
Gebirge sich vom Vorlande und der Ebene abscheidet. Wenn man aber nicht
falsch rechnen will, so ist eine genaue Beachtung schwankender Abstufungen

---

*) Alle Höhenangaben sind in Pariserfuß zu verstehen; bei konkurrirenden Daten
wurden in der Regel die Resultate der neuen trigonometrischen Vermessungen der eid-
genössischen Ingenieurs bevorzugt; in wenigen einzelnen Fällen, wo gute barometrische
und trigonometrische Bestimmungen älterer Angaben stark differirten und die Zuver-
lässigkeit der Vermessung sich die Wage zu halten schien, wurde ein Mittel angenommen.

erforderlich, die oft mehr verdeckt, oft nach der Streichung des Gebirges ver=
schieden sich darstellen, und die genauesten Grenzwächter finden wir in dieser
Hinsicht nicht sowol in der Thierwelt selbst, die bei der Freiheit ihrer Bewegung
oft mit Willkür sich hinauf= und hinabzieht und ziehen läßt und in höhern und
niedrigern Formen oft überall eine gerechte Heimat findet, sondern vielmehr in
der Pflanzenwelt, welche fester an der Scholle hängt. Zwar auch diese ist nicht
selten der Willkür der Elemente unterthan, welche die Verhältnisse ihrer Basis
revolutionirt; wir sehen z. B. oft Pflanzen, die naturgemäß nur 5—6000′
ü. M. heimisch sind, 12—1500′ ü. M. kolonienartig am Rande der Flüsse und
Bergbäche blühen, welche ihre Samen auf wunderbaren Reisen in's Thal und
weit hinaus in's Flachland geflößt haben. Doch stehen die kleinen Aelpler hier
als Fremdlinge in der Fülle der Niederungsflora, und sie scheinen nur da zu
sein, um auf jene Bergterrassen hinaufzuweisen, wo ihre Schwestern nicht Fremd=
linge sind, sondern in dichten Vereinen einsame Gefilde schmücken.

Die höhern Gebirge stehen nicht unmittelbar auf dem Flachlande auf, wenn
es auch eine Eigenthümlichkeit der vorlagernden Kalkberge ist, in steilen hochab=
gestuften Bildungen von der Sohle des Thales zum höchsten Giebel aufzusteigen.
Die gigantischen Bodenerhebungen des Alpenzuges haben weithin ihre Vorlande,
ihre Hügelregion, durch die sie sich mit dem Flachlande zu vermitteln scheinen.
Diese ist selbst noch nicht eine Gebirgsstufe, sondern nur die Vorbereitung zu ihr
und erhebt sich durchschnittlich bis ungefähr 2500′ ü. M. Thier= und Pflanzen=
welt sind vorwiegend die der Niederung. Durch ihre Erhebung ist bei den
wenigsten Formen derselben geradezu die Existenz bedingt, sondern mehr nur
durch die Lokalität, Umgebung und Bodenbeschaffenheit. Ueber dieser Zone
beginnt mit mehr Entschiedenheit in jeder Beziehung die Bergregion, an die sich
die eigentliche Alpenregion anschließt.

Die Bergregion reicht bis ungefähr 4000′ ü. M. Sie wird theils
durch selbständige, niedrige Bergzüge, theils durch den breiten Fuß des Hoch=
gebirges gebildet und stellt beziehungsweise die höchste Fülle an Thier= und
Pflanzenerscheinungen dar. Mit der gebirglichen Eigenthümlichkeit verbinden sich
hier noch die vollen Pulse aller Lebensmöglichkeit, die behagliche Breite und
Blüthe des Daseins in fast endloser Mannigfaltigkeit. Nur selten sind da schon
die Spuren des weiter oben so schwer lastenden Naturkummers zu finden; noch
malt hier die Muttererde in romantischer Lebendigkeit ihre pittoreskesten Dekora=
tionen. Ueber ihr haben sich die Abflüsse der Gletscher, der Hochalpseen, die
Rinnsale der tausend Quellen und Felsenausschwitzungen gesammelt und ver=
stärkt; es ist die Region der Wasserfälle. Sie ist die letzte Bergstufe über den
Dörfern des untern Thales, die Region der dichten Berg= und Bannwälder;
durch ihre Nähe der Kultur zugänglich als Region der bebauten, kräftigen Berg=
wiesen. Nur in ganz der Sonne entlegenen, tief ausgewühlten Bergmulden
fandet sich als Merkwürdigkeit hin und wieder ein Stück „ewigen Schnee's“,
gewöhnlich im Gangbette einer späten Lawine und über dem steten Durchfluß

eines geringen Bächleins kellerartig ausgewölbt; doch dies nur da, wo die Berg=
region in Verbindung mit der Alpenregion steht, nicht wo sie selbständig auftritt.

Im letzteren Falle wird die Bergregion meist durch die mildern Seitenarme
und Vorwerke der Hochgebirge gebildet, und wir sehen sie am häufigsten mit
Nadel= und Laubholzwaldungen geschmückt in breiten Zügen und mit weniger
ausgebildeten Pyramidalformationen in einer gewissen Selbständigkeit von den
Alpen abstreichen. Der größte dieser Züge und also der wichtigste Repräsentant der
selbständigen Bergregion ist die 51 Stunden lange, 2—7 Stunden breite, theil=
weise wasserarme Jurakette mit einem Flächenraume von 230 Quadr.=Stunden,
die natürliche Grenzmauer der Schweiz gegen Frankreich, in sanfter Bogenform aus
Südwest nach Nordost von der Rhone über den Rhein sich ziehend, die große schwei=
zerische Hochebene begrenzend. Ihr Gerippe besteht aus Sedimentgesteinen der
Trias=, Jura= und Kreidebildung, in den Längsmulden oft von Molasse, hie und
da auch von Findlingsmaterial überlagert, und enthält massenhafte Petrefakten,
Steinsalzlager, Asphalt (Traversthal), in der Kreide Bohnerze und im Keuper
Mineralquellen. Nur wenige einzelne Höhen wie die Hasenmatte (4460' ü. M.),
der Noirmont (4802'), Chasseral (4955'), auf dessen freilich um 5 Meter zu stark
angegebene Höhe sich die trigonometrischen Vermessungen für die eidgenössische Karte
gründen, der Chasseron (4958'), der Mont Tendre (5173'), die Dole (5175')
erheben sich bis zur Alpregion, während die meisten Höhenpunkte des 2—3000'
hohen Walles in der Bergregion zurückbleiben. Nichtsdestoweniger ist seine Kon=
figuration von hohem Interesse. Bei seiner Entstehung scheinen durch einen
mächtig von den Alpen her wirkenden Seitendruck die wagrecht ausgebreiteten
Schichten zusammengefaltet und zu Gewölben emporgehoben zu sein, welche sich
nun in parallelen Ketten mit dazwischen liegenden Längsmuldenthälern darstellen.
An vielen Orten sind die Ketten in sog. Klusen quer auseinandergebrochen und
gewähren den Gewässern und Straßen Durchlaß; an andern Orten sind die
Gewölbe aufgeborsten, indem die unterliegenden Gesteine (Oolith, Lias, Keuper)
emporgetrieben wurden und nun zu Tage gehen; nur im nördlichen Dritttheil
finden sich umfangreichere Tafellandschaften. Das Klima der Kette ist nicht
milde, der Boden oft dürftig; doch trägt er reiche Waldungen. Getreide reift in
mäßigen Höhen nicht mehr; die Industrie aber schlägt in den rauhen Mulden=
Thälern noch ihre bevorzugten Werkstätten auf und die großen, reichen Jura=
dörfer Locle (2835' ü. M.) und La Chauxdefonds (3071') mit ihren 10,000
und 17,000 Einwohnern reichen fast zu der Meereshöhe des öden deutschen
Brocken hinan.

Gleichsam als Mittelglied zwischen dem Jura und den Alpen zieht sich zwi=
schen beiden der Jorat (Jurten) vom Genfer= nach dem Neuenburgersee, ein
Hügelzug, der nur mit wenigen Spitzen (3600' ü. M.) in die Bergregion hinein=
reicht. Ebenso verlieren sich in der übrigen Schweiz die niedrigen Bergzüge ent=
weder sehr rasch in die Hügelregion, oder lehnen sich an die Regionen der Hoch=
alpen an. Und hier ist es denn die angelehnte Bergregion, das breite Grund=

gestell der Alpen mit seinen zahllosen Seitenbildungen, den von ihm umschlossenen hohen Bergthälern und Bergseen, Plateaus, zerklüfteten Durchbrüchen, eingekerbten Sätteln und freien Terrassen, das in den ersten Kreis unserer Anschauung fällt. Nehmen wir den Theil des Reliefs der Schweiz in einem Querdurchschnitt für sich, der zwischen 2500 und 4000′ ü. M. liegt, so fällt ihm eine Masse des reizendsten Gebirgslandes zu, und namentlich viele jener durch ihre Schönheit berühmten Thäler, die sich längs ihrer Flußadern in sanfter Steigung mitten in die ernsten Geheimnisse der kolossalen Hochalpen hinein verlieren und auf ihren Seiten von starren und steilabfallenden Felsenwänden umgürtet sind, so daß sie sich eigentlich in die massiven Gebirgsstöcke hinein zu arbeiten scheinen.

Diese Hochthäler sind nicht von einer jurassischen Industrie belebt; aber sie bergen bis in alle Höhen zahlreiche, kleine Dörflein in ihrem Schooß, und die Berge und Matten des Reviers sind reichlich mit einzelnen Bauernhäuschen, Heuhütten und Viehställen besäet.

Durch solche Thäler führen die großen berühmten Welschlandstraßen und stellen oft sonderbare Genrebilder der modernen Kultur in die Einsamkeit einer großartigen Natur hinein. Auch die Frequenz der lustwandelnden Fremden, die nach einem Wassersturz, einem Gletscher oder Gipfel pilgern, belebt diese Hochthäler in eigenthümlicher Weise. Während aber jene Paßthäler im Sommer und Winter von Reisenden und Waarenzügen zu Wagen und Schlitten durchzogen werden, ersterben diese Touristenthäler im Spätherbst ganz, und die großen, eleganten Gasthöfe stehen fremdartig und verloren den Winter über in der Nachbarschaft der Alpen. Ebenso die vielen Bäder, denen eine heiße oder kalte Mineralquelle den Sommer hindurch Hunderte von fremden Gästen aus der Ebene zuführt. An solchen merkwürdigen Thalbildungen, die bald weiten, hohen Wannen, bald kellerartigen Souterrains gleichen, ist namentlich das Stromgebiet der Rhone nach dem südlichen und nördlichen Alpenzug hin sehr reich, und selbst das Hauptthal gehört oberhalb der Terrasse von Lax zu ihnen. Oft furchen sie sich fünf, sechs Stunden lang mit geringer Abdachung in den Hauptkörper des Alpenzuges hinein und bilden mitten zwischen wilden Stöcken und Kämmen große, abgeschnittene Distrikte; oft aber, besonders auf der Südseite des Gebirgsrückens, sind sie nur von geringer Ausdehnung und verlieren sich alsbald in die steile Alpenregion und Trümmerwelt. Immer sammelt in ihrer Tiefe ein mit groben Steinen und glattgewaschenen Blöcken erfülltes Rinnsal die Abflüsse von drei Seiten her, um sie durch die oft schluchtartige Oeffnung der vierten Seite den untern Fluß- und Seegebieten zuzuführen. Ebenso reich ist der südliche Theil des Kantons Bern, wo die zwei bedeutenden Seen gleichsam den Mittelpunkt bilden, gegen den von Osten, Süden und Westen her fächerförmig eine Menge großer Gebirgsthalformen ausmünden. Weniger mannigfaltig sind in dieser Beziehung die inneren Theile der Schweiz, sofern sie sich nicht unmittelbar an die Hochalpen anlehnen; dagegen ist das Bündnerland ein wahres Netz solcher Bergthäler, so daß nur ein sehr unbedeutender Theil nicht der eigentlichen

Bergregion angehört. Daher ist auch dieser Kanton für das Thierleben des Hochgebirges der reichhaltigste, ein unerschöpfliches Magazin naturhistorischer Vorräthe und Schätze. Nirgends finden wir verschränktere Bergverbindungen, reizendere Thäler, eine interessantere Vegetation, und selbst die Geschichte hilft reichlich mit ihren romantischen Erinnerungen die malerischen Landschaften schmücken. Milde, fruchtbare Thäler wechseln ohne Unterlaß mit waldigen Einöden, die steil in die Alpen hinangehen, oder mit finstern Schluchten, durch die sich die donnernden Bergbäche stürzen. In diesen Klüften scheint nur der Tod und der Schrecken zu hausen; und doch hängen über ihnen kühn wie Adlerhorste die Stammburgen edler, rhätischer Geschlechter.

Aehnliche Wechsel bietet auch das obere Reußthal; doch muß der Kanton Graubünden, der mehr noch als 150 Thäler zählt, stets für den Gebirgsbezirk gelten, in dem die Natur ihre Größe und Milde im launenhaftesten Wechsel, mit dem größten Aufwand an reizenden und gigantischen Mitteln darstellt. Seine Gebirge ermangeln, so zu sagen, der Tendenz, nach großen Aufgipfelungen hinanzustreben und in solchen aufzugehen. Die höchsten Eiskolosse der Schweiz liegen nicht in ihm; dagegen verzweigt sich der Knäuel von Gebirgsarmen wunderbar in seiner halb südlichen, halb nördlichen Natur und gewährt den schwer zu beherrschenden Anblick von zahllosen Bergrücken, Hochebenen und Hochthälern, Durchbrüchen, Einsattelungen, Waldlabyrinthen, vereinzelten nackten Alpfirsten, weidereichen Bergterrassen und trümmervollen, finstern Schluchten.

Solche Bodenkonfiguration bedingt einen raschen Wechsel des landschaftlichen Charakters der Gebirgsregion. Wenn der Wanderer an dem öden Felsenbette eines grünlichen, schäumenden Bergwassers hingegangen, wo rechts und links von den steil abstürzenden Alpenzinnen nur Geröllhalden, mit spärlichen Büschen besetzte Betten der im Frühjahr thätigen Alpenbäche und einzelne halb übermooste Felsblöcke zu sehen sind, wenn sich der Ausblick in die Ferne verloren hat, der Weg immer steiler und rauher wird und die Felsen immer enger zusammenrücken, — plötzlich auf der Höhe des Passes öffnet und weitet sich Himmel und Erde. Einem Idyll gleich liegt das hellgrüne Thal mit dem dunkelgrünen See vor ihm. Wie aus Ehrerbietung vor dem stillen, wehmüthigen Ernst der Landschaft sind rings im Kreise die nackten Pyramiden der Berge zurückgetreten. Dunkle Buchen- und Tannenwälder reichen hin und wieder an das Wasser, das ihre Bilder und die der Berge mit den einzelnen Schneefeldern dankbar und klar nachzeichnet. Hinter dem See ruht eine duftige Mattenwelt mit leuchtendem Grün, in leichten Uebergängen zu den Alpen ansteigend, welche im Hintergrunde die Landschaft schließen.

Diese untern Gebirgsseen unterscheiden sich vielfach von den Seen der tiefer liegenden Längenthäler wie von den höher gelegenen Alpenseen. Sie sind fast nach allen Seiten hin malerisch und reizend geschmückt. Ihre Färbung ist nicht beständig; oft sind sie tiefblau, oft dunkel-, oft hellgrün, oft trübe weißlich. Ihre Tiefe und der Grund ihres wohl durch Einsturz entstandenen Beckens sind wenig genau unterfucht, aber wahrfcheinlich ift letzterer voller Felfen und Klüfte, oft mit Gefchieben angefüllt und gewöhnlich auch quellenreich. Die Bergbewohner rühmen den Fluten ihrer Seen gern eine unergründliche Tiefe nach und beleben diefe, den Zug der Natur zum Geheimnißvollen und Wunderbaren theilend, mit monftröfen Fifchgeftalten. Von den Hängen der nahen Felfenmauern braufen bald wilde Runfen (Bergbäche) in das Becken des ftillen See's und ziehen weit- hin fchmutziggelbe Streifen in die Fluten; bald fchwanken die flatternden Schleier dünner Wafferfälle am Felsufer und riefeln dann als klare und ftäte Bäche farblos in das geebnete Wellenreich hin. Einzelne Hügelvorfprünge oder felfige Fort- fetzungen des Gebirgszuges ragen in die Beckenmündung hinein und bilden ver- borgene trauliche Buchten, feltener grüne Infeln. Einzelne Hirten- oder Fifcher- wohnungen, manchmal kleine Dörfer fiedeln fich am Geftade an, und die fleißigen Menfchen fuchen ihr Brod bald in der Tiefe des Waffers, bald an den grünen Galerien der nahen Gebirge. Nicht felten kränzt eine reiche Sumpfflora ihre Ufer und birgt thierifches Leben aller Stufen in großer Fülle. Auch diefe Seen 'blühen' mitunter fo gut wie die tiefländifchen. So erfcheinen z. B. die Gewäffer des Caumafee's bei Flims (3080' ü. M.) durch maffenhaft auftretende Prototocus ftellenweife oft ganz weinroth gefärbt.

Wahrfcheinlich haben viele muldenförmige Einfattlungen der Berg- und vielleicht auch der Alpenregion früher als Becken folcher ftiller, grüner Seen ge- dient. Diefe find mit der Zeit abgefloffen. Das Gebirge hat feine Schickfale wie das Volk. Mit leifem Zahne fägen die abfließenden Gewäffer jene Querriegel, welche das Seebecken von dem nächften untern Thalplateau abtrennen, durch und entleeren fich nach den tiefern Flußgebieten. Wo diefe Bergriegel und Querkämme zu dick und feft find, lehnt fich der See dicht an fie an, während er fich immer mehr von den Matten des Hintergrundes zurückzieht. Daher die Ueberrafchung für den Wanderer, der aus der Tiefe den Querberg heranfteigt und plötzlich den ruhigen, kühn dekorirten Wafferfpiegel vor fich fieht.

Intereffant ift in diefer Beziehung Obwalden mit feinen drei Seegebieten, ein regelmäßig ausgeführtes Modell zahlreicher ähnlicher Thalabftufungen. Auf dem unterften Plateau des Thales buchtet fich der Alpnacherfee weit ins Land; höher, auf der zweiten Terraffe, liegt der freundliche Sarnerfee und zu hinterft in den Bergen auf der letzten, höchften Terraffe der kleine, nun halb abgelaffene Lungernfee, dem die Kunft einen tüchtigen Stollen durch den Querriegel des Kaiferftuhls zum Abfluß in das mittlere Seegebiet gebaut hat. Aehnliche, aber fchmalere und feelofe Thalbecken in terraffenförmiger Abftufung weift auch das Haslithal, das Thal des Hinterrheins ꝛc. auf.

Ift der Bergkamm, über den der See- oder Schneeabfluß hinuntergeht, von fteiler Böfchung, fo wird der Bach zum Wafferfturz, und da überhaupt gerade das Grundgeftell des Kalkgebirges die jäheften Felswände und Terraffen auf- weift, fo find fo viele feiner Thäler äußerft reich an fchönen Wafferfällen. Nach Hochgewittern hangen diefe Kaskaden dutzendweife an allen Wänden, ebenfo in

der hohen Schneeschmelze, verschwinden aber zum größten Theile wieder in der
Hitze des Sommers. Die echten, stehenden Wasserfälle aber, diese viel bewun=
derten Naturschauspiele, sind in Formen und Farben und Tönen wahre Indivi=
dualitäten, jeder mit ausgeprägter Eigenthümlichkeit, eigenem Rauschen, eigen=
thümlichen Dekorationen, Wassermassen, Beleuchtungen u. s. w. Der eine rauscht
melancholisch dumpf in einer grottenartigen Vertiefung mit starkem Gewässer;
er hat sich mit seinen feuchten Zähnen einen tiefen Kessel ausgefressen, den er halb
ausfüllt und halb durchsägt hat für seinen Abfluß. Die untere Hälfte des Falles
trifft nie ein Sonnenstrahl. Während die obere in der glühenden Abendbeleuch=
tung wie ein goldener Lavastrom daherstürzt, stäubt die untere mit grauen Nebel=
gebilden, die der eigene Luftzug phantastisch an dem Berge hinjagt, aus der trie=
fenden Schlucht auf. Ein anderer Sturz ist tief im Fichtenwalde verborgen;
plötzlich öffnet sich dieser und über der breiten Felswand spannt der starke Berg=
bach zwei=, dreitheilig seine feuchten Gewänder aus. Ein anderer Fall hängt
ganz in der Luft. Eine vorspringende Platte weist die daherstürzenden Gewässer
weit über den Felsen hinaus. Die Wand ist hoch, der Bach kann seine Wellen
nicht zusammenhalten; sie lösen sich in ein Netz von schimmernden Nebelperlen
auf, die scheinbar mit Mühe den Boden erreichen, dort sich rasch sammeln und
nach dem ungeheuren Sprung, in dem sie sich allen Lüften geopfert haben, wieder
als ein munterer, kompakter Bach, als wäre Nichts passirt, weiter gehen. Von
fern nehmen sich diese Staubbäche, die im Bergrevier, wie auch noch in der Al=
penregion zahlreich sind, ganz geisterhaft aus, besonders des Nachts. Dann
flattern sie, Ossian'schen Schatten gleich, unstät in ewig sich verändernden Formen
grauweiß mit hohlen, säuselnden Tönen am Felsen hin und her; bei Tage aber,
wenn die Sonnenstrahlen in günstiger Brechung sich treffen, gleichen sie schim=
mernden Palmen, die fröhlich in immer neu sich gebärenden Gestalten an der
Bergwand wallen. Oft auch stürzen junge Ströme mit muthiger Kraft von
Absatz zu Absatz die Felsenterrassen herunter; sie bilden zwei, drei, sechs und
mehr einzelne Stürze, von denen jeder in Breite, Tiefe und Umgebung auch ein
eignes Ganzes ist, während sie in ihrem Zusammenhang eine bewundernswerthe
Kaskadenkette darstellen. Oft breitet sich der Sturz in ganzer Fülle vor dem Auge
aus, oft verhüllt einen Theil der schwarze Tannwald, oft ein vorspringender Fels,
ein Busch; — keiner von den tausend Fällen gleicht dem andern. Jeder aber
ist ein höchst lebendiges Motiv der Gebirgslandschaft.

Die Wälder unserer Bergregion sind nur in den weniger bewohnten Gebie=
ten, wo die Natur noch ihre ursprüngliche Uebermacht bewahrt hat, große, zu=
sammenhängende Reviere. Gewöhnlich lehnen sie sich nur lappen= und streifen=
artig an das Alpengestell an, steigen von breiter, zusammenhängender Basis auf,
zertheilen, vereinzeln sich höher immer mehr und reichen nur in schmalen Streifen,
oft unterbrochen und zerpflückt, in die höhere Region. Je weiter sie hinandrin=
gen, desto gewaltthätiger, unüberwindlicher kämpft mit ihnen die unorganische
Natur. Steile Felsrücken trennen sie, Schutthalden wehren ihrem Aufstreben,

Lawinen brechen breite Straßen durch sie, tiefausgefressene Bachbetten verschlingen sie, einzeln sich ablösende Steine und Blöcke verwüsten sie. Nicht selten hört schon unmittelbar über der Thalsohle alle kräftige Baumvegetation auf. Die Böschung der Felsenmauern ist zu steil, und die von Zeit zu Zeit sich wiederholenden kleinen Bergbrüche vertilgen den spärlichen Ansatz. Hie und da geht in milden, geschützten Lagen die volle und weiche Dekoration von Laubholz bis an die oberen Grenzen unserer Region und über sie hinauf; gewöhnlich aber sind es, namentlich gegen die Schattenseite hin, nur schwarze Striche Fichtenwaldes, welche die Landschaft charakterisiren, während das buschige Unterholz die Verkleidung der Felsen und Schluchten übernimmt und hoch hinauf in den Steinen das Bischen Dammerde aufsucht. In der selbständigen Bergregion dagegen ist des Waldes Macht in der Regel weit ungebrochener und reicht in Fülle und Pracht über die sanften Wälle hinan bis zu den milden Kuppen, hie und da unterbrochen von Bergwiesen, sauern Riedern oder bebauten Ackerstrichen.

Der Abfall der Kalkberge in das tiefe Thal ist, wie bemerkt, in der Regel von sehr steilen Verhältnissen. Mit wenigen Vorsprüngen, so zu sagen ohne Vermittlung, stellen sie ihren Fuß in dem Thalbett auf, und ihre steilen Wände rahmen es ein. Diese Gebirge treten gleich von Anfang kräftig und entschieden auf. Hat man den mühsamen Pfad, der den Sockel hinaufführt, überwunden, so findet man meist grüne Terrassen von ziemlicher Ausdehnung, weidenreiche Stufen, in denen die Höhenlust, der Höhentrieb des Gebirges auszuruhen scheint. Diese Weiden ('Matten, Maiensäßen') furchen sich oft eben und tief in eine Auszackung des Bergstockes hinein, in deren Hintergrund ein Lawinenkessel mit schmutzigen Schneetrümmern liegt oder ein munterer Bach niederschäumt. Hütten, Häuschen, selbst Dörfchen beleben diese stille, grüne, ernste Hochebene, wenn ihre Ausdehnung es irgendwie gestattet; und rings säumt sie der Fichtenwald, der hier wieder zu seinem Rechte kommt.

Einen wesentlichen Einfluß auf die nähere Vegetationsgestaltung der Bergregion übt die mittlere Jahrestemperatur und extremes Steigen oder Fallen der Wärme in einzelnen Monats- und Tagesperioden, ferner Windstrich, Humustiefe, mineralische Grundlage, Quellenreichthum, Temperatur des Bodens, Streichung der Thalzüge, Exposition der Abhänge, Abstufung des Luftdruckes, Vertheilung und Größe der Masse atmosphärischer Feuchtigkeit. Auf der Nordseite der Alpenkette tritt bei geringer Erhebung der alpine Charakter der Landschaft viel schneller und ausgeprägter hervor als auf der Südseite, besonders wenn diese sich an das milde Vorland, jene sich an die Hochalpen anlehnt. Das Klima ist in den verschiedenen Distrikten sehr verschieden. Wo die Thäler sich dem Nordwind öffnen, oder die Bergwände ihnen nur eine schmale, sonnenarme Sohle lassen, ist die Kälte größer als in höher gelegenen, rings geschützten, nach Süden sich öffnenden Thälern. So hat der Jura, mit einer mittlern Quellenwärme der Bergregion von 6° bis 8,5° besonders an seinem Nordabfall, durchweg ein rauhes, frostiges Klima, das mit dem eines entsprechenden Niveau's in Wallis, Uri oder Bünden

sich nicht vergleichen darf. Der höhere oder geringere Wärmegrad eines Bergthales hängt von sehr vielen Umständen ab, unter denen freilich die Richtung
gegen den Horizont, das Verhältniß der Besonnung und die vorherrschenden
Winde eine Hauptrolle spielen. Doch ist selten in zwei benachbarten Thalbuchten
die Wärme gleich, da die Luftströmungen, die durch das Bestreben der Atmosphäre nach Ausgleichung der Wärme entstehen, überall auf Hindernisse stoßen.
Manche Bergriegel hindern fast absolut den Eintritt des Luftzuges aus dem
Nebenthale und schützen gewisse Kessel und Winkel in auffallender Weise vor jedem
Winde. In solchen bevorzugten Asylen begünstigt die gleichmäßigere Atmosphäre
die Vegetation und damit das Thierleben in hohem Grade. Dagegen sind bekanntlich die niedrigen Bergpässe, besonders wenn sie zwei große Thalreviere verbinden, stets von Winden durchzogen. Diese suchen natürlich die tiefsten
Verbindungskanäle, und man bemerkt in den Paßeinsattlungen einen unaufhör-
lichen Luftzug, während die höhern Gipfel und der tiefere Thalgrund ganz
windstill erscheinen, und dies um so mehr, je größer im benachbarten Thale
entweder der Einfluß einer sonnigen Lage auf Erwärmung der isolirten Luftmasse
oder der Einfluß kältender Gletscher auf Abkühlung derselben ist. Dabei sind
die Luftströmungen zunächst gebundene Kräfte. Die zahllosen, in ganz verschiedener Richtung sich erhebenden Bergrücken und Wände weisen den direkten Kurs
des Windes ab, brechen seine natürliche Streichung; er wendet sich nach dem
Zuge der Scheidewand, stößt bald wieder auf andere Abweiser, fährt in der
neuen Richtung, und so kommt es nicht selten, daß z. B. der ursprüngliche
Nordwind in ein Thal von Süden einfällt oder der Ostwind von Westen;
doch täuschen sich die Thalbewohner nicht leicht über den eigentlichen Charakter
des Windes.

Ist die Herrschaft des wirklichen Windes in den oberen Lüften nicht eine
entschiedene, allgemeine, so sieht man oft in den Thälern ganz verschiedene Winde
gehen, die sich mehr nach der lokalen Kälte- oder Wärmeerzeugung richten, und
diese halten selbst dann noch längere Zeit an, wenn der allgemeine Landwind
schon an Stärke und Entschiedenheit zugenommen hat. Daher die Erscheinung,
daß oft die hohen Wolken vom Südwind gepeitscht mit rasender Eile in hundert-
fältiger Verschiebung nach Norden jagen, während die tiefern Wolkengehänge an
den Bergen ganz stille stehen oder langsam nach Süden ziehen. Man pflegt
dann zu sagen, ,der Ober- und der Unterluft (Luft als Maskulinum bei den
Gebirgsbewohnern gleich Wind) streiten mit einander'; das Ende des Streites ist
aber gewöhnlich nach vielen Seiten- und Queranfällen die Herrschaft des oberen
Luftzuges auch im untern Thale, wobei die Hartnäckigkeit der einheimischen Lokalwinde mitunter verheerende Luftwirbel und Windhosen erzeugt. Sind die
Seitenwände eines Thales zerrissen und ausgezahnt, so begünstigt dies natürlich
den Eintritt der Seitenwinde in dasselbe, die bei der Gewalt, mit der sie wellen-
schlagend einfallen, oft orkanartige Erscheinungen mit sich führen; sind dagegen
die Thalbildungen auf zwei Seiten von Hochalpen eingeschlossen, so muß der

Wind des Thales dessen Zuge folgen, wie denn das Wallis hauptsächlich nur Ost= und Westwinde, das obere Rheinthal mehr nur Nord= und Südwinde hat.

Die besondere Lage und Bildung der Bergthäler erzeugt häufig auch dann Luftströmungen, wenn das Flachland windstill ist. Sie haben ihre eigenen bekannten und stätigen Lokalwinde, wie z. B. der südliche Jura seinen Joran und Montaine. Die Sonnenwärme, durch das Auffallen an den Felsen verstärkt, heizt die abgegrenzte Luftmasse des Thales durch; diese dehnt sich aus und schwillt nach oben, tritt oft in kleine, kalte Hochthälchen ein und erregt dort neue Strö= mungen; nach Sonnenuntergang wird sie wieder kühl und strömt ins Thal zu= rück. Diese Erscheinungen lassen sich bei klarem Wetter in vielen Berggegenden nach den Tagesstunden voraussagen und sind um so merkwürdiger, als sie ganz eigenthümliche Winde von unten nach oben und umgekehrt bilden. Sind viel= leicht größere Eis= oder Schneefelder in der Nähe, so bildet die von diesen abfließende, erkältete Luft einen konstanten Windzug thalwärts. So indivi= dualisiren sich die Winde in den Bergen nach jedem Thälchen, und bei ruhigem Wetter kann man aus jeder Bucht, jedem Thalarm, jedem Kessel ganz deutlich eine eigene Strömung unterscheiden, die dem Hauptthal bald kälter, bald wärmer als die Luft desselben zufließt. In Unterwalden heißen diese lokalen Luftzüge Schroten= oder Winkelwinde, die dann im Hauptthal zu ‚verloffnen Winden‘ werden.

Im ganzen Bergrevier der Schweiz ist mit Ausnahme weniger Gebiete kein Wind bekannter und von großartigerer Wirkung als der Fön. Er ist nicht ein Lokal=, sondern ein allgemeiner, europäischer, oder vielmehr afrikanischer Wind. Wie die Quellen des kalten Nordwindes wahrscheinlich die Nordpolareis= gebiete, die der feuchten, regenbringenden Westwinde der atlantische Ocean, so sind die der heißen Süd= und Südwestwinde (Fön) die brennenden Sandwüsten der Sahara. Nun scheint zwar der Zug der Alpen uns gegen diese zu schützen; aber sie verstärken dieselben in der That. Ist der heiße Luftstrom über den Alpen angelangt, so möchte er wol über diese und ihre Thäler hoch hingehen; aber der Schnee kühlt einen Theil seiner Randwellen ab, sodaß er sofort schwerer wird und in die Thäler niederstürzt. Dies ist dann um so mehr der Fall, wenn die Gletscher am kältesten sind und die Thalluft von der Sonne nicht erwärmt ist, wo also die Ausgleichung der Luftwärme auf eine gewaltsame Weise vor sich gehen muß. Darum ist der Fön nach genauen Beobachtungen im Winter und Anfangs Frühling in den Bergthälern am häufigsten; sowie die Sonne die Thäler aber erwärmt, so haust er noch in den kältern Hochalpen. Aus dem gleichen Grunde tritt er oft auch in der Nacht weit heftiger auf als am Tage. Die atmosphärischen Erscheinungen, die ihn begleiten, sind sehr hübsch. Am südlichen Horizonte zeigt sich leichtes, sehr buntes Schleiergewölke, das sich an die Bergspitzen setzt. Die Sonne geht am starkgerötheten Himmel bleich und glanzlos unter. Noch lange glühen die Wolken in den lebhaftesten Purpurtinten. Die Nacht bleibt schwül, thaulos, von einzelnen kältern Luftströmen strichförmig durchzogen. Der Mond hat einen röthlichen, trüben Hof. Die Sterne funkeln und glitzern ungleich lebhafter, farbenreicher als sonst; die Luft erhält den höchsten Grad von Klarheit und Durchsichtigkeit, sodaß die Gebirge viel näher erscheinen; der Hintergrund nimmt eine bläulich violette Färbung an. Von fernher ertönt das Rauschen der obern Wälder, die Bergbäche tosen mit größerer Schmelzwasserfülle weithin durch die stille Nacht; ein unruhiges Leben scheint überall rege zu werden und dem Thale sich zu nähern. Mit einigen heftigen Stößen, die besonders im Winter, wo er ungeheure Schneefelder bestreicht, erst kalt und rauh sind, kündet sich der angelangte Fön an, worauf plötzlich tiefe Stille der Lüfte folgt. Um so heftiger brechen die folgenden heißen Fönfluten ins Thal und schwellen oft zu rasenden Orkanen auf, die zwei bis drei Tage mit abwechselnder Gewalt die Region beherrschen, die ganze Natur in unendlichen Aufruhr versetzen, Tausende von Bäumen brechen und von ihren Felsenkronen in die Tiefe schleudern, die Waldbäche auffüllen, Häuser und Ställe abdecken, ein Schrecken des Landes. In den Thälern, die der südlichen Bergmauer zunächst liegen, wüthet er gewöhnlich heftig; doch in den nördlich anstoßenden noch heftiger. Der denkwürdige Dreikönigsschneesturm 1863 hat in der ganzen öst= lichen Schweiz unsägliche Verwüstungen angerichtet.

Auch die thierischen Organismen leiden unter dem Einflusse dieses Windes, der mit seiner trockenwarmen Strömung die Sehnen erst überreizt, dann aber erschlafft. Unruhig ziehen die Gemsen sich auf die Nordseite des Berges oder in tiefe Felsenkessel. Kühe, Pferde, Ziegen suchen mit Mißbehagen nach frischer Luft, während der Fön ihnen Rachen und Lunge austrocknet. Kein Vogel ist in Wald und Feld zu erblicken, und die auf dem Frühlingszuge begriffenen Wander= vögel halten verborgene Rast. Die Menschen theilen das allgemeine Unbehagen, das beengend auf Nerven und Sehnen wirkt und dem Gemüthe eine lastende Bangigkeit aufdrängt. Gleichzeitig wird sorgsam das Feuer des Heerdes oder Ofens gelöscht. In vielen Thälern ziehen die ‚Feuerwachen‘ rasch von Haus zu Haus, um sich von jenem Auslöschen zu überzeugen, da bei der Ausdörrung alles Holzwerkes durch den Wind ein einziger verwahrloster Funke großes Brand= unglück stiften kann, wie denn am 10. und 11. Mai 1861 auf solche Weise der blühende Flecken Glarus zerstört wurde*).

Und doch trotzdem, daß der Fön gefährlicher ist als jeder andere Wind des Gebirges, wird er im Frühling mit Freuden begrüßt. Im ganzen Berggebiet bewirkt er enorme Schnee= und Eisschmelzungen und verändert dadurch mit

---

*) Die wissenschaftliche Beobachtung des Föns ist noch in den Anfängen, und so viel wir wissen, ist erst einer der größern Fönstürme in seinem Gange näher be= obachtet worden. Dieser erschien 1841 am 17. Juli Abends 9 Uhr als reiner Süd= wind in Algier, am 18. Juli Morgens 3 Uhr in Marseille, um 8 Uhr Vormittags als S.=S.=W. = S.=W. bei Zürich, Nachmittags 3 Uhr als S.=W. = W.=S.=W. bei Leipzig und erlosch in Polen. Mit einer Wärme von 28,1° C. sengte er bei seinem Eintreffen in Zürich alle zartern Pflanzen, kühlte sich aber bis Mittags auf 21,7° und bis Nachmittags 3 Uhr auf 18,7° C. ab.

einem Schlage das Bild der Landschaft. Im Grindelwaldthale schmelzt der Fön oft in zwölf Stunden eine Schneedecke von 2½ Fuß Dicke weg. Er ist der rechte Lenzbote und wirkt in vierundzwanzig Stunden soviel, wie die Sonne in vierzehn Tagen, indem auch die alte, zähe Schneeschicht, welche die Sonne lange vergeblich beleckt, ihm nicht widersteht. Ja er ist in vielen schattigen Hochthälern geradezu die Bedingung des Frühlings, wie er an manchen Orten der Ebene im Herbste die Zeitigung der Traube bedingt. Würde er nicht von Zeit zu Zeit die zeugende Wärme bringen und die neu versuchten Schneeansätze weg= fegen, so gäbe es in manchem Hochthale keinen Sommer und kein Leben, sondern wahrscheinlich nur stets wachsende Eisfelder. In Uri, wo er sehr häufig und anhaltend weht, verdanken es ihm die Einwohner, daß die Gletscher so wenig tief in die Bergthäler herunterreichen und die Alpen früher befahren werden können als in den meisten gleich hohen Geländen. Dabei ist der Fön zum großen Glücke der Menschen und Felder ein vorsichtiger Schneeschmelzer und schützt dadurch, daß er durch seine Wärme eine massenhafte Verdunstung der Wassertheile unterhält, die Niederungen vor gefährlichen Ueberflutungen der Bergwasser. Dagegen trocknet er die Blüthe des Apfelbaumes rasch aus und vertilgt die Hoffnung auf eine Ernte, sengt das Land, verbrennt und schwärzt sogar die Nesselstauden, als ob ein Feuer über sie hingefahren wäre. Auch die Buche und das Haidekorn gedeihen an Abhängen nicht, wo der Fön häufig anstreicht.

Gewöhnlich regiert dieser merkwürdige Wind nur in Abwesenheit des mit ihm kämpfenden oder von ihm überwundenen Nord= oder Biswindes. Das Gewölk zeigt deutlich den Tummelplatz der Luftströmungen an. Oft fluten sie aber ungestört eine Zeitlang über und unter einander hin. Folgt auf den Fön wieder der Nord= oder Westwind, so bewirkt er den Niederschlag der vom Fön erzeugten Wasserdünste in großen Regenmassen, die überhaupt im Gebirge zwei- bis dreimal so dicht fallen als im Flachlande. Oft aber, besonders im Herbste und Vorfrühling, herrscht der Fön Wochen lang milde in den höhern Alpen mit dem schönsten Wetter, während die Thalregion wenig Nordwind oder gar keinen Luftzug hat. Daher die Erscheinung, daß oft im December und Januar die höchsten Wälder und einzelne Bergtheile schneefrei sind, die Frühlingsgen= tianen daselbst blühen, Mücken tanzen und Eidechsen spielen, während unten im Thale am Rande des Baches die großen Tannenäste unter der Wucht des Schnees seufzen und das Bachbett in Eisspiegeln glänzt, oder daß die obere Bergregion klare Luft und herrlichen Sonnenschein hat, während die Thäler bis zu einer gewissen, oft genau abgegrenzten Höhe von einem kompakten, bald ruhigen, bald wallenden Nebelmeer überflutet sind, aus dem wunderbar schön und klar die einzelnen Berggipfel und Kämme hervortauchen. Erhebt sich nun der Nord= wind, so räumt er rasch den ganzen Apparat des großartigen Schauspiels weg, rollt die meilenlangen Nebelteppiche auf und wirft sie über die Berge. Die ganze Landschaft wird transparent, trocken, kalt. Oder häufiger noch verdichtet

er die vom Fön unsichtbar gesammelten Wasserdünste in der Höhe, hängt sie an
das leichte Schleiergewölk, bedeckt dann mit Macht den ganzen Horizont, wirft
an alle Berge rasch hinziehende Nebelstreifen und sendet Regen oder Schnee
zu Thal.

Die Nebelbildungen sind in der unteren Bergregion besonders im Herbste
thätig, in der oberen und in der Alpenregion das ganze Jahr über. Sie bringen
nicht selten schöne und seltsame Erscheinungen mit sich, legen sich streifenweise
über Moore und Bäche, jagen in immer sich erneuernden Formen und Gruppen
an den Bergwänden hin oder decken bald die Höhe, bald die Tiefe in zusammenhängenden, scheinbar festen Massen zu. Wallen sie aus einem Thale in dichten
Ballen rasch heran, so sieht man sie nicht selten auf der Wasserscheide des Berg-
überganges oder sonst bei einem Ausbruch, einer Einsattlung des Gebirges stille
stehen und sich hier mauerartig viele tausend Fuß hoch aufthürmen. Das jen-
seitige Thal liegt in klarem Sonnenschein, während das diesseitige von trüben
Nebelfluten erfüllt ist. Manchmal geschieht es dann, daß der Windzug die Nebel
doch ins wärmere Thal hinüberdrängt; dann zerfließen und verschwinden sie
sofort beim Uebergange, ohne nur die sonnige Luft zu trüben. Auf das pflanzliche und thierische Leben wirken sie nicht besonders wohlthätig; sie durchfeuchten
und kälten Luft und Boden. Dagegen helfen sie im Frühling nicht wenig zur
Schneeschmelze, indem sie den nächtlichen Frost verhindern, tränken auch manches
humusarme Steingesimse und schützen dessen Vegetation vor Ausdörrung.

An den höheren Berggestellen und den höchsten Gipfeln ballen sie sich auch
in der klarsten Sommerzeit zu jenen bekannten Haufenwolken, indem die durch
nächtliche Strahlung abgekühlten Felsen die aufsteigenden Dünste verdichten.
Vom Thale aus gesehen scheinen diese Wolken vollkommen ruhig und fest am
Berge zu hängen; in der Höhe aber bemerkt man deutlich, wie sie von unten auf
fortwährend neue Ansätze und Zufuhren erhalten, während die obern oder seitlichen Partien zerfließen oder vom Luftzuge entführt werden.

Einige Wochen, ehe der Winter im Flachlande einzieht, steigt er aus der
Alpenregion in die Bergregion hernieder, doch nicht auf einmal und mit Be-
ständigkeit, sondern erst versuchsweise. Er streut im Oktober und November
etliche Mal seine Schneekörnerfluten ins Revier, sendet harte Fröste aus, bildet
an den Bächen Eis und an den Büschen Reif, und giebt alsbald wieder der noch
nicht ganz gebrochenen Kraft der Sonne nach. Mit dem abnehmenden Tage
wird er mächtig und schneit dann oft in einer Nacht die ganze Region bleibend
ein. Nur auf der Südseite der Alpen und auf den warmen Berghalden hat er
länger mit Sonne und Fön um sein Regiment zu streiten. Am ersten haftet
der Schnee auf den trocknen Wiesen und Weiden der Schattenseite, dann auch
auf der Sonnenseite, dringt endlich weg- und stegvertilgend überall durch und
füllt, durch das dichte Geäste des Nadelholzes stäubend, auch die Wälder mit
gewaltigen Flockenmassen. Das ganze Gelände verliert die Details seiner einzelnen Vorsprünge und Spitzen in den weichen, allgemeinen Formen; das Thal

wird eine einförmige, glatte Wanne, eine, so zu sagen, abstrakte Allgemeinheit.
Die Bäche vereisen, die Wasserfälle erstarren in mächtigen Säulen an der kalten
Felswand; nur hie und da bleibt eine sogenannte Staubecke, wo der Wind be=
ständig am Berggrate anstößt, schneefrei. Mühsam bahnt sich der Hirt den
Weg zum wohlgeschützten Viehstall; mühsam suchen die wilden Hühner, die
während des Niederschlages oft mit großer Resignation auf dem Boden sitzen
und sich einschneien lassen, um die einsamen Heuscheunchen ein Körnlein, während
Wiesel, Eichhörnchen, Marder, Hasen und Füchse kaum ihre Nester und Höhlen
verlassen. Die weiche, tiefe, lockere und darum verrätherische Decke ist ihnen
die unwillkommenste; aber schon in der nächsten hellen Nacht nimmt diese einen
andern Charakter an. Sie wird fest und hart, entweder nach einem warmen
Tage zusammenhängend eisartig oder nach kalten Winden sporadisch krystallinisch.
Die neue Sonne findet nicht mehr das flaumige, mattweiße Gewand der
Landschaft, sondern einen harten, glänzenden Stahlpanzer. Millionen Krystalle
leuchten und reflektiren blendend ihre Strahlen. Die Vierfüßer haben feste
Bahn gewonnen auf dem knisternden Gefilde und reisen Abends und Nachts
weit durch Berg und Thal. Ihre kaum angedeuteten Fährten durchkreuzen
Wald und Feld; der nächste scharfe Windzug hebt Millionen Schneekörner, über=
stäubt große Flächen, verwischt die Fußspuren, oder füllt sie, wenn die Schnee=
krystalle zu fest sitzen, wie im Spiele mit dürrem Laub oder Fichtengesäme auf.
Dann sieht man den muntern Windzug auch auf den hohen Felsenfirsten und
Kämmen den leichten Schneestaub abfegen. Die Höhen ,rauchen'; ein Theil des
aufgewirbelten Staubschnees qualmt in feinen, diamantenen Wölkchen glitzernd
und blitzend in die klare Luft auf, während die schwereren Massen, vom Winde
gepeitscht, in hundert wirbelnden Kaskaden an den Felswänden der Bergkrone
herumtanzen und wie flatternde Nebelstreifen in die Tiefe sinken. Tage lang,
Wochen lang rastet die harte, klare Kälte unverrückt über dem Gebirge in trost=
loser Monotonie. Von den Bäumen fällt der erste Schnee; an seine Stelle tritt
der langzahnige Reif und abermals Schnee und Eis. Wundersam inkrustirt
der Reif das ganze Gefilde mit seinem feinzackigen, mattweißen Mantel und
überzieht das Gezweige der Bäume und Büsche, den Brunnen am Stall und
den Zaunpfahl im Felde mit originell poetischen Duftformen, bis der feuchte
Nebel ihn wegfrißt oder ein goldner Wintersonnenblick sein luftiges Gebilde löst,
und die folgende Nacht Alles mit einer dürren, glasigen Eisrinde polirt. Da
suchen die Bewohner der Bergthäler mit Axt und Schlitten ihre Wälder heim.
Die Schneebahn allein ermöglicht im halben Gebirgsumfange das Ausbringen
des Holzes. Die Tannen und Buchen stürzen dröhnend hin; die entästeten
Stämme schießen pfeilschnell die Felsenwände hinunter; starkknochige Pferde galop=
piren sichern Fußes mit ihnen die Halden entlang und steile, eisstarrende
Schluchten hinab den Dörfern zu. Nachts kläfft ein Fuchs im Busch, Tags
durchbellen die Jagdhunde weithin den Forst, und der Schuß hallt durch die
öde Landschaft. Vielleicht hörst du auch das lautpochende Herz des lange ver=

folgten Hasen oder den plumpen Flug des aufgescheuchten Birkhahns. Am Bach
pfeift die Wasseramsel, im Vorholz des Hochwaldes der Schneefink oder Zaun=
könig sein helles Lied. Je einsamer und stiller die allgemeine Physiognomie der
Natur ist, desto frischer und fröhlicher oder schriller sind die einzelnen Töne des
Lebens. Am meisten vermissen wir aber in ihren schneeverhüllten Gliedern ihr
liebes, blaues Auge, den klaren, träumenden Bergsee mit den Wundern seiner
geheimnißvollen Tiefe. Erst ist er erstarrt; eine weißgrüne Spiegelfläche deckte ihn
zu, und dann ist er auch bald in dem allgemeinen Leichentuche verschwunden
und verloren.

Lauliche und wärmere Luftzüge verkünden den Frühling und helfen emsig
der langsamen Sonne das alte Schneelinnen zerstücken und zerpflücken, ein müh=
seliges Werk. Halb gelungen, überschüttet es ein trauriger Tag wieder mit
hohem Gestöber. Aber nicht für lange; wo nur einmal die alte, zähe Rinde
weggefressen ist, hält die letzte Lieferung nicht mehr vor. Die Wälder und
Büsche schütteln unwillig die unbequeme Last ab; das Grüne arbeitet sich immer
mehr heraus und stickt sich rasch mit weißen, gelben und blauen Blüthen, wo es
nur ein wenig Herr geworden. Die ganze Gebirgslandschaft fängt an zu tönen
und zu rauschen in Wind und Wasser. Erst ein Stündchen oder zwei im
höchsten Mittag, dann auch des Nachmittags, bald auch Abends und Nachts
und endlich Tag und Nacht durch bleiben die rieselnden, plätschernden, rauschenden,
brausenden Wasser lebendig. Die Felsen tropfen, die Bäche haben sich durch
die Schneebrücken und Eistrümmer gefressen; neue Zuflüsse rinnen von jeder
Terrasse, von jedem Schneelager nach. An den jähen Wänden krachen die Eis=
säulen des Wasserfalls, von frischen Güssen überströmt, und stürzen mit donner=
ähnlichem Gepolter zusammen in das tiefausgewühlte Bett. Eisblöcke, von
frischem Wasser unternagt, rasseln ihnen über die Felswand herunter nach und
verpflanzen mit ihren Eissplittern tausend knatternde Töne durch die Luft.
Dazu die donnernden Höhen mit ihren dumpf hinrollenden Lawinen und krachen=
den Gletschern; die polternden Steine, die der Frost in den Fugen der Felswand
gehoben und die Feuchte gelöst hat; das Zusammenbrechen der unterhöhlten
Schneebänke, — gewiß, der Frühling kündet den Einzug seiner jungen Lebens=
mächte tausendtönig schon durch die leblose Natur an. Es poltert und kracht
und zischt und plätschert und rieselt und donnert ringsum durch die ganze Land=
schaft hin wie von Geisterunfug. Dann bleibt auch die Welt der freien
Organismen nicht zurück; nur die Blumenwelt, die ewig stille. Specht und
Amsel, Häher und Elster, Meise und Schnepfe, Drossel und Goldhähnchen,
Adler und Eule, Fink und Kukuk, Steinhuhn und Urhahn pfeifen, schreien,
krächzen, hämmern, trillern, falzen den Frühling in allen Tonarten durch.
Bald gesellt sich zu ihnen die schwirrende Fledermaus, der pfauchende Marder,
das raschelnde Eichhorn, der brummende Dachs, dann Grillen und Unken, Ci=
kaden und Käfer, Hummeln und Bienen, Wespen und Fliegen, — jedes mit
seiner Stimme und seinen Tönen, die zuletzt von dem heraufsteigenden Leben der

zahmen Bergthiere, von den meckernden Ziegen, wiehernden Pferden, brüllenden Stieren, bellenden Hunden, gackernden Hühnern, von den hundertstimmigen Glocken und Schellen, singenden Kindern und jodelnden Sennen strichweise verhüllt werden. Der Frühling ist die laute, die tönende, tausendstimmige Naturperiode.

> Der Kampf mit Nebel und Nacht beginnt,
> Das Leben ringt sich frei;
> Und Kette um Kette in Thau zerrinnt
> Der Wintersklaverei.
> Schon hör' ich den fröhlichen Heerdereihn
> Erklingen im Morgenstrahl;
> Die Brunnen der Berge jauchzen drein
> Und springen ins grüne Thal.

Aber die stumme Welt der Pflanzen ergänzt in ihrer Weise mit stillem Blätter- und Blütenschmuck das Schauspiel der erwachten und beweglichen Lebensmächte, die von Tag zu Tage gewaltiger werden. Haben Fön, Sonne und Regen die Schneedecke weggeleckt, so stehen noch überall die Spuren des Todes und Schlafes. Die Wiesen und Weiden sind fahlgelb oder rothbraun. Von den Quellen und dem Thale her überzieht sie aber in wenigen Tagen ein lichtes, helles Grün, das immer klarer und tiefer wird. Die Haselbüsche streuen ihren Goldregen aus, die gelben Huflattigblüten überziehen die feuchten Lehm- und Sandhalden mit leuchtenden Decken, der Spitzahorn zeigt das erste Baumgrün und achtzehn Tage nach dem ersten Bodengrün blühen in den mildern Bergwiesen schon die Kirschbäume und fangen die Buchwälder an, langsam vom Thal auf sich zu belauben. Fast drei Wochen hat der Frühling von dem untersten Kirschbaum, den er mit Blüthen schmückt, bis zum obersten hinanzusteigen; und so wird es über Mitte Mai, bis er an der obern Grenze (4000' ü. M.) anlangt. Noch später gelingt ihm die Vollendung der aufsteigenden Belaubung des Buchwaldes, während im Herbste die von oben anfangende Vergilbung der Wälder sich weit rascher nach unten vollzieht. Auf der Höhe unserer Region ist daher das volle Leben des Laubwaldes auf etwa hundert Tage beschränkt, während es in ihrer Tiefe über 150 Tage dauert. Im Jura nimmt man an, daß die untere Bergregion ihre Vegetation um 30—42 Tage, die obere Bergregion um 42—55 Tage später entwickle als die Ebene, aber um so rascher folgen die vegetativen Phänomene. Während nach sechsjähriger Durchschnittsbeobachtung in Zürich (1270' ü. M.) die Kirschblüthe 38 Tage, die Birnblüthe 46, die Buchenbelaubung 50 und die Apfelblüthe 55 Tage auf das erste Wiesengrün folgt, so folgen, wie angedeutet, in Matt (im Sernftthal, 2560' ü. M.) an der untern Grenze der Bergregion nach 4jähriger Durchschnittsberechnung die Kirschblüthe und das Buchenlaub schon 10 Tage, die Birnblüthe 20 und die Apfelblüthe 26 Tage nach dem Wiesengrün.

Von dem alljährlichen Einzuge des Frühlings sollte man förmliche Reisebeschreibungen zu machen versuchen. Wir würden dann sehen, wie es zuerst in

den dem Elſaß zu liegenden Theilen der Schweiz und am Genferſee Lenz wird;
in 4—6 Tagen gelangt er nach Zürich und verbreitet ſich nach den Bergthälern
hin.   Hier ſteigt er ſchon an den ſüdlichen Geländen hinan, während das Thal
noch in dichtem Schnee begraben liegt; dann arbeitet er dieſen weg und ſteigt in
die höhern Thäler, langſam die Berge hinan und gelangt endlich Mitte Sommers auf die höhern Alpen, wo er ſofort wieder umkehrt, Schritt für Schritt in
den gleichen Stadien bergab vom Winter verfolgt.   Im Glarner Lande berechnet
man, daß unter ſonſt gleichen Verhältniſſen auf eine Bodenerhöhung von
70—80 Fuß ein Tag Verſpätung in der Erſcheinung des Frühlings ſtattfindet
oder eine Temperaturabnahme von $^1/_8°$ R.; doch vermindert ſich im höhern
Gebirge dieſe Verſpätung augenſcheinlich, weil der Frühling je ſpäter um ſo
ſonnenreicher und energiſcher auftritt.   Nur in der Berg- und untern Alpenregion hat er Zeit, auch zum Sommer zu werden; in der höhern Alpenregion
nicht mehr, und während wir in der erſten auch noch einen Herbſt mit brauſenden
und in den herrlichſten Tinten abfärbenden Wäldern, lachenden Früchten und
regem Menſchenleben haben, finden wir höher oben nur den ewigen Streit
zwiſchen Lenz und Winter.

Während des Sommers und bis in den Herbſt hinein bilden von Zeit zu
Zeit die Wildwaſſer oder Runſen, welche namentlich im Molaſſe- und Schiefergebirge ſich ganze Netze ausfreſſen, die gefürchtetſten und verderblichſten Natur-
erſcheinungen in unſerem Revier.   Sie ſind furchtbarer als die Gewitter und als
die Lawinen, die in der Regel einen unſchädlichen Verlauf in tiefen Rinnen und
Keſſeln nehmen.   Fällt im Sommer entweder auf einmal oder in anhaltenden
Regengüſſen eine große Waſſermenge — und dieſe iſt bei der ungleich größern
Dichtigkeit der Niederſchläge im Gebirge um ſo ergiebiger, je mehr ſie zugleich
auf ungeſchützte, bloßgelegte Bodenſtriche fällt, — oder löſt im Herbſt der Fön-
ſturm die frühen Schneemaſſen der Berge auf und folgt ihm ein tüchtiger, oft
wolkenbruchartiger Regen, ſo ſchwellen in wenigen Stunden die Runſen zu
wilden Strömen auf.   Sie fallen über die ſteilen Böſchungen der Felſenmauern
donnernd ins Thal herab und füllen ihre breiten, trümmerreichen Rinnſale.   In
trockener Zeit findet man das Bett entweder ganz leer oder nur von einem
dünnen klaren Bächlein durchzogen.   Der Fremde verwundert ſich über die Breite
des ſteinigen Bettes, über die ungeheuern Schuttmaſſen, die an ſeiner Seite
liegen, über die cyklopiſchen Wuhrſteine, die es abdämmen.   Er verfolgt es mit
ſeinem Blicke nach der Höhe zu, ſieht die oft 60—100 Fuß tief ausgefreſſenen
Schluchten, die das Waſſer ſich gegraben, und die breiten Straßen, die es durch
die alten Hochwälder geriſſen hat.   Wir kennen kaum etwas Grauſenerregenderes
als dieſe Waſſerdämone in voller Thätigkeit.   Hoch oben am Berge ſieht man ſie
auf mildgeneigten Triften trübe Fluten ſammeln; in jähem Sturze reißen ſie
mit raſender Gewalt die größten Felsblöcke durch ihr Bett herab, führen ſtehende
Tannen, Geröll, Sand und Erde in gelbbraunen Wellen mit und dehnen ſich
dem Thale zu, oft plötzlich durch gewaltige Stauungen aus dem Bette geworfen,

RUNSEN UND UNGEWITTER.

über die bebauten Wiesen und Aecker aus, bis sie den Fluß der Thalsohle erreicht
haben. Der Donner dieser Stürze, das Poltern und Krachen der über einander
wild hinrollenden Steinblöcke tönt weit durch Berg und Thal und erfüllt die
Bewohner des Geländes mit Entsetzen. Mit Stangen, Hacken und Schaufeln
eilen sie auf die Wuhrdämme, um die Aufstauungen möglichst zu hindern und
zu zertheilen; Alles, was eine Schaufel führen kann, steht hülfreich an den
empörten Runsen, und das Schreien, Rufen, Jammern der Menschen mischt sich
mit dem Krachen der Felstrümmer. Wer einmal in einer bangen Mitternacht
diesem gräßlichen Schauspiele beigewohnt, vergißt es nie wieder. Die schönsten
Wiesen werden in wenig Stunden mit 10—15 Fuß hohem Schutt überführt
und auf ewig in todte Steinhaufen und Sandwüsten umgewandelt, aus denen
nur noch die Kronen der begrabenen Obstbäume traurig herausragen. Nicht
selten verändert, durch Stauungen aus dem Bette gedrängt, die Runs plötzlich
ihren Lauf, reißt Häuser und Ställe mit Blitzesschnelle fort. Ihre Verheerungen,
denen oft nicht gewehrt werden kann, haben schon manches schöne grüne Wiesen=
thal der Schweiz vertilgt und scheinen bei der übeln Waldwirthschaft eher im
Fortschritt als in Abnahme begriffen zu sein, trotz der gewaltigen Wuhrbauten,
die man bis hoch ins Gebirge angelegt hat. Die Kantone Glarus, Uri, Grau=
bünden, Tessin und Wallis leiden am meisten durch sie.

Diese periodischen Wasserfluten werden nur von Einem Naturphänomen
an Schrecknissen übertroffen, nämlich von den Bergstürzen. Der des Conto,
der 1618 den großen Flecken Plürs und das Dorf Scilano mit 2430 Menschen
verschüttete und nur drei Einwohner und ein Haus übrig ließ, die beiden der
Diablerets (1714 und 1749), welche die Alpen von Cheville und Leytron
mit über 300' hohen Schuttmassen erfüllten und Hirten und Heerden erschlugen*),
der des Roßberges (1806), welcher die Dörfer Goldau, Bußingen, Ober= und
Unterröthen und Lowerz mit 475 Menschen begrub, der drohende Bergbruch des
Felsberges, dessen Felsköpfe seit Jahren in Bewegung sind und jeden Tag ins
Thal niederzudonnern drohen, haben europäische Berühmtheit erlangt. Eine
Menge kleiner Stürze, wie der des Bernina, der das Dörflein Rascharaida mit
Menschen und Vieh begrub, der, welcher Mombiel und Prättigau zerstörte, und

---

*) Beim ersten Fall des Diableretgletscherhorns wurde einer der Sennen, ein
Walliser, in merkwürdiger Weise verschüttet. Ein großer Felsblock legte sich schützend
an seine Hütte, sodaß die folgenden Trümmer, welche dieselbe etliche hundert Fuß hoch
bedeckten, sie doch nicht zerdrückten. Wochenlang, mondenlang lebte der Verschüttete
in steter Todesangst in seinem entsetzlichen Verließe, von den Käsevorräthen zehrend,
ohne frische Luft und Licht. Täglich grub er verzweifelnd in dem ungeheuren Schutt=
meere, das seinen Kerker umgab. Endlich folgte er der Spur des abfließenden Wassers
und wühlte nach wochenlanger Arbeit sich glücklich durch die lockeren Schuttstellen zu
Tage. Von Arbeit, Hunger und Todesangst abgezehrt, halb nackt und zerschunden,
klopfte er an seinem Hause im Thale an; Weib und Kinder entsetzten sich ob dem
vermeintlichen Geiste des todten Vaters, und erst der Ortsgeistliche klärte ihnen das
wunderbare Räthsel auf.

andere sind wenig bekannt geworden. Glücklicher Weise sind diese ungeheuren Gebirgsrevolutionen selten. Kleinere Brüche und Stürze dagegen sowie einzelne ‚Schlipfe‘ wiederholen sich alljährlich vielfältig und beweisen deutlich die allmälige, aber ununterbrochene Verwitterung und Auflösung der europäischen Gebirgsmauer, die langsam einem chaotischen Zustande entgegengeht. Ein solcher Schlipf hat 1805 dem größten Theil des Dörfchens Buserein ob Schiers den Untergang gebracht, ein anderer 1795 schob einen Theil von Wäggis in den See und gefährdete 1860 Lungern, andere bedrohen jetzt noch einzelne Gegenden mit schwerer Verheerung. Das krystallinische Schiefergebirge weist in der vorhistorischen und historischen Zeit die zahlreichsten Bergstürze auf, und gefährliche Bodenbewegungen drohen heute noch ob Soglio, Grono, Stalden, Campo und Fusis; aber auch das Kalkgebirge ist ihnen vermöge seiner Zerklüftung ausgesetzt (Yvorne 1584, Diablerets, Dent du Midi 1835, Felsberg), ebenso das Molassegebirge, wo starke Nagelfluhbänke häufig auf leicht verwitternden Mergelschichten lagern und bei der Durchweichung der letzteren zum Sturze kommen wie bei Goldau und Rothenthurm.

Hin und wieder hat die an schöpferischen Versuchen so reiche Natur auch einzelne Kuriositäten ins Gebirgsrevier hineingestellt, die dasselbe mit einem besondern, geheimnißvollen Reize ausstatten.

Das ganze Fußgestell des Hochgebirges enthält strichweise nicht nur höchst reichliche süße Quellen, die namentlich im Kalk oft in der Stärke von tüchtigen Bächen unmittelbar aus den Felsen treten, und eine sehr große Menge von kalten und warmen Mineralbrunnen (unter welchen besonders die äußerst zahlreichen Säuerlinge eine große Rolle spielen), sondern auch jene interessanten, intermittirenden Quellen, die man gewöhnlich Maibrunnen heißt. Sie entstehen ohne Zweifel in der Zeit der Schneeschmelze durch Ueberfüllung der regelmäßigen innern Wasseradern der Berge, die ihren Reichthum nicht mehr an die gewöhnlichen Quellenabzüge vertheilen können, sondern über dem Niveau derselben neue Sprudellöcher benutzen müssen. Oft auch suchen die hochgelegenen Alpenseen durch die innern Gebirgsgänge einen Theil des Wassers, das bei hohem Wasserstande von Löchern über dem gewöhnlichen Seespiegel aufgenommen wird, als Maibrunnen an das tiefere Thal abzugeben. Interessante Belege sind der Hundsbach im hintern Wäggithal, der offenbar mit den alpinen Karrenfeldern in Verbindung steht, der ‚Wunderbrunnen‘ auf der Engstlenalp, im Sommer regelmäßig von Morgens 8 Uhr bis Abends 4 Uhr in gleicher Stärke fließend, der Dürrenbach in Engelberg, der vom Mai bis September mitten in einer grünen Wiesenhalde in der Stärke eines tüchtigen Mühlbachs hervortritt und aus einzelnen zerstreuten Löchern springbrunnenartig aufsprudelt, und besonders die merkwürdige Quelle des unterengadinschen Assathales, die aus einer etwa dreihundert Schritte tiefen Kalkfelsenhöhle in ein geräumiges Becken herausstürzt, aus dem sie als starker Bach zu Thal geht. Sie fängt Morgens um 9 Uhr an zu fließen, setzt dann aber dreimal im Laufe des Tages

in dreistündigen Perioden ähnlich der Quelle des Plinius am Comersee ihre
Thätigkeit aus.

Durch das ganze Alpengelände hin sind ferner die Höhlenbildungen
häufige und oft sehr interessante Erscheinungen. Sie treten in der verschiedensten
Gestalt auf, als sanfte Einbuchtungen einer Felsenwand mit überhängendem
Vordache, als förmlich geschlossene Grotten, die der berner Oberländer ‚Balm‘
nennt, als schluchtartige Eintiefungen, die sich endlich im Felsgewölbe schließen
oder mit noch tiefer gehenden Spalten und Klüften in Verbindung stehen und
sich selbst über eine Stunde weit ausdehnen, und endlich als förmliche Durchbrüche eines Theiles des Gebirgsstockes von Licht zu Licht. Häufig knüpft die
Sage an diese Höhlen fromme Erinnerungen an Heilige und Missionäre und hie
und da steht noch eine Kapelle oder Eremitage in der Nähe. Das Innere dieser
Felsenwohnungen ist oft sonderbar gebildet und enthält schmale Gänge, Kessel,
finstre unterirdische Wasserbecken und Bäche und über 1000′ tiefe unerforschte
Klüfte bis weit in den Schooß des Bergstocks hinein. In einigen findet man
zum Zeichen, daß sie in alter Zeit Zufluchtsstätten Verfolgter oder Wohnungen
von Wegelagerern waren, noch römische und alte deutsche Münzen, in andern
dagegen versteinerte Knochen, Muschelthiere, in andern wieder abgerundete Geschiebe von Grauwacke und Serpentin, die das Gebirge sonst nicht nachweist,
oder Massen von Bergkrystallen und herrlichem Flußspat, oder auch Ueberreste
reißender Thiere, die seit Jahrhunderten aus der Gegend verschwunden sind, oder
endlich, wie besonders im Jura, nie schmelzende Schnee- und Eismassen. Die
meisten sind mit einem Ueberzuge von Tropfsteinbildungen und Stalaktiten belegt, wie besonders schön il Cuol sanct (die heilige Höhle) im Valpuzzatobel bei
Fettan, in deren prächtigen Tropfsteinarchitekturen das Volk einen natürlichen
Altar mit Leuchtern und Vasen zu erkennen meint.

Fast noch merkwürdiger sind die überall im Gebirge sich vorfindenden
Wind- oder Wetterlöcher, tiefe, enge Felsspalten, die bald einen obern Ausgang haben, bald nicht. Im Sommer zieht bei schönem Wetter ein starker, sehr
kalter Wind aus ihnen; im Winter dagegen dringt die Luft von außen in sie
hinein und sie haben eine höhere Temperatur. Solche Windlöcher finden sich im
Alpengelände sehr häufig, z. B. ob Seelisberg auf der Emmetenalp, im Isen-
und im Schächenthal, in Unterwalden auf der Blumenmatt am Panzerberg, zu
Hergiswyl am Pilatus, bei Quarten am Wallensee, im Klönthal, auf der
Meerenalp, Guppenalp, auf der Nayealp am Col de Chaude, wo das Windloch
(la Tanna à l'aura genannt) oft in der Stärke eines großen Schmiedeblase-
balges bläst u. s. w. Nähere Beobachtungen haben gezeigt, daß diese Windlöcher
gewöhnlich in zerklüftetem Gebirge oder in Schutthalden liegen, welche an steile,
kompakte Felswände angelehnt sind. Höchst wahrscheinlich besteht der ganze
Apparat des Gebläses aus einem vorwiegend senkrechten und einem damit in
Verbindung stehenden mehr wagrechten Luftgange. Die Anfänge des ersten
liegen in vielfacher Verzweigung da, wo sich das lose Geschiebe — jedenfalls

nicht luftdicht — an die Felswand anschließt; der Ausgang des letztern ist dann
eben das Windloch. Die in der Tiefe aller jener größern und kleinern Lufträume,
welche mit den Zügen in Verbindung stehen, liegende Luft hat erst die niedrige
Temperatur ihrer Erdtiefe, die im Winter höher ist als die der atmosphärischen
Luft, im Sommer aber niedriger; daher strömt im Winter die wärmere Luft
durch die obern Ausgänge des Luftkamins aus, die durch stärker oder schwächer
von unten durch das Windloch eindringende ersetzt wird. Daher ein Luftzug
bergein, der aber oft ganz stille steht, besonders zu Anfang und zu Ende des
Winters, wo die Temperaturunterschiede sich mehr ausgleichen. Im Sommer
dagegen strömt die kalte Bergluft, von der oben an der Schutthalde eindringenden
warmen atmosphärischen Luft gedrückt, mächtig zum Windloch heraus, besonders
bei trocknem Wetter.

Genauere Beobachtungen erweisen nun aber, daß die Wärme der heraus=
strömenden Luft nicht die mittlere Temperatur des Ortes, sondern eine viel tiefere
zeigt, die sich im Sommer vielfach ändert und von 9° R. bis zu 4°, sogar bis
zu 2° R. sinkt, während die atmosphärische Luft gleichzeitig 15° — 20° R.
messen mag. Diese Erscheinung wurde von Saussure dahin erklärt, daß das die
Luftgänge umgebende und bis zu ihnen vordringende Tagwasser, das langsam
von obenher so weit durchsickert, mit dem Luftstrom in stäte Berührung tritt,
demselben die Wärme begierig entzieht und ihn also beträchtlich kälter macht.
Die Bergluft, die vielleicht 5—8° R. hält, kann so auf 3° und 2° R. herab=
sinken. Je trockener die Luft oben in die Gänge eintritt, desto stärker ist die Auf=
nahme des Tagwassers und seine Verdunstung, je feuchter, desto schwächer; wes=
halb beim schönsten Wetter das Gebläse am regsten und kühlsten, bei bevor=
stehendem Regen aber geringer ist. Sehr oft bildet und hält sich bei der tiefen
Temperatur des Windzuges in der unmittelbaren Nähe des Windlochs Eis bis
gegen Ende des Sommers. Die Sennen benutzen gewöhnlich diese Luftlöcher zu
Milchkellern, wie man im Tieflande, z. B. bei Gordevio im Maggiathale, bei
Caprino am Luganersee und auch sonst häufig im Tessin, vortreffliche Weinkeller
an sie anbaut.

Auf den gleichen Naturgesetzen beruht die Erscheinung der großen, wunder=
baren Eisgrotten, die sich im Gebirge weit unter der Schneelinie befinden und
doch hier Monate lang, dort das ganze Jahr durch große Eismassen enthalten.
So z. B. die gewaltige, 2562′ ü. d. Genfersee auf einem Absatze des vordersten
Jurazuges gegen Rolle liegende Eishöhle von St. Georges, die an 2000 Ztnr.
Eis enthält und solches auch im Sommer aus dem von der Decke herab=
schwitzenden Wasser bildet, und die größte und herrlichste aller bekannten, das
Schafloch am Thunersee, in einer 1500′ hohen Felswand, 5604′ ü. M., tief
ins Gebirge hinreichend und mit den sonderbarsten Eisbildungen ausgerüstet.
Trotz ihres wenig wirthlichen Aussehens suchen bei stürmischer Witterung oder
allzudrückender Hitze Hirten und Heerden in derselben Zuflucht, und nicht selten
beherbergt sie an die Tausend Stück Schafe.

Zweites Kapitel.

Das Pflanzenleben der Bergregion.

Botanische Umrisse. — Verschiedene Elevation der Gewächse. — Bünden. Tessin. Wallis. Uri. Schwyz. Bern. Glarus. Deutschland. Pyrenäen. Kaukasus. Aequator. — Das Waldgebiet. Ein schweizerischer Urwald. — Die Nadelhölzer. Eiche und Buche. — Ahornarten. — Historische Bäume. — Blumennachbarn im Nadel= und Laubholz. — Die Büsche. — Einfluß der Gebirgsart auf die Vegetation. — Reichthum der Blüthenpflanzen in der montanen Region.

Treten wir der großen Welt des organischen Lebens der Bergregion näher, so entbehren wir eigentlich von vornherein einer mathematisch streng be= stimmbaren Grenze zwischen ihr und der Hügelregion. Auf der Südseite der Alpen reicht die Vegetation der glücklichen italischen Ebenen viel weiter hinauf als auf der Nordseite die des schweizerischen Binnenlandes; dort finden wir bei vielen hundert Fußen größerer Höhe noch die Pflanzen, die auf der Nordseite im entsprechenden Höhengürtel längst verschwunden sind. In Bünden gehen die gleichen Pflanzen an 4—500' höher hinauf als in Glarus. Im Kanton Tessin reicht die Region des Weinstocks bis zu 2000' ü. M. (in der Lavizarra bis Broglio, im Val Rovana dagegen etwas höher bis Cerentino); im Kanton Graubünden hat noch das Domleschg bei 2150' einen Weinberg und selbst Truns mit 2660' ü. M. Rebstöcke; St. Gallen besitzt an der Porta Romana oberhalb Ragaz bei 2400' ü. M. noch treffliche Weingärten; im Waadtlande ist das höchste Rebgelände der la Côte 2780' ü. M., in Camperlongo im Piemont sogar 3093' ü. M. Im Wallis, wo sich die Rebterrassen hoch an die Felsenbänke und jähen Gesimse hinaufziehen und den Weinbau fast so gefährlich machen als das Wildheuen, ist die obere Grenze des Weines bei 2500' ü. M., am höchsten wol in der ganzen Schweiz bei Gub, oberhalb Neubrück im Vispthal*). Der

---

*) In Wallis erinnert sich die Volkssage noch besonders lebhaft an das goldene Zeitalter üppiger edler Kulturen bis hoch in die Alpen hinauf, und der Greis Peter zur Mühle zu Ausserberg erzählte vor zwanzig Jahren noch ganz genau, wie er in seiner Jugend beim Schafehüten am Wiwamhorn beim Aletschgletscher alte Weinreben= stöcke gefunden habe!

Wanderer bewundert noch im Dörflein Stalden (2567' ü. M.) am Zusammen=
fluß der beiden Vispbäche nicht nur die schönen Weinlauben, die sich über die
Straße wölben, sondern auch den mächtigen, einen Fuß im Durchmesser halten=
den Weinrebenstamm, der sich um den reichlich sprudelnden Dorfbrunnen schlingt.
Eben so hoch geht auch der Mais im Wallis bis Mörel 2700'. Die Südseite
des Monterosa hat noch Reben bei 2750', während sie in der nördlichen
Schweiz bei 1500—1700', in Bern bei 1900', am Comersee bei 1540' ü. M.
selten werden oder ganz verschwinden. Jenseit des Tenere und am Monterosa
gedeiht die edle Kastanie, welche die Kalkgebirge nicht zu lieben scheint, noch
3200' ü. M. (also höher, als im Allgemeinen im nördlichen Gebirge die Wall=
nuß geht), in Castelmur (Bergell) 2810' ü. M.; in St. Gallen selten bis 2000'
ü. M. Im untern Bergell steht bei Pforta ein stundenlanger Kastanienwald, der
selbst bis auf die untern Terrassen von Soglio reicht, das 2990' ü. M. liegt
und eine Mittelwärme von 5,4° R. besitzt*). Neben ihm reift die Arve, die Ver=
treterin der höchsten Waldregion, ihre Nüsse.

Im Tessin finden wir den weißen Maulbeerbaum noch bei 2900' ü. M.;
in Bünden selten bei 2300' ü. M., bei Cama sogar nur bis 1136' ü. M. Mais,
Tabak, Spargel, selbst Aprikose, Pfirsich und Quitte gedeihen in Bünden bis gegen
2500' ü. M.; der Nußbaum bis 3450' ü. M., das Kernobst bis 3800', Birn=
baum und Weizen bis 4350'; Roggen, Kartoffeln, Kohl, Hafer und Hanf, Gerste
und viele Küchenpflanzen reichen noch weiter in die Alpenregion hinein. Ebenso
reichen im Wallis die Nadel= und Laubbäume weit höher, als unsere Region geht,
selbst die Kartoffel (bis 4200' ü. M.) noch 200' über dieselbe. Im Kanton Uri
dagegen verschwinden schon im ersten Sechstheil der Bergregion mit 2800' ü. M.
die Obstbäume außer dem Kirschbaume, der bis 3300' reicht; ebenso hält die
Buche und gemeine Föhre bei Weitem nicht bis zur Alpenregion Stand, sondern
bleibt bereits mit 3500' zurück, worauf schon die Leg= und Bergföhren sie ersetzen
müssen. Diese schnelle Abnahme der Vegetationskraft der Gebirge ist in Uri um
so auffallender, als die Thalgründe und Hügelgelände des untern Reußgebiets
noch mit einer außerordentlich üppigen Fülle der wundervollsten Wallnuß=
bäume prangen. Rauher sind dagegen die Thäler von Schwyz und Obwalden
und daher der Kontrast weniger auffallend. In Schwyz wird indessen noch auf
dem Rigikulm (5550' ü. M.) ausnahmsweise die Kartoffel mit Erfolg angebaut.
Doch darf man von solchen einzelnen Angaben im Allgemeinen nicht auf die
Vegetationshöhe des ganzen Pflanzengebiets schließen. Die Kulturpflanzen sind
oft kapriciös und können durch gute Pflege und sorgfältige Wahl eines ganz von
den Einflüssen der rauhen Witterung, denen die freiwachsenden Pflanzen aus=
gesetzt sind, abgeschlossenen Standortes noch in anomaler Höhe gebaut werden.
So wird es selbst in dem rauhen Grindelwald, wo die Kirschen Anfangs August

---

*) Im obern Misox steht wahrscheinlich der mächtigste Kastanienbaum der Schweiz
mit einem Stammesumfang von 42 Schweizerfuß. Unweit von demselben findet sich
ein mächtiger Nußbaum, der nicht weniger als neun verschiedene Besitzer zählt.

reifen und weder Nuß= noch Eichbäume mehr fortkommen, durch verschiedene Manipulationen, namentlich durch Ausstreuen von Asche möglich, nicht nur Kohl und Kraut zeitig zu ziehen, sondern selbst Spargel früher als in Bern zu gewinnen. Aehnliche Kunstmittel wenden überall die intelligenteren Bergbewohner an. Jen= seit des Col de Balme verschmähen sie es nicht, die den Sommer über sorgsam an den Ufern der Arve aufgeschichteten Schieferstücke im Frühling auf die Felder zu tragen, um die Schneeschmelze zu befördern, während hoch oben bei Winkel= matten im wallisischen Matterthal (etwa 4300' ü. M.) die Einwohner auf die mächtigen Felsblöcke Erde tragen und so Gärtchen anlegen, in denen Kartoffeln und Getreide weit früher reifen als im natürlichen Erdreich.

Im Kanton Glarus reicht die Region des Weinstocks mit Pfirsich und Aprikose bis 1700' ü. M., die des Nußbaums, der Zwetschen und Bohnen bis 2600' ü. M., die des Apfelbaums, der Cichorien, Zwiebeln und des Buch= weizens bis 3000', die des Kirschbaums und Weizens bis 3500' ü. M., wäh= rend die Kartoffeln und Gespinnstpflanzen bis in die Alpenregion hineinreichen. Von wildwachsenden Pflanzen gehen Bergahorn, Rothtanne, Arve, Mehlbeer= baum, Eberesche über die Berg=, zum Theil tief in die Alpenregion hinan, wobei immer zu bemerken ist, daß der gleiche Baum auf der Sonnenseite 5—800' höher aufsteigt als auf der Schattenseite. Die Buche dagegen, welche die Wälder dieses Reviers so reizend schmückt und auffallenderweise in den nördlichen Alpen bei kältern Isothermen sich erhält, als in den Centralalpen, hört wie die Linde, Ulme, Esche und Schwarzpappel mit 250' über unserer Region auf, während Eibe und Wachholder mit 3000' ü. M., die Eiche schon mit 2600' ü. M. zu= rückbleibt, also kaum noch als Baum der Gebirgsregion zu betrachten ist. Im Kanton St. Gallen reicht der Nußbaum bis 2216', der Mais bis 2340', die Gerste bis 3380', die Buche bis 4310', die Kartoffel bis 4586' ü. M. Im Jura hört bei 3400' ü. M. fast aller Getreidebau auf; die Fruchtbäume ver= schwinden bei 3100' ü. M., die Eichen werden selten. Blos noch ein wenig Hirse und Hafer wird bis gegen 3700' ü. M. gezogen; die Gerste geht nur bis 3300' ü. M., der Nußbaum reift schon bei 2200' ü. M. seine Frucht nur dürftig, die Rothtanne ihre Zapfen bei 3700' ü. M. ebenfalls selten. Dabei ergiebt die Vergleichung der Höhengrenze unserer Gebirgsbäume mit der der benachbarten deutschen Gebirge höchst veränderliche und sonderbare Resultate. So soll im Thüringerwalde und in Schlesien die Buche schon mit 3000' ü. M. gänzlich aufhören, die Eiche dagegen dort 3—400' höher gedeihen als bei uns, während diese auch im Kaukasus 2700' ü. M. nicht übersteigt, fast unter dem nämlichen Breitengrade auf den Pyrenäen dagegen bis 5400' ü. M. gehen soll. Unter dem Aequator, wo über 14,000' noch Alpenkräuter gedeihen, steigen frei= lich die Laubhölzer bis gegen 10,000' ü. M. an. Dort entspricht dem Niveau unserer Bergregion noch die Region der baumartigen Farren und der Feigen, und wo unsere Alpenregion beginnt, wachsen in üppigster Fülle und mit leuch= tenden Blumen bedeckt die herrlichen Magnolien, Ericeen, Kamellien, Proteen,

Bignonien und Mimosen. Fassen wir die obern Grenzen einzelner hervorragen=
der Pflanzengestalten ins Auge, so ergiebt sich folgende interessante vegetative
Abstufung: der Wallnußbaum reicht in den nördlichen Schweizeralpen im
Mittel bis 2500' ü. M. (Maximum 2900') bei einer mittlern Jahrestemperatur
von 7,₃° C., in den Centralalpen 2700' (Max. 3600') bei gleicher Temperatur,
in den südlichen Alpen (Monterosa und Montblanc) 3600' bei 6,₇° C.; der
Kirschbaum geht in der Nordschweiz bis 3500' ü. M., in ganz vereinzelten
Exemplaren aber bis 4580', in den berner Alpen bis 3900', in den bündner=
schen erreicht er 4500', im Wallis 4164', im Nikolaithal stehen die letzten bei
Herbrigen 3965' ü. M. Die Buche steigt in der nördlichen Schweiz im Mittel
bis 4200' bei einer durchschnittlichen Jahrestemperatur von 4,₁° C., einzelne
sogar bis 4800', in den berner Alpen 3700—3900', im Tessin bis gegen
5000'. In den krystallinischen Schiefergebirgen Bündens und des Wallis ist
sie höchst selten; am Monterosa geht sie bis 4900' und wenigstens ebenso hoch
im transcenerischen Tessin, wo sie die obersten Wälder bildet.

Als mittlere Getreidegrenze gilt für die nördliche Schweiz 2700'
(7,₀° C.), für die berner Alpen 4000' (5,₀° C.), für Bünden 4000—4400',
für den Monterosa aber 4500—5000' ü. M. Als oberste Getreidegrenze
im Allgemeinen für die nördliche Schweiz 3400—3500', in den berner
Alpen 4700', auf Realp am Gotthard 4750', in Graubünden 5600', und
ob Bodemie am Südabfall des Monterosa wachsen Roggen und Hafer noch bei
6096' ü. M. bei einer mittleren Jahrestemperatur von +2,₂° C. Im Allge=
meinen gehen sonst nur Gerste, Roggen und Hafer am höchsten, Weizen hält
sich stets tiefer.

Die Wälder sind es besonders, die so viel zur Bestimmung des landschaft=
lichen Charakters beitragen; sie sind es auch, die diesen in unserer Region wesent=
lich bilden helfen. Die schweizerische Bergregion besitzt verhältnißmäßig weit
mehr Waldgebiete als das Plateau der großen Hochebene, wo der baufähige
Boden längst zu andern Kulturen benutzt wird. Indessen ist die Physiognomie
der Waldbestände des Gebirges in den verschiedenen Abdachungen wesentlich ver=
schieden. Den Nordländer ziehen vielleicht am meisten die Kastanienwälder der
südlichen Alpenthäler an. Im Tessin, wo sie, oft auf sterilen Geschiebehalden,
gegen 2900' ü. M. reichen und das Mittelglied zwischen dem Kulturland und
dem eigentlichen Waldgebiete bilden, indem sie Fruchtgärten und Weideland zu=
gleich sind, liefern sie den Bewohnern jährlich ca. 1½ Millionen Kubikfuß Holz
obendrein. Eigentliche Urwälder kommen außer den Bannwäldern nur noch in
den wildesten Gebirgswinkeln vor. Doch verdient vielleicht auch der große
Dubenwald am Eingange des Turtmanthales diesen Namen. Zwei und
eine halbe Stunde führt der Thalweg durch seine Säulenhallen; sein Umfang
wird in einem Tage nicht umschritten. Viele Tausende seiner herrlichen Tannen
und Lärchen stehen abgestorben, rindenlos, von Spechten und Holzkäfern durch=
bohrt da, und wie in den tropischen Urwäldern Lianen die Stämme überflechten

und Orchideen ihre Blumenleuchter von den Aesten in's feuchte Dunkel nieder=
senken, so wuchert hier das nie gelöste Brombeer=, Rosen= und Waldrebengebüsch
in undurchdringlicher Ueppigkeit. Erdbeerstauden sprießen 1½ Fuß hoch aus
der weichen Holzerde auf, tausend junge Stämme wuchern aus der modernden
Leiche halbtausendjähriger Bäume auf, und die meergrünen Bartflechten triefen
ellenlang von den Zweigen, in denen der Urhahn balzt und der Luchs und die
wilde Katze auf Beute lauern. Lawinen und große Waldbrände haben seine
obern Seiten furchtbar heimgesucht, und halbverkohlte oder vom Sturm zer=
knickte Stämme sind Zeugen, wie die Wuth der Elemente nicht minder eifrig
an der Zerstörung des Hochwaldes arbeitet als sonst der Unverstand des Menschen.

Durch die ganze schweizerische Bergwelt hin bilden die Nadelhölzer die
Grundstöcke des vegetabilischen Lebens, sowol im Jura als im Tessin, im Wallis
wie in Appenzell, und unter diesen beherrscht wieder die düstere Rothtanne (Fichte)
das Waldgebiet sowol in Breite als in Höhe massenhaft. Nur in wenigen
Distrikten scheint die in andern Theilen der Schweiz gar nicht vorkommende,
jetzt aber häufig angepflanzte Lärche mit ihr wetteifern zu wollen, so namentlich
in den höhern Bergrevieren Graubündens, während in den tiefern die Tanne
unbedingt vorherrscht und hier wie überall der Gegend ihren starren, finstern
Charakter mittheilt. Die lichtere Weißtanne, im Jura und Emmenthal am
zahlreichsten, die rothstämmige Föhre (Kiefer) mit ihren hochstehenden, freige=
schwungenen Aesten und kräftigen Nadelbüschen, nur in der nördlichen Schweiz
und im Tessin größere reine Bestände bildend, der schmächtige Wachholder und
die klumpige Eibe unterbrechen nur selten die zusammenhängenden Fichtenbestände
und verschwinden fast in ihnen, während der Sevenbaum (Juniperus sabina)
hier und da, z. B. im Wallis, wo er neben den Lärchen wächst, noch die untern
Bergwälder zahlreich mit seinem übeln Duft erfüllt. Unter den Weißtannen,
welche im Allgemeinen die Schattenseite der Berge und einen feuchten Boden
vorziehen, finden wir einzelne Riesen, die den gewaltigsten Rothtannen würdig
an der Seite stehen. Auf der Schwäudialp in Unterwalden (4000' ü. M.)
wurde im Frühjahr 1852 eine vollkommen gesunde und frische Weißtanne gefällt,
die am Stocke einen Umfang von 21 Fuß und 100 Fuß über der Erde noch
einen Stammumkreis von 8½ Fuß hatte. Bei St. Cergues im Jura steht
eine ähnliche mit 17 Fuß Umfang und 60 Fuß Kronendurchmesser, bei Schwar=
zenberg im Entlebuch eine mit 22 Fuß Umfang.

Die Eichenwälder der Schweiz sind selten geworden. Sie sollen früher
herrliche Forste der submontanen und kollinen Region gebildet haben; jetzt noch
erscheinen zwar oft markige, majestätische Exemplare in der Fülle ihrer trotzigen
Kraft und derben Schönheit, wie z. B. ein Exemplar bei Courfaivre mit 32'
Stammumfang, aber mehr nur vereinzelt und immer seltener, oder höchstens
in kleinen zusammenhängenden Beständen, wie am Südabhang des Chaumont
(Kanton Neuenburg), in der Silva Bellini (Suabelin) bei Lausanne und
häufiger im Tiefland. Auch junge Eichenpflanzungen, wie am Nordabhange

des Etzels (Kanton Schwyz), sind allzu spärlich vorhanden. Einzelne Eichen
(und zwar Q. pedunculata) reichen an der Sonnenseite bis über 3100′ ü. M.
Ueberall mischen umfangreiche Waldungen schlanker Buchen ihr frisches Grün in
das Schwarz der Fichtenschläge; nur im größten Theile des laubwaldarmen,
aber mit einem eigenthümlichen Nadelholzreichthum gesegneten Graubünden,
wo die obersten Buchen in den Maiensäßen von Kunkels etwa 4000′ ü. M.
erscheinen, treten sie nicht in kompakten Massen auf, und fliehen auch den
Gotthard in allen seinen Richtungen, — vielleicht, weil er einer der großen Fön=
pässe ist. Im Allgemeinen ist die Buche der Baum des Kalk= und Molassegebirgs,
der Baum der sonnenreichen Berggelände, die sie in reinen Beständen bis 4000′
ü. M., in gemischten aber höher bekleidet. Am höchsten geht sie im Tessin, wo
sie, als Niederwald bewirthet, nicht selten, aber auffallenderweise die obere
Waldgrenze bildet. Wie Eiche und Linde die schönsten Bäume der untern Land=
striche, so sind Buche und Ahorn die edelsten der mittlern. Der schlanke, lichte,
unbemooste Stamm der Buche wächst leicht wie ein Säulenschaft in die Höhe,
und verräth nur in strammen Buckeln die derbe Kraft seiner Holzfaser. Der
üppige, lichte, etwas starre Rundbau des gewölbten Laubdaches ladet die Sänger
des Waldes zu freundlicher Einkehr. Als Hauptrepräsentant des Laubholzes
ist dieser Baum im Großen auch das Hauptbarometer der Jahreszeiten. Sein
Knospen und Grünen, die Vollendung seiner Blättermasse, das bunte, weiche
Abfärben derselben, der Laubfall und das endliche Kahlwerden begleiten Schritt
für Schritt den Gang des Jahres, und darum ist auch der Mensch ihm mit
größerer Aufmerksamkeit und Freundlichkeit zugethan als der einförmigen Tanne.
Neben der Buche sind die Ahornarten wahre Kleinode von Waldbäumen, werden
aber ihres herrlichen Holzes wegen stark mitgenommen und allzu selten wieder
nachgepflanzt. Der gemeine Bergahorn mit seinen weitausgreifenden Aesten
und großen ausgezackten Blättern kommt selten in großen Massen vor, wie
z. B. im Gadmenthal, und zwar am liebsten auf Kalk. Es giebt ausgezeichnete
Exemplare von ungeheurem Umfang (im Melchthale am Juchlipaß steht ein
solches von 28 1/2 Fuß Stammesumfang) in einzelnen Bergweiden und an Wald=
säumen. Man kann zudem sagen, er sei der berühmteste Baum der Schweiz,
ein wahrhaft historischer Baum: noch steht bei der Kapelle von Truns jener
veterane, auf der einen Seite entästete, auf der andern aber munter grünende
und blühende Ahorn, unter dem im Jahre 1424 der graue Bund beschworen
wurde. Seine untere Stammhälfte ist ausgehöhlt und vielfach durchbrochen.
Die dankbare Pietät des Volkes hat ihn mit einer schützenden Ringmauer einge=
faßt. Der Ahorn ist ein rechtes Kind des Bergwaldes, das nicht in die Ebene
geht, aber bisweilen 5000′ ü. M. hinaufreicht. Seiner kräftigen Schönheit
wegen pflanzt ihn der Bergbewohner gern um seine Hütten und Ställe; seiner
Mächtigkeit wegen schont er ihn an Halden, wo die Lawinen einbrechen können.
Sein Bruder, der Spitzahorn, und der Maßholder sind überall selten und mehr
im Tieflande heimisch. Die edle, duftreiche Linde, in der sich Kraft und an=

AHORNGRUPPE.

muthige Zartheit harmonisch einen, die schlanke, zähe Esche, die starre Erle, die
leicht aufstrebende, weißschaftige Birke mit ihrem lockern, zitternden Blätternetz,
die bewegliche Espe, die melancholische, struppige Ulme, die weitausgreifende
Schwarzpappel — alle bringen es nicht zu rechtem Familienleben, sondern stehen
bald einsam in Büschen, an Bachufern und im Nadelholz oder schließen sich zu
freundlichem Wechsel am liebsten an lockere Buchenbestände an. Linde, Nußbaum und Ahorn zieren auch gern die freien Plätze, auf denen sich die Bergbewohner zu sammeln und wo sie zu tagen pflegen. Die gewaltige vierhundert-
jährige Linde auf dem Landsgemeindeplatz zu Appenzell brach jüngst ein heftiger
Sturm. Der Nußbaum, der den Exerzierplatz bei Stans so manches Jahrhundert geschmückt hatte, lieferte blos an Astholz (ohne Stamm und Gezweige)
über dreißig Klafter Brennholz, während ein neulich zu Iseltwald gefällter
Riese von 5′ Stammesdurchmesser und 170′ Höhe um Frcs. 1100 nach
Brienz verkauft wurde, und der unvergleichliche, noch kerngesunde Nußbaum auf
dem Kirchenplatz von Beckenried 91 Fuß Kronendurchmesser hält. Im Schatten
der alten Linde zu Scharans (Domleschg) hat sich die Gemeinde schon seit dem
Jahre 1403 versammelt. Sie war bis auf die jüngste Zeit mit einem aus
Holz geschnitzten Bilde des mythischen Rhätus geschmückt, und widersteht noch
kräftiger den Stürmen der Zeit als jene in der Nähe des Rathhauses in Freiburg nach der Schlacht von Murten (1476) gepflanzte Linde.

In den südlichen Bergwäldern finden sich zu unsern Bäumen nicht selten
fremde Gäste ein: an geschützten Stellen sehen wir im Tessin hin und wieder
Lorbeer- und Feigenbäume bis 2000′ ü. M. eingestreut, ja im Verzaskathale
steht bei Brione ein Lorbeerbaum noch 2400′ ü. M., während den felsigen Fuß
des herrlichen Monte Bré bei Gandria die wintergrüne Ilexeiche, der Blasen-
strauch und Jasmin, der immergrüne Erdbeerbaum (Arbutus unedo) bekleiden
und dazwischen in bebuschten Felsritzen die amerikanische Agave und der Opun-
tienkaktus wuchern. Im Tessin begegnet uns im Niederwald häufig die schöne
Hopfenbuche (Ostrya carpinifolia) und der Bohnenbaum, im Wallis der schnee-
ballblättrige Ahorn und die Traubenkirsche.

Die Wälder dulden in ihrem Revier nur niedrige Blüthenpflanzen und eine
Unzahl von theils unscheinbaren, theils niedlich gebauten Moosen, Flechten und
lichtscheuen Pilzen und verdrängen gern die breiten Büsche, außer etwa den
Rosenarten und Waldreben oder Cytisussträuchern, die z. B. auf der Südseite
des Col de Trient im Juli die Wälder mit ganzen Massen ihrer leuchtendgelben
Blüthentrauben schmücken. Dagegen bekleidet die reiche Buschvegetation bescheiden die sandigen und steinigen Ufer der Bäche und die steilen Felsenvorsprünge
und Schluchten, wo die Bäume zurückbleiben, und weist eine große Anzahl von
genießbaren Beerenarten auf, die neben einer Fülle von nachbarlichen Lippen-
und Kreuzblumen, Rosenblüthern, Habichtskräutern, Skrophularien reifen.
Allein auch die hohen Herren, der Laub- und der Nadelwald, haben ebenso ihre
bevorzugten Gesellschafter, und zwar jeder theilweise seine eigenen. In den

Laubwäldern ragen durch Individuenmasse die Ranunkeln und Gentianen, die Rubiaceen und Synantheren hervor; die Nadelwälder lassen sich voraus durch Ranunkeln und Orchideen, Oxalideen, Pyrolen und Skrophularien schmücken. Auf den Felsen suchen einige Steinbrecharten, Thymian und Glockenblümchen, Habichtskräuter, Gräser und Felsenleimkraut jedes Erdkrümchen auszunutzen. Die kultivirten Wiesen und die an Kräutern und Blumen viel mannigfaltigeren Weiden der Bergregion zeigen überwiegend die Flora des Hügelgebietes und Tafellandes, wogegen auf den Bergen der Hochebene, selbst wo sie mit dem Alpengebirge in keiner Verbindung stehen, bei 2400—4000' ü. M. eine mehr oder minder reiche Alpenflora auftritt*).

Genaue Beobachtungen haben nachgewiesen, daß die Vegetation der Blüthenpflanzen nicht nur durch die besondern Lokalitäten, Höhengrade und Sonnenlage, sondern auch theilweise durch die Gebirgsart ihrer Basis bestimmt wird. Andere Pflanzen lieben das krystallinische Urgebirge, andere das Kalk-, andere das Schiefergebirge, die Molasse. Die Gebirgsart eines bestimmten Reviers trägt also wesentlich zum Charakter des herrschenden Pflanzenprospektes bei, obgleich weitaus die meisten Arten nicht streng an die chemische Beschaffenheit ihres Substrates gebunden sind, sondern sich gegen Kalk und Kiesel gleichgültig verhalten. Es kommt aber noch gar manches Motiv aus dem allgemeinen Charakter der Gebirgsart hinzu. Das Kalkgebirge z. B. erhebt sich unmittelbarer und steiler aus dem Thale, hat mehr Quellen am Fuße als in seiner Höhenausdehnung, ist zerrissener, zerfällt in größere Trümmer, hat schroffere Terrassen und weniger Sand und Grien als etwa das allmäliger ansteigende, stätigere, leichter verwitternde und feuchtere Schiefergebirge; es ist also im Ganzen kahler trotz eines größern Reichthumes an Blüthenpflanzenarten, und verliert die Vegetation in geringerer Höhe als dieses, während die einzelnen Grasbänke und Bänder viel saftiger und malerischer erscheinen, als die ausgedehnten und mehr zusammenhängenden Pflanzenüberzüge des Schiefergebirges. Man hat nachgewiesen, daß die Gräser, Glockenblumen und Schmetterlingsblüther auf Kalk verhältnißmäßig schneller abnehmen als auf Schiefer, während dagegen die Steinbrecharten und Kreuzblüther stärker hervortreten; daß die Flora der Felsen und Geröllreviere auf Kalk sich mehr heraushebt als die der Weiden; daß die Pflanzen der Ebene auf Kalk früher zurückbleiben als auf Schiefer, daß der Kalk viel mehr eigenthümliche Gewächsarten hegt, und daß bei Parallelformen diejenige des Kalkbodens reicher und dichter behaart, in der Belaubung tiefer zertheilt, bläulicher grün, mehr ganzrandig, die Blumenkrone kleiner und lichter gefärbt ist als bei der Parallelform des kalklosen Bodens. Als Beispiele für letzteres kann dienen der Vergleich der Kalkformen Rhododendron hirsutum, Anemone alpina, Astrantia alpina, Androsace helvetica, Saxifraga muscoides,

---

*) So beherbergen nach Heer die niedrigen Bergzüge des Kantons Zürich 55 eigentliche Alpenpflanzenarten, und im obern Töfthal finden sich allein vierzig solcher, wie: Alpenrose, gelbe Aurikel, Mannstreu, Zwergweide, großblumige Gentiane u. s. w.

Betula alba, Hieracium villosum etc. mit den Parallelformen des kalkfreien Bodens Rhod. ferrugineum, Anemone sulfurea, Astrantia minor, Androsace glacialis, Saxifraga moschata, Betula pubescens, Hieracium alpinum etc. Aber auch abgesehen von diesem Wechselverhältniß fällt schon dem Nichtbotaniker leicht ins Auge, daß er im Kalkgebirge das fleischfarbene Haidekraut, die acht=blättrige Dryas, die stengellose Gentiane, die gelbe und ungestielte Aurikel, die Alpenranunkel, die Alpenviole (Cyclamen), den Alpenlein, die dreiblättrige Anemone, die klebrige Weide stätig und oft massenhaft verbreitet sieht, selten aber im kalkfreien Boden; in diesem dagegen die Arve, die edle Kastanie, die kriechende Azalea, die moschusduftende Schafgarbe, die Berghauswurz, die punktirte Gentiane, die helvetische Weide, Anemone vernalis, Linnaea borealis, Saxi=fraga aspera, Primula glutinosa etc., welche dagegen den Kalkboden meiden.

Die an Arten zahlreichsten Blüthenpflanzenfamilien der Bergregion sind die Schmetterlingsblume, Rosaceen, Kreuzblüther, Ranunkeln, Alsineen, Doldengewächse, Gentianen, Rubiaceen, Lippenblüther, Skrophularien, Synantheren, Glockenblumen, Orchideen, Weiden, Knöteriche, Simsen, Gräser und Halbgräser, von denen einzelne in der Breite der Region 60 bis gegen 100 Unterarten zählen. Schon daraus kann auf den Reichthum dieses Pflanzenteppichs geschlossen werden, der in der schweizerischen Bergregion vielleicht wenig unter tausend Arten von Blüthengewächsen zählt und sich genau nach den einzelnen Lokalitäten von Sumpf= und Moor=, Ried=, Weiden=, Wiesen=, Acker=, Busch=, Wald=, Felsen= und Gerölldistrikten individualisirt. Es ließe sich ein eigenes und wahrlich nicht uninteressantes Buch über die innern und äußern Verhältnisse und Verbindungen dieses Teppichs schreiben, indem bei aller Freiheit und Zufälligkeit doch gewisse Gesetze nach chemischen, physikalischen, meteorolo=gischen und geognostischen Motiven unverkennbar sind. Hoffentlich werden unsere Pflanzenfreunde auch diese pflanzengeographischen Zustände der wissen=schaftlichen Beachtung unterziehen, wenn sie einst mit Auffindung und Bestimm=ung der letzten Flechten und Algen zu Ende gekommen sind, wie wir denn bereits einige vielversprechende Lokalbilder besitzen*).

---

*) Inzwischen ist unseres berühmten Landsmannes Alph. de Candolle's Géographie botanique raisonnée ou Exposition des faits principaux et des lois, concernant la distribution géographique des plantes de l'époque actuelle, Paris et Genéve 1855 erschienen, welches Werk die oben angedeutete Aufgabe in der großartigsten Weise auffaßt, und hat auch Prof. A. Kerner in Innsbruck in seinem „Pflanzenleben" (1863) ꝛc. werthvolle Beobachtungen veröffentlicht.

Drittes Kapitel.

Das niedere Thierleben.

Die Wälder als Centralheerde des vegetabilischen und animalischen Lebens. — Die Regionen-Grenzen der Thierwelt. — Die Thiere als Eroberer des Gebiets. — Verhältniß der Thierklassen untereinander. — Skorpione. — Die Insektenwelt. — Die verwüstenden Insekten im Gebirge. — Trüsche. — Barsch. — Aesche. — Hecht. — Lachse. — Das Fischleben. — Die grünen Wasserfrösche und ihr Schicksal. — Der braune Grasfrosch. — Kröten, Salamander und Tritonen. — Blindschleichen. — Die einzige Giftschlange der Bergregion und ihre Lebensweise. — Eidechsen. — Die große grüne Eidechse. — Schildkröten im Reußthale.

Ein noch viel reicher zusammengesetztes Schauspiel als die Pflanzenwelt bietet die Thierwelt der Hochgebirge dar, in der, wie überall, die vielen tausend und aber tausend Arten von Gliederthieren die Hauptmasse des animalischen Lebens darstellen. Im Ganzen ist die Thierwelt von der Pflanzenwelt abhängig, indem alle Thiere sich entweder von Pflanzen oder von anderen Thieren nähren; weshalb auch die Centralheerde des pflanzlichen Lebens, die Wälder, das Haupttheater des thierischen Lebens bilden. Die Wälder stellen nicht nur in sich selbst die imposanteste Masse der organischen Stoffe dar, sondern erzeugen auch durch ihren großartigen Ernährungs- und Verwesungsprozeß fortwährend neue Stoffmassen. Sie bieten also unmittelbar den pflanzenstofffressenden und mittelbar den Raubthieren die großartigsten Vorrathskammern dar, und bergen und schützen die sich ihnen anvertrauenden Thiere zugleich, indem sie sie nähren. Daher in den Wäldern die Menge von Ameisen, Käfern, Raupen, Fliegen, Wespen, Wanzen, Würmern, Kröten, Salamandern, Vögeln, Mäusen, Eichhörnchen, Dachsen, Hasen, Mardern, Füchsen u. s. w.

Wenn es bei der Pflanzenwelt schon schwierig war, die Regionen nach Fußzahl der Höhe zu bestimmen, so ist dies bei der viel beweglicheren Welt der Thiere in noch höherem Grade der Fall. Hunger, Verfolgung, Wärme oder Kälte üben bekanntlich auf den Aufenthalt des Thieres einen großen Einfluß aus, nöthigen es zu Wanderungen und versetzen es für längere oder kürzere Zeit in ein anderes, oft sehr verschiedenes Revier. Besonders ist der Winter der Impuls zu den großartigsten Thierwanderungen von oben nach unten. Das Volk der Vögel, als das beweglichste, ist am allerschwierigsten nach Höhenzonen abzugrenzen. Theilweise gehört es ohnedem ebenso sehr Schweden, Sibirien oder Italien, Griechenland und Afrika als unserm Gebirge an, und viele kleine Vögel und einige Raubvögel scheinen beinahe überall heimisch zu sein von der Sohle des Thales bis zum Eismantel der Alp, vom Aequator bis gegen die Pole hin. Dennoch lassen sich im Ganzen die Thiergruppen mit Rücksicht auf ihr Standquartier und ihre Nistung nach Regionen betrachten, die sogar von einzelnen Thierklassen ziemlich konstant eingehalten werden, und so möge es uns nun vergönnt sein, nachdem wir bisher die Grundzüge der Basis des Thierlebens gezeichnet, von dieser bunten Bevölkerung selber zu sprechen, wenn auch nur in allgemeinen Umrissen, da diese Region weit mehr mit den unteren Revieren, namentlich mit dem anstoßenden kollinen, gemein hat als die höheren.

Wir treffen freilich in unserm Gebirge nicht jene Fülle thierischer Erscheinungen, mit der eine überschwänglich reiche Natur die Wälder der Tropen belebt, nicht einmal die mäßige Menge unserer Ebenen. Die Gebirge treten wie lebensfeindliche Mächte in der Natur auf; wo sie sich mit Vollkraft aufgebaut und vollendet haben, existirt fast nichts Lebendes mehr, und je näher ihrem Scheitel, desto schwächer ist die Verbreitung der Organismen. Selbst an ihrem Fußgestelle unterbrechen sie wenigstens durch stets frisch versorgte Schutthalden, senkrechte Felswände, finstere Schluchten einigermaßen die stätige Verbreitung des frischen, behaglichen Lebens. Ihnen gegenüber tritt aber Pflanze und Thier als erobernde Macht auf. An die Verwitterung des Steines klammert sich der graugrüne Ueberzug unscheinbarer Flechten — wo der Stein stirbt, wächst die Pflanze auf. Und vollends die Thierwelt verbreitet ihre energische und siegreiche Invasion durch alle Starrheit und Schreckniß des Gebirges. Millionen Insekten, Spinnen und Krustenthiere beleben die rauhsten, jähsten und kahlsten Felsenmauern, die von ferne betrachtet nicht Ein Thierleben zu enthalten scheinen. In den ödesten und finstersten Steinthälern und Geröllfeldern hausen sie mit vollem Behagen; hier kommen noch Wurmthiere und Weichthiere dazu, Reptilien, Vögel und selbst Säugethiere, so daß im ganzen Gebiete der Bergregion kein auch noch so geringer Fleck zu finden ist, der nicht Raum und Möglichkeit für verschiedene Formen des Thierlebens darböte, ja solche wirklich aufwiese.

Freilich sind die niedrigsten Formen der Thierwelt unserer Region wie des ganzen schweizerischen Gebirges noch lange nicht alle aufgesucht und festgestellt worden. Die vollkommeneren Gebilde der Fauna liegen dem Menschen näher und sind auch weit leichter zu bewältigen als die Massen von wirbellosen Thieren. Unter diesen, den Gliederthieren, Wurmthieren, Weichthieren und Pflanzenthieren, nehmen, wie bemerkt, die ersten an Zahl und Arten entschieden den vordersten Platz ein; sie sind auch verhältnißmäßig am allgemeinsten und genauesten beobachtet worden, während die übrigen wirbellosen uns theil-

weise noch fremd sind, und im Gebirge nicht besonders viele eigenthümliche For=
men aufweisen.

Doch besitzen wir auch von den Gliederthieren der Bergregion nur sehr
fragmentarische Nachrichten. Von ihren einzelnen Familien, den Insekten,
Spinnenthieren und Krustenthieren, behaupten wiederum die ersten die
größte Verbreitung an Arten und Individuen, wie sich es beispielsweise im
Glarnerlande, dessen Thierwelt durch Dr. Heer's unermüdliche Forschungen am
genauesten beleuchtet worden ist, auffallend zeigt. Dieser Kanton beherbergt in
allen seinen Regionen etwa 5600 Thierarten, nämlich 213 Wirbelthiere, 5000
Gliederthiere, 50 Würmer, 100 Weichthiere und 200 Pflanzenthiere. Es
bilden also die Gliederthiere beinahe ⁹/₁₀ aller Thierarten. Ferner fallen von
den Gliederthieren nur etwa 300 Arten auf die Spinnenthiere und etwa 50
Arten auf die Krustenthiere; auf die Insekten dagegen etwa 4600 Arten, näm=
lich 1500 Käfer=, 1000 Fliegen=, 800 Schmetterlings=, ebenso viele Ader=
flügler=, 100 Netzflügler=, 100 Kauinsekten=, und 300 Schnabelkerfarten. Wir
gewinnen durch diese Data einen ungefähren Maßstab für den noch nicht er=
messenen Reichthum der Gliederthierwelt in der ganzen schweizerischen Bergregion.
Denn was von diesen im Glarnerlande für die tiefern Landstriche abgeht und
sich in der Bergregion nicht mehr vorfindet, mag durch die in der Bergzone der
südlicheren Alpen neu hinzukommenden Arten reichlich ersetzt werden. Als merk=
würdige Erscheinung einiger südlicher Theile erwähnen wir des europäischen
Skorpions, der aus den italienischen Ebenen bis in die unteren Berge des
Tessins und im Kanton Graubünden bis ins Bergell und Misox hinaufsteigt und
in Gemäuer (namentlich an feuchten Kirchenmauern) und faulen Kastanien=
bäumen sich hin und wieder findet. Doch scheint er in diesen kälteren Distrikten
den größten Theil seiner Gefährlichkeit verloren zu haben und wird nicht gefürchtet.
Im Puschlav ist er bei Brusio und San Vittore am häufigsten, reicht aber bis
Poschiavo (3200' ü. M.) hinan und findet sich beim benachbarten See öfters
unter Steinen, verläßt aber bei feuchtwarmer Luft und Witterungswechsel sein
Versteck. Auch im Kanton Wallis ist er bei Sitten aufgefunden worden. Das
Volk glaubt, ein in einen Kreis glühender Kohlen gesetzter Skorpion tödte sich
selbst, was allerdings durch unwillkürliche Selbstverwundung des geängstigten
Thieres geschehen kann. Der Flußkrebs (Astacus fluviatilis) ist zwar im Tief=
lande ungleich häufiger, kommt aber auch öfters in der Bergregion in Menge
vor. Der höchste bekannte Fundort dürfte indeß nicht über 3450' ü. M. (Flims,
Graubünden) liegen. Versuche, die man im vorigen Jahrhundert wiederholt
anstellte, Domleschgerkrebse 400' höher in Churwalden anzusiedeln, mißlangen
eben so wie jene, große tiefländische Flußkrebse in die Bergregion zu verpflanzen.
In diesen finden wir regelmäßig nur die kleinere Varietät. Der ihr nahe ver=
wandte Steinkrebs (Astacus saxatilis, Koch) ist bisher höchstens bei 2000'
ü. M. beobachtet worden. Dagegen reicht der ächte Blutegel (Hirudo medicinalis,
welcher der ungarischen Varietät H. officinalis vorgezogen wird) in den rhäti=

schen Gewässern bis in die Alpregion und wird z. B. im Tarasperseelein (4300')
und anderswo auf den Verkauf gefangen.

Unter den Insekten ist die Ordnung der Käfer, von denen die Schweiz
gegen 3500 Arten zählt, am reichsten vertreten, nach ihnen die der Fliegen,
der Aderflügler oder Wespen und der Schmetterlinge. Die übrigen drei
Ordnungen der Netzflügler oder Neuropteren, der Kauinsekten und der
Schnabelkerfe oder Rhynchoten bilden einen verhältnißmäßig sehr kleinen
Theil der bunten Insektenfamilie, die in der Luft, auf und in der Erde und im
Wasser ihren beweglichen Haushalt führt. Den Winter über ist diese kleine Welt
größtentheils verschwunden. Während wir im Januar in der Höhe von 4000'
ü. M. eine kleine Wolfsspinne noch mühsam über die harte Schneedecke sich hin-
arbeiten sehen, vermögen wir keine Fliege, Mücke oder Wanze zu entdecken.
Dagegen ruft der erste Fönstrich des Frühlings wie mit einem Zauberschlage
einen Theil der schlummernden Insektenwelt, die theils in vollkommener, theils
in unvollkommener Verwandlung überwintert hat, ins Leben; der folgende vermehrt, der dritte verdoppelt, vervierfacht sie, und im Laufe einer warmen Früh-
lingswoche treten Myriaden von Insekten ans Licht, am Fuße der Gebirge noch
mehr nach den Perioden der Jahreszeiten in der Folge der Familien, höher oben
aber fast gleichzeitig den kurzen Lebenssommer benutzend. Wer diese sich fröhlich
tummelnden Schaaren, die Völker von luftigen Tänzern und eleganten Hüpfern
beobachtet, schließt leicht auf die zahllose Menge von Individuen. Jedes Revier
scheint ihnen gerecht zu sein. Wanzenarten laufen auf dem Pfuhle, tauchen in
Pfützen, rennen mit ihren schönen, bunten Flügeldecken zwischen den Steinen;
Blattläuse und Blattflöhe überziehen in Tausenden von Exemplaren Gräser und
Blätter; die Wiesengründe wimmeln von hüpfenden Kleinzirpen und muntern
Heuschrecken. In ihren Trichtergruben lauern die röthlichgrauen Ameisenlöwen,
das vorübereilende Insekt mit ihren Sandstrahlen zu überschütten; Schaumcika-
den schwanken am Halme; Halden und Weiden tönen vom schrillen Flügelschlage
der Grillen und Heimchen vielleicht nirgends so volltönig als in der Bergregion.
Tausende von Fliegen-, Mücken- und Bremsenarten schwirren durch die Luft und
tanzen über Blüthen und Büschen. An den Bächen saust mit schwerem, wildem
Fluge die großaugige Wasserjungfer einher, während die leichteren, schwarzblauen
Libellen eine blühende Wasserpflanze umschweben. Aus Erdlöchern, Steinsaaten,
Bretterwänden der Hütten und Ställe, aus den modernden Baumstrünken oder
der schorfigen Rinde tauchen ganze Heerden Bienen und Wespen aller Art hervor,
und führen unter einander einen erbitterten und mörderischen Krieg, in dem sich
besonders die Grab- und die Schlupfwespen hervorthun; Felsen-, Wald-, Moos-
und Steinhummeln durchstreifen Wald und Berg nach jungem Blumenhonig;
Holz-, Schlupf-, Grab-, Gall-, Blatt- und Sandwespen, schwere Hornisse eilen
emsig mit gefürchtetem Stachel auf Beute aus; Wald- und Bergameisen und
Myrmiceen bauen, schleppen, rennen in ununterbrochener Geschäftigkeit auf einsamen Wegen oder volkreichen Heerstraßen; unzählige Käferarten kriechen an

den Bäumen, auf der Erde, in den Büschen und Steinfeldern, sammeln sich in Aas und der Losung der Bergthiere, schwimmen in Pfützen, Mooren und Bächen, schwirren schwerfällig durch die Luft. Die freundlichsten Insekten aber, die lieblichen, bunten Schmetterlinge, gaukeln, selbst schwebende Blumen, von Kelch zu Kelch, wiegen sich über Seen und Auen, tummeln sich an Felsen und Bäumen und beleben noch den dämmernden Abend. Die reichen Laub= und Nadelwaldungen, Weiden=, Liguster=, Rosen=, Berberitzen= und Dornbüsche unserer Region gewähren namentlich den Raupen vieler Spinner, Schwärmer, Eulen, Spanner, Blattwickler und Motten ein reiches Asyl; weshalb auch die Nachtschmetterlinge hier sehr vollzählig auftreten. Die herrlichen Farben der Falter und ihr sorglos freudiges Schwärmen und Genießen machen sie zu wahren Perlen der Fauna, und eine Menge von Schmetterlingen, wie den Schwalben= schwanz und seinen Vetter, den bläßern Segelfalter, den Admiral und Aurora= falter, die Füchse und Perlenmutterfalter, Bären, Trauermantel und Apollo, die unvergleichlichen Schillerfalter, den pfeifenden, honigraubenden Todtenkopf, das Pfauenauge, den Gabelschwanz, Blaukopf, das Ordensband und den Ligu= sterschwärmer kennt und liebt Jedermann.

Wie vielgestaltig ist die unermeßlich reiche und flüchtige Welt der Insekten! Wie die Gräser im Pflanzenreiche bilden sie den Grundstock, die Hauptmasse des Thierlebens. Und dies auch nicht umsonst. Wie jene für die Pflanzenfresser, so sind diese für eine Menge von Wirbelthieren das große Nahrungsfeld; ja wir finden unter den Insekten selber und unter den übrigen Gliederthieren eine große Anzahl von Arten, die nur auf Insektennahrung angewiesen sind und der wuchernden Ueberfülle die wirksamsten Schranken entgegenstellen. Bekanntlich zählt diese Familie nicht wenige Species, die von sehr schädlichem Einfluß auf die Pflanzenwelt, besonders auch auf die Kulturgewächse sind. Die Raupen etlicher Schmetterlinge und viele Käfer zernagen das Holz der Waldbäume, Laub, Blüthe und Frucht der Obstbäume und die Gartengewächse. Der Maikäfer aber wird als Engerling und als Käfer in manchen Thal= und Berggegenden in gewissen Jahren zur wahren Landplage. In der ersteren Form zernagt er die Pflanzenwurzeln oft bis zu völliger Vertilgung des Graswuchses, in der zweiten zerfrißt er Laub und Knospen der Bäume. Im Tieflande tritt er nicht selten in furchtbarer Anzahl auf und wird für die Thäler im Norden der Centralalpen so schädlich, wie die Wanderheuschrecke schon öfters für die des Südens wurde*); in der Bergregion verliert er sich wie mehrere andere schädliche Insekten (z. B.

---

*) Doch scheint sie in frühern Jahrhunderten auch bis in die nördliche Schweiz vorgedrungen zu sein. „Am 21 Tag Augustmonats (berichtet Tschudi) im Jahr 1364 umb Mittag kamend die Höwstoffel in dise Land in großer, schwerer und merklicher Viele, so dick als ein Nebel in den Lüften hergeflogen, also daß man zu Zürich und anderswo Sturm über si lütet mit allen Glocken. Si fraßend das Korn, Laub und Gras und tettend großen Schaden, und ward darnach thüwr und viel Ungfels ent= stund in dem Land.“

der Apfelblüthenkäfer, der Ringelspinner, der Forstspanner, die Maulwurfsgrille) auffallend rasch bei 3000—3300' ü. M. Schon einzelne Gegenden von 2000—3000' sind sogar ganz von ihm verschont. Im Jura steigt er nicht über die Eichengrenze hinauf; um St. Gallen (2081' ü. M.) verlor er sich seit den nassen Jahren von 1816 und 1817 bis auf ein unschädliches Maß; sein höchstes Vorkommen und auch dieses nur ausnahmsweise möchte bei Andest (in Bünden, 4000' ü. M.) sein. Immerhin reicht er in den südlichen Thälern 6—800' höher hinauf als in den nördlichen. Saatkrähe, Maulwurf und Spitzmaus sind die gefährlichsten Feinde seiner Larven. Sein erster Flug an der untern Grenze unserer Region trifft beinahe auf den Tag mit dem ersten Fluge in den 1200 Fuß tiefern Geländen zusammen.

Weit augenfälligere Erscheinungen als die bisher dargestellten bietet das Reich der Wirbelthiere dar. Es ist ungleich beschränkter an Arten und Individuen als das der Wirbellosen, wie wir bei einer frühern Angabe zu bemerken Anlaß hatten; dagegen übertrifft es diese an Ausbildung des Organismus und Intelligenz, greift mehr in den Kreis der menschlichen Thätigkeit herein, tritt großartiger in Nutzen und Schaden auf und weist viel bestimmtere thierische Individualitäten nach, ist darum auch besser beobachtet worden.

Von den vier Hauptklassen der Wirbelthiere, den Säugethieren, Vögeln, Amphibien und Fischen, sind die letzten beiden in der Bergregion am schwächsten vertreten, etwas zahlreicher sind die Säugethierarten; die Vögel aber weisen mehr Arten auf, als alle drei andern Klassen zusammen, was mit dem großen Verbreitungsbezirke vieler Vögel und mit den ausgedehnten Waldungen des Gebirges in ursächlicher Verbindung steht.

Die Bergregion hat keine weiten Flußgebiete und großartigen Wasserbecken mehr. Alle größeren Seen der Schweiz liegen weit tiefer, selbst der höchste unter ihnen, der Brienzersee (1736' ü. M.), erreicht noch bei 7—800' unsere Region nicht. Kleine, aber zahlreiche Bäche, und kleine Bergseen bilden unsere vornehmsten Wasserbehälter; daher hat auch die Klasse der Fische einen beschränkten Bezirk für ihre Verbreitung. In den tiefen, klaren, grünen Buchten der Seeufer, oft in der Tiefe des Bergseebeckens, lebt die buntgezeichnete, grünlichgraue, schlangenartig schwarz und gelblichgrün marmorirte Trüsche (Lota vulgaris, Flußquappe), gierig dem Fischlaich, der Brut und selbst ziemlich großen Fischen nachstellend, denen sie auflauert und pfeilschnell über den Hals kommt, in ziemlicher Anzahl, und geht auch hin und wieder in größere Bäche und Flüsse. Ihr außerordentlich zartes und feines Fleisch zieht ihr viele Nachstellungen zu; ihre Leber ist das wohlschmeckendste Gericht aus unserer Fischwelt. Dieser schöne, durch kleine Bartfaden am Kinn ausgezeichnete Fisch ist trotz seiner Fähigkeit, sich fabelhaft reichlich zu vermehren, nirgend allzu häufig, da die Hechte fleißig Jagd auf ihn machen, und wird in unserem Revier selten über einen Fuß lang und über 2—4 Pfund schwer, während er im Genfersee bis 3 Fuß lang und bis 10 Pfund schwer wird. Die Reuß hinan steigt er bis Amstäg und ist bei Sissigen am häufigsten; in dem kleinen See von Seelisberg ob dem Vierwaldstätter=See (2240' ü. M.) fängt man bis achtpfündige Exemplare.

Neben der Trüsche zeigt sich in Seen und Bächen häufig der gemeine Barsch (Perca fluviatilis), der gefräßige und erbitterte Verfolger der Frösche und Molche, mit seiner stachlichen Rückenfloffe und seinen goldschimmernden Flanken. Er wird selten so schwer als die Trüsche, aber gern gegessen. Im ersten Jahre fängt man den Barsch auch in den Bergseen als ‚Heuerling‘ oft massenweise; später nennt man ihn ‚Egli‘ oder ‚Rehling‘, auch ‚Lutz‘ und im Tessin ‚Persico‘. Man hat den Versuch gemacht, ihn auch in hohe Alpenseen zu verpflanzen, was öfters gelungen ist. Die kleine Ellritze (Phoxinus laevis) und die Groppe (Kaulkopf, Cottus Gobio) ist in den meisten klaren und seichten Bächen, die nicht allzu starken Fall haben, oft auch in reinen Wassergräben sehr häufig und schießt pfeilschnell über den steinigen Grund oder zwischen den schwarzgrünen Schlammgehängen hin und her. Sie finden sich noch im Fählensee (4480' am Säntis) und im Trübsee ob Engelberg (5800'). Die rothfloffigen, hoch= rückigen, selten über 8'' messenden Rotteln (Scardinius erythrophthalmus, Plötze), die dunkelgrünen, unten weißgelben Schleihen (Tinca chrysitis), die schwärzlichen, silberglänzenden Nasen (Chondrostoma nasus), die grün= gelben Lauben (Aspius alburnus), auch Blauling genannt, weil sie nach dem Tode hellblau werden, ein grätenreicher und wenig geschätzter Fisch, sowie die Haseln (Leuciscus rodens), und die grünlichgrauen, schwarzgestreiften Schmer= len kommen in den Bächen und Seen der Bergregion hin und wieder vor, häu= figer die gemeinen Aeschen (Thymallus vexillifer), die in der Reuß noch bis gegen Wasen (2864' ü. M.) hinaufgehen und im Inn bis Steinsberg (4525' ü. M.) einwanderten, indem sie die Forellen vertrieben. In hellen Kiesbächen und schattigen Waldgewässern finden wir sie wenigstens in der Unterhälfte unseres Gebietes oft schaarenweise; sie haben aber an den Flußadlern, Tauchern und Fischottern gefährliche Feinde. Ein See unserer Region, der kaum eine halbe Stunde im Umfang haltende in Sumpfriedern liegende Schwarzsee (Lac d'Omeinaz, am Fuße der Freiburgischen Schweinsberge, 3270' ü. M.) beherbergt merkwürdigerweise eine Art von Weißfischen, die sonst in den größeren nördlichen Strömen Europas vorkommt, in der Schweiz aber bisher weiter nicht entdeckt worden ist, nämlich die Göse (Leuciscus jeses). Sie wird am Schwarzsee ‚Wantuse‘ genannt und ihres zwar ziemlich grätenreichen, aber zarten, fetten, gelblichen Fleisches wegen hoch geschätzt. Dort erreicht sie nicht selten eine Länge von anderthalb Fuß und ein Gewicht von vierzig bis sechszig Loth, ist obenher blau, an den Seiten silbergrau, schwimmt sehr rasch und ver= mehrt sich stark. Durch welchen Zufall und nach welchen Abenteuern mag das erste Pärchen aus den nordischen Strömen durch den Rhein und die Aare herauf= gekommen sein, um endlich durch die warme Sense in diesem Bergsee eine neue Heimat zu finden!

Zahlreicher als alle bisher genannten Gattungen und diesen sehr gefährlich sind die Hechte, die „Könige der Süßwasserfische', ausgezeichnet durch ihre gierige Gefräßigkeit, ihre schnelle, kräftige Bewegung und ihr feines Gehör. Im ersten Jahre sind sie grün (Grashechte), später schwärzlich grau gefleckt. In dem breiten und weiten Maule liegt ein furchtbarer Apparat von langen, spitzen, hechelförmigen Zähnen, deren man in einem einzigen Exemplare gegen 700 Stück zählen kann, und die Augen sind groß, flach und hübsch von einem gelben Ringe eingefaßt. Ihr Fleisch ist weiß, derb, sehr schmackhaft und gesund. Zur Laich= zeit, wo ein einziges Weibchen oft an die anderthalbhunderttausend Eier an die sonnigen Untiefen abzusetzen vermag, pflegt man sie an vielen Bergseen zu schießen. Früh vor Sonnenaufgang sieht man noch einzelne Feuer der hier bivouakirenden Fischer und Jäger. Ehe der Tag anbricht, umstreifen diese das Seebecken bis zum hohen Mittag, den Stutzer oder die mit mehreren kleinen Kugeln geladene Büchse gegen den Wasserspiegel gesenkt. Bald bemerken sie eine leise, strichartige Bewegung in den klaren Wellen. Der Hecht zieht wenige Zoll unter der Oberfläche langsam dem Röhricht zu, um zu laichen. Der Jäger feuert, indem er das Gesetz der Strahlenbrechung im Wasser beachtet und etwa eine Hand breit vorhält. Selten verwundet die Kugel, die im Wasser ihre Kraft theilweise verliert, den Fisch; Krachen und Wasserschwall betäuben ihn aber, daß er einige Zeit auf dem Rücken liegt, wo er dann rasch mit einem Aste ans Ufer gefischt und getödtet wird. Im Klönthalersee (2640' ü. M.) werden nicht selten Hechte von 12—15 Pfund gefangen und geschossen; auch im Tronser= und Laxersee in Bünden, und Thalalpsee (3398' ü. M. im Kanton Glarus), wo die vor hundert Jahren eingesetzten Hechte und Schleihen sich fortgepflanzt haben, finden wir stattliche Thiere.

In den Seen der Ebene aber giebt es 20—45 Pfund schwere Hechtexem= plare, die wohl 60—80 Jahre alt sind. Die Verheerungen solcher Riesen sind furchtbar. Größere Hechte greifen nicht selten Schwimmvögel und Ratten an, verschlingen Frösche, Mäuse und Wasserschlangen und sollen selbst Katzen und Hunde im Wasser anpacken. Vater Geßner erzählt von einem Hechte, der sich im Wallis in die Unterlippe eines an der Rhone trinkenden Maulthieres einbiß und nur mit Mühe von dem entsetzten Thiere auf dem Lande abgeschüttelt wurde; ja diese Süßwasserwölfe haben schon badende Menschen angebissen und Fisch= ottern den Fraß abgejagt.

Der interessanteste und zahlreichste Fisch der Bergregion ist aber ohne Zweifel die Bachforelle, von der wir wie von der Rothforelle unten einige biographische Umrisse geben. Ihr Vetter, der Lachs, jung Sälmling, erwachsen vom Frühling bis August Salm, dann bis zu Neujahr Lachs genannt. Salmo salar (das Männchen heißt vom September an auch Haken, das Weibchen Ludern), ist ein sonderbarer Wanderfisch, halb Süßwasser=, halb Meerthier. Aus dem nördlichen Weltmeere, wo er besonders zahlreich an der skandinavischen Küste hinstreicht, steigt er oft im April schon, oft später, langsam mit großen Zügen in spitzwinkeligen Linien, die schwersten Roger voran, alle Flüsse Deutschlands hinauf, kommt im Mai*) bei Basel durch den Rhein her, schnellt sich mit kräftigem Schwanzschlag die laufenburger Stromschnelle hinan, schwimmt im August in die kleineren Flüsse, zieht ohne Aufenthalt durch die Länge der Seen nach deren Zufluß, fährt diesen aufwärts, überspringt leicht Wehre und Rechen, vertheilt sich in alle großen Seitenbäche, die schnellen Lauf und kiesigen Boden haben, und gelangt so auf langer Irrfahrt mitten in die Bergregion. Hier laicht er vom Oktober bis December, und zwar oft in so seichten Nebenbächen, daß er die Rückenflosse nicht mehr im Wasser bergen kann, und zieht dann mager und erschöpft wieder in großen Reihen flußabwärts in das Meer zurück. Im nächsten Sommer kehren diese Thiere mit merkwürdigem Ortssinn von Norwegens Küsten auf ihre alten Laichplätze zurück, wo sie unter und neben den zahlreichen Netzen, die ihnen den Durchgang verkümmern, vorbeizukommen suchen und dieselben kraft ihrer Größe nicht selten durchbrechen. Der an den Kiesel- und Sandufern in aufgewühlte Löcher durch Reibung in 20—30,000 Eistücken abgesetzte orangerothe Laich entwickelt sich in zehn Wochen, und die jungen Sälmlinge, die sich scheu im Gesteine verbergen, zeigen starkes Wachsthum, gehen aber im folgenden Frühling schon dem Rheine zu und dann ins Meer, wo sie bleiben, bis sie zu Salmen erwachsen sind. Nur die Bäche und Flüsse des Rheingebietes unterhalb Schaffhausen haben Lachse. Diese dringen indessen in der Linth bis fast zur Pantenbrücke (3012' ü. M.) auf, in der Aare bis Thun, aus der Reuß bis ins Entlebuch, Engelberg und Muotathal. Im Jahre 1833 wurde sogar ein Lachs in der Reuß hoch im Urserthale gefangen (4400' ü. M.), nachdem er auf wunderbare Weise die zahllosen Stürze und Strudel der Göschenen überwunden haben mußte. Aus dem Wallensee gehen die Lachse auch in die Seez, und dringen bis ins Melsertobel vor, wobei sie einen 12 Fuß hohen Mühldamm überspringen müssen. In der Saane reichen sie bis gegen Freiburg hin. Sind die Lachse angekommen, so setzen die Fischer ihre großen Netze, die sogenannten ‚Wölfe‘, quer durchs Wasser, richten ihre Lachsfallen ein und stechen die Fische Nachts von den beleuchteten Kähnen aus mit sogenannten Geeren. Es werden dabei oft Exemplare von 20—35 Pfund gefangen, noch schwerere bis zu 50 Pfund in den größeren Flüssen der Ebene. Die Fischerei ist immer noch so ergiebig, daß die Pächter des Lachsfanges von Lauffenburg seit 1860 sogar 4500 Fr. jährlichen Pachtzins bezahlen. Glücksjahre wie in alten Zeiten sind selten. Im Jahre 1419 bei auffallend niedrigem Wasserstande der Aare fing man bei Bern allein gegen 3000 Stück, oft 15—20 in einem Zug. Die Alten sagten, „es bedüte frömbd Volk, so in dise Land kommen wurde.“ Am 1. Dec. 1764 fing ein Stadtfischer in der Reuß bei Luzern 110 Lachse von 10—35 Pfd. Die älteren Männchen erkennt man in der Laichzeit leicht an dem starken Haken des Unterkiefers, den auch die ausgewachsenen Männchen der Grundforelle (Rhein-

---

*) Im Jahre 1866 wurden merkwürdigerweise schon in dem milden Februar in unserm Rhein einzelne Salme gefangen, — etwas bisher Unerhörtes.

lanke) bekommen, einer knorpeligen Verlängerung der unteren Kinnlade, die sich hakenförmig umbiegt, während gleichzeitig in dem Oberkiefer eine Höhlung entsteht, in welche der Haken sich einpaßt. Beide Bildungen verlieren sich nach der Laichzeit wieder. Die Grundforelle (Salmo lacustris. Blöch. S. Trutta L. S. lemanus Cuv.), auch Seeforelle, Rheinlanke genannt, zeigt sich wohl nur im Flußgebiete des Rheins und Inns auch in der Bergregion und ist bei Ruvis und Trons schon 18—30 Pfund schwer gefangen worden, bei Splügen (4430' ü. M.) 3—12 Pfund schwer. Am höchsten erscheint sie wohl in den Seen des Oberengadins bei 5500' ü. M. Sie hat bei gleichem Gewicht einen weit plattern, gestrecktern Bau als der Lachs, einen mehr als zur Hälfte größern Kopf und stärkere Schwanzflossen, ist obenher dunkel grünlichgrau, an den Seiten und dem Bauche silberglänzend, seitwärts bis auf die Backen schwärzlich gefleckt, oft auch roth oder rostbraun punktirt. Die Rücken-, Schwanz- und Fettflosse sind dunkel, die paarigen gelblich gefärbt. In unsern großen Seen wird dieser Fisch bis über 40 Pfund schwer.

Diesem Gebiete des Thierlebens steht ein geringes Gebiet des Gebirgsmenschenlebens zur Seite. Die Fischerei ist in der ganzen Bergregion, obwohl nicht uneinträglich, doch nur auf wenige Personen als stehendes Gewerbe beschränkt. Der Fischfang mit der Angel ist in der ganzen Schweiz frei, das Netzelegen dagegen an gewisse Rechte und Einschränkungen geknüpft. In Bünden sind die meisten Seen in dieser Beziehung Privat- oder Kommunaleigenthum; im Kanton Tessin ist der Fischfang von besonderer Bedeutung, indem die Fischausfuhr (über den eigenen Konsum hinaus) auf jährlich 4000 Zentner (?) angeschlagen wird.

Im Großen und Ganzen nehmen die Fische im Gesammtleben unserer Thierwelt eine ganz unbedeutende Stelle ein; das Wasser birgt und verbirgt sie. Nur hie und da eine hüpfende Forelle (deren Sprungkraft auf zwölf Fuß in die Breite und fünf Fuß in die Höhe angegeben wird) taucht aus dem spiegelklaren Elemente auf und scheint an ihr Dasein und an ihre Zusammengehörigkeit mit den Thieren des Landes und der Luft zu erinnern; sonst kein Laut, keine Bewegung. Wie ganz anders jene höhere Klasse der in zwei Elementen lebenden, der schleichenden, lauernden, hüpfenden, schreienden Reptilien, welche als Repräsentanten bald der Indolenz und Dummheit, bald der List und der Kühnheit, bald der Furchtsamkeit und der Beweglichkeit erscheinen! Auch sie sind an Arten nicht zahlreich und treten nur in wenigen Species mit Individuenmassen auf. Wenige von ihnen sucht der Mensch zu benutzen; alle fliehen und scheuen ihn; viele von ihnen flieht auch er und ist mit keinem einzigen befreundet.

Am meisten treten durch Bewegung, Stimme und Masse die froschartigen Reptilien (Batrachier) hervor. Die wunderschönen Wasserfrösche (Rana esculenta) in grüner Jägertracht und die leichtmarmorirten, braunen Grasfrösche (R. temporaria) mit ihren langen wohlbewadeten Beinen und schönen, freundlichen, goldeingefaßten Augen, mit ihren stumpfen, breitmauligen Gesichtern, die oft von so überraschender und komischer Menschenähnlichkeit sind, finden sich durch die ganze Bergregion in Menge. Jene lieben es, im Sonnenschein am warmen Ufer des Sees, Teiches oder auch nur des Moores zu sitzen und unbeweglich von Wärme und Licht sich durchströmen zu lassen. Verräth sich aber ihrem leise hörenden Ohre der Tritt eines Menschen oder Thieres, so setzen sie in klafter= langem Bogensprung plumpend ins Wasser, entweichen in scharfen Stößen pfeilschnell vom Gestade, tauchen unter, gucken wieder heraus und verstecken sich drolligplump in Schlamm und Röhricht. Wenige Tage, nachdem die ersten Quak= rufe im Flachlande ertönt sind (gewöhnlich im ersten Drittheile des Mai), stimmen auch die montanen Frösche ihre Kehlen, und im Juni haben sie sich bereits der= gestalt vervollkommnet, daß sie mit ihrem namenlosen und zur Verzweiflung be= harrlichen Gesang, der gewöhnlich von einem grobstimmigen Vorsänger intonirt und von langen Responsorien und schmetternden Tuttis begleitet wird, das ganze Revier vom Abend bis Mitternacht erfüllen. Doch hat dieses Konzert nichts Unheimliches oder Abschreckendes; es ist vielmehr in seiner mehrfachen Modulation der Ausdruck einer geschwätzigen Behaglichkeit mit vollem, breitem Accent, oft ganz gelächterartig; nur die Ausdauer ist erschrecklich. Dabei geben die hundert und aber hundert Stimmen einen Begriff von der Anzahl dieser Bursche, wo= bei nicht vergessen werden darf, daß die Stimmen nur den Männerchor bilden, die Weibchen aber nicht singen, sondern blos schnarren.

Sobald die Frühlingssonne energischer auftritt, kommen die Frösche aus ihren Winterquartieren an die Wärme. Dann und vorher schon wird ihnen aber häufig nachgestellt, besonders des Nachts mit Licht. Man fängt sie massen= weise, schneidet ihnen mit einer Scheere im Kreuze die feinschmeckenden Keulen ab und läßt nun die armen Thiere barbarischer Weise halb lebendig haufenweise daliegen, bis ein langsamer Tod sie erlöst. Die Fischer und Froschfänger sind dabei oft noch so dumm, zu glauben, die Schenkel wüchsen den jämmerlich ge= quälten Thieren wieder nach. Dieser massenhaften Vertilgung kann nur die massenhafte Vermehrung des Thierchens begegnen. Das Weibchen läßt den Laich, der gegen tausend kleine, gelblich schwarze Eier enthält, entweder klumpenweise auf den Boden des Wassers fahren oder setzt ihn in Schnüren an Schafthalme und andere Wasserpflanzen. Die Mutter weilt in der Nähe und drückt durch sanft schnurrende Töne ihre zarten Gefühle aus. An der Sonnenwärme fangen die Eilein an zu schwellen, werden so groß wie Erbsen und am sechsten Tage schlüpft ein sonderbares, beinloses, geschwänztes, mit einem hornartigen Schnabel versehenes Kiementhierchen aus, ein Kopf an einem Stielchen, von den Berg= bewohnern ‚Roßnagel‘ genannt. Munter tummelt es sich in Myriaden im sonnigen Gewässer, verliert in merkwürdiger Verwandlung den Schwanz, be= kommt Beinchen und wird, auf die Gefahr hin, im nächsten Frühjahr die Schenkel zu verlieren, ein Frosch. Mit den Alten sitzt die hoffnungsvolle Jugend lungernd am Gestade oder in den grünen Kajüten der Wasserpflanzen. Wiegt sich eine Mücke, Libelle oder Fliege über ihnen, so schießen sie blitzschnell ihre vorn über=

klappende, klebrige Zunge nach der Beute. Gesättigt gehen sie wieder zu Gesang und wunderlichen Schwimmkünsten, wie sie Rollenhagen schildert.

Mit wassertreten, vntersinken
Mit offnem maul, doch nicht vertrinken,
Ein mück' in einem sprung erwischen,
Künstlich ein rothes würmlein fischen,
Auf gradem fuß aufrichtig stehen
Und also einen kampff angehen,
Einander mit tanzen und springen
Im großen vortheil überwinnen u. s. w.

Der Wasserfrosch entfernt sich nie weit von seinem Elemente; der plumpe, braune Grasfrosch dagegen irrt weit durch Laub und Gras und ist nach einem warmen Regen des Abends auf allen Wegen neben Kröten und Salamandern zu treffen, wie er Schnecken und Kerbthiere jagt. Der grüne Laubfrosch (Hyla arborea) findet sich nur selten in der Bergregion, und der kleine, äußerst lang= beinige, erst neulich auch in der Schweiz entdeckte flinke Grasfrosch (Rana agilis, Thomas) reicht nach bisherigen Beobachtungen nicht in dieselbe hinein.

Vereinzelt in Wald und Feld, in Haus und Stall, an Felsen und Wassern sitzt in Löchern und Steinwinkeln oder marschirt nach dem Regen gravitätisch über den Weg die warzenbedeckte, dickbauchige, graubraune gemeine Kröte (Bufo cinereus), ein nächtliches, im Winter in Erdlöchern lebendes Thier, an dem nichts schön ist als die kleinen Augen mit der glänzenden, feuerfarbenen Regenbogenhaut, dessen hoher Nutzen aber durch Vertilgung vieles Ungeziefers nicht genug anzuerkennen ist. Der Frosch ist ein lebhafter, eleganter Geselle gegen diese brütende, melancholische Gestalt, die sich, plötzlich überrascht, bedrohlich auf= bläht, und dir, wenn du sie in die Hand nimmst, als einzige Gegenwehr eine schwachätzende Flüssigkeit zuspritzt. Sie jagt nicht, sondern wartet ruhig die Ankunft der Beute ab und wirft nicht besonders sicher die Klappzunge nach ihrem Insekt oder Wurm aus. Irrthümlich wird sie für giftig gehalten; nicht weniger irrthümlich ist wohl auch die Angabe, die uns zwar wiederholt und von höchst achtbarer Seite gemacht wurde, daß es ausnahmsweise Exemplare von der Größe eines Tellers gebe. Die Kröten werden sehr alt, und Stücke von 4—6 Zoll Länge sollen oft vorgekommen sein; nach dem bewußten Exemplare aber, das Monate lang von sehr vielen Personen gesehen, aber aus Ekel nie be= rührt wurde, haben wir vergeblich gefahndet. In der französischen Schweiz fanden wir den seltsamen Volksglauben, daß zwischen Kröten und Kreuzspinnen tödliche Feindschaft herrsche, und man wollte von zahlreichen Beispielen wissen, daß diese Spinnen die Kröten mit einem einzigen Bisse zu tödten vermöchten! Auch die olivengraue, braunrothwarzige Wasserkröte (Pelobates fuscus) mit grünlichgelben Augen ist in der Bergregion heimisch, aber weit seltener zu finden. Sie ist wie die gemeine Kröte durch Vertilgung großer Massen von Weich= und Kerbthieren nützlich, wenn auch wie jene verachtet und gemieden. Die um beinahe die Hälfte kleinere, oben erdbraune, unten lebhaft orangegelb und stahlblau gefleckte, lebhafte Unke oder Feuerkröte (Bombinator igneus) ist in den Teichen und Gräben der Bergregion, oft selbst in den Mistlachen der Dörfer zahlreich genug und hält im Juni ihre zweisilbigen Konzerte unermüdlich bei Tag und Nacht ab. Erst vor wenigen Jahrzehnten wurde in der Schweiz die eier= tragende oder Geburtshelferkröte (Alytes obstetricans) entdeckt, blos von Unkengröße (1½ Zoll lang), oben schmutziggrau, unten trübweißlich und an jeder Seite mit einer weißen Warzenreihe geziert, ein interessantes Thierchen. Wenn das Weibchen seine 50—60 gelblichen Eilein ablegen will, naht ihm so= fort das Männchen und heftet sich diese mittelst klebriger Fäden knäuelartig um die Hinterbeine, schleppt die Bürde kurze Zeit mit umher und geht, wenn es die Embryonen gereift fühlt, ins Wasser, wo sofort die Eihüllen platzen und die Kiementhierchen davonschwimmen. Ausnahmsweise wurden auch Weibchen mit dem Eibündel an den Hinterbeinen entdeckt. Diese Kröte ist nicht selten auch bei St. Gallen; einer unserer Freunde entdeckte sie sogar im Oberhasli in der Alpenregion, ein anderer wiederholt im Appenzellerlande in der unteren Berg= region — und im gleichen Niveau auch die sogenannte Alpenkröte (Bufo alpinus), die wahrscheinlich nur die dunkelgefärbte junge gemeine Kröte ist, wo= für u. A. auch ihr Auftreten bei 2500' ü. M. spricht, während man sonst für sie Höhengürtel von über 6000' ü. M. in Anspruch nimmt.

Häufiger als diese letzteren Krötenformen erscheint, besonders nach oder un= mittelbar vor dem Regen, der 5—6 Zoll lange, rundschwänzige, schwarz und hochgelb gefleckte Feuersalamander (Salamandra maculosa), der gewöhnlich hypochondrisch im Feuchten, unter Steinen, in Löchern und im Moose sitzt, träge und langsam seines Weges zieht und nur in der Zeit der Fortpflanzung ins Wasser geht, wo er mit lebhafter Schwanzbewegung schwimmt und gern zum Athemholen wieder auf die Oberfläche kommt. Die Bergbewohner halten wie die alten Römer auch dieses durch Vertilgung vieler Würmer und Insekten nütz= liche Thier für äußerst giftig. Der aus seinen Seitendrüsen bei Reizungen sich absondernde weißliche Schleim ist aber dem Menschen unschädlich. Vögeln oder kleinen Säugethieren eingeimpft, bringt er Krankheit und Tod; größeren Am= phibienfressern (mit Ausnahme der Ringelnatter, die gern Salamander frißt) ist das Reptil widerlich; — die mütterliche Natur hat ihm wie den Kröten rasche Beweglichkeit versagt, aber beide durch diesen Aetzstoff vor Verfolgungen wenigstens einigermaßen geschützt. Neben diesem Salamander, der im Kanton Glarus aus= nahmsweise wie die Unke nicht bis in die Bergregion geht, tritt der ganz schwarze (Salamandra atra) oft auf von 2000'—7000' ü. M. In einigen Theilen der Schweiz erreicht dieser letzte schon bei 2500' ü. M. das Maximum seiner In= dividuenzahl, während er in den meisten übrigen, besonders in der Bergregion, konstant erscheint und im oberen Theile derselben den gefleckten ersetzt.

Von den verwandten Wassermolchen oder Tritonen, die aber schlanker und drüsenlos sind und deren Männchen einen fortlaufenden Hautkamm tragen, finden wir in den kleinen stehenden Gewässern unseres Höhengürtels noch hie und da die Formen des Vorlandes, aber nicht überall bis zu gleicher Höhe. So den großen Wassermolch (Triton cristatus), gegen 6" lang, obenher schwärzlich olivenbraun, seitlich weiß punktirt, das Männchen mit scharfgezahntem, schwarzem Hautkamm und hochgelbem Bauch, das Weibchen untenher hellgelb, beide auf der Unterseite mit runden, schwarzen Flecken und auf beiden Seiten des Schwanzes silberfarben gestreift, und den gefleckten oder Teichmolch (Triton taeniatus. Schneider. T. palmatus. Schinz), blos 3" lang, Männchen hellbraun, an den Seiten noch heller, unten rothgelb und überall mit schwarzen Tupfen, am Kopf mit schwarzen Längsstreifen, auf dem Rücken und Schwanz mit einem fast durchsichtig gezahnten Kamm geschmückt; Weibchen ohne Fleckenzeichnung. Auch der Bergmolch (T. alpestris. Schneider. T. Wurfbainii Laurent.) ist hier überall in den stehenden Gewässern zu Hause; aber ebenso sehr auch in der Alpenregion, weshalb wir ihn später genauer betrachten wollen.

Fast so versteckt und so selten sichtbar wie die Fische und Salamander sind die Schlangen des Gebirges, durchweg schöne, theilweise auch sehr lebhafte und kluge Thiere. Scheu und vorsichtig ziehen sie sich an einsame Orte wie aus eingeborenem Instinkt vor den Verfolgungen der Menschen und Thiere. Wüßten es unsere Land- und Bergbewohner, welche Wohlthäter wir an diesen Ungeziefervertilgern besitzen, sie würden dieselben sorgfältig schonen. Stellen ihnen doch ohnehin genug Thiere nach. Mäusebussard, Eichelhäher, Storch, Dachs, Iltis und Igel suchen und fressen selbst die giftigen Vipern mit der größten Begierde und ohne Schaden. Die harmloseste aller Schlangen, die arme Blindschleiche, die ihres Organismus wegen zu den Echsen zählt, während sie im Aeußern sich mehr den Schlangen nähert, die Schleiche, die mit dem besten Willen nicht ordentlich beißen kann, sondern nur zierlich züngelt, von Insekten, Würmern und besonders von nackten Schnecken lebt und im Spätsommer 6—12 oben silberweiße, unten schwarze Junge, bald mit, bald ohne die Eischalen zur Welt befördert, selbst dieses unschuldigste Thierchen wird häufig getödtet, weil der Mensch einen unwillkürlichen Widerwillen gegen alles Schlangengezücht hat. Dieser Widerwille macht ihn nicht nur verfolgungssüchtig, sondern auch blind; denn von blinden Menschen hat das Thier den Namen ‚Blindschleiche‘; für seine Person hat es zwei ganz nette Augen, mit denen es genau sieht, schwarze Pupillen mit goldgelber Iris, von Nickhaut und deutlichen Augenlidern, die allen echten Schlangen fehlen, geschützt. Ueber den Winteraufenthalt der Blindschleichen hat man erst in neuerer Zeit einige zuverlässige Nachrichten erhalten. Sie graben sich merkwürdigerweise förmliche Winterquartiere, die aus einem 30—36 Zoll langen Stollen mit mehreren Krümmungen bestehen, welche sie im Spätherbst von innen mit Gras und Erde zustopfen. Zunächst am Ausgange liegen die Jungen, dann immer größere Exemplare, zuhinterst in dem ganz engen Behälter ein altes Männchen und Weibchen, alle in tiefer Erstarrung, theils zusammengerollt, theils in einander verschlungen, theils gerade gestreckt. So findet man 20—30 Stück bei einander. Dabei wäre das Interessanteste, die sonderbare und mühsame

Grabarbeit dieſer fußloſen Thierchen zu ſehen, die mit wunderbarem Geſchick ſelbſt
die Schwierigkeiten eines ungünſtigen Terrains zu überwinden wiſſen. Im Frühling erſcheint bei warmem Wetter langſam die ganze Kolonie an der Sonne.

Nach dieſer am zahlreichſten vorkommenden, aber von Nattern, Ottern,
Katzen und vielen Vögeln heftig verfolgten Schlange folgt in Beziehung auf
Individuenmenge die ebenfalls thörichterweiſe vielfach verfolgte Ringelnatter,
die kein Gift hat, höchſtens den Fiſchen, Molchen und Fröſchen, nie aber den
Menſchen gefährlich, ſondern wie die Blindſchleiche ſogar eßbar iſt. Das einzige
Unangenehme, was man ihr nachſagen kann, iſt, daß ſie beim Einfangen aus
ihren Afterdrüſen einen ſtinkenden, ſchwer abzuwaſchenden Saft ausſpritzt. In
der Gebirgsregion von Wallis und Teſſin mögen ſich vielleicht, aber wahrſchein-
lich ſelten, die gelbliche oder Aesculapsnatter, die ſchwarzgrüne und die Würfelnatter finden; in der nördlichen iſt die öſterreichiſche öfters bemerkt worden.
Neben dieſen wenigen Nattern hat unſere Region nur eine Viper und zwar eine
ſehr giftige, die ſogenannte Rediſche Viper. (Die zweite Giftſchlange der
Schweiz, die gemeine Viper, Kreuzotter oder Kupferſchlange, gehört mehr den
Alpen an und wird ſeltener in der Bergregion getroffen.) Die Rediſche Viper
(Vipera aspis), dem italieniſchen Naturforſcher Redi zu Ehren benannt, findet
ſich nicht in der öſtlichen Schweiz, wohl aber im Wallis, Teſſin und häufig genug
durch die ganze Länge des Jura. Sie liebt den Saum der Wälder und ſteinige, ſonnige
Berghalden, wird zwei bis drei Fuß lang, ziemlich dick, hat eine gelblich braune bis
kupferrothe Grundfarbe und viele einzelne, unzuſammenhängende, ſchwarzbraune,
längliche Querflecken, die in vier Reihen über den Rücken laufen, von denen die
mittleren oft in einander verfließen. Seltener trifft man ganz ungefleckte. Der
Bauch iſt ſtets fleiſchfarben. Auf dem herzförmigen Kopfe trägt ſie wie die Kreuzotter keine Täfelchen, ſondern kleine Schuppen. Ihr Biß iſt ſtets gefährlich, von
heftigen krankhaften Zufällen begleitet und heilt langſam. Bei den Gebiſſenen
(das Thier verwundet nur, wenn es gereizt wird) zeigt ſich die Wunde ſehr ſchmerz-
haft; es folgt Ohnmacht, Steifheit der Glieder, Veränderung der Geſichtsfarbe,
Aufſchwellen der Zunge, krampfhafte Zuſammenſchnürung des Schlundes und der
Kiefern, Erbrechen u. ſ. w.; nur wo die Heilung verſäumt wird, folgt auch der
Tod. Eine Kuh, die ſich an einem faulen, von einer Viper bewohnten Baumſtrunk
rieb und gebiſſen wurde, ſiechte wochenlang. Im Neuenburgiſchen ſind dieſe Giftwürmer ſtrichweiſe ſo häufig, daß die Jäger für ihre Hunde Wundwaſſer mit ſich
zu führen pflegen. In Italien, wo dieſe Viper noch häufiger vorkommt, wurde ſie
zur Bereitung des ehemaligen Univerſalmittels Theriak benutzt und ſelbſt jetzt noch
zu Tauſenden gefangen. — Nützlicher als in dieſer Quackſalberei, die ſelbſt gegenwärtig noch in Neapel unter Aufſicht des Staates betrieben wird, iſt unſere Giftviper
durch die Auswahl ihrer Nahrung, indem ſie eine große Menge von Mäuſen,
Käfern, Würmern, Larven, Fliegen, Heuſchrecken und ähnlichem Ungeziefer vertilgt.

Niedlicher und freundlicher als die der Fröſche und Schlangen iſt die Erſcheinung der zierlichen und beweglichen Echſen in unſerer Region. Auch in

dieser Beziehung ist der südliche Theil von mehr Arten und unendlich viel mehr
Exemplaren bewohnt als der nördliche. Die gemeine oder Zauneidechse
(Lacerta saepium) bewohnt die Ebene, die kolline und einen Theil der Gebirgs-
region. In dem sonnigen, steinreichen Urserenthale soll sie so wenig vorkommen
wie eine der anderen Eidechsenformen und wie Kröten und Wasserfrösche. Unsere
Eidechse ist jenes vielfarbig gezeichnete, bräunliche Schuppenthierchen mit lebhaft
glänzenden Aeuglein, das in Hecken und Dornbüschen, an Halden und Mauern
im Sonnenschein auf Fliegen, Käfer und Mücken lauert, beim Erscheinen einer
Gefahr aber mit äußerster Behendigkeit ins Versteck schlüpft. Es ist in unserm
Revier nirgend häufig und nirgend selten und bildet die Lieblingsnahrung
mancher Schlangen. Im Juli legt das Weibchen 5—8 schmutzigweiße, fast
kugelrunde Eier von der Größe der Sperlingseier in Ameisenhaufen oder ins
Moos, aus denen die Jungen im August hervorschlüpfen, die gleich so bewegliche
und fertige Renner und Kletterer sind wie die Alten. Den Winter über liegen
diese leicht zu zähmenden Thierchen starr in Erdlöchern oder unter Steinen,
zeigen sich aber rasch, sowie der Schnee abgehoben ist. Weil sie so äußerst schnell
und angeblich nicht einzufangen sind, hält sie das Landvolk öfters für verhext;
hie und da werden sie auch für giftig ausgegeben. In den westlichen, südlichen
und nördlichen Bergen, besonders häufig im Jura, ist auch die etwas dunkler
gesprenkte und ein wenig größere, sonnige Mauern liebende Mauereidechse
(Podarcis muralis) zu sehen, die bis 3800' ü. M. ansteigt. Die Bergeidechse (Lacerta vivipara) gehört ebenso sehr der Berg- als der Alpenregion an. Die schönste und größte von allen ist aber die grüne Eidechse
(Lacerta viridis), fast noch einmal so lang als die gemeine (indem sie gewöhn-
lich einen Fuß mißt, oft aber 15—17 Zoll erreicht), nur der Bergregion der
Südschweiz angehörig, wo sie auch in der Ebene häufig vorkommt, wie in ganz
Italien und — vielleicht dahin verpflanzt — in der Umgebung von Berlin.
Dieses sehr hübsche Thier, das alle Nuancen bis zum Schwärzlichgrün und
Braungrün durchläuft und in der Schweiz in sechs interessanten Varietäten beobachtet worden, erscheint fast nach jeder Häutung anders, wie denn Alter,
Geschlecht, Aufenthalt und Nahrung überhaupt bei den Sauriern einen bedeu-
tenden Einfluß auf das Kolorit ausüben. Seine Nahrung besteht aus Insekten
aller Art, Würmern, Schnecken und selbst anderen jungen Eidechsen. Nördlich
vom Gotthard ist sie in der Schweiz nur noch an der Rheinhalde beim Horn-
berg oberhalb Basel aufgefunden worden, wie sie denn auch die südlichen Ausläufer des Schwarzwaldes ziemlich häufig bewohnt; in Genf, Waadt, im Tessin,
Wallis und Misox erscheint sie durch die ganze Bergregion bis 4000' ü. M. Im
August findet man häufig an warmen Stellen die eben verlassenen Eihüllen
dieses Thieres zahlreich beisammen. Sie sind beinahe so groß wie Taubeneier. Zu
ihrer Entwickelung haben sie Feuchtigkeit nöthig, damit sie nicht verschrumpfen, und
Wärme, damit sie sich ausbilden können. Daher geschieht das Eierlegen gewöhnlich
des Nachts ins feuchte Moos oder in eine kleine Erdvertiefung, wo des Abends

Thau und am Tage Sonnenschein einfällt. Die Eier mehrerer dieser Lacerten haben auch die Fähigkeit, im Dunkeln mit phosphorischem Lichte zu leuchten.

Alle diese Echsen durchschlafen den Winter starr in Erdlöchern, bis die Frühlingssonne sie aufweckt und ans warme Licht lockt. Oft erscheinen sie dann noch ganz staubig und kothig; zehn bis zwölf Tage lang bleiben sie halberstarrt und langsam in ihren Bewegungen; dann entwickeln sie allmälig ihre sömmerliche Lebensweise und Beweglichkeit. Sie haben in Folge der relativen Unabhängigkeit der einzelnen Organe von dem schwachentwickelten Gehirn und dem kümmerlichen Nervennetze das Reproduktionsvermögen verlorener Glieder, doch in beschränkterem Maße als die Salamander und Tritonen. Diesen wachsen Schwänze, Hände und Füße, selbst die ausgestochenen Augen wieder nach, den Echsen blos der Schwanz, aber nie in seiner ganzen Länge. Die Bruchstelle ist stets an der dort in Unordnung gerathenen Beschuppung kenntlich.

Dabei ist es auffallend, wie unempfindlich sie gegen mineralische und vegetabilische Gifte sind, während thierische Schärfen sie rasch verderben. Es bedarf, um eine Eidechse zu tödten, zwanzigmal mehr Blausäure, als um eine Katze zu tödten, und die Echse stirbt dabei erst nach mehreren Stunden. Ein Vipernbiß dagegen tödtet sie augenblicklich; ja selbst ein Biß in die ätzende Schleimhaut der Salamander bewirkt bei ihnen erst Schwindel und Lähmungen, dann den Tod. Eben so empfindlich sind sie gegen die Kälte, bei —4° R. sterben sie wie die Schlangen auch.

Die Klasse der Schildkröten fehlt der schweizerischen Bergregion. Um so auffallender ist es daher, daß im urnerischen Reußthale von der gemeinen, europäischen Sumpfschildkröte (Cistudo europaea) schon mehrmals Exemplare, die nicht etwa blos verlorene zu sein schienen, angetroffen wurden. Auf einem Landgute in der Nähe von Altorf lebt eine griechische Schildkröte schon über hundert Jahre lang völlig im Freien, so daß das Klima diesen Reptilien nicht übel zuzusagen scheint. Würden sie sich aber wirklich und nicht blos zufällig in der Schweiz ansiedeln, so kämen sie wohl dem Ticino nach aus Italien nach dem Kanton Tessin. Dort hat man aber, soviel uns bekannt ist, noch keine Spur von Schildkröten getroffen. Auch im bremgarter Walde bei Bern, an der Rhonemündung am Leman (hier wiederholt) wurde in neuerer Zeit eine griechische Schildkröte gefangen, und Wagner in seiner Helvetia curiosa berichtet ausdrücklich, bei dem kleinen Weidensee im Kanton Zürich gebe es Schildkröten, von denen freilich heutzutage Nichts mehr zu finden ist, so zahlreich sie auch in der vorgeschichtlichen Zeit gewisse kolline und montane Lokale der Schweiz bewohnt und dort ihre fossilen Ueberreste zurückgelassen haben.

Viertes Kapitel.

Die montane Vogelwelt.

Die Vögel als nothwendige Bindeglieder im Natursystem. — Standvögel und Zug=
vögel. — Rendezvous der nördlichen und südlichen Vögel in der Schweiz. — Die
italienische Vögelverheerung. — Stockenten und Wasserhühner. — Ein Reiherstand
am Vierwaldstättersee. — Waldschnepfen. — Die kleine Trappe. — Wilde Hühner
und Tauben. — Kukuk. — Eisvogel. — Wiedehopf. — Spechtarten. — Specht=
meise und Baumläufer. — Spyr. — Ziegenmelker. — Kreuzschnäbel. — Die
Finkenarten. — Ammer und Lerchen. — Pieper. — Die Meisen. — Die Stein=
schmätzer. — Zaunkönig und Goldhähnchen. — Die Sylviadeen. — Bachstelzen.
— Würger. — Drosseln. — Felsenamsel. — Blau= und Rosenamsel als Gäste. —
Staare. — Goldamsel. — Blauracke. — Häherformen. — Raben. — Charakteristik
der Eulen. — Kleiner Uhu. — Zwergohreule. — Waldkauz. — Rauhfüßiger Kauz.
— Civetta als Lockvogel. — Verbreitung der Eulen. — Montane Tagraubvögel.
— Taubenhabicht. — Wanderfalke. — Baumfalke. — Thurmfalke. — Der Mäuse=
bussard und seine Dienste. — Wespenbussard. — Natteradler und Schreiadler. —
Der egyptische Geier am Salève. — Erlegte weißköpfige Geier. — Verhältniß der
verschiedenen Vögelarten zu einander. — Die Vögel als Element des Gebirgslebens.
— Winteraufenthalte. — Waldleben und Waldkonzerte der Vögel. — Vogelleichen.

In Beziehung auf Massenzahl in Arten und Exemplaren nehmen in der
Bergregion die Vögel die erste und wichtigste Stelle des höhern Thierlebens ein.
Sie fallen auch zuerst ins Auge; ihre Menge und Beweglichkeit, ihr Gesang oder
Geschrei, ihre Durchzüge, ihre Farben= und Formenmannigfaltigkeit bringt die
größte Abwechselung in die schweigsame Natur des Gebirges. Während man
stundenweit wandert, ohne auch nur Ein anderes Wirbelthier anzutreffen, läßt
sich doch die heitere Welt der Vögel nie so lange vermissen. Sie sind die wahren
Vertreter des überall die Welt in Besitz nehmenden Lebens, der frischen Lebens=
lust, der heitern Bewegung. Ohne sie wäre das Gebirge todestraurig und reiz=
loser. Der Mensch sucht überall zuerst nach dem verwandten lebendigen Odem;
die todte Masse erdrückt ihn, starre Oede stimmt ihn traurig. Ohne Thierleben
verwaist ihm die Natur; in diesem sieht und ahnt er verwandte Kräfte; mit ihm
theilt er gern die Lust der Freiheit, die ‚freundliche Gewohnheit des Daseins‘.

Dächten wir uns aus unseren Wäldern und Flühen, aus den Wiesen und Weiden, von den Felsen und Bächen das lustige Volk der Vögel weg, so würde uns eines der wichtigsten Bindeglieder, das unser Leben mit dem der unteren organischen und mit der unorganischen Natur vermittelt, fehlen. In der Natur selber müßte eine verderbliche Revolution entstehen, welche die normalen Wechselverhältnisse der ganzen Thierwelt umgestaltete und alle Ordnung zerstörte. Die niederen Schichten der Insekten und anderer wirbellosen Thiere, die Mäuse u. s. w., müßten sich verderblicherweise ins Ungeheure vermehren, wodurch auch die Pflanzenwelt gar schwer litte, während ein Theil der Säugethiere mittelbar oder unmittelbar um seine Nahrung käme. Die Bedeutung der Vogelwelt als Mittelgliedes im Reiche des Thierlebens ist unermeßlich. Die Vögel sind in ihrer Weise nach den ewigen Gesetzen der Alles gestaltenden Natur Mit-Ordner und Regulatoren des großen Naturhaushaltes. Von den großen Aasstücken, die sie wegräumen, bis zu den Mücken und Ameisen, zu den Borkenkäfern und wälderverwüstenden Spinnern wehren sie dem revolutionären Uebergewichte der thierischen Masse. Im Einzelnen freilich ist die Bestimmung gewisser Familien und Arten nicht genau anzugeben; bei manchen überwiegt vielleicht sogar die Schädlichkeit den Nutzen; allein hier ist der ökonomische Zweck der Familie untergeordnet der organischen Stellung derselben im Systeme des ganzen Geschlechts, wo gerade diese Familie wiederum ein nothwendiges Mittelglied im harmonischen Ganzen der Vogelwelt bildet.

Die meisten Vögel enthält die so viele und so vollkommene organische Gebilde erzeugende heiße Zone. Das ebene Land unseres gemäßigten Erdgürtels ist wieder viel reicher als die Bergregion; es zählt mehr als doppelt so viele Arten; dagegen gehört verhältnißmäßig ein weit größerer Theil der im Gebirge vorkommenden Vögel den Standvögeln an. In der Ebene überwiegen die Zugvögel entschieden; in der Bergregion schwinden sie zur Hälfte der Standvögel zusammen, von denen indessen viele als Strichvögel die Härte des heimischen Klimas wenigstens für einige Zeit meiden. Ein Gleiches ist in der Alpenregion der Fall; in der Schneeregion finden wir auf ein Dutzend Standvögel nur noch etwa zwei Zugvögel.

Die Lokalverhältnisse bringen es mit sich, daß im Gebirge die schweren Laufvögel, sowie die Sumpf- und Schwimmvögel fast ganz verschwinden. Dagegen sind die Hühnerarten reichlicher vertreten und erscheinen nur als Standvögel. Mehrere Vögel, die in der Ebene Standvögel sind, werden im Gebirge zu Strichvögeln, und zwar von einigen (wie den Finken und oft auch den Schwarzdrosseln) nur die Weibchen, während die Männchen Standvögel bleiben.

Unser Land bietet sich vermöge seiner Lage als Mittelgebiet zwischen dem Norden und Süden zum Stelldichein und zugleich zur Grenzstation vieler europäischer Vogelgeschlechter dar und bringt uns oft seltene Gäste bald vom nördlichen Eismeer, bald aus den heißen Fruchtfeldern Egyptens. Neben der Eiderente, der rothköpfigen Haubenente Sibiriens, der Eisente, dem Sing- und isländischen Schwan, der Schneeeule und vielen Tauchern, Gänsen und Möven der Polargegenden trifft der afrikanische Flamingo, der braune Ibis, der Purpur=reiher des schwarzen Meeres, die Seeschwalbe des kaspischen Meeres, der isabell=farbene Läufer aus Abyssinien an unsern Gewässern ein. Die meisten sind blos zufällige Erscheinungen, verschlagene, am Brüten verhinderte oder gänzlich ver=irrte Thiere, wie auch jener denkwürdige Zug von 130 Pelikanen, der im Jahre 1768 auf dem Bodensee erschien. Anomale atmosphärische Verhältnisse, außer=gewöhnlich warme Sommer, besonders harte oder gelinde Winter, anhaltend gleichmäßige Winde und mancherlei lokale Phänomene, sowie Hunger und Ver=folgungen mögen solche Gäste zum Verlassen ihrer eigentlichen Heimat bewegen. Dagegen findet im Herbste und Frühling ein eigenthümlicher und regelmäßiger Wechsel statt, indem zu der Zeit, wo unsere Störche, Schwalben, alle Sänger, die blos von Insekten leben, die Nachtschwalben, Kukuke, Wachteln, Drosseln, Bachstelzen, Steinschmätzer, Würger, Pirole u. s. w. wegziehen, um im Süden ein wärmeres und nahrungsreicheres Winterquartier zu beziehen, stätig aus dem Norden eine Anzahl von Vögeln erscheint, um bei uns zu überwintern, wie die Waldfinken, Zeisige, Lein= und gelbschnäbligen Finken, die Rothdrosseln und Wachholderdrosseln, die Saat= und Nebelkrähen, eine große Anzahl von Enten, Schwänen, Sägern, Steißfüßen, Tauchern und Möven. Die schon im Februar aus dem Süden wiederkehrenden Staare und Feldlerchen treffen sie noch an und geben ihnen Botschaft aus Afrika, welche jene dann bald den nordischen Küsten und dem Polarmeere zutragen. Etliche Arten erscheinen nur auf Durchzügen bei uns, ohne sich regelmäßig niederzulassen, wie der Kranich, die Schneegans, Saatgans, Blässen= und Ringelgans, Regenpfeifer, Waldschnepfen, Löffler, Wasser=läufer, Limosen und viele andere, und zwar bald nur im Frühjahr, bald nur im Herbste, bald viele Jahre lang gar nicht. Im Ganzen genommen wird der im Herbst aus der Ebene nach Süden ziehende Theil der Vogelwelt annähernd durch eben so viele aus dem Norden ankommende ersetzt. Die ganze Schweiz besitzt nämlich nach den bisherigen Beobachtungen über 90 Arten Standvögel und etwa 230 Arten Zug= und Strichvögel. Ganz aus der Schweiz ziehen etwa 120 Arten ab; dafür erscheinen im Herbst aus dem Norden etwa 110 Arten, freilich mit weit geringeren Individuenmassen, als die abziehenden zählen. Während in der ebeneren Schweiz doch wenigstens an Arten nur eine geringe Abnahme zu verspüren, ist diese um so fühlbarer im Gebirge. Hier fliehen die Zugvögel ohne Ersatz, indem die nordischen Gäste größtentheils die Gewässer der Ebene, die großen Seegebiete und die ausgedehnten Moordistrikte der Westschweiz aufsuchen oder die Aecker und Feldgehölze der Hügelregion. In dem Zeitpunkt der Ankunft wie des Abzuges finden wir scheinbare Willkürlichkeiten, die aber in der That wohl von periodischen Naturerscheinungen bedingt sind, die sich bisher blos unserer Beobachtung entzogen haben, und im erstern Falle wahrscheinlich mehr mit der Entwicklung der Jahreszeit am Winter= als am Sommeraufenthalt der Wanderer zusammenhängen. Darum trifft auch frühes Erscheinen der Zug=

vögel, wobei aber wiederum zwischen den einzelnen Species in verschiedenen
Jahren merkliche Unregelmäßigkeiten zum Vorschein kommen, wohl oft mit
frühem Lenzbeginn zusammen, doch nicht immer. Während z. B. nach zwanzig=
jähriger Beobachtung im Aargau die Ankunft der Störche durchschnittlich auf
den 6. März fällt, fiel sie in den Jahren 1820—24 auf den 21. Februar, im
frühen Frühling von 1834 erst auf den 24. März, im normalen Frühling von
1840 auf den 29. März. Dagegen zeigten sich die Schwalben, deren Eintreffen
nach neunjährigem Durchschnitt auf den 20. April fällt, im Frühling 1834
schon am 2. April, 1837 und 38 dagegen 1. Mai. Der Kukukruf erschallte in
den Jahren 1834—44 durchschnittlich am 20. April zum ersten Male. Höhen=
unterschiede zwischen 1200 und 2600' ü. M. bedingen nach den vorhandenen
Beobachtungen gar keine Differenzen in der Zeit der Ankunft unserer Zugvögel.

Von den vielen Tausenden von Zugvögeln aber, welche unsere Felder und
Gebirge beleben, hier brüten und den Sommer fröhlich verbringen, kehrt immer
nur ein kleiner Theil zu den alten, gewohnten Büschen, Felsen und Thälern
wieder. Wenige zwar erliegen den Anstrengungen der Herbst= und Frühlings=
reise, mehr den Raubvögeln, welche ihre Spur verfolgen, die meisten aber der
Jagdlust der Menschen. Diese artet namentlich in Italien in eine förmliche Jagd=
wuth aus und ist epidemisch geworden. Nicht nur die Schnepfen, Wachteln,
Drosseln, Tauben und ähnliche jagdbare Vögel werden gefangen, sondern auch
die bei uns so freundlich geschonten Schwalben, die herrlichen Grasmücken,
Nachtigallen, die kleinen Sänger aller Art werden in dem todbringenden Lande
der Citronen ohne Unterschied von Alten und Jungen, von Kaufleuten, Hand=
werkern, Priestern und Edelleuten mit Fallen, Netzen, Flinten, Sperbern und
Käuzen während der Zeit ihres Durchzuges unabläsig verfolgt. Am Langensee
werden alljährlich an 60,000 Sänger gefangen; bei Bergamo, Verona, Chia=
venna, Brescia aber bei Millionen, — größtentheils Thierchen, denen bei uns
Niemand Etwas zu Leide thut und die ihres herrlichen Gesanges wegen eher
gehegt werden. Am großartigsten aber wird das Würgergeschäft vielleicht an
der neapolitanischen Küste und auf Sizilien betrieben. Hier treffen die Wachteln
gegen Mitte April bei Westwind ein und nehmen sogleich das allgemeine Interesse
in Anspruch. Alles spricht von den Wachteln, verläßt Magazin, Werkstatt,
Comptoir und eilt zur Jagd. In Messina allein werden über 3000 Jagdpatente
gelöst, und ein guter Jäger schießt täglich seine 100, ja bis 160 Wachteln. Die
Bauern aber, die ihre Felder mit unzähligen Schlingen belegen, machen noch
bessere Beute, und einzelne fangen an einem einzigen reichen Wachteltage 500
—700 Stück; ja Fänge von 1000 Stück per Tag sind nichts Unerhörtes.
Wenn im Mai die Zugwachteln mehr im Hügelrevier, von den Dörfern und
Städten etwas entfernt, einfallen, so wird sogar für die Jäger in Feldkapellen
eigens Gottesdienst gehalten. Der Herbstwachtelzug ist etwas spärlicher; dafür
kommen die Feldlerchen zahlreich und werden oft zu 6—10 Stück auf einen
Schuß erlegt. Neben diesen Vögeln aber verspeist der Italiener auch alle übrigen

mit Behagen, von den Falken, Reihern, Möven bis zu den Schwalben, Bach=
stelzen, Goldhähnchen hinunter, und die einfältigsten Bauern sind eben so scharf=
äugige Späher und gute Schützen als passionirte Geflügelesser.

In Folge dieser mörderischen Epidemie ist auch Italien, das Land der
Musik, des Gesanges, so äußerst arm an Singvögeln, ebenso der Kanton Tessin,
wo die italienische Mordlust schon lange grassirt und selbst die Sperlinge zur
großen Seltenheit geworden sind. Aus dem Tessin und dem Veltlin steigen
die Vogelsteller bis an den Gotthard hin und auf die Bündnerberge, um die
freundlichen Thierchen schon an der Grenze mit den verrätherischen Netzen zu
empfangen. Darum hat man auch in der Schweiz fortwährend eine wachsende
und gefahrdrohende Abnahme der insektenfressenden Vögel bemerkt*). Der Kanton
Tessin hat durch seine Vogeljäger weit mehr reellen Schaden als Nutzen. Zwar
werden jährlich an 1500 Jagdpatente, die dort freilich nur mit einem Franken
gelöst werden, verkauft, allein die Vogeljagd mit Netzen, Schlingen, Leimruthen,
Fallen, Käuzchen und selbst mit großen Vogelheerden (Rocoli) ist ganz frei.
Jenseit des Cenere krönt der Rocolo eine Menge von Hügeln, und oft fängt ein
einziger Rocoladore, worunter nicht etwa arme Teufel von Vogelstellern, sondern
reiche und gebildete (!) Herren zu verstehen sind, an Einem schönen Oktobertage
bei 1500 kleiner Vögel**)! Wie groß der Verlust an Zeit und Arbeitskräften
für ein Land ist, das in so manchen Zweigen des Gewerbfleißes noch so sehr zu=
rücksteht, läßt sich leicht ermessen, und wie nachtheilig das allgemeine und groß=
artige Würgergeschäft auf den Volkscharakter einwirken muß, erfährt man bald
genug, wenn man überhaupt die unmenschliche Mißhandlung der Thiere, die in
Italien überall zu finden ist, und daneben das blühende Banditenthum des
Volkes ansieht. In der deutschen Schweiz ist dagegen der Vogelfang von sehr
geringer Bedeutung und trifft nur etliche Finken= und Drosselarten. Die Vogel=
heerde sind namentlich in den Bergen sehr selten. Die Jagd mit Schießgewehren
betrifft hier fast ausschließlich die Hühnerarten, Tauben, Krammetsvögel, Wach=
teln, Schnepfen, Enten und großen Raubvögel. Die kleineren Vögel, sogar die
Lerchen, bleiben ziemlich unbehelligt; die Schwalben stehen unter der Aegide der
Volkspietät, und noch in neuerer Zeit (1852) ist im Waadtlande sogar ein Gesetz
zu ihrem Schutze erlassen worden, während man in Italien wohl die Ruchlosigkeit
sieht, den nistenden Schwalben eine Feder an die Fischangel zu hängen, auf

---

*) In Deutschland wird öfters die Frage aufgestellt, woher die Abnahme der
Insektenfresser und die Zunahme des Ungeziefers komme; ob jene vielleicht der Ver=
minderung der Grünhecken, der Ausrottung von Buschplätzen u. s. w. zuzuschreiben sei.
Die allein richtige und zureichende Antwort ist in Italien zu suchen, — vielleicht auch
bei Halle u. s. w., wo die Schwalben schockweise gegessen werden.

**) Es ist geradezu unglaublich, mit welcher eingefleischten Passion ein Tessiner
sich jedes Vogels zu bemächtigen sucht, dem er nahe genug kommt. Jedes Vogelnest,
selbst in abgeschlossenen Privatbesitzungen, wird ausgenommen, weswegen die Stand=
vögel fast ausgerottet sind. Auf vielwöchigen Wanderungen im Kanton entdeckten wir
weder einen Sperling, noch eine Krähe oder Dohle!

welche sie zufliegen und sich spießen. Die meisten Kantone haben in neuester Zeit durch wohlthätige Verordnungen den Insektenfressern Freistätten im Lande gewährt.

Die Bergregion hat, wie wir früher bemerkten, nur sehr wenige Seen von größerem Umfang und daher auch nur wenige Wasservögel. Es fehlt ihnen das weite Röhricht, der freie, krystallene Jagd- und Tummelplatz, und zudem sind die Bergseen viele Monate lang mit Eis belegt. Von den 23 Entenarten, welche im Winter die Schweizerseen beziehen und an diesen theilweise die südliche Grenze ihrer Verbreitung finden, besucht allein die gemeine oder Stockente (Anas Boschas) regelmäßig auch die Wasserbecken des Gebirges. Selten sieht man sie im Röhricht der Bergseen in größerer Anzahl; sie sind überhaupt sehr scheu und verbergen sich, sowie sie einen Menschen gewahren, im Schilfe, oder fliegen rauschend mit einem schnatternden Aufschrei hoch in den Lüften davon. Sonst tauchen sie fleißig nach Wasserinsekten, Würmern, Fischen, Laich und Wasserkräutern, watscheln auch im Grase umher und suchen nach Körnern, Käfern, Eicheln, Beeren und jungen Kräutern. Im April legt das Weibchen über ein Dutzend grünlichweiße Eier in ein schlechtes Nest am Wasser oder selbst auf Waldbäume in Krähennester, oder Raubvogelhorste, aus denen es später die Jungen einzeln im Schnabel ans Wasser trägt. Oft pflegt man die Wildenten= eier gesetzwidrigerweise einzusammeln und durch Hühner ausbrüten zu lassen; doch müssen der Brut zeitig die Flügel gestutzt werden, wenn man sie nicht unversehens in freie Gewässer verschwinden sehen will. Die Stockenten sind wohl die Stammeltern unserer zahmen Hausente, werden aber im gezähmten Zustande erst nach vielen Generationen derselben ähnlicher. Sie besuchen nicht nur die Seen der Bergregion, sondern werden noch in der untern Alpenregion (z. B. auf der Lenzerheide, auf dem Oberblegisee 4390′ ü. M.) gesehen und geschossen. Am häufigsten aber zeigen sie sich zur Winterzeit im untern Gebirge, wo sie, nachdem die kleinen Teiche und Bäche des offenen Landes sich mit Eis belegt haben, an den sog. warmen Quellen und den offenen Bergbächen oft in großen Gesellschaften Monate lang Quartier nehmen, vorzugsweise aber zur Zeit des Zuges, wo sie z. B. regelmäßig auf den 6865′ hohen Berninaseen sich ein= finden. Bei sehr harten Wintern aber flüchten sie gern in die Nähe menschlicher Wohnungen; in dem berüchtigten von 1363/64 „flugend die wilden Enten 2c Zürich und anderswo in die Fläcken und wurdend so zahm vor Hunger, daß sie mit den zahmen Enten giengend an den Straßen und aßend mit einanderen," wie die Chronik erzählt. Die nordische sammtschwarze, mit gelbem Höcker= schnabel gezierte Sammtente (Oidemia fusca), die kleine Knäckente (Anas quer-quedula), die auf den tieferen Schweizerseen im Frühling sich häufig zeigt, die noch kleinere Kriekente (A. crecca, „Halbente‘), die große, schwarz und weiß gewässerte Pfeifente (A. penelope), die weißaugige Ente (Fuligula Nyroca), die Tafelente (F. ferina), die Löffelente (Spatula clypeata), und der Pfeil= schwanz oder die Spießente (A. acuta) sind vereinzelt in der Bergregion, ja selbst in der Alpenregion in dem Hochthale der Reuß und auf den Seen des

Oberengadins bemerkt worden, von einigen nur junge Exemplare. Selbst die große, äußerst seltene Eiderente (Anas molissima) ist schon oben bei Ilanz und zwar 1858 Ende Novembers ein 8 Pfund schweres Exemplar geschossen worden. Selten geht das schieferschwarze, graugrünfüßige Wasserhuhn (Fulica atra) mit weißer Stirnblässe, das, von der Rohrweihe, ‚Möhrenteufel‘, wüthend verfolgt, auf vielen Schweizerseen so gemein ist und bei Luzern in halbzahmem Zustande zu Hunderten lebt, auf die Bergseen; doch hat man es schon an Bächen in bedeutender Höhe, in Schwyz sogar auf Alpen nahe am ewigen Schnee, dann hoch im Reußthale, im Oberengadin und im Sernfthale auf dem Plattenberge ob Matt (3000′ ü. M.) gefunden, ebenso im November ein auf dem Zuge verschlagenes Exemplar am Mettenberg, am Fuße des untern Grindelwaldgletschers auf einem Misthaufen lebendig gefangen. Auffallenderweise bemerkt man es auf dem beinahe 7000′ ü. M. liegenden Bachalpsee am Faulhorn in der Höhe des Sommers gar nicht selten.

Von den übrigen Wasservögeln wurde im Urserntale der sehr seltene rothhalsige Wassertreter (Phalaropus hyperboreus) einige Male bemerkt, an verschiedenen Orten der auf unsern untern Seen häufige kleine Steißfuß (Podiceps minor), im Urserntale und im Oberengadin auch der schöne, federbuschgezierte Haubentaucher (Podiceps cristatus), der, im Oktober den Rhein hinaufschwimmend, gewöhnlich der Reuß nicht höher als bis in den Vierwaldstättersee folgt. Die ziemlich seltene nordische breitschwänzige Raubmöve (Lestris pomarina) wurde 1834 auf der Furka geschossen; die kurzschwänzige Schmarotzerraubmöve (Lestris parasitica), sonst selten in der Schweiz, zeigt sich hin und wieder auf den alpinen Seen Oberengadins; ebendaselbst sowie in Ursern wurde die gemeine und die schwarze Meerschwalbe (Sterna nigra), in der Regel nur junge Exemplare, erlegt, an beiden Orten auch die Lachmöve (Larus ridibundus). Die Silbermöve (Larus argentatus) und die dreizehige Möve (L. tridactylus), an unsern Tieflandseen wahre Raritäten, sind auch am St. Moritzersee schon erlegt worden; ebenso die etwas häufigere graue Sturmmöve (L. canus). Die kleine Möve (L. minutus) wurde einmal von uns am Schwändibach (Appenzell) angetroffen und einmal sogar auf dem Gotthard erlegt.

Als seltener Gast besucht der prächtige Polarmeertaucher (Colymbus glacialis), bis über 3 Fuß lang, am Oberkörper tiefschwarz, weiß gefleckt, Kopf und Hals sammtschwarz mit herrlichem grünvioletten Schiller, nicht nur unsere Tieflandseen, wo er sich bisweilen an der Schwebangel fängt, sondern kommt mit dem eben so seltenen arktischen Taucher (C. arcticus) sogar bis in den St. Moritzersee, wo beide schon erlegt wurden. Dort wurde auch schon der große Säger (Mergus Merganser), der sonst in den Eichenschlägen am Neuenburger-, Bieler- und Murtensee regelmäßig brütet, von Saraz beobachtet.

Auf ihren Durchzügen berühren die Flüge der Graugans (Anser cinereus), der Stammmutter unserer Hausgans, sowie die der Saatgans (A. segetum) unser Berg- und Alpenrevier und werden mitunter (so 1840 im März bei Andermatt) in Mehrzahl erlegt. Sie haben auf appenzeller Alpen auch schon Nachtraft gehalten und sind im Prätigau und Engadin häufig bemerkt worden. Im September 1866 ließ sich sogar ein starker Flug in einigen Straßen Genfs momentan nieder. Die seltene weiße hochnordische Schneegans (A. hyperboreus) wurde im Oktober 1864 am Fuß des Jura bei Orbe erlegt.

Die Sumpfvögel treten etwas regelmäßiger auf; viele von ihnen erscheinen aber ebenfalls nur für kurze Zeit. So der Mornellregenpfeifer (Charadrius Morinellus), meist im Frühjahr, 1863 aber auch im Sommer zahlreich am Inn im Oberengadin bemerkt, der Halsbandregenpfeifer (Ch. hiaticula), der kleine Regenpfeifer (Ch. minor), oft Seelerche genannt, und der Goldregenpfeifer (Ch. auratus). Noch seltener wohl ist die Erscheinung des großen und des kleinen Silberreihers (Ardea egretta und garzetta), die vom Mittelmeere her öfters die Landseen der Schweiz besuchen, in der höhern Region; doch wurde unlängst ein kleiner am Klönthalersee (2700' ü. M.) geschossen und im April 1860 ein großer bei Balerna (Tessin). Selbst der Purpurreiher (A. purpurea) wurde auf dem Frühlingszuge schon öfters im Gebirge bemerkt, seltener im Herbste. Im Oktober 1836 gelang es, ein Exemplar bei Andermatt im Ursern= thale, später zwei im Churerthale zu schießen. In Urseren wurde auch ein Rallenreiher (A. comata), dessen Heimat die unteren Donauländer sind, lebendig gefangen, und tiefer im Thale der dumpfschreiende, grünlichschwarze und graue, bezopfte Nachtreiher (Nycticorax ardeola) des südöstlichen Europa's beobachtet. Selbst die Störche treten ausnahmsweise in der Bergregion auf. Vor wenigen Jahren hielten sich acht dieser Thiere beinahe vier Wochen lang auf den Emmen= thaleralpen zwischen Schangnau und Rothenbach auf und trieben sich oft friedlich zwischen den Kühen herum. Natürlich gehören alle diese Vögel nicht zur stehenden Fauna des Gebirges; wir erwähnen ihrer aber, weil sie interessante Gäste sind, und Niemand sie in jenen Höhen vermuthen dürfte. Der graue Reiher (A. cinerea), „Fischreigel", mit seinem schönen, schwärzlichblauen Federbusch und graulichblauen Gefieder, stolzirt öfters an Flüssen und kleinen Seen bis in die Alpenregion (ausnahmsweise im Oberengadin und Urfernthal, im Sommer 1864 wurde einer am Seelein bei der Großen Scheidegg, 6000' ü. M., erlegt) storchartig umher und sucht nach Fischen und Fröschen. Mit weit ausgestreckten Füßen und eingebogenem Halse fliegt er auf, wenn ein Mensch naht. Oft stehen die Reiher lange Zeit mit ihren langen Beinen, den Kopf gegen Sonne oder Mond gerichtet, so daß der Schatten rückwärts fällt, im See und fangen sich Fische, welche, wahrscheinlich von ihrem scharfen, weit ausgeworfenen Unrath angezogen, herbeischwimmen, oder schnappen auch kleine Vögel heimtückisch und blitzschnell im Fluge weg. Es bedarf vieler Geduld und Vorsicht, ihnen auf Schußweite zu nahen; ihr Fleisch ist fast ungenießbar. Gewöhnlich nisten sie einzeln auf Bäumen an allen unsern Seen und Flüssen; erst in neuerer Zeit entdeckte man auch am Vierwaldstättersee eine jener großen Reiherkolonien, die man sonst nur in Böhmen, an der ungrischen Donau und am Po kannte. Früher soll diese in den Felsen des Axenberges etablirt gewesen sein; seit einem

Jahrzehnt aber hat sie einen steilen Ausläufer des Pilatus bezogen, den Lopberg, der zwischen Hergiswyl und Acheregg die Seebucht einfaßt. Hier haben die Reiher in den Buchen und Eschen der steilen Felswand des Riegeldossen 400—500' über dem Wasserspiegel etwa 100—150 Nester dicht bei einander angelegt und zwar oft 4—5 solche auf dem nämlichen Baume. Die Reiher treffen, wie es scheint aus verschiedenen Gegenden, im März und April am Kolonieberge ein und beginnen sofort einzelne Nester zu repariren, in Beschlag zu nehmen und mit ihrem Gelege zu besetzen. Andere treffen später ein; das ganze Brutgeschäft dauert bis in den August hinein. Sowie die Jungen flügge sind, zieht eine Familie nach der andern wieder ab nach den Wäldern der Reuß, der Emme und wahrscheinlich der benachbarten Urkantone, so daß Ende Septembers kein Stück mehr in der Kolonie zu finden ist. Wiederholt wurde diese während der Brütezeit mit Lebensgefahr von Neugierigen besucht. Die alarmirten Vögel und mit ihnen in der Nähe brütende braune und rothe Milane erhoben sich mit durchdringendem Geschrei in die Luft, während sich die brütenden Weiber aufs Nest niederdrückten; einzelne stürzen sich in pfeilschnellem Fluge gegen die Besucher, aber ohne einen ernsten Angriff zu wagen. Solche Besuche waren schon wiederholt von Unglücksfällen begleitet; auch bei demjenigen, den Fatio im Mai 1864 ausführte, stürzte einer der Begleiter an der Felswand hinunter und wurde todt auf der Straße am See aufgehoben.

Hin und wieder erscheint auch an den Bergwassern der kleine braune Rohrdommel (A. minuta) und klettert in den Schilfstengeln umher; ein hübsches, wahrscheinlich aus dem Norden kommendes Exemplar wurde Mitte Oktobers 1853 nahe beim Flecken Appenzell mit der Hand gefangen. Selbst im Oberengadin wurde er wiederholt erlegt. Seltener ist in unsern Höhen der große Rohrdommel (Botaurus stellaris). H. v. Salis schoß einen 1855 am Seelein der Lenzerheide (gegen 4000' ü. M.). Der hochnordische graue Sanderling (Calidris arenaria) wurde im Urserthale bemerkt; ebenso (im Frühling) der kleine Brachvogel (Numenius phaeopus), der grünfüßige Wasserläufer (Totanus glottis), der aber auch im Oberengadin zu nisten scheint, ferner der punktirte (T. ochropus) und der rothbeinige (T. Calidris), hie und da auch der Flußuferläufer (Actitis hypoleucos). Das Geschlecht der Strandläufer ist ohne Zweifel in unserm Höhengürtel reicher vertreten als man glaubt, obwohl nie in vielen Exemplaren, und gewöhnlich sich scheu der Beobachtung entziehend. Der grünbeinige große Strandläufer (Tringa ochropus), der graue (T. cinerea), der Temmink'sche (T. Temminkii), der Zwergstrandläufer (T. minuta), der bogenschnäblige (T. subarquata) und der langbeinige (T. longipes) sind auch auf ihren Durchzügen in den Höhen des Reußthales und theilweise im Engadin bemerkt worden; ebenso die komisch auftretenden Kampfhähne (Machetes pugnax), die im Frühjahr mit großem Mantelkragen geziert sind, während kaum einer die gleiche Färbung wie der andere besitzt. Sie brüten im Rheinthale, wohl niemals in der Bergregion. Der veränderliche Strandläufer (T. variabilis) wurde in vielen wasserreichen Bergthälern und

zwar in der Regel im Nachsommer bemerkt; im Reußthale ist er während des
Herbstes und Frühlings sogar ziemlich gemein. Er heißt auch Halbschnepflein
oder Meerlerche, hat Lerchengröße und ist im Winter aschgrau, im Frühling rost-
braun mit schwarzen Flecken. Am Bodensee findet man ihn noch zahlreicher.
Der gehaubte Kibitz, der dort ebenfalls sehr häufig ist, kommt nicht oft ins
Gebirge, doch erscheint er auf dem Zuge in den Niederungen des Inns und
Flaatz jeden Herbst. Merkwürdigerweise verirrte sich am 14. Juni 1864 nach
Mitternacht nach heftigem Südostwind ein starker Flug Kibitze auf einen Platz
mitten in Genf, und verweilte dort, durch das Licht der Gasflammen geblendet,
unter lebhaftem Rufe bis zum Anbruch des Tages, wo er erst wagte, die Reise
fortzusetzen. Ueberall bekannter ist die Familie der Schnepfen. Die Waldschnepfe (Scolopax rusticola) ist die einzige ihres Geschlechts, die durch die
ganze Bergregion, wenn auch immer selten, vorkommt. Bekanntlich sieht sie in
ihrem bei jedem Exemplare wieder anders nüancirten Federkleide einem Rebhuhn
nicht unähnlich; die großen Augen aber und der lange Schnabel kennzeichnen
sie augenblicklich. Rasch, ruckweise, oft mit knarrendem Laute fliegt sie aus
Waldbrüchen, Riedbüschen und Bachschluchten auf, leicht um Busch und Baum
schwenkend. Dann fällt sie oft in großer Entfernung und gern an Waldrändern
wieder ein, liegt eine Weile mit hochaufgerichtetem Kopfe spähend fest, steht dann
auf, läuft langsam, beinahe watschelnd (besonders im Herbst, wo sie fett und
schwer ist) umher, bohrt in Kuhfladen und Moorschlamm mit ihrem langen,
feinfühlenden Schnabel nach Maden und Würmern, badet und watet mit ausgebreiteten Flügeln in Moorlachen und duckt sich beim leisesten Geräusch vorsichtig platt nieder. Ihre eigentliche Heimat ist das nördliche gemäßigte Europa.
Einzeln oder paarweise zieht sie nächtlicherweile von Anfang März bis Mitte
April laut balzend aus dem tiefen Süden durch unsere Reviere und beginnt im
Oktober ihren Rückstrich, der oft bis weit in den November hinein andauert.
Fällt in der Bergregion ein tüchtiger Frühschnee, so geht der Strich den Fluß-
niederungen und dem Tieflande nach, sonst aber folgt sie mit Vorliebe den oberen
Hügelketten und Vorbergen. Einzelne Paare bleiben bei uns über Sommer liegen
und brüten. Ihre Jungen tragen sie erst unter dem Kinn, später zwischen den
Ständern zum Fraß. Die Jäger unterscheiden eine kleinere, mehr graue, früher
ankommende Varietät (Blaufüße), und eine später folgende, größere, gelbe (Eulen-
köpfe). Da man einige Male bei Waldschnepfen in Heilung begriffene Knochen-
brüche fand, die einen scheinbar regelmäßig anliegenden Verband von Federn
zeigten, welche durch die ausschwitzende Lymphe festgeleimt waren, so glaubte
man, dem klugen Thiere einen besondern chirurgischen Instinkt des Einschienens
zuschreiben zu sollen; es ist aber wahrscheinlicher, daß die beobachtete Bandage
unwillkürlich durch das Einziehen des blutenden Fußes oder Flügels an die
Flaumfedern des Rumpfes entstand, die nun an die Wunde festklebten und durch
eine rasche Bewegung ausgerissen wurden. Bekanntlich werden die Waldschnepfen
für einen Leckerbissen gehalten und unausgeweidet gebraten und genossen. Der

beim Kochen ausfließende Unrath oder, wenn man sie ausnimmt, die ungereinigten
Eingeweide werden auf Brot als ‚Schnepfendreck‘ gegessen. Unstreitig rührt der
berühmte Wohlgeschmack dieses Gerichts sowohl von den halbverdauten Mistkäfern
und Schnecken als auch von den vielen Eingeweidewürmern her, von denen diese
Schnepfe häufig geplagt ist. Sehr selten und gewöhnlich nur im Frühjahr fällt die
edle Doppelschnepfe oder große Becassine (Scolopax major), etwa so groß wie eine
Turteltaube, mit 2½ Zoll langem Schnabel, an den buschigen Riedwiesen des
unteren Gebirges ein; etwas häufiger die lerchengroße Halb= oder Moorschnepfe
(Sc. gallinula), die wir bei 2300—2400' ü. M. öfters fanden, und nur hin
und wieder die Heerschnepfe oder eigentliche Becassine (Sc. gallinago). Alle vier
Arten wurden auch im Urserenthale (die Waldschnepfe regelmäßig auch im Enga=
din) beobachtet, so wie der in der Schweiz sehr seltene rostrothe Sumpfläufer
(Limosa rufa) auf seiner Durchreise von den Küsten des baltischen zu denen des
Mittelmeeres. Die grünlichbraune, schwarzgefleckte Wasserralle (Rallus aquaticus),
die am Boden=, Zürcher= und Genfersee häufig ist, wird auch an den bebuschten
Ufern der Reuß und des Inns bemerkt, wie sie durch Binsen und Stauden läuft,
obgleich sie sich dem Blicke sehr gut zu entziehen versteht. Obgleich sie sonst nur
vom März bis Oktober bei uns verweilt, erhielten wir sie auch schon im Januar
aus dem Rheinthale. Ungleich häufiger ist ihr Vetter, der Wachtelkönig (Crex
pratensis) oder Wiesenschnarrer, vom Mai bis September, ja einzelne bis in
den November hinein in den Getreidefeldern, Riedwiesen und Moorbrüchen des
Berggeländes. Er ist 10 Zoll lang und fast wie die Wachtel gefärbt. Selten sieht
man ihn fliegen; aber mit wunderbarer Behendigkeit läuft er zwischen den Halmen
und birgt sich selbst vor dem Jäger und Hunde mit Glück in Löchern und Gräben.
Seine häßlich schnarrenden, monotonen Laute, die er halbe Nächte durch preis=
giebt, machen ihn zur Qual der menschlichen Nachbarschaft. Ahmt sie der Jäger
in seiner Nähe gut nach, so erscheint er sicher bald am Rande des Getreidefeldes
oder Moorbruches. Während seine gewöhnliche Nahrung aus Insekten und
Würmern besteht, wird er unter Umständen in der Gefangenschaft zu einem
mordsüchtigen Raubvogel und geht vielleicht auch in der Freiheit die Eier und
Brut anderer Vögel an. In Ried und Schilf umherlaufend und häufig nach
Schnecken, Wasserlinsen und Käfern tauchend, hantiren auch etliche Rohrhühner
in den wasserreicheren Gegenden unseres Reviers, obwohl auch sie wie fast alle
Sumpfvögel nur selten beobachtet werden. Am häufigsten zeigt sich noch das
schön olivenbraune, unten schiefergraue grünfüßige Rohrhuhn (Gallinula chloropus), Wasserhühnli genannt; das kleinere, weißpunktirte (G. porzana), das be=
sonders Schilfwiesen liebt, den Jägern unter dem Namen Eggescher bekannt, ist
seltener; beide sind aber auch schon im Engadin beobachtet worden.

Die wenigen Laufvögel, welche die Schweiz besuchen, verirren sich nur
ausnahmsweise auch in die Gebirge. Zweimal wurde indessen am Fuße des
Jura der seltene, isabellfarbige Läufer (Cursorius isabellinus) geschossen, der
sonst Nordafrika und Arabien bewohnt und wenig bekannt ist; ebenso erscheint

als seltener Fremdling auch die kleine Trappe (Otis Tetrax), von der Größe eines Fasans, hellbraun und schwarz gewässert, vom Mittelmeer her auf unseren Hügeln und Bergen, gewöhnlich im Januar. Vor mehreren Jahren wurde ein Exemplar im Kanton Appenzell am Kamor (5292' ü. M.) geschossen und als eine große Seltenheit im Lande bewundert. Die große Trappe (Otis tarda), die in kleinen Flügen hin und wieder etwa als Winterpost sich einstellt, ist bisher nur in der Ebene bemerkt worden. Vor einigen Jahren wurde bei Wyl (St. Gallen) eine solche im Spätherbst erlegt, wo sie jeden Morgen unter den Bäumen hastig Birnen fraß, worauf sie gewöhnlich für den übrigen Tag spurlos verschwand. Im Januar 1861 erlegte man bei Basel eine aus einem Völklein von acht Stücken.

Alle diese Vögel sind keine hervorragenden Elemente des Thierlebens unserer Region, sondern mehr nur Einzelheiten und Kuriositäten, Thiere, die theilweise in ihr nicht recht heimisch sind und die Ebene vorziehen, immerhin werthvoll zum Schmucke des Gemäldes. Dagegen treten als stätige Bergbewohner einige Hühner- und Taubenarten auf; doch auch sie verschwinden noch immer im Totalanblicke der Landschaft. Und doch finden wir gerade bei den Hühnern ausgezeichnete und echte Bergthiere. Die Wachtel, den einzigen Zugvogel des Hühnergeschlechts, rechnen wir auch hierher; obwohl ein Vogel der getreidereichen Ebene, besucht sie doch die wiesenreichen Thäler des Gebirges. In den Fruchtfeldern Airolo's am Tessin, im Bedrettothale und in den blumigen Gründen des Urserenthales haben wir ihren lieblichen Schlag oft vernommen, auch in den rhätischen Bergthälern ist sie nicht selten, und wir hörten sie zu unserem Erstaunen im Juli sogar mehrere Morgen in den Gerstenfeldern oberhalb Campfeer, bei 5750 bis 5800' ü. M., rufen, ohne Zweifel der höchste Standpunkt dieses Thierchens in Europa. Ende September und Anfangs Oktober fallen die Zugwachteln, die oft heller gefärbt sind als die Standwachteln, nächtlich in großen Schaaren unter tausendstimmigem 'wud-wud' auf bestimmten Revieren ein und werden massenhaft erlegt. Der Wachtelzug verlängert sich aber oft bis tief in den November hinein. Der stolze, herrliche Auerhahn und das niedliche Haselhuhn, von denen wir später etwas Näheres mittheilen, sind durchaus und stätig Bewohner der Wälder unseres Bergreviers. Die Auerhühner steigen oft nicht einmal bis zur oberen Grenze derselben, so am Gotthard nicht über Wasen hinauf, da sich dort auffallend schnell der Hochwald verliert. Aus dem Jura gehen sie mitunter in die Wälder der Ebene; im Berneroberlande sind sie in den Bergen des Thunersees, im Frutigen- und im Simmenthale, in Zürich an der Allmannskette, in den übrigen Bergkantonen im Niveau unseres Reviers nicht selten. Dagegen finden wir in diesem nur an der unteren Grenze das gewöhnliche Rebhuhn, das in der ebenen Schweiz gemein ist. Das Gebirge ist so reich an eigenen Hühnern, daß es die der Ebene nicht zu borgen braucht. Selten geht das Rebhuhn höher als 3000' ü. M. Fundorte wie am Himmelberg (Appenzell, 3200'), wo neulich sechs Stück erlegt wurden, und am Kamor, wo sie bis gegen 4000' ü. M.

hinaufreichen, gehören zu den Ausnahmen. Uebrigens gleichen unsere Berg=
rebhühner denen der Ebene vollständig und die angebliche gelbbraune Bergvarietät
(P. montana) ist bei uns unbekannt. Auffallenderweise erscheint auch noch
in unserer Region das sonst den Süden und Südwesten Europas bewohnende,
zierliche Rothhuhn (Perdix rubra), das sich von dem alpinen Steinhuhn fast
nur durch den größeren, schwarzstrahligen Kehlkreis unterscheidet; es zeigt sich
übrigens nur in den jurassischen Gebirgen von Waadt und Genf und auch dort
selten. Nach der eigentlichen Paarung scheinen alle Berghühnerarten monoga=
misch zu leben und ist kein Anzeichen von Vielweiberei zu finden.

Aermer als an Hühnern ist unser Gebiet an Tauben. Die mohnblaue
Holztaube (Columba önas), auf jedem Flügel mit einem doppelten schwarzen
Fleck gezeichnet, und die etwas größere, graulichblaue Ringeltaube (Columba
palumbus), mit rothgelber Brust und weißem Halbmond am Halse, sind in der
ganzen Berggegend weit seltener als im Hügelvorlande. Von Ende März bis
Ende Oktober halten sie sich in einzelnen Pärchen in größeren Nadelhölzern in
der Nähe von Getreidefeldern auf, wo sie auf hohen Bäumen nisten und zwei=
mal brüten. Wegen ihrer Furchtsamkeit und ihres sehr schnellen Fluges sind sie
schwer zu beobachten und zu schießen. Letzteres gelingt am besten nach dem Ein=
fluge der Taube. Von Morgens früh bis Abends zwischen 4 und 5 Uhr sucht
sie täglich ihr Körnerfutter, das zum Nutzen des Landmanns vorwiegend aus
Unkrautgesäme besteht, in den Saaten und Wiesen; dann fliegt sie regelmäßig
dem Walde und ihrem Baume zu, wo sie am sichersten erwartet wird. In den
Wäldern der Hügelregion sitzen die Holztauben dann dutzendweise wie Krähen in
den oberen Baumwipfeln. Beide Arten und die sonst in der mittleren und nörd=
lichen Schweiz wenig bekannte wilde Turteltaube sind auch im obern Reußthale,
ja im obern Engadin und auf dem Grimselwege bei 5000' ü. M. schon ge=
schossen worden. Eine Holztaube wurde auffallenderweise im November 1841
(wahrscheinlich beim verspäteten Rückzuge) auf den Ursernerbergen bei frischem
Schnee erlegt. H. v. Salis vermuthet aber, daß einzelne Ringel= und Holztauben
in Bünden auch überwintern.

Alle Wälder werden von den hübschen und lebhaften Klettervögeln be=
lebt, die sich durch Stimme und Handwerk als stets fleißige Baumbewohner ver=
künden. Einige von ihnen sind Zug=, die meisten aber Standvögel. Sowohl
ihre munteren Kletterübungen als ihr geschwätziges und geschäftiges Wesen und
ihre mannigfaltige, oft äußerst bunte Färbung macht sie zu den Papageien un=
serer Wälder, bescheidene Papageien freilich, wie unsere Wälder auch keine vege=
tationsstrotzenden Tropenwälder sind, — aber immerhin höchst kurzweilige und
freundliche Thierchen. Unter ihnen ist der bekannteste der Kukuk (Cuculus
canorus), der Mitte Aprils mit hängenden Flügeln, gehobenem, gespreiztem
Schwanze und aufgeblasener Kehle unter zierlichen Verbeugungen den Eintritt
des Frühlings mittelst seines einzigen Singmuskels in melancholischer Monotonie
verkündet, nachdem er den Winter gewöhnlich in Egypten zugebracht hat. Seine

5*

Stimme (es ist nur das Männchen, welches ruft, das Weibchen schreit ein heiser lachendes „Kwick—wick—wick‘) ist zwar weder sehr melodisch, noch reich an Variationen, aber immer höchst gemüthlich und gern vernommen. Ja sie spielt selbst im Leben unserer Hirten und Bauern eine gewisse Rolle und wird mit mancher sonderbaren Vorstellung in Verbindung gesetzt. Indessen haben gar viele von ihnen nie einen Kukuk gesehen, da dieser ein sehr scheuer, wilder, mißtrauischer und unruhiger Vogel ist. Der Kukuk ist in der Haltung der Elster, in der Färbung dem Sperber ähnlich, aschgrau, am Bauche weiß mit schwarzen Querflecken, gelben Kletterfüßen, von der Größe einer Turteltaube, aber mit längerem Schwanze und längeren Flügeln. Junge Weibchen, welche erst einmal abgemausert, haben eine rothbraune Grundfarbe und wurden früher irrigerweise für eine eigene Art angesehen. Die Kukuke haben einen sehr raschen und schwimmenden Flug, der aber meistens nur von einem Baume zum andern geht, und lesen fleißig von den Zweigen die Mücken und Raupen, namentlich die Bärenraupen, ab, deren Haare ihnen oft die Magenhaut so dicht verfilzen, daß sie wie Pelz nach dem Strich gebürstet werden können. Haben sich die Raupen der Wälder verpuppt, so suchen die Vögel in Wiesen und am Wasser Käfer und Libellen, nehmen aber im Nothfall auch mit Beeren vorlieb. Sonst ziehen sie das dichteste Gebüsch vor und weichen einander gern aus, sodaß in einem Revier selten mehr als ein Paar zu finden ist. Dieses fliegt gern zusammen und postirt sich am liebsten auf Baumwipfel und Pfähle.

Bekanntlich haben diese Vögel die konstante Gewohnheit, ihre Eier nicht selber auszubrüten, und sind in dieser Hinsicht eine außerordentliche Erscheinung. Sie legen in die Nester der insektenfressenden Singvögel, besonders der Hausrothschwänze, Gartengrasmücken, Rohrsänger, Steinschmätzer, Pieper und Bachstelzen, wo die Jungen viel Unruhe stiften. Diese fressen nicht nur den eigentlichen Kindern des Nestes fast alle Nahrung weg, sondern drängen dieselben auch vermöge ihres größeren Umfangs und ihrer Stärke nicht selten aus der legitimen Behausung, nachdem das Kukuksweibchen schon beim Legen des Eies öfters die Vorsicht gebraucht hat, einige der etwa vorgefundenen rechtmäßigen Eilein aus dem Neste zu werfen. Das Alles läßt sich die gutmüthige Adoptivmutter gefallen und plagt sich fast zu Tode, um den jungen, gefräßigen Kukuk einigermaßen zu sättigen. Uebrigens ist das Wie und Warum des ganzen, widernatürlichen Vorganges, der sich bei dem amerikanischen Kuhfinken (Cassicus pecoris) wiederholt, noch nicht aufgeklärt. Unwahrscheinlich ist die Annahme, die in unserer Zone gelegten Eier rühren von Superfötation her, während der Vogel im Süden wirklich brüte, da auch mehrere exotische Kukuksarten weder nisten noch brüten; gewiß ist aber die Thatsache, daß der Kukuk weder selbst nistet, noch für seine Nachkommen sorgt. Beachten wir die Umstände, die diesen seltenen Zug des Thierlebens begleiten. Zur Zeit der Fortpflanzung bemerkt man große Unruhe an dem Kukukspärchen. Unaufhörlich zieht es in seinem Standrevier umher und eifersüchtig bewacht das Männchen die Gefährtin. Bei dieser reifen die Eier nur langsam und in großen Zwischenräumen; innerhalb 6—7 Wochen legt sie nur 4—6 Eilein, sodaß sie, wenn sie dieselben selbst ausbrüten wollte, damit und mit der Ernährung der Jungen fast ein Vierteljahr zu thun hätte; oder es würden die ersten Eier faul, ehe das letzte gelegt wäre. Schon diese verzögerte Eireife ist einzig in ihrer Art. Ehe das Weibchen ein ausgetragenes Ei abgiebt, späht es mit scharfem Auge unablässig die so wohl im Gebüsch verborgenen Nestchen der Rothkehlchen, Zaunkönige, Pieper und Sänger des Reviers aus (diejenigen ähnlich großer Vögel, wie der Drosseln, Spechte u. s. w., benutzt es nicht, nur etwa in Staarnestern fand man auch schon Kukukseier). Dies ist um so schwieriger, als ein Nest gewählt werden soll, wo ebenfalls frischgelegte Eilein liegen, damit alle gleichzeitig ausgebrütet werden.

Man denke sich nun den Eifer und die Sorge der Mutter, ein in Lage, Ort und Eifrische passendes Nest ausfindig zu machen. Es soll ihr dies auch fast immer gelingen, vermöge eines merkwürdigen Instinktes und äußerst scharfen Blickes, ohne daß sie viel in den Büschen herumkriecht, wozu sie wegen ihres langen Schwanzes und ihrer kurzen Füße ebenso wenig befähigt ist wie zum häufigen Gehen auf dem Boden. Nur selten, wenn die vorgerückte Eireife sie geradezu zum Legen nöthigt, giebt sie ihre Frucht aufs Geradewohl zu andern, ganz alten oder halbgebrüteten Eilein oder in ein leeres Nestchen ab, doch nur, wenn sie ein solches wirklich bewohnt weiß, und nie soll sie (was auch schon des langen Zwischenraums wegen begreiflich ist) ein zweites Ei in das gleiche Nestchen legen; zwei Kukuke könnten die Pflegeeltern ohnehin nicht sättigen. Doch findet man in jenen Vogelnestchen zur Seltenheit auch zwei Kukukseier, die aber wahrscheinlich von verschiedenen Müttern herrühren. Einmal traf man auch neben dem ausgebrüteten Kukuk ein fremdes, wohl herausgeworfenes Kukuksei auf dem Boden.

Die Eier des Kukuks sind im Verhältniß zur Vogelgröße beispiellos klein, kaum größer als ein Sperlings- und Bachstelzeneilein, gleichsam als wären sie von Anfang an bestimmt, von einem 3—4 mal kleineren Vögelchen ausgebrütet zu werden. Ebenso auffallend ist ihre wechselnde Färbung. Bald sind sie gelblich, bald grünlich, bald bläulichweiß, bald punktirt, bald gefleckt, gestrichelt, bald mit braunen, bald mit grauen Tröpfchen besäet, bald ungefleckt — Unterschiede, die wahrscheinlich von der jeweilen vorherrschenden Nahrung der Mutter abhängen. Häufig stimmt die Färbung des Kukukseies mit derjenigen der vorhandenen Nesteilein; ja man hat schon ganz weiße Kukukseilein neben den weißen Rothschwanzeiern gefunden.

Ehe das Kukuksweibchen legt, prüft es aus der Ferne das erkorene Nestchen wohl. Es weiß genau, daß die kleinen Vögel alle ihm gram sind und es necken und verfolgen, wie sie immer können. Darum harrt es, bis sie ausgeflogen sind, fliegt dann pfeilschnell her, macht nöthigenfalls Raum im Nestchen, setzt sich darauf und legt sein Eilein ab. Ist das Nestchen aber in einem Baum- oder Steinloch, so kriecht es mit der größten Mühe hinein und zwängt sich wieder heraus. Wo es aber gar nicht zukommen kann, legt es das Eilein ins Gras,

faßt es mit dem Schnabel und trägt es in das gewählte Quartier. Man hat
schon öfters Weibchen erlegt, welche das Eilein noch im Schlunde stecken hatten.
Ist dasselbe aber gehörig placirt, so macht sich die Mutter in aller Stille wieder
fort und kümmert sich später schwerlich mehr um dessen Gedeihen. Mit um so
größerer Gewissenhaftigkeit sorgen die Pflegeeltern dafür. Der dem Eilein ent-
schlüpfte, sehr kleine Kukuk wächst außerordentlich rasch, und bald muß sich die
kleine Braunelle oder der Zaunkönig alle Mühe geben, das Pflegekind zu erhalten,
das bald weit größer ist als sie selbst. Nur sehr selten geschieht es, daß sie
es wirklich aufgeben und verlassen; dagegen hat man Züge von rührender Treue
bemerkt, z. B. wie eine Bachstelze die Zugzeit im Herbst versäumte, um mit
größtem Fleiß ihren jungen Kukuk zu erhalten, der in einem Baumloche steckte
und darin zu groß gewachsen war, um wieder herauszukommen. Da der Kukuk
vermöge seiner außerordentlich starken Raupenvertilgung, wozu ihn unverhältnißmäßig große und stark arbeitende Verdauungsorgane befähigen, ein wahrer Hüter
und unbezahlbarer Wohlthäter unserer Wald- und Obstbäume ist, sollte er nie
getödtet werden. Bei uns geschieht dies selten und nur aus Muthwillen. Die
Italiener und Griechen stellen ihm häufig des Fleisches wegen nach, und allein
nach Athen kommen jährlich an tausend Stück zu Markte.

Zu der gleichen Ordnung der Kletterer sind weiter zwei etwas seltenere
und ganz verschiedenartige Vögel des Gebirges zu rechnen, nämlich der Eisvogel (Alcedo ispida), und der Wiedehopf (Upupa epops), beide durch
ihr prächtiges Federkleid ausgezeichnet. Der erstere, in Bünden Königsfischer,
in Bern Ischvogel, im Tessin Martino pescatore genannt, hat eine glänzend
lasurblaue, etwas ins Grüne schillernde Oberseite und eine rostrothe Brust,
langen Schnabel, großen Kopf, sehr kurze, mennigrothe Füße und einen kurz ab-
gehackten Schwanz, der dem weichgefiederten, brillanten Thiere ein seltsames Ansehen giebt. Immer paarweise lebend, verläßt er nie das Revier des Baches oder
Sees, an dessen Ufern er sich niedergelassen; doch wird er öfter im Herbst und
Winter als im Sommer bemerkt. Adlerartig über dem klaren Bergbache rüttelnd,
oder stundenlang bewegungslos auf einem Stein oder Zaunpfahl sitzend, ersieht
er sich den rechten Augenblick, um die Schmerle oder Forelle zu haschen, stürzt,
den Kopf voran, plumpend und rasch auf sie nieder, rudert unter dem Wasser
mit den Flügeln, zieht sie mit dem langen Schnabel heraus, trägt sie auf einen
Stein oder in die Zweige eines Busches und schluckt sie, nachdem er sie so lange
gedreht hat, bis sie bequem liegt, den Kopf voran, hinunter. Die Gräten und
Schuppen speit er nachher als Gewölle wieder aus. Dabei ist er vielem Ungemach ausgesetzt. Im Winter friert der Bach oft zu, und der Eisvogel muß an
warmen Quellen mit einzelnen Wasserkäfern und Blutegeln vorlieb nehmen;
beim Tauchen geräth er oft unters Eis und ertrinkt; zuweilen hascht er eine
Forelle, die er nicht hinunterwürgen und nicht mehr von sich geben kann, und
erstickt. Für seine Jungen hackt er im Mai am Ufer tiefe Löcher wie die der
Ratten in die Erde, polstert sie mit Wasserjungfern und ausgeworfenen Fisch-

gräten aus und trägt der Brut Schnecken, Larven, später Fischchen zu. Eisvögel und Uferschwalben sind unter unsern Vögeln die einzigen, die förmliche Gänge oder Röhren ausgraben, um ihr Nest in der Erde anzubringen; der mehr südliche Bienenfresser, der die Schweiz hie und da besucht und im Wallis schon gebrütet hat, gräbt sich zu gleichem Behufe 3—5 Fuß tiefe Gänge. Da die Eisvögel einander nicht dulden und jeden Eindringling mit pfeilschnell schnurrendem Fluge und lautem Geschrei aus dem Reviere treiben, so leben zum Glücke für unsere Forellenbrut die einzelnen Paare immer weit auseinander; sie finden sich aber bis tief in die Bergregion herein und selbst über sie hinaus noch am Silsersee (5500' ü. M.).

Ebenso der Wiedehopf, ein zierliches, sonderbares Thier, das hie und da in den Wäldern der Bergregion erscheint, besonders gern am Saume derselben in der Nähe der Wiesen und Viehweiden und noch im Domleschg, ja selbst im Engadin brütet. Er ist röthlichgelb, der Schwanz schwarz mit weißen Querbinden, der fächerartige Federbusch auf dem Kopfe über zwei Zoll lang, gelb mit schwarzem Saume. Im Frühling kommt er früh, unmittelbar vor dem Kukuk, in die Bergwälder, und zwar paarweise des Nachts, und verläßt sie schon im August wieder. Seine Nahrung ist die der Waldschnepfe, seine Lebensart aber ganz eigenthümlich. Mit hängenden Flügeln läuft er hurtig auf der Erde umher, macht häufig dabei die drolligsten Verbeugungen und steckt fortwährend den langen, spitzen Schnabel in die Erde, sodaß er an einem Stocke zu gehen scheint. Will er Etwas aufmerksam betrachten, so sträubt er die Haube ernsthaft auf; will er aber auffliegen, so legt er sie nieder. Menschen und Raubvögel fürchtet er außerordentlich und legt sich oft vor Entsetzen platt auf den Boden. Auf den Bäumen weiß er sich in die dichtesten Zweige und Kronen zu verbergen. Seine gefundenen Würmer und Larven wirft er erst in die Höhe und läßt sie dann durch den offenen Schnabel hereinfallen. Am liebsten nistet er in Baumlöchern; sein Nest und seine Jungen riechen aber sehr übel, da er vermöge seiner Schnabel- und Zungenbildung die Exkremente der Brut, die sonst von den meisten Vögeln beim Abfliegen vom Neste im Schnabel weggetragen werden, nicht fortschaffen kann. Von seinem monotonen Rufe ‚hup—hup—hup‘ hat er den Namen Upupa erhalten; seine Lockstimme ist ein heiseres ‚rä—rrä‘.

Die zahlreichste Familie der Klettervögel bilden in unseren Bergwäldern die verschiedenen Spechte, durch ihre Stimme, ihr Handwerk und ihr schönes Gefieder den Bewohnern des Gebirges wohl bekannt. Obwohl sie scheu und listig sind, kommt man ihnen doch leicht auf die Spur und beobachtet ihr emsiges Tagewerk. Sie sind ohne Ausnahme Standvögel, ernsthafte, pathetische Narren, ihre Haltung und Geberde mit pedantischer Einförmigkeit beibehaltend. Etwa 10—12 Fuß über der Erde fliegen sie den Baumstamm an, wandern fortwährend pochend aufmerksam an demselben hinan, bis sie eine hohle, von Insekten angefressene Stelle finden. Mit starkem, meiselscharfem, vorn keilförmigen Schnabel hämmern sie durch kräftige Nackenbewegungen und unter festem Anstemmen der steifen, elastischen Schwanzfedern, die Stütz- und Schnellfeder zu-

gleich find, die Rinde durch und schnellen ihre rasch sich verlängernde, wurm=
förmige, vorn mit Widerhäkchen versehene Zunge in das Bohrloch, um die Larve
oder den Käfer, der darin sitzt, anzustechen. Für ihr Nest meiseln sie ein zirkel=
rundes Loch in alte, kernfaule Kiefern= und Buchenstämme, in das sie ihre glänzend=
weißen Eier (20—60 Fuß über der Erde) ohne Nestbau legen. Die am Boden
liegenden Holzspäne werden leicht zum Verräther des Brüteortes. Außer der
Brutzeit sieht man Abends bald einen Bunt=, bald einen Grünspecht von einem
bestimmten Loche Besitz nehmen, so daß es dem zuerst Ankommenden gehört.
Wenn im Winter die ganze Landschaft öde und still ist, so hört man diese klugen
und fleißigen Vögel wohl eine halbe Stunde weit klopfen und arbeiten oder durch
hackende Kopfbewegung an einem dürren Aste trommeln. Der größte des Ge=
schlechtes, fast $1^1/_2$ Fuß lang, ist der kräftige, kohlschwarze, mit karmoisinrothem
Scheitel geschmückte Schwarzspecht (Dryocopus Martius), einzeln in allen
einsamern Tannenwäldern des Gebirgs zu finden, besonders im Emmenthal,
Appenzell, Graubünden und im Jura. Die Bauern kennen ihn gar wohl und
nennen ihn nach seinem Rufe bald Tannenhuhn, Waldhahn, Holzgüggel, bald
Tannenroller, Bergspecht, Hohlkrähe. Noch bekannter ist der zeisiggrüne, mit
rothen und schwarzen Backen und hochrothem Scheitel und Nacken ausstaffirte
Grünspecht (Gecinus viridis) und auch der ihm ähnliche, aber etwas kleinere
und seltenere Grauspecht (Gecinus canus) mit rother Stirn und grauem
Hinterkopf. Der erstere geht auch in alle gemischten Wälder der Ebene, besonders
wenn sie von Bächen durchzogen sind, und treibt sich im Herbst und Winter gern
in Baumfeldern oder selbst an großen Nuß= und Ahornbäumen bei den Häusern
umher; der Grauspecht dagegen erreicht das Maximum seiner Individuenmenge
in den Wäldern der Gebirgsregion, besonders in solchen Lagen, die sich an die
Alpen anlehnen. Während sonst die Spechte selten Baum oder Busch verlassen,
sieht man diesen oft auf den Boden fliegen, um im Miste Insekten zu suchen.
Horniße verschluckt er ohne Beschwerde. Die drei Buntspechte (der große,
Picus major, der Weißbuntspecht, Picus medius, und der blos sperlingsgroße
Kleinbuntspecht, P. minor), alle wunderschön schwarz und weiß gescheckt, die
Männchen mit rothem Scheitel, die beiden ersteren auch mit rosenrothem After,
gehen im Gebirge bis an die obere Grenze der Buchwälder, sind aber durchweg
nicht allzu häufig; namentlich wird der kleine in vielen montanen Lokalen ganz
vermißt und überhaupt eher in Busch und Vorholz als im Hochwaldsdickicht
bemerkt. Im Herbste sieht man sie mitunter an den großen Obstbäumen, be=
sonders an alten Nußbäumen der Bergwiesen, obwohl sie wie alle Klettervögel
beim Anblick des Menschen stets hinter den Stamm gehen und sich so, wenn
man ihnen folgt, oft ganz um denselben herum bewegen, bis sie, der Verfolgung
müde, mit unwilligem ‚Rück—rück‘ nicht sehr rasch, meist geradlinig und augen=
scheinlich beschwerlich ein paar Hundert Schritte weiter fliegen. Als Seltenheit
wurde früher der dreizehige Specht (Picoides tridactylus) betrachtet; in=
dessen hat man ihn in den Bergwäldern ob dem Brienzersee, in Habchern, im

Simmenthal, an der Potersalp und am Kamor, im Rheinthal, im Bannwald
ob Altorf, im Reußthal, in Bünden (Schanfigg, Engadin) und in den Hoch=
wäldern von Schwyz und Unterwalden gefunden, und zwar an einigen Orten
verhältnißmäßig zahlreich. Er ist schwarz und weißbunt, mit silberweißer Iris;
das Männchen hat einen citronengelben, das Weibchen einen weißen, schwarz=
gestrichelten Scheitel. Ausnahmsweise verirrt sich dieser Vogel, der im nörd=
lichen Europa und Asien, das mehrere Arten dreizehiger Spechte besitzt, häufiger
ist, auch in die unteren Bergthäler und Vorlande und wurde z. B. schon unweit
St. Gallen in den Schwarzwäldern von Bernhardzell geschossen. Er hält sich
gern zu den Buntspechten und bleibt bei ihnen, während der Schwarzspecht
neidisch jeden Genossen von dem Baume jagt, an dem er hämmert. Alle diese
Spechtarten sind, wie überhaupt die ganze Familie der Klettervögel, starkgebaute,
lebhafte, kluge und sehr nützliche Thiere, dabei nur sehr schwer zu zähmen. Sie
sind durch Größe, Tracht und Lebensweise hervorstechende Elemente der Thier=
welt unseres Kreises, erscheinen aber nie massenhaft, da sie sich ziemlich schwach
vermehren. Noch viel vereinzelter finden wir im Gebirge vom Mai bis September
den ihnen verwandten Wendehals (Yunx torquilla), der sich aus den Baum=
gärten der Ebene einzeln in die höheren lichten Laubholzwälder (selbst bis ins
Urserntbal und Engadin) verfliegt oder auf dem Durchzuge dort bemerkt wird.
Er ist von der Größe des Staars, hübsch grau, braun und gelb gezeichnet und
schwarz besprißt, hüpft im Gezweige und an den Stämmen, ohne eigentlich zu
klettern, dann auch auf der Erde nach Raupen und Larven und streckt seine
Zunge in bewohnte Ameisenhaufen, um sie, wenn sie voller Ameisen ist, rasch
zurückzuschnellen. Seine komischen, wie konvulsivischen Halsverdrehungen, wo=
bei er den Schnabel auf den Rücken legt, die Haube aufsträubt, den Schwanz
spreizt, die Augen verdreht und mit aufgeblasener kollernder Kehle unaufhörlich
auf= und abnickt, machen ihn zu einem höchst possirlichen Geschöpfe.

Eine nahe Verwandtschaft mit den Spechten, Meisen und Mauerläufern
zugleich hat die auch in der Bergregion nicht ganz seltene Spechtmeise (Sitta
europaea), die ebenso geschickt klettert wie die Spechte, obgleich sie der Unter=
stützung des starken Schwanzes derselben entbehrt. Sie läuft gewöhnlich von
dem oberen Theile des Baumes nach unten und nimmt diese auffallende Stel=
lung an, wenn sie den Baum anfliegt. Unermüdlich die Stämme herabrennend,
zieht sie mit ihrer harpunenartigen Zunge jedes Insekt, das ihr scharfes Auge
entdeckt, aus der Rinde. Sie nistet öfters in den von ihr mit Koth verengten
Spechtlöchern der hohlen Bäume, und das Weibchen verläßt die Brut so un=
gern, daß es sich eher gegen fremden Eingriff zischend zur Wehre setzt. Das
Thierchen ist etwa sechs Zoll lang, oben bläulichgrau mit weißer Kehle, rost=
rothen Weichen und gelblichem Unterleibe. Neben den Insekten frißt es auch mit
Vorliebe Sämereien und selbst Haselnüsse, die es geschickt mit dem Schnabel zu
bearbeiten versteht. Seine bewegliche Kletternatur macht es so schwer zähmbar wie
die eigentlichen Spechte. In den meisten Gegenden ist es Standvogel. Ungefähr

einen gleichen Verbreitungsbezirk durch die Wälder und an einzelnen Bäumen
hat der gemeine Baumläufer (Certhia familiaris), ein dunkelgraues, weiß=
gesprenktes, unten ganz weißes, höchst geselliges Vögelchen, nicht viel größer als
ein Zaunkönig, mit rostfarbenen Schwanz= und braunen, gelbgestrichenen
Schwingfedern und langem, gebogenem Schnabel. Wie die Spechtmeise rennt
es an den Bäumen insektensuchend umher, doch seltener von oben nach unten;
dabei zieht seine Beweglichkeit und Emsigkeit, oft auch sein leiser, eintöniger Ruf
während des Suchens, die Aufmerksamkeit des Menschen auf sich. Es ist zu
schwach, um mit dem ahlfeinen Schnabel die Rinde zu öffnen; dafür untersucht
es mit demselben wie mit einer krummen Sonde jede Rindennarbe und ersetzt,
was ihm an Kraft gebricht, durch Springen und Laufen, wobei es sich gern auf
den Schwanz stützt. Auf die Erde scheint es gar nie zu gehen, fängt sich aber
in Meisenfallen bei bloßer Samenlockspeise. Der rothflügelige Mauerläufer
gehört vorwiegend der alpinen Region an.

Die große Masse der Vögel wird im unteren Gebirgsgürtel durch die um=
fassende Ordnung der Sperlingsartigen gebildet, welche in der Familie der
Allesfressenden die Rabenartigen, in der Familie der Insektenfresser die mannig=
faltige Gruppe der Sänger, in der Familie der Samenfresser die Meisen, Lerchen
und Finken und endlich in der Familie der Schwalbenartigen die Schwalben,
Segler und Ziegenmelker in sich faßt. Von dieser letzteren Familie besitzt die
Bergregion nur wenig Ausgezeichnetes. Die Haus=, die Mauer= und die Ufer=
schwalben ziehen im Allgemeinen entschieden das Tiefland vor und besuchen
gewöhnlich das Gebirge nur als Reisende, obwohl sie in manchen milderen Berg=
thälern auch heimisch sind. Oft schon Ende März kommt die schön stahlblaue,
rostkehlige, mit langem Gabelschwanz geschmückte, nacktfüßige Rauchschwalbe
(Hirundo rustica) an, um in den oberen Kammern und selbst den Gängen der
Bauernhütten ihr hartes, offenes Nest anzubringen. Tritt noch eine herbe Kälte
ein, so verschwindet sie wieder und erscheint dann über Seen und Bächen, in
tiefem Fluge Insekten jagend, wieder. Bald nach ihr langt die allbekannte,
gabelschwänzige, fiederfüßige Hausschwalbe (H. urbica) an, die ihr Nest stets an
der Außenseite der Häuser anbaut und sich oft vor den rauhen Launen des Nach=
winters mitten in die Wohnungen hineinrettet. Ein einziges Mal haben wir
auch eine schneeweiße Spielart gesehen. Später folgt die kleinere, fast nacktfüßige,
röthlichgraue Uferschwalbe (H. riparia), die an einsamen Geröllhalden in tief=
minirten Erdlöchern nistet, welche sie mühsam selbst gräbt. Sie ist die erste, die
im Herbste wieder abzieht. Die Haus= und Rauchschwalben möchten noch am regel=
mäßigsten in unserer Region sich finden, namentlich erstere in den hochgelegenen
Thälern Graubündens und Uris sogar noch in der alpinen Zone (Engadin
5500—5700'); die Uferschwalbe wurde am Gotthard nur einmal und zwar bei
Schneegestöber todt gefunden, zeigt sich aber auch im Domleschg und am Calanda.

Der oben ganz schwarze, unten hellere, weißkehlige Spyr oder Mauer=
segler (Cypselus murarius, im Tessin Sbirro) nistet wohl auch häufiger in der

Ebene; doch folgt er, die Gesellschaft des Menschen, der ihn freundlich schont, suchend, den Wohnungen und Dörfern bis über die Bergregion hinauf und nistet z. B. im Dorfe Splügen (4480' ü. M.) noch zahlreich. Er brütet in Mauerlöchern, Felsritzen oder passend gelegenen Nestern anderer Vögel; im Appenzellerlande nimmt er nicht selten von den Staarenkästen Besitz. Unbehülf- lich und dumm, wie er ist, läßt er sich, wenn er auf den Boden fällt, mit Händen greifen, hackt aber seine ganz kurzen, scharfkralligen Füße gern in die Hand des Fängers und kreischt ihn mit weitaufgerissenem Schnabel wüthend an. Seine ganz kurzen Füße und außerordentlich langen Flügel machen ihm das Auffliegen vom Boden fast unmöglich; er haftet darum meist am Gemäuer. In großen Schaaren verfolgt er oft seinen Todfeind, den Thurmfalken. Er kommt gewöhn- lich erst gegen den Mai hin (in Chur am 8.—10. Mai) lautjubelnd an und ver- schwindet schon Anfangs Augusts wieder unbemerkt; mit dem Brütgeschäft ver- spätete und aus dem Norden kommende reisen aber oft erst Mitte bis Ende Septembers ab. Von den Schwalben unterscheiden sich die Segler leicht da- durch, daß diese alle vier Zehen nach vorn gerichtet haben, während jene wie die Singvögel drei nach vorn und eine nach hinten halten. Der Alpensegler (Micropus alpinus) bewohnt auch unsern Kreis, ist aber ebenso heimisch in den höheren Regionen und ebenso die Felsenschwalbe (Hirundo rupestris). Ihnen schließt sich in Lebensweise als nächtliche Form der schwarzgraue, braun- und weißgewässerte Ziegenmelker (Caprimulgus europaeus, Nachtschwalbe) an, der nur in der Dämmerung auf Käfer und Nachtschmetterlinge ausgeht und in Berg- wäldern einzeln etwa mit den Waldschnepfen aufgejagt wird. Mit eulenleisem Fluge und wie die Schwalben mit weitaufgesperrtem Schnabel und gähnendem Rachen schwebt er dumpfschnurrend um die Baumäste, um Forstinsekten abzu- fangen. Nicht ganz selten findet man ihn in Kuh- und Ziegenställen, wo ihn sein sehr kleiner, weicher, spitzer Schnabel und ungeheuer weiter Schlund dem Verdachte ausgesetzt hat, er trinke von dem Euter der Ziegen, — natürlich ein drolliger Irrthum, der sich schon von Aristoteles' Zeiten her vererbt hat. In die Ställe geht er wahrscheinlich aus dem gleichen Grunde wie die Fledermäuse, weil er dort Nachtschmetterlinge, Insekten und ein bequemes Versteck findet. Am Tage sitzt dieses höchst nützliche, aber mit seinen großen schwarzen Augen und dem steifen Schnurrbart ganz abenteuerlich aussehende Thierchen gewöhnlich im Haidekraut, in Heidelbeerbüschen, oder der Länge nach auf einem tiefen Aste, nie hoch im Baume, und schläft sehr fest. Es ist dann schwer zu bemerken und sieht einem verschimmelten Rindenstück ganz ähnlich. Man kann ihm bis auf wenige Schritte nahekommen, ehe es aufwacht. Auch wach ist es nicht scheu. Das Nest und die Jungen sind sehr schwierig aufzufinden. Vom Mai bis Oktober bewohnt es die Wälder bis zur Baumgrenze und nistet sogar noch bei St. Moritz 5700' ü. M. Es trippelt, während wir dies schreiben, ein hübsches, 9 Zoll langes, weibliches Exemplar in unserer Arbeitsstube umher. Wir erhalten es seit längerer Zeit, indem wir es täglich mit Würmern und Kerbthieren stopfen. Freiwillig frißt es nichts. Obgleich ein nächtlicher Vogel, ist er doch auch bei Tage ziemlich thätig, kommt bei Sonnenschein fleißig aus seinem Winkel hervor und setzt sich mit Vorliebe dicht neben uns am Boden auf den wärmsten Fleck, wobei er behaglich den Schwanz fächerförmig ausbreitet und mit halbgeschlossenen Augen duselt. Verläßt die Sonne die Fenster, so geht er langsam schrittweise wieder in seinen Winkel und legt sich gewöhnlich platt auf den Bauch. Er fliegt sehr ungern und hüpft so ungeschickt, daß er beständig auf die Seite purzelt, wobei er oft unbehülflich liegen bleibt und wartet, bis er aufgestellt wird, obwohl er ganz gesund und stark ist. Fremde schnarrt er leise krächzend an, ist aber dabei äußerst zahm, sitzt recht gern breit in der warmen, hohlen Hand, wobei er die Leute zutraulich mit seinen großen schwarzen Augen ansieht, und ist der Liebling des Hauses.

Die Tagschwalbenarten sind weder durch ihren zwitschernden Gesang, noch durch besonders schöne Tracht im Stande, die Zuneigung des Menschen zu gewinnen; gezähmt können sie ohnehin nicht werden — und doch sind sie auch den Bewohnern des Gebirges geheiligte Vögel. Sie sind ein wildes, scheues, rauhes Räubervolk — und doch halten sie so gern zum Menschen. Dies, verbunden mit ihrer außerordentlichen Nützlichkeit und ihrem frühlingsverkündenden Botschaftsberufe, mit dem sie in hellen, jubelnden Schwärmen den Sieg der wachsenden Sonne anzeigen, hat sie dem Volke unverletzlich gemacht, — freilich nur dem biedern deutschen. Jenseit der Alpen werden sie alljährlich zu Hunderttausenden gewürgt und verspeist, wie jedes Geschöpf, das Federn hat und in die Hand eines Italieners fällt.

Freundlicher ist die Erscheinung der zahlreichen Gruppe der Finken, alles muntere, lebhafte Vögel mit kräftiger Stimme und hübschem Gefieder, leicht in die Stube zu gewöhnen, meist thätig und klug, ein lieblich Geschlecht.

Durch ihre Größe und wunderliche, bald nach rechts, bald nach links querverschränkte Schnabelbildung, sowie durch ihre bunte Färbung und treue Geselligkeit zeichnen sich unter den Fringilliden die Kreuzschnäbel aus, von denen bei uns zwei Arten, der größere, starkschnäblige Kiefernkreuzschnabel (Loxia pityopsittacus) und der kleinere, schwachschnäblige Fichtenkreuzschnabel (L. curvirostra) vorkommen. Sie erscheinen in sehr verschiedenen Kleidern. Die alten Männchen beider Arten sind gelb- bis karminroth, auf dem Rücken graubraun, am Flügel und Schwanz dunkelbraun, die einjährigen Männchen trübroth, gelb oder grünlich, die Weibchen grünlichgrau, die Jungen schmutzig graugrün mit dunklern Flecken. (Die kleinste Art (L. leucoptera) mit zwei weißen Binden auf den Flügeln ist bei uns noch nicht aufgefunden worden.) Sie sind alle Vagabunden, erscheinen bald in Menge, bald jahrelang selten, je nach dem Gerathen des Fichtensamens. Der Kiefernkreuzschnabel, der mit seinem starken Schnabel auch die harten Föhrenzäpfchen zu öffnen vermag, nistet noch bei 4000—5500′ ü. M., sogar auf dem Splügen wurde sein Nest entdeckt; der Fichtenkreuzschnabel zeigt sich mehr in den Nadelholzwäldern der Bergregion. Beide brüten außer-

halb der Mauser zu allen Jahreszeiten, selbst in der herbsten Winterkälte. In
lockern Flügeln, unaufhörlich einander zurufend, durchziehen sie den Tann, klettern
im dünnsten Fichtengezweig umher, bald nach Art der Papageien mit den Füßen
oder dem Schnabel sich anhäkelnd, bald plump zum nächsten Baume schwirrend.
Ihre Samenlese hat der Altmeister Chr. L. Brehm trefflich beschrieben: „Der
Kreuzschnabel beißt einen Zapfen ab, trägt ihn an einem Stück Stiel, welches er
daran gelassen hat, mit dem Schnabel auf einen nicht sehr dicken Ast, hält ihn
mit den hierzu besonders eingerichteten sehr starken Zehen und scharfen Nägeln
fest, beißt mit den scharfen, schmalen Schnabelspitzen das vordere, schiefzulaufende
Ende eines Deckelchens ab, öffnet dann den Schnabel etwas, schiebt seine Spitze
unter das Deckelchen und bricht es dadurch, daß er den Kopf auf die Seite be=
wegt, mit leichter Mühe auf. Jetzt drückt er mit der Zunge das Samenkorn los,
bringt es mit ihr in den Schnabel, beißt das Flugblättchen und die Schale ab
und verschluckt es. Er kann mit einem Male alle die Deckelchen aufheben, die
über dem liegen, unter welchem er seinen Schnabel eingesetzt hat. Stets bricht
er mit dem Oberkiefer aus, indem er den untern gegen den Zapfen stemmt. Der
Kreuzschnabel ist ihm hiebei unentbehrlich; denn er braucht ihn nur wenig zu
öffnen, um ihm eine große Breite zu geben, so daß bei einer Seitenbewegung des
Kopfes das Deckelchen mit der größten Leichtigkeit aufgehoben wird. In Zeit
von 2—3 Minuten ist er mit dem Zapfen fertig und holt einen andern. Wenn
der Schwarm fortfliegt, lassen alle ihre Zapfen herunterfallen." Bekanntlich
sind die Kreuzschnäbel äußerst harmlose, aber ziemlich dumme Thierchen; nützlich
werden sie etwa dadurch, daß sie, wie Bouga im Jura beobachtete, mit Vorliebe die
grünen Blattläuse von der Unterseite der Obstbaumblätter ablesen. Nicht klüger
sind die sanften und zutraulichen Gimpel oder Blutfinken (Pyrrhula vulgaris),
auch Dollenbeißer, Braunmeisen und Gügger genannt, die von Samen, Beeren
und Knospen leben, im Winter aber in Gesellschaft von 8—10 Stück in die
Gärten kommen, die Ebereschen, aber auch die Knospen der edlen Steinobstbäume
aufsuchen, wodurch sie häufig großen Schaden anrichten. Den Sommer über sind
sie in gemischten Bergwäldern, wo sie auf niedrigen Bäumen nisten, nicht selten,
verlassen diese aber gegen den Winter und streichen, besonders die Weibchen, in
größeren Flügen ins Vorland; wir haben in milden Berggegenden im Winter
ganze Flüge Blutfinken bemerkt, ohne daß ein Weibchen bei ihnen war. Mitunter
sollen einzelne Exemplare sogar im Engadin überwintern. Ihre prächtige Fär=
bung, ihre Zahmheit und Gelehrigkeit bevorzugen sie als Stubenvögel. Auch
der Kirschkernbeißer (F. coccothraustes), Kriesiköpfer oder Kriesischneller, ein
vielschreiender, unruhiger, sehr mißtrauischer, dickköpfiger Vogel, graubraun mit
schwarzer Kehle, schwarz und weißen Flügeln, aschgrauem Nackenband, weinröth=
lichem Unterleib und außerordentlich dickem, im Sommer blauem, im Winter
fleischfarbenem Schnabel, streift durch die Laubgehölze des Gebirges nach Buch=
nüssen und Kirschen, deren Kerne er aufknackt. Im Winter sucht auch er in den
Gärten nach Blüthenknospen, und leert, wie im Sommer den Kirschbaum, so die

ungeschützten Spaliere in wenigen Stunden, ohne sich durch einen Laut zu ver=
rathen. Die Großzahl aber zieht nach Süden ab. Als Merkwürdigkeit führen
wir an, daß ein solcher Kernbeißer kurz vor Weihnacht 1836 bei herber Kälte
auf dem Gotthard gefangen wurde. Sein Vetter, der kleine, mehr dem Süden
angehörige Girlitz (Fringilla serinus), auch Fädemli oder Schwäderli genannt,
besucht zahlreich manche milde bündnerische Bergthäler. Der Haus= und der
Feldsperling (Passer domestica et montana) zieht ebenfalls die Dörfer und
Gebüsche der Ebene vor und reicht hie und da, doch nicht besonders weit, über
die Hügelregion in die Berggelände herauf. Der listige und freche Hausspatz
scheint allmälig in dieser Richtung vorrücken zu wollen und ist z. B. erst seit
wenigen Jahren in das Sernfthal eingewandert und auch noch sogar in dem
etwas Korn bauenden Oberengadin° (5500' ü. M.) zu finden, während er in
dem tiefer gelegenen, aber kornbaulosen Urserenthale fehlt. Der erdbraune, dunkel
gefleckte, kupferrothscheitlige Feldsperling erscheint häufiger in der Bergregion,
aber im Herbst zieht er gern ins offene Land ab, wo er dann in hellen Haufen
sich umhertummelt. Die italienische Varietät des Haussperlings (Passer italicus)
ist als Seltenheit bis in die nach Süden verlaufenden Thäler Bündens und nach
Tessin vorgerückt. Der schöne, graubraune Steinsperling oder Graufink (F. pe-
tronia), dem Sperling ähnlich, aber über den Augen und an der Gurgel gelb
gefleckt, mit gelbem Schnabel und weißlichem Unterleib, ist in der Schweiz ziem=
lich selten; im Glarnerlande wurde er nur einmal und zwar in der Bergregion
bemerkt; im Bündnerlande und Jura lebt er im Sommer in Felsrevieren und kommt
im Winter bis zu den Dörfern. Vor allen aber grüßt uns der schöne Buchfink
(F. coelebs) mit seinem hellen, kräftigen und metallreichen Schlage zahlreich durch
die ganze Waldregion hin und belebt die grünenden Büsche wie den knospenden
Hochwald, die Fichtengruppen wie den Obstbaum beim Stalle und den Hollunder=
strauch am Bache mit seinen frischen, freundlichen Gesängen, treu dem Plätzchen,
das ihm Beeren und Gesäme giebt und seinem grünbemoosten Kugelnestchen
Schutz gewährt. Besonders im Hochzeitskleide von großer Schönheit, zeigt sich
das Finkenmännchen in allen seinen Bewegungen kräftig, gewandt, zutraulich,
aber auch wieder listig und mißtrauisch. Wenn es trippelnd auf dem Boden
läuft, sieht es sich stets um und sträußt das Schöpfchen bedenklich auf, wenn
etwas Ungerades in den Weg kommt. Zu allen Tageszeiten, selbst unmittelbar
nach wilden Gewittern, schallt der herrliche Finkenruf vielfältig durchs Gelände,
am freudigsten im April und Mai; doch wenn die Chöre hier auch vom Juli
an verstummen und nur noch ihr heller Lockton ‚fink—fink‘ aus den Büschen
tönt, bleiben diese Thierchen noch freundliche Gesellen des Menschen. Sie fressen
neben Körnern und Sämereien auch, besonders zur Brütezeit, sehr viele Fliegen,
Käfer, Raupen, Larven, Mücken und kleine Falter weg, wodurch sie uns sehr
nützlich werden. Im Thüringerwalde theilt man sie nach ihrer Schlagweise in
ordentliche Klassen ab und bezahlt gewisse Melodien mit großem Gelde. Unsere
Bergbewohner kennen diesen Luxus, wie überhaupt die Vogelstellerei, fast gar

nicht, da das Halten von Singvögeln nicht ihre Liebhaberei ist. Geschieht es noch etwa, daß ein Vöglein gepflegt wird, so ist es häufiger ein schmetternder Kanarienvogel als so ein munterer und lebhafter einheimischer Sänger. Im Spätherbst ziehen die meisten Weibchen und Jungen nach Süden.

Aus den Birkenwäldern des höchsten Nordens kommen im Herbste und Winter bald einzeln, bald in großen Zügen, bald auch in Gesellschaft von Ammern, Hänflingen oder Buchfinken, die gesanglosen Mist- oder Bergfinken (auch Waldfink, Gägler, Fringilla montifringilla) an, buntbefiederte Vögel mit bräunlichgelber Brust und Schulter und im Winter wachsgelbem Schnabel. Sie werden in Vogelheerden zahlreich gefangen; mit einem einzigen Vogelschlage hascht man an einem schneereichen Tage oft Dutzende. Sie treiben sich auf Straßen und Miststätten, vor Häusern und Ställen gesellig umher, gehen aber zur Nachtruhe in die hohen Baumwipfel der Wälder und versteigen sich sogar bis ins Engadin. Im Frühling kehren sie nach Norden zurück; doch wird behauptet, daß sie auch im Emmenthale brüten. Der gelblichgrüne, unten ganz gelbe, dickköpfige, plumpe Grünfink (Fr. chloris), mit gelben Schwanz- und Flügel- und aschgrauen Deckfedern, etwas größer als der Buchfink, wird einzeln auf hohen Baumwipfeln pfeifend bemerkt und zwar bis zur Laubholzgrenze, aber nirgends häufig. Am ehesten finden wir ihn noch in nassen, mit Weiden und Ulmen bewachsenen Gründen und zur Reifezeit der Samen in den Gemüsegärten, wo er sich durch seinen dem Kanarienzeisigrufe ähnlichen Lockton bald bemerklich macht. Auch in der Höhe des Reußthales wurde er, aber wohl nur auf dem Durchzuge, getroffen. Der kastanienbraune Hänfling (Fr. cannabina), mit karmoisinrother Stirn und Brust beim Männchen, kommt im Sommer in munter zwitschernden Schaaren als Strichvogel in die Laubgehölze der Bergregion, wo er sein lebhaftes, flüchtiges Wesen auch auf Aeckern, Wiesen, in lichten Büschen treibt, geht aber im Herbste wieder dem Thale zu, in steinige oder feuchte, mit Erlen, Disteln und Habichtskräutern bewachsene Reviere, wo er auch den Winter über noch in kleinen Zügen bemerkt wird. Im Urserenthale erscheint er gewöhnlich Ende Oktobers und Anfang Novembers massenweise auf dem Durchzuge, selten oder nie im Frühling. Der nordische gelbschnäbelige Berghänfling (Fr. montium) kommt im Winter blos bis in die submontane Region. Sind die gemeinen Hänflinge aus dem unteren Gebirge weggestrichen, so werden sie bald durch einzelne starke Züge der kleinen, gelblichgrünen, schwarzscheitligen Zeisige (Erlenfink, Fr. spinus) abgelöst, welche bis zur Laubholzgrenze hinauf durch die Erlenbüsche hüpfen und nach den Samen derselben eifrig suchen, doch schwerlich bei uns brüten. Man bemerkt sie wenigstens in der Regel nur im Herbst, Winter und Frühling und alsdann in großer Gesellschaft, besonders wenn der Birken- und Fichtensamen wohl gerathen ist. Während des hohen Winters haben wir im Gebirge ebensowenig einen Zeisig entdeckt als während des Sommers, doch fand Salis sie auch im Juli im Oberengadin, ohne aber ihr Nest zu entdecken. Auch die harmlosen und ebenso geselligen Leinfinken (Fr. linaria, Rebschößli

oder Blutschößli), welche wie die Hänflinge rothe Scheitel und die Männchen
rothe Brust haben, aber etwas kleiner sind und durch die schwarze Kehle sich
auszeichnen, fliegen im Spätherbste, aus dem Norden herwandernd, manchmal
schaarenweise an den Bäumen und in den Büschen des unteren Gebirges umher,
verweilen höchstens bis im Februar und zeigen sich in anderen Gegenden und zu
anderen Zeiten wieder gar nicht.   Im Bannwäldchen ob Andermatt halten sie
sich auffallenderweise auch über Sommer und brüten regelmäßig daselbst; ebenso
in manchen rhätischen Thälern, z. B. im Schalfik, wo sie bei Erosa (5824' ü. M.)
oft vorkommen.   Auf einer Hängebirke bemerkten wir einmal wenigstens sechszig
Stück dieser netten, unruhigen, aber ziemlich dummen Vögel auf dem Winter-
striche.   Unter ihnen waren vielleicht drei Viertheile junge Männchen; wenigstens
fanden wir unter den acht Stück, die auf einen Schuß fielen, sieben junge und
ein altes.   Seit zehn Jahren aber haben wir keinen Leinfinken mehr beobachtet.
Dagegen ist der bunt aus allen Farbentöpfchen des Schöpfungsmorgens bemalte,
lebhafte Distelfink (Fr. carduelis, Disteli, im Tessin Ravarino) wie in der
ebenen, so in der gebirgigen Schweiz, bis hoch hinauf ins Ursernthal, überall
verbreitet; man glaubt, die sogenannten Bergdistler seien etwas größer, bunter
und schöner, als die der Ebene.   Sie sind nicht scheu, lernen leicht hübsche Melodien und Kunststückchen und sind gar muntere und freundliche Stubengenossen.
       Gar häufig bemerkt man von den Ammern den schönen, mehr oder weniger
goldgelben Goldammer (Emberiza citrinella, Emmeriz, Gilberig) im ganzen
Gebirge, wo er gern die Haferfelder und die Bäume in der Nähe der Dreschtennen
besucht und im Spätherbst zu Hunderten die frischbebauten Aecker bedeckt.   In
Bünden und Tessin fanden wir ihn im Sommer auffallend häufig in fruchtbaren,
buschigen, bewässerten Bergthälern.   Seltener ist der unten grün und gelbe, oben
braune Zaunammer (E. cirlus), etwas häufiger, in den tessiner Bergen sogar
gemein, der grauköpfige, rostbraune Zippammer (E. Cia) und in nassen Gründen der schwarzköpfige, oben braune, unten weiße Rohrspatz oder Rohrammer
(E. Schöniclus).   Alle schweizerischen Ammer sind auf Strich und Zug auch im
Urserthale bemerkt worden, sowie der in der Schweiz selten gewordene Ortolan
oder Gartenammer im Frühling in den Baumgärten von Andermatt und Hospenthal.   Der Grauammer (E. miliaria) soll nach Salis' Angabe jeden Winter
auch in hochgelegenen Thälern Graubündens gefunden werden.   Was die Walliser
‚Ortolon‘ nennen, ist nicht der mehr in Italien heimische Ortolan, sondern der
im oberen Gebirge häufige Flühvogel (Accentor alpinus).
       In einzelnen Gebirgskreisen fehlen die Lerchen ganz, auch im Thale; in
anderen sind sie bekannte Thierchen.   Die Feldlerche (Alauda arvensis) erscheint
von ihnen am häufigsten auf Wiesen und Aeckern, aus denen sie wirbelnd aufsteigt, um, hoch in den Lüften kreisend, ihre jubelnden, entzückenden Lieder zu
singen, oder, wie der Dichter sagt, an ihren bunten Liedern selig in die Luft zu
klettern.   Sie bleibt blos vom November bis Februar weg, zieht kaum tief nach
Süden und überwintert nicht selten im bündnerschen Rheinthale, bei Murten und

im Waadtlande in großen Schaaren. Am höchsten mag sie, und zwar bereits in der Alpenregion, noch im Ursernthale und im oberen Engadin zu finden sein. Bei der Fortezza suot, oberhalb Lavin (4400' ü. M.), steht ein bewaldeter Hügel, bei dem der sinnigen Volkssage nach die Lerchen nie singen sollen, weil das Volk bei einem Aufstande dort an dem Burgherrn einen Treubruch verübt habe, ähnlich wie nach Plinius die Griechen glaubten, wegen der Verbrechen des Tereus meiden die frommen Schwalben die Stadt Bizyan in Thrazien. Seltener ist die etwas kleinere Baumlerche (A. arborea); doch möchte sie wohl durch die ganze Bergregion hin zu treffen sein, wie sie auf der Spitze einer jungen Buche oder Fichte vom Frühling bis zum Herbste ihre freundlichen und heiteren Weisen ertönen läßt und sich oft wie die Feldlerche laut singend in die Luft erhebt

> Der scheidenden Sonne nach,
> Ueber der stillen Schöpfung,
> Angeglüht
> Vom letzten Strahl,
> Die Seel' im Lied verhauchend,
> Verschwebend,
> Verschwirrend
> Im Aetherduft.

Sie kommt später als die Feldlerche an und zieht im Oktober wieder ab, wo sie regelmäßig am Gotthard bemerkt wird. Ihr Nest baut sie nicht auf Bäume, sondern ins Haidekraut der Felder oder in die Büsche am Saume der Wälder. Höchst vereinzelt und nur in den milden Bergthälern Graubündens zeigt sich die zierliche Haubenlerche (A. cristata), die mehr den wärmeren Gegenden angehört. Bei Chur nennt man sie Hupplerche und findet sie gewöhnlich in der Nähe von Wohnungen und Gärten. Die Alpenlerche (Otocoris alpestris), die aus dem hohen Norden sich bis Holland und Deutschland verliert, ist wiederholt als seltener Gast auch in unsern Bergen erlegt worden.

Den Lerchen schließen sich in Tracht und theilweise auch in der Zehenbildung die Pieper an, unterscheiden sich aber in der Lebensweise von ihnen, indem die Lerchen neben Insekten auch Kräuter und Körner fressen, die Pieper aber nur Insekten und bachstelzenartig die Nähe des Wassers aufsuchen. Mehrere aus dieser Gruppe sind Gebirgsvögel, einer, der Wasserpieper, sogar nur Alpenvogel. Der Baumpieper (Anthus arboreus) gehört zwar auch der Ebene an, findet sich aber durch alle Regionen des Gebirges bis zur Schneegrenze hin und nistet sehr häufig in der Alpenregion; ebenso gehört dem Gebirge auch der seltenere Wiesenpieper (A. pratensis) und vielleicht auch der kleine Sumpfpieper (A. palustris), der noch wenig beobachtet ist. Der erstere sucht schon im März die zahlreichen nassen und moorigen Bergweiden auf, in deren Seggen= und Wollgrasbüschel er sein Nest baut, sobald sie nur schneefrei sind. Hier findet man ihn nicht selten in Gemeinschaft der Bachstelze, mit der er rasch und unruhig ruckweise auf dem Boden umherläuft. Alle sind gute Sänger, besonders der melodienreiche Baumpieper. Die kleine Heckenbraunelle (Accentor modularis),

mit schiefergrauer Brust und rostbraunem, schwarzgestreiftem Rücken, bei uns
Herdvögli genannt, findet sich neben dem Zaunkönig hin und wieder im Unter-
holze der Bergwälder, selbst bis ins Oberengadin und wird alljährlich beim Durchzug im Oktober auf dem Gotthard gefangen.   Würde nicht öfters ihr heiterer
und fleißiger Gesang sie verrathen, so wäre ihre Anwesenheit kaum merklich, da
sie sich gar einsam und verborgen im Busche hält; doch weiß das Kukuksweibchen
ihr dichtes Moosnestchen zu finden und muthet ihr nicht selten die Sorge für
seine Nachkommenschaft zu.

Am reichlichsten unter dem kleinen Geflügel sind wohl die Meisen in dem
Umfange unseres Bezirks vertreten, ein lebhaftes Völklein kleiner, starker, äußerst
lebhafter, unschätzbar nützlicher Thierchen, von Insekten, Samenfrüchten und
Beeren lebend. Ihr Gefieder ist hübsch, langbärtig, weich, seidenartig, mit vielen
helleren Partien.   Sie vermehren sich, zweimal brütend, außerordentlich stark,
fliegen rasch, hüpfen schief, klettern sehr flink, hängen sich verkehrt an die Zweige,
sind mehr frech als zutraulich und leben in größeren oder kleineren Gesellschaften,
wenn sie nicht gerade mit ihrem wohlbetriebenen und höchst ergiebigen Brut-
geschäfte zu thun haben.   Am liebsten nisten sie in Baumlöchern und gehören,
mit Ausnahme der kapschen Beutelmeise, ausschließlich der gemäßigten und kalten
Zone an.   Wenn man im Herbst durch Nadelholz geht und weit und breit kein
Vögelchen getroffen hat, so stößt man oft plötzlich auf ein lautes, lustiges Leben.
Eine Gesellschaft wandernder Tann-, Kohl-, Hauben- und Blaumeisen, denen sich
ein halbes Dutzend Goldhähnchen angeschlossen, streicht durch den Tann, besetzt
etwa fünf oder sechs Bäume, durchstört das Gezweig von unten bis oben, häkelt
sich kollernd, spulend, ‚zit—zit‘ rufend an alle Spitzen und Wipfel und verfolgt
die Insektenjagd mit der größten Emsigkeit, ohne des anwesenden Menschen zu
achten.   In wenigen Minuten sind unter tausend gymnastischen Künsten die
Bäume und Büsche, die im Striche liegen, abgesucht, jede Borkenritze ausgespäht,
jedes zusammengerollte Blatt visitirt, und die Raupenbrut und Eierknäuel hastig
aufgepickt.   Die Gesellschaft verfolgt ihre Richtung, ohne einen Augenblick zu
ruhen, und im Nu ist all das lustige und laute Wesen wieder verschwunden. Die
Meisen gehören zu unseren unschätzbarsten Vegetationswächtern und Ungeziefervertilgern, besonders da sie auch den Winter bei uns aushalten, wo jede täglich
wenigstens 10,000 Insekteneier zu ihrer Nahrung bedarf.

Die gemeinste und bekannteste ihres Geschlechtes ist die kecke, unermüdliche,
immer kletternde oder hüpfende, schön gezeichnete Kohl- oder Spiegelmeise
(Parus major), die größte der Gruppe. Sie belebt die Büsche und Nadelwälder
des ganzen Gebirges zu jeder Jahreszeit, kommt auch gar oft in die Hecken und
Baumgärten, um ihre hellen Locktöne zum Besten zu geben, und trillert unaufhörlich ihren feinen, dreisilbigen Gesang her. Sonderbarerweise wird sie oft von
einem mordsüchtigen Rappel befallen und hackt anderen kleinen Vögeln wüthend
die Augen und die Hirnschale auf. Bei St. Gallen wurde kürzlich ein fast ganz
schwärzlich überlaufenes Exemplar gefangen. Unschuldiger ist die kleinere Tann-

meife (Parus ater) mit schwarzem Kopf und schwarzer Kehle, blaugrauem Rücken, weißer Oberbrust, bräunlich gelbem Bauch und weißen Backen, die eben= falls in großen Gesellschaften durch die Nadelgehölze streicht und sich nur selten auf freiem Gebirge blicken läßt. Ihre zischende, zwitschernde Stimme bricht nicht unfreundlich durch den finstern Ernst des düstern Tannwaldes. Neben der Kohl= meife findet man oft in geringerer Anzahl die hübsche Blaumeise (P. coeru= leus), mit blauem Scheitel, schwarzer Kehle, olivengrünem Oberleib und gelb= lichem, blaudurchstrichenem Unterleib, ebenfalls ein nützliches, possirliches und emsiges Thierchen, das immer sein ‚zit—zit—zit‘ und ‚querrr‘ durch die Wälder hinruft und mit unglaublicher Behendigkeit und in den drolligsten Posituren in allen Zweigen hängt. Im Herbste scheint sie die Bäume der Gärten, Felder und in der Nähe der Häuser mit Vorliebe aufzusuchen. Häufiger in allen Nadelholz= schlägen ist die braungraue, weißbauchige Haubenmeise (P. cristatus), die sich gern zu den Tannmeisen hält und sich schon von Weitem durch ihre spulenden, kollernden Locktöne verräth. Mit komischer Bedächtigkeit richtet sie ihr stattliches, schwarz und weiß geflecktes Häubchen auf, wenn ihre Neugierde durch einen frem= den Gegenstand erregt wird. Die röthlichbunte, fleißig kletternde Schwanz= meise (Pfannenstiel, P. caudatus), mit weißem Scheitel und langem, keilförmi= gem Schwanz, die ihr kunstvoll aus Moos und Flechten eiförmig gebautes Nest gern in Zweiggabeln hängt, hält sich den Sommer über mehr vereinzelt, leise zippend im buschigen Laubgehölz auf; im Herbst und Winter findet man sie in starker Gesellschaft, zu der sich gern andere Meisen, Zaunkönige und Goldhähnchen halten, in den Wiesen und Gärten der Ebene, wo sie, wie man glaubt, das nahe Thauwetter anzeigt und den Baumknospen schädlich wird. Gar niedlich ist der Anblick einer Familie von Jungen, welche dicht neben einander auf dem Zweige sitzen, aber stets so, daß das erste nach vorn, das zweite nach hinten, das dritte wieder nach vorn u. s. w. gewendet ist. Da das Thierchen seinen stattlichen Schwanzschmuck beim Brüten in dem kunstvollen eiförmigen Nestchen nur mit Mühe unterzubringen vermag, so sieht man es um diese Zeit gewöhnlich mit sichelförmig gebogenen Schwanzfedern fliegen. Auch die röthlichbraungraue, an Kopf und Kehle schwarze Sumpfmeise (P. palus`ris, Köhlerli), die munterste aller Meisen, ist in den untern Bergwäldern, Vorwäldern und Baumgärten nicht selten. Die prachtvolle nordische Lasurmeise hat man in unseren hyperboräischen Gegenden noch nie mit voller Bestimmtheit bemerkt. Alle genannten Meisen sind auch im Urserenthale oft gesehen worden, die Schwanzmeise aber nur in einzelnen Pärchen zur Herbstzeit.

In allen Hecken und Büschen des Gebirges findet sich der kleine, mit hoch= gehobenem Schwanze ewig umherhüpfende und mausartig Alles durchschlüpfende Zaunkönig (Troglodytes vulgaris, Hagelschlüpferli), der im kältesten Winter, wenn alle anderen gefiederten Sänger schweigen, dick und frostig dasitzt und dabei fleißig und mit voller Kehle seine kurzen freundlichen Liedchen zum Besten giebt. Sein Gefieder ist sehr warm und schützt den zarten Organismus bei hohen Kälte=

graden. Sein possirliches Wesen und immer munteres Temperament machen ihn zu einer gar freundlichen Erscheinung.

Besondere List und Berechnung beweist dieser Miniatur= und Duodezkönig in seinem Nestbau, indem er denselben stets ganz genau dem gewählten Busch, Baum oder Schober anpaßt und durch die feine Wahl des Materials sein Nest= chen fast unerkennbar macht; doch passirt es auch ihm nicht selten, daß der unverschämte Kukuk dasselbe dennoch ausfindig macht, etliche seiner acht Eilein hinauswirft und das eigene Produkt hineinpflanzt. Natürlich hat der kleine Zaunkönig entsetzlich zu schaffen, um den jungen Kukuk, den er für sein eigen Kind hält, obwohl er bald dreimal so groß ist als die Pflegeeltern, gehörig zu sättigen. An neugierigem, munterem Wesen dem Zaunkönig ähnlich, aber noch kleiner und außerordentlich zahlreich in den jungen Schwarzwäldern, tummelt sich das gesellige Goldhähnchen (Regulus cristatus) umher, der kleinste Vogel Europa's, blos 3 1/2 Zoll lang, zeisiggrün, mit gelber, schwarzgesäumter Haube. Man sieht es oft im Winter wie einen Colibri über den Baumknospen schweben und die Insekteneier ablesen, wobei es unaufhörlich sein ‚zitt—zitt' ruft und dazwischen einige leise Strophen trillert. Im Sommer flattern und hüpfen diese niedlichen, lebhaften Böglein, die als wahre Kosmopoliten Europa vom Mittel= meer bis zum Polarkreis bewohnen, stets von Baum zu Baum, hängen sich oft verkehrt an die Spitzen der Zweige und zwitschern unaufhörlich. Sie sind so wenig scheu, daß man sie fast greifen kann. Auch das feuerköpfige Goldhähnchen (R. ignicapillus) findet sich hin und wieder, doch als Zugvogel nur des Sommers, in den Gebirgswäldern und vermehrt die Gesellschaft dieser niedlichsten und rührigsten aller zweibeinigen Insassen. Beide Arten bauen ein sehr dichtes, künst= liches Nest aus Moos und Haaren, hängen es unter die Blätter der Zweige, wo es lustig im Winde schwankt, und besetzen es mit 6—8 blos erbsengroßen, fleisch= farbenen, dunkelgewölkten Eilein. Von diesen Liliputvögelchen gehen mit vollem Gefieder drei Stück auf ein Loth!

In den waldlosen Weiden und Wiesen des Gebirges, an den Flühen und auf den Schuttfeldern ist die Heimat der unruhigen und ungeselligen Schmätzer. Sie gleichen ziemlich den Bachstelzen, haben einen kürzeren, gerade abgeschnittenen Schwanz, mit dem sie fleißig wippen, und ziehen besonders steinreiche Land= schaften vor, wo sie auf Erdschollen, Felsen, Zäunen und Büschen sitzen und die vorbeifliegenden Insekten wegschnappen. Sie brüten auf der Erde in kleinen Vertiefungen, singen nicht ordentlich, sondern trillern und schnalzen nur, laufen hüpfend mit raschen Sprüngen auch häufig im Felde oder zwischen den Steinen umher, wobei sie wiederholt den breitfedrigen Schwanz ausspannen, und fliegen sehr schnell. Ihre großartige Käfer= und Raupenvertilgung macht sie zu sehr nützlichen Thierchen. Sie sind ziemlich zahlreich und ganz in unserer Nähe, und doch gehören sie zu den weniger bekannten oder beachteten Bögeln. Am seltensten ist jedenfalls der schwarzohrige Steinschmätzer (Saxicola aurita), ein Be= wohner des Südens, der in den tessinischen Bergthälern die Nordgrenze seiner

Verbreitung findet. Der Weißschwanz, im Simmenthal Bergnachtigall ge=
nannt (S. oenanthe), der größte von unseren Schmätzern, mit aschgrauem
Rücken, weißem, schwarz gespitztem Schwanze, rostfarbigem Hals und Brust,
sucht vor Allem die Sumpf= und Torfgegenden des Gebirges auf, nachdem er im
April angekommen und sich kurze Zeit auf den Aeckern des Tieflandes aufgehalten
hat. Er ist flink und kräftig, scheu und vorsichtig und wippt wie die Bachstelzen
stets mit dem Schwänzchen. Wenn er seinen kurzen, mittelmäßigen Gesang zum
Besten geben will, setzt er sich auf einen Stein oder Zaun und fliegt schiefansteigend
oft hoch in die Luft, eigenthümlich aufflatternd, um sich wieder überpurzelnd auf
seinen frühern Standort herabzustürzen. Er kommt in vielen Lokalen sehr zahl=
reich vor, in anderen gar nicht. Fast noch häufiger ist das etwas kleinere, ziem=
lich hoch ins Gebirge aufsteigende, unruhige Braunkehlchen, auch Krautvögeli
oder Steinfletsch genannt (Saxic. rubetra), auf den großen und feuchten Wiesen,
wo es gern auf Doldenpflanzen und Disteln absitzt, auch auf kleine Bäume geht
und lebhaft singt und schmatzt. Es ist schwarzbraun, mit weißem Augenstriche,
rothbrauner Brust und Kehle und weißem, braungesäumtem Schwanze. Mit
ihm zugleich kommt im Frühling das Schwarzkehlchen (S. rubicola) an,
schwarz mit rostgrau gekanteten Federn, schwarzer Kehle, rostrother Brust, weißen
Halsseiten, Flügelflecken und Bürzel. Es ist kleiner und an vielen Orten ebenso
häufig wie die beiden anderen, geht auch auf den bebuschten Geröllhalden und
Wiesen höher ins Gebirge hinauf, nistet selbst in der Nähe des St. Moritzerbades
und kommt im Spätherbst in großen Zügen das Reußthal hinauf und über den
Gotthard. Es hält sich stets in der Nähe des Bodens, wo es im Gestein und
Rasen nistet, und flötet und trillert nicht übel.

Das fröhliche Waldleben, das durch diese Finken, Pieper, Steinschmätzer,
Lerchen und Meisen unterhalten wird, mag hier einigermaßen ein Ersatz für die
herrlichen Gesänge sein, mit denen die verschiedenen Sylviadeen die Wälder und
Büsche der Ebene erfüllen. Wir kennen nur wenige dieser unübertrefflichen
Sänger, die sich konstant den Sommer über in der Bergregion aufhielten, da die
meisten milde, offene Gegenden vorziehen. Von den eigentlichen Grasmücken ist
gerade der preiswürdigste Tonkünstler, nämlich der Schwarzkopf (Sylvia atricapilla), auch der beständigste Bewohner unserer Buschgehölze und gemischten
Bestände bis zur Laubholzgrenze hinan. Noch auf der Höhe des Monte Caprino
und des Colmo di Creccio (5050') hörten wir ihn in dem Buchenniederwald
seinen volltönig kräftigen und doch so lieblich milden Gesang anstimmen. Fast
ebenso hoch reicht die graue oder Dorngrasmücke (S. cinerea). Die trefflich
singende Gartengrasmücke (S. hortensis) und das kleine, geschwätzige Müller=
chen (S. curruca) sind auch nicht selten in der Gebirgsregion zu finden, und alle
bisher genannten nisten regelmäßig noch oberhalb derselben im Urserenthal. In
diesem findet sich, doch wohl nur auf dem Durchzuge, auch der seltene, in den
südlichen Alpthälern und im Becken des Leman brütende Meistersänger.

Nicht häufiger erscheint in unserm Gebiete die unansehnliche Sippe der

ziemlich versteckt in Schilf und Rohr herumkletternden Rohrsänger; doch begrüßen
wir in ihr einen ausgezeichneten Repräsentanten in dem oberher olivenbraun=
grauen, unten gelblichweißen Sumpffänger (Calamodyta palustris), deßen
Gesang an Weichheit, Kraft und Mannigfaltigkeit von wenigen Sängern über=
troffen wird und oft halbe und ganze Nächte durch fortdauert, jedenfalls aber
vor Anbruch der Morgendämmerung beginnt. Eine Eigenthümlichkeit deßelben
besteht in der wunderlichen Einflechtung der Weisen aller möglichen Vögel der
Nachbarschaft, worin neben dem Lerchen= und Finkenschlag und Meisenruf selbst
der kurze Gesang des Alpenflühvogels und der kräftige Ruf des Grünspechts nicht
fehlen. In den meisten Bergthälern fehlt er; doch finden wir ihn am Vierwald=
stättersee, am Albis c.; in den waadtländer und walliser Alpen steigt er bis gegen
4000' ü. M. und findet sich in letztern, besonders im Val d'Hérins und Héremence,
noch höher als der Teichrohrsänger. Hier bewohnt er niedriges Weidengebüsch,
Schilfwiesen, aber auch Gärten, die mit Hanf und Bohnen bepflanzt sind, und
in letztern kann das überaus verborgen lebende Thierchen noch am ehsten be=
obachtet werden. Sein Nestchen steckt gewöhnlich in der Nähe des Waßers im
Rohr= oder Neßeldickicht. Etwas häufiger findet sich der Teichrohrsänger
(C. arundinacea), oberhalb gelblich rostgrau, unterhalb weißlich rostgelb über=
flogen, im Ursern= und Rhonethal nistend, dagegen seltener der dunkelbraun
gefleckte Binsensänger (C. phragmitis) und nur auf dem Durchzuge der große
melodienreiche Droßelrohrsänger.

Auch die Gruppe der grünlichen Laubvögelchen läßt ihre meisten Angehörigen
in der Hügelregion zurück; immerhin erfreut sich das Gebirge auch hier einiger
trefflicher Vertreter. So ist der weißbauchige Laubsänger (Phyllopneuste
Nattereri) in den meisten Bergwäldern, der Weidenlaubsänger oder Fitis=
sänger (Ph. Trochilus), welcher im untern Rhonegebiet sogar häufig überwintert,
und der Tannensänger (Ph. rufa) wenigstens sporadisch zu finden, wie die
frisch und unermüdlich singende Bastardnachtigall (Hypolais polyglotta),
die gern andere Vogelstimmen nachahmt und die Zierde der lichten Gehölze und
Baumgärten ist. Alle diese Laubsänger nisten noch im Ursernthal.

Noch schätzbarer aber, weil sie noch treuer im Gebirge aushalten, ist die
Sippe der Erdsänger für uns, und hier besonders das liebliche, zutrauliche Roth=
kehlchen (Lusciola rubecula), auch unter dem Namen Rothbrüstli oder Wald=
rötheli bekannt, das in den jungen Schlägen und Laubgehölzen von der Spitze
des Baumes früh Morgens und Abends seinen lauten, tiefen, etwas ernsten, in
Strophen abgesetzten Gesang neben dem der Amsel und des Buchfinken ertönen
läßt. Seine klugen, großen Augen und sein menschenfreundliches Wesen machen
es zum Liebling seines Ernährers. Es wird außerordentlich zahm, brütet in
der Freiheit zweimal und findet sich bis über die Buchengrenze hinauf, wo es
dichtes Buschwerk, das etwa mit baumbesetzten Lichtungen abwechselt, mit Vor=
liebe aufsucht. Vom Herbstmonat an zieht die Familie ab, und hoch in den
Lüften hört man in stillen Nächten die frohen Reiselieder der Wanderer. Einzelne

bleiben im Herbst zurück und nähern sich den Ställen und Häusern; von 1858 bis 1861 sah sie H. v. Salis im Winter stets in den Epheubüschen der churer Gärten, wie sie denn auch im untern Rhonethal und am Genfersee und sogar noch im Haslithale regelmäßig, aber höchst mühselig überwintern. Das Museum von Bern besitzt eine am Oberleibe graulichweiße Varietät aus den Gebirgen von Bex, und bei Hospenthal im Urserenthale ist auch eine gelbliche Spielart öfters vorgekommen. Ebenso zutraulich und allbekannt ist das Hausrothschwänzchen oder Hausröth eli (Lusciola thitys), das von Mitte März bis zum Oktober die alten Mauern, Hütten und Felsen der Ebene bis zur Heimat des Flühvogels an der Grenze des ewigen Schnees umschwärmt und selbst auf dem oberen Aargletscher gefunden wurde. Immer munter, mit wippenden Schwänzchen, sitzen diese Vögelein auf Hecken und Steinen, auf Dächern und Wegen und lassen oft ihren etwas melancholischen, dreistrophigen Gesang hören. Der buntere Gartenrothschwanz (Baumröth eli, Lusc. phoenicurus) singt viel freudiger und hübscher und geht ebenfalls, wenn auch weniger hoch, durch das ganze Gebirge, besonders gern den Büschen und Weiden der Bäche nach. In vielen steinigen Einöden sind diese beiden Röthlinge, besonders aber der erstere, die zahlreichsten Vögelchen, hüpfen stets von Stein zu Stein, schnellen unablässig mit dem Schwänzchen und suchen sich Käfer und Fliegen, die sie mit scharfem Auge schon aus großer Ferne entdecken. Das Blaukehlchen (Lusciola suecica) ist überall ziemlich selten, nistete aber auch schon im Domleschg und bei Felsberg. Glaubwürdigen Berichten zufolge findet sich auch die Nachtigall (Lusciola Luscinia), die im bündnerschen Domleschg und Schamserthal bei 3000' ü. M. wie im Haslithal nicht ganz selten ist, auch öfters in den Büschen am Reußufer des Urserenthales, wo sie sogar gebrütet haben soll. Der Sprosser (Lusciola Philomela) nistet im untern Misox bis etwa 2400' ü. M., und findet sich hin und wieder auch im Tessin und Wallis für den Sommer ein.

Von dem merkwürdigen Geschlechte der Würger, diesen Bindegliedern zwischen Sing- und Raubvögeln, können wir mit Bestimmtheit nur den großen, grauen Würger (Lanius excubitor) der montanen Region zuschreiben. Auch er ist hier ziemlich selten und fehlt in manchen Gebirgsstrichen ganz; in anderen ist er unter dem Namen Dornelster bekannt, — ein schöner, über 10 Zoll langer, auf dem Oberleibe bläulichgrauer Vogel mit breitem, schwarzem Backenstrich, weißlichem Unterleibe, schwarzen, weißgefleckten Flügeln, äußerst starkem, schwarzem, gezähntem, an der Spitze gebogenem, borstenbesetztem Schnabel und scharfkralligen, schwarzen Füßen. Gewöhnlich sitzt der ansehnliche Vogel hoch auf einem Baume oder starkem Busche und beobachtet mit anhaltender Vorsicht die Gegend. Die Menschen läßt er nur näher ankommen, wenn er sie nicht bemerkt oder sich nicht bemerkt glaubt, sonst fliegt er mit raschem Flügelschlag und ruderndem Schwanze in schlangenförmigem Bogen ab. Er sucht sich Insekten, Würmer, selbst Eidechsen, Blindschleichen, Feldmäuse, kleinere Vögel und wagt sich oft gar an junge Wildhühner, Drosseln, ja an Elstern und Krähen, denen er freilich wenig anhaben kann, treibt aber sie

und die Falken doch aus seinem Revier.   Gefangene Vögel holt er gern von der
Leimruthe und stößt nicht selten selbst auf Singvögel im Käfig vor den Fenstern.
Seine Gewohnheit, gefangene Mäuse und Vögel erst an einem spitzen Pfahl oder
Dorn aufzuspießen oder zwischen Astgabeln einzuzwängen und dann davon abzu-
reißen, zeichnet ihn mit anderen seiner Familie besonders aus.   Er brütet im Mai
auf hohen Obstbäumen oder in Weißdornbüschen 5—6 grünweiße, dunkelpunktirte
Eilein aus und verläßt im Winter die gebirgige Gegend nur, um ins Vorland
bis in die Nähe der Dörfer und Städte zu gehen.   Im Frühling vernimmt man
bisweilen seinen heiseren, etwas kreischenden Gesang, in den er viele schöne Töne
und mit Geschick die Weisen anderer Waldvögel einzuflechten liebt; wie er sich
aber beobachtet sieht, schreit er trotzig ‚tschäk—tschäk‘ und fliegt waldein.   Die
ziemlich viel kleineren rothköpfigen Würger (L. rufus) und die Dorndreher (L.
spinitorquus) mit rostrothem Rücken, sowie die kleinen grauen Würger (L. minor)
sind bisher noch selten im Gebirge beobachtet worden und fehlen jedenfalls im
größten Theile desselben ganz, so häufig auch mehrere von ihnen in der Ebene
sind; der letztere ist indessen im Jugend- und Alterskleide auf dem Gotthard
gefangen worden.

Wie die Rothschwänzchen die Gehöfte, Felder und Oeden beleben, so ist es
Beruf der Bachstelzen, neben den Eisvögeln, Wasseramseln und Wasserpiepern
die Ufer der klaren, raschströmenden Gebirgsbäche zu bewohnen, und die Welt der
Wasserinsekten vor allzustarker Vermehrung zu bewahren.   Unablässig hüpfen
sie von Stein zu Stein oder laufen in der Nähe der Ufer umher, indem sie beständig mit ihrem langen, wagrecht stehenden Schwanze wippen.   Sie singen,
wenn sie früh im Frühling ankommen und sich dann gern an die menschlichen
Wohnungen halten, und den Sommer über leise, angenehm und anhaltend, nisten
in Löchern und zwischen den Steinen in der Nähe des Wassers.   Es kommen bei
uns die weiße und zwei gelbe Stelzenarten vor.   Letztere werden häufig mit einander
verwechselt.   Die eine derselben ist über den ganzen Oberleib dunkelaschgrau,
dagegen Kehle, Gurgel und Kropf schwarz, die Flügel schwärzlich, Brust
und Unterleib hochgelb.   Im Herbst wird die Kehle gelblichweiß, das Weibchen
hat eine blaß schwärzliche Kehle.   Dies ist die sog. graue Bachstelze (Motacilla sulphurea Bechst.), welche sich immer in der Nähe des Wassers hält und
vorzugsweise Gebirgsvogel ist.   Sie folgt den Wald- und Bergbächen bis
hoch in die Alpen hinan, und wie bei uns so in den Karpathen, Pyrenäen und
allen Hochgebirgen des Südens.   Im Winter bleiben häufig einzelne an Quellen
und offenen Graben zurück.   Von dieser grauen Bachstelze ist die Viehstelze
(gelbe Stelze, Motac. Boarula, flava) wohl zu unterscheiden.   Diese ist über
den Oberkörper olivengrün, Bürzel gelblichgrün, Kopf bläulichgrau, Kehle weiß,
Gurgel, Brust und Bauch prächtig hochgelb, Flügel dunkelbraun.   Im Herbst
sind die untern Theile mehr weißlich, seitwärts rostgelblich überflogen.   Die Kehle
des Weibchens ist gelblichweiß.   Die Viehstelze hält sich weit weniger am Bache
als auf feuchten Wiesen und Weiden auf, wo sie sich gern zwischen dem Vieh

umhertreibt und Insekten fängt. Sie geht nicht hoch ins Gebirge und über=
wintert nie bei uns. Beim Zuge wird sie am Genfersee und südwärts leider
häufig gefangen und verspeist! In Bünden ist die schwarzköpfige Spielart mit
schwarzer Stirne, Scheitel und Genick häufiger als die gewöhnliche. Die bekannte
weiße Bachstelze (M. alba), von welcher bei Hospenthal auch schon eine fast
ganz weiße und bei Speicher eine reinweiße Spielart gefunden wurde, bleibt in
den einen Strichen mehr an den Gewässern der tieferen Thäler und der kollinen
Region zurück, ist in anderen auch in der montanen sehr zahlreich.

Vorwiegend dem unteren Lande gehört dagegen das wenig angenehme und
unbedeutend singende Geschlecht der Fliegenfänger an, jene kleinen, dunkelfarbigen
Vögelchen, die fast immer still und traurig auf den Wipfeln der Bäume sitzen, um
die vorbeifliegenden Insekten wegzuschnappen. Der schwarzrückige Fliegen=
fänger (Muscicapa atricapilla) ist in den milderen Bergthälern Graubündens
in der Nähe der Wohnungen und Baumgärten gemein; anderwärts scheint er
mit seinen Geschlechtsverwandten gegen die rauhe Luft der Bergregion empfindlich
zu sein. Der graue Fliegenfänger (M. grisola), der in der submontanen
Region oft äußerst zahlreich ist, verliert sich nach der Höhe zu außerordentlich
rasch. Der Halsbandfliegenschnäpper (M. collaris) soll in den südlichen
Bergthälern Rhätiens, namentlich auch im Kastanienwald zwischen Soglio und
Castasegna, nicht selten sein.

Eine Gefährtin der Bachstelzen, oder wenigstens mit ihnen den Aufenthalts=
ort theilend, gehört die muntere und zutrauliche Wasseramsel (Cinclus aquaticus), von der wir später einige biographische Umrisse bringen, zu den stätigen
Bewohnern der Gebirgsbäche. Der prächtige, röthlichgraue, stolzgehaubte Seiden=
schwanz (Bombycilla garrula) erscheint in der Schweiz als sehr seltener Winter=
gast und zieht im Allgemeinen das offene untere Gelände dem Gebirge vor. Doch
besuchte er in den Jahren 1794, 1806, 1848 auch schaarenweise den Jura und
wurde im Dezember 1866 wiederholt in der Bergregion erlegt, so im Val-de-ruz,
bei La Chaux de fonds (3400' ü. M.), bei Gais (2900') und sogar im Ober=
engadin in den Gärten von Pontresina (5500' ü. M.).

Und nun berühren wir noch eine Familie des großen Geschlechts der
Singvögel, welche nicht wenig dazu beiträgt, unsere Bergwälder mit dem
lautesten und kräftigsten Gesange zu beleben; wir meinen die an Arten und
Exemplaren so reiche Sippschaft der Drosseln, an tönereichen Melodien den
Grasmücken fast ebenbürtig. Sie sind großentheils Zugvögel, leben von Beeren
und Insekten, haben ein lebhaftes Temperament, sind klug, gesellig und nicht allzu
scheu, die einzigen größeren Vögel, die um ihres vortrefflichen Fleisches willen im
Herbst bei uns schaarenweise gefangen werden, ohne daß dabei eine auffallende
Verminderung zu verspüren wäre. Die Misteldrossel (Mistler, Turdus visci-
vorus), die größte ihres Geschlechts, fast fußlang, olivenbraun, Brust und Bauch
mit pfeilförmigen schwarzen Flecken besäet, ist durch das untere Gebirgsrevier
nicht ganz selten und sucht gewöhnlich das lichtere Nadelholz auf. Mistel=, Eber=

eſchen= und Wachholderbeeren, Larven, Käfer, Würmer und Schnecken bilden ihre Nahrung. Im Herbſt ſtreicht ſie oft in Geſellſchaft der Singdroſſeln aus den höheren Revieren ab und treibt ſich in Flügen auf den mit Obſtbäumen beſetzten Aeckern der ſubmontanen Region umher, wo ſie auch im Winter noch, doch dann mehr vereinzelt, bemerkt wird. Sie iſt nicht ſcheu, kommt leicht vor den Schuß und fliegt ziemlich ſchwerfällig und nicht ſehr weit. Auf hohen Bäumen ſingt ſie den April und Mai durch mit tiefer, kräftiger Stimme, wird aber in dieſer Kunſt von der ſchlankeren Singdroſſel oder Weißdroſſel (T. musicus), die in Geſtalt und Färbung ihr ziemlich ähnlich, aber kleiner und am Unterleibe leb= hafter gefleckt iſt, weit übertroffen. Am Saume der Wälder oder tiefer im Dickicht auf hohen Wipfeln flötet und jubelt dieſe herrliche Sängerin beim Kommen und Sinken der Sonne den ganzen Sommer durch, fliegt oft in kleinen Geſellſchaften zur Käfer= und Würmerjagd auf die nahen Wieſen und brütet 2—3 Mal auf den Tannen oder im Buſchdickicht. Ihre vortreffliche, metallreiche Stimme hat ihr den Ehrennamen der ‚Waldnachtigall‘ gewonnen, und unter dieſem Namen widmet ihr ein deutſcher Dichter (Ph. H. Welcker) die Strophen:

> In weihrauchduftenden Föhrenkronen,
> In immergrünenden Tannengärten,
> Wo Balſamtropfen im Schatten ſich härten,
> Und ſtille Gedanken einſam wohnen,
> 　　Da weckſt du den ſchlafenden Widerhall,
> 　　　　Gebirgestochter,
> 　　　　Waldnachtigall!
>
> Begeiſternde Säng’rin, deine Lieder
> Vernahm ich ſchon früh in der Blätterklauſe.
> Bei deinem Geſang im grünen Hauſe
> Entſchlummert das Wild, erwacht es wieder.
> 　　Es zieh’n deine Töne, ein lieblicher Traum,
> 　　　　Von Bergen zu Bergen,
> 　　　　Von Baum zu Baum.
>
> Wann ſchneeig noch blitzen die Höhen im Norden,
> Wann Nebel noch kämpft mit Sonnenglanze,
> Wer weckt dann Erinn’rung am Hügelkranze
> Und todte Luſt mit den Frühlingsaccorden?
> 　　Du weckſt den ſchlafenden Widerhall
> 　　　　Vergangener Zeiten,
> 　　　　Waldnachtigall!

Ihre Ankunft wie die der Waldſchnepfe zeigt die des Frühlings ſicher an. Ende Septembers reiſt ſie ins ſüdliche Europa ab, doch bleiben ſtets etliche Exemplare über Winter zurück. Die überall verbreitete und allbekannte, höchſt verſchlagene Schwarzdroſſel oder Amſel (Turdus merula) läßt am früheſten von allen Droſſeln ihre kräftigen und metallreichen, mehr ernſten als heiteren Weiſen ertönen. Schon jetzt, da wir dieſe Zeilen ſchreiben, Anfangs Februars, ſchallt ihr Abendlied durch die blätterloſen Kaſtanienbäume vor unſeren

Fenstern. Im Winter geht sie in Flügen aus den Bergwäldern nach der Ebene und streicht den Beeren nach, hält sich aber gern und vorsichtig dem Gebüsch nah und fliegt furchtsam in eiligen Stößen über die freie Flur. Alte Leute in Graubünden nennen jetzt noch die drei letzten Tage des Januar und die drei ersten des Februar Giorni del merlo d. h. Amseltage und halten dieselben für die kältesten des ganzen Jahres. Sie erzählen sich darüber Folgendes: Die Amsel hatte vorzeiten ein schönes, buntes Federkleid. Einst freute sie sich am letzten Januar, daß der schlimmste Theil des Winters nun überstanden sei, und die liederreiche Frühlingszeit anbreche. Der Januar aber sagte: Juble nicht zu früh; ich habe einen Theil meiner strengen Herrschaft meinem Nachfolger, dem Hornung, übertragen. Und wirklich waren dann die ersten Tage des Hornung so kalt, daß die Amsel in einen Schornstein flüchten mußte, um sich zu wärmen. Seither ist sie kohlschwarz geblieben. — Die heller gefiederten Weibchen wandern im Herbst fast alle aus, während die Männchen in den Schnee- und Eismonaten unstät umherschwärmen und selbst noch bei Pontresina 5560' ü. M. überwintern. Schon Ende März fand man im Gebüsch ausgebrütete Junge. Bekanntlich lernen sie im Käfig wie die Staare und Elstern auch Wörter sprechen. Ein wunderschönes, über den ganzen Körper stark weißgeflecktes Amselmännchen wurde jüngsthin bei St. Gallen lebendig gefangen und steht jetzt im dortigen Museum. Die schwärzlichgraue Ringdrossel (T. torquatus) ist auch in der Bergregion nicht selten, scheint aber doch im Sommer eben so sehr der unteren Alpenregion anzugehören; ebenso findet sich die Steindrossel (Petrocincla saxatilis) in einzelnen Gegenden der schweizerischen Bergregion, ein sehr hübsches, ziemlich seltenes Thier, 2 Zoll kleiner als die Amsel, mit blaugrauem Kopf und Hals, dunkelblauem Ober-, weißem Unterrücken, orangerothem Unterleib und rostgelbem Schwanz. Sie gehört besonders dem südeuropäischen Gebirge an, wo sie ihres angenehmen nächtlichen Gesanges wegen sehr beliebt ist; doch hat man sie auch in felsigen Bergthälern von Graubünden (sogar auf dem Albula), Wallis und Tessin, am Jura auf den Felsen des Ryfthales und am Salève bei Genf gefunden. In Uri brütet sie an der hohen Betwand und nach Saraz auch im Engadin, im Kanton Tessin ist sie in den Bergen sogar gemein. Die große, grau und braune Wachholderdrossel (T. pilaris, Krammetsvogel) überwintert in großen Schaaren bei uns und zieht im Frühling nach ihrer hochnordischen Heimat zurück. In den glarnerischen Gebirgen und in den höchsten, rauhesten Bergwäldern des appenzeller Alpsteins halten sich diese dort sogenannten ‚Reckholdervögel' das ganze Jahr durch und brüten auch daselbst, wie wir uns selbst überzeugt haben. Man sieht sie bisweilen an kahlen Felsenbändern hinfliegen, oft bis in die Alpenregion hinein. Sie sind sehr scheu und lassen den Menschen nur schwer in die Nähe kommen. Im Anfang des Septembers fanden wir in den gemischten Wäldern der Sonnenseite auf den appenzeller Vorbergen einen sehr starken Zug Wachholderdrosseln, die sich wahrscheinlich aus ihren sommerlichen Höhen herabgelassen hatten, da die Einwanderung der aus dem Norden kommenden weit

später beginnt. Wenn diese anlangen (von Ende Oktobers an), halten sie sich
mehr in der kollinen und ebenen Region und sind weit weniger scheu und wach=
sam als die eingeborenen. Den Amseln folgend, streichen sie mit Vorliebe den
Beerenbüscheln der Ebereschen nach. Sie sind dann auf gewisse Bäume so ver=
sessen, daß man nach und nach ein Dutzend von denselben herunterschießen kann,
ehe sie den Baum aufgeben. Ihr Fleisch ist bekanntlich von hohem Wohlgeschmack
und im Spätherbst ausgiebig genug.

Noch haben wir zweier ausgezeichneter verwandter Vögel zu erwähnen,
welche aber zu den Seltenheiten der Ornis unserer montanen Region gehören,
nämlich der scheu und einsam lebenden Blauamsel (Petrocincla cyanus),
welche die Felsengebirge Dalmatiens bewohnt, aber auch häufig im Tessin, im
Bergell und Misox, selbst im Domleschg und am Calanda, sowie an den Felsen=
wänden des Salève und der Voirons erscheint und daselbst brütet, ein schöner,
hell= und dunkelblau überlaufener, über 8 Zoll langer Vogel, dessen schmelzender,
melancholisch flötender Gesang zu den edelsten thierischen gehört, und der selten
sich zeigenden, prachtvollen Rosenamsel (Pastor roseus), mit rosenrothem Leib,
schwarzem Hals, Flügel und Schwanz und einer stolzen Haube auf dem Kopfe.
Aus ihrem südlichen Vaterlande, vielleicht aus Ungarn, kommt sie hin und wieder
auch in unsere Ebenen und Gebirge und wurde schon am Thuner= und Hallwyler=
see, bei Winterthur und Bern, im Kanton Uri, im Simmenthal und im Glarner=
lande eingefangen. Die häufigere Rothdrossel (T. iliacus) verliert sich, wenn
sie aus dem Norden zum Ueberwintern in unsere Wälder und Weinberge kommt,
fast nie in die Berge; doch hat Saraz sie im Engadin nistend gefunden.

Als ein Vetter der Drosseln gilt der im März in großen Schwärmen ein=
treffende und mit seinem Geschrei Dörfer und Wiesen erfüllende Staar (Sturnus
vulgaris), ein allbekannter, seines munteren, papageiartigen, possirlichen Wesens
wegen beliebter Vogel, freundlich und zutraulich die Nähe der Menschen und der
Hausthiere suchend. Er wird in vielen Theilen der Schweiz förmlich im Freien
gehegt, auch oft seiner wohlschmeckenden Jungen beraubt. Bekanntlich ahmt
dieser sonderbare Kauz fast alle Thierstimmen nach, miaut wie die Katze, quakt
wie der Frosch und lernt ohne Zungenlösung deutlich sprechen. Als Merkwürdig=
keit verdient erwähnt zu werden, daß eine Wittwe in St. Gallen einen Staar
besaß, der das als Tischgebet täglich vernommene Unser Vater ganz deutlich
und vollständig herzusagen verstand. Während des Sommers suchen diese Affen
unter den Vögeln die Wälder auf und besuchen oft die Viehweiden der unteren
Berge, wo sie bald rasch auf dem Boden umherlaufen und Würmer und Heu=
schrecken zusammensuchen, bald dem Vieh auf den Rücken fliegen, um Bremsen
und Ungeziefer abzulesen. Im Herbst ist ihre Sammlung und ihr Abzug bei
uns viel unmerklicher als im Frühling ihre Ankunft, die nicht selten so verfrüht
ist, daß viele von den noch eintretenden Frösten und Schneefällen schwer leiden.
Dann suchen sie gern die Rohrteiche der Niederungen auf, die für kurze Zeit
besonders Nachts zum Sammel= und Tummelplatz für Tausende dieser lustigen,

unruhigen, hitzigen Vögel werden. Wie hoch sie das Berggelände brütend bewohnen, ist noch nicht festgestellt. Ueber 3200' ü. M. haben wir sie nie gefunden; durch das Engadin gehen sie nur auf dem Zuge, während sie sonst in der ganzen alten Welt vom Kap der guten Hoffnung bis nach Sibirien sich umhertreiben. Auffallend ist, daß sie beinahe regelmäßig im Frühling in der Bergregion mehrere Tage früher eintreffen, als im Flachlande; oft wird es Ende Oktobers, bis sie da wieder abziehn.

Den Uebergang von den Sängern, namentlich von den Drosseln, zu den Krähen bildet mehr nach jener Seite auch im Gebirge die Goldamsel, mehr nach dieser Seite der Blauhäher. Die Goldamsel (Pirol, Oriolus galbula), ursprünglich wohl ein Vogel des Südens, findet sich nicht ganz selten in den Laubwäldern des Gebirges, welche Wasser in der Nähe haben. Sie ist ein brillantes Thierchen, von der Größe der schwarzen Amsel, aber schlanker, glänzend gelb mit schwarzen Flügeln und schwarzem Mittelstrich auf dem Schwanze. Sie zeigt sich sehr scheu, weiß sich trefflich zu verstecken und singt ähnlich der Misteldrossel. Da sie erst im Mai kommt und Ende August schon wieder abzieht, hält man sie für seltener als sie wirklich ist; doch brütet sie im Jura und Domleschg, ist in den wilden Berggegenden des Sernfthales, in Uri und im Berneroberlande gefunden worden, ebenso in der ebenen Schweiz, besonders im Rheinthal. Anfangs Septembers erscheint sie auf dem Zuge so zahlreich auf dem Gotthard, daß man für einen Franken lebende Exemplare in Fülle kaufen kann. Die schöne, häher-große Blauracke (Blauhäher, Mandelkrähe, Coracias garrula) dagegen wurde nur auf ihren Frühlings- und Herbstdurchzügen aus dem Norden als Seltenheit geschossen, einige Male auch im Oktober unter den Staarenschwärmen bemerkt. In den Felsen des Waldstättersees, wo vielleicht hin und wieder ein Pärchen brütet, hat man auch schon alte Männchen entdeckt.

Ein hübscher Vogel, der schwarzbraune, mit weißen Punkten staarenartig gezeichnete Nußhäher (Nucifraga caryocatactes), ist sowohl in den Laub- als Nadelgehölzen der montanen Region und hoch über diese hinaus bald in einzelnen Exemplaren, bald in starken Schaaren verbreitet, fehlt aber in großen Revieren ganz. Im Winter zieht er in die Feldgehölze der Ebene. Aus den hoch gelegenen Alpthälern streicht er im Spätherbst oft südwärts und man hat schon 2—300 Stück starke Schwärme den Bernina passiren sehen. Der Vogel liebt das Fleisch und die Eier junger Vögel, die er mit dem Fuße festhält, während er ihnen mit dem Schnabel das Hirn auspickt, Eicheln, Buch-, Hasel- und Arvennüsse, die er, wenn er nicht Zeit hat, sie aufzuknacken, in dem Kropfe ganz davonträgt, nachher wieder auswürgt und geschickt aufpickt. Was er nicht gleich verzehrt, versteht er gut zu verbergen; doch theilen sich oft die Eichhörnchen in seine Vorräthe. Gern sitzt er in den dichtesten Holzschlägen auf einem Baume und schreit sein widerliches ‚kräh‘ und ‚görr‘, ist aber nicht gerade scheu, oft fast dummdreist. Die Bergbewohner nennen ihn auch Tannen- oder Birkhäher. Im Kanton Glarus wurden zu Ostern auf der Geißtafelalp (4500' ü. M.) zwei halb aus-

gewachſene Exemplare aus dem Neſte genommen, die auffallender Weiſe im Winter
ausgebrütet worden. Unendlich viel häufiger in den unteren und mittleren
Gebirgsgegenden iſt der ebenſo große, gelblichgraue, am Kopfe geſcheckte, auf den
Deckfedern ſehr hübſch blau und ſchwarz bemalte Eichelhäher (Garrulus glan-
darius), ſeines Geſchreies wegen auch Jäk, ſonſt wohl Hetzler, Herrenvogel, im
Teſſin Gagia genannt. Er theilt ziemlich die Lebensweiſe des Nußhähers, iſt
aber unruhiger, vorſichtiger, liſtiger und ſcheuer, hüpft immer umher, macht zierliche, tiefe Verbeugungen und iſt in ſeinen Bewegungen ſehr elegant. Er lernt
in der Gefangenſchaft einzelne Wörter ziemlich deutlich ſprechen und ahmt
mit gleicher Fertigkeit die Töne des Bodenſcheuerns, des Hobelns, der Fröſche
und der Hunde nach, wie ſchon der alte Grieche Oppian erzählt: „Ich ſah einmal einen Häher auf einem Baume ſitzen, der wie ein Ziegenböcklein meckerte,
wie ein Schaf und dann wie ein Lamm blökte, und dann wie ein Schäfer pfiff,
der die Heerde zur Tränke ruft.“ Sein Neſt, das er jährlich zweimal mit 4—7
braunbeſpritzten Eilein zu belegen pflegt, baut er bald hoch in Wald= und Obſt=
bäume, bald in junges Holz und Büſche. Von hier geht er wie der Nußhäher
auch den Eiern und jungen Vögeln nach und ſtiehlt ſogar den Wald= und Feld=
hühnern die Küchlein weg. Im Herbſt ſieht man ihn nicht ſelten in Schaaren
von 8—12 Stück auf den Brachfeldern und Bergwieſen, die mit Obſtbäumen
beſetzt ſind, umherſtreichen; er fliegt bei der geringſten verdächtigen Bewegung
unter häßlichem Geſchrei auf und ſetzt ſich oft ſeitlich wie die Spechte an die
Stämme. So nützlich er durch maſſenhaftes Vertilgen von Ungeziefer iſt, ſo
wird er doch durch ſeine Diebſtähle an Kirſchen, Kornähren, Mais und Früchten
aller Art ſo ſchädlich, daß oft Schußprämien auf ſeine Erlegung geſetzt werden.
Sein Fleiſch iſt genießbar, etwas derb, aber doch nicht ſchlechter als von alten
Wildtauben. Sein ganzer Bau weiſt ihn bereits den Raben zu.

Dieſe ſind nun im ganzen Gebirge in einzelnen Arten ein höchſt verbreitetes
Geſchlecht, in mancher Hinſicht nützliche Thiere, aber ihrer düſteren Färbung und
ihres häßlichen Geſchreies wegen dem Menſchen nicht lieb. Sie treiben ſich
weniger in den Wäldern, als an den Felſen, in Schluchten, auf Wieſen und in
der Nähe der Häuſer umher, halten ſich oft in großen Geſellſchaften zuſammen
und erfüllen die Gegend mit ihrem widerlichen Gekrächze. Der ſtattlichſte und
größte Vogel des Geſchlechtes, oft bis 3 1/2 Pfund ſchwer, der gemeine Rabe,
bewohnt ſehr vereinzelt die ganze Gebirgs= und Alpenregion. Er iſt der eigent=
liche Aasvogel des Gebirges, und räumt in unſerem Kreiſe mit der Krähe und
der Elſter alles gefallene Vieh mit gieriger Gefräßigkeit weg. Sein außerordent=
lich ſcharfes Auge mit 28 Kammfaltungen übertrifft das aller anderen Vögel.
Er nimmt übrigens mit allem Genießbaren vorlieb, frißt Obſt, Gemüſe, Inſekten,
Mäuſe, Würmer, Fröſche, ſelbſt Miſt. Da er aber auch den kleinen Vögeln,
ſogar den jungen Haſen und Hühnern nachſtellt, die er bald in den Klauen, bald
in ſeinem ſtarken Schnabel fortträgt, ſo iſt er dem kleinen Gewilde nachtheilig.
Nicht ſo hoch hinauf gehen die Rabenkrähen und Dohlen; letztere halten ſich

gern an Häuser und Gemäuer. Ihre krächzenden Schaaren bedecken im Frühling und Herbst Wiesen und Felder, wo sie hurtig umherhüpfen und Insekten und Würmer aufsuchen. Bemerken sie etwas Verdächtiges, so erheben sie sich laut schreiend in die Luft, fliegen in dichten, zusammenhaltenden Schwärmen und ordentlichen Schwenkungen hin und her und setzen sich bald von Neuem an Halden und Felsen. Ebenso geht die kluge und schöne Elster, bald allein, bald in kleinen Gesellschaften, im Sommer häufig in die montane Region, wo sie nicht die dichten Wälder, wohl aber Dörfer, Bäche, Gebüsche und Wiesen besucht. Sie sitzt gern auf Bäumen und Zäunen oder Dachfirsten ab, schäkert und zankt mit ihren Gefährten und beweist bei aller Lebhaftigkeit und Balgerei eine überraschende Vorsicht. Auch sie raubt im Frühling die Eilein und Nestvögel aus, überfällt heimtückisch auch die älteren kleinen Vögel und vertreibt sie aus ihrer Nähe. Dem Bauer stiehlt sie das Fleisch vom Brunnen und den Apfel vor dem Fenster weg und spottet ihn dazu noch auf dem nächsten Zaunstecken mit boshaften Mißtönen aus. Die hübsche, gelbschnäbelige Alpendohle oder Schneekrähe gehört der oberen Region an; doch fliegt sie zu Zeiten oft für kurze Zeit ins Vorland hinaus, wo sie die Lüfte mit ihrem pfeifenden und kreischenden Geschrei erfüllt, das aber weniger unangenehm klingt als das der Rabenkrähe.

Alle Raben sind scheu, mißtrauisch und vorsichtig. In der Gefangenschaft dagegen werden sie leicht ganz zahm und lernen manche hübsche Kunststücke, bleiben aber unreinlich, diebisch und gefräßig.

Wir kommen nun auf unserer Gebirgswanderung zu einem der sonderbarsten aller Vogelgeschlechter, zu den Eulen, jenen melancholischen, licht= und menschenscheuen Raubvögeln der Nacht, mit denen der Volksglaube so manche abenteuerliche Vorstellung in Verbindung bringt. Sie sind gewöhnlich unsichtbar; denn auch die, welche am Tage auf Raub ausziehen, wissen sich vor den Menschen gar wohl zu verbergen. In Wäldern, Gemäuern und Felsen sitzend, fliegen sie in der Regel nur in der Dämmerung oder im Mondschein auf die Jagd und bringen die Beute meistens zu ihrem Standort zurück. Ihr schauerliches Geschrei tönt weit und grausig durch die Schluchten der Wälder in der Stille der Nächte. Manchmal sieht man eine Eule auf einem Aste nahe am Stamme unbeweglich mit glotzenden Augen festsitzen, als wäre sie mit dem Aste verwachsen. Sie läßt den Jäger nahe kommen und fliegt nur ungern und gezwungen ins Dickicht oder bleibt wohl gar hochaufgerichtet stehen. Ihr Gefieder ist eigenthümlich locker, weich, elastisch und doch so warm, daß diese Vögel auch im Winter ihre Stand= quartiere beibehalten können. Fast alle haben große, runde Katzenköpfe, ein plattes Gesicht, große herausstehende Katzenaugen, einen kurzen, stark geboge= nen, halb von Borstenfedern verdeckten Schnabel. Das abenteuerliche Gesicht ist von einem runden Federkranze eingefaßt, ebenso die Ohren. Das Sehloch des Augensterns verengt und erweitert sich deutlich bei jedem Athemzuge und läßt die Pupille bald groß, bald klein erscheinen. Zum Schutze gegen die kleinen Thiere, die sie fangen, sind ihre kurzen Füße dicht befiedert. Mit leisem Fluge nahen sie unbemerkt der Beute. Ihr Gehör ist sehr scharf, ihre Augen dagegen, deren große Pupillenöffnungen zu viel Licht einfallen lassen, sind bei Tage empfind= lich; die Sonne blendet sie. In der Dämmerung sehen sie weit schärfer, in der finsteren Nacht dagegen natürlich Nichts. Im Fluge sind sie so langsam und unbeholfen, daß sie kein flüchtiges Thier haschen können; sie rauben daher nur kriechende und schlafende Thiere, in Hungerzeiten auch bei Tage, sonst regelmäßig in der Dämmerung. Auf solche hin sammeln sie auch Vorräthe und wickeln selbst in der Gefangenschaft das übrige Fleisch ordentlich wieder in die Haut ein und verstecken es. Des Nachts lockt man sie am leichtesten, wenn man das Pfeifen der Mäuse, ihrer Lieblingsspeise, nachahmt. Trotz ihres etwas dummen Aussehens sind sie nicht ohne List, haben sonderbare affen= und papageienartige Eigenheiten in ihren Bewegungen und verrathen keinen gesellschaftlichen Trieb. Einsam und melancholisch sitzt jede in ihrer Felsenspalte, auf ihrem Aste, in ihrem Gemäuer; nur einige wenige Arten halten sich zusammen. Die Familie hat sehr große und sehr kleine Arten und weist eine außerordentlich große horizontale Ver= breitung auf; auch die vertikale ist bedeutend. Man unterscheidet in der Familie der Eulen einerseits die sogenannten Ohreulen, mit aufrechtstehendem Federbusche über jedem Ohre, und die Käuze oder Glattköpfe ohne Federohren. Beide Art n gehören wegen ihrer steten Mäusejagden und ihrer besonders im Frühling sehr eifrigen Ungeziefervertilgung zu den nützlichsten Thieren und verdienen die sorgfältigste Schonung.

Durch die ganze Gebirgsregion findet sich, überall nur sporadisch, der Uhu, von dem wir unten Näheres mittheilen. Er ist so kräftig und kühn, daß man ihn selbst auf einen Fuchs stoßen sieht. Von den Krähen wird er bei Tage bitter verfolgt. Man hat einst bemerkt, wie eine Schaar solcher Feinde einem Uhu so zusetzte, daß er sich auf einer Wiese auf den Rücken legte und mit Klauen= und Schnabelhieben sich der Verfolger erwehren mußte. Die Krähen wurden vertrieben; der todesmüde Uhu ließ sich mit Händen greifen und fangen. Bei Chatel St. Denis flog sogar ein Uhu auf ein Schaf, das mit der Heerde auf der Landstraße lief. Er verwickelte sich mit den Klauen in der Wolle und wurde lebend nach Vivis gebracht. Die gemeinste Ohreule ist der kleine Uhu (Otus vulgaris, Waldohreule), über einen Fuß lang, von drei Fuß Flugweite. Ihr Gefieder ist rostgelb und weiß mit grauen und schwarzbraunen Flecken und Bändern, die Brust hellgelb mit dunkeln Pfeilflecken und Streifen; die Federbüsche der Ohren halb so hoch als der Kopf, weswegen man sie auch ‚Horneule‘ nennt. Ihre Stimme lautet ‚huuk—huuk—hoho‘. Sie hält sich meist in den dichtesten Wäldern auf, wo sie ihre vier Eier in verlassene Krähennester legt. In der Ge= fangenschaft wird sie bald ganz zahm, schläft gewöhnlich bei Tage und macht Abends die lächerlichsten Verdrehungen, klatscht die Flügel auf, bläst und knackt mit dem Schnabel und verdreht die Augen. Diese Eulen sitzen, besonders im März und April, oft in Gesellschaften von 6—14 Stück auf Baumstämmen und Weidenköpfen, lieben durchweg die Gebirgswaldungen, finden sich, wenn auch wenig bemerkt, doch überall ziemlich zahlreich, namentlich im Wallis und im Jura, und mausen vortrefflich. Im Winter wandern sie aber größtentheils aus der oberen Bergregion fort. Die Zwergohreule (Ephialtes scops), von der Größe einer Amsel, mit kurzen, zurücklegbaren Federohren und feingezeichnetem, weißgraubraunem Gefieder, eine eifrige Insektenvertilgerin, ist in der nördlichen Schweiz und im Jura selten, obwohl sie im benachbarten Deutschland häufig gefunden wird; dagegen zeigt sie sich in der ganzen montanen Region von Bün= den, Wallis und Tessin, oft auch in den Tiefthälern dieser Kantone und im berner Oberlande den Sommer über. In Bünden heißt sie nach ihrem Geschrei ‚kiu —töd—töd—töd‘ Todtenvogel. Sie läßt sich mit diesem Rufe in mondhellen Nächten locken, besonders im Frühling, wo sie, in dichten Baumzweigen ver= borgen, oft schon vor Sonnenuntergang eifrig zu rufen beginnt und dann mit leise schwankendem Fluge durch die Büsche zieht. Im Wallis nennt man sie ‚Jokkein‘, im Tessin Civetta cornuta: sie wird dort, wie der Steinkauz, gezähmt und zum Vogelfang abgerichtet, ist aber nicht so beliebt, da sie weniger lebhaft und lichtscheuer ist. Dankbar nimmt sie mit allerlei Speise vom Tische vorlieb und wird oft mit einem Dukaten bezahlt. Ihre drolligen Stellungen, wobei sie ihre feinen Federöhrchen bald ernst aufrichtet, bald wieder niederlegt, und ihr zutrauliches Wesen machen sie zu einem angenehmen Stubengenossen. Sie ist die einzige unserer Eulen, welche als ächter Zugvogel in Afrika überwintert.

Von der Sippschaft der Käuze finden wir in der Bergregion zunächst den Waldkauz (Syrnium aluco) überall als die gemeinste unserer Eulen. Sie ist gegen 1½ Fuß lang, spannt gegen 3½ Flügelweite, hat große, dunkelbraune Augen in ihrem dicken Kopfe, einen blaßgelben Krummschnabel, weißgefleckte Schulterfedern, einen röthlichgrauen Rücken mit braunen Strichen, weißen, braun= gestreiften Bauch und mit dicken Wollfedern bekleidete Füße. Sie ändert indeß in der Färbung stark ab, und bald ist die Grundfarbe mehr graubraun, bald mehr fuchsroth. Sie geht besonders den alten, wohlbestandenen Wäldern bis hoch ins Gebirge nach, überfällt als starker Vogel selbst junge Hasen und stellt zum großen Nutzen unserer Wälder eifrig den Mäusen und dem verwüstenden Forst= ungeziefer nach. Man fand in dem geöffneten Magen eines Waldkauzes bis auf 75 Stück Raupen des Kiefernschwärmers. Zu ihren mißgestalteten, aus rothen Augenringen dummglotzenden Jungen hegt sie zärtlichste Liebe und heult winselnd und flatternd ums Nest, wenn Gefahr droht. Im Glarnerlande heißt dieser ziemlich dumme, phlegmatische Vogel Wiggerli oder Wiggesser, im berner Ober= lande Nachthuri, im Bündnerlande wilder Geisler. Er läßt sein ‚hu—hu—hu‘ oft schon im März bei tiefem Schnee im Engadin ertönen.

Bis in die Alpen hinauf geht als ein ächter Bergvogel der rauhfüßige Kauz (Nyctale Tengmalmi), von graubrauner Grundfarbe, weißbesprengt, mit weißem, graugeflecktem Unterleib, großem Augenkreis und deutlichem Schleier. Er ist über 9 Zoll lang und spannt 1 Fuß 9 Zoll. Die Füße sind bis an die Krallen sehr stark befiedert. Er schreit wenig und dann ziemlich leise sein ‚kew

—kew—kuuk—kuuk—kuuk', bleibt in Bergwäldern in hohlen Bäumen und bebuschten Felsspalten und kommt besonders in Bündens Nadelholzwäldern (z. B. am Calanda), aber auch in den übrigen Alpen, in den rheinthaler und toggenburger Bergen nicht selten vor.　Am Gotthard nistet er alle Jahre; im Urserenthale fand man sieben Eier von ihm in einem Felsenloche, — eine Eier-zahl, die sonst von keinem Raubvogel erreicht wird.　Man rühmt dieser kleinen Eule ein besonders sanftes Temperament, einen komischen Humor und starken geselligen Trieb nach.　Daß sie auch die Mauerverstecke nicht verschmäht, beweist ein Fang im Klönthale (Kanton Glarus), wo acht Stück bei einander in einem Stalle gefunden wurden.　Im Jura wird sie zu den Seltenheiten gerechnet.

Außer den genannten besitzen wir noch zwei im Allgemeinen seltenere kleine Eulen, welche die südlichen tieferen Bergthäler besuchen; zunächst den Steinkauz (Surnia noctua), etwas kleiner als der rauhfüßige Kauz, in der Färbung ihm ähnlich, aber ohne seine dichte Fußbekleidung, kürzer in Flügeln und Schwanz. Er findet sich häufig in den Wäldern Tessins, wo er Civetta piccola heißt und noch häufiger als die Zwergohreule zur Vogeljagd benutzt, auch zahm in den Häusern gehalten wird, wo er die Mäuse wegfängt, Früchte, Polenta und dergl. frißt.　Die passionirten Kleinvögelfänger tragen ihn ins Freie und setzen ihn auf einen einbeinigen Stuhl mit gepolstertem Bret.　Nun wird ihm eine lange Schnur ans Bein gebunden, an der man zieht, um ihn aufspringen und seine possirlichen Geberden machen zu lassen.　Rings sind Lockvögel und Leimruthen angebracht.　Neugierig eilen die kleinen Vögelchen in Schaaren herbei: Roth-schwänze, Laubvögel, Meisen, Grasmücken, Bachstelzen, Ammern, Zaunkönige, selbst Mistel- und andere Drosseln, und bleiben an den Leimruthen hängen.　Den Finken sagt man nach, sie lärmten zwar tapfer mit, seien aber zu klug, um zu nahe zu kommen.　Vom Juli bis November dauert diese jämmerliche Fangart, und die Tessiner kommen selbst ins Bündnerland, um sie zu betreiben.　Uebrigens findet sich diese Eule in der ganzen südlichen Hälfte der Schweiz von Bünden bis Genf, reicht aber nicht hoch ins Gebirge und wird hier bald vom rauhfüßigen Kauz ersetzt.

Eine der kleinsten aller Eulen, der Zwergkauz (Surnia passerina), ist erst in neuerer Zeit in der Schweiz entdeckt worden; sie kommt als Strichvogel aus dem Norden zu uns und geht sogleich in die Gebirgswälder.　Im berner Oberlande bei Meiringen, in Uri, Schwyz und Bünden (hier selbst bei Samaden), im Jura und am Fähnernberge in Appenzell ist sie bisher gefunden worden. Blos so groß wie eine Lerche, ist sie ein ebenso possirliches wie niedliches Vögelchen, röthlich- oder gelblichbraun, grau und weiß punktirt, auf der Brust weiß mit braunen Längsstreifen; der Kopf ist weniger rund als bei den eben genannten Arten, falken-artig und von einem saubern Federzirkel eingefaßt.　Viel lebhafter als alle anderen Eulen, fliegt sie leicht und rasch auch bei Tage, frißt Insekten, Mäuse und Meisen, die sie erst sorgfältig rupft, ehe sie verzehrt werden.　Darum sind ihr auch die kleinen Vögel herzlich gram und verfolgen sie wüthend.　Ihr Ruf lautet ‚töd—

tö—tö—tö‘. In Deutſchland iſt ſie in der kollinen und ſubmontanen Region nicht ganz ſelten. Die nordiſche Sperbereule (Surnia funerea) wurde als große Seltenheit im Januar 1860 in Bünden erlegt.

So beſitzt denn das Gebirge eine ziemliche Anzahl Eulen, wenngleich keine ganz eigenthümliche Art. Von den in der Schweiz überhaupt vorkommenden geht ihm nur die nordiſche Sumpfohreule (St. brachyotus), die mit den Schnepfen kommt und geht und etwa in milden Wintern auch bleibt, und die ſchöne Schleiereule (St. flammea) ab, doch ſoll dieſe auch ſchon bei Silvaplana im Oberengadin gebrütet haben. Im Urſernthale wurden der große und kleine Uhu, der rauhfüßige Kauz, im Wäldchen ob Andermatt die Zwergohreule und der Zwergkauz und auf dem Durchzuge als Seltenheit die Sumpfohreule beobachtet, die wir einmal auch an der unteren Grenze des Bergreviers (etwa 2600' ü. M.) mit Waldſchnepfen aufjagten. Ueber die Waldregion hinauf geht wahrſcheinlich nur der rauhfüßige Kauz, obwohl die ſtillen nächtlichen Flüge des Waldkauzes in die höheren Gegenden noch wenig beobachtet ſein mögen, und dieſe überaus nützlichen und wohlthätigen Thiere auch den Hochweiden zu gönnen wären, die oft von Mäuſen ſo ſtark heimgeſucht werden. Mit Unrecht iſt dieſen Thieren alles Volk ſo abhold und hält ſie für Unglücksvögel; ſie ſind, wenn auch etwas unheimlich, doch ebenſo ſchön wie nützlich und vertreten einen höchſt eigenthümlichen Typus der Thierwelt. Man jagt ſie gewöhnlich ganz zufällig, am häufigſten noch, wenn ſie von andern Vögeln angezeigt ſind. Ihre abenteuerliche Geſtalt entſpricht dem oft ſo abenteuerlichen Orte ihres Aufenthaltes, der Abenteuerlichkeit ihres nächtlichen Rufes, der die ganze Tonleiter und alle Vokale, vom dumpfſten, gezogenen Ua bis zum jauchzenden, kreiſchenden I, umfaßt und aus den dunkeln und öden Bergſchluchten nervenerſchütternd durch die nächtliche Gebirgslandſchaft hinhallt.

Neben dieſen Nachtraubvögeln beſitzt das Gebirge auch eine angemeſſene Anzahl von Tagraubvögeln, freilich auch hier nicht ſo viel als die Ebene. Dieſe ſind, in grellem Gegenſatze zu jenen, kühn, oft frech bis zur Tolldreiſtigkeit, von hohem, weitem und raſchem Fluge und außerordentlich ſcharfem Blicke. Ihr Auge iſt höchſt vollkommen gebildet und beſitzt im Fächerkamme 14—16 Faltungen, das der Eulen nur 5—6. Sie greifen alle Thiere an, deren ſie ſich bemächtigen können, und haſchen ſie bald im Fluge, bald auf die Erde ſtoßend. Sie ſind auch viel lebhafter und mordluſtiger als die hypochondriſchen Eulen und haben ein viel feſter anliegendes, derberes Gefieder. Zu ihren Wanderungen benutzen ſie gewöhnlich den Morgen und Abend, wo ſie meiſt nur paarweiſe fliegen.

Oft ſehen wir hoch in den Lüften einen Raubvogel mit ausgebreitetem Schwanze unter ſtetem ‚giak—giak‘ weite Kreiſe ziehen, ſo hoch, daß ihn kein Büchſenſchuß erreicht; bald wird er müde und zieht dem Hochwalde zu oder ſtößt plötzlich pfeilſchnell herab und haſcht einen Vogel, eine Maus, ein Wieſel. Es iſt der Taubenhabicht (Astur palumbarius, Hühnervogel), einer der wildeſten und verwegensten Räuber, der Schrecken der Tauben, Hühner und Enten, der größte Verwüster des Wildstandes, da er selbst Hasen, Auer= und Birkhühner angreift. Mitten aus den Dörfern holt er sich tolldreist seine Beute, verfolgt die Henne bis in die Küche, weiß aber bei aller Mordsucht durch seine außerordent= liche Schnelligkeit, Gewandtheit und List sich fast immer vor dem Schusse zu sichern. Er ist stark gebaut, fast 2 Fuß lang, der Oberleib dunkelaschgrau, bräunlich überlaufen, über den Augen ein weißer, braundurchbrochener Streifen, im Nacken weiße Flecken; der Unterleib weißlich, mit schwarzbraunen Querlinien, der Schwanz zugerundet, die Beine befiedert, die Füße schwefelgelb. Er fliegt indessen nur bei ganz schönem Wetter in jenen hohen Kreisen, gewöhnlich aber tief, sehr schnell und ohne merklichen Flügelschlag. Kleine Vögel überfällt er oft von unten nach oben, oder von der Seite, Hühner und Hasen von oben herab, und trägt sie in das nächste Gebüsch, wo er sie sicher glaubt. Der Aufenthalt dieses verderblichen Räubers erstreckt sich während des ganzen Jahres von der Ebene bis zur Holzgrenze; doch nistet er am häufigsten in der Ebene und unteren Waldregion auf hohen Bäumen, besonders wenn sie in der Nähe des offenen Feldes stehen. Nicht selten tödtet er auch Krähen und Elstern; größere Vögel rupft er, kleinere, Mäuse und Maulwürfe verschlingt er ganz. Sein sehr großes Nest legt er am liebsten auf dichtstehenden, recht hohen Tannen aus grünen Zweigen an und besetzt es mit 4 grünlichen Eiern von der Größe der Hühnereier. Junge Exemplare haben wir leicht zähmbar gefunden; sie bleiben aber unliebliche Gesellen und selbst ihre Zärtlichkeit ist nicht fein. Die Sperber (Astur nisus), den Habichten durchaus ähnlich, nur beinahe um die Hälfte kleiner, beherrschen als Standvögel die Zone in weit geringerem Grade und scheinen in der oberen Hälfte sehr selten zu werden. Im Glarner= und Urnerlande übersteigen sie schon die Hügelregion nicht, sind aber in Bündens Bergthälern nicht selten, besonders weibliche Exemplare. An wüthender Mordgier, Tollkühnheit und List sind sie ganz die Habichte im Kleinen; sie nisten in hohem, dichtem Nadelgehölz, schießen pfeilschnell durch die von kleineren Vögeln bewohnten Obst= und Waldbäume und wagen es sogar, den großen Fischreiher zu packen. Im Jahre 1861 stieß ein Sperber in Chur sogar durch die Fensterscheiben auf einen Stubenvogel!

Der häufigste Raubvogel des Gebirges ist der Thurmfalke (Falco tin- nunculus), im Bernerbiet gewöhnlich Wanner oder Wannenwedel, Wanneli, sonst auch Schusser genannt. Er ist nicht größer als ein Eichelhäher, schön zimmtbraun, schwarzgefleckt, mit weißer Kehle, rostfarbener, schwarzgestreifter Brust, aschgrauem Kopf und Schwanz, sehr gekrümmtem, schwarzem Schnabel, gelben Füßen und schwarzen Krallen. Im Winter streicht er in der Ebene umher oder zieht ganz weg; im Frühjahr geht er in die Vorberge bis hoch in die Alpen hinauf (ebenso in Asien und Amerika) und nistet in den Felswänden oder hochgelegenen Thürmen, Ruinen, auch am Rande der Nadelholzwälder, wo er sein Nest Ende Aprils mit 4—6 gelblichen, braunroth bespritzten Eiern besetzt. Hat er nur in den Vorbergen gebrütet, so geht er gern nachher höher ins Gebirge, wo er viele Mäuse, Käfer, Grillen, Heuschrecken, allenfalls auch Frösche und Eidechsen vertilgt. Dafür findet er sich dann im Herbst wieder zahlreich in den Thälern ein, um auf die durchziehenden Wachteln und Staare zu lauern. Schneller und gewandter als die Weihe, die in der Regel nicht ins Gebirge geht, aber feiger als sie, ist er als ein höchst lebhafter und unruhiger Vogel bekannt. Oft schwebt er lange in der Luft, ehe er auf seinen Raub schießt, den er nicht so leicht wie der Taubenhabicht im Fluge hascht. Selten und am ehesten noch gegen Abend sieht man ihn niedersitzen; dagegen sitzt er oft in der Luft, d. h. er macht im Fliegen Halt, schlägt mit seinen langen, spitzen Flügeln rasch auf und ab, um sich auf der gleichen Stelle zu halten, überblickt sein Revier und schreit in hellen Tönen ‚gri—gri—gri‘. Nicht selten findet man ihn mit der Rabenkrähe und höher im Gebirge mit der Alpendohle im Kampfe; er neckt sie gern, ohne ihr viel anhaben zu können. Im Nothfalle greift er auch auf Heuschrecken und Vogeleier, sitzt dabei auf große Steine ab und lauert auf seine kleine Beute. Fatio schoß im Juni 1864 im Puschlav ein krank aussehendes Exemplar, dessen Schlund und Magen mit Steinchen förmlich vollgestopft war, und später ein anderes, dessen Wachshaut und Augenlider kleine, dicke, violette Zacken ganz bedeckten.

Der Thurmfalke ist ziemlich schwer zu schießen, da er sich sehr vorsichtig den Hütten nähert und auch nicht in die Tiefe der Wälder geht. Noch leichter zu zähmen als die folgenden Arten, wird er sehr anhänglich an seinen Herrn. Ein junges Weibchen war lange unser Zimmergefährte und bewies sich mehr treu und liebenswürdig als klug. Trat sein Herr in die Stube, so ruhte es nicht, bis freundlich mit ihm gesprochen und ihm die Hand hingehalten wurde. Arbeitete er am Pulte, so setzte es sich am liebsten auf seinen Kopf. Der kleine Thurmfalke (F. Cenchris), auch in Bünden und im September 1865 bei St. Gallen erlegt, wird wohl oft mit dem größern verwechselt, scheint aber doch ziemlich selten zu sein. Ebenso der 11 Zoll lange bläulichgraue, schwarzgestrichelte Zwerg- oder Merlinfalke (F. Aesalon), der auf dem Zuge ziemlich regelmäßig im August in dem hochgelegenen Erosa (Schalfik) bemerkt wird, wo er oft in größerer Anzahl nach Heuschrecken jagt. Den niedlichen süd- und osteuropäischen rothfüßigen Falken (F. rufipes), der fast ausschließlich nach Art der Würger von Insekten lebt, hat man in dem Berggelände ob Meiringen brütend gefunden; sonst scheint er die Schweiz nur auf dem Zuge — meist im April und Mai — zu besuchen, und dann oft in Schaaren. Bei Chur fällt er um diese Zeit öfters in die Baumgärten. Ein ansehnlicher Flug dieser Falken besetzte vor Jahren alle Obstbäume um das waadtländische Dorf Naville, dessen Bewohner diese Vögel erst für Tauben ansahen und etliche tödteten, dann aber, als sie gewahrt, wie gierig sie die Maikäfer wegfraßen, sie ungestört gewähren ließen. Ebenso fielen Ende April 1846 vielleicht 200 Stück in die Moore von Sionez bei Genf und fraßen dort auf den kleinen Eichen die bereits zahlreich erschienenen Maikäfer gierig weg. Ein Jäger schoß dreizehn Stück weg. In den Mooren von Orbe werden sie fast alljährlich auf dem Zuge schaarenweise bemerkt.

Außer dem überall verbreiteten Thurmfalken besuchen noch zwei andere Edel=
falkenarten die felsigen Waldungen der montanen Region, finden sich aber viel
seltener vor; nämlich der graublaue Wanderfalke (Falco peregrinus), 16—20
Zoll lang, mit schwarzblauem Kopf und Oberhals, scharfgebogenem grauen
Schnabel, blaugrauem, schwarzquergeflecktem Rücken, weiß= und braungefleckter
Brust, grauem Schwanze, gelben Füßen, und der Baumfalke (F. subutteo),
der durchschnittlich häufiger bemerkt wird, nur 12—14 Zoll lang, mit blaubraun=
grauem Oberleib, weißer Kehle, schwarzgeflecktem Unterleib, rostbraunen Hosen
und After und langzehigen, gelben Füßen.   Er hält sich wie der vorige nur im
Sommer bei uns auf, nistet auf hohen Bäumen und in Felsen und wird von
den kleineren Vögeln außerordentlich gefürchtet, obwohl er den Käfern, Maul=
wurfsgrillen und Larven noch gefährlicher ist.   Der Wanderfalke, den man hin
und wieder in allen Thälern des Gebirges bis über die Holzgrenze bemerkt, wie
er auf einem Felsenvorsprunge oder einem Hügelrande sitzt und die Gegend scharf
überblickt, gehört zu den kühnsten, gewandtesten und vorsichtigsten aller Raub=
vögel.   Sein Nest legt er mit Vorliebe in den Felsen an.   Seine Beute wählt
er sich wohl immer nur aus dem Geschlechte der Vögel, besonders unter den
wilden Hühner= und Taubenarten und dem kleineren Geflügel; im Nothfall holt
er sich auch Krähen, nie Vierfüßer oder Aas.   Mit unbegreiflicher Schnelligkeit
stößt er senkrecht auf die Beute herab und verzehrt sie wo möglich auf der Stelle.
Diese Schnelligkeit beim Verfolgen eines Vogels wird von einem genauen Be=
obachter auf die ungeheure Größe von 10 englischen Meilen in der Minute, von
anderen wohl mit mehr Recht auf 150 englische Meilen in einer Stunde berechnet.
Er ist so wenig furchtsam, daß er auf den Knall der Flinte herbeistürzt und dem
Jäger das wilde Huhn vor dem Auge wegholt, ja daß er sich mitten in London
auf Kirchthürmen ansiedelt, um die Taubenflüge bequem in der Nähe zu haben.
Bei uns sieht man ihn in ziemlicher Höhe leicht und rasch fliegen, wobei man
ihn an seinem gestreckten Leibe, den langen, spitzen und schmalen Flügeln und
dem dünnen Schwanze, auch an seinem volltönigen Rufe: ‚kajak—kajak‘ leicht
von anderen Raubvögeln unterscheidet.   Plötzlich läßt er sich aus der Luft herab
und schießt wieder stellenweise pfeilschnell dicht über der Erde hin, um kleine
Vögel aufzuscheuchen, von denen ihm kaum einer entgeht.   Die Nacht über bleibt
er entweder auf einem hohen Tannenwipfel oder einer freien Felsenspitze.   Der
Baumfalke oder Lerchenfalke ist ganz das Abbild des Wanderfalken in kleinerem
Maßstabe und giebt diesem an Kühnheit, Schlauheit und reißender Schnelligkeit
Nichts nach.   Schwebt er doch oft stundenlang über dem Jäger, dessen Hühner=
hund die Felder absucht, um die auffliegenden Lerchen, Ammern und Wachteln
abzufassen, und fängt er ja in wenigen seiner schußweise gehenden Flugstöße die
schnellsten Schwalben weg.   Von anderen Falkenarten unterscheidet ihn schon
in der Ferne die weiße Kehle und der breite, schwarze Backenstreif und im
Fluge die Kleinheit seines Körpers und die langen, schmalen Schwingen.
Beide Falkenarten sind Zugvögel, beide gehören mehr der Hügel= und unteren

Bergregion an und sind in unserem Flach= und Vorlande häufiger als tief im Gebirge.

Die Weihe und die Milane sind im letzteren seltene Erscheinungen. Die bläulichgraue, stets über Wiesen und Aeckern schwebende Kornweihe (Circus cyaneus) geht auch hin und wieder ins obere Reußthal; der schöne rothe Milan (Milvus regalis, Gabelweihe, Furkgeier) nähert sich öfter den Gebirgen und wurde in den Schöllenen (3900' ü. M.) und im Dezember 1862 im Bündner= oberlande geschossen; im März und Oktober werden sie auch im Prätigau oft beobachtet, die schwarze Gabelweihe aber selten.

Dagegen finden wir in der montanen Region stätig zwei Bussarde, von denen der Mäusebussard (Buteo vulgaris), bekannter unter dem falschen Namen Hühnerdieb oder Moosweih, mit dem Thurmfalken der häufigste Gebirgs= raubvogel ist. Er unterscheidet sich schon im Temperament außerordentlich von diesem, indem er wie alle Bussarde plump, träge und ungeschickt ist. Stunden= lang sitzt er auf einem Baum im Vorholze in eingeduckter Haltung und lauert auf Mäuse, Amphibien, Schnecken, Würmer; dann erhebt er sich, fliegt langsam zu Felde oder steigt in die Lüfte und beschreibt weite Kreise. Den Hühnern und Tauben ist er kaum gefährlich; wohl aber greift er muthig Krähen und Elstern an. Er ist obenher braun, am Unterleib weißgelb, mit braunen, herzförmigen Querflecken und aschgrauem Schwanz mit dunkeln Querbändern; doch giebt es auch schwarzbraune, ganz schwarze und brandgelbe Spielarten, von denen jede wiederholt vorkommt; eine vorwiegend weißliche Varietät wird im Kanton Schwyz hin und wieder gefunden, doch auch anderwärts, und wurde früher für eine eigene Bussardart gehalten. In Deutschland ist er Zugvogel und geht im Oktober in großen, unordentlichen, weit zerstreuten Schwärmen, in denen man oft hundert Stück zählt, gen Westen, von wo er im April ebenso zahlreich mit langsamem Fluge wiederkehrt; bei uns ist er oft Stand= und Strichvogel, wird aber auch auf dem Herbstzuge in großer Gesellschaft getroffen und kehrt oft schon im Januar wieder zurück. Einzeln aber sieht man ihn durchs ganze Ge= birge, oft tief an den Felsen und Wäldern, mit lautem ‚hiäh—hiäh—hiäh‘ hin= schweben. Nur aus gutem Verstecke ist es möglich ihn zu schießen, da er bei aller Trägheit doch scheu und vorsichtig ist; sicherer trifft man ihn Abends, wenn er auf seinem Baume lauert. Doch verfolgt man diese Bussarde mit Unrecht. Sie sind äußerst nützliche Vögel und vertilgen Schlangen, Ratten und Mäuse in Menge. Dabei beweisen sie stets gute Geduld, lauern den größten Theil des Tages bequem auf einem Stein oder Busche, im Herbst auch gern auf der Erde, und warten, ob nicht ein Maulwurf oder eine Maus ein Erdhäufchen aufwirft. Augenblicklich stößt unser Bussard mit beiden Klauen durch die lockere Erde und zieht den Wühler hervor; er hat darum im Herbst so oft ganz kothige Klauen und Füße. In harten Wintern geht es ihm nicht selten schlimm, und es erfrieren oft sogar im Thale seine nackten Füße. Vor Hunger schreiend, fliegt er von Baum zu Baum und fängt oft in vierzehn Tagen nichts; hascht aber in seiner

Nähe der flinkere Taubenhabicht ein Hühnchen oder Täubchen, so jagt er ihm die
Beute sicher ab. In seinem Kropfe hat man schon 7—8 noch unverdaute Feld=
mäuse gefunden, ja Steinmüller entdeckte im Magen eines solchen Buffards nicht
weniger als sieben Blindschleichen, eine Maikäferlarve und fünfzehn
Maulwurfsgrillen, Blasius in dem eines andern sogar einunddreißig
Feldmäuse! Die Nützlichkeit dieses Thieres kann nicht schlagender nachgewiesen
werden, als durch solche Sektionen, und wenn es hier und da einmal ein Hühn=
chen hascht, so ist es ihm nicht allzuhoch anzurechnen.

Seltener ist der Wespenbuffard (Pernis apivorus), ungefähr von
gleicher Größe, mit dunkelbraunem Oberleib, gelblichweißem, braungeflecktem
Unterleib, hellbraunen, dunkler gestreiften Flügeln, aber nach Alter, Geschlecht
und Spielarten außerordentlich variirend. Seine gelben Läufe sind bis auf die
Hälfte befiedert, seine Krallen lang, aber wenig gebogen. Dieser Raubvogel
findet sich in den Vorwäldern des Rheinthales, Appenzells, in den Schwarz=
wäldern des Emmenthales, am Brienzersee, im Frutigenthal, im Glarnerlande
und, obwohl nur selten, auch im Jura. Er nistet und brütet gern auf hohen
Tannen, frißt Mäuse, besonders gern Bienen und Wespen, Raupen, Käfer, Heu=
schrecken, Grillen, selbst Getreide, saftige Früchte, im Nothfall sogar Riedgras
und Fichtennadeln, leert kleine Vogelnester in Menge, ist dümmer und feiger als
alle anderen Raubvögel, schneller zahm und so wenig scheu, daß ihn schon Knaben
mit Steinen todtwarfen. Den Haushühnern geht er auch wohl nach, soll aber
in der Ebene oft unter den Riedschnepfen und Kibitzen die größten Verheerungen
anrichten. Vom November bis im April ist er abwesend, weil dann unsere
Insektenwelt verödet bleibt. Sein Flug ist niedrig, plump und schwer; er ruft
dabei oft ‚ki—ki—ki‘, sodaß ihn seine Stimme schon von fern vom Mäuse=
buffard unterscheidet.

Dies sind die kleineren Tagraubvögel, welche wir im Gebirge finden; aus=
nahmsweise verirrt sich wohl auch im Spätherbst ein rauhfüßiger Buffard
(Buteo lagopus) aus dem Norden dahin, um zu überwintern, doch eher in die
Vorlande. Er wird übrigens leicht mit dem Mäusebuffard verwechselt, obgleich
ihn schon die hellere Färbung unterscheidet. Auf den Uhu stößt er mit Heftigkeit,
und an Krähenhütten kann man in Deutschland zur Zugeszeit Schaaren von
30—40 Stück erblicken und bis auf 12 Stück schießen. Keiner von allen ge=
nannten Raubvögeln ist ausschließlich Gebirgsvogel; nur der Thurmfalke scheint
in der Bergregion das Maximum seiner Individuenzahl zu erreichen. Doch auch
er verläßt im Winter, wo die Thierwelt der höheren Reviere zu arm ist, um die
vielbrauchenden Räuber zu ernähren, seine Sommerresidenz, in welcher die seltenen
Adler und Geier das unbeschränkte Regiment der Lüfte übernehmen.

An Adlern, diesen herrlichen Beherrschern des Thierreichs, ist die montane
Region sehr arm; denn die Steinadler und Bartgeier, die im strengen Winter in
ihr erscheinen, gehören den höheren und höchsten Alpenrevieren an. Der kleine
Flußadler (Pandion haliaëtus), weißlich mit braunem Mantel, der den Som=

mer über nicht selten an unseren Flüssen und Seen auf hohen Bäumen horstet, brütet, fleißig über den Gewässern kreist und mit seinen starken Krallen oft 5—6 Pfund schwere Fische seiner Schlachtbank zuträgt, gehört durchaus der Ebene an und findet sich nur momentan und auf dem Zuge im Gebirge, so z. B. zwei Exemplare 1861 bei Chur. Im Urserenthale und im Rheinwald hat man in neuerer Zeit auch junge weißköpfige Seeadler (Haliaëtus albicilla) gefangen, ein altes Exemplar, trübnußbraun mit milchweißem Kopf und Schwanz, ist bei Wasen (2900' ü. M.), ein anderes, im st. galler Museum stehendes, im Winter 1864 Abends im Toggenburg vom Baume herunter geschossen worden. Sonst gehört dieser schöne und gewaltige Adler dem Norden Europa's und Amerika's an, erscheint aber im Herbst und Winter auch in unseren Ebenen und wird, da er weniger scheu als der Steinadler ist, öfters erlegt. Dagegen zeigt sich der seltene kurzzehige oder Natternadler aus dem Süden (Circaëtus leucopsis), mit weißem Flecke unter dem Auge, rothbrauner Brust, weißbraungeflecktem Bauche, tiefbraunem Oberleib, und graublauen, kurzzehigen Füßen, wenn er in der Schweiz erscheint, öfters in der unteren Bergregion. So wurden zwei Stück am Stockhorn im berner Oberlande, einer in der Nähe von Altorf, einer in der Nähe von Glarus, ein anderer in den Höhen von Werdenberg bei Buchs, einer in Bünden, einer bei Porlezza geschossen und zwei Junge wurden in den Alpen des Oetschthales lebendig eingefangen. Er mißt mit ausgespannten Flügeln 5—6½ Fuß und lebt fast ausschließlich von Reptilien. Bei seiner Seltenheit ist seine Lebensweise noch gar wenig beobachtet worden. Wahrscheinlich findet er sich öfters im Kanton Wallis, diesem an Reptilien reichsten Bezirke der Schweiz, und über den Sümpfen der Orbe sieht man ihn nicht selten schweben.*)

Etwas häufiger, aber immerhin noch selten, wird aus den Gebirgen Südeuropa's der Schreiadler (Aquila naevia), und zwar weniger in der Ebene als in der Bergregion, bemerkt, ein schöner, 2—2½ Fuß langer, dunkelbrauner, auf Schulter und Flügeldecke gelblichweiß betropfter, bis an die Zehen befiederter Vogel. Er lebt fast nur von Fröschen und Feldmäusen und sitzt oft ruhig im Schilf unter den Wasservögeln, die ihn nicht fürchten. Sein Flug ist hoch und majestätisch; seine 2—3 rostrothgefleckten Eier brütet er in einem großen Neste auf hohen Bäumen aus. Im Kanton Bern ist er öfters vorgekommen; im Glarnerlande wurden in zehn Jahren zwei Exemplare geschossen; im Kanton Uri sind bisher nur junge Exemplare gefunden worden; im Bündnerlande wurde 1863 ein altes, mit einem Rabenschenkel im Kropfe, bei Rothenbrunnen erlegt. Der große Schreiadler (A. Clanga), dunkelschokoladebraun mit hellern Federsäumen und schwarzbraunen Schwingen und Steuerfedern, soll am Pilatus und in dessen Umgebung gar nicht selten bemerkt werden. Ein Exemplar — und bisher nur das Eine — des Zwergadlers (A. pennata), der gelb und braun

---

*) Bouga führt ihn (Bull. de la Soc. des sciences nat. de Neuchâtel) sogar als im Gebiet des neuenburger Seebeckens regelmäßig brütend an.

gefleckt ist und kaum so groß als ein Mäusebuffard wird, ist in neuerer Zeit bei Schwyz erlegt worden. In Deutschland hat man diesen ost= und südeuropäischen Vogel eben so selten gefunden.

Wir haben also in der montanen Region keine einzige Adlerart, die konstant verbreitet wäre; es fehlt ihr dieser Schmuck der königlichen Vögel bis auf seltene und zufällige Erscheinungen. Sie hat zu wenig Breite und Tiefe, um als Bereich dieser weitfliegenden Thiere zu dienen, und ist überall allzu zugänglich. Ebenso verhält es sich mit den folgenden Arten. In den steilen Kalkfelsen des Salèvegebirges bei Genf nistet und brütet der egyptische Geier oder Aasvogel (Neophron perenopterus), ein häßliches, schmutzigweißes Thier mit langem, schwachem Schnabel, schwarzbraunen Flügeln, nackter, gelber Kehle, einem widerlichen Kropfe und ziemlich hohen, bis ans Knie befiederten Beinen. Er ist nicht viel größer als ein Rabe und stinkt wie alle Geier unausstehlich aashaft. Träg und traurig von Temperament, schmutzig, mit abgestoßenem, unordentlichem Gefieder, in Schritt und Flug krähenartig, von vorzüglich feinem Geruch (in dem er die Adler übertrifft, während er ihnen an Schärfe des Blickes nachsteht), lebt er bei uns blos einzeln und paarweise und frißt Aas, Frösche, Insekten, mit besonderer Gier aber menschliche und thierische Exkremente. Ueber Winter bleibt er schwerlich in der Nähe. An der Rhone hat er den Endpunkt seiner nördlichen Verbreitung erreicht. Im Orient wird er als Wohlthäter verehrt, da er selbst in die Dörfer und Städte kommt und allen Fleischabfall wegfrißt; den Mekkapilgern folgt er zahlreich, um die gefallenen Kameele und Esel zu verzehren. In Spanien ist er nicht selten. Auch in den waadtländischen Gebirgen von Aigle hat man diesen Aasvogel schon gefangen — immerhin bleibt er für die Vogelfauna der Schweiz nur eine Kuriosität. Ebenso der große fahle oder weißköpfige Geier (Vultur fulvus), ein stattlicher, 4 Fuß langer, röthlichbrauner Vogel, der oft die Größe eines Schwans erreicht, mit weißem Flaum auf Kopf und Hals, schwarzen Schwing= und Schwanzfedern, bleifarbenem Schnabel und röthlichgrauen Füßen. Aus den Gebirgen Asiens und Südeuropa's, seinem eigentlichen Vaterlande, streift er mitunter in die Schweiz diesseit der Alpen. Jenseit derselben, im Tessin, ist er wahrscheinlich öfter vorgekommen. Im Jahre 1812 bemerkte ein Jäger diesen großen Geier am Axenberge und erlegte ihn. Später entdeckte ein Knabe einen andern in der Nähe von Lausanne. Das Thier hatte sich so voll gefressen, daß es, von einem Steine verwundet, sich einfangen ließ. Um Pfingsten 1827 sah man zwei Stück auf dem Schindanger bei Altorf sich gütlich thun; das eine Exemplar wurde dort geschossen, das andere einige Tage nachher im Kanton Bern. Im Jahre 1837 schoß man wieder eins bei Yverdon. Bekanntlich sind diese Geier, wie alle ihres Geschlechts, nichts weniger als kühn und gewaltig; ein Sperber jagt ihnen Furcht ein. Sie greifen gewöhnlich zum Aase und packen äußerst selten lebendige Thiere an. Haben sie sich vollgefressen, so tritt der Kropf sackartig vor. Wenn sie zur Spähe ausfliegen, so steigen sie in weiten Schneckenlinien unglaublich hoch in die Lüfte und lassen sich ebenso wieder herab. Eine

Kälte von 12 bis 15° scheinen sie kaum zu fühlen. Träge und mißmuthig, haben sie mehr von dem Temperament der Eulen als dem der Adler und Falken und verbreiten stets einen übeln Aasgeruch. Uebrigens ist dieser Geier in Deutschland noch seltener gefunden worden als in der Schweiz.

Der graue Geier (Vultur cinereus), Europa's größter Vogel (er mißt bei einer Länge von 4 Fuß 9 Fuß Flugbreite), mit dunkelbraunem Mantel, bläulichem, nacktem Halse, schiefer, bräunlicher Halskrause und einem Federbusche auf jeder Schulter, sonst nur auf den Hochgebirgen Südeuropa's heimisch und in seiner Lebensweise mit dem weißköpfigen Geier übereinstimmend, ist in neuester Zeit zum ersten Male bei Pfäfers erlegt worden, ein zweites Exemplar bei Sargans, welches im schaffhauser Museum steht, und im November 1866 ein drittes, ein altes Männchen, am Fuße des Pilatus.

Mit diesen ausgezeichneten Gästen unserer Vogelfauna haben wir unsere Wanderung in der Bergregion nach dieser Seite vollendet. Ein großer Reichthum hat sich uns aufgeschlossen, — und doch zählt unser Tiefland wenigstens doppelt so viele Arten von Vögeln. Von Laufvögeln, Wasservögeln und Sumpfvögeln geht kaum der zwanzigste Theil regelmäßig ins Gebirge; die zarteren Grasmücken, die Regenpfeifer, Milane, Weihe, Fliegenfänger, Laubvögel fast gar nicht; von den Ammern, Würgern, Piepern, Schwalben, Käuzen, Ohreulen, Falken und Bussarden bald nur ein kleiner, bald ein größerer Theil. Die Hauptvögelmassen und ihre eigentlich charakteristischen Repräsentanten in der Gebirgsregion werden durch die hellschlagenden Finken und deren Verwandte, die ewig hüpfenden Meisen, die heimeligen Kukuke, die lauthämmernden Spechte, durch die Hühner mit ihrer stillen, friedlichen Wirthschaft, die an Bächen herumhüpfenden, lustig mit den Schwänzen wippenden Wasserstelzen, die lautsingenden Drosseln, alle Büsche durchschlüpfenden Goldhähnchen und Zaunkönige, durch die emsigen Schmätzer, die melodiereichen Baumlerchen und Pieper, die zutraulichen Rothkehlchen und Rothschwänzchen, die Häher, die Raben- und Krähenschwärme dargestellt, zu denen die hoch in den Wolken kreisenden Tagraubvögel und die melancholischen Eulen mehr als vereinzelte, begleitende Elemente kommen. Immerhin noch eine große Fülle von ornithologischen Formen! Und doch kennen wir, so beschränkt in mancher Hinsicht noch unsere Beobachtungen sind, jede einzelne Form als eine gewisse, ausgeprägte Individualität. Wir sehen, daß sie ihr Temperament, ihren Humor, ihren bestimmt modificirten Instinkt, ihre eigenthümlichen Fähigkeiten, vielleicht auch Liebhabereien und Launen hat; ja, wir können oft den Charakter, den Typus einzelner Arten der Gattung ganz bestimmt von den anderen unterscheiden und würden dies in noch viel höherem Grade vermögen, wenn wir überhaupt mehr in und mit der Natur zu leben verstünden. Vielleicht drängt uns der oft kränkelnde Zustand der menschlichen Gesellschaft bald wieder mehr zu ihr zurück; vielleicht fühlen wir uns wieder getrieben, in der Harmonie der Schöpfung die Hoffnung auf die endlich siegende

Harmonie der Welt des Geistes neu zu stärken; — einstweilen suchen wir die Anfänge jenes Verständnisses uns zu eigen zu machen.

Die breiteste Individuenmasse der Vögel drängt sich in die Wälder zusammen; in der Ebene sind sie weit mehr auch über die Felder, Moore, Gewässer ausgebreitet und reichen von allen Seiten an die menschlichen Wohnungen heran. Wo im Gebirge keine Wälder sind, sind Wiesen und Weiden, in denen nur wenige Arten leben können, oder Felsen und Flühen. Auch hier ist verhältnißmäßig ein sehr reges Vogelgetriebe, — keine Schutthalde, kein Steinfeld, keine Felsenschlucht, wo nicht irgend eine Art des reichen Vögelgeschlechtes ihr Stand= und Lieblings= quartier aufschlüge, wo sie nicht in einfachem Naturlaute die frohe Botschaft des Lebens hinbrächte, wo sie nicht alle Phasen ihrer Existenz durchmachte von der ersten Aßung der Mutter, die sie mit freudigem Flügelschlag empfängt, bis zu den lebhaften Locktönen des Paarungsrufes und zum letzten Angstrufe unter den Krallen des Raubvogels oder zwischen den Zähnen des Wiesels, des Fuchses. Die ungeheuren Steinreviere scheinen dem Unbewanderten unendlich öde und todte Massen. Aber hast du die hundertfältigen Moose und Flechten und Gräser, die festgedrehten Rosetten der Saxifragen, die läutenden Glöcklein der Campanu= laceen vergessen, die ihr Leben an diese kalten Gebirge klammern und ihre Wurzeln in das verwitternde Gestein treiben? Bemerkst du die Würmchen nicht, welche auch von der neu gebildeten Erdschicht leben wollen, die Spinnen, Ameisen und Wanzen, die auf den sonnenwarmen Steinen hinlaufen, die Fliegen und Mücken, die sie umsummen, die Schmetterlinge und Sylphiden, die sie umgaukeln, die Käfer, die sie umschwirren, die braunen und grünen Eidechsen, die fröhlich sich auf ihnen umhertreiben? Kennst du die freundlichen Vögelchen nicht, die gerade hier ihre liebste Heimat haben, all' das tausendfältig verschiedene Leben nicht, das nach seinen eigenen ewigen Gesetzen überall kreist, wo Licht, Luft und Wärme ihre Kraft nicht verloren haben? Es giebt keine todte Stelle in der Welt, wo die Möglichkeit des Lebens nicht absolut verschwunden ist, und diese ist in unserer Region überall vorhanden und darum auch bethätigt. Wo nur an den unge= heuersten Bergwänden eine Dryas, ein Gräschen, ein Farrenkräutchen, ein Thymianpflänzchen haften kann, ist bereits Quartier gemacht für eine ganze Folge von Thieren, von der Wanze oder dem Käferchen, auf das die Spinne lauert, bis zu dem intelligenten Habicht, der auf den insektenfressenden Singvogel niederstößt.

Die Bergregion besitzt in der Schweiz keine ihr ganz eigenthümlichen Vögel= arten, die nicht auch in den entsprechenden Regionen der Nachbarländer vor= kämen, noch solche, die nicht auch im Hügelgebiete wenigstens hin und wieder erschienen. Der größere Theil, namentlich der kleineren Vögel, hält sich ab= wechselnd bald im Kreise der Hügelregion, bald im Berglande auf und sucht besonders im Winter gern die Felder, Forste und Büsche der Tiefländer und der milderen Thäler auf; dem Gebirge aber bleibt ihr Gesang, ihre Sommerlust, ihre heiterste Zeit. Wie reiche Herren, die im Sommer ihre Campagne beziehen, wirthschaften sie in ihren Bergwäldern. Immer ist ihr Tisch gedeckt, ihr Zweig bereit, ihre Kameradschaft aufgelegt zum Mithüpfen und Mitjubeln. Um dieses Jubeln ist es eine eigene Sache. Keine Nachtigall flötet ihre melodischen Weisen, kein Sprosser, kaum eine Grasmücke, — und doch tönen die Berge und die Wälder wider von den fröhlichen Concerten. Guter Wille und sprudelnde Lebenslust ersetzen freilich oft den angeborenen Wohlklang und die schöne freie Kunst.

Schon ehe die rosigen Morgenwölkchen das Nahen der Sonne verkünden, ja oft ehe noch im Osten nur ein lichter Hauch ihre Geburtsstätte anzeigt, wenn noch die Sterne fröhlich am blauen Nachthimmel schimmern, beginnt von einer alten, hohen Tanne ein leises Kollern; dann folgen einige schnalzende, klappende Töne, die immer schneller hervorsprudeln, — dann der Hauptschlag und endlich ein langer Faden wetzender Zischtöne. Der Urhahn falzt. Mit verdrehten Augen tanzt und trippelt er auf seinem Aste herum; unter ihm ruhen friedlich die Hennen im Gebüsch und sehen andächtig den närrischen Capriolen des hohen Gemahls zu. Nicht lange treibt er sein Wesen allein. Die Ringamseln der obersten Wälder, die unruhigsten aller Vögel, die schon wenige Stunden nach Mitternacht vereinzelt die Kehlen stimmten, fangen überall an, laut zu werden; etliche Hausrothschwänz chen und ein Rohrsänger im nahen Ried werden um so eifriger, als die Sonne jetzt naht. Da erwacht auch die Amsel, schüttelt den Thau von ihrem schwarz glänzenden Gefieder, wetzt den Schnabel am Zweige und hüpft höher hinauf am Ahornbaum. Sie wundert sich fast, daß der Tag schon der Dämmerung Herr wird, und der Wald noch fortschläft. Zweimal, dreimal ruft sie über die Bäume hin, hinüber an die andere Bergwand und hinunter ins Thal, über dessen Bach ader ein paar dünne Nebelstreifen sich hingelegt haben. Dann flötet sie mit Macht und Feuer ihre metallreichen herrlichen Strophen, bald in munterem Humor, bald in tiefen, klagenden Lauten. Rasch erwacht nun im ganzen Revier das Leben der Thiere; zuerst nach der Amsel hören wir häufig den melodischen Lockruf des Kukuks durch alle Wälder. Dünne, bläuliche Rauchsäulen erheben sich fern in der Tiefe aus den Kaminen der Dörfer; von den Gehöften bellen hin und wieder die Hunde; eine Kuhglocke ertönt; alle Vögel erheben sich aus ihren dunkeln Büschen, von der Erde, aus den Felsen; Alles eilt in die Höhe hinauf, den Tag und die Sonne zu sehen und die gute Mutter Natur zu loben, die ihnen wieder das freudige Licht gesandt hat. Wie manches kleine, arme Vöglein lebt fröhlich auf und hat eine bange und angstvolle Nacht hinter sich! Es saß auf seinem Zweige, den Kopf ins kugliche Gefieder gedrückt, als im Sternenschein ein Waldkauz mit leisem Fluge durch die Bäume flog und sich eine Beute wählte. Der Steinmarder kam vom Thale her, das Hermelin aus den Felsen, der Edel marder herunter aus seinem Eichhornnest, durch die Büsche war der Fuchs gegangen; — alle hat es gesehen. In der Luft, auf dem Baum, auf dem Boden hatte das Verderben gelauscht viele traurige Stunden lang. Angstvoll hatte es gesessen und sich nicht zu regen gewagt; ein paar junge Buchenblätter hatten es geschützt und versteckt. Wie hüpft es jetzt hervor und lobt die Sicherheit des

Lebens und den Schutz des Lichtes! In klaren, kräftigen Schlägen ruft der
Buchfink, in hellen Strophen das Rothkehlchen von dem Wipfel des Lärchen=
baums, der Weidenzeisig im Erlenbusch, Ammer und Blutfink im Unterholz des
Vorwaldes. Und dazwischen trillert der Hänfling, kollert die Tann= und Blau=
meise, jubelt der Distelfink, quiekt der Zaunkönig, pipst das Goldhähnchen, ruft
die Wildtaube, trommeln die Spechte. Aber alle übertönt des Mistlers kräftige
Stimme, die melodischere Weise der Baumlerche und das unnachahmbare Lied
der Singdrossel. Welch ein Morgenconcert in den grünen Hallen! Ist es nicht
tief empfunden, was ein altes Volkslied sagt:

> Wer ist euer Koch und euer Keller,
> Daß ihr so wohlgemuth!
> Ihr trinkt kein'n Muskateller
> Und habt so freudig's Blut.
>
> Wohin geht dieses Dichten,
> Du edles Federspiel,
> Als daß wir uns auch richten
> Nach unserm End' und Ziel.

In Eine Weise und mit Einem Ausdruck ist es nicht zusammenzufassen,
dieses unendliche Waldconcert. Es variirt nicht nur jeden Augenblick, sondern
fast alle Schritte weit ist es ein anderes. Bald überwiegt das Gezippe der Kohl=
meisen, das Geplapper der Staare, bald tönt der Finkenschlag vor, bald der
Drosselgesang, bald hört man nur das Gehämmer der Spechte und ihren rollen=
den Lockruf oder das Gerätsch der Häher. Dann schweigt plötzlich Alles — nur
hoch in den Lüften schreit der Taubenhabicht sein heiseres, hungriges „gia—gia‘,
und im Augenblick sitzen die Sänger im tiefen Laube und ducken sich nieder ins
Gezweig. Der Morgen vergeht in Gesang und Flucht, Insekten= und Samen=
jagd und fröhlichem Herumtummeln; der hohe Mittag ist die stillste Waldzeit.
Nur wenige unermüdliche Sänger und die kleinen, die nichts Ordentliches können,
die ewigen Chorusmacher der ächten Singvögel, sind durch die Wälder hin zu
hören. Erst gegen den Abend erwacht der Sängerchor partienweise wieder zu
neuem Leben, aber nicht mit der Frische und Fülle der Morgengesänge; das Vor=
gefühl der Nacht wirkt ganz anders als das des Tages. Die Nacht wird nicht
gefeiert; der Abendgesang gilt der scheidenden Sonne, den glühenden Bergen, der
warmen, lebenduftigen Landschaft. Einer nach dem andern geht zur Ruhe; am
längsten bleibt die wach, die am Morgen die erste Sängerin war, und noch lange,
wenn die Sonne schon gesunken ist, und das Licht des Tages mit dem Schatten
der Nacht den immer schwächeren Dämmerungskampf ringt, klingen ihre tiefen
Klagelieder einzeln, abgebrochen durch die Tannen und gehen nicht selten in ein
häßliches, dämonisches Krächzen und Kreischen über, dem etwa ein verlorener,
verspäteter Kukuksruf oder Rohrvogelschlag noch allein zu antworten scheint,
bis fern in den Felsenschluchten oder in den Finsternissen des hundertjährigen
Hochwaldes eine alte Ohreule ihr „pue‘ anstimmt, dem mit langgezogenem „hoho‘,

und allen jauchzenden, lachenden, wimmernden, schnarrenden, spottenden Tönen die benachbarten Eulen und Käuze in ergreifendem, höllischem Chorus respondiren. Wie so ganz anders ist immer der Abend als der Morgen in der Welt des Gebirges, im Thierleben wie in der Menschenseele! Wenn wir Morgens noch mit unserem Salis fühlen:

> Der Erdkreis feiert noch im Dämmerschein,
> Still, wie die Lamp' in Tempelhallen, hängt
> Der Morgenstern; es dampft vom Buchenhain,
> Der, Kuppeln gleich, empor die Wipfel drängt.
> Sieh, naher Felsen düst're Zinn' erglüht,
> Der Rose gleich, die über Ländern blüht.

> Wem dampft das Opfer der bethauten Flur?
> Ihr Duft, der hoch in Silbernebeln dringt,
> Ist Weihrauch, den die ländliche Natur
> Dem Herrn auf niedern Rasenstufen bringt.
> Die Himmel sind ein Hochaltar des Herrn,
> Ein Opferfunke nur der Morgenstern.

> Im Morgenroth, das naher Gletscher Reih'n
> Und ferner Meere Grenzkreis glorreich hellt,
> Verdämmert seines Thrones Widerschein,
> Der mild auf Menschen, hell auf Gräber fällt;
> Es leuchtet Huld auf redliches Vertrau'n
> Und Licht der Ewigkeit durch Todesgrau'n —

— wenn wir Morgens überall Lebenslust, Hoffnung, Vertrauen in den leisen Zügen des Naturlebens wiederfinden — Abends geht ein anderer Geist durch das große Gotteshaus; ein Geist des wohligen Behagens und des heimlichen Bangens, der Ruhe und der Ahnung zugleich.

> Wie wandert sich's durch einen Wald so traut,
> Wenn nur die Wipfel noch von Sonne wissen,
> Nur noch zuweilen eines Vogels Laut
> Verhallt in ahnungsvollen Finsternissen;
> Das Auge kann kein Thier des Walds erkunden,
> Ein Eichhorn nur erblick' ich in den Zweigen,
> Es kam behend und still und ist verschwunden,
> Die Einsamkeit des Waldes uns zu zeigen.

> Und doch, hier lebt des Lebens welche Fülle,
> Ein stummes Räthsel, das sich nie verrathen!
> Die Pflanze ist sein Bild und seine Hülle,
> Und allwärts grünen seine stillen Thaten.
> Die Wurzel holt aus selbstgegrabnen Schachten
> Das Mark des Stamms und treibt es himmelwärts.
> Ein rastlos Drängen, Schaffen, Schwellen, Trachten
> In allen Adern; doch wo ist das Herz? . . .

sinnt und fragt der Mensch; — der Vogel aber duckt sich müde ins bethaute Laub. —

Bei der außerordentlich großen Anzahl von Vögeln aller Art, von denen die wenigsten ein beträchtliches Alter erreichen, ist es wunderbar, daß wir fast nie eine Vogelleiche, fast nie einen Vogel antreffen, der vor Alter oder Krankheit gestorben wäre. Ziehen sich die kranken Thierchen in das tiefste Dickicht der Büsche zurück, oder verbergen sie sich scheu und keusch unter den Steinen in den Felsen, um ihre kleinen Leichen noch der Verfolgung zu entziehen? Vielleicht; doch dürfen wir annehmen, daß nur sehr wenige Vögel eines natürlichen Todes sterben. Schon die Eier sind so manchem Unfall ausgesetzt; die Nestjungen haben so viele Feinde. Die vielen Tag- und Nachtraubvögel, die Füchse, Katzen, Marder, Elstern, Wiesel stellen ihnen so unaufhörlich nach, daß es fast ein Wunder ist, wenn ein kleines, unwehrhaftes Vögelein sich nur etliche Jahre allen Verfolgungen zu entziehen vermag. Leichen von Krähen findet man öfter als von kleineren Vögeln; doch auch die werden von Liebhabern bald in Beschlag genommen. So findet man auch nur selten todte Frösche, Eidechsen, Fische, Käfer, mit Ausnahme etwa der Maikäfer, die in ungeheueren Massen auftreten und nur kurz ausdauern. Die Natur besitzt ein so ausgezeichnetes Polizeisystem, daß hundert verschiedene Kräfte, respective Schnäbel, Zähne, Klauen, Zangen in Bereitschaft stehen, um Ein kleines Cadaver abzuräumen.

Fünftes Kapitel.

Die Vierfüßler des unteren Gebirges.

Die Säugethiere und ihr Verhältniß zu den übrigen Wirbelthieren. — Armuth des Gebirges. — Verschwundene Arten. — Die Fledermäuse und ihre Lebensweise. — Rattenartige Speckmaus und Mopsfledermaus. — Charakteristik der Igel. — Spitz= mäuse. — Maulwurf. — Stellung der Raubthiere im Natursystem. — Verbreitung und Lebensweise der Fischotter. — Die Iltisse. — Der Steinmarder und seine Eigenthümlichkeit. — Edelmarder. — Hermelin. — Kleines Wiesel. — Die höheren Raubthiere und ihre Verbreitung. — Die Winterschläfer. — Die Schlafmäuse. — Die Mäusearten der Region. — Hasen. — Die „Waldthiere". — Der „Laseyerbock". — Rehe und Hirsche.

Noch fehlt uns zum Bilde der montanen Thierwelt jene Gattung, nach welcher zuerst gefragt wird, und die auch die anziehendste und für uns die wich= tigste ist. Zwar nehmen hier die Säugethiere keine besonders hervorstechende Stellung ein; sie werden an Arten= und Individuenmasse von den Vögeln weit überwogen; aber ihre höhere Stellung in der Reihe der thierischen Entwickelung, ihre jeweilen ausgeprägtere Individualität nehmen das Interesse des Menschen besonders in Anspruch.

Unter den nahezu fünfhundert Wirbelthierarten der Schweiz zählen die Amphibien die wenigsten (etwa dreißig Arten), mehr die Fische (etliche fünfzig Arten) und nur wenig mehr die Säugethiere (etliche sechszig Arten), während die Vögel mit dreihundert und dreißig Arten mehr als doppelt so stark sind als die übrigen drei Klassen zusammen. Im Gebirge schmilzt die Gesammtzahl stark zusammen, und das Verhältniß bleibt sich mit einer kleinen Abänderung zu Gunsten der Säugethiere auf Kosten der Vögel im Ganzen gleich. Es ist nicht unwahrscheinlich, daß dieses Verhältniß im Laufe der Zeit noch etwas mehr zu Gunsten der Mammalien sich ändern wird. Die Vögel sind genauer und voll= ständiger erforscht und werden schwerlich neue Arten aufzuweisen haben, während vielleicht unter den Fledermäusen oder unter den Spitz= oder anderen Mäusen noch Arten sind, die bisher nicht ausgeschieden wurden. Ganz eigenthümliche Spezies von Säugethieren finden wir in der Schweiz nach dem gegenwärtigen Stande der Beobachtungen nicht. Alle finden sich auch in den benachbarten Ländern. Ueberdies hat Deutschland noch einige Fledermaus= und Mäusearten, Ziefelmaus, Hamster, wildes Kaninchen, Biber, Elen und mehrere Arten von Seefäugern vor uns voraus.

Im Ganzen scheint unser Heimatland und namentlich unser liebes Gebirgs= land der Verbreitung der Säugethiere nicht ungünstig. Große Wälder, große Einöden, halb unzugängliche Bergreviere — allein, näher betrachtet, schwinden diese Vortheile gar sehr zusammen. Ueberall schreitet die Kultur mit siegender Macht vorwärts. Wie gelichtet und stets begangen sind unsere Wälder; wie rücken die Hütten der Menschen immer weiter in die Oedungen und Wildnisse; wie dringen Jäger, Touristen und Sennen, Wurzelsammler und Geißbuben in die einsamsten Bergmulden und Felsenlabyrinthe! Und wo der Mensch hin= kommt mit seiner ‚Qual‘, da hört nicht nur die Natur auf, neue Thierformen zu erzeugen; die längst erzeugten verschwinden theils, theils schmelzen sie in hohem Grade zusammen. *) Unsere Natur ist wahrlich nicht überreich an Productions= kräften; sie ringen mit der Armuth des Bodens, mit der Unbill eines nicht be= neidenswerthen Klimas. Wenn der Mensch mit diesen sich verbindet, so schwindet ihre freiwillig gebotene Fülle, die sie nie nutzlos vergeudet.

Einst weidete der Bewohner der Pfahldörfer die schmächtigen Torfkuhheerden an den Seeufern; in den Morästen wälzten sich die unwehrhaften Torfschweine in Menge; die gewaltigen Wildschweine wühlten Löcher am Fuße tausendjähriger Eichen; an unseren Flüssen bauten zahlreiche Biber ihre Dämme und wunder= baren Wohnungen; das schwere Elch (Elenn) und der riesenhafte Hirsch trabten durch unsere Brüche; in den Wäldern stampfte der gewaltige Ur (Urstier) und der krausbemähnte Wisent (Auerochs oder Bison) die Büsche brüllend nieder, — sie sind theils schon lange ganz erloschen, theils aus unserm Lande verschwunden. Noch vor hundert Jahren war der Dammhirsch, noch vor fünfzig der Edelhirsch in unseren Forsten heimisch. Jetzt dringt nur zufällig aus dem Elsaß ein Wildschwein= rudel **) herüber, um die Beute unserer Stutzerkugeln zu werden, oder schwimmt,

---

*) Wie durch die fortschreitende Kultur manche Lokalfloren interessante und seltene Bestandtheile ihrer Sumpfvegetation auf immer verloren, so fangen auch seit dem Auf= hören des sömmerlichen Weidganges und der Einführung der Stallfütterung die Dung= insekten, namentlich einzelne Mistkäferarten an, aus gewissen Lokalfaunen zu verschwinden.

**) Die wilden Schweine waren noch am Ende des vorigen Jahrhunderts im Aargau so häufig, daß die Bewohner des Bezirkes Kulm sie mit Trommeln aus den Waldungen zu vertreiben suchten. Dann verschwanden sie und erscheinen nun, ver= einzelt und versprengt, aus den Vogesen bisweilen wieder; im Jahre 1835 warfen die Säue sogar im Lande, wurden aber bald vertrieben und ausgerottet. Im waadt= ländischen Jura zeigen sie sich noch fast alle Jahre, im Neuenburgischen werden nicht selten starke Keiler im Herbst von den zur Eichelmast ausgetriebenen Hausschweinen angelockt. Im Dezember 1860 wurden bei Charmoille im Pruntrut'schen zwei Wild= schweine aus einem Rudel von dreißig Stück geschossen. Das Kloster Einsiedeln be= wahrt in seiner Naturaliensammlung einen fossilen Wildschweinskopf aus der Molasse von Uznach auf.

eine noch größere Seltenheit, ein gehetzter Hirsch des Schwarzwaldes oder Vorarlberges durch den Rhein und zeigt sich in unsern Wäldern. Daß, wie ein geachteter Naturforscher versichert, an den Ufern der walliser Visp und der Reuß noch in diesem Jahrhundert Spuren von Bibern getroffen worden seien, erscheint uns sehr unwahrscheinlich, so häufig sie auch im sechszehnten Jahrhundert noch überall waren. Dagegen sind wir bei aller Anstrengung der großen Raubthiere nicht Herr geworden und werden in den nächsten Jahrzehnten sie höchstens etwas mehr zu vermindern im Stande sein. Hier ist freilich die Lokalität des Gebirges ihnen günstig, und unsere Luchse, Bären, Wölfe werden noch lange ihre verderblichen nächtlichen Streifzüge durch die Alpen fortsetzen, während das benachbarte Deutschland sie seit mehreren Jahrzehnten ganz vertilgt hat.

In der Flora, in der Insekten= und Reptilienwelt bieten, wie wir bemerkt haben, die verschiedenen Kreise der Bergregion bedeutende Veränderungen, indem die reichere der südlichen Kette sich bereits dem italienischen Charakter nähert und in Fülle der Arten und Exemplare die nordische weit übertrifft, obgleich weder Wallis noch Tessin hinlänglich durchforscht sind; an Säugethieren dagegen hat die südliche Region wenig oder nichts voraus.

Ein interessantes Bindeglied zwischen den Vögeln und den Säugethieren bilden bekanntlich die Fledermäuse. Sie sind die Eulen unter den Säugethieren, nächtliche Geschöpfe und fleischfressende Räuber, ebenso unanmuthig und menschenscheu wie diese. Die einheimische Naturforschung ist mit ihren Beobachtungen hier wahrscheinlich noch nicht zu Ende, da der verborgene Aufenthalt und die nächtliche Hantirung der Thierchen die Arbeit sehr schwierig machen. Dabei kommt man ihr auch gar so wenig zu Hülfe. Man verabscheut die Thiere, von denen man gewöhnlich nicht weiß, daß sie unsere Wohlthäter sind, tödtet sie, wo man kann, und wirft sie weg. Es ist sonderbar, daß der Mensch einen tiefen Widerwillen und ein fast unüberwindliches Grauen gegen so viele Geschöpfe hegt, die ihm durchaus nur nützlich sind. So flieht oder verfolgt er die Kröten und Salamander, die so viele Heuschrecken, Würmer, Spinnen, Fliegen und Schnecken vertilgen; die Blindschleichen und Nattern, die dem Ungeziefer und der Ueberfluthung der Mäuse wehren; die Maulwürfe, die Igel, die Eulen und Fledermäuse, die seine wahren Wohlthäter sind und sorgfältig gehegt werden sollten. Letztere sind, ähnlich den Schwalben, höchst wichtige Vertilger der Insekten, fangen mit aufgesperrtem Rachen und weit geöffneter Flughaut ihre Beute und verzehren mit fast unersättlichem Appetit Millionen von Käfern, Baumraupen, Kohl= und Nachtschmetterlingen, und zerbeißen mit ihren vielen äußerst spitzen Zähnen selbst die hartflügeligen Mistkäfer. Beobachtungen an gefangenen Exemplaren haben nachgewiesen, daß sie auch unmittelbar von der Erde aufzufliegen vermögen und ein so außerordentlich feines Gefühl besitzen, daß sie, selbst ihres Augenlichts völlig beraubt, bei ihrem schwankenden Fluge jedem Hinderniß in geschickten Wendungen ausweichen. Daneben haben sie freilich nicht das anmuthige Ansehen und die freundlichen Manieren von Stubenvögeln, sind wild und bissig und sperren gleich ihre weiten, rothen Rachen gegen die Hand des Menschen auf. Sie lassen sich schwer zähmen und verweigern in der Gefangenschaft oft die Annahme jeglicher Nahrung; doch nehmen etliche auch Milch an. Auch sind ihr Bisamgeruch, ihre wuchernde Hautentwickelung, die sich theils in der öligen Flughaut, theils bei mehreren Arten in einer abenteuer= lichen Ohren= und Nasenbildung ausspricht, ihre fahle Behaarung, ihr Zischen und Keifen, ihre Schwänzchen und Krallen nicht besonders lieblich. Der Volks= aberglaube hält sie deshalb wie die Kröten, Unken und Nattern für giftig. Sie sind es natürlich ebenso wenig wie jene und haben auch nicht die alberne Passion, den Leuten in die Haare zu fliegen, wie man ihnen andichtet. Wiesel und Iltisse, Marder, Katzen und besonders die Eulen, ihre geschworenen Feinde, verfolgen sie schon sattsam, daß ihre Ueberzahl nicht so leicht dem Menschen lästig fallen wird, wenn er sie auch gewähren läßt.

Im Winter sehen wir keine Fledermäuse, außer etwa an ganz warmen Abenden einige wenige, und man fragt oft, wo diese Thierchen in der kalten Jahreszeit bleiben. Wären sie Vögel, so würden sie die Kerbthiere des Südens suchen; wären sie ächte Vierfüßer, so grüben sie sich Höhlen, um vor der tödten= den Kälte sich zu schützen. So aber bleibt ihnen nur die Zuflucht mäßig warmer Schlupfwinkel und die Rettung des erhaltenden Winterschlafes übrig. Die Insektenwelt, ihr Nahrungsfeld, ist ohnehin zur Winterzeit verschwunden. So= bald der Frost eintritt, suchen sie Höhlen, geschützte Felsengrotten, alte Rauchfänge und andere temperirte Verstecke auf, häkeln sich mit dem Daumen der Vorderfüße neben einander fest und schlafen, bis die Wärme des Frühlings sie wieder weckt. Langsam cirkulirt das kaum 4° R. warme Blut durch ihre Körperchen; Stechen, Brennen, Schneiden verursacht ihnen Konvulsionen, weckt sie aber nicht aus ihrer Erstarrung. Bringt man sie in die Wärme, so erwachen sie allmälig; setzt man sie aber größerer Kälte aus, als ihr Asyl zeigte, so wird die Blutcirkulation so= gleich lebhafter; die Natur sucht eine höhere animalische Wärme zu erzeugen, aber ermattet bald in ihrer Anstrengung. Das immer schnellere Athemholen bringt eine immer wachsende Schwäche hervor, an der das Geschöpfchen bei 0° bald unter leichten Zuckungen stirbt. Seine Lebenskraft ist in mancher Hinsicht sehr zähe, in anderer sehr schwach. An den geringsten Körperverletzungen sterben die Fledermäuse, während sie der elektrischen Einwirkung und der verrätherischen Luftpumpe sehr lange zu widerstehen vermögen, und hungern können sie länger als irgend ein anderes Säugethier.

Auch im Sommer suchen diese Vogelmäuse abgelegene und unheimliche Orte am liebsten auf, besonders öde Felslöcher, altes Gemäuer, dunkle Dach= verstecke, hohle Bäume, Kirchthürme. Unter den Dachziegeln und Sparren be= gatten sie sich und wirft das Weibchen im Mai oder Juni seine zwei Jungen, die es, bei Vermuthung irgend einer Gefahr, an seiner zweizitzigen Brust angehäkelt, fortträgt und in dieser treuen Sicherung selbst im Tode festhält. Im Sommer halten sie sich immer paarweise zusammen; jede Haushaltung behauptet ihren kleinen Jagdbezirk und treibt den Eindringling mit Flügeln, Krallen und besonders mit den nadelfeinen Zähnen fort. Auf die Erde gefallen, kriechen sie gewöhnlich erst langsam und unbeholfen an einer Mauer empor; dann fliegen sie, besonders die lang= und schmalflügligen Arten, rasch, sicher, mit schwalbenartigen, blitz= schnellen Wendungen und haschen mit der größten Genauigkeit das Insekt, das ihr scharfes, glänzendes Auge bemerkt hat.

Wir können nicht mit voller Bestimmtheit angeben, wie viele von den in der Schweiz heimischen gegen zwanzig Fledermausarten in der Gebirgsregion leben, da manche Theile derselben, besonders im Süden, noch nicht gehörig durch= forscht sind; jedenfalls ist aber die Zahl derselben nicht gering, und etwa zehn Arten reichen sogar weit in die Alpenregion hinein. Fassen wir hier also diese ins Auge.

Die gemeinste von ihnen, die **rattenartige** Fledermaus (Vespertilio murinus), ist ziemlich der größte unserer Handflügler, oben röthlichgrau, unten schmutzigweiß, über 4 Zoll lang und mit 14 Zoll Flugweite. Mit einbrechender Dunkelheit umschwärmt sie matten, niedrigen Fluges die Dörfer und Hütten der Bergregion bis zur Baumgrenze und ist ihrer großen Ohren wegen auch unter dem Namen ‚Mausohr‘ bekannt. Ihren Winteraufenthalt hat man wie bei den meisten andern Arten im Gebirge nicht entdeckt, und es ist nicht unwahrscheinlich, daß die meisten Fledermausarten strichvogelartig in die Schlupfwinkel der mildern Gegenden abstreichen, um dort zu überwintern. Im Schlosse Lucens (Waadt) entdeckte man in einem unbenutzten Rauchfang eine große Winterkolonie, welche die Kaminöffnung völlig verrammelte. Viele Tragkörbe voll dieser halberstarrten Thierchen wurden hinausgeschafft und damit leider dem Tode überliefert. Fast ebenso häufig erscheint in gleicher Höhe besonders in der Centralschweiz die kleinere **Bartfledermaus** (Vesp. mystacinus), 3 Zoll lang mit 8 Zoll Flugweite, und langer, graubrauner bis schwärzlicher Behaarung; seltener die **rauharmige Fledermaus** (Vesperugo Leisleri), 3½ Zoll lang mit 10½ Zoll Flugweite, meist an Waldrändern früh und rasch fliegend, am Gotthard bis zur obersten Baumgrenze reichend, die **rauhhäutige** Fledermaus (Vesperugo Nathusii), 3 Zoll lang mit 8½ Zoll Flugweite, und die **gefranste** (Vespertilio Nattereri), oben braungrau, unten weiß, mit länglich herzförmigen Ohren, im Urserenthale zwischen den Fensterladen aufgefunden. Die blos 2½ Zoll lange **Zwerg= fledermaus** (Vesperugo Pipistrellus) und die etwas größere **Alpenfledermaus** (Vesperugo Maurus), letztere erst neuerlich von Blasius entdeckt, reichen in den Alpen bis zur Holzgrenze und darüber hinaus; fast ebenso hoch die **zweifarbige** Fledermaus (Vesperugo discolor), dunkelbraun, mit Weiß überflogen, während die **spätfliegende** (Vesperugo serotinus) in den südlichen Alpen kaum bis über die Bergregion hinausgeht. Auch die mit monströs hohen Ohren versehene **langöhrige** Fledermaus (Plecotus auritus) wurde im Urserenthale und die wunderlich **breitöhrige** (Synotus Barbastellus) in den Centralalpen bis zu den obersten Sennhütten gefunden. Den gleichen Verbreitungsbezirk scheinen die

abenteuerlich aussehenden Blattnasen zu theilen, von denen die häufigere kleine
Hufeisennase (Rhinolophus Hipposideros) bis über die Waldregion, die
seltenere große Hufeisennase (Rh. ferrum equinum) im Sommer in unseren
Alpen und in Tirol noch bei 6000' ü. M. angetroffen wird. Merkwürdiger=
weise wurde auch die erst neuerlich im Norden Europa's entdeckte nordische
Fledermaus (Vesperugo Nilssonii), nicht voll 4 Zoll lang, mit 10 Zoll
Flugweite, obenher dunkel schwarzbraun, unten heller, von Fatio in den
berneroberländer Alpenthälern und von Nager im Urfernthal aufgefunden,
während man sonst vermuthete, sie gehe nicht südlicher als bis zum Harz.
Blasius glaubt, daß sie zugvogelartig in der zweiten Sommerhälfte bis in die
Nähe des weißen Meeres vorrücke und dabei Länderstrecken von zehn Breiten=
graden durchziehe.

Ein fast noch sonderbarerer Bewohner der Ebene, der Hügel und Gebirge
bis gegen die Alpen hin ist der allbekannte, friedfertige Igel (Erinaceus europaeus), dessen Kleid aus weißen, dunkelgesprengten, hornartigen Stacheln besteht,
die er zwar aufsträuben, nicht aber, wie man oft glaubt, auch pfeilartig fort=
schießen kann. In der Dämmerung kommt er aus seinen selbstgegrabenen Löchern
und unter den Baumwurzeln vorsichtig heraus und watschelt in den Hecken,
Büschen und Laubwäldern nach Würmern, kleinen Vögeln und Eiern, Eidechsen,
Fröschen, Schlangen, Beeren, Käfern, Spinnen, fleischigen Wurzeln. Mäuse
hascht er trotz seiner Langsamkeit listig weg. Den Maulwürfen paßt er auf und
packt sie, wenn sie stoßen; junge Ratten sollen ihm ein besonderer Leckerbissen sein.
Kann er den Trauben und Birnen nahe kommen, so thut er es mit besonderem
Vergnügen. Daß er sich auf dem auf der Erde liegenden Obste wälze, um es
mit seinen Stacheln anzuspießen und nach seiner Höhle zu tragen, hat einst
Plinius erzählt und soll sich trotz alles Widerspruches durch neuere Beobachtungen
bestätigen (?). Im Juni wirft das Weibchen 4—6 blinde, weiße, bald stachel=
lose, bald mit ganz kurzen, im Augenblicke der Geburt noch weichen und rückwärts=
liegenden Stacheln versehene Junge, die es in der Gefangenschaft sofort auffrißt,
im Freien aber sorgsam mit Schnecken und Regenwürmern ätzt. Obwohl die
Igel sich also ziemlich stark vermehren und wegen ihres Stachelkleides, in das
sie sich bei jeder plötzlichen Gefahr zusammenkugeln, keine Verfolger haben, außer
dem Fuchse, der sie so lange quält und bepißt, bis sie sich aufrollen und er sie bei
der Schnauze packen kann, und etwa auch dem Uhu, der sie trotz ihres Harnisches
und mit demselben verschlingt, sind diese Thierchen doch nirgends häufig; sie
leiden, besonders in der Jugend, gar viel von der Kälte und sterben und verfaulen
nicht selten in schlecht geschützten Winterquartieren. Im Allgemeinen sind sie aber
auch nicht selten, indem oft 4—6 Stück in einer Hecke aufgestört werden und in
manchem Herbst erstaunlich viele Exemplare zum Vorschein kommen. Sie haben
aber die Eigenheit, in manchen Gegenden nur die Thäler zu bewohnen und die
Gebirge zu meiden, wie im Glarner= und Urnerlande; in anderen Gegenden, wie
im Tessin, Engadin, Urfernthale, sind sie gar nicht zu finden. Sie werden leicht

zahm und machen mit ihrem hurtigen, komischen Davonrennen und ihrem furcht=
samen, aber klugen Wesen viel Spaß. Die Hunde fallen wüthend über sie her,
fahren aber mit wunder, blutender Nase heulend zurück. Daß sie sich in der
Gefangenschaft stark mit Mäusefang abgeben, ist wohl öfters, aber nicht immer
der Fall; wenigstens besaßen wir ein zahmes Exemplar, das ganz gemüthlich mit
einer Maus aus der gleichen Schüssel fraß. Den Winter verschläft der Igel wie
die heißen Sommernachmittagsstunden dachsartig in seinem mit scharfen Krallen
tiefer gegrabenen Loche und sieht dann einer Stachelkugel gleich. Früh schlum=
mert er ein und holt unregelmäßig Athem, oft eine ganze Viertelstunde lang
keinen Zug, dann 30—35 Züge nacheinander. Seine im Sommer bis auf
29° R. steigende Blutwärme sinkt dann mit der Lufttemperatur bis nahe an 0°.
Sehr interessant ist die außerordentliche Giftfestigkeit dieses stillen, seltsamen
Thieres und besonders seine Vipernjagd. Wie ein wohlüberlegender Jäger naht
er nach Dr. Lenz' Beobachtung leise und vorsichtig der giftigen Otter, die, im
Bewußtsein ihrer tödtlichen Waffe, wenig Lust zur Flucht zeigt. Nahegekommen,
schnüffelt der Igel an dem schönen Wurm herum, will ihn vorerst nicht tödten
und kneipt ihn nur mit den Zähnen, um ihn zu reizen. Zischend fährt die
Schlange auf ihn los und beißt ihn wüthend, wo sie ihn nur fassen kann. Der
Igel aber läßt sich nicht irre machen, duckt ein wenig den Kopf, läßt die Bisse in
die Stacheln gehen und kneipt beharrlich wieder fort. Die Viper denkt noch
immer nicht ans Flüchten, wird ganz toll und erschöpft sich mit Beißen und
Zischen. Nun hebt der Angreifer den Kopf ein wenig höher, packt mit sicherem
Griff den Kopf der Schlange, zermalmt ihn sammt Zähnen und Giftapparat,
schluckt ihn herunter und schlingt dann langsam auch den Leib herein. Hat er
auch in diesem Kampfe ein halbes oder ganzes Dutzend Bisse in empfindlichere
Körpertheile, in die Schnauze, Ohren, ja sogar in die Zunge bekommen, so
kümmert er sich wenig darum. Die Wunden schwellen nicht einmal an und das
Thier wird so wenig krank wie die Jungen, die es säugt. Auch gegen andere
Gifte ist er nicht sehr empfindlich. Spanische Fliegen, deren eine einzige einem
Hunde heftige Schmerzen verursacht, frißt er ohne Nachtheil zu Hunderten, selbst
Opium, Sublimat, Arsenik und Blausäure in ansehnlichen Dosen! Der scharfe
Saft der Kröten behagt ihm nicht ganz; will er eine fressen, so wischt er sich
anfangs nach jedem Bisse, den er ihr gegeben, die Schnauze an der Erde ab.
Die Giftfestigkeit und Schlangenjagd des seltsamen Thieres war schon den Alten
wohlbekannt; in neuester Zeit sah A. Brehm auf seinen Reisen in Nordost=Afrika,
wie die Igel die dortigen 5—6 Zoll langen Skorpione, deren Stich Kinder
tödtet und Hunde und Affen in die Flucht treibt, unerschrocken angreifen und in
aller Gemüthsruhe auffressen. Die alten Römer lagen der Igeljagd um so
fleißiger ob, als sie in Ermangelung der Karden die Igelfelle zum Aufkratzen des
Tuches benutzten. Unsere Bauern dulden das Thierchen nicht unter den Ställen,
da sie fest überzeugt sind, die Fruchtbarkeit der Kühe leide gewaltig durch die
Nähe der Igel (!).

Ebenso verborgen wie die harmlosen Igel leben die schlanken, spitzköpfigen, langberüsselten Spitzmausarten der Bergzone, die gleicherweise nächtliche Thiere sind und sich gewöhnlich in den Mäuselöchern und Maulwurfsgängen umhertreiben. Ihre Kenntniß ist noch ziemlich mangelhaft auch bei den Naturfreunden. Der Bauer hält sie thörichterweise für giftig — ein Irrthum, der sich wie so mancher andere seit Aristoteles' Zeiten her im Volke vererbt hat — und verfolgt sie, obwohl sie wegen ihrer aus Larven, Insekten, Würmern, Mäusen und todten Thieren bestehenden Nahrung allen Schutz verdienen und auch nicht die Erde aufwühlen. Sie sind außerordentlich gefräßig und fast nicht zu ersättigen und fressen sich unter Zirpen und Quieken gegenseitig auf. Gegen Hunger und Kälte sind sie so empfindlich, daß sie sehr bald sterben. Sie haben wenig Verstand, blöde Aeuglein und folgen mehr ihrem feinen Geruch, indem sie ihre bewegliche Nase stets schnüffelnd umherdrehen; doch fehlt es ihnen nicht an Munterkeit und Beweglichkeit, und man kann sie in der Sonne am Wasser spielen und zanken, ja sogar sich zwitschernd mit einer Eidechse um ein Insekt herumbalgen sehen. Die allbekannte, nach Bisam riechende, langschwänzige gemeine oder Waldspitzmaus (Sorex vulgaris), gewöhnlich Mutzger genannt, oberher dunkelbraun, unten weißlichgrau, welche den Ackermäusen auflauert, ihnen luchsartig auf den Nacken springt und sie auffrißt; die hübsche weißzahnige Feldspitzmaus (Crocidura leucodon), oben röthlichbraun oder braunschwarz, unten weiß; die in Feldern, Gärten und Gebäuden lebende Hausspitzmaus (Crocidura Araneus), oben braungrau, unten hellgrau, und die Wasserspitzmaus (Crossopus fodiens), oben glänzendschwarz, unten weiß, alle diese Arten sind über die ganze Hügel- und Bergregion verbreitet bis ins Urserenthal; von der ersten ist im oberen Reußthal auch eine seltene weiße Spielart entdeckt worden. Letztere hält sich gewöhnlich an den Bächen auf, schwimmt fleißig, wobei sie sich der steifen Härchen zwischen den Zehen als Schwimmhäute und des Schwänzchens als Ruders bedient, sucht auf dem Boden des Wassers, selbst unter dem Eise Blutegel, Larven, Krebse und Frosch- und Fischbrut, und wendet zu diesem Behufe öfters die Kiesel um; ja man soll sie sogar schon gesehen haben auf großen Fischen sitzen und ihnen Augen und Hirn ausnagen. Auch die niedliche, blos 1½ Zoll lange braune Zwergspitzmaus (Sorex pygmaeus) ist von Conrado von Baldenstein im Domlesch als Feindin der Bienenstöcke entdeckt worden. Im Winter schlafen alle diese Thierchen nicht und führen ein gar kümmerliches Leben; darum findet man alsdann oft erfrorene Exemplare dieser Familie, die ihres aus den längs beider Bauchseiten stehenden Drüsenreihen herrührenden Bisamgeruches wegen von den Katzen nicht gefressen wird.

Viel sichtbarer sind die Arbeiten ihres Kameraden, des Maulwurfs (Talpa europaea), auf allen Wiesen und Weiden. Dieser Wühler streift nicht nur überall durch die montane Region, sondern selbst bis hoch über die Holzgrenze in die Alpen hinauf. Da er Erdhaufen aufstößt wie die Wiesenmaus, so wird er oft von den Bauern mit ihr verwechselt und beide bekommen den Namen ‚Schär‘, ‚Scharrmaus‘. Sie sind indessen gar leicht zu unterscheiden, der Maulwurf mit seinem ungestalten, walzenförmigen Leibe, der mit sammetweichen, glänzenden, tiefblauschwarzen Haaren bedeckt ist, und seinen breiten scheibenartigen Vorderfüßen, und die Wiesenmaus mit ihrem kastanienbraunen oder röthlichschwarzen Rücken und blaugrauem Bauche. Der Schwanz des Maulwurfs ist weit kürzer als der der Maus. Beide haben äußerst kleine, tief in den Kranzhaaren verborgene Aeuglein. Der Maulwurf gehört zu den Insektenfressern und lebt nur von Thierkost; die Maus dagegen ist ein Nager und lebt vorzüglich von Wurzeln, Zwiebeln, Samen und Früchten; jener ist ein ausgezeichnet nützliches, diese ein höchst schädliches Thier. Die Mausfänger unterscheiden bei dem aufgestoßenen Erdhaufen sogleich, ob er vom Maulwurf oder der Scharrmaus herrühre, indem jener viel feinere, regelmäßigere Arbeit macht und diese in ihrem Haufen gröbere Klümpchen und Ballen läßt.

Unser Wühler, von dem man in unseren Gegenden, z. B. auf dem Randen im Kanton Schaffhausen, auch schon eine erbsgelbe und im Waadtlande außerdem eine weißliche, eine orangegelbe, eine graue, mit dunkleren Flecken versehene Spielart gefunden hat (solche mit weißem Rücken und gelblichem Bauche zeichnen sich regelmäßig durch Größe, dichten Pelz und breite, platte, hufeisenartige Schnauze aus), ist fast nie auf der Erde sichtbar, obwohl er auf ihr alles Moos und Laub holt, mit dem er seine Wohnung tapeziert und im Winter zwischen dem Schnee und dem Rasen sich umhertreibt. Er gräbt von seiner Wohnung aus durch die Erde seine weiten Kreuz= und Quergänge, welche durch eine gerade Laufröhre mit jener in Verbindung stehen. Was sollte er auch am Lichte thun? Mit seinen Aeuglein unterscheidet er kaum Tag und Nacht, und die Larven und Würmer, die er in unendlicher Menge verzehrt, wobei er ihnen stets mit den Vorderfüßen die Erde abstreift, findet er sicherer in der Erde, oft auch einen Leckerbissen von Kröten, Molchen, Eidechsen, Spitz= und anderen Mäusen, die seine Gänge befahren und die er sich trefflich schmecken läßt. Selbst kleine Vögel, große Blindschleichen und Ringelnattern fißt er an und verräth bei ihrer Zerfleischung ein unverkennbares Behagen, wie er sie denn auch immer gleich muthig angreift und, wenn er sie einmal gepackt hat, nicht mehr losläßt, bis er siegt oder unterliegt. Hastig fährt er aus dem Loche, versetzt dem Thiere einen Biß und verschwindet ebenso schnell wieder in die Erde; aber im nächsten Augenblicke erscheint er wieder, beißt, wird immer dreister und packt endlich fest an. Solche Angriffe und Kämpfe sind äußerst possirlich. Sonst bleibt er ruhig in seinen Minirgängen, die er am liebsten durch recht fetten Boden zieht, wo es viele Regenwürmer herauszuziehen giebt, bewegt sich in denselben so rasch wie ein trabendes Pferd und gräbt fleißig, selbst im Winter, neue Nebengänge, indem er immer die rüsselförmige Schnauze voranwühlen läßt, wie er denn in seiner ganzen Organisation durchaus zum Graben angelegt ist. Ein kleiner Hautrand, durch den er den Gehörgang des muschellosen Ohres beliebig verschließt, schützt dieses vor dem Einfallen der aufgeworfenen Erde. Gegen seines Gleichen führt er um Gang und Nest einen erbitterten Kampf in und auf der Erde und im Wasser, wobei sich die

Feinde Rüffel und Kinnladen zerbeißen, und der Sieger den Ueberwundenen bis auf den letzten Rest auffrißt. Der kleine Schaden, den er durch das Aufwerfen der Erdhäuschen anrichtet, die leicht zertheilt und, da sie fruchtbare Erde enthalten, als Dünger verwandt werden können, ist ganz unbedeutend; der Nutzen dagegen, den er jahraus, jahrein durch ein großartiges Vertilgen von Ungeziefer und Mäusen leistet, so groß, daß die heftige Verfolgung dieses Thierchens nicht zu rechtfertigen, ja Thorheit und Sünde ist. Nach den von dem Physiologen Flourens mit ge= fangenen Maulwürfen angestellten Versuchen verzehren diese Thierchen täglich eine Menge von Regenwürmern, Schnecken und Engerlingen, welche drei= bis viermal so schwer ist als das Gewicht ihres eigenen Körpers. Wenn sie sich an diesen wenig nährenden Stoffen satt gefressen, zeigten sie schon nach sechs Stunden wieder heftigen Hunger und wenn sie zweimal sechs Stunden lang ohne Futter blieben, so starben sie. Ein einziger Maulwurf vertilgt innerhalb eines Jahres wenigstens einen Scheffel Ungeziefer, während er die Wurzeln und Blätter der Pflanzen nie berührt. Katze, Wiesel und das Hermelin, das in seine Gänge kriecht, und der Mäusebussard, der ihm auflauert, stellen ihm nach. Unser Rückert widmet ihm folgende hübsche Verse:

> Der Maulwurf ist nicht blind, gegeben hat ihm nur
> Ein kleines Auge, wie er's braucht, die Natur,
>
> Mit welchem er wird seh'n, soweit er es bedarf
> Im unterirdischen Palast, den er entwarf;
>
> Und Staub in's Auge wird ihm desto minder fallen,
> Wenn wühlend er emporwirft die gewölbten Hallen.
>
> Den Regenwurm, den er mit andern Sinnen sucht,
> Braucht er nicht zu erspäh'n, nicht schnell ist dessen Flucht.
>
> Und wird in warmer Nacht er aus dem Boden steigen,
> Auch seinem Augenstern wird sich der Himmel zeigen,
>
> Und ohne daß er's weiß, nimmt er mit sich hernieder
> Auch einen Strahl und wühlt hinfort im Dunkeln wieder.

Man hat öfters gefragt: Wie kommt der Maulwurf auch in das hoch= gelegene Becken des Ursernthales, das doch rings stundenweit von Felsen und Flühen, von einem Schneegebirgskranze umschlossen und durch den Schöllenen= grund vom Unterlande geschieden ist? Unseres Erachtens darf man sich nicht denken, es habe irgend einmal ein keckes, vom Instinkte geleitetes Maulwurfspaar die stundenweite Wanderung aus den Matten des unteren Reußthales unternom= men und sich dann in der Höhe bleibend angesiedelt. Die Einwanderung bedurfte vielleicht Jahrhunderte, bis das neue Kanaan gefunden war. Sie ging wohl unregelmäßig, langsam, ruckweise von unten über die Grasplätzchen und humus= reichen Stellen der Felsenmauern nach oben, mit vielen Unterbrechungen, Rück= zügen, Seitenmärschen, im Winter oft auf den nackten Steinen unter der Schnee= decke fort, und so gelangten die ersten Maulwürfe wahrscheinlich von den Stein=

bergen her in das Thal, in deſſen fetten Gründen ſie ſich raſch genug vermehren mochten. Im Oberengadin haben ſie ſich bisher noch nicht angeſiedelt. Von der zweiten europäiſchen Maulwurfsart, dem blinden Maulwurf (Talpa caeca), der im ſüdlichen Europa heimiſch iſt, und nach Savi auch in den ſchweizeriſchen Thälern am Südfuße der Alpen vorkommen ſoll, entdeckte Theobald 1863 ein Exemplar auch dieſſeit der Alpenkette in der Umgegend von Chur. Dieſes ſeltene Thierchen iſt dunkel grauſchwarz mit bräunlichſchwarzen Haarſpitzen, an Rüſſel, Lippen, Füßen und Schwanz mit ſtrafferen weißlichen Haaren, ſo daß es im Allgemeinen dunkler, an den Füßen aber heller ausſieht als der gemeine Maulwurf. Ueberdies ſind ſeine Aeuglein von der dünnen, durchſcheinenden Körperhaut überwachſen, die zwar dicht vor den Augen fein aufgeſchlitzt iſt, aber das Auge nicht ſichtbar werden läßt. Vermuthlich kommt dieſe Art öfters bei uns vor, wird aber nicht beachtet. Im Jahre 1866 erhielten wir ebenfalls ein Exemplar von Chur zugeſandt.

Alle bisher erwähnten Säugethiere gehören zu den Inſektenfreſſern, die ſich blos mit allerlei Ungeziefer begnügen und darum in einem freundlichen Verhältniſſe zu dem Menſchen ſtehen. Sie ſind zugleich Wächter der Vegetation und trotz ihrer Kleinheit gar wichtige Thiere. Wie vielſeitig hat die Natur dieſe Ordnung ausgeſtattet! Aus der Luft holen nächtlicher Weile die Fledermäuſe jenes ſchädliche Ungeziefer, welches die Singvögel am Tage nicht finden; auf der Erde ſtellen ihm und den Mäuſen, dieſen Allesverderbern, die Igel nach; unter der Erde lauern ihm die Maulwürfe und Spitzmäuſe auf, die es theilweiſe ſelbſt im Waſſer verfolgen. Allein wir finden in der Natur die Tendenz, ihre begonnenen Bildungen in höhere Ordnungen hinaufzuführen. In dieſen kleinen Raubthierarten nicht erſchöpft, potenzirt ſie ſich zu größeren, vollendeteren Formen. Auch dieſe theilen mit den kleineren Arten den großen Zweck, auf Verminderung der Thiere, die theilweiſe der Pflanzenwelt nachtheilig ſind, hinzuwirken; allein die größeren Bedürfniſſe, die höhere Organiſation und Entwicklung der Sinne laſſen ſie auch den nützlichen Thieren gefährlich werden. Sie haben den Reiz nach warmem Blut und lebendigem Fleiſch, aber nicht die Intelligenz, dieſen Trieb zu beſchränken. Sie ſind unmäßig, mordgierig, ſelbſt grauſam und werden zu Verwüſtern der natürlichen Ordnung, die ſie mit aufrecht erhalten ſollten. Sie ſind darum auch natürliche Feinde des Menſchen; ſie gefährden nicht nur die Thiere, die er nützen kann und will, ſondern auch ihn ſelbſt, und darum herrſcht zwiſchen Beiden ewiger Krieg.

Auch dieſe Raubthiere ſind als Waſſer= und Landthiere dargeſtellt, jene mit Berückſichtigung unſerer nicht überreichen Waſſergebiete auf ein kleinſtes Maß beſchränkt. Mit Sicherheit können wir hier nur die Fiſchotter (Lutra vulgaris) anführen; der marderähnliche, mit Schwimmfüßen verſehene Nörz (das ‚Oetterli‘, Foetorius Lutreola), der am Brienzerſee ſoll gefunden worden ſein, iſt in der Bergregion noch nie bemerkt worden. Uebrigens wird auch die Fiſchotter ſelbſt nur ſelten unmittelbar beobachtet; ihre Verheerungen freilich verrathen ihre Anwesenheit unzweideutig genug. Sie ist 2½ bis über 3 Fuß lang, den Schwanz, der 1—1½ Fuß mißt, nicht mitgerechnet, und wiegt 15—26 Pfund, hat einen kleinen breiten, platten Kopf, stumpfe Nase, starke Lefzen, sehr scharfes Gebiß, das Maul mit grauen, steifen Borsten besetzt, kleine braune Augen, kurze, durch eine Hautfalte verschließbare Ohren, kurze, dicke Füße und Schwimmhäute zwischen den Zehen. Der Pelz ist mit dicht anliegenden Haaren bedeckt, die wie bei der Wasserspitzmaus nicht naß werden, so lange das Thier lebt; der Oberkörper rothbraun mit feiner rothgrauer Unterwolle; Backen, Bauch und Hals heller, das Fell so dicht, daß es ein Hund lange nicht durchbeißt. Die Fischotter ist außerordentlich scheu und von scharfem Gehör und feinem Gefühl. Nur in ganz einsamen Gegenden geht sie auch des Tages aus ihrem in Beschlag genommenen Uferloche, um an der Sonne zu liegen; an bewohnten Flüssen wagt sie sich nur des Nachts aus ihrem sorgfältig gewählten, tiefen Verstecke. Leise erscheint sie am Ufer, blickt und späht scharf umher und geht dann ins Wasser. Sie schwimmt schlangenartig mit leisem Zuge stromaufwärts, oft unter dem Wasser, wo sie aber nicht lange aushält, oft halb über dem Wasser und mit lautem Geräusch, oft auf der Seite, ja auf dem Rücken. Alle Augenblicke taucht sie und hascht fleißig die Forellen weg, die sie im Schwimmen zerbeißt und verschluckt. Fängt sie einen größeren Fisch, einen Hecht oder Lachs auf, so trägt sie das zappelnde Thier zwischen ihren Zähnen ans Ufer und verzehrt das Fleisch, indem sie dabei katzenartig die Augen zudrückt, läßt aber die größeren Gräten und den Kopf liegen. In den seichten Bergbächen fängt sie in Einer Nacht viele Dutzend Forellen, taucht bei allen großen Steinen und hascht die flinken Schwimmer sicher aus dem Verstecke, zerreißt die Fischernetze, frißt die Setzfische von der Angel, die Krebse in der Uferhöhle, mag auch Wasseramseln, Spitzmäuse und selbst Enten abfangen und richtet in kurzer Zeit große Verheerungen an. Liegt sie am Ufer, so beobachtet sie lauernd stets das Wasser und springt im günstigen Augenblicke hinein und fängt den Fisch sogleich oder treibt ihn in eine Uferhöhle. Nicht selten verbinden sich auch zwei Ottern zur Jagd, indem die eine stromaufwärts, die andere stromabwärts fischt und sie sich die Beute so gegenseitig zujagen; größere Fische, die nicht gut unterwärts sehen, sucht sie von unten zu haschen. Im Winter, wenn der Bach oder See mit Eis belegt ist, lauert sie an den Löchern und offenen Stellen auf die Fische, und ist dann sicherer zu jagen. Allen Zeichen zufolge legt sie aber im Winter oft größere Strecken zu Lande, ja selbst über mäßige Bergrücken zurück, um ein neues Jagdrevier zu gewinnen. Gebricht es ihr an Fischen, so greift sie selbst junge Schweine, Zicklein, Gänse, Lämmer und Hühner an. So fertig aber sie selber jagt, so schwierig ist sie zu jagen. Mit Fallen und Tellereisen kommt man ihr schwer bei. Die Jäger passen oft viele Nächte lang dem Thiere dort ab, wo es aus dem Wasser zu steigen pflegt, ohne es nur erblicken zu können, gewinnen aber doch so viel, daß es, wenn es sich anhaltend verfolgt sieht, seinen Aufenthalt um eine halbe oder ganze Stunde am See oder Bache weiter auf- oder abwärts verlegt. Ein starker Schrotschuß ins Gesicht tödtet es, auch wenn es unter dem Wasser schwimmt.

Glücksschüsse, wie der eines züricher Jägers, der in der Limmat mit Einem Schusse drei Ottern, eine Mutter und zwei Junge, erlegte, sind seltene Waidmannsfünde.

Leider ist dieser große Fischräuber an unseren Flüssen, Bächen und Seen bis tief in die Bergregion verbreitet, obgleich nirgends gerade zahlreich. Im Kanton Uri geht die Otter längs der Reuß bis ins Urserthal, im Kanton Appenzell bis in die Schwendi, im Engadin bis in den fischreichen Silsersee hinauf. Ihre Stimme besteht bald in einem starken Pfeifen, bald, wenn sie gefangen oder geplagt wird, in einem heftigen Zischen. Auf dem Lande läuft sie ziemlich rasch, springt sogar etliche Fuß hoch; doch schwimmt und taucht sie weit fertiger. Zu ganz unbestimmter Jahreszeit wirft das Weibchen 2—4 Junge, oft mitten im Winter. Gelingt es, die Jungen einzufangen, so lassen sie sich füttern und dressiren ganz wie die Hunde, werden außerordentlich zahm und so anhänglich wie die Seehunde, und beweisen einen auffallend hohen Grad von Intelligenz. Sie folgen auf den Wink, bewachen ihren Herrn, weichen nicht von seinem Stuhle, vertheidigen ihn gegen Menschen und Hunde mit Fauchen und Beißen, springen aufs Kommando ins Wasser und holen rasch Fische heraus, die sie zu den Füßen des Herrn niederlegen. Obgleich sie sich nur im süßen Wasser aufzuhalten pflegen, fischen sie auf Befehl auch im Meere und kehren auf den ersten Ruf von der Höhe der See zurück. Die wilde Fischotter ist dagegen bissig und unbändig und läßt sich eher todtschlagen als lebendig fortbringen. Den stärksten Hunden zerbeißt sie mit Leichtigkeit die Beinknochen. Ihr Balg ist bekanntlich nach Entfernung der groben Stachelhaare sehr schön und wird hoch bezahlt, ihr Fleisch äußerst schmackhaft und wird in den katholischen Kantonen als ‚Fisch‘ auch in der Fastenzeit gegessen.

Die Landraubthiere der Bergzone zählen wenige Arten; die größeren bestehen nur in den hunde- und katzenartigen, Bären und Dachsen; die kleineren in dem ziemlich reichen Geschlechte der Wiesel. Auch diese Raubthiere und also auch alle Wieselarten sind in der Bergregion heimisch; mehrere gehören vorwiegend ihr und der Alpenregion an; andere sind auch ständige Thiere der Ebene.

Die Wieselarten sind so zahlreich bei uns und doch spüren wir wie von allen Raubthieren nur ihre Werke, erblicken sie selber aber äußerst selten, da sie mehr oder minder nächtliche Thiere sind. Die meisten von ihnen sind überall zu Hause, im Felsengebirge wie in der Scheuer des Städters, im Tannenwalde wie im Baumgarten, auf dem Hausdach wie auf dem Eisbache. Ihr Verbreitungsbezirk entspricht ihrer Gefräßigkeit und Lebhaftigkeit; ihre Verschlagenheit weiß jedes Lokal zu benutzen. Nur der Edelmarder verläßt seinen Tannenwald kaum. Alle Wiesel sind gar hübsch und leicht gebaut, kurzbeinige, langgestreckte Thiere, mit leisem, hüpfendem Gange, scharfem Gesicht, Geruch und Gehör, klugen, klaren Augen, prächtigem, seidenweichem Pelze; dabei sind sie aber wild, unbändig, tückisch, jähzornig und mordsüchtig. Ihr Pelz ist edler als ihr Charakter.

Eines der größten und vielleicht das bekannteste dieser Thiere ist der Iltis (Foetorius putorius), überall, soweit er geht, mit allem Eifer und vollem Rechte

verfolgt.   Er mißt gegen 1 1/2 Fuß ohne den 8 Zoll langen Schwanz und hat
einen schönen dunkelbraunen Balg mit gelblicher Unterwolle; die Backen sind
weiß, der Unterhals, die Brust, der Schwanz dagegen fast schwarz.   Bei Tage
schläft er gewöhnlich in seinem Verstecke, des Nachts aber ist er immer geschäftig
und viel unstäter als der Marder.   Obgleich er mit diesem den leisen, hüpfenden
Gang theilt, steht er ihm doch in der Feinheit der Witterung nach, klettert und
springt nicht so gut, geht nicht oft auf die Bäume, ist nicht so mordsüchtig und
gefährlich wie jener.   Gelingt es ihm, in einen Hühnerstall einzubrechen, so
begnügt er sich gewöhnlich, die Eier auszutrinken und eine Henne in sein Versteck zu
schleppen; doch soll er so listig sein, in der Nähe seines Nestes nicht zu rauben und
die Hühner, mit denen er den Stall theilt, in Frieden zu lassen.   Im Spätherbst und
Winter stellt er sich gern in der Nähe der menschlichen Wohnungen ein, in Häusern,
Holzhaufen, Scheunen, Gartenhäuschen, hinter Bretterverschlägen; dann sucht er
fleißig auf dem Felde, selbst in den Maulwurfsgängen, nach Mäusen und Ratten
und stürzt auch wohl einen Bienenkorb um oder gräbt ein Hummelnest aus, dessen
Honig ihm ein Leckerbissen ist, oder er geht aufs Eis des Teiches und sucht ein paar
Frösche oder Fische zu erhaschen, eine Wasseramsel, einen Eisvogel zu überlisten —
Alles aber nur des Nachts.   Manchmal aber bleibt er auch des Winters in seinem
Feldlager und verläßt dasselbe bei hohem Schnee wochenlang nicht.   Im Sommer
dagegen ist er etwas wählerischer und sucht ein freieres und größeres Jagdrevier
auf.   Bis hoch über die Holzgrenze hinauf streicht er durch Wald und Feld und
schlägt seine Wohnung bald in alten Fuchs= oder Dachsbauten, bald in Höhlen
und Felsenklüften, bald unter Baumwurzeln, in hohlen Bäumen, an Bächen und
Teichen auf.   Im Nothfalle frißt er auch Eidechsen und Blindschleichen, selbst
Ringelnattern und Kreuzottern, welche er sammt Giftzahn und Giftdrüse ver=
schlingt.   Ihr Biß schadet ihm so wenig als dem Igel.   Viel lieber aber sucht
er Vogelnester auf, aus denen er Eier und Junge verschmaust, ebenso schlafende
Hasel= und Urhühner; doch dürften wohl die Frösche den Hauptbestandtheil seiner
Tafel ausmachen.   Die Jungen lassen sich leicht zähmen, ins Haus gewöhnen
und selbst zur Jagd abrichten, wobei sie sogar die Füchse im Bau angreifen
und sich muthig in die Kehle derselben einbeißen.   Die alten Iltisse dagegen
sind unangenehme Thiere, stets unbändig, stinken, wenn sie gereizt werden, aus
ihren Afterdrüsen abscheulich und beißen, fauchen, zischen, knurren und kläffen
fortwährend.   Sie haben ein so außerordentlich zähes Leben, daß sie mit einem
starken Schrotschusse im Leibe noch lustig davonlaufen.   Darum ist es sicherer,
sie mit Tellereisen oder Schachtelfallen zu fangen, in die man ein Ei oder einen
gebratenen Fisch legt.   Das Fleisch der Iltisse ist, wie das aller Wiesel, unbrauch=
bar; der Balg wird gut bezahlt.

Dem Iltis an Körperbau und Lebensweise ist der Haus= oder Stein=
marder (M. Foina) ähnlich, aber etwas größer, grausamer, mordgieriger,
listiger, gewandter und also gefährlicher, ein echtes, in seiner Art höchst voll=
kommenes Raubthier von der feinsten Witterung, ein vorzüglicher Kletterer und

Springer, ein sehr rascher Läufer und ein trefflicher Schwimmer. Seine Zähne sind nadelscharf wie seine Krallen, seine Ohren so fein wie seine im Dunkeln grün-blau leuchtenden Augen scharf. Im Juragebiet erlegte man ein rein weißes, sehr langbehaartes Exemplar mit rosenrothen Augen. Auch er haust oft mitten unter uns, ohne daß wir ihn bemerken, in unseren Steinbrüchen, Ställen, Thürmen und Häusern. Seinen Sommeraufenthalt nimmt er aber lieber im Gebirge, wo er bald in Felsenspalten, bald in verlassenen Ställen und Hütten wohnt. Von hier streift er des Nachts mit seinem gewundenen Gange krummrückig zwischen den Büschen in die Wälder, klettert an senkrechten, rauhen Mauern und Felsen empor und sucht seine Beute. Fällt er aus großer Höhe herunter, so bedient er sich seines Buschschwanzes als Balancirstange, ist gleich wieder auf den Beinen, schüttelt sich blos und läuft weiter. Nur wenn er sehr hungrig ist, nimmt er mit Mäusen, Eidechsen, Blindschleichen und Fröschen vorlieb; sonst sucht er vor Allem das Geflügel auf, die brütenden Waldhühner, die Eier im Neste, die er geschickt auszuleeren versteht. Im Thale geht er dem Honig, den Trauben und Steinfrüchten eifrig nach. Am gefährlichsten ist er aber dem zahmen Geflügel; schrecklich haust er im Gänse-, Enten- und Hühner-stalle, beißt allen Thieren den Kopf ab, leckt ihr Blut und schleppt eins nach seinem Versteck. Wo er mit seinem platten, dreieckigen Köpfchen einschlüpfen kann, geht der ganze Körper durch. Jung aus dem Nest genommen, wird er ziemlich zahm, läuft mit seinem Herrn ins Freie, sucht ihn im ganzen Walde wieder auf und läßt das Geflügel des Hofes ungeschoren. Wie es sich eigentlich mit dem bekannten Bisamgeruche vieler Marderexkremente verhalte, ist noch nicht bestimmt ermittelt; nur so viel weiß man, daß viele Marder aus den Afterdrüsen eine starkriechende Flüssigkeit sondern. Die Einen glauben, sie sei bei den Weib-chen mehr entwickelt, die Anderen, bei den Männchen; allein Letzteres ist wenigstens nicht durchgängig der Fall. Wir besaßen Jahre lang ein ausgezeichnet schönes männliches Exemplar, dessen Exkremente nicht im Geringsten nach Bisam rochen, ebenso wenig wie das Thier selber, auch wenn es im höchsten Grade gereizt wurde. Bei der Sektion waren die Drüsen fast gar nicht entwickelt; indessen mag Lebensweise, Nahrung und Begattung von großem Einfluß auf diese Sekre-tion sein. Der Marder war besonders des Nachts sehr lebhaft, am Tage schlief er meistens; dabei war er so zahm, daß er das rohe Fleisch aus der hocherhobenen Hand holte, indem er sehr flink am Körper herumkletterte und auch am Tage frei im Arbeitszimmer umherlief, ohne selbst bei offenem Fenster einen Fluchtversuch zu machen. Milch und rohes Fleisch waren seine Lieblingsnahrung; Kröten, Frösche und Tritonen berührte er nicht; auf todte Wiesenmäuse und Maul-würfe schoß er wüthend los, schleppte sie in eine andere Abtheilung seines Käfigs, nagte ein wenig an ihnen und verbarg sie dann im Heu, ohne sie weiter zu berühren. Die Eier biß er an und leckte sie rein aus, hielt sich auch immer sehr reinlich. Seinen Herrn kannte und liebte er, war aber außer-ordentlich heißblütig, jähzornig und biß einmal ein kleines Mädchen heftig in den Arm, als er gegen den Stuhl des Kindes kam und dasselbe zu weinen anfing. Als er einst in seinem Käfig ein Stück weit gefahren wurde, verlor er alle Besinnung und geberdete sich wie völlig toll; er legte sich auf die Seite und schrie entsetzlich. Wenn er gestraft wurde, fauchte, knurrte und schrie er; auch sonst wurde er über jede Kleinigkeit gleich zornig. Die Marder haben ein noch zäheres Leben als der Iltis; mit acht Schrotkörnern im Gehirn und vielen in der Brust lief uns einer noch ein Stück weit fort. Sein Fell, das an der Kehle und am Unterhalse weiß, sonst schön kastanienbraun ist mit grauer Grundwolle, gilt doppelt so viel als das des Iltis.

Der Baum= oder Edelmarder (M. Martes) ist eher etwas größer, ihm ähnlich in der Farbe, aber mit glänzenderer, feinerer und dichterer Behaarung und, statt mit weißer, mit roth= oder dottergelber Kehle. Er bewohnt nur die Wälder und schlägt sein Quartier am liebsten in verlassenen Krähen= und Eichhorn= nestern, oft auch in hohlen Bäumen und Felsenspalten auf. An abgelegenen Orten jagt er auch den Tag über und treibt sich mit großer List, Mordgier und Gewandtheit in den Bäumen herum. Im Klettern thut er es selbst dem Eich= horn zuvor. Er hat, wie die früher genannten Wieselarten, sehr viel Katzen= artiges; sein Wesen kommt auffallend mit den Eigenthümlichkeiten des Luchses und der wilden Katze überein. Verfolgt man im Winter im frischen Schnee seine Spur, die doppelt so groß ist als die des Eichhorns und bald so: • . · . . · . • . . ·. bald so: . · : . · : . . · : . · : steht, ohne daß die starkbehaarten Zehen und Ballen sich deutlich abdrücken, und treibt ihn der Hund auf, so sieht man ihn in großen Sprüngen dem Dickicht zueilen und eine hohe Tanne hinanklettern. Oft legt er sich auf einem Aste auf den Bauch, oft in sein Nest und sieht mit seinen glänzenden Augen ruhig auf den Jäger, der, wenn er gefehlt hat, ganz bedächtig noch einmal laden und ihn herunterschießen kann. Er ist durch alle Bergwaldungen der Schweiz, im Jura z. B. im Val de Joux, heimisch, nirgends aber gar häufig, fast nie in den höheren Alpenrevieren; in den Vorbergen der Appenzelleralpen haben wir seine Schneespuren unerwartet häufig getroffen. In der Nahrung kommt er mit dem Steinmarder überein; nebst allen warmblütigen Thieren frißt er auch Käfer und Heuschrecken und ist nach Obst und Honig lüstern. Dem Wildstand, selbst den Hasen, ist er sehr ge= fährlich. Sein Balg gilt doppelt so viel als der des Steinmarders. In Nord= amerika ist er so häufig, daß z. B. im Jahre 1835 blos nach England fast 160,000 Felle gesandt wurden. Eine schmutzigweiße Spielart mit weißgelber Kehle ist in Bünden vorgekommen.

Häufiger als die Marder zeigt sich in den meisten Gebirgen das niedliche, etwas kleinere Hermelin (Foetorius Erminea), am Oberkörper rostbraun, am Unterleibe gelblichweiß, mit reinweißer Mundeinfassung und Kehle und schwarzer Schwanzspitze. Im Winter wird dieses Thierchen gleich dem Schneehuhn und Alpen= hasen ganz weiß; nur die Schwanzspitze bleibt schwarz. Sowohl die Frühlings= als die Herbstverfärbung geht auf Grund eines vollständigen Haarwechsels vor sich.

Muth, Munterkeit, außerordentliche Geschmeidigkeit und wunderbare Schnelligkeit besitzt es in eben so hohem Grade wie die genannten Wieselarten. Es hält sich mehr im Freien als in den menschlichen Wohnungen auf und treibt sich auch an sonnigen Frühlingstagen gar oft in den Feldern, Steinmauern und an den Felsen herum, jagt aber häufiger des Nachts. Seine Beweglichkeit ist ganz die der Eidechse; hier guckt es aus einer Steinmauer hervor, verschwindet und erscheint augen= blicklich wieder in einer anderen Oeffnung. Obgleich es Alles frißt, was der Steinmarder und Iltis, und auch sehr mordgierig ist, so hat es doch in seinem Wesen eher etwas Freundliches und Zutrauliches, während die anderen Wiesel nur Tücke, Bosheit und Falschheit in ihrem Blicke verrathen. Sein Winterpelz mit in der Mitte des Fellchens aufgehefteter schwarzer Schwanzspitze war früher von hohem Werthe. Im Sommer geht es nicht nur über die Baumgrenze hinaus, sondern wird nicht selten selbst auf den Gletscherfeldern der Alpen angetroffen. In der Regel schlägt man den außerordentlichen Nutzen dieses Thierchens, das die Feldmäuse, denen es durch alle Gänge folgt, zu Hunderten vernichtet und in dieser Mäusevertilgung die besten Katzen übertrifft, nicht hoch genug an. Die Mauser fangen diesen gefährlichen Konkurrenten nicht selten mit ihren Fallen im Felde. Wir müssen aber auch gestehen, daß wir diesen niedlichen Dieb schon öfters beim Abfangen junger Staare im Neste ertappt haben.

Auch das etwas seltenere kleine Wiesel (Foetorius vulgaris) hat den gleichen vertikalen Verbreitungsbezirk, — ein gar zierliches und flinkes Thierchen, nicht halb so groß als der Marder, kaum 7 Zoll in der Länge und 1½ Zoll Höhe, etwas mehr walzenförmig gebaut, von braunrother, unten weißer Färbung, ohne schwarze Schwanzspitze. Es wohnt in Maulwurfsgängen, Rattenlöchern, in Steinhaufen, Mauer= und Uferlöchern, in den unterirdischen Wasserkanälen der Gärten und Wiesen, im Winter auch wohl in Scheunen, im Sommer oft in den Felsenritzen des Gebirges. Im Winter wird es in der Regel nicht weiß wie das Hermelin, sondern färbt höchstens etwas braungelb ab; doch giebt es sowohl in unserem Gebirge, z. B. auf dem Gotthard, als auch im höheren Norden viele Exemplare, die ganz weiß werden. Wahrscheinlich sind jene ständige Alpenthiere und gehen nicht wie die meisten anderen im Winter ins Thal. Das kleine Wiesel ist außerordentlich nützlich; es giebt keinen besseren Mäusevertilger, und darum sollte man es namentlich in den von den Mäusen oft so schwer heimgesuchten Bergwiesen sorgfältig schonen. Mit der größten Behendigkeit wühlt und kriecht es in den Mäusegängen umher und mordet mit dem erpichtesten Blutdurst; selbst Hamster, die dreimal größer sind, Ratten, Eidechsen, Blindschleichen, ja sogar Ringelnattern und Kreuzottern tödtet und frißt es; hat es aber die letzteren nicht gut beim Kragen gefaßt und erhält es ein paar Bisse, so stirbt es daran. Die gestohlenen Eier trägt es unter dem Kinn fort. Muthig greift dieses tollkühne Thierchen auch Tauben und Hühner an, kurz alle größeren Thiere, die es nur durch die hitzigste Kampfes= wuth zu bezwingen hoffen darf. Im Sommer sieht man es bald einzeln, bald in größerer Zahl auf Wiesen, Weiden und in Steinrevieren sich herumtummeln, wo es beim ersten Geräusch alsbald in die Erde und zwischen Steine verschwindet, aber rasch wieder irgendwo hervorguckt. Im Kanton Unterwalden hat man angeblich schon Familien von über hundert (?) Stück bei einander gesehen. Die Bussarde und Habichte fangen es oft ab, der Storch verschlingt es mit Haut und Haaren. Jung aus dem Neste genommen, wird es äußerst zahm und kurzweilig, hüpft immer umher und liebkoset seine Pfleger aufs Zärtlichste; aber es verbreitet wie das Hermelin einen unangenehmen, knoblauchartigen Geruch. Sein Pelz taugt wenig. Ein alter Bergjäger erzählte, er habe einmal ein Wiesel geschossen; augenblicklich sei er von einer großen Schaar solcher Thierchen umgeben gewesen, die ihn angegriffen und so geängstigt hätten, daß er seither nie wieder eins zu schießen gewagt (!).

Die Wieselarten vermehren sich alle ziemlich stark. Sie ranzen im Februar oder März, die Marder und Iltisse unter häßlichem Geschrei und heftigem Balgen. Die Weibchen werfen im April oder Anfangs Mai's 4—8 blinde Junge, pflegen der Jungen sehr sorgsam und tragen sie bei der geringsten Beunruhigung bald im Maule, bald auf dem Nacken fort. Bei den kleineren Arten überwiegt der Nutzen weit, bei größeren eher der Schaden, da diese im Sommer den Mäusefang verachten und stark aufs Geflügel gehen.

Dies gilt aber in noch viel höherem Grade von der wilden Katze, die glücklicherweise wohl das seltenste Raubthier der Schweiz ist. Sie gehört den Wäldern der ebenen Schweiz auch an, zieht aber doch die Gebirgswälder in der Regel vor. Der Luchs durchstreift zwar auch diese, indessen scheint er mehr in der unteren Alpenregion heimisch; ebenso die Wölfe und die Bären. Dagegen scheint der Dachs das Maximum seiner Individuenzahl in der Bergregion zu erreichen, obwohl auch er im unteren Alpenrevier nicht ganz selten ist. Seine Wohnungen liegen indessen meistens in der Bergregion. Wir fügen seine naturgeschichtliche Biographie darum dem Thierleben dieser Region an.

Die des Fuchses, unseres zahlreichsten Raubthieres, führen wir in der Alpenregion in Verbindung mit der des Wolfes auf, obwohl der Fuchs überall, in der Ebene, im Gebirge wie in der Alp, zu Hause ist. Ueber sein Maximum ist schwer zu entscheiden. Ein großer Theil der Bergfüchse geht nach sicheren Beobachtungen den Sommer in die höchste Höhe oder doch in die oberste Waldregion, wird aber dafür in der Bergregion durch viele Füchse der Thäler und der Ebene ersetzt.

Mehrere Raubthiere sind Winterschläfer, obwohl aller Erfahrung nach solche Säugethiere sonst das kälteste Blut haben, während die Raubthiere für die heißblütigsten gelten. Die Winterschläfer unter den Raubthieren aber (Bär, Igel, Dachs, Fledermäuse) sind alle mehr oder weniger von kaltem Temperament, etwas träge, behagliche Geschöpfe, und keins hält einen ganz ununterbrochenen Winterschlaf. Ein solcher findet sich bei der Ordnung der Nagethiere, doch nur bei dem Murmelthiere, dessen todesähnliche Lethargie es allein vor dem wirklichen Tode des Verhungerns und Erstarrens in der Kälte seiner hohen Region zu schützen vermag. Die Schlafmäuse dagegen, welche durch den Siebenschläfer, die große und kleine Haselmaus vertreten werden und Bewohner der Bergregion sind, fallen weder in jene tiefe Erstarrung, noch verharren sie in einem fortgesetzten Schlafe. Sie erwachen, fressen und schlafen wieder ein, selbst später, nachdem sie einige Zeit wachgeblieben, wenn wieder eine geringere Kälte eintritt, ja sogar noch im Juli. Von diesen Nagern ist der Siebenschläfer ein nächtliches Thier und von verhältnißmäßig kaltem Temperament. Es hat unter allen Säugethieren außer dem Igel das kälteste Blut. Die kleine Haselmaus ist zwar von allen Schlafmäusen die schlafsüchtigste, erweist aber daneben die größte Lebendigkeit und Beweglichkeit, so daß die Erscheinung des Winterschlafes weder mit der Blutwärme, noch mit der Nahrungsweise, noch mit der großen oder geringen Lebhaftigkeit des Temperaments in einen ursächlichen Zusammenhang gebracht werden kann. Eben so wenig kann bei den Schlafmäusen der Grund in einer temporären Nahrungslosigkeit liegen. Das Eichhorn, ihnen am ähnlichsten, schläft im Winter nur sehr wenig und ist alle Augenblicke in den Tannen zu sehen; die Feldmäuse schlafen gar nicht — und alle finden ihre Nahrung.

Die zahlreichsten Nagethiere sind ohne Zweifel die Mäuse (die Spitzmäuse, die scheinbar dieser Familie angehören, sind zu den Insektenfressern, bezüglich zu den Raubthieren zu rechnen), jene allbekannten, flinken und ziemlich klugen Thiere, die überall, in Stadt und Land, in Berg und Thal als Plage angesehen werden, wohl die zahlreichsten unserer Säugethiere überhaupt. Glücklicherweise ist auch die Zahl ihrer Verfolger nicht klein, indem eine Masse von Reptilien, Vögeln und Säugethieren auf sie als ihren breitesten Nahrungsboden angewiesen ist; unter den Fischen schnappt selbst der gierige Hecht nicht selten nach einer Maus. Die großen Mäuseformen gehören, wie billig, unserer weniger fruchtbaren Region nicht an und bleiben im Thale und Tieflande zurück. So die große, obenher bräunlichgraue, unten weiße, kurzöhrige Wanderratte, welche erst seit dem Jahre 1727 aus dem Orient nach Europa, seit 1809 auch in die Schweiz vordrang und endlich bis in die Waadt einbrach, die kleinere, obenher braunschwarze, unten schwärzlichgraue, großöhrige, schon in den Pfahlbauresten erscheinende Hausratte, welche immer da verschwindet, wo jene erscheint, und die durch die Napoleonische Expedition in Egypten entdeckte und seither in das südliche und westliche Europa eingewanderte egyptische Ratte (Mus alexandrinus) von gleicher Größe, langöhrig, oben röthlichbraungrau, unten gelblichweiß. Sie ist in den Vorstädten Genfs und selbst in benachbarten Gehölzen häufig, scheint aber im Tieflande zurückzubleiben. Dafür folgt die niedliche, flinke Hausmaus dem Menschen überall nach, um sich mit ihm in alle seine Nahrungsmittel zu theilen. Sie geht auch oft in die Wälder und Felder und lebt von Buchnüssen, Beeren, Aas u. dergl., zieht sich aber im Winter gern in die menschliche Wohnung zurück. Das Weibchen wirft in 3—5 Würfen jährlich mindestens zwölf, höchstens zweiunddreißig Junge, eine verderbliche Masse, da man auch nicht von dem geringsten Nutzen der Mäuse sprechen kann. Die eben so große, rothbräunliche, unten weiße Waldmaus (Mus sylvaticus) besucht die Wälder des Gebirges bis 5500' ü. M. oft in großer Zahl, oft wieder gar nicht. Diese Thierchen graben sich eine kurze, schiefe Ausgangs- und zwei senkrechte Eingangsröhren in die Erde, die zu ihrem warmen, im Herbste mit Wintervorräthen von Gesäme und Wurzeln wohl versehenen Nestchen führen. Ohne Winterschlaf zu halten, zehren sie von diesen Schätzen, gehen aber in schneefreien Gegenden daneben auch oft über Feld nach Nahrung. Das Weibchen wirft zwei bis drei Mal des Jahres je 4—8 Junge und diese reichliche Vermehrung wird oft zur wahren Landplage.

Ebenso verderblich ist die viel größere Wiesenscharrmaus (Arvicola terrestris oder amphibius), wahrscheinlich identisch mit der sogenannten Wasser-ratte, obwohl oft etwas schmächtiger, heller gefärbt und kürzer geschwänzt als diese. Wir haben sie früher beim Maulwurf erwähnt; das Volk nennt sie auch Schärmaus, Schär, Roßmaus. Sie ist bis gegen 4000' ü. M. eine Plage der Gärten, Aecker und Wiesen, da sie sich sehr stark vermehrt (12—25 Junge jähr-lich) und die Wurzeln vieler Pflanzen und selbst junger Bäume zerstört. In ihrem unterirdischen Neste legt sie Vorräthe von Früchten, Zwiebeln, Sämereien und Wurzeln an; doch verschmäht sie auch thierische Nahrung nicht. Im Kanton Tessin hat man früher oft mit Beschwörungen ihren Verwüstungen zu begegnen gesucht. Auch die kleine, ohne den Schwanz kaum 4 Zoll lange, oben gelblich-graue, unten trübgelblichweiße Feldmaus (Arvicola arvalis) ist in der Berg- und bis weit in die Alpenregion hinauf gemein, bald in den Aeckern, bald in Wäldern, Gärten, Wiesen, selbst in den Häusern und Ställen. In den Wiesen und Stoppel-feldern treten sie häufig Wege aus, auf denen man sie auch bei Tage aus einem der vielen Löcher ihrer Wohnung zum andern rennen sieht. Ihre Vorraths-kammern sind fast stets mit Aehren, Nüßchen, Eicheln, Beeren versehen. Ihre Vermehrung ist außerordentlich stark und bringt in sechs bis sieben Würfen jedes-mal 4—8 Junge. Sie sollen, durch Nahrungsmangel und Uebervölkerung veranlaßt, oft zu Tausenden aus einer Gegend in die andere wandern und schaarenweise über Flüsse schwimmen. In den Jahren 1826—28 verwüsteten sie die Wiesen Oberengadins schrecklich.

Außer diesen allbekannten Arten sind in neuerer Zeit noch einige weitere in unserm Berggürtel entdeckt, wenn auch noch nicht alle vollständig wissenschaftlich konstatirt worden. So findet sich die Waldwühlmaus (Arvicola glareolus), Körperlänge 3 Zoll 8 Linien, Schwanzlänge 1 Zoll 9 Linien, oben rothbraun, an den Seiten gelbgrau, unten scharf geschieden weiß, in vielen Alpenthälern von Wallis, Bern, Uri und Graubünden, am liebsten in der Nähe von Wäldern und Büschen. Sie läuft nicht selten schon bei Tage umher, liebt neben vegetabilischer auch thierische Nahrung und wirft in ihrem unterirdischen Neste jährlich drei bis vier Mal je 4—8 Junge. Eine der nordischen Erdmaus (Arvicola agrestis) nahe verwandte, aber doch bestimmt von ihr sich unterscheidende Art (Arvi-cola neglecta) hat Fatio im Sommer 1863 häufig im Oberhasli gefunden.

Die liebenswürdigsten unserer Nagethiere, die Aeffchen unserer Wälder, sind die Eichhörnchen, muntere, possirliche Thierchen, die in den Gehölzen der Ebene, des ganzen Gebirges bis zur oberen Tannengrenze hinan nirgends fehlen, in einzelnen raueren Gegenden aber sehr selten sind, während mildere Waldungen zur Zeit der Reise des Fichtensamens ganze Schaaren aufweisen. In Bünden folgen sie um der Zirbelnüßchen willen den Arvenbeständen bis zur letzten Vegetationshöhe. Dort wie in vielen Gegenden ist die schwarze Spielart ebenso häufig wie die rothe, in anderen kommt erstere fast gar nicht vor; auch eine ganz weiße Varietät mit rothen Augen ist schon hin und wieder gefunden worden, aber immerhin selten. Dafür werden manche Eichhörnchen im Alter silbergrau.

Neben dem Fuchse sind die Hasen der häufigste Gegenstand der Jagd in der montanen Region, und nur ihre Schnelligkeit und Klugheit sowie ihre sehr starke Vermehrung haben sie vor gänzlicher Ausrottung bewahrt. Indessen sind sie jedenfalls an den meisten Orten der Ebene häufiger, da sie die milderen und sonnenreichen Gegenden, die ihnen auch reichlichere Nahrung bieten, vorziehen. Die braunen Berghasen gelten für größer und stärker, sind oft auch dunkler gefärbt als die Feldhasen. Der veränderliche Hase zeigt sich blos im Winter in der Bergregion und scheint daselbst den gewöhnlichen abzulösen. In gewissen abgeschlossenen Bergthälern aber nimmt er den ganzen Bezirk ein, reicht weit unter seine gewöhnlichen Höhengrenzen hinunter und vertritt ganz eigentlich hier den braunen Hasen. So soll dieser letztere im ganzen Urnerlande nirgends außer in den Wäldern von Seelisberg vorkommen. Einzelne braune Hasen hat man dafür hin und wieder sogar auf Alpen von 4—5000' ü. M. und im Bündnerlande an der Sonnenseite der Berge bis zur Holzgrenze hinauf angetroffen, wo sie wenigstens im Sommer zu Hause sein mochten. Blos versprengte Thiere gehen überall häufig bis zu diesem Gebiet, da die braunen Berghasen, wenn sie gejagt werden, gern ‚in die Höhe schlagen‘. Den Sommer über ist die Anwesenheit von Hasen im Gelände fast gar nicht zu bemerken; der erste Schnee aber verräth ihre oft starke Zahl. Die Kunst, sich zu verstecken, versteht dieses scheinbar ziemlich dumme Thier außerordentlich gut, liegt oft ganze Tage im tiefsten Dickicht und läßt den Menschen dicht vorbeigehen, ohne sich zu rühren.

Die wilden Wiederkauer der Gebirgsregion sind äußerst arm an Arten und Individuen. Dem Dammhirsch und dem Edelhirsch können wir (letzterem seit 50 Jahren) das Bürgerrecht daselbst nicht mehr zusprechen; sie gehören zu den ausgerotteten Thieren. Der Steinbock, der früher auch in diesem Reviere der Alpen heimisch war, ist verschwunden und hat sich auf wenige, viel höher gelegene Alpenstöcke zurückgezogen. Von den Gemsen gehört nur ein kleiner Theil der sogenannten ‚Waldthiere‘ in die montane Region; die Mehrzahl der Waldthiere hält sich in den Alpenwäldern auf; die ‚Gratthiere‘ zeigen sich an der Grenze der Schneeregion. Doch giebt es einige sehr wilde, steile, felsenreiche Bergwälder, an die höheren Alpentriften angelehnt, welche zu jeder Jahreszeit von Gemsen bewohnt sind, so in mehreren bündner Gebirgszügen, in den Freibergen im Kanton Glarus, an den Churfirsten, am Laseyer im Appenzell, von

wo sie sich sogar schon bis Teufen und Urnäschen verirrten. Früher waren sie
auch in den niederen Waldgebirgen von Sax und Werdenberg und im Gasterlande
zahlreich. Am Laseyer, einem felsenkopfreichen nordwestlichen Waldgebiete des
Alpsiegels, etwa in der Höhe von 3200' ü. M., ist seit mehr als zwölf Jahren
ein außerordentlich großer Bock mit breitem Kreuze und grauweißem Kopfe zu
Hause, dessen Fährte im Schnee wenig kleiner ist als die eines Rindes und in der
Schrittweite der eines Hirsches von 6 Enden (20 rhein. Zoll) gleicht. Das
Thier ist aber, wie alle älteren Gemsböcke, sehr klug und weiß sich so vortrefflich
zu verstecken, daß es sich bisher allen Nachstellungen entzogen hat. Seine Verschlagenheit ersetzt ihm den Mangel an Schnelligkeit; wenn es eine Stunde gejagt
ist, geht es schon plump und langsam, versteht es aber sehr gut, den Jägern aus-
zuweichen. Haben die Hunde es angetrieben, so marschirt es behaglich in ein
Labyrinth von Flühen oder Felsen, wo es sich sicher weiß. Manchmal erscheint
dieser alte, weitbekannte Bock allein; trifft er Hirten und Holzhauer, so geht er
bedächtig und ohne jegliche Furcht in ihrer Nähe vorüber; im Herbst aber wird
er öfters in Gesellschaft von 5—6 weiblichen und jungen Gemsen erblickt, wie
er mit ihnen durchs Holz streicht oder auf einem freien Abhange weidet*). Noch
dünner sind die Rehe durch die schweizerischen Bergwälder zerstreut, aber immerhin darin noch in einzelnen Familien heimisch. In manchen Gegenden (wie
z. B. im Kanton Glarus) verschwanden sie vor den Hirschen, in anderen haben sie
sich kümmerlich erhalten, so noch im Jura, lieber in den milden Bergwäldern als
in der Ebene, in den Rheinforsten bei Dießenhofen, in Graubünden, St. Gallen ꝛc.
Im Kanton Aargau, dem einzigen, in welchem die Revierjagd betrieben und also
auch gehörig geschont wird, findet sich noch ein starker Rehwildstand. Ein schöner
Rehbock wurde im Jahre 1851 in den Bergen von Ems und Reichenau (Bünden)
erlegt; im Dezember desselben Jahres ein anderer in den appenzeller Bergen bei
Wolfshalden, und seit einiger Zeit hält sich ein Trupp an den Fähnern. Mehrere
ostschweizerische Kantone haben eben Verordnungen zum Schutze dieses edeln
Wildes erlassen. Im Hochgebirge befindet es sich übrigens nicht gut. Ein im
Sommer 1865 in die Felsgestelle der Marwis verirrtes Reh stürzte todt und
wurde von den Sennen auf Meglisalp gesotten. Wir besitzen auch den Schädel
eines in den Stauden der Altenalp (5000' ü. M.) aufgefundenen Gabelbockes.
Die Edelhirsche, in der Periode der Pfahlbauten weit zahlreicher als die Rehe und
in ungeheurer Größe (höher als ein starkes Pferd) in unserm Lande vorhanden,
verloren sich seit Beginn dieses Jahrhunderts. Im Kanton Basel wurden die
letzten 1778 geschossen, im Aargau der letzte, ein vierzentneriges Exemplar, 1854
bei Kaiseraugst, ohne Zweifel ein versprengter Flüchtling, im Solothurnschen
am 13. Februar 1851 ein Achtender, der sich lange im Jura aufgehalten hatte.
Das Thier war außerordentlich schwer, hatte Spuren älterer Schußwunden auf

---

*) Seit mehreren Jahren ist der berühmte Laseyerbock unsichtbar geworden; er
ist wahrscheinlich der Kugel eines fremden Wilderers erlegen.

sich und zwei alte Kugeln; sein Geweih wird auf dem Schloßberge aufbewahrt.
Im Oktober 1865 wurde auch im Obertoggenburg am Rothenstein ein 240 Pfund
schwerer Prachtzwölfender erlegt, ohne Zweifel ein vorarlbergischer Flüchtling.
Im abgeschlossenen rhätischen Münsterthale, in den meilenlangen ofner Berg=
wäldern und in den zernetzer Jagdbergen haben sich die Hirsche am längsten (bis
vor fünfzehn Jahren), wenn auch in geringer Zahl, gehalten und sind oft in die
Roggenfelder gekommen.   Martin Serrardi in Zernetz, der viele Gemsen, auf
Arpiglias auch zwei Bären und auf Praspögl einen Wolf erlegt und einen zweiten
in einer Falle gefangen hat, schoß auch zwei Hirsche, davon einen auf den Höhen
von Platuns.   Gegenwärtig ist im Kanton Graubünden Hirsch und Reh in
strengem Bannschutz.   In andern Schweizergegenden existiren die Hirsche nur
noch in der Sage, wie z. B. im Aargau, wo der „Jägerhans‘ von dem gefehlten
Thiere angefallen, aufs Geweih gefaßt und über den Rhein getragen wurde, wo=
bei ihm ein Unbekannter zurief: „Hans bhebde, bhebde!“ (d. h. halt dich fest!).
Schließlich führen wir noch ein altes ergötzliches Zahlenräthsel an, das Leop.
Cysat über ein im Jahre 1628 aus dem luzerner Soppensee gezogenes Hirsch=
geweih überliefert hat:

> Durch Zweifuß ward ich aufgesucht (Jäger),
> Vierfuß mich zum Tod verflucht't (Hund),
> Sechsfüß trieben mich gar vom Land (Reiter),
> Achtfüß im Harnisch mich gfangen hant (Seekrebse),
> bei Ohnfuß bin ich viel Jahr blieben (Fische),
> ohn' Fuß bin ich aus dem Gfängnuß gstiegen (Netz),
> werd nun von Tausendfuß getreten (Mücken),
> und dien dem Kratzfuß ungebeten (als Huthenke).

So hätten wir denn mit flüchtigen Umrissen die reich zusammengesetzte
Thierwelt der Bergregion uns vergegenwärtigt.   So reich sie indessen ist, so darf
man sich doch die Berge nicht in hohem Maße von den Wirbelthieren erfüllt
denken.   Diese sind zum Theil nächtliche, zum Theil unterirdische und Wasser=
thiere und verschwinden aus dem landschaftlichen Bilde; die übrigen haben ein=
zelne Lieblings= und Sammelorte, wo sie zahlreich erscheinen, während sie an
andern vergeblich gesucht würden.   Sie ziehen sich vor den Menschen mehr oder
weniger in ihre Dickichte, Felsen und Löcher zurück, mit Ausnahme einer bestimmten
Vögelmasse, die immer am reichsten die Gebirgsfauna vertritt.   Doch giebt es
nicht wenige mitternächtige Bergreviere, wo selbst die gefiederten Bewohner
äußerst dürftig erscheinen und kein höheres Thierleben den Ernst, die unfrucht=
bare Oede und Starrheit der Natur mildert.   An diesen Gesammtüberblick
schließen wir die biographischen Zeichnungen einiger der interessantesten Thier=
erscheinungen des Gebietes an.

Biographien und Thierzeichnungen.

I. Die Honigbiene in der Bergregion.

Das honigsüße Imbelein
Sich spath und früh bemüht;
Es sitzt auf alle Blümelein,
Verkostet alle Blüth'.
Sehr emsig fleuchts herummer,
Trägt ein mit großem Fleiß;
Es sucht den ganzen Summer
Auch für den Winter Speiß!
(Aus einem alten Volksliede: Das gaistlich
Vogelgesang.)

Wilde Bienen. — Die gelbe Biene. — Bienenzucht. — Der edelste Seim. —
Saures Bienenleben.

Wer kennt und liebt nicht das wunderbare Volk der arbeitsamen Honig=
bienen, deren sinn= und kunstreiche Geschäftigkeit und geordnete Haushaltung,
deren Kämpfe und Züge, Familienleben und Verwandlungen im Einzelnen noch
nicht ganz begriffen, im Ganzen aber als ein staunenswerthes Leben voll Instinkt,
Fleiß, Kunst und Ordnung schon lange von allen Freunden der Natur bewundert
werden! Würden die Bienen das, was sie, von einem stätigen, zwingenden
Naturtriebe geleitet, vollbringen, mit freier Einsicht und Liebe thun, so würden
sie die oberste Stelle im ganzen Bereiche des Thierlebens einnehmen; so aber
bewundern wir in ihnen mehr die Weisheit der durch sie sich bezeugenden Natur,
als die so geleiteten Individuen. Doch auch so stehen diese neben gewissen Ameisen=
arten auf einer hohen Stufe und zeigen wenigstens Spuren von freier Intelligenz
und Unterscheidungsgabe, von Temperament, Muth und Absichtlichkeit, die von
den vortrefflich ausgebildeten Sinnen des Geruchs, Gehörs, Geschmacks und
Gesichts unterstützt werden.

Sie bewohnen fast nur als zahme, den Menschen begleitende, von ihm
beaufsichtigte und gepflegte Thiere unser Gebirge. Verliert sich auch oft ein

junger Schwarm, der nicht rechtzeitig gefaßt worden, in die Wälder, so geht
er dort wohl immer schon im ersten Winter zu Grunde oder wird aufgesucht
und mit vieler Mühe aus dem okkupirten Baumloche in den Korb aufgefangen.
Daß wilde Honigbienen bei uns sich in der Freiheit halten und vermehren, ist
kaum zu erweisen, obgleich man nicht selten den festen Glauben antrifft, in
gewissen unzugänglichen Felsenspalten hausen so gewaltige Bienenschwärme,
daß zu Zeiten der Honigüberfluß reichlich heruntertriefe. Uebrigens ist die
Klasse der bienenartigen Insekten, die auch Honig sammeln, in der schweizer
Bergregion zahlreich genug. Schnauzenbienen, Mauerbienen, Blumenbienen,
Nomaden, Rosenbienen, die wohlriechenden Leimbienen, die in den ersten Frühlingstagen schon die blühenden Weidenkätzchen umschwärmen und ihren Honig in Erdlöchern bergen, Langhornbienen, Schildbienen, die, wie der Kukuk bei den Vögeln,
ihre Eier in die Nester anderer Bienen legen, um der Sorge für die Brut über-
hoben zu sein, sumsen millionenfältig durchs Gebirge und bedecken die Blumen
und Blüthen in fröhlicher Emsigkeit. Sie gehen auch zum größeren Theile weit
höher bergan als die Honigbiene, die nur ausnahmsweise die Alpenregion besucht,
sich aber da nicht beständig halten könnte.

Die Honigbienen lieben neben Blüthen auch warme, windstille Luft und
gehören schon darum mehr ins Thal und die Ebene. Während der regelmäßige
Bienenflug nicht viel über eine halbe Stunde weit vom Korbe reicht, entführen
rauhe Bergwinde sie oft und schleudern sie bis in die Gletscherwelt hinein, wo sie
zu Grunde gehen, wie sie z. B. hoch auf dem Trifftgletscher halb erstarrt bemerkt
worden sind. Mit Theilnahme sieht man oft ein gelähmtes Thierchen auf der
Alp über einen Stein taumeln und vor Ermattung sterben. In einer Höhe von
6—7000' ü. M. trifft man sie nur selten und nicht mehr in ordentlicher Thätigkeit. Dreitausend Fuß tiefer dagegen hantiren sie mit voller Freudigkeit und
Virtuosität in der üppigen Flora der Bergwiesen und sonnigen Gelände, eilen
mit ihren dicken Staubhöschen von Blume zu Blume, und saugen den Balsam
aus tausend vollen, winkenden Kelchen, kehren am Abend, an den Füßen den
Wachsstoff, im Magen den Honig, in den wimmelnden Stock zurück, wo ihre
Schwestern ihnen behülflich sind, sie der köstlichen Bürde zu entladen. Während
diesseit der Alpen ursprünglich nur die gewöhnliche dunkelbraune Honigbiene
gepflegt wurde, beherbergen alle südlich verlaufenden Thäler jenseit der Alpenkette
(im Tessin, Bergell, Puschlav, Misox) seit Alters die gelbe Biene, welche auch
ganz Oberitalien bewohnt. Diese ist über den ganzen Körper lichter gefärbt; die
bei der deutschen Biene schwarzen ersten zwei Hinterleibringe sind bei ihr röthlichgelb, die Königinnen oft ganz goldgelb. Man rühmt sie als etwas weniger
empfindlich gegen die Kälte, als fleißiger, rüstiger, fruchtbarer und gutartiger als
die deutsche Biene; auch besucht sie weit mehr Honigpflanzenarten als diese. Beide
Rassen vermischen sich leicht miteinander. Erst im Jahre 1843 wanderte ein
Korb gelber Bienen aus dem Bergell auf die Nordseite der Alpen und seither
wurden sie in der Schweiz und Deutschland bekannt.

Wo die Bergregion beginnt, findet man weit seltener die Bienenzucht heimisch als tiefer unten. Eine Ausnahme bilden hier die Bewohner weniger milder rhätischer und walliser Alpenthäler. Der Pfarrherr von Randa im Nicolaithal, 4530′ ü. M., pflegt die Bienenzucht mit gutem Gelingen. Im Allgemeinen ist sonst in solcher Höhe der Winter schon zu lang und rauh, die Zeit der Honigtracht zu unbeständig und oft unterbrochen. Daher haben viele Thalbewohner die sehr zweckmäßige Methode einer wandernden Bienenzucht eingeführt. Sie überwintern die Körbe im Thale und lassen ihre kleinen Arbeiter den Frühling durch die üppige Flora der Wiesen und die honigreichen Blüthen der Linde und des Ahorns, des Raps und der Esparsette benutzen. Vor der Heuernte bringen sie die Bienen in einigermaßen geschützte Gebirgsthäler, wo der Blumenflor noch lange in Fülle steht. So kann die Zeit der Honigtracht ohne große Mühe um 1—2 Monate verlängert werden. Im Herbst trägt man die honigschweren Stöcke, die oft 60—80 Pfund wiegen, wieder ins Thal zurück.

In der ganzen Schweiz wird der im Gebirge gesammelte Honig dem des Thales weit vorgezogen. Er ist heller, feiner und kräftiger, weil die Gebirgsflora mehr starkriechende und gewürzreiche Blumen zählt, vielleicht auch, weil die Blumen nicht so säftereich sind wie im Thal und der Nektar daher sorgfältiger gesammelt und verarbeitet werden muß. Der Honig der bündner, glarner, appenzeller, berner und walliser Berge gilt für das edelste Seimprodukt, und derjenige von Medels, Panix und Tavetsch in Bünden, sowie aus dem obersten Wallis ist bald gelblichweiß, bald rein weiß und vom höchsten Wohlgeschmack. In der Wabe ist er natürlich dünnflüssig, er gerinnt aber bald und wird so fest und trocken, daß er in Stücken aufbewahrt und z. B. von den Wallisern in Säcken zum Verkauf gebracht wird.

Leider haben die wandernden Bienen im Gebirge, wo sie oft wunderbare Tagereisen machen, nicht nur mit Wind und Wetter und Kälte zu kämpfen; zahlreiche insektenfressende Vögel fangen sie weg, und andere Insekten, besonders eine Blumenwespe, ,der Bienenfresser‘, überfallen und tödten sie, während sie emsigen Fleißes die Blüthen durchsuchen. So wohlthätig auch die Insektenraubthiere, unter denen die Mehrzahl der dünnleibigen Ichneumone, der Grabwespen und Mordfliegen sich durch Gefräßigkeit auszeichnen, der allzustarken Vermehrung des an Arten und Exemplaren so zahlreichen Kerbthiergeschlechtes entgegentreten, so werden sie doch bei der edeln Honigbiene oft sehr schädlich. In der Bienenhaltung und Zucht fängt es auch bei uns allmälig an, etwas zu tagen, und die alte oft so rohe und grausame Methode beginnt, wenigstens im Thale, der rationellen Pflege, der alte Strohstülper dem Lagerstock mit beweglichem Einbau zu weichen.

II. Die Bachforelle.

Lachs-, Grund-, See- und Rothforelle. — Größe und Wechsel der Färbung der Bachforelle. — Lebensweise und Verbreitung derselben. — Wanderungen. — Forellenkonsumtion. — Fangarten. — Die Fischer.

Die Naturforscher können der Forelle, diesem wahren Kleinode aller unserer
Bergbäche, das selbst die achtbare Gemeinde Ballorbe (in einem der höchst forellen-
reichen waadtländischen Jurathäler gelegen) als Wappenthier anzunehmen nicht
verschmäht hat, weit weniger gründlich beikommen als die Liebhaber und haben
mit ihrer Lebensweise und ihrer Vetterschaft schon gar viel zu thun gehabt.

Sie gehört zu dem Raubfischgeschlecht der bunten Lachse, welches folgende
Hauptformen in der Schweiz aufzuweisen hat: Zunächst den eigentlichen bereits
erwähnten Lachs (Salmo salar); dann die Grundforelle oder Seeforelle
(S. lacustris, trutta, lemanus), deren Gewicht von fünf bis zu achtundvierzig
Pfund variirt. Sie ersetzt im Bodensee, wo die großen Exemplare in der Tiefe
überwintern und im oberen Rheine bis über Trons hinauf die Lachsforelle und
den Lachs, der wegen des Rheinfalls nicht so weit hinansteigt, heißt im Rheine
‚Rheinlanke‘, in der Ill ‚Illanke‘ und kommt auch in anderen Flüssen und Seen
(z. B. Genfer-, Langen-, Vierwaldstättersee) der Schweiz vor. Ihre Wanderzeit
ist der Oktober und November, wobei sie in den Flüssen laicht und bei ihrer Rückkehr in die Seen (namentlich in der Rhone bei Genf zu Tausenden) gefangen
wird. Wahrscheinlich sind die fünfundvierzig Pfund schweren Forellen, die im
Silsersee im Oberengadin gefangen wurden, solche Grundforellen; sicher die acht-
undvierzigpfündige, die 1796 bei Mainingen gefangen worden; häufig werden
10—12pfündige Exemplare in den Engadinerseen gefischt. Die Grundforelle
ist obenher schwärzlichblau, an den Seiten und unten silberglänzendweiß, oben
und auf den Seiten, besonders gegen den Schwanz hin, unregelmäßig schwarz
gefleckt und oft auch roth punktirt, zur Laichzeit mit Hackenkiefer versehen; die
Rücken- und Fettfloffen sind grau, die übrigen gelblich. In den Seen des Süd-
abhangs der Alpen und Oberitaliens nimmt sie eine etwas veränderte Färbung
an (Carpione, Salmo Carpio L.). Ferner die feinschuppige Rothforelle
(S. salvelinus), auch ‚Rötheli‘ genannt, die gewöhnlich blos 5—8 Zoll lang
und kaum ein halbes bis ein Pfund schwer wird, oben olivengraubraun, an den
Seiten heller, im Winter bisweilen gelbroth gefleckt, unten hochgelb ist und orangerothe Flossen trägt. Sie hält sich in fast allen Schweizerseen und auch im Meere
in großer Tiefe auf und steigt durch die Bäche in die höheren Alpenseen hinan,
gehört also zu den Fischen unserer Region und heißt auch oft Alpenforelle.
Ihr Fleisch ist außerordentlich zart und schmackhaft; doch kennt man sie oft in
den Bergen nicht, indem man sie nur für eine bunte Bachforelle hält, wogegen

sie am Bieler-, Neuenburger- und Zugersee eine große Berühmtheit genießt. In letzterem ist in neueren Zeiten ein fußlanges Exemplar von fünf Pfund gefangen worden; im Genfersee unterscheidet man eine graue, eine weiße und eine rothe (die wohlschmeckendste) Abart. Der höchste Ort, wo dieser zierliche Fisch vorkommen soll, ist wahrscheinlich der Lago Cavloccio (5875') im Gebiete der Maira hoch im Murretthale, von wo er als hohe Delicatesse in die Umgegend verkauft wird. Ferner die im Vierwaldstättersee und in den Seen der Westschweiz in großer Wassertiefe lebende Ritterforelle (S. umbla), obenher schwärzlichgrün, an den Seiten silberfarbig, am Bauch weiß, ohne Flecken, mit rothgelben Flossen.

Neuere Forscher vereinfachen die Klassifikation der Lachse bedeutend und lassen als bezügliche Arten nur gelten: den Meerlachs, die Seeforelle, mit der die Grundforelle, die Rothforelle, mit der die Ritterforelle identificirt wird, und die Bachforelle. Letztere (S. Fario) ist der gemeinste Fisch aller Berggewässer. Jedes Kind kennt ihn bei uns, und doch ist er schwierig zu beschreiben, da er in Größe, Färbung und Wohnort sehr differirt. Die Rogner (Weibchen) sind gewöhnlich etwas dicker und kürzer als die Milchner. Während die durchschnittliche Länge 5—10 Zoll beträgt mit einem Gewichte von 6—30 Loth, finden wir nicht selten Exemplare von 2—4 Pfund, ja von 6—10 Pfund. Das größte Exemplar, das in neuerer Zeit in unserer Gegend erbeutet wurde, war in der Thur bei Kappel im August 1857 gefangen. Es war 25 Zoll lang, maß hinter dem Kopfe 18 Zoll im Umfang und wog über sieben Pfund. Ein ziemlich ebenso großes wurde im Juni 1860 oberhalb Neßlau in der Thur erwischt, und ein anderes siebenpfündiges 1861 im Seealpsee, wo es beim Zurücktreten des durch ein Gewitter aufgeschwellten Sees in einem Ufertümpel zurückblieb und von einem Mädchen gefangen wurde.

Wir sind in Verlegenheit, wenn wir die Färbung der Bachforelle angeben sollen; sie ist ein Chamäleon unter den Fischen. Oft ist der schwärzlich gefleckte Rücken olivengrün, die Seiten grünlichgelb, rothpunktirt, goldschimmernd, der Bauch weißlichgrau, die Bauchflossen hochgelb, die Rückenflossen hellgerandet, punktirt; oft herrscht durchweg eine dunklere, selten die ganz schwarze Färbung vor, oft wieder eine hellere, mehr gelbliche oder weißliche und man pflegt die Spielarten bald Alpenforellen, bald Silber- und Goldforellen, bald Weißforellen, Schwarzforellen, Stein- und Waldforellen zu nennen, ohne daß eine Ausscheidung der außerordentlich vielfältigen, schillernden Uebergänge bisher festgestellt wäre. In der Regel aber ist der Rücken dunkel, die Seiten heller, messingglänzend, bei den schwärzlichen kupferglänzend, und punktirt, der Bauch am lichtesten; die Brust-, Bauch- und Afterflossen haben meist eine weingelbe, die Rückenflossen dagegen eine graue Färbung mit schwarzen, oft auch rothen Flecken.

Die Fischer meinen, die Färbung hänge vorzugsweise von dem Wasser ab, in dem sich die Forelle aufhalte, und sei daselbst ziemlich konstant, wie wir z. B. in der Engelbergeraa regelmäßig blaugefleckte, in dem in sie mündenden Erlenbach aber regelmäßig rothgefleckte finden. Ebenso wechselt die Farbe des Fleisches,

das, gekocht, bald röthlich, auch gelblich, in der Regel aber schneeweiß ist. Die
Forellen des von Gletscherwasser und zugespühltem Sande beinahe milchfarbenen
und kälteren Weißsees auf Bernina sind ohne Ausnahme lichter gefärbt als die
des benachbarten, auf torfigem Grunde liegenden Schwarzsees. Das Fleisch
beider aber ist gleichmäßig weiß. Man hat die Erfahrung gemacht, daß Forellen
mit weißem Fleisch in weniger Sauerstoffgas enthaltendem Wasser rothes Fleisch
bekommen, und Saussure erzählt, die kleinen, blassen Forellen des Genfersees
bekämen rothe Punkte, wenn sie in gewisse Bäche der Rhone hinaufstiegen; in
anderen würden sie ganz schwarzgrün, in anderen blieben sie blaß. In Fisch-
trögen bekommen einige sogleich braune Punkte, andere werden auf der einen
Seite ganz braun, oder erhalten etliche dunkle Querbänder über den Rücken,
welche in frischem fließenden Bachwasser sofort wieder verschwinden. Auch hat
man schon fast farblose, ferner ganz braune oder violette Forellen mit Kupfer-
glanz gefunden; kurz die Willkürlichkeit und Mannigfaltigkeit dieser Fischfärbung
bringt den Beobachter zur Verzweiflung, besonders da man oft im gleichen Bache
zu gleicher Zeit ganz verschieden gefärbte Exemplare fängt. Im Sämtissee
(Appenzell-Innerrhoden), dessen Abfluß in das Innere des Gebirges geht und
wahrscheinlich mit einem unterirdischen Wasserbecken daselbst in Verbindung steht,
erscheinen oft aus diesem fast ganz farblose, weißlichgraue und wieder getigerte
Forellen in Masse. Ein eben vor uns liegender Netzfang aus dem Seealpsee (mit
oberirdischem Abfluß) weist gleichfalls alle erdenklichen Farbenschattirungen auf,
namentlich auch lichte mit dunkeln Binden, bunt getigerte, ja sogar regelmäßig
auf der vordern Körperhälfte weiße, auf der hintern dunkle Exemplare. Die
Forellen der Sitter im Oberlauf sind in der Regel obenher hell- bis dunkelbräunlich,
oberhalb der Mittellinie deutlich oder verwischt mit schwarzen Sternflecken besät;
die rothen Sternfleckchen sind über, auf und unter der Mittellinie linear gestellt, Nase
und Scheitel schwarz, Iris unregelmäßig schwärzlich beschattet, Rückenflosse schwarz
gefleckt, Fettflosse roth und schwarz punktirt, Brustflosse schwärzlich, hinten messing-
gelb, Bauch- und Schwanzflosse ebenso, aber unten rein weiß berandet, Schwanzflosse schwärzlich, oben und unten röthlich, hinten weißrandig, bei den ältern, die
überhaupt lebhafter gefärbt sind, weit weniger ausgeschnitten als bei den jüngern.

Zu jenen Färbungswechseln trägt aber nicht nur die chemische Beschaffenheit des Wassers, sondern auch die Jahreszeit, das Sonnenlicht und das Alter
Vieles bei. Man bemerkt namentlich bei der Bachforelle ein eigenthümliches,
lebhafteres Hochzeitskleid wie bei den Vögeln; ferner Wechsel der Färbung je
nach verschiedenen Stellungen und Bewegungen, besonders einen plötzlichen und
auffallenden bei Reizungen, ähnlich wie bei den Schlangen. Agassiz schreibt
die konstante Färbung der Fische den dünnen Hornblättchen zu, die Lichtreflexe
erzeugen; das mehr wechselnde periodische Kolorit dagegen den verschiedenartig
gefärbten, tropfenweise abgelagerten Oelen, welche die wahren Pigmentmoleküle
bilden. Die Forellen der alpinen Region sind oft sehr lebhaft roth gefleckt und
noch an der Schwanzflosse roth berandet, während die weingelbe Färbung der

Flossen und der Goldschimmer auf den Flanken sich ins Grauliche verliert. Neben diesen findet sich aber noch eine dunkle, schwarzgetupfte und gefleckte Spielart, der die rothe Punktirung gänzlich fehlt und höchstens durch einige rostbraune Flecken auf der Rücken- oder Schwanzflosse angedeutet ist, während der Messing-schimmer der Flanken ebenfalls fast ganz verschwunden ist. Diese Varietät heißt im Oberengadin Schilds.

Auch der Südabfall der Alpen scheint eine eigene Spielart zu besitzen, indem die dortigen Bachforellen zwar die rothen Punkte, die goldschimmernden Seiten und die weingelben Flossen der gemeinen besitzen, dabei aber so lebhaft blau-schwarz gefleckt und gebändert sind, daß sie völlig marmorirt erscheinen.

Im weiten Maule der Forelle sitzen drei scharfe, sehr reich besetzte Zahn-reihen, auf der Zunge sechs bis acht einzelne Zähne, ebenso im Gaumen, am Pflugschaarbein und Schlundknochen, alle nicht zum Kauen, sondern zum Fest-halten eingerichtet. Auch die Lebensweise der Forellen ist kaum gehörig ent-räthselt. Man weiß zwar, daß sie Mücken, Fischbrut, Würmer, Blutegel, Ell-ritzen, Groppen, Schnecken, Spitzmäuse, Frösche, Krebse, in den Fischkammern auch Rindsleber und dgl. fressen; warum und wie weit sie aber oft aus den Seen in die Bäche gehen, weiß man nicht sicher, und ebenso, wie sie sich in den Seen der höchsten Alpenregion, wo sie sich im Sommer mit den kleinsten Wasser-kerfen begnügen müssen, während des 8—9monatlichen Winters unter der dicken Eisdecke zu erhalten vermögen. Sie scheinen höchlich das trübe Gletscher-wasser zu verabscheuen, während sie das kalte Quellwasser lieben. Sobald im März Schnee und Eis zu schmelzen beginnt und die Bäche trübt, verlassen die Forellen oft dieselben und schwimmen z. B. aus den Seitenbächen der Rhone in Masse in den Genfersee, wobei ihr Fang (z. B. unter dem Weiler Neubrück, wo sie aus der Nikolai- und Saasvisp der Rhone zueilen) sehr ergiebig ist. Im See bleiben sie den Sommer über, steigen im Spätjahr wieder die Rhone hinauf und laichen in den Seitenbächen. Man glaubt, daß die Schmelzung des Polareises im Früh-ling ähnlich die Brüder der Forellen, die Lachse, aus dem Meer in die Flüsse treibe.

Allein diesen Beobachtungen stehen jene entgegen, daß die Forellen, und zwar sehr reichlich, auch in Alpenseen leben, die nur von Gletscherzuflüssen sich nähren (Weißsee auf Bernina, unmittelbar am Cambrenagletscher, u. a.), und in Bächen sich finden, die fast ausschließlich Schnee- und Eiswasser führen. Im Allgemeinen aber lieben sie weiches, fließendes Wasser und vertragen stehendes, hartes, tufsteinhaltiges schwer.

Die Bachforelle gehört wie die Rothforelle nicht nur der Bergregion an, sondern steigt auch weit höher an. Ueber 6500' ü. M. findet sie sich außerhalb Graubündens nicht; hier steigt sie aber bis gegen 7500' an. Sie lebt noch im schönen Luzendrosee auf dem Gotthard, dem in einer Höhe von 6400' ü. M. die Reuß entströmt, in vielen savoyischen, den meisten rhätischen Hochalpenseen, im Murgsee an der Tannengrenze, in dem Alpsee unter dem Stockhorn und über-haupt fast in allen Alpenseen innerhalb der Alpenregion 4000—6500' ü. M.

diesseit und jenseit des Gebirges, jedoch merkwürdigerweise fast immer nur in solchen Seen, die einen sichtbaren Abfluß haben und seltener in solchen, die sich unterirdisch durchs Gebirge entleeren. Im See des großen St. Bernhard, 7500' ü. M., gedeihen weder die eingesetzten Forellen noch irgend andere Fische. Wie aber die Forellen in jene Hochseen, die in der Regel durch steile Wasserfälle mit dem tieferen Flußgebiet verbunden sind, hinaufgelangten, ist nur bei solchen anzugeben, wo sie, wie im Oberblegisee (4420' ü. M.), dem Engstlensee (5700') u. a., von dem Menschen eingesetzt wurden. Zwar ist die Forelle ein munterer, lebhafter Fisch und besitzt, wie in heißen Sommertagen überall zu beobachten ist, große Schnellkraft; ja Steinmüller versichert sogar, er habe selbst gesehen, wie auf der Mürtschenalp eine Forelle ,sich über einen hohen Wasserfall hinaufschleuderte und während des Hinaufwerfens sich einzig ein paar Mal überwarf'; allein es giebt Forellenseen in Menge, wo eine Verbreitung vom Thal herauf durch ein solches Hinaufschleudern geradezu unmöglich ist. Indessen müssen wir doch annehmen, daß der Mensch in dieser Beziehung viel gethan hat, daß vor der Reformation für die Fastenzeit weislich vorgesorgt und viel Fischbrut in solche Seen eingesetzt worden ist.

Gewisser als alles dies und auch erquicklicher ist die anerkannte Wahrheit, daß die Bachforellen eines der schmackhaftesten Gerichte der europäischen Fischküche bilden, mögen sie grau oder braun, roth oder schwarz punktirt sein. Die in den Bergseen gefangenen Bachforellen haben weicheres, die aus den Bächen rührenden dagegen derberes Fleisch. In der ganzen Schweiz halten sie Fremde und Einheimische für einen Leckerbissen und segnen die Fülle der Natur in dieser Sorte. Wir haben noch nicht versucht, über die Forellenkonsumtion statistische Nachrichten zu sammeln, irren aber schwerlich, wenn wir sagen, daß er jährlich viele hundert Zentner betrage. Und all' diese Massen werden meist in Exemplaren unter 12 Loth gefangen. Durch das Ablassen von Mühlbächen gewinnt man oft bedeutende Massen; wir haben gesehen, daß so schon 82 Pfund in wenigen Stunden aufgenommen wurden. Aeußerst zahlreich waren sie besonders in früheren Zeiten in den oberengadiner Seen (in der Alpenregion); die Fischer hatten laut Verordnung dem Bischof von Mitte Mai bis Michaeli jeden Freitag ,500 Fisch, einer zwischen dem Haupt und dem Schweif Spannenlang, die Fischer von Silvaplana und Sils aber jährlich absonderlich 4500 obbesagter Größe' zu liefern. Daneben wurden sie noch massenweise eingesalzen und nach Italien versandt. Gegenwärtig nehmen sie fast überall stark ab, da sie selbst zur Zeit der Fortpflanzung auf eine unverantwortliche Weise verfolgt werden.

Die Forellen laichen im Oktober und November bis gegen Weihnachten, sind dann wie die Hechte zur Laichzeit dumm und mit Händen zu greifen, schmecken aber fader. Sie ziehen gern aus den Seen in die Bäche, suchen Sand und Kieselplätze auf, wühlen mit dem Maul nach Art der Lachse darin und legen ihren hanfkorngroßen, orangerothen Laich ab. Zu jeder anderen Zeit sind sie sehr scheu. Sieht man sie auch oft in klarem, tiefgründigem Wasser ihr munteres

Spiel treiben oder an seichten Bachstellen im Sonnenschein hüpfen, so verschwinden
sie doch augenblicklich, wenn sie den Menschen gewahren.   Manchmal stehen sie
auch in sehr rasch fließendem Wasser still und halten sich durch kräftige, aber
kaum merkliche Flossenbewegung eine Zeit lang auf dem gleichen Punkte, gewöhn=
lich, um auf Fischchen oder Wasserinsekten zu lauern.   In Teichen lieben sie einen
starken, reinen Zufluß, tiefen Kiesboden mit größeren Steinen und Schatten.   Hier
werden sie mit kleinen Fischen, verwiegter Rindsleber, Lunge und Milz und Kuchen
aus Gerste und Blut ernährt; sie können aber auch Monate lang fasten.   Ihr Fang,
der früher an vielen Orten ein durch scharfe Strafen geschütztes Regal war, ist in der
Schweiz theils ganz, theils einen großen Theil des Jahres durch mit der Angel frei.

Indessen nähren sich die zahlreichen Fischer mit Netz und Angel meist ärm=
lich von dem langweiligen und sauren Gewerbe.   Am ergiebigsten soll ihre Be=
schäftigung in der Schwüle eines nahenden Gewitters sein, wo die Forellen oft
in die Luft springen und gern anbeißen.   Auf den Hochseen ist der Fang bei
gewissen Winden geradezu unmöglich.   Der laue Fön dagegen lockt die Thiere
aus der Tiefe herauf und begünstigt oft die ergiebigste Ausbeute.   Beobachter
haben gefunden, daß unsere Fischer einen ordentlich kastenmäßigen Charakter
haben.   Sie sind schweigsam wie ihre Beute und kühl wie ihr Element, zäh
gegen die Unbilden des Wetters, von ausdauernder Beharrlichkeit, feiner Be=
obachtungsgabe, wohlvertraut mit den Eigenthümlichkeiten der Fische und Wasser=
lokale und würden, ähnlich den gleich armen und gleich wetterfesten Jägern, trotz
der Mühseligkeit ihrer Lebensweise, dieselbe nur ungern gegen eine behaglichere
vertauschen.   Leider haben sie aber an Hechten und Aeschen, an der Wasseramsel,
Spitzmaus und Ente, die emsig der Brut nachstellen, und an der Fischotter, die
ungeheuere Verheerungen unter den Forellen bis in die Bergregion hinauf an=
richtet, gefährliche Nebenbuhler; abgesehen davon, daß die Forellen selber Laich
und Brut ihrer eigenen Art wegfressen.

Etwas schwieriger ist der Fang der Rothforelle, die sich, wenn sie zwei bis
drei Jahre alt geworden ist, gern in der Tiefe des Sees, 10 bis 40 Klafter unter
dem Wasserspiegel, aufhält; — im Zugersee, am Fuße des Rigi, soll sie bis 100
Klafter tief stehen.   Man sucht sie daher mit Grundschnüren und Schwebnetzen
zu erreichen.   Oft wird auch folgende komplicirte Fangart angewandt: Die Fischer
fahren im Herbst etliche Kähne voll Steine und Kiesel auf den See und werfen
sie an einer gewissen Stelle in die Tiefe.   In einigen Wochen überschlammt dieses
Geschiebe; die Rothforellen kommen und setzen im Oktober und November ihren
orangerothen Rogen darin ab.   Dann macht jeder Fischer seinen Satz und bezeichnet
sich seine Stelle durch ein Stück Holz, das durch einen großen Stein über dem Ge=
schiebe in der Tiefe festgehalten wird.   Hier senkt nun zu gelegener Zeit der Fischer
seine Angel, an der Forellenrogen als Lockspeise steckt, auf den Grund und haspelt
die Rothforelle, sowie sie angebissen hat, rasch in die Höhe.   Dabei erscheint diese
so sehr von der Luft aufgedunsen auf der Oberfläche, daß sie bald sterben würde,
wenn ihr der Fischer nicht sogleich ein Hölzchen in den After steckte und ihr so die

Blähung benähme. Auch an der Lachsforelle hat man dieses Angefülltsein der Luftblase, deren sie sich sonst nur bedient, um aus der Tiefe des Sees aufzusteigen, als krankhafte Erscheinung beobachtet und solche in die Höhe getriebene Fische von siebenundzwanzig Pfund Schwere gefangen.

III. Die Nattern im Gebirge.

Fabelhafte Schlangen. — Die Natternarten der südlichen und der nördlichen Schweiz. — Der Ringelnatter Lebensweise und Verbreitung.

Die Schweiz hat vor dem tieferen Süden eine beneidenswerthe Armuth an giftigen und giftlosen Schlangen voraus. Wir wandern oft wochenlang im wärmsten Sommer von Berg zu Berg, ohne eines dieser Thiere zu bemerken. Und doch wissen unsere Bergbewohner so Vieles und Merkwürdiges über allerlei Schlangenthiere zu erzählen, daß man glauben möchte, gewisse Gegenden seien nicht geheuer. Der Mensch hängt sich mit seinen Träumen am liebsten an das Abenteuerliche und hält dieses für das eigentlich oder vielleicht einzig Merkwürdige. Ein leichter Reiz seiner Phantasie gilt ihm mehr als die Einsicht in einen Theil der weisen Oekonomie des Naturlebens, gegen die er sich, weil er sie nicht in ihrem Zusammenhange zu erfassen versteht, so stumpf stellt. Vor Alters wimmelte es in unserem Lande von ungeheueren und schauderhaften Schlangen; Lindwürmer und Drachen, welche harmlose Bauern wie Zuckerbrod wegfraßen und ganze Heerden verschlangen, bewohnten nicht nur das Drachenloch und den Pilatus, sondern hundert Thäler und Schluchten aller Berge. Furcht und Aberglaube, die immer Hand in Hand gehen, um die Unwissenheit zu stützen, liehen diesen Unholden bald Flügel, bald Klauenfüße und Ringelschwänze, bald feuersprühende Augen und Rachen, und mit mythischen Elementen vermählt, läßt die Sage selbst Ritter wie Arnold Struthan Kämpfe mit ihnen bestehen. Unseren Naturforschern ist es inzwischen noch nicht gelungen, Skelette oder sichere Spuren großer Schlangen aus der geschichtlichen Zeit in unserem Lande aufzufinden, — und es wird auch nicht gelingen, — ebenso wenig wie es möglich sein wird, unseren Bauern auszureden, daß es jetzt noch sechs Fuß lange Schlangen mit goldnen Kronen auf dem Kopfe gebe, oder solche mit deutlichen Füßen. Der innere Widerwille der Menschen gegen diese Reptile erlaubt ihnen selten eine genauere Betrachtung derselben, und die erregte Phantasie malt eine vier Fuß lange Natter schnell zu einem zehn Fuß langen Ungeheuer aus. Daß es in der vorgeschichtlichen Zeit auch in der Schweiz ungeheuere Reptile von abenteuerlicher Form gegeben habe, beweisen Abdrücke und fossile Ueberreste hinlänglich. Mit der jetzigen Erdrindenbildung aber verschwanden sie. Inzwischen erzählt uns Wagner` in seiner Historia

naturalis Helvetiae curiosa aus dem 17. Jahrhundert eine Menge angeblich
verbürgter Geschichten von dem Vorkommen von Drachen, die er ordentlich und
ernsthaft in geflügelte, befußte und fußlose eintheilt. So sei bei Burgdorf ein
Drache getödtet worden, ferner bei Sax, bei Sargans, auf dem Gamserberge,
auf dem Kamor (mit 1 Fuß hohen Beinen), bei Sennwald u. s. w., wobei immer
die scheußliche Gestalt der Ungethüme näher beschrieben ist. Im berner Ober=
lande und im Jura findet man noch heute allgemein den Glauben verbreitet, daß
es ‚Stollenwürmer‘ gebe, d. h. 3—6 Fuß lange, dicke Schlangen mit zwei kurzen
Füßen, die nur bei anhaltender Trockenheit vor Eintritt des Regenwetters zum
Vorschein kämen, und viele rechtschaffene und glaubwürdige Leute betheuern,
solche Thiere selbst gesehen zu haben. Wirklich fand auch im Jahre 1828 ein
solothurner Bauer in einem vertrockneten Sumpfe ein ähnliches todtes Thier und
legte es bei Seite, um es zu Professor Hugi zu bringen. Inzwischen fraßen es
aber die Krähen halb auf. Das Skelett kam nach Solothurn, wo man aber
nicht klug daraus wurde, und wanderte dann nach Heidelberg, ohne daß man
über sein Schicksal etwas Weiteres erfuhr.

Von den paar Schlangenarten, die wir besitzen, sind, wie früher bemerkt,
blos die Vipern giftig; die Nattern dagegen alle harmlose, giftlose Thiere, die
weder den Kühen die Milch wegsaugen, noch Menschen gefährlich verwunden.
Die ebenso unschuldige Blindschleiche (im Waadtlande borgne, d. h. Einäugige
genannt) bildet den Uebergang von den Eidechsen zu den Schlangen und erscheint
bis gegen die obere Holzgrenze. Ebenso hoch hinauf, vielleicht noch höher, zeigen
sich die schöneren Nattern. Der südliche Theil der Schweiz, der schon so manche
Spuren der italienischen Fauna enthält, besonders Tessin und Wallis besitzen drei
Natterformen in der kollinen und montanen Region, die bisher diesseit des Gott=
hard nicht gesehen wurden, zunächst die drei Fuß lange, braungelbe oder grünlich=
graue, schwarzgefleckte Würfelnatter (Tropidonotus tesselatus), die große
Aehnlichkeit mit der Redi'schen Viper hat und oft mit ihr verwechselt wird, ob=
gleich sie sich durch die größeren Schilder auf dem Kopfe deutlich von ihr unter=
scheidet. (Unsere schweizerischen Giftschlangen, die beiden Viperarten, tragen auf
ihrem flachen, herzförmigen Kopfe nie Schilder oder breite Täfelchen, sondern
zahlreiche kleinere Schuppen.) Von dieser Natter, die vorzüglich die Nähe der
Gewässer liebt, giebt es auch eine dunkle und eine fast ganz schwarze Spielart,
mit glatten, rhombischen Schuppen, die auf einzelnen tessinischen Bergen in ziem=
licher Anzahl erscheinen. Seltener sind dort die brillante schwarzgrüne (Za-
menis atrovirens) und die gelbliche Natter (Elaphis Aesculapii), welche im
Waadtlande, auch im Bezirke Aelen, und erstere am Salève gefunden wurden,
beide sehr hübsch gezeichnet. Die erstere wird nicht leicht über 3 1/2 Fuß lang,
ist obenher schwärzlichgrün mit hellgelben Flecken, unten grünlichgelb, und dürfte
unsere seltenste Natter sein; die letztere ist obenher grünlichbraun mit weißlichen
Strichelchen, unten einfarbig graulichhellgelb, ohne Flecken, wird zuweilen bis
fünf Fuß lang, die größte unserer einheimischen Schlangen, und findet sich in

Deutschland wahrscheinlich einzig im Schlangenbad, sonst auch in Ungarn und dem südlichen Europa. Diese schöne Natter vermehrt sich schwach, klettert außerordentlich fertig, nimmt in der Gefangenschaft nie Speise, höchstens ein wenig Wasser an und hält doch 8—12 Monate aus. Im Freien hält sie sich an Frösche, Eidechsen, Mäuse und Maulwürfe.

Diesseit des Gotthard finden wir nur zwei Natternarten, nämlich in trockenen Abhängen und alten Mauern die glatte oder österreichische (Coronella laevis), glänzend röthlichgrau, mit zwei Reihen rundlicher, dunkelbrauner Flecken auf dem Rücken und weißlich oder röthlichbraun marmorirtem Bauche, auf dem Hinterkopfe mit größeren rothbraunen Flecken geziert. Sie wird über zwei Fuß lang, ist leicht reizbar, beißt heftig, aber unschädlich, nährt sich vorwiegend von Eidechsen und Blindschleichen, gebiert lebendige Junge und zeigt sich häufiger im Vorlande als im Gebirge. Ein gefangen gehaltenes Exemplar nimmt häufig Speise, nie Wasser an und verzehrt seine Nahrung ohne Bedenken in unserer Gegenwart, am liebsten immer Eidechsen, die es in schöner Umschlingung halb erdrückt, und dann, freilich nicht ohne heftige Bisse des Opfers, den Kopf voran langsam und unter starker Speichelabsonderung hinunterwürgt. Eine zwei Wochen lang beigegebene Blindschleiche wurde so wenig berührt wie die von derselben geborenen Jungen, während die Schlange sonst mittelgroße Schleichen und die frisch geborenen Jungen von Lacerta vivipara begierig verschlang.

Die zweite Form ist die Ringelnatter oder gemeine Kragennatter (Tropidonotus natrix), die überall zu Hause ist, in den Mooren, Büschen und Wiesen der Ebene, wie in den steinigen Halden bis gegen die Holzgrenze hin. In ihrer Lebensart stimmen alle diese Nattern, so weit unsere Beobachtungen reichen, ziemlich überein; sie nähren sich ausschließlich von thierischen Stoffen, lieben die Sonne, bringen den Winter in starrem Schlafe in Maulwurfs- und Spitzmausgängen, Misthaufen, Halden und Erdlöchern zu und pflanzen sich meistens durch Eier fort. Nur die österreichische bringt lebendige Junge und nur die Ringelnatter („die Schwimmerin') schwimmt mit Vorliebe, obgleich auch die Würfelnatter im Wasser nach Fröschen und Fischen jagt.

Die Ringelnatter ist in ihrer Jugend mehr stahlblau, später olivengrau, schwarzgefleckt, an den Bauchschienen weißgelb und blauschwarz, das Auge eine runde, schwarze Pupille mit goldgelber Berandung und dunkelbrauner Iris. In der kollinen und submontanen Gegend wurden indessen zwei oder drei verschiedene konstante Färbungsvarietäten beobachtet, nämlich eine olivengraue, eine mehr röthlichbraune und dann eine zwischen beiden stehende, gefleckte. Die Länge der Schlange beträgt gewöhnlich drei, selten vier Fuß. Die Weibchen unterscheiden sich von den Männchen in der Gestalt durch etwas bedeutendere Länge, kürzern, dünnern Schwanz, in der Färbung durch das trübere, schmutzigere Gelb der Halsflecken, die bei den Männchen lebhaft dottergelb, und durch die hellern Bauch- und Schwanzschienen, die beim Männchen durchgehender blauschwarz sind.

Am liebsten treibt unsere Ringelnatter ihr stilles Wesen in feuchten Wäldern,

im Gras= und Buschland der Bach=, Teich= und Seeufer. Hier nimmt sie fleißig
kühle Bäder, lauert auf Frösche, ihre Lieblingsnahrung, und auf Tritonen, schießt
pfeilschnell auf die Beute los, schwimmt ihr selbst weit nach, indem sie lebhaft
schlängelnd mit emporgehobenem Kopfe unter dem Wasserspiegel gleitet oder auf
den Grund tauchend hineilt. Auf dem Lande vermag sie auf junge Bäume zu
steigen, sobald sie dieselben umschlingen kann, indem sie fest ihre Rippen an die
Unebenheiten des Stammes stemmt. Sie fängt sich allerlei Insekten, Würmer
und Reptilien, besonders Eidechsen, wohl aber nur in der Noth auch Kröten und
seltener junge Mäuse; mitunter hascht sie auch ein kleines Vögelchen oder ein
Fischchen weg. Ihre Hauptspeise scheinen große Frösche zu sein, deren sie 6—10
Stück zu verschlingen im Stande ist, worauf sie wieder ohne Nachtheil 6—8
Wochen fasten kann. Sie packt das zappelnde, oft einen dumpfen Nothschrei
ausstoßende Thier am liebsten am Kopf (weswegen auch zu Nattern eingesperrte
Frösche instinktgemäß den Kopf abwärts in die Kistenecke drücken und den Hintern
vor= und aufwärts strecken), doch oft auch am Hinterfuß oder wo sie es gerade
hascht, würgt das gefaßte Glied hinein und läßt unter allmäliger Erweiterung
ihrer höchst elastischen Kiefer= und Schlundmuskeln den übrigen Theil des scheinbar
unverhältnißmäßig großen, immer noch zappelnden Bissens so langsam folgen,
daß eine jüngere Natter an einem Frosche oft über eine Stunde schluckt, während
alte drei Frösche in einer halben Stunde verschlingen. Todte Thiere, selbst ganz
frisch getödtete Frösche u. s. w., berührt eine Natter nie. Ist sie gesättigt, so
verfällt sie bald in einen lethargischen Zustand der Verdauung, der mehrere Tage
andauern kann. In diesem Schlafwachen ist sie scheinbar unempfindlich und
furchtlos; sie zieht sich aber gewöhnlich für diese Periode in größere Verborgenheit
zurück. Im April oder Mai paart sie sich, wobei sie einen widerlichen Knoblauch=
geruch verbreitet, und gegen den August hin sucht das Weibchen seine Eier, die
größer als Sperlingseier, gelblich, mit sehr wenig Eiweiß versehen, von einer
pergamentartigen Haut überzogen sind und durch zähe Fäden zu 20—30 Stück
an einander hängen, an einem feuchten und warmen Orte abzulegen, bald in
Holzerde, bald in Mistbeeten, in Düngerstöcken oder auch in Kuhställen, wo
mancher verwunderte Bauer sie schon für ‚Hahneneier‘ gehalten hat. Die Jungen
sind in diesem Zeitpunkte schon ziemlich ausgebildet, bleiben aber noch drei Wochen
lang im Ei und messen, wenn sie ausschlüpfen, bereits über sechs Zoll, worauf
sie sich von Insekten nähren. Sie wachsen aber nur langsam, in den ersten beiden
Jahren etwa bis zu 16 Zoll, und erreichen wahrscheinlich ein ziemlich bedeutendes
Alter, — wenigstens hat man schon 10—12 Jahre lang Nattern in der Ge=
fangenschaft zu erhalten vermocht. In diesem Zustande wird die Schlange in
der Regel bald zahm, während einzelne Exemplare stets unbändig bleiben, bei
jeder Bewegung die höchste Reizbarkeit verrathen, sich aufblähen, zischen, los=
fahren oder wuthstarr mit vorgestreckter Zunge liegen bleiben; ja man hat schon
alte Ringelnattern gefunden, die beim Einfangen in solche Zornextase verfielen,
daß sie augenblicklich todtblieben. Die meisten dagegen gewöhnen sich rasch an

den Menschen, zeigen Zutraulichkeit und Klugheit und nehmen die Speise aus der Hand. Wasser bedarf die Natter nur zum Baden, nicht zum Trinken. In ihrer Freiheit flieht sie, wenn sie einen Menschen gewahrt, sogleich. Fängt man sie, so richtet sie sich possirlich auf, zischt wüthend und fährt scheinbar heftig auf ihren Feind los, ist aber sehr froh, wenn dieser flieht und sie nicht zuzubeißen braucht. Ihr Biß ist, da sie ohne Giftzähne ist, natürlich ohne alle Bedeutung; dagegen hat der gelbe Saft, den sie aus ihren Afterdrüsen abgiebt, einen wider= lichen Bocksgeruch. Vom Frühlinge an wiederholt sie alle 4—5 Wochen ihren Häutungsproceß, d. h. sie streift die dünne, durchsichtige Ueberhaut, welche den ganzen Schuppenleib und selbst die Augen überzieht und sich zuerst an den Lippen löst, durch Schlüpfen zwischen Moos und Gestein ab. Sie verliert dabei alle Munterkeit und Freßlust, wird matt und träge und windet sich allmälig vom Kopf bis zum Schwanze aus der darmartigen Hülle der alten Haut. Die neue Ueberhaut ist sehr durchsichtig, weswegen auch die Schlange in dieser weit leb= hafter gefärbt, das Auge viel feuriger erscheint. Das Thier sucht dann bald sonnige Plätze auf, da es gegen kühle Feuchtigkeit empfindlich zu sein scheint. In der Gefangenschaft geht ohne künstliche Nachhülfe die Häutung nur unvollkommen von statten und bedingt, wenn es nicht gänzlich frei gemacht wird, die Erkran= kung und den Tod des Thieres, dessen Ausdünstung gehemmt bleibt. Uebrigens ist es auch bei normalem Verlauf in dieser Periode reizbar und bissig. Wie sich dieses unwehrhafte Thier zu vertheidigen weiß, zeigte im Mai 1864 ein merk= würdiges Beispiel. Der Mann des auf dem Kirchthurm von Benken (Gaster) brütenden Storchenpaars fing im nahen Ried eine starke Natter, welche er wahr= scheinlich seiner Gattin zutragen wollte. Die verwundete Natter aber schlang sich so fest um den Hals ihres Feindes, daß sie ihn erwürgte. Man fand den todten Storch von der todten Natter noch eng umstrickt.

IV. Die Wasseramsel (Cinclus aquaticus).

Die Bergbäche. — Ufer und Tiefen. — Die Wasseramsel und ihre Taucherkunst. — Ihre Winterbrut, Gesang und Tod.

Mitten in der ernsten Berglandschaft zwischen schmalen, mageren, steinigen Wiesen und düsterem Nadelgehölze rauschen die spiegelhellen Bergbäche einher und mildern freundlich den öden und sterilen Charakter des Thales. Diese Bäche kommen in der größten Mannigfaltigkeit vor; keiner gleicht dem andern, obwohl alle nur helles Wasser in steinigem Bette führen; jeder hat seinen bestimmten Typus und empfängt die Grundzüge desselben ebenso sehr von seiner Landschaft, wie er selbst das lebendigste Element derselben ist. Unter den tausend und aber=

tausend Bergbächen ist fast keiner ohne Reiz; selbst jene wilden und verwüstenden
Gewässer, welche die ganze Umgebung zu Schuttbetten umwandeln, während sie
im heißen Sommer nur dünne Wasseräderchen durch ihre Steinfelder ziehen, sind
doch in ihrer Bewegung oft so malerisch. Sie bilden mitten in den Geröllwüsten
Seitenarme, isolirte Wasserspiegel und Inselchen, umströmen mit klaren, lebendigen Wellen diese mit Erlen und Weidenbüschen geschmückten Eilande, fassen sich
dann rasch wieder zusammen und eilen weiter unten zwischen starken Wuhrungen
dem fruchtbaren Thalgrunde zu.

Anmuthiger sind aber jene zahmeren Waldbäche mit natürlichfesten Ufer-
seiten, die ihre Vorräthe gewöhnlich aus höheren Wasserbecken beziehen und
darum in ihrer Strömung geregelter und gleichmäßiger erscheinen. Das sind
denn die rechten Forellenbäche und wegen ihres stätigen Charakters und ihrer
verhältnißmäßig immer reinen Wasservorräthe gern von allerlei Wasserthierchen
bewohnt. Größere und kleinere Steine durchziehen zahlreich ihr Bett; aber es
sind nicht nur todte graue Steinmassen, es sind gleichsam organische Bestandtheile
des Baches. Die, welche unter dem Spiegel liegen, sind halb mit grünen Wasserpflanzen bedeckt, von denen oft lange schwarzgrüne Bärte und Gehänge den Bewegungen der Wellen folgen. Auf den größeren aus dem Wasser herausstehenden
Blöcken haben sich Thymian und Glockenblümchen angesiedelt; hundert bunte
Flechten und Moose bemalen sie in den mannigfaltigsten Formen und Farben;
Wasserschmätzer und Bachstelzen hüpfen fleißig auf ihnen herum und kleine blaue
Libellen tanzen über sie weg. Die Ufer dieser spiegelklaren Bäche, durch die man
jeden der blankgewaschenen Kiesel, ja jedes Sandkorn des Grundes deutlich erkennt,
sind mit allerlei Gebüschwerk dekorirt und oft mit hochbemoosten Steinen eingefaßt. Die Weiden und Ligustersträuche, die Eschen und Erlenbüsche hangen
oft weit vom Ufer über die sanftgehenden Wellen hin und bilden so anmuthige
Wasserverstecke. Freilich sind diese im Bette des Baches selber unendlich zahlreicher; wo zwei größere Steine gegen einander liegen, fängt sich das Wasser und
bleibt in schwachkreisenden Fluthen in der Tiefe beinahe still, während die oberste
Schichte des Spiegels unaufhörlich ab- und zufließt. Solcher ruhigeren Asyle
giebt es im Bache zahllose; manche drehen sich bei heftiger Bewegung des Wassers
immer tiefere Becken aus; andere werden durch Abweissteine unmittelbar am
Ufer gebildet. Hier tummeln sich gern die schwarzgrünen Forellen und hier
besonders hascht die Angel und das Netz die munteren Kameraden weg.

Gewiß liegt viel Poesie, viel Anmuth, ja Schönheit in dem Bereiche eines
solchen klaren und munteren Bergbaches, sei es, daß er zur Winterszeit seine kalte
Fluth zwischen blanken Eisspiegeln, reifbehangenen Büschen und schneeschimmern-
den Blöcken tummelt oder aus den Spundlöchern seiner festen Eisdecke stellenweise
kräftig herausprudeln läßt, sei's, daß die blauen Vergißmeinnichtaugen ihm den
Frühling zulächeln, der wilde Rosenbusch seine Sommerblüthen über ihm wiegt
oder der Ahornbaum seine herbstlich falben Blätter auf die Wellen streut. Allerlei
gute Freunde suchen ihn auf und nehmen bald ihr bleibendes Stand-, bald blos

ihr Sommerquartier in seiner Nähe. Es siedeln sich Würmer und Schnecken, Krebse und Spinnen, Wanzen und Fliegen, Mücken und Wespen, Käfer, Falter, Libellen nachbarlich an seinem Ufer an; zu ihnen kommen dann erst noch die ernsten Salamander, Molche, Frösche, Kröten, Nattern, die Fischotter, etwa ein Iltis, ein Fuchs, eine Katze, und so viele Vögel, bald um seines Wassers, bald um seiner guten Nachbarn oder seiner Büsche willen. Die prächtigen Eisvögel suchen ihn mit Vorliebe auf. Das sind aber wenig erfreuliche Gesellen trotz ihres blau= und goldgrünschimmernden Seidengefieders; traurig sitzen sie auf dem Busch oder der Hecke des Ufers und lauern stundenlang auf einen Kaulkopf oder Roßegel. Neben den Wasserstelzen sind die Wasseramseln die lieblichsten und lebhaftesten Bachanwohner. Fast so groß wie eine Amsel, mit erdbraunem Kopf und Nacken, graubraunem Rücken, schneeweißer Brust und dunkelbraunem Bauche, sind sie in beständiger Bewegung und schnellen beständig den Schwanz und den Hinterleib in die Höhe. Sie verlassen nie das Gebiet ihres Baches; man kann auf eine halbe Stunde am Wasser hin ein Dutzend Stück wegschießen, am andern Tage findet man die übrigen an ihren alten Wohnplätzen wieder. Sie halten sich nur paarweise zusammen und begnügen sich mit einem weit kleineren Revier als die Eisvögel; aufgescheucht fliegen sie gern niedrig längs des Wassers hin und sitzen in kurzer Entfernung wieder im Bache oder am Ufer ab. Ihre Bildung verräth den Wasservogel nicht; sie haben weder lange Füße, noch einen besonders langen Schnabel oder gar eine Schwimmhaut; dennoch baden sie nicht nur fleißig, sondern tauchen sehr häufig, ja durchwaten sogar den Bach ganze Strecken weit unter dem Wasser, wobei sie eifrig mit den Flügeln rudern. Ein Beobachter wollte dabei entdecken, daß die Wasseramsel mit untergeschlagenen Flügeln unter dem Wasser herumgeht und so eine gewisse Luftmasse gleichsam blasenartig als Umhüllung bildet, wie etliche Wasserkäfer solche glänzende Luft= blasen im Wasser zu bilden verstehen; — wir müssen gestehen, daß wir nie etwas Aehnliches bemerkten, können uns auch nicht vorstellen, wie eine solche Luftblase, die wohl zufällig entstehen kann, auch nur einige Augenblicke ausdauern könnte, da diese Vögel es lieben, stromaufwärts zu waten und die rasche Wellenbewegung die eingefangene Luft augenblicklich weiter tragen und befreien müßte. Freilich wird das Gefieder nicht naß; allein bei seiner pelzartigen Dichtigkeit und natür= lichen Fettigkeit ist dies leicht erklärlich. Zudem dauert der Aufenthalt unter dem Wasserspiegel selten über eine, gewiß höchstens zwei Minuten und so lange vermag der kräftige Vogel gewiß den Athem einzuhalten.

Die beständige Beweglichkeit dieses thätigen Thierchens, in der es bald seine weißschimmernde Brust hoch aufrichtet, bald den Schwanz in die Höhe wirft und eine kühle Welle über Kopf und Rücken hinspülen läßt, bald wieder leicht und rasch auf einen anderen Bachstein fliegt oder an den Uferbüschen hinläuft, im schnellsten Fluge über die Fluth streicht oder vom Ufer froschartig hineinspringt, gewährt einen äußerst freundlichen Anblick. Durch seinen winterlichen Gesang ist es der Liebling des Menschen geworden. Zwischen den hochbeschneiten Ufern,

wo der Bach mit Eisplatten bedeckt, die Steine mit Eiszapfen behangen sind,
richtet es sich hoch auf und singt in der schärfsten Kälte mit heller, fröhlicher,
lauter und oft zwitschernder Stimme etliche hübsche Strophen, die es mit
schmatzenden und schnarrenden Tönen unterbricht; — und verschwindet wieder
zum frischen Bade in den eisigen Wellen und selber unter den Eisplatten mit
einer für einen Landvogel beispiellosen Taucherfertigkeit. Das Wasser und das
Lied sind sein Element; am Wasser lebt und brütet, jagt und singt es, am Wasser
freut es sich seines Lebens, und wenn es krank und alt geworden und an einem
schönen Abend aufgehört hat zu singen und zu tauchen, so nimmt es die fromme
und vertraute Welle in ihren Schoos und trägt es lind und sanft dahin dem
Flusse zu. Und doch, wie wenige dieser freundlichen und lieben Thierchen sterben
wohl eines natürlichen Todes! Wir haben freilich nie gesehen, daß eine Wasser=
amsel verfolgt worden wäre; aber gewiß raubt der Thurmfalke oder der Tauben=
habicht manche, und manche holt des Nachts von ihrem Ufersteine der leise suchende
Fuchs oder der hüpfende Marder, die Katze oder das Wiesel, selbst die Otter.

Doch kennt die Wellenfreundin das Drohen eines traurigen Schicksals nicht.
Ihre Lust ist unverwüstlich, ihre Arbeit unaufhörlich. Aus dem flüssigen Krystall
ihres Elementes holt sie allerlei Wasserkäferchen und Larven vom Boden des
Bettes herauf, hascht auch die Mücken und Fliegen weg, die ihr Reich durch=
summen, und greift selbst die kleinen Kaulköpfe und die Eier und Brut der Forellen
an, doch sicherlich nicht so gefährlich, wie man oft glaubt. Wenigstens haben wir
zu jeder Jahreszeit in dem geöffneten Magen nie eine Spur von Laich oder Fisch=
chen, sondern stets nur Wasserschneckchen und Wasserinsekten, besonders kleine
und große Käfer gefunden. Den Menschen fürchtet sie nicht; sie wendet ihm gar
freundlich ihre Brust entgegen, wenn er am Ufer steht. Wähnt sich das harm=
lose Thierchen verfolgt, so fliegt es gern in ein offenes Buschversteck des Bach=
bordes und sitzt dort fest, im Glauben, hinlänglich geborgen zu sein. Ist es nur
angeschossen und nicht getödtet, so sucht es oft durch längeres, ängstliches Tauchen
und Waten sich zu retten.

Sein Tauchermuth und seine Wasserlust sind überhaupt außerordentlich
groß. In den ärgsten Wasserstrudeln, selbst in die Brandung der Wasserfälle
taucht es in der Hitze wie in der Kälte freudig unter. Besonders liebt es die natür=
lichen Wasserfälle und die stäubenden Wasserstrudel der Mühlenbäche und bringt oft
in den Wuhren, oft sogar in den Schaufeln alter Mühlenräder sein Nest an. Sonst
sucht es dasselbe sehr vorsichtig zu verstecken, oft in den Felsenspalten, oft unter
Brücken und Stegen, in der Nähe des Wassers in irgend einer Kluft, unter einer
Baumwurzel des Ufers. Das Nest ist sorgfältig aus Moos, Halmen und Blättern
von eirunder Gestalt gebaut, oft das Schlüpfloch mit Blättern, das Ganze
mit Farrenkräutern verhüllt, stets von oben gedeckt, und enthält sechs weißliche
Eilein. Die Wasseramsel brütet zweimal, im Frühling und im Sommer. Sie
bindet sich aber nicht an einen bestimmten Monat; man hat schon im Anfang des
Januar frisch ausgeschlüpfte Junge gefunden. Diese sind geborene Wasserthierchen

und tauchen schon nach wenigen Tagen mit ebenso viel Freude und Muth wie die Alten. Sie tragen ein bescheidenes und doch niedliches Kleid, obenher schiefergrau-bräunlich, unten weiß mit braungesäumten Federrändern. In Frankreich hält man die Wasseramseln neben den Nachtigallen für nächtliche Sänger und rühmt sie als solche in hohem Grade; wir haben diese Thierchen gar häufig beobachtet, ohne eine solche Eigenschaft entdecken zu können, und halten diese für ebenso irr-thümlich wie die Angabe, daß es auch eine konstante Abart mit schwarzer Brust gebe.

Diese lieben Thiere, die zum Bache so sehr gehören wie der Sperling zur Scheuer, finden sich durch die ganze Bergregion bis ziemlich hoch in die Alpen, an der Flaz z. B. bis über das Berninahospiz hinauf, an 6500′ ü. M., im Winter oft an den offenen Quellen weit ab vom großen Bache. In der Regel darf man annehmen, daß da, wo es Forellen giebt, auch noch Wasseramseln zu finden seien. Jung eingefangene Thierchen lassen sich mit Fliegen und Mehlwürmern nach und nach ans Nachtigallenfutter gewöhnen und werden bald zahm und zu-traulich, während die Alten scheu bleiben und sich nur selten zum Fressen bequemen.

V. Das Haselwild.

Seine Verbreitung, Nahrung, Brut und Eigenthümlichkeit. — Seine Feinde und sein treffliches Fleisch.

In den unteren und gegen die mittleren Waldregionen unserer Gebirge, selten auf bloßen Vorbergen und in den Forsten der Ebene finden wir das zier-liche Haselhuhn. Es ist oft der Begleiter der Urhühner und hält sich im gleichen Verbreitungsbezirk mit denselben auf. Ausnahmsweise scheint es auch höher zu gehen. So findet es sich z. B. nur im Winter in dem Wäldchen ob Andermatt im Urserenthale, nicht aber im Sommer, wo es also die obersten Holzschläge aufzusuchen scheint. Nach dem Jura soll es aus den Alpen von Wallis und Aelen kommen. Auch in der kollinen Region findet es sich öfters.

Wir haben es gewöhnlich an der Mittagsseite dichtbewaldeter, einsamer Berghalden, in steinigen, mit Wachholdern, Hasel- und Erlenbüschen bewachsenen und von Bächen durchflossenen, mit Tannen und Birken besetzten Revieren an-getroffen, wo es ungemein hurtig und niedlich zwischen Gras und Stauden umherhantirt. Es ist etwas größer als das Rebhuhn, das in der Bergregion nicht oft vorkommt, mit lebhaften, nußbraunen Augen, hochrothen, warzigen Halbringen über dem Auge, schwarzem Schnabel und haarartig befiederten, schwachen Füßen. Das Gefieder ist sehr hübsch rostbraun, weiß und schwarz gefleckt, die Füße grau, der Schwanz perlgrau und schwarz gewässert, mit einer schwarzen und weißen Querbinde am Ende. Eine besondere Zierde des Männchens, das überhaupt etwas größer ist und eine hellere und lebhaftere Färbung trägt, ist das höhere Häubchen auf dem Scheitel und die schwarze Kehle mit weißem Saume.

Die Haselhühner leben paarweise in etwas treuloser Monogamie und streichen nur im Herbst und Winter in kleinen Völkern familienweise umher. Man sieht sie mehr im Gebüsch auf der Erde als auf den Bäumen; doch übernachten sie stets auf diesen. Sucht man sie mit dem Hühnerhunde auf, so retten sie sich rasch auf eine nahe Tanne und sitzen in mittlerer Höhe in den dichtesten Zweigen nahe am Stamme ab. Im Winter scharren sie sich in dem Schnee oft längere Gänge bis zu ihrer Nahrung.

Wahrscheinlich haben nur wenige unserer Leser ein Haselhuhn im Freien gesehen, auch wenn sie durch Wälder gingen, wo es nichts weniger als selten war. Denn es gehört unter die scheuesten Vögel des Waldes, hält sich so still und versteckt sich so gut, daß es nur zufällig entdeckt wird, wenn es etwa mit vorgestrecktem Halse von einem Busche zum andern rennt oder sich, besonders im Frühling und Herbst, der Länge nach auf einen Baumast hindrückt, wo es blos von geübten Augen bemerkt wird. Dabei trägt das Weibchen die kurze Holle gewöhnlich glatt auf den Kopf niedergelegt, während der immer mit größerem Anstand einherschreitende Haselhahn sie öfters in die Höhe richtet, oft auch die Kehl= und Ohrfedern aufbläst und so sich ein gar possirliches Ansehen giebt. Ohne Noth fliegen diese Hühner nicht gern, laufen und springen aber trefflich, fliegen aufgescheucht pfeilschnell, aber mit schwerem, schnurrendem Geräusch und nicht sehr weit. Sie pfeifen in hellen, weitklingenden Tönen; während der Balz= zeit ruft der Haselhahn in der Morgen= und Abenddämmerung mit aufgeblasenem Kropfe sein trauriges gezogenes ‚Tihi—titittiti—tih‘.

Im Sommer leben sie von allerlei Insekten, aufgescharrten Würmern und Schnecken, während der übrigen Zeit von den zarten Knospen, Blüthen und Blätterspitzen der Waldpflanzen und Büsche, von den blauen Heidel=, rothen Berg= hollunderbeeren, Brom= und Vogelbeeren, Hagebutten, Holzsämereien, die sie aber aus angeborener Furchtsamkeit nicht gern vom Strauche oder Baume pflücken, sondern am Boden auflesen.

Im Frühling wählt jedes Pärchen seinen Standort, wobei sich die ganze Familie nicht allzuweit trennt. Die Haselhenne legt im Mai unter einem Hasel= busche oder an einem Stein in ein kunstloses, sehr wohlverstecktes Nestchen 8—15 rothbraune, dunkelpunktirte Eier von der Größe der Taubeneier, denen nach drei Wochen die sehr munteren Hühnchen entschlüpfen, welche sich auch bald so gut zu verbergen lernen, daß es fast unmöglich ist, sie aufzufinden. Des Nachts und bei schlimmem Wetter suchen die Jungen anfangs Schutz unter den warmen Flügeln der Mutter; bald aber gehen sie in schnurrendem Fluge mit dieser auf den Baum und sitzen dicht bei ihr ab, wo sich dann auch der Haselhahn, der während des Brutgeschäftes einsiedlerisch lebte, mit väterlichem Wohlgefallen wieder bei der Familie einfindet.

Marder, Wiesel, Raben, Bussarde, Krähen und Füchse sind ihnen oft ge= fährlich und vermindern die Zahl dieses ohnehin nicht sehr häufigen, niedlichen

Geflügels jedenfalls viel beträchtlicher als unsere Jäger, die nur mit der größten Aufmerksamkeit, Vorsicht und Geduld ankommen, es im Frühling aber durch Nachahmung der Locktöne leichter vor den Schuß bringen.

Wie das Birk= und Urwild, ist auch das Haselwildpret in Deutschland an den meisten Orten selten, dagegen im nördlichen Europa und Asien sehr häufig. Nach Angabe des schwedischen Oberjägermeisteramtes werden jährlich hunderttausend Stück Hasel= und ebenso viel Birk= und Urhühner nach Stockholm zu Markte gebracht.

Mit Recht räumt der Kenner dem im Herbste sehr reichlichen weißen, zarten und schmackhaften Fleische des Haselwildprets entschieden den ersten Rang unter allem Geflügel ein. Es ist zarter und schmelzender als das des Fasans, des Perlhuhns und selbst das der Wachtel, und übertrifft entschieden die Rebhühner, Schnepfen, Bekassinen und Regenpfeifer, wie auch die Alten schon große Verehrung für den ‚guten Braten‘ (bonasia) des Haselhuhnes bewiesen.

Ganz jung eingefangene Hühnchen sind schwer aufzuziehen; ältere dagegen gewöhnen sich bei Hafer, Brot, Beeren leicht an die Gefangenschaft, suchen aber stets durch die Umzäunung ihres Hofes zu schlüpfen oder darüber hinweg zu fliegen.

———

VI. Die Urhühner *).

Spute dich, Jäger! Dem Vogel vergehen
Hören und Sehen,
Glüht er; spring und acht' auf den Sang,
Und den wechselnden Klang.
Doch wenn die wirbelnden Laute nicht steigen,
Bücke dich still in Todesschweigen.
Tief ist das Moor; was thut das?
Nur bis zum Knie wirst du naß.
Willst du den Sänger fahn —
Schußrecht, schußrecht mußt du nahn.
Feuer!
Alles still! — Die Schaar entfleucht.
Tief das Blei in des Sängers Herzen;
Doch er stürzte ohne Schmerzen,
Als er sang so hoch entzückt!

Es. Tegner.

Bannwälder und Waldleben. — Verbreitung und Zeichnung des Urwildes. — Das Balzen. — Die Jagd. — Fleischwerth und Verfolgung. — Der Urhahn in der Fremde. — Berner Jäger.

Um den Fuß unserer Hochgebirge und über den Rücken der Vorberge hin nach dem Thale schlingt die in großen Farben malende Natur unserer Alpen

———

*) Es bedarf wohl kaum der Entschuldigung, wenn wir zu der einzig richtigen und im älteren Deutsch ohne Ausnahme gebrauchten Schreibweise ‚Urhuhn‘ (vgl. Ursprung, uralt u. s. w.) zurückkehren und die korrumpirte ‚Auerhuhn‘ aufgeben.

gewöhnlich einen breiten und dichten Gürtel Schwarzwalds, mit einzelnen hohen Buchen untermischt. Malerisch sind diese dunkelgrünen Schattenreviere besonders da, wo das Gebirg in kühner Flucht und thurmhohen Felsenwänden zwischen tiefen Schluchten ins Thal abfällt. Da krönen die Waldgürtel mit lichterem Vorholz die Felsen bis auf den äußersten Rand, überwölben die tiefen und schmalen Tobel der Waldbäche, säumen mit dem Gesträuche ihres Unterholzes die Schutthalden und strecken sich wieder in langen, breiten Armen oft stundenlang in die grünen Weiden und an die grauen Zinnen der Berge hinan. Die Vorsicht der Thalbewohner hütet sich wohl, diese alten Holzschläge, die ihre Hütten vor Lawinen und Steinschlägen schützen, zu lichten, und die meisten sind auch förmliche Bannwälder (im Tessin sacri oder favra) und Eigenthum des Kantons oder der Gemeinden; leider aber verstehen sie es auch nicht, diese oft so lückigen und überständigen Forste zweckmäßig zu verjüngen.

In jenen Bergwäldern, in deren Nähe Dörfer oder zahlreiche Höfe sich angebaut haben, ist selten noch viel von dem ächten, duftig-romantischen Wald- und Forstleben zu finden. Da geht die Armuth und holt das dürre Reisig weg; die Spekulation gräbt die schönen Wildrosen- und Ebereschenstämmchen und die dichten Weißdornstäudchen aus, holt Moose und Farren und lichtet die Beerenbüsche; da dringt die plumpe Kuh und die naschende Ziege ein und verbeißen den jungen Anflug, ehe er ihrem Maule entwachsen ist. Die dürftigen Jägerlinge schießen die Eichhörnchen und Singvögel und die Buben des Dorfes fangen die Amseln und Drosseln weg. Dann zieht der beraubte und entehrte Forst sein ödes Witwenkleid an; das edlere Wild flieht aus den profanirten Räumen und der Wald wird zum bloßen nackten Baumstammrevier, in dem allenfalls ein redlicher Bürger spazieren geht, das ihm aber kaum eine Spur des ächten, einsamen Waldlebens zu kosten giebt. In diesem tönt und rauscht es ganz anders bei Tag und bei Nacht. Da streichen in der späten Dämmerung die Waldkäuze und Ohreulen leisen Flugs über das Unterholz hin, wo die Grasmücken und Finken im grünen Laube versteckt sind, und der Fuchs zieht mit seiner jungen Familie auf dem moosigen Grunde; da wird der Sonnenaufgang und -Niedergang mit hellen zwitschernden und flötenden Chören begrüßt, das Haselhuhn pfeift sein ‚Ti—Ti‘, der Specht klopft weithinschallend an den dicken Stämmen den eingebohrten Käfer heraus, das Eichhorn und der Edelmarder setzen mit funkelndem Auge von Baum zu Baum, und die jungen Hasen machen im grünen Kraut ihre Männchen.

In diesen einsamen unteren und mittleren Wäldern des Gebirges bis in den unteren Theil der Alpenregion hinein hat auch das Urwild sein liebstes Quartier, höchst selten in den Wäldern der Ebene, ziemlich zahlreich in den berg- und forstreichen Urkantonen, am Gotthard bis Wasen hin, in den Bergen des Simmenthales und Grindelwaldes, im Tessin und Wallis, im bernschen Emmenthal in den Gegenden um Schangnau, im Entlibuch beim heil. Kreuz (3780′), im Glarnerlande in den Freibergen, am Soolerstock und Mürtschen, in Schwyz im Wäggithal und in den Einsiedlerschwarzwäldern, in den Grabseralpen, an den

Churfirsten (St. Gallen), am West= und Südfuße des Säntisgebirges (Appenzell), in vielen Bergwäldern Graubündens, im Wallis und im Jura*), das edelste und schönste von allem unserm Geflügel, eine Zierde des Gebirgswaldes. An man= chem der genannten Orte ist es aber außerordentlich vermindert und im Ver= schwinden. Häufig ist es nirgends; die Jäger stellen der kostbaren Beute zu eifrig nach; ganz zu vertilgen ist aber dieses Geflügel auch nicht leicht, theils da es sich ziemlich stark vermehrt, theils weil die größte Klugheit und genaue Kenntniß seiner Lebensart nöthig ist, um seiner habhaft zu werden. In der Nähe von St. Gallen wurden Exemplare auf der ‚hohen Tanne‘ geschossen, und als große Seltenheit wurde im November 1851 auch ein Hahn bei Frauenfeld erlegt.

Das Urwild pflegt im Allgemeinen Nadelholz vorzuziehen, besonders wenn dasselbe mit Heidelbeer=, Brombeer= und Haidengesträuch durchzogen ist und kleine offene Weideplätze mit klarem Wasser in der Nähe hat. Immer werden die Schläge vorgezogen, welche die ersten Strahlen der Morgensonne empfangen, da der Vogel ein rechtes Morgenthier ist. Nur selten verläßt es im Winter sein Quartier; doch hat man es im Emmenthal selbst in Heuställen Schutz gegen die Witterung suchen sehen.

Besonders der Hahn ist ein schönes, stolzes Thier, ausgewachsen völlig so groß wie ein Truthahn, 3 Fuß bis 40 Zoll lang, 4 1/2 bis 5 Fuß flügelbreit, 6—10 Pfund schwer, einzelne Exemplare sogar 14 Pfund, — von kräftig gedrungenem Bau und derbem, dichtem Gefieder, das unschwer einer mittlern Schrotladung widersteht.

Außer etwa der Trappe, die aber sehr selten zu uns kommt, haben wir wenig größere einheimische Vögel als der Urhahn. Seine Haltung ist gravitätisch, seine Färbung prächtig. Der gebogene, vorn mit einem Haken versehene, raub= vogelartige Schnabel ist gelblichweiß, die Augen nußbraun; über ihnen ein zier= licher, scharlachrother Warzenkreis. Die Federn des Flügelbuges sind weiß, die übrigen Theile fast ganz schwarz mit grauem Anflug; Kopf und Brust bläulich= grau, ins Grüne schillernd, die Flügel und Hosen ins Dunkelbraune, besonders im Herbst nach vollendeter Mauser. Der Schwanz ist schwarz und bis auf die Mittelfedern weiß gefleckt. Die schwarzen Krallen sind kurz, aber scharf. Die Urhenne dagegen ist bedeutend kleiner, blos 3—6 Pfund schwer, von durchaus verschiedener Färbung, mit rostfarbenem, schwarz= und weißgeflecktem Gefieder, rostrother Kehle und Brust, weißem, schwarz= und braungeflecktem Bauch und rostbraunem Schwanz mit schwarzen Querbinden.

Man trifft den Urhahn ebenso häufig auf dem Boden wie auf den hohen Bäumen an. Das ihm eigenthümliche Phlegma verleiht seinem Gange etwas Gravitätisches, und der gebogene Rücken und vorhängende Hals giebt ihm Aehn=

---

*) Im Waadtlande erscheinen die Urhühner nur im Jura=, nicht im Alpendistrikt, die Birkhühner und Haselhühner dagegen nur im Alpenbezirk, erstere nicht aber im Jura. Im oberen und mittleren Engadin kommt das Urwild gar nicht vor.

lichkeit mit dem Truthahn.   Aber nur selten gelingt es, den vorsichtigen und
ungeselligen Vogel in diesem Gange zu belauschen.   Sein Gesicht und Gehör
sind außerordentlich scharf, und tritt der Jäger im Moose noch so leise auf, hört
der Hahn nur das Knicken eines dürren Farrenkrautstengels oder das Rascheln
des Laubes, so hebt er sich mit heftigem, schnurrendem Flügelschlag in die Höhe.
Doch dauert sein immer geradeaus gehender Flug, den man auf eine gute Strecke
weit durchs Gehölz hören kann, nicht lange; er ist dem schweren Thiere zu müh=
sam, und bald setzt es sich wieder hoch auf einen alten Baum, am liebsten auf einen
gipfellosen oder gipfeldürren, von dem er leicht abstieben kann.   Weit öfter weidet
die gesellige Henne am Boden, scharrt die Erdhaufen aus einander und gluckst
ihr ,bak—bak' in allen Tonarten.

Die Stimme des Urhahns ist höchst eigenthümlich und mit Worten nicht
wiederzugeben.   Die Jäger nennen sein Rufen bekanntlich ,balzen' oder ,falzen';
es wird in der Regel blos im Frühjahr gehört.   Nach Sonnenuntergang ,stiebt
der Hahn auf seinen Baum ein', und zwar gewöhnlich auf den gleichen, eine
große alte Tanne oder Buche, die er, wenn er nicht gestört wird, Jahr für
Jahr beibehält.   Zu der Zeit, wo die Rothbuche ihr Laub entfaltet, balzt er mit
kurzer Unterbrechung vom ersten Schimmer der Morgendämmerung bis nach
Sonnenaufgang.   Er steht dann auf einem unteren starken Aste, sträubt seine
langen Kehlfedern, schlägt mit dem Schwanze ein Rad, läßt die Flügel hangen,
hebt das Gefieder, trippelt mit den Füßen und verdreht höchst komisch und wie
berauscht die Augen.   Dazu läßt er erst langsam und einzeln, dann immer
schneller und anhaltender theils schnalzende, theils klappende Töne hören, bis am
Ende ein starker Schlag, der sogenannte Hauptschlag, erfolgt, an welchen sich
nun eine Menge zischender, dem Wetzen der Sense ähnlicher Töne, das ,Schleifen',
reihen, die mit einem gezogenen Laute enden, wobei der Hahn gewöhnlich die
Augen in seligem Behagen schließt.

Dieses ganze merkwürdige Concert, das sich in kurzen Intervallen wieder=
holt und nicht auf große Entfernung hörbar bleibt, muß nun ein rechter Jäger,
der seine Beute nicht nur dem Zufall verdanken, sondern kunstgerecht erlegen will,
genau kennen; denn während desselben ist der Vogel am ersten schußgerecht.
Früh vor drei Uhr muß er auf seinem Platze sein und dem Hahne auf ein paar
hundert Schritte nahen, worauf er das Balzen ruhig abwartet.   Während des
Schleifens ist der Urhahn von seiner Musik so in Anspruch genommen, daß
er nicht scharf hört.   Diese Augenblicke, unmittelbar nach dem Hauptschlage,
sind das Signal für den lauernden Jäger, sich zu nahen; er thut es in so vielen
Sprüngen, als er während des jedesmaligen Schleifens verrichten kann, und steht
nach dessen Beendigung mäuschenstill, bis das Balzen von vorn anfängt.   Vor
und während desselben bis zum Hauptschlag hört der Vogel sehr scharf und stiebt
sogleich vom Baume ab, wenn er etwas Verdächtiges hört.   Dann stellt er ge=
wöhnlich für diesen Tag das Balzen ganz ein und ist dem Jäger verloren.   Ist
dieser jedoch so geschickt und erfahren, sich nur während des Schleifens zu nahen

und sich in der Zwischenzeit ganz ruhig zu halten, so kann er, wenn er während dieses seltsamen Aktes auf den Hahn schießt, sogar einen Fehlschuß thun, ohne daß der taube Vogel es bemerkt, — und ein Fehlschuß ist um so leichter möglich, als in der Dämmerung der dunkle Vogel sich nicht ganz scharf aufs Korn nehmen läßt. Da er ein ziemlich zähes Leben hat und selbst schwer getroffen oft noch abfliegt und dem Jäger verloren geht, sollte er nur mit der Kugelbüchse geschossen werden. Sein schwerer Fall von hoher Tanne ist weit im Walde hörbar.

In dem ‚gaistlichen Vogelgesang‘ wird dieser Jagd folgende drollige Moral abgewonnen:

Der Urhahn seiner Henne lockt,
Wenn er im Falsen ist;
Als wie vertaumelt er da hockt,
Merkt nicht des Waidmanns List.

Viel Tausend werden gefangen,
Verlieren Leib und Seel':
Am Weibernetz sie behangen,
Es zieht s' hinab zur Höll'.

Das ominöse Balzen, das dem guten Urhahn so oft tödtlich wird, ist also sein Paarungsruf. Die Hennen sind dann gewöhnlich nicht fern im Gras und in Büschen gelagert und antworten mit ihrem sanften ‚bak—bak'. Nicht selten, besonders wenn ein junger Hahn im gleichen Standrevier sich eingefunden, setzt es zwischen dem älteren und diesem wüthende Kämpfe, während deren die Thiere in blindem Eifer nichts sehen und hören, wie die Edelhirsche in der Brunstzeit, und wie diese fallen nach verbürgten Nachrichten balzende Urhähne sogar in toller Wuth andere Thiere und selbst Menschen an. Auffallenderweise suchte einst im Thurgauischen eine Urhenne in den Hühnerhof eines Waldgehöftes zu dringen und setzte dieses Bestreben jeden Morgen fort, bis der Bauer sie erlegte.

Nach der Balzzeit lebt der Hahn monogamisch und zwar einsiedlerisch auf seinem Standbaume und in dessen Nähe, während die Henne in einer Lich=tung unter einem Busche im Haide- oder Heidelbeerkraut ein ziemlich geräumiges Loch scharrt, in das sie auf leichtes Genist 5—14 rostgelbe, braunpunktirte Eier von der Größe und Form der Hühnereier legt und mit äußerstem Eifer brütet. Die in vier Wochen ausgebrüteten Urhühnchen werden von der Mutter zum Insektenfange abgerichtet; sorgfältig stört sie ihnen die Haufen der Waldameisen aus einander, legt ihnen deren Larven vor und pflegt, schützt und vertheidigt sie sogar mit Lebensgefahr.

Ausgewachsen fressen die Urhähne Schwarzholznadeln, Heidelbeerblätter, giftigen Hahnenfuß, Farrenkrautwedel, Alpenrosenlaub, allerlei Grasstengel, Blüthenkätzchen, Knospen, Beeren und Insekten, zur Verdauung auch eine Menge Kieselchen und Schneckenhäuschen. In der Balzzeit fressen die Hähne gar nichts Anderes als Tannennadeln, von denen man oft ganze Hände voll in ihrem Kropfe findet, ebenso im Winter, wo sie nicht selten Wochen lang auf dem gleichen Baume

bleiben und ganze Aeste kahl abweiden. Diese rauhe Nahrung macht das Fleisch
der Hähne, das sonst schon grobfaserig und zähe ist, und einst von Athenäus
dem des Straußen ganz ähnlich genannt wurde, hart und oft nach Harz schmeckend,
so daß es einfach gebraten fast nicht zu genießen ist. Wohl gebeizt und sorgfältig
behandelt, schmeckt es besser.

Die Henne frißt selten Nadeln, zieht feine Speise: zarte Knospen, Getreide,
Kräuter und Beeren, Fliegen, Ameisen, Spinnen, Raupen, Käfer, Larven und
Würmer vor und hat ein ziemlich zartes, saftiges Fleisch, das sich aber nur zu
oft ganz unberufene Gäste schmecken lassen. Zwar der alte Urhahn hat von
unseren Vierfüßern nur wenig zu fürchten, da er meist auf den Bäumen lebt und
sehr wachsam ist; dagegen ist die am Boden brütende Urhenne den Angriffen
eines ganzen Heeres von Feinden ausgesetzt. Unter diese gehört besonders der
in den älteren und einsameren Wäldern überall häufige Fuchs, der Mutter, Junge
und Eier wegfängt; dann die Marder, Iltisse, Wiesel, wilden Katzen und Luchse,
mit denen sich die Raben, Falken und Taubenhabichte vereinen.

Außer in unseren Bergwäldern findet man das edle Urwild im ganzen
mittleren und nördlichen Europa und im angrenzenden nördlichen Asien. Im
Thüringerwalde und im Harze ist es ziemlich häufig, am gemeinsten aber in den
undurchdringlichen Forsten von Liv- und Esthland, am Jenisei und Obi, wo die
Bauern mit Fackeln in die Wälder gehen und das erschrockene Geflügel mit
Stöcken todtschlagen. In Deutschland nimmt es unter dem jagdbaren Geflügel
den ersten Platz ein und wird nach den Jagdgesetzen wie das Roth- und Edelwild
zur hohen Jagd gerechnet. Früher gingen nur die hohen Herren der Jagd auf
den balzenden Urhahn und erlegten ihn auch nur mit der Kugel. Noch jetzt
wird dieses Wild in vielen Revieren wohl gehegt und nie eine Henne geschossen,
sondern immer nur die älteren, stark balzenden Hähne. Der jetzt regierende
Kaiser von Oesterreich erlegt in der Balzzeit jährlich eigenhändig drei bis vier
Dutzend Stück, besonders in den steierischen Forsten.

Verwittwete, ganz alte Hähne, die nicht mehr balzen, sind so außerordentlich schlau, daß man beinahe nicht ankommen kann. Brütende Hennen dagegen
lassen sich oft auf den Eiern greifen und kehren, auch wenn sie davonlaufen, doch
bald zu ihnen zurück. Aber auch nichtbrütende sind weit weniger scheu als die
Hähne, und noch dieser Tage hielt uns eine solche den Vorstehhund, den sie in
ihren Heidelbeerbüschen neugierig mit weit vorgestrecktem Halse betrachtete, mehrere
Minuten lang aus. Ein Jäger in Gaiß fand unter einer Tannenwurzel neun
Urhühnereier; er ließ sie durch eine Haushenne ausbrüten; doch brachte er die
Jungen nicht über ein Alter von elf Wochen und immer fürchteten sie sich vor
dem Glucksen ihrer Pflegemutter. In der Schwendi im Kanton Bern ernährte
ein Bauer einen jungen Urhahn blos mit Kartoffeln und machte ihn so zahm,
daß das Thier auf seinen Ruf herbeilief. Die Urwildjagd im berner Oberlande
war bis auf die neuere Zeit sehr drollig und eigenthümlich. Der Jäger pflegt
ein weißes Hemd über den Kopf zu ziehen und watet auf seinen Schneeschuhen,

bis er das Kollern des balzenden Hahnes vernimmt. Während dieser singt und zugleich im Schnee oder auf dem Ast seine possirlichen Sprünge mit radförmig ausgebreitetem Schweife macht, marschirt der Schütze gerade auf das Thier los; in den Pausen steht er ganz still; der Hahn starrt ihn an, wenn er ihn gewahrt, und fährt dann zu balzen fort, bis der Schuß geht. Jung aufgezogene und gezähmte Urhähne balzen zu jeder Stunde und zu jeder Jahreszeit.

Als Kreutzberg mit seiner großen Menagerie im Herbst 1853 St. Gallen besuchte, brachte ihm ein Vorarlberger einen lebenden Urhahn, den derselbe im Frühling von einer Haushenne hatte ausbrüten lassen und den er von sechs ausgeschlüpften Jungen allein aufgebracht hatte. Ruhig saß der prächtige Vogel auf seiner Stange zwischen den schreienden Aras und plappernden Kakadus und hörte mit großem Interesse, aber ohne alle Bangigkeit, dem Gebrüll der Löwen, Hyänen und Panther zu. Später wurde er in den Käfig eines afrikanischen Pfauenkranichs gebracht, wo er sich mit stoischer Ruhe von dem heißblütigen Südländer zwicken und beim Kragen schütteln ließ.

VII. Der Uhu.

Sein Aufenthalt und seine Verbreitung. — Sein Nachtleben. — Seine Feinde. — Abenteuer am Wallensee.

Der Uhu (Bubo maximus) ist ohne Zweifel einer der sonderbarsten und schönsten Bewohner unserer Gebirgswaldungen, ein imponirender, phantastischer und höchst eigenthümlicher Vogel. Wenige unserer Bergreisenden werden ihn gesehen, manche dagegen ihn gehört haben. Er hält sich nur an den einsamsten, abgelegensten Orten auf und zieht hohe Bergschluchten vor mit steilen Felsen und dichtem Gebüsch oder ganz abgelegene Thurmruinen, von Bäumen gedeckt, wie er sie besonders in dem Kanton Graubünden, das an solchen Felsennestern so reich ist, findet. Während des Tages fliegt er nur ab, wenn er gestört wird, duckt sich glatt in die dichtverzweigten alten Baumstämme oder in die Felsenspalten und wird nur mit großer Mühe ausfindig gemacht. Er gehört der unteren und mittleren, selten der oberen Baumregion unseres Gebirges an und ist, wie überhaupt in der ganzen alten Welt, so auch durch alle Theile der Schweiz verbreitet, aber nirgends häufig. Im Urnerlande steigt er bis über das Urserenthal hinauf, in Bünden sogar bis ins obere Engadin, wo er noch nistet; im Kanton Tessin erscheint er nach Zugvogelart, wie Riva angiebt, vom Herbst bis zum Frühling und verweilt dort seltener über Sommer. —

Einen tiefen und schauerlichen Eindruck macht sein hohles, gedämpftes Geschrei ‚Puhu—puhu—puhue‘, oft mit einem jauchzenden ‚Hui‘ vermischt; im

April, zur Paarungszeit, tönt es wilder.   Im Kanton Appenzell, wo neulich
ein Uhu früh morgens in der Rathhaushalle gefangen wurde, kann man es
in den wilden Schluchten des Brüllisauertobels, von den Felswänden des Hohen
Kasten, im Kurzenberg, und in der Schwendi im Speicher zur Nachtzeit ver=
nehmen, und es ist nicht zu verwundern, wenn sich die Sagen von Hexentänzen,
von wilden Jägern und dergleichen an das schaurige Concert knüpfen; denn das
Brüllen des Löwen und das Geheul des hungrigen Wolfes sind kaum unheim=
licher als dieses Eulengeschrei, von schnaubenden Schnabelschlägen begleitet. Mit
Eintritt der Dämmerung fliegen die Uhu auf ihren Raub aus — ruhig, geräusch=
los, langsam und tief.   Sie suchen Mäuse, Schlangen, Frösche auf, machen sich
aber lieber über die Waldhühner, selbst Urhähne, Wildenten, Hasen, Häher und
besonders Krähen her; — die letzteren holen sie sich oft des Nachts von den
Bäumen und Dächern.   Sie spalten mit dem Schnabel der Beute zuerst den
Kopf, brechen die größeren Knochen und verschlucken kleinere Thiere ganz; größeren
Vögeln reißen sie den Kopf ab, rupfen ein wenig die Federn weg und zerreißen
sie, indem sie selbst größere Knochen mitverschlingen, die sie, in die mitverschluckten
Haare und Federn eingewickelt, als Gewöll wieder ausspeien.   Man hat sogar
im Magen dieses Räubers ein großes Stück von einem Igel sammt den Stacheln
gefunden.   Im Winter hält er sich oft an Aas.

Der Uhu ist die größte unserer Eulen, 2 Fuß lang und in der Flugweite
5—6 Fuß breit, mit seidenweichem, lockerem, fahlbraunem, schwarzgeflammtem
Gefieder, über jeder Ohröffnung mit langen, schwarzen Federbüscheln.   Der
Schnabel ist schwarz, halb in Borsten verborgen und im Halbkreis gebogen, das
Auge sehr groß, mit tiefschwarzer Pupille, bernsteingelber Iris, mit einem strah=
ligen Schleier umgeben, die kurzen und kräftigen Füße sind bis auf die braunen,
großen und spitzen Krallen stark besiedert.   Irrthümlich glaubte man, der Uhu
sehe am Tage nichts; aber er sieht Alles sehr genau und schließt nur gegen das
plötzlich und grell einfallende Licht die Augen.   Er ist den ganzen Tag über sehr
vorsichtig und hält sich still; doch sahen wir ihn bei Jagden auch schon Mittags
über die Baumwipfel streichen.   Im Gegensatz zu den meisten übrigen Eulen frißt er
auch am Tage, besonders in der Gefangenschaft, schießt sogar zu dieser Zeit aus
seinem Versteck auf kleine Vögel und zerreißt sie.   Fast nie nimmt er Wasser zu sich.

Dieser schöne Vogel, dem der außerordentlich dicke, runde Kopf und die
feierlichen, gewaltigen Augen ein so abenteuerliches Aussehen verleihen, und der
auch sonst in seinen Bewegungen absonderlich ist, oft Kopf und Hals verdreht,
mit dem Schnabel knackt, mit den Augenlidern nickt und mit den Füßen zittert,
scheint beinahe die Größe eines Steinadlers zu erreichen, da er sein lockeres Ge=
fieder weit vom Körper abrichten kann, während er gerupft nicht viel größer als
ein Rabe ist.   Besonders wenn er gereizt wird, sträubt er seine Federn auf, rollt
die Augen, pfaucht mit dem Schnabel und fährt wüthend auf seinen Feind los.
Seines sonst ruhigen und schläfrigen Wesens wegen hält man ihn für furchtsam
und feig; allein er ist ein muthiger, starker Raubvogel, greift den Jäger, der ihm

die Brut nimmt, an und bindet, nach der Erzählung unseres Wagner und Haller, sogar mit dem Steinadler an und bezwingt denselben. Den großen Raben, der sich vor dem Adler nicht fürchtet, überwältigt er regelmäßig.

Der Uhu brütet im Frühling 2—3 weiße, poröse, rundliche Eier aus, die er in ein großes Nest, das wohl 3 Fuß im Durchmesser hält und mit Heu und Moos ausgefüttert ist, oder nackt in eine Steinhöhle legt. Die Jungen sind zuerst kleinen Wollklumpen ähnlich, mit feinem, lockerem, punktirtem Flaume bedeckt und zischen bei Angriffen tüchtig. Man kann sie Jahr für Jahr ausnehmen, wenn man einmal die Niststelle kennt, da die Uhu gern am gleichen Orte brüten.

Die Jungen lassen sich, wenn auch mit Sorgfalt und Klugheit, zähmen. Sie fressen dann allerlei Fleisch, immer die Krähen am liebsten, und sind im Stande, ein großes Quantum auf einmal zu verzehren und dann auch wieder 4—5 Wochen zu hungern. Madiges Fleisch scheint ihnen höchst nachtheilig, obschon sie sonst das Aas nicht verachten; wenigstens schien die Krankheit eines Uhu, dem Madenwürmer zu Mund, Ohr und Augen herauskrochen, eine Folge jenes Genusses.

Da der Uhu des Nachts die Waldvögel überfällt, so sind diese des Tages seine geschworenen Feinde. Läßt sich einer dann blicken, so versammeln sich die Krähen und Elstern wüthend um ihn, begnügen sich aber, mit einem scheußlichen Geschrei ihm zu imponiren, und kaum wird eine wagen, ihn ein Bischen zu zwicken. So verrathen sie oft dem Jäger den Aufenthalt der Eule; sie wittern den Uhu so scharf, daß sie ihn sogar, wenn er im Sacke nach der Krähenhütte ausgetragen wird, erkennen und beschreien.

In der Schweiz benutzt man den Uhu nicht, außer daß er etwa in einem Kasten umhergetragen und für Geld gezeigt wird; in den Jagdgegenden Deutschlands dagegen wird er für die Krähenhütten gebraucht.

Ein wunderlicher Zufall trug sich am 6. November 1862 am Rothbach bei Tiefenwinkel am Wallensee zu. Es war ein Markstein an der Kantonsgrenze gesetzt worden, die Beamten hatten sich zurückgezogen und um 5 Uhr Abends hatten auch die zwei Arbeiter ihr Geschäft vollendet. Der Eine nahm das Hebeisen auf die Schulter und machte sich auf den Heimweg, der Andere, ein sechszehnjähriger Italienerjunge, las das übrige Werkzeug zusammen, um ihm zu folgen, als plötzlich ein alter Uhu auf ihn stürzte und ihn fest an den Schultern packte. Trotz des Angstgeschreis ließ der Vogel den Jungen nicht los, bis er vom ältern Arbeiter mit dem Hebeisen weg- und todtgeschlagen wurde. Er maß 5½ Fuß Flugweite.

Dieser merkwürdige Vogel hat überall einen anderen Namen erhalten und zählt deren an die dreißig; in der Schweiz heißt er auch ‚Hu, Schuhu, Goldeule, Heuel, Huivogel‘, im Werdenberg ‚Faulenz‘, in Appenzell ‚Steineule‘, im Luzernschen ‚Steinkauz‘ und ‚Puivogel‘, in Bern ‚Guutz‘, in Bünden ‚Huher‘; die Tessiner nennen ihn höflich ‚gran dugo‘, verfolgen aber ihn wie alle Aristokraten von Geblüt mit republikanischer Erbitterung.

VIII. Die Schlafmäuse und ihr Leben.

Des Siebenschläfers Lebensweise. — Siebenschläferzucht. — Die Eichelmaus, ebenfalls nur Gebirgsthier. — Die Haselmaus. — Das kalte Blut. — Eigenthümlichkeiten des Winterschlafs jeder Art.

Diese niedlichen und drolligen Thierchen umfassen bei uns nur zwei Haselmausarten und die Siebenschläfer. Nirgends sind sie häufig, zeigen sich selten und sind mehr nur dem Namen nach bekannt. Sie bilden ein Mittelglied zwischen den Mäusen und Eichhörnchen und theilen mit jeder dieser Familien eine Anzahl von Eigenthümlichkeiten. Ihre Verwandtschaft unter sich besteht in der Gleichmäßigkeit des oft unterbrochenen Winterschlafes; auch haben alle einen hüpfenden Gang, große Ohren und lange, starkbehaarte Buschschwänze.

Die größten unserer Schlafmäuse sind die Siebenschläfer (Myoxus Glis), einem kleinen, etwas plump gebauten Eichhorn ähnlich, obenher aschgrau mit einem etwas dunklern Ring um die Augen, am Bauche weiß, mit sehr feinem, weichem Pelzchen, großen, hervortretenden Augen, langen, schwarzen Schnurrhaaren und einem Schwanze, der beinahe die Länge des Rumpfes erreicht.

In dichten Eichen und Buchenwäldern, die viel Unterholz haben, klettern diese Thierchen fleißig umher, selten bei Tage, lieber in der Dämmerung und in hellen Nächten. Sie leben wie die Eichhörnchen von Obst, Nüssen, Bucheckern, Fichtensamen und anderen Sämereien, und suchen nicht selten auch Eier und junge Vögelchen auf. Zur Reifezeit der Johannisbeeren gehen sie diesen eifrig nach. Kirschen gehören zu ihren Leckerbissen, Birnen und Aepfel schleppen sie in Menge in ihre Vorrathskammer. Diese ist in der Regel in einem hohlen Baume oder im Gestein angelegt, doch nicht selten auch in Bauernhäusern und Scheunen, die in der Nähe von Waldschlägen liegen und wo die Thierchen oft viele Jahre lang auf den Dachboden und in Balkenverstecken Quartier nehmen, um von hier aus, wie die Erfahrung beweist, nächtlich die Vorräthe von dürrem oder grünem Obste u. s. w. zu besuchen, Wäsche zu zernagen und anderen Unfug zu verüben, der dann von den Leuten gewöhnlich eher den Ratten als den wenig bekannten Siebenschläfern zugeschrieben wird. Sie verschmähen es sogar nicht, in solchen wohlgelegenen Häusern sowie in Bienenhäusern ausnahmsweise statt in ihren Baumlöchern Winterstation zu nehmen und Wochenbett zu halten, in welchem im Juni 3—6 Junge erscheinen.

Seine größte Verbreitung hat bei uns der Siebenschläfer in den tessinischen Gebirgen, wo er mit Vorliebe die Kastanienwälder aufsucht.

Nördlich von den Alpen ist er auch nicht gerade selten und zwar bis in die Bergregion hinein, wie im Rheinthale, Domleschg, Jura, Glarnerlande. An manchen Orten ist er seines nächtlichen Auftretens halber noch gar nicht bemerkt worden, an anderen (z. B. Schaffhausen) erscheint er periodisch in starker Zahl. Im Tessin wird sein Fleisch hoch geschätzt. Seine natürliche Bösartigkeit, seine Tücke, sein wildes und bissiges Wesen machen eine Zähmung fast unmöglich.

Gegen ihre Feinde aus dem Wieselgeschlecht vertheidigen sich diese Thiere mit hartnäckiger Tapferkeit und brauchen ihr scharfes Gebiß und ihre guten Krallen fertig genug, wenn auch selten mit Erfolg. Katzen sind ebenfalls ihre erbitterten Feinde und vertilgen sie sehr oft gänzlich; doch wurde beobachtet, daß diese beim Zerfleischen die Schwänze und die (mit Beeren oder Obst gefüllten) Magen regelmäßig liegen lassen.

Die sechs bis sieben Wintermonate durchschlafen sie, wenn auch mit zahlreichen Unterbrechungen; daher ihr Name. Ob sie ihre Wohnung im freien Walde während des Winters öfters verlassen, haben wir bei der eingetretenen Seltenheit des Thierchens nicht beobachten können. Auffallend aber sind die Wahrnehmungen eines zuverlässigen Naturfreundes, daß die in der Nähe eines Bauernhauses angesiedelten Siebenschläfer während aller Wintermonate, selbst bei 5—7° R. Kälte und nachdem sie ihre Vorrathskammer ohnehin reichlich genug versehen hatten, hervorkamen, um hingestreute dürre Kirschen, Pflaumen, Aepfel u. s. w. wegzuholen. Und dies geschah nicht etwa nur ein bis zwei Mal, sondern regelmäßig den ganzen Winter über jeden zweiten Tag; nur ganz stürmisches Wetter vermochte die Thierchen 3—4 Tage zurückzuhalten.

Während des Winters sind sie am fettesten, wie schon Martial bemerkt:

‚Winter, dich schlafen wir durch; wir strotzen von blühendem Fette
Just in den Monden, wo uns nichts als der Schlummer ernährt.‘

Ueberhaupt widmeten ihnen die alten Römer große Aufmerksamkeit, da sie ihr Fleisch für einen Leckerbissen hielten. In eigenen mit Eichenbüschen bepflanzten Ratzengärten unterhielten sie eine Menge Paare, steckten dann die älteren in irdene Töpfe, nährten sie mit Eicheln, Nüssen und Kastanien und schlachteten sie ab, wenn sie fett genug waren. Der deutsche Modegeschmack hat sich zu dieser Nachahmung noch nicht verirrt.

Noch seltener, und bisher vorwiegend in der montanen und alpinen Region, wird die Eichelmaus oder große Haselmaus (M. quercinus) bemerkt. Sie ähnelt dem Siebenschläfer, ist aber etwas kleiner, oben röthlich braungrau, unten weiß mit einem schwarzen Streif von der Oberlippe, um die Augen, unter den Ohren bis an die Halsseiten. Vor und hinter den Ohren steht ein weißer, an der Schulter ein schwarzer Fleck. Der buschige, oben röthliche und schwarze Schwanz ist unten weiß. Ihre Lebensart gleicht durchaus der des vorigen Schlafratzes; sie ist eben so boshaft, bissig wie er, wirft zweimal im Jahre 4—6 Junge und verräth ihr Nest oft durch den unerträglichen Gestank, der dasselbe umgiebt. Man fing sie mehrmal am Gotthard und im Urserenthale lebendig, fand sie aber unzähmbar; auch im oberen Engadin ist sie heimisch (in Zuz haben wir sie selbst gefunden) und als Rarität in mehreren laubholzreichen Bergkantonen und im Domleschg.

Viel niedlicher und liebenswürdiger als diese beiden Ratzen ist die kleine Haselmaus (M. muscardinus), kleiner als eine gewöhnliche Hausmaus, auf der Oberseite fuchsroth, Brust und Kehle weiß. Der kurzbehaarte, beinahe rumpflange Schwanz ist rothbraun. Mit großer Beweglichkeit und fertig wie ein kleines Eichhörnchen haust dieses Mäuschen in den Vorhölzern und Hasel= büschen der untersten Bergregion und des Hügellandes und wird in jungen Holz= schlägen und dichten Haselhecken nicht selten gefunden. Es nährt sich von aller= hand Nüssen und Gesämen, frißt wie das Eichhorn auf den Hinterfüßen sitzend, und wirft im Juli oder August 3—6 blinde Junge; während dieser Zeit riecht das Nest stark nach Bisam. Die jung eingefangenen sind bald ziemlich zahm und zutraulich und werden oft in Käfigen gehalten. Die älteren bleiben immer etwas furchtsam; doch sind sie friedlich und sanft. Einem unserer Bekannten, der in einsamer Waldschlucht eine Haselmaus bemerkt und sich dann beobachtend regungslos hingesetzt hatte, nahte das neugierige Thierchen, benagte ihm erst die Stiefel und kletterte dann am Schenkel hinauf, bis es sich haschen ließ.

Wenn man einen Haselhag ausstocken läßt, so trifft man leicht in einem alten hohlen Stocke auf einen großen Vorrath von Haselnüssen und gewöhnlich darauf auch die Mäuschen selber; hat man schon eines derselben abgefaßt, so befreit es sich oft mit einem herzhaften Bisse und folgt seinen schon entflohenen Gefährten mit außerordentlicher Schnelligkeit. Trifft man spät im Herbste auf ein blätter= kugelartiges Haselmausnestchen, so findet man dessen Bewohner gewöhnlich schon im Winterschlaf begriffen, kugelförmig zusammengerollt, die Schnauze am After. Das Nestchen ist aus Laub, Moos und Haaren sehr warm, backofenförmig gebaut; nimmt man sie heraus, so geben sie durch ein leises Zischen ein Zeichen ihres vollen Gefühles von dem, was um sie her vorgeht.

Mangili und Andere haben merkwürdige Untersuchungen über den Winter= schlaf angestellt. Die Experimente wiesen nach, daß diese Lethargie ganz anderer Art ist als die der Murmelthiere oder der Hamster, und daß ihre Erscheinungen bei den einzelnen Arten dieser Familie wieder nicht unbedeutend variiren. Die kleine Haselmaus scheint die schlafsüchtigste zu sein. Ein gefangenes Thierchen lag bei einem Thermometerstand von 1° über Null in todähnlicher Erstarrung und zählte während 42 Minuten nur 147 unregelmäßige Athemzüge. Das Thermometer sank bis 1° unter Null; — da erwachte das Mäuschen, entledigte sich seiner Exkremente und begann zu fressen. Später, bei höherer Wärme, schlief es wieder ein und athmete bei fünf Grad viel seltener als bei einem Grad und immer seltener, je länger der Schlaf dauerte, ja bis zu Unterbrechungen von 27 Minuten. Als das Thermometer auf 10° über Null stieg, athmete es in 34 Minuten nur 47 Mal. Der Sonnenwärme ausgesetzt, trat das Athem= holen so ruhig und regelmäßig ein wie in gewöhnlichem Schlafe. Später bei großer Kälte athmete es 32 Mal in der Minute, aber leicht (im Gegen=

saß zum Murmelthier), und drehte ohne zu erwachen den Rücken gegen die Windseite.

Selbst im Mai, bei einer Wärme von 15°, verfiel das Thierchen jeden Morgen in seine Schlafsucht und starb, einer künstlichen Kälte von 10° ausgesetzt, schlagflußartig, indem alle Blutgefäße stark angefüllt waren.

Aehnliche Resultate weist die Beobachtung des Winterschlafes der großen Haselmaus nach; nur schläft diese weniger und in der Regel nur bei ganz niedriger Temperatur. Auch sie frißt jedesmal beim Erwachen nach Entledigung der Excremente und schläft dann fort. Ein Siebenschläfer verfiel bei 4° Wärme in seinen Winterschlaf; das Thermometer wies eine Körperwärme von blos 3 $\frac{1}{2}$° nach. Bei steigender Kälte erwachte er, fraß und schlief dann wieder ein. Bei 6° unter Null athmete er schnell und ununterbrochen. Im Juli schlief er noch einmal in und zwar für mehrere Tage und athmete langsam und in kurzen Unterbrechungen.

Im Schlafe äußern alle diese Thiere durch Knurren, Zischen und Zucken Schmerzgefühl, wenn sie dazu veranlaßt werden. Das schnellere Athmen scheint bei größerer Kälte zur Erzeugung von höherer thierischer Wärme nothwendig, das Aufwachen aber nicht selten durch Hunger veranlaßt zu sein.

Wir verlassen diese interessanten Schlafthierchen nicht ohne ein Gefühl des Mangels und der Armuth an wissenschaftlicher Erkenntniß. Gewiß hat jede Familie von organischen Wesen eine bestimmte und nothwendige Stelle in dem geheimnißvollen Systeme der Natur einzunehmen. Diese specifische Bedeutung zu erkunden, ist des Naturforschers herrliche Aufgabe; ihre Lösung aber so oft erst kaum geahnt. Der Schlaf des Murmelthiers ist aus dessen klimatischen Wohnungsverhältnissen leicht zu begreifen; der dieser tieferwohnenden Mäuse ist noch nicht begriffen, noch nicht einmal vollständig beobachtet.

IX. Eichhörnchen und Berghasen.

Die Jägerlinge und der Wildstand. — Zeichnung des Eichhörnchens. — Berg= und Feldhasen. — Charakter und Lebensweise der Hasen. — Bastarde. — Aufenthalt.

Wenn der hoffnungsvolle junge Waidmann seine ersten Heldenthaten verrichtet und vom vollen Kirschbaum auf fünf Schritte Distanz mittelst eines Viertelpfundes Dunst einen bis zwei Spatzen tödtlich verwundet heruntergeschossen hat, so putzt er sorgfältiger sein Rohr, legt halb befriedigt, halb geringschätzig das zersetzte Kleingeflügel bei Seite und denkt an preiswürdigere Waidmannsbeute. Er meint nun fast, etwa so ein verlaufener Luchs oder eine fette Gemse könne ihm nicht fehlen, und rüstet sich, am Sonntag in aller Frühe in die Berge zu gehen, um — wenigstens einen Hasen oder doch ein Eichhörnchen vermittelst

Pulver und Blei vom Leben zum Tode zu bringen. Ach, wie ist in unsern
Wäldern Alles diesem gräulichen Standrecht verfallen! Oft, wenn im Thale
unten die hellen Kirchenglocken von Dorf zu Dorf tönen und der Sabbath seinen
geweihten Frieden über die werktagsmüden Menschenherzen thaufrisch und blüthen=
farbig ausbreitet, geht in den Bergwäldern ein Rottenfeuer los auf den trom=
melnden Specht, die schmetternde Drossel und das zierlich spielende Eichhörnchen,
daß der liebe Gott schwerlich großes Gefallen an dieser heidnischen Parforcejagd
auf seine munteren Thierchen hat, denen auf den Sonnabend regelmäßig ein
Charfreitag folgt. Es ist ein rechter Jammer und eine rechte Schande für die
langbeinigen Gecken, die den Tag des Herrn nicht besser zu brauchen wissen als
zu diesem blutigen Spielwerk, in dem so wenig Bravour, so wenig waidmännische
Noblesse liegt, sondern nur die bare, gewaltthätige Tölpelhaftigkeit. Da ist denn
doch das Scheibenschießen an den Sonntagen Nachmittags etwas ganz Anderes,
und mit dem größten Vergnügen erinnern wir uns daran, wie wir an solchen
prächtigen Tagen mit blankgeputztem Stutzer und Waidsack auf den Knaben=
schießstand zogen, um mit den Kameraden, von denen keiner konfirmirt sein durfte
(die Konfirmirten wurden sogleich auf den Männerschießstand verwiesen), das
heitere Waffenspiel voll Reiz und Lust zu beginnen und im Zweckschuß zu wett=
eifern. Jeder bedeutendere Ort hat in manchen Kantonen für die Knaben der
Gemeinde seinen eigenen Schießstand, auf dem Recht und Ordnung streng ge=
handhabt wird. An Kirchweihtagen laden sich dann die jugendlichen Schützen=
gesellschaften der näheren Ortschaften gegenseitig ein, und die munteren Schützen
wallfahrten zur befreundeten Stätte mit ihren wohlvertrauten Waffen und ringen
mit allem Eifer, der einladenden Knabengesellschaft die ersten Preise wegzuschießen.
Dies so im Vorbeigehen; Wenig — aber von Herzen!

Wohl die meisten unserer Leser haben schon das Eichhorn im Walde be=
lauscht, wie es, hoch auf dem Tannenaste sitzend, mit den Vorderfüßchen den
Zapfen hält und rüstig den platten Samen aus dem dichten und festen Blätter=
gehäuse herauslöst, gradauf den schönen Buschschweif gestellt und die Ohren mit
dem feinen Haarpinselchen und rings umher blickend mit den lebhaft glänzenden
Aeuglein.

Das Eichhorn ist der Affe unserer Wälder und steht dem südlichen Affen in
Munterkeit und Possirlichkeit wenig nach, wohl aber ist es weniger dreist und
nicht so boshaft wie dieser. Nur am heißen Mittag oder bei gar zu schlimmem
Wetter liegt es ruhig im Nest; sonst hat es immer Etwas zu schaffen, hüpft von
Ast zu Ast, setzt von Baum zu Baum auf zehn Fuß weit und springt in der Noth
ohne Schaden zu nehmen vom Gipfel der sechszig Fuß hohen Tanne auf den Boden,
wobei es die Beinchen weit ausbreitet und den Buschschweif wagrecht ausstreckt.

In unseren niedrigen, höheren und höchsten Wäldern ist es noch ziemlich
häufig; im Thale gern, wo viel Haselstauden als Unterholz sich finden, in den
Bergen, wo die Nüßchen der Arvenkiefer, die es sehr liebt, zahlreich reifen. Es baut
mehrere rundliche Nester aus Reisig, Laub und Moos, abseits vom Windzug, und

verstopft den Eingang, wenn es hineinwettert. Wegen der Länge der Hinterfüße kann es nur hüpfend gehen; dagegen klettert und schwimmt es außerordentlich gut; nur wenn es angeschossen ist oder bei heftigem Sturme rettet es sich auf den Boden hinab und sucht, ein Loch zu gewinnen.

Die Eichhörnchen fressen am liebsten alle Nüsse, Knospen und Kerne; bittere Pfirsichkerne wirken aber schnell tödtend. Die härtesten Schalen nagen sie rasch auf und sammeln für den Winter große Vorräthe von Nüssen, die sie aber oft so gut verstecken, daß sie dieselben nicht wieder auffinden. Wenn sie in der Gefangenschaft Nichts zu nagen haben, so wachsen ihnen die Zähne oft einen Zoll lang an einander vorbei, daß sie nicht mehr fressen können. Ein aufmerksamer Beobachter entdeckte, daß sie auch die Witterung der Trüffeln kennen und diese am Fuße der Eichen aus der Erde scharren, wie sie auch sonst Steinpilze und Eierschwämme nicht ungern fressen. Auffallenderweise stellen sie auch den Vögeln nach, fressen die Eilein, Nestjungen, Eltern und fangen selbst alte Drosseln ab.

Im April werfen sie 3—7 blinde Junge im wohlausgefütterten Neste und hüten sie sorgfältig. Werden sie bedroht, so tragen sie die zierlichen Mäuschen im Maule in ein entfernteres Nest. Aeltere lassen sich selten vollständig zähmen, Nestthierchen dagegen wohl. Ihr Fleisch schmeckt im Herbste gut; ihr Pelz ist wenig werth. Am gefährlichsten verfolgen sie außer dem Menschen der noch schneller kletternde Baummarder, die Eulen und Bussarde, vor denen sie sich durch blitzschnelles Kreisen um den Baumstamm zu retten suchen.

Und nun wollen wir noch Etwas von den Hasen sagen, diesen armen Burschen, denen jeder Sonntagsjäger beliebig auf den Pelz brennt, die ihrer Verliebtheit und Furchtsamkeit wegen sprüchwörtlich geworden sind, diesen langbeinigen, wunderlichen Käuzen, die nur Vegetabilien genießen und doch ihre eigenen Jungen todtbeißen und ihren Nebenbuhlern die Augen auskratzen und ganze Wollenbüschel aus dem Balge reißen, unerhört dumm aussehen und doch mit allerlei feinen Listen und Ränken den klugen Jäger und seinen noch klügeren Hund äffen und betrügen.

Bekanntlich ist der Feldhase über ganz Europa verbreitet vom Mittelmeer bis ins südliche Schweden und bis zum Kaukasus und Ural; die südeuropäischen Formen sind indessen etwas lockerer behaart und tiefer rostbraun gefärbt als die mittel- und namentlich als die nordeuropäischen, bei welch letztern der Winterpelz über den Rücken grauer und an den Seiten und Schenkeln weißlicher ist. Die vertikale Verbreitung reicht im Durchschnitt bis zur obern Laubwaldgränze.

Der Setzhase wirft nach einmonatlicher Tragzeit vom März bis gegen den September in vier Würfen, das erste Mal 1—2, dann zweimal 2—4, selten 5 und nur ganz ausnahmsweise 6, zum vierten Male 1—2 Junge, im Ganzen durchschnittlich 8—12 und nur unter günstigen Verhältnissen mehr Stück. Ueberfruchtungen in der Weise, daß die Mutter beinahe ausgetragene und erst frisch gezeugte Embryone inne hat, auch Mißgeburten von sonderbarer Gestalt sind öfters vorgekommen und bei dem starken und ungeregelten Geschlechtstriebe dieser Thiere leicht erklärlich; die Doppelhasen aber und die gehörnten unserer alten Naturgeschichte gehören ins Thierleben der Fabelregion. Bei der starken Vermehrung müßte sich ihre Zahl bald auf außerordentliche Ziffern stellen, besonders da die Jungen des ersten Wurfes schon im Sommer ihres ersten Lebensjahres fortpflanzungsfähig sind, wenn die Verfolgung durch Menschen und Thiere (hier bis auf das Wiesel, die Elster und Krähe herab*) nicht so allgemein und heftig und — die Fürsorge der Mutter für die Jungen nicht so gering wäre. Der Hase rammelt nicht nach der Jahreszeit, sondern nach der Witterung, oft schon im December und Januar, so daß der erste Wurf in Frost und Schnee, in schlecht geschützten Asylen, zu Wald und Feld geschieht. Folgt auf einen milden Januar und Februar, wie so oft, ein bitterkalter, schneereicher oder recht nasser März und April, so gehen viele Tausend junge Hasen ein und der erste Satz ist fast ganz verloren. Der Setzhase sorgt für die Jungen blutwenig, säugt sie wahrscheinlich blos 3—5 Tage (zur Nachtzeit? es ist noch nie beobachtet worden) und läßt sie dann laufen. Diese spielen gern und höchst possirlich, besonders in der Morgen= und Abenddämmerung. Der Jäger erkennt den ausgewachsenen jungen Hasen theils an der hellern Färbung, theils daran, daß er, wenn er vom Lager aufsteht, nicht einfach gradaus wegläuft, sondern listig gestreckten Leibes und mit niedergelegten Löffeln davon zu schleichen sucht und erst weiterhin aus Leibeskräften rennt, dann aber gern ein Männchen macht und sich neugierig nach dem Verfolger umsieht. Ueberrascht dieser den jungen Hasen aber plötzlich im Lager, so läuft derselbe zwar eilig, schlägt aber gleich anfangs mehrere Hacken.

Allbekannt ist die außerordentliche Anhänglichkeit des jungen Hasen an den Busch, die Hecke, das Ried, wo er gesetzt worden ist. Wir haben oft gesehen, daß ein solcher Tag für Tag an der gleichen Stelle ,gestochen' (aufgejagt) wurde, daß er von der untern Bergregion bis in stundenweit entfernte Hochalpen schlug, von diesen jäh ab ins Thal verfolgt, an der entgegengesetzten Bergseite weit über die Holzgrenze stieg und, von den Hunden verloren, nach sechs=, achtstündiger Verfolgung am späten Abend wieder im alten Quartiere saß, das er morgens verlassen hatte.

In der Regel läßt die Mutter ihre Jungen, sobald Gefahr naht, sofort im Stiche; doch hat man auch öfters gesehen, wie sie dieselben gegen kleinere Raubvögel muthig vertheidigte. Der alte Rammler ist oft sehr feindselig gegen seine Kinder, mißhandelt sie mit Maulschellen, daß sie Klagelaute hören lassen und beißt sie in der Gefangenschaft nicht selten todt. Mit gleichfarbigen Kaninchen paaren sich junge Hasen nicht ungern; wir haben selbst einen solchen Versuch

---

*) „Menschen, Hunde, Wölfe, Lüchse,
     Katzen, Marder, Wiesel, Füchse,
     Adler, Uhu, Raben, Krähen,
     Jeder Habicht, den wir sehen,
     Elstern auch nicht zu vergessen,
     Alles, Alles will ihn fressen."   (Wildungen.)

gemacht, können aber über die Fruchtbarkeit der Bastarde nicht zuverläſſig be=
richten. Ganz zu zähmen ſind ſie ſchwer, da ſie ihre angeborne Schüchternheit
ſelten zu überwinden vermögen; doch wird berichtet, daß der Dichter Cowper
junge Haſen ſo ſehr an ſich gewöhnte, daß ſie ihm auf den Schoß ſprangen, ihn
leckten, am Rock ins Freie zogen und mit Hund und Katze aus der gleichen Schüſſel
fraßen. Ganz ſo weit brachten wir es mit einem im Auguſt 1859 uns zuge=
brachten 10—14 Tage alten männlichen Häschen nicht, immerhin aber viel weiter
als mit einigen andern. Dieſes Thierchen — laß mich deiner hier gedenken, du
lieber Stubengenoſſe während faſt eines Jahres — gewöhnte ſich ſehr bald an
ſeine tägliche Umgebung und ſprang vergnüglich, am liebſten des Abends, durch
die Zimmerreihe, bei jedem verdächtigen Geräuſche ſofort ſeinen Stall unter dem
Ofen aufſuchend, um in der nächſten Minute denſelben auch eben ſo raſch wieder
zu verlaſſen. Gern fraß es aus der Hand, am liebſten Birnen und Pflaumen;
Milch war ihm ein Lieblingsgericht und es leckte ſein Schüſſelchen außerordentlich
raſch leer, während das Freſſen von Brod ſehr langſam vor ſich ging. Mit
Hühner= und Dachshund fraß der Haſe häufig aus der gleichen Schüſſel, lebte
aber doch eigentlich mit letzterm in etwas geſpanntem Verhältniß. Der Dachs=
hund begehrte nämlich öfters, ſich ins Ställchen des Haſen zu begeben, bald
um ſich mit ihm zu raufen, bald um zu fouragiren. Der Haſe ließ ſich dies
nicht lange gefallen und trommelte dem zudringlichen Hunde wiederholt ſo
nachdrücklich auf den Schädel, daß derſelbe lautheulend herausfuhr und ſich
nie wieder ins Haſenquartier getraute. Der Dachs fing dann an, dem luſt=
wandelnden Haſen rachſüchtig aufzulauern und ihn durch die Zimmer zu hetzen,
empfing aber dafür wieder tüchtige Trommelhiebe, ſo daß er ſich am Ende nur
noch paſſiv verhielt, ſelbſt wenn ihn der Haſe aufs Zudringlichſte beroch, über
ihn hin= und herſetzte und ihm ſelbſt auf den Kopf ſprang. Saßen wir bei
Tiſche, ſo ging der Haſe bald zum Einen, bald zum Andern, am liebſten zu
den Kindern, richtete ſich auf den Hinterläufen auf und trommelte mit den
Vorderläufen raſch und anhaltend an dem Angebettelten, bis er ſeinen Biſſen
erhielt. Einem kleinen Mädchen folgte er überall hin, am liebſten aber zum
Brodkorb. Geruch und Geſicht waren ſtumpf (einen hingeworfenen Biſſen
fand er auf zwei Fuß Entfernung mit Noth), und doch beſchnüffelte er Alles
auf Eifrigſte. Mit großer Hartnäckigkeit trommelte er an den verſchloſſenen
Zimmerthüren und ſpazierte neugierig in den Gängen herum, um beim erſten
verdächtigen Geräuſch ſchleunigſt wieder ins Quartier zu eilen. Das Fell war
ſo elektriſch, daß es im Dunkeln, nach der Haarlage geſtrichen, ſichtbare Fünk=
chen gab. Im Ställchen lag er öfters auf der Seite, wälzte ſich bisweilen
auf dem Rücken; in den Zimmern machte er alle Augenblicke Männchen und
putzte ſich fleißig, beſonders ſorgfältig auch die heruntergelegten Löffel. Eine
eigentliche, perſönliche Anhänglichkeit äußerte er ſelbſt nach elfmonatlichem Ver=
kehr mit Menſchen nicht; ſeine ſcheinbare Zutraulichkeit verdeckte die eigennützigen
Abſichten nur dürftig, und eine gewiſſe ſcheue Furchtſamkeit verließ ihn nie.

Da er durch sein Alleinsein augenscheinlich litt und wiederholt seine Triebe per effusionem seminis sehr lebhaft äußerte, setzten wir ihn endlich in Freiheit.

Die beiden Geschlechter sind für den Unkundigen schwer zu unterscheiden. Der Rammler ist auf den Schultern etwas dunkler gefärbt, der Kopf schmaler, der ganze Bau gedrungener als beim Setzhasen. Vor dem Hunde steht er schneller auf und läuft rascher, schlägt dabei lebhafter und anhaltender mit dem Schwanzstummel („Blume') auf und nieder als die Häsin, die zumal bei gelindem Wetter in der Regel weit fester liegt.

Die Hasen sind, wie man weiß, nächtliche Thiere. In der Morgen- und Abenddämmerung und in hellen Nächten verlassen sie ihr Lager, um auf gewohnten Wegen zu den Futterplätzen, Stoppel- und Saatfeldern, Wiesen, Baumgärten u. s. w. zu wechseln. Während des Tages liegen sie still im Neste und schlafen mit offenen Augen und aufgerichteten Ohren. Ihr Nest wechseln sie aber vielfältig nach Jahreszeit und Witterung. Bei Schnee- und Regenwetter suchen sie trockne Orte unter Felsen, in Gräben, in Wäldern und Büschen auf, ebenso in stürmischen Zeiten, wo sie übrigens gar nicht fest liegen wollen; bei schönem Wetter bleiben sie am liebsten im offenen Felde. Fällt in den Wäldern bei eintretendem Thauwetter häufig Schnee von Bäumen und Sträuchern, oder tropfen diese von starkem Regen, so fliehen die Hasen ebenfalls in freie Halden und auf Wiesen und Aecker. Liegt tiefer Schnee, so kann man sie überall antreffen, im Schutze der Steinbrüche, der Ställe, im Walde, im offenen Felde in flüchtig aufgescharrter Höhlung oder auch ganz frei auf der harten Schneedecke wie, bis an die Schnauze vergraben, im weichen Schnee liegend. Bei sehr starkem Schneefalle ermüden sie von den fortwährenden Bogensprüngen, die sie zu machen genöthigt sind, so sehr, daß sie den Jäger fast bis zum Greifen nahen lassen, und einzig in diesem Falle fliehen sie leichter bergab als bergauf, obgleich es auch nicht recht gelingen will.

Das Gehör dieses Wildes ist außerordentlich fein, das Gesicht scheint aber ziemlich blöde zu sein. Seine Furchtsamkeit läßt es oft dümmer erscheinen, als es wirklich ist. Wir erlebten es einst, daß ein gejagter Hase so scharf auf einen Dachshund, der ihm entgegenkam, heranpolterte, daß beide mit sausenden Köpfen über einander hinkollerten. Vom Hunde gefaßt, klagt er mit Tönen, die einer Kinderstimme ähnlich sind.

Da sich die Knochen des Hasen äußerst selten unter den Ueberresten des Steinalters vorfinden, darf man schließen, daß unsere Vorfahren in jener uralten Zeit die Hasen nicht aßen, während sie doch die Füchse sehr wohlschmeckend fanden.

X. Die Dachſe.

Die Jäger. — Lebensweiſe der Dachſe. — Die thieriſche Individualität. — Ein Dachs
in der Sonne. — Verſchiedene Jagdarten. — Ein Jagdabenteuer.

Wenn der Jäger in der Frühe des Herbſtmorgens in dem Bergwalde ſteht,
um das Birkhuhn oder Urhuhn zu belauſchen, und in lautloſer Spannung
ſeines Wildes harrt, ſo geſchieht es nicht ſelten, daß es plötzlich neben ihm im
dürren Laube raſchelt und mit ſchwerfälligen Tritten und halbunterdrücktem
Grunzen ein unförmliches, graues, ſchweinartiges Thier durchs Gebüſch bricht.
Es iſt der Dachs, der von ſeinen nächtlichen Exkurſionen heimkehrt und ſich ſo
am günſtigſten dem Schuſſe darbietet. Das geringſte Geräuſch des Jägers aber
beſchleunigt ſeinen Gang ſo ſehr, daß er oft im Unterholz verſchwunden iſt, ehe
der Jäger zum Anſchlag kommt. Hat er ſeinen Bau erreicht, dann hilft die
Flinte nichts mehr. Bis in dunkler Nacht erſcheint das mißtrauiſche Thier
nicht wieder.

Seltener geht der Waidmann bei uns auf die eigentliche Dachsjagd, theils
weil ſie beſchwerlich, theils weil das Thier, obgleich es durch die ganze Schweiz
gefunden wird, doch nirgends häufig iſt, und die Hälfte der Dachsbauten entweder leer ſtehen oder von Füchſen bewohnt ſind. Mitunter fängt man die
Dachſe noch mit Beutelnetzen oder Schlagfallen und Zangen, am häufigſten
aber wohl mit Dachshunden. Im Glarnerlande, wo der Dachs bis ziemlich
hoch in die Alpen (nämlich Neuenalp, Guppenalp, Rieſeten, Ochſenſittern)
heimiſch iſt, haben die Jäger eine barbariſche Art des Einfangens. Sie ſtoßen
nämlich eine lange Ruthe in den Bau, an der vorn ein doppelter Kugelzieher
(‚Schweinſchwanz‘) befeſtigt iſt, bohren ſo das Thier an, ziehen es langſam
heraus und ſchlagen es durch Hiebe auf die Schnauze todt. Jedenfalls iſt daſſelbe
eine ziemlich einträgliche Beute. Das ſehr feſte Fell iſt waſſerdicht; das Fleiſch,
das dem des Schweines ähnelt, einen muffigen Erdgeſchmack hat, aber, wenn
es in fließendem Waſſer gelegen, eine vortreffliche Speiſe giebt, wird nicht überall
gegeſſen; das Fett, das im Herbſt oft drei Finger hoch auf dem Rücken liegt
(5—10 Pfund), wird in den Apotheken gut bezahlt. Die ſteifen Haare dienen
zu Pinſeln und Bürſten.

Dieſes ſonderbare, etwa 2 1/2 Fuß lange, obenher ſchwärzlichgraue, am
Bauche ſchwarze und an den Kopfſeiten mit einer ſchwarzen Binde gezeichnete
Thier, das im Herbſt bis gegen 36 Pfund ſchwer wird, hält ſich gern in der
Nähe der Weinberge und Aecker und am Saume der Wälder auf, ſteigt aber in
den Gebirgen der öſtlichen Schweiz bis über die Laubwaldgrenze. Mit ſeinen
ſtarken, krummen Krallen gräbt es ſich leicht auf der Sonnenſeite der Hügel ſeine

bequeme Höhle, die es mit weichem Moos und Laub auspolstert und mit vier bis acht Ausgängen und Luftlöchern versieht. Hier lebt es nach der Weise seines stupiden, frostigen, trägen, scheuen, mißmuthigen Naturells. Das Weibchen scheint in der Regel seinen eigenen Bau zu bewohnen. Indessen fehlt es über das geschlechtliche Leben dieser Thiere noch an sichern Beobachtungen. Bald scheint die Dächsin mit dem Dachsen während der Ranzzeit stätig, bald nur temporär zusammen zu leben und wiederum findet man auch längere oder kürzere Zeit nach dem Wurfe beide Eltern mit den Jungen zusammen im Bau. Die Rollzeit ist ebenfalls nicht sicher ausgemittelt und wird bald im Oktober, bald auf Ende Dezembers angesetzt. Letztere Annahme dürfte für die montane und subalpine Region kaum zutreffen, und wir haben in dem tiefen Schnee, der um diese Zeit gewöhnlich im Gebirge liegt, überhaupt nie eine Dachsfährte auffinden können. Die Jungen werden zu 3—5 Stück im Februar oder März geworfen. Sie sind anfangs blind, glatt- und kurzbehaart, schiefergrau mit weißer Stirnbläße und bleiben oft ein Jahr lang im mütterlichen Bau. Sie sollen oft im Februar oder März rollen.

Die Dachse nähren sich zumeist von verschiedenen Pflanzenstoffen (Wurzeln, Kartoffeln, Rüben, Eicheln, Bucheckern, Beeren, Obst, Trüffeln), verschmähen aber auch Schlangen, Mäuse, Heuschrecken, Schnecken nicht und wühlen sich mit der scharfbekrallten Vorderpfote kegelförmige Löcher im weichen Waldboden aus, um Würmer, Maden, Puppen und Käfer zu fangen. Ein im Juni geöffneter Dachs= magen war mit Resten von Eiern und jungen, auf der Erde ausgebrüteten Vögeln vollgepfropft. Giftige Ottern, deren Biß ihnen nicht im Geringsten schadet, ver= schlingen sie mit Behagen. Den Weinbergen sind sie im Herbste gefährlich; sie hauen die traubenschweren Bogenzweige, die sie erreichen können, ohne Umstände mit der Pfote herunter und richten auch in den Maisfeldern, indem sie die Kolben, die sie aber nur, so lange sie jung, süß und milchig sind, lieben, massenweise abfressen, in wenigen Stunden große Verwüstungen an.

Nachdem sie sich im Herbst rings um den Bau haufenweise Moos aufgekratzt, zusammengescharrt und den Vorrath während einiger Tage durch die Röhre ein= gebracht haben, schlafen sie während des Winters wie die Bären, ohne zu erstarren, und mit Unterbrechungen. Sie liegen dann zusammengerollt, den Kopf tief zwischen die Vorderfüße gesteckt, eine Stellung, welche auffallend an diejenige des Fötus im Mutterleibe erinnert, ähnlich wie die Stellung der überwinternden Wespe mit unter dem Leibe gefalteten Flügeln und Beinen an ihre Chrysaliden= gestalt in einem frühern Lebensstadium mahnt. Daß sich die Dachse über Winter aus der quer am After liegenden, mit einer übelriechenden Schmiere versehenen Balgdrüse nähren, ist ein veraltetes Jägermärchen. Diese in der Rollzeit reichlich erzeugte Absonderung dient lediglich zur Anlockung des andern Geschlechtes, und der Dachs entledigt sich ihrer häufig durch Reiben des Afters am Boden oder Ge= stein. Den Winter über verläßt er im obern Gebirge den Bau kaum, im untern Gebirge nur selten, wahrscheinlich um zu trinken.

Durch Ausgraben kann man sich im Frühling leicht junge Dachse verschaffen und sie aufziehen und zähmen. Doch wird man nie viel Ehre oder Freude an den Zöglingen erleben, da sie ihrem schweinsartigen, indolenten Naturell unverwüstlich treu bleiben. Als eigentliche Nachtthiere gewöhnen sie sich nur äußerst schwer an irgend eine Thätigkeit bei Tage. Die alt eingefangenen bleiben den ganzen Tag trotz aller Püffe und Stöße, selbst wenn man ihnen ihre liebsten Leckerbissen vor die Schnauze legt, unter denen sie besonders süßen Früchten den Vorzug geben, ruhig liegen und lassen höchstens ein zorniges Trommeln und Fauchen hören. Erst mit eingetretener Nacht werden sie munter und bleiben es bis zum Morgen. Wasser scheinen sie sehr zu lieben, und sie sollen sich, wenn es ihnen mehrere Tage vorenthalten gewesen, oft zu Tode saufen. Dabei bewegen sie die Kinnlade wie die Schweine. Mit ihren scharfen Zähnen beißen sie sehr heftig. Sich zu irgend Etwas abrichten zu lassen, sind sie ganz unfähig und stehen auf einer sehr niedrigen Stufe der Intelligenz. Ihre einzige Virtuosität ist die Einrichtung des bequemen, luftigen und reinlichen Baues, auf den sie mehr Fleiß und Sorgfalt verwenden als irgend ein anderes Raubthier. Ihre eng abgegrenzten Fähigkeiten lassen ihnen beim Aufsuchen der Nahrung keinen großen Spielraum zu, und wenn sie eine Maus erhaschen, so gelingt es ihnen wohl mehr durch Geduld als schnellfertige List. Ihrem Talent, zu graben, entspricht ihr träger Egoismus, der sie nicht einmal gern mit dem eigenen Weibchen die Höhle theilen läßt. Ihre Furchtsamkeit, die sie so oft vor ihrem eigenen Schatten erschrecken läßt, entspricht ihrer Dummheit. Ein junger, im Gebirge überraschter Dachs dachte nicht einmal ans Fliehen, sondern legte sich erschrocken platt auf den Boden, als wäre er so geborgen, fuhr aber mit wüthendem Beißen in den Stock, mit dem er aufgescheucht werden sollte. Auch daß der Dachs ein Nachtthier ist, und am lebens= und geistesfrischen Sonnenlicht gleichsam nichts zu thun hat, ein Thier mit rauhen Haaren, zäher Schwarte und noch zäherm Leben, ist bezeichnend für diese selbstsüchtige, tief stehende Thiernatur. Und — findet sich nicht auch, wie für jede thierische Individualität, in der Welt der menschlichen Charaktere oft genug eine schlagende Parallele für die Dachsnatur?

Inzwischen ist der Dachs doch nicht so ganz lichtscheu, als man gewöhnlich glaubt. Er ist mehr menschenscheu und hält sich den Tag über im Bau auf, um nicht beunruhigt zu werden. Von einem Jäger, dem das seltene Glück zu Theil ward, einen Dachs im Freien ganz ungestört und längere Zeit beobachten zu können, erhalten wir Mittheilungen, die in dieser Beziehung einige alte Irrthümer berichtigen. Er besuchte wiederholt einen Dachsbau, der, am Rande einer Schlucht gelegen, von der entgegengesetzten Seite dem freien Ueberblicke offen lag. Der Bau war stark befahren, der neu ausgeworfene Boden jedoch vor der Hauptröhre so eben und glatt wie eine Tenne und so fest getreten, daß nicht zu erkennen war, ob er Junge enthalte.

Als der Wind günstig war, schlich sich der Jäger von der entgegengesetzten Seite in die Nähe des Baues und erblickte bald einen alten Dachs, der gries-

grämig in eigener Langweiligkeit verloren dasaß, doch sonst, wie es schien, sich
recht behaglich fühlte in den warmen Strahlen. Dies war nicht ein Zufall; der
Jäger sah das Thier, so oft er an hellen Tagen den Bau beobachtete, in der
Sonne liegen. In Wohlseligkeit und Nichtsthun brachte es die Zeit hin. Bald
saß es da, guckte ernsthaft ringsum, betrachtete dann einzelne Gegenstände genau
und wiegte sich endlich nach Art der Bären auf den Vorderpranken gemächlich
hin und her. Seine große Behaglichkeit unterbrachen jedoch plötzlich blutdürstige
Parasiten, die es in außergewöhnlicher Hast mit Nagel und Zahn sofort zur
Rechenschaft zog. Endlich zufrieden mit dem Erfolge des Strafgerichts, gab der
Dachs mit erhöhtem Behagen in der bequemsten Lage sich der lieben Sonne preis,
indem er ihr bald den breiten Rücken, bald den wohlgenährten Wanst zuwandte.
Lange dauerte aber dieser Zeitvertreib auch nicht; mit der Langeweile mochte ihm
Etwas in die Nase kommen. Er hebt diese hoch, windet nach allen Seiten, ohne
Etwas ausfindig zu machen; doch scheint ihm Vorsicht rathsamer und er fährt
zu Baue. Ein anderes Mal sonnte er sich wieder auf der Terrasse, trabte dann
zur Abwechslung wieder einmal thalabwärts, um in ziemlicher Entfernung Raum
zu schaffen für die Aesung der nächsten Nacht; ja er kehrte sogar gemäß seiner
berühmten Vorsicht und Reinlichkeit nochmals um und überscharrte zu wieder=
holten Malen seine Losung, damit sie ja nicht zum Verräther werde. Auf dem
Rückwege nahm er sich dann Zeit, stach hier und da einmal, ohne jedoch beim
Weiden sich aufzuhalten, trieb dann auch ein Weilchen den alten Zeitvertreib,
und als allmälig der Bäume Schlagschatten die Scene überliefen, da fuhr er
nach so schweren Mühen wieder zu Baue, wahrscheinlich, um auf die noch schwe=
reren der Nacht zum Voraus noch ein Bischen zu schlummern.

Es giebt wohl im ganzen Thierreiche keinen wohlseligeren, selbstsüchtigeren,
mißtrauischeren und hypochondrischeren Egoisten als diesen Burschen. Die Fährte
des Dachses ist an der Breite des Ballens, den langen Nägeln und kurzen Schritten
zu erkennen; er setzt die Spur in langsamem Trabe so: : : : : :, bei schneller
Flucht aber so: . . · . . . .

Wir haben schon bemerkt, daß die eigentliche Dachsjagd in der Schweiz
nicht sehr florirt, indem oft in den Gegenden, wo die Thiere sich zahlreicher finden,
die Jäger wenig von der Sache verstehen. Das Wild geht im Frühling und
Sommer gewöhnlich, wenn es Nacht geworden ist, auf die Aesung; im Herbst,
wenn es recht fett ist, selten vor Mitternacht. Hat aber am Tage ein Hund oder
Jäger den Bau besucht, so bleibt es wohl zwei bis drei Tage ruhig ganz zu Hause.
Man kann nun entweder des Nachts mit einem Hetzhunde oder Dachsfinder den
ausgegangenen Dachs aufsuchen und, mit einer Blendlaterne versehen, ihn mit
der Dachsgabel abstechen, wenn er aufgefangen und von den Hunden gepackt ist;
oder man kann ihn vor der Morgendämmerung auf dem Anstande vor dem Bau
schießen oder in den vor den Röhren eingehängten Säcken fangen, wenn er, von
den Hunden gejagt, zu Bau fährt. Am sichersten aber läßt man ihn im Bau
durch die kleinen, scharfen Dachshunde verfolgen, bis sie ihn in eine Sackröhre

getrieben haben, wo er nicht mehr entweichen kann. Dann gräbt man die Sack=
röhre auf, zieht das knurrende Thier mit der Dachszange oder mit dem Dachs=
haken heraus und schlägt es todt. Oft geschieht es aber, daß der verfolgte Dachs
die Röhre hinter sich mit Erde verstopft und sich verklüftet, so daß die Hunde ihm
Nichts anhaben können. Da, wo der Bau unter dem Gestein liegt und nicht
aufgegraben werden kann, werden die Schlagfallen sehr zweckmäßig angewendet.
Ohne diese Apparate aber kann das Wild nur durch einen glücklichen Zufall
erlegt werden.

Eine sehr drollige Dachsjagd wird uns von einem appenzeller Jäger aus
Gais gemeldet. Er hatte mit seinem Knechte den Bau glücklich ausgespürt, war
aber ohne Werkzeug und Hunde. Da ließ er sich von seinem Knechte die Beine
an einen Strick binden, kroch mühselig in die Röhre, packte den Dachs beim
Schopf und gab seinem Knechte ein Zeichen, der ihn nun am Seile mit der Beute
aus dem Bau zog. Dabei aber hatte ein oben im Stollen vorstehender spitzer
Stein dem Jäger den Rücken längs des Rückgrats furchenartig aufgeschlitzt, daß
das Blut heruntertrof. Allein das kümmerte den hitzigen Waidmann wenig;
— er hatte noch einen zweiten Dachs im Bau bemerkt. ‚Ich muß noch einmal
hinein‘, sagte er zu seinem Knechte, indem er sich wieder niederlegte, ‚richte mir
nur den verdammten Stein wieder in die gleiche Wunde auf dem Rücken, daß er
mir nicht Alles zu Schanden reißt.‘ Und so kroch er wieder hinein, während
der Knecht ihm den spitzen Felsen in die blutige Rückenfurche richtete: glücklich
brachte er auch den zweiten Dachs heraus, tödtete ihn und ließ sich nun erst den
zerrissenen Rücken verbinden.

XI. Die wilden Katzen.

Zahme und wilde Katzen. — Verbreitung der letzteren und Abstammung der ersteren. —
Lebensweise der Wildkatzen. — Ihr Kampf mit Jäger und Hund.

Die wärmeren Länder sind an Katzenarten bekanntlich so reich, daß diese
ihre häufigste und gefährlichste Raubthierklasse bilden. Unser an thierischen
Formen so unendlich viel ärmeres Land ertrüge eine solche Bevölkerung von
reißenden Räubern ebenso wenig, wie diese unsere Kulturfortschritte zu ertragen
vermöchten. In den kälteren Erdstrichen sind die Bären= und Hundearten die
größten und wichtigsten Raubthiergruppen; von den Katzen kommt bei uns nur
der Luchs und die wilde Katze vor, beide früher nach übereinstimmenden Nach=
richten sehr häufig, gegenwärtig nur noch als Raritäten. So erzählt noch unser
Geßner in seinem Thierbuche: ‚In dem Schweyzerland werdend der wilden Katzen

gar viel gefangen, in dicken Gesträuchen und Wäldern, zu Zeiten bey dem Wasser,
sind den heymischen ganz gleich, allein größer mit dickerm, längerm Haar, braun
und grau.   Man jagt sie mit Hunden und schüßt sie mit dem Geschütz, wo sie
auf den Bäumen hockend.   Zu Zeiten umstanden die Bauern einen Baum, und
so die Katz gezwungen, herabzusteigen, erschlagend sy dieselbig mit Kolben'.   In
unseren Tagen leben sehr viele gute Jäger, die nie eine wilde Katze gesehen haben.
Und doch vergeht kaum ein Jahr, wo nicht hier oder dort eine erlegt würde; im
Kanton Zürich wurden vor einiger Zeit mehrere erlegt, worunter ein Kater von
15 Pfund.   Im Jura ist sie nichts weniger als selten, besonders in den Bezirken
Nyon und Cossoney; auch am Bötzberge und im Betenthale im Aargau.   In der
östlichen Schweiz weiß man wenig von ihr, ebenso in den Waldkantonen; da=
gegen erscheint sie in einigen Bergthälern von Wallis und Bern, hier namentlich
im Grindelwaldthale, noch bisweilen, ebenso in Bünden, während im Tessin nur
die verwilderte Katze bekannt zu sein scheint.

Die ächte wilde Katze (Felis Catus) ist ein unheimliches Thier und gewährt
einen fast abschreckenden Anblick.   Sie ist immer größer als die zahme Katze, oft
sogar doppelt so groß, in der Regel nahezu so stark wie ein Fuchs.   Sie hat einen
weniger platten Kopf als die zahme, kürzere Gedärme, einen überall gleich dicken,
dicht behaarten, verhältnißmäßig kürzern Schwanz, feineres, längeres Haar und
eine beständigere Färbung, nämlich eine rostgelblichgraue, einen unregelmäßigen
schwarzen Längsstreif über den Rücken mit vielen ebenso unregelmäßigen Quer=
binden auf beiden Seiten.   Der Bauch ist fahlgelblich, die Kehle weiß, der Kopf
oft schwarz gebändert, der Schwanz, halb so lang als der Rumpf, rostgrau mit
schwarzen Ringen und Spitzen, die Einfassung des Maules und die Sohlen sind
schwarz.   Als besonderes Kennzeichen gilt stets die schwarz geringelte Ruthe und
der weiße Fleck an der Kehle.   Der Schnurrbart ist viel stärker, der Blick wilder,
das Gebiß schärfer als bei der Hauskatze.   Es ist ungewiß, ob die zahme Katze
von ihr abstamme; die Forscher sind widersprechender Ansicht.   Wir wären
geneigt, sie für die Stammraße der zahmen zu halten, weil der ganze organische
Bau beider im Wesentlichen übereinstimmt und eine andere Abstammung der
Hauskatze, die freilich auch im Süden heimisch ist und sich einbalsamirt schon
bei den egyptischen Mumien findet, nicht mit Sicherheit angegeben werden kann,
wenn nicht Unterschiede in der Schädel= und in der Bildung des Darmkanals
bestänben, der bei der zahmen fünf=, bei der wilden nur dreimal die Körperlänge
mißt.   Unsere meisten Hausthiere haben zwar ihre Stammeltern nicht bei uns,
sondern häufig im Orient, und so will man auch die kleine nubische Katze für
die Stammmutter der zahmen ausgeben; allein diese ist noch nicht hinlänglich
beobachtet und scheint von der Hauskatze nicht weniger verschieden zu sein als die
ächte wilde.   Wie viel eine mehr als tausendjährige Kultur und Veränderung
der Nahrung auf einen thierischen Typus einwirkt, ist bekannt genug.   Weniger
Werth legen wir auf die Behauptung, daß gezähmte wilde Katzen nach und nach
ganz in die Art der Hauskatzen übergehen, während diese, wenn sie verwildern,

WALDKAUTZ und WILDKATZE.

schon in der dritten Generation den ursprünglich wilden völlig gleich werden. Die Seltenheit solcher Fälle macht solche angebliche Beobachtungen höchst unsicher und um so weniger beweiskräftig, als eine etwa eingefangene wilde Katze wohl schwerlich mit einer eben solchen, sondern wahrscheinlich mit einer zahmen gepaart wurde, worauf die Bastarde allerdings leicht in das Hausgeschlecht einschlagen konnten. Bedeutsamer ist die Thatsache, daß in der Periode der Pfahlbauten die Hauskatze in unserm Lande noch nicht vorhanden war, wohl aber die Wildkatze.

Die Lebensweise der wilden Katze gleicht völlig der des Luchses, dessen Naturell sie besitzt. Sie liebt die einsamsten felsigen Bergwälder, wo sie oft in hohlen Bäumen, Felsenspalten, oft auch in verlassenen Dachs- oder Fuchsbauten wohnt, auch wohl in der Nähe von Bächen und Seen, an denen sie mit der größten Schlauheit Fische und Wasservögel beschleichen soll. Auf den Bäumen und im Gebüsch belauert sie alle kleineren Vögelarten und die Eichhörnchen und richtet oft unter den Waldhühnern großen Schaden an. Größeren Thieren, wie Hasen und Murmelthieren, springt sie auf den Rücken und zerbeißt ihnen die Pulsader. Ist ihr Sprung fehlgegangen, so verfolgt sie die Thiere nicht weiter, da sie auf der Erde zu wenig behende und ihr Geruch zu stumpf ist, wie bei der Mehrzahl der Katzenarten. Ihre Hauptnahrung bilden ohne Zweifel die Mäuse; doch verachtet sie auch Aas nicht und tödtet alle warmblütigen Thiere, die sie bezwingen kann. In dem Magen eines einzigen Exemplars hat man schon die Ueberreste von 26 Mäusen gefunden. Nie fällt sie den Menschen ungereizt an.

Gewöhnlich liegt sie den ganzen Tag auf einem Aste ausgestreckt und sucht ihre Beute durch einen Sprung aus dem Hinterhalte zu erreichen. So sieht sie oft der Jäger, wie sie ruhig daliegt und ihn nach Art des Baummarders und des Luchses mit funkelnden Augen ruhig anstarrt. Nun nimm dich wohl in Acht, Schütze, und fasse die Bestie genau aufs Korn! Ist sie blos angeschossen, so fährt sie schnaubend und schäumend auf. Mit hochgekrümmtem Rücken und gehobenem Schwanze naht sie zischend dem Jäger, setzt sich wüthend zur Wehr und springt auf den Menschen los. Ihre spitzen Krallen haut sie oft so fest ins Fleisch, besonders in die Brust, daß man sie fast nicht losreißen kann, und solche Wunden heilen sehr schwer. Die Hunde fürchtet sie so wenig, daß sie sich oft längere Zeit jagen läßt, ehe sie baumt, und selbst freiwillig vom Baume herunterkommt, wenn sie den Jäger noch nicht gewahrt. Es setzt dann fürchterliche Kämpfe ab. Die wüthende Katze zielt gern nach den Augen des Hundes und vertheidigt sich mit der hartnäckigsten Wuth, so lange noch ein Funke ihres höchst zähen Lebens in ihr ist. So kämpfte im Jura ein wilder Kater, auf dem Rücken liegend, siegreich gegen drei Hunde, von denen er zweien die Tatzen tief in die Schnauzen gehauen hatte, während er den dritten mit den Zähnen an der Kehle festgepackt hielt — eine Vertheidigung, zu der er des äußersten Muthes und unbegreiflicher Gewandtheit bedurfte, und welche gleichzeitig eine hohe Klugheit verräth. Ein starker Schuß des herbeieilenden Jägers, der die

Bestie durch und durch bohrte, errettete die schwer verwundeten Thiere, die ihr
sonst wahrscheinlich erlegen wären.

Das Hausleben dieses gefährlichen Thieres ist noch gar wenig beobachtet,
da es sich äußerst gut zu verbergen weiß. Aeltere Exemplare sind durchaus nicht
zu zähmen. Sie rammeln im Februar wie die zahme Katze unter häßlichem
Geschrei; das Weibchen wirft im Mai 5—6 blinde Junge und ätzt und verbirgt
sie und spielt mit ihnen wie jene. Die Jungen sollen leicht gezähmt werden
können und sich wie Hauskatzen halten.

Ihr Pelzwerk ist sehr elektrisch, wie das der Fischotter, und gilt doppelt so
viel als das der zahmen Katze. Der Winterpelz ist sehr dicht, doch brechen die
Stachelhaare desselben leicht ab. Noch fehlt sie auf manchen größeren Museen,
da sie in neuerer Zeit seltener geworden ist. Wir untersuchten vor einiger Zeit
ein schönes Exemplar, das in der Gegend von Säckingen geschossen worden, und
hörten, daß diese Thiere im Schwarzwald nicht ganz selten seien. Es wog über
16 Pfund, doch sahen wir auch 18 Pfund schwere. Früher galten die Wildkatzen als Leckerbissen, heut zu Tage werden sie kaum mehr gegessen. — Blos
verwilderte Katzen sind nicht selten in allen größeren Wäldern bis in die Alpen.
Auch sie leben von Vögeln und Mäusen, sind scheu, wild und bösartig. Im
Winter schlagen sie ihr Quartier gewöhnlich in den unbesuchten Hütten und Heuställen der Berge auf und rücken den Mäusen scharf auf den Leib, so daß ihr
Nutzen wohl größer ist als der Schaden, den sie anrichten. Die Bergbewohner,
denen zudem an einem größeren oder kleineren Vögelstande weniger liegt als an
der Vertilgung ihrer Mäuse, schonen sie in der Regel. Zur Laichzeit thun sie
aber in den Forellenbächen großen Schaden.

Ob bei den eigentlichen wilden Katzen auch die Krankheit der Tollwuth ein-
trete, ist noch nicht ausgemacht und möchte bei der Seltenheit dieser Thiere sowie
der Krankheit schwer zu entscheiden sein. Doch ist es nicht unwahrscheinlich, daß
sie den gleichen Naturerscheinungen unterliegen wie die zahmen, deren Biß aber
bei Weitem nicht so gefährlich ist als jener der tollen Hunde, indem nach allen Beobachtungen auf die Verwundung durch tolle Katzen die Wasserscheu nicht eintritt.

Zweiter Kreis.

Die Alpenregion. (4000—7000' ü. M.)

Erstes Kapitel.

Allgemeiner Charakter der Alpenregion.

Breite und Höhe der Zone. — Gipfelbildungen der Ausläufer. — Paßthäler, Paß=
straßen und Hospize. — Ihre Bedeutung für die Thierwelt. — Tiefausgeschnittene
Thäler der West= und Nordalpen. — Rhätiens Gesammtbodenerhebung. — Die
höchsten europäischen Kulturthäler. — Engadin. — Avers. — Die oberen und unteren
Alpenthäler. — Temperatur der Höhen und Hochthäler. — Der Alpenwinter. —
Entwickelung des Frühlings. — Eisgehänge und Gletscherlauinen. — Charakteristik
der Lauinen. — Ausbildung und Verheerung der Windschilde und Staublauinen. —
Wunderbare Lauinenstürme. — Die Grundlauinen. — Lauinenbrücken und Schnee=
kitt. — Bedeutung der Lauinen für die Vegetation und das Thierleben. — Die
Schutzmittel. — Die Wasseradern der Alpen. — Die Wiege der Ströme. — Der
größte Wasserfall der Region. — Lebendige und todte Hochalpseen. — Die höchsten
europäischen Wasserbecken. — Die Masse der kleinen Hochseen. — Geheime Zu= und
Abflüsse. — Das Thierleben dieser Seen. — Die rhätischen Alpenseen und ihre
Fische. — Schlammströme. — Krystallhöhlen. — Karrenfelder.

Das Mittelgebiet zwischen der mattenreichen, mit dem Schmucke herrlicher
Nadel= und Laubwälder ausgestatteten Bergregion und den öden und rauhen
Eis= und Felsenlabyrinthen des Schneereiches bildet das ausgedehnte Revier der
Alpenregion, ein Gürtel, der die ganze Hochgebirgswelt zwischen 4000' und
7000 bis 8000' ü. M. in sich schließt, je nachdem man die Schneegrenze im
engeren oder weiteren Sinne faßt oder von den südlichen oder nördlichen Gebirgen
spricht. Der horizontale Umfang der Alpenregion ist bereits viel enger als der
der montanen, die in der Jurakette und in einzelnen kleinen Gebirgszügen und

Abzweigungen noch selbständige Formationen aufwies, während die Alpenregion durchaus in der engsten Verbindung mit der großen europäischen Alpenaxe und mit den höchsten Gräthen und Grundstöcken derselben steht. Zwar hat auch der Jura einzelne Berganfätze, die in die Alpenregion hineinreichen, wie wir früher bemerkten. Doch herrscht in seinem ganzen Aufbau so sehr das Gesetz der milderen Massenbildung über das der Gipfelbildung vor, und er ist so wenig von der Energie der eigentlichen Alpenformation gehoben, daß die größere Höhe einzelner Firste fast als zufällig erscheint. Der Jura hat darum auch in seinem Thier= und Pflanzenleben kaum einen Anhauch der ächten Alpenregion.

Die eigentlichen Schweizeralpen sind jene gewaltigen Hochrücken, die vom Montblanc und vom Genfersee aus zu beiden Seiten der Rhone streichen, nach Süden und Norden ihre gewaltigen Arme aussenden, im Gotthardstock sich scheinbar zusammenfassen, von hier einerseits in wunderbaren Verzweigungen nach dem Orteles sich hinziehen, andererseits durch die Urner=, Glarner=, St. Galler= und Appenzelleralpen gegen das Bodenseebecken abfallen, indem sie gleichzeitig durch den Rhätikon noch ihre Verbindung mit der Ortelesdirektion festhalten. Ihre Ausläufer reichen mit einzelnen bedeutenderen Gipfelbildungen im Norden bis weit in die Kantone Freiburg, Bern, Luzern und Schwyz hinein. Ziehen wir nun einen Gürtel der vertikalen Erhebung von 4000—7000' absoluter Höhe durch das ganze Relief des Alpengeländes, so fallen fast alle diese Vorberge mit ihren Gipfeln in diese Region; manche kulminiren, ehe sie die obere Grenze der Zone erreicht haben. In dem Längenzuge der Hochalpen dagegen beschreibt diese Zone nur ein mittleres Revier, das kaum die Brust derselben erreicht, und über dessen obere Grenze einzelne Pyramiden noch in doppelter Höhe hinaufragen. Doch fallen auch im großen Hauptalpenkörper eine Menge Verbindungsrücken, Querkämme, Seitenriegel mit ihrem ganzen Aufbau in die Grenzlinien der alpinen Region; fast alle wichtigeren Einsattlungen, Durchbrüche und Paßstraßen gehören ihr an, ebenso die höchsten europäischen Kulturthäler.

Vergleichen wir die angegebene Alpenzone einerseits mit der montanen Region, so muß sie in allen ihren organischen Gestalten, wenn auch viel ärmer, doch um so eigenthümlicher sein, als ihr Charakter von dem der Ebene und des Tieflandes viel entschiedener abweicht, als der der Bergzone; andererseits ist sie für die Thiergeschichte wiederum weit wichtiger als die über ihr liegende Schneeregion, in welcher die Welt der Organismen allmälig erlischt und die unorganischen Bildungen fast allein das Interesse des Menschen in Anspruch nehmen. Die Hauptmasse des specifischen thierischen und pflanzlichen Hochgebirgslebens erscheint in der Alpenregion. Mit ihr noch befreundet sich innig der Mensch. Sie bietet ihm ihre eigenthümlichen Reize und Schätze in einer relativen Fülle dar, ist noch empfänglich für eine gewisse Kultur, der gegenüber sie doch ihre ursprüngliche Freiheit und Originalität zu wahren weiß. Sie läßt sich nicht viel abtrozen und abzwingen; was sie geben will, bietet sie freiwillig, und wagt der Mensch, mit Kunst sie zu reicherer Produktion zu nöthigen, so ist sie geduldig genug, sich die leichte Fessel zu Zeiten gefallen zu lassen, und eigensinnig genug, dieselbe zu zerstören, wenn es ihr gefällt.

Die Ausläufer der Centralkette fassen sich, wie wir bemerkten, nach Norden hin noch in einzelne bedeutende Gipfelbildungen zusammen. Diese überragen die Höhen der montanen Zone beträchtlich und stehen wie Wartthürme der Hochalpen in ihrer vorgeschobenen Lage. Gipfel oder Kämme von gleicher Höhe im Centralalpenzuge selber verlieren sich im Labyrinthe der riesenhafteren Formationen, während jene durch die Aussicht, die sie in die Vorlande hinaus und in die Alpenprofile hinein gewähren, zu hohem Ruhme gelangen und zu lieben, vielbesuchten Wallfahrtsorten werden. Solche vorgeschobene Posten sind der Moléson (6172' ü. M.), die Berra (5300' ü. M.), der Dent de Brenlaire (7268' ü. M.), die Hochmatt (6637' ü. M.), alle im Kanton Freiburg, das Stockhorn (6770' ü. M.), der Gantrisch (6737' ü. M.), der Niesen (7280' ü. M.), das Brienzerrothhorn (7238' ü. M.), die Hohgant (6770' ü. M.) im berner Oberland, Schafmatt (5800' ü. M.) und Pilatus (6565' ü. M.) im Kanton Luzern, das Stanzerhorn (5847' ü. M.) in Unterwalden, der Rigi (die Messungen variiren zwischen 5479' und 5555' ü. M.) in Schwyz. In dem Nordarm der Hauptkette, der vom Gotthard nach dem Bodensee abstreicht, sind die Gebilde viel schmaler, die Durchbrüche und Querthäler viel mächtiger, die Stätigkeit des Gebäudes lockerer. Von den mittleren Glarneralpen an verliert diese Kette nach dem Norden zu an hochalpiner Mächtigkeit, und ihre einzelnen Gipfel, wie der Rautispitz (7031' ü. M.), der Vorderglärnisch (6581' ü. M.), der Schilt (7375' ü. M.), die Churfirsten (7330' ü. M.), der Speer (6220' ü. M.), der Säntis (die Messungen variiren zwischen 7709' und 7594' ü. M.), der hohe Kasten (5538' ü. M.) u. s. w. übersteigen bereits die Alpenregion nicht mehr oder nur unbedeutend. Daher die herrliche Mannigfaltigkeit dieser Zone, die sich bald in das Innere der verschlungensten Hochgebirgsverbindungen vertieft, bald über die freieren und lichteren Gipfel der Vorberge und Endarme des Alpenzuges erstreckt.

Ganz besondere Wichtigkeit erhalten in unserer Region einzelne Querthäler, welche als Einschnitte in eine hohe, stätig festgebildete Bergkette die Verbindung der dies- und jenseitigen Lande vermitteln. Ihre Zahl ist sehr groß und je nach der Bedeutung des Gebirgszuges ist ihre eigene Wichtigkeit zu bestimmen. Der größte Theil dient blos als Verkehrsweg der beiderseitig anstoßenden Landschaften. So z. B. die Pässe des Col de Cour (6250' ü. M.) und Col de Champ (6270' ü. M.) aus dem unteren Rhone- ins Drancethal, über den Col de Balme (6766' ü. M.) ins Chamounythal, über die Fenêtre (8160' ü. M.) ins Piemont, über den Pillon (5180' ü. M.) aus dem Saonethal ins Gebiet des Lemans u. s. w. Einige von diesen werden fast nur von Touristen, Schmugglern und Deserteuren benutzt. Die Monterosakette ist ziemlich arm an Querpässen, besitzt meist solche, die hoch über unserer Zone liegen, aber dafür um so interessanter sind, z. B. übers Matterjoch (10,216' ü. M.), den Arollagletscher (7830' ü. M.), das Weißthor, den Monte Moro (8396' ü. M.) u. s. w., von denen die meisten

schwierige Gletscherwege sind, der letztere vor Zeiten ein stark betriebener Saum=
weg war.   Die Jungfraugruppe hat zahlreiche Uebergänge aus dem Bernschen
ins Wallis: Grimsel (6696'), Gemmi (7086'), Rawyl (6970'), Sanetsch
(6440' ü. M.) und viele weniger begangene.   Aus dem Reußthale gehören in
unsere Region der Susten (6980'), ins berner Oberland führend, der Surenen=
paß (7170') und die Schönegg (6380' ü. M.) in das Engelbergerthal, der
Oberalppaß (6350') und der Kreuzlipaß (7000' ü. M.) in das bündner Ober=
land.   Der Storreggpaß (6280' ü. M.) verbindet das Engelberg= mit dem See=
thal.   Ebenso sind die Massen von Thälern, welche in den Armen der rhätischen
Alpen ruhen, durch eine große Anzahl von Paßsätteln verbunden, unter denen
der Maloja (5600'), Albula (7238'), Strela (7000'), Scaletta (8067'), Julier
(7030'), Septimer (Hospiz 7147' ü. M.), Flüela (7400'), Bernina (7040' ü. M.)
die besuchtesten sind.   Ueber die Kantonsgrenzen führen im Norden die steilen
Alpenpfade des Segnas= (8100') und Panixerpasses (7462' ü. M.), den jähr=
lich an 1000 Stück Rindvieh, 2000 Schafe, 200 Schweine und etwa 10 Pferde
passiren, ins Sernfthal, das Schweizer= (6680') und Druserthor (7339' ü. M.)
ins Montafunische, im Osten und Süden eine Menge kleinerer Pässe nach dem
Tyrol, Veltlin, Kleven und Tessin.   Einzelne dieser Verbindungskanäle des Ver=
kehrslebens liegen schon hoch in der Schneeregion, so der Kistenpaß (8500' ü. M.),
der Sandgrathpaß (8720' ü. M.), und sind nur im hohen Sommer benutzbar.
So sehr sie indessen zur Belebung der Alpenlandschaft beitragen, so verändern sie
dieselbe doch noch nicht merklich.   Menschen und Hausthiere treten vielfältiger
darin auf; aber gewöhnlich sind es nur kunstlose Saumwege, oft steile und selbst
gefährliche Gebirgspfade, die über die Bergjoche gehen.   Das Kulturleben strömt
und eilt schattenhaft rasch durch diese dünnen Verkehrsadern.

Einen etwas bestimmteren Charakter verleihen die großen europäischen
Alpenstraßen den Thälern, durch welche sie gezogen sind.   Staunend zählt der
Wanderer die Reihe der Kunstbrücken, die kühn über brausende Tiefen sich spannen,
die Menge der Gallerien, die in den Felsenstock getrieben sind, verfolgt die Zick=
zacks und Schlangenlinien der schönen, breiten und wohlgeschützten Straßen und
begegnet auf den höchsten und unwirthlichsten Punkten nahe dem ewigen Schnee
zwischen grenzenlos öden Felsenwänden den schützenden Hospizen, den letzten
menschlichen Zufluchtsstätten in der Alpenregion und über ihr.   Diese Hospize
sind einfache, äußerst solide, in der Regel das ganze Jahr bewohnbare Gebäude,
sowohl an den Haupt= als Nebenpässen, und gewähren gegen ein bloßes Liebes=
geschenk oder billige Bezahlung die nöthige Erquickung und Unterkunft.   Der
Geist der neueren Zeit, der überall die kürzesten Verbindungslinien zwischen den
Völkern aufsucht, schuf alte, unbequeme Pässe, wo das waarenbeladene Maulthier
keuchend seinem Treiber vorankletterte, zu herrlichen Kunst= und Poststraßen um.
Er suchte nicht gerade die tiefsten Einsattlungen des Alpengebirges auf, sondern
die kürzesten Linien zwischen größeren Städten und durch menschenreiche Land=
striche.   Vier solcher großer Weltstraßen verbinden den Süden Europa's mit dem

Norden und durchbrechen mit der Macht des Geistes den Widerstand der natür=
lichen Erdbildung. Aus dem oberen Rhonethale nach dem Vedrothale führt
zwischen dem Simplon und Mäderhorn die Simplonstraße, das unsterbliche
Werk des ersten Konsuls (1802—1806), mit einer höchsten Erhebung von
6218' ü. M. Ihr ebenbürtig ist der altberühmte Gotthardpaß, auf dessen
Höhe (die Messungen variiren zwischen 6388' und 6357' ü. M.) schon im drei=
zehnten Jahrhundert ein Hospiz stand, mit einer schönen Kunststraße versehen
worden, die langsam und mühsam aus dem Reußthale hinauf=, desto schneller
aber in das viel tiefere Livinerthal niederführt. Das Hospiz beherbergt jährlich
gegen 10,000 arme Personen. *) Auch die große Splügenstraße trat aus
einem alten, schon von den Römern und Longobarden viel gebrauchten Saum=
wege in den Jahren 1818—1820 in die Reihe der rivalisirenden europäischen
Verbindungswege. Aus dem Rheinwaldthale steigt sie noch etwa 1900' auf
die Höhe des Sattels zwischen dem Tambo und Soretto, mit einer Erhebung
von 6510' ü. M. Eine Schwester dieser großen Kommunikationsstraße führt aus
dem gleichen Hochthale über den Vogelberg, der Bernhardinpaß (6584' ü. M.),
auch in den ältesten Zeiten schon vielfach benutzt und seit 1823 großartig restaurirt.
Diese beiden Pässe sind die südlichsten Grenzmarken der deutschen Nationalität
und auch des Protestantismus ostwärts vom Gotthard. Noch erwähnen wir
zweier in früheren Zeiten vielbesuchter, uralter Paßstraßen, die aber in neuerer
Zeit durch die herrlichen Kunstbauten der eben genannten in den Hintergrund
gedrängt wurden; nämlich der Paß über den großen St. Bernhard aus dem
Dranse= ins Aostathal (Paßhöhe 7674' ü. M., Hospiz 7668' ü. M.), und der
über den Lukmanier zwischen vergletscherten Berggipfeln (5948' ü. M.) aus
dem Medelser= und Blegnothal führend. In den letzten Jahren sind durch eid=
genössische Subvention auch der Furka=, Oberalp=, Schyn=, Albula=, Flüela=,
Ofen= und Berninapaß in schöne, bequeme Post= und Militärstraßen umge=
wandelt worden.

In Asien, Afrika und Nordamerika galten von jeher die hochgelegenen
Wasserscheiden und Stromquellen für heilige Orte, und religiöse Feste versam=
melten bei ihnen die Stämme der Eingeborenen. Sowohl die alten Uranwohner
als später die Römer beteten an den Hochquellen der Alpen, so auf dem Luk=
manier, vielleicht auf dem Bernhardin, gewiß aber an der Stromscheide des Gott=
hard und auf dem großen St. Bernhard, dem Mons Peninus oder Mons Jovis
der Römer, wo noch Bildsäulen oder Tempelreste aufgefunden wurden. Auch
auf der Scheide des Juliers werden die zwei uralten 7000' ü. M. stehenden,
bis jetzt noch räthselhaften Lavezsteine auf eine vormalige Gottesverehrung ge=

---

*) Nach dem Direktionsbuche des St. Gotthard betrug in den sechs Jahren von
1855—1860 die Zahl der armen Reisenden 60,742, worunter 205 Kranke. Ihnen
wurden 89,692 Rationen Lebensmittel und 195 Kleidungsstücke im Werthe von 55,960
Franken verabreicht. An diese Summe leisteten Regierungen und wohlthätige Privaten
der Schweiz 52,954 Franken, das Ausland 1089 Franken.

deutet. Das Christenthum baute dafür an diese Pässe Kapellen und errichtete
Hospize, bei denen theilweise noch in unserer Zeit Bittgänge und religiöse Feste der
Bergvölker abgehalten werden.   Aber nicht nur für die Menschen, für Religion
und Verkehr hatten und haben jene Paßsättel ihre Wichtigkeit; auch die Thierwelt participirt einigermaßen an derselben.   Hier reisen jährlich viele tausend
Stück Rindvieh nach den ‚Welschlandsmärkten‘ durch; die bergamasker Schafheerden übersteigen sie, um auf den rhätischen Hochalpen zu übersömmern.   Die
Pferde und Maulthiere bequemen sich dem rauhen Klima in ausdauernder Kraft
und starkknochigem Gliederbau.   Vor Allem aber sind die Pässe wichtig für die
unendlichen Schaaren von Zugvögeln, welche sie zweimal des Jahres zum Uebergange in den Norden und in den Süden benutzen.   Aber selbst in Höhen, welche
die leichten Wandervögel nicht mehr gern überstiegen, wandert noch der Mensch
mit seinen treuen Hausthieren und über den wilden Gletscherpaß des Matterjochs
in einer Meereshöhe von 10,242 Fuß treiben die Walliser im Oktober
und November, wo die Gletscherspalten mit festem Schnee überbankt sind, ihr
Vieh und ihre Maulthiere.

So werden diese Hochstraßen zu eigenthümlichen Pulsadern, in denen theilweise das ganze Jahr hindurch menschliches und thierisches Leben dahinströmt.
Selbst auf kleinen Nebenpässen erhält es sich in der kältesten Jahreszeit; auf der
Grimsel z. B. tauschen die Walliser den Winter über ihren Wein, Branntwein
und den italienischen Reis, der über den Griesgletscher oder Simplon kommt,
gegen den Käse der Haslithaler um.   Pässe und Hospize sind wunderbare Stationen eines fremdartigen Lebens im Gebirge.   Rings um sie stehen in erhabener
Verlassenheit Dutzende von Eiskuppen und Felsengallerien, die nie von einem
menschlichen Fuße, kaum von den Gemsen berührt wurden.   Kein Name nennt
so viele von ihnen, kein sinnvoll forschendes Auge hat nach den Gesetzen ihres
verworrenen Aufbaues und nach ihren Gesteinen, nach den armseligen Fragmenten
ihres pflanzlichen und thierischen Lebens geforscht; aber zwischen ihren Fußgestellen
durch geht der lärmende Zug des Verkehrs; zu ihren Höhen hinauf tönt das
schmetternde Posthorn, des Maulthiers Glocke und die vielzungige Sprache der
Menschen.   Die Riesen kümmern sich nicht darum; mit diamantener Krone auf
dem unentweihten Haupte träumen sie ihren tausendjährigen Traum fort von
den Meeresfluthen, die über sie hinwogten, mit bunten Muscheln und seltsamen
Fischgebilden, wie üppige Sträucher und Palmen des Südens ihre blühenden
Häupter über ihnen wiegten, bis kolossale Feuerkräfte sie aus dem Mutterschoße
der Erde bebend emporhoben, bis ihre Rücken sich wölbend aus einander barsten,
während früher ungekannter Frost mit Firndiademen ihre Häupter schmückte.
Vielleicht auch glänzen vor ihren nach innen gewandten Augen die Trümmer der
schöneren Vorzeit auf, die zu Stein wurden, um ihnen nicht verloren zu sein,
und dazwischen funkeln die tief im Schooße des Felsengebäudes hinlaufenden
Adern des edlen Goldes, an dem nur hie und da eine kleine Wasserquelle nagt,
und alle die Erzschätze, die Lager der Krystalle und die Nester edler, strahlender

Steine. Nach außen aber sind sie todt, und jedes Jahrhundert vergräbt sie tiefer in Schnee- und Eislasten und zerbröckelt ihre nackten Rippen.

Ein Blick über den ganzen Zug der Alpen zeigt uns eine merkwürdige Verschiedenheit in den Bildungen der westlich und der östlich vom Gotthard liegenden Arme. Die schweizer Westalpen steigen viel unmittelbarer aus der Tiefe auf, bilden viel imposantere Gipfel und Kuppen und haben darum auch weit tiefere Thäler; in dem Gebiete der rhätischen Alpen dagegen spricht sich eine entschiedene Neigung zur Gesammtbodenerhebung aus. Das ganze Land ist nur eine verzweigte und unterbrochene Alpenbildung, die Thäler liegen hoch, die Bergzüge sind nicht so tief eingeschnitten, die Gipfelbildungen, so beträchtlich ihre absolute Höhe auch ist, steigen durchschnittlich nicht so steil, so kühn in die Wolken, sondern in sanfteren Gehängen, in gerundeteren Zwischenstufen. Die Bergpässe führen seltener über steile Terrassen hinan; oft sind sie nur das Ineinanderauslaufen zweier sanftgeneigter Hochthäler. Die Hauptthäler des Wallis und des Verner-oberlandes erreichen kaum recht die Bergregion; das Rhonethal berührt nur mit seiner obersten Spitze die Alpenregion; ebenso das Saaß- und Matterthal, die doch zwischen die eisumstarrten Gipfel des Monterosastockes sich hineindrängen. Die höchsten der großen Bernerthäler liegen noch tiefer. Von den an die gewaltige Jungfraugruppe anlehnenden berührt das Lauterbrunnenthal kaum die Bergregion, das Grindelwaldthal geht nicht über sie hinaus, kaum das Oberhasli-thal. Die gleiche verhältnißmäßig tiefe Thallage tritt uns in Tessin, Uri, Unterwalden, Schwyz, Glarus, St. Gallen und Appenzell entgegen. Das Reußthal tritt nur mit der kleinen Spitze oberhalb der Teufelsbrücke in die Alpenzone ein. Ganz anders die rhätischen Thalgebiete: nur die Kantonsspitzen im Norden, im äußersten Osten und im tiefsten Süden gehören nicht der Bergregion an, ein beträchtlicher Theil aber liegt völlig in der Alpenzone, so das Tavetsch, Rheinwald, obere Davos, Avers, Brinthal, Oberengadin und die letzte Hälfte vieler anderen. Das sind denn auch die höchstgelegenen Kulturthäler Europa's, merkwürdig und einzig in ihrer Art. Der fremde Wanderer, der aus dem ebenen Tieflande des Nordens herkommt, erwartet, in einer Höhe von mehr als 5000' ü. M., kaum mehr ordentliche Thäler zu finden; er denkt, blos dürftige Hirtenwohnungen und Sennhütten als Wahrzeichen zu treffen von dem harten Kampfe des Menschen mit der Starrheit des Klimas und Unfruchtbarkeit des Bodens. Wie erstaunt er aber, z. B. längs des Inns ein achtzehn Stunden langes und etwa eine halbe Stunde breites Hauptthal mit fünfundzwanzig Seiten-thälern zu finden, das einen Flächeninhalt von über 22 Quadratmeilen und in etwa 28 Ortschaften eine Bevölkerung von 11,000 Personen hat, ein Thal, das mit seiner tiefsten Endspitze (Martinsbruck) noch über 3840' ü. M. liegt und also fast seiner ganzen Länge nach in die alpine Region fällt. Und diese Dörfer sind nicht traurige Hütten der Armuth, sondern haben große, stattliche Häuser, oft palastartige mit Freitreppen und Altanen, mit künstlichen Eisengeländern geschmückt, statt Saumpfaden schöne Chausseen, ein rüstiges, intelligentes und

wohlhabendes protestantisches Völklein, das zwei der drei in Bünden heimischen
romanischen Dialekte spricht.   Die blühende Ortschaft Samaden, wo man so
viel Wohlstand und Bildung trifft, liegt 5421' ü. M., bei Campfer (5649'
ü. M.) wird noch Getreide gebaut, bei Sils (5558' ü. M.) findet man
noch Flachs und Gemüse in den Gärten, und doch liegen diese Ortschaften
2000' höher als die höchste Spitze des Harzgebirges, der Brocken, und an
600' höher als die Schneekoppe, der nackte höchste Gipfel des Riesengebirges.
Dieses wunderbare Hochthal ist nichts weniger als fruchtbar; unermüdlicher
Fleiß und strenge Sorgfalt zwingen dem Boden die schwache Ernte an der
Holzgrenze ab.   Dicht über der Thalsohle hört der Holzwuchs auf und an
manchen Stellen gelangt man fast ebenen Fußes zu den ewigen Gletschern des
Bernina.   Man glaubt sich getäuscht durch die schärfsten Kontraste.   Um die
schönen weißen Häuser und Landgüter wächst die Flora der Alpen; die nächste
Bergstufe weist schon in die Augen fallend die Grenze des pflanzlichen Lebens auf,
und dicht über ihr ragen die Silberhörner der Hochalpen in die blaue Luft.   Das
Thal von Avers oder Afnerthal aber ist vielleicht das höchste in Dörfern be=
wohnte europäische Thal*).   Sein Hauptort Cresta liegt 6055' ü. M.,
und der höchste Weiler dieses fünf Stunden langen Thalzuges, Juf, sogar
6730' ü. M.   In diesen Höhen lebt, durch wirre Felsenlabyrinthe und unend=
liche Gletschermassen von der übrigen Welt abgeschlossen, hoch über dem Holz=
wuchs in einem freundlichen und reichen Wiesengrunde, der weithin am wilden
Gebirge sich ausdehnt, ein freies, deutschredendes, protestantisches Hirtenvölklein
von 340 Seelen in sechszehn Häusergruppen, das seine Wohnungen mit Strebe=
pfeilern vor dem Drucke der Lauinen schützt, keinen Frühling und Herbst kennt,
in dem kurzen Sommer aber über 2000 Stück Rindvieh und 3000 Stück
Bergamaskerschafe auf seinen Weiden nährt, mit Mühe etwas Gemüse baut und
wie die Einwohner von Stalla (5559' ü. M.) jenseit des östlichen Gebirgs=
kammes den Mist der Schafe und Ziegen dörrt und als Brennstoff gebraucht.
In seiner Nähe aber bietet das Gebirge schöne Marmorlager und starke Erzminen,
ein Reichthum der unorganischen Natur, der seltsam gegen die Armuth der
organischen absticht.

Wir dürfen uns diese hohen Thäler der Alpenregion trotz ihrer Bewohnt=
heit doch nicht volkreich denken, mit der einzigen Ausnahme des Engadins.
Ueber der Holzgrenze liegend, bieten sie einen ernsten, einförmigen Anblick, der
nur durch das saftige Grün der Wiesen und das weidende Vieh im Sommer

---

*) Unbewohnte Hochthäler zählen die Alpen noch bei 8000' ü. M.; das höchste
namhafte Thal Europa's ist wahrscheinlich das furchtbarschöne Roththal westlich an der
Jungfrau, gegen 9000' ü. M. und eine Stunde lang.   Die Bewohner der unteren
Thäler glauben, daß hier die Geister alter Ritter hausen und ihre wilden Feste unter
furchtbarem Getöse und dämonischer Himmelsbeleuchtung feiern.   Kaum ein Geißbube
und noch seltener ein Alpenjäger betreten seine zerrissenen chaotischen, stellenweise blut=
roth gefärbten Felsen, die in den Donnern der Lauinen und Gletscherbrüche beben.

gemildert wird.   Oft ist die Rasendecke von Erdschlipfen und Felsenbrüchen zerrissen und mit grobem Geröll bedeckt.   Die Thalbäche führen von den nahen Gletschern Schutt und Blöcke heran und wühlen sich tobend durch ihre felsen= erfüllten Rinnsale.   Die oberen Thalhälften sind selten schmale, tiefe Furchen, sondern leicht ausgeweitete Wannen, die in sanfter Steigung rechts und links gegen die Schneeregion anstreben, während der Hintergrund entweder von ver= gletscherten Kuppen geschlossen ist, oder kaum merklich in ein anderes Hochthal übergeht.   Viel romantischer und wilder sind die etwas tieferen Thäler unserer Region.   Dunkle, uralte Wälder mit vielen abgestorbenen Stämmen ziehen sich an den Bergflanken hin; schroffe, thurmhohe Zinnen stürzen unmittelbar in die Thalsohle ab; über Kalk= und Granitblöcke braust der oft vom Schleif= und Polirschlamm der Gletscher getrübte Wildbach; der Weg verliert sich in furchtbare Schluchten und Tobel, oder windet sich mühsam über schmale, unfruchtbare Thal= stufen hinan.   Stundenlang zieht der Wanderer nur durch unendlich traurige Schuttreviere, dem Bache der Thalfurche entlang, und sucht vergebens nach einer Breite, wo eine kleine Wiese Platz gewinnen könnte.   Dann ändert sich wieder rascher, als er erwartete, die Physiognomie der Landschaft.   Die Berge treten zurück; an den Halden leuchtet das frische, tiefe Grün; Nadel= und Laubwälder leben wieder auf, und im friedlichen Wiesengebiete des Plateau's ruhen behagliche Dörfer und Weiler.   Die Hochthäler der vom Gotthard nördlich und westlich gelegenen Alpen sind durchschnittlich klein, rauh, felsenbesät, steril, ein öder und trauriger Anblick; blos das Urfernthal und das Mayenthal sind milde, freundlich lachende, fruchtbare Landschaften, wogegen z. B. das Saaßthal, das obere Urbach= thal, das obere Schächenthal, das Maderanerthal, das Fählenthal das Bild einer von den Naturgewalten zertrümmerten Anlage, eines unordentlichen Tummelplatzes heroischer Kräfte bieten, die ihr Spielzeug auf dem zertretenen Wiesenplane in gräulichem Wirrwarr zurückließen.   Ueberhaupt sind die eigentlichen Thalbildungen der Alpenzone im ganzen nichträtischen Alpengebiete nur höchst geringfügig und fragmentarisch.   Bei ihren tieferen Bergeinschnitten fallen die eigentlichen bedeu= tenden Thäler weit unterhalb der Alpenregion; im Bündnerlande dagegen bringt die beträchtliche Bodenerhebung des ganzen Gebietes eine Menge größerer und kleinerer Thalbuchten in unsere Region herauf.   Der Charakter der Alpenregion spricht sich daher im nichträtischen Gebiete vorwiegend durch die Bergstöcke selber, durch die an sie gelehnten Hochweiden, Felsengebiete aus; im rhätischen dagegen, wo die Kettenformation sich mit der Hochlandsbildung vereinigt, umfaßt er ganze Bezirke mit Thälern, Wäldern, Dörfern, Pässen, Felsen, Wiesen und Weiden.

Daraus folgt denn auch die größere Milde und Wärme des Klimas und also auch die höher hinaufreichende Vegetation der rhätischen Alpenzone.   Die Hochthäler derselben sind ihre Wärmekessel.   Die geschützte und abgeschlossene Luft erhält durch die Sonne rasch eine höhere Temperatur, dringt nach oben und theilt sie auch der Höhe mit; aus den tiefausgeschnittenen Thälern von Bern, Glarus, Appenzell dagegen verkühlt die aufsteigende warme Thalluft, ehe sie den

langen Weg nach der Alpenregion zurückgelegt hat, und die relativ viel bedeu=
tendere Höhe dieser Bergstöcke bietet ihre ungeschützten Flanken mehr allen Winden
dar, ohne die wärmeausstrahlenden Reflektivspiegel breiter Hochthäler zu besitzen.
Diese Verschiedenheit des Alpenbaues ist natürlich für das thierische und pflanz=
liche Leben von der höchsten Wichtigkeit, und in ihrer Folge sind die Regionen des
rhätischen Gebirges höher hinauf belebt und reicher ausgestattet. Wo der Mensch
noch 6000' ü. M. Kartoffeln und Flachs baut, findet auch die Thierwelt des
Lebens Nothdurft. Und doch sind in dem ganzen Alpengürtel die Winter so
lang, die Sommer so kurz, die Fröste so herb und häufig. Wie oft deckt der
Schnee plötzlich die armen Kartoffelfelder mit ihrer halbreifen Frucht zu und
weicht nun 6—7 Monate nicht mehr von der Stelle! Der oberste Theil unseres
Gebietes ist kaum einige Wochen ganz schneefrei, doch auch in dieser Zeit nicht
sicher vor rasch vorübergehendem Schneegestöber; der untere, besonders auf der
Sonnenseite, hat wenigstens vier, in einigen ganz milden Thälern Bündens wohl
an sechs Monate Sommer, wenn man die Zeit, wo der Schnee nicht festliegt, so
nennen will. Im oberen Engadin liegt der Schnee durchschnittlich 5 Monate
26½ Tage fest, öfters aber länger, wie 1855, wo er 6 Monate und 24 Tage
aushielt. Im Allgemeinen darf man nach den angestellten Beobachtungen an=
nehmen, daß bei 5000' ü. M. durchschnittlich vom Anfang Juni bis Mitte des
Oktobers kein Schnee liegt, bei 6000' vom 18. Juni bis zum 7. Oktober, bei
6500' vom 28. Juni bis 18. September, bei 7000' vom 2. Juli bis 5. Sep=
tember und bei 7500' zählt blos der August zehn schneefreie Tage, wobei kaum
zu erinnern nöthig ist, daß jeder einzelne Jahrgang seine Abweichung von dieser
Normalskala aufweisen wird. Die Temperatur steht natürlich im Verhältniß
zu diesen Erscheinungen; doch stellen sich die Thalbewohner gewöhnlich die Kälte
der Höhen zu groß und die Wärme zu gering vor. Das Gotthardhospiz, das
jährlich 8—9 Monate Winter hat, weist nach genauen, langjährigen Beobach=
tungen in den sieben eigentlichen Wintermonaten eine durchschnittliche Kälte von
nur fast 5 Grad Réaumur im Mittel nach, und vom Juni bis September eine
Wärme von ebenfalls beinahe 5° R. im Mittel. Als Mittel der ganzen Jahres=
temperatur wird — 0,932° R., die mittlere größte Wärme im August + 10,720°,
die mittlere größte Kälte im Februar zu — 12° R. angegeben. Bei außer=
ordentlicher Kälte sinkt das Thermometer höchst selten unter — 10° R.; auf dem
großen St. Bernhard, freilich bei beträchtlich höherer Lage, dagegen bis — 22,
ja — 27° R. In Bevers im Oberengadin (5270' ü. M.) ist nach 10jähriger
Beobachtung der höchste Thermometerstand + 22,6° R., der tiefste Fall seit
1846 war — 25,7° R. Im Jahre 1855 war daselbst der höchste Stand am
1. und 3. August + 21,6° R., der tiefste am 27. Januar — 24,6°, größte
Jahresdifferenz 46,2° R., mittlere Jahrestemperatur + 1,75° R. und der
Jahresschneefall 14' 8''. Im Jahre 1856 dagegen der höchste Stand (12. August)
+ 23,6° R., der tiefste (3. Dezember) — 22,4° R., die größte Jahresdifferenz
46° R. und der Jahresschneefall 12' 1'' 5'''.

Dabei wiederholt sich auch hier die frühere Bemerkung, daß vom Spät=
herbst an bis zum kürzesten Tage und länger in den höheren Lagen eine höhere
Wärme herrscht als in den tieferen, später aber das Verhältniß sich umkehrt.
Der Wärmewechsel tritt in der ganzen Alpenregion oft außerordentlich rasch ein.
Die Sommertage sind nicht selten so heiß, daß die Sonnenstrahlen das zarte
Grün der Weiden versengen, und doch sieht man oft Nachts im gleichen Grunde
den Reif an den Bachufern schimmern. Dagegen sind die täglichen Schwan=
kungen des Thermometers im Winter in der Alpenregion gewöhnlich weit geringer
als z. B. in der submontanen und kollinen, und überschreiten auch auf dem
St. Bernhard in der Regel 5—8° nicht. Die Temperatur des Schnees selber
ist sehr unbeständig und hängt bis in beträchtliche Tiefe von der atmosphärischen
Luft ab. Auf weiten, blanken Schneefeldern steigert sich die Wärme durch Strah=
lung mitten im Winter oft unerträglich, und das Thermometer weist in
Höhen von 7—8000' in der Sonne dann nicht selten über 24° R. Wer um
diese Zeit länger in den Hochregionen wandert, hat trotz guter Verhüllung des
Gesichts viel zu leiden. Die Gletscherfonne blendet und überreizt das Auge, das
Gesicht schwillt auf, glüht, wird braunroth und entstellt, die Oberhaut platzt.
Das Wandern geht bei tiefer Temperatur sehr leicht, bei hellem Wetter aber oft
äußerst mühsam und ist besonders schmerzhaft, wenn die Füße fortwährend durch
die harte Kruste in den weichen Unterschnee einsinken. Dafür entschädigt das
großartige Bild einer neuen Welt in schimmernder Klarheit, und die außerordent=
liche Durchsichtigkeit der Luft hebt die feinsten Konturen der Berge mit wunder=
barer Schärfe von der tiefen Bläue des Himmels ab.

Wenn wir schon in der Bergregion einen raschen Wechsel der Jahreszeiten
bemerkten, so ist dieser im Gürtel des Alpengebietes in noch höherem Grade vor=
handen, und auch hier ist der Fön der Bote des Frühlings, die Bedingung des
Sommerlebens. Die Winter sind öde und todt; wo noch Straßen und Dörfer
sind, klingen die Schlitten, knallt die Peitsche. Durch die großen Pässe gehen
täglich die Züge der kleinen Postschlitten und des Gütertransits; bis an die Zähne
vermummt halten die Truppen der Wegknechte mühsam die Verbindung offen.
In den unbewohnten Alpen aber ist das Leben auf ein Minimum reducirt. Die
Schneemassen lasten klafterhoch auf den Weiden und Halden, verhüllen die Klüfte,
Felsenreviere und Sennhütten und lösen die Individualität der Landschaft in die
allgemeinen Wellenformen auf, in denen sich Büsche, Bachbette und Felsen ver=
lieren. Das niedrige Thierleben ist unter die Erde verschwunden und träumt
dem Frühling entgegen; ebenso vertrauen Mäuse, Murmelthiere, Bären, Dachse
der Wärme ihrer Erd= und Felsenhöhlen das vom Frost und Hunger bedrohte
Leben. Die übrigen Raubthiere und die Menge der Strichvögel ziehen sich in
die Bergregion und schweifen bis in die Ebene hinaus. Steinböcke und Gemsen
bergen sich in den obersten Wäldern; nur der weiße Hase behauptet sich an der
Holzgrenze in der Gesellschaft der Alpenhühner, Raben, Krähen, Adler, Geier,
Spechte und weniger kleiner Alpenvögel, immerhin nur Fragmente des animali=

schen Lebens und lange nicht zahlreich genug, um die Einsamkeit der unendlichen
Schneegebiete umzustimmen.

Im April fängt der Frühling mit Sonnen=, Regen= und Windkräften an,
gegen die Herrschaft des Winters zu kämpfen; was er aber in acht Tagen errungen,
entreißt ein einziges nächtliches Gestöber ihm wieder. Erst im Mai erstarkt er,
und dann sind seine Fortschritte wunderbar. Mit Fön und warmem Regen
zaubert er in wenigen Tagen in der subalpinen Region eine frische, lachende
Vegetation hervor, schüttelt von den Tannen und Arven die Schneegehänge, ent=
wickelt Knospen, Kätzchen, Blätter und schreitet allmälig bis zur Baumgrenze
hinan; über derselben hält der Winter länger aus und gönnt dem Jahre nur wenige
Sommermonate. Der Fön vor Allem ist auch hier die Bedingung des Lebens,
des Sommers. ,Der liebe Gott und die goldene Sonne vermögen nichts gegen
den Schnee, wenn der Fön nicht kommt‘, sagen die Bergbewohner. Ohne Fön
wären vielleicht drei Viertheile der Schweiz unbewohnbares Gletscherland, wie
ein Theil Südamerika’s, wo keine warmen Südwinde wehen und darum in einer
Breite, welche der unseres wein=, mais= und kastanienumkränzten Locarno’s ent=
spricht, die Eisfelder noch herunter bis an die Küste des Meeres reichen.

Daß es aber in unseren Alpen Sommer werden kann, dazu helfen auch
die Nebel treulich; sie verhindern das nächtliche Gefrieren des Aufgethauten und
werden darum an manchen Orten bezeichnend ,Schneefresser‘ genannt. Der
Frühling ist auch in diesem Gürtel die lauteste Jahreszeit mit Lauinendonner,
Gletscherkrachen, Wasserrauschen, Vogelsang, Insektengewimmel und Menschen=
jubel — doch nicht in der Mannigfaltigkeit der Bergregion. Eine eigenthüm=
liche Erscheinung bildet die Auflösung gewisser Gletscheransätze. Am Rande
schroffer Felswände wachsen oft Krusten, Zinken, Kerzen und ganze Bäume von
Eis mauer= und säulenartig an und lösen sich in Wind, Sonne und Regen stück=
weise ab. Mit lautem Gepolter stürzen sie in die Thäler und Pässe nieder und
ihre Gewalt ist so außerordentlich, daß von hohen Felsen spitze Zinken oft mehrere
Zoll tief wie eiserne Keile in den Straßendamm eindringen, ja daß Eisklümpchen
von Apfelgröße selbst durch Bretter schlagen und wie Kanonenkugeln rikoschettiren.
Man löst darum oft zur Sicherung der Straße längs der Felsengallerien solche
Eisgebilde (in Bünden ,Eismarren‘ genannt) mittelst Stutzerkugeln in der un=
zugänglichen Höhe ab. An anderen verborgenen Bergstufen stürzen sie, besonders
von quellenreichen Klippen, verheerend in die Wälder und brechen sich im Laufe
der Jahrzehnte ganze Lichtungen in die Baumbestände. Wo eine Terrasse be=
sonders günstige Anlage zu solchen phantastischen Eisbildungen hat, sendet sie
das ganze Frühjahr durch ihre Gletscherschläge in die Tiefe und bildet in wenigen
schönen Tagen und kalten Nächten neue Gesimse und Säulen. Diese stürzen auf
die ungeschmolzenen, früher gefallenen Gletschertrümmer nieder. Die bei Tage
herabtriefenden und rieselnden Wasser unterhöhlen die chaotische Masse; ein
warmer Wind oder Regen bringt das Ganze in Bewegung, und so stürzen diese
Eisströme lauinenartig in die Wälder oder Bergwiesen, wo ihre Trümmer mit

wunderlich ausgeschmolzenen Zacken, Höhlungen und Löchern noch lange traurig im jungen Grün lagern. Davon sind die eigentlichen großen Gletscher=brüche zu unterscheiden, glücklicherweise seltene Phänomene, die beim Einsturz eines ganzen Gletschergebietes entstehen. Das Dörflein Randa im Nikolaithal (Wallis) hat in dieser Hinsicht wohl die häufigsten und traurigsten Erfahrungen gemacht. Im Jahre 1636 stürzte der größte Theil des Weißhorn= oder Bis=gletschers zusammen und donnerte in die Tiefe, wodurch fast der ganze Ort zer=trümmert wurde. Im vergangenen Jahrhundert folgten zweimal ähnliche Gletscherstürze und der letzte abermals höchst verderbliche mit einer Eismasse von etwa 360 Millionen Kubikfuß am 29. Dezember 1819, wobei der Luftdruck ganze Häuser umdrehte und das Balkenwerk in den hoch ob dem Dorfe liegenden Wald schleuderte. Es entwickelte sich unmittelbar beim Sturz der unendlichen Last unter dumpfem Donnergetöse ein eigenthümlicher, blendender Lichtglanz im Dunkel der Morgendämmerung, worauf tiefe Finsterniß dem furchtbaren Luftstoß folgte. Aehnliche Verheerungen richtete im Jahre 1818 bei seinem Vorrücken der Gietrozgletscher im oberen Bagnethal an, füllte das schmale Thal an die 100 Fuß hoch mit Eis an, sperrte die Dranse und verwandelte das ganze Felsen=thal von Torembec in einen See. Der gesprengte Kanal brach später zusammen und die Fluth verheerte das untere Thal schrecklich. Kleine Gletscherlauinen, durch Vorrückung und Abschmelzung stark geneigter Gletscherfelder bedingt, sind besonders häufig am unteren Grindelwaldgletscher und an der Jungfrau über die heiße Platte (im Sommer fast alle Viertelstunden) bemerkbar.

Zu den pittoreskesten Phänomenen der Alpenlandschaft gehören die Lauinen, im Tessin Luvina oder Slavina genannt, diese ungeheueren, donnernden Schnee=ströme, deren Majestät ebenso groß ist wie die Furchtbarkeit ihrer Gewalt. Sie kehren periodisch wieder, haben ihre bestimmten Züge und Gänge, ihre Kessel, in denen sie aufgehoben werden, ihre Lagerfelder, wo die bewegten Massen zur Ruhe kommen. Ein großer Theil der Alpen bedient sich dieser Kanäle, um sich stellen=weise ungeheuerer Schneemassen zu entledigen, und zwar mit einer Regelmäßig=keit, die sich nach Wochen, ja nach Tagen berechnen läßt; genaue Beobachter können oft die Stunde bezeichnen, wo die Lauine kommen wird. Die Formen dieser Schneestürze sind mannigfach; bald treten sie blos als kleine Schlipfe auf, in denen die Schneeanhäufungen eines gewissen Felsengebietes durch gröbere Berg=furchen abgehen, oder es sind zusammengebrochene Windschilde oder Wind=bretter, die durch einen anhaltenden Windstrich bei starkem Schneefall an einer Felsenzinne aufgethürmten Massen, die ohne ordentliche Grundlage durch das eigene Gewicht zusammenbrechen und überall niederstürzen können, jenachdem gerade eine Windrichtung ihren Ansatz veranlaßt hatte. Gewöhnlich sind sie nicht gefährlich und gehen nicht weit; doch riß ein solches Windbrett auf dem Bern=hardin die Postschlitten mit dreizehn Personen in den Abgrund. In gewissen Lagen können sie begreiflich zu eigentlichen Lauinen werden und treten dann um so verheerender auf, als sie sich nicht in gewohnten Betten bewegen. Die Ent=

stehung der Lauinen ist durch den Aufbau und die Böschung der Gebirge, durch
die angehäuften Schneemassen, durch die Temperatur und eine Menge kleiner Ver-
anlassungen bedingt. Breiter Terrassenbau, steile Felswände, oder starkgeneigte
Böschungen verhindern große Schneeablagerungen oder Lauinenbildung; eine
Neigung des Gebirges von 30—35° dagegen, in der sich eine lange Wasserfurche
findet, nach welcher größere Halden sich sanft abdachen, hat fast überall periodische
Lauinen. Doch sind hier die Grundlauinen stätiger als die Staublauinen.
Diese sind gefährlicher, gewaltiger, unregelmäßiger. Sie treten nur im Winter
und ersten Vorfrühling auf und entstehen, wenn auf eine feste, harte Schneedecke
große Lasten neuen, körnigen, losen Schnees fallen. Dieser hat, wenn die Abhänge etwas steil sind, keinen Halt auf jenem; das Einstürzen eines kleinen Schnee-
gesimses in der Höhe, der Tritt einer Gemse, eines Hasen, ja das Schneebällchen,
das von einem Strauche fällt und fortrollt, oder irgend eine Lufterschütterung
bringen unter entsprechenden Verhältnissen dies ganz neue obere Schneefeld in
Gang; es rutscht erst langsam in Einem Stücke fort, reißt dann die tieferen
Massen mit, überwallt, stiebt auf, theilt sich. Das Dröhnen der Masse durch
die klare Luft und der entstehende Windzug führt von allen Seitenhalden neue
Partialstürze herbei. Mit rasender Eile, immer furchtbarerer Wucht und dröhnen-
dem Gepolter stürzt der Hauptstrom der Tiefe zu, hat schon die Holzregion als
breite, hochgethürmte Sturmfluth erreicht, reißt Steine, Büsche mit sich und
bricht krachend in den Wald. Du siehst nichts als donnernde und sprühende
Nebel; unendliche Schneestaubwolken verhüllen den Gang des Stromes, dessen
ganze Bahn raucht; aber die Bäume krachen, das Felsgestell bebt, die Zinnen
hallen im Donner des Sturmes lange, bange Minuten nach, — noch ein Schlag
und zitterndes, knirschendes, dumpfes, unaussprechliches Gepolter, — — —
dann ist es stille. Ein schneidender Luftzug hat den stolzen Gang der Lauine
begleitet. Du schaust ihr nach; geradeaus, über zwei Stunden lang, Hunderte
von Schritten breit liegt ihr frisches, schneeblank geschliffenes Kanalbett durch
Alpenweiden, Wälder, Wiesen bis an den Bach tief unten im Thal; noch rollen
einzelne Ballen und rutschen kleine Stürze nach; noch schwankt der durchbrochene
Hochwald im Winde der Verheererin. Vom Thale aus gesehen ist die Katastrophe
malerischer; doch entdeckt man selten die Anfänge. Der sich ausbreitende, mit
Riesenkräften wachsende, wasserfallgleich über die Felswände stürzende, hoch-
aufrauchende Strom, wie er sich oft theilt und wieder vereinigt, die Seitenarme
aufnimmt, ein wallendes, fluthendes, glänzendes Meer in pfeilschnellem Schusse
mit allen weitreichenden Seitenwirkungen gewährt ein unaussprechlich großartiges
Bild. Wenige Minuten und die Tochter der Hochalp liegt nach einem schauerlichen Tanze friedlich und bewegungslos in der Thalwanne. Einen Fall von
vier= bis fünftausend Fuß hat sie in siegreichem Donnergange zurückgelegt und
ihren Leib majestätisch in die fliegenden weißen Gewänder gehüllt, um bald im
Schooße des Thalbettes mit gelösten Gliedern zu ruhen.

Der Bewohner der Ebene macht sich selten einen richtigen Begriff von den wunderbaren Sturmbewegungen, von denen eine solche Staublauine begleitet ist. Der Luftzug strömt stoß- oder schußweise rechts und links etliche hundert Schritt weit neben dem Lauinenzug, schießt aber in seiner ganzen Breite unten über die liegen bleibende Schneemasse hinaus, prallt oft an der gegenüberliegenden Berg- wand an oder verliert sich in der Weite des Thales, wo er noch auf eine halbe Stunde die Fenster und Thüren der Wohnungen erschüttert und die Kamine von den Dächern hebt.   In den Wäldern reißt dieser Sturm auf beiden Seiten des Schneestromes hunderte der stärksten, ältesten Bäume nieder, hebt Menschen und Thiere auf und schleudert sie in die Tiefe, zerbricht im Thale noch weit von seinem Lagerplatze die gewaltigsten Nuß- und Apfelbäume und Ahorne, legt schwere Frachtwagen auf die Seite und reißt ganze Ställe zusammen.   Doch ist diese Luftstreichung ziemlich enge abgegrenzt, und außerhalb ihrer scharfgezogenen Linie schwankt kaum ein Ast.   Wunderbare Schicksale zeichnen solche Lauinen in das monotone Winterleben der Bergbewohner.   Bald verhüllen sie ganze Weiler in nächtlicher Stunde, und die Leute sind in haushohen Schneemassen begraben und erstickt, ehe sie erwachen.   Manchmal reißen sie die Häuschen wie Kartenblätter wirbelnd in die Höhe, und die Bewohner werden mit heiler Haut abseits in den Schnee geschleudert.   Heuschuppen sind 500 Schritte weit durch die Luft über Bäche getragen und unversehrt mit dem ganzen Heustock auf der anderen Thalseite abgesetzt worden.   Von Verschüttungen*) und wunderbaren Rettungen der Menschen finden sich in allen höheren Thälern ältere und jüngere Traditionen. Begreiflich sind die Thiere, die in der Nähe des Lauinen- oder Luftstromes ge- blieben, auch Spielbälle desselben.   Kleine Vögelchen und große Raben werden hoch durch die Luft geschleudert; seltener reißt der Schneesturz eine Gemse mit. Man sagt diesen klugen Thieren nach, sie vermeiden zur Zeit der Lauinenbrüche sorgsam die gefährlichen Gegenden; doch kommen im Frühling nicht selten Gemsen- gerippe im Lauinenschnee zum Vorschein.   Mehr als die Witterung der Lauinen- gefahr mag sie aber ihr Trieb, die Sonnenseite des Gebirges zu meiden, vor dem

---

*) Statt vieler Beispiele zwei: „Als man (d. h. die im November 1478 gegen Mailand kriegenden Eidgenossen, wie Diebold Schilling erzählt) an den Gothard kam, da warent etlich mutwillig Lüt vor dannen gezogen, die machten ein Geschrei und wollten nieman folgen, wie fast man jnen das verbot. Also kam ein gros ungestüme Schnee-Löwinen oben von dem Berg harin, darunter leider vil guter Gesellen kamen, die wurden verzuckt. Etlich kament von Gottes Gnaden wieder harus, die dennoch übernacht darinne gelegen warent und by dem Leben bliben; zwar das mußt von sundern Gnaden und Erbarmden des allmechtigen Gottes beschechen, dann sy ohn Zwifel grossen Schmertzen hatten erlidten. Etlich kament auch harus lebendig und sturbent darnach angends; der Merteil (60) blieb aber leider darinn tod; dan jr darnach vil funden wurdent und klagt nachmalen jederman die Sinen, die er verloren hat. Der barmhertzig Gott wolle jnen die ewig Ruw verlichen!" Im Jahre 1689 stürzte die verderblichste in Bünden bekannte Lauine vom Rhätikon ins Prätigau und begrub 150 Häuser und Ställe des Dorfes Saas. Unter den weithin verschlagenen Trümmern fand die Hilfsmannschaft einen wohlbehalten in seiner Wiege liegenden Säugling und daneben ein Körbchen mit 6 Eiern, von denen kein einziges zerbrochen war.

Tode schützen.   Mit dem Winde verbreitet sich auch eine große Masse des zu
Staub aufgelösten Schnees mit wunderbar penetrirender Kraft nach der Tiefe.
Solcher Staublauinenschnee dringt durch die feinsten Ritzchen massenweise in die
Häuser und setzt sich in die wollenen Kleider so fest, daß er durchaus nicht aus=
gebürstet werden kann.

Die Grundlauinen entstehen später als die eben bezeichneten, im Früh=
ling bis in den Vorsommer hinein; die größeren gehen ziemlich regelmäßig an
östlichen Gebirgshängen zwischen 10 und 12 Uhr Mittags, an südlichen zwischen
12 und 2 Uhr, an westlichen zwischen 3 und 6 Uhr Nachmittags, und an nörd=
lichen bis tief in den Abend hinein zu Thal.   Der Fön in den Höhen oder an=
haltende Sonnenwärme löst große Schneefelder von vielen tausend Quadratfuß
auf, unterfrißt sie theilweise, zieht Wasserrinnen durch sie und erweicht ihre Unter=
lage so, daß bei geringer Veranlassung ganze Strecken gleichzeitig ins Rutschen
kommen.   Die tieferen Schneefelder hängen sich an, lösen sich leicht vom er=
weichten, schwellenden Boden; Alles ballt sich zusammen, reißt überall neue
Schneefelder mit, nimmt Erde, Schutt, Steine, Blöcke fort und donnert eben=
falls stromartig, aber in kompakteren Massen, über die Felswände oder durch die
gewöhnlichen Furchen und Lauinenzüge in die Tiefe.   Diese Gebilde stieben, weil
sie aus feuchten Schneekonglomeraten bestehen und sich im Gange fester ballen
und drängen, nicht so reichlich in die Luft auf wie die trockenen Staublauinen,
deren Millionen Staubperlen die Atmosphäre leuchtend erfüllen, verursachen
darum auch keinen bedeutenden Luftdruck und schaden nur durch ihre eigene
Bahn, indem sie auf derselben eine Masse von Erde aufwühlen, oder auch, doch
seltener als die Staublauinen, verheerende Bahnen durch die Hochwälder brechen.
Sie führen immer viele Eismassen mit und sehen schmutzigtrübe aus.   In der
Regel gleichen sie weniger einem kolossalen Schneeballe als einer haushohen
Schneewand.   Wie viele Tausende von Insekteneiern, Larven, Würmern, Alpen=
pflanzensamen, die sich im Sommer und Herbst im Bette des Lauinenzuges harm=
los angesiedelt, werden so plötzlich durch eine oder zwei Regionen getragen und
im Thale abgesetzt, wo sie sich im Sommer doch noch entwickeln.   Die Geschiebe
schmelzen im Kessel oder auf der Weide, wo sie stehen geblieben und 30—40, in
Thalschluchten dagegen bis 200 Fuß hoch aufgethürmte Schneemeere bilden, gar
langsam, oft erst im Juli; und im nächsten Jahre blühen daselbst ganze Kolonien
herabgeflößter Alpenpflänzchen.   Oft bleiben die Massen in einem Bachbette stecken.
Der Bach thaut auf, bildet einen kleinen See, bis er sich durch die 50—80 Fuß
breite Schneemauer durchgefressen, und stürzt sich überschwemmend ins Thal.   Ist
die Witterung kalt, oder liegt der Thalgrund hoch und schattig, so bleibt nicht
selten die durchgefressene Schneemasse als brückenartiges Gewölbe, das gefahrlos
überschritten wird, das ganze Jahr durch über dem Bache stehen und stürzt
gelegentlich im nächsten Frühjahr zusammen.   Von der Festigkeit des im Thale
unten anlangenden Lauinenschnees hat man merkwürdige Beweise erhalten.   Die
Masse ist so durchgeballt, gerüttelt, geknetet, daß sie zu einem eisenharten Kitt

LAUINENSTURZ.

wird. Ein Bergmann, der auf dem Splügen von einer Lauine ins Thal ge=
worfen wurde, aber unversehrt blieb, vermochte es mit aller Gewalt nicht, seinen
zur Hälfte im Schnee stecken gebliebenen Mantel aus dieser Kittmasse herauszu=
reißen. Das außerordentlich langsame Schmelzen der Lauinentrümmer wird
unter solchen Verhältnissen leicht begreiflich. Weniger begreiflich ist die andere
Erscheinung, daß die in solchem Schnee Begrabenen in ihrer Tiefe jedes Wort,
das von den sie Aufsuchenden gesprochen wird, deutlich vernehmen, während ihr
angestrengtestes Rufen auch nicht einmal durch eine etliche Fuß dicke Hülle zu
dringen vermag. Diese alte Erfahrung bestätigte sich auch neulich wieder. Ein am
19. April 1866 bei Orezza (Münsterthal) von einer Lauine verschütteter Fuhr=
mann, der durch den Wagen ein wenig geschützt blieb, mußte sechsundzwanzig
Stunden lang in seinem Schneegrabe zubringen, ehe er ausgeschaufelt werden
konnte. Während dieser bangen Zeit hatte er nicht nur jedes Wort der ihn
Suchenden verstanden, sondern sogar die Vesperglocke von San Carlo deutlich
vernommen. Er starb wenige Stunden nach seiner Befreiung. Ist der Lauinen=
schnee ein schlechter Schallleiter, so ist er ein um so besserer Konservator. Im
Canalithale (Tyrol) fand man auf dem Grunde einer Lauine, die erst im zweiten
Sommer gänzlich abschmolz, eine Gemse mit ihrem Jungen, deren Fleisch noch
ganz genießbar war.

Neben diesen großen Lauinen bilden sich vom Januar bis April in allen
Alpen zahllose kleinere, meist Staublauinchen aus losem Schneegeschiebe. Sie
hangen plötzlich wie Schleier an den Felsenwänden, sammeln sich auf einem
Rasenbande wieder und stürzen sich aufsprudelnd noch über eine Gallerie hin=
unter, wo sie gewöhnlich ein eigener Trichter oder Kessel aufnimmt. Es giebt ein=
zelne Bergfurchen, in denen den ganzen Frühling durch solche Lauinen fließen.
An der Jungfrau, am Uri=Rothstock, am Wiggis und Glärnisch, überhaupt an
allen steileren Bergpyramiden, die aus tiefen Thalbuchten aufsteigen, sieht man
solche verjüngte Lauinen, die blos 1000—2000′ tief fallen, gleichsam nur von
einer Etage des Gebäudes zur anderen. Wir haben schon gleichzeitig an Einem
Bergstock ein halbes Dutzend solcher donnernder Kaskaden gezählt; in einer ein=
zigen Stunde eines warmen Frühlingstages kann man unter günstigen Verhält=
nissen 12—16 und mehr Fälle beobachten, von denen jeder seine eigenthümliche
Gestalt und Schönheit hat. Dann ‚donnern die Höhen in der That‘ unaufhör=
lich; die Schleier wallen von allen Seiten über die Felsterrassen und scheinen in
den Lüften zu verschwinden, wenn ihr Trichter, wie gewöhnlich, durch einen
vorderen Bergaufsatz verhüllt ist. Es ist dies so eine eigene Art, wie der Früh=
ling in den Alpen sich einzuläuten pflegt, ein so heimathliches, fröhliches Natur=
schauspiel, daß die Kinder des Thales in der Fremde sich gar nicht daran gewöhnen
wollen, einen Frühling ohne jene rauschenden Silberbänder kommen zu sehen.

Nichts befördert aber auch mehr die Möglichkeit einer Frühlingsvegetation
in den Höhen, als diese Art der Entfernung von zahllosen Millionen Centnern
Schnees. Müßten alle diese Massen, von deren Umfang man sich nur selten einen

richtigen Begriff macht, langsam weggeschmolzen werden, so dauerte dies wohl bis tief in den Sommer hinein. An manchem schattigen Gelände ginge der Schnee gar nicht ab, und es würden sich bleibende Schnee= und Gletscheransätze bilden und wachsen, wo nun durch die Gunst der Lauinen der Wildheuer seine duftigen Heubürden sammelt. Ist in der Höhe in Folge einer Grundlauine ein= mal ein ganzes breites Schneefeld ins Thal abmarschirt, so wirkt die Sonne und der Regen von diesen Brachplätzen aus mit doppelter Schmelzkraft nach allen Seiten hin. Der Boden wird warm; die benachbarten Schneegebiete werden von unten auf unterfressen, von oben durch Schnee und Regen und Fön abgeleckt und bald rutschen sie den Vorgängern, nachdem sie reif geworden sind, im gleichen Bette nach oder verenden auf dem Platz. Jene Brachplätze sind denn auch die ersten Futterstellen, wo die Raben und Krähen, die Schneehühner, Birkhühner und die kleinen Insektenfresser die frühsten Würmer, Larven und Käfer finden, und wenige Tage nach der Entblößung des Bodens lebt auf diesen schwarz= braunen Oasen schon ein wunderbares Treiben und Verfolgen von allerlei Mücken, Wanzen, Fliegen und Wolfsspinnen, während ringsum noch Alles in hohem Schnee liegt und die Leute im Thale noch keine Spur solchen Höhenlebens ahnen.

Wir sind in der That geneigt, die Lauinen für vorwiegend nutzenbringende Alpenphänomene zu halten. So groß auch in einzelnen Fällen ihre Verheerungen, die schon mit Einem Schlage ganze Dörfer und hunderte von Menschenleben ver= tilgt haben, sein mögen, so hängt doch von ihnen die Möglichkeit einer Vege= tation in großen Gebirgstheilen ganz ab. Die kleinen Lauinen, also die zahl= reichsten, sind in der Regel unschädlich, und von den größeren wirkt nur ein geringer Theil, besonders die, welche neue Bahnen einschlagen, nachhaltig ver= heerend. Freilich sind die Schutzmittel der Bergbewohner auch gar unzulänglich, namentlich die altbestandenen, morschen Bannwälder, die oft ganz neben einem neueingeschlagenen Lauinenzuge draußen stehen und allgemein im Abgange sind, da man sie nicht forstwirthschaftlich verjüngt und ergänzt. In Wallis herrscht in einigen höheren Thälern die ingeniose Sitte, die Lauinen fest zu nageln, in= dem die Leute im Vorfrühling zu den bekannten Lauinenbruchstellen, an die Quellen der Schneeströme, hinaufsteigen und dort auf der ganzen geneigten Fläche Pflöcke in den Boden treiben, damit bei der Schneeschmelze nicht das ganze Lager in Gang gerathe. So furchtbar und unaufhaltsam der entwickelte Sturz ist, mit so kleinen Gegenmitteln kann doch sein Beginnen verhindert werden. Hat man ja schon bemerkt, daß periodische Lauinen ausgeblieben sind, wenn die Wildheuer im vorangehenden Sommer verhindert waren, gewisse Grasgesimse abzuscheeren, worauf die langen, dürren Grashalme in den Schnee festfroren und diesen zurückhielten, daß er nicht in die Tiefe stürzte und dort den Gang einer Lauine anregte! Noch größere und sicherere Dienste leisten die Legföhren, die ganze Schneebreiten mit tausend Nadelfingern zurückhalten und die Ent= stehung von Grundlauinen beinahe unmöglich machen. In mehreren sehr aus= gesetzten Thälern der rhätischen Alpen schützen die Einwohner ihre Häuser durch zwei giebelhohe Erd- und Steinwälle, die in einem spitzen Winkel gegen die Lauinenseite zusammentreffen, sogenannte Spaltecken, welche den Schneestrom zertheilen, daß er zu beiden Seiten der Wohnung unschädlich abfließt. Oft hüpfen aber die Staublauinen auch über den Wall und das Dach weg. Auf solche Weise ist in Davos die Frauenkirche geschützt und viele Häuser im Mayen-, Bedrettothale und anderwärts. Einzelne Ställe werden auch blos mit einer Schneemauer verwahrt, die durch Wassergüsse vergletschert wird und wohl aushält, bis die Zeit der Gefahr vorüber ist, während die neueren Bergstraßen an lauinengefährlichen Stellen durch Gallerien geschützt werden oder durch auf Pfeilern ruhende Dächer, die in gleicher Flucht mit der Gangbettsohle der Lauine liegen. Das Hauptschutzmittel aber gegen alle Lauinengefahr bleibt die Aufforstung kahler Gebirgsflächen, die an tausend Punkten gelingen könnte. Zu den berüchtigtsten, durch Lauinen gefährdeten Stellen gehören die Schöllenen, das Tremolathal, die Züga bei Davos, der Platiferpaß bei Dazio grande und andere. Der Mensch setzt den Naturgewalten unablässig und immer siegreicher seinen zähen Widerstand entgegen; ja er baut seine Hütten keck und trotzig an die Donnerbahnen der furchtbaren Schneeströme, und wenn diese sie wie Ameisenhäufchen wegfegen, so setzt er in wunderlichem Eigensinn die neuen wieder an die Stelle der alten. So wischen z. B. im wallisischen Lötschenthale die Lauinen regelmäßig von Zeit zu Zeit die Kapellen von Lugein und von Koppistein in die Tiefe; aber unermüdlich bauen die Bewohner von Ferden und Kippel die Gotteshäuschen wieder auf den alten Fleck.

In dem Bilde unserer Alpenlandschaften nehmen die Gewässer in ihren verschiedenen Gestalten eine sehr wichtige Stelle ein und beleben sie in ihrer Weise ebenso sehr wie die Pflanzen- und Thierwelt. Sie sind die Seele des Thales. Ohne Wasser ist auch das üppigste Thal, die fruchtbarste Ebene in einem gewissen Grade leblos und reizlos. Ein breiter Bach, ein kleiner See zaubert hundert neue Farben und Töne in das Bild und bringt nicht nur den Spiegel seiner Wellen mit, sondern eine ganze kleine Welt von Pflanzen und Thieren, welche die einförmige Breite der Landformen fröhlich unterbricht. Unser Gürtel ist denn auch besonders reich an Wasseradern; seine Thäler sind zwar zu kurz, um Flüsse zu beherbergen; sie sind auch zu schmal und enge für größere Seebecken — dafür ist aber die Alpenregion die Geburtsstätte unserer großen Ströme und umfaßt ein höchst mannigfaltiges Quellengebiet. Tessin, Rhein, Reuß, Aare und Rhone nehmen ihren Ursprung in den Umgebungen des Gotthardstockes, die Linth auf der Sandalp, der Inn am Septimer, die Saane am Sanetsch, die Emme am Rothhorn, die Landquart am Selvrettagletscher, — kurz alle Hauptströme und die meisten Flüsse werden in den Alpen geboren. Ihre Wiegen sind aber sehr verschiedenartig. Bald entspinnen die jungen Ströme sich aus Moorwiesen, bald entfließen sie kleinen Bergseen oder großen Gletschern; manchmal sind sie ursprünglich blos zusammengesickerte Felsenausschwitzungen, oder aber sie entsprudeln als reiche Quellen dem Boden und bilden sofort ordentliche Bäche. Ihre

Zuflüsse sind zahllos; man hat berechnet, daß nur im rhätischen Gebiete dreihun=
dertsiebzig Gletscher ihre Abflüsse an den Rhein abgeben, sechsundsechszig Gletscher
an den Inn, fünfundzwanzig Gletscher an die Etsch und den Po. Wer im Früh=
ling die Alpen besucht und sieht, wie von allen Schneefeldern, über alle Felsen, aus
jeder Bergfurche kleinere oder größere Bächlein niederströmen, wird sich einen Begriff
von der unendlichen Wassermasse bilden, die aus dem ganzen, gewaltigen Alpen=
gebiete in das Tiefland geht und dort so vielfach zur Bedingung der Fruchtbarkeit
und des Verkehrs wird. Am mächtigsten ist aber der Wasserabgang zur Zeit der
heißen Fönwinde und warmen Regenniederschläge. Ueberall entstehen dann neue
Wasseradern. Kleine Rieselbäche werden zu trüben, tobenden Strömen; die Tropf=
bretter der Gletscher sind von hundert sprudelnden Rinnsalen durchzogen. Der heiße
Wind des Südens, der die Thier= und Menschenwelt lähmt, erweckt in der Pflanzen=
und Wasserwelt ein galoppirendes, oft dämonisches Leben. Wie viel Millionen
Eimer Wassers das Rheinbett jede Minute aus den Hochgebirgen entführt, mag man
ahnen, wenn man sich erinnert, daß zur Zeit der Schneeschmelze das dreiunddreißig
Quadratstunden haltende Bodenseebecken 8—10 Fuß steigt, im Jahre 1770
aber um 20—24 Fuß sich gehoben hat. Bei manchen Strömen ist es schwer,
die eigentliche Quelle anzugeben; ja diese eigentliche Quelle ist da blos illusorisch,
wo mehrere Bäche von ungefähr gleicher Stärke zusammentreffen und nicht eine
Bachader als Stamm des Flusses sich heraushebt. So entsteht z. B. der Vorder=
rhein aus mehreren Bächen, von denen jeder ‚Rhein‘ mit einer Lokalbezeichnung
heißt. Die Quellen dieses herrlichen 190 Meilen langen Stromes, der auf seinem
Laufe 12,283 Flüsse und Bäche aufnimmt, liegen alle in der Alpenregion: die
des Vorderrheines im Tomasee (7240' ü. M.) und Krispalt (6710' ü. M.),
des Mittelrheines im Scursee (6670' ü. M.), des Hinterrheines am Rheinwald=
gletscher (5760' ü. M.). Dabei gilt der Grundsatz, daß den eigentlichen Quell=
bächen stets vor den bloßen Gletscherabflüssen der Vorzug gegeben wird. Die
drei Quellenbäche der Rhone empfangen vom Rhonegletscher zwei Eisabflüsse,
die wohl mit zwanzigmal reicheren Massen aus den Eishöhlen hervorsprudeln,
als der kleine auf den Wiesen beim Wirthshaus zum Gletsch entspringende Quell=
bach, der freilich um 12° R. mehr Wärme hält, und doch haben nicht sie den
Namen der Rhonequellen und verdienen ihn auch nicht, da sie nicht eigentliche
Quellwasser sind. Damit stimmt ganz die Verachtung zusammen, welche so
häufig die Alpenbewohner gegen die ‚wilden‘ Gletscherwasser bezeugen, und ihre
Verehrung vor den ‚lebendigen‘ Quellen, indem die ersteren kalt, trübe, rauh
sind und für ungesund und entkräftend gelten, die letzteren aber rein, klar und
so warm, daß sie selbst im Winter oft eine grüne Vegetation an ihrem Ufer
erhalten. Und doch haben manche Ströme nur solche gering angesehene Gletscher=
quellen; so wird gerade die Aare durch die starken Bäche des Oberaar=, Finster=
aar= und Lauteraargletschers gebildet, die bei ihrer Vereinigung 6270' ü. M.
liegen. Der einzige Bach, der lange durch die Alpenzone strömt und in ihr zum
Flusse wird, ist der Inn. Doch auch die Aare gewinnt rasch eine bedeutende

Stärke durch die Zuflüsse aus allen den finsteren Eisthälern, die sie in wildem, tobendem Gange durchströmt; dann geht sie ruhig durch die trostlos öde, jetzt beinahe ganz baum= und buschlose Trümmersohle des Aarbodenthales unter dem Grimselhospize weg einer engen Schlucht zu, durch die sie von Stufe zu Stufe fällt und dem Räterisboden (4880' ü. M.) entgegeneilt, bis sie oberhalb der Handeckfennhütte einen hübschen Fall, unterhalb derselben aber (4260' ü. M.), mit dem Aerlenbach zwischen den Granitfelsen in einen hundert Fuß tiefen Ab= grund stürzend, den berühmten Handeckfall bildet, den einzigen großen Wasser= fall der Alpenregion, der aber den ganzen Winter über nur durch ein mageres und unscheinbares Bächlein eingenommen wird. Kurz nach diesem köstlichen Salto mortale tritt sie aus der Alpenregion hinaus.

Die übrigen Wasserfälle der letzteren, mit Ausnahme etwa des herrlichen, 50 Fuß tiefen Dransefalles im Bagnethal unterhalb Fionin (4700' ü. M.), sind nicht besonders wasserreich, da sie den Quellen zu nahe liegen, dafür aber sehr zahlreich und oft außerordentlich kühn.*) In allen höheren Revieren sieht man diese schwankenden Schaumfäden an den Felsen hängen oder hört die jungen Bäche über die großen Felsenstufen ihrer Schluchten hinunterkommen.

Verhältnißmäßig ebenso zahlreich und ebenso reizend sind die tiefgrünen, blauen oder weißlichgrauen Hochseen, die eine schöpferische Hand so reichlich über das Alpenrelief hingestreut hat. Es sind nur ganz kleine Wasserschalen, meist mit höchst zerklüftetem Felsengrunde. Innerhalb des Baumreviers kränzen ihre Ufer noch dunkle Rothtannen und Zirbelkiefergruppen. Die Einfassung des Seespiegels wird bald von schroffen Felsenzügen, aus denen unmittelbar die trotzigen Bergkegel aufsteigen, gebildet, bald verläuft sie in feuchte, saure Wiesen. In klaren Farben malen sich die ewigen Alpen in dem Krystallspiegel mit allen ihren grünen Gesimsen, dunkeln Schluchten, blinkenden Schneespiegeln und jähen Felsenterrassen ab. Es ist, als ob der Geist dieser Alpenwelt kühn aus dem Wasserauge blitze, und wenn im Spätsommer noch von einem abgründenden Vor= sprung die hellen Glocken der zu Thale ziehenden Heerden sich mit dem melan= cholisch trotzigen Jodelrufe der Sennen mischen, dünkt es wohl dem Wanderer, als habe jener Geist mit seiner Lebenskraft und seinem Todesmuthe, mit seinem Reize und seiner Macht auch eine Sprache gefunden.

Die oberen Wassersammler, die sich meistens von großen Gletscherfeldern nähren und an ihrem Rande keinen Baum, höchstens etliche magere Weiden=, Heckenkirschen=, Alpenrosen= oder Erlenbüsche nähren oder auch ganz todt zwischen

---

*) Der mächtigste Wasserfall der Centralalpen ist der Tosa- oder Toccia (4280' ü. M.) im höchsten Theile des piemontesischen Formazzathales, vom Griesgletscher genährt. Mit einer Wasserbreite von achtzig Fuß stürzt er sich bei der Kapelle sulla frua in drei zusammenhängenden Armen über eine schiefe Felsenwand in eine Tiefe von beinahe fünfhundert Fuß, aus welcher ohne Ende ungeheure Wolken schimmernden Gestäubes aufqualmen. Von den schweizerischen Fällen steht er an Wasserfülle nur dem Rheinfalle nach, übertrifft denselben aber an Sturzhöhe wohl siebenmal.

grauen Geschiebevieren und Felsenwänden lagern, haben ein düsteres und tief=
ernstes Ansehen. Gewöhnlich ohne alle Wellenbewegung, mit dunkelgrünen
Farbentönen, stimmen sie zum öden Geiste der Felsenlandschaft. Kein Nachen,
kein Flößchen hat sie je berührt, keine Seerose ihre breiten Blätter auf dem
Spiegel gewiegt; kein Fisch zieht durch die grünen Tiefen; kein Wasservogel, oft
nicht einmal ein Frosch sitzt an den steinigen Ufern. Den größten Theil des
Jahres deckt sie Schnee und Eis, und manches flacher ausgewölbte Becken friert
bis auf den Grund zu. Mühsam und langsam thaut der Frühling oder Sommer
sie auf, und kleine Eisfelder oder Blöcke schwimmen noch auf ihnen, wenn schon
die Alpenrosenbüsche ihrer Felsen freudig die Glockensträuße im Winde wiegen.
Hin und wieder wirft noch eine späte Lauine haushohe, sprudelnde Schneemassen
in ihre Becken, oder ein später Frost überzieht die kaum geschmolzene Fluth mit
einer klaren, aus Krystallnadeln gewobenen beweglichen Decke.

Einer der höchstgelegenen dieser Seen ist der des großen Bernhardsberges,
dicht unter dem berühmten Hospiz (7368′ ü. M.), eine Viertelstunde im Um=
fang, nur wenige Monate des Jahres, im Jahre 1816 sogar nie aufgethaut.
Und doch sprießen während des kurzen Sommers doppelte Veilchen an seinem
Ufer, von denen das zweite aus dem Kelche des ersten sich entwickelt, und eine
interessante Bastardranunkel (von R. glacialis und R. aconitif.). Animalisches
Leben ist aber weder in seinen traurigen Fluthen noch an seinem Ufer zu be=
merken. In seiner Nachbarschaft liegen die kleinen Seelein des Col de la Fenêtre
(8250′ ü. M.), neben dem östlich vom Rawylpaß gelegenen Hochseelein (8228′
ü. M.), vielleicht die höchsten europäischen Wasserbecken, oft Jahre lang
nicht aufthauend. Eben solche Miniaturseen finden sich im wallisischen Orsiere=
thal, der Orniersee, der sich von den gleichnamigen Gletschern speist und in dessen
Nähe eine der höchsten Kapellen der Alpen (8385′ ü. M.) steht, zu welcher jähr=
lich eine große Kreuzfahrt pilgert; der kleine Schwarzsee (6270′ ü. M.) am
Matterhorn, ohne sichtbaren Zu= und Abfluß und ebenfalls mit einer Kapelle
am Ufer zu Ehren U. lieben Frauen zum Schnee, welche jährlich ein 1000—
2000 Personen starker Bittgang von Zermatt aus besucht (auch hier wächst
eine hübsche Hybride, Potentilla ambigua); der Mattmarksee (6714′ ü. M.) am
Distelbergpaß, der im Jahre 1817 und 1818 von dem wachsenden und rasch
vorrückenden Schwarzberggletscher quer durchschnitten wurde, so daß sich seine
Gewässer in der hinteren Hälfte aufstauten, wobei der Gletscher am östlichen
Ufer unter anderen einen sechszig Fuß hohen Felsblock von über 200,000 Centner
Gewicht zurückließ; der Illsee (7170′ ü. M.) am Illhorn; der Hochbachsee
(7696); der Geißpfadsee ob dem Binnthal (7619); der Aletschsee am gleich=
namigen Gletscher, dessen Eiswände an die 50 Fuß über den höchsten Wasserspiegel
ragen, mit fast stätigen schwimmenden Eisinseln, ein Gewässer, das sich, ehe ihm
ein Stollen ins Vieschertobel gebrochen wurde, oft so verheerend unter dem Eise hin
gegen Naters entleerte, daß den Hirten auf Märjelenalp die stete Ueberwachung
des Niveaus überbunden wurde; der Brodelsee am Griesgletscher (8004′ ü. M.);

ALPSEE.

der oft bis in den hohen Sommer von Lauinenſchnee halbangefüllte Rawylſee (7100' ü. M.); der Daubenſee auf der Gemmi (6791' ü. M.), eine Viertel- ſtunde lang und acht Minuten breit, von den Lammerngletſchern genährt, mit trübem, während zehn Monaten des Jahres gefrorenem Waſſer, in trauriger Trümmerwüſte ohne eine Spur thieriſchen oder pflanzlichen Lebens. Er hat keinen ſichtbaren Abfluß und an ſeinen wilden Ufern hauſen blos Schaaren von Alpendohlen. Ferner der Bach- oder Hexenſee am Faulhorn (7287' ü. M.), deſſen Spiegel noch in der zweiten Hälfte des Juli ein lockeres Gewebe zollanger, nadelförmiger Eiskryſtalle breiartig überzieht; das Wildſeelein am Schwarzhorn (berner Oberland); der Titterſee ſüdlich vom Sidelhorn 7450'; der Todtenſee auf der Grimſel mit vielen Fröſchen, Waſſerkäfern, Räderthierchen (z. B. Gletſcher- polypen, Stephanoceros glacialis), 7708'; der Trütziſee beim Geſchenenhorn (7973' ü. M.); die Seelein der Windgelle, des Etzlithales und der Oberalpſee (6170' ü. M.), der noch ſchöne Forellen hat und wohl eine Stunde lang iſt, in Uri; die Seen des Gotthards, die auffallenderweiſe nur einige Zoll tief zu- frieren und ebenfalls Forellen enthalten. Von ihnen iſt der bekannte Luzendroſee (6230' ü. M.), eine halbe Stunde lang, eine der Quellen des Reußſtromes. Im Glarnerlande der Oberblegiſee (4420' ü. M.), das Bergſeeli (6755' ü. M.), das Kuhbodenſeeli (6000' ü. M.), der Muttenſee (7579' ü. M.) auf der Limmern- alp, eine halbe Stunde im Umfang haltend und faſt das ganze Jahr in Eis und Schnee vergraben, der Spanneggſee (4488' ü. M.), in dem ſich die im Jahre 1750 eingeſetzten Flußbarſche und Lauben bis jetzt erhalten haben, der fiſchberühmte Murgſee (4790') in St. Gallen, das oft viele Jahre lang nicht aufthauende Wildſeelein (7480') am Altmann und eine Menge anderer kleiner Waſſerſchalen. Wie reich das Alpengebirge an ſolchen Diminutivſeen iſt, kann man aus der verbürgten Angabe ſchließen, daß der Kanton Uri allein in ſeinem geringen Um- fange gegen vierzig Alpſeelein aufweiſt, von denen mehrere, wie z. B. der Erſt- feldſee, über 7000' hoch liegen, aber fiſchlos ſind. Dabei finden wir die inter- eſſante Erſcheinung, daß eine große Anzahl Hochſeen*) keinen ſichtbaren Abfluß hat. Dieſe liegen faſt ohne Ausnahme im Kalkgebirge, deſſen ſtarke Zerklüftung das Phänomen erklärt. Das Waſſer fällt in einen oft durch ſchwach kreiſende Wellenbewegung angezeigten Trichter, arbeitet ſich kürzere oder längere Zeit durch die Spalten und Kanäle im Innern des Gebirges fort und ſpringt oft in großer Entfernung wieder zu Tage. Manche Seen haben auch keinen ſichtbaren Zufluß und nähren ſich von unterirdiſchen Quellen. Beide Erſcheinungen vermehren das myſtiſche Dunkel, das über dieſen ſtillen Fluthen ſchwebt, und ſind den abenteuerlichen Sagen, welche die Bergbewohner an ſie knüpfen, beſonders günſtig. Von vielen dieſer Waſſerſchalen kann man übrigens ſagen, daß ſie ſelbſt in den nächſten Thälern faſt unbekannt ſind. Einige wurden von den

---

*) Z. B. der Daubenſee, Sewelſee an der Windgelle, Stockhornſee, Glattenalp- ſee, Oberblegiſee, Ober- und Niederſee am Wiggis, Sämtis- und Fählenſee ꝛc.

alten Celten, die eine besondere Scheu vor den stillen Hochwassern hatten, religiös verehrt und an diesen Kultus lehnte sich besonders das Reich der Sage an.

Die Hochseen der Schnee- und der oberen Alpenregion haben in den wenigen Wochen, während deren ihr Wasser offen ist, das Geschäft, alles kleine Gerinsel ihrer Umgebung zu sammeln und in einer einzigen größeren Ader weiter zu leiten. Sie sind größtentheils ganz todt; die Versuche, sie mit Fischbrut zu beleben, scheiterten an der Länge und Härte des Winters. Die Seen der mittleren und unteren Alpenregion sind die Spühlbecken und Läuterungskessel der von oben her kommenden Bergbäche, die in ihnen ihr Geschiebe absetzen. Bis zur Tannen-grenze hinauf sind alle, welche sichtbaren Abfluß haben, mit Fischen, doch fast ausschließlich nur mit Forellen, Groppen und Ellritzen, selten auch mit Barschen und Plötzen (Scardinius erythrophthalmus) besetzt; die übrige Süßwasserfauna ist verhältnißmäßig reichlich vorhanden. Höher hinauf, bis 6500' ü. M., finden sich nur in einzelnen Bassins noch Fische, aber oft zahlreich und von besonderer Schmackhaftigkeit. Auffallenderweise hält oft von zwei Seen im gleichen Niveau der eine zahlreiche, der andere gar keine Fische. Bei 1000 bis 2000' ü. M. hält das Wasser 1/36 Luft; bei 7000—8000' ü. M. aber wegen des verminderten Luftdruckes nur noch 1/100, so daß schon deswegen in dieser Höhe kaum ein Fisch mehr existiren kann. Von Wasservögeln bemerken wir nur ausnahmsweise ein auf dem Zuge verschlagenes Thier auf ihnen, ein kleines Völklein Stockenten, ein schwarzes Wasserhuhnpärchen; doch hat man selbst auf diesen Hochseen (in Bünden) einmal einen Singschwan und im Jahre 1830 (auf dem St. Moritzersee) den hochnordischen, großen Eistaucher geschossen, ein Bewohner Grönlands und Islands, der sonst wohl fast alle Winter auf die Schweizerseen, doch nur auf die tiefliegenden, kommt. Am See des großen St. Bernhards sind schon öfters Strandläufer- (Tringa-) Arten aufgefunden worden, an dem des Mont Cenis sogar Meerschwalben, und am Dent d'Oche (in Savoyen) das rothe Wasserhuhn (Fulica chloropus), — Alles zufällige und vorübergehende Erscheinungen. Die relativ reiche Sumpf- und Schwimm-vögelfauna des Urernthales haben wir der Bergregion angereiht, da sie, wenn auch um etliche hundert Fuß höher gehend, doch einen vorwiegend montanen Charakter hat. Ihr ist sowohl an durchziehenden als stehenden Vögeln die des anderthalbtausend Fuß höher liegenden oberen Engadins auffallend ähnlich.

Die größte Zahl von Alpenseen weist das Bündnerland auf. Sein gehobenes Bergland, seine zahllosen Gletscher begünstigen die Seebildung außerordentlich. Im Rheingebiete bemerken wir im Granitschoße des wilden Badus den dunkel-grünen Tomasee (7240' ü. M.), dem eine der Vorderrheinquellen entströmt, die Gletscherseen Lago Dim, Scur (6670' ü. M.), Fozero und Insla, die drei kleinen Seen auf der Heidialp oberhalb Splügen, die viele See- und halb-pfündige Goldforellen enthalten sollen, der Calendarisee auf den Schamseralpen, der, wie man glaubt, das Herannahen von Ungewittern durch ein dumpfes Brausen ankündigt, der Lüschersee, oberhalb Tschappina, ohne sichtbaren Zu-

und Abfluß, deſſen Wachſen, Sinken und Wirbel noch nicht recht erklärt ſind, die berühmten Fiſchſeen von Vaz und Weißenſtein (6249' ü. M.) mit rothfleiſchigen Forellen, der halbſtundenlange See in Davos (4805' ü. M.), dem im Auguſt 1856 Grundforellen von 18—28 Pfund entnommen wurden, die fiſchreichen Schwelliſeen ob Eroſa (5926' ü. M.), der kryſtallhelle Patnauerſee an der Sulz=ſluh im Rhätikon, ³/₄ Stunden im Umfang, reich an Groppen und Ellrizen, doch erfolglos mit Forellen beſetzt, der Schottenſee (7545'), dem die Schlappina entſpringt, der Jöriſee (7711' ü. M.) ꝛc. Auf dem Bernhardino ruht (6584' ü. M.) der kleine ſchön ausgebuchtete Moeſolaſee in kahlem Grunde. Im Inn=gebiete nehmen voraus die vier größeren Seen der oberſten Thalſtufe des Enga=dins, durch den Stromfaden des Inns verbunden, unſere Aufmerkſamkeit in Anſpruch. Der oberſte und größte, der Silſerſee (5600' ü. M.), ſelten vor Ende Mai eisfrei, iſt 1½ Stunde lang und ³/₄ Stunden breit, der bedeutendſte aller unſerer Alpenſeen. Alle vier ſind äußerſt maleriſch gelegen, theilweiſe von reichen Arven= und lichten Lärchenſchlägen bekränzt, und beherbergen auf ihren Fluthen und an ihren Ufern eine Ornis, die ſonſt kaum irgendwo in dieſer Höhe gefunden wird. Im Winter werden ſie als Schlittenbahn benutzt und hallen an ſchönen Tagen wider von Pferdegeröll und Peitſchenknall. Doch pflegt man ſie erſt zu befahren, nachdem man bemerkt hat, daß die Füchſe über den Spiegel gegangen ſind; man hält ſie dann für feſt genug, Pferd und Mann zu tragen. Die Forellen dieſer Gewäſſer ſind berühmt und es ſollen ſchon 40 bis 45 Pfund ſchwere Grundforellen gefangen worden ſein, die hier ihre höchſte Erhebung in ganz Europa finden dürften. Das Gleiche gilt von den Trüſchen (Aalraupen), die ſich, Trallen genannt, im St. Moritzerſee (5580' ü. M.) finden und dort zu der außerordentlichen Schwere von 6—12 Pfund gedeihen ſollen, was aber wenigſtens in neuerer Zeit beſtritten wird, wo die Bach= und Seeforelle, die Rotteln oder Plötze, der Kaulkopf und die Ellritze als die einzigen Fiſche des Oberengadins bekannt ſind. Merkwürdigerweiſe findet ſich die Trüſche in Menge und trefflicher Qualität auch im ſchwarzen See auf Davos, — wohl die ein=zigen Beiſpiele, daß ſie in die Reihe der Alpenthiere eintritt. In der Nähe der vier Oberengadinerſeen liegen noch eine Menge kleiner, theils fiſchreicher, theils fiſchloſer Hochſeen, unter denen ſich beſonders die Berninaſeen (6865' ü. M.) durch ihre Forellenmenge auszeichnen. Auch der Julierſee (7030') und der Sgriſchusſee im Fexerthale (gegen 8000' ü. M.), in welchen vor hundert Jahren Forellen aus dem Silſerſee eingeſetzt wurden, beherbergen noch Fiſche. Letzterer iſt wohl der höchſte Fiſchbehälter Europa's. Die zahlreichen übrigen Seelein der rhätiſchen Alpenregion erwähnen wir nicht; die angegebenen Daten haben uns überzeugt, daß auch die Fiſche im rhätiſchen Gebirge ſehr hoch ſteigen.

Es iſt gewiß, daß in früheren Zeiten die Zahl dieſer Alpſpiegel noch viel größer war als gegenwärtig. Jede Thalwanne, jeder Trichter auf den Bergrücken bildete einen Waſſerbehälter, einen Theil des weiten Schleußenwerkes des Hoch=gebirges. Im Laufe der Zeit ſägten ſich die Abflüſſe tiefer durch die Querriegel, die sie von der unteren Bergstufe zurückhielten, und die Bassins entleerten sich ganz oder theilweise. Zu ihrer steten Verkleinerung trägt natürlich auch die Ablagerung der großen Geschiebmassen bei, welche alljährlich von ihren Zuflüssen aus den höheren Revieren hergebracht werden. Doch ist diese Auffüllung nur bei den seichteren Seen bemerkbar; bei der beträchtlichen Tiefe der übrigen, besonders derjenigen, die nicht von Sumpfwiesen umgeben, sondern in eine Felseneinfassung ausgehöhlt sind, wird erst der Lauf der Jahrhunderte größere Veränderung aufweisen. Die Temperatur aller dieser Wassersammler, deren Zahl wohl gegen 1000 ist, steht niedrig, ist aber höchst verschiedenartig. Durch sie wird das frühere oder spätere, das seichtere oder tiefere Zufrieren bedingt und durch dieses wieder die in ihnen sich entfaltende Pflanzen= und Thierwelt. Seen, die selbst nicht höher als 4500' ü. M., aber an Gletschern liegen, viele Eisblöcke führen, früh und tief zufrieren, haben keine bemerkbare Spur von Wasserpflanzen und Wasserthieren, nicht einmal einen Frosch oder eine Wasserwanze, während andere Alpenseen, die unter günstigen Verhältnissen über 2000' höher liegen, noch die schönsten Fische beherbergen und im Frühling von Froschgequak widerhallen. Wahrscheinlich ziehen sich in diese im Herbst die Fische der Alpenbäche zurück. Die Bäche frieren, weil ihre Quellen fest geworden, oft ganz aus, während die Tiefe des Sees noch einen erträglichen Wärmegrad behält. Doch sind diese Fischwanderungen noch gar wenig beobachtet worden.

Eine eigenthümliche, aber höchst seltene Art von Gebirgsströmen tritt in verschiedenen Zeiten und Gegenden des Hochgebirges auf, die sogenannten Schlammströme oder Schlammlauinen, von denen eine im Jahre 1673, eine Fluth bläulichen Thonschlammes aus dem Septimergebirge, sich über das Dörflein Casaccia (4730' ü. M.) ergoß und es theilweise verheerte, eine andere im Herbst 1835 sich von der Dent du Midi in einer Breite von 900 Fuß auf das Rhonethal stürzte. *) Die kegelförmigen Erdhügel bei Felsberg ob Chur, von der romanischen Bevölkerung Tombel de Chiavals (Pferdegräber) genannt, und bei Siders (Wallis) werden mit Wahrscheinlichkeit als Reste vorgeschichtlicher Schlammströme gehalten. Auch Steinschuttströme brechen aus Gletschern oder Schluchten heraus und haben 1793 Surlegg am Silvaplanersee begraben. An anderen Gebirgsmerkwürdigkeiten: Stalaktitenhöhlen, intermittirenden Brunnen, Muschellagern, bunten Marmorgängen, weißen Alabastermassen, an wunderbarem Farbenreichthum der Felsen, an Mineralquellen ꝛc. ist unser Gürtel auch nicht arm. Die Baretto=Balma, in einem isolirten Felsen der Vareinaalpen, eine kleine, helle und trockene Höhle, ist zu Rufe gekommen, weil sie wie manche ähnliche stets wie ausgeblasen ist und nichts Verunreinigendes, wie Laub oder Moos, darin liegen bleiben kann. ‚Es läßt nichts drin‘, sagen

---

*) Ein ähnlicher, mit furchtbarer Gewalt aus dem Gebirge hervorbrechender, mit Schiefer gemischter Schlammstrom zerstörte 1797 zu Schwanden am Brienzersee siebenunddreißig Häuser und trübte Monate lang die Seefluth.

die Hirten. Unter den Krystallhöhlen sind die des Zinkenberges am Aargletscher zu hohem Ruhme gelangt. Unser Haller schildert sie:

> Allein wohin auch nie die milde Sonne blicket,
> Wo ungestörter Frost das öde Thal entlaubt,
> Wird hohler Felsen Gruft mit einer Pracht geschmücket,
> Die keine Zeit versehrt und nie der Winter raubt;
> Im nie erhellten Grund von unterird'schen Grüften
> Wölbt sich der feuchte Thon mit funkelndem Krystall,
> Der schimmernde Krystall sprotzt aus der Felsen Klüften,
> Blitzt durch die düstre Luft und strahlet überall.

Aus diesen außerordentlichen Gewölben, die von einem kleinen Bächlein durchzogen sind, wurden kostbare Krystalle von 7—12 Centnern, im Ganzen eine Ausbeute von etwa 100 Centnern gebrochen, deren schönste Exemplare zu Bern und Paris liegen. Eine ebenfalls merkwürdige Höhle liegt oberhalb Naters (Wallis), der über 50 Centner Krystalle, darunter 7—14 Centner schwere Exemplare, enthoben wurden. Von den vielen Mineralwässern des Alpengürtels, die bald in Moorwiesen, bald in Schluchten oder auf kahlen Bergrücken in reicher Mannigfaltigkeit hervorsprudeln (nur bei Schuols im Unterengadin fließen über 20 Mineralquellen, von denen die meisten zu den vorzüglichsten Salz=, Sauer= und Schwefelbrunnen gehören, die wir besitzen, während Tarasp's Natronquelle mit reichem Kohlensäuregehalt an Stärke die berühmtesten europäischen Kon= kurrenten, wie Eger und Karlsbad, bedeutend übertrifft), besitzt die von St. Moritz (5580' ü. M.), die von Paracelsus einst für den ersten Sauerbrunnen Europas erklärt wurde, und die auf dem Bernhardin gute Einrichtungen und em= pfängt Gäste aus dem fernsten Süden und Norden. Das Engadin überhaupt, besonders aber das untere, ist auffallend reich an mineralischen Schätzen und Erscheinungen, die mit diesen in Verbindung stehen. Oberhalb Tarasp zeigt sich Eisenvitriol, bei Schuols Schwefel, häufig Gyps, Marmor, Porphyr, Spateisen, Serpentin. In den zahlreichen Sinterhöhlen der Nachbarschaft treten die reichsten mineralischen Efflorescenzen zu Tage; so hangen z. B. in einer solchen ob Schuols fingerdicke Tropfen von fast reinem Bittersalz von der Decke und ob Vulperra stehen an den Felsen des Scarlbachtobels große Inkrustationen von Eisenvitriol. Noch interessanter aber ist hier das Phänomen wirklicher Mofetten, die man sonst bisher nur auf vulkanischem Boden beobachtet hat. Eine derselben ist ober= halb der ‚Weinquelle‘, eines starken Säuerlings bei Schuols, in einer schlammigen Vertiefung; eine andere auf einem auffallend unfruchtbaren Bodenstück. Es sind hier Erdöffnungen, aus denen beständig reiche Gasmassen, namentlich Gruben= gas mit Stickstoff und Schwefelwasserstoff, stromartig aufsteigen, nicht viel über einen halben Fuß breit und schief durch Geschiebe in die Tiefe gehend. An ihrer Mündung liegen stets todte Insekten in Menge, oft auch Mäuse oder Vögel, die von den tödtlichen Dünsten des Giftpfuhls überrascht wurden. Diese Gift= dünste liegen kaum einen halben Fuß hoch über dem Boden, verrathen, wenn

man sich zu ihnen hinabbeugt, einen stechenden Geruch und veranlassen heftigen
Hustenreiz. Katzen und Hühner, in diese Atmosphäre getaucht, sterben sogleich
unter heftigen Zuckungen.   Wie weit das Bereich dieser Gase unter der Erde
geht, die sich theilweise mit Mineralquellen verbinden und durch diese entladen,
ist schwer zu ermitteln. Die Einwohner behaupten, wenn man die Mofetten=
öffnungen verstopfen würde, müßten weit umher die Felder unfruchtbar werden.
Wir kennen in der Schweiz nur noch eine ähnliche Quelle mephitischer Gase,
nämlich in der Höhle bei Mittelfulz oberhalb Mettau am Rhein (Aargau), deren
Luft ebenfalls den Thieren tödtlich wird, und etwa den seit vierzehn Jahren be=
rühmt gewordenen brennenden Berg bei Oberriedt (Kanton Freiburg). An
einer Trümmerhalde des ‚Burgerwaldes‘ liegt hier eine Gypsgrube, aus deren
Ritzen und Pfützen sich reichlich Grubengas entwickelt, welches angezündet weit
umher in Brand geräth und fortflammt, bis es durch Wind, Regen oder sonst=
wie gelöscht wird.

Ein nicht unwichtiges Element der Alpenregion bilden auch die Gletscher;
sie reichen oft tief in sie herein und bedecken große Flächen unseres Gürtels. Da
ihre Heimath aber und ihr größter Verbreitungsbezirk doch in der Schneeregion
liegt, werden wir später über diese merkwürdigen Naturerscheinungen zu reden haben.

Einem recht schrundigen und durchfurchten Gletscherfelde sehen auch manche
unserer Karren= oder Schrattenfelder ähnlich, die in der alpinen Zone eine so
bedeutende Verbreitung haben und manchen hochgelegenen Felsengebieten ein
fürchterlich ödes, abenteuerliches Ansehen geben. Sie gehören nicht ausschließlich
der Alpenregion an; an einzelnen Orten (wie z. B. am Fuße der Frohnalp bei
Brunnen, am Urmiberge bei Seewen u. s. w.) treten sie schon unmittelbar über
der Tiefthalfläche auf, sind aber mit starken Humuslagen, Rasen und Wald be=
kleidet und verhüllt; am mächtigsten, regelmäßigsten und auffallendsten treten sie
aber allerdings im Alpengürtel auf.

Die Gestalt der Karrenfelder (romanisch Lapiez oder Lapiaz, in Oesterreich
Karst) ist außerordentlich verschiedenartig und schwer zu beschreiben. Sie bilden
weit hingestreckte, nackte Kalkfelsenfelder von verschiedener Böschung, die in eigen=
thümlicher Weise durch Verwitterung so zerrissen und zerfressen sind, daß sie bald
einem wunderlich ausgefurchten Steingefilde gleichen, bald unabsehbaren Reihen
scharfer Felsgräthe, die theils ganz nahe aneinandergereiht liegen, theils fuß=,
klafterweise und noch weiter abstehen und so bald bloße Rinnsale, bald tiefe Löcher,
Höhlen, Schächte und Gänge bilden.   Während sie im krystallinischen Gebirge
nie vorkommen, finden sie sich in jeder Art und Formation des Kalkgebirges,
am häufigsten und großartigsten aber im Hippuritenkalk, in dessen mächtigen
Bänken große Nester von Hippuritenmuschelschalen verborgen liegen; auch im
Jurakalk erscheinen sie sehr ausgesprochen, z. B. ob Biel, Bevaix, auf dem
Marchairü u. s. w.

Die Entstehung dieser Schratten ist aus einer eigenthümlichen Verwitterung
des Gesteins zu erklären, die zum Theil durch die Zusammensetzung desselben,

zum Theil durch seine Lage, Schichtung und ursprüngliche Zerklüftung bedingt
ist. Die ursprünglich völlig nackte Felsenfläche mochte anfänglich eine kompakte,
nur durch ihre Erhebung aus dem Schooße der Erde gekrümmte und hie und
da zerrissene, schiefe Ebene bilden. In ihrer gänzlichen Kahlheit mußte sie den
atmosphärischen Einflüssen überall Angriffspunkte für mechanische und chemische
Zersetzung bieten. Jeder Regentropfen, der auf irgend einen Punkt auffällt und
sich irgend einen Weg in die Tiefe sucht, nimmt einen, wenn auch unendlich
kleinen Theil des Gesteins mit; die späteren Tropfen folgen seiner Bahn und
waschen so im Laufe der Jahrhunderte in den weicheren Bestandtheilen des Kalk=
feldes gewisse Kerbungen aus, die besonders in den Absonderungsklüften bedeutend
werden müssen. Ist nur einmal ein solcher Angriff des Regen= und Schnee=
wassers bis zu einem gewissen Punkte vorgerückt, so wirkt er durch Gefrieren
und Aufthauen, durch Reibung, Schlag und Stoß von allen Seiten ein und
bildet so, wenn auch noch so langsam, seine anfänglich kaum bemerkbaren
Schründchen zu größeren Spalten, Gängen und Schächten aus, deren Formen
wesentlich von der Beschaffenheit der Kalkbildung abhängen. In dem stark spat=
und quarzhaltigen Greenkalk zeigt sich die Ausspülung oft wabenartig (,die
Steinwaben' der Hirten); in Formationen, welche mit Kalkspatbändern oder
mit Versteinerungen und Schwefelkies durchzogen sind, tritt sie als streifen= und
muschelartige Vertiefung und unregelmäßige Durchlöcherung, oft als labyrinthische
Zerfressung u. s. w. auf. Immer werden dabei die mehr weichen, erdartigen
Kalktheile zuerst aufgeweicht, ausgespült und ausgebohrt, während die beigemeng=
ten härteren Theile, Kieselchen, Muschelfragmente, die Angriffe länger abweisen.
So besteht oft eine ungeheure Felsenfläche nur noch aus einem messerscharfen
Gerippe, zwischen dessen Gräthen bald Häuser Raum fänden, bald kaum eine
Hand durchgreifen kann, während die weicheren Muskeln des Bergskeletes vom
Wasser entführt sind.

Bis zu einer Höhe von 5000' ü. M. sind diese Karrenfelder öfters noch
theilweise mit Alpenrosen, Wachholdergebüsch, oft auch stellenweise mit dürrem,
magerm Rasen bewachsen. In günstiger Lage hat sich unten das oben aus=
gespülte, verwitterte Gestein anhäufen und zu Humus umbilden können. Höher
hinauf sind sie aber durchaus nackt, eine zerfressene Felswüste, ohne die Spur
einer Quelle oder ein herabrieselndes Eisbächlein. Die Karrenspalten absorbiren
alles atmosphärische und Schneewasser völlig oder leiten es kurz zum nächsten
Trichter, der es verschluckt. Solche Trichter finden sich in vielen Kalkalpen, wie
z. B. im Wäggithale am Rädertenstock, auf der Karrenalp in Schwyz, im Jura
in großer Zahl, bald ganz klein, bald von vielen hundert Fuß im Umfang, mit
einem Abzugsloch in der Tiefe, das oft in gewaltige Schächte leitet.

Bei dieser Wasserlosigkeit der Karrenflächen und der großen Einsaugungs=
fähigkeit der Spalten, Trichter und Krater müssen die Grundgestelle der Karren=
berge um so wasserreicher sein. An ihrem Fuße sprudeln bald ausdauernde, bald
periodische Quellen von höchster Wasserfülle, wie die der Orb und Reuse, die

sieben Brunnen im Lenkthal 2c. Der große Karrentrichter der Rädertenalp nimmt alles Regen= und Schneewasser der ihm zugeneigten Felder auf und läßt es durch die Klüfte des Bergstocks in einen großen unterirdischen Sammler ab, zu dem man durch die Felsgrotte des Hundslochs gelangen kann. Bei starkem Regen oder rascher Schneeschmelze tritt das Wasser durch eine Bergspalte unter dumpfem Gebrüll (indem sich die eingeschlossene und zusammengepreßte Luft befreit) in die Grotte und stürzt verwüstend ins Thal. Gar oft sind auch die Karrenfelder mit den früher geschilderten ‚Wind= und Wetterlöchern‘ in Verbindung, wie in den Geißwällen im Wäggithale, am Schwalmkopf und an anderen Orten.

Die ausgedehntesten und bekanntesten Karrenbildungen finden sich am Faulhorn, Gemmi, Rawyl, Sanetsch, Tour d'Ay, am Brünig, Kaiserstock, Wellenstock, Rigidalstock, Bauen, Fluhbrig, den Wäggithalbergen, Windgelle, Rieseltstock, Silbern, den Muottathaler= und Kerenzenbergen, Karrenalp, Churfirsten und am Säntis; die Juralokale haben wir schon bezeichnet.

Zu dem pflanzlichen und thierischen Leben verhalten sie sich ungefähr wie die Gletscher. Sie bieten ihm keine gerechte Stätte. In der Sonne des Sommers reflektiren die Kalksteine die Strahlen und steigern die weder durch Gewächse noch durch Quellen gemilderte Hitze bis zur Unerträglichkeit. Der Wanderer, Jäger und Senne meidet sie, weil sie trostlos und schwer zu beschreiten sind. Der letztere sperrt sie gegen die Weiden ab, damit das Vieh bei Nebel oder Gewitter sich nicht in diese Wüste verirre. Von größeren Thieren bemerken wir nur die Alpendohlen, Flühvögel in den Schrattenfeldern, und öfters auch die Schnee= und Steinhühner, die mit großer Emsigkeit die Felsenrippen hinanlaufen und sich gar gern in den oft unnahbaren Schründen verstecken. Auch den Alpenfüchsen müssen sie während des Sommers dienen, wenn sie sich mit der Vogeljagd beschäftigen.

Zweites Kapitel.

Die Alpenpflanzenwelt.

Die Alpenweiden. — Die Baumgrenzen in den verschiedenen Theilen der Alpen und ihr Zurückweichen nach der Tiefe. — Die Wettertannen und ihr Alter. — Riesenfichten. — Lärchen und Arven. — Zur Naturgeschichte der ‚Alpenceder‘. — Die Zwerg- und Krüppelformen. — Die Legföhren. — Charakter der alpinen Blüthenpflanzen. — Ihre Pracht und Fülle. — Die Alpenrosen. — Berühmte Futterkräuter. — Verschiedene Erhebung der Kulturgewächse in der Alpenregion. — Vergleichung mit den Anden und dem Himalaja.

Wo die blaue Enziane
Mit dem Bergvergißmeinnicht
Auf dem grauen Felsenzahne
In geheimen Lauten spricht.
Wo aus dunklem Blättergrün —
Flammen gleich im Fichtenwalde —
An des Grathes schroffer Halde
Tausend Alpenrosen glühn,
Klopft das Herz so frei, so kühn.

Treten wir den organischen Gebilden unseres Höhengebietes näher, so erscheint uns dasselbe überall in dem Reize des alpinen Charakters. Die Pflanzendecke, obwohl aus viel weniger Arten zusammengesetzt als im Thale und in der Bergregion, hat an Freundlichkeit, Farbenfrische und Fülle doch nichts eingebüßt. Die neuen Pflanzengruppen, die an die Stelle der Kinder der Ebene treten, wiegen den Mangel an Arten durch Schönheit, Duft, Eigenthümlichkeit und saftiges Kolorit auf.

Hier ist die Region jener herrlichen Hochweiden, jener kurzhalmigen, saftgrünen, blumigen, kräuterreichen Alpentriften, in denen Tausende von Heerden ihre Sommerwohnung aufschlagen, jener sonnigen Grashänge, die im Sennengejodel und Glockengeläute widerklingen, wo die Gemse mit den Ziegen geht, das weidende Murmelthier die Schneehuhnpärchen aufscheucht und der Alpenhase vom Lämmergeier in die Lüfte entführt wird.

Aber neben den duftigen Alpenweiden dehnen sich unendliche Geröllhalden und Karrenfelder aus; über und unter ihnen thürmen sich tausend Fuß hohe

14*

Felsenwände und ziehen sich in kühnen Terrassen den Gipfeln zu. Kalte Bäche
rauschen in tief ausgefressenen Betten durch sie hin, und todte Gletscherfelder
reichen dämonisch in die grünen Plateaus hinein. Nirgends malt die große
Mutter Natur in schärferen Kontrasten, schürzt sich mit reicherer Anmuth und
finsterern Schreckniffen; nirgends wird der Mensch mit so raschem Wechsel zwischen freundlichem Behagen und jähem Entsetzen gewiegt, blickt er so innig und
demüthig auf zu Gottes schaffender Hand. Bewohner der Ebene denken sich oft
die Bildung der Alpenregion als bloßen sanften Uebergang von der Bergregion
zu den letzten Höhen und stellen sich das Alpengebirge als eine Versammlung von
unten bewaldeten, oben mit grünen Wiesen bekleideten Bergkegeln vor, von denen
etwa die höchsten mit Schnee bedeckt wären. Allein diese sanfteste Form der
Gebirgsbildung findet sich nur selten und nur bei einzelnen milden Voralpen und
Ausläufern; gewöhnlich, namentlich bei den Kalkgebirgen, liegen schon die Weiden
der Bergregion auf steilen Absätzen, zwischen Flühen und Klüften. Ueber diesen
erheben sich neue Bergstufen und Felsbänke, bald milder, bald steiler, meist mit
weiteren Waldansätzen, oft mit kurzen Weideplätzen oder scharfgeneigten Schuttfeldern, und erst wenn diese erstiegen sind, erreicht man die Alpenweiden, die sich
nun in größerer oder geringerer Breite bis zur Vegetationsgrenze fortsetzen. Die
obersten Gipfel laufen selten, auch wo sie die Höhe von 8000' nicht ganz erreichen, in grüne Spitzen zu, sondern sind steile Felsenrippen oder Steinkuppen
mit sporadischen Vegetationsansätzen. Im Einzelnen herrscht eine unendliche
Mannigfaltigkeit in der Vertheilung des Grünen und Grauen, der Triften und
Grasgesimse, der Felsen und Schluchten, der Wälder und Büsche, ebenso der
Bildungen des Gebirgsaufbaues und der Böschungen je nach der Felsart. Es
giebt nicht selten kolossale Gebirgsstöcke, deren Basis mit einem Umfange von
Quadratmeilen im Thale aufsteht und die auf ihrem ganzen unendlichen Riesen-
leibe kaum ein geringes Schaf- oder Kuhälplein tragen, Kolosse, die nicht etwa
mitten in einem Gewirr von Alpenkuppen aus hochgelegenen Thälern aufsteigen,
sondern aus milden Tiefthälern unmittelbar 6—7000' (relativer Höhe) sich
erheben. Solche Bergstöcke bieten einen überwältigenden, aber nicht erquickenden
Anblick dar. Kein Wäldchen, kein grünes Gehäng, keine Hütte an der ganzen
stundenbreiten und stundenhohen Kalksteinpyramide; nichts als eine graue Felswand über der andern, dazwischen breite Lauinenzüge und ausgefressene Rinnsale. Die Färbung, die an dem Stocke herrscht, ist die graue; diese aber variirt
nach allen Richtungen bis an die Grenzen des Schwarzen, Braunen, Gelben
und Weißen. Natürlich sind solche Alpenformen auch dem höheren Thierleben
nicht günstig, das ja immer von der hohen oder geringen Fülle der Vegetation
abhängt. Selbst die Füchse sind da selten, die doch sonst die stehende Plage des
Gebirges bilden; wenige Hühner, Mauerläufer, Schwalben, Segler, Flühvögel,
Falken und einige Gemsenfamilien sind die einzigen Inhaber des unendlichen
Felsenrevieres. Die letzteren wissen trotz des furchtbar steilen Abfalles des
Geländes doch durch die einzelnen Terrassen, Schluchten und Falten Wege über

die ganze Breite des Gebirgsmantels hin zu finden und leben mit einer gewissen Behaglichkeit auf ihren unzugänglichen Gräthen, welche sie auch im hohen Winter nicht zu verlassen scheinen, indem sie in einzelnen Klüften und Felsgewölben einigen Schutz und an den ‚Staubecken‘ (den von Winden reingefegten Grathseiten) etwas Nahrung finden. Doch schlagen hier herabfallende Steine und Lauinenbrüche manches Stück todt.

Wenn wir den ganzen Gürtel der Alpenregion (4000—7000‘ ü. M.) überblicken, so zerfällt es hinsichtlich seiner Vegetation in zwei große Hälften. Steigen wir von seiner unteren Grenze aufwärts, so sehen wir ungefähr in der Mitte nicht nur alle zusammenhängenden Waldbestände aufhören, sondern es verschwinden überhaupt alle hohen Baumformen. Verkrüppelte Gebilde, reducirte Formen, Büsche und Zwergsträucher treten an ihre Stelle und verlieren sich ebenfalls, ehe wir die obere Grenze des Reviers erreichen. Natürlich modificirt diese mittlere Linie, welche den Baumwuchs abgrenzt, auch die Existenz der Thierwelt, die in so mancher Hinsicht an die großen Vegetationswiegen der Waldungen und üppigen Buschreviere gebunden ist. Es ist sehr schwer, die absolute Höhe jener Linie anzugeben, da sie nicht nur in früheren Zeiten höher stand als gegenwärtig, sondern auch in den verschiedenen Zügen der Alpenkette, durch Sonnen= und Schattenseite, Winde, Fruchtbarkeit oder Rauhheit des Bodens, Felsen und Erdfälle, Lauinen und Bergwasser, Höhe oder Tiefe der nächsten Thäler, südliche oder nördliche Lage bedingt, vielfach wechselt; doch werden wir nicht irren, wenn wir im Allgemeinen die Höhe der Baumgrenze, mit Ausnahme der Zwergbaumformen, zu 5000—6000‘ ü. M. angeben.

Wie der einst so dicht bewaldete Libanon heute in seinen oberen Theilen nur noch selten eine seiner berühmten Cedern besitzt, so ist der Wald auch von unsern Alpen zurückgewichen und hat selbst im Mittelgebirge vielfach den Gletscher= und Steinwüsten Platz gemacht. Das vordem so dicht bewaldete Tannenthal Valle di Peccia (Pece im Dialekt = Tanne) oberhalb der Lavizarra erzeugt heute kaum noch den Brennholzbedarf seiner spärlichen Bewohner. In anderen Gebirgen ist es nicht selten, daß man ganze große Reviere von hohen Tannen und Lärchen dürr und todt dastehen sieht, ohne daß man sich erklären könnte, was diese überraschende Erscheinung veranlaßt. Von einem Nachwuchs ist dann natürlich auch keine Rede mehr. Eine alte Schweizerkarte weist am Ursprung der Aare ein fruchtbares Baumgelände nach, ebenso alte Urbarien im Rheinwald an den Hinterrheinquellen, wo früher noch die Elstern zahlreich brüteten und heute die Nester der Schwalben öde stehen, — jetzt thronen mitternächtige Gletscher, wo Wälder grünten und Weiden blühten. Im obern Aversthale brennen die Thalbewohner Ziegen= und Schafmist, und die Prophezeiung ist buchstäblich in Erfüllung gegangen, die einst, als noch reiche Waldbestände die Berghöhen kleideten, ein Mann den übelhausenden Einwohnern aussprach, ‚es werde die Zeit kommen, wo man zwei Stunden weit thalabwärts werde laufen müssen, ehe man nur die Ruthen zu einem Besen zusammengefunden habe.‘ Auf

der Höhe des kaum noch von Gemsenjägern erkletterten Stella, auf dem wir noch
im Juli nichts als zehn Fuß tiefe Schneefelder fanden, lag noch zu Scheuchzer's
Zeiten ein anderthalb Fuß dicker Föhrenstamm. Sprecher nennt das öde und
kahle Tschappina (5050' ü. M.) eine ,Waldgegend' und leitet den Namen des
jetzt übergletscherten Selvretta von Sylva rhaeta, ,rhätischer Wald' ab. Alte
große Arven, Fichten und Lärchen stehen jetzt noch vereinsamt hin und wieder,
so z. B. im geschiebbedeckten Aarboden, auf Tschuggen am Flüelaberg hoch über
der Baumregion, als traurige Ueberbleibsel des früheren Holzreichthums; gewal=
tige Baumwurzeln findet man noch auf Höhen, wo man heute vergebens einen
Strauch hinpflanzen würde, so auf dem Julier= und Splügenpasse. Das kleine
Wäldchen ob Andermatt ist der einzige Rest der großen Hochwälder des Userern=
thales, das jetzt von allem nennenswerthen Holzwuchse entblößt ist. Auf der
Höhe des Sanetsch, in der Nähe des Balforergletschers (Entremont), und an
vielen Punkten der wallisischen Alpen sah man, und noch in jüngster Zeit, Ueber=
reste von großen Baumstämmen hoch über der jetzigen Holzgrenze. Am Engel=
bergerjochpasse steht noch die sogenannte ,Bettlerarve', ein mächtiger dürrer, ein=
samer Baumstamm bei etwa 6100' ü. M. oberhalb der kahlen Engstlenalp.
Beim Bau der neuen Simplonstraße wurden mächtige Lärchenbaumwurzeln auf
der Höhe des Passes ausgegraben, wo jetzt längst alle Wälder verschwunden sind.

Was ist die Ursache der Verwüstung aller der ungeheuren Waldbestände
der Alpen? Vor Allem wohl die unsinnige und barbarische Wirthschaft der
Sennen und Alpenhirten, der übermäßige Verbrauch zur Feuerung, zu Bauten,
Hägen und Bergwerken, die leichtsinnige Verschleuderung der größten und schönsten
Wälder an fremde Händler*); dann die Lauinen und Lauinenstürme, die oft
Tausende von Stämmen in wenigen Minuten brechen, Bergwasser und Runsen,
Schlipfe und Steinbrüche, Eisstürze, Waldbrände, die zahllosen Kuh=, Schaf=
und besonders die heillosen Ziegenheerden, welche überall das Verderben junger
Baumschläge sind. Dazu kommt die in den meisten Alpen herrschende unglaub=
liche Sorglosigkeit für die Wiederaufforstung, überhaupt für eine ordentliche
Forstwirthschaft. Wenn ganze Schläge niedergehauen sind, so entführen Schnee=

---

*) Dies besonders großartig und schwunghaft im rhätischen Gebirge. Im Jahre
1853 verkaufte eine bündnerische Gemeinde an fremde Spekulanten einen Wald um
etliche dreißig tausend Franken, der nach der spätern Schätzung der Experten einen
reellen Werth von über siebenmalhunderttausend Franken hatte! Die Gemeinde Zernez
(Engadin) besitzt ringsum, besonders aber auf den Ofnergebirgen, unermeßliche Arven=,
Lärchen= und Bergkieferwaldungen. Vor etwa dreißig Jahren wollte sie, um mehr
Weidboden zu gewinnen, große Strecken, unter der Bedingung, daß sie im Laufe einiger
Jahre abgeholzt würden, verschenken, fand aber keine Liebhaber; da griff man zu
dem energischen Mittel, einige Reviere niederzubrennen, wovon jetzt noch die
traurigen Trümmer des ,verbrannten Waldes' an dem Paßwege zeugen. Gegenwärtig
fällen Spekulanten jährlich viele tausend Klafter zu 4—5 Franken und flößen sie nach
Innsbruck; früher fanden ausgedehnte Hiebe statt, die sich für den Verkäufer kaum zu
20 Centimes per Klafter verwertheten.

stürze, Regen, Wind und Bäche die fruchtbare Dammerde; die zurückbleibende
Humusschicht der Blößen ist so dünn, daß allfällig keimender Nachwuchs schutz=
los von der Sonne ausgebrannt, von den Schneelasten erdrückt, von den Stür=
men zerrissen wird. Die dürftige Erdlage ist nun allen Elementen preisgegeben.
Die Sommerhitze trocknet sie in ihrer ganzen Tiefe aus, und der dichte Regen
schwemmt die gelockerte Krume weg, wenn sie nicht ohnehin durch eine kurz aus=
dauernde Uebergrasung erschöpft wird. So verwildern große Reviere, die früher
der schönste Baumwuchs bekleidete, und sind im Laufe der Zeit fast untauglich
geworden, nur Sträucher zu beherbergen. Solche Verödung aber wirkt nicht
nur auf die unmittelbar betroffene Stelle, sondern auf die ganze Umgebung
höchst nachtheilig ein, da von guten Waldbeständen theilweise die Milde des
Klimas, die Entladung des Regengewölkes, der Wasserreichthum der Quellen,
die Fruchtbarkeit des Bodens, der Schutz der Gegend vor Lauinen und Erd=
schlipfen, die Sicherung des Tieflandes vor Ueberschwemmungen und Verschüt=
tungen, überhaupt ein großer Theil der Wohnlichkeit und Kulturfähigkeit des
ganzen Reviers wie des angelehnten Tieflandes abhängt. Oft wird geglaubt,
das Verschwinden des hohen Holzwuchses sei eine natürliche Folge des Kälter=
werdens der ganzen alpinen Temperatur, von der auch die Entstehung vieler
neuer Gletscher seit 80—100 Jahren, so wie das Zurückweichen der Obst= und
Weinkultur aus Gegenden, die solche früher gewiß besessen, Zeugniß geben. Man
nimmt ein periodisches Steigen und Fallen der Gesammttemperatur an und
beweist aus der großen Entfernung uralter Gletschermoränen von den jetzigen
Gletschergrenzen, daß in noch früheren Zeiten die Temperatur viel tiefer ge=
standen u. s. w. Allein weit sicherer ist nachzuweisen, daß das Zurückweichen der
Wälder von der Höhe nicht sowohl die Folge, als vielmehr die Ursache vieler
lokaler Klimaverschlechterungen ist, und wesentlich durch üble Waldwirthschaft
bedingt wurde.

Wir haben die durchschnittliche Holzgrenze der Schweizeralpen zu 5000—
6000′ absoluter Höhe angegeben. Man darf dadurch aber nicht etwa zu der
Vermuthung veranlaßt werden, daß durchschnittlich alle Thäler und Bergzüge
bis zu dieser Höhe wirklich von Wäldern bekleidet seien, oder daß überall nur die
reale Möglichkeit sich finde, Bäume bis zu jener Höhe zu beherbergen. Das
Niederschlagen von großen Forstrevieren hat der eben bezeichneten Verwilderung
an vielen Orten bis hoch in die Alpenregion hinan Bahn gebrochen, und Steil=
heit der Gebirgsböschung, Rauhheit der Winde, Sonnenarmuth und Unfrucht=
barkeit des Bodens haben mitgewirkt, daß in manchen Alpenstrichen der eigent=
liche Holzwuchs etliche tausend Fuß unter der natürlichen Baumgrenze zurück=
geblieben ist, namentlich in den nördlichen Bergzügen. Nach der Meglisalp
(4592′ ü. M.) am Säntisstock tragen die Sennen ihren Holzbedarf stundenweit
aus dem Seealpthale auf dem Rücken herauf; die Höhe des Kamors (5292′
ü. M.) liegt weit über den letzten Wäldern; in vielen appenzeller Bergen geht der
Waldwuchs nicht über 4000′ ü. M. An die obersten Kalkfelsen des Schwyzer=

hackens (4470') reichen bei mehreren tausend Fuß die Wälder nicht hinauf, ebensowenig an den Rigikulm (5550'), Pilatus und hundert andere niedrige Berge der Alpenkette; an der Sonnenseite der Brienzerseeberge hört mit 5000' aller Holzwuchs auf und die Rothtannen sterben ab, wenn sie etliche Fuß hoch gewachsen sind. Dieselben Bäume, die im Jura etwa mit 2200' ü. M. er= scheinen (an der Schattenseite etwas tiefer), reichen am Chasseral mehr nur strauchförmig bis 4600' ü. M., und bei 5000' ü. M. möchte die jurassische Baumgrenze kulminiren; im Allgemeinen reicht sie aber nicht über 4600' ü. M. Im Wäggithale bleibt der Baumschlag schon bei 4000' ü. M. zurück; im Glarnerlande verlieren sich auf der Schattenseite die Rothtannen bei 5000', auf der Sonnenseite reichen sie oft bis 5800' ü. M. hinauf, doch nur auf den zah= mern Bergen, die nicht von eisbedeckten Gipfeln gedrückt sind. Auf der Sandalp und im Klönthale ist die Tannengrenze unter 5000' ü. M.; ebenso im Sernft= thale. Nirgends in der ganzen Alpenregion ist aber die Baumgrenze so hoch als im rhätischen Gebirge, wo sie im Mittel 6500' ü. M. steht, sehr oft aber sich bis 7000', ja auf Muotas bei Samaden noch höher erhebt (an anderen Orten sinkt sie wieder weit tiefer, z. B. in Parpan bis auf 5669', im Valserberg auf 6100'), im Tessin steht sie am Camoghe auf 6500', im Bedrettothal auf 6900'. Im Wallis ist sie im Mittel bei 6300' anzunehmen; doch geht die Tanne dort auch bis 6420' ü. M., und in Bern wird die Vegetationsgrenze der Rothtanne von Kasthofer zu 6200' (an der Grimsel steht sie bei 6060'), die der Weißtanne zu 5000' ü. M. festgesetzt. Für die Ostschweiz nimmt man im Mittel die Tannengrenze, und da diese im Ganzen ziemlich maßgebend ist für den eigentlichen Baumwuchs, auch die Holzgrenze zu 5500' absoluter Höhe an'; doch dürfte sie für den südlichen Theil auf 6000—6500' anzusetzen sein, während in Tyrol die Tanne 5200' ü. M. selten übersteigt, in den Pyrenäen nur in großer Höhe noch vorkommt und sonst im südlichen Europa wie im Kau= kasus ganz fehlt.

Die Wälder der Alpenregion tragen einen andern Charakter als die der Bergregion. Sie sind schon viel seltener, bilden nicht mehr so große zusammen= hängende Bestände, sondern ziehen sich in einzelnen Partien, oft von Lauinen= zügen, Runsen, steilen Felsen und losem Geschiebe unterbrochen, der Höhe zu. Nichtsdestoweniger finden wir außerordentlich malerische Partien in ihrem Bereiche, namentlich, wo herabgestürzte ungeheure Granit=, Kalk= und Dolomit= blöcke mit schönen Moosen und buntem Strauchwerk mitten aus ihrem finsteren Schooße auftauchen, und ebenso auch höchst trostlose Prospekte furchtbar miß= handelter, kaum noch ihr kärgliches Leben zu beschützen fähiger Hochwaldsfrag= mente, wie der Arven= und Lärchenschlag unter dem Zmuttgletscher, dessen Lauinen und Eisbrüche die Stämme fortwährend zersplittern, die Rinde los= reißen und die Aeste knicken, und wie so viele ärmliche Waldtrümmer im Maien=, Maderanerthal, Tessin und Wallis. Oft hängt es auch an einer gewissen Lokali= tät, hauptsächlich auch an der Stellung, die sie zu gewissen scharfeinfallenden

Winden einnimmt, daß ganze Waldstriche nicht fortwachsen wollen. Wir kennen solche, die seit 60—70 Jahren nicht über 4 Fuß hoch geworden sind, während in ihrer Nachbarschaft schöner Hochwuchs steht.

Das Laubholz tritt frühe ganz zurück, wird aber in vielen Gegenden durch die den Alpen eigenthümliche Nadelholzform der Zirbelkiefer und durch große Lärchenschläge ersetzt. Die Größe der Bäume nimmt nach der Höhe bis zur Baumgrenze im Allgemeinen nicht merklich ab; die obersten Hochtannen messen immer noch 50—60 Fuß; doch verrathen sie einen gedrängteren, konischen Bau und hängen die Aeste mehr abwärts, ja es giebt häufig solche mit gerade herunter= hängenden Zweigen nach Art der sog. Trauerbäume. Sehr selten gehen sie auf geneigten Flächen ganz senkrecht vom Wurzelstocke aus in die Höhe. Die dichte, schwere Schneedecke, oft 5—8 Fuß tief, drückt das junge Bäumchen abwärts, besonders an steilen Gehängen, wo sie in einer steten niedergleitenden Bewegung ist, und die Pflanze gewinnt erst, wenn sie diesem Schneedruck entwachsen ist, den geraden Wuchs. Höher oben treten die Zwergformen auf und einzelne alte Arven, Lärchen und Rothtannen von ungeheurer Größe stehen noch hoch und einsam wie trauernd im Krüppelholz. Die Schwarzwälder auf der Schattenseite des Alpen= rückens haben häufig schon bei 4500' ü. M. ein steriles, kümmerliches und kränkliches Ansehen, indem ihnen die üppige Bekleidung des buschigen Unterholzes fehlt und viele Stämme ganz übermoost, andere dürr und zerbrochen dastehen. Eine aus= gezeichnete Erscheinung bilden in den meisten Wäldern die gewaltigen Wetter= tannen, im Waadtlande ‚Gogants‘ genannt, deren wie zum Schutz abwärts geneigte Aeste schon 6—8 Fuß über dem Boden beginnen und bis zum Gipfel eine schöne, dichte, schwarzgrüne Pyramide bilden. Ellenlange, meergrüne Bart= flechten, die letzte Zuflucht der hungrigen Gemsen im schneereichsten Winter, triefen von den schweren Aesten herab. Gar häufig sind ihre Gipfel vom Blitz zer= schmettert und der Stamm zerrissen; aber die gewaltigsten Aeste richten sich selb= ständig wie eigene Bäume um den morschen Mutterstamm auf. Ziegen, Schafe, Kühe, Hasen, Hühner und Menschen suchen unter ihnen Schutz vor Platzregen und Schneegestöber. Die wilde Katze und der Luchs lauern gern in ihrem dichten Gezweig. In ihren Wurzeln gräbt der Fuchs seinen Bau, hat der Bär seine Höhle; an ihrem rissigen Stamme hämmert der dreizehige Specht und meiselt hühnereigroße Löcher aus; in ihrem Nadelmeere birgt sich die Ringamsel und der Birkhahn. Nicht selten erreichen Wettertannen eine Höhe von 100—130 Fuß und halten noch 2 Fuß über dem Boden 4—5 Fuß im Durchmesser. Das Volk hat große Pietät gegen sie, und in manchen Gebirgen stehen sie unter dem aus= drücklichen Schutze des Gesetzes. Der Blitz treffe sie nie, meint man, und doch sind schon oft Hirt und Vieh, die hier Zuflucht nahmen, erschlagen worden.

Noch größere Exemplare findet man ohne den Wettertannencharakter. Im Jahre 1851 wurde hinten im waldreichen Sumvixertobel (Bünden) unweit des Gorgialitschergletschers, etwa 4000' ü. M., eine 203 Fuß hohe Riesenfichte ge= schlagen, die zwei Fuß über dem Boden noch 23 Fuß im Umfang maß. Dieses gigantische Kind des Bergwaldes war bis auf zwei Drittheil seiner Höhe astrein und von dort an trotz seines freien Standes nur spärlich beästet. Im gleichen Tobel standen noch 1856 bei 5000‘ ü. M. mehr als zwanzig Exemplare von 15—18‘ Stammesumfang. Auf der Alp Obersold hinter Aeschi (Berneroberland) fiel im August 1863 eine andere Riesenfichte, die 804 Kubikfuß Stammholz hielt und einen Fuß über dem Boden 32 1/2 Fuß Umfang mit über 500 Jahresringen maß. (Ueber ein Riesenexemplar Weißtanne haben wir S. 33 berichtet.) Und doch wachsen diese Bäume durchschnittlich in so hoher Lage nur langsam, oft halten sie im hundertsten Jahre erst 15 Zoll, im hundertundfünfzigsten 20—24 Zoll Durchmesser. Einzelne Veteranen haben wohl mehr denn vier oder fünf Jahrhunderte durchlebt; — immerhin bleiben die ältesten und höchsten, die bei uns wachsen, noch weit zurück gegen ihre exotischen Geschlechtsverwandten, gegen die Araucaria excelsa Brasiliens, die 240‘, die lambertianische Tanne des nord= westlichen Amerika’s, welche 220‘, die Weymouthskiefer New=Hampshire’s, die 250‘, den Eukalyptus auf Vandiemensland, der 43‘ Durchmesser und 330‘ Höhe erreicht, oder gar den Mamutsbaum Kaliforniens (Sequoia gigantea), mit einer Höhe von 450‘ und einem Alter von 5000 Jahren.

Alle Bäume wachsen im Gebirge weit langsamer wegen der spärlicheren Ernährung, der langen, kalten Winter und kurzen Sommer; ihr Holz ist aber fester, dichter, weißer und elastischer als das der tiefer wachsenden Stämme. In guter fetter Dammerde schießen die Bäume auch im Gebirge lebhaft empor; das Holz aber wird grobfaserig, locker und früher kernfaul oder rothbrüchig. Man hat gefunden, daß z. B. ein Fichtenstamm von 16 Zoll im Durchmesser am Thunersee 40, auf dem 2000‘ höheren sonnenreichen Beatenberg aber 60, und noch 1000‘ höher voller 80 Jahre zu seiner Ausbildung bedarf. Mit den Buchen*) bleiben fast alle Laubholzbäume schon an der unteren Grenze der Alpen= region zurück. Der Bergahorn, sonst ein ächtes Kind der Gebirge, geht an den Südabhängen der Glarneralpen nicht über 5000‘, in dem laubholzarmen Grau= bünden nicht über 4600‘ ü. M., in Bern 4300‘ und in seltenen Ausnahmen 5000‘ ü. M.; dagegen erreicht die Espe im Engadin eine Vegetationshöhe von 5200‘, als Strauch eine solche von 5400‘, die Birke im Albignathal (Bergell) eine solche von 6000‘ ü. M. und streift in Zwergform bis zur Schneegrenze. Die Birke ist wie in der Tiefe so auch im Gebirge die eigentliche Waldmutter, indem sie große Brandstellen und Kahlschläge zuerst besetzt und dadurch den Auf= wuchs des Nadelholzes befördert. Die hochnordische Zwergbirke (Betula nana), die man mit der Alpenerle an der Grenze der Baumvegetation zu finden erwartet, bleibt tiefer unten auf den Torfmooren des Jura zurück. Die Weißeller geht in

---

*) Zu den höchst erscheinenden Buchen der westlichen Gebirge gehört ohne Zweifel die Gruppe ‚aux treize arbres‘ auf dem Salève 4400‘ ü. M., Ueberreste alter, großer Buchwaldungen. In dem nördlichen, buchenreichen Jura gehen sie nie so hoch; daß sie aber im Tessin, wo indeß große alte Bestände ganz verschwunden sind, und an der Südseite des Monterosa noch 500—800 Fuß höher ansteigen, haben wir früher bemerkt.

eine Höhe von über 6000' im Scarlthal und folgt gern den Lärchenbeständen; weniger hoch steht sie in den westlichen Alpen. Die Eberesche, die in der subarktischen Zone die Zwergbirke fast bis zu deren Vegetationsgrenze hin begleitet, bleibt hier im Allgemeinen vor 5000' ü. M. zurück; bei Caffaccia nähert sie sich aber der Höhe des Malojapasses bei 5700' ü. M. Aehnlich der Mehlbeerbaum (Sorbus Aria), von dem bei Met Mastabbio (Calanca) ein Riese von 6' Umfang und 40' Höhe steht.

Die eigentlichen Alpenbäume aber sind die zähen, bescheidenen Nadelhölzer. In den westlichen und nördlichen Alpen bilden die Fichten oder Rothtannen die ordentlichen Waldbestände, und wir haben ihre Elevation bereits angegeben. Im Bündnerlande dagegen, wo die Rothtanne bis 6200' ü. M. kräftig gedeiht, im Münsterthale sogar bis über 7000' ü. M., bilden mit ihr die Lärchen, Bergkiefern und Arven die umfangreichsten und höchsten Wälder. In der montanen Region überwiegen die Tannen, in der alpinen machen ihnen die Lärchen den Rang streitig und im oberen Theile der alpinen bis in die Schneeregion hinein überwiegen besonders im südöstlichen Rhätien die Kieferformen. Die Weißtannen kommen weit seltener, aber oft noch sehr mächtig vor, so auf der Dôle (Jura) bei 5000' ü. M. noch mit Stämmen von 6—7' Durchmesser, nicht selten auch als ‚Wettertannen‘. Die Lärchen (die von allem Nadelholz den besten Terpentin liefern, und in der montanen bis zur hochalpinen Region nicht selten, im rhätischen Gebirge besonders in den letzten Jahren häufig in ihren Nadeln von der Lärchenminirmotte, Phalaena Tinea larici, angegriffen und ausgehöhlt werden) erscheinen hauptsächlich in Wallis und Bünden in den schönsten Schlägen von 4000—7000' (im Seezthale schon von 1500' an) und wachsen noch am Flüela, Rosegg und Bernina aus den grünen Teppichen von Linnaea borealis empor. An der Südseite des St. Moritzerthales ist die Lärchengrenze bei 6983' ü. M., auf der Remüseralp und bei Scarl bei 7150', an der Albula (Südseite) bei 6560', in Fettan bei 6620', am Scaletta bei 6630' ü. M., am Munteratsch bei 7108' ü. M., an einigen Punkten des Engadin bei 7250' und am Südabfall der Alpen sogar bei 7360' ü. M. In Bern dagegen bleiben sie durchschnittlich bei 6200' ü. M. zurück; im Wallis bei 6650', und man bemerkt hier rücksichtlich der Elevation zwischen der Nord- und Südseite keinen Unterschied. Gerade in den höheren Geländen weisen die Lärchen, die wohl 300—400 Jahre alt werden, oft eine erstaunliche Kraftentwickelung auf, indem sie hier langsam und gerade, tiefer im Lande dagegen allzurasch, schwächlich und windschief aufwachsen. Hoch ob dem Weiler Imfeld im Binnthale zeigen einzelne Exemplare bei etwa 5000' ü. M. noch einen Stammesdurchmesser von sechs bis sieben Fuß und im Jura etwas tiefer einen Umfang von zwölf bis fünfzehn Fuß. Da stehen solche Patriarchen hoch und einsam, wie Erscheinungen aus einer fremden, verlorenen Welt, auf kahlem Grunde. In ihren Wipfeln träumt des Dichters Hoffnung:

Fröhlich einst im Lärchenwalde,
Traurig jetzt im Schutt der Halde,

Einsam grünt die Lärche noch;
Gar verkommen und verkümmert
Ueber das, was rings zertrümmert,
Aber gleichwohl grünt sie doch;
Will — ein Zeugniß beſſrer Zeiten —
Dieſe wieder vorbereiten,
Hoffend, was ſie ſtreut und hegt,
Daß es wieder Wurzel ſchlägt.

Die Föhre beſitzt die Fähigkeit, ſich allen Höhen und Lagen anzubequemen. Wir finden ſie auf Kalk und Granit, auf dürren Geſchiebhalden wie auf feuchten Moorſtellen und in öden Felsſpalten, in der warmen Niederung wie auf dem froſtigen Hochgebirge; aber ſie bewohnt die verſchiedenen Lokale auch in verſchie= denen Formen, welche ſich auf zwei Hauptarten, die gemeine Föhre oder Kiefer und die Bergföhre, zurückführen laſſen und von Heer ſchärfer charakteriſirt worden ſind.

Die gemeine oder Rothföhre (Pinus sylvestris), ein allbekannter Baum mit röthlicher Rinde, oberhalb bläulich überlaufenen, paarweiſen Nadeln und ab= wärtsgebogenen, kegelförmigen, graulichen Zäpfchen bildet in unſerer Region keine eigenen Beſtände mehr, ſondern iſt meiſt in Fichtenſchläge eingeſtreut und theilt die vertikale Erhebung derſelben. Nur am Feuerberge (Luzern) ſoll ſie bei 5500' ü. M. noch einen zuſammenhängenden Wald bilden; im Engadin reicht ſie gruppenweiſe und vereinzelt bis gegen 6000' ü. M. Hier tritt ſie am Stazſee und im Plaungoodwalde bei Samaden in einer eigenthümlichen alpinen Spielart mit meergrünen Nadeln und glänzend gelblichen Zapfen auf, deren ſtark vor= ſtehende Schilder einen zentralen, oft ſchwarz umringten Nabel tragen.

Die Bergföhre (P. montana. Mill.) trägt eine dunkle, ſchwarzgraue Rinde, die ſich nicht wie die der gemeinen in Häuten ablöſt, dunkel gefärbte Nadeln und Zäpfchen, die im erſten Jahre aufrecht ſtehen, im zweiten kurzſtielig aufrecht oder ſeitwärts gerichtet aufſitzen. Die Zapfenſchuppen haben einen hervortreten= den, oft hakenförmig gekrümmten Schild und einen ſchwärzlich umringten Nabel. Die Flügel der Samen ſind bei der gemeinen Föhre dreimal, bei der Bergföhre zweimal ſo lang als das Nüßchen. Dieſe Bergföhre hat das Eigenthümliche, daß ſie in mehrfachen, ſchwer zu unterſcheidenden Spielarten theils mit aufrechtem Stamme und pyramidalkegelförmiger Krone, theils mit niederliegendem Stamme und bogenförmig aufſteigenden Aeſten erſcheint. Zu den erſtern gehört die Haken= föhre (P. montana uncinata) und die Sumpfföhre (P. montana uliginosa), deren charakteriſtiſches Unterſcheidungszeichen vornämlich in der freilich nicht ſehr beſtändigen Stellung und Geſtalt des Hakens am Zapfenſchildchen geſucht wird. Die Hakenföhre mit pyramidalem Wuchſe, meiſt von unten auf beaſtet und dicht benadelt, erreicht eine Höhe von 40—50', erſcheint mitunter ſchon 2000' ü. M. (Uetliberg) und findet ſich in den meiſten Theilen der Alpen, in Graubünden bis 6300' ü. M. (Ofenberg, Camogask). Die Sumpfföhre mit knorrigem, kurzem Wuchſe, häufig wirtelig geſtellten, dunkelgrün und dicht benadelten Aeſten iſt ebenfalls weit verbreitet, auf den Mooren des Jura's, von Rothenthurm, Bürgeln, am Rigi bis 5000' ü. M.

Die zweite Hauptspielart der Bergföhre ist die allbekannte Legföhre (P. Pumilio. Hänke oder P. humilis. Link), die wir bei den Strauchformen näher aufführen wollen. Man hat auch bei dieser sich scharfsinnig bemüht, mehrere Unterspielarten herauszufinden; allein die Merkmale sind so subtil und so wenig fest und konstant, dazu die Uebergänge so vollständig vermittelt, daß die Varietäten sich kaum festhalten lassen.

Die Bergföhren bilden in der Alpenregion häufig ausgedehnte und ziemlich reine Bestände. Sie wachsen langsam. Hakenföhren von 35' Höhe und 22 Zoll Durchmesser zählen oft 300—350 Jahrringe. In der diluvialen und Pfahlbauzeit reichten sie weit tiefer in die unteren Regionen herab als heutzutage.

Die tiefwurzelnde Arve (Pinus cembra) repräsentirt bis über 7000' hinauf die letzten hochstämmigen Baumformen und reift im Oberengadin ihre Früchte neben und über den Gletschern. Unterhalb der Alpenregion will sie im Allgemeinen nicht recht gedeihen; doch steht sie merkwürdiger Weise zu Soglio im Bergell neben der edlen Kastanie. Die Arven (in Deutsch-Graubünden Arben, romanisch Schember, im Wallis Arolla) sind lebenszähe, herrliche Baumformen mit geraden, 50—70 Fuß hohen, aschfarbenen, unten rissigen Stämmen, von denen die Hauptäste wagerecht abstehen und nur ihre mit 2—3 Zoll langen, je zu fünfen stehenden Nadeln bebuschten Enden kronleuchterartig emporkrümmen. Hoch in den Alpen stehen ehrwürdige, seltene Riesenexemplare, die 12—16 Fuß im Umfang und 600—1000 Jahrringe zählen. Einzelne hohle, halbzerschmetterte Stämme strecken, zu drei Viertheilen abgestorben, immer noch etliche ihrer immergrünen Zweige dem Sturm entgegen und treiben noch ihre Blüthen und reifen ihre Früchte. Doch findet man nicht selten neben frischen auch erfrorene Blüthenkätzchen am gleichen Baum. Die meist zu fünfen zusammenstehenden Zapfen werden im ersten Herbste nur eichelgroß, bis im zweiten aber 3 Zoll lang und 2 Zoll breit. Sie sind eiförmig, an der Spitze abgeplattet, oft etwas eingesenkt, violettbraun, schwach bläulich bereift. Doch giebt es im Oberengadin auch eine Spielart mit kleinern, grünlich bleibenden Zapfen. Diese stehen ziemlich rechtwinklig vom Zweige ab und tragen an den Zapfenschuppen breite Schilder, deren hakenförmig rückwärts gekrümmter Nabel an der Spitze steht. Die unter ihnen paarweise liegenden hartschaligen, süßlich ölig schmeckenden Nüßchen gerathen blos alle 3—4 Jahre reichlich, da die Bäume beim Einsammeln oft roh mißhandelt und die jungen mit den reifen Zapfen abgeschlagen werden. Die Arven sind harzreich, haben ein feines, bald röthliches, spröderes, bald schön weiß bleibendes Holz, das eine feine Politur annimmt und wegen seines balsamischen Wohlgeruchs häufig zur Verkleidung der Zimmer verwendet wird, das aber nicht insektenfrei bleibt. Auch dauert es in der Feuchte nicht lange aus. In Folge der übeln Waldwirthschaft im Gebirge sind die meisten Arvenbestände im Rückgang, da sie denn doch auf die Dauer der Rauheit des Klimas, dem Zahne der Ziegen und dem Unverstande der Menschen nicht zu widerstehen vermögen. Und doch sind sie so gar sehr der Baum des Hochgebirges. Während die Lärchen trockene Standorte vorziehen, gedeihen die Arven am freudigsten in frischem, feuchtem Grunde. Sie scheuen die Nähe der Gletscher nicht, halten die stärksten und längsten Fröste aus, lieben den herabfließenden Schweiß der Felsen, heilen Verwundungen rasch aus und wehren sich mit breiter, tiefgehender Bewurzelung gegen die Gewalt der Hochgebirgsstürme. Immerhin ziehen sie sonnige Lagen vor, wachsen hier freudiger und tragen dann bei 12' Höhe und 2 1/2 Zoll Durchmesser schon im 45.—50. Jahre Frucht. Dabei wiederholt sich die auch bei andern Gebirgsbäumen giltige Beobachtung, daß die nämliche Pflanze, die in höhern Lagen Beschattung erträgt, ja verlangt, in tieferen Regionen sich als ausgesprochene Lichtpflanze erweist.

In dem größten Theile der Schweiz ist dieser edle und kostbare Alpenbaum, die Ceder unserer Berge, ganz unbekannt, da er hier keinen bedeutenden horizontalen Verbreitungskreis hat. Er findet sich, doch meist nur einzeln oder in kleinen Schlägen ohne Schluß, an den Diablerets und am Engeindaz, in den Staatswäldern von Morcles, im Ormondthale, am Pillonpasse und am Kreuze von Arpille in der Waadt, im Gentel- und Engstlenthale, am Grimselpasse, an der Lauterbrunnenscheidegg, an der Windegg beim Triftgletscher, am Tschuggenhorn, dessen uralter Arvenwald langsamen Todes abstirbt und von den Alpenbewohnern absichtlich nicht erneuert wird, da diese behaupten, die Wälder halten den Schnee zu lange, machen die Alp kalt und niedere Stellen sumpfig, während doch der Holzbedarf jener Höhen gering sei; in den Bergen von Leuk und Oberwallis, am Wiggis ob dem Obersee, am Mürtschenstock und Murgsee, wo er bis 6000' ü. M. ansteigt und der seltenste und höchste Baum des Glarnerlandes ist; am schönsten und am zahlreichsten aber in dem südlichen rhätischen Gebirge (die Arvenwälder bei Staz und zwischen Sils und Silvaplana), bildet aber auch hier nie vollständig geschlossene Bestände. In dem größeren Theile der schweizer Alpen erscheint er nicht einmal in einzelnen Exemplaren, zeigt sich aber strichweise in der ganzen europäischen Alpenachse von der Dauphiné bis zu den Karpathen (hier bis 4800' ü. M.). Die Arve wächst äußerst langsam, bis zum sechsten Jahre sehr schwächlich und ebenso auf magerm, schattigem Boden. Ein 6 1/2' hohes, noch ganz glattrindiges Stämmchen wies bereits ein Alter von beinahe siebzig Jahren nach; ein anderes mit einem Durchmesser von einem Fuß und sieben Zoll zeigte ein Alter von über 350 Jahren. Die höchsten Punkte, wo wir noch Arvenbäume treffen, sind am Frela ob Livino 7389' ü. M., auf der Nordseite des Münsterpasses 7527', am Bernina 7569' und auf dem Stelvio sogar 7883' ü. M. Trauernd, zusammengewettert stehen diese letzten, höchsten Walderinnerungen in einzelnen Exemplaren oder kleinen, dünnen Gruppen, ohne irgend freundliches Buschbegleit. Wir haben aber Grund, zu vermuthen, daß noch über ihrer oberen Grenze der torfige Boden Fragmente reicher Bestände birgt. Ihre un-

ARVENGRUPPE.

geflügelten Samen begünstigen ihre Verbreitung nicht besonders. Versuche, die Arve im Tieflande zu akklimatisiren, sind noch nicht recht geglückt. Während die libanotische Ceder im Waadtlande und Kanton Genf schön und verhältnißmäßig schnell wächst — wir finden dort 2 Fuß dicke und 60 Fuß hohe Exemplare, — kommt unsere Alpenceder in den Wäldern der Ebene nicht so gut fort, obwohl in dem zürcher botanischen Garten verpflanzte Bäumchen ohne alle weitere Pflege gediehen. — Der gemeine Wachholder findet sich bis nahe an die Baumgrenze, der Alpenwachholder (Juniperus nana) dagegen in Bünden bis 7000' ü. M. im Gebiete der Zwergbäume und überaus reichlich, ein kosmopolitischer Strauch, der ebenso in Sibirien und Labrador wuchert und in der spanischen Sierra bis 9000' ü. M. gedeiht.

Ueber der Tannengrenze scheidet die Baumwelt mit eigenthümlichen Zwerg- und Krüppelformen aus der Vegetation, die aber nicht selten bis zur Schnee- grenze hinanreichen und auf der deutschen Alpenseite ungleich reichlicher auftreten als auf der italienischen. Unter ihnen ist ein Laub- und ein Nadelholzbaum von Bedeutung: Im Schiefergebirge bekleidet die stark zur Birkenform hingeneigte Alpenerle (gewöhnlich Bergdroß, Alnus viridis), in einer Höhe von 4—10 Fuß ganze Halden der höchsten Gebirge bis über 7000' absoluter Erhebung und reicht oft an den Ufern der Wildbäche und in den Lauinenzügen tief thalwärts. In entholzten Hochthälern, wie Ursern, bietet sie den Bewohnern ein werthvolles Waldsurrogat und dient auf den Alpen heckenartig angepflanzt trefflich zur Ver- schirmung der Abgründe statt der kurzdauernden Holzhäge. Im Kalkgebirge, auch auf Granit, ist es die Legföhre oder Krummholzkiefer (in Bünden Arlen und Zuondra, Pinus montana Pumilio), die in Alpen, wo die Lärche und Arve nicht zu Hause ist, das höchste Brennholz der Hirten bildet. Sie erscheint zwar oft schon 3500', hält aber bis zu 7100' ü. M. aus. Es wäre irrig, die Leg- föhre für eine verkrüppelte gewöhnliche Föhre zu halten, da sie auch ins Tiefland verpflanzt ihre eigenthümliche Gestalt beibehält und sich in wesentlichen Punkten von jener unterscheidet. Ihr Aussehen ist höchst auffallend und malerisch schön. Der rothbraune Stamm kriecht 10—30 Fuß lang auf der Erde hin und erhebt sich erst mit den Enden 6—15 Fuß pyramidalisch in die Höhe, sodaß die Länge dieses Halbbaumes auf 40—45 Fuß ansteigen kann. Seine Aeste strecken sich unfern von der Wurzel kriechend nach allen Seiten aufwärts und tragen dichte, lange, dunkelgrüne Nadelbüsche und kleine, glänzend gelbbraune, eiförmige, auf- oder seitwärts gerichtete Samenzäpfchen. Wo auf ödem Granit oder Kalk nur ein dünner Erdanflug sitzt, wo die Wurzeln in einer Steinritze nur die geringste Nahrung finden, grünt dieser freundliche und eigenthümliche Kriechbaum hervor und bekleidet wohlthätig so oft steile Halden mit seinen saftgrünen Büschen. Nicht selten wächst er weit über die höchsten und schroffsten Felsenwände hinaus und wölbt als herrliche Dekoration des grauen Gesteins seine Kronen über düsteren Abgründen. Man unterscheidet zwei Arten, von völlig gleicher Gesammttracht, von denen die eine eiförmige, unsymmetrische Zäpfchen mit gewölbten, etwas hakenförmig zurückgekrümmten Schildern trägt (Legföhre, P. mont. humilis), während die andere annähernd kugelige Zäpfchen hat, deren gewölbte Schilder ringsum gleichgroß und gleichgeformt sind (P. mont. pumilio, Zwergföhre). Berg=kiefer, Legföhre und Alpenerle sind nicht nur als Brenn=, sondern auch als Schutz=holz von größter Wichtigkeit für die Hochgebirge, indem sie jährlich tausendfältig die Bildung von Lauinen verhüten, zur Bindung und Befestigung des Bodens dienen, zugleich thierische Organismen nähren und schützen und in ihrer Um=gebung eine reich gedeihende Vegetation alpiner Gewächse erhalten. Besonders gern lehnt sich die Strauchwelt an sie an, die aber auch ganz selbständig über Flühen und Schratten bis über die Grenzen unseres Gürtels hinanstreift. In dieser erscheinen etliche Weidenarten wohl am zahlreichsten, dann die Weißerle, der Sevienstrauch und die Alpenmispel, seltener der Traubenhollunder, das schwarze und blaue Geisblatt, die Alpenjohannisbeere und die dornenlose Rose. In den Glarneralpen bildet der Zwergwachholder bei 7100' ü. M. die obere Grenze der größeren holzartigen Gewächse.

Wir haben bereits bemerkt, daß die Baumgrenze in unserer Region das Signal für eine ganz andere Vegetation wird. So lange die Wälder aushalten, ist das Auftreten einer blos alpinen Flora noch weniger zu bemerken, da bis da=hin die Pflanzen der Ebene die den Alpen eigenthümlichen noch weit überwiegen. Oberhalb der Baumgrenze aber ändert sich das Verhältniß auffallend. Die Blüthenpflanzen des Tieflandes treten zurück, indem sie hier nur noch etwa ein Viertel, höher in der unteren Schneeregion aber kaum noch ein Siebentheil der sämmtlichen Pflanzen ausmachen, bis sie in der oberen Schneeregion ganz aus der Pflanzendecke verschwinden, und nur noch einige blüthenlose Algen und Pilze die Flora der Ebene darstellen. Dabei bemerken wir in den Wechselverhältnissen der Blüthenpflanzen und der Blüthenlosen ob der Waldregion eine auffallende Veränderung. Während in der Ebene bis zur Holzgrenze hinauf Phanerogamen und Kryptogamen sich ungefähr das Gleichgewicht halten mögen, bleiben mit den Wäldern eine Masse Blüthenloser, namentlich Farnen, Pilze und andere Schatten=pflanzen, sowie natürlich alle an die Holzpflanzen gebundenen Flechten und Moose zurück, sodaß in der oberen Alpenregion viel mehr Blüthenpflanzen als Blüthen=lose wohnen. In dem unteren Theile der Schneeregion stellt sich das Gleich=gewicht wieder her; in dem oberen überwiegen dagegen die Blüthenlosen, wie denn namentlich die Moose und Flechten schon in der oberen Alpenregion in großen Individuenmassen auftreten und ganze kleine Gebiete ausschließlich in Anspruch nehmen.

Die Blüthenpflanzen ob der Holzgrenze sind fast ausschließlich mehrjährige und müssen es sein, da so oft die Unbill einer rauhen Witterung die Samen=bildung verhindert und für eine längere oder kürzere Zeit ganze Geschlechter ein=jähriger Pflanzen aus der Erddecke wegtilgt, während die vieljährigen sich oft durch Brutansätze fortpflanzen und Zeit haben, günstige Sommer abzuwarten, in denen sie sich auch durch Reifung ihrer Samen abermals weiter verbreiten und entferntere Lokale besetzen können. Da aber solche Jahrgänge auf hochgelegenen und schattenreichen Bergen oft gar nicht eintreten, und die Pflanze auf Verbreitung durch Sprossung angewiesen ist, so wiederholt sich die Erscheinung, daß eine Art vorwiegend in kompakten Massen rasenartig auftritt und ganze Stellen über= kleidet. Wie tief ein heißer oder ein kalter Sommer in den ganzen, alljährlich wechselnden Charakter der Pflanzen eines Revieres eingreift, kann aus dem An= geführten leicht erkannt werden.

Schon das Kleinwerden der Baumformen, das Auftreten von Krüppel= und Zwergarten ob der Hochbaumgrenze läßt auf ein Niedrigerwerden der ganzen Vegetation schließen. Je höher hinauf wir steigen, desto kleiner wird alles Ge= wächs, desto gedrungener der Bau, desto koncentrirter der Organismus, desto stärker der unterirdische Stamm und desto länger oft die weithingreifenden Wurzel= fasern. Die hohen Sträucher werden zu Halbsträuchern, die Menge von Weiden= arten verkümmert zu ganz niedrigen Büschchen und verschwindet endlich ganz; die kräuterartigen Gewächse schrumpfen zusammen; die Gräser, die im Thale noch 2—3 Fuß lang sind, werden einen Fuß und endlich noch ein paar Zoll lang. Alles zieht sich aus der kälteren Luft in den Schutz des verhältnißmäßig wärmeren Bodens zurück und breitet seine Blätter wagerecht dicht an diesem aus, statt sie dem Licht und der Luft entgegenzustrecken. Es sieht aus, als dränge die hohe Winterschneelast des Gebietes die Pflanze auf die Erde und zum unterirdi= schen Leben zurück. Die Blätter selber werden kleiner, aber fester und härter als in den tieferen Gebieten und scheinen sich oft durch einen weichen Pelzanflug vor der rauhen Luft schützen zu wollen oder verkümmern gar zu Schuppen. Dagegen wachsen die Blüthen, genährt von der gehaltvollen Dammerde des Gebirges, rasch und freudig empor und bringen oft große, unvergleichlich tief und lebhaft gefärbte Blumen, wozu die fast stäte Boden= und Luftfeuchtigkeit, sowie die größere Intensität und die längere Dauer des Sonnenlichtes (die Frühlingstage der Alpenflora Ende Mais und Anfangs Junis sind ja um 4—5 Stunden länger als die Frühlingstage der tiefländischen Flora im März) das Meiste beitragen mögen.

Das Kolorit der Alpenpflanzen ist wunderbar frisch und kräftig. Neben dem Gelb und Weiß der tiefländischen Blüthen finden wir hier das strahlendste Indigoblau, das glühendste und weichste Roth und ein kräftiges bis ins Schwarze übergehendes Braun und Orange, während das Gelb und Weiß ebenfalls in den reinsten und blendendsten Tönen auftritt. Aehnliche Farbenkräftigung, wie sie im Gebirge oft mattgefärbte Tieflandspflanzen zu ungleich entschiedenerem und reinerem Kolorit erhebt, finden wir in der Polarvegetation, in der nicht nur die Färbung feuriger, sondern unter dem Einfluß des stätigen Sommerlichtes und der Mitternachtssonne völlig umgewandelt und oft das Weiß und Violet zum glühenden Purpur erhöht wird. Da nun die Alpenpflanzen oft in dichten Gruppen zusammenstehen, so verleiht diese außerordentliche, in ganzen Partien erscheinende Farbenpracht dem frischen, saftgrünen Rasenteppich jenen leuchtenden

und zauberhaften Reiz, der diesen Triften einen so hohen Ruhm erworben und
sie in der eigenthümlichsten Weise zu einem Seitenstück der schimmernden Vege=
tation der Tropen macht. Nicht wenig wird der Ruhm der alpinen Flora noch
durch den balsamischen Wohlgeruch vieler Blüthen und ganzer Pflanzen erhöht,
von der Aurikel bis herab zur veilchenduftenden Konferve (Byssus Jolithus)
am Felsen; denn sie besitzt verhältnißmäßig mehr Arten von aromatischem Wohl=
geruch als das Tiefland. Charakteristisch für diesen Theil der Flora ist auch der
Mangel an narkotischen und die kleine Zahl von scharfgiftigen Gewächsen, das
verhältnißmäßig zahlreiche Auftreten von Hybriden*), die vorherrschende Bitter=
keit des Geschmacks so vieler Alpengewächse mit adstringirenden Bestandtheilen
und der verkümmerte Bau mehrerer derselben, indem die Natur mit Vernach=
lässigung von oberirdischem Stamm und Blattfülle zur Sicherung der Art auf
kürzestem Wege Blüthe und Frucht zu gewinnen sucht. — Die Blüthenpflanzen=
familien, die im Alpengürtel in den zahlreichsten Formen auftreten, sind vor
allen die Synanthereen, hier verhältnißmäßig noch zahlreicher als in der Ebene,
die Gräser und Halbgräser, die Ranunkulaceen, Skrophularien, Rosaceen, Lippen=
und Schmetterlingsblüther, Orchideen, Dolden, Kreuzblüther, Steinbreche, Gen=
tianen, Knöteriche, Glockenblumen, Rubiaceen, Alsineen und Sileneen.

Als Königin der Alpenpflanzen bezeichnen wir die herrliche Alpenrose,
die oft besungene und gefeierte, und zwar mit um so größerm Rechte, als sie
unserer Alpenaxe ausschließlich eigen ist, während eine große Menge anderer
Alpenpflanzen (so auch das Edelweiß) auch dem hohen Norden und andern Alp=
ketten angehört. Sie gewährt einen wahrhaft bezaubernden Anblick, wenn ihre
Sträucher ganze Felsen= oder Rasenpartien mit den buchsartigen, saftgrünen
Blättern bekleiden, aus denen die zierlich gebildeten, karminroth leuchtenden
Glockensträußchen und braunen Knospenzapfen sich so freundlich abheben. Mit
welcher Wonne begrüßt der müde, keuchende Wanderer den ersten Alpenrosen=
strauch und eilt trotz aller Erschöpfung im Fluge zu dem Felsen empor, von dem
die Röschen ihm die Grüße der Alpennatur zuwinken; wie oft begleiten sie mit

---

*) Früher kannte man beinahe keine Hybriden in der Alpenflora, heute verfolgt
man sie bis in die subnivale und nivale Region mit großer Sicherheit. Wir erinnern
an Orchis suaveolens (aus Nigrit. angust. und O. odoratissima), Orchis nigro-
conopsea (aus Nigr. und O. conopsea); von 6000—6400' ü. M.: Achillea Thoma-
siana, Draba tomentosa-aïzoides, Gentiana hybrida, Geum inclinatum, alle in
den Waadtländeralpen, und Androsace pubescens-helvetica, ebenda bis 7000' ü. M.,
in den Walliseralpen Gentiana Charpentieri, Saxif. patens, Potentilla ambigua
bis 6800' ü. M., Pedicularis atrorubens und P. incarnata-tuberosa auf dem St.
Bernhard und Bernina bis 7000', Ranunculus glacialis-aconitifolius bis 7300'
ü. M. auf dem St. Bernhard, Primula Muretiana am Albula und Bernina bis 7000',
Saxifr. Mureti (aus S. planifolia und stenopetala), von Rambert am Kistenpaß bei
7700' ü. m. entdeckt, Primula integrifolia-villosa und Draba carinthiaca-aïzoides,
von Brügger in gleicher Höhe in Graubünden entdeckt, und endlich die höchste aller
bis jetzt aufgefundenen Hybriden Androsace Heerii am Segnespaß bei 8000' ü. M.

ihrer ewigen Anmuth ihn mitleidig durch lange Felsenlabyrinthe und verkünden ihm Leben und volles Genüge in einer öden Welt von grausenhaften Stein= trümmern. Ueberall gleich reizend, dekorirt sie tausendfältig das tausendfältig wechselnde Land ihrer Heimath und glüht bald als einzelne Rosenflamme über dem zischenden Sturz des Eisbaches; bald überzieht sie die ganze Fläche des Berges, der sich mit seinem Purpurteppich im Spiegel des Alpsees malt, oder streut ihre Blüthen gesellig in den vielfarbigen Flor der Alpen. Gleich freundlich wie dem Menschen, dem sie oft, wenn er unaufhaltsam dem Abgrunde zugleitet, ihre rettenden Stauden entgegenstreckt, und ihm in bitterkalten Sommertagen willig zum Feuerheerde folgt, bietet sie im harten Winter dem sanften Volke der Alpenhühner ihre zarten Sprossen und Knospen, um es vor dem nagenden Hunger zu schützen. Der Gebirgswanderer findet an diesen lieben Stauden so recht einen Maßstab für die stufenweise Entwickelung der Alpenvegetation. Bei 4000′ ü. M. findet er die braunen Kapseln mit halbgereiften Samen; bei 5000′ steht die herrliche Pflanze in höchstem Flor; bei 6000′ beginnt der sonnigste Knospenzapfen die erste Blüthe aus der Pyramide zu lösen, und 500′ höher fangen die Knospen erst an sich zu bräunen, ungewiß, ob dieser Sommer ihnen die Entfaltung noch vergönnen werde. Der Schlag und die Tracht der Alpen= rosen ist übrigens in den verschiedenen Gebirgen sehr verschieden; nirgends aber haben wir sie üppiger, mit größern, tiefer gefärbten Glockenbüscheln gesehen als in den krystallinischen Gebirgen Graubündens. Bekanntlich bergen unsere Alpen zwei Arten von Alpenrosen: die gewimperte, etwas kleiner, blasser gefärbt, mit fein behaarten Blättern, und die rostblättrige mit dunkler grünen, unten rostbraunen Blättern und purpurrothen Blumen. Erstere erscheint von 3500 bis 7000′ ü. M., steigt aber in felsigen Bergwäldern hie und da bis unter 1500′ ü. M. hinunter. Sie schmückt z. B. die Felsen der Taminaschlucht bei Pfäfers, des Thuner= und Lowerzersees, ja bei Murg am Wallensee blüht sie bei 1400′ ü. M. unter den edlen Kastanienbäumen und bei Vira am Langensee (680′ ü. M.) erträgt sie die italienische Sonne. Die rostblättrige zieht einen etwas höhern Gürtel vor und reicht bis 7600′, ja am Monterosa sogar bis 8800′ ü. M. hinan. Jene findet sich durchweg auf den Kalkalpen, diese dagegen auf kalkfreiem Boden; es ist daher um so auffallender, die rostblättrige auch auf dem Kalk= gebirge des Jura als einzige Alpenrose desselben zu finden, eine Erscheinung, die sich nur daraus erklären läßt, daß in der vorgeschichtlichen Gletscherzeit die rost= blättrige Alpenrose zugleich mit der Masse jener Findlingsblöcke, welche durch den ungeheuern Rhonegletscher aus den südwestlichen Walliseralpen an dem Jurazuge aufgehäuft wurden, von dorther, also aus dem Urgebirge, eingewandert sei. Eine schöne rein weiße Varietät wächst auf der Hundwylerhöhe (Appenzell), am Vorderglärnisch, ob Jenaz, am Splügen, im Maderanerthal und auf einigen waadtländer und walliser Alpen (im Val d'Erin, bei les Teichons rc.). Eine andere Spielart (Rh. intermedium) ist entweder ein Bastard zwischen den beiden ächten Arten oder stellt den allmäligen Uebergang der Kalkform in die rostblättrige dar, indem sie sich da entwickeln soll, wo früher die gewimperte stand, welche aber aus Mangel an Kalkgehalt ihres Substrates in die Parallelform überging.

Die reizende Königin der Alpenblumen und ihre typische Repräsentantin ist von einem glänzenden Hofstaate umgeben, von dem aber Niemand es wagt, mit ihr um die Gunst des Menschen zu werben, so bunt, so reich die schönen Kinder auch besonders im Juni und Anfangs Julis geschmückt sind. Unter ihnen treten besonders die prächtigen, dem Norden ebenfalls fehlenden Gentianen hervor, die in den verschiedensten Formen und Farben den Alpenrasen schmücken und viele blos alpine Arten aufweisen. Die hohe Purpurgentiane, die punktirte und die gelbe erheben stolz ihre leuchtenden Blumenwirtel aus den niedrigen Kräutern der Nachbarschaft, während die großblüthige, die bayrische und die Frühlingsgentiane millionenfältig ihre purpurblauen Glocken über die keimende Rasendecke hinstreuen. Sowie der Schnee sein schmutziggewordenes Kleid von den hohen Triften zurückzieht, sprießt ungeduldig, oft dicht neben ewigem Gletscher, das überaus zierliche Alpenglöcklein (Soldanella alpina und Clusii) mit seinen lilafarbenen, fein ausgezahnten Blumen aus dem feuchten Grunde oder bohrt wohl gar seine Blüthenstiele durch die Schneedecke, und neben ihm die thaufeucht glänzenden weißen, blauen und gelben Fettblümchen und die leuchtenden Kelche des buntvariirenden Crocus. Die hochgelben, weitduftenden Aurikeln, die am Monteluna auch weiß und röthlich blühen, bekleiden mit den niedlichsten Steinbrecharten ganze Felsenpartien; die rosenrothen, weißen und dunkelrothen Silenen und die glänzendweißen Möhringien bilden große, weithinleuchtende Rasenplätze; die prächtigen, vielartigen Anemonen, von denen die alpinen Arten weit größere und lebhafter gefärbte Blüthen tragen als die montanen, die blauen und weißen Kugelblumen, die kräftigen Ranunkeln, die weißen Alsineen, die blauen und röthlichen Ehrenpreise, die bisamduftigen Schafgarben, die Senecien, Fingerkräuter, der duftige Thymian, die herrliche rothblüthige Berghauswurz und die blaue Alpenaster, die zierliche Dryas, die feinlaubigen parasitischen Läusekräuter, die scharfriechenden Lauche, die oft ganze Halden durchwachsen, die zarten Veilchenarten, die orangerothen Cinerarien, die bunten Orchideen, unter ihnen das stark vanillenduftige Kammblümlein (in Bern Kuhbrändli, Nigritella angustifolia) nicht selten in rosenrother Spielart, die duftigen, schmucken Seidelbaste, die aromatischen Artemisien, die Glockenblumen und schwerblüthigen Habichtskräuter, die seltene hellblaue Alpenaklei, die weißen und rothen Huflattiche, die vielfarbigen Schmetterlingsblumen, die Alpensommerröschen und sattblauen, gedrungenen Alpenvergißmeinnicht, die leuchtenden Zaunlilien, die heilkräftigen Artemisien, die überaus zierlichen und mannigfaltigen Primelarten, die blauen Phyteumen und Linarien, der orangegelbe, niedrige pyrenäische und der weiße Alpenmohn, die höchst zierlichen Aretien, die wunderlichen Gnaphalien (Edelweiß), die dunkelgrünen, mit rothen Sternchen besäeten Polster und Schnüre der Azaleen (bis 8500′ ü. M.), der feine himmelblaue Alpenflachs, das schimmernde Wollgras, alle in buntem Wechsel gehören zu den lieblichsten Kindern der Alpenflora. Jedes von ihnen hat sein eignes Geschäft, seinen Ort, seine Zeit. Die einen dekoriren kahle Felsen, die anderen die Rinnsale der Gletscherwasser, die Ufer der Bäche und Hochalp-seen, die Schuttreviere, die Wälder und Buschplätze; andere bewachsen die Gletscher- und Schneethälchen, umgeben die fetten Plätze der Alphütten, kleiden die Weiden ein oder siedeln sich auf der dünnen Dammerde der Flühen an. Jedes findet sein Reich und seine Stelle, wo es die Anmuth seiner lieblichen Natur entfaltet. *)

Die Alpen sind nicht nur mit leuchtenden und duftenden Blumengruppen geschmückt; sie beherbergen unter ihren Kräutern auch eine ganze Fülle der aus-gezeichnetsten Futterpflanzen, mit denen sich die tiefländischen an stärkenden, nährenden, milcherzeugenden Kräften nicht messen dürfen. Zu den berühmtesten milchreichen und aromatischen Futterkräutern der Alpentriften gehört besonders das überall hochgeschätzte Mutternkraut (im Engadin Matun, Meum Mutellina), der Alpenwegerich (Plantago alpina), die Bärwurz (Meum athmanticum), das Alpenfrauenmäntelchen, die Klee- und Tragantarten, das Borstengras (in Bünden ‚Soppa'), das Adel- und das Ritzgras, die stiellose Eberwurz, Schafgarben, besonders die gewürzige Achillea moschata, der Leckerbissen des Murmelthiers, in Bünden Iva genannt, nur auf krystallinischem Boden vorkommend, im Kalk-gebirge durch A. atrata ersetzt u. s. w., die alle in der Regel ganz jung vom Vieh abgeweidet werden und darum auch so kräftig und milchreich sind. Läßt man auf Wildheustellen oder gedüngten Plätzen das Futter auswachsen, so wird es (z. B. auf dem Gotthard) nicht vor Ende Augusts abgeschnitten und eingeheimst; im Berninaheuthale fanden wir noch im September Erntearbeit.

Neben den Futterpflanzen sind aber auch die Giftpflanzen der Alpen, die Eisenhüte, von denen Aconitum Napellus öfters mit weißgescheckten, seltener mit schneeweißen Blüthen angetroffen wird, einige Anemonen und Ranunkeln, besonders die Germern stark verbreitet und entreißen mit den Bühnen und Alpenampfern einen großen Theil des besten, fettesten Weidebodens den nützlichen Pflanzen. Weniger durch Blüthenschönheit ausgezeichnet, als durch ihre dichten, saftgrünen Blättergruppen, bedecken viele Halbsträucher, als: die Preißel- und Heidelbeeren (diese bis 7500' ü. M.), die niedlichen Eriken, die Bärentrauben, die Rausch- und Steinbeeren als charakteristische Hauptpflanzen oft große von Büschen durchzogene Gehänge und bilden mit den nachbarlichen Moosen hohe, elastische Polster, die den Wanderer freundlich zu kurzer Rast einladen; und wer sich je schon in diese grünen Divans gebettet hat, um die sonnenglühenden Berg-

---

*) Aber nicht alle als alpin geltend gemachte Arten sind ächt, sondern verwandeln sich bei der Kultur in der Tiefe in nahestehende montane und colline. So geht der Zwergwachholder in den gemeinen, Aster alpinus in A. Amellus, Plantago alpina in P. montana, Sagina saxatilis in S. procumbens, Artemisia nana in A. cam-pestris, Senecio incanus in S. carniolicus, Potentilla frigida in P. grandiflora, P. micrantha in P. Fragariastrum etc. über.

kuppen, das tiefe Thal, den blauen Alpensee zu überblicken, oder in lautloser
Stille die nahende Gemse zu erwarten, kennt gar wohl den Reiz einer solchen
Einladung. Daneben dekoriren die zahllosen immergrünen Kreuzblumen stellenweise ganze Flächen, und der Himbeerstrauch, ein Liebling der Gemsen, reift noch
in der unteren Alpenregion seine süßen Beeren.

Natürlich bleibt sich der Charakter der alpinen Vegetation in den einzelnen
Revieren der Gebirgszüge nur im Allgemeinen gleich, modificirt sich aber sowohl
in Hinsicht der Elevationsgrenze der Gewächse, als in Beziehung auf die Zusammensetzung der Pflanzendecke und das Vorwiegen einzelner Arten. Wie das
rhätische Gebirge einen auffallenden Mangel an Laubholz und eine verhältnißmäßige Armuth an Gebüschen aufweist, so überwiegen in ihm wieder die Weidenarten, und das Vorherrschen der Lärchen= und Arvenwälder verleiht dem ganzen
Pflanzencharakter des Landes eine eigenthümliche Physiognomie. Ebenso ist dort
die Welt der Kräuter mit vielen fremdartigen Blumen durchwoben und das
Engadin ist die östliche Grenze für manche westliche und südwestliche Art und zugleich die westliche Grenze für manche Art der östlichen (tyroler ic.) Alpen, während das Wallis und insbesondere die reiche Flora der Monterosagruppe wieder
manche Art der Südalpen besitzt. Ueberdies weisen die Engadinergebirge die
zahlreichsten Arten der arktischen Flora auf.*)

Nur in wenigen glücklichen Hochthälern Rhätiens ist die Pflege der Kulturpflanzen auch in der Region der Alpen noch lohnend und von einigem Umfang,
während sie in den westlichen und nördlichen Alpen entweder ganz fehlt oder nur
sporadisch auf kleine Stellen eingeschränkt ist.**) So gedeihen im Glarnerlande
die Kartoffeln an der Sonnenseite bis 4500' ü. M. ordentlich; auf dem letzten
Aeckerchen an dem sonnenreichen Weißberge reifen bei 5100' ü. M. die Knollen
nur in guten Sommern, ebenso auf der Handeckalp im berner Oberlande bei
4420' ü. M. Gerste, Flachs, Hanf, Kohl, Feldbohnen, Erbsen, Lauch und Petersilie gehen im Glarnerlande bis 4500' ü. M., einzelne Kirschbäume vermögen
bei 4000' ü. M. nur selten ihre Früchte zu reifen; ihre Region ist bei 3500'
eigentlich zu Ende. Im Jura findet in der ganzen unteren Alpenregion kein
eigentlicher Anbau mehr statt, dagegen werden auf der Gemmi bei 6428' ü. M.
Rüben, Spinat, Salat und Zwiebeln, auf der Grimsel im Spittelgarten bei
5880' ü. M. Salat, Schnittlauch und treffliche weiße Rüben — freilich mit
wechselndem Erfolge, gebaut.

Bei der beträchtlichen allgemeinen Bodenerhebung und der daraus folgenden
höheren Wärme der Alpenthäler ist in Bünden, wo (wie in den Thälern de Poch,
Taffry, Cisvena, Ferrata) kräftige Arven= und Lärchenschläge noch über 7000'

---

*) Z. B. Linnea borealis, Oxytropis lapponica, Juncus arcticus, Tofieldia
borealis, Salix glauca ic.

**) Hinten im Matterthal zu Zermatt 4190' ü. M. gedeihen keine Obstbäume
mehr, aber im Pfarrhofgarten viele Gemüse, auch Erbsen, und im Acker das Korn,
während die Kartoffeln und Bohnen oft erfrieren.

ü. M. hinaufgehen, auch eine verhältnißmäßig große Erhebung des Getreides möglich. Sie übertrifft diejenige der rauhen und kahlen Tessineralpen um ein Bedeutendes, scheint aber in rückgängiger Bewegung zu sein, da an manchen Orten, wo noch im letzten Jahrhundert verschiedene Nährpflanzen gebaut wurden, heute keine Spur von Kultur mehr angetroffen wird. So wurde bei Sils im Engadin (5630' ü. M.) früher Getreide, jetzt nur Flachs und Weißrüben gebaut; doch ist immer noch der höchste Getreidebau Bündens bei Campfer 5600' ü. M. und bei Scarl 5600' ü. M. Freilich erreicht nur die Gerste, die unter allen Cerealien am wenigsten Wärme bedarf*) und am meisten Kälte verträgt, diese außerordentliche Höhe, wo in den deutschen Gebirgen nur noch Alpenkräuter und sehr selten Bäume wachsen. Die Ernte der Gerste fällt im Oberengadin durchschnittlich auf den 12. September, nachdem dieselbe um den 3. Juli ihre Blüthe entwickelt und gewöhnlich im Juni den letzten ordentlichen Schneefall überstanden hat. Der Hafer übersteigt in Bünden 5000' ü. M. nicht, der Sommerroggen geht bei Zuz und Selva bis zu 5000', bei Fettan bis 5100', bei Cierfs 5120' ü. M., die Kartoffeln auf Davos im Sertig 5500' ü. M., im Mittel aber nur zu 5200'. Bei 5300—5600' ü. M. werden in den Gärten des Oberengadins noch Salat, Sellerie, Spinat, Petersilie, Skorzoneren, Rettige, Rüben, Kohlrüben, Radieschen und Flachs mit Erfolg angepflanzt, Salat und Rüben sogar bis 6500' ü. M. Die Kopfkohlarten erreichen freilich keine ordentliche Ausbildung mehr. So überraschend auch diese Maxima sind, so weisen doch die horizontalen Getreidegrenzen im Norden eher noch niedrigere Jahres-isothermen nach. Wenn die mittlere Jahrestemperatur der mittleren Getreidegrenze in der Schweiz zu $+ 5,25°$ C. anzunehmen ist, so ist sie in Lappland nach Humboldt nur $— 1,0°$ C., bei den Coniferen in der Schweiz $+1,1°$ C., in Lappland $— 3°$ C., während in dem konstanteren Klima der Tropen die Vegetationsgrenze bei wärmeren Isothermen als im Norden aufhört. Denn die Vegetation ist theilweise nicht nur von einem mittleren Grade der Jahrestemperatur abhängig, sondern auch von der Wärmevertheilung auf einzelne Monate, Tage und Tageszeiten, und die größten Wechsel scheinen, bis auf einen gewissen

---

*) Nach Boussingault's Untersuchungen ergiebt sich das Gesetz, daß eine jede Pflanzenart eine gewisse nach Tagen und Graden zu bezeichnende Wärmesumme zu ihrer vollkommenen Ausbildung bedarf; so der Winterweizen 149 Tage bei 10,7° R., also 1595 Wärmegrade, der Winterroggen 137 Tage bei 10,6° R. oder 1452 Wärmegrade, der Sommerweizen 120 Tage bei 15,1° R. oder 1812 Wärmegrade, der Sommerroggen 110 Tage bei 13,8° R. oder 1797 Grade, der Hafer 110 Tage bei 13,7° R. oder 1507 Grade, die Sommergerste aber nur 100 Tage bei 13,8° R. oder 1380 Wärmegrade. Ob dieses Normalverhältniß sich auch in unsern Regionen bewährt, dürfte zweifelhaft sein. Hier verzögert sich zwar die volle Reife der Frucht gegenüber der im Flachlande sich ergebenden bedeutend, aber, wie es scheint, doch nicht im Verhältniß zu der niedrigern durchschnittlichen Monatstemperatur, und es ist nicht unwahrscheinlich, daß andere atmosphärische Bedingungen hier fähig sind, diejenigen Wärmegrade zu ersetzen, die an der vollen Normalsumme für die tiefländische Getreidereife fehlen.

Grad, namentlich der Getreidekultur günstig, die sich in den gelegenen Perioden sofort mit erstaunlicher Raschheit vollendet. Immerhin aber gilt der Grundsatz: Je höher der Standort der Pflanze, desto größer der Zeitraum zwischen Blüthe und Fruchtreife. Während die Kirsche bei 2000—3000' ü. M. eines solchen von etwa 69 Tagen, die Gerste von 47 Tagen bedarf, verlängert sich derselbe bei 4000—5000' ü. M. da, wo es noch Kirschen giebt, auf 83, bei der Gerste auf nur 48, in Bünden bei 5400' ü. M. auf 51 Tage.

Die genannten Grenzen bezeichnen ohne Zweifel die höchste Erhebung von Kulturgewächsen in Europa. In Deutschland bleiben diese viel tiefer zurück. Im Schwarzwald (und in den Vogesen) steigt der Getreidebau nicht über 2500 bis 3000' ü. M., im Harze sogar nicht über 1800' ü. M. (Klausthal), wo auch die Obstbäume, Linde, Eiche und Ahorn aufhören, während die Tannen nicht weit über 3000' ü. M. reichen. Die Region des Krummholzes geht auf den Karpathen schon bei 5600' ü. M. aus. In den skandinavischen Gebirgen, welche breitrückiger und mit ungleich niedrigeren Gipfelbildungen (die höchste, Skageltöltied, erreicht kaum 8000' ü. M.) versehen sind, drückt der Einfluß des Küstenklimas und der Polarnähe die Schneelinie um 3—4000' tiefer herab als in den Alpen. Dort fehlt eine Region der Eiche und Buche, und wie bei uns das Nadelholz, von dem die Rothtanne weiter nördlich vordringt als die Weiß= tanne, an der Grenze der Baumvegetation steht, so dort die Birke, von der Betula nana bis zum 71° reicht. Dort gedeiht das Getreide noch bei einer mittleren Jahrestemperatur von 0° und reicht so weit hinauf, als das Nadel= holz geht, während es in den südamerikanischen Hochgebirgen bei 10° mittlerer Jahreswärme aufhört, so daß es dort mehr von der mittleren Sommer=, hier von der mittleren Jahreswärme abhängig zu sein scheint. Hinsichtlich der Meereshöhe schwindet im südlichen Norwegen (60. Breitengrad) der Kornbau bei 2000', in Lappland (67. Breitengrad) bereits bei 800' ü. M. Ungleich günstiger stellen sich natürlich die Elevationsverhältnisse in den Hochalpen der neuen Welt und Asiens. Auf der Ostabdachung der Kordilleren Peru's reicht die obere Waldregion im Mittel bis 8500' ü. M., wo weder Cerealien noch Mais mehr gedeihen. In der westlichen Sierraregion dagegen reift der Weizen noch üppig bei 10,800' ü. M., die Kartoffel bei 11,000' ü. M., ebenso der Guinoa, während auch hier die Wälder schon lange zurückgeblieben sind. Statt ihrer be= kleiden die Kakteen und Agaven die Abhänge. Unter 12° südl. Breite gedeihen in engen, geschützten Thälern die Pfirsichen und Mandeln bei 10,000' ü. M. noch reichlich, die bei uns schon bei 2000' ü. M. verkümmern, auch Wein= trauben, Feigen und Citronen reifen dort bei sorgsamer Pflege noch im Freien. Unter dem Aequator, wo die Schneegrenze bei 16,000' ü. M. angesetzt wird, wachsen die Laubhölzer im Mittel bis 9500' ü. M.; das Getreide reift bis 9600'; die Nadelhölzer reichen bis 11,400', die Alpenrose bis 13,300' und die obersten Alpenkräuter bis 25,200' ü. M.; bei 14,000—14,400' ü. M. finden wir noch gewürzhafte, kurzstengelige, aber großblumige Pflanzen, wie

Calceolarien, Saxifragen, Culcitien, Sideen, Mimuleen, Lupinen u. s. w. Auf dem cedernreichen Himálaya, dessen Schneegrenze ob dem tibetanischen Plateau bei 15,600' ü. M. steht, reichen auf dem Südabhange*) die obersten Wohnungen bis 8914' ü. M.; die Hochwaldgrenze ist bei 11,000', die des Zwergholzes bei 12,200' ü. M. Im inneren Himálaya reicht die höchste Kultur bis 10,700' ü. M. und die obere Hochwaldgrenze bis 12,200' ü. M. Am günstigsten er-scheinen aber die Erhebungsverhältnisse im Plateaulande jener Riesenkette, wo die obersten Dörfer bis 12,200', der Ackerbau bis 12,700' und die Zwerg-baumformen (namentlich die Tomabüsche) bis 16,000' ü. M. ansteigen, während einzelne Alpenrosenformen eine riesenhafte Höhe erreichen und nahe am ewigen Schnee noch Gentianen, Parnassien, Swertien, Päonien und Tulpen mit großen Blüthen prangen.

---

*) Im Thale Bunipa in Neapel (wo auch die mächtige Deodwara-Ceder 11,000' ü. M. geht) finden wir nach den neuesten Beobachtungen 5000' ü. M. noch die Martianische Palme, während sonst der Himálaya bekanntlich sehr palmenarm ist; auf dem neuen Kontinent dagegen giebt es auf den tropischen Anden mitten zwischen Eichen und Nußbäumen förmliche Alpenpalmen (unter denen sich besonders die schöne Wachspalme auszeichnet) in einer Höhe von 6000—9000' ü. M., wo das Réaumur'sche Thermometer oft bei Nacht unter +5° sinkt und die mittlere Jahres-temperatur kaum +11° erreicht; ja es wurden daselbst sogar über 13,000' ü. M. noch drei Palmenarten entdeckt.

Drittes Kapitel.

Die niedere Thierwelt der Alpen.

Veränderungen der Thierformen nach der Höhenlage. — Die Wurm=, Weich= und Krustenthiere der Alpen. — Die Spinnenthiere. — Insekten. (Erd= und Moos= hummel. — Schmetterlinge. — Käfer. — Bedeutung der Insektenwelt und Wechsel= verhältniß ihrer Raubthiere und Pflanzenfresser. — Der Alpenfrosch. — Die Schlangen. — Die Bergeidechse.

Wie das Gebirge mit jeder Höhenstufe einfacher, ärmer wird in seiner Pflanzenbekleidung, so noch weit mehr in seinem Thierleben, dessen Minderung durch jene Reduktion eben mitbedingt ist. Mit jedem tausend Fuß Erhebung verengen sich die Möglichkeiten der Existenz, bis sie hoch am ‚ewigen Firn' end= lich ganz erlöschen. Nirgends erkennen wir lebhafter die magische Lebenskraft der Wärme, als hier, wo mit ihrer Abnahme auch Schritt für Schritt die Welt der Organismen verarmt und der ‚Kampf um's Dasein' härter wird. Aber wir erkennen zugleich, wie vorsorglich die Natur ihre Kinder für diesen Kampf zu befähigen sucht. Wie sie die Gewächse in reduzirten Formen näher am wärmeathmenden Boden zurückhält, wie sie vielen derselben zum Schutze gegen den tödtenden Frost und die eisigen Winde eine gedrungene Gestalt, einen pelzigen Ueberzug leiht und sie in dichten Siedelungen zusammenbettet, so schützt sie die niedere Thierwelt durch die dichte, konstante Schneedecke, durch dunklere Färbung, Ausdehnung der Verwandlungszeit einerseits und Abkürzung des Eilebens ander= seits mittelst des Vermögens, lebendige Junge zu gebären (wie es alle unsere Alpenreptile besitzen), die höhere aber durch kräftigere Organisation, dichtere Befiederung und Behaarung. Sie verleiht ihnen den Trieb und die Möglichkeit, rasch ihren Aufenthaltsort zu wechseln, oder die Kraft, lange mit wenig Nahrung auszudauern, oder das Glück, im halben oder ganzen lethargischen Schlummer sie völlig missen zu können, oder endlich die Eigenthümlichkeit, durch den Wechsel der Färbung ihres Kleides sich der Färbung ihres Bodens anzuschmiegen und dessen zahllose Verstecke um so besser zu benutzen.

Auf dieser schützenden Oekonomie beruht denn auch wesentlich die verhältniß=
mäßige Fülle von Thierformen, die wir in dieser Zone noch treffen, die sich aber
der Höhe zu augenfällig vermindert. Hier ist im Allgemeinen die Mittellinie der
Holzgrenze von der höchsten Bedeutung. Wie in der Pflanzenwelt über der
Waldlinie ein entschieden alpiner Charakter auftritt, so bedingt diese auch eine
andere Physiognomie der Fauna. Zunächst bleibt mit den Wäldern die Haupt=
masse wie des vegetabilischen so des animalischen Lebens zurück, und mit der
Höhe der Zone vermindern sich auch die einzelnen Lokalitäten, an die wie pflanz=
liches so thierisches Leben gebunden ist. Die Verminderung betrifft im höchsten
Maße die Weichthiere und Würmer. Diese verlieren am meisten sowohl an Arten
als an Exemplaren und weisen nur wenige eigenthümlich alpine Formen auf;
es sind meist nur die Gebilde des Tieflandes, die sich bis zur Holzgrenze und über
dieselbe hinaufziehen. Der über die ganze Erde verbreitete gemeine Regenwurm
ist auch in den Hochalpen bis zur Schneegrenze (in den nördlichen Schweizer=
alpen bis über 8000' ü. M.) heimisch und findet in der mit organischen Sub=
stanzen versetzten, fetten Dammerde überall den Sommer über reichlich Nahrung,
während er im Winter in tiefen Löchern schläft. Der Blutegel (Hirudo medicinalis) und der Pferdeegel (Haemopis sanguisuga) werden, wiewohl selten,
in stehenden Gewässern bis 4500' ü. M. gefunden, ebenso das Wasserkalb (Gor-
dius aquaticus), während die Eingeweidewürmer mit den Vögeln und Vier=
füßern, namentlich den Murmelthieren und Gemsen, in die höheren Regionen
gehen. Wenige Schneckenarten kriechen an den Felsen und Baumstämmen, im nassen
Gras und in schlammigen Pfützen, vielleicht kaum ein Drittheil der Schnecken
der Bergregion, in der auch alle Gartenschnecken zurückbleiben, während die
große Weinbergschnecke wirklich in einer Alpenvarietät erscheint. Die häufigste
Schnecke der höheren nördlichen Alpen (Vitrina diaphana var. glacialis) zeigt
sich auffallenderweise im Tieflande nur im Herbst und Vorwinter, verschwindet
aber im Frühling. Im Glarnerlande reicht sie bis 7500' ü. M., die Vitrina
pellucida bis an 6000', die Achatina lubrica bis 6500', der Limneus ovatus
und besonders zahlreich in Bächen und Seen das Pisidium fontinale bis 6800'
ü. M.; die kleine Helix arbustorum alpicola 6800 bis 7000' in den Central=
alpen, ebenso Helix sylvatica alpicola und Bulimus montanus bis weit über
die Holzgrenze.

In etwas geringerem Grade betrifft jene Verminderung nach der Höhe zu
das große Geschlecht der Gliederthiere. Auch von diesen mögen in den nördlichen
Alpen etwa zwei Drittheile Thiere sein, die ebenso häufig in der Ebene leben.
Die alpinen Formen des dritten Drittheils zeigen nicht neue Geschlechter, sondern
blos eigenthümliche Arten und zwar hauptsächlich bei den Spinnen, Käfern und
Schmetterlingen, in denen wir wenigstens den Typus der tiefländischen Geschlechter
wiederfinden, während bei den Bienen, Wespen, Schnabel= und Kauinsekten
meistens die Formen der Ebene auch auf den Alpen gedeihen. Unter diesen er=
scheinen verhältnißmäßig mehr Raubthiere; die Hälfte der ausschließlichen Berg=

und Alpenspinnen sind Raubthiere. Bei den Käfern, die auf den Alpen erscheinen, sind ebenfalls etwa die Hälfte nur Gebirgsformen und unter diesen die Mehrzahl ebenfalls Raubthiere. Nicht in demselben Grade vermindern sich mit den Arten auch die Exemplare. Die Abnahme der Individuenmenge, die wir bei den Weichthieren als höchst beträchtlich bezeichnet haben, beschlägt bei den Insekten am stärksten die Kau= und Schnabelinsekten, dann die Aderflügler und die Käfer, am geringsten die Fliegen und Schmetterlinge. Die Krustenthiere sind in den Alpen äußerst schwach vertreten. Die Abnahme der Spinnenzahl ist bis in die höheren Reviere hinauf kaum merklich; ja, da die Individuenmenge durch eine geringere Anzahl von Arten dargestellt wird und doch so wenig abnimmt, muß sie in den einzelnen Arten relativ bedeutend größer sein als im Tieflande.

So wenig auch die Geographie der niedrigeren Thierklassen der Schweiz bis jetzt gepflegt worden ist, so wissen wir doch, daß die Gliederthierwelt der Centralalpen von der der nördlichen Alpen ziemlich verschieden ist. Eine Menge Arten, die mehr der südlichen Fauna angehören, treten in jenen auf und werden in diesen umsonst gesucht. So besonders viele Käfer, manche Schmetterlinge und Heuschrecken, wogegen etliche Arten der Nordalpen in der Centralkette ganz fehlen. Ohne die Einzelheiten in der großen Welt der kleinen Gliederthierchen schildern zu wollen, mögen einige charakteristische Umrisse uns ein Bild derselben in der Alpenregion vergegenwärtigen.

So klein in der Schweiz der Umfang der Krustenthierwelt ist, aus der zu= dem viele auch binnenländische Wasserthiere sind, so gehen doch einzelne Arten der Tausendfüßler, Asseln in Moos und Geröll, die kaum liniengroßen, stoßweise schwimmenden Wasserflöhe, die Cyklopen vom Thal bis gegen die Schneegrenze hin; der Flußkrebs bleibt meist in der Bergregion zurück, der grünlichgraue Bach= flohkrebs besucht dagegen auch die Alpenbäche in großer Menge. Die zahlreichen Spinnenarten, die Hüter und Begrenzer der Fliegenwelt, gehören zu den Thieren, welche bis zur obersten Grenze alles animalischen Lebens der Hochalpen aushalten. Die in Erdlöchern lebenden und wolfsartig auf die Insekten zurennenden Wolfs= spinnen mit starken und dicken Beinen, oft den wohlübersponnenen Eiersack hinter sich herschleppend; die an sonnigen Felsen und Mauern lauernden und katzenartig auf ihre Beute losspringenden Hüpfspinnen; die unter Steinen und Blättern sich verbergenden und diese oft mit ihrem dichten, feinen weißen Gespinnste über= ziehenden Sackspinnen; die in Blüthen und Kräutern stille lebenden und nur einzelne Fäden ziehenden Krabbenspinnen; die Trichterspinnen, von denen ein= zelne Arten im Herbste die Büsche und Hecken überfloren, in deren Gewebe der Thau dann seine funkelnden Perlen stickt und zu denen auch unsere gewöhnliche Hausspinne gehört; die Rad= und Kreuzspinnen; die auf den Wasserpflanzen in Bächen, Teichen und Pfützen stundenlang unter dem Wasser bleibenden und von einer Luftblase umgebenen Wasserspinnen; die langbeinigen Weberknecht=, Kanker= oder Glücksspinnen, die Tags gewöhnlich sich verbergen und Nachts auf Raub ausgehen; selbst einige kleine Bastardskorpione — etliche Milbenarten — alle diese Familien repräsentiren sich in einzelnen Arten und zahlreichen Exemplaren in der Alpenregion; doch herrschen hier die nicht Netze webenden, in Erdlöchern und unter Steinen lebenden vor und weisen eine relativ bedeutende Zahl von eigenthümlich alpinen Arten auf. Sie verfolgen die fliegenartigen Thiere auf allen Punkten, wo dieselben erscheinen können, mit ihrer angeborenen Mordlust und richten im Frühling und Sommer große Verheerungen an, die nicht durch einen Laut verrathen werden. Selbst in milden Wintertagen erscheinen sie an einzelnen sonnenwarmen Punkten auf der Lauer; aber nicht selten legt sie der Frost der Alpen starr neben dem erstarrten Insekt auf den Schnee.

Wie im Tieflande und in der Bergregion treten auch in der Alpenregion die Insekten in zahlreichen Arten und Myriaden von Individuen als die am stärksten bevölkerte Thierklasse auf. Einige Ordnungen aber scheinen fast blos für die milderen Reviere organisirt. So vermögen von den Schnabelinsekten, deren Larven in Folge ihrer unvollkommenen Verwandlung halb schutzlos sind, nur wenige Arten die Härte des hochgebirgischen Klimas zu ertragen. Oberhalb der Baumgrenze verschwinden die Blattflöhe und Blattläuse. Sehr wenige Wasser- und Landwanzen*) und einige Kleinzirpen (unter ihnen als besonders charakteristisch für die Alpenzirpen häufig der kleine Jassus abdominalis bis 7000' ü. M.), die munter über trockne Abhänge hüpfen, halten bis zu der oberen Grenze unserer Alpen aus; ebenso nur wenige Arten der meist an Bächen und Alpenseen lebenden Netzflügler, Libelluliden, der Holzläuse, Heuschrecken (als Hauptrepräsentant in unserer Zone: Podisma pedestris bis 7000' ü. M. und ebenso ausschließlich alpin Chorthippus sibiricus; ferner die einzige als Puppe überwinternde Springheuschrecke Tettix Linnei bis 7000', während der Zunder= fresser Loc. viridissima in der Waldregion zurückbleibt) und Ohrwürmer, von denen die Thalform Forficula auricularia oberhalb 5000' ü. M. durch die Alpenform F. biguttata abgelöst wird. Die zarten Eintagsfliegen erreichen die Alpenregion nicht. Dagegen umschwirren die unzähligen Arten aus der Ordnung der eigentlichen Fliegen bis zur Holzgrenze hinauf alle Pfützen, Ställe, Blüthen, Büsche, Pilze, Früchte, Felsen und Bäche, überall heimisch, überall mit einzelnen großen Familien und vielfältigen Arten große Lokalitäten besetzend, bald einzeln, bald in Schwärmen von Tausenden. Oft kann man, wenn man eine reich= besetzte Blüthendolde sieht, im ersten Augenblick nicht sagen, ob die honigsuchenden, oder die die honigsuchenden auffressenden Insekten die Oberhand gewinnen. Die Insekten der unteren Alpenregion bis zur Laubholzgrenze mögen im Großen und Ganzen die gleichen sein wie die der Bergregion. Einzelne Arten sind zurück=

---

*) Von den Landwanzen tritt in den nördlichen Alpen besonders Salda littoralis zwischen 6000 und 7000' ü. M. an feuchten Orten zahlreicher auf als in tieferen Lokalen. Die Bettwanze traf Professor Dr. Heer auf dem oberen Stafel der Alp Seetz in dem Neste einer Mooshummel, weit entfernt von jeder menschlichen Wohnung, was diesem Gelehrten mit gegen die Annahme zu sprechen scheint, daß jener Parasit fremden (in= dischen) Ursprungs sei.

geblieben; aber die Lücke verschwindet vor der wachsenden Masse der anderen Arten. Oberhalb der Baumgrenze dagegen, wo alles Thierleben so unendlich verringert erscheint, finden wir wenigstens in den nördlichen Alpen kaum mehr ein Zehntheil der im Tieflande und in den Vorbergen heimischen Fliegenarten, einzelne aber immer noch in einer Ueberfülle von Exemplaren, und die Stuben= fliege bis zu der höchsten Alphütte. An den Alpenbächen schwirren Schnaken (Tipuliden) und viele andere Mückenarten, Wasserfliegen bis gegen 8000' ü. M.; in dieser Höhe setzen auch die Federmücken, dem Froste und Schnee trotzend, ihre Larven ins feuchte Moos und bilden wohl die obersten Vertreter der Fliegen= arten, wenigstens in den nördlichen Alpen. Die Bremsen und Bißfliegen folgen den Heerden nach der oberen Alpenregion und staunend sitzen auf den Kuhfladen die Schaaren der schönen, gelblich behaarten Dungfliegen.

Die interessantesten aller Insekten, die mit so wunderbarem Kunsttriebe be= gabten Wespenartigen oder Aderflügler, sind so vielfach an Bäume, verarbei= tetes Holzwerk und Büsche gebunden, daß sie ob der Baumgrenze gar sehr zusammenschwinden. Meist sind es noch tiefländische Formen, die so hoch hinauf= gehen. Die neuauftretenden alpinen Arten sind sehr wenig zahlreich, und selbst die noch bei 7000' ü. M. auftretenden kleinen, ungeflügelten Schlupfwespen (Pezomachen) sind tiefländische Arten. Dafür finden sich in der Alpenregion bis zur Vegetationslinie der Wälder auch fast alle Aderflügler der unteren Reviere noch vor; sicher wenigstens bis zur Grenze des Laubholzes. In den Glarner= gebirgen sind bis jetzt in der Höhe von 5500—7000' ü. M., wo besonders die Sennhütten und Ställe den Sammelpunkt dieser Insekten bilden, von Dr. Heer 40 Wespenarten beobachtet worden, nämlich 7 Blattwespen, 18 Schlupfwespen, 7 Grabwespen und 8 Bienenarten, so daß mit Ausnahme der Holzwespen alle Hauptabtheilungen der Familie repräsentirt sind. Von den Bienenarten sind in dieser Höhe noch am häufigsten die Felsenhummel (bis zu 7500' ü. M.), die Moos=, Stein= und Erdhummel (bis 7000' ü. M.), die hier wirklich noch ihre Zellen bauen und förmlich heimisch sind. Werfen wir einen raschen Blick auf die merkwürdige Oekonomie dieser Thierchen.

Die Erdhummeln sind den Bienen sehr ähnlich, nur zum Theil größer, mit zottigen Haaren bedeckt und schwarz, auf dem Hinterleib und der Brust mit gelben Binden geschmückt. Sie graben sich an trocknen Halden einen engen, gewundenen Gang, der in eine größere, mit Immenbrod austapezirte Kammer ausläuft, in welcher ein paar hundert Thierchen Raum finden. Die großen Weibchen, aus deren Eiern Männchen, Weibchen und sogenannte Geschlechtslose (d. h. verkümmerte Weibchen) entstehen, kriechen im Herbst aus der Larve, be= gatten sich sogleich mit den Männchen aus den Eiern der kleinen Weibchen, ziehen sich dann in eine Vertiefung des Baues zurück und erstarren zum Winterschlafe, während alle übrigen Höhlenbewohner am Froste sterben. Im Frühjahr erwachen sie, sobald der Schnee von der Alp weicht, legen Zellen an, sammeln Honig und legen Eier, Alles mit einer wunderbaren Schnelligkeit in der kürzesten Zeit. Die erste Brut bringt fast nur die kleinen Arbeitshummeln, die fleißig am Zellenbau zur zweiten Brut mithelfen und die Larven derselben am fünften Tage durch einen Biß öffnen. Die Waben sind unregelmäßig, weißlich gelb und stehen ohne Ordnung auf ihren Plattformen. Oft enthalten sie die Larven, oft Blumenstaub oder Halbwachs und Puppenspeise; der Honig liegt in eigenen kleinen, dickwandigen, walzenförmigen Becherchen der oberen Waben und ist nicht selten sehr giftig, von Eisenhüten, Ranunkeln und Germern gesammelt. Hirtenbuben, beerensuchende Kinder und Wildheuer haben schon oft den flüchtigen Genuß dieses verführerischen Labsals mit dem Leben bezahlt.

Die etwas kleineren, schmutziggelben, mit grauen Binden gezeichneten Mooshummeln siedeln sich auf den Weiden und Triften an, graben ebenfalls Höhlen, zu denen ein fußlanger, schmaler Gang führt und über welchen sie einen eiförmigen Haufen von Moos, Pflanzenfasern oder Halmen aufthürmen. Höchst interessant ist es, das Baugeschäft dieser melancholischen, aber fleißigen Thierchen zu beobachten. Sie stellen sich in eine Reihe von dem Bauplatz bis zu der Stelle, wo das Material wächst. Die diesem zunächst stehende Hummel heißt das Moos mit den Kiefern ab, zerrt es mit den Vorderfüßen aus einander, schiebt es unter den Leib, wo es das zweite Fußpaar ergreift und dem dritten übergibt, das es weiter dem Nachbar zustößt. So wandert das Moosbüschel von Bein zu Bein bis zum Neste; hier stehen andere Hummeln, welche es vertheilen, festdrücken und domartig aufthürmen. Die Mooshummeln sind so friedfertig, daß man ihnen ohne Gefahr, gestochen zu werden, das Mooshäuschen von der Höhle abdecken kann. In dieser liegen kaum handgroß die Waben, auf denen die Hummeln umherkriechen. Sowie sie aber die Zerstörung des Oberbaues bemerken, den auch oft ein scharfer Wind, ein scharrendes Steinhuhn, ein flüchtiger Alpenhase, ein rutschender Stein zerzauset, suchen sie auf der Stelle in aller Gutmüthigkeit den Schaden wieder zu repariren. Stört man sie im Baugeschäft und nimmt ihnen von dem transportirten Moose weg, so behelfen sie sich mit dem Reste. Nimmt man ihnen sogar alle Waben weg, so bauen sie sofort wieder neue. Die Hummeln sind oft von Käfermilben geplagt, oft tragen sie auch Massen mikroskopischer Infusionsthierchen in sich und magern dann ab; Ameisen stehlen ihnen die Vorräthe weg, hornißartige Mücken fressen ihre Larven, Wiesel, Feldmäuse und Iltisse fressen die Waben sammt den Hummeln. Es sind also sehr geplagte Thiere; doch fangen die übriggebliebenen Insassen unverdrossen ihre Arbeit wieder von vorn an.

Auch ein Theil der Ameisen setzt in der oberen Alpenregion noch sein wunderbares Staatsleben, seine großen Kriege, seine kunstvollen Arbeiten fort und baut seine kunstreichen Wohnungen und Minen. In alten Weidenstämmen gräbt die schwarzbraune Myrmika ihre Stockwerke und Gallerien; die rothe und die Bergmyrmika legt unter den Steinen ihre vielkammerigen Bauten, die braune Ameise ihre Lehmpaläste an; selbst die große, einzeln lebende Riesenameise (Formica herculanea) wurde noch gegen 8000' ü. M. entdeckt. Die Gallwespen schwinden

ob den Laubbäumen sehr zusammen; doch erzeugen noch einzelne an Weiden=
blättern und eine unbekannte Art an den Blättern der Alpenrose ihre wunder=
lichen Gebilde.   Als Repräsentant der Blattwespen unserer Höhen ist die am
meisten verbreitete Tenthredo spinarum zu betrachten, die in Bünden noch bei
8000' ü. M. erscheint, und zwar im Alpengürtel häufiger als tiefer unten.   Die
Schlupfwespen lauern auch in diesen Höhen noch in mehreren Arten räuberisch
auf Beute, setzen ihren tödtlichen Krieg gegen die anderen Insekten und gegen die
Spinnen fort, schleppen die gemordeten Thierchen in ihre Höhlen, legen ein Ei
darauf und stopfen das Loch wieder mit Erde zu.

Die schönsten aller Insekten, die bunten, gaukelnden Schmetterlinge, deren
Leben so zart, deren Verwandlungen so mannigfaltig, deren Puppen und Raupen
so schutzlos scheinen, bleiben auch in den Alpen nicht zurück, umflattern die bunten
Blüthen, die warmen Felsen, die trüben Lachen und freuen sich ihres kurzen
Lebens so harmlos und behaglich wie im warmen Thale.   Wohl mag ein plötz=
liches Schneegestöber Tausende vertilgen und ein scharfer Sturmwind ihre glänzend
bestaubten Flügel schneller zerreißen als in der geschützten Tiefe; doch haben wir
in den nördlichen Alpen selbst in der Mitte Novembers an fönwarmen Tagen
noch bei 5—6000' ü. M. einzelne Falter gesehen und sogar schon am 5. Mai
auf der Höhe des Kronbergs gegen 6000' ü. M. zwei frisch ausgeschlüpfte mittlere
Nachtpfauenaugen (Bomb. spini) auf einem sonnigen Rasenplätzchen gefangen,
während rings auf den Weiden noch reichlich Schnee lag.   Die dunkelbehaarten
Bräunlinge, die so oft in großer Zahl über den blumigen Alpenmatten sich wiegen,
verrathen dem Wanderer alsbald das Auftreten und Vorwiegen anderer als der
tiefländischen Formen.   Diejenigen Familien, welche wie die Nachtschmetterlinge
eines langen Raupenlebens und einer längeren Verwandlungsperiode bedürfen,
zudem, wie die Mehrzahl von Motten, Blattwicklern, Spannern, Eulen und
Spinnern, an holzige Nährpflanzen gebunden sind, eignen sich nicht mehr für die
obere Alpenregion und die frostigen Nächte derselben; sie bleiben größtentheils
mit der Baumgrenze zurück, während die Tagfalter mit ihrem kürzeren Lebens=
cyklus und ihrer Kräuternahrung bis in die Hochalpen hinaufreichen.   Dadurch
gestaltet sich das Wechselverhältniß der Schmetterlingsordnungen vollständig um.
In den untern Regionen mögen die Tagschmetterlinge etwas über ein Siebentheil,
die Nachtfalter aber gegen sechs Siebentheil der Gesammtzahl der Falter bilden;
über die Baumgrenze dagegen bilden Tagfalter weit über die Hälfte der vor=
kommenden Arten.   Ihre Raupen erscheinen großentheils behaart und leben
wahrscheinlich länger in als über der Erde.

Unter den Alpenfaltern tritt nun eine verhältnißmäßig große Anzahl neuer,
dem Hochgebirge eigenthümlicher Arten auf; vielleicht blos ein Drittheil wird von
tiefländischen Formen gebildet, und die sehr reducirten Gruppen entwickeln sich
in bedeutender Individuenzahl.   Unter den Abend= und Nachtfaltern erscheinen
die den Handflüglern ähnlichen, auch am Tage fliegenden, meist aus behaarten
Raupen entstehenden Zygäniden, durch einen kürzeren Verwandlungsprozeß

begünstigt, verhältnißmäßig am zahlreichsten. In großer Menge fliegt an trocke=
nen, steinigen Orten die Familie der Randaugenfalter, unter denen die braunen
Gras=, die Megären= und die Damenbretfalter aus der Tiefe heraufzukommen
scheinen, während die Alpenregion eine große Anzahl eigenthümlicher Arten hinzu=
fügt. In den Büschen der Alpen leben noch sehr zahlreiche Blattwickler, Motten
und Zünsler mit den prächtigsten Farben und schimmerndem Metallglanz dekorirt;
höher oben herrschen die Bräunlinge weit vor, mit Bläulingen, Nesselfaltern und
Kohlfaltern des Tieflandes untermischt. Besonders prächtige Thiere besitzen die
in dieser Hinsicht noch ziemlich mangelhaft untersuchten Gebirge nicht, wohl aber
viele sehr schöne, wie den glänzend gelbrothen Goldruthenfalter, die dunkelbraune,
weißaugige und die braune, schwarzpunktirte Hipparchia, die stäte Freundin der
Hochgebirge, die bei uns wie in den Pyrenäen bis zur Schneelinie hinauf streift,
mit einer großen Zahl von Familienverwandten, eine weiße, schwarzgefleckte
Pontia, die in den Alpen und bis Lappland schwärmende roth= und blaugeflügelte
Zygaena exulans, deren schwarze, reihenweise rothpunktirte Raupe noch auf dem
Stockhorngipfel (6570′ ü. M.) gefunden wird; die zuerst auf dem Simplon ent=
deckte, ihm aber schwerlich ausschließlich angehörige Phalaena Sempronii, der
bei St. Moritz entdeckte Zünsler Herminia modestalis, am Bernina Botys soro=
rialis und viele andere mit vorwiegend dunkler Färbung.

Erst in neuester Zeit ist man auf die Farben= und Formenverände=
rungen aufmerksam geworden, welche die vertikale Erhebung bei ganzen Arten
und einzelnen Unterarten dieser Thiere stätig hervorbringt. Wie nämlich schon
die Horizontlage, die Temperatur und die Jahreszeit gewisse Modifikationen des
Kolorits und der relativen Größenverhältnisse der gleichen Spezies mit sich bringt,
so in noch höherem Grade der tiefere oder höhere Standort und die geologische
Unterlage desselben. Die Granit=, Kalk=, Schiefer= oder Molassevegetation, auf
der das Thier die bestimmenden Einflüsse für seine Entwicklung empfängt, wirkt
so ungleichartig als sein Aufenthalt in feuchten Torfmooren, in sonnigen Wiesen
oder an brennendheißen Felsenbänken. Den spezifischen Einfluß der Alpenwelt
auf Form und Farbenvariation hat man noch lange nicht genugsam beobachtet;
auch er muß nothwendig wieder nach der Verschiedenheit ihrer Lokale ein vielfach
wechselnder sein. Im Allgemeinen bemerkt man ein Kleinerwerden der Tieflands=
arten auf der Höhe und eine Verlängerung der Vorderflügel bei den Argynnis=
formen, wogegen Polyommatus Dorilis oft in einer größern, auf der Unterseite
aschgrau überflogenen Varietät erscheint. Hinsichtlich der Färbung ist noch keine
ganz bestimmte Tendenz bei den Veränderungen der Alpenzone erkennbar, wie sie
etwa bei den Käfern und theilweise auch den Krustaceen (mehrere Lithobiusarten)
sich zeigt. Bei den einen verdüstert und verblaßt sie die rothgelben Farben und
bräunt graue Unterseiten; beim Nesselfalter erhöht sie das feurige Roth; bei den
weiblichen Pontien verdunkelt sie die Oberseite, während sie den Weibchen von Arg.
Pales einen schönen Schiller giebt und A. Niobe in der silberlosen Varietät (Eris)
erscheint; bei anderen (Hesperien oder Großkopffaltern) dagegen verkleinert sie die

weißen Flecke der Oberseite, verwischt und trübt die Unterseite. Bei weiter aus=
gedehnten Vergleichungen dürfte sich wohl auch hier zeigen, daß der alpine Ein=
fluß auf das Kolorit der meisten Lepidoptern umgekehrt wirkt wie auf das der
Blüthenpflanzen. Dieses hebt er, macht es entschiedener, reiner, intensiver,
während er jenes vorwiegend in unbestimmtere, unreinere, düsterere Töne auflöst.

Wir haben schon in der montanen Region gesehen, wie die Käfer die zahl=
reichste Klasse der Insekten bilden, obwohl ein großer Theil derselben auf und in
der Erde kriecht und auch oft durch seine Kleinheit dem Blicke sich leicht entzieht.
So herrschen sie auch in der Alpenregion, obwohl so sehr vermindert, noch mit
Macht vor. Sie sind die zahlreichsten aller Alpenbewohner, und auch in den
ödesten und trostlosesten Revieren, wo kein Vögelchen, kein Schmetterling, kaum
eine Fliege zu entdecken ist, wird man im Moose unter den harten und festgedrehten
Wurzelblättern der Kräuter, zwischen und unter den Steinen in wenigen Minuten
eine Anzahl von Käfern sammeln können. Wozu wohl diese ungeheuer reichliche
Verbreitung? Einen direkten Nutzen gewährt uns überhaupt von allen den
Myriaden wirbelloser Thiere des Hochgebirges kaum eines. Von den Schmetter=
lingen der ganzen Welt nützen nur die Seidenspinner direkt, von allen Käfern nur
die sogenannte spanische Fliege und vielleicht der Maiwurm, indirekt dann freilich
auch alle Raubkäfer, während der Schaden, den die Insekten anrichten, oft so
ungeheuer ist, daß er die Existenz des Menschen gefährdet und ganzen Landschaften
langdauerndes Verderben bringt. Von den 6—800 Käferarten, welche in zahl=
losen Exemplaren die Alpen bewohnen, können wir nicht einen nennen, der uns
einen irgend nennenswerthen Nutzen brächte. Wir sind also, da die Natur nie
ohne hohe Weisheit und bestimmte Zwecke producirt und auf Erhaltung der Art
augenscheinlich bedacht ist, darauf hingewiesen, den mittelbaren Nutzen dieser
Thiere um so höher anzuschlagen, wenn auch gerade das ominöse Wort ‚Nutzen‘
nicht bezeichnend sein kann. Nutzen im gewöhnlichen Sinne ist überhaupt nicht
die Tendenz der Natur, sondern Darstellung ihrer unendlichen Kräfte als breite
Basis für die Entwicklung des Geistes. Und so weit sind wir wohl bereits ge=
kommen, zu erkennen, daß sie diesen Zweck in der wunderbarsten Weise erreicht,
wenn wir auch im Einzelnen die Nothwendigkeit gewisser Mittelglieder ihres
Systems noch nicht begreifen. Die Bedeutung der niederen Thierwelt ist nur im
Zusammenhange der ganzen Schöpfungsidee zu erfassen, und hier mag die Insekten=
welt, von deren Dasein so viele Thierklassen abhängen, eine vermittelnde, gleich=
zeitig aber auch in sich selbst eine beschränkende und ausgleichende sein. Und diese
Bedeutung muß im System der großen Naturordnung nicht gering anzuschlagen
sein, da die schöpferische Kraft ihr mit so zahlreichen Ordnungen (blos in Deutsch=
land sind bis jetzt an 4000 Käferarten beobachtet worden), so unendlichen Massen
von Einzelwesen entgegenkommt, so feste Gesetze und so vollkommen organisirte
Formen darstellt.

Beobachten wir die in der Alpenregion heimischen, so mögen folgende be=
stimmte Angaben uns bereits einzelne Naturzwecke ahnen lassen. Die für die

Rasendecke gefährlichsten Zerstörer bleiben schon in der unteren Hälfte der Berg=
region zurück. Die Holzkäfer verschwinden ohnehin mit der Waldregion, die
Rüsselkäfer, die von Blättern und Früchten leben, gehen größtentheils aus, ebenso
die sonst nicht zahlreichen Wasserkäfer der oft moorigen Alpenseen und die Aas=
und Moderkäfer. Dagegen sind die Mistkäfer verhältnißmäßig zahlreich; die
Raubkäfer aber und namentlich ihre höchste Form, die Laufkäfer, sind die ge=
wöhnlichsten. Die Pflanzenfresser treten also am auffallendsten zurück; von den
Moderfressenden verschwinden die Pilz=, Borken= (die wir freilich noch zwischen
6—7000' ü. M. in den Alpenwäldern Bündens, namentlich an Lärchen, Arven
und Alpenkiefern, in verschiedenen Arten und in zahllosen Exemplaren entdeckt
haben), Mehl= und Speckfressenden, nur die Mistkäfer bleiben; ebenso die meisten
Thierfresser. Wie bei den Schmetterlingen kehrt sich auch hier das Wechsel=
verhältniß um. Im Tieflande bilden die Raubkäfer kaum ein Drittheil dieser
Fauna, die Pflanzenfressenden dagegen die Hälfte. Im Hochgebirge bilden in
der oberen Alpenregion die Raubkäfer etwa zwei Drittheile (in der Schneeregion
mehr als drei Viertheile), die Pflanzenfresser dagegen nur etwa ein Sechstheil
aller Käfer. Daraus geht untrüglich hervor, daß durch die Uebermacht der
Raubthiere auch hier die Pflanzendecke, die stets die Bedingung der Existenz von
weiteren organischen Gebilden ist, aufs Nachdrücklichste geschützt wird von dem
kleinen krautigen Blättchen bis zu dem Laube und den Blüthen der Gesträuche
und Halbbäume. Und zwar modificirt sich dieses Wechselverhältniß genau in
Beziehung auf die Stärke der Vegetationsbekleidung, ja so sehr zu Gunsten der=
selben, daß, während im Tieflande die Zahl der Käferarten die der Blüthen=
pflanzen beträchtlich überwiegt, in der oberen Alpenregion die ersteren kaum noch
ein Drittheil der letzteren ausmachen.

Ferner treten nach der Höhe zu ganz eigenthümliche Modifikationen auf.
Am auffallendsten ist für den Alpenwanderer zunächst die stätige dunkle Färbung
der Alpenkäfer (wie überhaupt so vieler alpiner Insekten). Sowohl die in Höhlen
als die auf den Pflanzen oder im Miste und Wasser wohnenden werden immer
einfarbiger, je höher wir aufsteigen. Diejenigen, welche in den Alpen ihre größte
Verbreitung haben, sind sämmtlich schwarz oder schwarzbraun, und die, welche
in tieferen Zonen in schimmernde Farben gekleidet sind, werden in der Höhe ein=
fach schwarz. Eine Menge grüner und kupferfarbiger Käfer werden in den oberen
Alpen rein schwarz, wenige nur stahl= und schwarzblau; goldgrüne, braune und
olivenfarbene blassen ebenso ins reine oder bläuliche Schwarz ab; selbst die gelbe
Chrysomela alpina wird in den Alpen schwarz. Woher dieser auffallende
Wechsel, der sich ähnlich bei den hochnordischen Käfern, besonders denen Lapp=
lands, findet, während doch bei den Pflanzen die Blüthen nach der Höhe zu ein
viel intensiveres Kolorit annehmen? Die Knospen und Blüthen leben nur in
Luft und Licht. Die dünnere Alpenluft begünstigt die kräftigere Einwirkung der
Sonnenstrahlen und damit die kräftigere Färbung der Blumen. Die Insekt'
der Alpen aber leben den größten Theil des Jahres (bei 5000' ü. M. 7½ Monate,

16*

bei 7000' ü. M. 8—9 Monate lang) unter der festen Decke des Schnees in dunkler Nacht und verwandeln sich theilweise in diesen Grüften. Sie sind dadurch einen großen Theil ihres Lebens den lebhaften Wirkungen des Lichtes entzogen und tragen die dunkle Tracht ihrer Heimath.

Eine andere Eigenthümlichkeit der alpinen Käfer ist die, daß die Arten, welche in diesem Gürtel ihre größte Individuenmenge besitzen, durchweg flügel= los sind; selbst Gattungen, die noch in der montanen Region nur geflügelte Arten besitzen, treten hier in nur ungeflügelten auf — ohne Zweifel eine erhal= tende Organisation, da die Thierchen, wenn sie fliegen könnten, sich fortwährend in Schnee= und Eisfelder verirrten, wo sie zu Grunde gingen, wie wir dies an verflogenen Faltern so oft sehen, während wir schwerlich je einen ungeflügelten Käfer auf dem Schneefelde antreffen.

Hier leben die meisten Käfer unter Steinen, in Erdlöchern, selbst Rüssel= und Blattkäfer, die tiefer unten in Sträuchern und Stauden hausen. Aehnlich den Blumen zieht sich auch das Thierleben aus der kälteren Luft an die warme Erde zurück und abermals ähnlich den Blumen treten die Käfer meist familien= weise, in Gesellschaft auf, selbst die Arten, die im Tieflande nur vereinzelt vor= kommen. Die Formen der Ebene reichen bis an die obere Grenze unseres Gürtels, doch etwa zur Hälfte vermischt mit eigentlichen Alpenthieren. Wie bei allen Insekten haben auch in der Käferfauna die einzelnen Reviere und Lokale der Zone ihre Eigenthümlichkeiten. Bald treten ganze Familien, bald nur einzelne Rotten mehr in den Vordergrund und modificiren die Physiognomie der Käferwelt in eigenthümlicher Weise; einzelne Seltenheiten treten überall auf. Die rhätischen Alpen besitzen weniger Blattkäfer und Blätterhörner als die nördlichen Alpen; dagegen treten dort die Rüsselkäfer stärker hervor. Merkwürdigerweise haben auch jene mehr Arten mit Lappland gemein als diese. Freilich ist nur ein sehr kleiner Theil des Alpengeländes in dieser Hinsicht mit jener Scharfsichtigkeit und jenem kombinatorischen Talente beobachtet worden, wie der treffliche Dr. O. Heer sie in einigen Partien des östlichen Gebirges bewiesen hat. In manchen Kantonen ist für die Insektengeographie noch so viel wie nichts gethan worden; doch zweifeln wir nicht, daß die Stätigkeit der angedeuteten allgemeinen Verbreitungsgesetze sich überall beweisen werde.

Viel glücklicher sind wir diesfalls bei den Wirbelthieren, zunächst bei der kleineren Klasse der Lurche, von denen es wahrscheinlich keine Spezies mehr giebt, die ganz unbekannt wäre, während vielleicht die gegenseitigen Verhältnisse und auch die vertikale Verbreitung noch nicht genügend konstatirt sind.

Während der empfindlichere Wasserfrosch in der Bergregion zurückbleibt, findet sich der braune Grasfrosch (Rana temporaria), der seine horizontale Verbreitung von Sizilien bis Lappland ausdehnt, auch in der ganzen Alpenregion, und wir fanden ihn noch Ende Oktobers nach zweimaligen tüchtigen Schneefällen bei 5000—6000' ü. M. in munterster Hantirung. In großen Schaaren be= völkert er während seines Wasserlebens die meisten Gewässer der Centralalpen

(z. B. den Oberalpsee 6220', die Gotthardseelein 6300', den Todtensee auf der Grimsel 6615' ü. M.) und reicht bis gegen 8000' ü. M. hinan. Die Lebens= zähigkeit des Thierchens, das den Winter ohne Nahrung und Athem im Tieflande meist im Schlamme vergraben zubringt, in den Alpen aber, wo die Wasserbehälter oft felsig sind und bis auf den Grund zufrieren, mit Moderhaufen und Erd= löchern vorlieb nimmt, ist, wie bei den meisten Lurchen, wahrhaft erstaunlich. Unter dicker Eisdecke begatten sie sich im Gebirge und leben seine Eier und Kaul= quappen. Es ist nicht wahrscheinlich, daß in den eiskalten Gewässern der höch= sten Höhen seine Verwandlung, zu der er sonst dreier Monate Wasserleben bedarf, im gleichen Sommer vollendet werde. Wahrscheinlich überwintert er seine Larven unter dickem Eise, ja selbst während neun Monaten festgefroren in demselben, wobei sie wahrscheinlich nur durch eine bedeutende Schleimabsonderung, die das Thierchen als Wärmehalter dicht umgiebt, am Leben bleiben. Eine alpine Spiel= art des Grasfrosches giebt es nicht; die angeblichen Merkmale einer solchen, näm= lich eine mehr als mittlere Größe und ein oft lebhaft orangegelb gefärbter Bauch, finden sich (letzterer bei den Weibchen) auch im Tieflande.

Auch die gemeine Kröte (von der man eine alpine Varietät geltend machen will) trifft man in Erdlöchern, unter Baumstämmen, Moderhaufen und in feuchtem Moose noch oberhalb des Baumwuchses bis 6200' ü. M. Ihre Fähig= keit, viele Monate lang ohne Lebensgefahr hungern zu können, begünstigt ihre Verbreitung auch in insektenarmen Revieren. An den gleichen Orten, doch immer nur auf feuchten Stellen und nicht selten in kleinen Gesellschaften, mit Vorliebe unter faulenden Baumstämmen, zeigt sich der schwarze Salamander, dessen Junge ihre Kiementhierperiode schon im Mutterleibe durchleben und lebendig ge= boren werden, als ächtes Gebirgsthier von 2000' bis über 7000' ü. M., auf= fallenderweise aber nicht im Engadin. Die Bergbewohner nennen ihn ‚Mollere‘ und halten ihn für einen Wetterpropheten, da er, wenn er bei trockener Witterung früh Morgens in größerer Zahl sich zeigt, ziemlich sicher Regen für den Tag verkünde.

Fast in allen Theilen der Alpen, in den bündnerschen bis gegen 7000' ü. M., begegnen wir dem hübschen Bergmolch (Triton alpestris. Schneider. T. Wurf= bainii. Laur.), der ihnen aber keineswegs ausschließlich zukommt, sondern auch in den untern Regionen und selbst in der Ebene häufig genug vorhanden ist. Nach Lokal, Alter, Geschlecht und Jahreszeit erscheint er in so verschiedener Fär= bung und behält so wenig konstante Größenverhältnisse bei, ja ändert beide sogar in der nämlichen Zeit, beim gleichen Geschlechte und im gleichen Lokal individuell so mannigfach ab, daß er schwer allgemein gültig zu beschreiben ist und öfters die Aufstellung unhaltbarer Eigenarten hervorgerufen hat. Das Thierchen mißt gegen 3 Zoll und hat meist eine glatte Haut. Im Frühlings= oder Wasserkleide ist das Männchen oberhalb schieferblau, auf dem Schwanze bisweilen trübweiß= lichgefleckt, unterhalb röthlichgelb, unter dem Schwanze schwarzgefleckt, an den Seiten vom Maul bis zum After mit einem goldgelben, schwarzpunktirten Striche gezeichnet, unter dem zwischen den Gliedmaßen ein hellblaues, ungeflecktes Band steht. Auf dem Rücken trägt es vom Hinterkopf bis zur Schwanzspitze einen niedrigen gelben, schwarzgefleckten Kamm. Die Beinchen sind oberhalb grau und gelblich mit schwarzen Punkten. Das Weibchen dagegen ist in diesem Kleide oberhalb bald grau, bald gelblich, bald hellgrün, immer dunkelbraun marmorirt, unterhalb bald hell=, bald röthlichgelb, mit oder ohne Flecken, an der Seite mit einer hellgrauen, schwarzpunktirten Linie gezeichnet und immer ohne Rückenkamm. In den Alpen ist die Färbung des Männchens in der Regel dunkler, oberhalb oft tiefbraun, mit oder ohne schwarze Marmorirung, die Zeichnung der Seiten nicht selten gänzlich verwischt, der Kamm fast oder ganz verschwunden. Hier ist auch die Färbung des Weibchens noch verschiedenartiger als in der Ebene und bei beiden Geschlechtern die Haut etwas gekörnt. In der Herbst= oder Landtracht erscheint zu Berg und Thal das Männchen mit kürzerm Kamm und Schwanz, einförmigerem, braungrauem bis schwärzlichem Kolorit auf der Oberseite und gelbröthlicher Unterseite, das Weibchen auf grauem Grunde braun marmorirt, mit gelber Unterseite.

In dieser Tracht überwintert das hübsche Thierchen unter Steinen, Baum= strünken u. dgl., erscheint aber im Frühling zeitig, in den Alpen je nach der Höhe vom Mai bis Juni, um den stehenden Wassertümpeln zuzukriechen und die Eier klümpchenweise auf Wasserpflanzen abzulegen, denen bald die grün= und braun= marmorirten, unten gelblichen Jungen entschlüpfen, welche bis gegen den Oktober hin ihre Verwandlung vollendet haben, die Gewässer verlassen und trockene Winterquartiere beziehen. Den Sommer über leben auch die Alten zumeist in ihren stagnirenden Gewässern und nähren sich von Wasserkerfen, Würmchen und mitunter auch von kleinen Schnecken, von denen sich aber die in Gräben und Teichen lebende gemeine Kreismuschel (Cyclas cornea) oft an den Füßchen des Tritons festkneipt und deren Verlust herbeiführt. Beim Einfangen läßt der Bergmolch oft einen dumpfen Ton hören und verbreitet einen eigenthümlichen Geruch.

Von den übrigen Molcharten erscheint keine im Alpengürtel.

Die Reptile treten ebenfalls sehr vermindert auf. Von den Nattern kommt nicht eine Art als ständige Alpenbewohnerin vor, obwohl hie und da im unter= sten Theil dieser Zone eine Ringelnatter oder eine österreichische Natter (z. B. im Appenzellergebirge, an der Grimselstraße u. s. w.) gefunden wird.

Von den zwei Giftschlangen der Schweiz wird, wie bemerkt, die Redi'sche Viper im Jura und den südlichen Gebirgen (meist in der Bergregion), die Kreuz= otter (Pelias Berus) dagegen in der Alpenregion fast überall mehr oder minder häufig gefunden. Die kosmopolitische Blindschleiche hält in einzelnen Strichen noch in der Alpenregion aus, während sie in andern tiefer unten verschwindet. Im Oberengadin ist sie nichts weniger als selten; ja sie ist sogar schon auf dem Großen St. Bernhard hoch über der Baumgrenze gefunden worden, wie sie sich bekanntlich in Sibirien eben so heimisch findet wie in Afrika.

Das zierliche, bewegliche Volk der Eidechsen ist im Alpengürtel spärlich ver=
treten.   Die tiefländischen Formen halten nicht einmal bis zur mittlern Holz=
grenze aus; dafür tritt eine ächte Bergform an ihre Stelle, die Bergeidechse
(Lacerta vivipara, Jacquin. L. montana, Mikan. Zootoca pyrrhogastra, mon=
tana und nigra, Tschudi). Diese finden wir von 3000' ü. M. bis zur Schnee=
grenze, noch bei 7000—8000' nicht ganz selten; ja sie wurde sogar noch oberhalb
Spada lenga am Umbrail in einer Höhe von 9100' ü. M. gefangen.   Sie ist
wohl das am höchsten in Europa vorkommende Reptil und beweist jedenfalls eine
bewundernswerthe Lebenszähigkeit.   Ausnahmsweise erscheint sie aber auch tiefer
als 3000', wie wir sie denn schon in der hügeligen Umgebung St. Gallens und
im Appenzellerlande bei 2400—2600' ü. M. fanden. Wahrscheinlich bewohnt
sie das ganze schweizerische Gebirgsland; überraschenderweise tritt sie anderwärts
bald als Tieflandsechse auf und bewohnt die Sanddünen von Boulogne, die
Torfmoore von Nantes, bald wieder als Hochlandsechse in den Pyrenäen und
am Ural.

Nach Alter, Geschlecht und Aufenthaltsort wechselt sie in der Färbung so
sehr ab, daß sie die Aufstellung vieler verschiedener Arten veranlaßt hat, die aber,
wie Fatio nach erschöpfenden Vergleichungen erkannt hat, nur als Spielarten zu
betrachten sind.   Sie ist etwas kleiner als die Mauereidechse, 5 1/2 Zoll lang,
hat einen entschieden kleinern Kopf, kurze Gliedmaßen, einen verhältnißmäßig
dicken, nach hinten unmerklich dünner werdenden, beim Männchen bedeutend
längern Schwanz, und acht Bauchschilderreihen.   Die Oberseite ist in der Regel beim
Männchen grünlichgrau, beim Weibchen graubraun, bei beiden mit einem dunkel=
braunen oder schwarzen Mittelstrich auf dem Rücken und gleichfarbigen Punkten
und Flecken zu beiden Seiten desselben, welche von weißlichgelben Linien und
Punkten eingegränzt sind; die Kehle ist gewöhnlich bläulich, oft auch rosenroth
schillernd, Bauch und untere Schwanzseite beim Männchen safrangelb mit schwarzen
Punkten, beim Weibchen bald hellgelb, meist unpunktirt, bald rosenroth, seltener
bläulich oder grünlich, häufig mit schönem Metallglanz.   Wie von der Kreuz=
otter, so giebt es auch von der Bergeidechse eine ganz schwarze Spielart, die
auf der Wengernalp, bei Rosenlaui, am Gotthard und auf den Chureralpen ge=
funden wurde; es scheinen aber, wie bei jener Schlange, nur weibliche Individuen
diesem Melanismus zu unterliegen.

Diese niedlichen und auffallenden Echsen halten sich familienweise in Stein=
haufen und unter liegenden Baumstämmen auf, unter denen sie sich Gänge graben.
An warmen Tagen sonnen sie sich fleißig oder machen eifrig auf kleine Heuschrecken,
Käferchen und Fliegen Jagd.   Im Mai begatten sie sich und anfangs Augusts
legt die Mutter ihre 3—8 Eilein, aus welchen im gleichen Momente die obenher
dunkelbraunen, unten schwärzlichgrauen, schwarz geschwänzten, 1 1/4 Zoll langen
Jungen hervorbrechen, eine Eigenthümlichkeit, welche dieser Eidechse den Namen
der lebendig gebärenden verschafft hat.   Eingefangen, werden die Thierchen bald
ziemlich zahm und nehmen leicht Fliegen an.   Obgleich kleiner als ihre Gattungs=

verwandten, sind sie doch wehrhaft und packen die sie umschlingende Natter kräftig mit den Kiefern. Eine Seltsamkeit dieser niedlichen Echsen ist es, daß sie, wenn sie sich verfolgt sehen, sich oft plötzlich ins nächste beste Wässerchen stürzen und sich hier im Schlamme auf dem Grunde oft längere Zeit regungslos halten, bis sie sich gesichert glauben.

Ehe wir die Lurche verlassen, beachten wir noch die Thatsache, daß die wenigen Reptilien, welche die Alpenregion besitzt (Viper, Blindschleiche, Bergeidechse), sämmtlich lebendig gebärende sind, während die, deren Eier einer längern Entwicklungsperiode außerhalb des Mutterleibes bedürfen (wie die übrigen Echsen und sämmtliche Nattern), in den wärmeren Regionen zurückgeblieben sind, welche für jene Periode günstigere Verhältnisse darbieten. Von den Batrachiern ist wenigstens der Salamander (und vielleicht in großen Höhen auch der Bergmolch) lebendig gebärend, während die Eier und Jungen der Kröte und des Grasfrosches im Stande sind, auch den herbsten Kältegraden ihres Lokales, letztere unter Umständen im Eise eingefroren, zu widerstehen.

Viertes Kapitel.

Die höheren Alpenthiere.

Verbreitung der Vögel in dieser Zone. — Die Alpenpässe und die Zugvögel. — Ueberblick der Alpenvögel. — Die Baldensteinische Meise. — Die Ringamsel. — Die graue Bachstelze. — Die Alpenflühlerche. — Die Pieper. — Der Citronfink. — Die Felsenschwalben. — Die Alpensegler. — Die Alpenmauerläufer. — Die Raubvögel. — Ueberblick der Säugethiere. — Armuth dieser Region. — Die Alpenspitzmaus des St. Gotthard. — Die Gemsen. — Die großen Raubthiere.

Am zahlreichsten ist wie billig auch in den Alpen das bewegliche Volk der Vögel. Weniger als alle anderen Thiere an die Grenzen eines natürlichen Lokales gebunden, oft mit wunderbarer Lebenskraft der Härte der Witterung trotzend, durchwohnen sie alle Züge der Alpenkette mit einer Arten- und Individuenmenge, die im Verhältnisse zu der der übrigen Wirbelthiere sehr beträchtlich erscheint und dennoch die ungeheuren Räume unseres Bezirkes nur höchst spärlich zu beleben vermag.

Wo die Wälder aufhören, muß auch die große Masse der Vögel ausgehen; schon die Laubholzgrenze ist die oberste Linie eines großen Theiles derselben. Die an Körner, Beeren und andere vegetabilische Nahrung gewiesenen vermindern sich am raschesten, während die Insektenfresser und selbst die Raubvögel die Schneeregion berühren. Die untere Alpenregion besitzt lange nicht mehr die Hälfte der Vögel, die noch die anstoßende Bergregion bewohnen, die obere Alpenregion (oberhalb der Baumgrenze) nicht mehr ein Viertheil. Am auffallendsten verschwinden die Zugvögel; während diese im Tieflande der Schweiz die Standvögel an Menge um beinahe zwei Drittheile übertreffen, bilden sie schon in der Bergregion nicht mehr die Hälfte, in der unteren Alpenregion ein Drittheil, in der oberen ein Fünftheil der Standvögel des entsprechenden Bezirks.

Und doch sind zeitweise die Alpen die vogelreichsten Lokale des Landes und beherbergen eine Masse der zartesten Tieflandsthierchen; wir meinen die Zeit des Durchzuges im Frühling und Herbst. Leider ist dieses merkwürdige Phänomen noch zu wenig genau beobachtet worden, so wichtig es auch für die in manchen Beziehungen noch dunkle Oekonomie der Vogelwelt ist.

Die Durchzüge berühren nur wenige Theile des Hochgebirges und zwar so viel wir wissen einige niedrige Paßsättel der rhätischen Alpen, besonders den Splügen, Lukmanier und Bernina, dann vor allen den Gotthard, wahrscheinlich, weil sich von Nord und Süd große Flußthäler gegen ihn hinziehen, die den gefiederten Reisenden besonders bequem erscheinen mögen, wie sie denn auch im Tieflande am liebsten den großen Stromthälern folgen. In weit geringerer Zahl benutzen sie den Simplon und den großen St. Bernhard. Selbst der St. Theoduls= oder Matterjochpaß soll von einer Anzahl von Zugvögeln gewählt werden. Wir bezweifeln dies der außerordentlichen Paßhöhe wegen, da rechts und links ungleich tiefere Thore liegen; höchstens dürften ihn die Zugvögel der nächsten Lokale wählen. Die berner und walliser Alpen sind im Allgemeinen zu hoch und zu breit für die bequeme Reise und haben keine so tiefen Quereinschnitte, daß sie von einer beträchtlichen Vögelmasse aus weiterer Entfernung zum Uebergangspunkt gewählt werden dürften. Die Einschnitte der früher genannten Gebirge aber dienen auch einem sehr großen Theil der westdeutschen Zugvögel zur Durchgangs= pforte, wahrscheinlich auch vielen norddeutschen und skandinavischen, sodaß sie auch in dieser Beziehung europäische Straßen sind. Dagegen fliegen viele in der Westschweiz heimische Wandervögel nicht über die Alpen, sondern durch das französische Rhonethal. Diejenigen aber, die von Sardinien, Sicilien und Afrika nach der westlichen Schweiz pilgern, folgen erst dem Laufe des Po, theilen sich dort und überfliegen theilweise die Alpen, theilweise gehen sie ins untere Rhone= gebiet hinüber und folgen diesem nach dem Genfersee, um den sich, da er in Osten, Westen und Süden von Bergen umgeben, aber mit einem freien Südwest= thore versehen ist, große Vögelmassen aus Süd und Nord sammeln.

Da nun jeden Frühling und Herbst eine Menge, die sich nur nach Millionen zählen läßt, durchpassirt, so sollte man glauben, es wimmle, zwitschere, lärme zu Zeiten auf diesen Vögelstraßen, und die Thäler der Umgegend müßten mit diesen gefiederten Reisenden bedeckt sein. Allein dem ist nicht also. Ein paar Postschlitten voll Franzosen machen in einer Stunde mehr Lärm in jenen Höhen, als alle die zahllosen reisenden Vögelvölker der Schweiz und Deutschlands zu= sammen, von deren Durchreise die betreffenden Höhen= und Thalbewohner, wenn die Thiere nicht gerade durch schlechtes Reisewetter zu mehrtägiger Rast gezwungen werden, nicht einmal viel zu bemerken scheinen. Dies würde unbegreiflich sein, wenn man nicht folgende Dispositionen der Reise beachtete. Ein großer Theil der Zugvögel, und zwar nicht nur die nächtlichen Eulen und Ziegenmelker, son= dern alle Vögel von weniger ausdauerndem und schnellem Fluge, wie die Wach= teln, Schnepfen, Sänger, Rallen, Drosseln, Enten, reist der Sicherheit halber nur des Nachts, ein Theil nur in etlichen Paaren, selbst nur einzeln, sodaß der Durchzug der gleichen Familie sich auf mehrere Wochen vertheilt. Ein anderer Theil fliegt auch auf den Alpen bald in kleinen, bald in sehr großen Schwärmen so hoch über der Paßstraße hin, daß er mit bloßem Auge kaum gewahrt wird. Zudem hält sich kaum eine Art auch nur stundenlang im höchsten Paßthale selber auf, sondern sucht im Laufe des Vormittags oder nach Mittag den Uebergang zu bewerkstelligen und die kalte Region zu durcheilen. Bringt man die Schnelligkeit des Fluges in Anschlag, der in wenigen Minuten aus dem deutschen Thale das italische erreicht, so wird man die Unmerklichkeit der Uebersiedelung, betrachtet man zudem die ungeheure Ausdauer des schnellen Fluges, so wird man auch begreifen, warum diesseits und jenseits in den anstoßenden Tiefthälern so wenig von Haltstationen bemerkt wird. Dazu kommt endlich noch die große Ausdehnung der Uebergangszeit, die vom Februar bis in den Mai hinein dauert und im Herbste von Mitte Juli bis gegen Ende November. Daß auf den Pässen selbst keine merkliche Anhäufung von Zugvögeln stattfindet, läßt sich schon daraus schließen, daß sich zur Reisezeit daselbst kaum mehr Raubvögel aufhalten, und nicht in größerem Maße als Wegelagerer auftreten als sonst. Die Flugschnelle der Vögel ist freilich, durch Flügel- und Schwanzbau bedingt, sehr ungleichartig; doch wird, außer vielleicht der Wachtel, Ralle und ähnlichen, kaum ein Zugvogel sein, der nicht in einem Tage oder in einer Nacht ohne alle Beschwerde vom Bodensee bis tief in die Lombardei hinaus flöge; die lang- und schmalbeschwingten Vögel, die Tauben, Schwalben, Segler, Lerchen, Wanderfalken und andere treffliche Flieger, welche alle den Tag zur Wanderung benutzen, würden bei unausgesetztem Fliegen gar wohl in einem Tage von der schweizerischen Nordgrenze in gerader Linie die römische Campagna erreichen, sodaß der Ueberflug über die Alpen, auf einem einzelnen Punkte beobachtet, mit Blitzesschnelle vorübergeht, obgleich er, was sämmtliche Zugvögel vorziehen, gegen den Wind geschieht. Würden sie in der Richtung des Windes fliegen, so bliese ihnen dieser das Gefieder von rückwärts in die Höhe, störte die richtige Steuerung der Schwanzfedern und drückte auf die geöffneten Flügel von hinten, und die Folge davon wäre die baldige Ermattung des Thieres und die fortwährende Störung der richtigen Federnlage. Der ihm entgegenwehende Wind dagegen füllt ihm günstig die nach vorn geöffnete Wölbung der Schwingen und hält ihm die Befiederung knapp am Leibe zusammen.

Bei dieser Energie der Flugkraft mag es immerhin auffallen, daß dieselbe sich bei ihrer ungeheueren horizontalen Wirkung noch um vertikale Erhebungen kümmert, und daß erwiesenermaßen die tiefsten Alpensättel als Durchgangsthore bevorzugt werden. Man sollte glauben, daß diese Thiere, die heute in Schwaben und morgen in der Lombardei schlafen, ohne Mühe auch den Bernina, den Monterosa, das Finsteraarhorn überflögen. Allein die veränderte Beschaffenheit der Atmosphäre über 8—10,000' ü. M. sagt trotz der hohen Blutwärme nur den wenigsten Vögeln zu; sie athmen schwerer und ermatten weit leichter als drei- bis viertausend Fuß tiefer. Verschiedene Vögel, die von Luftfahrern in großen Höhen in Freiheit gesetzt wurden, weigerten sich in der dünnen, sauerstoffarmen Luft des Fluges. Wurden sie dennoch dazu genöthigt, so stürzten sie sich wie Bleiklumpen in die tieferen Luftschichten. Bei einem Luftdrucke von blos 12,04 Zoll, wo die Luftschiffer an heftigen Congestionen litten, starben die Vögel, oder lagen, unfähig zu fliegen, krank auf dem Rücken. Viele Vögel vermöchten auch

der trockenen Kälte, die auf den Riesengipfeln im Frühjahr und Herbst von der
Sonne kaum gemildert wird, den scharfen Winden und den häufigen Schnee-
niederschlägen nicht zu widerstehen. Die Widerstandskraft ist freilich bei den einzelnen Arten höchst ungleich. Im Schneegestöber Feuerlands und an der Firn-
grenze der Cordilleren hat man noch lebende Kolibris getroffen; aber in den
Pyrenäen ist es nichts Seltenes, vom Froste getödtete Schwalben zu finden.
Wahrscheinlich sind auch die Zugvögel aus der montanen und alpinen Region
weniger wählerisch in Beziehung auf einen Alpenübergang, während die Grasmücken sicherlich die tiefsten Pässe wählen, ebenso die schwerfliegenden, langsamen
Vögel, welche sich doch wenigstens Viertelstunden lang auf jenen Höhen hin-
treiben müssen.

Bekanntlich reisen auch von den sonst paarweise lebenden Vögeln die un-
geduldigeren, kräftigeren Männchen gewöhnlich etliche Tage früher aus dem
Süden ab und kehren im Herbst später dahin zurück als die Weibchen; von einzelnen Arten ziehen überhaupt nur diese; die Männchen bleiben im Norden zurück.
Die Reiseziele sind sehr ungleich. Die einen überwintern schon in den lombardischen Ebenen oder auf der Insel Sardinien, andere in Sicilien und Spanien, in
Nordafrika (doch weit mehr im Nilthale als in der Berberei), noch andere gehen
bis an den Senegal, vielleicht auch tief bis in das unbekannte Hochland des
afrikanischen Kontinents. Doch sind die diesfalls gesammelten Beobachtungen
noch unsicher und mangelhaft, und wo eigentlich die Schwalben, Kukuke, Pirole
und die meisten Sänger überwintern, ist nicht ermittelt. Könnte man auf den
Bergpässen genau den Durchzug der Vögel beobachten, so würde man wahrscheinlich noch manche Sippschaft entdecken, die sonst bei uns vermißt wird. Die
Rauchschwalbe wählt den Gotthard, während die Ufer- und Felsenschwalben mit
den Seglern eine andere Richtung zu nehmen scheinen. Von den nordischen
Vögeln halten viele in der Schweiz im Herbste etliche Ruhetage, ehe sie ihre Reise
über die Alpen fortsetzen, und werden noch bemerkt, wenn die gleiche einheimische
Art schon einige Zeit fort ist. Die hochnordischen aber, die in den Süden kommen, um zu überwintern, bleiben großentheils diesseit der Alpen, so viele Enten,
Möven, Taucher, Steißfüße, Lein- und Bergfinken, Hänflinge, Zeisige, Saat-
und Nebelkrähen, Seidenschwänze und in harten Jahrgängen auch einige Raub-
vögelarten (Bussarde, Habichte, Ohreulen).

Am frühesten übersliegen die Alpenpässe auf dem Wiederstrich (oft schon
nach Mitte Februars) die Störche, Staare und wohl auch die Baumpieper,
Finken, Dohlen, Rothkehlchen und Rothschwänzchen, Ammer, Steinschmätzer und
Feldlerchen, im März die Wanderfalken, Mäusebussarde, Waldschnepfen, wilden
Tauben, Bachstelzen, Milane, Gabelweihe, Ohreulen nebst vielen Sumpf-, Wasser-
und Strandvögeln; im April die Rauch- und Hausschwalben, die Kukuke,
Drosseln und die meisten übrigen Sänger; gegen den Mai oder zu Anfang
desselben die Nachtigallen, Fliegenfänger, Segler, Würger, Blauracken, Wachteln,
Ziegenmelker, Pirole, Wiesenschnarrer u. a. — Schon im August reisen wieder

über die Alpen zurück die Spyre, Kukuke, Goldamseln, Fliegenfänger, Rohrsänger, Blaukehlchen, Bastardnachtigallen; oft auch die Störche, die sich z. B. im Jahre 1853 (am 8. August) zwischen 90 und 100 Exemplare stark auf den Dächern des basellandschaftlichen Dorfes Zunzgen niederließen, dort übernachteten und des folgenden Morgens nach reichlich auf den umliegenden Aeckern eingenommenem Frühstück hoch in die Lüfte aufstiegen und nach Süden abflogen. Daß ein Storch je den Gotthard überflogen hätte, ist nicht beobachtet worden. Da sie im Aargau und im st. gallischen Rheinthal noch am häufigsten sind, wählen sie wahrscheinlich die Pforten von Genf und den rhätischen Gebirgen. Bei Genf werden fast alljährlich, und zwar vorzugsweise auf dem Herbstzuge, auch schwarze Störche — in der Regel junge Exemplare — gesehen, die wie die Kraniche bei uns blos durchziehen.

Im September folgen alle, welche mit dem Mausergeschäft fertig und deren Junge für die Reise hinlänglich erstarkt sind, besonders Schwalben, Strandläufer, Rohrhühner, viele Sänger u. a., so daß bis nach Mitte Oktobers alle insekten= fressenden Sänger, Bachstelzen, Steinschmätzer, Würger (mit Ausnahme des großen, der bei uns überwintert), Wachteln, Drosseln, Schwalben, Staare, Lerchen, Taucher, die meisten Zugraubvögel den Uebergang bewerkstelligt haben. Bis in den November hinein ziehen noch einige nordische und Wasservögel ab; etliche Rohrhühner und Becassinen überwintern aber bei uns. Die Zeit des Ueberganges der gleichen Art wechselt höchstens zwischen zwanzig Tagen; der stärkste Zug überhaupt fällt regelmäßig auf die Aequinoktialzeit. Dabei ist auf= fallend, daß die Durchzüge einiger Vögel, wie z. B. der Kraniche und wilden Gänse (welche letztere oft schon im September, aber auch bis in den November hinein die nördliche Schweiz passiren), nur in einzelnen Jahren über unsere Alpen erfolgen, oft auch nur der Sommerzug, aber nicht der Winterzug, seltener umgekehrt. Weht im Frühling anhaltender Föhn auf dem Hochgebirg, so ver= zögert er oft die Ankunft der Reisenden aus dem Süden merklich, ja zwingt sie wohl, eine ganz andere Zugsrichtung einzuschlagen. Der nämliche Wind ver= anlaßt im Herbst bisweilen auffallende Anhäufungen von Wandervögeln, so zur großen Erbauung der Jäger im Oktober 1860 eine merkwürdige Ansammlung von Wachteln bei Genf, und im Oktober 1862 eine ähnliche von Schnepfen an den südöstlichen Jurageländen.

Die Ankunft und der Abzug der Wandervögel differirt in den Alpenlokalen nur wenig von der Zeit der Ankunft und Abreise im offenen Lande. So fällt nach 4—5jähriger Durchschnittsberechnung der erste Kukuksruf bei Zürich (1270′ ü. M.) auf den 30. April, in Bevers (5270′ ü. M.) auf den 1. Mai, — die Ankunft der Rauchschwalbe in Zürich auf den 19. April, in Bevers auf den 27. April, — der Abzug der Schwalbe in Zürich auf den 12. September, in Bevers auf den 13. September. Dagegen sollen sie Chur in der Regel erst vom 22.—30. September verlassen.

Die Zahl der Vögel, die im Sommer und Winter unausgesetzt die

Alpenregion bewohnen können, muß sehr klein sein, da diese während der letztern Zeit keine Insekten, geringe vegetabilische und nicht viel weitere Fleischnahrung zu bieten im Stande ist. So entsteht unter den Alpenvögeln beim Eintritt der rauhen Jahreszeit ein Wandern von oben nach unten, das dem horizontalen der Zugvögel entspricht. Die meisten Alpenvögel sind Strichvögel und selbst die großen Adler und Geier streichen im hohen Winter mitunter bis ins tiefe Thal. Weit günstiger sind die Nahrungsverhältnisse in jeder Hinsicht im Sommer, namentlich in der bewaldeten untern Hälfte der Region, wie schon aus den mitgetheilten botanischen und entomologischen Umrissen hervorgeht. Wir treffen darum in den Hochwäldern und entsprechenden Weiden und Felsengegenden noch eine beträchtliche Anzahl von Vögeln der montanen und kollinen Region als ständige Sommervögel.

In jenen bevorzugten Hochthälern des rhätischen Gebirges, wo die gesammte Vegetation sich bis zu außergewöhnlichen Höhen erhebt, heben sich auch die oberen Grenzen der Ornis überraschend. Im Oberengadin finden wir Kukuke, selbst Wiedehopfe, Hausschwalben, Haussperlinge (jetzt in geringerer Zahl als früher), sowie Rothkehlchen noch bei Sils und Silvaplana, bei 5800' ü. M., ebenso hier nistend den weißbauchigen Laubsänger (Phyllopneuste Nattereri) und die beiden Röthlinge, während der Weidenlaubsänger (Ph. trochilus) und der grüne Laubsänger (Ph. sibilatrix), die graue Grasmücke und der Schwarzkopf zwar öfters vorkommen, aber schwerlich nisten. Selbst die Nachtigall weilt auf dem Zuge im Hochthal. Zu seinen ständigern Bewohnern gehören dann noch die Blutfinken, Kreuzschnäbel, Buchfinken (bei 6500' ü. M. noch nistend), Hänflinge, Baumläufer, Wendehälse, Ringeltauben, Wasserhühner, Steißfüße, Möven, während sonst die meisten der genannten ungleich weniger hoch hinangehen. In dieser alpinen Höhe sehen wir hier auch noch hin und wieder eine Feldlerche und eine Wiesenralle; Wachteln gehen bis über Kampfeer, gegen 5800' ü. M., hinauf und nisten noch bei Pontresina (5500'); die Elstern haben aber auffallend abgenommen. Im Winter zeigt sich der Bergfink und die Saatkrähe hin und wieder als Gast.

In den Arven-, Tannen- und Lärchenwäldern unserer Region hämmert der schöne dreizehige, der Grauspecht und der Schwarzspecht fleißig an den Bäumen herum mit lautem Geschrei; ersterer folgt den Wäldern sehr hoch ins Gebirge, fast ebenso hoch der große und der mittlere Buntspecht; die übrigen Spechte bleiben mehr in der unteren Tannenregion zurück. Der Grünspecht ist in manchen Geländen noch sehr zahlreich und bei Seewis im Prätigau so dreist, daß er sogar in verschlossene Fensterladen der Häuser im Dorfe große Löcher pickt. Nicht mehr häufig trifft man die Eichelhäher; die Nußhäher dagegen erscheinen da, wo sie überhaupt vorhanden sind, bis zur Baumgrenze hin; so in Appenzell, im berner Oberlande, in starken Schaaren aber besonders im Bündnerlande, wo sie noch in der Umgebung der Gletscher bei 8500' ü. M. ihr widerliches Geschrei ertönen lassen, tiefer unten die Arvenzapfen plündern und die

Nüßchen zu 30—40 Stück in ihren Backentaschen forttragen. Ob sie diese zu
Wintervorräthen aufspeichern, ist ungewiß. Merkwürdigerweise hat man im
Bündnerlande noch nie ihr Nest gefunden, wohl aber am Schäfler (Kanton
Appenzell). Sie brüten ohne Zweifel im Vorfrühling, wo der Schnee noch die
höhern Alpenwälder unzugänglich macht. Gefangene Exemplare halten bei Nüssen,
rohem Fleisch, Brod u. dergl. leicht aus, und gewähren bei freiem Fluge durch ihr
munteres, originelles Betragen und ihre Zahmheit viel Vergnügen. Der Vogel
hält die gereichte Haselnuß mit dem Fuß und hackt mit dem komisch hochauf=
gerichteten Kopfe den Schnabel auf die Nuß. Springt sie aus, so hascht er sie
äußerst behende wieder; ist er satt, so versteckt er die Nuß in irgend ein Mäuse=
loch, in das er sie, wenn es zu klein ist, mühsam und geduldig mit Schnabel=
hieben festkeilt. Der halb kreischende Gesang ist nicht gerade anmuthig. Hin
und wieder finden wir in der alpinen Region im Sommer den Zeisig, der hier
stellenweise brütet, nur ausnahmsweise (öfter in Engadin) die Spechtmeise, eher
den Baumläufer, den wir sogar noch Ende Oktobers in einem Bergwald gegen
5000' ü. M. sahen; ferner den Distelfink, den Buchfink und zwitschernde
Schaaren der Kreuzschnäbel, zahlreicher die Tann=, Kohl= und Haubenmeise.

Die Sumpfmeise (Parus palustris) folgt den Wäldern nicht leicht über
3500 bis 3800' ü. M. In dem eigentlichen Alpwalde von 3800 bis gegen
7000' ü. M. tritt eine ihr nahe verwandte, aber doch constant verschiedene Art
an ihre Stelle. Diese hat zuerst in Graubünden der verdiente Forscher Conrad
auf Baldenstein als eigene Art entdeckt und unter dem Namen Bergmönchsmeise
(P. cinereus montanus) 1827 beschrieben; die schweizerische Ornithologie ist
ohne Zweifel berechtigt, sie ihrem Entdecker zu Ehren die Baldensteinische
Meise (Parus Baldensteinii. Salis) zu nennen, wenn sich auch gezeigt hat, daß
sie mit der sechszehn Jahre später von de Selys beschriebenen nordischen Parus
borealis identisch ist und ebenso mit dem noch später von Bailly beschriebenen
savoischen P. alpestris.

Die Baldensteinische Meise ist im Ganzen etwas größer und stärker gebaut
als die Sumpfmeise und unterscheidet sich von ihr durch die bräunlichschwarze,
bis auf den Rücken verlängerte Kopfplatte, das erweiterte Schwarz der Kehle,
größere weiße Backenflecken, bläulich=bräunlich abgetonten, aschgrauen Rücken,
schwärzlichere Schwung= und Schwanzfedern, schwärzliche Füße. Das Rücken=
gefieder dieser Meise ist besonders im Winterkleide auffallend länger als das der
Sumpfmeise, seidenartig zerschlissen und aschgrau mit einem schwachen röthlichen
Schein. Im Betragen und in der Lebensweise ähnelt sie der Sumpfmeise sehr,
hackt sich (wie diese in mürbe Weidenbäume) in faulende Tannen= oder Lärchen=
strünke ihre Nesthöhlung nimmt sogar mit Mauslöchern vorlieb und brütet je
nach der größern oder geringern Höhe ihres Standortes im Juni bis Juli.
Ihr Lockruf ‚Zi—dä' oder ‚Zi—dä—dä' oder blos ‚Dä—dä' klingt ähnlich
wie bei der Sumpfmeise, doch ist das ä viel tiefer und gedehnter, so daß man
beide Arten schon von ferne unterscheidet. Die Baldensteinische Meise findet

sich bisweilen in der Gesellschaft anderer, und kaum der strengste Frost ver=
anlaßt sie, aus den höchsten Wäldern in tiefere hinunter zu rücken. Sie scheint
gegen Kälte fast unempfindlich zu sein, und Fichtensamen findet sie allenthalben.
Im Engadin ist sie eine der häufigsten Meisen, findet sich aber überall in den
Alpenwäldern, im berner und wahrscheinlich auch im walliser Gebirge, sowie am
Salève bei Genf in einer etwas kleinern Spielart mit schwach modifizirter Färbung
(der P. alpestris Savoiens).

Während außer dem Durchzuge die Ammerarten, mit Ausnahme des Gold=
ammers, selten im Gebirge erscheinen, findet sich auffallenderweise der Ortolan
(Emberiza hortulana) im Sommer im Engadin und scheint daselbst zu brüten,
wie er früher in den bündner Thälern überhaupt häufig brütete. Der Garten=
und besonders der Hausrothschwanz ist überall durch alle Alpen zu finden und
gehört zu den wenigen Gebirgsthierchen, die dem Menschen vertraulich folgen;
letzteren sieht man oft mitten im Schnee auf Felsblöcken sitzen und ohne Scheu
den Wanderer erwarten. Wenn im Herbste die Heerden schon lange zu Thal
gezogen sind, fliegt er noch munter mit den Flühlerchen um die verlassenen Hütten.
Den Gartenrothschwanz hat man auch auf dem oberen Aargletscher getroffen.
Der muntere Zaunkönig hüpft ebenso beweglich durch die Büsche der Wälder und
durch die Hecken des Thales wie durch die Krummholzbäume der Alpen bis zu
7000′ ü. M., einer der wenigen Standvögel der Ebene, die im Sommer bis in
die oberen Alpen hinan gehen und dort nicht selten nisten; seine Spießgesellen,
die Goldhähnchen, bleiben früher zurück.

Der Weißschwanz (Saxicola oenanthe) treibt sich unruhig in den Flühen,
das Braunkehlchen (S. rubetra) auf den Viehweiden und im Gebüsch umher.
Auch das Schwarzkehlchen (S. rubicola) ist in vielen Gegenden hier noch heimisch.
Man schont dieses niedliche Vögelchen umsomehr, je weiter der Volksglaube ver=
breitet ist, daß sicherlich auf d e r Alp, auf welcher ein solches Thierchen getödtet
würde, die Kühe alsbald rothe Milch gäben. Bis in den unteren Theil unserer
Region fliegen und brüten auch die Elstern, doch nicht häufig, ebenso die Raben=
krähen und durch die ganze Zone in einzelnen Exemplaren die Raben. Die Eulen
vermindern sich nach der Höhe merklich. Wahrscheinlich gehen keine hoch über
die Holzgrenze; bis zu derselben aber in recht einsamen, düsteren Felsenhoch=
thälern in der Nähe alter Bäume der Uhu, der Waldkauz, die Waldohreule (bis
Silvaplana) und der niedliche, kleine, rauhfüßige Kauz. In der gleichen Höhe
sieht man auch noch den Taubenhabicht jagen und den nützlichen Mäusebussard;
bis in die Hochalpen hinauf verfolgt der Thurmfalke die jungen Berghühner,
Mäuse und Heuschrecken und ist in den nördlichen Alpen der gewöhnlichste kleine
Raubvogel. Im Domleschg nistet er in Burgruinen, im Oberengadin aber auf=
fallenderweise auch in hohlen Bäumen. Noch auf der Höhe der Alstasalp, 6650′
ü. M., sahen wir ihn emsig über Mäuselöchern rütteln. Seltener erscheint dort
noch der Wanderfalke, treibt sich aber bei seinem Durchzuge längere Zeit im
rhätischen Gebirge umher.

Alle diese Vögel (mit Ausnahme der Baldensteinischen Meise) hat indessen das Hochland mit den tieferen Gegenden gemein. Sie bilden also nicht den eigentlichen Typus der Alpenvögel, ebensowenig wie die Ur= und Haselhühner, die nur höchstens bis zum unteren Drittheil der Alpenregion gefunden werden und z. B. im Oberengadin nicht vorkommen. Dagegen dürfen wir die Birk= hühner als ächte Alpenvögel betrachten, die in den meisten alpinen Revieren der Schweiz (sehr selten im Jura) noch angetroffen werden, bald seltener, bald häufiger als das Urwild. Ihren Sommeraufenthalt wählen sie vorwiegend in den altbestandenen Hochwäldern, sehr gern an den Grenzen des Holzwuchses, wo die letzten Arven, Lärchen oder Tannen sich mit den Bergföhren und Zwergbirken mischen und dichte Alpenrosenfelder ihnen reichliche Schlupfwinkel bieten. Im Winter ziehen sie sich nicht selten in die unteren Wälder, ausnahmsweise bis zu den Thaldörfern hinab. Im Gebirge lassen sie sich manchmal tief einschneien, oder schützen sich in aufgescharrten Schneelöchern gegen den Frost. Diese werden höhlenartig unter der Schneedecke fortgesetzt. Tritt der Jäger unversehens auf dieselben, so sinkt er ein, während die beunruhigten Hühner plötzlich aufwärts brechen und ihn mit Schnee bestäuben. Ehe er die Flinte angeschlagen und die Augen gewischt hat, ist der Flug davongeschwirrt. In heißen Sommerwochen gehen sie wohl auch über den Holzwuchs in die obersten Alpen, lassen sich aber bei Sonnenschein selten blicken, bei Regen= und Nebelwetter dagegen häufig, und sind dann auch wie alle Berghühner am zahmsten. Wir theilen von ihnen, wie von allen bedeutenderen Alpenthieren, das Nähere in biographischen Skizzen mit.

In gleicher Höhe, im Sommer meist höher bis zur Schneegrenze, leben in den Felsen= und Schuttrevieren, den steinigen, mit Alpenbüschen bewachsenen Gehängen und Karrenfeldern der Hochgebirge, gewöhnlich auf der Sonnenseite derselben, die wunderhübschen Steinhühner, in den walliser, berner, bündner und glarner Alpen ziemlich häufig, seltener in der mittleren Schweiz und am appenzeller Alpstein, nie im Jura. Die Schneehühner gehören auch der Alpen= region an, gehen aber bis über die Schneegrenze hinan.

Das muntere Geschlecht der Drosseln, das so viel zur Belebung der Wälder beiträgt, verschwindet nach der Höhe zu bis auf wenige Arten. Die gewöhnliche Amsel und die Felsenamsel zeigen sich hin und wieder, aber immer selten in der Alpenregion; man darf annehmen, das Drosselngeschlecht werde daselbst einzig, nebst einigen wenigen scheuen Krammetsvögeln*), die auf glarner und appenzeller Bergen, nach den neuesten Beobachtungen selbst in den waldigen Bergen auf

---

*) Von J. G. Altmann erfahren wir, daß man in der Schweiz auch eine weiße Varietät vom Krammetsvogel oder eher von der Misteldrossel gefunden hat. In seiner ‚Beschreibung der helvetischen Eisberge‘ erzählt er: ‚Ich habe selbst einen weißen Ziemer oder Krammetsvogel, welcher insgemein nach schweizerischer Mundart ein Misteler und von den Lateinern Turdus viscosus geheißen wird, zur Hand gebracht, da er sonst ganz braun ist, doch waren die von Natur schwarzen Flecken an der Brust nur milch= weiß‘. Er sandte ihn an Réaumur nach Paris.

der Nordseite St. Gallens, kaum 2700' ü. M., brüten, durch die schöne Ring=
amfel (Turdus torquatus) vertreten, die fast nie unter 3000' ü. M., oft in
der Berg=, im Sommer aber am häufigsten in der Alpenzone bis zur Baum= und
Holzgrenze erscheint. Sie ist hübsch braunschwarz mit weißlichen Federrändern
und zeichnet sich durch einen großen, weißlichen ringkragenähnlichen Fleck auf
der Oberbrust aus. Das Weibchen ist etwas lichter und hat ein schmäleres,
bräunlichgewölktes Halsband. Sie ist eine der größten Drosseln und mißt bis
zum Schwanz sieben, mit diesem elf Zoll. Meist siedelt sie sich den Sommer
über in rauhen und düsteren Hochwäldern an, wo sie sich in dichtem Gebüsch
umhertreibt, in der Regel aber auf den höchsten Tannengipfeln ihre lebhafte
und kräftige Stimme unaufhörlich ertönen läßt, dabei sich wohl scheu, aber nicht
klug beweist, ihre Nahrung unter den Insekten (namentlich unter den Carabusarten,
den Larven der Kothfliegen, die sie aus dem Kuhdünger scharrt) und Beeren
sucht und auf niedrigen Aesten, besonders gern in den Krummholzföhren, zwei=
mal brütet. Im berner Museum findet sich eine Spielart mit unregelmäßigen
weißen Flecken über den ganzen Leib. Ihr Gesang, dem freilich der reiche
Schmelz des Nachtigallenschlages fehlt, beginnt vor der ersten Morgendämme=
rung, schallt in jubelnden Chören hundertstimmig von allen Hochwäldern her
und bringt unaussprechlich fröhliches Leben in den stillen Ernst der großen
Gebirgslandschaften. Im Herbst besucht sie, ehe sie wegzieht, was sprüchwörtlich
um den ‚Bettag‘, d. h. in der zweiten Hälfte Septembers, geschieht, die Heidel=
beerbüsche der Waldzone. Ihren Winteraufenthalt scheint sie nicht tief im Süden
zu nehmen; wenigstens findet sie sich in den Bergwäldern des tessinischen Valle
Maggia und Onsernone den ganzen Winter über. Im Frühjahr trifft sie oft
Ende März schon bei uns ein; fällt aber im Gebirg noch Schnee, so flüchtet sie
in die tieferen Thäler, bis die Höhen wieder frei werden. Unter dem Namen
Ringdrossel, Bergamsel oder Schildamsel und Schnatteramsel ist sie im ganzen
Gebirge bekannt. Sie hat so ziemlich die Gewohnheiten der gewöhnlichen Amsel,
fliegt und schlägt mit den Flügeln und dem Schwanze wie diese, wenn sie etwas
Unerwartetes bemerkt, und hüpft auf dem Boden in weiten Sprüngen zwischen
den Büschen. — Während die Wasseramsel nur in einzelnen Punkten den Bächen
bis in die Alpen folgt (im Berninagebirge fanden wir sie am Flaatz bis in die
Nähe des Hospizes, 6340' ü. M.), dürfen wir im Sommer die graue Bach=
stelze (Motacilla sulphurea) zu den gewöhnlichen Gebirgsvögeln rechnen.

Neben diesen tragen zum Typus des Alpenvögelgeschlechtes vorzüglich einige
Finken= und Lerchenartige bei; zunächst die in allen schweizerischen Hochalpen
bald paarweise, bald in zerstreuten Familien lebende, vom Thurmfalken oft eifrig
verfolgte Alpenflühlerche (Accentor alpinus), ein schöner, 7—8 Zoll langer,
ziemlich bunter Vogel mit aschgrauem, braungeflecktem Oberleibe, glänzend
weißer, schwarzgefleckter Kehle, weiß und röthlichgrau gewelltem Bauche, röthlich=
grauem After und röthlichgelben, geschildeten Füßen. Sein Lieblingsaufenthalt
sind die rauhen, steinreichen Hochtriften oder Grienfelder zwischen der Holz= und

Schneegrenze, durchschnittlich aber zwischen 4000 und 6500' ü. M. (z. B. auf der Emmenthalerfurka, Wildkirchli, Meglisalp, Wagenlucke, Mürtschenstock, in allen bündner und den meisten berner, waadtländer und walliser Alpen, beim Hospiz des St. Bernhard und auf dem Gotthard, — sonst auch in den Gebirgen Südeuropa's bis zu den Pyrenäen), wo er munter zwischen den Felsblöcken und Stauden umherhüpft, alle Augenblicke wieder still steht, sich häufig bückt und mit dem Schwanze zittert oder auch auf hohen Felsenstufen lange festsitzt. Man bemerkt diesen stattlichen Vogel nicht selten in Gesellschaft des Rothschwänzchens oder in der Nähe der Steinschmätzer. Mit seinem klaren Auge späht er die kleinen Mücken, Käferchen und Schneckchen auf, die ihm zur Nahrung dienen; doch behilft er sich auch mit Grasgesäme, Beeren und kleinen Würzelchen. Im Winter verläßt die Alpenflühlerche die höheren Regionen, geht auf die Vorberge, in die Alpenthäler und selbst in das nahe Tiefland hinaus, hält sich gern zu den Heuställen und sucht den Heusamen auf oder die Obstträbernhaufen, um die Kerne hervorzupicken. Sowie aber die Höhen nur einigermaßen frei sind, zieht sie sich wieder zu ihrem Lieblingsaufenthalte zurück, wo sie mit ihrem kurzstrophigen, lerchenartigen, klaren, flötenden Gesange die öden Felsen melodisch belebt; doch haben wir sie selbst im Januar bei 10° R. Kälte wiederholt auf Alpen von 3—4000' ü. M. angetroffen. An den mit Alpenrosenstauden bewachsenen Halden baut sie an geschützter Stelle ihr hübsches, kunstreiches Nest in Form einer großen Halbkugel und brütet zweimal des Jahres ihre 3—5 länglichen, blaugrünen Eilein aus. Mit schnellem, wogendem Fluge sieht man sie im Herbste in größeren Familien im Gebirge. Sie sitzt nicht gern auf Bäume ab, weiß sich aber gut im Gestein zu verbergen, obgleich sie ziemlich zutraulich und wenig lebhaft ist. Bei ordentlicher Pflege und Nachtigallenfutter hält sie auch im Bauer einige Jahre aus und erfreut durch ihren sehr lieblichen Gesang; doch verträgt sie im Winter keine hohe Stubenwärme. Ihre Namen sind in den verschiedenen Theilen der Schweiz sehr mannigfaltig; von ihrer Gewohnheit, bei den Ställen die Heureste zu durchsuchen, heißt sie im Glarnerlande Gadenvogel, im Berneroberlande Blümtvogel oder Blumthürlig, sonst auch Blütlig, Bergtrostler, Flühspatz, Bergspatz, im Wallis Ortolon.

An Arten zahlreicher bewohnen die in Gestalt, Färbung und Zehenbildung den Lerchen, im Uebrigen mehr den Bachstelzen ähnlichen Pieper die mittlere und obere Alpenregion. Sie nisten auf der Erde, haben einen kurzen, trillernden Gesang, der durch häufiges Piepen unterbrochen wird, und da sie nur von Insekten leben, müssen sie im Herbste dem Süden zuziehen. Der Baumpieper (Anthus arboreus), oft irrthümlich auch Baumlerche, sonst wohl Pieplerche genannt, 5—6 Zoll lang, am Oberleibe graubraunschwärzlich mit grünlich gemischten Federrändern, an der Brust rostbraun und schwarzgefleckt, mit fleischfarbenen Füßen und starkgekrümmter Hinterzehe, bewohnt sowohl die Ebene als die Berg= und Alpenregion bis zur Schneelinie, in Bünden angeblich nur bis zur Baumgrenze. Gewöhnlich läuft er auf den Weiden umher, setzt sich oft auf

Sträucher und auch in die oberen Baumäste, schlägt mit dem Schwanze nach unten und steigt manchmal, wenn er seine drei trillernden Strophen anstimmen will, etwas in die Höhe und sinkt dann laut singend mit ausgebreiteten Flügeln auf die Erde. Seine umfangreiche und biegsame Stimme macht ihn mit der Flühlerche und dem ‚Citrönli‘ zum vorzüglichsten Sänger der oberen Alpen. Der ihm ähnliche, olivengrünliche, aber etwas dunklere und größer braungefleckte Wiesenpieper (Anthus pratensis), mit hellbräunlichen Füßen, schwachem, unten gelblichfleischfarbenem Schnabel und grauen Zügeln, ist im Ganzen seltener. Er sucht mit Vorliebe die feuchten Wiesen und Moorgründe überall im Gebirge auf, wo er im Frühling als einer der ersten Zugvögel erscheint, meidet aber dichte Wälder, kahle Felsen und trockene, steinige Halden. Lebhaft und unruhig läuft er im Riedgrase umher, aus dem er mit Anstrengung sich singend in die Luft erhebt und dann auf einem niedrigen Busche absitzt. Er wippt ebenfalls bachstelzenartig mit dem Schwanze und ist im Fange der Käfer, Spinnen und Fliegen sehr gewandt. Ehe die Wiesenpieper im Herbste abziehen, sammeln sie sich oft in größere Gesellschaften, gern auf Schafweiden, wenn solche in der Nähe sind, und lesen den Thieren die Zecken ab, weswegen sie auch den Namen Schaf= lerchen erhalten haben.

Viel stätiger und zahlreicher, mit besonderer Liebe die Alpen bewohnend und daselbst brütend, zeigt sich der olivengraue Wasserpieper (Anthus aqua- ticus oder alpinus), in seinem Winterkleide mit weißer, graubraungesprengter Brust und einem rothgelben Streif über dem Auge, schwarzem Schnabel, schwarzen Füßen und weißlich besäumten Schwung= und Schwanzfedern, im Sommerkleide dagegen obenher bräunlich aschgrau, an Hals und Brust röthlich überlaufen und wie am weißlichen Bauche ohne alle Flecken. Er heißt im Kanton Zürich Weißler von seiner schreienden Stimme, in St. Gallen Gipfer, in Bern Giper, in Schwyz Heerdvögeli, in Glarus Steinlerche, in Bünden, wo er bei Schneewetter in die Alpenthäler flüchtet und zu den gemeinsten Alpenvögeln gehört, Schneevögeli. Der Gesang, den er, in die Luft aufflatternd, oder auf einem Stein, einem Busche, einem Lärchenbaume sitzend, hören läßt, ist wenig bedeutend und abwechselnd, dafür geht er fast unaufhörlich fort. Im Frühling suchen die Wasserpieper schon im Laufe des Aprils die schneefreien Stellen der Alpen auf und verlassen sie nicht mehr. Im Laufe des Mais singen die Männ= chen, während die Weibchen ihr Nest zwischen Knieholzbüschen oder auf offenen Weiden in kleinen Erdvertiefungen bereiten; doch leiden sie sehr oft von rauher Frühlingswitterung. In vielen Jahrgängen bedeckt ein später Schneefall das Nestchen mit den Eiern, vertreibt das brütende Weibchen, tödtet und begräbt es nicht selten oder zwingt es, später neu zu nisten. Auch die nichtflüggen Jungen werden oft vom Schnee oder Frost getödtet und man hat gesehen, wie listig der Fuchs sie aufsucht und verzehrt, während die Mutter schreiend über ihm herum= flattert. Die Wasserpieper gehen häufig den Bächen nach, laufen nach Art der Bachstelzen auf den Steinen hin und her und suchen Wasserinsekten und Larven.

Im Sommer, wenn es auf den Höhen allzu heftig stürmt, sammeln sie sich
schaarenweise in mehr geschützten Gründen, im Herbst gehen sie nach den
Sümpfen, Seen und Flüssen der Ebene, oft auf die Düngerstätten der Dörfer;
ein kleiner Theil überwintert daselbst, der größere fliegt in losen Schaaren nach
Italien, wo viele der Vogelstellmanie zum Opfer fallen. Die anderen halten sich
an seichten, wasserzügigen Stellen, an den Abzugsgräben der Wiesen und Weinberge auf und übernachten im dürren Laube der Eichenbüsche. Wenn die Kälte
steigt, ziehen sie nach den tieferen Reisländern und gewässerten Wiesen; gegen
den Frühling sammeln sie sich schaarenweise auf hohen Pappelgipfeln und reisen
dann, die Männchen voran, wieder den Alpen zu, wo sie wie alle genannten
Pieper ihr Nest nie auf Bäumen, sondern stets auf der Erde, unter einem überhängenden Steine oder im Haidekraut, oft blos nur in den Fußstapfen einer
Kuh bauen. Im ebenen Deutschland gehören sie zu den seltneren Vögeln; in
Schweden und England lieben sie die höchsten Felsenufer des Meeres. Den
gelblichgrauen, gelbfüßigen Brachpieper (A. campestris) haben wir weder in der
alpinen noch montanen Region je bemerkt.

Ziemlich häufig erscheint in allen Theilen der Schweizeralpen der niedliche
und äußerst lebhafte, grüngelbe Citronfink, bekannter unter dem Namen
‚Citrönli‘ (Citronzeisig, Fringilla citronella). Er ist etwas kleiner als der
Kanarienvogel, obenher gelblich olivengrün, an den Flügeln graubraun überlaufen, mit aschgrauen Halsseiten und gelber Kehle. Fast jeder Alpenwanderer
hat ihn schon bemerkt, wie er rasch durchs Gebüsch und über die Weiden mit
zitternder Bewegung fliegt, oft nur ein paar Schritte über der Erde, und häufig
‚zie—zie‘ schreit, oder wie er vom Gipfel einer jungen Tanne auffliegt, sich
singend wie der Baumpieper ein wenig in die Luft erhebt und bald wieder auf
den gleichen Punkt absitzt. Er brütet immer im Gebirge, am liebsten hoch in den
Alpen an den Grenzen des Nadelholzes und darüber hinauf selbst auf dem
Splügen; doch geht er auch nicht selten in niedrigere Felsenzüge und wird selbst
im Jura gefunden. Sein zierlich geflochtenes Nestchen weiß das kluge Vögelchen
sehr geschickt in den Nadelbäumen, besonders in struppigen, verkümmerten Weiß-
und Rothtannen oder Zwergföhren zu verbergen. Hier wird dasselbe vom
Weibchen mit 4—5 schmutziggrünen, braunpunktirten Eilein besetzt und das
Männchen trägt der brütenden Gattin sorglich und emsig die Nahrung zu. Beide
halten sehr treu zusammen und fliegen außer der Brütezeit gewöhnlich mit einander, oft in Gesellschaft ihrer Kinder, oft mit andern in der Nähe lebenden
Pärchen. Das Citrönchen frißt nur Sämereien, auch junge Knöspchen und
Blüthenkätzchen, am liebsten die halbreifen Samen des gelben Löwenzahns, kurz
nachdem die Blume abgeblüht und sich wieder geschlossen hat. Es fliegt dann
auf den Kopf derselben, sinkt mit ihm zu Boden, öffnet ihn und pickt die Samen-
kölbchen heraus, wobei es oft das Schnäbelchen voll des klebrigen Saftes der
Pflanze bekommt. Schon im April baut das Weibchen das Nest und legt Anfangs Mais in einigen Tagen, in Zwischenräumen von je einem Tage, seine Ei-

lein. Tritt Ende Mais oder Anfangs Junis noch Schnee und Kälte ein, so raffen sie viele junge Citronenfinken weg. Der Gesang des Männchens hat etwas Verwandtes mit dem der Kanarienvögel, nur ist er viel leiser und weniger ausdauernd, hat aber einen ganz eigenthümlichen Wohllaut, mit einzelnen kräftig flötenden Metalltönen und hänflingsartigem freundlichem Girren. Für die Lock=, Aetz= und Angsttöne giebt es wie bei allen kleinen Vögeln eine Menge charakteristischer Variationen. Das Citrönchen ist gar nicht scheu, so unruhig es auch ist, und hält im Bauer oft 8—10 Jahre lang aus, wenn es mit Hanf= und Rübsamen gefüttert wird. Im Herbst und Frühjahr zieht es in Gesellschaft in die unteren Gebirgsgegenden, oft weit hinaus bis zu den Städten des Tieflandes; im Winter halten sich hier noch einzelne Flüge auf, die meisten aber sind abgezogen. Sie passiren das Tessin Mitte Oktobers und im März. Es ist unerklärlich, wie dieser Alpenvogel sich auch im südlichen Italien und in der Provence den Sommer über aufhält und daselbst brütet, während er bei uns nie als Vogel der Ebene angesehen werden kann. Sein Vetter, der Schneefink, bewohnt zwar auch unsere Zone, doch dürfen wir ihn mit Recht zu den Vögeln der Schneeregion rechnen.

Dafür besitzen wir hier noch mehrere interessante Thierchen aus der Familie der Schwalbenartigen. Von den früher genannten findet sich der Mauersegler und die Hausschwalbe häufig im Gürtel des Alpenreviers. Zu ihnen treten in der Höhe noch eigne alpine Formen, wie die Felsenschwalbe und der Alpensegler.

Die Felsenschwalben (Hirundo rupestris) sind noch nicht lange als einheimische Alpenbewohner gekannt und wurden früher bald mit den Haus=, bald mit den Uferschwalben verwechselt, mit denen sie ziemlich große Aehnlichkeit haben. Ebenso groß wie diese, haben unsere Vögel einen schwarzen Schnabel, einen mäusefarbenen Ober= und einen weißen Unterleib, sind an beiden Brustseiten gelblich angelaufen und tragen einen wenig gespaltenen, breiten Schwanz. Von der Uferschwalbe unterscheiden sie sich besonders durch die ovalen weißen Flecken auf der inneren Fahne der Schwanzfedern. Wo sie in den unteren Gegenden vorkommen, erscheinen sie immer in größeren Gesellschaften und fliegen oft mit den genannten Schwalben und Spyren, doch meistens nur in steilen Felsenrevieren, wie in den Pfäferserbergen, beim Eingang ins Prätigau, um die hohen Felsenschlösser des Domleschgerthales, am Calanda, am Achsenberg, dem Hohen=Rhinacht, im Oberhaslithal und am Salève, wo sie den Sommer über mit dem Alpensegler zusammen leben. Doch scheinen sie die Nähe menschlicher Wohnungen keineswegs zu scheuen und lassen sich sogar häufig in den Straßen Briegs (Wallis) sehen. Sie werden ihr Maximum wohl in der Alpenregion erreichen, wo sie auf der Gemmi, Grimsel, am Oberaargletscher, am Hochweg unter der Sureneneck (hier regelmäßig brütend) und gemein in den tessiner Bergen beobachtet wurden. Sie erscheinen oft schon Ende Februars, nisten in hohen Felsenspalten, ätzen die größeren Jungen im Fluge und fliegen sehr rasch in plötzlichen Wendungen wie die meisten Schwalbenarten. Es gehören diese Vögel zu denen, die nur selten nördlicher als die Schweiz gehen, hier die Felsen der Alpen bewohnen, ihre größte Verbreitung aber in Südeuropa, in Afrika bis Nubien und im westlichen Asien haben, wo sie theils im Flachlande, theils im Gebirge (wie häufig am Libanon) hausen. Der folgende Segler theilt ungefähr die Heimath der Felsenschwalbe und erscheint nur ausnahmsweise in Deutschland.

Der Alpensegler (Cypselus alpinus), gewöhnlich Bergspyr genannt, ist fast doppelt so lang als die Haus- oder die Felsenschwalbe, oder um ein Drittheil länger als der gewöhnliche Spyr oder Mauersegler, düster graubraun, mit weißem Bauch und weißer, mit einem dunkelbraunen Halsband gezierter Kehle, drei dunkeln Mondflecken in den Weichen, sehr langen und schmalen Flügeln und wenig ausgegabeltem Schwanze, ein höchst lebhafter und unruhiger Vogel, der bei schönem Wetter reißend schnell immer in der Luft herumfliegt, oft in ungeheurer Höhe und mit blitzschnellen Wendungen, oft mehr wie auf hoher Fluth schwimmend. Er ist der Alpenregion nicht ausschließlich eigen, sondern nistet und findet sich auch häufig an den hohen Thürmen der meisten Städte in der westlichen Schweiz und des Südens, wo er gewöhnlich Ende März eintrifft, Ende Mais anfängt zu brüten und gegen Ende Septembers wieder abzieht, wahrscheinlich mit den Wachteln und Schwalben bis zum Senegal reisend. Ihre Ankunft und (nächtliche) Abreise künden die Alpensegler durch lautes Gezwitscher und große Unruhe an. Auch sonst sind sie an schönen Tagen stets in hastiger Bewegung und jagen sich bis in die Nacht hinein durch die Straßen der Städte. Ebenso häufig werden sie indessen auch an den hohen Felsenwänden der westlichen Alpen bemerkt, im Oberhasli, an der Gemmi, am Pletschberg, in den Felsen des Entlibuchs. In der östlichen Schweiz hat man sie seltener beobachtet; nur im Appenzellergebirge sind sie häufig am Hohen Kasten, Alpsiegel, Furgelfirst; auch am Calanda und auf Hohenrhätien am Eingange in die Via mala. Bei Eintritt schlechter Witterung im Gebirge fliegen sie zeitweilig bis Chur hinab. In der zweiten Maiwoche bauen sie ihre mit glänzendem Speichel überzogenen Nester aus Halmen, Lappen, Federn, Papierschnitzeln und Blättern, die sie meistens in der Luft auffangen, da sie nur im Nothfalle auf die Erde gehen, in hohen Felsenspalten oder Thurmlöchern und besetzen es Ende Mais mit vier länglichen, weißen Eilein. Ihr Geschrei ist dem des Thurmfalken nicht unähnlich, besteht oft aber in einem vielfach modulirten ‚Girigirigiri‘. Auf dem alten Münster in Bern nisten jährlich 40—50 Pärchen und sind durch eine besondere Instruktion für den Thurmwächter geschützt. Man hat dort beobachtet, daß die Jungen nach drei Wochen die Eilein verlassen, dann aber noch 6—7 Wochen im Nest verharren, bis sie Anfangs Augusts zu fertigen Fliegern herangewachsen sind. Alte und Junge sind auch Nachts sehr unruhig und das Schreien und Zanken will kein Ende nehmen. Dr. Girtanner in St. Gallen hat, unsers Wissens zum ersten Mal, das schwierige Problem, sowohl junge Rauchschwalben als Alpensegler im Käfig groß zu ziehen, glücklich gelöst.

Einer der schönsten Alpenvögel ist der Alpenspecht oder der Alpenmauerläufer (Tichodroma phoenicoptera), auch Mauerspecht, Mauerklette, im Glarnerlande ‚Bergtübli‘ genannt, 6 Zoll lang, aschgrau mit dunkelgrauem Scheitel, tiefschwarzer Kehle und Brust, schwarzbraunen Schwanz= und Schwung= federn, von denen die zweite bis fünfte oder sechste mit zwei rundlichen weißen, die hintern mit gelben Flecken geschmückt sind, so daß das Thierchen mit seinen lebhaft karmoisinrothen Flügeldeckfedern ein sehr buntes Aussehen hat und mit seinem sehr langen und dünnen, schwachgebogenen Schnabel gewissermaßen der Kolibri unserer Alpenfelsen ist. Daneben hat es langzehige, pechschwarze Gang= füße, deren große Hinterzehe mit einer mächtigen Bogenkralle bewaffnet ist. Im August und September mausert es sich und trägt dann bis im März sein Winter= kleid mit bräunlichgrauem Scheitel und schneeweißer Kehle und Brust. Die Jungen haben bis zur Herbstmauser einen bräunlichen Scheitel und eine asch= graue Kehle. Mit halbausgebreiteten Flügeln klettert dieser niedliche Vogel be= ständig an den hohen und steilen Felsenwänden hinauf; gewöhnlich fliegt er unten an und läuft halb hüpfend, halb flatternd munter die ganze Wand mehr= mals hinauf, nie aber herab, sondern wirft sich in raschem Fluge wieder tiefer unten an. Sein äußerst schwer zu findendes Nestchen baut er in unzugänglichen Felsenritzen und belegt es mit 4—6 ovalen, glänzenden, milchweißen, braun= rothgefleckten Eilein. Den Sommeraufenthalt nimmt er stets in recht rauhen Felsengruppen oder hohen Alpen; so an den Felsen der Ebenalp, beim Wild= kirchli, an der Felsenkrone der Siegelalp, an der Gollern im Wallis, an der Gemmi, in den Schluchten der Tamina, in der Prätigauerklus u. s. f. Saraz fand ihn in den engadiner Bergen bis 9000‘ ü. M. und Saussure noch mitten in den Eisbergen des Col du Géant, 10,578‘ ü. M., den spärlichen Käfern und Larven nachjagend. Bäume fliegt er nie an, desto rascher und munterer sucht er seine Felsreviere ab, ohne sich aber dabei irgend wie die Spechte auf seinen (weich= kieligen) Schwanz zu stützen. Im Herbst und Winter geht er in die tiefen Thäler hinab bis weit ins offene Land hinaus und treibt sich stets eifrig an den Flühen, Thürmen, Ringmauern und in den Steinbrüchen umher. So wurde er schon an den Mauern des Klosters und der Kantonsschule in St. Gallen, der Wasserkirche in Zürich, am Münster von Lausanne, an den Thürmen von Chillon, an den Schloß= mauern von Marschlins bemerkt. Auffallenderweise verläßt er aber einzelne Alpen= lokale auch im tiefsten Winter nicht. An der ungeheuern Felsenkrone des Aeschers (Säntis), an welcher der Schnee nicht haftet und die ihrer günstigen Südostlage wegen an ihrem Fuße gewöhnlich schneefrei ist und selbst oft im December noch lebendige Pflanzen beherbergt, haben wir mitten im Januar noch Alpenmauer= läufer und Flühvögel in einer Höhe von 4800‘ ü. M. in voller Thätigkeit ge= funden. An den Siegelalpfelsen flog er uns im November auf dem Gemsen= anstand traulich beinahe auf den Büchsenlauf. In einzelnen Theilen der Alpen scheint er wie der Alpensegler ganz zu fehlen, ebenso in Norddeutschland; da= gegen ist er in den südeuropäischen Gebirgen nicht selten. Dr. A. Girtanner in St. Gallen gelang es, ein am 8. Februar 1864 gefangenes Exemplar erst aus=

MAUERLÄUFER UND FLÜHVOGEL.

schließlich mit Mehlwürmern durchzubringen, es dann an Ameisenpuppen zu gewöhnen und bis zum 13. Oktober munter zu erhalten, wo es an den Folgen einer Erkältung, welche ihm eine Temperatur von blos — 4° gebracht hatte, einging. Er hatte Gelegenheit, an dem Thierchen sehr schöne Beobachtungen zu machen, und bemerkte, daß es selten oder nie trinkt, sich sorgfältig gegen Durchnässung des Gefieders wahrt, am Morgen spät seine Lagerstelle (in einer künstlichen Felsspalte des geräumigen Käfigs) verläßt und sie Abends zeitig aufsucht. Bei letzterem Geschäfte war es äußerst vorsichtig, schlüpfte nie ein, so lange es sich beobachtet glaubte, und wenn es im Schlafversteck gestört wurde, so flog es nie direkt heraus, sondern schlich sich in der Felsenspalte bis oben an den Käfig, von dort noch eine Strecke weit an der Decke und flog dann so entfernt vom Nachtquartiere ab, um es ja nicht zu verrathen. Auch im Käfig pflegte es munter zu singen.

Ueber der Holzgrenze und bis hoch hinauf in die Schneeregion treffen wir die großen, krächzenden Schaaren der Alpendohlen oder Schneekrähen und seltener die Steinkrähen, um unzugängliche Felsenkuppen schwärmend oder unter Gezank sich auf den grasbewachsenen Vorsprüngen umhertreibend. Da sie ebenso sehr der Zone des Schnees wie der unsrigen angehören, werden wir später von ihnen zu sprechen haben. In Graubünden freilich ist die Steinkrähe mehr im Bereich der Alpdörfer heimisch.

Ebenfalls beiden Regionen gehören die beiden gewaltigen Raubvögel des Hochgebirges, der Lämmergeier und der Steinadler, an. Beide Regionen sind ihnen unterthan; in beiden sind sie gleich heimisch. Die unsrige hat aber das größere Recht auf sie, weil sie ohne Zweifel doch öfter in ihr nisten und jedenfalls in ihr das größere Nahrungsfeld besitzen. Der Lämmergeier ist der größte europäische Raubvogel. Der, welcher unsere Alpen bewohnt, ist immer um ein Beträchtliches größer als der Lämmergeier Sardiniens, Afrikas und der Pyrenäen und nach Verhältniß stärker gebaut. Gegenwärtig ist er aus vielen Alpenrevieren, die er früher inne hatte, ganz oder fast ganz verschwunden; so aus den Gebirgen von Appenzell, Glarus, Schwyz, Luzern und Unterwalden, wo oft Jahrzehnte vergehen, ehe nur ein Stück gesehen wird. Etwas häufiger scheint er in den berner Alpen, wo er noch kürzlich selbst am milden Faulhorn horstete, verhältnißmäßig aber am zahlreichsten in denen von Wallis, Tessin und Bünden zu sein, wo er wenigstens regelmäßig horstet und brütet. Er ist ein sonderbares Mittelding zwischen dem eigentlichen Geier und dem Adler. Diesem gleicht er in Färbung, Befiederung, Größe und Mordlust; allein es fehlt ihm die kühne Haltung, der stolze Anstand des Adlers. Mit den Geiern hat er etwas in der Schnabelbildung, den verhältnißmäßig schwachen Fuß- und Krallenbau, die stinkende Schleimsekretion, die Gewohnheit, die Beute gewöhnlich nicht nach dem Horste zu tragen, sondern auf der Stelle zu verzehren, sowie sie nicht durch kühnen Angriff zu tödten, sondern in den Abgrund zu stoßen, und endlich auch eine gewisse dreiste Zudringlichkeit gemein, wenigstens in Gebirgen, wo er selten

Menschen sieht. Die auffallende Abnahme seiner Verbreitung, die früher über die ganze europäische Alpenkette ging und selbst auf die Vorberge des Schwarz= waldes hinausreichte, ist durch die gewöhnlichen Nachstellungen kaum hinläng= lich zu begründen, da die Fälle, wo er vor den Schuß kommt, keineswegs häufig sind.

Ungleich häufiger wiegt sich der Steinadler ruhig schwimmend über den höchsten Gipfeln der meisten unserer Alpen. Er theilt bei uns die vertikale Verbreitung des Lämmergeiers. Im Vorsommer brütet er in einsamen und unzugänglichen Felsenlabyrinthen des Mittelgebirges, das sich an Gebirgs= kolosse von großartiger Ausdehnung anlehnt, gewöhnlich recht tief im Herzen desselben; im Hochsommer bis zum Herbst besucht er alle beuteversprechenden Reviere der Schneeregion und nimmt einen ungeheuren Jagdbezirk in An= spruch. Der Winter nöthigt die Adler nicht selten zu Exkursionen in die Berg= region und in die angrenzenden Tiefthäler. Der Lämmergeier steigt sogar bis zu den Felsenufern des Wallensees hinab, doch immer nur auf kürzere Zeit. Bei seinen Raubzügen übertrifft der herrliche Steinadler den Lämmergeier, wenn nicht an Mordlust und Gefräßigkeit, doch an Lebhaftigkeit und Kühnheit, in der Gefangenschaft an wildem, unbändigem Wesen und feuriger Kampflust. Das sind die einzigen ächten Alpenraubvögel unseres Landes. Aus den unteren Gür= teln kommen, wie bemerkt, noch weitere dazu; selbst der große Seeadler ist Mitte Dezembers im Rheinwald gefangen worden. Alpine Paßthäler beherbergen zur Zeit des Durchzuges natürlich für kurze Zeit noch eine Menge anderer Vögel, wie wir beispielsweise früher im Engadin und Gotthardthal anführten. Es sind jedoch nur Fremdlinge, die den Charakter der alpinen Vogelfauna in keiner Weise bestimmen können.

Dies ungefähr die Physiognomie der Vögelwelt in den Alpen. Ihre aus= gezeichnetsten Typen finden wir unter den großen Raubvögeln, den Krähenarten, den Hühnern und einigen kleineren Familien, während die Nachtraubvögel und die meisten Tagraubvögel, die Sumpf= und Wasservögel mit einer Masse kleinerer Arten stark zurücktreten. Darum auch die große Veröbung der Alp über der Holzgrenze, die einförmige Stille, die drückende Erstorbenheit, die durch das Her= vortreten ganzer nackter, grasloser Gebirgsmassen erhöht wird.

Die Welt der Säugethiere, sonst schon arm an Arten, vermag diesen Totaleindruck nur wenig günstig abzuändern. Die meisten der die Alpen be= lebenden freien Thiere wohnen in der größten Zurückgezogenheit im Hochwald, in den Felsen, in der Erde, unter Büschen; darum ist die Ergänzung des fehlenden Lebens durch die gewaltigen Heerden der Hausthiere um so wohlthä= tiger und willkommener.

Eine ziemliche Anzahl von den früher genannten Bergthieren reicht auch in die Alpen hinauf, theils bis, theils über die Baumgrenze. Wir haben die Hand= flüglerarten erwähnt, welche wenigstens im Sommer auch die Alpenregion be=

suchen. Am häufigsten dürfte die rattenartige und die Bartfledermaus hier sein, während die Alpenfledermaus (Vesperugo Maurus), etwas über 3 Zoll lang, mit einer Flugweite von beinahe 7 1/2 Zoll, obenher dunkelbraun, unten hellbraun, bald nach Sonnenuntergang hoch und rasch über die Alpweiden und um die Hütten fliegend, diejenige Art zu sein scheint, welche am höchsten ins Gebirge geht und zwar in den penninischen Alpen bis gegen 7000' ü. M.; doch fand Fatio auch die langöhrige noch im Oberengadin. Den Maulwurf sahen wir selbst im Dezember noch lustig über schneefreie Grasplätze der unteren Alpenregion laufen; seltener finden wir hier den Igel sowie die Dachse, die vor 30 Jahren noch in den Bergen oberhalb des Urserenthales häufig waren. Die Edelmarder gehen überall bis zur Tannengrenze, die Hausmarder und Iltisse, sowie die kleinen Wiesel noch darüber hinaus, sind aber in der Tiefe häufiger; das Hermelin dagegen streift nicht selten bis zu den Gletschern, an 8000' ü. M., und geht keck die jungen Alphasen an. Es findet sich öfters noch in den obersten Alpenhütten ein, um seiner Vorliebe für die Mäuse und Milch nachzuhängen. Hier bricht es sich dann einen Gang durch die Wand oder den Boden in die Milchkammer der Hütte und kommt, wenn es nicht gestört wird, täglich mit großer Dreistigkeit zu den gewaltigen hölzernen Schüsseln, um den Rahm weg= zulecken. Die Sennen sehen aber diese Besuche sehr ungern. Sie schreiben dem Thierchen mit Grund die Unart zu, die Milchgefäße gar sehr zu verunreinigen. Wenn es nämlich in die dicke Rahmdecke ein Loch geleckt habe, so stopfe es das= selbe sofort gewissenhaft mit Erde, Steinchen und Halmen wieder zu. Sie ver= folgen daher den Milchverderber nachdrücklich und sehen viel lieber die Mäuse in ihrer Hütte, die sie mitunter so zutraulich machen, daß auf ihren Pfiff sogleich etliche der halbzahmen Thiere erscheinen. Die Füchse sind auch in den Alpen das gemeinste und schädlichste Raubthier durch die ganze Region hin; doch nehmen sie über der Holzgrenze stark ab. Bis zu dieser reichen auch die braunen und grauen Eichhörnchen, die wir am Mortiratschgletscher bei 6000' ü. M. und über= haupt bis zur obersten Arvengrenze finden.

Die Hausmaus findet sich in allen Gebäuden der Alpenregion, die Wald= maus wenigstens bis zur obern Baumgrenze. Die Feldmaus (Arvicola arvalis) erscheint im montanen und noch mehr im alpinen Gürtel in einer eigenen, etwas dunklern, mehr bräunlichgrauen Varietät mit deutlich zwei= farbigem (oben braunem, unten grauem) Schwanze und längerer Behaarung, wodurch sie etwas größer erscheint, ohne übrigens in Gebiß=, Schädel=, Fuß= und Ohrbildung irgend von der tiefländischen Feldmaus abzuweichen. Diese alpine Race wurde zuerst von Nager in den Thalwiesen von Ursern häufig nach= gewiesen und von Schinz unter dem Namen Hypudaeus rufescente-fuscus be= schrieben; sie findet sich aber in verschiedenen Theilen der Alpenkette nicht selten. Ebenso zeigt sich die Waldwühlmaus (Arv. glareolus) in den höheren Gebirgen in einer ständigen dunklern Spielart mit rostbraunem Rücken, trübe braungrauen Seiten und weißlichgrauer Unterseite. Auch sie wurde zuerst von

Nager in einer Sennhütte der Unteralp ‚im Hölzli‘ oberhalb der Holzgrenze ge=
fangen und von Schinz unter dem Namen Hypudaeus Nageri beschrieben.
Blasius hat diese beiden Varietäten unter die richtigen Species verwiesen und in
ihren Uebergängen aufgezeigt.   Wahrscheinlich ist auch die etwas stärkere, von
Fatio in den Alpen gefundene (und in der Revue et Magasin de Zoologie,
Juillet 1862, unter dem Namen Myodes bicolor beschriebene) Waldwühlmaus
identisch mit A. glareolus.   Der nämliche Forscher fand auch Arvicola Baillonii
(De Selys) beinahe auf der Höhe der Furka und will diese Species als selbständig
aufrecht halten.

Von den Spitzmäusen finden wir in der alpinen Zone nur die Waldspitz=
maus und die Wasserspitzmaus des untern Gürtels bis über die Holzgrenze
wieder.   Dafür tritt hier eine neue Alpenspecies hinzu, die interessante Alpen=
spitzmaus (Sorex alpinus Schinz).   Sie gehört zu den größeren Spitzmäusen
(der Körper 2'' 8''', der Schwanz 2'' 7''' lang), hat eine spitze, sehr verlängerte
Schnauze, einen schlanken, gestreckten Körper, im Pelze verborgene Oehrchen und
eine oberhalb überall gleiche, schwärzlichschiefergraue, unten etwas hellere Färbung
des weichen, leicht sich enthärenden Pelzchens.   Nager entdeckte sie zuerst am Gott=
hardspasse im Roßboden, Blasius später bei Zermatt, an der Grimsel und mit
Andern im tyrolischen Hochgebirge, am häufigsten in der obern Tannen= und
Krummholzregion bis 7000' ü. M. in wasserzügigen Lokalen.   Es ist ein noch
zu lösendes Räthsel, wovon sich dieses insektenfressende Thierchen während der
acht Wintermonate seiner Region ernähren mag.   Daß von der gewöhnlichen
Spitzmaus (S. araneus) im Urserenthale auch eine weiße Varietät vorkommt,
sowie daß in jenem Alpenthale auch die kleine Haselmaus und die Fischotter
erscheint, haben wir früher erwähnt.

Der gemeine Hase ist in der Alpenregion selten (reicht aber in Bünden an
der Sonnenseite oft bis zur Waldgrenze hinauf) und wird durch den veränder=
lichen Hasen ersetzt, den im Winter die weiße, im Sommer die erdbraune Pelz=
färbung mancher Verfolgung entzieht.   Der gewöhnliche Aufenthalt des Alpen=
hasen ist das ganze Bereich der Alpen; im Sommer geht er oft bis zur Schnee=
grenze und höher (selbst gegen 8000' ü. M.); doch liebt er es, hier und da an
den Seitenbergen bis in die kolline Region hinunter zu weiden und findet sich
z. B. im Glarnerlande selbst im Hauptthal in einer Tiefe, wo er an andern
Orten kaum erscheint.   Er kommt zwar in der genannten Höhe ziemlich überall
vor, aber meist nur in vereinzelten Exemplaren, und da er sich sehr gut zu ver=
stecken weiß, bemerkt man ihn selten, wenn man ihn nicht förmlich aufsucht.

Ein höchst interessanter Alpenbewohner ist das Alpenmurmelthier, das sich
ausschließlich nur in den mittleren und oberen Regionen (von 4000—8000'
ü. M.) aufhält.   Wenn das Vieh die mittleren Alpen bezieht, gehen die Murmel=
thiere oft in die obersten hinauf.   Früher waren sie in allen unsern Hochgebirgen
häufig; allein das öftere Ausgraben der Thierchen im Winterschlaf, das grau=
same Anbohren mit Schraubenziehern, das Abfangen mit Schlagfallen hat sie

beträchtlich vermindert. In den Appenzelleralpen, wo sie früher z. B. auf Meglis=
alp nicht selten waren, sind sie ganz ausgerottet, in denen von Glarus, Luzern
und Bern (namentlich im Grindelwald) sehr zusammengeschmolzen; höchst zahl=
reich finden sie sich dagegen noch im Tessiner=, Walliser= und Bündnerlande, wo
dem Bergreisenden in gewissen Höhen das Pfeifen der ängstlich sich versteckenden
Thierchen auf allen Seiten entgegentönt.

In gleicher Höhe mit ihnen weiden die flüchtigen Truppen der Gemsen
auf hohen Grasbändern zwischen steilen Klippen und freien Plateaus, selten
mitten auf weiten Alptriften, sondern immer auf gutgedeckten, stein= und
felsenreichen, oft bebüschten Plätzen, welche die unteren Gegenden beherrschen und
nach mehreren Seiten hin freie Flucht gewähren, meist in der Nähe fast unzu=
gänglicher Felsenlabyrinthe. Aus dem Thale sieht man sie oft in Schaaren von
6—25 Stück über die Grasplanken hinwandern und über Schneefelder setzen.
In den Höhen selber aber ist es sehr schwer, sie in der Nähe zu beobachten. Sie
fliehen zwar nicht, so lange sie den Menschen sehen, ohne sich von ihm beobachtet
zu glauben, und verfolgen mit hochgehobenem Kopfe jede seiner Bewegungen mit
der größten Aufmerksamkeit; ja ein sonderbares, närrisches Benehmen des Jägers
kann ihre Neugierde so sehr fesseln, daß der Gefährte desselben, wenn er nicht
bemerkt worden, Zeit gewinnt, von hinten oder der Seite zu nahen und zu
schießen. Doch ist dies schwierig, wenn mehrere Thiere beisammenstehen, da sie
alsdann nach allen Seiten hin ausblicken und stets die Nase witternd in die Luft
strecken. Trifft man einzelne Thiere, so sind es gewöhnlich alte Böcke; weit öfter
sieht man kleine Familien, im Herbst oft ganze große Züge. In der Bergregion
halten sich die sogenannten Waldthiere, in der Alpenregion mehr die Grath= oder
Firnthiere auf, die etwas kleiner und schlanker sind, ohne eine eigene Art zu
bilden. Im Sommer leben diese an der Schneegrenze, weiden aber an einzelnen
Rasenstrichen bis über 9000' ü. M. hinauf und werden durch Verfolgung nicht
selten gezwungen, noch bedeutend höher zu gehen. Ganz irrig ist aber die oft
wiederholte Angabe, als lebten diese Firnthiere mit besonderer Vorliebe zwischen
Schnee und Eis und selbst im Winter auf den höchsten Alpenspitzen. Jedes Thier
lebt da am liebsten, wo es ein reiches und gesichertes Nahrungsfeld findet, und
so auch die Gemsen, die weder im Sommer noch im Winter die Eisfelder bevor=
zugen, noch daselbst etwas zu thun haben, in der rauhen Jahreszeit vielmehr oft
freiwillig bis in die Tiefe der Thäler herabkommen. Ebenso irrig ist die Aus=
sage, die Firnthiere fressen im Winter auch Erde und verwitterte Steine. Wahr=
scheinlich hat die Gewohnheit, von der Erde kurzes Moos zu rupfen und vom
Felsen salpeterhaltige Sekretionen zu lecken, wobei vielleicht etwas Schiefer in
den Magen der Gemse kommen mag, die sonderbare Vorstellung veranlaßt.

Alle schweizerischen Hochalpen vom Säntis bis zum Bernina und Mont=
blanc ernähren noch zahlreiche Gemsenheerden, wenn auch nicht mehr so viele
wie vor hundert Jahren. Die Jagd ist im Allgemeinen beschwerlich, gefährlich,
unergiebig, braucht sehr viel Zeit, Geduld, Geschick, Orts= und Wildkenntniß,

sodaß sich immer nur Wenige zu eigentlichen Gemsenjägern qualificiren, und die
gute Gelegenheit, durch den Aufschwung der einheimischen Industrie ein sicheres
und reichlicheres Brot zu erwerben, hat gar viele Leute der Gemsenjagd entzogen;
die bloßen Liebhaber, die jährlich ein paar Mal auf Gemsen gehen, sind dem
Wildbestande nicht allzu gefährlich.   In neueren Zeiten werden oft in einem
ganzen Jahre in einem großen Reviere nicht mehr als 2—4 Stück erlegt, sodaß
die jährliche Vermehrung den Ausfall reichlich deckt. Am ergiebigsten und eifrigsten
wird diese interessante Jagd noch in Graubünden, Wallis und auch im Berner=
oberlande gepflegt. Daß einzelne Jäger eigne Blutbecher mit sich führen, um das
Blut der frischgeschossenen Gemse aufzufangen und zu trinken (wie ein neuerer
Reisender von europäischem Rufe gutmüthig nacherzählt), ist eine drollige Mysti=
fikation, eines der vielen Mährlein, die von den schlauen Jägern an neugierige
Frager abgegeben werden.   Wenn auch ein Jäger, im Wahne, schwindelfest zu
werden, vom warmen Blute der Gemse kostet, so geschieht das weder so häufig,
noch so regelmäßig, daß er deswegen einen eignen Becher mitzunehmen brauchte.

Früher bewohnten die Steinböcke den nämlichen Gürtel mit den Gemsen;
gegenwärtig sind diese halbverschollenen Thiere da, wo sie noch leben, in die
Schneeregion zurückgedrängt. Uebrigens waren Gemsen, Murmelthiere und Stein=
böcke schon zur Zeit des Diluviums Bewohner unserer Gebirge.   In der Höhle
des Wildkirchli's liegen die Knochen der Gemse mit denen des Höhlenbärs zu=
sammen. Aber nicht nur Gebirgsbewohner waren sie. Aus den fossilen Knochen=
resten, die öfters in den Kieslagern und alten Moränen des Tieflandes gefunden
wurden, scheint hervorzugehen, daß sie gleichzeitig mit dem Rennthier und Elen,
mit dem Riesenhirsch, Urochsen und Wisent, mit dem wollhaarigen Rhinoceros
und dem Mammuthelephanten in dem schweizerischen Tieflande lebten.

In unserer Region sind endlich auch noch die Verstecke und Höhlen der
großen reißenden Raubthiere der Schweiz, die eine anhaltende und glückliche Ver=
folgung und die überall siegreiche Kultur in die Hochwälder und Schluchten der
Alpen zurücktrieb, ohne sie hier ganz vertilgen zu können.   In der oberen Berg=
und der unteren Alpenregion lauern die Luchse und die Wölfe auf die Ziegen,
Schafe, Gemsen und Hasen; von den Alpen her streifen die Bären weit im
Gebirge umher und umschnobern nächtlicher Weile die Hürden und Ställe. Die
Wölfe sind in der östlichen Schweiz sehr selten, in der südlichen und westlichen
etwas häufiger; die Bären kommen in der westlichen, südlichen und östlichen vor.
Wallis und Tessin beherbergen vielleicht Wölfe, Luchse und Bären ständig; der
Jura hat noch Wölfe und im Süden Bären; Bünden und auch Uri haben Bären,
aber nicht oft Wölfe; in den übrigen Urkantonen, Luzern, Glarus, St. Gallen,
und Appenzell, sind alle drei Raubthierarten in neuerer Zeit ausgerottet, und nur
selten verliert sich aus den benachbarten Hochgebirgen eines dahin.   Im Grunde
sind sie alle und namentlich Luchs und Wolf von der Natur nicht zu Alpenthieren
bestimmt, und sie würden wohl auch einsames, wald= und wildreiches Flachland
oder ein mildes Hügel= und Bergland vorziehen. Da aber bei uns nur einzelne

weite Gebirgsdistrikte mit steilem Hochwald und felsigen Einöden wenig besuchte Orte sind, so blieb diesen Thieren, deren Gefräßigkeit ein weites Jagdrevier erfordert, nur übrig, vor der allgemeinen Verfolgung sich in jene finsteren Wald- und Alpenschluchten zurückzuziehen, wo sie sich wohl lange noch vor gänzlicher Vertilgung gesichert sehen und mit der ihnen eigenen Vorsicht ein dürftiges Leben fristen mögen, während einzelne Exemplare alljährlich ihren guten Balg zu Markte bringen müssen.*) Das Rathhaus zu Davos mit seinen Wolfsrachen und das Gemeindehaus zu Hérémence in Wallis (3854' ü. M.), an dem die Köpfe von Luchsen, Wölfen und Bären prangen, erzählen aber deutlich genug, wie häufig dort diese Räuber in der guten alten Zeit waren.

So arm also auch die Alpenregion an Thiergestalten ist, so verödet sie jedem Besucher erscheinen muß, so beherbergt sie doch gerade die interessantesten Vierfüßer und Vögel des ganzen Landes, als die Heimath der Bären, Geier, Wölfe, Gemsen, Adler, Murmelthiere, Luchse, Vipern u. s. w., von deren Charakter, Haushalt und Lebensweise wir in naturgeschichtlichen Skizzen etwas Näheres mittheilen. Immerhin ist unsere Alpenregion noch reicher als die skandinavische, die außer dem wilden Renthiere, dem Bären, Luchs, Vielfraß, Wolf und Fuchs nur noch die Schnee- und Haselhühner und den Schneeammer besitzt.

---

*) Folgendes ist das amtliche Verzeichniß aus dem Tessin von 1852—1859: Es wurden geschossen:

	Wölfe.		Bären.		Bezahlte Prämien.
	Männl.	Weibl.	Männl.	Weibl.	Frcs.
1852:	3	2	1	1	270
1853:	5	2	1	1	330
1854:	10	9	1	—	780
1855:	1	1	—	—	80
1856:	4	6	1	—	450
1857:	3	1	—	—	140
1858:	3	2	—	—	190
1859:	1	—	—	1	80
	30	23	4	3	2320

Es wurden in diesen acht Jahren im Tessin also 7 Bären und 53 Wölfe geschossen.

Biographien und Thierzeichnungen.

I. Die Giftschlangen der Alpen.

Der Giftapparat. — Die Schlangenbeschwörer im Wallis. — Die Kreuzotter. — Ihre
Lebensweise und Verwundung. — Der Schutz. — Die Vipernfänger. — Eine merkwürdige Vergiftung.

Ueberall schüttet die Natur das reiche Füllhorn ihres reichen Segens aus,
belebt jede Breite der Erde und jede Höhe mit wunderbarer Mannigfaltigkeit und
erhält, was sie belebt, mit Weisheit und Liebe, sodaß die große Welt wie ein
wohlgeordneter Haushalt Gottes vor unsern Augen steht. Wie erklären wir
uns aber in dieser großartigen Harmonie des Bestehenden das Dasein nicht nur
scheinbar nutzloser, sondern entschieden schädlicher Organismen, wie Giftpflanzen
und Giftthiere sind? Jene sind theilweise noch wohlthätig im Dienste der Wissenschaft; diese aber, welche nur von Marktschreiern angeblich zum Wohle des Menschen benutzt werden, sind schwerer im Zusammenhang der ganzen kosmischen
Oekonomie zu begreifen; es wäre denn, daß man ihre Existenz an sich als eine
nothwendige und ihre tödtlichen Waffen als eine Bedingung dieser Existenz auf-
faßte. Und in der That scheint die Fähigkeit, die Anderen den Tod bringt, für
sie ein Mittel zum Leben. Wie den Wolf das scharfe Gebiß, den Luchs die Klugheit und Sprungfertigkeit, so nährt die Viper der Giftzahn. Alle Giftschlangen
— und ihre Anzahl ist an Arten und Individuen im Verhältniß zu der Ge-
sammtmasse der Schlangen eine sehr eingeschränkte — sind plumper, schwerfälliger
gebaut, mit breitem, platterm, beschupptem Kopfe, weit kürzerem Schwanze,
von trägerem, matterem Naturell als die giftlosen, nicht geeignet zu rascher Verfolgung, sondern zum lauernden Abwarten. Ihr gifterzeugender Apparat liegt
in einem drüsenartigen Zellengewebe, das, von einer starken, sehnigen Hülle umgeben, auf beiden Seiten des Hinterkopfes angebracht ist. Der eigentliche Gift-
stoff, den dieser Apparat aus dem Organismus des Thieres absondert, ist in sehr
geringer Menge vorhanden und erscheint als durchsichtige, grünlichgelbe, geruch-
und beinahe geschmacklose, wenig klebrige Lymphe, deren tödtliche Wirkung sehr

von dem Alter und der Art des Thieres, der Jahreszeit, dem Zuſtande des Ver=
wundeten und dem Orte der Verwundung abhängt. Eingetrocknet verliert der
Giftſtoff ſeine Kraft und erſcheint durchſichtig gelblich. Unmittelbar unter der
Giftdrüſe liegt auf jeder Backenſeite ein (ſeltener zwei) hakenförmig rückwärts=
gekrümmter, längerer, nadelfeiner und ſpitzer, von der Wurzel aus fein gehöhlter
Giftzahn, der ſowohl oben gegen die Giftdrüſe als nach unten eine kleine Oeffnung
hat, durch die das Gift ein= und abfließt. Dieſe zwei Giftzähne, hinter welchen
ein paar kleinere, noch unausgebildete ſtehen, um jene beim winterlichen Zahn=
wechſel zu erſetzen, ſind ſelbſt vorwärts und auch ſeitwärts beweglich und ruhen
auf dem durch Muskeln ebenfalls leicht beweglichen Flügelbein des Kieferknochens
in der Art, daß die Giftzähne beliebig zurückgezogen und in eine Falte oder
Scheide des Zahnfleiſches niedergelegt oder durch eine raſch ſich vorſchnellende
Kopfbewegung aufgerichtet und in Kampfbereitſchaft geſetzt werden können. Will
die Schlange ſich ihrer bedienen, ſo reißt ſie den Rachen raſch und möglichſt weit
auf. Dies und der Biß mit dem Giftzahne ſelbſt wirken mit leichtem Drucke
auf die geſpannte Drüſe, deren Giftſtoff in den Zahn und durch deſſen
Rinne auch gleichzeitig in die Wunde tritt und ſich ſo dem Blute des getroffenen
Weſens mittheilt. Bei unſern Vipern iſt die Giftdrüſe ſo klein und die Zahn=
wunde, die kaum über eine Linie tief eindringt, ſo unbedeutend, daß der Biß nur
bei Verletzung blutreicher Gefäße gefährlich oder tödtlich werden kann. Davon
ſcheint unter den Vierfüßern nur das Schwein, der Iltis und der Igel eine Aus=
nahme zu machen. Dieſer läßt ſich von den Vipern in die Seite oder Schnauze
beißen; ja er packt ſie, zermalmt ihren Kopf ſammt Giftzähnen und Drüſen,
wobei er ohne Zweifel durch die nadelfeinen Zähnchen ſelbſt verwundet werden
muß, und frißt ſie auf, ohne irgend ein Unbehagen zu empfinden, während drei
bis vier Vipern hinreichen, ein Pferd oder einen Ochſen zu tödten. Außerdem
vertilgen die Buſſarde, Eichelhäher, vielleicht auch die Raben viele Exemplare,
indem ſie dieſen zuerſt mit etlichen Schnabelhieben den Kopf zerſpalten und ſie
dann verſchlucken. Der Schreiadler, der ſonſt unter den Schlangenvertilgern
eine ausgezeichnete Stelle einnimmt, beſucht bei uns das Revier der Kreuzotter
wohl nur ausnahmsweiſe. Die meiſten höher organiſirten Thiere beweiſen eine
eingeborene tiefe Scheu vor dem giftigen Lurch.

Glücklicherweiſe ſind dieſe gefährlichen Schlangen bei uns durchſchnittlich
nicht allzuhäufig, obwohl ſie im Munde des Volkes noch immer eine anſehnliche
Rolle ſpielen, und ihnen die abenteuerlichſten Fähigkeiten beigelegt werden. Im
oberen Nikolaithal ſollen ſie der Sage nach einſt ſo häufig geworden ſein, daß
die Einwohner einen Schlangenbeſchwörer riefen. Mit ſeiner Pfeife lockte dieſer
zuerſt eine weiße (!) Schlange hervor, um die ſich bald die Vipern ſammelten.
Der Pfeifer durchſtrich nun die ganze Gegend, immer gefolgt von der weißen
Schlange und den ſtets ſich mehrenden Vipern, die er zuletzt am Ende des Zer=
matter Bannes in eine Grube lockte und allzumal lebendig verbrannte. Uebrigens
gab der Wundermann den Zermattern den Rath, nicht alle Vipern auszurotten,

da diese dem Boden einen schädlichen Stoff entnähmen und dadurch die Luft reinigten! Aehnliche Wundergeschichten wiederholen sich nicht selten. Inzwischen haben wohl wenige unserer Leser schon eine lebendige einheimische Giftschlange gesehen, und vielleicht nur selten von einem gefährlichen oder tödtlichen Bisse gehört. Und wie die Schweiz überhaupt nur zwei einigermaßen gefährliche Schlangen hat, nämlich die röthlichgelbe, schwarzgefleckte, gegen drei Fuß lange Redi'sche Viper, die den Jura, die westliche und südliche Schweiz bewohnt, und die Kreuzotter oder gemeine Viper*), die sich von jener sogleich durch die drei deutlichen Täfelchen auf dem Mittelkopf unterscheidet, so gehört nur die letztere dem eigentlichen Gebirge an und ist überhaupt so sehr Alpen= und Bergthier, daß sie bei uns in ebenen Gegenden nie, höchstens bis in die Vorberge der Albiskette, angetroffen wird. In Deutschland dagegen erscheint sie häufig auch in den Niederungen, besonders zahlreich aber auf der schwäbischen Alp.

Die Kreuzotter (Pelias Berus), von den Landleuten oft Kupferschlange genannt, ist auf fast allen Alpen der Centralkette einheimisch, doch mehr sporadisch als in zusammenhängender Verbreitung, fehlt oft in großen Bezirken und kommt in wenigen einigermaßen zahlreich vor. Auf den Alpen von Bünden, Glarus, Tessin, auf der Grimsel, auf dem Gotthard bis über 6000' ü. M. ist sie stätiger zu finden. Sie tritt sehr oft erst oberhalb der Laubholzgrenze auf und steigt z. B. in den Glarneralpen bis zu 7600' ü. M. (Heustock in Mühlebach). Auf der obertoggenburgischen Alp Fliß soll sie an einer gewissen sonnigen Felswand häufig sein; noch zahlreicher ist sie im glarnerschen Hochberge in Bergli, am häufigsten aber wohl in den oberengadiner Bergen, wo sie z. B. im Bernina= heuthal, an der Alp Nuor beim Mortiratschgletscher, im Roseggthal u. s. w. sehr stark verbreitet ist und zu Bevers beim Abbrechen einer alten Mauer haufenweise gefunden wurde. Sie liebt überhaupt sonnige Felsenhänge und liegt gern in der Wärme auf Steinen und Holzstämmen; bei Kühle und Regenwetter kommt sie nicht aus ihrem Versteck und meidet nassen Boden. Im Frühling erscheint sie bald nach der Schneeschmelze und zeigt sich am zahlreichsten bei schwüler, gewitterhafter Witterung.

Ihre Färbung wechselt wie bei den meisten Lurchen nach Alter, Geschlecht, Jahreszeit und Lokal bedeutend ab; aber das breite, dunkelfarbige, genau zusammenhängende Zickzackband viereckiger Flecken, das vom Halse bis zur Schwanz= spitze mitten auf dem Rückgrate fortläuft, ist ihr bleibendes Kennzeichen und unterscheidet sie auch sofort von der ihr sonst nicht unähnlichen österreichischen Natter, die zwei, nicht zusammenhängende Fleckenbänder auf den Seiten des Rückens trägt. Die Grundfarbe der Kreuzotter ist beim Männchen gewöhnlich heller, reiner, bald bläulich, bald bräunlich, gelblich, weißlich, beim Weibchen trüber, mit trübem Grau abgetont, bei beiden Geschlechtern am wenigsten lebhaft nach der Häutung. Die Kehle des deutlich abgesetzten Halses erscheint

---

*) Viper, eigentlich **Vivipara**, Lebendiges gebärend.

weiß, der Bauch bald dunkel marmorirt, bald schwärzlichblau mit weißen und braunen Flecken. Auf der Mitte des Kopfes sitzen zwei dunkle Linien oder Flecke in Form eines V, die, nur oberflächlich betrachtet, für ein Kreuz angesehen werden können. Der Schädel ist glatt, dreieckig geformt, fein beschuppt, in der Mitte mit drei breiten Täfelchen besetzt. Feurig glühen die liderlosen, braunen, aber keineswegs scharfen Augen mit goldenblitzender, seltener gelbrother oder rosenrother Iris, und schon Geßner, der Vater unserer Naturgeschichte, schrieb dem Wurm ein ‚frevel Gesicht‘ zu. Der walzenförmige und muskelkräftige Leib ist beim Männchen am dicksten in der Mitte, beim Weibchen hinter dem Nacken und endet in einer hellen harten Schwanzspitze. Das Männchen ist auch länger geschwänzt als dieses.

Mäuse sind die Lieblingsnahrung dieser Schlange; daneben frißt sie wahrscheinlich auch Nestvögel und bei Futtermangel vielleicht Echsen, Frösche u. dergl. Bei der Dehnbarkeit ihres Schlundes soll sie auch in Versuchung kommen, ganze Maulwürfe zu verschlingen, wobei aber oft die Kieferbänder reißen oder der Leib platze. Natürlich dienen ihr wie den übrigen Lurchen die scharfen Hakenzähnchen nicht zum Kauen, sondern blos zum Festhalten der Beute. Wasser scheut und flieht sie wie alle unsere Schlangen außer der Ringelnatter.

Die Kreuzotter ist eigentlich weder durch ihre Größe, die höchstens zwei Fuß und drei Zoll, noch ihre Dicke, die nur einen Zoll beträgt, noch durch ein wildes Naturell furchtbar. In Ruhe gelassen, greift sie nie einen Menschen oder ein größeres Thier an, flieht sogar beide gern, und nur wenn sie gereizt oder getreten wird, rollt sie sich schneckenförmig zusammen, zischt und schnellt sich pfeilartig auf ihren Feind los, beißt zu, verfolgt ihn aber nicht weiter. Die hochträchtigen Weibchen, die man im Sommer öfters antrifft und die sich durch ihre auffallende Breite kenntlich machen, erscheinen oft ganz unbehülflich und da sie nicht rasch zu fliehen vermögen, bleiben sie meist erschrocken daliegen. Auch wenn sie ihrer Nahrung bedürftig ist, geht sie nicht auf die Jagd, sondern wartet ruhig ab, bis irgend etwas in ihre Nähe kommt, zischelt, schießt los, beißt und läßt dann das Thier ruhig weiter laufen, behält es aber genau im Auge, da sie die Wirkung ihres Bisses wohl kennt. Die Mäuse sterben fast augenblicklich, die Vögel nach einigen Minuten, Schafe und Ziegen nach einigen Stunden, größere Thiere seltener, schwellen aber an und kränkeln einige Zeit. Den kaltblütigen Amphibien scheint der Biß nicht zu schaden. Unter einander hüten sie selbst im Streit sich sorgfältig vor dem Beißen.

Gefangen, nimmt diese Otter durchaus keine Nahrung zu sich und bleibt doch oft 12—16 Monate am Leben. Die zu ihr gesperrten Mäuse pflegt sie zu tödten, aber nicht zu verzehren; sie giebt sogar bei der Gefangennehmung oft die zuletzt genommene Speise wieder her und hungert sich dann zu Tode. Von einer Zähmbarkeit des dummtollen Thieres ist keine Rede. Auch in der Freiheit scheint sie wenig Nahrung einzunehmen und sucht sich eine neue Maus erst wieder nach etlichen Tagen, wenn die verzehrte verdaut ist. Man fängt sie leicht, wenn

man ihr mit dem Stiefel auf den Kopf tritt, den Schwanz mit der Hand faßt
und sie so in eine Schachtel schlüpfen läßt. Sie vermag es bei wüthendem Ge=
zisch nicht, sich nach der Hand am Schwanze zurückzubiegen. Ein geübter
Schlangenfänger kann sie auch ohne Weiteres mit der Hand vom Boden auf=
heben. Hat man Stiefeln an, so riskirt man gar nichts; denn diese Giftwürmer
erheben sich nicht höher als diese und beißen nicht durch das Leder.

Nicht ganz selten geschieht es, daß Kinder, Holzhauer, Wildheuer, Jäger,
Wanderer, Sennen gefährlich gebissen werden. Wenn es nicht heiß ist, wo dann
das Gift sich mehr zu koncentriren scheint, oder der Gebissene nicht erhißt ist,
wobei es schneller ins Blut tritt, oder die Viper nicht in kräftigem Stande ist,
so hat die Wunde keine tödtlichen Folgen, sofern der Verletzte nur den Muth
nicht verliert, sogleich scharf die Wunde aussaugt, dann ausschneidet, unterbindet
oder mit Schwamm ausbrennt. Hierauf legt man etwas Aetzendes auf, ver=
dünntes Scheidewasser, Lauge oder wenigstens Branntwein. Das Aussaugen
ist bei gesundem Munde und nicht allzukräftiger Anstrengung gefahrlos, da das
Otterngift dem Magen ganz unschädlich ist und nur unmittelbar im Blute wirkt.
Kann man die Wunde weder aussaugen noch ausschneiden, so unterbindet man
sie wenigstens so fest als möglich und legt eine glühende Kohle darauf und nach=
her Aetzstoff. Schon nach wenigen Minuten macht das Gift starken Schwindel,
zersetzt das Blut, bringt es in faulige Gährung; der Verwundete wird todesmatt,
es stellen sich Erbrechen, Krämpfe, Schlingbeschwerden, Ohnmachten ein, die
Wunde schwillt an, wird aber nur unter den ungünstigsten Umständen und bei
Vernachlässigung tödtlich, dann aber oft binnen wenigen Stunden, oder zieht
öfters jahrelange Leiden nach sich. Ein im Sommer 1860 in Vicosoprano
(Bergell) gebissener Arbeiter starb am vierten Tage.

So todbringend die Kreuzotter den übrigen Thieren ist, so zäh ist ihr eigenes
Leben. Unter der Luftpumpe hält sie noch 18—24 Stunden aus; der ab=
gehauene Kopf beißt und vergiftet noch nach einer Viertelstunde, wie z. B. im Val
Tuors im August 1824 ein 1½jähriges Mädchen von einem abgeschlagenen
Viperkopfe in den kleinen Finger gebissen wurde und nach 18 Stunden starb.
Tabaksaft indeß tödtet sie nach einigen Minuten, Blausäure augenblicklich, wahr=
scheinlich auch Chloroform und Aether.

Im Winter sammeln diese Thiere sich in Gemäuer, Steinhaufen, zwischen
Laub und Moos, in hohlen Bäumen, oder kriechen mehrere Fuß tief in Mäuse=
löcher, wo sie — aber nicht fest — schlafen. Vom Frühling an leben sie meist
paarweise bei einander. Im Laufe des Sommers häuten sie sich fünfmal und
gebären wie alle Giftschlangen (etwa ein Vierteljahr nach der Paarung, im Juli
oder August) lebendige, röthlichgraue, braungezeichnete Junge, die im Augenblick
der Eierablage oder sofort nach derselben die Schaale sprengen, 6—15 Stück, die
6—7 Zoll lang und bereits mit wirkenden Giftzähnen bewaffnet sind. Die Jungen
kriechen schon im Mutterleibe aus ihren Eierhüllen, sind aber erst in sieben Jahren
ausgewachsen. In der ersten Zeit nähren sie sich von Würmern, Eidechsen u. dergl.

Früher wurden sowohl die Redi'sche Viper als die Kreuzotter oft medi-
cinisch gebraucht und von den Apothekern in Fässern mit Kleie lebendig erhalten.
Ihr Fett wurde für heilsam gehalten und ihr Fleisch giebt vortreffliche, nahrhafte
Fleischbrühen.   Es wird ebenso gut ohne Schaden gegessen wie das Fleisch der
von ihnen getödteten Thiere.   Beide Viperarten waren neben vielen anderen
Schlangen ein Bestandtheil des berühmten venetianischen Theriaks.

Der Fang dieser Schlangen war so lohnend, daß ihnen überall, wo sie sich
aufhielten, eifrig nachgestellt ward; doch geschah dies in sehr verschiedener Weise.
Nach Geßners naiver Angabe wurde den Ottern in Hecken und Steinhaufen Wein
hingesetzt.   Alsbald kamen die leckerhaften Würmer hervor, tranken, kriegten ein
Räuschchen und wurden im Katzenjammer erwischt!   In Frankreich begab sich
der Schlangenfänger mit einem Kessel und Dreifuß an ihren Aufenthaltsort,
zündete ein Feuer an, fing eine Otter, warf sie lebendig in den Kessel und röstete
sie.   Ihr fürchterliches Zischen lockte die übrigen Ottern aus allen Ritzen herbei,
die der Jäger nun mit einem ledernen Handschuh aufhob und in den Sack schob.
Ein glaubwürdiger Augenzeuge erzählt von dieser Fangmethode bei Poitiers, von
der wir uns keinen rechten Begriff machen können, und fügt bei, er habe der
Jagd, die ihn an den Hexenkessel im Macbeth erinnerte, nie ohne Grausen zugesehen.

Die italienischen Vipernfänger befestigten Reifen auf dem Boden und lockten
mit einem zischenden Pfeifchen die Würmer, die alsbald hervorkamen, an den
Reifen sich in die Höhe richteten, mit einer Zange gefaßt und in einen Sack geschoben wurden, und noch vor einigen Jahrzehnten sah man in Mailand Leute,
die oft über sechszig lebende Ottern in einem Kasten trugen und sie nach Wunsch
stückweise todt oder lebendig verkauften.   Am Jura hielt sich ein Apotheker einen
ganzen Park Redi'scher Vipern und versandte sie lebendig in Schachteln mit Säge-
spänen durch die ganze Schweiz für 40 Kreuzer das Stück.

In unseren Tagen fängt kaum noch der Naturforscher oder Liebhaber sich
ein paar Exemplare, und doch scheinen sich die Vipern nicht zu vermehren.   Nach
Matthison's und Ebel's Angabe sollen sie am St. Salvadore bei Lugano so
häufig gewesen sein, daß ganze Landhäuser verlassen werden mußten.   Dr. Schinz
durchsuchte, wie auch wir, öfters jenen Berg, ohne ein Stück zu finden, und er gab
dann einem bekannten tessinischen Schlangenfänger den Auftrag, ihm welche zu
senden.   Bald darauf sandte ihm derselbe eine Büchse voll, die alle giftig seien.
Begierig öffnete Schinz die Kapsel und fand sechszehn Stück ungiftige Würfel-
nattern.   Ueberhaupt wird die Häufigkeit und Gefährlichkeit der Vipern sehr oft
übertrieben.   Wir haben bei aller Nachforschung in neuerer Zeit nur wenig zuverlässige Beispiele auffinden können, wo ein Vipernbiß von tödtlichen Folgen
gewesen wäre, und selbst in Gegenden, wo diese Thiere zu Dutzenden liegen, wie
auf den Ofnerbergen und im Oberengadin, weiß man kaum von einer Verwundung an Menschen oder Vieh.

Das merkwürdigste Beispiel der Vergiftung durch den Otternbiß erlebte der
vielverdiente Forscher Dr. Lenz.   Ein schlechter Kerl, Hörselmann mit Namen,

machte sich groß, ein Mittel zu kennen, mit dem er sich dem Bisse der Vipern ungestraft aussetzen könne. Er kam zu Lenz, der mehrere lebendige Vipern zu Versuchen hielt, und bat, sie ihm zu zeigen. Er rühmte sich, sie wohl zu kennen, und wollte, um zu zeigen, wie wenig er sich fürchte, zugreifen und eine Viper in die Hand nehmen. Gewarnt, unterließ er es einen Augenblick. Allein ehe sich's Lenz versah, griff er in die Vipernkiste und nahm eine ruhig daliegende Viper mitten am Leibe, hob sie hoch empor und sprach einige unverständliche Zauberworte. Die Schlange blickte ihn grimmig an und züngelte sehr stark; dessenungeachtet steckte er schnell ihren Kopf in den Mund und that, als ob er daran kaue. Bald zog er sie wieder zurück und warf sie in die Kiste, spie dreimal Blut aus und sagte, indem sich sein Gesicht schnell röthete und seine Augen denen eines Rasenden glichen: ‚Mit meiner Wissenschaft ist es nichts, mein Buch hat mich betrogen‘. Lenz wußte nicht, ob die Sache Betrug oder Ernst sei, und verlangte, Hörsel= mann solle ihm die Zunge zeigen. Dessen weigerte sich dieser, klagte über Schmerz, bezeichnete die Stelle des Bisses weit hinten an der Zunge und verlangte, nach Hause zu gehen, wo er schon Mittel habe, welche ihm helfen würden. Oel wollte er keines nehmen und ging noch ziemlich festen Schrittes, um seinen Hut zu holen, wankte aber bald und fiel um, stand wieder auf und fiel von neuem nieder. Er sprach noch deutlich, aber leise; sein Gesicht röthete sich mehr, die Augen wurden matter; er beklagte sich über Schwere des Kopfes und bat um eine Unterlage. Man trug ihn auf einen Stuhl, wo er sich anlehnen konnte; er blieb ruhig sitzen, klagte anfangs über Hunger, da er den ganzen Tag noch keine feste Nahrung genossen habe, forderte Wasser, trank aber nicht, senkte den Kopf, fing an zu röcheln und verschied. Die ganze Scene hatte 50 Minuten gedauert und 10 Minuten nachher war die Leiche schon kalt. Am folgenden Morgen zeigten sich bereits Spuren der Fäulniß, und die Leichenöffnung wurde vorgenommen. Stirn, Augen, Nasenlider, die linke Hand und der linke Schenkel waren blau, die Zunge geschwollen und in der Mitte, wo die Wunde war, fast schwarz, die Hirngefäße voll dunkeln Blutes und die Lungen ungewöhnlich blau. Der Uebergang vom Leben zum Tode glich hier wie in anderen Bißfällen einem ruhigen Einschlafen. Keine Beklemmung des Athems, keine Bangigkeit war eingetreten, wohl aber ein sehr schnelles Sinken der Kräfte und Störung der willkürlichen Bewegung.

Von der Kreuzotter zeigt sich auch öfters eine schwarze Abart (die sogenannte Vipera prester), doch bei uns nie in den unteren Gegenden, sondern immer nur in den Alpen; so im Glarnergebirge im Wiedersteinerloch (2600' ü. M.), auf der Mühlebach= und Uebelisalp, in den Alpen des waadtländischen Oberlandes, des Wallis am Fuß der Beverserberge und wahrscheinlich sporadisch in der ganzen Centralkette. Soweit diese Otter beobachtet wurde, stimmt sie in Giftigkeit und Lebensweise mit der gemeinen überein. Häufig zeigt sie sich in der rauhen Alp und ebenso haben wir sie auch im Schwarzwald gefunden. Die bisher in ziem= licher Anzahl gesammelten Exemplare waren alle weiblichen Geschlechts. Der Echidnolog H. E. Linck ist neuerlich so glücklich gewesen, ein trächtiges Exemplar der schwarzen Abart zu erhalten und daſſelbe von elf Jungen zu entbinden, die ſich in nichts von gewöhnlichen jungen Kreuzottern unterſchieden. Er hat konſtatirt, daß die ſchwarze Viper eine nicht konſtante weibliche Spielart der gewöhnlichen Kreuzotter iſt, daß ſie ſich mit dieſer paart und gewöhnliche Kreuzottern gebiert.

II. Die Steinhühner.

Ihre Naturgeſchichte, Jagd und Verbreitung.

Die Feldhühner ſind in der Schweiz nur durch das Rebhuhn, das Steinhuhn, das Rothhuhn und die Wachtel vertreten, und von dieſen kommt nur das Steinhuhn im höheren Gebirge vor.*) Das Rebhuhn trifft man nur ſehr ſelten bis zum obern Saume der Bergregion. Das Rothhuhn (Perdix rubra), dem Steinhuhn ſehr ähnlich, aber mit einem größeren ſchwarzen Strahlenkreiſe an der Kehle geziert, reicht im Teſſin und im Jura nicht hoch und erſetzt das Steinhuhn im ſüdlichen Europa. Im Jura will man auch Baſtarde von Rothhuhn und Rebhuhn gefunden haben. Die Wachtel zieht im Ganzen die freie, offene Ebene vor, geht aber öfters in die üppigen Matten der hohen Gebirgsthäler von Uri (Urſernthal), Bünden, Unterwalden, Bern und Wallis. Das Steinhuhn (Perdix saxatilis) dagegen iſt ein rechter Alpenvogel, geht nie in die Wälder oder Ebenen und findet ſich nicht im Jura, wohl aber in den waadtländiſchen Alpen.

Wie alle unſere wilden Gebirgshühner iſt auch das Steinhuhn, oder wie man es in Bünden nennt, die Perniſe, von ausgezeichneter Schönheit. Es iſt ziemlich viel größer als das Rebhuhn; ſein rother Schnabel, ſeine rothen Augenlider und Füße zieren es beſonders. Daneben iſt es blaugrau auf dem Rücken, mit trüb purpurroth überlaufenen Schultern, weißer, ſchwarzbebänderter Kehle, auf der Bruſt mit roſtgelben, ſchwarz eingefaßten Querbändern und kaſtanienbraunen Flecken; von den ſechszehn Schwanzfedern ſind die vier mittelſten aſchgrau, die übrigen dunkel roſtroth mit Atlasglanz. Selten ſieht man auch eine ganz weiße Spielart.

Zutraulicher als die meiſten Alpenhühner, bewohnt es im Frühjahr paarweiſe, ſpäter in kleineren und größeren Völkern, die Sonnenſeite unſerer Hoch-

---

*) Von der merkwürdigen Einwanderung des aſiatiſchen Fauſt= oder Steppenhuhnes (Syrrhaptes paradoxus), die längs der Küſten und Inſeln der Oſt= und Nordſee in den letzten Jahren bis in die Niederlande, nach Schottland und Frankreich vordrang, wurde auch die Schweiz berührt, da von Auguſt bis Dezember 1863 ſowohl bei Genf als im Kanton Bern und Zug vereinzelte Exemplare geſchoſſen wurden.

alpen in etwas begrasten Schutthalden, da, wo der Holzwuchs aufhört, bis gegen die Schneegrenze hin; also höher als das Birkwildpret und oft ebenso hoch wie das Schneehuhn. Es ist der Gefährte des Murmelthiers und am zahlreichsten in Graubünden, wo es zur gemeinen Jagd gehört; doch auch in den übrigen Alpen nirgends ganz selten.

Hier lebt es am liebsten an sonnigen Gehängen zwischen Krummholz und Alpenrosenstauden, unter den hohen Mauern der Felsenwände, in Geröllschluchten und Schneebeeten, zwischen Steinblöcken und Kräutern, wo es bald gebückt, mit krummem Rücken, bald anstandsvoll, mit barettartig aufgesträubten Ohrfedern umhermarschirt, selten auffliegt, außerordentlich hurtig läuft und sich rasch und gut zwischen Stein und Kraut zu verbergen weiß, bis die Gefahr vorüber ist. Es fliegt ungezwungen nie hoch auf einen Baum, birgt sich aber wohl im Noth=fall in den dichten Nadelzweigen der Wettertanne. Abends und Morgens, beson=ders im Frühjahr, im Spätherbst, bei Nebel auch Mittags, läßt es einen an=dauernden Ruf hören. Der Steinhahn lebt nur mit Einem Weibchen und ist so eifersüchtig auf seinen Nebenbuhler, daß er bis auf den Tod mit ihm kämpft, wobei er sich durch weithin lärmendes Gezänk verräth und in seiner Raserei den lauernden Jäger kaum bemerkt. Diese Hühner sind sonst von sanftem Wesen und lassen sich sehr leicht zähmen, wobei sie gegen ihre Pfleger recht zutraulich werden.

Im Sommer nähren sich die Steinhühner besonders von den Knospen der Alpenrosen und anderer Hochgebirgspflanzen, von Spinnen, Larven, Ameisen und dergleichen; im Winter, wo sie von den hohen Regionen in die tieferen Stein=halden, oft bis in die Nähe der Bergdörfer und selbst des Tieflandes herunter=gehen (so z. B. aus den Churfirsten bis in die einsamen Felsenufer des Wallen=städtersees herunter), von allerlei Gesäme, Wachholderbeeren, Fichtennadeln und weiden fleißig auf schneefreien Grasplätzen. Man findet sie zu dieser Zeit häufig im Schutze der Alpställe und Hütten; ja sie wagen sich sogar bis an bewohnte Berghäuschen heran und sind schon bis in die Nähe von Chur heruntergekommen. In der Gefangenschaft fressen sie allerlei Getreide, Gemüse, Kartoffeln, selbst gekochtes Fleisch. Die von Haushennen ausgebrüteten Jungen gedeihen bei zer=hackten Eiern, Milch und gequellter Hirse gut, fliegen aber leicht weg, wenn ihnen die Flügel nicht zeitig gestutzt werden. Eine früher gefangengehaltene Pernise wohnte einen ganzen Winter durch frei unter dem Vordache eines Hauses in Grüsch (Prätigau). Im Frühjahr verschwand sie, kehrte aber im folgenden Winter mit einer Gefährtin wieder zurück, pochte am Fenster um Nahrung und beide blieben den ganzen Winter über bei dem gastlichen Hause.

Unter einem Felsblock, in einer Steinspalte oder zwischen Alpenrosen, Haidekraut und Baumwurzeln brütet die Steinhenne im Juli 12—18 ledergelbe, dunkelbesprengte Eier aus, deren Küchlein von der Mutter sorgfältig gepflegt und geschützt werden.

Die Jungen haben wie die Alten eine außerordentliche Fertigkeit im sich Verstecken und sind verschwunden, ehe man sie recht gewahrt. Stört man eine

STEINHÜHNER.

Familie (von 10, oft 25 Stück) auf, so stürzen sie nach verschiedenen Richtungen fast ohne Flügelschlag mit dem ängstlichen Rufe ‚pitschyy=pitschyy‘ pfeilschnell seitwärts oder abwärts, meist blos 40—80 Schritt weit, und doch ist man nicht im Stande, in den Steinen oder Sträuchern auch nur eines wieder zu ent= decken. Hat aber der Jäger etwas Geduld und versteht er es, mit einem Lock= pfeifchen den Ruf der Hühner, den sie bei schönem Wetter Morgens und Abends, bei Nebelwetter aber den ganzen Tag durch hören lassen und der ‚chazibiz=chazibiz‘ lautet, nachzuahmen, so sammelt sich bald das ganze Volk der geselligen Thiere wieder, und er schießt oft unter stäter Wiederholung des gleichen Experimentes den größten Theil des Fluges weg. Im Bündnerlande geschieht die Jagd oft vor dem Hühnerhunde; dort und im Tessin fängt man die Pernisen auch mit Roß= haarschlingen oder Schlagfallen. Die lebenden Vögel haben eine so starke Muskel= kraft, daß man sie nur mühsam mit beiden Händen festhalten kann, indem sie sich fortwährend zurückziehen und mit großer Gewalt wieder emporschnellen. Zufällig entdeckten wir bei diesem Thiere auch die überraschende Fähigkeit, daß es ganz fertig schwimmt. Drei in einem Käfig gehaltene Steinhühner entschlüpf= ten beim Transport im Hafen von Friedrichshafen dem Käfig, flogen über Bord und ließen sich im Wasser nieder. Hier schwammen sie ganz ruhig umher, machten aber keinen Versuch zum Auffliegen, als sie mit einem Boote wieder aufgefangen wurden. Aehnliche Beobachtungen wurden von Holböll auf Grönland an Schnee= hühnern gemacht, die er sowohl in Gebirgswassern als in der sog. Südostbucht bei hoher Kälte im Meere sich baden und schwimmen sah, und von Wodzicki an Rebhühnern.

Leider ist das niedliche Geflügel der Steinhühner den Alpenraubvögeln. Füchsen, Wieseln und Mardern sehr ausgesetzt. Auch die Jäger, die sich mit Steinhühnern und Schneehühnern begnügen, wenn sie keine Murmelthiere und Füchse bekommen, decimiren sie stark und tragen dadurch zur allmäligen Ver= ödung der Alpen viel bei. Das Fleisch des Steinwildprets ist nämlich von außer= ordentlicher Feinheit und Schmackhaftigkeit und den rechten Feinschmeckern durch einen gewissen balsamischen, schwachbittern Beigeschmack und aromatischen Geruch eine hohe Delikatesse, die sie den Rebhühnern und derbern Schneehühnern weit vorziehen.

Wie das Schneehuhn nördlich von den Alpen oft und im hohen Norden außerordentlich zahlreich vorkommt, südlich von denselben aber nie gefunden wird, so ist das Steinhuhn bei uns sein Nachbar in der obern Alpenregion, in Griechenland, der Türkei und Vorderasien aber, theilweise neben dem Rothhuhn, dem Klippenhuhn und Frankolin, ein gemeines Geflügel und zwar in dem Maße, daß es den Bewohnern von Unteritalien und ganz Griechenland ein wichtiges und nothwendiges Nahrungsmittel wird und ihnen im Herbste als Fleischspeise für jeden Stand gilt. Zu Tausenden werden sie auf die Märkte gebracht und die außerordentlich wohlschmeckenden Eier ebenso zu Tausenden aufgesucht und verkauft. Da die Steinhühner sehr kampfbegierig sind, so halten die Bewohner des griechischen Archipels oft Hahnenkämpfe mit ihnen ab, zähmen die Hühner vielfach als Hausvögel und treiben sie in Schaaren auf die Weide. Aus Smyrna wird uns berichtet, daß sie in den dortigen Gebirgen ebenfalls zahlreich seien und schaarenweise in die Ebene herabkommen, wenn das junge Grün sprosse.

III. Die Birkhühner.

Cantu nascentem lucemque diemque salutans.

Naturgeschichtliches. — Das mittlere Waldhuhn und seine Herkunft. — Analoge
　　　　Bastardirungen.

In den Waldkantonen wird von den Wildhändlern und Jägern oft ein Vogel zum Verkauf angetragen, den sie F a s a n nennen, ein sehr hübsches Thier mit hochrothen, kammartigen, zur Balzzeit fingerdick angeschwollenen Augen= brauen, bläulich schwarzem, metallglänzendem Gefieder mit weißem Flügelbug, zwei braunen Streifen auf den Schwungfedern und stattlichem, gabelförmig ausgeschnittenem Schwanze, dessen Zinken stark auswärts gebogen sind, und stark befiederten, grauschwarzen Füßen. Es sind dies keine wilden Fasane (solche hat die Schweiz überhaupt nicht), sondern B i r k h ä h n e, die auch Spielhahn, Schildhahn genannt werden, in der Größe eines mittleren Haushahns und 2 bis 3 1/2 Pfund schwer. Die Henne ist bunt rostfarben und schön schwarz gefleckt, hat über dem Flügel eine weiße Binde und einen kurzgegabelten, schwarz gebän= derten Schwanz, ist viel kleiner als der Hahn und wiegt selten über anderthalb Pfund.

Wie das Urwild nicht leicht über die mittlere Waldregion hinansteigt, lieben die Birkhühner eben so sehr die gebirgigen oberen Wälder und gehen gern bis an die Grenzen des Holzwuchses, wo sie die Lichtungen mit dichtem Haidekraut oder Heidel = und Brombeerbüschen besonders vorziehen und auch die Reviere der Legföhren, die ihnen guten Schutz gewähren, lieben. Hier streichen sie nicht eigentlich, sind aber auch nicht ächte Standvögel. Zweimal im Jahre verlassen sie mit Unruhe ihre Wohnorte und fliegen umher, finden sich aber oft nicht wieder zurück, werden verschlagen und gerathen in fremde Striche. Das Birk= huhn ist überhaupt ein ziemlich dummer Vogel; der Ortssinn ist bei ihm wenig entwickelt und seine angeborene Scheu und Wildheit rettet ihn häufiger vor Ver= folgung, als Vorsicht und Ueberlegung. Im Simmenthale hat man beobachtet, daß die Birkhühner ziemlich regelmäßig im Spätherbst nach den Walliserbergen hinüberstreichen, wo sie zahlreich gefangen und geschossen werden.

Sie sind in unseren Gebirgswaldungen bald spärlicher, bald zahlreicher als die Urhühner, obwohl diese zu Zeiten auch gut gedeihen, auch viel leichter und lebhafter in ihren Bewegungen, als diese, mit denen sie übrigens den schweren, schnurrenden Flug gemein haben. Sie laufen sehr behende im Gestrüppe, meistens in kleinen Familien; die älteren Hähne dagegen leben einsam. Das birkhuhnreichste Revier der Schweiz ist ohne Zweifel Graubünden und hier wieder das düstere, mit dichtem Bergwald und finsteren Flühen ausgekleidete Val Minger, ein selten besuchter Seitenarm des Val da Scarl (Unterengadin). In den struppigen Leg- und Bergkiefern und Arvenbüschen jener Schlucht hört man die Hähne im Frühling von allen Seiten balzen, und es mögen oft Jahre vergehen, ehe ein Anderer als ein Holzhacker oder Gemsenjäger jene Wildniß betritt.

Zur Zeit der Begattung, wenn die Knospen der Birken schwellen, sind die Hähne, die sonst ein ruhiges und behagliches Leben vorziehen, sehr kampflustig und raufen sich unter einander mit fächerartig aufgerichtetem Schwanze, niederhangenden Flügeln und gebücktem Kopfe ganz nach Art unserer Haushähne und wie diese oft auf Tod und Leben. Die Balzzeit dauert im Gebirge ziemlich lange, beginnt, je nach dem Frühlingseintritt, oft schon Anfangs Aprils und dauert bis Ende Mais. Im Jahre 1860 z. B. hörten wir vor Anfangs Mais keinen Balzruf; am lebhaftesten aber war er in der zweiten Hälfte dieses Monats, wo wir ihn oft und genau in den verschiedensten Höhen zu beobachten Gelegenheit hatten; im Jahre 1866 dagegen ertönte der erste Balzruf im gleichen Revier schon gegen Ende des überaus milden Februars. Dieser Ruf beginnt sehr frühe. Vor Eintritt der Morgendämmerung, beinahe eine Stunde vor Sonnenaufgang, hört man in den Alpen bis 5000' ü. M. zuerst den kurzen Gesang des Hausröthlings eine Weile ganz allein; bald darauf weckt der hundertstimmige Schlag der Ringamseln alles Vogelleben vom düstern Hochwald bis zu den letzten Zwergföhren hinan und erfüllt alle Flühen und Bergthäler. Unmittelbar darauf, wohl eine starke halbe Stunde vor Sonnenaufgang, tönt der sonore erste Balzruf des Birkhahns weit durch die Runde und ihm antworten hier und dort, von dieser Alp, von jener Felsenkuppe, aus diesem Krummholzdickicht und von jenem kleinen Bergthalwäldchen herauf die Genossen. Mehr als eine halbe Stunde weit hört man das dumpfe Kollern und zischende Fauchen jedes Einzelnen aus allem Vögeljubel deutlich heraus. Anfangs der Balzzeit dauern die Rufe nur kurz und hören bald nach Sonnenaufgang auf; auf beschatteten Plätzen dauern sie länger an. Etliche Wochen später kann man sie den ganzen Morgen hören, besonders bei trübem Wetter; doch ist darüber kaum eine Regel anzugeben. Es giebt Gegenden und Jahre, in denen die Balzzeit sehr kurz und unregelmäßig, andere, in denen sie lange und beständig anhält. Abends vor Sonnenuntergang balzen im Gebirge die Hähne kürzer und leiser, als in der Frühe. Ebenfalls kurz und unregelmäßig hört man sie in warmen Herbsten, und zwar im Oktober noch Morgens 9 Uhr, balzen, wahrscheinlich nur junge Hähne. Der vollkommene Ruf besteht eigentlich aus zwei Theilen, einem 3—4 mal wiederholten, dumpfen, lachtaubenartigen Kollern, an das sich ein 1—2 mal wiederholtes zischendes Fauchen anschließt. Zu diesem kömmt bisweilen noch ein weiteres, schwer zu qualifizirendes

Getön. Doch herrscht hier die größte Verschiedenheit, sowohl bei alten als jungen
Hähnen. Oft hört man nur kollern, oft nur zischen. Alte Hähne, die etwas
Verdächtiges bemerkt haben, sahen wir oft, sich fürderhin blos auf das Zischen
beschränken, später abfliegen, dann wieder zischen oder ganz schweigen, während
jüngere abflogen, sofort wieder vollkommen balzten und dies selbst nach Fehl=
schüssen 3—4 mal wiederholten.

Balzende Birkhähne bieten einen drolligen Anblick dar. Sie stehen bald
auf dem höchsten Fichtenwipfel, bald auf einem dürren Ast oder Strunk, bald
auf einem Bergrücken, bald mitten in einer Alpweide, ja sogar auf einem Alp=
hüttendache, senken die Flügel, spreizen den schönen Gabelschwanz zu einem weiten
Fächer aus, daß die silberweißen Bürzelfedern weithin schimmern, nicken mit dem
Kopfe, dessen scharlachrothe Augenwülste hoch aufgeschwollen sind, und drehen
sich im Kreise oder springen auf der Erde in Sätzen herum, die heftigste Leiden=
schaft verrathend. Oft gluckst die Henne in der Nähe im Gebüsch, oft fehlt sie
ganz, und der trunkene Hahn arbeitet blos zum eigenen Vergnügen. Während
des ganzen Aktes aber hört und sieht der Birkhahn — im Unterschiede vom Ur=
hahn — Alles genau.

Das Weibchen legt hierauf an einer wohlverborgenen Stelle in dichtem
Alpenrosen= oder Haidegebüsch oder auch unter Tannen, die bis auf den Boden
hinab beastet sind, in ein aufgescharrtes Loch 6—12 hühnereigroße, zwiebelgelbe
und braunpunktirte Eier, die es drei Wochen lang allein bebrütet. Angriffe von
ungepaart gebliebenen Hähnen werden von dem stets in der Nähe weilenden recht=
mäßigen Gatten abgewiesen. Muß es die Eier verlassen, um seiner Nahrung
nachzugehen, so bedeckt es dieselben sorgfältig mit Moos und Blättern. Wird
der Hahn während des Brütens weggeschossen, so stellt die Henne das Brüten
ganz ein. Die Küchlein piepen wie die Haushühnchen, und wenige Stunden,
nachdem sie aus der Schale geschlüpft sind, werden sie von der Mutter auf die
Weide geführt, wo sie ihnen Würmchen und Ameisenlarven ausscharrt. Nach
wenigen Wochen fliegen sie mit ihr auf die Bäume. Später sitzt die ganze
Familie gern hin und her zerstreut auf dem gleichen Baume; im Spätherbst und
Winter scheinen sich oft mehrere Familien zu vereinigen, da man diese Hühner
zu 20—30 Stück auf den Felsenköpfen beisammen sitzen sieht; im folgenden
Frühling aber geht die Gesellschaft auseinander, und die jungen Hähne gründen
sich eine eigene Familie, während die alten bald einzeln bald in Mehrzahl bei=
sammen leben.

Im Winter nähren sich die Birkhühner von Baum=, besonders Birken=
knospen, Blüthenkätzchen, Fichten= und Arvennadeln, am liebsten aber von Wach=
holderbeeren, graben auch im Schnee längere Gänge, um zu den Knospen der
Heidel= und Preißelbeeren und Alpenrosen zu gelangen; im Frühjahr fressen sie
dann allerlei junges Kraut, selbst die Blüthenbüschel der giftigen Wolfsmilch in
großer Menge, im Sommer eine Masse von Käfern, Spinnen, Heuschrecken,
Ameisen, Schnecken, Alpenrosenblättern, Arvennadeln und allerlei Beeren und

BIRKHAHNBALZE.

Früchte, im Herbste gern wilde erbsenartige Sämereien, auch Nadelholzsamen, Thymian, Alpenjohannisbeeren, Heidelbeerästchen, Zwerghollunderbeeren, Liguster- und Vogelbeerblätter. Daneben verschlucken sie wie alle Hühner viele Quarz- körner und Sand zur Verdauung, lieben es auch, wie die Wachteln und Ur- hühner, im Sande oder Staube sich zu baden.

Das Fleisch der Birkhühner ist weit zarter und saftiger als das des Ur- geflügels. Die Jagd erfordert sehr viel Vorsicht und Beharrlichkeit. Der Jäger muß entweder in einer Zeit, wo noch die obern Berge nicht bewohnt sind, daselbst übernachten oder schon nach Mitternacht im Thale aufbrechen, um lange vor Sonnenaufgang in der Nähe der Balzplätze zu stehen, die er genau kennen muß, wenn er nicht die schönste Zeit mit Irregehen verlieren will. Denn weil man den Ruf sehr weit hört, so täuscht er in Bezug auf die Entfernung und auf die Höhe und Tiefe gar sehr. Steht der Hahn hoch auf einem isolirten Baum oder im dichten Krummholz, so ist ihm direkt gar nicht beizukommen, und der Jäger muß sich aufs Locken d. h. aufs genaue Nachahmen des Balzrufes in gedeckter Stellung verlegen. Dies ist ein Haupterforderniß eines guten Birkhahnjägers und oft die ausschließliche Bedingung des Erfolgs. Sowie der Hahn den ver- meintlichen Nebenbuhler hört, fliegt er neugierig, eifer- und streitsüchtig herbei; nur etwa ein alter, gewitzigter Bursche folgt dieser Lockung nicht. Im Kanton Glarus schießen z. B. die Jäger Schwitter in den Näfelserbergen in jeder Saison an 40 Stück und drüber vermöge ihres Balztalentes. So scheu diese Thiere im Allgemeinen sind, und so rasch sie beim Gewahrwerden des Jägers abstäuben, so sind wir doch schon wiederholt Zeuge gewesen, daß junge Hähne, vor dem Hunde aufbäumend, diesen so fest anstarrten, daß der Jäger ungedeckt nahen und schießen konnte, ja daß sie sogar den Jäger neugierig betrachteten und — einmal — daß ein Hahn selbst nach einem Fehlschusse nicht abstäubte. Starke Hähne bedürfen eines kräftigen Schusses und gehen oft verloren, da sie mit zerschmettertem Flügel tief ins dichteste Unterholz laufen oder in Erdlöcher kriechen. In einigen Gegenden werden Hähne und Hennen in Roßhaarschleifen gefangen. Jung eingefangen, lassen diese Vögel sich leicht zähmen, brüten sogar, halten aber nie über zwei Jahre in der Gefangenschaft aus. In Skandinavien gelingt es auch, das Ur- huhn zu zähmen; indessen wird es nie so zahm und traulich wie das Birkhuhn und läuft oft boshaft hinter den Leuten her, um sie zu picken.

Unsere einheimischen Birkhühner werden von den Bauern und Jägern für zuverlässige Wetterpropheten gehalten. Wenn im Frühjahr schlechtes Wetter bevorsteht, so sollen sie öfters bis tief in den Vormittag hinein ihr Balzen fort- setzen und es zwischenhinein mit einem marderähnlichen Geheul unterbrechen, bald auf der Erde, bald auf Baumstrünken oder Lärchenbaumgipfeln.

Merkwürdigerweise hat man äußerst selten (nämlich zweimal im Prätigau, zweimal im Kanton Uri, einmal im st. gallischen Oberland und einmal im Wallis) noch eine weitere Hühnerart angetroffen, die ebenso große Aehnlichkeit mit dem Urhahn wie mit dem Birkhuhn hat und die man mit gutem Grunde für eine Bastardart zwischen dem Birkhahn und der Urhenne hält und das mittlere Waldhuhn (Tetrao medius) nennt. Das Männchen ist größer als der Birkhahn und kleiner als die Urhenne, und sieht einem dickköpfigen Birkhahn mit abgehacktem Schwanze gleich. Im nördlichen Europa wurde diese Bastardart häufiger, aber immer nur als sporadische Erscheinung beobachtet und zwar immer da, wo das Ur= und Birkgeflügel zusammenstößt. Die Jäger sahen dann den Hahn (Rackelhahn) häufig auf die Balzplätze der Birkhühner einfallen, stark balzen und diese wild vertreiben, ohne sich mit den Hennen zu paaren, da er als Bastard wohl unfruchtbar ist.

Die Exemplare aus dem urnerischen Arnitgebirge kamen durch Dr. Lusser das eine in das Museum von Zürich, das andere in das von Turin (1821), das wallisische in die Sammlung des Dr. Depierre, das st. gallische in das neuenburger Thiergruppen=Museum. Alle Exemplare waren Männchen, der Schnabel stärker als beim Birkhahn, die Beine stark befiedert, die breiten Zehen länger befranzt als die der Ur= und Birkhühner; Hals, Kopf, Brust und Bauch glänzend schwarz, am letzteren mit breiten weißen Bändern; die Deckfedern der Flügel schwarz mit rostrothen und weißen Punkten, Unterrücken und Steiß violett schwarz schimmernd und weißlich besprenkelt; der Schwanz schwarz, schwach gabelförmig, an den beiden Mittelfedern mit weißem Saume, die Schwungfedern schwarzbraun mit weißem Fahnensaum, über den Flügeln ein weißer Spiegel; Schenkel und Füße schwarz, erstere wenig weißgefleckt. Ueber die Lebensart dieses merkwürdigen Vogels ist man noch nicht aufgeklärt. Im Norden soll man auch weibliche Bastarde des mittleren Waldhuhns, die der Birkhenne sehr ähnlich, aber viel größer seien, gefunden haben, — möglicherweise hat man sie bei uns blos übersehen. Ihre Stimme ist ein gurgelndes ‚Farfarfarr‘. In neuerer Zeit angestellte Versuche einer Paarung des Birkhuhns mit Fasanenhennen lieferten kein Resultat.

Das Erscheinen solcher von freilebenden Thieren erzeugter Bastarde erschien lange Zeit als sehr zweifelhaft und seine Möglichkeit wurde bis in die neuere Zeit von namhaften Naturforschern geleugnet. Erwägt man aber einerseits die große Aehnlichkeit der Ur= und Birkhenne, die entschieden mittlere Art des Waldhuhns zwischen Urhenne und Birkhahn und die wahrscheinliche Unfruchtbarkeit desselben, — andererseits die Analogie anderer freiwilliger Bastardirungen, so muß die Möglichkeit und Wirklichkeit einer solchen auch hier angenommen werden. Im europäischen Norden finden sich auch entschiedene Bastarde des Birkhahns und der Moorschneehenne, die merkwürdigen Schneebirkhühner, in zahlreichen Exemplaren. In neuerer Zeit ist es ja hinlänglich ausgemittelt, daß Steinböcke und Ziegen, Gemsen und Ziegen, Wölfe und Hunde, veränderliche und gemeine Hasen sich öfters und theilweise fruchtbar mit einander vermischt haben; ebenso sind Bastarde bei gewissen gleichartigen Wasservögeln (z. B. zwischen verschiedenen Entenarten), ja sogar der Akt einer freiwilligen Vermischung verschiedener Geschlechter (nämlich zwischen Platypus clangula und Mergus albellus im Februar

1853) und höchst wahrscheinlich auch Bastarde einer solchen Vermischung (Anas clangula mergoides?) beobachtet worden, — von den oft widernatürlichen und unfruchtbaren Begattungsversuchen des Hausgeflügels und den gezwungenen, aber fruchtbaren gefangener Thiere (z. B. des Löwen und Königstigers) nicht zu sprechen.

Unsere ältesten Zoologen konnten bei der großen Färbungsverschiedenheit zwischen dem männlichen und weiblichen Ur= und Birkwilde aus der Eintheilung der Hühnerarten so wenig klug werden wie unsere Bergbewohner jetzt darüber sind. Geßner nennt das Weibchen des Urhahns ‚Grügelhahn, Grygallus major, dessen ganze Zierde und Schöne er nicht genugsam erzählen und aussprechen kann‘, den Birkhahn ‚Laubhahn oder kleiner Orhahn, Urogallus minor‘, die Birkhenne aber ‚Spilhahn, Grygallus minor‘, und glaubt, daß die Hennen des Ur= und Birkwildes den ‚Männlein gleich, doch minder schwarz und mehr grau seien‘.

IV. Die Steinadler.

Auf hohem Grath hat sonnumleuchtet
Der Aar die Flügel ausgespannt,
Und blickt herab, wo thaubefeuchtet
Im Schlummer liegt das weite Land.

Ihm ist der Tag schon aufgegangen,
Doch unten liegt noch Dunkelheit,
In die das Kind mit frischen Wangen —
Der Morgen — seine Zukunft streut.

Wohin den Flug der Schwinge lenken?
Soll er hinauf zur Sonne ziehn?
Soll er hinab zur Erd' sich senken?
Denn zwischen beiden schwebt er hin.

Dort oben wogt ein unbegrenztes,
Ein ungemess'nes Meer von Licht —
In Purpur und Azur erglänzt es —
Doch bleiben kann er oben nicht.

Zur festen Erde muß er wieder
Aus bodenlosem Sonnenschein —
Und müde zieht er das Gefieder
Nach solchem Flug im Walde ein.

Beschreibung und Charakteristik. — Nahrung und Verbreitung. — Kinderraub. — Jagd. — Die Adlerjäger in Eblingen und ihre Beizplätze. — Der Königsadler nicht bei uns.

Von den Adlern des Gebirges ist der Steinadler, der, wenn er alt ist, auch Goldadler*) heißt, vielleicht der bekannteste, der am allgemeinsten verbreitete

---

*) Der Goldadler unterscheidet sich vom Steinadler durch ein dunkleres Gefieder, einen weißen Fleck auf den Schultern und einen bis auf die Wurzel dunkeln (nicht an der Basis weiß berandeten) Schwanz und wird häufig für eine eigene Species gehalten.

und zugleich der reißendste. Wenn unsere Bergbewohner von Adlern sprechen, so meinen sie gewöhnlich diesen großen, schönen Adler, der als Repräsentant der Gattung gilt.

Wir wollen versuchen, ihn mit einigen Zügen genauer zu zeichnen. Er ist ein durch Größe und Haltung imponirender königlicher Vogel, 3 bis 3½ Fuß lang, und klaftert mit ausgespannten Flügeln gegen 8 Fuß. Der abgerundete Schwanz mißt 14 Zoll, die zusammengeschlagenen Flügelspitzen erreichen das Ende desselben nicht. Das Männchen (gewöhnlich etwas kleiner und lichter gefärbt als das Weibchen) sieht von fern fast ganz schwarz aus, ist aber eigentlich schwarzbraun, die Befiederung der Fußwurzeln und Schwanzdeckfedern lichtbraun, der spitzfedrige Hinterhals rostbraun, der Schwanz an der Wurzel weiß, dann aschgrau und schwarzgefleckt, mit breiter schwarzer Endbinde. Je älter der Vogel wird, desto mehr bräunt sich sein Gefieder ab; die Jungen sind kohlschwarz mit schmutzigweißen Federfüßen. Der Schnabel ist hornblau, mit gelber Wachshaut gesäumt und zwei Zoll lang, von der Wurzel an gekrümmt, die Iris goldfarbig, im hohen Alter feuerfarben. Der Lauf ist bis an die Zehen mit kurzen, derben, lichtbraunen Federn dicht besetzt; die Zehen sind hellgelb, die Ballen groß und derb, die schwarzen Krallen groß und sehr spitz, die hinteren fast 3 Zoll lang. Das Gewicht eines alten Exemplars steigt selten über 12 Pfund.

Dieser schöne, mächtige Adler ist in der Schweiz durchaus nur Alpenthier und findet sich in allen Zügen unserer Hochgebirge sporadisch vor. Nur im Winter, wo die Murmelthiere unter der Erde liegen, die Gemsen, Hasen, Schafe und Ziegen sich in die tieferen Wälder und ins Thal ziehen, verläßt er in den Alpen seine Horste, um die Thäler und Niederungen zu durchstreifen, und auch dann nur auf kurze Zeit. In den Thälern des Hochgebirges weiß man überall von gefangenen, geschossenen, aus dem Neste genommenen Exemplaren zu erzählen. Der Steinadler ist kühner, rüstiger und lebhafter als der Lämmergeier, von dem er sich auch durch seinen hüpfenden Gang unterscheidet. Stundenlang scheint er in unermeßlicher Höhe am blauen Himmel zu hangen und ohne Flügelschlag in weiten Kreisen dahin zu schweben. Muthig, kräftig, klug, scharfsichtig und von so feiner Witterung, daß er hierin kaum vom Kondor übertroffen wird, ist er zugleich außerordentlich scheu und vorsichtig, meist einsam seiner Beute nachspähend, seltener auch mit seinem Weibchen. Sein helles ‚Pfülüf‘ oder ‚hiä—hiä‘ klingt weit durch die Lüfte und erfüllt das kleinere Geflügel mit Schrecken. Wenn er sich seiner Beute nähert, stößt er oft ein „Kik—kak—kak" aus, senkt sich allmälig festen Blickes auf sein Opfer und stößt dann blitzschnell in schiefer Linie auf dasselbe. Keines unserer kleineren Thiere ist vor seiner Kralle sicher; Rehkälber, Hasen, wilde Gänse, Lämmer, Ziegen, die er kühn vor Ställen und Häusern wegholt, Füchse, Dachse, Katzen, Feld- und Waldhühner, Hunde, Trappen, Störche, zahmes Geflügel, selbst Ratten, Maulwürfe und Mäuse sind ihm angenehm, vorzüglich aber Hasen, die er seinen Jungen stundenweit mit ungeschwächter Kraft zuträgt. Den Vierfüßer rettet der flüchtigste Lauf nicht,

STEINADLER.

eher den kleinen Vogel der haſtige Flug. Der Adler ſetzt ſeine Jagd mit ebenſo großer Beharrlichkeit wie Liſt fort und ermüdet das flinke Rebhuhn und die raſche Waldſchnepfe durch fortgeſetzte Verfolgung. Oft jagt er dem Wanderfalken ſeine Taube, dem Habicht ſein Haſelhuhn ab. Wo er einmal gute Priſe gemacht, dahin kehrt er gern zurück. Im Winter ſtößt er oft auf Aas. In der Gefangenschaft kann er ohne völlige Erſchöpfung 4—5 Wochen lang hungern.

An den unzugänglichſten Felswänden und lieber im Innern des Hochgebirges als in den Vorbergen baut er aus groben Prügeln, Stengeln, Haidekraut und Haaren einen roh gefügten, flachen Horſt, den er in der Niederung zwiſchen den oberſten Eichenäſten, im Gebirge in einer überdachten Felſenſpalte anlegt und mit 3—4 weißen, braungeſprenkelten ſehr großen Eiern beſetzt. Den Mitte Mais ausſchlüpfenden Jungen bringen die Eltern allerlei Wildpret, beſonders Schneehühner, Haſen und Murmelthiere, zu und zerfleiſchen es pädagogiſch vor ihren Augen am Rande des Neſtes. Sie ſollen ihnen ſogar junge Reiher auf 3—4 Meilen zutragen. Wenn ſie nicht geſtört werden, behalten ſie den Horſt mehrere Jahre bei. Um zu den zum Horſtbau nöthigen Bengeln zu gelangen, ſtürzen ſie mit eingezogenen Flügeln blitzſchnell auf einen Baum hinunter, packen mit den Fängen einen dürren Aſt, der von der Wucht ihres Sturzes krachend bricht, und tragen das Holz dem Horſtplatz zu.

Man hat oft geſtritten, ob die Steinadler gelegentlich auch auf Kinder ſtoßen. So ſelten dies auch geſchehen mag, ſo iſt doch der Vogel muthig und ſtark genug dazu, und wenigſtens ein verbürgtes Beiſpiel haben wir aus Graubünden dafür. Dort, in einem Bergdorfe, ſchoß ein Steinadler auf ein zweijähriges Kind und trug es weg. Durch das Geſchrei herbeigerufen, verfolgte der Vater den Räuber in die Felſen, und da die Laſt des Vogels ziemlich ſtark war, gelangte er nach großer Mühe dazu, ihm das übelzugerichtete Kind abzujagen, das, an den Augen zerhackt, bald ſtarb. Lange lauerte der Vater dem Mörder auf, der ſich ſtets in der Gegend umhertrieb. Endlich gelingt es ihm, ihn in einer aufgeſtellten Fuchsfalle lebendig zu fangen. Ergrimmt eilt er auf ihn zu und packt ihn in der Wuth ſo unvorſichtig, daß ihn der Vogel mit ſeinem freien Fuß und Schnabel ſchwer verwunden kann. Einige Nachbarn erſchlugen hierauf mit Prügeln den gefangenen Adler, der gegenwärtig ausgeſtopft in Winterthur ſteht.

Oft fallen dieſe gierigen Adler in Gemeinſchaft Schafe oder Ziegen an, und nur ſelten entgeht ihnen das Thier; aber auch einzeln wagen ſie ſich an ſchwere Beute. Dr. Zollikofer von St. Gallen, ein zuverläſſiger Gebirgskundiger, war Zeuge, wie ein mächtiger Adler am Furglenfirſt (Säntisſtock) auf einen Ziegenbock herunterſtürzte und verſuchte, denſelben in die Luft zu entführen. Theils erſchreckt durch das Geſchrei der nahen Heuerleute, theils weil ihm die Laſt zu ſchwer war, ließ er ſie bald wieder fallen. Der Berichterſtatter nahm einen genauen Verbalprozeß über den Vorfall auf und ließ das gerettete Thier abwägen. Daſſelbe habe ſechszig Pfund gewogen, eine Laſt, die alle ähnlichen

Maße bekannt gewordener Raubfälle weit übersteigt. Die Adler sind überhaupt Herren des Reviers. Kein Vogel wird ihnen gefährlich, überhaupt kein Thier, außer ihrem eigenen Ungeziefer. Unsere Jäger schießen ihn aus dem Hinterhalte mit einer Kugel oder starkem Schrotschuß, gewöhnlich ohne Beize; in Deutsch= land geht man ihm in den Fuchshütten mit Aas nach, auch mit Fallen, Netzen und lebendiger Lockspeise.

Nicht selten gelingt es dem Jäger, die Nestvögel auszunehmen. Beispiele aus Appenzell, Glarus, Schwyz, Graubünden und dem berner Oberlande liegen ziemlich zahlreich vor. So kennen wir einen kühnen Jäger, der im Jahre 1851 sich an einem langen Seile zu einem besetzten Horste mitten an den Felsen, ob dem Sämtissee, hinunterließ, um den jungen Adler auszunehmen. Da der Felsen überhängend war, so mußte er sich mit einem Hakenstocke ans Nest heranziehen und hoch ob dem Thale in der Luft hängend den flüggen Adler binden und sich mit ihm die Felswand hinaufziehen lassen. Dieser nämliche Horst ist von 1847 bis 1865 nicht weniger als acht Male seiner Jungen beraubt worden. In Bünden wissen wir manchen geleerten Horst, kennen aber kein Beispiel, daß die Eltern ihre Jungen beim Ausnehmen vertheidigt hätten. Gewöhnlich waren sie auf der Jagd abwesend, kamen dann später in die Nähe herangeflogen, und verließen nicht selten sofort das Thal für mehrere Jahre.

Die jung eingefangenen Adler lassen sich leicht zähmen, sind sehr gelehrig und werden mit Glück zur Jagd abgerichtet. In der Gefangenschaft, in der sie nicht selten 30 Jahre dauern (in Wien war ein Exemplar, das 104 Jahre in der Gefangenschaft gelebt haben soll!), können sie besonders die Hunde nicht leiden und lieben es, von Zeit zu Zeit sich zu baden.

Im berner Oberlande war das Dorf Eblingen am Brienzersee seiner Steinadlerjagd wegen berühmt. Etwa eine Stunde oberhalb dieses Dorfes in einer wilden Bergpartie war ein merkwürdiger Sammelplatz und Lieblingsaufent= halt der Adler, zu dem sie jederzeit wiederkehrten und dem sie sogar aus dem Wallis wie den Gletscherthälern der Jungfrau zuflogen. Dort liebten sie einzelne unzugängliche Felszinnen auf der Sommerseite, von denen aus sie das große Thal der Seen beherrschten. An einem Felsen besonders zeigten sie sich gern, wurden aber selten erlegt, da die Füchse ihre Beize in der Regel wegfraßen. Die Jäger von Eblingen sind von jeher wegen ihrer Waidmannsfähigkeit der ganzen Gegend bekannt gewesen; sie verstehen aber auch als ächte Jäger, ihr Wild zu fesseln und tragen Sorge, daß ihren Vögeln das ganze Jahr der Tisch gedeckt sei. Sie hängen selbst im Sommer gefallenes Vieh hoch auf die einzelnen, leicht zu bemerken= den Buchen; — doch stoßen die Adler in dieser Jahreszeit, wo sie bessere Beute finden, seltener auf Aas. Freilich behalten sie aber dadurch doch die Gegend im Auge und Gedächtniß und gehen in hungrigen Tagen auf das ausgebotene Futter.

Im Winter pflegten die Eblinger Adlerjäger am Boden zu beizen. Auf einem möglichst flachen Terrain nagelten sie das Fleisch mit hölzernen Pflöcken auf dem Rasen fest, weil der Adler vom flachen Boden weniger leicht sich auf=

schwingen kann, und nahmen oft gebratene Katzen dazu, die von dem Raubvogel höchlich geliebt und in weiter Ferne gewittert werden. Die Beizstellen waren so gewählt, daß die Jäger von ihren Wohnungen unten am See aus sie beobachten konnten. Bemerkten sie, daß ein Adler sich dem Aase näherte, so hatten sie zwar noch eine Stunde weit durch Büsche und Felsen zu klettern, aber nur selten entging ihnen die Beute; denn wenn diese sich einmal auf dem Fraße niedergelassen hat, so bleibt sie stundenlang sitzen, und mit der Sättigung läßt gewöhnlich die Vorsicht nach. In neuester Zeit sind die Vögel seltener geworden, und die Jagd ist etwas in Abgang gekommen. Immerhin raubten sie in den letzten Jahren in jenem Gebirge noch etliche hundert Lämmer und wurden zuletzt im November 1865 ein und dann wieder im Januar 1866 zwei mächtige Exemplare geschossen.

Die Jäger jener Gegend lagen fast den ganzen Tag auf der Jagd. Sie behaupten auch, der Adler fliege höher als der Lämmergeier; oft habe man ihn über dem Gipfel des Wetterhorns (11,412' ü. M.) und des Eigers (12,240' ü. M.) schweben sehen.

Am Säntis sind die Steinadler nicht häufig, doch auch hier, wie überall, noch eher zu finden, als die Lämmergeier, besonders am Hundstein, am Furglen= first, an den Steinbänken der Roßlen und dann auf der Toggenburgerseite, wo in den Bergen von Stein fast alljährlich Exemplare (1860 zwei) gefangen oder geschossen werden. In den Churfirsten horsten regelmäßig etliche Adlerpaare; in den tessinischen Alpenthälern sind sie überall vorhanden, und werden, wie Riva erzählt, mittelst Fallen mit Aasbeize oft nur im Monat März 6—8 Stück ge= fangen. Selbst einige Theile des Jura beherbergen solche. Im Grunde einer zehn Fuß tiefen Felsenspalte horstete viele Jahre durch ein Paar oberhalb Wietlis= bach und benutzte die Felsplatte vor dem Nest als Schlachtbank, die denn auch immer mit Fleischresten und Knochen besetzt war, während das Nest ganz rein blieb. Sonst trifft man in der ebneren Schweiz nur im Winter Steinadler und kann, wenn man von erlegten Exemplaren hört, so ziemlich sicher darauf rechnen, daß solche vom Frühjahr bis Spätherbst in den Alpen, im hohen Winter aber mehr im Vorlande erbeutet werden. So schoß im Februar 1853 Amtsrichter Abbuel zu Därstetten (Kanton Bern) einen Adler von beinahe 4 Fuß Länge und 8 Fuß Breite, dessen Hinterkralle 5 Zoll (?) und die längste Schwungfeder 2 Fuß maß. Das Thier erhielt zwei Schrotschüsse und eine Kugel, ehe es fiel. Ein anderes Exemplar wurde im December 1853 in den Wäldern von Stammheim (Kanton Zürich) erlegt u. s. w.

Ein ganz besonderes Abenteuer begab sich im November 1865 im bündner Oberland. Als der Postwagen in die Nähe des bergumkränzten Tavanasa ge= langte, bemerkten die Reisenden in den Lüften zwei heftig mit einander kämpfende Steinadler. Die Thiere zausten sich, daß die Federn stoben, und verkrallten sich so, daß sie auf die Erde herabstürzten. Der Conducteur (Ph. Sutter) sprang aus dem Wagen, schlug mit dem Stocke eines Passagiers beide todt und schickte sie nach Chur.

Minder gewaltig als die Lämmergeier, sind die Steinadler doch von stolzerer, würdigerer Haltung, die das Gepräge der Freiheit und Unabhängigkeit trägt. Ihre Kraft ist außerordentlich. Ein Exemplar, das sich im Oberhasli in einer Fuchsfalle fing, flog mit derselben, die etwa acht Pfund wog, über das Gebirge ins Urbachthal, wo es am folgenden Tage ermattet gefunden und todtgeschlagen wurde. An Sinnenschärfe, Gewandtheit und List möchten sie wohl höher stehen als die Lämmergeier, die nie wie die Adler zum Sinnbild eines königlichen Charakters gewählt wurden.

Die bernschen Alpenjäger behaupten, auch schon den südlichen Kaiseradler (Aquila imperialis) erlegt zu haben, der dem Steinadler ähnlich, aber etwas kleiner ist, dunkler braunschwarz mit weniger spitzen, rostgelblichweißen Nackenfedern, weißgefleckter Schulter und etwas längeren Flügeln.

Diese Aussage ist vielleicht richtig, obschon derselbe bisher sonst nirgends in der Schweiz mit Sicherheit entdeckt worden ist, während er in dem benachbarten Tyrol brütet und im mittleren Deutschland, in den bayrischen und schlesischen Gebirgen, fast alljährlich geschossen wird.

V. Der Lämmergeier.

Ich steige zur Sonne
Mit keckem Muth
Und sauge voll Wonne
Die himmlische Gluth
Und wiege mich droben
Im goldenen Schein;
Es winken nach oben
Die Flächen so klein.
Da schau ich hernieder
Zum Erdenschoos,
Und schaue wieder,
Und fühle mich groß.
Ach währte doch immer
Das stolze Glück!
Ach müßt' ich doch nimmer
Zur Erde zurück!

Thierzeichnung. — Ungeheuere Verdauungskraft. — Lebensweise und Aufenthalt in den verschiedenen Jahreszeiten. — Ihre Jagd. — Schlaue Füchse. — Das ‚Geier-Anni‘. — Kinderraub. — Das ‚Gyrenmannli‘. — Gefahren des Nestausnehmens. — Gefangene und zahme Lämmergeier. — Die verschiedenen Arten der alten Welt.

Je höher der Wanderer hinandringt zu den diamantenen Hochlandskronen, desto mehr sieht er sich verlassen von der menschenfreundlichen Vegetation der Mittelalpen und gleichermaßen von dem sie begleitenden und an sie gebundenen

Thierleben. Käfer, Fliegen, Falter, Libellen, Spinnen nur reichen bis zum Scheitel des Gebirges; ein aufmerksames Menschenauge beachtet gern ihr kleines, geschäftiges Treiben, das sich Ernähren und Verfolgen, die engen Grenzen ihres vielbewegten Daseins in öder Felsenwelt. Aus dem Steingeröll zwischen kahlen Blöcken und schmutzigen Schneetischen steigt noch die Flühlerche und der Schneefink auf; an den zerrissenen Terrassen klettert mit halboffenen, buntfarbigen Flügeln emsig der Alpenmauerläufer und sein heller, langgezogener Pfiff klingt so lustig von der senkrechten Felswand; zutraulich läßt die graue Bachstelze oder der Hausrothschwanz den Wanderer nahen; jene, indem sie das Schwänzchen auf einem Felsenabsatze wiegt, dieser, indem er mit dem klaren Auge neugierig die fremde Erscheinung betrachtet. Von Vierfüßern ist wenig zu spüren; vielleicht in der Ferne ein Trüpplein ruhig weidender Gemsen. Immer höher zieht sich der einsame Weg. Noch schwirrt ein Schneehuhn zwischen den letzten Büschen auf und verschwindet fernab an den einsamen Bergzinnen; um die höchsten Zacken lärmt unheimlich ein Schwarm jauchzender Alpendohlen und bald glaubt der Pilger allein zu sein mit seinen Mühen, mit seinen grauen Felsenufern und den kalten Gletscherfeldern, wo der finstere Tod sein starres, allmächtiges Regiment aufgeschlagen hat. Unter dir die Steinwüste, die offene Gebirgsbrust eines cyklopischen Labyrinthes, in der Ferne in blauem Dunste verschwimmend das Land der menschlichen Kultur, ringsum Schrattenwüsten, Zacken, Firste, Kulme, Steinbänke, die kahlen Throne der eisigen Stürme, — aber horch! hoch über dir ertönt aus der Ferne ein gezogenes, anhaltendes, helltönendes ‚Pfyii—Pfyii —Pfyii‘, fast mit dem Ausdruck des Uebermuthes. Du blickst umher und entdeckst endlich in der dunkeln Bläue des Himmels einen schwebenden Punkt; näher und größer schwimmt es heran, fast ohne Flügelschlag.

> Dem Geier gleich,
> Der auf schweren Morgenwolken
> Mit sanftem Fittig ruhend,
> Nach Beute schaut.

Bald rauscht er unruhig heran und kreist mit mächtig ausgespannten Flügeln über dir, der königliche Geier der Hochalpen, läßt sich etwas in die Tiefe, um zu beobachten, zu spähen, und erhebt sich ungeduldig in schraubenförmig gewundener Flugbahn wieder in die oberen Lüfte, fliegt in gerader Richtung hoch über die eisstrahlenden Gipfel hin, die ihn deinem Auge entziehen, während sein hungriges Pfeifen in der nächsten Viertelstunde über den Felsenkronen weit entlegener Alpenzüge ertönt. Auch dort steigt er der kommenden Sonne entgegen:

> Die Brust getaucht
> In Morgenroth,
> Badend im Glanze des Aethers,
> Weil in Tiefen die Nacht noch träumt,
> Dem erwachenden
> Auge der Welt
> Den ersten Blick zu entsaugen.

Der Bart= und Lämmergeier ist der Kondor der europäischen Gebirge und steht diesem an Größe etwa in gleichem Maße nach, wie die Erderhebungen Europa's denen von Südamerika nachstehen*), immerhin eine gigantische Erscheinung und durch seine Organisation und Lebensweise der merkwürdigste Vogel der Alpen. Unser schweizerischer Bart= oder Lämmergeier ist überdies größer und stärker als alle anderen Geieradlerarten der alten Welt.

Früher bewohnte dieser größte aller europäischen Raubvögel alle Theile unserer Hochalpen; seine schwache Vermehrung und wohl auch die häufigen Nach=stellungen haben ihn aber sehr vermindert, so daß er wohl nur in den Gebirgen von Tessin, Graubünden, Wallis, Uri und Bern noch ständig horstet, während er sich sonst in den Urkantonen, im Entlibuch, den Glarneralpen, den Churfirsten und im Säntisstock (auf dem eine nackte Felspyramide noch der ‚Gyrenspitz‘ heißt) äußerst selten und vereinzelt zeigt. In Unterwalden wurde der letzte am 24. Sep=tember 1851 auf dem Alzellerberge von Michael Sigrist, am Gotthard der letzte — ein altes Exemplar — im December 1858 geschossen. Im Eismeere von Grindelwald sah man mehrere Jahrzehnte lang zu gewissen Zeiten regelmäßig einen alten Geier auf einem ungeheuren Felsblock sitzen. Er war mit Stutzer=kugeln nicht zu erreichen und seine Umgebung durchaus unzugänglich. Die Sennen in der Nähe kannten ihn gar wohl und pflegten ihn seiner eingezogenen Haltung wegen das ‚alte Weib‘ zu nennen.

Noch zu Anfange dieses Jahrhunderts lag die Naturgeschichte dieses merk=würdigen Vogels ganz im Argen; der große Buffon hat ihn sogar noch mit dem Kondor identificirt. Erst unser ausgezeichneter Steinmüller lieferte von ihm eine jener sorgfältigen und zuverlässigen Monographien, durch die dieser Gelehrte der einheimischen Zoologie so außerordentliche Dienste geleistet hat. Seither wurden die gemachten Beobachtungen von Andern glücklich vervielfältigt, und doch ist noch so manche Partie in der Lebensgeschichte dieses Vogels unaufgeklärt und gar viele Angaben dürfen nur mit Mißtrauen aufgenommen werden.

Wir nennen unsern Hochälpler eigentlich mit Unrecht ‚Geier‘; es fehlen ihm, wie wir schon bemerkten, außer dem nackten Kopfe noch manche eigenthümliche Kennzeichen der Geierarten, und er würde richtiger Geieradler (‚Gypaetos‘) heißen. Wie bei den meisten großen Raubvögeln sind auch in dieser Gattung die Weibchen immer größer als die Männchen. Ein ausgewachsenes (weibliches) Exemplar mißt

---

*) Die Kondors der Kordilleras wechseln in der Größe sehr stark, indem es er=wachsene Exemplare giebt, die nicht mehr als acht, andere aber, die bis vierzehn Fuß Flugbreite messen. Unser Lämmergeier lebt stätig in einer Luftregion zwischen 4000 und 10,000‘, höchstens 14,000‘ ü. M.; der Kondor steigt bis über 22,000‘ ü. M., entfernt sich unter allen lebendigen Geschöpfen am weitesten willkürlich von der Erd=oberfläche und läßt sich oft plötzlich bis zur Meeresküste hinunter, so daß er die Funk=tionen seiner Respiration mit gleicher Leichtigkeit bei einem Luftdruck von 28 wie bei einem solchen von 12 Zoll zu vollziehen vermag, wozu ihm die große Pneumaticität seines Knochengerüstes wesentlich mithilft.

LÄMMERGEIER.

4—4¹/₂′ in der Länge, und 8—10′, selten mehr Flugweite, der Schwanz
1¹/₂—2′ in der Länge und ausgespannt bis 3′ in der Breite.   Das Gewicht
wechselt von 12—16′, äußerst selten bis 20 Pfund.

Der alte Vogel hat einen hornfarbenen, 4¹/₂—5¹/₂″ langen, in der Mitte
satteltiefen, vorn in einen bogenförmigen spitzen Haken auslaufenden Schnabel;
bei gefangenen Thieren vergrößert sich bisweilen der Haken so sehr, daß er sie am
Fressen hindert.   Der flache, hinten schwach gewölbte Kopf trägt kurze, weißlich=
gelbe Federn und einen starken, schwarzen Zügel über dem Auge, der bis hinter
dasselbe nach dem Hinterkopfe reicht.   An der untern Schnabelhälfte, über der
Kehle, hängt ein grobhaariger, schwarzer, nach vorn stehender, bis 2″ langer
Borstenbart („Bartgeier‘), ebenso sind die Wachshaut und die Nasenlöcher mit
ähnlichen steifen Borsten bedeckt.   Die bedeutende Weite des Schlundes entspricht
der Mächtigkeit des Schnabels.   Besonders schön ist das große, stark gewölbte,
feurigglühende Auge, dessen hellgelbe Iris ein orangerother Wulstring einfaßt,
vielleicht zum Schutze vor den grellen, seitwärts einfallenden Lichtreflexen, wenn
der Geier über blendenden Schneeflächen schwebt.   Die Federn des Oberrückens
sind glänzend schwarzbraun mit hellen Rändern und weißlichen Kielen, die des
untern Rückens und Steißes graubraun, die Schwingen und Schwanzfedern
oben ebenso, unten heller und sehr stark; den Hals bedecken spitze, rostgelbe, Brust
und Bauch pomeranzengelbe Federn, die oft auch heller sind und von ferne fast
weiß aussehen (weshalb C. Geßner von weißen Geiern in den glarner Gebirgen
spricht), aber von einigen Reihen dunkelbrauner Bogenflecken durchzogen sind.
Die Schenkel tragen lange, weißgelbe Hosen; die Füße sind kurz, bis auf die
Zehen schwach befiedert, die Zehen bleigrau, die schwarzen Krallen verhältniß=
mäßig schwach, wenig gekrümmt, seitlich scharfkantig, vorn ziemlich stumpf.   Die
Flügel sind vermöge ihrer langen Schwungfedern sehr lang und spitz und reichen
fast bis an das Ende des zwölffedrigen, stufenförmig abgerundeten Schwanzes.

Im ersten Jahre sind die jungen Geieradler am Kopfe schwarz, obenher
braunschwarz und dunkelbraun, zwischen den Schultern weißgefleckt; Seite, Hosen
und Unterleib graubraun, letzterer mit unregelmäßigen weißlichen Flecken, das
Auge braun.   Nach der zweiten Mauser treten am Unterleibe die rostgelben
Federn vereinzelt auf; nach der dritten aber bedecken sie denselben bereits so vor=
wiegend, daß die früheren graubraunen nur noch wie ein Kranz auf der gelben
Brust stehen, und wahrscheinlich erst im fünften oder sechsten Jahre verschwindet
dieses letzte Zeichen der Jugendlichkeit.   Die Alpenthiergruppen in Neuchatel ent=
halten eine schöne Reihenfolge der verschiedenen Altersstufen.

Der innere Bau dieses Riesenvogels ist eigenthümlich gebildet.   Die Brust=
muskeln sind außerordentlich groß und stark; die langen Knochen, wie bei den
übrigen Vögeln meist hohl, werden durch das Athmen mit Luft gefüllt, welche,
also erwärmt, specifisch leichter als der äußere Dunstkreis ist und dem Vogel ohne
große Anstrengung eine so gewaltige Erhebung möglich macht.   Am interessante=
sten sind seine energischen Verdauungswerkzeuge.   Die innen reich gefaltete Speise=

röhre ist äußerst dehnbar; der Kropf, der, wenn er gefüllt ist, unschön am Halse
herunterhängt, und der schlauchförmige Magen sind ungewöhnlich weit und nur
durch kleine Wulste von einander geschieden, letzterer mit seinen Drüsen dicht
besetzt, welche eine Menge jenes ätzenden, übelriechenden Verdauungssaftes ab=
sondern, der in kurzer Zeit die größten Knochen zersetzt.　Der Mageninhalt der
erlegten Exemplare setzt nicht selten in Erstaunen und übertrifft alle Erfahrung,
die man von der Gefräßigkeit und Verdauungskraft ähnlicher europäischer Vögel
gesammelt hat.　So enthielt ein Geiermagen fünf Stück zwei Zoll dicke und
6—9 Zoll lange Knochen von dem Rippenstück eines Rindes, einen Ballen Haare *)
und vom Knie an den ganzen Fuß einer jungen Ziege.　Die Knochen waren vom
Magensaft bereits durchlöchert und die in die Gedärme eingetretenen ganz mürbe
und kalkbreiartig.　Ein anderer Geiermagen enthielt ein fünfzehn Zoll langes Ripp=
stück von einem Fuchs, einen ganzen Fuchsschwanz, den Hinterschenkel und Lauf
von einem Hasen, mehrere Schulterblattknochen und einen Ballen Haare.　Die
größte Mahlzeit aber wies ein von Dr. Schinz zerlegter Vogel aus; der Magen ent=
hielt den großen Hüftknochen einer Kuh, ein 6 $^{1}/_{2}$ Zoll langes Gemsen=
schienbein, ein halbverdautes Gemsenrippstück, viele kleinere Kno=
chen, Haare und die Klauen eines Birkhahns. Diese Thiere waren also alle
nach einander gejagt und verschlungen worden.　Der Magensaft zersetzt die Knochen
schichtenweise, um ihnen die nahrhafte Gallerte zu entziehen, während die todten,
zerreiblichen Kalktheile abgehen.　Die Natur hat weise vorgesorgt und die Schäd=
lichkeit des Geieradlers durch diese Organisation außerordentlich eingeschränkt.
Denn müßten seine großen Nahrungsbedürfnisse blos mit Fleischmassen befriedigt
werden, so würde der Vogel oft fast Hungers sterben oder seine unausgesetzten Jag=
den müßten alles Wild der Hochalpen nach und nach vertilgen.　Die zersetzende
Kraft des Magensaftes ist so stark, daß sie selbst die dicken Hornschuhe von Kälbern
und Kühen auflöst und sogar nach dem Tode des Thieres ihre Arbeit noch fortsetzt.
Bei einem Lämmergeier, der frisch auf der Beute geschossen wurde und den man
drei Tage lang liegen ließ, fand man später alle Nahrung (eine Fuchskeule mit
Haut, Haaren und Knochen) in der regelmäßigen Verdauungsgährung aufgelöst.
Die alten Römer kannten diese Virtuosität unseres Vogels gar wohl und ver=
schrieben deshalb in ihrer fabelhaften Heilkunde als Mittel gegen schwache Ver=
dauung, einen getrockneten Lämmergeiermagen zu genießen oder den Magen
wenigstens während der Mahlzeit in der Hand zu halten; doch dürfe dies nicht
zu lange geschehen, weil man sonst mager werde! Der Darm des Lämmergeiers
aber habe die wunderbare Eigenschaft, die Verdauung alles Verschluckten zu be=
wirken und jegliche Kolik zu heilen.

---

　　*) Man hat oft behauptet, der Lämmergeier gebe kein Gewöll von sich; doch
scheint dieser Haarballen zum Ausspeien vorbereitet gewesen zu sein, und an frisch ge=
fangenen Exemplaren hat man wiederholt schon das Ausbrechen von Federn und
Gemsenhaaren beobachtet.

Der Fähigkeit der Verdauungswerkzeuge entspricht die Gier und Gefräßigkeit dieser Hyäne der Lüfte. Es soll nicht selten geschehen (wenigstens bei gefangenen Exemplaren geschieht es öfters), daß das Thier die Knochen in den bereits vollgestopften Kropf und Schlund nicht mehr hinunterwürgen kann, so daß sie ihm zum Schnabel herausragen, bis es allmälig im Leibe Platz giebt. Daß es größere Knochen in die Höhe mit fortführt und dann auf einen Felsen fallen läßt, um sie zu mundgerechten Stücken zu zerschmettern, ist seit Oppians Zeiten oft behauptet und von Brehm für den spanischen Bartgeier nachdrücklich geltend gemacht worden.

Die Lebensweise der Lämmergeier in der Freiheit ist noch wenig beobachtet worden. Es bedarf dazu sehr vieler Geduld, Sorgfalt und Kühnheit; darum lauten auch die diesfallsigen Berichte nur fragmentarisch. Gewöhnlich fliegen die Geier einige Stunden nach Sonnenaufgang aus und nehmen dann ihre Richtung zunächst nach dem Orte, wo sie zuletzt Beute gemacht, entweder um die Reste derselben zu verzehren, oder um neues Wild zu überfallen. Ruhig hängt der Geier in den Wolken, während sein herrliches Auge das ganze Jagdrevier durchspäht und sein wunderbar feiner Geruchssinn stundenweit eine gewisse Beute wittert. Unter seinem ausgebreiteten Fittig liegt eine Welt. Die Thiere der Alpen weiden ruhig, ohne die tödtende Wolke zu ahnen, die in unendlicher Höhe über ihnen schwebt. Sie ahnen sicherer die Gefahr, die von der Seite, von der Erde her kommt und wittern nur die Atmosphäre der Tiefe aus. Plötzlich mit zusammengeschlagenen Flügeln fällt von hinten in schiefer Linie der Geier auf sie herab. Es giebt keine Flucht mehr und kein Versteck; sie sind verloren, ehe sie den Rettungsgedanken gefaßt haben, und folgen zuckend dem Räuber in die Lüfte. Doch nur kleinere Beute, Füchse, Murmelthiere, Lämmer, junge Hunde, Dachse, Katzen, Zicklein, Wiesel, Hasen, Hühner vermag der Raubvogel zu entführen; seine Krallen sind wenig gekrümmt und seine Füße sind nicht stark, nur seine Schwingen und sein Schnabel. Die Thiere werden oft auf dem Flecke verzehrt, oft auf einen bestimmten Felsen, der als Fleischbank dient, hingetragen. Ersieht er sich ein größeres Thier, ein schweres Schaf, eine alte Gemse oder Ziege, die in der Nähe eines Abgrundes grasen, so kreist er enge über ihnen hin und sucht sie so lange zu ängstigen und zu schrecken, bis sie gegen den Rand der Schlucht fliehen; dann fährt er mit sausendem Fluge dicht an ihnen hin und stößt sie nicht selten mit scharfem Flügelhiebe glücklich in die Tiefe, wo er sich auf die zerschmetterte Beute niederläßt. Er hackt ihr dann zuerst die Augen aus, öffnet darauf den Bauch und frißt erst die Eingeweide, dann die Knochen. Man hat öfters beobachtet, wie er sein Hinabstürzungs-Manöver selbst gegen Jäger, die in kritischer Lage auf einem Felsenvorsprung standen oder auf einer schmalen Gallerie kauerten, versuchte, und die Betroffenen versicherten, daß das Rauschen, die Schnelligkeit und die Gewalt der ungeheueren Fittige einen betäubenden, fast unwiderstehlichen Eindruck ausübe. Ebenso suchte ein Lämmergeier einen Ochsen, der an einer steilen Kluft stand, ‚hinabzufliegen‘ und setzte seine kühnen Versuche hartnäckig fort; allein der unerschrockene Vierfüßer ließ sich nicht so leicht aus seiner angeborenen Gemüthsruhe bringen. Mit gesenktem Haupte stemmte er sich fest auf seine soliden Knochen und harrte ruhig aus, bis dem Geier die Nutzlosigkeit seiner Anstrengungen einleuchtete.

Hat der Vogel in den Vormittagsstunden seine Jagdexkursionen vollendet, so zieht er sich in die von ihm bewohnten Felsen zurück und sitzt den übrigen Theil des Tages gewöhnlich ruhig, scheinbar träge und stupid in seinem Horste oder auf einem nahen Felsenabsatze. Es findet in Bezug auf die Haltung zwischen Adler und Bartgeier ein ähnliches Wechselverhältniß wie zwischen Bussard und Milan statt. Der Adler mit seinem rundförmigen Gefieder und breiten Schwanze sieht im Fluge plump aus, beim Sitzen aber stolz und kühn; der Geier sitzt eingeduckt und schlaff da, im Fluge aber erscheint er mit seinen ungeheueren Flügeln und dem keilförmigen Schwanze als ein schlankes, majestätisches Thier. Hat er nicht Brut zu versorgen oder ist er nicht in seinem Wohnorte beunruhigt worden, so wird man ihn später am Tage kaum mehr fliegen sehen. Ohne eigentlich Strichvogel zu sein, wechselt er doch sein Flugrevier nach den Jahreszeiten. Im Frühjahr bewohnt er die mittlere und obere Alpenregion und nistet in zerklüfteten Kuppen oder auf unzugänglichen, von oben her einigermaßen gedeckten Absätzen der höchsten Felsenwände. Manchmal sieht man die Horste weit umher und jeder Alpenbewohner kennt sie wohl; sie sind aber unnahbar und selbst außer dem Bereiche der Büchsenkugeln. Ihre Konstruktion ist einfach, aber großartig, übrigens noch kaum von einem Naturforscher untersucht worden. Als Unterlage findet man eine Masse von Heuhalmen, Farrenkräutern und Stengeln auf einer großen Anzahl von kreuzweise über einander geschichteten Aststücken und Bengeln liegen; auf diesen ruht erst das kranzförmig aus Stauden geflochtene, mit Flaum und Moos ausgekleidete Nest, das allein schon ohne die Unterlage das größte Heutuch füllen würde. Sehr früh im Jahre legt das Geierweibchen 3 bis höchstens 4 sehr große, weiße, braungefleckte Eier, von denen in der Regel blos zwei ausgebrütet werden. In einem frisch getödteten Vogel fand man schon in der Mitte Februars ein vollkommen ausgebildetes und zum Legen reifes Ei. Von den zwei ausgebrüteten Jungen scheint häufig nur das eine von den Eltern aufgefüttert zu werden. Dieselben sind weißlich beflaumt und haben wegen ihrer großen, unförmlichen Kröpfe und Bäuche ein sehr widerliches und mißgestaltetes Aussehen; das außerordentlich dichte und warme Gefieder der Alten, die ihnen abwechselnd Eichhörnchen, Hasen, Lämmer und besonders Murmelthiere und Gemsenkitzen zutragen, hält sie in der Rauhheit des Klimas warm.

Im Sommer fliegen die Lämmergeier gewöhnlich in den höchsten Eisgebirgen und besuchen fleißig die obersten Absätze, wo Gemsen, Schaf und Ziegenheerden weiden. Sie scheinen in dieser Zeit, wo die Jungen bereits mitfliegen können, sich weniger an die Nähe des Horstes zu binden. Im Winter zwingt sie die große Verödung der Hochalpen zur Jagd in der Bergregion; nie aber fliegen sie wie die Adler in die Ebene hinaus. Die Gemsen haben sich mit den meisten

Alpenthieren, die nicht Winterschlaf halten, in den Schutz der Wälder zurück=
gezogen, wo die Geier nicht jagen. Ein Fuchs, der sich verspätet hat und erst
bei Tagesanbruch nach seinem Bau zurückeilen will, ein versprengter Hase, etliche
Berghühner und Krähen, vielleicht ein Marder, sind Alles, was sie zu erwischen
vermögen. So nöthigt sie der Hunger bis weit in die Bergthäler hinunter, wo
sie leicht einen Hasen, einen Hund, eine Katze oder kleine Vögel erbeuten. Wenn
sie absitzen, was indessen nur in den höheren Alpen zu geschehen pflegt, so wählen
sie wie die Kondore Felsblöcke zum Ruhepunkt. Ihre kurzen Füße und langen
Flügel würden eine Erhebung vom flachen Boden schwierig machen. Auf Bäumen
sitzen sie höchstens für einen Moment ab, um Reisig für den Horstbau zu sammeln.

Die Bergbewohner behaupten, die rothe Farbe habe eine besondere An=
ziehungskraft für diese Geier, und beizen denselben gern mit Rindsblut auf den
Schnee, um sie vor den Schuß zu bringen. Doch mag mehr die von fern schon
sich zeigende Nahrung als die bloße Farbe locken; sie stoßen ebenso gern auf ge=
röstetes Fuchsfleisch. In Piemont lockt man sie mit gebratenen Katzen oder legt
ein Aas in eine etwas enge Grube. Der gesättigte Vogel kann sich nicht mehr
gut erheben und wird mit Stangen todtgeschlagen. Ganz ähnlich erlegen die
Indianer in den Anden die Kondore zu Dutzenden. *) Mit der bloßen Jagdflinte
kommt man ihnen im Gebirge sehr selten nahe; dagegen fängt man sie in wohl
auf der Erde befestigten, schweren Fuchsfallen. So wurden noch am 23. und am
25. Dezember 1864 zwei Geier auf dem Monte Coroni im Maggiathal mit Fang=
eisen erwischt und lebendig nach Lugano gebracht. Auf Erlegung oder Einfangung
steht immer eine gute Prämie. In Bünden pflegte der Jäger in der ganzen
Nachbarschaft mit dem Thier herumzuziehen und das Schußgeld einzufordern;
die Hirten geben ihm gewöhnlich etwas Wolle aus Dankbarkeit für den Fang des
Schafräubers.

Nicht immer gelingt es dem kühnen Thiere, seine Beute glücklich zu entführen.
Es ist uns ein höchst merkwürdiger Fall bekannt, wo ein Lämmergeier in seinem
eigenen Elemente im Kampfe gegen einen Vierfüßer unterliegen mußte. Beim
sogenannten Drachenloch unweit Alpnach (Unterwalden) hatte ein Geier einen
lebenden Fuchs erwischt und in die Lüfte getragen. Diesem aber gelang es, den
Hals zu strecken, seinen Räuber bei der Kehle zu packen und diese zu durchbeißen.
Der Geier stürzte todt auf die Erde und Meister Reineke hinkte wohlgemuth heim=
wärts, mochte aber wohl sein Lebelang die sausende Luftfahrt nicht vergessen.
Ein ähnlicher Vorfall wurde von dem Kryftallgräber Gedeon Trösch von Bristen
(Uri) an dem gemsenreichen Gletscher des Oberalpstockes beobachtet. Ein Fuchs
lief über den Gletscher und wurde blitzschnell von einem mächtigen Steinadler
gepackt und hoch in die Lüfte entführt. Der Räuber fing bald an, sonderbar
mit den Flügeln zu schlagen und verlor sich hinter einem Grath. Trösch stieg

---

*) Mein Bruder, J. J. v. Tschudi, wohnte einem solchen Fange bei, in dem
28 Stück erlegt wurden (Peru, II. S. 76).

zu diesem heran, — da lief zu seinem Erstaunen der Fuchs pfeilschnell an ihm vorbei. Auf der andern Seite fand er den sterbenden Adler mit aufgerissener Brust. Aehnlich haben schon oft die kleinen Wiesel Habichte und Bussarde, von denen sie entführt wurden, in der Luft getödtet.

Man bezweifelt, daß die Lämmergeier auch Kinder angreifen; es sind indeß Beispiele solcher Unglücksfälle zur Genüge bekannt, wobei wir gerne zugeben, daß manches Stücklein der Tradition auf Rechnung des mit ihm verwechselten Steinadlers zu setzen ist, den die Bergbewohner auch ‚Berggeier' zu nennen pflegen. Im Urnerlande lebte noch 1854 eine Frau, die als Kind von einem Lämmergeier entführt worden war. In Hundwyl (Appenzell) trug ein solcher verwegener Räuber ein Kind vor den Augen seiner Aeltern und Nachbarn weg. Auf der Silberalp (Schwyz) stieß ein Geier auf einen an den Felsen sitzenden Hirtenbuben, begann ihn sogleich zu zerfleischen und stieß ihn, ehe die herbeieilenden Sennen ihn vertreiben konnten, in den Abgrund. Im berner Oberlande wurde Anna Zurbuchen von ihren Aeltern als dreijähriges Kind beim Heuen auf die Berge mitgenommen und in der Nähe eines Stalles auf die Erde gesetzt. Bald schlummerte das Kind ein. Der Vater bedeckte das Gesichtchen mit einem Strohhut und ging seiner Arbeit nach. Als er bald darauf mit einem Heubunde zurückkehrte, fand er das Mädchen nicht mehr und suchte es eine Weile vergeblich. Während dessen ging der Bauer Heinrich Michel von Unterseen auf einem rauhen Pfade dem Bergbache nach. Zu seinem Erstaunen hörte er plötzlich ein Kind schreien. Dem Tone nachgehend, sah er bald von einer nahen Anhöhe einen Lämmergeier auffliegen und eine Zeit lang über dem Abgrunde schweben. Hastig eilte der Bauer hinauf und fand am äußersten Rande das Kind, das außer am linken Arm und Händchen, wo es gepackt worden war, keine Verletzung zeigte, wohl aber bei der Luftfahrt Strümpfe, Schuhe und Käppchen verloren hatte. Die Anhöhe war etwa 1400 Schritte vom bewußten Stalle entfernt. Das Kind hieß fortan das ‚Geier-Anni'. Die Geschichte wurde im Kirchenbuche von Habchern verzeichnet. Noch vor wenigen Jahren lebte die berühmt gewordene Person in hohem Alter. In Mürren (ob dem Lauterbacherthal) zeigen die Einwohner eine unzugängliche Felsenspitze, welche diesem hohen Bergdorfe gerade gegenüber liegt. Dorthin über das tiefe Lütschinenthal hat ein Lämmergeier ein in Mürren geraubtes Kind getragen und es auf dem Grath verzehrt. Das rothe Röckchen des unglücklichen Geschöpfchens sah man noch lange in den Steinen liegen. Ein weiteres von Charpentier in Bex bekannt gemachtes Beispiel ist folgendes: Am 8. Juni 1838 spielten zwei kleine Kinder, Josephine Delex und Marie Lombard, mit einander am Fuße des Felsens Majoni d'Alesk im Wallis auf einem Rasenplatze, zwanzig Klafter vom Felsen entfernt. Plötzlich kam Marie weinend zur nahen Hütte gelaufen und erzählte, ihre Gespielin, ein dreijähriges, sehr schwaches Kind, sei plötzlich im Gebüsche verschwunden. Mehr als 30 Personen untersuchten die Felsen und die nahen Abgründe des Torrent d'Alesk und bemerkten endlich am Rande des Felsens einen Schuh, jenseit des Abgrundes ein

Strümpfchen. Erst am 15. August entdeckte ein Hirt, Franz Favolat, die Leiche des Kindes oberhalb des Felsens Lato, etwa eine halbe Stunde von dem Orte, wo das Kind verschwunden war. Das Kadaver war ausgetrocknet, die Kleider theils zerrissen, theils verloren. Da das Kind unmöglich allein über den Abgrund kommen konnte, mußte es entweder von einem Lämmergeier oder von einem in der Nähe horstenden Steinadlerpaare geraubt worden sein. — Ueberhaupt ist kaum ein Alpenrevier, in welchem nicht ähnliche ältere oder neuere Erfahrungen bekannt sind, die freilich oft im Laufe der Zeit einen etwas mythischen Charakter angenommen haben. Uebrigens ist gar nicht abzusehen, was den Lämmergeier von der Entführung eines Kindes abhalten sollte, wenn auch wohl mancher einzelne Fall auf Rechnung des Steinadlers zu setzen ist. Ist der Geier erwiesenermaßen kühn genug, mit Mordgedanken einen Jäger hartnäckig zu umkreisen, und stark genug, eine junge Ziege stundenweit zu tragen, so möchte ihn höchstens eine angedichtete Pietät von dem Kinderraube abhalten. Ein glarner Jäger überraschte einen Lämmergeier, der mit einer Ziege aufflog, sie aber aus Furcht in der Nähe des Mannes fallen ließ. Ist der Geier in einer Fuchsfalle gefangen, so benimmt er sich bald höchst gelassen und ergiebt sich feige in sein Schicksal; bald haut er wüthend mit Flügeln, Krallen und Schnabel um sich und es wird uns ein Fall erzählt, wo er dem Jäger seine Krallen so tief ins Fleisch schlug, daß sie nach dem Tode des Vogels abgeschnitten und einzeln herausgenommen werden mußten.

Wir haben Grund genug, ihn nicht nur für heißhungrig und raubgierig, sondern auch für kühn zu halten, wenn er schon in der Gefangenschaft gewöhnlich furchtsam und feige ist. So wird berichtet, daß ein Geier im Gebirge ob Schuders (Bünden) plötzlich auf einen jährigen Ziegenbock herabstürzte und denselben aufhob, als der Bauer eben sein Vieh zur Tränke trieb. Dieser griff rasch nach einem Prügel, schlug auf den Räuber, um ihm sein Eigenthum abzujagen, und wurde so handgemein mit ihm. Aber rasch wandte sich das Thier und hieb mit den Fittigen so scharf auf das Männlein, daß dieser es gerathen fand, sein Heil in der Flucht zu suchen, worauf der siegreiche Geier ruhig den zappelnden Bock durch die Luft entführte. Der Bauer hieß fortan ‚das Gyrenmannli‘. Die Lebenskraft des Lämmergeiers scheint äußerst zähe, wie ein Abenteuer des schon erwähnten Gedeon Trösch beweist. Dieser fing ein altes Thier, das ihm mehrere Schafe zerrissen hatte, in einer Falle und versetzte ihm drei mächtige Schläge. Dann band er es auf den Rücken und trug es zu Thal. Unterwegs erholte sich der Geier wieder, packte den Träger und dieser rang, indem er sich mit dem Rücken auf die Erde warf, lange mit dem Vogel. In Amstäg erholte sich dieser abermals, schlug furchtbar mit den Flügeln und konnte nur mit großer Mühe erwürgt werden.

An erwachsene Menschen wagt sich der Lämmergeier nur selten und nur in besonderen Fällen, wenn er sich seines Lebens erwehren muß oder seine Jungen vertheidigt oder einen Mann in sehr kritischer Lage sieht. Zu solchen Angriffen auf Menschen, die fast hülflos an den Felsen hängen, vereinigen sich manchmal, wie es im Grindelwalde geschah, zwei Lämmergeier; dagegen greift Einer allenfalls auch zwei schlafende oder ruhende Jäger an. Der Angriff ist nicht ein unmittelbarer Kampf. Dazu weiß sich das Thier nicht stark genug, obschon ein großes Exemplar wohl in den meisten Fällen einen Menschen bewältigen würde. Es sucht ihn durch Schrecken, gewaltige Flügelhiebe in den Abgrund zu stürzen und irgendwie mittelbar zu vernichten.

Unser königlicher Vogel scheint mehrfachen Beobachtungen gemäß am Rhätikon in den Alpen von St. Antönien bis zur Seeesaplana, deren Kalkfelsen manche schlechterdings unzugängliche Reviere einschließen, nicht ganz selten zu sein. Von dort her besucht er im Winter die höchsten Bergdörfer der Umgebung. Diesen Umstand benutzen die Jäger, die ihm des Sommers fast nie nahe kommen, bauen kleine Hütten von Baumästen und beizen Aas. Bald wittert es das hungrige Thier und durchschwimmt in ungeheueren Kreisen über dem Fraße die Luft. Die Hütte aber macht ihn mißtrauisch und nur die allgemeine Todesstille ermuthigt ihn, die Kreise enger und tiefer zu ziehen, sich nach und nach auf dem Aase niederzulassen und es unter stätem Umherschauen anzugreifen. Auch in diesem Falle müssen noch manche günstige Umstände mitwirken, daß der Geier erlegt werde. An den Diablerets oberhalb Grion (Waadt) wurde im September 1842 ein vorzüglich schönes altes Exemplar erlegt, im Schanfigg (Bünden) im Herbst 1852 ebenfalls ein altes. Im Anfange des Jahres 1855 wurde im bündner Oberlande ein altes Weibchen und im Engadin ein altes Männchen lebendig gefangen und 1860 das schöne Exemplar des churer Museums bei Schuls. In den Felsenmauern des Kamogaskerthales und ob Sils halten sich beständig einige Bartgeier auf. Sie fliegen im Frühling, wenn die Schafheerden frisch ausgetrieben werden, das Innthal hinauf und besuchen dann regelmäßig die Gelände von Pontresina während einiger Tage.

Auf den Churfirsten in der Nähe von Ammon wurde der Geier früher öfters auf der Beize geschossen. Jede andere Jagd, selbst wenn der Horst ausgekundet ist, ist höchst unsicher. Im Domleschg fand ein Jäger einen solchen, den das stäte Pfeifen der zwei Jungen verrieth, und legte sich, da es ganz unmöglich war, dem durch einen überhängenden Felsenvorsprung beschützten Neste beizukommen, in den Hinterhalt, um den Alten aufzupassen. Ganze Tage lang lag er geduldig mit seiner Kugelbüchse dem Geschäfte ob. Aber die Alten zeigten sich oft während zwölf Stunden nicht, obschon die Jungen jämmerlich pfiffen und ihre Köpfe über das Nest hinausstreckten. Kam die Mutter, so schoß sie, die Beute in den Krallen, unversehens und blitzschnell geraden Weges in den Horst und flog ebenso rasch wieder ab. Der Vater kam oft in die Nähe, kreiste aber, des unsichtbaren Jägers Nähe witternd, schreiend mit seiner Beute in den Lüften und verschwand wieder, ohne sie abgegeben zu haben. Endlich am fünften Tage flog die Mutter wieder zu; in der Hast ließ sie aber die Beute über den Rand des Nestes hinunterfallen. Sie bemühte sich, dieselbe noch in der Luft zu erhaschen, verfehlte sie aber, und setzte sich eben auf einen tiefer gelegenen Felsenabsatz, als die Kugel des Jägers sie durchbohrte. Die Speise, die sie den Jungen bestimmt hatte, bestand aus der vorderen Hälfte eines neugeborenen Lammes, an der noch das ganze Bließ des Hintertheiles hing. Der Jäger wußte mit seinem geschossenen Vogel nicht viel anzufangen. Er zog ihm die großen Federn aus und schenkte sie den Knaben des Dorfes, die damit von den Hühnerbesitzern Eier sammelten und ihm die Hälfte derselben brachten.

Manchmal gelingt es den kühnen Söhnen des Gebirges, sich der jungen Geier im Neste zu bemächtigen, — eine mühsame, lebensgefährliche Arbeit, da die Vögel an furchtbar steilen und wilden Felsen horsten und ihre Brut ebenso wüthend wie hartnäckig vertheidigen. So sah im Glarnerlande ein Harzsammler einen Horst hoch in den Felsen, kletterte mit unendlicher Mühe hinauf, fand zwei flügge Junge, die eben ein Eichhörnchen mit Haut und Haaren verspeisten, band ihnen die Füße zusammen, warf sie über den Rücken und kletterte wieder die Felswand hinunter. Das pfeifende Geschrei der Flaumvögel lockte inzwischen die Alten herbei. Nur mit knapper Noth gelang es dem Manne, mit der stets geschwungenen Axt die Geier abzutreiben, und vier Stunden lang verfolgten sie ihn wüthend bis ins Thal hinab, wo er endlich das Dorf Schwanden erreichen und seine Beute in Sicherheit bringen konnte. Der berühmte Gemsenjäger Josef Scherrer von Ammon ob dem Wallensee erkletterte barfuß mit der Flinte auf dem Rücken einen Geierhorst, in dem er Junge vermuthete. Ehe er denselben erreicht hatte, flog das Männchen herbei und wurde durchbohrt. Scherrer lud die Flinte wieder und kletterte in die Höhe. Allein beim Neste stürzte mit fürchterlicher Wuth das Weibchen auf ihn, packte ihn mit den Fängen an den Hüften, suchte ihn vom Felsen zu stoßen und brachte ihm tüchtige Schnabelhiebe bei. Die Lage des Mannes war entsetzlich. Er mußte sich mit aller Gewalt an die Felswand stemmen und den alten Geier abwehren, ohne die Flinte aufnehmen zu können. Seine Geistesgegenwart rettete ihn aber vor dem sichern Verderben. Mit der einen Hand richtete er den Lauf der Flinte auf die Brust des an ihm haftenden Vogels, mit der nackten Zehe spannte er den Hahn und drückte los. Der Geier stürzte todt in die Felsen hinab. Für die beiden alten und die zwei jungen Vögel erhielt der Jäger vom Untervogte in Schännis — fünf und einen halben Gulden Schußgeld. Die tiefen Wundenmaale am Arme aber behielt er sein Leben lang.

In Ländern, wo die Lämmergeier neben anderen großen Raubvögeln wohnen, sollen sie öfters von diesen verfolgt werden. So berichtet man aus der Nähe von Semlin, daß zwei Bartgeier von sechs Seeadlern und mehreren kahlköpfigen Geiern angefallen wurden, wobei sich jene so tapfer wehrten und in die Seeadler so heftig verkrallten, daß endlich der ganze Schwarm auf die Erde stürzte und von einem Hirten mit Prügeln auseinandergebracht wurde. Der am härtesten getroffene Lämmergeier flog dem Walde zu, überfiel am nächsten Morgen einen zehnjährigen Hirtenknaben und wurde auf demselben abgefangen.

Die Neſtjungen laſſen ſich mit Fleiſchnahrung leicht aufziehen und werden zahm. Erſt nach der dritten oder vierten Mauſer erhalten ſie das lichtere Kleid. Werthvolle Beobachtungen an gefangenen Exemplaren ſtellten Profeſſor Scheitlin und Th. Conrad auf Baldenſtein an. Erſterer erhielt zwei alte, in Bünden mit Fuchsfallen gefangene Vögel. Dem einen wurde eine Kammer eingeräumt, wo er mit einem Stricke auf eine Querſtange gebunden ward; allein er riß denſelben jedesmal bald mit einigen Schnabelhieben entzwei. Auch auf eine Kette biß er, aber vergeblich; doch mühte er ſich ſo hartnäckig ab, daß man ihn abband. An- fangs ſträubte er gegen Jeden, der ihm nahte, die Kopffedern auf, ſpäter nur gegen Fremde, verwundete aber nur ſelten Jemand. Alles Neue ſah er aufmerk- ſam an. Seinen Pfleger kannte er in ungewohnter Kleidung nur, wenn er zu ihm geſprochen hatte, und ließ ſich von ihm ſtreicheln, die Flügel ausbreiten und in die Höhe heben. Im Zimmer gehaltene Murmelthiere beachtete er nicht, wenn ſie auch vor ſeinen Augen umherliefen. Gegen Hunde ſträubte er ſich und machte große Augen, ohne auf ſie loszufahren. Sie fürchteten ihn nicht, wohl aber die Katzen, die wie wüthend in der Kammer umherſprangen. Tauben, Krähen, Elſtern, die man ihm zwiſchen die Füße ſetzte, blieben gleichgültig ſitzen, ließen ſich von ihm langſam mit einer Kralle anpacken, worauf er ſie auf die Stange niederlegte und ihnen ganz bedächtig, ohne ein Zeichen von Mordluſt, den Kopf abriß. Dann zerrte er ihnen ebenſo langſam von hinten nach vorn den Bauch auf, kneipte die Füße und Flügel ab und ſchälte den Rumpf aus dem Federkleide. Er liebte vorzugsweiſe Knochen und alles rohe Fleiſch und ließ ſich an nichts Anderes gewöhnen. Gemſenfleiſch, Leber und Hirn genoß er ſehr gern, nie kleine Vögel oder Fiſche und lieber Todtes als Lebendiges. Selten fraß er mehr als ein Pfund Fleiſch oder Knochen auf einmal, verſchlang aber auch große Knochen- ſtücke mit ſcharfen Spitzen ohne Beſchwerde. Träg und ſtumpf ſaß er Jahr aus und ein den ganzen Tag auf einer Stange, oft geduckt, mit offenem Schnabel, vorliegender Zunge und eingezogenem Halſe, nach Art der ächten Geier. Stellte man ihn auf den Boden, ſo ſah er zur Stange empor und konnte ſich lange nicht zum Hinauffliegen entſchließen. Flog er endlich auf, ſo geſchah es ſchwer- fällig. Steckte man ihm eine Tabakspfeife in den Schnabel, ſo behielt er ſie ſtundenlang darin, ohne ſich für ſelbe zu intereſſiren. Töne irgend einer Art affizirten ihn nicht. Nur ſein Auge verrieth viel Leben; kein Thier hat ein ſchöneres, nur wenige ein ſo ſchönes. Doch läßt es mehr Wildheit als Verſtand ahnen. Der Geier trank gern Waſſer und Milch. Von Läuſen geplagt, ließ er ſich willig mit Oel beſtreichen und ſchien den Liebesdienſt zu erkennen. Alle Kühlung verdankte er mit Ruhe und Gelaſſenheit. Der andere Lämmergeier erkrankte, ſeufzte oft vollkommen wie ein Menſch und ließ ſich gern pflegen. Als ihm ſeine Flügel anfingen zu erlahmen, ſenkte er ſich, beinahe auf dem Bauche ſitzend, auf die Stange; dann flog er auf den Boden, legte ſich auf die Seite, immer ſeufzend, nie wimmernd, bis er mit völliger Reſignation ſchön und ruhig wie ein Menſch verendete. Th. Conrad beſaß etwa ſieben Monate lang ein aus dem Neste genommenes Exemplar, das allmälig ganz zahm wurde und mit seinem Pfleger gern spielte. Es trank täglich, oft ziemlich viel auf einmal, mehr wenn es Knochen, als wenn es Fleisch gefressen. Mit Knochen flog es, nach Art des spanischen Bartgeiers, öfters in die Höhe, um sie fallen zu lassen und zu zerbrechen, was sonst an unsern freilebenden Bartgeiern noch nie beachtet worden ist. Frisches Fleisch zog es übelriechendem vor, fraß aber täglich nur etwa ein halbes Pfund und verschluckte Rippen und die härtesten Röhrenknochen. Hammel- und Katzenfleisch war ihm besonders angenehm; doch nahm es auch Mäuse an, nie aber gefrornes Fleisch. Kleinere Beute trug es im Schnabel, größere mit den Fängen weg. Es gab regelmäßig das Gewöll her und badete oft und gern.

Andere gefangene Geier waren lebhafter, gieriger, gewaltthätiger, kräftiger. Natürlich verändert die beengte Lebensweise das Naturell oft bis zur Unkenntlichkeit, und es wäre thöricht, von dem Charakter eines halbkranken, gefangenen Thieres auf den des freien Geiers schließen zu wollen, dessen Kühnheit und Gewalt den Alpenbewohnern bekannt genug ist. Ein durch ein paar Schrotkörner beim Schusse geblendetes Exemplar wurde in Chur mehrere Jahre lang lebend erhalten. Obwohl ungefesselt im Hofe placirt, mochte es sich nur ungern von der Sitzstange entfernen, auf der es oft mächtig mit seinen Flügeln wehte. War ihm das Futter auf die Erde gefallen, so stieg es höchst behutsam ab, tastete aber mit den Flügeln sorglich, die Nähe des Stangenpflocks nicht zu verlieren und dachte nie an einen Fluchtversuch. Ein altes gefangenes Geierpaar baute sich im Frühling 1857 in Bern einen Horst und das Weibchen belegte denselben mit einem Ei, das aber unbebrütet blieb.

Erst in neuester Zeit sind auch die übrigen Geieradlerarten der alten Welt durch die Gebrüder Brehm zum Theil näher bekannt gemacht worden, nämlich:

Der kleine Geieradler (G. barbatus subalpinus, Brm.), nur 3—3½' lang, an der Fußwurzel bis auf 6''' unbefiedert und im Ganzen höher gefärbt als der schweizerische. Seine Lebensweise entspricht der des letzteren. Er bewohnt die Gebirge Sardiniens, Siciliens und Griechenlands, und berührt in der Alpenkette den Verbreitungsbezirk desselben.

Der westliche Geieradler (G. b. occidentalis, Schleg.), 3' 4'' bis 3' 8'' lang, nur wenig kleiner als der unsrige, ihm sehr ähnlich, mit ganz befiederter Fußwurzel, aber breiterem schwarzen, auf dem Oberkopfe in große, schwarze Längsflecken auslaufenden Augenstreifen, lebhafter hochrostgelb gefärbtem Unterleibe, der aber im hohen Alter rein weiß werde. Er bewohnt die Gebirge Spaniens und Portugals bis auf 8000' ü. M. und scheint in Charakter und Lebensweise von dem schweizerischen abzuweichen, indem er sehr harmloser Natur sein soll, durchaus kein Geflügel berühre und nie eine weidende Heerde gefährde.

Der nacktfüßige Geieradler (G. nudipes, Brm.), nur 3' 1'' (Männchen) lang, lebhaft gefärbt, das ganze Kinn und die Unterkiefer bis zur Spitze bebartet, die Befiederung wenig reich und die Füße bis auf ein Drittheil (14''') nackt. Er bewohnt die Gebirge ganz Afrika's vom Kap der guten Hoffnung bis Abyssinien, wo er bei 12,000' ü. M. nicht selten ist.

Die altaischen und sibirischen Formen sind noch nicht genauer unter= sucht worden.

VI. Die Alpenhasen.

Lebensweise und Farbenwechsel. — Verbreitung und Ernährung. — Jagd. — Vermischung.

Wo die braunen oder grauen Berghasen aufhören, tritt eine verwandte Art auf, um diese Nagethiere in den höheren Regionen zu ersetzen, nämlich die der veränderlichen, weißen oder Alpenhasen (Lepus variabilis), die, wie sie in unseren Alpen die kältesten der bewohnbaren Reviere aufsuchen, so auch zu den Bewohnern des hohen europäischen und asiatischen Nordens gehören.

Der Alpenhase (Schneehase) unterscheidet sich in Körperbau und Tempera= ment entschieden vom Feldhasen. Er ist munterer, lebhafter, intelligenter, dreister, in seinen Bewegungen leichter, weniger dummscheu. Der Kopf ist kürzer, runder, die Nase dicker, der Schädel gewölbter, die Backen sind verhältnißmäßig breiter, die Ohren verhältnißmäßig kürzer und überragen, angedrückt, die Schnauze nur um ein Weniges.*) Die Hinterläufe sind länger als beim Feldhasen, die Sohlen stärker bewollt, mit tiefer gespaltenen, weiter ausspannbaren Zehen, welche auch mit längern, stärker gekrümmten Nägeln bewaffnet sind. Die Augen sind nicht wie bei den Albinos roth, sondern braun wie die des Feldhasen. Der ganze Rumpf ist kleiner, zarter, schmaler, aber die Behaarung dichter als bei seinem tiefländischen Vetter. Das Gewicht beträgt durchschnittlich nicht viel über 4 bis 5 1/2 Pfund; stärkere Thiere sind selten. Die bündner Bergjäger wollen zweierlei Hasen unterscheiden, die im Winter weiß werden, und nennen sie Wald= und Berghasen oder Grathhasen, von denen die ersteren größer seien und auch im Sommer nicht über die Holzgrenze gingen, während die letzteren kleiner und dick= köpfiger wären als die weißen Waldhasen. Die Grathhasen, meist über dem Holzwuchs lebend, verstecken sich, wenn sie gejagt werden, mit großer Vorliebe und Pfiffigkeit in Erdlöcher und Steinspalten, was andere Hasen nur verwundet und hitzig verfolgt thun, da sie zahlreiche Wald= und Buschverstecke vor den Grathhasen voraushaben.

---

*) Die Angabe von Blasius (Fauna der Wirbelthiere Deutschlands I. 421), das angedrückte Ohr rage nicht bis zur Schnauzenspitze vor, trifft nach einer Reihe an= gestellter Beobachtungen bei unseren schweizerischen Alpenhasen nicht zu.

ALPENHASEN.

Wenn im December die Alpen alle im Schnee begraben liegen, ist dieser Hase so rein weiß wie der Schnee; nur die Spitzen der Ohren bleiben schwarz. Die Frühlingssonne erregt vom März an einen sehr interessanten Farbenwechsel. Er wird zuerst auf dem Rücken grau und einzelne graue Haare mischen sich immer reichlicher auch auf den Seiten ins Weiße. Im April sieht er sonderbar unregelmäßig gescheckt oder besprengt aus. Von Tage zu Tage nimmt die graubraune Färbung überhand und ist im Mai ganz vollendet, das Wollhaar weißlich grau, das Oberhaar an der Wurzel grau, mitten schwarz, an der Spitze braungelb. Weichen und Brust sind heller gefärbt. Die einzelnen Haare erscheinen beim Feldhasen derber als beim Alpenhasen. Im Herbst fängt er schon mit dem ersten Schnee an, einzelne graue Haare zu bekommen; doch geht, wie in den Alpen der Sieg des Winters sich rascher entscheidet als der des Frühlings, der Farbenwechsel im Spätjahr schneller vor sich und ist vom Anfang des Oktobers bis Mitte Novembers vollendet. Dann ist der ganze Balg silberweiß; nur die Basis der größeren Schnurrhaare, der obere Ohrrand innen und außen bleiben schwarz, die dünn behaarte Haut der inneren und äußeren Ohrmuschel schwärzlich, die untere Seite der Unterläufe schmutzig braungrau und die Nägel schwarzgrau. Wenn die Gemsen schwarz werden, wird ihr Nachbar, der Hase, weiß. Dabei bemerken wir folgende interessante Erscheinungen: Zunächst vollzieht sich die Umfärbung nicht nach einer festen Zeit, sondern richtet sich nach der jeweiligen Witterung, sodaß sie bei frühem Winter früher eintritt, ebenso bei frühem Frühling und immer mit dem Farbenwechsel des Hermelins und des Schneehuhns, die den gleichen Gesetzen unterliegen, Schritt hält. Ferner scheint zwar die Herbstfärbung in Folge der gewöhnlichen Wintermauserung vor sich zu gehen; die braunen Sommerhaare fallen aus und die neuen dichtern Haare sind weiß; — der Farbenwechsel im Frühling scheint dagegen an der gleichen Behaarung sich zu vollziehen, indem erst die längeren Haare an Kopf, Hals und Rücken von ihrer Wurzel an bis zur Spitze schwärzlich werden, die unteren weißen Wollhaare dagegen grau. Doch ist es noch nicht ganz gewiß, ob nicht auch im Frühjahr vielleicht eine theilweise Mauserung vor sich gehe.*) Im Sommerkleid unterscheidet sich der Alpenhase insoweit vom gemeinen Hasen, daß jener olivengrauer ist mit mehr Schwarz, dieser röthlichbraun mit weniger Schwarz. Ersterer hat eine trübweiße, letzterer eine reinweiße Unterseite.

Es findet sich beim gemeinen Hasen auch hin und wieder eine weiße Varietät, die nicht mit dem Alpenhasen zu verwechseln ist; sie hat rothe Augen wie alle Albinos und bleibt beständig weiß.

Der geschilderte Farbenwechsel wird bei allen betreffenden Thieren als Vor-

---

*) Conrado von Baldenstein hält dafür, daß im Herbst keine Enthärung stattfinde, sondern sich die braunen Haare weiß färben, während neue weiße Haare gleichzeitig dazwischen herauswachsen. Im Frühling dagegen mache die lange weiße Wolle stellenweise der noch kurzen graulichen Platz.

bote der zunächst eintretenden Witterung angesehen; selbst der einsichtsvolle Prior Lamont auf dem großen St. Bernhard theilte diesen Glauben und schrieb am 16. August 1822: ‚Wir werden einen sehr strengen Winter bekommen; denn schon jetzt bekleidet sich der Alpenhase mit seinem Winterfell‘. Wir glauben aber vielmehr, daß der Farbenwechsel nur Folge des bereits eingetretenen Wetters ist, und das gute Thier kommt mit seiner angeblichen Prophezeikunst selbst oft schlimm weg, wenn seine Winterbehaarung sich bereits gelichtet hat und abermals Frost und Schnee eintritt. Man behauptet auch, unser Hase bringe seine Zähne mit auf die Welt und wechsle sie, weshalb die Vorderzähne im Alter gelb, die Backenzähne schwarz würden. Je älter er ist, desto länger und stärker wird auch sein Schnurrbart.

Seine Verbreitung umfaßt außer dem hohen Norden die ganze europäische Alpenkette, auch Schottland und Irland. Doch variirt die Art nach den verschiedenen Ländern beträchtlich. In den milden Wintern Irlands und im südlichen Schweden werden die Alpenhasen nicht weiß, wohl aber in Schottland, Finnland, im nördlichen Schweden und Norwegen, in Nordrußland und Sibirien. Im hohen Norden Europa's, Asiens und Amerika's (Lepus glacialis Grönlands) ziehen sie die dunkle Sommertracht nicht an, sondern bleiben bis auf die schwarze Ohrspitze beständig weiß.

Unser Alpenhase ist in allen Alpenkantonen sicher in der Höhe zu treffen, aber in der Regel nicht so zahlreich als der braune Hase in den unteren Regionen. Wo der Waldwuchs hoch in den Gebirgen ansteigt, wird unser Hase immer zahlreicher sein, als wo er früher zurückbleibt. So ist z. B. der Säntis auffallend arm an diesem Gewild. In den offenen, buschlosen Steinhalden kann sich der Schneehase nur sehr schwer halten. Alpenkrähen und Raben fressen seine Jungen, und Adler und Füchse rauben sogar die Alten. So groß indeß seine horizontale Verbreitung zu sein scheint, so beschränkt ist seine vertikale. Im Sommer, überhaupt während des größten Theils des Jahres, hält er sich am liebsten zwischen der Tannengrenze und dem ewigen Schnee auf, ungefähr in gleicher Höhe mit dem Schneehuhn und Murmelthier, zwischen 5500 und 8000' ü. M.; doch streift er oft viel höher. Lehmann sah ein Exemplar dicht unter dem obersten Gipfel des Wetterhorns bei 11,000' ü. M. Der hohe Winter treibt ihn den tiefern Bergwäldern zu, die ihm Schutz und freie Aesung gewähren; man kann ihn alsdann bis 2000' ü. M. treffen (in der Nähe St. Gallens sogar sind in neuerer Zeit zwei Exemplare erlegt worden) und am gleichen Bergrücken auf der Sonnenseite braune, auf der Schattenseite weiße Hasen jagen; doch geht er nicht gern unter 3000' ü. M. und zieht sich so bald als möglich wieder nach seinen lieben Höhen zurück.

Im Sommer lebt unser Thierchen ungefähr so: Sein Standquartier ist zwischen Steinen, in einer Grotte oder unter den Leg- und Zwergföhren. Hier liegt der Rammler gewöhnlich mit aufgerichtetem Kopfe und stehenden Ohren im Nest; die Häsin dagegen pflegt den Kopf auf die Vorderläufe zu legen und die

Ohren zurückzuschlagen. Früh Morgens oder noch öfter schon in der Nacht verlassen beide das Nest und weiden auf den sonnigen Grasstreifen, wobei die Löffel
gewöhnlich in Bewegung sind und die Nase häufig umherschnobbert, ob nicht
einer der vielen Feinde in der Nähe sei, ein Fuchs oder Baummarder, der freilich
nur selten bis in die Höhe streift, ein Geier, Adler, Falke, Rabe — vielleicht
auch ein Wiesel, das des jungen Hasen wohl Meister wird. Seine liebste Nahrung besteht in den verschiedenen Kleearten, den bethauten Muttern, Schafgarben
und Violen, in den Zwergweiden und in der Rinde des Seidelbastes, während
er den Eisenhut und die Germernstauden, die auch ihm giftig zu sein scheinen,
selbst in der nahrungslosesten Winterszeit unberührt läßt. Ist er gesättigt, so
legt er sich der Länge nach ins warme Gras oder auf einen sonnigen Stein, auf
dem er nicht leicht bemerkt wird, da seine Farbe ziemlich mit der des Bodens
übereinstimmt. Wasser nimmt er nur sehr selten zu sich. Auf den Abend folgt
eine weitere Aesung, wohl auch eine hüpfende Promenade an den Felsen hin oder
durch die Weiden, wobei er sich oft hoch auf die Hinterbeine stellt. Dann kehrt
er zu seinem Neste zurück. Des Nachts ist er der Verfolgung des Fuchses, der
Iltisse und Marder ausgesetzt; der Uhu, der ihn leicht bezwingen würde, geht
nicht bis in diese Höhe. Mancher aber fällt den großen Raubvögeln der Alpen
zu. Unlängst haschte ein auf einer Tanne lauernder Steinadler in den appenzeller Bergen einen fliehenden Alpenhasen vor den Augen der Jäger weg und
entführte ihn durch die Luft.

Im Winter gehts oft nothdürftig her. Ueberrascht ihn ein früher Schnee,
ehe er sein dichteres Winterkleid angezogen, so geht er oft mehrere Tage lang
nicht unter seinem Busch oder Steine hervor und hungert und friert. Ebenso
bleibt er oft im Felde liegen, wenn ihn ein starker Schneefall überrascht. Er
läßt sich wie die Birkhühner und Schneehühner ganz einschneien, oft zwei Fuß
tief, und kommt erst hervor, wenn ein Frost den Schnee so hart gemacht hat, daß
er ihn trägt. Bis dahin scharrt er sich unter demselben einen freien Platz und
nagt an den Blättern und Wurzeln der perennirenden Alpenpflanzen. Ist der
Winter völlig eingetreten, so sucht er sich in den dünnen Alpenwäldern Gras
und Rinde. Gar oft gehen die Alpenhasen in dieser Jahreszeit zu den oberen
Heuställen. Gelingt es ihnen, durch Schlüpfen und Springen zum Heu zu gelangen, so setzen sie sich darin fest, oft in Gesellschaft, fressen eine gute Portion
weg und bedecken den Vorrath mit ihrer Losung. Allein um diese Zeit wird
gewöhnlich das Heu ins Thal geschlittet. Dann weiden die Hasen fleißig der
Schlittbahn nach die abgefallenen Halme auf oder suchen Nachts die Mittags-
stationen der Holzschlitter auf, um den Futterrest zu holen, den die Pferde zurückgelassen haben. Während der Zeit des Heuabholens verstecken sie sich gern in die
offenen Hütten oder Ställe und sind dabei so vorsichtig, daß ein Hase auf der
vordern, der andere auf der hintern Seite sein Lager aufschlägt. Nahen Menschen, so laufen beide zugleich davon; ja man hat schon beobachtet, wie der
zuerst die Gefahr erkennende, statt das Weite zu suchen, erst um den Stall

herumlief, um seinen schlafenden Kameraden zu wecken, worauf dann beide mit einander flüchteten. Sowie der Wind die sogenannten Staubecken vom Schnee entblößt hat, kehrt der Hase wieder auf die Hochalpen zurück.

Ebenso hitzig in der Fortpflanzung wie der gemeine Hase, bringt die Häsin in jedem Wurfe 2—5 Junge, die nicht größer als rechte Mäuse und mit einem weißen Fleck an der Stirn gezeichnet sind, schon am zweiten Tage der Mutter nachhüpfen und sehr bald junge Kräuter fressen. Der erste Wurf fällt gewöhn= lich auf den April oder Mai, der zweite auf den Juli oder August; ob ein dritter nachfolge oder ein früherer vorausgehe, wird öfters bezweifelt, während die Jäger behaupten, vom Mai bis zum Oktober in jedem Monate Junge von Vier= telsgröße angetroffen zu haben. Jedenfalls richtet sich auch beim Alpenhasen die Befruchtung mehr nach der Witterung als dem Monat, und wir haben nicht ohne Verwunderung in einem am 12. Dezember 1858 in den werdenberger Bergen geschossenen Exemplare drei fast ausgetragene Embryone gefunden, wäh= rend doch der Winter schon Ende Oktobers mit Macht aufgetreten war, dann aber Mitte November einigen warmen Sonnentagen Raum gelassen hatte. Der Setzhase trägt seine Frucht 30—31 Tage und säugt sie dann kaum 20 Tage. Der wunderliche Irrthum, daß es unter diesen Hasen Zwitter gebe, die sich selbst befruchten, dürfte den meisten Bergjägern schwer=auszureden sein. Es ist fast unmöglich, das Getriebe des Familienlebens zu beobachten, da das Gehör der Thiere so scharf ist und die Jungen sich außerordentlich gut in alle Ritzen und Steinlöcher zu verstecken verstehen.

Die Jagd hat ihre Mühen und ihren Lohn. Da sie gewöhnlich erst statt= finden kann, wenn die Alpenregion im Schnee liegt, so ist sie beschwerlich genug. Doch ist sie vielleicht weniger unsicher als die auf anderes Wild, da des Hasen frische Spur seinen Stand genau anzeigt und das Thier fester liegen bleibt und bälder zurückschlägt als der Feldhase. Wenn man die Weidgänge entdeckt hat, die er oft des Nachts im Schnee aufzuwühlen pflegt, und dann der Spur folgt, die sich einzeln davon abzweigt, so stößt man auf viele Widersprünge kreuz und quer, die das Thier nach beendeter Mahlzeit, von der es sich nie geraden Weges in sein Lager begiebt, zu machen pflegt. Von hier aus geht eine ziemliche Strecke weit eine einzelne Spur ab. Diese krümmt sich zuletzt, zeigt einige wenige Widergänge (in der Regel weniger als beim braunen Hasen), zuletzt eine ring= oder schlingenförmige Spur in der Nähe eines Steines, Busches oder Walles. Hier wird der Hase liegen und zwar bald auf dem Schnee der Länge nach aus= gestreckt, bald im Tannendickicht gut verborgen, oft mit offenen Augen schlafend, wobei er mit den Kinnladen etwas klappert, so daß seine Löffel beständig in zitternder Bewegung sind. Ist das Wetter aber rauh, begleitet von dem eisigen Winde, der oft in jenen Höhen herrscht, so liegt der Hase entweder im Schutze eines Steines oder in einem Scharrloche im Schnee fest. So kann ihn der Jäger leicht schießen; es ist schon geschehen, daß das Thier noch nach einem Fehlschusse im Neste liegen blieb. Gewöhnlich aber flieht er in gewaltigen Sätzen mit stür=

mischer Eile, geht aber nicht allzuweit und kommt leicht wieder vor den Schuß. Das Krachen und Knallen schreckt ihn nicht; er ist dessen im Gebirge gewohnt. Es stört auch die anderen nicht auf, und oft bringt ein Jäger am Abend drei bis vier Stück heim, die alle am Nest geschossen wurden. In diesem wird man aber nie zwei beisammen finden, selbst in der Brunstzeit nicht. Die Fährte des Alpenhasen hat etwas Eigenthümliches; sie besteht aus großen Sätzen mit verhältnißmäßig sehr breitem Auftritt, aus dem der Jäger sogleich unterscheidet, ob ein Feld- oder ein Schneehase gegangen sei. Aehnlich der der Gemsen, ist die Fußbildung des Alpenhasen vortrefflich für den Aufenthalt im Schneereiche organisirt. Die Sohle ist schon an sich breiter, die Füße dicker als beim gemeinen Hasen; im Laufe breitet er die Zehen, die ihm dann wie Schneeschuhe dienen, weit aus und sinkt nur leicht ein; auf dem Eise leisten die gekrümmten Krallen vortreffliche Dienste. Jagt man ihn mit Hunden, so bleibt er viel länger vor dem Vorstehhunde liegen als sein Vetter im Tieflande und schlüpft bei der Verfolgung nicht selten in die engen Röhren der Murmelthierbauten, nicht aber in Fuchslöcher, ausgenommen wenn er tödtlich verwundet ist, wo er sich in jedes beliebige Erdloch, in jede Felsspalte zu verkriechen sucht. Es sind uns zwei Beispiele bekannt, wie hart verfolgte Alpenhasen schief stehende Fichten hinan liefen, in dem Geäste sich bargen und dann buchstäblich vom Baum herunter geschossen wurden.

Auffallenderweise ist der Alpenhase leichter zu zähmen als der gemeine, benimmt sich ruhiger und zutraulicher, hält aber nicht lange aus und wird selbst bei der reichlichsten Nahrung nicht fett. Die Alpenluft fehlt ihm allzubald im Thale. Im Winter wird er auch hier weiß. Sein Fell wird nicht hochgehalten; dagegen ist sein Fleisch sehr schmackhaft. Am 16. Juli 1865 fing ich unter der Spitze des Alvier, etwa 7000' ü. M., in einem kleinen Erdloche einen circa 4 Wochen alten Schneehasen, der sich dort bestens versteckt wähnte, mich nach dem raschen Griff tüchtig in den Finger biß und mörderlich schrie, sich aber gleich beruhigte, als ich ihm an der Brust ein Versteck öffnete, in das er hineinschlüpfte. Die Behaarung des überaus niedlichen Thierchens war äußerst dicht und weich und bestand auf dem Oberkörper aus drei Lagen, nämlich aus der grauen, röthlich gespitzten Grundwolle, welche von einer dünnern, schwarzen, gelblich gespitzten Behaarung gleichmäßig überragt wurde, in die noch lichter die doppelt so langen, schwarzen, weißgelb gespitzten Stachelhaare eingestreut waren. Augeneinfassung und Schnauze waren gelblichgrau, die Löffelspitzen schwarz, der äußere Rand derselben und ein Fleck auf der Stirn weiß, ebenso das Kinn, die Brust grau, der Bauch und die innere Seite der Läufe weißlichgrau. Die angedrückten Ohren reichten bis zur Nase. Vier Wochen lang blieb das bald zutraulich gewordene Thierchen bei Milch, Brod und Kräutern munter, putzte sich auf seinen Hinterläufen sitzend außerordentlich fleißig und starb dann nach zweitägigem Unwohlsein.

Die Vermischung des gemeinen Hasen mit dem Alpenhasen und die Hervorbringung von Bastarden ist oft bezweifelt worden; doch wird sie durch genaue

Nachforschungen alljährlich bestätigt. So wurde im Januar im Sernftthale, wo überhaupt die weißen Hasen viel tiefer hinabgehen als irgendwo sonst, ein Exemplar geschossen, das vom Kopf bis zu den Vorderläufen braunroth, am übrigen Körper rein weiß war; in Ammon ob dem Wallensee vier Exemplare, alle von einer Mutter stammend, von denen zwei an der vordern, zwei an der hintern Körperhälfte rein weiß, im Uebrigen braungrau waren. Im bernschen Emmenthale schoß ein Jäger im Winter einen Hasen, der um den Hals einen weißen Ring, weiße Vorderläufe und eine weiße Stirn hatte. Aus den appenzeller Bergen erhielten wir ähnliche Weißhasen mit braunen Flecken, und aus Graubünden kann man sie jeden Winter in verschiedenartiger, oft genau begrenzter Zeichnung erhalten; oft freilich nicht Bastarde, sondern blos mangelhaft verfärbte Thiere.

Ein im Januar 1866 auf Bommenalp, wo sich der Feld- und der Schneehase vorfindet, geschossener Blendling trug im Allgemeinen das Winterkleid des Feldhasen. Die Ohren waren etwas kürzer als bei diesem, aber länger als bei jenem, der sonst hellgelbe Augenring war weiß und setzte sich in zwei weißen Ringen zu beiden Seiten des Nasenrückens fort. An der Unterkinnlade, am Hinterkopfe und Nacken waren die Haare stark weißgespitzt, ebenso eine Partie der Rückenmitte, noch lebhafter weiß der hintere Theil vom Kreuz bis Schwanz. An der Kehle und Brust erschien die röthliche Behaarung durch die weißen Spitzen trübe graulich. Das Weiß der innern Hinterschenkel setzte sich in zwei weißen Strichen bis zu den Zehen fort; ebenso waren die Hinterläufe auf der obern Seite weißgefleckt. Alle Farben ermangelten übrigens jeder scharfen Begrenzung und sahen etwas verwaschen aus.

VII. Die Gemsen.

Sei mir gegrüßt, du braune Antilope,
Die ruhig an dem steilsten Grathe klimmt,
Und jetzt im klingenden, im sausenden Galoppe,
Sturmschnell auf blauen Eisesmeeren schwimmt.
Kein Jäger folgt der halbverlornen Fährte —
Er staunt und senkt das scharfgelad'ne Rohr.
Halt an, mein Thier, du bist auf sich'rer Erde!
Hoch athmet's auf, steht still und spitzt das Ohr.

1) Thierzeichnung.

Natur, Lebensweise und Eigenthümlichkeiten der Gemsen. — Aufenthalt. — Sulzen. — Sprungkraft. — Fortpflanzung. — Zähmung und Vermischung. — Die Gemsenkugeln. — Unwahrscheinlichkeit einer Ausrottung der Gemsen. — Die Freiberge. — Eine weiße Gemse.

Die Gemsen (Capella rupicapra) sind es vor allen andern Thieren, die unseren Hochgebirgen einen hohen Reiz verleihen; jene schönen, flüchtigen Felsen-

GEMSEN.

antilopen, die in kleinen Heerden durch die einſamſten Reviere der Alpen ſtreifen, die höchſten Bergkämme reizend beleben und in ſauſenden Jagden über ſtundenlange Eisfelder hinfliegen. Traulich und friedlich zum eigenen geſelligen Leben und harmlos gegen alle Geſchöpfe, würden ſie ſich den Heerden des Alpenviehes zugeſellen und könnten gezähmt werden, wenn nicht das ſtets feindliche Auftreten des Menſchen ihnen eine faſt unbezwingliche Scheu gegen ihn eingeflößt hätte. Man hat oft gefragt, ob nicht eine ſorgfältige und angemeſſene Kultur die Gemſe zu einem nützlichen Hausthier machen würde, wobei ſichs von ſelbſt verſtände, daß ſie dies eigentlich nur im Winter wäre, im Sommer aber ähnlich den Ziegenheerden im Gebirge gehalten würde. So gut wie der Steinbock früher in kleinen Geſellſchaften in den Thälern ſich durch viele Generationen erhielt und fortpflanzte, könnten dies auch die Gemſen thun, die ſich mit dem ſpärlichſten und geringſten Futter im Gebirge begnügen, während eine reichlichere Pflege wohl ihre Milchergiebigkeit und ihren Fleiſchertrag erhöhen dürfte.

Die Gemſe iſt bekanntlich der Ziege ſehr ähnlich, beſonders der Alpenziege, unterſcheidet ſich aber ſchon von weitem von ihr durch die unten geringelten, der Länge nach gekerbten, drehrunden, pechſchwarzen, hakenförmig nach hinten gekrümmten, äußerſt zähen, 4—9″ langen Hörnchen, hinter denen die ſpitzen, beim Lauſchen nach vorn gerichteten Ohren ſtehen, durch die längeren, plumperen Beine, den geſtreckteren Hals und den kürzeren, gedrängteren Körperbau. Dieſer iſt im Ganzen elaſtiſch, beſonders der Hals dehnbar. Auf allen Vieren ſtehend kann ſie ſich ſo in die Höhe recken, daß ſie ſechs Fuß hoch reicht, wobei ihre Schwere faſt ganz auf den Hinterfüßen ruht. Der Kinnbart fehlt ihr ſo gut wie dem Steinbocke, der blos im Winterkleide den Anflug eines ſolchen beſitzt und jedenfalls die ſchlechten Bilder nicht rechtfertigt, die ihn traditionell mit einem tüchtigen Ziegenbart ausſtatten. Im Frühling iſt die Gemſe am lichteſten gefärbt, braungelb, im Sommer wird ſie rehfarben — röthlichbraun, im Herbſte dunkelt ſie braungrau ab, bis ſie im Dezember ſchwärzlich braungrau, nicht ſelten ſogar kohlſchwarz wird; nur der ſchwarze Backenſtrich vom Auge bis zur Naſe und die weißgelben Theile ob der Naſe, an der Unterkinnlade, auf der Stirn und am Bauche, ſowie der ſchwarzbraune Rückenſtrich bleiben ſich in allen Kleidern ziemlich gleich. Mit der Färbung wechſeln ſie die Haare nicht jedesmal, und wahrſcheinlich beſtimmt die Verſchiedenheit der Nahrung, verbunden mit den atmoſphäriſchen Einflüſſen und der Wirkung des Lichtes, einzig die Farbenänderung. Im Winter wird der Pelz äußerſt dicht, die oberen groben und brüchigen Haare werden bei älteren Böcken an zwei Zoll lang, beſonders am Kopfe, dem Unterleibe und den Füßen; über dem Rückgrath aber bilden ſie bei alten Thieren oft eine förmliche Mähne mit 6—7 Zoll langen Haaren. Die Füße der Gemſe ſind weit dicker als die der Ziege; ſie kann die mit einer erhöhten Randeinfaſſung umgebenen Hufe, beſonders der Vorderfüße, ſtark auseinanderſpreizen, was ihr beim Marſch übers Eis oder auf ſchmaler Felſenſohle wohl zu Statten kommt. Ihre Fährte iſt der einer Ziege ähnlich, aber etwas länglicher, ſpitzer und ſchärfer, besonders hinsichtlich der äußeren Klauen. Besonders schön sind die großen, schwarzen, stark konvexen und lebhaft glänzenden Augen des klugen Thieres. Die Spitzen der sehr festen Hörner sind scharf und fein, eine treffliche Waffe, mit der es sich gegen Adler und Geier vertheidigt und, wenn es gereizt wird, rasch den Hunden den Bauch aufschlitzt, während es gegen Menschen nie eigentlich kämpft. Beim Bocke, der überhaupt etwas größer und dickköpfiger ist, stehen die Hörner weiter auseinander und sind auch etwas größer als bei der Gemsgeis. Eigenthümlich ist bei der Gemse hinter jedem der Hörnchen eine ziemlich große muschelförmige Drüsengrube, die bei den Böcken in der Brunstzeit schwammartig aufschwillt, ähnlich wie der Augenwulst des balzenden Urhahns, und einen durchdringenden Geruch verbreitet. Monströse Hörner kommen ziemlich selten vor; doch besitzt Herr Förster Mani in Chur eine ordentliche Sammlung solcher. Die Abnormitäten erstrecken sich gewöhnlich nur auf ein Hörnchen und scheinen fast ausschließlich in Folge von Hornbrüchen entstanden zu sein. Wird ein Theil des Hörnchens weggeschlagen oder weggeschossen, so wächst er, meist in geringerer Länge, mit willkürlich veränderter Direktion nach hinten, vorn oder seitwärts nach. Die Bruchstelle ist durch einen Wulst bezeichnet. Ein Exemplar der Sammlung zeigt ein Paar von der Wurzel aus nach vorn gebogene Hörner, welche beide in der Mitte der Biegung gebrochen und dann nicht mehr parallel bis gegen die Nase herunter nachgewachsen sind.

Die weibliche Gemse hat im Unterschiede von der Ziege und dem dieser näher verwandten Steinbock v i e r Zitzen.

Der Verbreitungsbezirk der Gemse erstreckt sich über die ganze europäische Alpenkette von den Meeralpen bis zu den dalmatinischen, sowie über die Ausläufer derselben nach dem mittäglichen Frankreich, den Abruzzen und Griechenland (Veluzi); ebenso sind sie auf den Karpathen, namentlich in der Tatragruppe, heimisch. Ob der Ysard der Pyrenäen und die Gemse der spanischen Gebirge mit der unsrigen identisch sei, ist zur Stunde ebensowenig ausgemittelt wie ihr Verhältniß zu den Gemsen des Kaukasus, Tauriens und Sibiriens. Der europäische Norden hat keine Gemsen.

Der gewöhnliche Sommeraufenthalt der Gemsen sind die unwegsamsten und höchsten Reviere der Hochalpen bis zur Schneeregion. In dieser Zeit gehen sie nicht ins Thal, wenn sie nicht etwa versprengt werden. Doch sah man sie noch vor zwanzig Jahren, als die Freiberge des Glarnerlandes noch respektirt waren, in kleinen Heerden des Morgens nach Sonnenaufgang die Wälder herunterkommen und am Sernf trinken. In den ungeschützten Revieren dagegen lagern sie gern in der Nähe der Gletscher. Mit Tagesanbruch, oft auch in mondhellen Nächten, weiden sie an den Bergwänden hinunter oder suchen tiefere, ringsum von Felsen geschützte Grasplätze auf, bleiben gewöhnlich von 9—11 Uhr am Rande steil abfallender, lichtbelaubter Felsen liegen, steigen während des Mittags wieder langsam grasend in die Höhe, ruhen bis gegen 4 Uhr, an der Schattenseite rauher Schluchten wiederkäuend, wo möglich dicht am Schnee, den sie sehr lieben, oft selbst stundenlang auf dem blanken Firn weilend und besuchen Abends gern wieder die Aesungsplätze des Morgens. Die Nächte bringen sie am liebsten unter überhängenden Felsen oder zwischen Blöcken gesellig zu. Am muntersten scheinen sie aber im Spätherbst und Vorwinter während der Sprungzeit zu sein. Dann haben wir sowohl ganze Heerden als einzelne Paare in den übermüthigsten Spielen und Scheinkämpfen stundenlang beobachtet. Auf den schmalsten Felsen= kanten treiben sie sich wie toll umher, suchen sich mit den Hörnchen herunter= zustoßen, fingiren an einem Orte einen Angriff, um sich blitzschnell auf einen andern, bloßgegebenen zu stürzen, und necken sich auf die muthwilligste Art. Gewahren sie aber, wenn auch in noch so großer Entfernung, einen Menschen, so ändert sich augenblicklich die Scene. Alle Thiere vom ältesten Bock bis zum kleinsten Zicklein sind auf der Lauer und machen sich fluchtbereit. Rührt sich auch der Beobachter nicht von der Stelle, so kehrt doch den Thieren der gute Humor nicht wieder. Langsam ziehen sie bergan, spähen von jedem Block, an jedem Abgrundsrande und lassen keinen Augenblick die mögliche Gefahr aus dem Auge. Gewöhnlich gehen sie dann ganz in die Höhe. Am Rande der obersten Felsenkrone stellt sich der ganze Rudel nebeneinander auf, guckt unaufhörlich in die Tiefe und bewegt die weißglänzenden Köpfe fortwährend bedenklich in den Lüften umher. Im Sommer sieht man dann die Gemsen an diesem Tage schwer= lich wieder in diesem Revier; im Herbste, wo die Gebirge einsamer sind, jagen sie oft schon nach einer Stunde wieder in hellem Galoppe die Abhänge herunter und beziehen den alten Spielplatz.

Wir haben bemerkt, daß sie im hohen Sommer stets die westlichen und nördlichen Bergseiten vorziehen, in den übrigen Jahreszeiten aber mehr die öst= lichen und südlichen. Sowie im Herbste der Schnee die freien Hörner der Alpen versilbert und allmälig immer tiefer und tiefer sich in die Bergweiden herunterzieht, ziehen sich auch die Gemsen tiefer nach den oberen Bergwäldern zurück, bis sie dieselben im Winter als förmliche Standquartiere bezogen haben. Zu solchen wählen sie gern die Südseite des Gebirges, oft in der Nähe bloßer, steiler Halden, an denen der Wind den Schnee fleißig wegfegt; die breitästigen Schirm= oder Wettertannen, deren Arme fast bis auf den Boden niederhängen und das lange dürre Gras vor Schnee schützen, ziehen sie jedem anderen Quartier vor.

Man will häufig beobachtet haben, daß ein feiner Instinkt sie diejenigen Wälder vorziehen lehrt, die gewöhnlich vor Lauinen sicher sind. Freilich mögen sie's nicht immer glücklich treffen, und manche erliegt doch dem Schneefall. So= wie aber der Frühling die Schneedecke der oberen Berge dünner macht, eilen diese Alpenthiere zu ihren heimathlichen Höhen zurück und leben halb im Schnee und halb im Grünen.

Die Gemsen sind in mancher Beziehung die ,Renthiere der Alpen', wie sie etwa ein Poet nennen könnte, und dies nicht nur ihrer wunderbaren Schnelligkeit wegen, sondern auch wegen ihrer Genügsamkeit, Nutzbarkeit und zähen Lebens= dauer. Wo längst die gut kletternde Alpenziege nicht mehr hinsteigt, in den un=

zugänglichsten Grasbeeten steiler Joche, auf den fußbreiten Steinbänken, die bandartig sich von Felskuppen zu Felskuppen schlingen, da weiden die Gemsen, wie von der Natur bestimmt, auch diesen verlorenen Theil ihrer Pflanzengaben noch auszunutzen, behaglich das dürftige aber kräftige und nahrhafte Kraut der Alp ab und werden gegen den Herbst hin sehr fett davon, — 60, 80 bis 100 Pfund; doch ist uns auch ein Beispiel bekannt, wo ein glarner Jäger am Tschingeln ein Thier schoß, das 125 Pfund wog. Es war der große, bei den Bergleuten berühmt gewordene ‚Rufelibock‘, der während vieler Jahre tief gegen das Thal herabgekommen war und alle Jägerkünste verspottet hatte, bis endlich der kluge Bläsi noch gescheidter war als der kluge Rufelibock. Indessen lassen gelegentlich aufgefundene Skelettheile darauf schließen, daß es in alter Zeit noch weit größere Gemsen gab als heutzutage. Die Sommerkitzen werden bis zum Spätherbst 15—20 Pfund schwer.

Im Winter nach der Sprungzeit magern die Gemsen beträchtlich ab, doch nicht gerade aus Mangel an Nahrung; diese findet sich mit Ausnahme ganz kurzer Zeit während des starken Schneefalles im ganzen Gebirge noch ziemlich reichlich vor, freilich in geringerem Nahrungswerth. Das auf dem Halm dürr gewordene, kurze Heu ist nun hart, zäh, strohartig geworden und bildet einen gar großen Kontrast zu den herrlichen Futterkräutern, den zarten Trieben der Alpenerlen, Weiden, Alpenrosen, Himbeerstauden während der Sommeratzung. Dabei muß im Nothfalle auch Tannenreisig, Rinde und Moos aushelfen, das sie renthier= artig aus dem Schnee hervorscharren. Oefters wagen sie sich dann an schnee= freien Stellen ins Thal an Quellen oder sie fressen auch die langen, meergrünen Bartflechten, die von den Wettertannen niederhangen, ab, wobei sich aber hin und wieder eine mit den Hörnern in den Aesten verwickelt, hängen bleibt und verhungert. Wir erinnern uns selber, ein solches emporgerichtetes Gemsenskelett gesehen zu haben. Die gleiche Flechte, die dem Thiere zur Nahrung dient, benützt auch der Jäger, indem er sie als Pfropf aufs Pulver im Rohr setzt.

Wie alle Wiederkäuer, lieben auch die Gemsen das Salz in hohem Grade und besuchen deswegen besonders gern Kalkfelsen, an denen sich salzige Efflo= rescenzen finden. Stundenweit kommen die Gemsen regelmäßig zu diesen ‚Sulzen‘ oder ‚Glecken‘, besonders wenn sie ergiebig sind und in der Nähe eines Wassers liegen, das sie stets nach dem Salzlecken aufsuchen. Die Jäger unterhalten oft sorg= sam diese Sulzen und streuen selbst Salz auf, schießen aber die Gemsen nicht gern an dem Platze selbst, weil die Thiere sonst leicht die Gegend für lange Zeit meiden.

Wie die meisten Thiere ihrer Art leben die Gemsen gesellschaftlich zu fünf, zehn bis zwanzig Stück bei einander. Früher waren Rudel von sechszig Stück keine große Seltenheit. Sie sind muntere, zierliche, höchst kluge Thiere. Jede ihrer Bewegungen verräth außerordentliche Muskelkraft, Behendigkeit, Frische und Grazie. Doch ist dies besonders dann der Fall, wenn das Thier aufmerksam oder im Sprung ist. Sonst stehen sie oft krummbeinig und unschön da, nament= lich in der Gefangenschaft, und ziehen matt die Beine nach sich; sie sind ‚lau‘,

wie die Jäger ſagen, und haben auch auf der Ebene einen faulen, ſchleppenden
Gang. Aufgeſcheucht aber nehmen ſie blitzſchnell eine andere Natur an und gewinnen in kühner Haltung etwas Geniales. Ihre Muskeln werden ſtramm und
elaſtiſch wie Stahlfedern, und windſchnell fliegen ſie in herrlichen Sätzen über
Kluft und Eis. Man muß ſie ſelber geſehen haben, um ſich einen Begriff von
ihrer wunderbaren Flüchtigkeit, von ihrer ſtaunenswerthen Schnellkraft, von der
unbegreiflichen Sicherheit ihrer Bewegungen und Sprünge machen zu können.
Von einem Felſen zum andern ſetzen ſie über weite und tiefe Klüfte und halten
ſich im Gleichgewicht auf kaum zu entdeckenden Unebenheiten, ſchnellen ſich mit
den Hinterfüßen auf und erreichen ſicher den fauſtgroßen Abſatz, dem ſie feſten
Auges zuſpringen. Der Steinbock iſt kaum halb ſo ſprungfertig, niedriger,
plumper und länger als die ſchlanke Gemſe. Dieſe übertrifft ihn auch an Lebenszähigkeit bedeutend. Mit heraushängenden Eingeweiden, mit durchſchoſſener
Leber oder auf blos drei Beinen fliegt ſie noch wie unverwundet ſtundenweit über
Fels und Eis, während der Steinbock bei viel leichterer Verwundung fällt und
ſtirbt. Ein glarner Jäger verwundete am Mürtſchenſtock eine Gemſe am Fuße
ſtark; drei Jahre hinter einander ſah er das höchſt verunſtaltete Thier und konnte
ihm erſt im vierten beikommen. Ein Lavinerjäger ſchoß einer Gemſe ein Vorder-
bein beim Kniegelenke weg. Sie floh und wurde erſt nach vier Jahren erbeutet.
1857 wurde im Engadin ein uralter (von den Jägern übertrieben auf 40 Jahre
geſchätzter) Bock erlegt, dem ein Horn abgeſchoſſen worden, der einen Beinbruch
erlitten und die Narbe einer durch den Leib gegangenen Kugel hatte. Im gleichen
Jahre ſchoſſen einige Jäger einen Bock und eine Geiß zugleich über eine Felswand
hinunter. Beim Aufnehmen des Bocks zeigt er Lebensſpuren und erhält einige
tüchtige Schläge auf den Schädel; nun erſt recht munter geworden, ſpringt er,
am einen Lauf feſtgehalten, auf den drei andern fort, reißt den kräftigen Mann
ſturmſchnell eine Strecke mit ſich, ſchleudert ihn endlich in mächtigem Satze bei
Seite und verſchwindet. Iſt ein Thier ſtark angeſchoſſen, ſo ſondert es ſich von
der Heerde ab, zieht ſich zwiſchen verborgenes Geſtein zurück, leckt ſich unaufhörlich und wird leicht heil oder verendet in unerſteiglicher Kluft ohne Gewinn für
den Jäger.

Ihr außerordentlich ſcharfer Geruch, ihr feines Geſicht und Gehör, ihr
höchſt ausgebildeter Ortsſinn ſchützt die Gemſen vor vielen Gefahren. Wenn ſie
rudelweiſe lagern, ſo übernimmt häufig das Thier, das die Heerde anführt, faſt
immer eine ſtarke, ältere Geiß, in beſonderem Grade das Wächteramt (Vorthier,
Vorgeiß), obwohl auch die übrigen älteren Thiere ſehr wachſam bleiben. Während
die jüngeren äſen oder ſpielen oder ſich nach Art der Ziegen und Hirſche mit den
Hörnchen ſtoßen, weidet ſie gern in einiger Entfernung allein, ſieht ſich alle Augenblicke um, reckt ſich hoch auf, wittert in der Luft herum, geht auf einen Vor-
ſprung und ſichert nach allen Seiten. Ahnt ſie Gefahr, ſo pfeift ſie hell auf und
die übrigen fliehen ihr, und zwar nie trabend, ſondern immer im Galopp nach.
Man hat dies Pfeifen der Gefahr witternden Gemſe oft aus Unkenntniß in Ab-

rede gestellt; wir können aber aus eigener vielfältiger Erfahrung bezeugen, daß
es fast jedesmal gehört wird, wenn ein Gemsenrudel sich plötzlich überrascht sieht.
Es ist ein heiserer, schneidender, etwas gezogener Ton, der wahrscheinlich aus den
Vorderzähnen geht und unseres Wissens nur einmal als Signal der Wachtziege
vernommen, von den übrigen Gemsen aber nicht (wie die Murmelthiere thun)
wiederholt wird.   Schiller legt mit einigem Rechte seinem Gemsjäger die Worte
in den Mund:

> — Das Thier hat auch Vernunft;
> Das wissen wir, die wir die Gemsen jagen.
> Die stellen klug, wo sie zur Weide gehn,
> 'ne Vorhut aus, die spitzt das Ohr und warnet
> Mit heller Pfeife, wenn der Jäger naht.

Gewöhnlich pfeifen auch die Männchen der Vicunna= und Huanacosheerden
auf den peruanischen Kordilleren beim Entdecken einer Gefahr.   Die Heerde der
Weibchen reckt alsbald die Köpfe nach der gefahrdrohenden Gegend und flieht
alsdann erst langsam und sofort immer rascher nach in ihrem wiegenden, schlep=
penden Galopp, während das wachthabende Männchen stets einige Schritte zurück=
bleibt und den Rückzug deckt, indem es fleißig nach dem Verfolger umsieht.
Während aber bei den peruanischen Geschlechtsverwandten die Schildwache stets
ein Männchen ist, scheint sie bei unseren Gemsen beinahe ohne Ausnahme ein
Weibchen, eine ‚Geiß‘, zu sein.   Die Gemsziegen sind offenbar viel sorglicher,
aufmerksamer und pflichteifriger als die Böcke; darum schießt man auch immer
weit mehr von diesen als von jenen, und auch die eingefangenen und lebendig
erhaltenen Thiere sind fast jedesmal Böcke.   Das mag wohl auch daher kommen,
weil die Böcke gewöhnlich einsiedlerisch leben, also leichter zu überraschen sind;
daß aber die älteren Ziegen wachsamer sind als die jüngeren Böcke, ist be=
greiflich.

Das schärfste Sinnesorgan der Gemsen ist ohne Zweifel ihr Geruchsvermögen.
Sie wittern den Jäger, der im Winde steht, in ungeheurer Entfernung sowohl
von der Seite her als aus der Tiefe, da die in die Höhe steigende erwärmte
Thalluft ihnen die Ausdünstung des Menschen zuträgt.   Dann werden sofort
die Sinne aufs Aeußerste gespannt, um den Ort der Gefahr ausfindig zu
machen.   Das Ohr und das Auge wetteifern mit der schnobernden Nase.   Wittern
sie den Jäger nur, ohne ihn zu sehen, so stampft das die Gefahr zuerst ahnende
Thier heftig mit dem Vorderfuße auf den Boden; alle geberden sich vor Unruhe
oft wie toll, da sie weder die Nähe des Verderbens noch die genaue Richtung
desselben und also auch die der Flucht nicht bestimmt ermessen können.   Unruhig
rennen sie umher oder stehen zusammen, recken die Hälse empor und suchen den
Jäger ausfindig zu machen.   Sowie dies geschehen ist, halten sie an und be=
trachten ihn einen Augenblick neugierig.   Bewegt er sich nicht, so stehen auch sie
stille; sowie er sich aber rührt, nehmen sie nach einer gewohnten Richtung und
nach einem bekannten, nicht allzufernen Asyle die Flucht.   Dabei geschieht es sehr

selten, daß das fliehende, erschrockene Thier sich im Sprunge an Felswände hin
verirrt, wo es nicht mehr vorwärts, und, da es sich nicht mehr zu wenden vermag, auch nicht mehr rückwärts kann. Dann balancirt es, mißt rasch den
nächsten Absprung, legt sich an dem Felsen fast auf den Bauch und versucht es,
das Unmögliche möglich zu machen; — es springt in den Abgrund und zerschellt.
Nie ‚verstellt‘ sich eine Gemse, d. h. bleibt unbehülflich und rettungslos auf
fast unzugänglichem Felsenvorsprunge stehen, wie oft die Ziegen, die dann meckernd
abwarten, bis der Hirt mit eigener Lebensgefahr sie abholt. Die Gemse wird
eher sich zu Tode springen. Doch mag dies sehr selten geschehen, da ihre Be-
urtheilungskraft weit höher steht als die der Ziege. Gelangt sie auf ein schmales
Felsenband hinaus, so bleibt sie einen Augenblick vor dem Abgrunde stehen, und
kehrt dann, die Furcht vor dem folgenden Menschen oft überwindend, pfeilschnell
den Herweg zurück. Wenn der Jäger nicht ganz glücklich und sicher postirt ist,
so hat er hohe Zeit, sich platt auf den Boden zu legen oder fest an den Felsen zu
drücken, wo nun die Gemse in fliegenden Sätzen vorübersetzt. Hat das Thier,
wenn es über eine fast senkrechte Felswand hinuntergejagt wird, keine Gelegenheit, einen faustgroßen Vorsprung zu erreichen, um die Schärfe des Falles durch
wenigstens momentanes Aufstehen zu mildern, so läßt es sich dennoch hinunter,
und zwar mit zurückgedrängtem Kopf und Hals, die Last des Körpers auf die
Hinterfüße stemmend, die dann scharf am Felsen hinunterschnurren und so die
Schnelligkeit des Sturzes möglichst aufhalten. Ja, die Geistesgegenwart des
Thieres ist so groß, daß es, wenn es im Sichhinunterlassen noch einen rettenden
Vorsprung bemerkt, alsdann im Falle mit Leib und Füßen noch rudert und
arbeitet, um diesen zu erreichen, und so im Sturze eine krumme Linie beschreibt.
Gewiß, es giebt hier Wunder, von denen die Stubenleute keinen Begriff haben.
So sehr aber die Gemse im Gebirge Herrin ihres Terrains ist, so unbeholfen
erscheint sie, wenn sie dasselbe verläßt. Im Sommer 1858 stellte sich zum nicht
geringen Erstaunen der Augenzeugen plötzlich ein, wahrscheinlich gehetzter,
Gemsenbock in den Wiesen bei Arbon ein, setzte ohne direkte Verfolgung über
alle Hecken und stürzte sich in den See, wo er lange irrend umherschwamm, bis
er, dem Berenden nahe, mit einem Kahne aufgefangen wurde. Einige Jahre
vorher wurde im Rheinthale eine junge Gemse in einem Moraste steckend lebendig
ergriffen.

Es ist schwer, etwas Genaues und Zuverlässiges über die wunderbare
Sprungkraft dieser herrlichen Thiere zu sagen. Doch ist es sicher, daß sie über
16—18 Fuß breite Klüfte*) ohne Anstand setzen, Sprünge in eine Tiefe von
24 Fuß und darüber wagen und über 14 Fuß hohe senkrechte Mauern in einem
Satze springen, wobei sie auf der andern Seite sogleich leicht auf allen Vieren
stehen. Auf weichem Schnee, wo sie tief einfallen, oder auf klaren Gletschern

---

*) Am Monterosa wurde ein von Gemsen übersprungener Abgrund gemessen: er
war 21 pariser Fuß breit.

gehen sie langsamer und vorsichtiger, sind daher auch hier am besten zu jagen.
Am vorsichtigsten aber gehen sie auf dem Firnschnee oder auf frischem Gletscher=
schnee, der die Schlünde verrätherisch verhüllt.   Hier hat man sie oft umkehren
sehen, wo Menschen behutsam vorwärtsgehen.   Selbst beim Ruhen strecken sie
sich nur sehr selten ganz platt auf dem Boden aus; ihre gewöhnliche Haltung ist
zu augenblicklicher Flucht bereit.   Sie liegen auch gern in lichtem Gebüsch, um
sich sicherer zu verbergen; doch am liebsten an einer Terrasse, wo der Rücken
gedeckt ist, die Seiten frei sind und vorwärts sich ein freier Ueberblick über das
Gelände bietet.   Die gleiche Vorsicht beweisen sie beim Betreten gefährlicher Felsen=
lokale.   Da geht Alles höchst behutsam und langsam von Statten, und während
die einen alle Aufmerksamkeit auf die schlimmen Pfadstellen richten, spähen die
übrigen unablässig nach anderer Gefährde.   Wir haben gesehen, wie ein Gemsen=
rudel ein gefährliches, sehr steiles, mit losem Geröll bedecktes Felsenkamin passiren
wollte und uns der Geduld und Klugheit der Thiere gefreut.   Eines ging voran
und stieg sachte hinauf; die übrigen warteten der Reihe nach, bis es die Höhe
ganz erreicht hatte und erst, als keine Steine mehr rollten, folgte das zweite,
dann das dritte u. s. f.   Die oben angekommenen zerstreuten sich keineswegs auf
der Weide, sondern blieben am Felsrand auf der Spähe, bis das letzte sich glück=
lich zu ihnen gesellt hatte.   Betretene Wege, befahrene Schlittbahnen kreuzen sie
ohne Bedenken, verfolgen sie aber nicht leicht weiter; treffen sie unvermuthet oder
an ungewohnten Orten eine frische Menschenspur im Schnee an, so schrecken sie
zusammen und kehren entweder um oder setzen in weitem Sprunge darüber weg
und verdoppeln nun lange Zeit ihre Wachsamkeit.   Im Wasser bewegen sie sich
mit ziemlicher Fertigkeit und schwimmen, wenn sie nicht vorher ermüdet waren,
ausdauernd.   Anfangs Dezembers 1863 überraschten zwei junge Bursche aus
der Schwände ein Gemsenpaar am Ufer des kleinen Seealpsees.   Flink stürzten
sich die Thiere ins Wasser, um das gegenüberliegende Ufer zu gewinnen.   Die
Bursche aber suchten, am Ufer hinlaufend, ihnen zuvorzukommen.   Die Geiß
gewann vorher das rettende Gestade und entfloh; der Bock dagegen, durch die
vom Ufer einige Klafter weit ins Wasser reichende Eisdecke, die jedesmal einbrach,
so oft er die Vorderläufe aufsetzte, stark gehindert, wurde durch Schreien und
Steinwürfe zum Zurückschwimmen gezwungen, am entgegengesetzten Ufer aber in
gleicher Weise zurückgetrieben, bis er endlich beim dritten Ueberschwimmen erschöpft
den Kopf senkte und verendete.   Mittelst Steinwürfen konnte dann die Beute
ans Ufer geflößt werden, — ein 62 Pfund schweres Thier.
     Sehr selten sieht man einen alten Bock bei einer Heerde.   Solche leben
ganz einsiedlerisch und erreichen wohl ein Alter von 30 Jahren, wo sie dann am
Kopfe fast völlig grau werden.   Die jüngeren Thiere trennen sich nur im No=
vember zur Zeit der Paarung.   Bei den heftigen Kämpfen zwischen den Böcken
während der Brunstzeit, die sich bis über die Mitte des Januars hinzieht, geht es
oft schlimm ab; bald wird einer über die Felsen hinausgedrängt, bald von dem
Stärkeren, der beim Anstoß kräftig mit den Hörnern haut, tödtlich verwundet

oder stundenweit verfolgt. Willig folgt die Ziege dem Sieger und lebt mit ihm bis zum Eintritt des hohen Winters allein, worauf beide wieder zur Heerde zurückkehren. Die Ziege trägt zwanzig Wochen und wirft Ende Aprils bis Ende Mais gewöhnlich ein, selten zwei Junge unter einem trockenen, verborgenen Felsenvorsprunge. Sie säugt es über sechs Monate; oft sieht man aber noch ein- und zweijährige Junge an der Mutter trinken. Der Bock kümmert sich nicht um seine Kinder. Die Jungen, die erst im dritten Jahre fortpflanzungsfähig werden und vollen Hörnerschmuck erhalten, meckern in den ersten Jahren wie die Ziegen und folgen, wenige Stunden alt, während deren sie rein geleckt worden, der Mutter über Stock und Stein, und wenn sie zwölf Stunden alt sind, vermag sie ein Mensch schon nicht mehr einzuholen. Wird aber die Mutter erlegt, so kehrt das Junge gewöhnlich zu ihrer Leiche zurück und läßt sich bei ihr fangen oder niederschießen. In der höchsten Angst geben die Gemskitzen einen dumpfblöckenden Ton von sich und sperren das Maul zur Hälfte auf, wie auch bisweilen Alte thun, wenn sie recht in die Enge getrieben werden.

Es ist nicht schwer, jung eingefangene Gemsen zu zähmen. Sie erhalten zuerst Ziegenmilch, dann feines Gras und Kräuter, auch Kohl, Rüben und Brot. In ihrem Benehmen haben sie viel Ziegenartiges, spielen gern mit den Zicklein, folgen dem Herrn traulich nach, vertragen sich mit den Hunden und nehmen selbst von Fremden Speise an. Die Hörnchen brechen im dritten Monat hervor und wachsen im ersten Jahre 1 1/2—2" gradauf; erst im zweiten krümmen sie sich hakenförmig; die Färbung ist, besonders im Sommer, ehe die längeren schwärzlichen Winterhaare hervortreten, weit lichter als bei den Alten. Sie lieben in ihrem Einfange etliche Steinabsätze, auf die sie sich postiren können. Im Winter darf man ihnen kein warmes Lager bereiten, sondern blos unter einem offenen Dächlein ein wenig Streu. Gemsen, die man im Stalle gefangen hält, liegen mitten im Winter am liebsten unter einem offenen Fenster, durch das der Wind mit Schneegestöber lustig hereinpfeift. Alt eingefangen, bleiben sie stets äußerst furchtsam und stehen, sowie man ihnen naht, sprungfertig zur Flucht. Die jung eingefangenen werden weder so alt noch so kräftig wie die freien Gemsen. Oft bricht auch bei ihnen die angeborene Wildheit wieder hervor, und sie verletzen Fremde mit ihren Hörnern gefährlich. Paarungsversuche mit gezähmten Gemsen blieben meist ohne Resultat, so sehr sich auch der Jardin des Plantes in Paris, die naturforschende Gesellschaft in Chambery und andere Institute damit abmühten. Blos in wenigen authentisch festgestellten Fällen gelang das Problem. Fabrikant Lauffer in Chambery erhielt 1850 eine Gemsziege, welcher er 1852 einen Gemsbock beigab. 1853 warf erstere ein Junges, das bald nach der Geburt starb, und im Mai 1855 ein zweites, gesundes und munteres Thierchen. Auch im Thiergarten von Dresden brachte das Gemsenpaar Junge.

Oefter gelang es dagegen, Hausziegen mit zahmen Gemsböcken zu paaren. Die Jungen hatten dann von der Mutter blos die Farbe, vom Vater aber den ausgezeichnet starken Gliederbau, die hohe Stirn, die Wildheit und Scheu, und

die große Kletter- und Springlust; besonders gegen die Abenddämmerung zu
konnten sie sich oft nicht satt springen, ganz wie die zahmen Gemsen. Aber auch
freiwillige Vermischungen kommen hin und wieder vor. So besuchte z. B. im
Herbst 1865 ein, wie es schien, einsam am Piz Forbesch lebender Gemsbock
wiederholt die Ziegenheerde von Roffna (Oberhalbstein). Im März und April
1866 warfen zwei dieser Ziegen ein männliches und ein weibliches Junges,
welche sich durch ihren ganzen Habitus und besonders ihre Kopfbildung als
Blendlinge zu erkennen gaben. Beide kamen fast nackt zur Welt, was man sich
daraus erklärte, daß die Gemsen eine längere Trächtigkeitsdauer haben als die
Ziegen. Das Böcklein erwies sich als besonders intelligent, meldete sich jeden
Morgen an der Stubenthüre, sprang gern aufs Ruhebett und wußte sogar die
Tischlade herauszuziehen, um Brod zu stehlen. Beide Thiere wuchsen trotz ihrer
anfänglichen Schwächlichkeit kräftig auf.

Außer den Menschen verfolgen die großen Raubthiere gern die Gemsen.
Im Engadin geschah es, daß ein Bär einer Gemse bis ins Dorf nachlief, wo
diese sich in einen Holzschuppen rettete. Im Winter, wo sie sich in die einsameren
Wälder zurückziehen, lauert ihnen der Luchs eifrig auf; im Sommer ist ihnen
der Lämmergeier und der Steinadler gefährlich. Dieser hebt die Jungen leicht
in die Lüfte und jener sucht die Alten, die am Rande der Abgründe weiden, mit
den Flügeln hinunterzustoßen, um sie in der Tiefe zu verzehren. Auch geschieht
es wohl, daß eine Lauine eine ganze Heerde überrascht und verschüttet, oder lose
Steine, die während des Frühlings überall von den Höhen stürzen, einzelne
erschlagen. Vor einigen Jahren bedeckte ein von den Felsenkronen der Siegelalp
herunterstürzender Schneeschild eine Gemse theilweise und ein zufällig in der Nähe
befindlicher Bauer konnte sie lebendig einfangen. Daß die Gemsen im Winter
verhungern, ist sehr unwahrscheinlich, obgleich ein bernoberländer Jäger erzählt,
er habe einmal im Frühling unter einer großen Schirmtanne fünf eingeschneite
und verhungerte Gemsen gefunden. Sie hätten den Schnee unter den Bäumen
überall niedergetreten, außerhalb der Zweige sei er aber ihren Kräften zu hoch
und zu mächtig gewesen. Die Rinde und die Nadeln des Baumes hätten sie rund
herum benagt; aber der Schnee habe länger angehalten als diese Nahrung. Außer
dieser Nachricht haben wir nie etwas von eingeschneiten und so verhungerten
Gemsen vernommen. Es ist zwar ganz richtig, daß diese Thiere unter den
Wetter- und Schirmtannen gern einen beständigen Winteraufenthalt nehmen,
von wo aus sie regelmäßige Exkursionen an passende Weideplätze vornehmen;
allein sie suchen sich stets die Pfade offen zu halten. Wenn auch etliche Tage
einen vier Fuß hohen Schnee bringen, so arbeiten sie sich mühsam und langsam
ein Dutzend Schritte weit, wo sie überall im Gesträuch oder bei benachbarten
Bäumen dürres Gras oder Moos finden. Dann macht meistens schon am ersten
oder zweiten Tage die Kälte den Schnee so fest, daß die Thiere entweder gar nicht
mehr oder doch nicht tief einsinken. In einigen Gebirgen finden ganze Gemsenheerden an Heuschobern die prächtigsten Futtervorräthe; so in den bündner Alpen

von Bals, Lugneß und Savien, wo es Sitte ist, das den Sommer über ge=
wonnene Wildheu auf den Alpen selbst in eiförmigen Schobern im Freien auf=
zubewahren. Sehr oft sammeln sich die Gemsenfamilien in der Nähe dieser
willkommenen Magazine und fressen so große Löcher hinein, daß sie sich in den=
selben zugleich vor den Winterstürmen schützen können. Kommen dann vor der
Schneeschmelze die Wildheuer gegen ihre ausgehöhlten Stöcke, so fliehen die wohl=
genährten Thiere lustig und pfeifend über alle Gräthe davon. Auch vom Durste
haben die Gemsen nicht zu leiden, da sie überall gern die Eiszapfen belecken und
häufig die Nase in den Schnee stecken. Von Krankheiten werden sie selten
heimgesucht; doch soll sie eine Art von Kräße befallen; in Jahren und auf
Alpen, wo das Vieh an der Maul= und Klauenseuche leidet, tritt diese mitunter
auch bei den Gemsen auf, deren Leber überdies nicht selten mit Egeln be=
haftet ist.

Oefters findet sich im Magen der Gemse, besonders bei älteren Böcken, wie
bei mehreren anderen Geschlechtsverwandten die sogenannte und früher so
berühmte Gemsenkugel oder der ‚deutsche Bezoarstein‘. Es sind dies haselnuß=
bis hühnereigroße Ballen von dunkeln Wurzelfasern, mit einer lederartigen,
glänzenden und wohlriechenden Masse überzogen, wahrscheinlich Absonderungen
unverdauter Wurzelfasern, die sich mit den harzigen Bestandtheilen der gefressenen
Knospen und Stauden zu einer festen Masse verbinden. Ganze Bücher wurden
über die Heilkräfte dieser Gemsenkugeln geschrieben; sie halfen gegen alle mög=
lichen Uebel, ja, sie machten die Soldaten sogar kugelfest und wurden mit einem
Louisd'or und mehr bezahlt. Aber schon Scheuchzer bemerkt ironisch darüber:
‚Es lasset sich solches wol sagen und schreiben, wie dann Belschius einen langen
Rodel hat von gar viel Zuständen des Menschlichen Leibs, in welchen die Gems=
kugeln dienlich seien; aber wenn man von dem Gebrauch selbs oder der Practic
will reden, so thun sich erst dann die schwerigkeiten hervor‘.

In allen Theilen der Alpen sind die Gemsen noch viel häufiger als man
gemeinhin glaubt, da man bei Alpenreisen im Sommer wenig oder nichts von
ihnen sieht. Man kann wiederholt Reviere besuchen, in denen 20 Stück beständig
wohnen, ohne irgend etwas von ihnen zu gewahren. Wir haben mit mehreren
Jägern ein schmales Felsenband stundenlang mit den Ferngläsern untersucht,
ohne eine Spur zu entdecken; der hinaufgeschickte Treiber aber brachte sogleich
drei Stück zum Vorschein. Ebenso haben wir in einem Hochwäldchen, wo wir
vorher nie eine Gemse gesehen hatten und von dem blos die Gebirgsbewohner
vermutheten, es halten sich ‚Thiere‘ (in der alpinen Schweiz der gewöhnliche
Ausdruck für Gemsen) darin auf, zu unserem Erstaunen sieben Exemplare auf=
getrieben. Sie liegen den größten Theil des Tages hinter den Steinen oder
Büschen, wo sie schon ihrer rothbraunen Färbung wegen nicht leicht bemerkt
werden. Sehen sie so den Menschen, so behalten sie ihn fest und ruhig im Auge,
ohne sich zu rühren, und stehen erst auf, sobald sie bemerken, daß sie aufgesucht
werden. Indessen wissen sie sich namentlich im waldreichen Gebirge selbst in

größeren Rudeln so leicht und verborgen zu verziehen, daß eine ganze Jagd=
gesellschaft im Wahne bleiben kann, das Revier habe keine Gemsen. Das geübte
Auge freilich versteht, ihre Losung und ihren spitzigeren, schärferen Fährtentritt
in der weichen schwarzen Walderde sicher von dem der Ziege zu unterscheiden.
Die oft ausgesprochene Befürchtung, es möchten die Gemsen in einigen Jahr=
zehnten wie die Steinböcke ausgerottet sein, ist durchaus unbegründet. Wir
möchten vielmehr sagen, so lange die Alpen stehen, werden sie auch Gemsen be=
herbergen. Abgesehen von der Schwierigkeit der Jagd und der Unergiebigkeit
der gewöhnlichen Jagdart, abgesehen ferner von der sich entschieden immer mehr
verringernden Anzahl eigentlicher Gemsenjäger, schützt schon die Beschaffenheit
ihrer Region die Thiere vor absoluter Ausrottung ganz sicher. Dazu kommt der
verhältnißmäßige Schutz der Jagdgesetze, die Erfahrung, daß weit seltener Mutter=
ziegen erbeutet werden, die immer größere Seltenheit der der Gemse gefährlichen
Raubvögel und Vierfüßer und endlich die außerordentliche Vorsicht, Klugheit
und Schnelligkeit der Thiere, die in dieser Hinsicht den Steinböcken gar sehr über=
legen sind. Wir sind überzeugt, daß blos das Bündnerland*) in seinen unendlichen
Hochgebirgsdistrikten weit über zweitausend Gemsen ernährt; am Säntißstock,
den man für sehr gemsenarm hielt, haben wir in diesen Jahren noch über zwanzig
Stück in Einem Rudel hinter dem Oehrli gezählt, während mehr als die doppelte,
vielleicht die dreifache Zahl in anderen Theilen des Alpsteins sich umhertrieb, und
etwas später trafen wir an Einem Jagdtage gegen vierzig Stück in kleineren und
größeren Rudeln. Die Churfirsten, das Glarnerland, die Urkantone, Wallis,
Tessin, Bern, die waadtländer Alpenreviere ernähren kleinere oder größere Trupps
in beträchtlicher Menge, sodaß wir glauben, eher könnten die Hasen, Füchse und
Marder, die ganz in unserer Nähe leben, vertilgt werden, als die Gemsen; und
wenn wir hören, daß einzelne Gemsenjäger während ihres Lebens 300, 500,

---

　　　*) Um von dem Gemsenreichthum dieses Berglandes einen Begriff zu geben,
führen wir Folgendes an. Gegen Ende des Septembers 1852 schoß im Bergell der
Jäger Pietro Zuan aus Stampa an Einem Vormittage vier Gemsen. Bei Pontresina
erlegte ein anderer Jäger am 22. Oktober 1852 vier Stück in Einer Stunde. Vor
etwa 40 Jahren rechnete man, daß die acht Jäger des Schamserthales jährlich 70 bis
80 Stück erlegten. Im Jahre 1856 schoß der Jäger Zinsli in Scharans, der den
Sommer über auf der Kamogaskeralp Lavinuns Senne war, in Verbindung mit einem
wenig geübten Gefährten vom 25. August bis zum 31. Oktober nicht weniger als 31
Gemsen, wovon 3 auf dem Leserjoch und 28 in den Kamogasker= und Beverserbergen.
Zweimal erlegte er zwei Stück mit Einer Kugel und einmal schossen beide Jäger drei
Stück nach einander auf dem gleichen Flecke. Während der gleichen Saison erlegten
sie noch nebenbei 61 Murmelthiere. Wer im Herbste in den Gebirgen von Lugnetz,
Savien, Vals, Schams, Medels, Rheinwald, im Prättigau oder Engadin wandert,
wird Gemsenzüge von fünf bis zwanzig Stück nicht allzuselten bemerken. Fast eben
so reich ist das obere Tessin, namentlich das Bedrettothal, wo im Herbst 1852 der
treffliche Jäger Natal Jory an Einem Tage fünf Gemsen schoß, und jährlich während
der offenen Zeit 30—35 Stück erbeutet. Der Gesammtabschuß von Gemswild beträgt
in Bünden allein über 500 Stück; so viele Felle kommen alle December auf dem
Andreasmarkt zum Verkauf, obwohl begreiflich nicht alle erbeuteten nach Chur gelangen.

900, oder, wie Colani, der große engadiner Gemsenfürst, 2800 Stück erlegt haben, so geben diese Angaben nicht nur einen Begriff von der Vertilgung, son= dern auch von der Masse der Thiere, die nicht vertilgt sind. Wenn auch in der Schweiz gegenwärtig alljährlich 7—800 Gemsen geschossen würden, so würde doch der Gemsenstand dadurch allein nicht bedrohlich geschwächt werden. Dabei ist freilich zuzugeben, daß früher diese Thiere noch häufiger und weniger scheu waren; darum sind sie aber eben gelichtet und zurückgedrängt worden.

Ein freies und geschütztes Gehege besitzen sie seit vielen Jahrhunderten im Glarnerlande. Die Verordnungen, daß die zwischen der Linth und dem Sernf gelegenen Alpen und Thäler bis zur Frugmatt für die Gemsen und alles Alpen= wild Freiberge sein sollten, daß Niemand darin etwas schießen oder auch nur eine Flinte tragen dürfe, reichen vielleicht bis ins fünfzehnte Jahrhundert hinauf. Zu Zeiten wurden auch andere Gebirgsreviere mit dem Jägerbanne belegt und der Wildstand sehr erhöht. Acht von der Obrigkeit erwählte und beeidigte Jäger durften in den Freibergen zwischen Jakobi und Martini jedem Kantonsbürger, der zu dieser Zeit Hochzeit hielt, zwei Gemsen schießen und jährlich dem Land= amman und Landesstatthalter eine, und zwei dem regierenden Bürgermeister in Zürich für seine Bemühungen um die Brodtaxe. Sonst durften auch die Freiberg= schützen im gebannten Reviere kein Wild berühren. In neueren Zeiten aber wurden diese heilsamen Verordnungen häufig umgangen, und dann letzlich alle Berge für drei Jahre absolut gebannt. Da vermehrten sich die Gemsen rasch bedeutend und wurden so zahm, daß sie sich häufig auf den Kuhalpen zeigten und selbst in der Nähe der Wildheuer an den Mahden schnoberten. Als aber im Herbst 1863 die Jagd wieder aufging, lief Alles ins Gebirge und die Gemsen wurden in den ersten Wochen jammervoll zusammengeschossen. Der Kanton St. Gallen besitzt ebenfalls in neuerer Zeit in den Churfirsten vom Speer bis zum Gonzen Freiberge.

In der ersten Auflage dieses Buches bemerkten wir noch, daß weiße Gemsen unseres Wissens in den schweizer Alpen nicht vorgekommen seien. Dies ist aber in den letzten Jahren geschehen. Gegen Ende des Jahres 1853 wurde oberhalb Sculms, einem Dörfchen zwischen Bonaduz und Versam auf dem Heinzenberg (Bünden), eine solche außerordentliche Seltenheit gewonnen. Die geschossene Gemse war ein Albino, milchweiß, selbst die Klauen so, die Augensterne roth. Es mochte ein etwa sechs Monate altes Weibchen sein. Ihre spitzen, geraden Hörnchen waren wenig über einen Zoll lang, das Vließ erschien besonders dicht, zumal an dem muskelkräftigen, schönen Halse. Sie steht gegenwärtig in der Alpenthiergruppensammlung zu Neuenburg.

Noch bemerken wir, daß uns aus dem Wallis berichtet wird, wie am Monterosa und den südlichen Hochalpenzügen eine ständige und auffallende Gemsenvarietät sich finde. Doch können wir etwas Genaueres darüber noch nicht mittheilen.

2) Die Gemsenjagd im Allgemeinen.

Innere und äußere Disposition des Jägers. — Büchsen. — Treibjagden. — Jäger-
hitze. — Die Gefahren und die endliche Beute. — Ein 71jähriger Jäger in Aktivi-
tät. — Einfluß der Jagd auf den Charakter des Jägers.

———

Steh' fest, o mein Fuß,
An dem Abgrund hier!
Einwurzeln muß
Nun die Sohle dir;
Denn es reichet die Fluh
An die tausend Schuh
Weit, weit hinab
In ein tiefes Grab.

Und ich stehe da
Der Todeswand
So entsetzlich nah,
Wie der Sünde Rand,
Wie der Sünde Tod,
Wie der Hölle Noth
Die Sterblichen stehen
Und hernieder sehen.

Nein, schaue du nicht,
Was dort unten sei;
Steh' grad und schlicht
Und von Neugier frei.
Und keine Hand
Streck' über den Rand;
Wirf keinen Stein
In die Tiefe hinein!

Ha, bögest du, Thor,
In Vermessenheit
Zu weit dich vor
Eines Haares breit:
Dich ergreift es beim Haupt,
Deine Kraft ist geraubt,
Und es zieht dir fort
Deine Füße vom Bord. — —

Die eigentliche Gemsenjagd, die zu Maximilian's Zeiten in Tyrol ein kaiser-
liches Vergnügen war und unter dem jetzt regierenden Monarchen Franz Josef
wieder ein solches wurde, ist bei uns keine Herrenlust und etwas zu mühsam und
zu schwierig, um zu den noblen Passionen gezählt zu werden.

Die rechten Gemsenjäger in der Schweiz gehören der weniger bemittelten
Klasse an; es sind zähe, höchst genügsame, wetterfeste Leute, vertraut mit den
Details der Gebirgsmassen, mit der Lebensweise ihrer Thiere, mit der Art, sie zu
jagen. Der Jäger bedarf eines scharfen Gesichtes, eines schwindelfreien Kopfes,
eines festen, abgehärteten Körpers, der die Unbilden der Eisregion wohl zu ertragen vermag, eines kühnen, und dabei doch äußerst kühlen Muthes, eines
umsichtigen, schnell berechnenden Verstandes und zudem einer guten Lunge und
ausdauernden Muskelkraft. Er muß nicht nur ein vorzüglicher Schütze, er muß
ebenso sehr ein vorzüglicher Kletterer sein, besser als die verwegenste Ziege. Denn
es giebt oft gar sonderbare Positionen für den Gemsenjäger, Stellungen, wo er
jedes Glied seines Körpers auf außerordentliche Weise anstrengen, bald die Ell-
bogen, die Zähne, den Rücken, das Kinn, die Schultern anstemmen, jede Muskel
des Körpers als Hebel oder Klammer benutzen muß, um sich zu halten, zu schie-
ben, zu winden, zu heben, zu strecken.

Die Ausrüstung des Jägers besteht gewöhnlich in einer warmen grauen
Kleidung von ungefärbter Wolle, mit Mütze oder Filzhut, einem starkbeschlagenen,

mittelgroßen Alpstock, der bei den bündner Jägern oberhalb aus einem doppelten Haken mit einer geraden und einer rückwärts gekrümmten Zinke (wie die Flößer= haken) besteht, einer auf dem Rücken hängenden Jagdtasche mit Pulver, Blei und Fernrohr, Käse, Butter und Brot, und etwa einem Fläschchen Kirschgeist. Um sich sich 'etwas Warmes' zu verschaffen, nehmen die so oft schlecht bekleideten Leute ein eisernes Pfännchen und eine Portion geröstetes, gesalzenes Mehl mit. Am Abend und Morgen machen sie Feuer an und bereiten sich in dem Pfännchen von Mehl und Wasser eine stärkende Suppe. Hauptstücke der Ausrüstung aber sind erstens ein Paar tüchtige Bergschuhe, und zweitens eine gute Büchse. Die Schuhe sind sehr wichtig, da von ihnen der größte Theil der Sicherheit in schwierigen Positio= nen abhängt, und sie oft noch retten, wo gewöhnliche Fußbekleidung unmittelbar zum Verderben gereichte. Der Fuß der Gemsen und Steinböcke ist bekanntlich mit einem sehr scharfkantigen Rande versehen und so stahlhart, daß man oft den laut aufschlagenden Gang der Thiere auf den Felsen von Weitem hört. Mit dem scharfen Rande und der Spitze verstehen sie es, den geringsten Vorsprung fest zu fassen und auf dem spiegelglatten Eis, das sie sonst möglichst meiden, sich leichtlich einzuschneiden und so fest aufzutreten. Genau nach diesem Modell sind die von geschabtem Rindleder gemachten Schuhe gearbeitet. Die dicken Sohlen sind an den Rändern mit spitzköpfigen Nägeln ringsum hoch und dicht beschlagen, wodurch sie scharf einfassen, und zudem oft vorn und hinten mit einem kleinen Hufeisen versehen. Dieser Beschlag giebt dem ganzen Fuße eine außerordentliche Sicherheit, eine zuverlässige Basis. Tritt der Jäger auf einen spitzen Stein, so kann er mit dem ganzen Körper auf demselben ruhen, die Sohle krümmt sich nicht wie eine gewöhnliche Stiefelsohle, welche dem Manne das Gleichgewicht entzöge. Tritt derselbe auf einen glatten Felsen, auf eine etwas abschüssige Platte oder auf ein ganz schmales Steingesims, das schmaler als der Fuß selber ist, so würde eine leichte Sohle entweder gar nicht halten oder die Basis gekrümmt überragen und Unsicherheit in den Auftritt bringen; der steife, hochbesetzte Nagel= schuh aber ruht auf allen Theilen gleich fest und packt die glatte und geneigte Fläche mit seinen rauhen Zähnen fest an wie eine Klammer. Ja, kann der Jäger nur mit dem einen hohen Nägelrand oder nur mit der harten Eisenspitze des Schuhes seine Unterlage fassen, so vermag er doch vermöge der Festigkeit desselben sicher aufzutreten und gewinnt Haltung für den ganzen Körper. Bei solchen Schuhen sind Fußeisen natürlich unnöthig und werden höchstens auf langen Gängen über klares Eis gebraucht. Bei schlechteren Schuhen sind sie schon nöthig, ersetzen aber den eigentlichen Bergschuh lange nicht. Im Kanton Schwyz ziehen die Jäger oft vor, ganz barfuß zu klettern. Auch dies hat seine Vortheile, besonders wenn durch lange Gewöhnung der Fuß sicher eingreift und jede einzelne Zehe geschickt wird, ihre Unterlage fingerartig anzufassen. Da aber der bloße Fuß nicht so fest auftritt wie der schwere Nagelschuh, so pflegen jene Jäger ihn von Zeit zu Zeit zu 'härzen', d. h. mit Fichtenharz, wovon sie immer ein Stück bei sich haben, zu bestreichen. Daß sich aber schweizerische Gemsen=

jäger den Fuß blutig ritzen*), um fester zu stehen, ist ein Märchen.   Der nackte, beharzte Fuß hat vor dem beschuhten zwar den Vortheil, daß er sich aus= breiten und zusammenziehen kann, wie die Gemsen ihre Klauen auf geneigten und glatten Flächen möglichst ausspreizen; aber er ist doch bei Weitem nicht so sicher als der beschuhte und leichter Verwundungen auf scharfen Kanten ausgesetzt, die durch plötzliches Zucken den Mann leicht in den Abgrund stürzen können. Ebenso unbrauchbar ist er bei größeren Wanderungen über Gletscherfelder. Da= gegen werden in einzelnen Theilen des Gebirges mit Vortheil zu gewissen Zeiten des Jahres Schneeschuhe gebraucht.   Diese bestehen aus schmalen ovalen Holz= reifen, die mit starken Schnüren überflochten sind und an den Schuh festgeschnallt werden.   Der Jäger schreitet mit ihnen sicher und rasch auf dem lockern Schnee= felde und bewegt sich leichter als die Gemse, die bei jedem Tritte einsinkt. Ist aber der Schnee hart, so sind die Schneeschuhe unbrauchbar und machen auch zu großes Geräusch.

Dies sind scheinbare Kleinigkeiten, von denen allerdings außer von Kohl noch selten gesprochen wurde; aber es sind so wichtige und so interessante Kleinig= keiten, daß wir sie nicht übergehen mochten.

Was dann die Büchse betrifft, so bedienen sich die Jäger jetzt gewöhnlich der sogenannten 'Thierbüchse' mit gezogenem Laufe, leichtem Schafte und dünnem Kolben, seltener der ungezogenen Doppelflinte, wobei in jedes Rohr zwei bis drei kleinere Kugeln geladen werden.   Der Mann ist seiner Büchse auf jede Distanz ganz sicher und weiß aufs Korn, wie viel Pulver auf eine gegebene Distanz nöthig ist.   Im Wallis sieht man noch etwa die früher allgemein gebräuchliche einläufige, gezogene Büchse mit zwei hinter einander liegenden Schlössern auf der gleichen Seite.   Die erste Kugel wird auf die erste Pulverladung nackt aufgesetzt und dient so der zweiten Pulverladung, die genau mit dem Zündloch oder Piston= kamin des vorderen Schlosses korrespondirt, als Bodenstück.   Die beiden Schüsse sitzen also hintereinander im gleichen Rohre, und jeder steht mit seinem eigenen Kapsel= oder Steinschloß in Verbindung.   Zuerst wird natürlich der vordere Schuß gelöst; versagt dieser, oder hält der Jäger zwei gleichzeitige Kugeln für nothwendig, so schießt er sogleich den hinteren Schuß los, der den vorderen mit= nimmt, ohne dessen Pulverladung zu entzünden.   Diese originelle Gemsenflinte hat den Vortheil, daß sie viel leichter ist als eine gezogene Doppelbüchse und doch wie diese zwei Schüsse zur Disposition stellt.

Die kurzläufigen, ungezogenen Doppelflinten werden nicht zur Gemsenjagd gebraucht, da sie für den Kugelschuß nicht weitreichend und sicher genug sind. Ebenso sind die Spitzkugeln bei den Jagdstutzern nach kurzem Gebrauche bei vie= len Jägern wieder in Abgang gekommen.   Sie haben zwar den Vortheil eines sehr sichern und weitreichenden Schusses, aber sie verwunden nur im Herzen und

---

*) „Sich anzuleimen mit dem eignen Fuß,
    Um ein armselig Graththier zu erlegen."

(Schiller.)

im Kopfe zu ſchnellem Tode. Die Kugel iſt zu klein und wenn ſie auch oft das Thier ganz durchbohrt hat, läuft daſſelbe noch ſtundenweit und geht dem Jäger verloren, beſonders im Herbſte, wo das in die Wunde eintretende Fett oft keinen erſchöpfenden Blutverluſt geſtattet. Die Jäger ziehen daher immer ein möglichſt großes Kaliber, wohl gar eine zweilöthige Kugel vor. Sie laden auch ſtets mit der größten Sorgfalt, da ein Verſagen der Flinte oft die Frucht vieltägiger Bemühungen vernichtet, und nehmen nicht leicht einen alten Schuß mit. Die bündner Gemſenjäger ziehen allgemein den etwas ſchweren, langen Stutzer mit doppeltem, gezogenem Laufe von mittlerem Kaliber und einer langen, röhrenartigen Meſſingblende über dem Abſehen vor. Noch gefährlicher dürften den Gemſenheerden mit der Zeit die Repetirſtutzer werden, ſofern ſie ſich als Präziſionswaffen bewähren.

Ein drittes Hauptſtück der Ausrüſtung iſt ein gutes Fernrohr („Spiegel‘), deſſen Werth nur der ächte Jäger kennt, und für deſſen Anſchaffung er oft Jahre lang zuſammenſpart. Mit dieſem arbeitet er vorzugsweiſe auch in den Bergen. Alle Viertelſtunden iſt es am Auge und ermißt alle Felswände, alle Buſchplanken, alle Steinklingen. Des Jägers Ausmarſch iſt höchſt bedächtig. Unaufhörlich obſervirt er das ganze Gebirge und nicht leicht geht er ganz in die Höhe, ehe er irgend ſein Wild erblickt hat. Dies beſonders in Bünden; anderswo wird das Fernrohr ſelten ſo allgemein und anhaltend benutzt.

Am Abende oder frühen Morgen beim Sternenſchein bricht der Jäger auf, um vor Sonnenaufgang ſeine Reviere zu gewinnen. Er kennt die Gänge und Züge, die Lieblingsweiden, die Zufluchtsorte, die Sulzen und Wechſel des Wildes genau und richtet danach ſeine Jagd ein. Die Hauptſache iſt immer und immer die, daß er das Wild vor dem Winde behält; denn wenn ein noch ſo leiſer Luftzug von ihm aus der Gemſe zugeht, ſo wittert dieſe ihn wunderbar auf eine ungeheure Diſtanz und iſt ihm verloren*). Die einfachſte und bequemſte Jagd iſt die, daß der Jäger in der Kleidung der Sennen am Abend die Thiere beobachtet und vor der frühen Dämmerung beſchleicht. Sie iſt aber nur ausführbar im Herbſte, ehe die Thiere recht angejagt und ſcheu gemacht worden ſind. Ein rechter Jäger weiß wohl, daß er namentlich bei den Waldthieren, die er ſelten oder nie in Gemſenfallen treiben kann, nicht vorſichtig genug zu ſein vermag. Die Waldgemſen, die weit häufiger in der Nähe der Menſchen ſind, zeigen ſich aufmerkſamer und vorſichtiger, aber nicht ſo ſcheu als die Graththiere, kennen aber ihre Leute ganz genau und wiſſen den Jäger vom Holzhauer und Senner ſchon in der Ferne zu unterſcheiden. Der Jäger hütet ſich ſchon im Thale, von ihnen geſehen zu werden, und ſchickt lieber ſeine Flinte vorher zur Stelle, wo er die Jagd zu beginnen gedenkt. Schon eine Stunde unter dem

---

*) Dies in der Regel; doch ſind uns mehrere Beiſpiele bekannt, wo auffallenderweiſe die Gemſen die Witterung des Luftzuges nicht im Geringſten beachteten; in einem Falle folgte ſogar eine Gemſe dem Jäger hinter dem Winde etliche tauſend Schritte weit und keine fünfzig Schritte entfernt und floh erſt, als der Jäger ſich, verwundert über das nahe Geräuſch, umdrehte und anſchlug.

Gemsenrevier meidet er gern alles laute Sprechen und Geräusch. Will er die Alpenthiere beschleichen, so durchstreift er am Abend etliche Stunden in Sennentracht und ohne Flinte das Gebirge, wo ihm die Sennen*) etwa die wahrscheinlichen Lagerplätze der Gemsen bezeichnet haben. Gewahrt er einen Rudel, so beobachtet er ihn aus der Ferne hinter einem Felsblock. Die Thiere grasen ruhig, und wenn sie sich ganz sicher wähnen, so spielen sie mit einander und stoßen sich mit den Hörnern. Nach Sonnenuntergang legen sie sich, gewöhnlich in einem Kessel oder kleinen Steinthal, wo sie sich zwischen die Blöcke vertheilen. Dann geht der Jäger hinter dem Winde (und daher oft auf großen Umwegen) leise zur Hütte zurück, wacht oder schläft da bis nach Mitternacht und kehrt dann behutsam mit seinem Stutzer in die Gegend des Gemsenlagers zurück, wo er die erste Morgendämmerung abwartet, um sich den Thieren zu nähern. Hat er den Vortheil des Windes für sich, so ist in dieser Zeit eine behutsame Annäherung bis auf vierzig, ja bis auf zwanzig Schritte möglich. Hier verweilt er abermals, hinter einem Steine oder Busche kauernd, bis es heller wird. Langsam erhebt sich das Vorthier und streckt sich, ebenso die übrige Heerde. In diesem Moment wählt der Jäger sich seine Beute, womöglich einen großen Bock, der sich dem geübten Auge durch etwas dickere, oben weiter auseinanderstehende Hörnchen kenntlich macht. Fällt das Thier, so stutzt einen Augenblick die ganze Heerde, sieht sich mit der höchsten Unruhe nach dem aufsteigenden Pulverdampf um und flieht windschnell nach der entgegengesetzten Richtung. Diese Art zu jagen ist, wo man sie anwenden kann, die sicherste und rascheste.

Auch die gemeinsame Jagd mehrerer Jäger, die sogenannte Treibjagd, ist, wenn gute Kundschaft waltet, ziemlich sicher. Die Gemsen werden dabei so umgangen, daß ein Jäger dieselben in den unteren Morgenweiden aufstört und langsam (oft mit nachgeahmtem Hundegebell) bergan treibt, während die übrigen zerstreut jene Pässe besetzt halten, welche das Rudel in ähnlichen Fällen zu wählen pflegt. Es ist wunderbar, wie genau die Jäger die Marschroute der Thiere kennen. Oft verabreden sie sich unten im Thale, zu einer bezeichneten Stunde sich genau an einem gewissen Felsengrathe zu treffen, besteigen einzeln in einer Entfernung von 2—3 Stunden das Gebirge und treffen genau zur versprochenen Zeit mit den angetriebenen Gemsen hoch in einer abgelegenen Schlucht zusammen. Die Jagd mit Hunden war früher in den bewaldeten Vorbergen der Herrschaft Sax, des Gasterlandes und Entlibuches allgemein. Sie war auch

---

*) Die Sennen werden aber in der Regel nur befreundeten und bekannten Jägern richtige Auskunft über den Stand der von ihnen beobachteten Gemsen geben, und es macht ihnen gewöhnlich ganz besonderen Spaß, Fremde oder Neulinge auf falsche Fährten zu führen und stundenweit vergeblich im Gebirge umherzujagen. Manche Sennen haben solche Vorliebe für ihre bekannten Gemsen, daß sie dieselben nie verrathen. ‚Bub‘ hörten wir einen zu seinem Sohne sagen, ‚nicht um eine Dublone wollt' ich, daß du mir das Gams verklagtest‘. Dieses ‚Gams‘ war ein Bock, der viele Jahre lang jeden Abend in der Alp lagerte und den Sennen furchtlos täglich bis auf zehn Schritte nahe kommen ließ.

eine Treibjagd. Der höher auf dem Anſtand ſtehende Jäger vernahm ſchon von fern das heftige und zornige Geſtampf des von Hunden gehetzten Thieres und ſchoß es mit mehreren kleinen Kugeln aus ungezogenem Rohr. In den letzten Jahrzehnten aber haben ſich die Gemſen aus dieſen Vorbergen ganz auf die Hochalpen zurückgezogen.

Gefährlicher iſt die Einzeljagd, wenn der Jäger der Gemſe nicht blos auf= lauert und ſie etwa von den Sulzen wegſchießt, ſondern wo er das weidende Thier auf höchſt ſchwierigen Wegen umgeht oder wo er es förmlich jagt und verfolgt. In gewiſſen ſteilen Gebirgen iſt ein ſolcher Gang immer ein Gang auf der ſchmalen Grenze zwiſchen Tod und Leben. Ein augenblickliches Nieder= ſehen in die Tiefe vom ſchmalen Felſengeſimſe, ein fallender Stein, der mit magiſcher Kraft den Jäger nach ſich zieht in den kirchthurmtiefen Abgrund, ein loſes Strauchwerk, an das der Kletternde ſich hält, alles wird zur Todesurſache, und nur die unbedingteſte Geiſtesgegenwart rettet vielleicht noch den Bedrohten. Wildheuer und Gemſenjäger erzählen oft von der verrätheriſchen Anziehungs= kraft, die ein in die Tiefe fallender Gegenſtand auf den auf ſchmalem Felsgeſimſe ſtehenden Menſchen ausübe. Es dränge faſt unaufhaltſam, dem Steine nach= zuſehen in den Abgrund, beſonders wenn er ganz nahe beim Fuße abfalle; wer ihm nachſchaue, ſei unrettbar verloren, und ſchon Viele ſeien das Opfer dieſes ſympathetiſchen Zuges geworden. Sie pflegen daher in ſolchen Fällen das Ge= ſicht ſogleich nach der Felſenſeite zu wenden und einen Augenblick ſtill zu ſtehen, ehe ſie ihren Weg fortſetzen. Gelingt es, die Thiere mit unſäglicher Mühe auf einen ſogenannten Treibſtock, eine Gemſenklemme (im Engadin Clavigliadas), hinzutreiben, wo ſie nicht mehr zurück können, ſo iſt in der Regel die Beute reichlich, wenn auch etwa einmal die Eingeſchloſſenen unter Anführung eines kühnen Bockes zurückkehren und über oder neben dem Jäger vorbeiſetzen. Solche Treibſtöcke befinden ſich in den Alpen des Glarner=, Bündner= und Walliſerlandes in großer Anzahl.

Oft aber verleitet das hitzig verfolgte Wild den Jäger zu Unbeſonnenheiten und lockt ihn auf Felſen hinaus, wo er nicht mehr vorwärts noch rückwärts kann. So erzählt Kohl von einem Falle, wo der eifrige Verfolger im berner Oberlande auf ein ſchmales, morſches Schiefergeſtell hinunterſprang, das ſich über einem hundert Klafter tiefen Abgrund geſimsartig und blos fußbreit an der Felswand hinzog. Als das faule Steinwerk anfing zu bröckeln und drohte, ihn nicht länger zu tragen, mußte er ſich langſam auf den Bauch niederlaſſen und vorſichtig auf dem langen Bande hinrutſchen. Mit einem kleinen Beile ſchlug er nun immer vor ſich den morſchen Schiefer vorſichtig weg und kroch Fuß für Fuß nach, ſtets in der Gefahr, daß die Steinbank unter ihm ganz abbreche. Nach anderthalbſtündiger Arbeit bemerkte er neben ſich an der Wand einen flatternden Schatten, kehrte ſich mühſam aufwärts und ſah über ſich einen mächtigen Adler kreiſen, der gute Luſt hatte, auf ihn zu ſtoßen. Da vertauſchte der in ſtäter Todesgefahr Schwebende ſeine Angſt mit Waidmannsplänen, brachte vorsichtig und mit vieler Mühe seinen Körper in die Rückenlage und nach einer Viertelstunde auch seinen Stutzer schußgerecht in die Hände, stemmte sich mit dem Hinterkopf an einen Absatz, schlang das eine Bein um einen Vorsprung und klammerte sich mit dem Fuße an, während die andere Hälfte des Körpers theil= weise über dem Abgrunde hing. So beobachtete er eine Weile den Adler, der es am Ende vorzog, fortzufliegen, und konnte nach dreistündiger, verzweifelter Arbeit mit zerrissenen Kleidern, Händen und Armen sich ans Ende der schmalen Gallerie hinwinden und festen Boden fassen.

Die Verfolgung der Gemsen auf spiegelglattem Eisfelde hat natürlich auch ihre großen Gefahren, kommt aber seltener vor, da die Gemsen sich oft lieber todtschießen lassen, als daß sie die blanken Gletscher betreten, und vor diesen eine ebenso große Abneigung als Vorliebe für Schneefelder äußern. Außer diesen Mühsalen bietet dem Gemsenjäger die Beschaffenheit seines Jagdreviers unter Umständen noch zahllose andere, so daß der oft ausgesprochene Satz: es sterben mehr Gemsenjäger gewaltsam im Gebirge als eines natürlichen Todes im Bette, nur zu wahr ist. Bald überrascht den müden Waidmann ein bitterer Frost und faßt lähmend seine erschlafften Glieder. Folgt er einer ihn fast über= wältigenden Neigung zum Niedersitzen, so schläft er alsbald ein, — um nicht wieder aufzuwachen. Bald schlägt ihn herabrollendes morsches Gestein, das der Sturm, der Frost oder die kletternde Gemse abgelöst hat, in den Abgrund oder verwundet ihn, oder er hört von fern über sich den rauschenden Gang der Lauine, und ehe er sich umgesehen und hart an den Felsen gedrückt hat, hüllt ihn die Bergsee donnernd in ihren flatternden Schneemantel und begräbt ihn vielleicht eine Stunde tiefer mit zerschmetterten Gliedern im Thalkessel. Wir wollen es unterlassen, hier mehrere solcher trauriger Fälle, die wir in der Nähe beobachtet, wiederzuerzählen. Vielleicht der gefährlichste Feind ist aber der Nebel, wenn er den Jäger viele Stunden hoch über den letzten Wohnungen der Menschen in dem grauenvollen Labyrinth der zerrissenen Felsenfirste überfällt. Er fällt dann oft so dicht ein, daß der verlorene Mann nicht sechs Fuß weit vor sich sieht, und nur die größte Kaltblütigkeit, genaue Kenntniß des Terrains und ausdauernde Körperkraft retten ihn, daß er nicht in eine Gletscherspalte fällt, über eine Felsengallerie stürzt oder auf den feuchten Steinplatten ausgleitet, besonders da den Nebeln oft ein dichtes Schneegestöber mit Sturm folgt, welches die Sicherheit des Pfades nicht mehr berechnen läßt.

Doch auch ohne besonderes Unglück, welchem aber bei lebenslänglicher Jagdbeschäftigung wohl kaum ganz zu entgehen ist, wird die Gemsenjagd bei dem im Ganzen verminderten Wildstande mühselig genug. Wie oft streift der Jäger in gewissen Revieren mehrere Tage lang in den höchsten Felsen umher, ohne nur die Spur des Wildes sicher zu finden, oder die Möglichkeit zu gewinnen, demselben nahe zu kommen, und zwar bei starken, stäten Märschen und außerordentlich schmaler Kost. Ist er am Ende so glücklich und klug, dem weidenden Thiere in Schußnähe zu kommen, verräth ihn weder der Wind noch ein gelöfter Stein u. dergl., hat er glücklich feine lange geladene Büchfe auf dem Felsblock aufgelegt, — fo muß er fchon fehr genau zielen und fehr ficher fchießen, wenn er feine Beute nicht entweder halb getroffen durch die Flucht, oder ganz getroffen durch einen Sturz in die Tiefe verlieren will. Er zielt womöglich immer auf Kopf, Hals oder Bruft. Der Schuß fällt, das getroffene Thier überfchlägt fich ein paarmal und bleibt liegen; die Gefährten deffelben ftehen alle eine Minute lang ftill mit hochaufgerichteten Köpfen, fehen, woher die Gefahr kommt, und fliehen blitzfchnell über die Felfen hin. Der glückliche Jäger naht mit klopfendem Herzen der erlegten Gemfe ... allein wie er näher kommt, fährt fie rafch auf und flieht trotz fchwerer Verwundung fo außerordentlich fchnell, daß dem Jäger das bloße Nachfehen bleibt. Doch giebt fie der Erfahrene nicht fo leicht auf und verfolgt die blutige Fährte oft Tage lang. Er weiß, daß die Verwundete fich in Höhlen, Löcher oder ins Geftäuch verbirgt, und fich eifrig zu lecken anfängt, und oft erlegt er fie ficherer mit einem zweiten Schuß. Ueber hohe Felfen geftürzte Thiere werden oft den Lämmergeiern, Raben und Schnee-dohlen zur Beute. Kann auch der Jäger auf Umwegen zu ihnen gelangen, fo ift doch meift das Fell zerriffen und das Fleifch verdorben. Denn beim Platzen der Eingeweide dringt der ftarkriechende, grüne Koth aus den Gedärmen fo rafch in alle Theile des Körpers, daß das Fleifch ganz ungenießbar wird. Doch wir wollen auch von glücklicheren Fällen fprechen. Der Jäger hat auf ftunden-weiten Kletterwegen das Rudel hinter dem Winde umgangen. Als er es zuerft gewahrte, äfte es ruhig an den Grasbändern eines Felfenkopfes, jetzt fieht er es dort nicht mehr, bemerkt aber die Vorgeiß durch fein Fernrohr, die weit hinten in den Felfen auf einer vorragenden Platte liegt und wiederkäut; er vermuthet, daß das Rudel hinter ihr in einer Felfenklinge am Schatten liege und klettert von Neuem über Stock und Stein, um von hinten anzukommen. Noch eine Stunde Schweiß, und richtig, da liegen wohlgezählt fieben alte Thiere mit zwei Kitzen in der Bergfalte zerftreut. Alle Augenblicke recken fie die Köpfe nach allen Seiten. Vorfichtig läßt fich der Jäger auf den Bauch nieder und kriecht, feinen Doppelftutzer ruckweife voranfchiebend, langfam, lautlos hinter den Felsblock, der ihn decken wird. Ein ftarkes Thier ift aufs Korn gefaßt, die Kugel fitzt im Blatt, hochauf fchnellt der Bock und ftürzt zufammen. Die Gemfen find alle blitzfchnell aufgefprungen, wiffen aber, da fie keinen Feind fehen, nicht, woher das Verderben kam; der Widerhall des Schuffes donnert in allen Felswänden nach, — wohin fliehen? Während die Thiere in der höchften Furcht zufammen-ftehen oder rathlos hin und her fpringen, naht eines dem unbeweglich geblie-benen, lauernden Jäger und erhält die zweite Kugel; ja oft ift diefer fo glücklich, noch ein bis zwei mal fchießen zu können, wenn er gut gedeckt blieb, oder wenn gar ein anderes Rudel, durch die Schüffe erfchreckt, ohne die Richtung der Gefahr zu erkennen, herbei jagt. Nie aber und unter keiner Bedingung darf der Jäger fich nach gefallenem Schuffe blicken laffen, fo lange noch Gemfen in der Nähe find, da nichts geeigneter wäre, die Thiere auf lange Zeit hin aus dem betreffenden Gebirgsstock zu vertreiben, als der Anblick des Verderbers unmittelbar nach dem Tode des Gefährten.

Ist die Beute glücklich erlegt, so öffnet sie der Schütze (wobei das Blut selbst von ruhig gebliebenen, nicht gehetzten Thieren so heiß erscheint, daß man unwillkürlich die Hand aus dem Gekröse zurückzieht), weidet sie aus (die edeln Eingeweide, unter denen die Leber von besonders feinem Wohlgeschmack ist, bleiben im Thiere), bindet ihr die Füße zusammen, hakt ihr die Hörnchen ein und trägt sie so auf dem Nacken, daß die Füße vorn auf der Stirn liegen. So schleppt er oft zwei Gemsen zumal, d. i. etwa anderthalb Centner, stundenweit über die gefährlichsten Pfade nach Hause, wobei er namentlich, wenn er auf fremdem Revier gejagt hat, sich vor der Eifersucht der benachbarten Jäger wohl in Acht zu nehmen hat. In diesem Falle setzt es oft blutige Kugelgefechte, namentlich zwischen bündner und tyroler oder walliser und savoyischen Jägern ab. Ein solches erzählt z. B. Saussure. Ein Savoyarde hatte eine Gemse angeschossen und zwei Walliser erlegten sie völlig. Dem Thiere näher und durch den ersten Schuß dazu berechtigt, nahm der erste es zu Handen und trug es fort. Die walliser Jäger, die tiefer standen, riefen ihm zu, er solle das Thier liegen lassen, was ihn aber nicht hinderte, seinen Weg fortzusetzen. Nun flogen zwei Kugeln dicht an seinem Kopfe vorbei. Er konnte wegen der steilen Wege nicht schnell fliehen, noch sich vertheidigen, weil er seine Munition verschossen hatte. Darum ließ er die Gemse liegen und zog sich voller Rachegedanken zurück, lauerte aber genau auf, bis er entdeckte, in welcher der (von den Hirten bereits verlassenen) Alpenhütten die Walliser übernachten wollten. Dann lief er zwei Stunden weit nach Hause, lud dort seine Zweischloßbüchse mit zwei Schüssen und kehrte des Nachts zur Hütte zurück. Durch eine Ritze sah er seine Feinde am Feuer sitzen, steckte das Rohr sachte durch, um beide mit einem Mal niederzuschießen und war im Begriff, loszudrücken, als ihm beifiel, die Männer hätten ja, seit sie auf ihn geschossen, nicht mehr beichten können und würden also mit einer Todsünde sterben und ewig verdammt werden. Dies erschütterte ihn tief. Er zog das Rohr zurück, trat in die Hütte und gestand den Jägern, in welcher Gefahr sie gewesen. Diese dankten ihm gerührt und überließen ihm die verhängnißvolle Gemse — zur Hälfte.

Zwischen Schweizerjägern benachbarter Kantone geht der Grenzstreit gewöhnlich harmloser ab. Der Eindringling wird womöglich gezwungen, seine Flinte abzulegen, welche dann vom Revierberechtigten als Eigenthum in Empfang genommen wird. Noch öfter aber jagen die Grenzanwohner friedlich herüber und hinüber, ohne sich viel zu stören.

Der eigentliche Jagdgewinn steht heutzutage in keinem Verhältniß mehr zu all den Gefahren, Mühen und der verlornen Zeit, die seine Erlangung fordert. ‚Y faut naou tzahiaoux por in nuri-ion,‘ d. h. es erfordert neun Jäger, um einen zu ernähren, sagt das Sprichwort der Freiburger. Die geschossene Gemse ist drei bis höchstens sechs Thaler werth; das Fleisch wird für 12—20 Kreuzer das Pfund verkauft, die Haut, die ein vortreffliches, sammetweiches Leder giebt, zu 3—6 Gulden, die Hörnchen zu einem Gulden . . . . und doch sind die Jäger so leidenschaftlich erpicht, daß z. B. einer, dem in Zürich das Bein amputirt wurde, nach zwei Jahren seinem Arzte die Hälfte einer von ihm erlegten Gemse aus Dankbarkeit schickte, jedoch bemerkte, ‚mit dem Stelzfuß wolle die Jagd nicht mehr recht vorwärts, — doch hoffe er, noch manche Gemse zu fällen‘. **Der Mann war bei der Amputation einundsiebzig Jahre alt.**

Zu diesem Beispiele, wie die Gemsenjagd mit ihren wunderbaren Reizen und Gefahren oft zur stehenden, brennenden Leidenschaft wird, könnten gar viele andere hinzugefügt werden. Wir erinnern jedoch nur noch an jenen Führer Saussure's, welcher äußerte: ‚Ich bin seit Kurzem sehr glücklich verheirathet. Mein Großvater und mein Vater sind auf der Gemsenjagd zu Grunde gegangen und ich bin sicher, ebenso umzukommen. Aber wollten Sie mein Glück machen unter der Bedingung, daß ich der Jagd entsagen sollte, so könnte ich es nicht annehmen‘. Zwei Jahre nach jener Aeußerung zerschellte der starke und gewandte Jäger in einem Abgrunde.

Man hat oft die Beobachtung gemacht, daß die Gemsenjagd einen ganz bestimmten Einfluß auf den Charakter des Jägers ausübe. Es ist gewiß, daß diese Beschäftigung oder vielmehr dieses unaufhörliche Kämpfen mit Gefahr und Noth und Durst und Frost, dieses langdauernde Lauern und Aufpassen, dieses vorsichtige, stundenlange Vorbereiten des Hauptschlages, dieses entschlossene Ergreifen der einzig günstigen Sekunde, dieses kombinirende Beurtheilen der Spuren, dieses Berechnen der konkurrirenden Terrainverhältnisse, atmosphärischen Einflüsse u. s. w., dieses genaueste Ausspüren der Natur und der Gewohnheiten des Wildes, dieses Beschleichen, Verbergen und Täuschen — daß das Alles nach zehn= und zwanzigjähriger Uebung den Charakter des Jägers bedeutend bestimmt. Daher finden wir so oft die Gemsenjäger verschlossen, in Wort und Handlung entschlossen und ausdrucksvoll, dabei mäßig, genügsam, sparsam, geduldig und leicht in alles Unabänderliche fügsam. Es sind auf sich selbst zurückgezogene Naturen, die sich gewissermaßen selbst genügen, und eher passiv erscheinen, nicht selten höchst trockene und einsylbige Leute, die nicht Viel, aber Gewichtiges reden, — im vollen Gegensatz zu den tiefländischen Hühner= und Hasennimroden, welche Wahrheit und Dichtung so reichlich und kühn zu mischen verstehen.

---

3) Gemsenjäger.

Menschenopfer. — Karl Josef Infanger. — Heinrich Heitz und David Zwicky. — Ein Jäger unter dem Gletscher. — Thomas Hefti. — Colani. — Rüdi. — Die Sutter. — Spinas und Cathomen.

Dieses Gebiet ist so außerordentlich ergiebig wie kaum ein verwandtes. In den menschenleeren, gefahrvollen Einöden, wo der Jäger oft Schritt für

Schritt mit irgend einem drohenden Verderben ringt, vom Tode umlauert, selber auf Mord sinnend, kommen so oft merkwürdige Situationen, grausenhafte Stunden vor, daß jeder ältere Jäger von solchen Abenteuern zu erzählen weiß. Freilich viele können die Betreffenden nicht mehr selbst wiedererzählen: schätzte sich doch einst ein Abt von Engelberg glücklich, wenn er des Jahres nicht mehr als fünf von den Bewohnern seines Thales auf der Gemsenjagd verlor. Und jetzt noch fordert jedes Jahr mehr als ein oder zwei Opfer. Wahrhaft erschreckend wirkte die Nachricht von dem Untergange einer ganzen Jägergesellschaft kurz vor Weihnachten 1839 unfern des walliser Schwarzhorns an den Introblenschluchten. Sieben Jäger, drei aus Baren, vier aus Leukbad, wurden durch ein sich ablösendes Schneelager verschüttet und in die Tiefe geschleudert. Neben dem ältesten, einem ausgezeichneten Schützen, glitt die Masse wenige Schritte entfernt vorüber und riß ihn nur ein Stück weit mit, ohne ihm die Besinnung zu rauben. Durch anhaltende Kopfbewegung glückte es ihm, Luft zu bekommen, worauf er den Schnee zu durchbrechen vermochte. Die sechs Gefährten fand man erst bei der Schneeschmelze auf. Der Alte aber hat nie wieder gejagt. Auch der Oktober 1852 hat drei schweizerischen Gemsenjägern den Tod gebracht, unter ihnen dem auch als Fremdenführer bekannten Hans Launer, der an der Jungfrau über eine 2000 Fuß hohe Felswand stürzte.

Wir wollen nur wenige, ganz zuverlässige und charakteristische Geschichten wiedererzählen, und zwar in aller Kürze und Einfachheit, da der geneigte Leser gewiß die einfache Wirklichkeit der noch so schön geschmückten Romantik hier vorzieht.

Im Ländchen Uri liegt abseits vom Flüelerseearm, zwischen dem Bristen- und Urirothstock und Seelisbergerhorn eingeklemmt, ein schmales Thalgelände, dessen kräftige Bewohner im Jahre 1798 einer einbrechenden Kolonne von Franzosen männlichen Widerstand leisteten. Hin und wieder kamen bis in die neuere Zeit vom Titlis her aus den walliser und berner Alpen einzelne Bären ins Isenthal und wirthschafteten übel genug unter den Schaf-, Ziegen- und Rinderheerden. Am Isenbach bei der Sägemühle wohnte in einem hölzernen Hause mit buntbemalten Fensterläden und einem kleinen Altane, den künstliches Holzschnitzwerk ziert, ein rüstiger Gemsenjäger, Infanger, der als silberhaariger Greis im Jahre 1852 starb. Im Juni des Jahres 1823 zeigte sich wieder ein Bär im Thale und riß viel Vieh nieder. Nur fünf Minuten vom Dörfchen in der Nähe eines kleinen Wasserfalles lauerte der Jäger auf die Bestie und schoß sie mit seiner trefflichen Büchse auf den ersten Schuß so gründlich durch die Nieren, daß sie fiel. Der Bär wog drei Centner; der Jäger hat die zwei Tatzen zum Andenken an den glücklichen Schuß an einer eisernen Kette vor dem Hause aufgehängt. Einer seiner Söhne, Karl Josef, erbte die Lust des Vaters am Waidwerk. Als er fünfzehn Jahre alt war, durfte er mit dem alten Infanger zum ersten Male auf Gemsen gehen. Es war ein schöner Herbstmorgen, als sie auf das steile Horn hinter dem Dorfe hinanstiegen und in den Hochgebirgen umherstreiften.

Da bemerkten sie zu ihren Füßen tief an einem grasigen Tobel ein Rudel von zwölf weidenden Gemsen. Der Vater gab seine Flinte dem unbewaffneten Knaben und sagte: ‚Schieß mir ein Thier, und wenn du es getroffen hast, so steige wieder da auf den Grath herauf und schwing die Mütze; dann komme ich und helfe dir die Gemse tragen; ich gehe auf die andere Seite hinunter und lege mich unterdessen ins Gras‘. Lange wartete derselbe, ohne einen Schuß zu vernehmen, und dachte schon: ‚Der Bube hat mir die schönen Thiere vertrieben‘ — als es in der Ferne knallte. Er wartete, — kein Sohn erschien auf dem Grath, und er dachte, der habe gefehlt, als es plötzlich noch einmal knallte. Nun eilte er erschrocken hinauf, um den Weideplatz der Gemsen zu überblicken, und bald kam auch sein Sohn im Triumph des ersten Jägerglücks. Der Knabe hatte die Thiere hinter dem Winde umgangen. Hinter einem Steinhaufen auf dem Boden liegend, war er glücklich bis auf Schußweite nahe gekommen. Er faßte die schönste Gemse scharf aufs Korn und drückte los. Plötzlich schnellte das getroffene Thier hoch auf, drehte sich ein paar mal im Kreise herum und stürzte zusammen. Die übrigen Gemsen verschwanden, und schon wollte der Knabe jauchzend aufspringen, als eine junge Gemse, die im ersten Schrecken ein paar Sätze mit gesprungen war, mit gestrecktem Halse rings umherspähte, und, als sie den schlauen Jäger, der wieder leise niedergekauert war, nicht bemerkte, zu ihrer todten Mutter zurückkehrte und deren Wunden zu lecken begann. Da knallte es wieder hinter den Steinen hervor; der junge Infanger hatte rasch wieder geladen; die Berge wiederhallten, und die junge Gemse stürzte todt auf ihre Mutter. — Das waren die Probeschüsse des Karl Josef, der seither seinem Vater gleich ein trefflicher Gemsenjäger wurde und bereits über 200 Stück erlegt hat. Er hat so recht die Natur des Alpjägers. Fleißig, sparsam und überall geachtet, lebt er als tüchtiger Schreiner im Kreise einer sehr zahlreichen Familie in behaglicher Wohlhabenheit und denkt nur an Arbeit, Weib und Kind. Sowie aber die Jagdzeit heranrückt, die vom 1. September bis 25. November dauert, ist er ein anderer Mensch. Alle seine Gedanken sind in der Höhe. In der Nacht vor dem ersten September steht er leise auf, legt seine gemslederne Waidtasche mit kargem Proviante um, nimmt seine Büchse, zieht ein grobes wollenes Wamms an, setzt die gemslederne Mütze auf und zieht im Sternenschein den ersehnten Alpen zu. Oft bleibt er acht Tage und länger aus. Ist er am Abend müde mit dem ‚Thier‘ heimgekommen, so legt er sich ein Stündchen ins Bett; aber die Morgensonne findet ihn schon wieder in den höchsten Flühen.

Die berühmtesten Gemsenjäger der glarner Gebirge waren Manuel Walcher, der 458, Rudolf Bläsi von Schwanden, der 675 Stück erlegt hat, Heinrich Heitz von Glarus und David Zwicky von Mollis. Jeder der Letztern hat über dreizehnhundert Stück geschossen.

Der Letztere war obrigkeitlich erwählter Freibergschütze, ein ganzer Jäger vom Scheitel bis zur Sohle, für nichts Anderes brauchbar. Er hat unter dem Alpenwildstand während seines Jägerlebens furchtbare Niederlagen angerichtet

und Schneehühner, Murmelthiere, Füchse, Alpenhasen, Dachse, Birkhühner, Pernisen zu Tausenden erlegt. Er war Hausbesitzer; aber nur die schlechteste Witterung hielt ihn unter seinem Dache zurück; den größten Theil seines Lebens ver-
brachte er in der erhabenen Einsamkeit der Hochgebirge. Diese waren seine zweite
Heimath geworden; in einem weiten Umkreise des Alpenreviers kannte er jeden
Steig, jede Felswand, jeden Baum und Strauch. Die Wechsel der Gemsen
wußte er so genau wie die Gassen seines Dorfes. Hatte er mit seinem kleinen
Perspektive einmal eine Gemse entdeckt, so war sie so gut wie verloren, — ein
kühnes Wort, wenn man die ungeheuren Felsenlabyrinthe und zahllosen unzugänglichen Asyle eines verfolgten Thieres in jenen steilen Kalkgebirgen kennt, und
doch ist der Ausdruck buchstäblich wahr. Gewöhnlich ist eine Gemse einem Jäger
durchaus verloren, wenn sie auf die Flucht geht; Zwicky aber wurde ihrer erst
recht sicher. Er konnte mit seiner außerordentlichen Ortskenntniß genau berechnen,
wohin sich die Gemse wenden, wo sie stehen, ruhen und weiden werde, und verfolgte sie mit einer Kühnheit und Geduld, die staunenswerth war, oft vierzehn
Tage lang ununterbrochen, kletterte über Felsen, die nie vor ihm ein Mensch betreten hatte, harrte ihrer an einer Sulz, trieb sie vorsichtig nach einer Gemsenfalle
und ruhte nicht, bis das Thier die Kugel im Leibe hatte. So hatte er einst an
dem furchtbar rauhen und steilen Mürtschenstocke fünf Gemsen auf eine Klemme
hinausgetrieben und ihnen den Rückweg abgesperrt; auf dem gleichen Flecke schoß
er in fünf verschiedenen Schüssen eine nach der andern weg. Man weiß, wie
viel Kaltblütigkeit und Vorsicht zu solcher Arbeit gehört. Oft schoß er mit der
gleichen Kugel später ein zweites Thier. Nebel, Schneestürme, finstere Nacht
überfielen ihn in pfadlosen Klippen über schauerlichen Abgründen; aber seine Vorsicht, seine Herzhaftigkeit und Ortskenntniß halfen ihm immer wieder glücklich
zu Thal.

David Zwicky war arm; nur 150 Gulden hatte er geerbt; aber sein glücklicher Jägerberuf machte ihn zum wohlhabenden Manne. Bei seinem Tode besaß
er ein Vermögen von 7000 Gulden und eine Sammlung von 12 Jagdflinten.
Um solch ein Kapital zu erwerben, lebte er äußerst sparsam und versagte sich
noch im Alter jede Bequemlichkeit. Wein erlaubte er sich selten; seine gewöhnliche Nahrung war Brot, Magerkäse und Wasser. Je wohlhabender er wurde,
desto mehr kargte er. Seine Gesundheit war unerschütterlich und felsenfest; seine
Knochen schienen von Stahl zu sein. Er hatte den Ruf, der beste Schütze, der
verwegenste Alpenjäger zu sein, und galt für einen rechtschaffenen, frommen
Mann, da er jeden Sonntag, wenn es nur möglich war, in seinem Dorfe zur
Kirche ging. Zu der Zeit, wo er nicht Gemsen jagen durfte oder konnte, be-
schäftigte er sich mit Holzfällen und Schindelnschnitzen, lauerte aber gern dabei
Nachts den Füchsen und Dachsen auf. Die Hühner schickte er gewöhnlich nach
Zürich zum Verkaufe, das Gemsenfleisch ließ er in den Dörfern des Thales verkaufen; die Gemsenfelle ließ er schwarz und gelb färben und verkaufte sie den
nach Holland fahrenden Holzhändlern zu gutem Preise.

Einmal kam er Samstag Abends gegen seine Gewohnheit nicht nach Hause. Man argwohnte Unglück und sandte Leute aus, die ihn suchen sollten. Vergebens. Sechsunddreißig Wochen lang wurde er vermißt und Niemand wußte, ob der siebenundfünfzigjährige, rüstige Mann noch am Leben sei. Da fand man unversehens sein Gerippe auf einem kleinen Hügel der steilen Auernalp am Wiggis sitzend, neben ihm sein Doppelgewehr, Geld, Jägertasche und Taschenuhr. Um einen Fuß war das Taschentuch geschlungen; der Knochen war nicht gebrochen, doch der Fuß wahrscheinlich verrenkt. Er hatte den Kopf auf die Hand gestützt und glich einem Schlafenden; aber die Raubvögel, die Raben und Füchse hatten einen Theil seines Körpers zum Skelett abgenagt. Wahrscheinlich war der Unglückliche nach einem Sturze mit seinem halblahmen Fuße bei dem eintretenden Unwetter bis zu dieser Stelle fortgekrochen, hatte vergeblich Nothschüsse abgefeuert und war endlich angesichts seines tief unten im Thale liegenden Heimatdorfes den namenlosen Leiden des Hungers und Frostes erlegen.

Auf solche Weise sind sehr viele Gemsenjäger umgekommen, und nur selten hat einer einen unverletzten oder unverkrüppelten Leib bis ins Alter bewahrt.

So ging auch der kühne Bergmann Kaspar Blumer von Glarus zu Grunde, einer der leidenschaftlichsten und verwegensten Jäger seines Thales, der an einem Seile auf einem kaum handbreiten, unebenen Felsengesimse ruhig über die fürchterlichsten Abgründe hinschritt. Er stieg am Vorderglärnisch hinauf, um seinen zwei Jagdgefährten, die vom Klönthal aus emporstiegen, die Gemsen zuzutreiben. Allein vergeblich harrten diese der Gemsen und des Treibers. Die Familie desselben ließ, als er lange nicht nach Hause kam, das Gebirge durchsuchen, ohne eine Spur zu finden. Erst im folgenden Sommer traf man auf seinen zerschellten und halbverwesten Leichnam am Fuße einer ungeheuren Felswand.

Ein berner Jäger sank einst in den ewigen Eisfeldern des Grindelwaldes in eine verdeckte Eisspalte. Ohne Schaden zu nehmen, fiel er die viele Klafter tiefe Dicke des Gletschers durch bis auf den Grund, der glücklicherweise trocken war. Allein was sollte er in seinem tiefen Kerker, viele Stunden weit von aller menschlichen Hülfe entfernt, anfangen? Hätte er auch ein Taschenmesser bei sich gehabt und damit Stufen in das Eis schneiden können, so war doch die Tiefe viel zu beträchtlich, als daß von einem glücklichen Erfolge hätte die Rede sein können. Indessen befremdete es ihn, daß kein Wasser in der Spalte stand, und bei genauer Untersuchung seines unterirdischen Gefängnisses fand er, daß das Eis durch die natürliche Wärme des Bodens an seiner Basis geschmolzen war und sich Abzugskanäle für das Wasser gebildet hatten. Entschlossen legte er sich in die finstere Rinne eines solchen Baches und kroch mit unendlicher Mühe dieser nach, gelangte nach langer Zeit wunderbar glücklich unter dem Gletscher durch an den Rand desselben und kam oben an einer Felswand, über die der Bach als Wasserfall sich stürzte, zu Tage. Auch von hier aus fand der aus dem nassen Gewölbe Erlöste Mittel, hinabzuklettern und sich zu retten.

Nicht so glücklich war Thomas Hefti von Bettschwanden, einer der ver-

22*

wegensten Jäger des Landes, der sich durch wiederholte kleine Unfälle und die
dringendsten Warnungen seiner Leute nicht schrecken ließ. Bis zu seinem sechs-
unddreißigsten Lebensjahre hatte er schon über 300 Gemsen geschossen. ‚Wenn
ich verunglücke‘, sagte er, ‚so geschieht's an einer nicht gefahrvollen Stelle; denn
wo Gefahr ist, geb' ich schon Acht, stehe übrigens in Gottes Hand‘. Im Juli
ging er des Morgens in die Alpen und kehrte Abends mit einer Gemse zurück.
Er aß mit seiner Familie das Abendbrot, betete wie gewöhnlich mit ihr und ging
zur Ruhe. Aber schon lange vor Tagesanbruch war er wieder unterwegs und
brachte auch glücklich am gleichen Tage wieder eine Gemse heim. Am folgenden
zog er mit zwei Jägern über den Sandalpfirn und schritt diesen muthig auf dem
frisch beschneiten Gletscher voran. Allein plötzlich verschwand er vor ihren Augen
in einer überschneiten Spalte und sie verstanden die dumpfen Worte nicht mehr,
die er ihnen zurief. Am folgenden Tage machte man allerlei Rettungsversuche
mit zusammengebundenen Flößerstangen; ein Mann ließ sich an einem Seile in
die Tiefe der Spalte hinab, konnte es aber unten wegen der großen Kälte nicht
aushalten. Erst am zweitfolgenden Tage vereinigte sich eine Gesellschaft junger,
starker Männer aus eigenem Antriebe, um wenigstens den Körper Hefti's zu holen.
Zwei lange Leitern wurden zusammengebunden, und ein kühner Mann stieg, an
Seilen befestigt, in die gräßliche Schlucht. In der Tiefe von 15 Fuß stand
Wasser, das wenigstens noch ebenso tief war. Nach langem Suchen auf dem
Grunde konnte er mit seinen Flößerhaken den Körper anspießen und auf die Oberfläche des Eiswassers bringen, nahm ihn darauf in seine kräftigen Arme und
trug die schwere, unbeholfene, von Wasser angefüllte Masse glücklich die Leitern
hinauf, erklärte aber zugleich, die Kälte sei so groß gewesen, daß er es keine Minute
länger in dem dunkeln Schlunde ausgehalten hätte. *)

　　Der berühmteste Gemsenjäger in dem ersten Drittel unseres Jahrhunderts
war Johann Markus Colani, der theils in einem der Berninahäuser, theils
in Pontresina wohnte. Er hatte viele Stunden weit die Reviere der Berninagebirge für seine Jagd ausschließlich in Anspruch genommen und hegte in den
Bergen nahe seinem Häuschen etwa 200 halbzahme Gemsen, von denen er jährlich sechzig Junge rechnete und soviel alte Böcke dafür abschoß. Fremde Jäger
litt er nicht leicht im Reviere; schlossen sie sich an ihn an, so wußte er sie so zu
narren, daß ihnen die Lust an der Gemsenjagd bald verging. Den Tyrolern war
er nicht grün und erzählte manches Märchen, wie er ihnen die Jagd auf bündner
Boden verleidet habe. Das glaubten denn auch Fremde und Einheimische ge-
treulich. In seinem Hause, so erzählte man sich, habe er eine Stube mit den
Waffen und der Ausrüstung der von ihm erschossenen fremden Jäger, meist

---

*) Wenn man so häufig von der großen Kälte in Gletscherründen hört, so
rührt diese nicht von einer besonders tiefen Temperatur — im eben erzählten Falle
war ja das Eiswasser noch in flüssigem Zustande —, sondern von der großen Trockenheit der vom Gletscher gefangenen Luft her. Doch fand auch Agassiz im Grunde einer
180 Fuß tiefen Gletscherspalte die Kälte des Wassers unerträglich.

Tyroler, ausgeſchmückt, und die Leute in Bevers und Kamogaſk glaubten, er habe auf ſeiner dem Teufel verſchriebenen Seele gegen dreißig Menſchenleben. *) Natürlich hielt ihm ſolches Gerücht ſein eigenes Jagdgebiet ziemlich frei. Die Thalbewohner ſchloſſen den Jean Marchiet (wie ſie ihn gewöhnlich nannten) oft von den ländlichen Freiſchießen aus, weil ſie feſt überzeugt waren, er ſchieße mit verhexten Kugeln. Colani war jähzornig und im Zorne höchſt gewaltthätig und bis zur Raſerei heftig. Wie ein gefürchteter Häuptling reſidirte er in ſeinem Gebirge. Einem Arzte, der ihn wegen unbefugten Prakticirens vor Gericht lud, paßte er auf, ſchlug ihm mit der Fauſt im Geſicht die Brille in Splitter und ließ ihn beſinnungslos liegen. Von ſeiner Keckheit hörten wir manche unerbauliche Geſchichte. Seinem Jagdknecht, den er bei einer Stutzerprobe einen Pferdeknochen als Ziel auf weite Entfernung aufſtecken geheißen, ſchoß er den Knochen in der Hand entzwei; ein andermal ſchoß er zum Spaße einem Holzhauer die Tabaks= pfeife aus dem Munde. Seines Zieles war er ſo ſicher, daß er bei einer Wette auf hundert Schritte einen Kronenthaler nach dem andern traf. Der bekannte Naturforſcher Dr. Lenz jagte im Juli 1837 mit Colani und hat uns einige intereſſante, wenn auch vielleicht zu romantiſche Nachrichten über die letzte Jagd des Jägerfürſten mitgetheilt, die zugleich charakteriſtiſch für die Gebirgsnatur und das Jägerleben in jenem wilden Theile der Schweiz ſind.

Dr. Lenz beſuchte mit ſeinem Freunde A. v. Planta Colani und bat, ihn auf der Gemſenjagd begleiten zu dürfen, indem ſie ihm für jeden Jagdtag 2 Thaler, für jede Gemſe, die er vor ihren Augen ſchöſſe, ebenſo viel, und für jede, die ſie ſelbſt ſchöſſen, 4 Thaler ſammt dem Wilde anboten. Der Jäger nahm die Offerte an. Er war damals ein Mann von 66 Jahren, breitſchulterig, unterſetzt, von hoher, ſtarker Bruſt, länglichem, braunem Geſicht, ſchwarzen Haaren, krummer Naſe und braunen, kühnen, klugen, Jähzorn verrathenden Augen. Er lebte von Brot, Milch und Zieger. Wein trank er nie vor oder während der Jagd. Gemſen= und Murmelthierfleiſch waren ſeine Lieblingsſpeiſen. Er war von romaniſcher Abkunft, ſprach aber auch Italieniſch, Deutſch und Franzöſiſch und war geſchickt im Verfertigen von Sonnenuhren, chirurgiſchen Bandagen ſowie ſeiner trefflichen Büchſen. Mit großer Ungenirtheit verfügte er über ſeine Nachbarn. Seine zwei zahmen Gemſen mußten ſie in ihren Gärten weiden laſſen, und als eine Frau das nicht zugab und die Gemſen vergiftete, ſtarb auch ſie ſehr bald, wie Colani mit Lächeln erzählte. Seine Tochter war ebenfalls eine ausgezeichnete Schützin und begleitete ihn früher oft auf der Jagd.

---

*) Natürlich iſt dies gar ſehr übertrieben. Der hochbetagte Gemſenjäger A. Ca= donau in Bergün, der oft mit Colani gejagt hat, erzählt, derſelbe habe ſchwerlich mehr als einen tyroler Wilderer und zwar dieſen am Piz Ot erſchoſſen; doch habe im Savretta= thal, als er Colani unvermuthet antraf und ihm ein „Halt!“ zurief, dieſer augenblicklich auf ihn angeſchlagen und dann erſt mit ſeinem Lieblingsausdrucke: „caro ti!“ den Stutzer geſenkt, als ſich der befreundete Jäger ihm zu erkennen gab. Cadonau hat auf der Alp Blais del Lai mit einer Kugel drei neben einander ſtehende Gemſen erlegt.

Vergebens hatte man Dr. Lenz und Planta gewarnt, sich mit Colani irgendwie einzulassen. Die Jagdlust der Freunde war zu groß und eine Verbindung mit Colani zu vielversprechend. Am folgenden Morgen brachen sie auf, nachdem der Jagdfürst geräuchertes Gemsen= und Murmelthierfleisch und Salz in seine Jagdtasche gesteckt hatte. Schon in der Nähe trafen sie in einer tiefen Schlucht, die hinten vom Rosegg=Gletscher geschlossen war, fünf Gemsen, und die Freunde waren eben bereit, sie einzuschließen, als Colani ihnen sagte: ‚Das wäre recht hübsch, allein es ist meine Salzlecke, wo ich keine Gemsen schießen lasse‘. Dann wollte er sehen, ‚ob die Herren auch schießen könnten‘, und legte auf 150 Schritte Distanz einen faustgroßen Stein hin, den dann Jeder glücklich traf. In der Nähe des Gletschers huschten und pfiffen überall Murmelthiere im Gestein. Doch die Jäger wollten an diese keine Zeit verlieren und stiegen das ungeheure Eisfeld hinan, wo sie von Zeit zu Zeit auf freien Weiden und Felsenkanten größere und kleinere Gemsengesellschaften erblickten, welche den von der Sonne rauh geleckten Gletscher und das stete Dröhnen desselben, wenn er neue Spalten bildete, nicht scheuten. Nach einem stündigen Marsche entdeckten sie auf dem schönen Rasen neben den Felsblöcken abermals 13 Gemsen; aber auch hier ließ Colani nicht schießen, da er überhaupt mehr beabsichtigte, die Freunde umherzuführen und dabei seinen schönen Tagelohn zu verdienen, als sie Gemsen schießen zu lassen, so daß sie das Vergnügen hatten, 40 der schönsten Gemsen in einer langen Reihe, die Jungen immer hinter den Alten, an sich vorbeitraben zu sehen, ohne die Büchse anlegen zu dürfen. Sie kehrten endlich ohne Beute in die Sennhütte zurück zu ihrem Proviant, bei dem sich ein kleines, hartverpfropftes Weinfäßchen befand, das Alle vergebens mit der Kraft ihrer Hände zu entstöpseln versuchten und ebenso erfolglos mit Steinen u. s. w. bearbeiteten. ‚Ich bring ihn doch heraus‘, rief Colani, packte den harthölzernen Stöpsel mit seinen sechsundsechszigjährigen Zähnen, drehte das Faß mit den Händen und hatte es augenblicklich offen.

Am folgenden Morgen führte der Felsenmann seine Begleiter den Brüneberg hinan, schickte den Einen auf den Anstand und führte den Anderen über einen steilen, schmalen Felsenkamm, von wo sie verschiedene ferne Gemsenheerden beobachteten, wobei Colani sich das Vergnügen machte, seine Gefährten an einige todesgefährliche Vorsprünge hinzurufen. Als Beide einmal über eine tausend Fuß tiefe Kluft hinausgebogen lagen, um in der Tiefe Wild zu erspähen, hörte Lenz plötzlich ein heftiges Brausen und gleichzeitig von Colani einen gellenden Schrei. Erschrocken zog sich Lenz zurück und sah, wie dicht über seinem Haupte ein ungeheurer Lämmergeier mit der Schnelle eines Pfeiles hinsauste. Colani hatte bemerkt, wie der Geier, der es liebt, Gemsen, Rinder, Menschen, die er an den äußersten Felsenrändern gewahrt, mit den Fittigen in die Tiefe zu stoßen, den Jagdgefährten bedrohte, und ihn durch seinen Ruf vom sicheren Tode gerettet. Ehe die Jäger aber zum Schuß kommen konnten, war der Vogel verschwunden. Lenz dankte dem Felsenmanne für seine Rettung, sagte ihm aber zugleich, er sei nicht hergekommen, um das Futter der jungen Lämmergeier zu werden, ſondern um Gemſen zu ſchießen, worauf Colani verhieß, ihn am nächſten Tage nach dem gemſenreichen Bernina zu führen.

Indeſſen vernahmen ſie am folgenden Morgen, daß in den Kamogasker= alpen zwei Bären geſehen worden ſeien, die drei Schafe zerriſſen hatten, und ſtatt nach dem Bernina zu gehen, beſchloſſen ſie, die Bären zu verfolgen. Der erſte Tag wurde vergeblich mit Nachſuchung in den wilden Hochbergen zugebracht. Die eigentliche Bärenſchlucht war durchaus unzugänglich. Einzelne Gemſen wurden ohne Erfolg beſchlichen, da die rings pfeifenden Murmelthiere ſtets das Nahen der Jäger verriethen, während die Schneehühner nahe bei ihnen im Ge= ſträuch umherliefen. Abends übernachteten ſie in Orlandi's prächtiger Sennhütte.

Früh um 4 Uhr am 20. Juni erſtiegen ſie einen Berg. Ein großer, zotti= ger Hund ſprang ihnen auf der Höhe entgegen, welcher eine bergamasker Schaf= heerde bewachte, die auf der noch mit einem dünnen Schneeflor bezogenen Weide lag. Sie öffneten die kleine, rohe Steinhütte und weckten den Hirten, der ſie willkommen hieß, die Aſche des Herdes auseinanderwarf, Feuer machte und in dieſes ſeine bloßen Füße ſteckte, die er dann wohlgewärmt in ſeine Holzſchuhe barg, worauf er ſeine Gäſte mit Schafmilch und Schafkäſen bewirthete. Hier verließ von Planta die Anderen, die in Wind= und Schneeſchauern tiefer ins Gebirge hineinſtiegen, bis die über den Felſen auftauchende Sonne einen guten Tag verſprach. Lenz war ungeduldig geworden und ſagte zu Colani, wenn er heute nicht zum Schuſſe komme, ſo gebe er die Jagd auf. Colani erwiderte, er habe ihn ja zu den Gemſen des Bernina führen wollen, aber Lenz hätte die Bärenjagd vorgezogen. Hier gebe es wenig Gemſen und es ſei ſchwer, anzu= kommen, indeſſen — er wolle ihm zu einigen verhelfen, wenn er den Muth habe, ihm zu folgen. Nach einer halben Stunde beobachtete er den Punkt, wo er Wild vermuthete, und ſah fünf Stück. ‚Dort ſind ſie‘, rief er, ‚um 9 Uhr lagern ſie, wir können hier noch ein halbes Stündchen warten; — aber der Weg dorthin iſt fürchterlich. Ich habe ihn nur einmal in meinem Leben gemacht.‘

Er ging dann voran, ſchnallte das Gewehr auf den Rücken, erreichte eine ſenkrechte, ungeheure Wand und betrat eine ſchmale Gallerie, die an derſelben hinlief. Der Weg war gräßlich. Unter jedem Fußtritt glitt die lockere Erde weg. In der unermeßlichen Tiefe zu ihren Füßen erſchienen die höchſten Arven finger= groß; vor ihnen wurde das Geſims immer enger und ſchien am Ende ganz zu verſchwinden. An mehreren Orten war es zudem durch Spalten getheilt, durch die ſie in die Welt unter ihnen hindurchſchauten. Mit halbverdecktem Geſicht folgte Lenz Colani nach. Am Ende des Felſenbandes rief dieſer: ‚Vorſicht!‘ packte da, wo der Weg ausging, eine Felszacke, ſtemmte den Fuß auf und ſchwang ſich über dem Abgrunde auf die hintere Seite des Felſens, während er ſeinem Gefährten überließ, ein Gleiches zu thun. Mit dem Muth der Verzweiflung folgte dieſer glücklich und faſt zur Verwunderung Colani's, der naiv genug äußerte: ‚Ich hätte nicht gedacht, daß wir hier noch bei einander ſein würden; — aber jetzt zu den Gemsen, wir haben sie gut umgangen!' — Nach einer halben Stunde waren sie auf der Höhe des Berges, an welchem sie vorher die Gemsen erblickt hatten. Sie bemerkten endlich eine größere und eine kleinere zwischen den Alpenrosen zu ihren Füßen am Rande eines tiefen Abgrundes liegen. Mit pochendem Herzen schoß Lenz über Colani's Schultern. Die größere sprang mannshoch auf, überschlug sich und stürzte rücklings in die Tiefe. Colani schoß auf einem wankenden Steinblock nach der kleineren und fehlte. Lenz wollte nach dem Abgrund, um seine Beute zu holen, aber Colani wehrte, und mit Blicken, die die Schuld des bösen Gewissens verriethen, setzte er hinzu: ,Was in diesem Grabe liegt, liegt sicher begraben!' Vor mehreren Jahren war hier ein Bündner spurlos verschwunden. Es schien Lenz, die Stelle rieche nach Menschenblut.

Auf der anderen Seite des Berges gelangten sie in ein gräuliches Steintrümmerthal, rings von himmelhohen Felsenspitzen bewacht. Beim Klettern über die Felsblöcke hatte der spähende Felsenmann etwas bemerkt, warf sich dann rasch hinter einen Stein und winkte Lenz, ein Gleiches zu thun. ,Was giebt's?' rief dieser verwundert. Colani antwortete nicht, blickte mit dem Fernrohr in die Höhe, ballte krampfhaft die Faust und sagte nur: ,Verdammt! verdammt!' Endlich entdeckte Lenz hoch in den Felsen eine noch kleine männliche Figur, während Colani fast rasend vor Wuth immer sein ,verdammt' rief; ,ich kenne den Kerl nicht', sagte er endlich, ,aber, Gott sei Dank, er hat uns noch nicht bemerkt! Dort sieht er mit seinem Fernglas herab'. Die Wuth in seinen Blicken, seine zusammengeklemmten Zähne ließen das Schlimmste befürchten.

,Sowie der Jäger dort weg ist', flüsterte er, ,müssen wir ihm zuvorkommen.'

,Mit nichten, Colani', sagte Lenz ernst, ,ich will Gemsen schießen und keine Menschen.' Indessen verschwand der fremde Jäger. Colani sprang auf: ,Folgen Sie mir, in einer Viertelstunde kann der Jäger auf jenem Bergrücken sein; wir müssen ihm zuvorkommen und in zehn Minuten hinauf!' Athemlos rannten sie bergan und legten in zehn Minuten einen Weg zurück, zu dem sie sonst über eine halbe Stunde gebraucht hätten. Noch lag ein steiles, thurmhohes, mit glattem Rasen bewachsenes Felsstück vor ihnen, über das sie mit eingekrallten Fingern sich hinwanden. Athemlos sanken sie oben hinter einem Felsblock nieder, als müßten sie von der übermenschlichen Anstrengung auf dem Flecke sterben. Der fremde Jäger nahte rasch. Das belebte Beide wieder.

Colani spannte den Hahn und zielte auf den Mann ... da drückte Lenz sanft, aber mit voller Kraft sein Rohr nieder und sagte in befehlendem Tone:

,Halt, vor meinen Augen laß' ich keinen Mord zu.'

Colani warf ihm einen fürchterlichen Blick zu, reichte ihm aber bald die Hand und sagte: ,Wir wollen uns nicht entzweien'. Inzwischen war der Jäger zwischen den Felsen verschwunden.

Mit einem schadenfrohen Lächeln umschlich ihn Colani, während er Lenz befahl, stehen zu bleiben. Der Fremde saß tiefer unten an einem Felsrand und blickte mit seinem Fernrohr in die Tiefe. ‚Ich kenne den Burschen durchaus nicht‘, knirschte Colani, ‚aber ich will hinunter und ihm einen Besuch machen. Bleiben Sie schußfertig.‘

‚Wohl‘, erwiderte Lenz, ‚in Eure Zänkereien mische ich mich nicht; aber Jeden, der mich antasten will, werde ich niederschießen.‘

Leise wie eine Katze schlich Colani hinunter mit gespannten Hähnen. Drei Schritte vor dem harmlosen Fremden trat er plötzlich hinter dem Felsen hervor und hob die Faust gegen ihn auf. Aber schweigend ließ er sie sinken. Die Beiden sahen einander einen Augenblick an; dann lehnte er seine Büchse an den Felsen und setzte sich neben den Jäger. Er ließ sich dessen Flinte geben und betrachtete sie, während sie zusammen schnupften. Lenz erwartete, er werde sich nun noch die Jagdtasche ausbitten und ihn dann heimtückisch über den Felsen hinunter= stoßen, — allein sie blieben Freunde.

Der fremde Jäger, ein rüstiger Greis von 65 Jahren, war von Bevers und eigentlich mit Colani befreundet, wagte sich aber, da er dessen Tücke kannte, doch nie in sein Revier. Nun hatte er vernommen, daß Colani nach dem Bernina wolle, und die Zeit benutzt, um rasch eine Gemse zu holen, sich aber zugleich vermummt, damit ihn Niemand Colani verrathe.

Bald darauf wurde die Jagd abgebrochen, da Lenz zu bemerken glaubte, wie Colani es nicht ungern gesehen hätte, wenn er über einen Felsen gestürzt wäre (?) und wie er ihm überhaupt die Lust nach seinen Bergen und Gemsen auf immer zu benehmen suchte.

Lenz fühlte die Folgen seiner außerordentlichen Anstrengung noch einen Monat lang in allen Gliedern. Colani erkrankte in Folge derselben und war nach fünf Tagen todt.*) Dieser gewaltige und merkwürdige Jäger hat nach seinem zwanzigsten Jahre, wo er die Herrschaft der Berge usurpirte, zweitausend siebenhundert Gemsen geschossen, ohne die vielen früher von ihm erleg= ten, — eine Anzahl, die bei Weitem von keinem anderen Jäger je erreicht worden ist, dazu etliche Bären und zahllose Murmelthiere und anderes Alpenwild.

Nach Colani's Tode wurde den Gemsenheerden des Rosegg, Muntpers, Albris, Bernina u. s. w. hart zugesetzt. Immerhin sind aber jene weiten, herr= lichen Reviere so günstig, daß noch in den letzten Jahren an einem Tage an hundertzwanzig Stück gezählt werden konnten. Die guten, emsigen Gemsenjäger sind überall, auch im Oberengadin, selten. Der beste und glücklichste, den wir kennen, ein würdiger Nachfolger Colani's, ist Johann Rüdi in Pontresina, ein kompleter Jäger vom Scheitel bis zur Sohle und zugleich ein schöner, über sechs Fuß hoher Mann von herrlichem Auge und außerordentlicher Muskelkraft.

Während der geschlossenen Zeit liegt Rüdi zwar seinem (Rutner=)Berufe

---

*) Lenz irrt sich in dieser Nachricht. Colani starb in Folge übermenschlicher An= strengung, indem er gewettet hatte, in der gleichen Zeit eine gleich große Wiese abzu= mähen, wie die zwei besten tyroler Mäher.

ob, ist aber nichtsdestoweniger mit seinen Gedanken stets bei seinem Hochwild, besucht fleißig die Weideplätze, sieht nach den Rudeln und Standböcken und kennt auf viele Stunden im Umkreis den Gemsenstand nach Böcken, Geißen und Jungen bis aufs Stück. An den günstigsten Stellen hat er theils die von Colani angelegten Sulzen fortgesetzt, theils neue angelegt, und versorgt dieselben regelmäßig mit Salz. Langsam und bedächtig in seinem ganzen Wesen, mäßig und dauerhaft, von adlerscharfem Blick und furchtlosem Muthe, weiß er seine Thier- und Lokalkenntniß gehörig auszubeuten. Er arbeitet auf der Jagd unablässig mit dem ‚Spiegel‘ und beobachtet den Wind aufs Sorgfältigste. Oft dreht sich dieser plötzlich, wenn die Gemsen beinahe erreicht sind, und Rüdi liegt dann geduldig stundenlang in der Nähe der Thiere und lauert, ob sich die ‚Luft‘ abermals gedreht oder die Gemsen den Stand verändert haben. Vor Allem stellt er den Böcken nach und ist Waidmanns genug, um — im Gegensatz zu so vielen anderen Pfuschern — nie ein Gemsenkitz zu schießen. Er kam einmal vom Bernina, wo er zufällig eine Anzahl Gemsziegen nach einander erlegt hatte, mißmuthig zurück und erklärte, nun habe er das ‚Geißmetzgen‘ satt und möchte Böcke sehen, schlug den Weg nach den Beverserbergen ein und schoß in vierundzwanzig Stunden drei Böcke. Im September 1855 brachte er in den ersten zehn Jagdtagen sechs Gemsen heim und am elften schoß er unmittelbar in unserer Nähe innerhalb zwanzig Minuten drei Stück nach einander am Pilz Alv und jagte eine herankommende säugende Geiß mit ihrem Jungen mit Schelten fort. Im Herbst 1856 brachte er es kaum auf 30 Stück (von denen er vier Stück in 2—3 Minuten niederstreckte), ebenso hoch der Jäger Zinsli in Scharans, während Spinas von Tinzen ihm mit beinahe 40 Stück den Rang ablief. Um schneller laden zu können, bedient er sich eines von Colani erfundenen Instrumentes, durch das er die Kugel mit dem Pflaster augenblicklich auf das Pulver zu setzen vermag. Für seinen Wildstand ist er so besorgt, daß er nach geschlossener Jagd heimlich in die Berge des Val di Livigno, also auf österreichisches Gebiet, hinübergeht, wo sich bei der Entwaffnung des Landes das Wild stark angesammelt hatte, und mit geeigneter Hülfe eine Anzahl Thiere, besonders Böcke, die Bergzüge entlang seinen Jagdplätzen zutreibt. Von seinen Rudeln wird er nie die letzten Stücke abschießen. Die jährliche Ausbeute mag durchschnittlich 30 bis 40 Stück betragen.

Begreiflich hat Freund Rüdi schon manches Abenteuer auf seinen gefährlichen Pfaden erlebt. Einmal gerieth er mit seinem Gefährten J. Saraz, der ebenfalls ein trefflicher Jäger und ein gebildeter Freund der Naturkunde ist, in eine Lauine und wurde gegen einen Baumstrunk geworfen und festgeklemmt. Wieder zum Bewußtsein gekommen, machte er sich los, erinnerte sich seines Kameraden, sah sich um, gewahrte einen aufschnellenden Lärchenast, suchte nach und zog den Verunglückten bei den Beinen aus dem Schnee. Kaum hatte dieser sich wieder erholt, so sank Rüdi in Folge seiner erhaltenen schweren Quetschungen zusammen und wäre auf dem Flecke erlegen, wenn sein Gefährte nicht die letzte Kraft aufgeboten hätte, um Hülfe zu holen. Bei der Zerstörung eines Adler-

horſtes in den Felſen des Roſeggthales gerieth er in Gefahr, durch die kalkigen
Exkremente der Vögel ſeine Augen zu verlieren. Gewiſſe abenteuerliche Begegniſſe
auf der Grenze, die Rüdi's Muth und Geistesgegenwart beweiſen, verſchweigen
wir lieber.

Ueber andere graubündneriſche Gemſenjäger nur wenige Worte. Die in
Bergün lebenden drei Brüder Matthäus, Samuel und Albert Sutter von
Skulms haben während ihres Jägerlebens im Ganzen volle 1700 Gemſen erlegt,
Matthäus daneben einen Bären, einen auf einen gejagten Haſen ſtoßenden Lämmergeier, und oft an Einem Tage 8—10 Schnee- oder Steinhühner. Luchſe hat er
nur drei geſehen, aber keinen erlegt. Das größte Gemſenrudel fand er im Beverſer-
thale (58 Stück), der ſchwerſte ſeiner Böcke wog ausgeweidet 67 Krinnen (à 48 Loth)
oder 100 1/2 Pfund und hatte 8 1/2 Pfund Talg. Samuel ſah das größte Rudel
ebenfalls im Beverſerthal mit 64 Stück im Jahre 1843; er ſchoß mit ſeinem
Bruder innerhalb einer Viertelſtunde am Schneehorn fünf Stück. Chriſtian
Sutter, ebenfalls in Bergün, erlegte 1831 an einem einzigen Tage im Rheinwald am ſteilen Horn 6 Gemſen und brachte ſie zum Staunen der Leute Abends
nach Suvers; ſpäter im gleichen Herbſte erbeutete er innerhalb vier Tagen unter
vielen Gefahren ſiebzehn Stück, im Ganzen bis Ende 1858 fünfhundert und
zweiundſechszig Stück. Im Jahre 1832 riß ihn eine Lauine über die Felſenköpfe
des Surettathales und mit knapper Mühe entging er dem Tode.

Gleiches begegnete dem trefflichen Jäger Jakob Spinas von Tinzen (Ober-
halbſtein), der während ſeines erſt zweiundzwanzigjährigen Jägerlebens (er fing
es im zwölften Jahre an) an 600 Gemſen erbeutete. Nebenbei ſchießt er jährlich
an 60 Murmelthiere, 40—50 Haſen, gegen 100 Berghühner, fängt mit den
vagliars 1—2 Dutzend Füchſe und hat ſchon öfters an Einem Tage 15—20
Pfund Forellen gefangen, — Angaben, welche mehrſeitig beſtätigt werden und
beweiſen, daß Spinas vielleicht der erſte Jäger Rhätiens iſt. Ueberdies hat er
einen Bären, einen Luchs und vier Steinadler geſchoſſen. Das größte Gemſenrudel, das er geſehen, ſtand auf Arpiglias im Unterengadin mit 65—68 Stück.
Spinas anerkennt nur einen Jäger in Graubünden über ſich, nämlich den Bene-
dety Cathomen von Brigels im Oberlande, der bisher über tauſend Gemſen
geſchoſſen hat. Auch im Bergell finden wir vortreffliche Jäger, wie Giacomo
Scartazzini in Promontogno, der ſchon fünf Gemſen an einem Tage und
17 Stück in einer Woche erlegte; Giov. Gianotti in Montaccio, Pietro Soldini in Stampa. Letzterer hat bisher zwiſchen 1200 und 1300 Gemſen erlegt,
einmal 49 in einem Herbſt. Eine Lauine riß ihn einmal von den Abhängen des
Piz Duan tief in's Val Camp hinunter ohne ſchwere Beſchädigung. Eben ſo
gefährlich bedrohte ihn ein andermal ein angeſchoſſener Gemsbock. Das ſtarke
Thier hatte ſich auf einem Bande an einer mächtigen Felswand niedergethan.
Soldini will ihn an den Hörnern packen; allein der Bock richtet ſich halb auf
und ſtößt ihn gegen den Abgrund. Nun erhebt ſich ein lautloſer Ringkampf
zwiſchen Beiden auf Leben und Tod. Vergeblich bemüht ſich der Jäger, das

Thier hinunterzustürzen; es sticht ihm eines der Hörner durch die Hand und
Beide hangen eine Zeitlang aneinander geheftet ringend über dem Abgrund, bis
es dem Jäger gelingt, mit der freien Hand sein Beinmesser zu fassen und den
Bock abzufangen. Uebrigens zählen fast alle gemsenreichen Bergreviere des Landes
gute Jäger (im Val Calanca Battista Margnia, im Münsterthal Niclaus
Lechthaler und Joh. Nuolf, im Wallis Ignaz Troger von Oberems in
Eischol u. A.), die es in der kurzen Zeit vom 25. August bis 11. November jedes=
mal auf 20 bis 25, ja bis 40 Stück bringen, — freilich eine geringe Zahl im
Vergleich mit denen der herrschaftlichen Treibjagden in den deutschen Hochgebirgen.
Jene Einzeljagd aber erfordert unendlich mehr Klugheit, Muth und Ausdauer,
überhaupt mehr ächt waidmännische Fähigkeit, und unsere derben Gemsenjäger
empfänden ein gar geringes Vergnügen, wenn man ihnen zumuthen wollte, auf
eine sonst gehegte, dann von einer Unzahl von Bauern umstellte und angetriebene
Gemsenheerde zu feuern!

<hr>

VIII. Die Luchse.

Vertikale Verbreitung der Katzenarten. — Lebensweise der Luchse. — Jagd und Zähmung.

<hr>

　　Die Katzenarten, vor allen übrigen Thierformen durch ein besonders har=
monisches Ebenmaß aller Körpertheile, durch Kraft, Gewandtheit und Blutgier
ausgezeichnet, sind in heißen Ländern die furchtbarsten und zahlreichsten Raub=
thiere. Gewöhnlich glaubt man sie blos in den glühenden Steppen und den
tieferen, von großen Flüssen durchströmten Wäldern und Kulturgegenden suchen
zu müssen; allein ein großer Theil dieser gefährlichen Katzen meidet auch die
rauhen Gebirge nicht und ist gegen die Kälte nicht sehr empfindlich. Der Königs=
tiger geht bis gegen den Norden Asiens, und noch in diesem Jahrhundert wurden
am Obi und bei Irkuzk an der Lena in Sibirien große Exemplare getödtet. In
den Gebirgen von Tibet und Nepal wurde er bis 9000' ü. M., im Himálaya
sogar in der Region der Gletscher gefunden. Von den amerikanischen Katzen
streift der Kuguar und Felis yaguarundi bis zu der Schneegrenze und wird
noch bei 12,000' ü. M. nicht selten erlegt, Felis pardalis in Peru bis 9000'
ü. M. in den öden Strichen der Kordilleren. Es wird uns also weniger be=
fremden, wenn wir die einzige bei uns einheimische größere Raubkatze, den Luchs,
auch im Gebirge finden, obwohl er wie die übrigen gefährlichen Raubthiere ohne
Zweifel die Wälder der Ebene nicht meiden würde, wenn er hier nicht überall auf
hartnäckige Verfolgung stieße. Gegenwärtig wird der Luchs bei uns nicht häufig
mehr gefunden; noch vor dreißig Jahren war es keine Seltenheit, daß allein in
Bünden in einem Jahre 7—8 Exemplare erlegt wurden, während gegenwärtig

LUCHSE.

kaum ein Stück jährlich in der Schweiz überhaupt als Beute fällt. Ohne Zweifel zählt der Südosten unseres Landes noch die meisten der früher überall sehr häufigen Luchse; dann die Hochwälder der Walliser-, Tessiner- und Bernergebirge, seltener die Urner-, sehr selten die Glarneralpen. Im waadtländischen Jura (wo die wilde Katze noch in den Bezirken Nyon und Cossoney vorkommt, nicht aber in den dortigen Alpen) hausen keine Luchse, wohl aber in den Alpen von Oesch und Bex, doch so selten, daß in 40 Jahren nur fünf Stück erlegt wurden. Eher trifft man ihn noch, wenn auch durchaus nicht regelmäßig mehr, im Engadin, im Prättigau, Schamserthal und Oberland, Bergell, Oberhalbstein, in Wallis in den Thälern von Visp (wo zuletzt im Januar 1862 ein schönes Exemplar erlegt wurde), Gombs und Bagne, wo er ,Thierwolf' genannt wird, und in dem finstern Urwald, dem ,Dubenwald' im Turtmanthal, sowie im Einfischthale, wo im März 1866 ein Luchs geschossen wurde, der im vorhergehenden Sommer gegen 200 Schafe in einen Abgrund gesprengt hatte. Etwas regelmäßiger tritt er im ennetbirgischen Aostathal auf, wo im Sommer 1860 zwei alte Exemplare erlegt und ein junges lebend eingefangen wurde.

Ungleich häufiger findet man ihn im nördlichen und nordöstlichen Europa. In Schweden wurden z. B. im Jahre 1835 auf den Jagdrevieren des Staates 316 Stück getödtet; in Nordamerika versendet der Hauptposten der Pelzhandelkompagnie in Missouri jährlich zwischen 2000 und 4000 Luchsfelle; am Ende des vorigen Jahrhunderts lieferte die englische Nordwestkompagnie sogar 6000 des Jahres. Die Felle sind schön röthlichgrau mit unregelmäßigen dunkeln Punkten oder Streifen und schwarzer Schwanzspitze; doch variirt die Farbe nach Alter und Geschlecht mannigfach.

Die Luchse der Schweiz sollen etwas kleiner sein und geringere Pelze haben als die von Schweden, Rußland, Polen und Ungarn; sie messen vom Kopf bis zum Schwanz aber immerhin 3 1/2 Fuß, der dicht behaarte Schwanz 8 Zoll, die Höhe 2 1/2 Fuß. Ihr Gewicht wechselt zwischen 30 und 60 Pfund. Die dreieckigen Spitzohren sind mit einem steifen schwarzen Haarpinsel geschmückt, der dicke Kopf ist katzenartig rund, die Augen*) groß und feurig, die Zunge stacheligrauh, die Lippen weiß mit schwarzen Maulrändern, der Rumpf obenher röthlichgrau mit zahlreichen dunklern, kleinen, oft verwischten Flecken, untenher weiß, im Winter länger behaart und mehr grau, im Sommer mehr röthlich. Das etwas kleinere, matter gefärbte Weibchen hat einen schmaleren Kopf. Das ganze Thier sieht schön, aber katzenartig unheimlich aus. In Bünden wird auch sein Fleisch gegessen und sehr wohlschmeckend gefunden, was sonst selten einem Raubthiere nachgerühmt wird.

Wenn in den Alpen ein Luchs gespürt wird, so wird Alles aufgeboten, dieses reißenden und gefährlichen Räubers habhaft zu werden; doch weiß der sich gut zu verstecken. So lange er in seinen Hochwäldern und Gebirgsklüften seine

---

*) Der Name ,Luchs' stammt entweder von dem lauernden ,lugan' oder von lynx.

Nahrung findet, jagt er nicht weiter. Hier lebt er in den einsamsten und
finstersten Schluchten mit seinem Weibchen und verräth seinen Aufenthalt nur
selten durch sein durchdringendes, widerliches Heulen. So lange es geht, liegt
er in der tiefsten Verborgenheit und jagt, auf dem Anstand lauernd, der Länge
nach auf einem bequemen untern Baumast im Dickicht hingestreckt, wo ihn das
Laubwerk halb verhüllt, ohne ihn beim Absprung zu hindern. Auge und Ohr
in schärfster Spannung, liegt er Tage lang auf dem gleichen Fleck und scheint
mit halbgesenkten Lidern zu schlafen, wenn seine verrätherische Wachsamkeit am
größten ist. Geduldiges Lauern, außerordentlich leises, katzenartiges Schleichen
bringt ihn zu Beute. Er ist nicht so schlau als der Fuchs, aber geduldiger;
nicht so frech als der Wolf, aber ausdauernder, von gewandterem Sprung; nicht
so kräftig als der Bär, aber scharfsichtiger, aufmerksamer. Seine größte Kraft
liegt in den Füßen, der Kinnlade und dem Nacken. Er weiß sich die Jagd
bequem zu machen und ist nur wählerisch in der Beute, wenn er Fülle hat.
Was er mit seinem langen, sichern Sprunge erreicht, wird niedergerissen; erreicht
er sein Thier nicht, so läßt er es gleichgültig fliehen und kehrt ohne ein Zeichen
von Gemüthsbewegung auf seinen Baumast zurück. Er ist nicht gefräßig, liebt
aber das frische, warme Blut und wird durch diese Liebhaberei unvorsichtig.
Erlauert er am Tage nichts und wird er hungrig, so streift er des Nachts umher,
oft sehr weit, auf drei bis vier Alpen. Der Hunger macht ihn muthig und
schärft seine Klugheit und seine Sinne. Trifft er eine weidende Schaf- oder
Ziegenheerde, so schleicht er schlangenartig auf dem Bauche sich windend heran,
schnellt sich im günstigen Augenblicke vom Boden auf, dem aufspringenden
Thiere auf den Rücken, zerbeißt ihm die Pulsader oder das Genick und tödtet
es so augenblicklich. Dann leckt er zuerst das Blut, reißt den Bauch auf, frißt
die Eingeweide und etwas vom Kopf, Hals und Schultern und läßt das Uebrige
liegen. Daß er den Rest verscharre, ist nicht erwiesen; wenigstens in unsern
Alpen geschieht es nicht; auch frißt der Luchs schwerlich Aas. Seine eigenthümliche Art der Zerfleischung läßt die Hirten über den Thäter nie in Zweifel.
Nicht selten aber reißt er 3—4 Ziegen oder Schafe auf einmal nieder, ja fällt
im Hunger selbst Kälber und Kühe an. Ein im Februar 1813 im Kanton
Schwyz am Axenberge geschossener hatte in wenigen Wochen an vierzig Schafe
und Ziegen zerfleischt. Im Sommer 1814 zerrissen drei oder vier Luchse in
den Gebirgen des Simmenthales mehr als 160 Schafe und Ziegen.

   Hat der Luchs aber Wildpret genug, so hält er sich an dieses und scheint
eine gewisse Scheu zu haben, sich durch Zerreißung der Hausthiere zu verrathen.
Die in den Alpen lebenden Gemsen fällt er mit Vorliebe an; doch übertreffen
ihn diese an Feinheit der Witterung und entgehen ihm häufig, selbst wenn er
sich an ihre Wechsel und Sulzen in Hinterhalt legt. Häufiger erbeutet er
Dachse, Murmelthiere, Alpenhasen, Hasel-, Schnee-, Birk- und Urhühner und
greift im Nothfall selbst zu Eichhörnchen und Mäusen. Selten fällt ihm bei
uns im Winter, wo er sich in die unteren Berge und selbst in die Thäler wagen

muß, ein Reh zu; dagegen versucht er es wohl, sich unter der Erde nach den Ziegen= oder Schafställen durchzugraben, wobei einst ein Ziegenbock, der den unterirdischen Feind bemerkte, als er eben den Kopf aus der Erde hob, diesem so derbe Stöße zutheilte, daß der Räuber todt in seinem Tunnel liegen blieb.

Die Luchse vermehren sich nicht stark. Im Januar oder Februar sollen sie sich ohne das gewöhnliche abscheuliche Katzengeschrei begatten, und nach zehn Wochen wirft das Weibchen in einer tief verborgenen Höhle, unter einer Baum= wurzel oder einem Felsen zwei bis höchstens drei blinde Junge, denen es Mäuse, Maulwürfe, kleine Vögel u. dgl. zuträgt. Regelmäßige Luchsjagden finden bei der Seltenheit des Raubthieres nicht statt. Findet man auch Spuren seiner Mordgier, so ist doch der Thäter gewöhnlich schon sehr weit weg und flieht, wenn er förmlich gejagt wird, sofort in andre Gegenden. Stößt ihm aber der Jäger unvermuthet auf, so weicht der Luchs nicht von der Stelle und ist dann leicht zu schießen. Er bleibt ruhig auf seinem Baume liegen und starrt den Menschen unverwandt an, wie die wilde Katze; ja der unbewaffnete Jäger soll ihn sogar überlisten, indem er ein paar Kleidungsstücke vor ihn hinpflanzt und inzwischen zu Hause seine Flinte holt. Der Luchs fixire die Kleider so lange, bis das Gewehr bei der Hand ist und der Schuß fällt. Aber auch hier heißt es: gut gezielt! Wird die Bestie blos verwundet, so springt sie schäumend dem Jäger an die Brust, haut ihre scharfen Krallen tief ins Fleisch und beißt sich wüthend ein, ohne loszulassen. Manchmal springt sie aber nur auf den Hund und der Jäger gewinnt Zeit zum zweiten Schuß. Hunde müssen dem Luchs unterliegen, da er viel sicherer im Angriff ist und mit großer Genauigkeit springt. Er fürchtet sie darum auch nicht, flieht gemächlich, klettert nicht bald auf einen Baum, eher in eine unzugängliche Schlucht, und wird nöthigenfalls auch zweier bis dreier gewöhnlicher Jagdhunde Meister. Die Prämien auf Erlegung eines Luchses sind ziemlich hoch, in Freiburg 125 alte Schweizerfranken, in Glarus 15 Gulden, in Tessin 1 Louisd'or.

Seine Fährte ist der Katzenspur völlig ähnlich, aber mehr als doppelt so groß.

Junge Luchse werden leicht so zahm, daß man sie frei laufen läßt, ohne Gefahr, sie zu verlieren. Doch wird nicht selten ihre Neugierde lästig, mit der sie jeden fremden Gegenstand zu beriechen pflegen. Es muß aber ziemlich schwer sein, junge Individuen zu erhalten, da man sie in den gewöhnlichen Menagerien weit seltener findet als Bären, Wölfe und Leoparden 2c. So lange die Mutter noch lebt, vertheidigt sie die Jungen mit grenzenloser Wuth. Die Katzen bleiben so wenig im Hause neben einem jungen Luchse als die Hunde neben einem Wolfe. Die zahmen Luchse sollen gewöhnlich an allzugroßer Fettigkeit sterben und die wilden auch nicht älter werden als etwa fünfzehn Jahre.

IX. Die Füchse im Gebirge.

Thierzeichnung. — Jagd= und Fangarten. — Varietäten. — Ungeheure Individuenzahl. — Fuchs=und Hund. — Tolle Füchse. — Zähmung.

Der Fuchs, der Vetter des Wolfes und des Hundes, ist ein allbekanntes und das gemeinste Raubthier unserer Berge. Eleganter als seine Verwandten in Tracht und Haltung, feiner, vorsichtiger, berechnender, behender, elastischer, von großem Gedächtniß und Ortssinne, erfinderisch, geduldig, entschlossen, gleich gewandt im Springen, Schleichen, Kriechen und Schwimmen, fähig, sich rasch in alle Lagen und Umstände zu finden, scheint er alle Requisite des vollendeten Strauchdiebes in sich zu vereinigen und macht, wenn man seinen genialen Humor, seine blasirte Nonchalance hinzunimmt, den angenehmen Eindruck eines abgerundeten Virtuosen in seiner Art. Seine Verschlagenheit, seine Lieblings=nahrung, seine Jagdweise ist mehr die der Katze als des Hundes, und er besitzt alle Laster beider Arten und überhaupt einen bewundernswerthen Universalismus des Talentes, verbunden mit einer so ausgezeichneten Organisation des Körpers, daß er als der begabteste freie Thiertypus erscheinen muß, weswegen er auch schon den Alten als Protagonist der Fabel galt.

Die Füchse sind in Berg und Thal, in Wald und Feld trotz aller Fallen und Jagden außerordentlich häufig und in der That unausrottbar. Ihre ganze Lebensweise und vor Allem ihre wunderbare Schlauheit schützt sie vor gänzlicher Vertilgung. Sie wühlen ihre Höhlen und Löcher sehr vorsichtig. Geht es immer an, so graben sie sich diese nicht selber, da sie viel zu bequem sind, um einförmige und mühsame Arbeit zu lieben. Häufig muß der fleißige, hypochondrische Einsiedler Dachs sein Quartier, d. h. ein oberes Gelaß, wenigstens zeit=weise mit dem Fuchse theilen. Selten begnügen sich indessen die Füchse wie die Eichhörnchen mit einer Wohnung; sie haben im Gebirge gewöhnlich zwei bis drei, die letzte ziemlich weit in der Höhe. In diese ziehen sie sich für einige Zeit zurück, wenn ihnen entweder die Jagd in der Tiefe erschwert ist, oder sie die tiefere Höhle vom Jäger stark begangen sehen. Sieht sich der Fuchs verfolgt, so flieht er wo möglich stets in seinen oder eines Kameraden Bau; doch nicht auf dem nächsten Wege, sondern stets in guter Deckung und oft auf bedeutenden Umwegen, um Hunde und Jäger zu täuschen. Im Nothfall, wenn die Hunde ihm allzunahe auf dem Pelze sind, hat er etwa eine Fluchtröhre, in die er geht.

Bei unseren Bergfüchsen haben wir selten ganz künstlich eingerichtete Wohnungen mit großen Kesseln und Kreuzgängen gefunden, sondern nur tief=liegende Kessel mit zwei bis drei (seltener mit weniger) Ausgängen, die unter sich verbunden sind. Diese Quartiere bewohnt das Thier in der Regel das ganze Jahr. Hier wölft neun Wochen nach der Rollzeit, Anfangs Mais, die

Füchsin ihre fünf bis neun rattengroßen, dickmäuligen, schwärzlich behaarten, blinden Jungen, die sie mit großer Behutsamkeit bewacht und pflegt. Nach etlichen Wochen führt sie die netten, nun bereits gelbwolligen Thierchen heraus, spielt mit ihnen, trägt ihnen Vögelchen, Eidechsen, Frösche, Käfer, Mäuse, Heuschrecken, Regenwürmer zu und lehrt sie die Thiere fangen und verzehren, ohne daß sich in der Regel der Vater um das Geheck irgendwie bekümmert. Haben sie die Größe halbgewachsener Katzen erreicht, so liegen sie bei gutem Wetter gern Morgens und Abends vor dem Bau und erwarten die Heimkunft der Alten. Nicht allzu oft mag es dem Beobachter gelingen, die spielende Familie der Füchse zu entdecken. Die Füchsin ist äußerst wachsam und flüchtet bei dem leisesten verdächtigen Geräusch die Jungen im Maul in die Höhle zurück oder ruft sie durch leises, ängstliches Bellen zu sich herein. Schon im Juli wagen sich die hoffnungsvollen Kinder allein auf die Jagd und suchen bei einbrechender Dämmerung ein junges Häschen oder Eichhörnchen zu überraschen, ein junges Haseloder Steinhuhn im Neste zu erlauern, oder wäre es auch nur eine Wachtel oder ein Goldhähnchen oder gar eine Maus, während die Kleinsten einen Wurm oder eine Grille zerzupfen. Sie haben schon ganz die Art der Alten. Die länglich spitze Schnauze sucht emsig am Boden die Fährte; die feinen Oehrchen stehen gerade aufgerichtet; die kleinen, graugrünen, schiefen, blitzenden Aeuglein visitiren scharf das Revier; die weichwollige Standarte (Schweif, Lunte) folgt leise dem leisen Tritt der leicht auftretenden Sohlen. Bald steht der junge Jäger mit den Vorderfüßen auf einem Stein und spürt umher, bald duckt er sich in den Busch, um die Ankunft der Restvögel zu erwarten, bald steht er heuchlerisch harmlos am Bergstall, um den nächtlicher Weile das muntere Volk der Mäuse das Heugesäme durchsucht. Im Herbst verlassen die Jungen den mütterlichen Bau ganz und leben isolirt in eigenen Bauen, bis sie sich im Februar oder März nach einem zeitweiligen Lebensgefährten umsehen, wobei die Fähin jeweilen dem stärkern Rüden, der allenfalls einen schwächern Mitbewerber abbeißt, den Vorzug giebt. Wenn die Füchsin nicht mehr hitzig ist, scheint der Rüde sich nicht mehr um sie zu kümmern. Um diese Zeit, oft noch früher, in den hellen und kalten Nächten des Januar, hört man die Thiere weit umher im Thale mit heller Stimme kläffen. Der Bauer sagt dann: ‚Der Fuchs bellt, das Wetter fällt ab,' — doch scheint es nur der Paarungsruf des Thieres zu sein. Ertönt aber das heisere Bellen früher, im December und Januar, so prophezeihen die Jäger große Kälte. Sonst hört man blos noch ein gedehntes Knurren von dem Thiere und etwa ein boshaftes, giftiges Keckern, wenn es rathlos in der Falle steckt.

In den Ebenen hat Meister Reineke gewöhnlich ein viel komfortableres Leben als im Gebirge. Dort lacht ihm die süße Weintraube, die er oft mit seinen Gefährten zu Tausenden vertilgt, die saftige Aprikose, die schmelzende Birne; dort giebt es unbewachte Hühnerhöfe, etwa auch einen honigschweren Bienenstock, dem beizukommen ist, viele Hasen, Rebhühner, Wachteln, Lerchen in unbewaffneter Betriebsamkeit. In den Alpen geht's viel knapper her; das wilde

Geflügel ist viel seltener und scheuer; dagegen erhascht er manchmal in dem kry=
stallhellen Waldbach, besonders im November zur Laichzeit, eine schöne Forelle
oder etliche Krebse, denen er mit der größten Begierde, indem er sie mit der Lunte
kitzelt, nachstellt, wobei er oft mit Fischern und Vogelstellern in Konflikt kommt,
wenn er der Erste beim Netze ist, da er sehr laxe und kommunistische Begriffe
vom Eigenthumsrecht hat. Im Nothfalle versteht er auch, Käfer, besonders gern
Maikäfer, Maulwurfsgrillen, Wespen, Bienen und Fliegen zu fangen und sich
damit zu begnügen; ja wir fanden im Magen solcher armen Schelme schon öfters
neben einem armseligen Mäuserest nur dürre Grashalme und etwas Moos, —
ein sehr kleiner Braten und sehr viel Gemüse!

Am schlimmsten aber ist der Fuchs trotz seines Universalappetites in strengen
und schneereichen Wintern daran, wo er auf den Alpen zwei bis drei Ellen lange
Löcher durch den Schnee bis zu seinem Bau machen muß. Dann kommen die
Alpenfüchse von ihren hohen Firsten den Bergfüchsen ins Gehege und ziehen des
Nachts mit diesen bis in die Thäler auf die Jagd. Am Morgen trifft man
ihre frischen Spuren bis an die Ställe, selbst bis in die Dörfer hinein, wo sie
oft durch die laut heulenden Hunde verscheucht werden. Wie außerordentlich
zahlreich sie dann in den Alpenthälern, deren Bergseiten voller Fuchslöcher sind,
erscheinen, haben wir oft bemerkt. Ein Senn in Innerrhoden beizte regelmäßig
im hohen Winter den Füchsen mit gebratenen Katzen, Aas u. dgl. Die Beize
wurde in einem Kasten auf Gestein so befestigt, daß die hungrigen Thiere nur
ein kleines Stück erreichen konnten. Anfangs erschienen jede Nacht ein bis zwei,
später aber acht, ja einmal elf Füchse beim Beizkasten. Mit leidenschaftlicher
Gier zerrten sie an demselben herum, versuchten ihn zu heben, zu erschüttern, zu
lüften. Endlich fiel ein Fuchs auf die Idee, von unten her durch Graben dem
Aas beizukommen. Alle kratzten und wühlten wüthend die Erde auf und hätten
auch die Beute erlangt, wenn sie nicht auf einer Steinplatte aufgelegen wäre.
Der Senn schoß allwöchentlich etliche Füchse weg, was die übrigen zwar vor=
sichtiger machte, aber nicht vertrieb. Dabei hatte er sich komisch bequem ein=
gerichtet. Die Flinte lag geladen, mit gespanntem Hahn auf den Beizkasten
gerichtet, im Vortenn, und eine am Drücker befestigte Schnure reichte ins Schlaf=
gemach. Bemerkte nun Nachts der Jäger durch sein Kammerfensterchen Füchse
am Beizkasten, so schoß er sie von seinem Bett aus durch einen leisen Ruck an
der Schnur!

Dabei ereignete sich öfters eine häßliche Scene. Ein Fuchs war nicht ganz
getödtet, sondern nur schwer verwundet worden und schleppte sich mühsam aus
der Weide. Die übrigen folgten und wie auf ein Zeichen fielen sie über ihn her
und zerrissen ihn. Jeder trug ein Stück dem Berge zu und die, welche keines
eroberten, suchten noch lange im Schnee nach einem Knöchelchen oder Balgfetzen.
In der Folge wiederholte sich das Schauspiel, wenn ein Fuchs auch noch so
leicht verwundet war; ja wenn er nur ein paar Tropfen Blutes verloren, fielen
seine Gefährten wie wüthend über ihn her, — ein Stück Wolfsnatur. Als der

Jäger später einen todten Fuchs als Beize hinlegte, flohen alle für längere Zeit; er behauptete daher, daß sie nur warme, nicht kalte todte Füchse fräßen. Mancher der geschossenen hatte weiter nichts im Magen als ein Stück Fuchsschwanz oder Balg. Gefallene Ziegen werden ebenso oft den Füchsen als den Raben und Adlern zur Beute. Selbst die von Lauinen verschütteten Menschen frißt der Fuchs an, sowie er sie erreicht. Nichts Lebendes oder Todtes ist vor ihm sicher, wenn er es genießen und bezwingen kann, und die Bauern legen darum auf das tief eingegrabene Aas noch Dornstauden, um es vor den Nachstellungen der Füchse zu schützen. Den Igel schützt sein Stachelkleid nicht vor Reineke's ränkevoller List. Er zerrt und quält ihn so lange und begießt ihn mit seinem stinkenden Urin, bis der arme Gewappnete endlich sich aufrollt und preisgiebt. Den jungen Gemsen kommt er nur selten bei, da diese sehr wachsam sind und rasch der Mutter auf die Felsen folgen; dagegen ist er um so erpichter auf die Murmelthiere. Stundenlang lauert er geduldig hinter einem Stein vor dem Ausgange der Höhle. Erscheint das Thier, so läßt er es, obwohl von wollüstiger Mordgier grinsend und mit dem Schwanze leise zuckend, doch weislich erst ein Stück sich entfernen, schneidet ihm dann den Rückweg ab und hascht es nun ohne Mühe.

Man hat zwar dem Fuchse manche absonderliche Listen angedichtet und ihn zum Repräsentanten aller Schlauheit gestempelt; doch reichen die oft beobachteten Proben völlig aus, ihn wenigstens als eines der pfiffigsten Thiere zu qualificiren. In einer Falle gefangen und stark verwundet, verräth er sich nicht mit einem Laute des Schmerzes und beißt sich in der Stille den Schenkel ab, um fliehen zu können. Kann er nicht mehr fliehen, so greift er oft mit großer Beharrlichkeit zu der List, sich todt zu stellen, und mancher ist glücklich wieder aus der Waidtasche des Jägers entwischt. Und so groß ist seine Besonnenheit, daß er in dem gleichen Augenblick, wo er, im Stalle gefangen, seinen Verfolgern mit knapper Noth entwischt ist, eilig über den Hof fliehend, hier en passant eine Gans todtbeißt und im Maule mit auf den Weg nimmt! Heftige und ausdauernde Verfolgung veranlaßt ihn nicht selten zu den raffinirtesten Ränken und zu einer solchen ungeheuern Ausdauer, daß er in einem Zuge einen Weg von 15—18 Stunden fortläuft, ohne nur einen Augenblick seine Geistesgegenwart zu verlieren, indem er fortwährend alle Vortheile des Bodens in der zweckmäßigsten Weise benutzt, und wären auch zwanzig Jäger und Hunde hinter ihm drein. Ueber die schmalsten Felsenbänder läuft er mit der Sicherheit einer Katze, stürzt sich über ungeheure Wände hinunter, ohne Schaden zu nehmen, und ist nie so in die Enge zu treiben, daß er dem Jäger stehen bliebe, ohne irgend mehr einen Ausweg zu wissen. Die europäischen Füchse sind in dieser Beziehung weit erfinderischer und ausdauernder als die amerikanischen, und man hat deswegen eigens unsere Füchse in Amerika eingeführt und zur Vermehrung freigelassen, um den Nordamerikanern den hohen Genuß einer englischen Fox-chase zu verschaffen.

Die Fuchsjagd ist für den ungeübten oder besonders der Gegend unkundigen Jäger ein fruchtloses Ding; für den kundigen dagegen sehr lohnend. Der

Jäger kennt genau die Fuchslöcher des Gebirges auf viele Stunden weit. Der
Schnee verräth ihm, ob sie bewohnt sind oder nicht. Er geht nun entweder
früh vor Tagesanbruch und postirt sich in die Nähe, hält sich ganz ruhig und
schießt den von der nächtlichen Jagd Heimkehrenden weg, oder, wenn er weiß,
daß der Fuchs nicht im Bau ist, denselben aber sonst bewohnt, läßt er ihn durch
die Hunde aufsuchen; der Fuchs zieht sich bald dem Bau zu und wird ihm auf
dem Anstande zur Beute. Ist aber der Fuchs entweder von den Hunden ein-
gejagt oder sonst zu Hause, ehe der Jäger beim Bau ankommt, was bei schlechtem
Wetter am Tage meist geschieht, so überzeugt sich der Jäger von der Bewohnt-
heit des Loches, mauert alle Ausgänge desselben bis auf einen zu und stellt in
diesen die Falle, bald eine Schachtelfalle („Fuchstrucke'), bald eine Tellerfalle,
einen Schwanenhals, eine Gabelfalle. Nach langem Besinnen geht das rathlose
Thier, von Hunger getrieben, doch oft erst nach wochenlangem Fasten, hinein.
Steckt er in der Schachtelfalle, die ihn nur fängt, aber nicht tödtet, so ist das
Herausnehmen eine kitzliche Sache. Der Jäger zieht ihn rasch beim Schweife
heraus und schwingt ihn zweimal so rasch auf einen Stein, daß das wüthende
und pfauchende Thier nicht Zeit hat, sich mit seinen scharfen Zähnen zurück-
zuwenden und nach der Hand zu beißen. Von zwei Füchsen, die ein Jagd-
gefährte unlängst in einer Schachtelfalle gefangen, fraß der hintere, zuletzt einge-
trocknete den vorderen Kameraden, der sich nicht wenden und vertheidigen konnte,
bei lebendem Leibe an und tödtete ihn, indem er in einer Nacht beinahe den
ganzen Hinterdrittheil des Leidensgefährten verspeiste. Das ist Freundschaft in
der Noth! Wird der Fuchs durch den Dachshund im Bau aufgesucht, so verläßt er denselben nur nach sehr heftigem Kampfe. Während der Dachs im Bau
sich lange nur mit der Pfote wehrt, scharfe Hiebe austheilt und nur im Nothfall
beißt, knurrt und grinst der Fuchs schon beim ersten Angriff und schießt am
Ende, wenn er sich sonst nicht mehr zu helfen weiß, pfeilschnell über seinen
Gegner hin zum Loch hinaus, daß der davor lauernde Jäger kaum einen
Moment zum Schusse hat.

Der Fuchs trägt am Schweife zwischen der Schwanzmitte und der Schwanzwurzel eine durch einen schwarzen Haarfleck bezeichnete Drüse mit einer stark-
riechenden, fetten Feuchtigkeit, von den Jägern Viole genannt. Wozu, ist schwer
zu sagen, da der ganze Bursche im Uebrigen nicht gerade nach Veilchen duftet.
Selbst sein Fleisch ist mit häßlichem Geruche so sehr behaftet, daß es frisch ungenießbar ist; doch schmeckt es besser, nachdem es lange gewässert und gebeizt ist,
und die alten Römer mästeten Füchse mit Weintrauben zum leckersten Braten.
Das Fett wird von Landleuten als Wundheilmittel hochgehalten und mit fünf
Franken das Pfund bezahlt. Ein uns befreundeter Jäger gewann von zwei
Bergfüchsen über sechs und ein halbes Pfund Fett, während von vier gleich-
zeitig geschossenen nicht ein halbes Pfund Fett zu gewinnen war. Der Balg ist
im Winter sehr schön dicht, ziemlich fein, etwas glänzend, und gilt fünf bis neun
Franken.

Daß die Füchse zäher Art sind, den gefangenen Fuß oft vom Eisen los=
beißen, und, als hätten sie blos einen Stiefel ausgezogen, davongehen, ist bekannt;
ebenso, daß sie mitunter so viel stoische Selbstbeherrschung besitzen, vor der ver=
dächtigen Lockspeise Hungers zu sterben. Sie müssen auch schon einen tüchtigen
Schuß (Schrot Nr. 2) erhalten, wenn sie auf dem Flecke liegen bleiben sollen,
während ein derber Schlag auf die Nase sie sofort todt hinstreckt. Ein Jäger
grub in einer Fuchshöhle nach und faßte von hinten das Thier. Er schnitt ihm
an einem Hinterlaufe über dem Knie die Spannsehne auf, durch die er wie bei
einem todten Hasen den andern Lauf des knurrenden Fuchses schob. So zog
er ihn heraus und warf ihn derb auf den Boden mit den Worten: ‚So — jetzt
wirst du nicht mehr weit springen‘. Allein der Fuchs verstand es besser, sprang
wieder auf, galoppirte auf drei Beinen (das vierte eingehetzt) den Hügel hinunter
und war im Nu verschwunden.

In verschiedenen Gegenden der Schweiz hat man für die Füchse nach ihrer
verschiedenen Färbung eine Anzahl eigenthümlicher Namen, so Brandfüchse,
Gelbfüchse, Edelfüchse, Sonnenfüchse, Bisamfüchse, Kreuzfüchse,
die als zufällige Spielarten der Färbung zu betrachten sind; insgesammt aber
sind die Berg= und Alpfüchse im Winterkleid weit heller als die Tieflandsfüchse,
da am Kopf und auf der hintern Körperhälfte die Behaarung so reichlich weiß=
gespitzt ist, daß im schnellen Laufe das ganze Thier hellgrau erscheint. In Deutsch=
land nennt man die dunkelrothen, an der Kehle und am Bauche schwärzlichen
Thiere mit brauner Schwanzspitze Roth= oder Brandfüchse und unterscheidet
sie als eigene Varietät (C. melanogaster), die weißgelben mit schwarzen Haar=
gängen über Kreuz und Schulter Kreuzfüchse. Als große Seltenheit wurde
in Mühlehorn am Wallensee, später im Bündnerlande und im December 1858
bei Schangnau (Kanton Bern) ein ganz weißer, sogenannter Silberfuchs
geschossen. Im Kanton Bern wurde nach amtlicher Durchschnittsberechnung
jährlich für mehr als tausend Füchse Schußgeld bezahlt und man nimmt an,
daß für mehr als das Doppelte kein Schußgeld eingefordert wird. Wir
haben keine Ursache, diese Angaben für übertrieben zu halten, da einzelne Jagd=
freunde, die nur hier und da zum Vergnügen auf die Füchse gehen, im Herbst
und Winter 15—20 Stück erlegen. Benedetv Cathomen in Brigels hat
1863 42 Füchse erlegt und daneben noch 21 Hasen, 11 Gemsen und einen
Lämmergeier.

Auch hier wiederholt sich die beim Wolfe schon bemerkte Erscheinung der
entschiedensten Antipathie des Hundes gegen den Vetter. Er verfolgt ihn mit
Leidenschaft, oft ganz allein und auf eigene Rechnung. Dem einzelnen Fuchs
wird ein starker Laufhund stets Meister; läßt dieser sich aber mit zwei Füchsen
ein, so wird er jämmerlich zerbissen und oft überwunden und aufgefressen. Hascht
er den verwundeten Fuchs, so packt er ihn am Genick, zerbricht ihm die Hirn=
schale und läßt ihn dann liegen, während er bei unvollkommener Dressur den
Hasen (gewöhnlich vom Eingeweide oder vom Kopf an) anzuschneiden beginnt.

Dennoch begatten sich nach vielfältiger Versicherung von Bergbewohnern Fuchs und Hund sowohl im Freien als in der Gefangenschaft. Der Fuchs sucht nicht selten die läufige Hündin des Nachts vor der Hütte des Sennen auf, während dagegen manche gute Hunde sich weigern, die Füchsin zur Brunstzeit zu verfolgen. Die Bastarde, die von der Hündin fallen, sollen überwiegend in das Hundegeschlecht schlagen, haben bei Weitem nicht jene unbändige Wildheit wie die Wolfsbastarde und gelten für fruchtbar.

Daß Hunde und Füchse im Gebirge besonders häufig verkehren, beweist auch die Erfahrung, daß zu der Zeit, wo die Tollwuth unter den Hunden herrscht, gewöhnlich auch tolle Füchse gefunden werden, von denen die Seuche vielleicht zuerst ausgeht. Sie verändert ganz die Natur des Fuchses. Gewöhnlich pflegt dieser seine Lunte im Laufe nach Art des Wolfes wagrecht zu halten und zieht sie nur im Schritte an, doch nicht auf der Erde nach. Der tolle Fuchs hebt sie nicht mehr vom Boden. Krank, elend und mager schleicht er planlos durch Wald und Feld; er lungert oft ohne alle Absicht und Scheu bis an die Höfe heran, flieht, wenn er weggescheucht wird, langsam und mit Widerwillen, greift Hunde, Kinder, Katzen u. dgl. an und hat beim Erlegen gar nicht mehr wie sonst ein zähes Leben. Nie erscheinen die Füchse zahlreicher als zur Zeit der Tollwuth, wo ein dunkler Trieb sie aus Berg und Wald der Tiefe und Ebene zudrängt, wie es z. B. auch im Frühjahr 1864 im Obertoggenburg geschah.

Diese furchtbare Krankheit hat sich in mehreren Kantonen nur zu oft wiederholt. Sie ist allen Hundearten, auch dem Wolfe, zu gewissen Zeiten eigen, ohne daß man mit Sicherheit ihre Ursachen entdeckt hätte. Viele suchen dieselbe in Hunger, Andere in der Kälte oder in verwehrtem Begattungstrieb. Die Wirkungen des Bisses der tollen Hundearten sind sehr verschieden. Als in den Jahren 1805 und 1806 im Kanton Zürich über fünfzig Menschen gebissen wurden, starb nur eine Person, ein in die Oberlippe gebissenes Weib, an der Wasserscheu; die übrigen wurden alle gerettet durch Skarificiren der Wunde, aufgestreute spanische Fliegen, Einreiben mit Quecksilbersalbe und innerlichen Gebrauch der Tollkirsche. Von 1813—1823 wurden im züricher Spitale 34 von tollen Hunden und 30 von tollen Katzen Gebissene behandelt, von denen keiner starb. Der Biß des tollen Fuchses soll noch seltener die Wasserscheu zur Folge haben als der des tollen Hundes. Von dreizehn in Italien von einem wüthenden Wolfe Gebissenen starben neun an dieser gräßlichsten Krankheit. Bei Pferden, die von tollen Hunden gebissen wurden, zeigte sich keine Spur von Wasserscheu.

Der Fuchs eignet sich besser zur Zähmung als der Wolf; doch hat man weder großen Nutzen, noch große Freude davon. Er wird durchaus nie zum Hausthier wie der Hund; immer bleibt er ein falscher Spitzbube und ein feiner Dieb. Wenn er ganz jung eingefangen wird, gewöhnt er sich leicht an seinen Herrn, spielt gern und freundlich mit ihm, wedelt hundeartig mit der Lunte und winselt ordentlich vor Freude. Er geht frei in Haus und Hof herum und beträgt sich höchst manierlich. Das Ende vom Liede ist indessen gewöhnlich, daß er an einem schönen Abend fortläuft und dann später öfters des Nachts zurückkehrt, um seinen früheren Herrn zu bestehlen. So ging es wenigstens uns bei öfterem Aufziehen junger Füchse, von denen einer übrigens ein kleines Mädchen so in Affektion genommen hatte, daß dieses mit ihm anfangen konnte, was es nur wollte, und daß er ihm, wenn er für mehrere Tage desertirt war, schon von Weitem im Felde entgegensprang, sobald er die Stimme desselben hörte. Alte eingefangene Füchse sind geradezu unzähmbar.

Wenn im Herbste die Jagd aufgeht und der Fuchsbalg gut wird, sind die Füchse leicht anzutreffen. Man sieht sie nicht selten bei Tage auf dem Wechsel gehen oder in Oedungen laufen, ohne daß sie große Eile verrathen. Mit vornehmer Nachlässigkeit streifen sie umher und winden nach Beute. Im Spätherbst 1866 ist uns sogar der wohl ziemlich seltene Fall passirt, daß ein sehr starker, alter Fuchs in einem Moor vor dem Hühnerhund ruhig liegen blieb und sogar den Jäger auf zwanzig Schritt nahe kommen ließ. Mit zerschmettertem Kreuz flüchtete er in einen nahen Graben und unter eine enge, aber lange Brücke. Wir schossen nun auf der einen Seite unter die Brücke, um ihn zu veranlassen, auf der andern Seite hinauszufliehen. Allein der feine Kauz mußte diese Absicht errathen und zog es, rasch entschlossen, mit bewundernswerther Klugheit vor, in dem sehr engen Kanal zu wenden und durch die noch vom Pulverdampf rauchende Oeffnung dicht am Hühnerhund vorbei hinauszuspringen und so einen äußerst kecken Fluchtversuch zu wagen. Später in der Jagdzeit aber sind die Füchse schon viel vorsichtiger geworden und marschiren behutsam mit halb rückwärts gewendetem Gesichte. Sie verlassen, mit Hunden gejagt, nicht gern das Dickicht ihrer Wald= und Buschreviere und gehen nur im Nothfall ins freie Feld. Man hat bemerkt, daß Füchse, die im Feuer sitzen bleiben, sich selbst bei starker Verwundung doch sehr rasch wieder erholen.

X. Die Wölfe der Schweizeralpen.

Naturgeschichtliches. — Charakteristik. — Der jagende und der gejagte Wolf. —
Abenteuer. — Wolf und Hund. — Bastarde.

Die Wölfe sind seit Beginn unsers Jahrhunderts in der Schweiz eine Seltenheit geworden, und man bezweifelte, ob man sie überhaupt noch zu den ständigen, bei uns sich fortpflanzenden Raubthieren des Gebirges zählen dürfe. Haben wir doch keine so großen zusammenhängenden, nicht zu durchdringenden und zu beherrschenden Waldgebiete, wie diese Thiere zu ihrer weiten Jagd bedürfen. Und doch möchten das Bergell, Puschlav, Münsterthal mit seinen hohen Gebirgs=

waldungen, seinen durchaus unzugänglichen Bergschluchten und öden Steinthälern, die nördlichen Alpenthäler des Tessins, die Wallisergebirge als ständige Wohnorte einiger Wolfsfamilien zu betrachten sein. Dort hausen sie im Sommer in der stillsten Zurückgezogenheit, bald in der montanen, bald in der alpinen Region. Mit der größten Vorsicht verlassen sie ihre Schlucht; da sie nicht so klug und unvermerkt wie die Füchse zu rauben verstehen, müssen sie sich ferner von bewohnten Geländen halten. In der erweiterten Höhle eines Dachs= oder Fuchsbaues wirft die Wölfin im April oder Mai nach 65tägiger Tracht ihre 4—9 blinden Jungen mit röthlichweißem Wollhaar. Im hintersten Winkel der Wolfshöhle liegen die kleinen, niedlichen Thierchen auf einem Häuflein, während die Mutter auf Proviant ausgeht, nicht ohne Besorgniß, daß diese der allenfalls in der Nachbarschaft hausenden Vetterschaft zur Beute werden könnten.

Leise, stets lauernd, mit schiefem, scharfem Blick, halb furchtsam und halb tölpisch durchforscht der alte Mörder, den sein hagerer, knochiger Bau, seine eingezogenen Weichen, sein schleichender, unentschlossener Gang charakterisiren, gegen den Wind das Dickicht des Hochwaldes und hinterläßt eine Fährte, die der eines großen Hundes ähnlich, aber länger, breiter und gewöhnlich schnurgerade ist. Widerlich und unangenehm in seinen Manieren, gierig, boshaft, verschlagen, mißtrauisch, gehässig in seinem Naturell, unerträglich durch seinen abscheulichen Geruch, ist er ein Schrecken der Thierwelt, der er sich naht. Mit hängender Standarte lauert er auf die spärliche Beute, beschleicht ein Hasel= oder Steinhühnchen, paßt den Ratten, Wieseln und Mäusen auf und schlingt auch eine Eidechse, eine Kröte, einen Grasfrosch oder selbst eine Blindschleiche oder Ringelnatter hinunter, wenn ihm bessere Beute abgeht. Größere Thiere verfolgt er laufend, bis sie müde sind, was die Katzenarten nie thun.

Im Winter vermehrt die Kälte seinen ohnehin fast unersättlichen Heißhunger; doch ist dann die Jagd besser, die Fährte sicherer. Er überrascht den weißen Alpenhasen und selbst den vorsichtigen Fuchs; aber immer hungrig und gierig, schleicht er mit seinen funkelnden Augen, die schwarzberandeten, spitzen Ohren stets aufgerichtet, den fuchsartigen Kopf lauernd nach allen Seiten hinwendend und den Hinterkörper einziehend, als ob er lendenlahm wäre, von Berg zu Berg, von Wald zu Wald und heult in den kalten, frostklirrenden Winternächten schauerlich durch die in Schnee begrabenen Hochweiden. Dann dehnt er seine Jagd nicht blos stundenweit aus, sondern geht durch ganze Alpenzüge, vom Engadin, durch die berner und walliser Alpen bis in die offenen Ebenen des Waadtlandes oder vom Wasgau den Rhein hinan und die ganze Jurakette entlang, ein Schrecken für Mensch und Thier. Basel, Solothurn, Aargau, Freiburg, Zürich, Schaffhausen wurden oft genug im strengen Winter von Wölfen besucht, welche Menschen zerrissen, Hunde an der Kette erwürgten und das Aas der Schindanger aufwühlten. Bei Olten wurde 1808 der letzte (?) geschossen; im volk= und thierreichen Waadtlande dagegen erscheint er von Zeit zu Zeit, der letzte wurde 1849 im November erlegt. Im Jahre 1557 erschlugen zwei junge Bursche

WOLF.

einen Wolf bei Appenzell unter dem Klosterspitz und nahmen ihm fünf Junge; der letzte wurde daselbst im 17. Jahrhundert im Steineggerwalde erlegt. Auch nach den kleinen Kantonen streiften sie aus den tessinischen und bündener Bergen. Die Obrigkeit von Glarus setzte in den achtziger Jahren ein Schußgeld von fünfzehn Louisd'ors auf einen Wolf, der unter den Schaf- und Ziegenheerden die größten Verheerungen anrichtete. Bald wurde der Räuber in den Näfelserbergen geschossen. Er wog 71 Pfund. Am Pilatus waren nach Cappeler's Historia montis vor hundert Jahren die Wölfe nebst Bären und Wildkatzen nicht selten und so ohne Zweifel im ganzen Hochalpengebiet. Noch im Juli 1865 beunruhigte ein Wolf die luzerner Alpen und zerriß in einigen Wochen am Napf, Engi, Ahorn, Wirmisegg gegen hundert Schafe. Die emmenthaler Jäger veranstalteten ein Treibjagen, bei dem er endlich am Riedbad umringt und erlegt werden konnte. Unter Trommelschlag wurde er auf bekränztem Wagen nach Trub gebracht. — Als sich 1853 ein Wolf in den urner Bergen spüren ließ, veranstaltete man ebenfalls ein Treibjagen und ein junger Bursche erlegte das Thier am Axenberge mit einem einfachen Schrotschuß. In den tessinischen Thälern von Verzasca, Lavizarra, Maggia scheinen etliche Wolfsfamilien stehende Quartiere zu haben; sie werden dort nicht selten gespürt und streiften bis Bellinzona. Im Jahre 1854 wurden im Tessinischen innerhalb drei Monaten fünf Wölfe geschossen und in den Jahren 1852—1859 nicht weniger als 53 Stück. Im November 1855 fiel ein Rudel Wölfe im Misox plötzlich auf eine Ziegenheerde und hauste arg in ihr. Im August 1856 griff ein Wolf kaum 200 Schritte vom Dorfe Grono (Misox) ein weidendes Kalb an, tödtete es und fraß es zur Hälfte auf. Im November 1857 stieß in den Misoxerbergen ein Jäger auf ein, wie es schien, scharf gejagtes Gemsenrudel; plötzlich zeigte es sich, daß nicht weniger als sieben Wölfe hinterdrein trabten, von denen dem Jäger aber keiner vor den Schuß kam; auch im Schamserthal zeigten sie sich in Mehrzahl. Im Juli 1858 beunruhigten sie in den urner Alpen die Heerden stark. Im Pruntrut findet man nicht selten junge Wölfe, die entweder dort geworfen werden oder aus den Ardennen einwandern, so noch im Mai 1867 drei lebende Stücke; ein alter wurde am 29. Dezember 1860 im Bann von Ocourt erlegt; im kalten Februar 1864 erschien ein ganzes Rudel am Moleson, von dem eine alte Wölfin am 22. in den Bergen von Piatchison erlegt wurde und dem Jäger 50 Franks Schußprämie eintrug. Im berner Oberland zeigten sich noch in den ersten Jahrzehnten unsers Säculums vereinzelte Wölfe häufig genug; in Basel-Land wurde am 17. Januar 1867 nächtlicherweile ein Wolf mitten im Dorfe Rünenburg betroffen, und einige Wochen später fiel eine solche Bestie einen Knecht bei Mümliswyl (Solothurn) so hart an, daß ihm der Meister mit Knitteln zu Hülfe eilen mußte.

Vor dem Beginn unsers Jahrhunderts war die Auffindung einer Wolfsspur das Signal zum Aufbruch ganzer Gemeinden, und die Chronik erzählt: ‚Wiebald man einen Wolf gewar wird, schlecht man Sturm über ihn: als dann empört sich eine ganze Landschaft zum Gejägt, bis er umbracht oder vertriben ist'.

Letzteres geschah bei solchem ‚gemeinen Gejägt‘ denn auch häufiger als Ersteres, da die Wölfe, besonders wenn sie starke Beute gemacht haben, als ahnten sie die nothwendig eintretende Verfolgung, rasch das Revier verlassen. Man bediente sich großer Netze, ‚Wolfsgarne‘, die der Reisende noch jetzt in den leberbergischen Dörfern und auf dem Rathhause zu Davos sieht, wo bis in die neueste Zeit noch mehr als dreißig Wolfsköpfe und Wolfsrachen unter dem Vordache heraus- grinsten und ihm wohl deutlich genug erzählten, wie furchtbar häufig diese Bestien in jenen Gebirgen hausten. Im waadtländischen Jura besteht heute noch, be- sonders in Vallorbes, eine eigenthümliche Organisation der Wolfsjagd, die von einer bestimmten Jagdgesellschaft ausgeübt wird, welche ihre Beamtungen, Satzun- gen und Gerichtsbarkeit hat. Vom Anführer werden die Jäger in zwei Rotten getheilt, deren eine, mit Flinten bewaffnet, sich still auf den Anstand stellt, während die mit bloßen Knitteln bewaffneten Treiber ihnen das Wild lärmend zujagen. Sowie es erlegt ist, verkünden sechs Posaunen den Tod des Räubers. In der Dorfschenke folgt nun auf Kosten seines Balges ein Fest, wobei solche, die den Befehlen des Führers zuwidergehandelt, mit Wassertrinken bestraft und mit strohenen Ketten gebunden werden. Da man nur Mitglied des Klubs werden kann, wenn man drei glückliche Wolfsjagden mitgemacht hat, so pflegen die Väter schon kleine Kinder auf dem Arme mitzunehmen.

Das Graben von Wolfsgruben ist auch bei uns in früheren Zeiten gebräuch- lich gewesen, und Vater Geßner erzählt, daß ein Jäger Gobler in einer solchen einen dreifachen Fang auf einmal gemacht habe, nämlich einen Wolf, einen Fuchs und ein altes Weib, von denen jedes aus Furcht vor dem andern die ganze Nacht sich nicht gerührt habe.

Am liebsten lauert bekanntlich der streifende Wolf den Schafen auf, und seine erbittertsten und wüthendsten Gegner sind daher auch die ächten Schäfer- hunde. Manchmal gräbt er sich Nachts durch die Erde in die Schafställe durch. Mit weit aufgerissenem Rachen, der den furchtbaren Schmuck der weißen, spitzen Zahnreihen und den außerordentlich weiten rothen Schlund zeigt, springt er auf den größten Hammel los, hält ihn mit einem Vorderfuß und zerreißt ihn mit seinem Gebiß. Die äußerst starken Muskeln und Knochen des Kopfes und Nackens befähigen ihn, das getödtete Schaf, ja selbst einen Rehbock im Maule fortzutragen und das Thier selbst im Laufe so hoch zu halten, daß es die Erde nicht berührt. Menschen hat er im letzten Jahrhundert in der Schweiz kaum öfters angegriffen; er flieht sie vielmehr und ist sehr feig, wenn ihn nicht der bittere Hunger halb rasend macht oder schwere Verwundung zur Nothwehr reizt. So wurde ein Herr a Marca aus Misox, als er an einem Winterabend aus der Hausthür trat, plötzlich von einem hungrigen Wolfe überfallen. Mit einem Faustschlage streckte der kalt- blütige, baumstarke Mann diesen todt zu Boden. Dann nahm er ihn beim Schwanze und warf ihn seiner Frau, die ihn eben erzürnt hatte, in die Stube vor die Füße. Wird der Wolf gejagt und verfolgt, so setzt er sich nur im äußer- sten Nothfalle zur Wehre. Die Nase an den Boden gedrückt, flieht er mit feurig glänzenden Augen, während er das Hals= und Schulterhaar emporsträubt. Haben ihn die Hunde in die Enge getrieben, so zerreißt er ein paar derselben und flieht, sobald er Luft hat. Wir kennen kaum ein Beispiel, daß er, selbst angeschossen, auf den Jäger gegangen wäre, wie der Bär häufig thut; es scheint vielmehr, daß ihn nur der rasendste Hunger zum Angriff auf Menschen treibe, und daß er weit feiger als der Luchs und selbst als die wilde Katze sei. Ja man hat schon Wölfe, die sich in Ställen und Hofräumen gefangen hatten, fast ohne Widerstand zu finden, todtgeschlagen. Im Norden aber, wo sie zahlreicher vorkommen und selbst noch in den Polarländern, der Heimath des Eisbäres, in unbegreiflicher Dauerhaftigkeit der furchtbarsten Kälte und Nahrungslosigkeit trotzen, haben sie mehr Race und Feuer.

In Biasca fand im Jahre 1773 eine höchst merkwürdige Wolfsjagd statt. Ein Jäger fand in der Nähe des Ortes im Walde seine Fuchsfalle zugeschnellt und beraubt und den Schnee vor derselben stark mit Blut getränkt. Er schloß auf den Besuch eines großen Raubthieres und verfolgte mit ein paar rüstigen Männern die frische Spur. Diese verlor sich in einer engen Höhle des Biasca= gebirges, in der ein Wolf vermuthet wurde. Der sehr schmale Eingang ließ be= rechnen, daß das Raubthier in einer unbequemen Position im Loche stecke, und so entschloß sich nach einigem Zaudern einer der Verfolger, mit zwei Seilen in die Höhle zu kriechen. Hier entdeckte er den Wolf, der sich nicht umwenden konnte, packte dessen hintere Beine, band sie rasch über den Knieen fest zusammen und retirirte mit möglichster Beförderung rückwärts zur Höhle hinaus. Die andern schlangen rasch die Stricke über einen untern Ast der nächsten Tanne und zogen mit aller Gewalt das knurrende und heulende Thier hinaus und an dem Baum in die Höhe. Wüthend wandte sich der Wolf mit dem Kopfe rückwärts und hatte schon den einen Strick entzwei gebissen, als die Jäger mit guten Prügeln auf ihn losgingen und ihn todtschlugen.

Im Nikolaithal (Wallis) treffen die Sennen, wenn ein Wolf oder Bär ge= spürt wird, eine gewisse Patrouillenordnung. Sie stecken in der bedrohten Gegend einen Stock auf die Weide; jeder Betheiligte muß der Reihe nach die Runde machen und als Wahrzeichen derselben ein kennbares Zeichen im Stock zurücklassen. Erfüllt er seine Pflicht nicht, so ist er für den Schaden des Tages verantwortlich.

Bekanntlich folgt dieser nordische Schakal auch gern den Heeren und besucht des Nachts die einsamen Schlachtfelder, um sich an den Leichen zu sättigen. Auf Menschenfleisch einmal aufmerksam gemacht, zieht er es jedem Thierfleisch vor und scharrt selbst nach Leichen. Als im letzten Jahre des verflossenen Jahr= hunderts die Heere der Russen, Oesterreicher und Franzosen in unsern höchsten Gebirgsthälern und unwegsamen Pässen einen blutigen Krieg führten und Hunderte von unbegrabenen Leichen in Schluchten und Wäldern moderten, fanden sich neben den Raben und Adlern auch Wölfe zur Beute in Gegenden ein, die sie sonst nie betreten hatten. Eine ziemliche Anzahl wurde in jenem

verhängnißvollen Jahre in der Schweiz, besonders auch im Bündnerlande und
den kleinen Kantonen, geschossen.

Der Wolf, der am Waldesrand sitzt, oder durch den Forst trabt, ist in Bau
und Farbe dem Fleischerhunde so ähnlich, daß er mit ihm verwechselt werden
könnte und von gleicher Abstammung zu sein scheint. Und doch hat man von
jeher die Erfahrung gemacht, daß beide Thiere einen entschiedenen Widerwillen
gegen einander haben. Der starke Wolf vermeidet es gern, dem viel schwächern
Hunde zu begegnen. Dieser zittert und sträubt die Haare, wenn er den Wolf
wittert. Nur jene starken und treuen Hunde, welche die bergamasker Schafheerden in den Engadineralpen bewachen, wagen es, einzeln auf den die Heerde
umlauernden Räuber loszugehen und mit ihm in höchster Erbitterung auf Leben
und Tod zu kämpfen. Wird der Wolf Meister, so liebt er es, den halbzerfleischten
Hund aufzufressen, während der siegreiche Hund selbst den erlegten Wolf noch
verabscheut. Doch holt hier oft die eigene Vetterschaft des Wolfes treulich nach,
was der Hund unterläßt, spürt gierig der Fährte nach und zerreißt oft den blos
verwundeten Bruder, um ihn sofort ganz zu verzehren. Man kann wohl kein
nachdrücklicheres Zeugniß von der Gierigkeit, Treulosigkeit und Abscheulichkeit des
Wolfnaturells nachweisen als dieses.

In der Reihe der thierischen Individualitäten nimmt er eine tiefe Stufe
ein; selbst unter den Raubthieren ist er eins der widerwärtigsten. Mit dem
reißendsten wetteifert er an Heißhunger, der selbst dem schlechtesten Aase gierig
nachstellt, an Tücke, Perfidie, während er dabei keine Spur vom Edelmuth des
Löwen, von der frischen Tapferkeit des Eisbärs, vom Humor des Landbärs, von
der Anhänglichkeit des Hundes hat. Tölpischer als der Fuchs, dabei aber tückisch
und höchst mißtrauisch, ist er tollkühn ohne Schlauheit, in seinem ganzen Wesen
ohne alle Schönheit und wohl überhaupt eine der häßlichsten Thiernaturen. Mit
dem Hunde hat er nur körperliche Aehnlichkeit; man kann nicht sagen, er sei der
wilde Hund, der Hund im Urzustande; er ist vielmehr der durch und durch
verdorbene Hund, das Zerrbild des Hundes, das alle übeln Seiten der Hunde-
natur an sich trägt, aber nichts von den guten, so daß er hierin, da die Natur
sonst nicht so häufig in Zerrbildern zeichnet, eine wirklich interessante Erscheinung
bildet. Sein gesellschaftlicher Trieb, den wir sonst selten bei Raubthieren wiederfinden, ist nur scheinbar und von der Raubsucht und Mordlust bedingt. Die
Wölfe gehen nur in Rudeln, um ein starkes Thier zu besiegen, wobei es einer jagt
und die andern dem Opfer den Weg abzuschneiden suchen. Sie vereinzeln sich
sofort nach gemachter Beute. Da sie ihre Nahrung, selbst zermalmte große
Knochen, sehr rasch verdauen, sind sie immer hungrig und gierig und trotz ihres
klapperdürren Aussehens beinahe unersättlich. Nach geendigter Mahlzeit fressen
sie etwas Gras wie die Hunde. Die einzige gute Eigenschaft der Wölfin ist ihre
treue Sorge für die Jungen. Sie versorgt und schützt diese mit Anstrengung
und Muth und kehrt von großen Märschen stets wieder zu ihnen zurück. Im
Jura wurde eine säugende Wölfin getödtet und wenige Tage darauf fand man

in dem vier Stunden entfernten Risourwalde drei junge Wölfchen verhungert. Der männliche Wolf scheint sich nach der Begattung weder um Weib noch Kinder zu kümmern.

Alle Zähmung und Zucht haftet nur auswendig an dieser unveränderlichen und unerziehbaren Natur. Der bestdressirte Wolf eilt bei Gelegenheit in seine Wildniß zurück und ist der alte, gemeine Mörder, und die sorgsamste Pflege pflanzt nicht einen Funken von Anhänglichkeit oder Treue in das niedrige Gemüth. Dabei ist es höchst interessant, daß bei der entschiedensten gegenseitigen Antipathie Wolf und Hund doch Bastarde erzeugen. Während Buffon einen jungen Wolf und einen jungen Fleischerhund drei Jahre lang zusammengesperrt erhielt, ohne daß sie sich an einander gewöhnen wollten, und der Hund die Wölfin, die immer Händel mit ihm anfing, am Ende erwürgte, begattete sich auf der Pfaueninsel ein weißer Hühnerhund mit einer Wölfin, und diese warf drei Junge, die zwischen beiden Arten die Mitte hielten. Auch in der Freiheit sollen solche Vermischungen vorkommen. Solche Bastarde wurden öfters mit Erfolg als Schweißhunde benutzt und haben statt des Gebelles ein widerliches Geheul. Die Eskimos paaren gefangene Wölfe besonders häufig mit ihren Hunden, um die Race kräftiger und größer zu machen, und ohne Zweifel rührt auch die überraschende Aehnlichkeit des Eskimohundes mit dem Wolfe daher, mit dem jener auch das dumpfe, melancholische Geheul gemein hat. Farbenspielarten sind bei den Wölfen unserer Gebirge selten vorgekommen; doch sollen zu Geßner's Zeiten im Rheinthal und in Bünden ganz schwarze Wölfe häufig gewesen sein. In den Pyrenäen sind solche heute noch nicht ganz selten; in den Ardennen hat man auch eine weiße Varietät gefunden.

XI. Die Bären.

Eine rhätische Bärengeschichte. — Verbreitung der Bären in der Schweiz. — Nuolf und Lechthaler im Münsterthal. — Arten und Lebensweise. — Die Bären zu Bern. — J. C. Riedi. — Bärenjagden und Kämpfe.

Einst bemerkten die Sennen, die in einer etwas abgelegenen Hütte einer der rauhesten Alpen des Rhätikons eine kleine Heerde von Ziegen des Nachts wohl zu versorgen gewohnt waren, daß am Morgen ungewöhnlich große Exkremente in der Nähe der Hütte lagen, das fette Gras um dieselbe grob abgeweidet, die Thür beschädigt und zerkratzt war. Die Ziegen kamen scheu heraus, — doch fehlte keine. Die Hirten kannten die Losung des fremden Nachtgastes nicht, vermutheten aber einen Wolf oder Luchs in der Nähe und durchsuchten die nächste

Umgebung und auch einen tiefer liegenden Fichtenwald, ohne etwas Verdächtiges zu finden. Indessen beschlossen sie, dem Wilde aufzupassen, und da sie selbst ohne Feuergewehr waren, stieg einer in das nächste Thaldorf und brachte eine alte Muskete mit, die dann gehörig und andächtig geladen wurde.

Den Tag über bemerkten sie an den Ziegen ein ungewohntes Zusammen= halten und einen sichtlichen Widerwillen gegen größere Entfernung von der tiefer weidenden Kuhheerde. Nur mit Mühe konnten die Thiere Abends in ihre Stallung zusammengebracht werden. Zwei von den Sennen sollten in Flinten= schußweite von derselben hinter einem Felsen wachen und allenfalls ihre Gefähr= ten in der Alphütte wecken. Indeß verging die Nacht unter vergeblichem Passen; ebenso die folgende. In der dritten Nacht, wo wieder zwei Bedetten auf der Lauer standen oder saßen, wollte sich abermals nichts Verdächtiges zeigen und die Sennen schliefen ein. Indessen weckte sie bald ein Geräusch bei der Ziegen= hütte. Sie sahen einen Bären an der Thüre drücken und kratzen, dann wieder um dieselbe herumschnobern, um eine Oeffnung zu erspähen. Die Ziegen muß= ten wach und unruhig geworden sein; die Schellenziegen ließen sich hören. Den jagdungewohnten Sennen war es unheimlich zu Muthe geworden und der eine schlich zur Alphütte, um die Kameraden zu wecken, während der andere trostlos seine Muskete in Kriegszustand zu setzen suchte. Indessen erschien der Bär wieder vor der Thür, suchte dieselbe aus dem Riegel zu stemmen und drückte sie endlich glücklich ein. Die Ziegen stürzten scheu und meckernd heraus und kletter= ten auf die nächsten Felsen. Bald erschien auch der Bär mit einer, die er todt= gebissen hatte, vor der Hütte und begann gierig ihr Euter zu verzehren. Da kamen die anderen Sennen mit Scheiten, Melkstühlen und anderer Landsturm= armatur, — jedoch mit der größten Vorsicht. Einer von ihnen, der in seinen jüngeren Jahren oft auf der Gemsenjagd gewesen, nahm dem Wachtposten die Muskete ab, ging auf den Bären zu, der sich knurrend aufrichtete, und zerschmet= terte ihm mit einem starken Schuß die rechte Rippenseite; die Uebrigen kamen auch näher und schlugen das wüthend um sich hauende Thier ganz todt. Es war ein brauner Bär von 240 Pfund Gewicht.

Im ganzen südlichen Hochgebirge Rhätiens, besonders aber in vielen Seitenthälern des Unterengadins, Ofnergebirges und Münsterthales, des Bergells, Puschlavs und Calanca's, sowie im tessinischen Blegnothal und einigen Bezirken des Wallis sind heutigen Tages noch die Landbären ein stehendes Raubthier. Es vergeht kaum ein Jahr, wo nicht welche im Reviere der Viehalpen gesehen oder geschossen werden, besonders sollen sie in warmen Spätherbst= oder Früh= lingstagen, wo anhaltender Fön sie zum Verlassen ihrer Höhen lockt, während sie doch wenig Nahrung finden, auf ihren Wanderungen gesehen werden. Im Jahre 1849 wurde Anfangs Septembers bei Zernetz eine 260 Pfund schwere Bärin und am 13. Oktober bei Andeer ein 140 Pfund schwerer Bär geschossen. Im April 1851 wurde bei Süs ein junger Bär gefangen. Im Veltlin wurden im Winter 1788 sechs Bären erlegt, von denen einzelne Exemplare bis gegen

BÄR AM ZIEGENSTALL.

400 Pfund wogen; im August 1811 im Kanton Tessin sieben Stück. Von
Graubünden aus durchziehen sie mitunter in einzelnen Exemplaren die ganze
südliche Bergkette der Schweiz und fallen, von Hunger oder Naschlust getrieben,
ins offene Land, wie denn noch in diesem Jahrhundert im Waadtland, Wallis,
wo an mehr als einer Alphütte Bärentatzen als Trophäen heraushangen, und
in den Gebirgen in der Umgegend von Genf verhältnißmäßig zahlreiche Exemplare
geschossen wurden. Im Kanton Uri erwarb sich der Jäger Infanger im Isen=
thale durch seine muthige Bärenjagd Ruhm. Er schoß im Jahre 1823 ein drei
Centner schweres Thier. Im Jahre 1840 traf ein Jäger auf dem Brunnigletscher
im Maderanerthal (Uri) zwei Bären mit einander an, einen alten und einen jun=
gen. Der kecke Schütze legte an und jagte, einen günstigen Moment benutzend, die
Eine Kugel durch beide Bestien. Der junge Bär fiel auf der Stelle todt nieder;
der alte war stark am Rückgrate verwundet, ging rasch vom Gletscher weg und
flüchtete sich in die Felsenklüfte, so daß ihn der Jäger nicht mehr auszuspähen
vermochte. Doch fand er ihn am folgenden Tage todt in einer Kluft liegen.
Auffallenderweise sind im Waadtlande die Bären in den Alpen sehr selten, wäh=
rend sie sich im dortigen Jura vermehren; ebenso im Neuenburgischen, wo die
Regierung sich veranlaßt sah, auf den 20. Septbr. 1855 eine allgemeine Jagd
auf die Bären der Wälder oberhalb Boudry anzuordnen und eine Schußprämie
von 200 Fr. auszusetzen. Im Jahre 1843 verfolgten Jäger von Cergues eine
Bärin bis zu ihrer Höhle, aus der sie einen noch blinden jungen Bären nahmen,
der ihnen aber in der Waidtasche erfror. Der berühmte Bärenjäger Gro=
sillex von Gex hat im November 1851 den neunten der von ihm eigenhändig
erlegten Bären nach Genf geliefert, in dessen Nähe ein anderer Jäger im gleichen
Monat einen alten und einen jungen Bären geschossen hat. Kurz darauf schoß
ein dritter Jäger seiner Gegend wieder einen jungen Bären an, packte denselben
und es gelang ihm mit Hülfe zweier Gefährten, die Bestie lebendig zu fangen.
Im basler Jura dagegen wurde der letzte Bär 1803 bei Reigoldswil geschossen.

Noch ergiebiger war das Jahr 1852, wo im Engadin fünf Bären auf
einmal sich zeigten. Im September wurde einer in Cama und im Oktober von
dem gleichen Gemsjäger (Filippo Bondigoni) eine 200 Pfund schwere Bärin
im Val Grono mit Einem Schusse erlegt. Ende Oktobers ging der Förster
Giesch von Lostallo nach dem Val d'Arbora, mit einem Doppelstutzer bewaffnet,
um Gemsen zu schießen. Auf der Cysternaalp traf er frische Bärenspuren und
sah bald an einem Abhange das Thier, das im Begriff war, eine Eberesche zu
erklettern und Beeren zu naschen. Hinter einem Ahorn schoß der Jäger beherzt
auf hundert Schritt Entfernung, worauf der Bär laut brummend vom Baume
sprang und, des Verfolgers ansichtig, wüthend auf ihn lostrabte. Giesch ließ
ihn auf fünfzig Schritt nahen und schoß dann die zweite Ladung los, worauf
der Bär mit heulendem Gebrumm überstürzte und mit gewaltigem Geräusch
rücklings durch die Stauden in ein Tobel kollerte. Das war der dritte Bär,
der binnen wenigen Wochen seinen Einzug in Grono hielt. Im Herbst 1849

streckte ein Lavinerjäger, der auf Gemsen ging, eine große Bärin mit zwei Schüssen zu Boden. Kaum lag sie im Blute, so kamen ihre beiden Jungen hergelaufen und schnoberten an der todten Mutter herum, fielen aber sogleich durch die Kugeln des Jägers, der auf diese Weise nur an Schußprämien in einer Viertelstunde mehrere hundert Gulden gewann. Auch im Jahre 1853 fielen mehrere Bären im rhätischen Gebirge, davon zwei im unteren Misox; andere zerrissen im August auf der Karlemattenalp im Davos nach einander 16 Schafe, ein dritter im September 1853 auf der Stutzalp (Engadin) 15 Schafe, von denen er etliche mitten aus einer brüllenden Rinderheerde wegholte. Im September 1855 zeigten sie sich wieder auffallend zahlreich im Prättigau, Münsterthal und untern Engadin. In den Zernetzerwäldern schossen 1856 die Jäger Filli und Foutsch am 5. Juni einen jungen Bären und am 9. Juni die Mutter, auf dem Davoser Bergrücken die Jäger Christian Meißer und Andreas Biäsch im September eine alte Bärin von 242 Pfund und zwei junge Bären von 82 und 67 Pfund, nachdem die Thiere kurz vorher eine Schafheerde angefallen hatten. Im tessinischen Robeaccothal wurden 1854 drei Bären getödtet, welche Heerden und selbst Menschen angegriffen hatten. Im Jahre 1857 wurden im Engadin acht alte und junge Bären erlegt, einer davon beim behaglichen Heidelbeerschmause. Im Juli 1858 hausten die Mutze auf der Buffaloraalp übel, zerrissen und versprengten von einer einzigen Heerde 22 Stück Schafe. Im gleichen Monat schoß J. P. Zinsli eine Viertelstunde vom Splügen im Rütteltli einen Bären an; das verwundete Thier wendete sich grimmig gegen den Feind, der es aber mit der zweiten Kugel sofort niederstreckte. Im Sommer 1860 raubte ein Bär bei Zernetz, wo ein früherer Schloßpächter eigenhändig elf Bären erlegt hat, innerhalb 14 Tagen 17 Schafe; ein anderer weidete bei Sins am hellen Tage neben der Landstraße. Am 18. August des gleichen Jahres stieß ein bergamasker Schafhirt, der über den Buffalorapaß ritt, plötzlich auf zwei junge Bären. Die alte Bärin stürzt herbei und fällt wüthend das Pferd an, das sich mit kräftigen Hufschlägen vertheidigt, während der Hirte herunterspringt. Da fällt bei einem neuen Angriff der zottige Mantel vom Pferd herunter über die Bärin her. Grimmig wühlt sie sich heraus und zerreißt ihn in tausend Fetzen, während Mann und Pferd entfliehen. Im Jahre 1861 wurden in Bünden abermals acht Bären, 1862 und 1863 neuerdings mehrere Stück erlegt, und im Sommer 1864 hatten etliche Reisende das Vergnügen, bei Steinsberg aus dem Postwagen am jenseitigen Innufer zwei halbgewachsene Bären saufen zu sehen; ein größerer wagte sich sogar bis zu den schulser Heilquellen. Ueberhaupt zeigten sich in diesem Jahre die Mutze im südlichen Bünden häufig. Auf den Alpen von Lostallo wurde einer vom Triebe umringt, brach aus, stürzte über die Felsen und wurde halbzerschmettert eingebracht; im Oktober schoß der gewandte junge Jäger Antonio Zaccaci, der schon drei Bären erlegt hatte, im Val Crua (Roveredo) einen alten Mutz von einem Bäumchen beim Vogelbeerenschmaus und gleich darauf in der Nähe einen zweijährigen Sprößling desselben; mehrere andere wurden im Val Grono und Val Cama verfolgt. In den Alpen ob Prolin und Biod im wallisischen Heremencethal fiel vor einigen Jahren ein angeschossener Bär auf den Jäger und tödtete denselben nach fürchterlichem Zweikampf; er wurde nachher von den Gefährten des Zerrissenen niedergestreckt und steht gegenwärtig im Museum zu Sitten. Im Eringer- und im Einfischthale kommen diese Raubthiere aus dem wilden Gebirge nicht selten in die milden, traubenreichen Thalgelände herab. In der Mitte der dreißiger Jahre wurden Exemplare angeblich zu 500 Pfund, 1836 eine Bärin mit drei Jungen erlegt. Im Jahre 1834 kam ein Bär sogar in die Rebberge von Siders, wo ein junger Mann eben kleine Vögel schoß. Dieser war tollkühn genug, seine nur mit Schroten geladene Flinte dem Thiere à bout portant ins Gesicht abzubrennen und glücklich genug, es damit augenblicklich zu tödten! Die Thatsache ist verbürgt.

Der bärenreichste Bezirk der Schweiz bleibt nach unsern Erhebungen immerhin der Kanton Tessin, das untere Engadin mit dem anstoßenden Münsterthale und den ofner Gebirgswäldern. Als wir im September 1855 diese ausgedehnten Reviere besuchten, fanden wir die Spuren beinahe täglich, und es verging keine Woche, wo ‚der Bär‘ nicht einzeln oder in Gesellschaft am hellen Tage in dem einen oder anderen Seitenthale gesehen wurde; so besonders in der Alpwaldschlucht des Scarlthales, wo kurz vor unserem Eintreffen zur Mittagsstunde ein ‚alter schwarzer Teifel‘, wie der Stierenhirt erzählte, von den Erzgruben herunter zwischen ihm und einer von Schuls kommenden Frau durchpassirt war, im selten betretenen Val Minger, Val Ferrata (in beiden nehmen die Raubthiere Winterquartier), Val Taffry, Val de Poch, dann im Val Runa, Val Sampuoir und Fuldera; — zumeist also in einsamen, zwischen sehr steil abfallenden Hochgebirgen liegenden und an beiden Seiten bis in eine Höhe von etwa 7000' ü. M. mit Nadelholz bewachsenen finstern Bergschluchten. Der Bär zeigt sich jedoch in der Regel hier nur vom April bis gegen den November, wo er, da ohnehin wegen der Schneemassen die Wälder ungangbar werden, sich zur Winterruhe zu begeben scheint. Von einer Ausrottung des Raubthieres in diesen menschenleeren Gegenden kann vor der Hand nicht die Rede sein. Der meilenweite Wechsel, die Steilheit der Schluchten, die Unsicherheit der Fährte bei schneelosem Boden, die Gleichgültigkeit der Anwohner und die Seltenheit der Jäger schützen die Bären hinlänglich. Eigentliche und emsige Bärenjäger giebt es da überhaupt nicht. Dann sind auch die Schußgelder wenig anlockend. Die Zernetzer geben die Jagdprämie nur an Kantonsbürger, die Schulser sogar nur an Gemeindebürger ab, obwohl Letztere im Sommer 1855 über 50 Schafe durch Bären verloren haben. Ein alter Jäger in Scarl, der schon manchen Mutz hinter die Ohren geschossen, rechnete uns vor, daß der Bärenstand in den genannten Revieren sich auf wenigstens dreißig Stück belaufe, worunter sich ein besonders mächtiges, uraltes Exemplar befinde, dessen Kopf und Rücken ganz grau überlaufen sei. Drüben im Münsterthale wohnen ein paar tüchtige Jäger, die wir mit einigen Worten erwähnen müssen; zunächst Johann Ruolf, vulgo ‚das Geigerlein‘ (Sunaderin), das schon manchen Adler, manche Gemse (jährlich an 30 Stück und einmal fünf Stück an Einem Tage) und auch manchen Bären erlegt hat. Vor einigen Jahren suchte er von Scarl aus im Val Tavrü eifrig auf einer Bärenfährte, gewahrte endlich ob der Holzgrenze an einem Bächlein eine alte Bärin und erreichte unter mühevollem Klettern und Kriechen eine gedeckte Stellung hinter einem Felsblocke, wo er seinen Doppelstutzer schußfertig machte und, sobald die Bärin die Brust zeigte, eine Kugel abgab. Brüllend stürzte das getroffene Thier über Felsen und Stauden herunter; das muthige Geigerlein ladet wieder und sucht nach der Beute. Vergebens, sie ist verschwunden; dafür starren ihn verwundert drei junge Bären an. Der Jäger schießt mit jedem Laufe einen nieder; der dritte flüchtet auf einen Baum und fällt dem Jäger sofort ebenfalls als leichte Beute zu. In einigen Minuten hatte er an Prämien und Beutewerth 250 Franken gewonnen.

Nikolaus Lechthaler in Münster, ein ebenso ausgezeichneter Jäger, der jährlich seine 40—50 Gemsen heimbringt und auch mehrere Lämmergeier geschossen hat, leitete im Sommer 1857 ein Treibjagen auf eine Bärenfamilie, das zwei jagdlustige Fremde (ein Prinz Suworoff und ein Amerikaner) von Zernetz aus veranstaltet wissen wollten. Der dritte Trieb endlich gelang. Lechthaler schoß die Bärenmutter; der Russe aber bestach die Gefährten und ließ sich als den glücklichen Schützen verkünden. Im Mai 1858 traf Lechthaler auf der Hühnerjagd in der Palüetta ob Valcava unvermuthet auf einen Bären. Was thun? Er hatte blos Schrot geladen und wußte, daß er dem alten Thiere damit nichts anhaben, wohl aber sich selbst der größten Gefahr aussetzen würde. Dennoch ließ ihn das wallende Blut nicht auf einen so seltenen Fang verzichten und in tollkühner Verwegenheit schießt er auf einen der jungen Bären, der auch alsbald zusammenstürzt. Da wendet sich die Alte, brüllt tief auf, nähert sich hochaufgerichtet ein paar Schritte dem Jäger, kehrt dann wieder zu dem halbtodten Jungen, beschnobert es, wendet es auf dem Boden um, faßt es dann mit dem Maule und trägt es, von den andern gefolgt, fort. Lechthaler sah eine Weile, vor Schreck halb erstarrt, der Szene zu und ging dann nach Hause, wo er (wie seine Frau verrieth) vor Aufregung und Zorn über die entgangene Beute ein paar bittere Thränen vergoß. Den letzten Bären schoß er im November 1865 im Valatscha unter dem Piz d'Astas, wobei er das rasch dahertrabende Thier auf zehn Schritte nahe kommen ließ und ihm mit der zweiten Kugel das Herz durchbohrte.

Während die Naturforscher nur eine Art von europäischen Landbären anerkennen, die im ganzen Norden der alten Welt in den größeren Wäldern, im Süden aber in den Hochgebirgswaldungen ihre Verbreitung hat, unterscheiden unsere Bergbewohner drei verschiedene Arten: den großen schwarzen, den großen grauen und den kleinen braunen Bergbären. Daneben findet sich auch eine seltene silbergraue oder weiße Varietät, von der ein schönes Exemplar mit milchweißen

Ohren zu Scanfs erlegt wurde. Ein sehr schöner, 7 Fuß 2 Zoll langer, bei Nion getödteter Bär ziert das Museum von Lausanne.

Unsere Zottelbären sind eigentlich ein ziemlich gutmüthig Vieh. Den Winter über schlafen sie mehr als im Sommer und liegen in ihren Höhlen, oft in einfachen Steinklüften, oft in aus Reisig und Moos roh gebauten und von außen zugestopften großen Nestern. Bei hoher Kälte schlafen sie dann vielleicht etliche Tage lang ununterbrochen fort, ohne zu erstarren; indessen muß sie bald der Hunger wecken, der sich endlich doch einstellen wird, wenn auch die Bären in den herbern Wintermonaten weniger fressen als sonst. Sie kommen dann hervor (dies auch bei geringer Störung ihrer Ruhe) und ätzen mit großem Behagen junges fettes Gras, junges Winterkorn, Wurzeln, Vogelbeeren, Staudenfrüchte, sonst auch besonders Erdbeeren und Honig. Um zu Birnen und Trauben zu gelangen, gehen die Bären im Herbst oft viele Stunden weit in die Thäler hinunter und kehren immer vor Tagesanbruch wieder zu ihren Stationen zurück. So streifen sie aus dem Münsterthale und Engadin bis in die Weinberge des Veltlins und ins untere Puschlav. Ueberhaupt sagt ihnen Pflanzennahrung wohl zu. Man hat schon Eis- und Landbären ganz mit Hafer ernährt. Oft zerstören sie die großen Ameisenhaufen und fressen die Thierchen um ihrer Säure willen, worauf sie aber nach Fleisch begierig werden sollen. Ungereizt und ohne vom Hunger gequält zu sein, greift der Bär keinen Menschen an. Im Juni 1855 fiel Abends ein großer Bär bei Boudry (Neuenburg) den Hund eines Bauern an, ließ aber sofort von der Beute ab, als der Mann mit einem Aste auf ihn los kam, und ging gemächlich dem Walde zu. Der Bär macht Wanderungen von 8—10 Stunden und weiter, kehrt aber gern in sein Revier zurück. Will er rasch laufen, was aber bergab ziemlich piano geht, so geschieht es auf allen Vieren; trägt er aber Etwas seiner Höhle zu, so marschirt er aufrecht; ruht er, so sitzt er auf dem Hintertheil wie die Hunde.

Gefährlich ist er nur, wenn er entweder aus dem Schlafe gestört oder schwer verwundet oder recht hungrig ist, oder wenn er die Jungen bedroht sieht. Dann schreitet er hochaufgerichtet auf seinen Feind zu, schlägt die Arme um denselben und sucht ihn zu erdrücken; oft hilft er mit gelindem Beißen nach. Nicht selten ist es geschehen, daß (wie z. B. einst in Wangen, Kanton Solothurn) der angegriffene Bär dem Jäger Spieß oder Flinte aus der Hand schlägt, ihn umarmt und mit ihm bergab kollert, wobei indessen Meister Petz meist den Kürzeren zieht. Jagen die Bären Vieh, so lauern sie es in der Regel auf dem Anstand bei der Tränke ab; Kühe werden höchst selten angegriffen, jedenfalls nie von vorn. Der Bär springt ihnen auf den Rücken, und beißt sie in den Nacken, bis sie verblutend zusammenstürzen. Die Ziegen, denen er nicht nachkommt, werden über die Felsen hinuntergetrieben oder Nachts aus dem Stalle geholt. Wittern diese ihn aber bei Zeiten, so flüchten sie auf die Hüttendächer und wecken durch ihr Geräusch oft die Sennen. Greift er etwa einmal eine weidende Rinderheerde an, so geschieht es am ersten unvermerkt im Nebel. Er zerreißt das

24*

Rind und frißt zuerst die Nieren und das Euter; den Rest vergräbt oder ver=
trägt er. Wird er aber von dem übrigen Vieh bemerkt, so sammelt es sich so=
gleich schnaubend und brüllend um ihn und beobachtet ihn unverrückt. Dann
greift der Bär nicht mehr an. Auf Pferde geht er selten, und wenn es geschieht,
geräth es ihm oft übel, lieber auf Schafe. Einem Wirthe auf der Grimsel
raubten vor etwa vierzig Jahren die Bären nach und nach über dreißig Hämmel.

Da sie sehr gut klettern, besteigen sie wohl auch einen hohen Baum, ehe sie
auf die Jagd gehen, um das Revier zu beachten, ob sie nicht eine Beute aus=
winden, da sie feinen Geruch und scharfes Gehör haben. Wären die Bären
nicht so gefräßig und würden sie nicht oft namentlich unter den Schafheerden
so große Verwüstungen anrichten, so wäre es fast schade, daß man sie so erpicht
jagt. Kein anderes Raubthier ist so drollig, von so gemüthlichem Humor, wie
Meister Petz in seiner Jugend. Er hat ein offenes, gerades Naturell, ohne
Tücke und Falsch. Seine List und Erfindungsgabe ist ziemlich schwach. Er ist
von großer Körperstärke und vertraut auf diese. Man weiß, daß er durch das
Stalldach hinaus eine Kuh zu ziehen und über einen tiefen Bach ein Pferd zu
schleppen vermochte. Was der Fuchs mit Klugheit, der Adler mit Schnelligkeit
zu erreichen sucht, erstrebt er mit gerader, offener Gewalt. Er lauert nicht
lange, sucht den Jäger nicht zu umgehen und von hinten zu überfallen, verläßt
sich nicht in erster Linie auf ein furchtbares Gebiß, sondern sucht die Beute erst
mit seinen mächtigen Armen zu erwürgen und beißt nur nöthigenfalls mit, ohne
daß er am Zerfleischen eine blutgierige Mordlust bewiese, wie er ja überhaupt als
von sanfterer Art ebenso gern Pflanzenstoffe, namentlich süße Kastanien, Milch,
Trauben, Mais, Heidelbeeren und Honig frißt wie Fleisch. Er rührt keine
Menschenleiche an, frißt nicht seines Gleichen, lungert nicht des Nachts in den
Dörfern herum, sondern bleibt in Wald, Berg und Alp als seinem eigentlichen
Jagdrevier. Der Wolf macht oft, besonders im Herbst und Winter, Streifzüge
von 80—100 Stunden, der Bär geht selten 20 Stunden von seiner Höhle.

Doch macht man sich öfters vom Bären sowohl in Beziehung auf seine
Langsamkeit als auf seine Gutmüthigkeit unrichtige Vorstellungen. Ist er auch
von vorherrschendem Phlegma, so läuft er doch auf ebenem Boden so rasch, daß
er einen Menschen leicht zu ereilen vermag, und klettert sehr behende auf den
Bäumen. Nur im Februar, wo er sohlenweich wird, läuft er nicht gut. Alte,
schwere Bären freilich klettern auch sehr langsam und vorsichtig. Ist das Thier
in Gefahr, so verändert sich sein ganzes Naturell bis zur reißendsten Wuth. Ein
kluger Jäger wird es nie wagen, einen jungen Bären zu schießen, wenn dessen
Mutter in der Nähe ist; er setzt sich in den meisten Fällen der größten Gefahr
aus; ebenso gefährlich ist der verwundete Bär. Oft wendet er sich um und
geht aufrecht auf den Verfolger los und wäre derselbe noch so gut bewaffnet.
Er fordert ihn gleichsam zum Zweikampfe heraus, umspannt ihn, wenn er nicht
vorher einen Dolchstoß ins Herz erhält, mit seinen mächtigen Pranken und ringt
männlich mit ihm, bis Einer von Beiden fällt. Von den Bären in den Kar=

pathen kennen wir Beispiele der hartnäckigsten Rachsucht; sie verfolgen den Jäger, der sie angeschossen, oft Tag und Nacht unablässig von Wald zu Wald, von Fels zu Fels, schwimmen ihm durch Bäche nach, bewachen ihn viele Stunden lang, durchsuchen Höhlen, Hinterhalte, ganze Reviere nach ihm und geben nur mit dem Tode die Verfolgung auf. Unsere heimische Bärengeschichte weist zwar keine solchen Züge auf; immerhin aber sind auch unsere Bären, einmal angeschossen und hart bedrängt, bedenkliche Feinde. Als am 3. September 1816 nach star= kem Schneefall die Bicosopraner ihr Vieh von der Ochsenalp Albigua heimholen wollten, brachte ihnen der Hirte die Botschaft entgegen, ein Bär habe letzte Nacht einen ihrer Ochsen zerrissen. Sofort wird Mannschaft geholt und mit Trom= meln ein lautes Treiben begonnen. Der Bär tritt aus einer Schlucht, erhält eine Ladung von zwei Kugeln und kehrt brüllend um. Zwei Jäger und ein Hirt verfolgen ihn; plötzlich stürzt die Bestie aus dem Dickicht auf Letztern, packt ihn und verwundet ihn tödtlich am Kopfe. Der eine Jäger schießt sie, so rasch es ohne Gefährdung des Hirten geschehen kann, unter den Augen durch den Kopf; aber das verwundete Thier stürzt sich rasend auf ihn, packt ihn mit den Pranken am Schenkel und wendet sich mit dem offenen Rachen in die Höhe, als es dem Jäger gelingt, den Ellenbogen der Bestie tief in den Schlund zu stoßen. In= zwischen durchbohrt ihr der zweite Jäger mit seiner Kugel die Schultern. Augen= blicklich wirft sie sich auf diesen, empfängt aber so derbe Kolbenstöße, daß sie sich nach der Tiefe der Schlucht wendet, wo sie endlich den Kugeln der übrigen Jäger vollends zum Opfer fällt.

Ueber die Fortpflanzung dieses größten unserer Raubthiere findet man immer noch widersprechende Ansichten. Bei den seit mehr als 400 Jahren im Bärenzwinger zu Bern gehaltenen und mit eigener Dotation versehenen Bären hat man folgende Beobachtungen gemacht. Im Alter von fünf Jahren werden sie fortpflanzungsfähig: im Mai und Juni geschieht die Begattung und im Januar wirft die Bärin beim ersten Male ein Junges, später bald eins, bald zwei, seltener drei. Im Jahre 1857 warf die eine Bärin am 13., die andere am 22. Januar; im Jahre 1859 am 10. Januar. Die Mütter sind dann so reizbar, daß sie wüthend an die Thür des Stalles kommen, wenn sie einen frem= den Besucher spüren. Im Februar 1575 warf eine Bärenmutter zwei schnee= weiße Junge. Die niedlichen, blinden und unbeholfenen Thierchen sind nicht größer als eine Ratte, von fahlgelber oder grauer Farbe, um den Hals weiß, haben durchaus noch nicht den Typus der Bären, wenn auch eine verhältniß= mäßig starke Stimme. Nach vier Wochen öffnen sich ihre Augen; sie haben schon zollange Wolle und sind doppelt so groß als bei ihrer Geburt. Die Aeuglein liegen tief, die Schnauze ist ganz spitz. Während der Zeit der Träch= tigkeit und noch etliche Wochen nach der Geburt verläßt die Bärin ihr Zwinger= nest nur selten. Sie frißt sehr wenig und leckt oft vom Brode blos den Honig ab; dabei hütet, deckt und säugt sie emsigst die jungen Thierchen. Der Bär würde diese wahrscheinlich auffressen, wenn man ihn nicht von ihnen trennte.

Naht er sich den Jungen, so steht die Bärin hoch auf ihren Hinterbeinen, vertheidigt muthvoll ihre Kinder und sucht den Gemahl durch lautes Brüllen und derbe Ohrfeigen von seinem ruchlosen Vorhaben abzuhalten. Im freien Zustande lebt um diese Zeit wahrscheinlich der männliche Bär abgesondert und vereinigt sich erst später wieder mit der Familie. Nach vier Monaten sind die Bärchen schon von der Größe eines Pudels, dabei ungemein possirlich, geschickt im Klettern, immer mit einander spielend und balgend, aber sehr furchtsam. Ihre gelbliche Farbe verliert sich immer mehr ins Braune und Schwarze. Bis es wieder fernere Nachkommenschaft giebt, bleiben sie bei der Mutter, dann trennen sie sich. Im Februar, wo der Hirsch sich hörnt, häuten sich die breiten Fußsohlen des Bären, was ihm das Gehen für mehrere Tage fast unmöglich macht. Es ist mehr als wahrscheinlich, daß alle diese Uebergänge zu gleicher Zeit auch beim freien Bären sich zeigen. Ueber die Lebensdauer des Bären weiß man nichts ganz Genaues. In Bern hielt man 47 Jahre lang einen Bären, und ein Weibchen bekam noch im 31. Jahre ein Junges.

Die Tatzen sind bekanntlich eine Delikatesse; das übrige Fleisch wird von den Bergbewohnern einige Zeit in frisches Wasser gelegt, um ihm den süßlichen Geschmack zu nehmen, worauf es ähnlich wie zartes Rindfleisch schmeckt. Die Haut ist 30 bis 50 Franken werth. In mehreren Kantonen steht noch ein bedeutendes Schußgeld auf die Erlegung dieses Raubthieres; doch wird es noch lange gehen, ehe es in den steilen und einsamen rhätischen Alpen ausgerottet ist und ehe jene Feuer, die der Reisende noch so häufig auf den Bergen des Engadins sieht und welche von den Hirten, die einen Wolf oder Bären spüren, während der Nacht unterhalten werden, ganz und auf immer auslöschen.

Auch in unserem Schwesterlande Tyrol sind die Bären noch keine ganz seltene Erscheinung geworden. Jährlich werden ein Dutzend und mehr (im Jahre 1835: 24 Stück) erlegt; im Umfange der österreichischen Monarchie rechnet man eine jährliche Bärenbeute von 200 Stück; in Schweden wurden 1835 nur auf dem Gebiete der Staatsjagden 144 Stück und 1839 98 Stück geschossen, während Sibirien jährlich 5000 Bärenfelle nach China verhandelt.

Früher wagten es einzelne tollkühne Gebirgsjäger in Graubünden öfters, den Bären herankommen zu lassen. Sie suchten ihn zu umfassen und den eigenen Kopf fest unter die Kehle des Thieres zu pressen, bis ein Kamerad sie durch einen guten Schuß erlöste oder sie Gelegenheit fanden, ihr Stilet dem Bären in die Weichen zu stoßen. Doch wurden sie bei diesem höchst gefährlichen Abenteuer oft selbst auf den Tod verwundet. Von anderen Leuten dagegen hören wir, daß sie schon vom bloßen Anblick starben. So begegnete im Jahre 1837 im Medelserthale (Graubünden) ein Mann plötzlich sechs Bären; er ergriff so hastig die Flucht, daß er den Folgen des Schreckens und der Anstrengung erlag. Eines von den Thieren wurde bald darauf erlegt, die übrigen verschwanden wieder.

In den zerrissenen ungeheuren Gebirgen, welche das Dörflein Dissentis wie Cyklopenmauern umgeben, fand im Dezember 1838 ein böser, seltsamer Bären-

kampf statt.   Der Jäger Joh. Klemens Riedi aus Dissentis hatte den ganzen
Tag die breitsohlige Spur eines Bären verfolgt, bis er Abends die letzten Auf-
tritte an einer gefährlichen Felsenwand verlor.   Er sah, daß der Bär sich in
das Revier dieser Schlucht zurückgezogen haben mußte.   Der Fels bildete dabei
einen scharfen Vorsprung, hinter dem er das Thier vermuthete, und wo es den
Jäger zu einem Kampf auf Leben und Tod erwarten mochte.   Riedi suchte es
erst durch Lärm herauszulocken, und als dieses nicht gelang, näherte er sich mit
vorgehaltenem, gespanntem Gewehre.   Als er den engen, thurmhohen Felsen-
pfad erreicht hatte, sah er, daß entweder der Jäger oder der Bär auf dem Platze
bleiben müsse, da für keinen eine Flucht möglich war.   Dem Felsenwinkel nahe,
entdeckte er ein Loch in der Felsenwand.   Der Jäger ging vorsichtig darauf los.
Da gewahrte er im Dunkeln des engen Loches des Bären funkelndes Augenpaar;
eine Pranke ragte so weit heraus, daß er sie mit der Hand hätte fassen können,
während der übrige Theil der gewaltigen Bestie im Grunde der Höhle verborgen
lag.   Riedi wollte den Schuß wagen; aber zweimal versagte der Stutzer und
unbeweglich funkelten die Bärenaugen auf den tollkühnen Jäger.   Da donnerte
endlich der Schuß und furchtbares Gebrüll aus der Höhle machte zugleich die
Felsen erbeben.   Der Jäger retirirte so weit als möglich, um der erwarteten
Verfolgung des Thieres entgehen zu können, und lud den Stutzer wieder.   Bald
verstummte das Gebrüll und Riedi wagte sich zur Höhle zurück, wo Augen und
Tatze verschwunden und Alles finster war.   Er horchte.   Ein leises Kratzen und
Scharren tönte heraus und von dem Gefühle eines panischen Schreckens über-
mannt, zog er sich aus der Schlucht zurück und kehrte nach Hause.

War das Scharren vielleicht nur das letzte Zucken des Raubthieres gewesen
und hatte es bereits verendet?   So schien es, und am nächsten Morgen ging er mit
drei andern Jägern, von denen sich in der gleichen Voraussetzung zwei nicht einmal bewaffnet hatten, zur Bärenhöhle zurück.   Sie näherten sich von oben her
und kletterten an einer hart am Felsen stehenden Tanne herunter in die Nähe
des verhängnißvollen Loches und zwar zuerst August Biscuolm von Dissentis,
den Stutzer auf den Rücken geschnallt.   Allein kaum war er auf dem Boden
angelangt, als der Bär in zwei ungeheuren Sätzen wie rasend auf ihn lossprang,
ihn mit den Armen umfing und auf den Boden niederwarf.   Aus Leibeskräften
rief Biscuolm den Gefährten, während er, mit der Bestie kämpfend, einen Abhang
hinunterzurollen begann.   Mit aller Kraft gelang es ihm, dieselbe zu überwerfen,
aufzuspringen und den Stutzer vom Rücken zu reißen.   Aber der Bär hatte sich
schon wieder aufgemacht und da das Schloß des Stutzers noch zugebunden war,
hielt der Jäger dem Thiere den Kolben vor, auf den es mit offenem Rachen
losstürzte.   Indessen war auch Riedi die Tanne heruntergeklettert und schoß
rasch den Bären durch die Seite, worauf sich derselbe einige Schritte zurückzog,
um von Neuem auf beide Jäger loszustürzen, als der Bärenkämpfer Biscuolm
Zeit gewann, dem Thiere den dritten, nun tödtlichen Schuß beizubringen.   Es
zeigte sich, daß die erste Kugel in der Höhle dem Bären das ganze Gebiß zer-

schmettert hatte. Dies und der große Blutverlust hatte den Kampf weniger gefährlich gemacht. Indessen waren Beide bis an den Rand eines Abgrundes gerollt und wunderbarerweise im Stande gewesen, sich zu halten.

Gegenwärtig werden die Thiere meist einzeln geschossen, und zwar ohne große Kunst, da sie, wenn sie nicht sonst auf der Wanderung oder Aesung begriffen sind, furchtlos den Jäger bis auf zwanzig Schritte ankommen lassen und nicht an eine Flucht denken. Früher wurde von ganzen Dorfschaften mit Trommeln und Hörnern eine Hetzjagd angestellt, um den Räuber in eine Schlucht dem Jäger zuzutreiben. So wird uns von einer solchen erzählt, wobei im Jahre 1706 in der Kammeralp außer der Mannschaft aus Uri noch 300 Glarner aufgeboten wurden. Das Thier wurde erlegt; die Glarner erhielten als Siegeszeichen zwei Tatzen, die Urner, auf deren Gebiet der Bär erlegt wurde, das Uebrige. Im August 1815 wurden auf der Wärgisthalalp im Grindelwald, am Fuße des Eigers, von Bären fünfzehn Schafe zerrissen und fast alle bis auf den Kopf und das Bließ aufgefressen. Da der Treiber viel zu wenige waren, floh der gejagte Bär bis auf die Höhe der kleinen Scheidegg. Acht Tage später wurden am Obernberge an der Seite des oberen Gletschers wieder zwanzig, und höher oben noch zehn todte Schafe gefunden, an welchen blos der Brustkern herausgefressen war. Man verlor die Fährte über die Gletscher gegen das Schreckhorn hin.

Unsere Chroniken enthalten aus allen Bergkantonen Geschichten von gefährlichen Bärenkämpfen. Im Glarnerlande (wo 1816 der letzte Bär geschossen wurde) griffen auf der Ruoggisalp zwei Männer eine solche Bestie an. Diese schlägt dem einen die Hellebarde weg, während sein Gefährte, Wala, zuspringt, ihr den Arm in den Rachen stößt, die Zunge packt und sie seitwärts aus dem Munde reißt. Bär und Mann rollen darüber die Halde hinunter, worauf Andere das Thier auf dem Jäger erstechen.

Der Entlibucher Jakob Imbach griff zwei Bären in ihrer Höhle auf dem Schimberig an. Der alte geht auf den Jäger los und wirft ihn zu Boden. Imbach stößt ihm den mit einer dicken Wolljacke bekleideten linken Arm in den Rachen und sticht ihn fortwährend mit seinem Beinmesser in den Leib, bis er Luft bekommt und sich aufrichten kann. Nun faßt ihn das wüthende Thier auf's Neue, Beide kollern bergab und unten gelingt es dem Jäger, dem Bären das Messer tief ins Herz zu stoßen. — In noch härterem Kampfe erlegte Kaspar Lehner von Kriens einen 420 Pfund schweren Bären, den acht Männer wegtrugen.

Junge Bären sind nicht schwer zu zähmen. Sie gewöhnen sich bald an den Menschen und können ohne alle Fleischnahrung täglich mit 2, alte mit 3—4 Pfund Brot erhalten werden. In Bern bekommen sie überdies noch etwas Butter und Honig. Im Winter fressen sie noch weniger. Den älter werdenden ist nie ganz zu trauen, was vor einigen Jahren ein trauriger Vorfall in Bern bewies. Ein schwedischer Gesandtschaftsattaché war unvorsichtigerweise Nachts in den Zwinger gestiegen. Einer der alten, großen Bären band sofort mit ihm an, verfolgte ihn einige Zeit und packte und erwürgte ihn, ehe Hülfe gebracht werden konnte; doch zerfleischte er den Leichnam nicht.   Im Sommer 1864 biß merk= würdigerweise dort ein älteres Bärenbrüderpaar sein junges Brüderchen, das von der Tanne im Zwinger heruntergestürzt war, sofort todt.

Daß die Bären in der Urzeit in der Schweiz sehr häufig waren, beweisen die zahlreichen Funde von Bäreneckzähnen im Bereiche der Pfahlbauten.   Im Sommer 1860 wurden aber auch in einer Höhle am Bärentroos auf der Alp Stoß im Muottathal sechs vollständige Bärenskelette theils von jungen, theils von sehr großen alten Exemplaren unter einer zwei Fuß dicken Lehmschicht, die überdies noch einen halben Zoll dick mit Kalktuff überzogen war, aufgefunden. Die in der Höhle des Wildkirchli (Appenzell) häufig unter Kalktuff sich findenden Bärenzähne sind von solcher Stärke, daß sie eher dem ausgestorbenen Höhlenbären anzugehören scheinen.   Der letzte braune Bär des Appenzellerlandes wurde 1673 in Urnäschen geschossen.

Die Schneeregion. (7000—14000' ü. M.)

Erstes Kapitel.

Die Bodenverhältnisse der Schneezone.

Einsame Größe der Landschaft. — Sage und Geschichte der Region. — Horizontale und vertikale Grenze. — Die höchsten schweizerischen Alpengipfel. — Der Monterosastock, die gewaltigste Gebirgsgruppe Europas. — Das höchste europäische Festungswerk. — Die Finsteraarhorngruppe. — Die Berninagruppe. — Die Anden- und Himálayagipfel. — Ersteigung der höchsten Spitzen. — Das Matterhorn. — Die höchstgelegene Menschen= wohnung Europas. — Charakter der Region. — Warum sucht der Mensch sie auf?

Ein fremdes Land, ein Land voll Zauber und märchenhafter Pracht schim= mert über den letzten grünenden Bergstufen, über den letzten breiten, grauen Felsengallerien, still und ernst wie der Tod, erhaben und majestätisch wie die Herrlichkeit des Ewigen, ein Bindeglied zwischen Himmel und Erde, wo der Mensch und die ihm gerechte warme Natur keine Heimat mehr findet, wo dieser stolze Herrscher der Welt, von dem Gefühle seiner Ohnmacht übermannt, nur stunden= lang, nur mit flüchtigen Pilgerschritten einen Gang zu den höchsten Wundern der Erde wagt. Der Bewohner der Ebene schaut mit einer gewissen traditionellen Gleichgültigkeit auf die schimmernden Gehänge und blanken Firnteppiche der Hoch= gebirgszüge hin. Er bewundert sie vielleicht, wenn sie, vom Mondlicht magisch begossen, in das Schwarzblau ihres Nachthimmels aufstarren, oder in der duftigen Frühe, wenn das Morgenroth am Himmel heraufglüht und die Gipfel der weißen Felsenzinnen erst wie in Blut getaucht strahlen, dann, vom funkelnden Golde des Morgenlichtes übergossen, wie Opferaltäre Gottes aufleuchten. Wenn aber der

Reiz der lebhafteren Färbung verschwunden und das matte, bläuliche Weiß an
seine Stelle getreten ist, so ist auch die Theilnahme dahin.   Man hat so einen
gewissen undeutlichen Begriff von der unendlichen Oede und Kälte der Schneeregion und giebt sich damit gar leicht zufrieden, ohne die großartigen elementari-
schen Bewegungen, das geheimnißvoll mit Hunger und Tod ringende Pflanzen-
und Thierleben, die wunderbaren Gesetze, die phantastischen Naturbildungen und
Erscheinungen jener Höhen zu ahnen.   Mitten zwischen unseren deutschen und
lombardischen Kornfeldern steht diese unbekannte Welt.   Wer hat sie ganz erforscht
und geschildert?   Wer kennt sie in allen Theilen so genau, wie sie gekannt zu sein
verdient?   Hin und wieder klettert ein Liebhaber einige Tage über die Eis- und
Schneegefilde nach dem Gipfel eines berühmten Horns, oder steigt bedächtigen
Ganges ein ernster Forscher spähenden Geistes durch die Wüste, der er vielleicht
etliche Monate seines Lebens widmet; sonst nur der Steinbock- und Gemsenjäger,
der Wildheuer und Mineraliensammler.   Kein lebender Mensch kennt die ganze
Schnee- und Eiswelt auch nur des schweizerischen Hochgebirges; wenige nur
einen irgend ansehnlichen Theil derselben; ungeheure Gebiete hat nie der Fußtritt
eines Menschen berührt.   Die Männer der Wissenschaft haben in den letzten Jahrzehnten großartige Anstrengungen zu ihrer umfassenden Kenntniß gemacht, und
doch wissen wir nur zu gut, daß wir erst an der Schwelle derselben stehen.

Auch diese scheinbar lebens- und geschichtlosen Reviere, die außer und über
der Zeit stehend, nur mit den Gestirnen des Himmels und den fliegenden Wolken
zu verkehren scheinen, haben ihre Wandlungen, ihre Geschichte gehabt.

Wahrlich, — wir ahnen es nicht, wenn wir die letzten Strahlen der Abend-
sonne am obersten Schneesattel der Urgebirgsrippen verglimmen sehen, welche
lange, erschütternde Reihe von Geschicken über jene Kämme gezogen ist von jenem
Augenblicke, wo sie durch die Gewalt der gährenden Elemente aus der Weltfluth
gehoben wurden, wo palmenartige Pflanzengebilde den schwülen Scheitel der
jungfräulichen Erdeilande krönten, bis zu unseren Tagen, wo der eisige Tod ihren
Wandlungen ein finsteres Halt geboten hat.

Die Zeit, wo die Alpen sich hoben, fällt in den Schluß der Tertiärzeit, also
in eine vorgeschichtliche Periode, und hat Jahrtausende lang gedauert, wovon noch
die verschiedenen Ur-, die sekundären und tertiären Gebirgsformationen mit großer
Hieroglyphenschrift Kunde geben.   Selbst nach dem Ablauf dieser Bildungsepoche
traten neue, unermeßliche Umwandlungen ein.   Die höchsten Wasserbecken wühlten
sich durch die Querriegel und entleerten sich in die tieferen Regionen; andere
wurden gebildet, indem zusammenstürzende Felsengelände ein paar Wildbäche
fingen und aufstauten.   Ungeheuere, zusammenhängende Gebirgsstöcke barsten
auseinander und zerspalteten sich in wilden Revolutionen, durch unterirdische
Kräfte in Bewegung gesetzt, in neue Arme, während andere Gebiete, das Gleichgewicht der Ruhe suchend, hier sich langsam hoben, dort sich mälig senkten.   Noch
jetzt, wenn man in einem Gebirgsknoten eine günstige Stellung gewonnen hat,
sieht man unverkennbar den Gang jener tausendjährigen Bildungsgeschichte.   In

unseren Tagen hat sich diese Erdrevolution beruhigt, obwohl noch immer, oft in erschreckender Weise, Veränderungen des Alpengebäudes vorkommen. Aber wo wir nur im ganzen Umfange unserer Alpenwelt heute furchtbare Eiswüsten und grauenhafte Trümmerreviere antreffen, finden wir auch, daß im Volke eine halb=verklungene Kunde lebt, das seien einst blühende Matten und glückliche Gelände gewesen *). Die Volkssage kennt noch diese Geschichte und erzählt davon in sinnigen Bildern, freilich mit naiven Anachronismen. Sie läßt z. B. den ewigen Juden als Dämon der Weltgeschichte das wallisische Vispthal besuchen. Er klimmt das unerstiegene Matterhorn hinan und findet auf dem Gipfel zwischen blühenden Reben und rauschenden Bäumen eine schmucke Stadt. Aber er pro=phezeit ihr, wenn er zum andern Mal wiederkomme, werde die Stadt in Trümmern liegen, von traurigem Gesträuche überwuchert:

— „Und komm' ich wieder einst zum dritten Male,
Dann such' ich euch vergebens, blüh'nde Au'n,
Geschmückte Reben, blumenreiche Thale.

Statt eurer raget mit den spitzen Zacken
Der Gletscher weiß und dunkelgrün empor,
Sich thürmend hoch bis an des Berges Nacken.

Das Thal umspannen finstre Riesenforste;
Da haust der Wolf, der Heerde Feind; der Aar
Kreist hoch im Blau ob seinem dunklen Horste.

Ein ew'ger Winter sitzt auf deiner Schwelle.
Auf's Schneefeld, das die Gemse nur erklimmt,
Wirft ihren Strahl die Sonne goldig helle.

Dem Frühling bist, dem jungen, du verschlossen,
Der einst auf deine Felder, deine Au'n
Sein reiches Füllhorn segnend ausgegossen.

Er ist dahin und kehret nimmer wieder!
Dumpf donnernd wälzet von des Berges First
Sich die Lawine in die Tiefe nieder." (Fr. Otte.)

Unsere Region hat den geringsten horizontalen, aber den größten vertikalen Umfang, indem sie das Alpengebiet über 7000' absoluter Höhe umfaßt. Die Hauptmasse derselben liegt im Süden der Schweiz, in der Are der Centralalpen, zunächst in den beiden vom Genfersee heranstreichenden, das Rhonethal um=

---

*) Daher sehen wir so häufig den Namen ‚Blümlisalp' u. dergl. Gletschern und Felswüsten beigelegt. Menschlicher Frevel, besonders Verbrechen an der Pietät gegen Eltern, oder Unkeuschheit und üppiger Hochmuth sollen die Verwüstung herbeigeführt haben. Wiederholt (sowohl im glarner als berner Oberlande) heißt die Schuldige ‚Kathri'. Ihr wird gewöhnlich ein schwarzes Hündlein (Rin oder Parrein) beigegeben, das man noch unter dem Gletscher zu Zeiten bellen hört, während die Kuhglocken läuten und die Verwünschte eine traurige Strophe singt.

faffenden Riefenketten.   Der Knotenpunkt des nördlichen Gehänges der berner
Alpen konglomerirt in der Finsteraarhorngruppe, die denn auch deffen höchste
Gipfelbildungen nachweist; der des füdlichen Zuges in der Monterofagruppe *).
Von den beiden Ketten, die das Reußthal begleiten, verliert die westliche schon
in der Nähe des Vierwaldstättersee's die Kraft, sich in unsere Region zu erheben,
während die öftliche in imposanten Formen das Thal der Linth zu beiden Seiten
einschließt, den Wallensee ummauert und noch im Säntis eine letzte Stockbildung
von über 7700' erzeugt.   Mit etwas geringerer Kraft, aber immerhin noch mit
einzelnen gewaltigen Pyramiden, streicht vom Gotthard (deffen höchste Gipfel der
Profa 9241', Fieudo 9490' ü. M.) ein füdlicher Urgebirgszug auf beiden Seiten
des Teffin. Oeftlich vom Gotthard laufen mit ihren dem Rhein= und Innfystem
zugeneigten, zahllosen Ketten und Gebirgsstöcken, von denen jeder Hauptstock neue
Verzweigungen ausfendet, die rhätischen Alpen ab, eine großartige Basis für
unsere Region.   Nirgends tritt deutlicher als hier die Thatsache hervor, wie
wenig man bei den Centralalpen eigentlich von geschlossenen Gebirgsketten reden
kann, da mehr oder minder jede Gruppe als selbständiges Individuum oder als
Familie auftritt, nicht als engverbundenes Glied eines ganzen Gebäudes mit
Strebepfeilern und Fachwerk, indem in der Regel der aus kryftallinischen Gebirgs=
arten bestehende Kernstock sich von den aus geschichteten Gesteinen bestehenden
Kettenarmen deutlich unterscheiden läßt.   Der hohe Säntis tritt also im Norden als letzter, abgeschwächter Reprä=
fentant unserer Region auf, im Herzen der Schweiz der Pilatus mit 6800'.
Die berner Oberländerkette hat mehrere vorgeschobene Punkte unserer Region,
wie das Brienzerrothhorn mit 7260', der Niesen mit 7280', der Dent de Bren=
leire mit 7350' ü. M.; doch sind diese Alpstöcke eigentlich mehr die Grenzpfähle
und letzten Signale der Schneeregion als ihre Träger, da ihre Ifolirtheit und
verhältnißmäßig geringe Erhebung der Entwicklung der Schneeregion keinen
Raum bietet und sie blos ahnen läßt.   Die eigentliche Stätte derselben ift in der
Tiefe der größeren Hochgebirgsgruppen und in der Axe der Mittelalpenkette.
Diese bildet eine sehr große Anzahl von Gipfeln zwischen 7—8500' ü. M. mit
einem ungeheuren Hochlande, den Trümmern eines ehemaligen Tafellandes, das
im Sommer theils nackt vorliegt, theils mit gewaltigen Gletschern überpanzert
ift.   Auch die Zahl der Gipfel von 8500—10,000' ü. M. ift noch sehr be=
trächtlich.   Sie gehen im Norden bis zum Rhätikon (Scesaplana 9136' und

---

*) Es ift kaum nöthig, daran zu erinnern, daß wir nicht von dem geologi=
schen Gebirgsfystem, fondern von dem Relief der Alpengestaltung sprechen, wobei,
wenn auch an eine Anzahl Gruppen mit unterschiedenen Centralmaffen gedacht werden
muß, doch immerhin sich dem Ueberblicke ein bestimmtes Netz von Haupt= und Neben=
ketten, Seitenarmen, Verzweigungen und Knotenpunkten darstellt. Unsere neueren
Geologen unterscheiden dagegen sechs Haupt= oder Centralmaffen des Alpensystems,
nämlich die Gebirgsmasse des Montblanc, die der Aiguilles rouges, des Simplon,
des Gotthard, des Finsteraarhorns und der Selvretta.

Sulzfluh), im Linththal bis zum Glärnisch (8895′), in der westlichen Reußthal=
kette bis zum Uri=Rothstock (9027′) und erscheinen im berner Alpenzug unmittel=
bar in der Nähe der großen Hochgebirgsgruppen.   Von 10,000—12,000′
absoluter Höhe treten schon verhältnißmäßig wenige Riesenbildungen auf; doch
ist ihre Zahl immer noch größer, als man gewöhnlich glaubt.   Zu dieser Zone
reichen in der Bernerkette nur einzelne Hörner in der Nähe der Finsteraarhorn=
gruppe: das große Rinderhorn (10,670′), eine funkelnde Firnpyramide, die
1854 zuerst von G. Studer erstiegen worden ist, der Altels (11,187′) südwärts
vom Gasternthal, rings von furchtbaren Abgründen umgeben, die Frau (11,271′)
oder Blümlisalp, das Breithorn (11,649′) am Ende des Matterthales, sein
Nachbar das Großhorn (11,583′), das Mittaghorn (11,966′), das Dolden=
horn (11,228′), der Berglistock (11,000′), das Studerhorn (11,181′), das
Oberaarhorn (11,230′), das Wetterhorn, dessen drei Gipfel: die Haslijungfrau
(11,452′ ü. M.), das Mittelhorn und das Rosenhorn seit 1844 alle, und zwar
das höchste ohne Leiter, Strick und Beil, bestiegen worden sind, das Silberhorn am
Jungfraustocke, 11,360′, am 4. August 1863 von E. v. Fellenberg unter Leitung
von Peter Michel aus Grindelwald mit großer Anstrengung zuerst erstiegen, der
Galenstock (11,073′), an den der Rhonegletscher lehnt, das zuerst von G. Studer
erstiegene Sustenhorn (10,830′), der Titlis (10,760′ ü. M.) u. s. w.   Im
südlichen Parallelzuge, der das Rhonethal von Piemont trennt, finden wir an
die vierzig Gipfel zwischen 10,000 und 12,000′, von denen noch nicht alle
gültig benannt worden sind.   Wir erinnern an den Velan, einen der Gipfel des
großen St. Bernhard (11,588′), zuerst im Jahre 1779 von Prior Murrith
erstiegen, mit entzückender, unermeßlicher Fernsicht, den Montblanc de Cheillon
(11,916′), den Mont Colon (11,218′), das Theodulhorn (10,667′), den Monte
Leone (10,974′), das Trift= oder Zinalhorn (11,240′), den Dent d'Herins
(11,271′), die Diablons (11,104′) u. s. w. und im Westen als vorgeschobene
Posten den Dent du Midi (10,107′), die Diablerets (10,008′).   Im östlichen
Reußthalzuge bemerken wir zwischen den Reuß=, Rhein= und Linthquellen eine
ungeheuere Verstockung der Gebirge, von denen unserer Zone u. a. der Oberalp=
stock (10,249′, im Jahre 1846 von M. Trösch zuerst erstiegen), der Spitzliberg
(10,522′), das Gletschhorn (10,181′), der Krispalt (10,240′), der Tüssistock
(10,459′), der herrliche Claridengrath (10,159′), erst 1863 erstiegen, das
Scheerhorn (10,147′), und der zweigehörnte Dödistock (11,115′ ü. M.), der
Bifertenstock (10,545′), 1863 von Dr. Roth und G. Sand erstiegen, angehört.
In den rhätischen Alpen treffen wir abermals gewaltige Familien von Gipfeln
zwischen 10 und 12,000′ absoluter Höhe.   Manche von ihnen haben noch keine
Namen.   In der Adulagruppe zeichnen sich das Rheinwaldhorn mit 10,454′,
das Zaporthorn mit 10,439′ aus, zwischen dem Splügen und Bernhardin das
Tambohorn (10,086′), in der Selvrettamasse der von Professor Heer erstiegene
Piz Linard (10,516′), der von Weilenmann 1865 erstiegene Piz Buin (10,241′),
der Piz Selvretta (10,000′) u. s. w.

Ueber diese Könige der Centralalpen ragen noch einige wenige kaiserliche Riesen mit einer Erhebung von mehr als 12,000 Fuß empor. Sie stehen in der Axe des Alpenzuges und bilden um sich herum Gruppen von etwas tieferen Hochgebirgsstöcken, so daß sie als die kolossalen Grundsteine des Gebirgsbaues erscheinen. Der erhabenste unter ihnen ist der aus Gneiß und adrigem Granit bestehende Monterosastock mit neun Gipfeln, deren niedrigster 13,000', deren höchster 14,284' ü. M. liegt*), der zweithöchste Berg Europas und nur wenige hundert Fuß niedriger als der Montblancgipfel**). Er stürzt mit furchtbaren Gletscherwänden fast in Einer großen Flucht etwa 9000' tief gegen Macunaga ab und besitzt Silber-, Kupfer- und Eisenminen und in einer Höhe von 10,112' ü. M. noch einen Golderzgang. In dem von ihm nördlich abstreichenden Arm gipfelt er wieder in der aussichtsberühmten und leicht ersteiglichen Cima di Jazzi (11,772'), im Strahlhorn (12,966'), Rympfischhorn (12,905'), dem zuerst von M. Ulrich erstiegenen Ulrichshorn (12,323'), Weißhorn (13,900'), Dom (14,020'), beide ebenfalls erstiegen ꝛc. In seiner westlichen Fortsetzung bildet er mehrere außerordentlich hohe Firste, von denen das bräunlich isabell= farbene Matterhorn 13,798' erreicht und sich vom unteren Zmuttgletscher fast in Einer Flucht mehr als siebentausend Fuß hebt. Dazwischen liegt auf der Höhe des Matterjochpasses, fast wie ein Märchen aus alten Zeiten, 10,216' ü. M. die St. Theodulsschanze, das höchste, freilich sehr patriarchalische Festungs= werk Europas, vor 300 Jahren von den Bewohnern des Tournanchethales gegen die Walliser erbaut und fast immer von den aus den Kesseln des südlichen Grundes aufwirbelnden Nebeln umhüllt. Noch sieht der Wanderer, der nur nach vielstündigen Gletscherreisen auf diese Höhe kommt, in den zehn Fuß hohen Felsenmauern die Schießscharten, die den Paß nach dem Wallis bestreichen. Als weitere Verzweigung des Monterosa über das Breithorn (12,012') durch den Matterhornknoten ist die von der herrlichen Dent d'Erin (12,900') nordwärts laufende Firnkette anzusehen, in der eine Pyramide, die Dent blanche, zu 13,421', und eine andere, der runde Kegel des Weißhorns, zwischen dem Nikolai= und Turtmannthale, zu 13,895', die Dent de Ferpecle zu 12,500' ü. M. gemessen ist. In der nur durch wenig tiefe Einschnitte unterbrochenen Kette zwischen dem Matterhorn und Montblanc ragt der gewaltige, 1861 zuerst erstiegene Combin mit 13,290' über die höchsten Gipfel des großen St. Bernhard; seine zweithöchste Spitze, vielleicht nur 100' niedriger als die höchste, ist 1856 von den Gebrüdern Felley und andern Wallisern zum ersten Male und seither wieder= holt erstiegen worden. Ueberhaupt rechnen wir in dieser einzigen Familie über zwei Dutzend gemessene Alpgipfel von mehr als 12,000' ü. M.; über 13,000'

---

*) Zumstein maß letzteren auf 14,428', Saussure 14,388', von Welden △ 14,429', Meyer 14,220', Oriani △ 14,269', Carlini △ 14,188', Schuckburgh 14,163', Beccaria △ 14,034', Coraboeuf △ 14,275', Ulrich 14,017' ü. M.

**) Nach de Candolle 14,809', nach Eschmann 14,776' ü. M.

halten außer den genannten noch: das Zinalrothhorn (13,065′), die weißen
Brüder (13,068′), der Silberbaſt (13,074′), das Gaſenriedhorn (13,340′);
über 14,000′ der Silberſattel am Monteroſa (14,004′) und der obengenannte
Dom (Miſchabel). Vergleichen wir die Verſtockung des Montblanc damit, ſo
finden wir einen ſehr auffallenden Unterſchied. In der Montblancgruppe giebt
es außer der höchſten Spitze keine zweite mehr über 14,000′, nur eine einzige von
13,019′ (die Aiguilles du Géant), dann noch vier Gipfel von über 12,000′;
der Monteroſa dagegen zählt vier eigene und eine benachbarte Spitze von über
14,000′, zehn Spitzen über 13,000′ u. ſ. w., ſo daß ſich trotz der etwas
größeren Erhebung des Montblanchorns doch der Monteroſa als eine
unendlich viel großartigere, als die gewaltigſte Gebirgsgruppe
Europas darſtellt.

Die zweite Familie, welche über 12,000′ gipfelt, liegt in ewigen Eis=
meeren begraben auf breiter Baſis zwiſchen dem Brienzerſee und der obern
Rhone, die Finſteraarhorngruppe mit einer großen Anzahl rieſenhafter
Spitzen, von denen alle, die ſich über 12,000′ erheben, aus ſchiefrigem Gneiß
beſtehen, während der Granit hier nur niedrige Kämme bildet. Ihre geologi=
ſchen Dependenzen reichen von der Gemmi bis zum Tödi. Das am 10. Auguſt
1829 unter des Naturforſchers Hugi Leitung von zwei berner Oberländern
zuerſt und ſeither öfters beſtiegene Finſteraarhorn ſelbſt hat 13,160′, der höchſte
Firſt der Schreckhörner 12,568′, der ſchwertſcharfe Eiger 12,240′, der Mönch
12,666′, die Jungfrau 12,827′, das Aletſchhorn 12,951′, 1859 zuerſt er=
ſtiegen, die Vieſcherhörner 12,268′, das am 8. Auguſt 1842 von Eſcher von
der Linth, Girard und Deſor erſtiegene große Lauteraarhorn 12,395′, das
Gletſcherhorn 12,258′ u. ſ. w., — eine herrliche Gruppe, die hundertfach
durchforſcht iſt, aber noch ſo viele nie erforſchte Gehänge in ihren endloſen
Gletſchermeeren birgt.

Die dritte hochgipflige Familie liegt zwiſchen den Innquellen und der Adda,
die herrliche, durch die kryſtalliniſche Entwickelung ihrer Geſteine und die Schön=
heit ihrer Gletſcher ausgezeichnete Berninagruppe, verhältnißmäßig mit der
ſchmalſten Baſis und den bis auf die neuere Zeit am wenigſten bekannt geweſe=
nen, jetzt aber bezwungenen Hochgipfeln. Das oberſte Horn Piz Bernina wurde am
13. September 1850 von dem Kantonsforſtinſpektor J. Coaz glücklich erſtiegen.
Es ragt, nach demſelben 13,508′ ſchweiz. M. ü. M., nach Denzler 4052ᵐ oder
12,475′ franz. M. empor; wundervoll klare Eisgipfel von beinahe gleicher Höhe,
wie: Piz Morteratſch, Piz Roſegg, Piz Tſchierva, Creſta Agiuza, Piz Zupo,
12,311′, am 9. Juli 1863 von Enderlin und Serardi zuerſt erſtiegen, Piz
Palü, Piz Cambrena umgeben es, eine ſtille Familie von ätheriſcher Pracht.

So anſehnlich dieſe Erhebungen ſind, ſo erſcheinen ſie immerhin noch gering
gegen die der amerikaniſchen und aſiatiſchen Hochalpen. In der Meridiankette
der Cordilleren, dem größten Gebirge der Erde, das den amerikaniſchen Con=
tinent wie ſeine Wirbelſäule 2000 Meilen lang durchzieht, galt der Chimborazo

in Ecuador (21,100' ü. M.) für die höchste Spitze; in neuster Zeit wurden
aber in den südperuanischen Cordilleren vier höhere Piks gemessen, von denen
der höchste, der Vulkan Aconcagua, 21,767 par. Fuß hinaufreicht. Die Hima=
layagebirge im weitern Sinn dagegen zählen mindestens vierzig bisher gemessene
noch höhere Gipfel, so den (fünfthöchsten) Dhaulagiri mit 25,170', den Kint=
schind=Junga mit 26,419' und den Everest oder Gaurisankar in Nepal, der
mit 27,212 par. Fuß (29,002' engl.) als höchster Berg der Erde dasteht.
Dabei stellen sich zwischen dem europäischen, amerikanischen und asiatischen Hoch=
gebirge bemerkenswerthe hypsometrische Wechselverhältnisse heraus. Neben der
absoluten Erhebung der bedeutendsten Gipfel gilt jeweilen auch die mittlere
Kammhöhe, d. h. der Durchschnittswerth der Uebergangshöhen, als charakteristisch.
In allen drei Hochgebirgen stellt sich heraus, daß die Gipfel ungefähr das Doppelte
der mittlern Kammhöhe messen (Centralalpen: Kammhöhe 7200', Montblanc
14,800'; Cordilleren: Kammhöhe 11,000', Aconcagua 21,700'; Himalaya:
Kammhöhe 14,200', Everest 27,200'), sowie, daß sich die Kammhöhe des
europäischen, amerikanischen und asiatischen Hochgebirges ungefähr wie 10 : 15 : 20
verhält, daß also diejenige der Cordilleren um die Hälfte größer ist als die der
Alpen und die des Himalaya um die Hälfte größer als die der Cordilleren und
doppelt so groß als die der Alpen. *)

Der oberste Theil unserer europäischen Firnthrone ist sehr verschiedenartig
gebildet und bietet meist nur einen knappen Flächenraum. In der Regel ist die
höchste Kuppe sehr steil und schwer zu erreichen. Die der Jungfrau läuft in
einen schmalen Grath zu. Die Fläche des Gipfels ist ein kleines Dreieck von
2 Fuß Länge und 1½ Fuß Breite, dessen Basis dem Thale zugewendet ist.
Der scharf zugehende Kamm von der Form eines auf beiden Seiten vertikal zu=
geschnittenen Kegels, der zu ihr führt, hat eine Breite von nur 6—10 Zoll und
dafür eine Neigung zwischen 60 und 70 Grad auf eine Länge von etwa 20 Fuß.
Ganz ähnlich ist der Berninagipfel geformt. Ein haarscharfer Firngrath führt
zu ihm empor; doch scheint die Spitzenfläche breiter und geräumiger, da Coaz

---

*) Der tiefste gemessene Punkt des Erdballes liegt zwischen Rio und dem Cap
der guten Hoffnung 43,467' unter dem Spiegel des atlantischen Ozeans. Die tiefste
Stelle überhaupt wird zu 52—54,000' u. M., also doppelt so groß als der höchste
Erhebungspunkt angenommen. Von den Sideralgebirgen haben wir eine nur sehr
unvollständige Kenntniß. Unter den Gebirgen des Mondes, welche man mit verhält=
nißmäßiger Genauigkeit aus dem Schatten berechnet, den sie beim ersten und letzten
Viertel auf die kraterähnlichen Tiefthäler ihrer Umgebung werfen, maßen Beer und
Mädler sechs Bergspitzen zu mehr als 5800 Met. und das höchste, den ‚Dörfel‘, zu
7603 Met. Der Mond hätte also im Verhältniß zu seiner Größe weit mächtigere
Spitzen als die Erde, indem sich dort die höchste Höhe zum Durchmesser wie 1 : 454,
auf der Erde nur wie 1 : 1481 verhält. Der Astronom Jul. Schmidt in Athen
berechnet die höchste Mondbergspitze zu 28,692' rhein. Das höchste Gebirge der
Venus, das sich bei der Umdrehung dieses Planeten mit großer Schärfe am Firma=
ment abzeichnet, wird auf 120,000' geschätzt.

Tschudi, Thierleben. 8. Aufl. 25

eine vier Fuß hohe Steinpyramide darauf erbauen konnte.　Der Finsteraarhorn=
gipfel steigt aus einer weiten Gletscherwelt in vier Gräthen jäh auf und gipfelt
oben in einer spitzen Pyramide, die östlich in einer 5400‘ hohen, senkrechten,
schneelosen Felsenwand auf den Finsteraarhorngletscher abfällt.‾　Die oberste
Spitze besteht aus ungeordneten Massen von Hornblendegestein, Syenit, verwit=
terten Gneiß= und Glimmerschichten, die noch mit verschiedenartigen Flechten
überzogen sind.　Die Tödispitze bietet eine viel bedeutendere, sanft zugeformte
Kuppenfläche.　Sie wurde von drei glarner Gemsenjägern am 10. August 1837
zum ersten Mal und am 19. August desselben Jahres von Dürler und jenen
drei Männern zum zweiten Male bestiegen, nachdem von 1819—1822 Dr.
Hegetschweiler das Wagniß vergeblich versucht hatte.

　　Der Monterosa ist lange nicht erstiegen worden.　Saussure machte ver=
gebliche Versuche, Zumstein gelangte in den Jahren 1819—1823 wiederholt
auf einen der Gipfel, das Gornerhorn oder die Zumsteinspitze, 14,064‘ hoch,
und stellte daselbst barometrische und thermometrische Untersuchungen an; die
noch etwa 220‘ höhere Hauptspitze erklärte er für durchaus unersteiglich.　Vin=
cent und Welden gelangten ebenfalls nicht auf den höchsten Gipfel, sondern nur
auf die Vincentpyramide und Ludwigshöhe, M. Ulrich und G. Studer (1848
und 1849) weiter bis auf die Einsattlung zwischen dem Nordende und der
höchsten Spitze, 346‘ tiefer als diese.　Die Führer derselben, Maduz und
Matthias zum Taugwald, erreichten einen der obersten Gipfel 1848.　Am
22. August 1851 gelangten Hermann und Adolf Schlagintweit aus Berlin zu
demselben Punkte und ihrer gefälligen Mittheilung verdanken wir den Bericht
dieser merkwürdigen Exkursion.　Sie fanden das Horn als einen sehr schmalen
Kamm von quarzreichem Glimmerschiefer in zwei beinahe gleich hohe Spitzen
auslaufend, aber durch ein paar Einzahnungen des Sattels getrennt.　Die
östliche dieser Spitzen erreichten sie glücklich nach Ueberkletterung der steilen, eis=
bezogenen Felsen, die westliche, die sich bei direkter Messung als um 22 Fuß
höher ergab, konnten sie wegen jener Einzahnungen und der außerordentlichen
Steilheit des Felsengerüstes nicht erreichen, — so daß eigentlich immer noch der
oberste Monterosagipfel unerstiegen blieb.　Diesen erreichten am 2. September
1854 zum ersten Mal Kenedy aus England, dann am 31. Juli 1855 zum
zweiten Mal die Engländer Smith mit fünf Begleitern und Führern und am
14. August zum dritten Mal J. J. Weilenmann von St. Gallen und Bucher
von Regensburg unter Führung von Johannes und Peter zum Taugwald nebst
Gefährten, im Ganzen zehn Personen.　Diese letztere Gesellschaft schlug den Weg
über den Gornergletscher ein, zu den Gneißschalen („auf der Platten‘) und ge=
langte, sich rechts vom Firnmeer haltend, welches zwischen dem Nordende und
der höchsten Spitze herabkommt, direkt zum Anfange des Kammes, der von
Westen auf die höchste Spitze führt.　In der Tiefe zur Rechten hatte sie beständig
das Firnplateau vor Augen, das sich zwischen der höchsten Spitze, dem Lys=
kamm, und der Parrotspitze ausdehnt.　Nach dreistündigem mühsamen Ueber=

klettern des theils mit frischem, tiefem Schnee, theils mit losem Gesteine bedeckten Grathes erreichten sie die Basis der nur noch 20—25 Fuß aufragenden höchsten Spitze, deren Erkletterung aber verzweifelte Schwierigkeiten darbot. Hier, dicht am Fuß der Spitze, war der Grath blos noch fußbreit und der darauf liegende Schnee bildete eine scharfe Kante. Joh. zum Taugwald, der vierzehn Tage früher die Engländer Smith auf den Gipfel gebracht hatte, trat aufrechtstehend die Schneekante breit und wandte sich um die südliche Wand der höchsten Spitze, um hier die Möglichkeit der Ersteigung zu erforschen. Der an den schmalen Vorsprüngen haftende Schnee ließ aber keine Erkletterung zu. Auf der Nord- seite sah es aber wohl ebenso mißlich aus. Es galt hier, eine fast senkrechte Runse oder Klinge zu erreichen, die von Nord, Ost und Süd eingeschlossen ist und direkt auf die höchste Spitze führt. Hier oben aber, wo sie auslief, machte eine vorragende Steinplatte den letzten Aufschwung sehr schwierig, während das Kamin am untern Ende ins Blaue auslief. Um am glatten, beeisten Felsen von der Seite in diese Runse zu gelangen, bedurfte es der größten Anstrengung und Vorsicht. Peter zum Taugwald half dem Johannes das Kamin hinan, der sich mit wunderbarer Kraft und Kühnheit hinauf arbeitete und über die vor- stehende Platte schwang. Nun half Peter Herrn Weilenmann vom Grath ins Kamin herein, wo Johannes demselben von oben ein Seil zuwarf, das um das Handgelenk geschlungen wurde und vermittelst dessen halb schwebend, halb klet- ternd Herr W. den Gipfel erreichte. Auf diese Weise wurde der ganzen Gesell- schaft glücklich heraufgeholfen.

Diese Besteiger haben also nicht den Weg der Herren Schlagintweit einge- schlagen; sie kamen nicht zuerst auf den sekundären östlichen, sondern direkt auf den höchsten Gipfel. Hier fanden sie dicht am Rande der steilen Nordwand außer anderem losen Gestein eine ganz kleine, kaum den Schnee überragende Steinpyramide aufgerichtet und in derselben geborgen ein Kouvert mit den Namen der Engländer Smith, die mit wenig Abweichungen den nämlichen Weg eingeschlagen hatten. Dicht aneinandergedrängt und etwas dem Kamm des Gipfels entlang stehend, hatten alle zehn Personen oben Raum und genossen bei ziemlich ruhiger Luft, von der Sonne erwärmt (leider ohne physikalische Apparate), eine halbe Stunde lang die wundervolle Aussicht, in der sich aber nur die nähere Gebirgswelt klar darstellte, während die Fernen undeutlich verschwammen. Die Temperatur auf der Südseite des Kammes war mild und angenehm; auf der Ostseite aber fast unerträglich beißend und augenblicklich froren hier die Hände am Felsen an. Seither ist der Monterosa eine Favorite- tour der Alpentouristen geworden, und es vergeht keine günstige Sommerwoche mehr, in der er nicht wiederholt besucht würde. Einzelne Führer in Zermatt haben ihn bereits 60, ja 80—100mal erstiegen.

Seiner orographischen Struktur nach besteht der Monterosa aus einer Reihe von neun Gipfeln, welche durch einen langen und sehr hohen von Nord nach Süd streifenden Kamm vereinigt sind. Ihre Erhebungen sind:

25*

Höchste oder Dufourspitze 14,284′ ü. M., von den Wallisern Gornerhorn
                                               genannt.
Nordende . . . . . 14,153′ — (unerstiegen).
Zumsteinspitze . . . 14,064′ —
Signalkuppe . . . . 14,044′ —
Parrotspitze . . . . 13,668′ —
Ludwigshöhe . . . . 13,350′ —
Schwarzhorn . . . . 13,220′ —
Balmenhorn . . . . 13,070′ —
Vincentpyramide . . . 13,003′ —

Das Finsteraarhorn erstiegen zuerst nach vielen vergeblichen Versuchen 1829
J. Leuthold und J. Währen, seither ist es öfters besucht worden; die Jungfrau
zuerst die Brüder J. R. und H. Meyer von Aarau im Jahre 1811, dann wie=
der 1812 dieselben, 1828 J. Baumann und am 27. August 1841 Professor
Agassiz aus Neuchâtel, Professor Forbes aus Edinburg, E. Desor aus Homburg
und du Chatelier aus Frankreich unter der Leitung des Finsteraarhornbesteigers
Jakob Leuthold. Das kahle, finstere Große Schreckhorn (12,568′) bezwang
unter vielen Schwierigkeiten 1861 zum erstenmal Leslie Stephen unter Leitung
der Führer Chr. und P. Michel und C. Kaufmann, zum zweitenmal E. v. Fellen=
berg, Prof. Aebi und Pfr. Germer 1864, die ebenso steilen Lauteraarhörner
1842 A. Escher von der Linth. Ueberhaupt sind im letzten Jahrzehnt fast
sämmtliche, früher für absolut unersteiglich gehaltenen Gipfel ersten Ranges be=
zwungen worden. Nur das nackte, steile, drohend aussehende Matterhorn
(13,798′ ü. M.) schien aller Anstrengung trotzen zu wollen. Da unternahmen
am 13. Juli 1865 der ausgezeichnete englische Bergsteiger Ed. Whymper mit
seinen Landsleuten Douglas, Hudson und Hadow unter Leitung von Michel
Croz, dem besten Chamounyführer, und Peter Taugwalder, sowie dessen Sohne
eine Expedition auf den gefürchteten Gipfel. Am ersten Tage wurde schon
Mittags die Lagerstelle, circa 10,500′ ü. M., erreicht, das Zelt aufgeschlagen
und die vorgenommenen Rekognoszirungen ergaben die Gewißheit, daß die Ge=
winnung des Gipfels ohne übermäßige Gefahr und Anstrengung möglich sein
werde. Am 14. Juli brach die Gesellschaft früh vor 4 Uhr auf und marschirte
mit kurzem Halt bis gegen 10 Uhr, wo am Fuße jener Hochwand, die, von
Zermatt aus gesehen, senkrecht, ja überhängend erscheint, in der That aber nur
sehr steil ist, gerastet wurde. Es mußte nun von der bisher bewanderten nord=
östlichen auf die nordwestliche Bergseite übergegangen, dabei eine mäßig steile
(35°), mit Schnee und hartem Eis belegte Felswand überklettert werden, und
nachdem dies glücklich geschehen, wurde ohne weitere Schwierigkeit der jungfräu=
liche Gipfel gegen 2 Uhr erreicht. Nach einstündigem Aufenthalte erfolgte die
Rückkehr. An dem bezeichneten Uebergangspunkte, der keine außerordentliche
Gefahr, aber auch keine ganz festen Haltpunkte bot, wurde mit großer Vorsicht
vorgerückt, so daß der Hintermann erst seinen Schritt ausführte, wenn der Vor=
dermann je wieder Stand gefaßt hatte. Der starke Croz, der Erste am Seil,
hatte eben die Füße Hadow's, des Zweiten, am Felsen eingesetzt und wollte nun

seinen Schritt wieder thun, als Hadow ausgleitet, auf Croz stürzt, und durch den jähen Ruck am Seil auch Hudson und Douglas von der Felswand gerissen werden. Einen Moment schweben die vier Männer mit einem lauten Aufschrei in der Luft. Whymper und die Taugwalder stemmen sich mit aller Gewalt zurück; aber im gleichen Augenblick reißt das Seil ... sie sehen, wie die vier Unglücklichen lautlos, blitzschnell mit weit ausgebreiteten Armen auf dem Rücken über die Felswände hinuntergleiten, von Abgrund zu Abgrund niederstürzen bis auf den Matterhorngletscher, wohl 4000' tief. Bebend, in Todesgefahr, erreichten die Zurückgebliebenen eine Stelle, wo sie gegen 13,000' ü. M. eine gräßliche Nacht zubrachten, um am andern Vormittage Zermatt zu erreichen. Mit großen Gefahren wurden drei Leichen in entsetzlichem Zustande aufgefunden, während diejenige des jungen Lord Douglas unerreichbar in den Felszacken zurückblieb.

Unsere Schneeregion hat also eine vertikale Ausdehnung von 7000 Fuß in unseren Hochgebirgen und würde, unmittelbar im Niveau des Meeres aufgesetzt, allein schon sehr bedeutende Berge bilden. Versuchen wir es, zunächst den Charakter dieses merkwürdigen Stückes Erde im Allgemeinen zu schildern. Es ist die Region des ewigen Winters mit seltenen und spärlichen Frühlingsahnungen, eine Welt voll Ernst, voller Schrecken und Wunder, mit kolossalen Naturerscheinungen und unendlichen Labyrinthen, — kaum eine Stelle, wo ein Mensch wohnen könnte, ein höheres organisches Leben eine bleibende Stätte fände. Die obersten Alphütten bleiben meist mit 6500' ü. M. zurück; wenige gehen in den berner Alpen bis 7200' und etliche Schafalphütten am Monterosa bis 8100', die Hütte am Säntisgipfel steht bei 7700' ü. M., das Hôtel des Neuchâtelois auf dem Aargletscher bei 8257'. Für die höchste menschliche Wohnung in Europa hält man irrthümlich oft das Wirthshaus am Faulhorngipfel (8261' ü. M.); das Posthaus auf dem Stilfserjoch steht auf der Paßhöhe bei 8610' ü. M., beide aber werden weit übertroffen werden von dem Häuschen auf der Höhe des St. Theodulpasses 10,242' ü. M., das den ganzen Winter 1865/66 von drei Männern behufs meteorologischer Beobachtungen bewohnt wurde. Dem höchsten Paß*) gebührt auch das höchste Hospiz. In der Nähe desselben steht die jetzt verlassene Erzhütte 10,086' ü. M., welche im Anfang dieses Jahrhunderts alljährlich für zwei Monate lang von den Bergleuten bezogen wurde.

Das Terrain der Schneeregion wird durch zerrissene Berggestelle oder mehr oder minder steil sich giebelnde Bergkämme und abschüssige Mittelarme gebildet, zwischen denen sich hier und da monotone Trümmerthäler ausbuchten. Von

---

*) Es giebt zwar in der Monterosakette noch manche sogenannte Pässe, wie der alte und neue Weißthorpaß, Schallenjochpaß, Allalinpaß, Alphubelpaß, Silberpaß, Adlerpaß ꝛc., welche noch höher liegen; da diese Uebergänge aber größtentheils nur mit Gefahr und großer Mühe, und zwar selten genug, von geübten Bergtouristen überklettert werden, verdienen sie den Namen eines ‚Passes‘ in keiner Weise.

Hochebenen ist nicht die Rede, nur von Eiskesseln und geneigten Schneegruben und Firnschluchten. Die ganze eigentliche Schneeregion, speciell die obere über 8500' ü. M., bildet in der Centralkette bis gegen die Vorstöcke hin ein zwar öfters, aber nie in breiten Entfernungen unterbrochenes, in großen Zügen zusammenhängendes Schneerevier, das vom Montblanc bis zum Orteles von Südwest nach Nordost streicht und im Norden seine Arme bis zum Glärnisch und zur Scesaplana ausstreckt. Dieses Revier gewinnt in den drei höchstgipfeligen Gruppen des Monterosa, Finsteraarhorn und Bernina eine ansehnliche Breite, läuft aber sonst auf schmalen Bergketten, die in ihrer Verzweigung größere, zerrissene Hochflächen umschließen, fort und scheint in seinen höchsten Spitzen einzelne Ruhepunkte gefunden zu haben. Es ist also eine stark geneigte Region mit zahllosen Firstspitzen, die manchmal nackt und wunderbar mit fast senkrechter Zuspitzung 2—5000' hoch aus der Schneefläche aufragen, mit gewaltigen Grund- und Knotenstöcken und schmäleren oder breiteren Verbindungsarmen, die sich nicht selten fächerartig verzweigen. Wer nur einigermaßen hier oben heimisch ist, wird das Hochland über den Frühlingswolken mit den Worten charakterisiren: schwarze, braune und graue unendliche Felswände und Steinlehnen mit schwächeren oder glücklicheren Vegetationsansätzen, öde Hochthäler voll Trümmer und Eis, Gletschermeere in jähem Absturz, Firnmulden mit weitgebogenen, parallelen Strandlinien, strahlende Schneekuppen, nackte Felsblöcke und Geröllplätze, eine todte, kalte, starre Welt. —— —

Was soll der Mensch da oben? Ist es nicht ein geheimnißvoller, unerklärlicher Reiz, der ihn anlockt, den überall lauernden Todesgefahren zu trotzen, sein warmes, zerbrechliches Leben über viele Meilen lange Gletscherwüsten zu tragen, oft in der selbsterbauten elenden Hütte es mühselig gegen tobende Stürme und tödtlichen Frost zu bergen, um dann, zwischen Tod und Leben hangend, mit kurzem Odem und zitternden Gliedern die schmale Sohle eines majestätisch thronenden Schneegipfels zu gewinnen? Ist es blos der Ruhm, dort oben gewesen zu sein, dieser karge Lohn fast übermenschlicher Anstrengungen, der ihn auf diese Wolkenstühle ladet? Wir glauben es kaum. Es ist der Drang, das geliebte Mutterhaus der Heimat auch in seinen letzten Falten und Giebeln mit seiner unaussprechlichen Naturpracht kennen zu lernen; es ist das Gefühl geistiger Kraft, das ihn durchglüht, und ihn die todten Schrecken der Materie zu überwinden treibt; es ist der Reiz, das eigene Menschenvermögen, das unendliche Vermögen des intelligenten Willens an dem rohen Widerstande des Staubes zu messen; es ist der heilige Trieb, im Dienste der Wissenschaft dem Bau und Leben der Erde, dem geheimnißvollen Zusammenhange alles Geschaffenen nachzuspüren; es ist vielleicht die Sehnsucht des Herrn der Erde, auf der letzten überwundenen Höhe im Ueberblick der ihm zu Füßen liegenden Welt das Bewußtsein seiner Verwandtschaft mit dem Unendlichen durch eine einzige freie That zu besiegeln.

Zweites Kapitel.

Schneegrenze und Gebirgstrümmer.

Die untere Schneeregion. — Die Schneegrenze in den verschiedenen Theilen der Alpen. — Die Zertrümmerung des Alpenkörpers und sein endliches Schicksal. — Die Findlingsblöcke.

Wir haben den Anfang unserer Region zu 7000′ ü. M. angesetzt. Um genauer zu sprechen, müssen wir eine untere Schneeregion von 7000—8500′ oder 9000′ ü. M. und eine von da beginnende obere ansetzen. Die letztere ist, wenn auch nicht in allen Theilen mit Schnee und Firn und Gletscher überzogen, doch als die stätige Heimat derselben anzusehen, als die Stätte, wo der Schnee regelmäßig nicht wegschmilzt. Die untere Schneeregion hat in den verschiedenen Lagen des Alpengebäudes eine sehr abwechselnde Gestalt, indem sie in dem nördlichen Hochgebirge den Schnee in der Regel fast das ganze Jahr hält, in den südlichen nur in rauhen Jahrgängen, etwa von 8200′ ü. M. an, wo die mittlere Jahrestemperatur bei — 3° R. und die mittlere Sommertemperatur bei + 2° R. steht. Es versteht sich dabei, daß einzelne Schneereviere oder Gletschergebilde weit tiefer hinunterreichen, ohne den Charakter der Zone gleichmäßig zu bestimmen.

Die Schneegrenze ist theils durch Lokal=, theils durch atmosphärische Verhältnisse bedingt. In Bezug auf jene sind die vertikale Erhebung und die südliche oder nördliche Lage nicht allein maßgebend. Wir haben schon früher bemerkt, daß hochgelegene Thäler und Plateaus als Wärmekessel dienen, ein höheres Hinandringen der Vegetation begünstigen und ebenso auch ein höheres Zurückweichen der Schneelinie. Liegt der Südhang des Gebirgsrückens über tiefausgebrochenen Thälern, so reicht der Schnee daselbst weiter hinab als auf der Nordseite, wenn diese sich an Hochthäler anlehnt. Daher geht z. B. am Himálaya bekanntlich auf der Südseite die Schneelinie an 1200′ tiefer herab als auf der Nordseite, wo das gehobene Gebirgsland Tibets die aufsteigenden warmen Luftströme erzeugt. Aehnliche Erscheinungen finden sich bei uns hundertfältig. Ebenso liegt der Schnee auf Gletschern und moorigen Gründen fester und weiter hinunter als auf trockenen Kalk= und dunkeln Schieferhängen. Auch der Zusammenhang mit großen hochgebirgischen Firnrevieren, von denen kalte Luftströmungen herunter=

fließen, drückt die Schneegrenze merklich thalwärts, während sie an isolirten Stöcken und schmalen Jochen bedeutend nach oben zurückweicht.

Zu diesen lokalen Einflüssen treten dann noch die besondern atmosphärischen der einzelnen Jahrgänge oder mehrjähriger Perioden. Folgen auf schneereiche Winter nasse, kühle Sommer, so behauptet sich die Schneegrenze ungleich tiefer; sie weicht dagegen in Folge einer Reihe warmer Sommer und häufiger Fönzüge in überraschender Weise aufwärts, und der September 1865 z. B. hat eine solche Menge von Kämmen und Gräthen, die man nur im Schneekleide zu sehen gewohnt war, schneefrei gezeigt, daß dieser Jahrgang wahrscheinlich das bisherige Maximum im Zurückdrängen der Schneegrenze in unserm Jahrhundert aufweist.

Im Allgemeinen finden wir von 7000' absoluter Höhe an durchweg häufige sporadische Schneeplätze und Schneemulden, die in ganz= oder halbschattiger Lage nie abschmelzen; bei 8000' ü. M. erscheinen in vielen Theilen der Centralalpen große, zusammenhängende Schnee= und Eisfelder; bei 9000', auf der Alpen= südseite bei 9500', ist bereits die ganze Region mit ihnen erfüllt, obwohl steile Gräthe und Firste immer noch einige kahle Sommerwochen haben. Ueber 10,000' sind, mit Ausnahme senkrechter Felswände, schnee= und eisfreie Stellen eine große Seltenheit, und nur die günstigste Südlage, verbunden mit guten Winden und heißer Sommerzeit, vermag einige spärliche Stellen für wenige Tage oder Wochen schneefrei zu erhalten.

In den nördlichen Alpen sind 7000' hohe Kuppen, die isolirt stehen, ge= wöhnlich jedes Jahr 2—3 Monate lang schneefrei; solche aber, die mit noch höheren Kämmen in Verbindung stehen, durchschnittlich in der Mehrzahl der Jahre 2 Monate lang; in schlechten Jahren halten sie den Schnee fast ganz fest, und in großen Muldenausschnitten beherbergen sie oft bis zu 3000' hinunter vereinzelte Schneeblätter auch im heißesten Sommer, besonders in den Kesseln und Zügen regelmäßiger Lauinen. Der Mürtschenstock (7270' ü. M.), der seiner Rauhheit und Steilheit wegen schwer zugänglich ist, hält den Schnee durchweg zwischen den oberen Felsen, wie denn in den glarner, urner und berner Hoch= gebirgen überhaupt wohl kaum ein Bergstock von 8000' Höhe zu finden sein wird, der nicht fast das ganze Jahr gewisse Schneeviere festhält, gleichwie in den südlicheren Alpen Einsattlungen von weit geringerer Erhebung, wie die Pässe der Gemmi, Grimsel, des St. Bernhards u. a. In den rhätischen Alpen bleibt sich dies Verhältniß in der Nähe des Gotthards, bis zu dessen Hospiz nach viel= jährigen Beobachtungen auch während des heißesten Sommermonats es wenigstens ein Mal schneit, gleich; mehr östlich dagegen scheint die Schneegrenze etwas höher zu liegen. So ist nicht nur der Valserbergrücken (7000' ü. M.) und der Löchli= berg (7920' ü. M.), sondern auch der Calanda (8650' ü. M.) und selbst die Spitze des 10,580' hohen Piz Linard und des Piz Languard im Sommer schneefrei. Versteht man unter der Schneegrenze die Zonenlinie, über welcher man nur immerwährende, zusammenhängende Schneefelder auch im heißesten Sommer findet, so wird freilich diese Grenze in den nördlichen Alpen auf

8000—8200', in den berner Alpen auf 8300', in den bündner Alpen auf 8600—9300', am Monterosa auf 8800' und auf der Südseite desselben auf 9500' ü. M. anzusetzen sein.*) Für die Bestimmung unserer ‚Schneeregion' aber ist dies nicht von großem Belang, da wir unter derselben nur das Hochgebirgsgebiet zu verstehen haben, in welchem theils ausdauernde, theils größtentheils ausdauernde Schneemassen lagern. Die gleiche Schneelinie steht in den steirischen und salzburger Alpen bei 8000', im südlichen Tyrol bei 8200', am oberen Comersee und im Veltlin bei 8500', in Savoyen bei 8800' ü. M., im Kaukasus bei 9970', in den Apenninen bei 9000', in den Pyrenäen bei 8680', im Altai bei nur 6650' ü. M., rückt unter dem Aequator in den Kordilleren bis 14,860' ü. M. in die Höhe, im nördlichen Himálaya sogar bis 15,740', im südlichen bis 11,780' ü. M., sinkt aber gegen die Pole hin in den skandinavischen Gebirgen bis auf 5200', in Island an dem 4340' hohen Hekla bis 2914', am Nordkap auf 2200'. In jener Breite wäre also unsere Bergregion bereits von unten auf mit Schnee bedeckt. In den Polarländern fällt die Schneelinie mit dem Niveau des Meeres zusammen.

Wäre die Schneedecke der unteren Schneeregion so konstant, ruhig und gleichmäßig wie in der oberen, so würde sie ohne Zweifel sehr viel zum Schutze der Alpenzinnen beitragen, während ihr Erscheinen und Verschwinden gerade einer der mächtigsten Hebel ist, den die Naturkräfte ansetzen, um das scheinbar für ewige Dauer gegründete Alpengebäude zu zerstören. Von der Schneeregion an beginnt eine ganze Reihe von Erscheinungen des Zerfalles, der Zertrümmerung des Gebirgsbaues aus älterer und neuerer Zeit, die sich durch die Alpenregion fortsetzt und in der Bergzone nur da aufhört, wo eine dichte Vegetationsdecke vor den zersetzenden Einflüssen der Elemente schützt. Natürlich ist aber jener Zerfall gerade in der Gegend der Schneelinie am stärksten, wo diese Pflanzendecke und zugleich die permanente Schneedecke fehlt, während die Temperatur nirgends häufiger als dort um den Gefrierpunkt schwankt und die höheren Schneefelder Luft und Boden durchfeuchten. Wir ahnen in der Regel die unaufhörlich arbeitende Destruktion des Alpengebäudes gar nicht. Wir sehen zwar die Alpenbäche durch trümmerreiche Betten sich drängen, sehen die Runsen endlose Schuttmassen ins Thal schleudern, die Grundlauinen Erde und Gesteine niederführen; wir hören alle Jahre von kleineren Schlipfen und Fällen sturzreifer Felsen, dann und wann von großen, verwüstenden Bergbrüchen; wir sehen den ganzen Frühling und Sommer über von den schroffen Mauern der Hochgebirgswände einzelne Steine abspringen, oft mit so lautem und rasch sich wiederholendem

---

*) Nach Schlagintweit schwankt sie am Nordabfall der Alpen zwischen 2600 und 2700 Meter, in den Centralalpen zwischen 2730 und 2800, und in der Montblanckette zwischen 2860 und 3100 M. In den Andes von Quito steht sie bei 15,700, von Bolivia bei 18,700 engl. Fuß; im Himálaya am Südabhang bei 16,200, am Nordabhang bei 17,400; am Korakorum Südabhang 19,400, Nordabhang 18,600; am Künlün Südabhang 15,800, Nordabhang (Turkistan) bei 15,100 engl. Fuß ü. M.

Knallen wie Rottenfeuergeknatter; wir hören alljährlich über immer größere Verschüttung der oberen Weiden klagen; wir wandern staunend über die ungeheueren
Karrenfelder, wo die atmosphärischen Einflüsse die Verwitterung des ‚ewigen
Gesteins‘ mit gewaltigen Schriften in den Bergkörper zeichnen; — aber wir sind
gewohnt, alle diese Erscheinungen als blos vereinzelte und zufällige zu betrachten,
die für den Bestand des großen Gebirgsgürtels ohne alle Bedeutung seien. Und
in der That vergeht das Leben mancher Generation, ehe die Zertrümmerungen
der Hochalpen auch nur im Ganzen merkbar erscheinen. Aber im Laufe der
Jahrtausende wird der nagende Zahn der Zeit manches Berggestell so zerfressen,
manches kahle granitne Knochengerüst heimlich und unscheinbar so zersetzt haben,
daß es von uns nicht wiedererkannt würde, und wenn die Hand, in welcher die
Geschicke der Erde ruhen, auch keine plutonischen Kräfte in Bewegung setzt, um
den Gürtel der Alpen zu lösen und ihre hochgethürmten Massen auseinanderzu-
werfen, so müssen diese doch in einer unendlich fernen Zukunft der jetzt leise
schaffenden Zerstörung erliegen und in eine geebnete Bergwelt auseinanderfallen,
auf der sich späterhin die volle Vegetation ansiedeln kann. Denn oft ist, was
dort Zerstörung heißt, hier Träger des Lebens, und wie wir jetzt die Verwitterung
des Gesteins Erden, reich an Nahrungssalzen für Pflanzen, bilden sehen, so haben
in vorgeschichtlicher Zeit großartige Auswaschungen leicht zerstörbarer Felsen lange,
nun reichbewohnte, blühende Thäler geschaffen. *)

　　Besonders das Wasser ist die Grundkraft dieser permanenten Revolution,
obwohl auch die Sonne, Luft und Sturm, Bach und Lauine, Blitz und Donner,
Hitze und Frost, Menschen und Thiere, die überall sich ansaugenden und ein-
bohrenden Pflanzen von der feinsten Flechte an, elektrische und galvanische Kräfte
das Ihrige mithelfen. Doch würden diese ohne die Hülfe der Wassererosion
den granitnen Rippen oder den stahlharten Kalkflanken der Hochgräthe wenig
anhaben. Im Herbste sättigen Wolken, Nebel, Regen und Schnee alle Poren
des Gesteins mit Feuchtigkeit, die den feinsten Brüchen und Adern nachdringt,
durch Spalten zwischen Lagerschichten bald ins Innere des massiven Bergstockes
durchsickert, bald mit überall gefüllten feinen Wassergängen auf undurchdringlicher
Basis stehen bleibt. Der Winter verwandelt einen großen Theil dieser strotzenden
Adern in Eisgänge, die sich mit wachsender, unwiderstehlicher Gewalt ausdehnen
und wie Keile und Hebel das Gestein auseinandertreiben. Die Frühlingswärme
löst nach und nach alle die Myriaden Sperrkeile, — das Gestein ist aber bis tief
hinein minirt, angebohrt, auseinandergetrieben. Alsbald beginnt der Prozeß
von Neuem; wässerige Niederschläge füllen die dünnen Kanäle abermals. Sie
dringen mit jedem Male tiefer hinein; der Frost arbeitet mit größerer Kraft im

---

*) Wir erinnern nur an die großen Erosionsthäler: das Prätigau (Bünden),
Turtmannthal (Wallis), Simmenthal, alle in Flysch ausgewaschen, das Bedrettothal
(Tessin), das Thal zwischen Frutigen und Adelboden (Bern), durch Ausspülung von
Dolomit und Gypslagen entstanden u. s. w.

erweiterten Raume, und was hinlänglich gelöst und unterfressen ist, stürzt zu Thal. Man hat beobachtet, daß diese Zerstörung am leichtesten im grauen Schiefer, Flysch- und Nummulitengesteine vor sich geht, in dem krystallinischen Gesteine (besonders dem krystallinischen Schiefergesteine) wieder leichter als im Kalkgebirge, wenn es nicht sehr zerklüftet ist, während die Molasse theils oft Nagelfluhbänke aufweist, theils häufiger durch Vegetationsdecken geschützt ist. Am wirksamsten ist aber die Zerstörung da, wo große Gebirgsmassen auf der weichen Basis von porösem Thonschiefer, Sandstein, Mergel u. dgl. ruhen, durch deren Erweichung und Verwitterung das überlagernde Gestein seinen Stützpunkt verliert und zu Sturz kommt. Ebenso arbeitet das Wasser in der Form von Gletschern energisch an der Gebirgsdestruktion, indem diese durch die stäte Bewegung ihres Wachsens und Zusammenschwindens, durch ihren fortwährenden, stillen, mit Millionen Centnern beschwerten Gang nach der Tiefe sowohl ihre Bergsohle als ihre seitlichen Felsenufer unabläßig abschleifen, aussägen und unterwühlen und gewaltige Schuttwälle auf ihrem Rücken und an ihren Flanken in die Tiefe tragen. Viel unscheinbarer, aber auch viel allgemeiner wirkt das Wasser vermöge seines Kohlensäuregehaltes zerstörend, umwandelnd, verwitternd auf das Gestein und unterstützt das gleiche Geschäft der freien Kohlensäure und des Sauerstoffes des Luftozeans.

Gewiß, — wer auf einer längeren Gebirgsreise das unendliche Material überblickt, das unaufhörlich von der Schneeregion mit unsichtbaren Händen ins Thal geschoben oder von Bächen, Lauinen, Schlipfen, Gletschern und Stürmen heruntergerissen wird, wer diese durch die Zähne der Jahrtausende zersägten, zerspalteten, unterfressenen, abgerundeten, oft ihrer früheren Ueberkleidung mit leichter zerstörbaren Gesteinen entblößten und nun nackt zu Tage gelegten Kämme, Joche, Zinken und Rippen sieht, dazu die erhöhten Thalsohlen, der findet die Behauptung erklärlich, daß diese Verwitterung und Zertrümmerung endlich einmal die stolze Gestalt der kühnsten Pyramiden auflösen werde. Dies ist freilich nur eine kleine Scene in dem großen Schauspiele, in welchem die Natur unaufhörlich an der Umgestaltung der Erdrinde arbeitet.

Von einer dieser uralten, hundertfältigen Zertrümmerungsarten haben wir jetzt noch besonders bezeichnende Proben. Wir meinen die erratischen oder Findlingsblöcke, — gewaltige Nüsse, welche Mutter Natur ihren Kindern zum Knacken vorgelegt hat. Es finden sich nämlich weit draußen im schweizerischen Flachlande, auf den Stufen der Hügel, selbst in einer Höhe von 4500' ü. M. auf dem Rücken der Jurakette (Bürenkopf), kleinere und größere Felsentrümmer in linearer Anhäufung und horizontaler Verbreitung, oft von einem Körperinhalte von mehr als hunderttausend Kubikfuß, die durchaus verschieden sind vom Gestein der ganzen Nachbarschaft, mineralische Fremdlinge, deren nächstes Stammlager viele Tagereisen weit von ihrem jetzigen Standort in der Tiefe des Hochgebirges liegt, und die mitunter noch wie als Ursprungszeugniß auf ihrem Rücken alpine Flechten und Moose, ja, wie der große ‚Pflugstein' bei

Erlenbach, alpine Farren (Asplenium septentrionale) oder wie andere auch alpine
Blüthenpflanzen (Gräfer, Silene rupestris etc.) tragen, die sonst in der ganzen
Umgebung fehlen, dagegen in dem heimatlichen Gebirge dieser Blöcke vorkommen.
Diese finden sich nun, wie bei uns, so in Mittelamerika, England, Holland,
Deutschland, China, am Kap der guten Hoffnung, bestehen aus Granit, Gneiß,
Hornblende, Porphyr, Glimmerschiefer u. s. w. und bedecken oft große Flächen
in ungeheurer Anzahl und ungleicher Anhäufung. Ihre Konturen sind ungleich=
artig. Wir finden namentlich bei den mächtigeren die Kanten und Ecken oft
ganz frisch und scharf, wie neu ausgebrochen, indem die Blöcke selbst entweder
frei oder in ungeschichtetem Kies und Thon liegen; andere haben abgerundete
Kanten, die starke und lange Reibungen und Wälzungen verrathen, und ruhen
in geschichtetem Kies.

Um die wunderbare Reise aus dem Schooße der Hochgebirge ins Flachland
und auf Bergeshöhen zu erklären, haben die Naturforscher bald vulkanische
Schleuderkräfte, bald die Gewalten mächtiger Wasserfluthen oder ungeheuerer
Treibeisströmungen sowohl vom Meere als von den Alpen aus, endlich die Hebel
vorgeschichtlicher Gletscher in Anspruch genommen und eine neue, aben=
teuerlich scheinende Weltperiode der Gletscherzeit unmittelbar nach der Alpen=
erhebung in die fragmentarische Geschichte unseres Erdballs, und zwar zwischen
die Epoche der Zerstörung der letzten thierischen Schöpfung unseres Erdtheiles
und der Schöpfung der jetzigen thierischen Welt, eingeschoben. Johann v. Char=
pentier hat diesen genialen Fund gethan und Agassiz, Desor, Escher, Heer u. A.
haben mit großem Scharfsinn diese Gletscherperiode näher bestimmt und an den
unverkennbaren Moränen oder Blockwällen nachgewiesen, die heute noch bei Bern,
Bremgarten, Surfee, Zürich, Rapperswyl u. s. w. vorliegen. Es ist ihnen
gelungen, theils an den Schliffflächen, Rundhöckern der Bergflanken, theils an
der stäten, strahlenartigen Vertheilung der Moränen und der Findlinge auf einer
Linie, die in natürlicher Richtung und Hebung zum Stammlager derselben an=
steigt, zu beweisen, daß diese Gesteine, der Neigung des Aar=, Rhein=, Arve=,
Rhone=, Reuß= und Linthgebietes folgend, auf dem Rücken ungeheurer Gletscher
mit großer Regelmäßigkeit weit ins offene Land hinausreisten, wobei die Eismassen
mehrere tausend Fuß tiefe Thäler ausgefüllt haben. Um aber diese Gletscher=
periode wenigstens für Helvetien zu begründen, wird zu der auch anderweit
motivirten Annahme gegriffen, daß es eine Periode gab, wo die afrikanische
Sandwüste Sahara, in der sich eine Anzahl von Muschelarten finden, die noch
heute im Mittelmeer leben, ein seichtes, an der tunesischen Küste mit diesem Meer
in Verbindung stehendes Binnenmeer war. Der von dorther uns zuströmende
Südwestwind war feucht und kühl und bewirkte bei der Berührung der Alpen
Niederschläge, welche die Bildung jener gewaltigen Rhein=, Linth=, Reußgletscher zc.
veranlaßten. Als aber in der letzten geologischen Epoche der Saharaboden sich
hob oder aber die Verbindung mit dem Mittelmeer sich zufüllte, mußten die Wasser
der Sahara unter der Einwirkung der afrikanischen Sonne allmälig bis auf die

wenigen ‚Schotts‘ oder Salzseereste verdunsten, die heute noch vorhanden sind. Der
trockengelegte Meerboden ist dann zur Wiege jener heißen Fönwinde geworden,
denen die großen Gletscher unterliegen mußten, wie heute noch der Fön in einem
großen Theile des Gebirges die einzige Bedingung der Schneeschmelze und des
Naturlebens ist.

Noch andere Forscher glaubten namentlich mit Rücksicht auf die verschieden=
artige Abkantung und Entwickelung der Wanderblöcke auch verschiedene Transport=
kräfte annehmen zu müssen, und zwar am natürlichsten die Stromhypothese für
die abgerundeten, von geschichtetem Geröll umgebenen, die Gletscherhypothese aber
für die scharfkantigen, strahlenförmig in ungleichen Höhen ausgebreiteten, auf
moränenartigem Schutte ruhenden Blöcke.   Anders freilich erklärt sich das Volk
das Wunder der Findlinge, als erinnere es sich an Mephistopheles' Reflexion:

> „Ich war dabei, als noch dadrunten siedend
> Der Abgrund schwoll und strömend Flammen trug;
> Als Molochs Hammer, Fels an Felsen schmiedend,
> Gebirgestrümmer in die Ferne trug.
> Noch starrt das Land von fremden Zentnermassen;
> Was giebt Erklärung solcher Schleudermacht?
> Der Philosoph — er weiß es nicht zu fassen:
> Da liegt der Fels; man muß ihn liegen lassen,
> Zu Schanden haben wir uns schon gedacht.
> Das treu=gemeine Volk allein begreift
> Und läßt sich im Begriff nicht stören;
> Ihm ist die Weisheit längst gereift:
> Ein Wunder ist's; der Satan kommt zu Ehren.
> Mein Wandrer hinkt an seiner Glaubenskrücke
> Zum ‚Teufelsstein‘, zur ‚Teufelsbrücke‘."

Drittes Kapitel.

Firn und Gletscher.

Der Sommer mit dem ewigen Winter im Kampfe. — Beschaffenheit des Hochschnees. — Der Firn. — Die Ausdehnung des Gletscherreichs und seine oberen und unteren Grenzen. — Sein Verhältniß zur organischen Welt. — Entstehung und Entwickelung der Gletscher. — Ihre Temperatur, Farbe und chemische Beschaffenheit. — Ihre Bewegung. — Die Moränen. — Eigenthümliche Schallverhältnisse. — Rother Schnee (Protococcus nivalis), Podurellen (Desoria glacialis). — Eine neue Desoria.

Wenn in der Hügelregion die Schneeschmelze im März begonnen hat, rückt sie mit manchen Unterbrechungen im April in die Bergregion, mit noch zahlreicheren Stillständen im Mai in die untere und im Juni in die obere Alpenregion vor, wo ihr in unbegreiflicher Schnelligkeit die Entwickelung der freilich lange vorbereiteten und wohlgeschützten Vegetation auf dem Fuße folgt. Im Juli werden durch die kräftigen Sonnenstrahlen auch die vielfach zerrissenen, mit viel höherem und zäherem Schnee bekleideten Flächen der obersten Alpenregion frei. Folgerecht müßte die Schmelzung im August in die untere Schneeregion sich fortarbeiten; allein hier tritt ihr bereits wieder eine rückgängige Bewegung in Folge anderer atmosphärischer Einflüsse entgegen. Die flachen Reviere des Hochlandes beherbergen tiefere Schneemassen, die Hitze wechselt mit neuen Niederschlägen und wird ohnehin durch die höheren Firnquartiere sehr gedämpft: es entsteht ein monatlanges Ringen zwischen Sommer und Winter, in welchem der erstere überall das günstigere Terrain gewinnt, während der letztere vielleicht die Hälfte des Gebietes festhält. Dieser Kampf zerpflückt nun die ganze Schneedecke bis gegen die höchsten Gipfel hin und ist so energisch, daß er in ganz guten Sommern die meisten Spitzen entweder ganz befreit oder oft ihre Schneekuppen in mattweiße, blasige Eiskuppen umwandelt. Aber schon der September neigt entschiedener die Schale zu Gunsten des Winters, und von Woche zu Woche flieht der Genius des Lebens rascher der Tiefe zu, bis er endlich auch aus dem Thale scheidet, über welches sich das Leichentuch des Winters vom Gebirge herabrollt. Kleine Felsenpartien leckt die Sonne an allen steilen Kuppen nackt; an einzelnen kahlen Felswänden, selbst des Finsteraarhorns, Eigers, der Jungfrau und Wetterhörner, ja des Bernina und Monterosa, haftet der Schnee auch im Winter nur sehr kurz, und nur, wenn er bei günstigem Winde feucht anfällt. Solche Partien, besonders aber jene Sommeroasen, sind dann für das animalische und vegetabilische Leben der Schneeregion von großer Wichtigkeit.

Der Schnee, der in jenen Höhen fällt, ist der Form nach vom gewöhnlichen, großflockigen Winterschnee der Ebene meistens verschieden; er ist bei der großen Kälte, Reinheit und Trockenheit der Luft selber trockener, leichter, feinkörnig und kommt meist in Form feiner Eisnadeln oder harter, 3—6eckiger Sternchen, als Krystalle, als Riesel- und Staubschnee, sehr selten in eigentlichen Flocken auf den Boden. Bei 9000' ü. M. regnet es nur selten, da in der Regel die Regenwolken tiefer streichen und die mittlere Sommertemperatur niedrig ist; bei 11,000' wahrscheinlich gar nie. Es müßte sich also eine stets wachsende Schneedecke über den Hochalpen aufthürmen, wenn nicht der Sommer auch in der Schneeregion eine beträchtliche Abschmelzung bewirkte, wozu dann tiefer unten die entlastende Nachhülfe der Lauinen und höher oben die scharffegender Winde kommt, welche den beweglichen Hochschnee über alle Gräthe ins Thal schleudern oder in großen Firnmulden anhäufen, wo er sich zur eigentlichen Firnbildung lagert. Zudem findet das ganze Jahr hindurch eine Verdunstung des Schnees statt, und zwar auch bei der trockensten und kältesten Witterung. Da ferner die Sonnenstrahlen in jenen Höhen ungleich energischer wirken und wärmer als die Luft sind, so erweichen und schmelzen sie den Schnee noch bei einer Lufttemperatur von 2—3° unter 0, wobei sich dann der Hochschnee mit einer feinen, unebenen Eisrinde überzieht (dies selbst noch auf dem Montblancgipfel) und bei neuem Schneefall im Innern von Eisblättern durchzogen erscheint. Die gleiche Energie der Sonnenstrahlen vermag auch an ganz günstigen Stellen noch größere Schmelzungen zu bewirken, aus denen das glasige, kompakte Hocheis entsteht. Man hat zudem wiederholt die Beobachtung gemacht, daß in der Höhe von über 10,000' ü. M. nur eine geringe Schneemenge fällt und daß ihre größte Masse in den Alpen etwa bei 7—8000' ü. M. erscheint; nach unten wie nach oben nimmt sie ab. Die in der oberen Sphäre erzeugten Dünste scheinen in der leichteren, trockneren Luft sich nicht leicht zu Niederschlägen entwickeln zu können, sondern müssen zu ihrer Entladung in die etwas schwerere Atmosphäre niedersinken, — zum Glücke der bewohnten Alpengelände. Der gefallene staubige und harte Hochschnee aber verliert durch sein oberflächliches Schmelzen und Wiedergefrieren, sowie durch den Einfluß atmosphärischer Agentien seine ursprünglich krystallinische Bildung und unterliegt je nach Höhe und Sonnenlage einer Reihe von Verwandlungen, deren Struktur zwischen den Stufen des Schnees und des Eises schwankt. Er wird in der Wärme des Tages nicht sehr feucht, sondern blos sandartig locker, ohne sich ballen zu lassen, während der nächtliche Frost die Körner wieder bindet, und so geht der Prozeß in der ganzen warmen Jahreszeit in den oberen Regionen ununterbrochen fort. Der Schnee ist so zum

Firn*) geworden, eine kompakte, zusammengebackene Maſſe, in der die einzelnen Körner durch ein eiſiges Bindemittel feſt zuſammengehalten werden. Bei höherer Temperatur löſt ſich zunächſt dieſes Bindemittel, ohne daß die harten Firnkörner angegriffen würden; ſie fallen vielmehr wie Sand auseinander und frieren des Nachts wieder zu einer harten, gleichartigen Maſſe zuſammen, beſonders in den Schneekeſſeln und Firnmulden.

Dieſer entweder noch hochſchneeartig unentwickelte oder in der erſten Entwickelung begriffene Firnſtoff (névé), der in der Beleuchtung der dort noch kräftigſten Sonnenſtrahlen einen blendenden Glanz hat, iſt der Mantel, den die Hochalpen von ihrem Gipfel bis 9 oder 8000' abſoluter Höhe herab um Haupt und Schultern geſchlagen haben, natürlich bei den häufigen Schneefällen oft mit friſchem Schnee überzogen. Die Firnzone reicht ſo weit hinunter, bis der Schnee über den in Gletſcher übergehenden Firn wieder beſtändig wegzuſchmelzen vermag, alſo bis zur eigentlichen Gletſcherzone. Der Firn iſt ſtets weiß, porös, etwas ſchwammartig und, da ihm viel Luft beigemiſcht iſt, ſpecifiſch leichter als das Gletſchereis, ohne beſtimmtes Gefüge, in ſeinem gebundenen Zuſtande auch ohne beſtimmt zu unterſcheidendes Korn. Mehr nach unten werden die Firnkörner größer, bläulicher und gehen zwiſchen 8000 und 7600' Meereshöhe in der Regel ganz in Gletſcher über.

Der Wanderer ſieht in der unteren Firnregion an heißen Tagen eine Menge kleiner Bäche über den Firn herunterlaufen, oft in regelmäßig parallel ausgefurchten Rinnſalen. Das abfließende Waſſer iſt die Schmelzung zunächſt des friſchaufgefallenen Schnees, dann aber auch des eiſigen Bindemittels der Firnmaſſe, und greift den jährigen eigentlichen Firn nicht oder nur höchſt unbedeutend an; erſt wenn die Hitze am größten iſt, beginnt dieſer zu lockern. Des Nachts gefriert das zuſammengeſickerte Waſſer und die Bäche ſtehen ſtill. Die Vormittagsſonne ruft ſie wieder allmälig ins Leben; das nächtliche Eis ſchmilzt dann leicht auf, während die Firnmaſſe feſt bleibt. Durch das Eindringen des Waſſers in die Tiefe des Firns geht nun dieſer ſelbſt auf ſeinem Grunde in Gletſcher über und zwar ungefähr in folgender Weiſe. Oben auf dem Firn liegt der Winter= und friſche Schnee, der ſich körnt, härtet und den Sommer über zu ſog. Hochfirn wird; unter dieſem liegt die vorjährige, kompakte, körnige Firnſchichte, die unaufgelockert hell und eisartig erſcheint, aufgelockert aber, wie wir bemerkten, zu einzelnen Körnern zerfällt (der ſog. Tieffirn). Noch tiefer in der Maſſe finden wir das noch kompaktere, blaſige, entwickeltere Firneis, und ganz am Boden zuletzt unter dem Druck der Maſſe den feſten, ins Bläuliche ſpielenden Firngletſcher. Dies bei einer Höhe von über 10,000' ü. M., und

---

*) In einigen ſchweizeriſchen Gebirgen heißt der Gletſcher überhaupt Firn; in der Wiſſenſchaft dagegen der bezeichnete, auf einer Mittelſtufe zwiſchen Schnee und Gletſcher ſtehende harte, körnige, gebundene Firnſchnee. Dafür nennen die Bergbewohner das Waſſereis des Tieflandes gewöhnlich ‚Gletſcher‘.

zwar so, daß bei 12—14,000' bis auf den Grund der Decke nur Schnee, der Hochschnee oder unvollkommene Firn, zu finden ist, da bei der Trockenheit der Luft und den geringen und seltenen Wärmegraden keine bedeutende Anschmelzung oder ordentliche Verwandlung des Schnees in Firn vor sich gehen kann; bei 9000' wiederholt sich die gleiche Erscheinung wie bei 10,000', aber in viel weniger mächtigen Schichten, indem schon nach wenigen Fuß Tiefe der Gletscher erscheint. Bei 7600' absoluter Höhe ist die Firnschichte ganz verschwunden und der Gletscher tritt frei und selbstständig zu Tage.   Daneben finden sich aber, wie bemerkt, auch in den höchsten Lagen an heißen, stark reflektirten Punkten zwischen den Firsten zeitweise zusammengelaufenes Gewässer, das am Abend zu sog. ‚Hocheis‘ wird.   Dieses steht indessen isolirt für sich auf der Firndecke, ist gewöhnliches dichtes Wassereis und unterscheidet sich vom Gletschereise.

Ueber dieses letztere nun sind in den letzten Jahrzehnten die umfangreichsten Untersuchungen vorgenommen worden, wobei vielleicht manchmal der grandiose Apparat den wissenschaftlich begründeten Resultaten nicht völlig entsprochen hat. Jedenfalls aber verdanken wir jenen aufopferungsvollen Bestrebungen das Meiste und Beste, was wir bis jetzt von der Schnee= und besonders von den Eigenthümlichkeiten der Gletscherregion wissen.   Während man früher die Gletscher mehr oder minder als ruhige Eisfelder ansah, die höchstens in heißen Sommern etwas zusammenschmelzen, in naßkalten Jahren dagegen an Umfang gewinnen und deren Wesen nichts Anderes als gefrorenes Schneewasser sei, haben die ausgezeichneten Beobachtungen zu den überraschendsten Resultaten über das höchst eigenthümliche Wesen, die Bewegungen und die damit zusammenhängenden Erscheinungen der Gletscherwelt geführt.   Kühne und großartige Systeme sind begründet, langdauernde, sorgfältige und mühselige Experimente ausgeführt worden; die ganze gebildete Welt hat etliche Jahre lang an den neuen Gletschertheorien theilgenommen, und doch ist dieses Gebiet der Erkenntniß erst theilweise mit wissenschaftlicher Sicherheit erobert.

Für die Physiognomie der Schneeregion ist die Gletscherwelt von der größten Wichtigkeit, indem sie einen großen Theil der unteren Hälfte bedeckt und in ihrem naturgeschichtlichen Charakter bestimmt.   Ebel zählte in den Schweizeralpen gegen 400 Gletscher, von denen nur wenige kleiner als eine Stunde, sehr viele aber sechs bis sieben Stunden lang, eine halbe bis eine Stunde breit und 100 bis 600, ja nach den neuesten Messungen selbst 12—1500 Fuß mächtig sind, und berechnet die Fläche unserer alpinen Eismeere auf etwa fünfzig deutsche Quadratmeilen, d. h. ungefähr so groß als die Kantone Zürich und Thurgau zusammen.   Gegenwärtig zählt man in unseren Alpen 608 Gletscher, und neue sporadische Gletscher von geringem Umfang, selbstständig und nicht im Zusammenhang mit einer größeren Firnfläche auftretend, sind gegenwärtig noch hie und da in Bildung begriffen, wie der ‚blaue Schnee‘ am Säntis, das ‚Dreckgletscherli‘ am Faulhorn, das erst seit Mannesgedenken glacisirt, die großen Lauinenschläge an der Binna oberhalb Außerbinn (Wallis), von denen

einer seit zwölf Jahren festliegt und an seiner unteren Seite sich bereits in Glet=
scher verwandelt hat.   Der Rothelchgletscher am Simplon entstand seit 1732;
ein anderer unter dem Galenhorn im Saaßthal seit 1811, auch der Rosen=
lauigletscher dürfte kein alter sein.

Die Hauptlagerstätten der schweizerischen Gletscher sind die früher bezeich=
neten drei höchsten Gebirgsgruppen.   Sie sind es aber nicht sowohl in Folge
der absoluten Höhe der einzelnen Gipfel, als vielmehr der mächtigen breit aus=
greifenden Verzweigung jener gewaltigen Bergstöcke.   Ein freier, schlanker Kegel
hat keinen Raum für Gletscher; ihre Bildung erfordert über der Schneelinie
liegende Hochplateaux, in denen sich massenhafte Schneelager aufstauen können.
Im Westen beherbergt der Montblanc, im Osten der Orteles ebenfalls imposante
Gletscherreviere; beide stehen aber sowohl an Größe als an Mannigfaltigkeit der
Erscheinungen und an Schönheit gegen die der eigentlichen Schweizeralpen unver=
gleichlich zurück.   Die gewaltigsten Gletscher beherbergt der Monterosa, die zahl=
reichsten die Finsteraarhorngruppe.   Der erstere, dessen gigantische Formen mit
ihren Verstockungen, Schluchten und Hochthälern oft den Zusammenfluß von
fünf, selbst von acht Gletschern begünstigen, weist in seinem Schooße die wunder=
barsten Eisphänomene auf.   Von ihm gehen über die Mischabelhörner bis zum
Balfrin und über das Matterhorn und die Dent=Blanche bis zum Turtmann
unermeßliche Gletscherdecken nördlich ins Rhonethal hinein; nach dem Westen
zieht sich die Gletscherplanke mit verhältnißmäßig unbedeutenden Unterbrechun=
gen bis zum Montblanc auf dem Rücken und an den Seiten der Hochzüge;
ebenso im Nordosten bis zum Gotthard, wo der schmale und flache, aber lange
Griesgletscher an die tessinischen Alpen stößt.   Die Finsteraarhorngruppe weist
Gletschermeere auf, die mit geringen Unterbrechungen in einer Länge von zwanzig
Stunden lagern.   Ihr Aletschgletscher ist gegen acht Stunden lang, wohl der
längste Gletscher der Schweiz, ihr Unteraargletscher der größte der Berneralpen;
ihr Rosenlauigletscher ist der reinste und schönste, ihr Grindelwaldgletscher der
tiefste von allen Schweizergletschern.   Die Ausdehnung dieser Gletschermeere
und Firnfelder zeigt sich von der Jungfrauspitze als Eine, ununterbrochen zu=
sammenhängende, aber vielfach verzweigte Decke, wie sie über alle Kämme und
Gräthe hinunterhängt in die Thäler von Lauterbrunnen und Grindelwald, von
Rosenlaui, Urbach und Oberhasli, ins Thal der Rhone, der Lonza und Kander
als Ausstrahlungen des Einen mächtigen Eiscentrums mit einem Flächenraum,
den G. Studer auf etwa sechszig Quadratstunden berechnet.   Verhältnißmäßig
ärmer sind die Urner=, die südlichen Glarner=, reicher dagegen die rhätischen Alpen.
Die um die Quellen des Hinterrheins lagernde Adulagruppe sendet den nächsten
Thalgehängen im Umkreise von fünf Stunden allein über dreißig Gletscher zu,
davon sieben gegen Norden, sechs gegen Nordosten und fünf nach Osten.   Wohl
noch bedeutender sind die drei Gletschergruppen des vielhörnigen Berninastockes,
dessen Eismeer zu sechszehn Stunden im Umfang haltend angegeben wird.   In
seinem Rosegg=Gletscher ruht, auf felsigem Grunde — eine nicht ganz seltene

Erscheinung — eine schön berasete und beblümte Oase mitten in der öden Eiswelt, von Hirt und Heerden besucht. Im Osten dehnt die Gebirgsmasse des Selvretta beträchtliche Gletschermassen nach drei Seiten aus, im Norden die Tödigruppe.

Dies ein flüchtiger Blick auf den Umfang der schweizerischen Gletscherwelt, deren einzelne Glieder man je nach ihrem Lokale Firn=, Thal= und Jochgletscher nennt. Ihre Höhengrenzen sind nach oben schwer zu bestimmen, da die Mittel= linie zwischen eigentlichem Gletscher und Firngletscher eine verschwimmende ist und auch nicht überall sich gleichbleibt. Setzen wir durchschnittlich die untere Grenze der Firnzone auf 8000' ü. M., so beginnt natürlich unter derselben die Zone des nackten Gletschers. In den bündner Gebirgen nimmt man dagegen, namentlich auf der Südseite, die obere Gletschergrenze zu 9000 bis 10,000' an. Von dieser Höhe herab reichen die Gletscher außerordentlich ungleich weit in die Tiefe, wobei nicht sowohl die am höchsten und weitesten herkommenden am tief= sten gehen, sondern vielmehr die am meisten durch die Gebirgs= und Thalbildung geschützten und mit massiven Eisregionen zusammenhängenden. Daher die ge= waltige Verschiedenheit der unteren Gletschergrenze. Der mächtige Unteraar= gletscher reicht bis 5728', der lange Aletschgletscher bis zu 4000', der untere Grindelwaldgletscher sogar bis 3135' ü. M. herab, also bis in die Mitte der Bergregion herein und 5200' unter die lokale Schneegrenze, während in den Glarner=Alpen z. B. der „Sandfirn‘ bis gegen 6000', der Claridengletscher bis 7000', der Biferten= oder richtiger Tödigletscher bis 4970' ü. M. herabgeht, so daß im Allgemeinen mit Einrechnung der Firngletscher die Gletschergebiete zwischen den Höhenisothermen von —8 und +5° C. liegen.[*]

So hat das Ganze der Gletscherwelt das Ansehen eines ungeheuern erstarr= ten Meeres, das theils zwischen den höchsten Hörnern und Gräthen aufgestaut liegt, theils in breiter Fluth über die Hochrücken herabwallt, oft mühsam durch schmale Thäler sich drängt und die verschiedenen Zuflüsse aufnimmt, in einzelnen Stromarmen aber tief nach den unteren Thalbuchten abfließt, wo es in das saftige Grün der Wiesen phantastisch, wie durch ein Zauberwort festgebannt, stumm und starr hereinhängt. Natürlich modificirt diese ungebundene Verbrei= tung der Gletscher die Entwickelung des organischen Lebens in hohem Grade. Die Gletscher sind weit ärgere Feinde desselben als der Schnee. Dieser schützt und bewahrt tausendfältig den Keim der Vegetation, den Odem des thierischen Lebens; der Gletscher vernichtet es. Er wärmt den Boden nicht; er schleift die Pflanzendecke ab; kaum daß er ihr Gesäme in die Tiefe trägt, das aber meist früher stirbt, als es auf langsamer Reise die sterile Basis einer Moräne erreicht. Alles organische Leben flieht ihn bis auf wenige wunderliche Ausnahmen scheu wie das Revier des Todes. Die Gemse, der Steinbock weichen ihm aus, bis die

---

[*] Die amerikanischen Andes haben keine Gletscher; am Himálaya reichen die tiefsten nicht unter 9000' ü. M. herab.

Todesangst sie über ihn hinjagt; der Vogel findet keine Beute auf ihm; selbst das Insekt meidet den blumenlosen Schutt und ewigen Frost der Eismeere mit einziger Ausnahme des wunderbaren Gletscherflohs.   Doch ist dieses negative Verhältniß derselben zum gesammten Lebensgebiet in der Berg= und Alpenregion so ziemlich durch die Grenzen des Gletschers beschränkt, und schon an seinen Ufern entwickelt sich Kraut und Thier mit furchtloser Freudigkeit; ja man glaubt sogar nicht mit Unrecht, daß in tieferen Geländen die Gletschernähe und die da= durch erzeugte Frische und Feuchtigkeit der Luft augenscheinlich vortheilhaft auf die Ueppigkeit der Vegetation einwirke.   Freilich muß die Gegenwart so umfang= reicher Eismassen auch die Bodenwärme, da wo sie durchschnittlich über 0° steht, bedeutend schwächen, und zwar nicht nur unmittelbar unter dem Gletscher, son= dern auch rings auf eine gewisse Entfernung hin.   So erniedrigt der Grindel= waldgletscher eine Bodentemperatur, die vier Fuß tief im Mittel auf 5,84° R. steht, in der Nähe des Gletscherrandes auf 1,36°, eine halbe Viertelstunde davon entfernt auf nicht volle 4°.   Doch ist dieser Einfluß nicht sehr merklich; — rings um den starren Eisstrom grünen Gräser, Kräuter, Fichten und Buchen in ungeschwächter Entwicklung.

Mittelbar aber sind die Gletscher große Wohlthäter des organischen Lebens in seiner vollsten Breite, indem sie wenigstens vom Frühjahr bis zum Spätherbst die großen Ströme der Schweiz ohne Ausnahme nähren und so auch das Tief= land mit befruchtenden Wasservorräthen versorgen.   Jedem Gletscher entströmt am unteren Rande ein kaum 1° R. Wärme haltender, je nach Beschaffenheit des Polirschlammes bald milchigweißer, bald grünlicher, schwärzlicher oder grauer Bach als Produkt der Schmelzung des Gesammtgletscherkörpers, sowie vielleicht vorhandener Grundquellen oder eingetretener Niederschläge.   Der Bach höhlt oft den Gletscher gewölbartig aus und bildet bis an hundert Fuß hohe und 40—80 Fuß breite Eiskeller, aus denen er wie der Hinterrhein brausend her= vorrauscht, oft als Kaskade mit blitzenden Fluthen über die Bergflanke springt (wie z. B. vom Muttenfirn am Hausstock).   Bei großen Gletschern sammeln sich die Schmelzwasser, die, wo sie auf reinem Eise laufen, stets eine Temperatur von genau 0°, wo sie aber in sandigen Rinnsalen fließen, eine solche von $+ 0,1$ bis $+ 0,7°$ haben, (aber schon nach kurzem Laufe im Gestein eine Wärme von 5—8° R. gewinnen), nicht selten zu starken, klaren, periodischen Bächen, die, wunderbar in dieser Wunderwelt, (wie z. B. auf dem Rhonegletscher) mitten auf dem Eismeer aus einer Grotte hervorbrechen und nach kurzem, brausenden Lauf wieder in irgend einem Trichter verschwinden, der sie aufschluckt und an der Basis des Gletschers weiter fortleitet.   Daneben finden wir aber auch viele tiefe, azurblauschimmernde Löcher und Trichter, die nicht auf den Grund gehen und bald ganz leer und trocken stehen, bald ganze Systeme von kleinen blaugrauen Schmelzlagunen bilden; andere Löcher dagegen, Reste alter Gletscherspalten, gehen in großer Tiefe auf den Grund und lassen auf die Mächtigkeit der Massen schließen, wie z. B. auf dem Unteraargletscher solche von 780 Fuß Tiefe zu finden sind.

Am thätigsten ist der Schmelzproceß im Gletscher selber während des Sommers und Herbstes; trockene Wintermonate hemmen ihn für kurze Zeit, wie z. B. im Januar von 1854 die Sardasca= und Selvrettagletscher — zum ersten Male seit Menschengedenken — die Quellrinnsale der Landquart ganz trocken gelassen haben. Die dem Gletscher entströmenden Gewässer enthalten in ihrem Polir= schlamme eine Masse befruchtender Mineralnährstoffe für die Pflanzenwelt und werden namentlich im Wallis häufig zur Düngung der Wiesen, Weinberge und Gärten benutzt. Die mit solchem Gewässer gedüngten Wiesen von Birgisch, Mund, Egger, Außenberg ꝛc. prangen in üppigster Fruchtbarkeit, obwohl sie nie mit thierischem Dünger versehen werden. —

Wir werden im Allgemeinen die Ansicht festhalten müssen, daß die Ent= stehung der Gletscher vor Allem durch ihren Zusammenhang mit der Firnregion bedingt ist, d. h. daß ihre Wiegen in jenen großen Firnmulden liegen, in welchen sich der Hochschnee unter Zuschuß des von den benachbarten Kuppen und Käm= men herabgewehten Staubschnees massenhaft ansammelt, ferner bedingt durch ihr durchschnittliches Erscheinen in einer Höhe, wo namentlich während des Früh= jahres und Sommers der täglich sich wiederholende Prozeß der Schnee= und Eisschmelzung und des Wiedergefrierens im großartigsten Maßstabe möglich ist. Wie der Hochschnee durch Infiltration von Schmelzwasser und Wiedergefrieren in den harten körnigen Firn umgebildet wird, so entwickelt sich dieser in den tieferen Lagen, wo der Schmelzprozeß und alle atmosphärischen Einwirkungen sich vollständiger vollziehen, zum Gletschereis. Der Gletscherkörper ernährt sich vor= wiegend, wenn nicht ausschließlich, von den oberen Firnlagen; sein eigener Win= terschnee dürfte nur in den ungünstigsten Jahren und nur zum geringsten Theil einer homogenen Glacification unterliegen. Was er an seinem unteren Ende und überhaupt während der warmen Zeit durch Ablation verliert, ergänzt er ungefähr durch den an seinem Quellpunkte wirkenden Umwandlungsprozeß des Firns in Gletscher; er ist also gewissermaßen der permanente Abfluß der oberen Firnthäler und wehrt dadurch einer übermäßigen Schneeanhäufung in den Höhen, ähnlich wie die Lauinen.

Von dem gewöhnlichen Wassereise unterscheidet sich die Struktur des Glet= schereises in mancher Hinsicht. Während das Wassereis eine in sich gleichartige Masse bildet, ist das Gletschereis, ähnlich den Jahreslagen der Firnregion, lagen= weise geschichtet, vertikal blau und weiß gebändert, zäher, gekörnter Art, ein Konglomerat von mehr oder minder unterscheidbaren Eiskörnern, zwischen denen bald mehr bald weniger sichtbare Haarspalten, oft auch feine zellenartige, runde oder flachgedrückte Luftblasen sich durchziehen. Diese Haarspalten scheinen die ganze Tiefe des Gletscherkörpers netzartig zu durchsetzen und führen in denselben eine große Menge Wasser ein. Setzt man ein Gletscherstück höherer Temperatur aus, so zeigt sich das feine Netz der Haarspalten bald deutlicher, die Körner wer= den lockerer und das Ganze fällt endlich in einen Haufen von Eiskörnern aus= einander. In der oberen Gletscherregion sind die Körner durchweg viel feiner als in der unteren gegen das Ende des Gletschers zu, wo sie bis zu einem Zoll im Durchmesser halten, so daß mit dem Herabgehen des Gletscherstromes eine fortdauernde innere Verwandlung der Masse stattfindet. Der Gletscher steht nach Hugi's Ansicht in der innigsten Wechselwirkung mit der Atmosphäre, so daß er ununterbrochen eine Masse ihrer Feuchtigkeit absorbirt und dagegen wieder von seinen Bestandtheilen ausdünstet. Daher die Erscheinung, daß z. B. ein kubikfußgroßes, glattgehobeltes Gletscherstück an Umfang und Gewicht sich fortwährend verändert, ohne daß irgend eine Schmelzung stattfindet. Bei einer Temperatur von $+ 10 — 15°$ R. wurde ein solcher Gletscherwürfel des Nachts 12—13 Loth schwerer, des Tags wieder um so viel leichter, so daß er scheinbar den Tag über troß der Vermehrung seines Volumens exhalirte, ausathmete, des Nachts aber einathmete, atmosphärische Stoffe in sich aufnahm und verwandelte. Die geglättete Oberfläche wurde rauh und knorrig; nach sechszehn Tagen war er viel größer geworden und dabei um mehrere Pfund leichter. Ein anderer Gletscherwürfel, mit Syrup überstrichen und dadurch vom Einfluß der Luft isolirt, hatte sich weder an Umfang noch an Gewicht irgend verändert. Hugi schließt daraus auf die stete Verwandlung der Gletschermassen unter dem Einfluß der Atmosphäre, auf die damit nothwendig verbundene Aenderung und allmälige Entwickelung ihres inneren Gefüges und dadurch auf die nothwendig werdende Bewegung der Masse. Natürlich finde im hohen Winter bei einer mehr gleichmäßig tiefen Temperatur dieses rhythmische Aus= und Einathmen des Gletschers und seine Verwandlung langsamer statt als vom Frühjahr an. Die eigentliche Gletschermasse ist also nichts weniger als ein in sich identischer Stoff, sondern, wie gesagt, ein körniges Gefüge, lagenweise geschichtet, von Luftblasen, blauen und weißen Bandstrukturen und einem unendlich fein und reich gegliederten Netze von Haarspalten durchzogen, durch welche wenigstens während der Sommertage eine Menge Wasser infiltrirt und cirkulirt und dann durch Gefrierung eine Vermehrung seines Körpervolumens erzeugt, welche im Allgemeinen den großen Verlust durch Abschmelzung und Verdunstung der Oberfläche zu ersetzen scheint, der z. B. bei einer mittleren Temperatur von $3 — 4°$ eine Abschmelzungsverminderung von durchschnittlich $40 — 45^{mm}$, ja selbst von $60 — 70^{mm}$ per Tag ergiebt, so daß in den vier Sommermonaten 16, im günstigen Falle selbst 30 Fuß abschmelzen.

Es ist schwierig, die eigentliche Färbung des Gletschers genauer zu bestimmen und zu erklären. Der Bergreifende bemerkt schon auf den Schneefeldern in jeder kleinen Höhlung zu gewissen Zeiten einen bläulichen Dunst oder Schimmer, ebenso in den Firnspalten. Die Gletscherspalten von größerem Umfange liegen aber in einem unaussprechlich schönen Farbenduft, der zwischen dem sanftesten Hellblau, dem tiefsten Dunkelblau und Azur wechselt und unwillkürlich das bewundernde Auge fesselt. Andere Gletscherpartien flimmern wieder in den lauen, weichen Tönen des Meergrüns, andere in graulichweißlichen oder graulichschwärzlichen Nüancen; schlägt man sich aber ein Stück der Masse los, so liegt es farblos in

der Hand. Im Allgemeinen hat man beobachtet, daß bei häufigem und entschiedenem Temperaturwechsel eine bestimmte Gletscherfarbe sowohl entschiedener
auftrete als auch rascher sich verwandle. Man wollte dies von einer bestimmten Verwandlung oder Entwicklung der Gletscherbläschen herleiten (Hugi), während Andere (Agassiz, Desor) behaupten, daß allem Wasser unserer Berge sowohl
in flüssigem als festem Zustande (Firn, Schnee, Eis, Gletscher) stets eine bläuliche Farbe zukomme, deren Intensität zwar wechsle, aber mit der Festigkeit des
Elementes wachse. Mit ziemlicher Bestimmtheit aber läßt sich bei jedem Gletscher das blasigere, trockne, mattweiße Eis von dem wenig blasigen, kompakteren, in seinen Poren mit Wasser getränkten blauen Eise unterscheiden.

Eine weitere, chemische Eigenthümlichkeit des Gletschereises ist, im Gegensatz
zum tiefländischen Wassereis, sein scharfer, basischer, zusammenziehender Geschmack. Das reine, ganz frische Gletscherwasser ist nicht wohl trinkbar, sondern fade, vermehrt den Durst und erregt leicht Durchfall, weswegen z. B. die
Schafhirten auf dem mitten im Eismeere gelegenen grünen Zäsenberge und
Bänisegg Gletscherstücke auf Felsen tragen, um sie an der Sonne schmelzen
zu lassen. In der Tiefe fangen sie den Schmelzabfluß als gutes Trinkwasser
auf. So bewerfen auch die Gemsenjäger oben die Felsen mit Gletschereis und
lecken unten das Wasser ab. Denn so ungenießbar das Gletscherwasser gleich
nach seinem Entstehen ist, so wird es doch, wenn es nur kurze Zeit über den
Felsen gerieselt ist, bald zum labendsten, besten kohlensauren Wasser. Die gleiche
Erfahrung machte Hugi, wenn er es in einem Gefäße tüchtig durchpeitschen ließ,
wobei es rasch den nothwendigen Sauerstoff aus der Luft absorbirte. Von
einem ebenso gierigen Sauerstoffeinsaugen zeugt die Erfahrung, daß eiserne Instrumente, die viele Jahre auf Hochgletschern liegen blieben, nicht im Geringsten
oxydirt hatten; der Gletscher hatte ihnen den Sauerstoff vorweggenommen.
Von dieser chemischen Beschaffenheit des Gletschers hat im vorigen Jahrhundert
ein spekulativer Kopf, Dr. Salchli, Vortheil zu ziehen verstanden und einen
‚Gletscherspiritus‘ bereitet, der unter den Auspizien des großen Haller für kurze
Zeit in bedeutenden Kredit kam!

Werfen wir nun noch einen kurzen Blick auf die Eismeere als große Natur-
erscheinung überhaupt, so werden wir manche auffallende Erscheinung nach dem
bisher über ihr Wesen Angedeuteten besser begreifen. Man weiß, daß sie in
stäter Bewegung begriffen sind, fortwährend der Tiefe langsam zurücken, wobei
sie je nach dem Maße der Abdachung und Fortbewegung kleinere und größere,
oft ungeheuere Spalten werfen, daß sie ferner Schuttwälle auf ihrem Rücken tragen,
aufgenommene fremde Körper wieder ausstoßen, und durch Verwitterung und Aus-
schmelzung wunderbare, phantastische Höcker, Spitzen, Säulen, Obelisken, ‚Glet-
scherrosen‘, Nadeln, Figuren aller Art bilden. Der Tiefgang der Gletscherfelder,
das wesentlichste Entlastungsmittel der oberen Höhen von übermächtigen Schneemassen, ist eine entschiedene, längst bekannte Thatsache. Der vom Grindelwald
bewegt sich jährlich etwa 25 Fuß vorwärts, Hugi's Hütte auf dem kaum 5 Pro-

cent geneigten Unteraargletscher rückte von 1827 bis 1830 2184 Fuß abwärts
und bis 1836 4384 Fuß, eine Signalstange aber auf einem großen Granit=
blocke in den ersten drei Jahren 2944 Fuß. Vom März bis August 1851
allein wanderte jene Hütte 1000 Fuß weit. Die Fortbewegung des Bossons=
gletschers wird oben auf 600, unten auf 547 Fuß im Jahre berechnet. Die
Leiter, die Saussure im Jahre 1788 bei seiner Montblancbesteigung bei der
Aiguille noire zurückgelassen, gelangte bis 1832 zertrümmert in die Gegend von
les Moulins auf dem Mer de glace, war also mit dem Gletscher im Laufe von
44 Jahren 14,500 Fuß fortgerückt. Ferner rückte eine vom Erzberghorn herab=
gestürzte Getrümmmasse am Rande des Gletschers in drei Jahren über 4000
Fuß, eine auf der Mitte des Gletschers angebrachte Signalstange in der gleichen
Zeit nur 3620 Fuß abwärts, ein Beweis, daß die Gletschermasse in allen ihren
Theilen beweglich ist, aber nicht als Gesammtkörper gleichmäßig vorrückt, sondern
in der Mitte, wo ihre Masse am größten und schwersten ist, eine geringere Thätig=
keit entfaltet als an den Seiten, wo die Bodenwärme auf die geringere Mächtig=
keit wirksamer influirt. Andere Beobachtungen haben zwar gleicherweise die
ungleichartige Fortbewegung erwiesen, aber mit dem Unterschiede, daß die Mitte
rascher fortrücke als die Ränder. Der Grund der theils starrgleitenden, theils
zähflüssigen Gesammtbewegung liegt in der ungeheueren Schwere der Gletscher=
massen, die bei einer Mächtigkeit von mehreren hundert Fuß ins Unberechenbare
steigt und durch eigenen Druck auf einer auch nur wenig geneigten Fläche fort=
schreiten muß, wenn sie durch die Bodenwärme auf Gestein und Geröllmassen
beträchtlich unterhöhlt wird*), vielleicht aber auch mit in der fortwährenden
inneren Entwickelung des Massengefüges, in der Ausdehnung und Zusammen=
ziehung des Luftblasennetzes, der mit Wasser infiltrirten Haarspalten und Um=
wandlung des Gletscherkorns. Die Gletscher rücken in der wärmeren Zeit, über=
haupt aber dann, wenn sie eine größere Menge Wassers aufgenommen haben,
rascher fort. Auf dem Grindelwaldgletscher hat man berechnet, daß eine vom
Firn angehende Gletschermasse innerhalb zwanzig Jahren den ganzen Gletscher
passirt haben und am unteren Ende angelangt sein mag, wo sie nun von der
Schmelzung und Verdunstung völlig absorbirt ist. Es giebt also ebensowenig
‚ewigen Gletscher‘ als ‚ewigen Schnee‘. Die Stärke der Abschmelzung am unteren

---

*) Hugi fand bei seinen Wanderungen und Kriechungen unter den Gletschern
im Sommer die Unterfläche stets äußerst glatt und tropfnaß, die Luft 4—6 Grad R.
warm und sehr feucht. Andere Gletscher waren in ihrem ganzen Umfange unterhöhlt
und ruhten blos auf den Steinblöcken des Bodens wie Gewölbe. Diese Stützpunkte
müssen also nothwendig die Bewegung der Gletscher theilen. Wieder andere ruhen
fest auf und sind mit ihrer Basis wie zusammengefroren. Man darf aber nicht ver=
gessen, daß jeder Gletscher gewissermaßen ein Individuum ist und durch seine Höhe,
Sohlenlage, Temperaturverhältnisse u. s. w. eigenthümlich bestimmt wird, wie schon
ein Blick auf die Oberfläche die verschiedenartigste Entwickelung der einzelnen Gletscher
zeigt. Wo der Gletscher unter einer Höhenisotherme von 0° oder mehr liegt, muß ihn
natürlich die Bodenwärme abschmelzen.

Rande hängt natürlich zumeist von der Meereshöhe desselben ab und ist bei verschiedenen Gletschern sehr verschieden. Beim Aargletscher wird sie auf 80 Fuß, bei dem des Montanvert auf 200, beim Bossonsgletscher sogar auf 450 jährlich berechnet.

Von der Abschüssigkeit, von der Ebenheit oder Rauhheit des Gletscherbettes hängt wesentlich die Schnelligkeit seiner Fortbewegung ab. Tritt der Gletscher aus weitem Felde in einen Engpaß, so staut er zu beiden Seiten seine Massen auf; er brandet wogenartig an den Seitenfelsen empor und gelangt hier nicht selten zu einer ungeheueren Mächtigkeit. Steht seinem Fortrücken ein Querriegel im Wege, so thürmt er sich an demselben empor, wächst über ihn hinaus und ragt mit seinem Kamme bald über die Felsenmauer hinaus. Hier bröckelt, schmilzt und dunstet er ab. Ist der Gletscher sehr massenhaft, so häufen sich die abgefallenen Stücke unten am Riegel an, frieren wieder zusammen und bilden auf der unteren Terrasse (ähnlich den Lauinen) unter günstigen Verhältnissen einen neuen, regenerirten Gletscher, der die Struktur des alten selbst bis auf die Ogivenbänder annimmt und sich gleichfalls wieder lebendig fortbewegt. Solche Gletscherkaskaden über drei, vier Absätze finden sich öfters im Hochgebirge.

Aus dem ungleichen Vorrücken und der dadurch entstehenden Spannung, verbunden mit der oft so sehr großen Unebenheit ihres Bettes, erklärt sich dann auch die Zerklüftung der Gletscher, meist in querlaufenden und selten bis auf den Grund reichenden keilförmigen Spalten, die sich in der Regel an warmen Sommertagen oder in den auf solche folgenden kalten Nächten unter dumpfem Getöse und bei schlagweiser Erzitterung des Eiskörpers erzeugen, und aus denen man nicht selten des Nachts ein dumpfes, knarrendes Getöse vernimmt, das von dem Fortrücken des Gletscherkörpers auf dem unebenen Grunde herrührt. Während derjenige Theil des Gletschers, der, von den Hindernissen seines Bettes aufgehalten, hinter dem durch andere Umstände begünstigten, schneller fortrückenden zurückbleibt, tritt eine ungleiche Spannung der Masse ein und diese spaltet sich. Vielleicht ist die oft hohle Unterseite, die bei ihrer Bewegung öfters den Stützpunkt ihres Blockes oder Felsens auf einem Punkte verliert und dann durch ihre eigene Schwere zusammenbricht, auch häufig ein Grund der Spaltung. Aehnlich bilden sich in der Firnregion durch das Reißen des unter dem Firn liegenden Gletschers die sogenannten Firnklüfte oder Firnspalten. Durch das Fortrücken der Gletscher werden die Spalten vergrößert; durch die ungleichartige Bewegung der Masse gerathen sie in eine andere Lage und werden nicht selten ganz herumgedreht. Tritt der Gletscher weiter unten wieder in ein gleichmäßigeres Bett, so schmilzt und wächst er merkwürdig rasch wieder zusammen. Viele Spalten keilt auch der Winter, wenigstens die minder tiefen, wieder mit Schnee zu, der im Frühling schmilzt und vereist. Dann bildet sich ein neues System von Spalten über die ganze Fläche hin, so daß selbst die kundigsten Gebirgsführer jedes Jahr wiederholt das wechselnde Terrain des Firns neu sondiren müssen.

Der Einblick in die größeren Spalten, die, wenn sie unten von einer undurchdringlichen Basis ausgehen, oft klafterhoch mit Schmelzwasser ausgefüllt

find, zeigt ein mannigfaches Farbenspiel des Gletscherkerns. Man läßt sich
oft von der ungeheueren Kälte, die in solchen Spalten herrsche, erzählen; allein
die Temperatur in denselben sinkt im Sommer nie tiefer als etwa einen halben
Grad unter Null, und im Winter ist sie entschieden höher als die auf der Oberfläche des Gletschers, obwohl der aus der Spalte Heraufgezogene sich oben wie in
gewärmter Stubenluft fühlt, unten aber eine beißend scharfe Kälteempfindung
hat. Wahrscheinlich ist diese der Trockenheit der Spaltenluft zuzuschreiben. Wo
mehrere Gletscher zusammenfließen und in einander übergehen, entwickelt sich eine
für alle gleichmäßige Kernbildung; die Spalten aber, die jeder mitbringt, drehen
und verschieben sich nach den Abdachungsverhältnissen zu labyrinthischen Netzen
und Zerklüftungen. Kommen Gletscherströme durch ein jähes Bett herab, so
zerreißen und zerspalten sie sich außerordentlich und thürmen sich ruinenartig zu
den wunderlichsten, 30—40 Fuß hohen Pyramiden, Riffen und Säulen auf,
auf deren Knauf oft ein Felsblock liegt. Diese stürzen fortwährend wieder zusammen und in die Tiefe der Spalten, werden mit Schnee und Eis bedeckt,
erscheinen aber nach einiger Zeit schon wieder auf der Oberfläche. ‚Der Gletscher
muß sich reinigen‘, sagen die Leute, und in der That erscheinen selbst Granitblöcke
von 20,000 Kubikfuß, welche in tiefe Spalten gestürzt sind, im Laufe der Zeit,
wie von einer stillen Gewalt herausgestoßen, wieder auf der Oberfläche. Der
Grund dieses Phänomens liegt ohne Zweifel einfach in der Abschmelzung der
Oberfläche, die, wie bemerkt, ungleich größer ist, als man gewöhnlich glaubt, und
vom Anfang bis zum Ende des Gletschers herab im Lauf der Zeit alle seine
Lagen erreicht, also auch alle fremden Körper in seinem Innern bloßlegen muß.
Auch darf man es mit seiner sprüchwörtlich gewordenen absoluten Reinheit nicht
allzugenau nehmen. Genauere Nachforschungen entdecken vielmehr ohne große
Mühe noch in der Tiefe von mehreren Klaftern eingebackene Steine und Pflanzen-
reste, beinahe regelmäßig aber zwischen jeder Jahresschichte eine äußerst geringe
Lage feinen Sandes und Staubes. Dieser wurde offenbar den Sommer über
auf den Firn geweht; der Winter verhüllte die alte Jahreslage mit einer neuen,
die nun bei ihrem Uebergang zur Vergletscherung auch ihr Quantum fremdartiger
Körper mit in den großen Gletscherkörper bringt. Die Gegenstände, wie Blätter,
lebende und todte Insekten, todte Gemsen, sinken mit scharf begrenzten Umrissen
verhältnißmäßig tief ein. Werden sie rasch von Schnee bedeckt, so erhalten sich
selbst große Thiere ein Jahr lang frisch; bleiben sie aber den atmosphärischen
Einflüssen ausgesetzt, so verwesen die Fleischtheile gleichwohl. Von einem in den
Spalten des Griesgletschers versunkenen Pferde wurden im folgenden Jahre die
kahlen, gebleichten Knochen wieder ‚ausgestoßen‘. Was etwa sonst blos auf die
Seitenoberfläche der Masse gestürzt ist, das Getrümm, die Bäume und Blöcke,
die an seinen Seitenufern auf ihn herabgefallen, das trägt er im Laufe der Jahre
ruhig auf seinem Rücken in der Form von Geröllinien, von stets naßfeuchten
Stein- und Schuttwällen (Moränen) mit sich fort, die, wie beim Zusammenfluß
des Lauteraar- und Finsteraargletschers, eine Höhe von hundert Fuß auf eine

Breite von mehreren hundert Fuß erreichen können.   Fließt der Gletscher mit einem andern, der aus einem Seitenthale sich in ihn hereindrängt, zusammen, so werden die Massen, die an ihren nun zusammenfließenden und einander zugekehrten zwei Ufern gelegen haben, in Eine große, in der Regel aber deutlich zweitheilig geschiedene Moräne vereinigt, die in der Mitte des Gletscherrückens sich fortbewegt (Centralmoräne, Guffer), während jeder der Gletscher seine Seitenmoräne auf den entgegengesetzten beiden Ufern weiterschiebt.   Tritt abermals ein neuer Seiten= gletscher herzu, so wiederholt sich der Prozeß von Neuem; es wird ein zweiter Mittelwall gebildet u. s. w., so daß am Ende aus der Zahl der Mittelwälle auf die Zahl der vereinigten Gletscherströme geschlossen werden kann, wie z. B. beim großen Zermattgletscher, der aus acht von den Wänden des Monterosa nieder= gehenden Eisströmen gebildet wird.   Einzelne auf den Gletscher gefallene Trüm= mer erzeugen ganz verschiedenartige Gestalten.   Große Blöcke z. B. schützen ihre Basis vor dem Einfluß von Sonne, Regen, Wind u. s. w.   Während die Um= gebung abschmilzt, scheinen sie sich zu erhöhen und liegen am Ende auf einem Postament oder einer Säule von Eis wunderbar aufgestellt ('Gletschertische'); kleine Steine dagegen nehmen weit mehr und rascher Sonnenwärme auf als der Gletscher und schmelzen also in ihm seichtere oder tiefere Löcher aus.   Andere Trümmer, ja ganze Moränen fallen in Schründe und Löcher und verschwinden und werden durch die Basis des Gletschers zermalmt, so daß zwischen dieser und der Felsensohle eine Schlammschicht steht.   Wo der Gletscher ausgeht, da ladet er auch seinen Moränenschutt ab; dieser gleitet über ihn hinab und bildet auf dem nackten Boden die freie End=, Stirn= oder Frontmoräne, die, wenn der Gletscher sich längere Zeit in seinem Endpunkte gleichbleibt, zu ungeheuren Block= und Steindämmen anwächst (wie die des Schwarzberggletschers im Saaßthale, die über 244,000 Kubikfuß hält) und ungefähr den Anblick eines Wahlplatzes bietet, auf dem Riesen sich mit tausend Zentner schweren Würfeln und Blöcken bewarfen; der Naturforscher aber findet in ihnen ein höchst bequemes und wich= tiges Repertorium aller der Felsarten, die ein Gletscherbeet seiner ganzen Länge nach bestreicht.

Schreitet der Gletscher weiter vor, so verschiebt und zertrümmert er diesen Wall und drückt die gewaltigsten Felsblöcke bei Seite.   Weicht das Ende des Gletschers wieder nach oben zurück, so bekleidet sich nach und nach ein Theil des chaotischen Schuttes auf dem alten Gletscherboden wieder mit einer Rasendecke. Natürlich dehnen sich nach schneereichen Wintern und naßkalten Sommern die Gletscher nach unten hin aus; sie gehen in die Alpen und Wiesen hinein und zer= trümmern oft Hütten und Ställe.   In schneearmen Wintern und heißen Jahr= gängen dunsten und schmelzen sie unten stark ab und der Gletscherkörper scheint sich zurückzuziehen, und zwar so, daß der Spielraum des unteren Randes durch= schnittlich zu 4000 Fuß angenommen werden darf.   Die unterste Frontmoräne (auch Firnstoß genannt) ist immer das Wahrzeichen der größten Ausdehnung, die der Gletscher je erreicht hat, und liegt mitunter sogar über eine halbe Stunde

unter dem gegenwärtigen Gletscherende. Nach der Mitte des sechszehnten Jahr=
hunderts drängte eine Reihe schneereicher Winter alle Gletscher thalwärts; der
vorrückende untere Grindelwaldgletscher zerstörte die Petronellenkapelle, deren
später wieder ausgeschmolzene Glocke jetzt im Grindelwalder Kirchthurme hängt.
In unserm Jahrhundert gewannen die Eismeere in den traurigen Jahren von
1816 bis 1819 ihre größte Ausdehnung, nachdem sie schon im ersten Jahr=
zehnt einen tiefen Stand genommen; 1822 wichen sie stark zurück, so daß
viele alte Weideplätze wieder zum Vorschein kamen; dann folgte 1826—30
wieder ein langsames Wachsen, bis 1833 ein Stillstand, 1836 und 37 ein
neues Wachsen, 1839—42 ein Weichen, 1849—51 ein abermaliges Vorwärts=
stoßen, woran, wie es scheint, weniger eine etwas niedrige mittlere Temperatur
im Allgemeinen, als vielmehr starker Schneefall im Winter Schuld war. Nichts=
destoweniger haben sich gleichzeitig andere Gletscher zurückgezogen; ja es kommt
vor, daß ein in zwei Arme sich theilender Gletscher auf der einen Seite vorrückt,
auf der andern aber zurückweicht. Der gewaltige und wunderschöne Gorner=
gletscher am Monterosa ist nach Angabe der Anwohner seit zwanzig Jahren in
gerader Linie eine halbe Stunde, mit den auf= und absteigenden Bogenwendun=
gen aber über eine Stunde weit vorgerückt, und hat große Äckerstrecken bedeckt,
wobei er den Acker= und Rasenboden rings an seinem Ufer in tiefen Furchen auf=
pflügte. Sonst glaubten die Bergbewohner öfters, die Gletscher wachsen nur
alle sieben Jahre einmal.

Eigenthümlich sind auch bei den Gletschern, wie überhaupt im Gebirge, die
Schallverhältnisse. Wie der in der Lauine Verschüttete jedes Wort der ihn
Suchenden vernimmt, ohne sich selbst nur mit einem Laute vernehmlich machen
zu können, so sehen wir oft, daß die in tiefe Gletscherspalten Gefallenen in ihrem
Abgrunde Alles hören, aber kein deutlich verstehbares Wort hinaufzurufen im
Stande sind. Aehnliche Erscheinungen wiederholen sich auf hohen freien Berg=
gipfeln. Reisende berichten, daß sie z. B. auf der Hochgant und auf dem Scheiben=
gütsch im Entlebuch in einer Entfernung von sechs Stunden deutlich die donnern=
den Gletscherbrüche an der Jungfrau hörten, die man in ihrer nächsten Nähe im
Lauterbrunnenthal nicht vernimmt. Auf dem großen Mythen vernahm man
genau das Kommando auf dem Exerzierplatze bei Schwyz, und auf dem Gipfel
des Vorderglärnisch sogar das Abstellen der kupfernen Wassergefäße auf den
eisernen Stäben des Adlerbrunnens in Glarus, während der stärkste Stutzerschuß,
der auf dem Gipfel losgebrannt wird, eine halbe Stunde tiefer gar nicht mehr
zu bemerken ist und in der Höhe nur wie ein Peitschenknall tönt.

Wie alt unsere jetzigen Gletscher sind, läßt sich nicht bestimmen. Im 17.
und 18. Jahrhundert hat jedenfalls eine beträchtliche Ausdehnung derselben
stattgefunden, während viele ältere Moränen beweisen, daß in einer vorgeschicht=
lichen Zeit ihre Verbreitung noch ungleich größer war; die geistreichen Unter=
suchungen über die Grenzen der Gletscherspuren, die alten Moränen und die
Findlingsgesteine deuten, wie erwähnt, unabweisbar darauf hin, daß die ältesten

Gletscher 1200 bis selbst 2000′ über das Niveau der jetzigen Gletscheroberfläche hinaufreichten und ihren Horizont vom Tödi bis Rapperswyl und Zürich, von der Grimsel bis Bern, vom Montblanc bis Genf ꝛc. ausdehnten. Wie bemerkt, schleift der Gletscherkörper sein ganzes Gangbett sowohl an der Sohle als an den Seiten allmälig ab. Wie eine mit millionenfacher Zentnerkraft wirkende Riesen=feile reibt er die scharfkantigen Felsvorsprünge, an denen er langsam vorübergleitet, allmälig zu unscheinbaren, gerundeten Höckern ab. Die an seiner Sohle und seinen Flanken eingefrorenen Steine, Kiesel und Quarzkörner ritzen und poliren die Felsen des Gangbettes und schneiden oft deren Fossile scharf mitten durch. Sowohl jene Rundhöcker als diese sog. Gletscherschliffe verrathen dem beobachten=den Auge oft weit entfernt und hoch über dem jetzigen Gletscherstande die alten Gletscherwerkstätten und haben sich sowohl an freier Luft als unter der später sie verhüllenden Erd= und Rasendecke unverkennbar erhalten. Ja solche alte Gletscherbeete lassen sich, ohne daß man genau im Einzelnen die parallelen Ritz= und Furchenspuren untersucht, schon beim Gesammtüberblick eines Bergthales daran erkennen, daß die untern, vom ehemaligen Gletscher abgeschliffenen Felsen=formen ein gerundetes und geglättetes Ansehen haben, während die obern zackig und scharfkantig überall die Spuren der natürlichen Verwitterung zeigen. Dies läßt sich besonders überzeugend an den krystallinischen Felsen des Aarthales bis zur Grimsel hinauf nachweisen.

Wir haben noch einiger merkwürdiger Erscheinungen in dieser unaussprechlich interessanten Gletscherwelt zu erwähnen, Erscheinungen, die selber ein Hauch des organischen Lebens in einer feindlichen Welt sind, zunächst des rothen Schnees, der sich schwerlich auf dem Gletscher, gewöhnlich auf dem Firn zeigt, oder auch auf den Grenzen beider, und in allen Theilen der Schweizeralpen stellenweise zum Vorschein kommt. Mitunter fällt bei oder nach starkem Südwinde und frischem Schneefalle eine zimmtbraune, staubartige Masse auf die frische Schneedecke, ein Phänomen, das bisher blos im südöstlichen Hochgebirge beobachtet wurde. So am 17. Februar 1850, wo sich nach starkem nächtlichem Schneefall bei Wind=stille des Morgens das Gebiet vom Gotthard bis zu den Rheinwaldgebirgen über alle Höhen hin mit einer röthlichbraunen Staubmasse bedeckt zeigte. Mikrosko=pische und chemische Analysen wiesen nach, daß diese Masse wesentlich aus un=organischen (eisen=, kohlen=, kiesel=, kalkerde= und thonerdehaltigen) Stoffen, mit etwas Blüthenstaub (Pollenkörnern von Haselnuß) vermischt, bestand, und es blieb ungewiß, ob der mehrere tausend Zentner haltende Niederschlag ein Aschen=produkt des damals gerade thätigen Vesuv, wo auch die Haselstauden gleich=zeitig blühten, oder ob er Passatstaub sei. Im Januar 1867 wiederholte sich im bündner Gebirge das nämliche Phänomen in ausgedehntestem Maße. Eine genaue Untersuchung bewies unwidersprechlich, daß der großartige Niederschlag vollkommen identisch mit dem Wüstenstaube und Wüstensande der Sahara war, den also die geflügelten Südwinde über unser Gebirgsland ausgestreut hatten.

Davon ganz verschieden ist aber der sogenannte rothe Schnee. Er war im Allgemeinen schon Aristoteles bekannt, wurde aber zuerst von Saussure auf den savoyer und walliser Bergen, dann von Charpentier, den Bernhardinermönchen und seither öfters näher beobachtet. Außer auf den genannten Gebirgen zeigte er sich auf denen von Bex und Anseindaz, auf der Grimsel, am Rhonegletscher, Sidelhorn, Stockhorn, Wildstrubel, an der Jungfrau, am Steinalpgletscher, auf Engstlenalp, an der Fibia, am Glärnisch, Kärpfstock, an der Silvretta, auf Zaportalp u. s. w., meistens in einer Höhe von 7000—9000′ ü. M., ausnahmsweise aber auch (am Stockhorn und auf Monte Tamaro oberhalb der Alp Ragno) bis auf kaum 5000′ ü. M. hinunter.

Sein Auftreten gewährt eine überraschende, angenehme Erscheinung. Auf älterem (nie auf frischgefallenem) Schnee oder Firn (seltener auf Firneis) zeigt sich eine gewisse, oft mehrere hundert Quadratfuß haltende Fläche zart rosig überhaucht. Einzelne Stellen sind lebhafter, hochkarminroth gefärbt; gegen die Peripherie aber blaßt das Roth in einen schwachgelblichen Schimmer ab; unter dem Fußtritt erhebt sich die blasse Farbe meist sofort zum Blutroth. Vor Mitte Juni's ist die Erscheinung noch nie beobachtet worden, und es steht zu vermuthen, daß sie ungefähr an den gleichen Orten alljährlich wiederkehrt.

Lange konnte man sich über dieselbe keine Rechenschaft geben, obwohl schon Saussure ihren pflanzlichen Charakter geahnt hat. Erst den sehr vervollkommneten Mikroskopen gelang der Nachweis, daß der rothe Schnee wesentlich aus äußerst kleinen, einfachen Pflanzenzellen mit rothem Inhalt von $1/200'''$—$1/100'''$ im Durchmesser bestehe, die in zahlloser Menge in den Zwischenräumen des körnigen Schnee's vegetiren. Man erkannte diese Kügelchen als einfache Algen, also als Pflanzen der niedersten Stufe, und nannte sie Schneealgen oder SchneeUrkörner (Protococcus nivalis Ag.); sie sind nahe verwandt mit der öfters in stehendem Regenwasser erscheinenden und dasselbe bald blutroth, bald grün färbenden Regen-Urkörner-Alge (Prot. pluvialis Kg.). Zwischen diesen ausgebildeten Zellen wurden dann bald andere ähnliche entdeckt, die sich in lebhaft vibrirender Bewegung befanden und deshalb für Infusionsthierchen gehalten wurden. Allein genauere Beobachtungen bewiesen, daß diese beweglichen rothen Körperchen nur die Pflanzenkeime oder Schwärmsporen der Schneealge seien, und sich nach Ablauf ihrer Bewegungsperiode zu ruhenden Zellen ausbildeten, wie dies auch bei manchen andern Süßwasseralgen der Fall ist. Immerhin bleibt noch Vieles in dieser Erscheinung räthselhaft, namentlich ihr plötzliches massenhaftes Auftreten in gewissen weit auseinander liegenden Lokalen, ohne irgend ein festes Substrat, von dem aus sie sich alljährlich wieder besamen oder entwickeln könnte. Die Pflänzchen liegen nämlich nur oberflächlich auf der vergänglichen Schneedecke, meist nur 1″—2″, selten 4″—6″ tief in dieselbe eingestreut. Dagegen ist als sicher ausgemittelt, daß sie sich durch stets und bald wiederholende Theilung der Zellen vermehren und zwar so rasch, daß unter günstigen Bedingungen, d. h. bei anhaltend klarem Wetter, kleine Herde sich rasch über weite Flächen verbreiten.

Zu diesem kleinsten Pflanzenleben der Schneeregion gesellt sich auch ihr kleinstes Thierleben. Die Schneealge wird immer in Gesellschaft von mikroskopischen Infusorien gefunden. Einige Arten, wie eine Anastasia und eine Monas, scheinen ihr regelmäßig beigesellt, während das Räderthierchen Philodina roseola als bloßer, wenn auch häufiger Gast erscheint.

Außer auf unsern Alpen findet sich die rothe Schneealge auch auf den Pyrenäen und dem skandinavischen Gebirge. Noch reicher tritt sie in den Polargegenden auf, wo an der Nordostküste der Baffinsbay die berühmten ‚Karminklippen‘ gegen acht Meilen weit hochroth schimmern. Auf Spitzbergen fand Martins große Schneestrecken von einer nahe verwandten Schneealge intensiv grün gefärbt.

Genauer ist eine andere organische Erscheinung auf dem Gletscher beobachtet worden, die sogenannten Gletscherflöhe, Desoria glacialis, die Desor zuerst am Monterosa entdeckte und dann auch häufig auf den Aar- und Grindelwaldgletschern wiederfand. Sie gehören zu der Familie der Podurellen oder Springschwänze, sind kleine ungeflügelte, sechsfüßige Insekten von cylindrischer, rundlicher oder ovaler Körperform, an deren Unterfläche die sechs je fünfgliedrigen Füße sitzen, deren letztes mikroskopisch sichtbares Glied mit einer ungleichen Doppelklaue bewaffnet ist. Unter dem letzten oder zweitletzten Körpersegment liegt ein weiches, biegsames, gegliedertes und gegabeltes Glied, das sich im ruhigen Zustande an den Bauch anlegt, aber heftig zurückschnellen läßt, wodurch sich das Insekt vorwärts schleudert. Der Kopf ist deutlich vom Leib abgeschnürt; die Antennen sind fadenförmig, 4—6-gliedrig, die Augen konglomerirt, mit einfacher Hornhaut und sehr verschiedenartig gestellt; die Mundorgane enthalten zwei Ober- und zwei Unterkiefer mit zwei Lippen. Bei dem Genus Desoria ist der Körper lang, cylindrisch, hinten konisch, mit langen, borstenförmigen Haaren besetzt, und acht Segmenten; die Antennen viergliedrig und länger als der Kopf, die Füße dünn, cylindrisch und lang, die Schwanzgabel lang und gerade, deren Endfäden borstig und quer gerunzelt; sieben seitlich gruppirte Augen. Unsere Desoria glacialis (Gletscherdesoria) speziell ist ganz dunkelschwarz, stark behaart, mit kurzen, weißlichen Borsten, deutlichem, etwas dickerem Hals, cylindrischem Brustschild, spindelförmigem Hinterleib und gekrümmten Endfäden der Gabel; das erste und dritte Antennenglied kürzer als die zwei andern. Das ganze Thierchen ist blos zwei Millimeter groß. Wie und wovon es aber lebt, ist zur Stunde noch ein Räthsel, besonders da es wie alle Podurellen sehr gefräßig und mit starken Kauwerkzeugen versehen ist. Was für Nahrung aber bietet ihm der Gletscher, auf dem es zu Tausenden unter den Steinen lebt und munter umherhüpft? Höchstens die geringe organische Substanz, die das Schmelzwasser zufällig mit sich führt. Besonders liebt es auch den Rand der Spalten und die Wasserhöhlungen, dringt aber auch häufig in die feinen Haarspalten des Gletschers selbst mehrere Zoll tief ein oder bedeckt dessen Oberfläche stellenweise so dicht, daß er ganz schwärzlich aussieht. Also auch hier im reinen Eise, in einer Temperatur, die jede Lebensmöglichkeit abzu-

schneiden scheint, noch Pflanzen und Thiere, noch Vegetationsprozesse und Fort=
pflanzung, — auch hier noch ein Plätzchen, das die lebenzeugende Schöpferkraft
der todten, chaotischen Materie abgerungen hat. Freilich sind die Podurellen
größtentheils von zäher Lebensdauer. Nicolet, der scharfsichtigste Beobachter
dieses mikroskopischen Thiersystems, fand, daß eine Podura bei einer Wärme von
24° des hunderttheiligen Thermometers sich ganz wohl befand und erst einer
gesteigerten Hitze von 38° unterlag. Die gleichen Thierchen froren bei — 11°
im Eise fest, blieben zehn Tage in diesem Zustande, erholten sich aber allmälig bei
dem Aufthauen wieder so vollständig, daß sie zuletzt munter davonsprangen.

Wir haben bereits angeführt, daß die Desoria nivalis erst in jüngster Zeit
auf einigen Gletschern der südlichen Alpenzüge entdeckt wurde. Umsomehr über=
raschte uns die Wahrnehmung, daß dasselbe oder ein ganz verwandtes Thierchen
sich auch in einem Tiefthale und mehreren unteren Geländen der appenzeller
Alpen massenweise vorfindet. Wir entdeckten dasselbe nämlich am 6. März 1854
bei einer Exkursion im Schwändithal 2600' ü. M. in unzähligen vereinzelten
Exemplaren besonders in der Nähe schneebedeckter Bachufer. Wo wir vorüber=
gingen, sammelten sich diese Podurellen binnen wenigen Minuten zu Hunderten
in den zwei Zoll tiefen Fußtritten, schnellten sich aber, wenn sie eingefangen
werden sollten, größtentheils sofort aus der Höhle weg. Obgleich wir ver=
mutheten, es mit der Desoria glacialis zu thun zu haben, mußten doch gleich=
zeitig erhebliche Zweifel sich geltend machen. Das Thierchen war bisher ja noch
nie in einer Meereshöhe unter 5—6000' beobachtet worden, nie anders als auf
Gletschern oder in deren nächster Umgebung, nie auf bloßem Winterschnee, nie
in den nördlichen Bergen. Wie konnte das Insekt in solchen Massen tief im
Thale und auf bloßem Winterschnee erscheinen? Wir mußten daher eher glauben,
die Podurelle dürfte Degeeria nivalis sein, welche wenigstens theilweise auch im
Schnee lebt und in einer montanen Varietät in den Moosen der Jurawälder
vorkommt; die übrigen Thierchen dieses Geschlechtes leben weder in Eis noch
Schnee. Wir fingen also einige hundert Exemplare vorsichtig ein und legten etliche
Dutzend sofort unter ein freilich sehr mittelmäßiges Mikroskop. Das Resultat
der Beobachtung, sowie dreier möglichst genau aufgenommener Zeichnungen
stellte unzweifelhaft eine Desoria heraus. Die genau ermittelten Verhältnisse
der Thorax= und Abdominalsegmente, die Größe der Antennenglieder unter sich
und im Verhältniß des Kopfes, die Größe der Springschwanzfaden und deren
gekrümmte Gabelung, sowie endlich die Kürze des basischen Schwanzgliedes ließen
sich auch mit unzureichendem Instrumente doch genau genug beobachten, um das
Vorhandensein einer Desoria zu konstatiren und sie von Degeeria nivalis zu
unterscheiden, die zudem nicht gesellig lebt. Allein wir glauben aus einer etwas
abweichenden Form der Spitzen der Springschwanzfaden, die in einen deutlich
abgesetzten Nagel auslaufen, und aus der leichtgrünlichen, schwarzgefleckten
Färbung des transparenten Körpers schließen zu dürfen, daß unsere submontane
Desoria eine eigenthümliche, wahrscheinlich neue Spezies bildet. Diese Annahme

würde auch die Erklärung eines so ungewohnten Lokals erleichtern. Könnte man sich auch vielleicht denken, diese Desoria wohne sonst, analog der bernschen, auf den stehenden, theilweise glacificirenden Schneelagern des Säntis und sei durch den mit diesen in Verbindung stehenden Schwändibach in einer Menge von Eiern ins Thal geflößt worden, so stehen dieser Annahme nicht nur mehrere lokale Schwierigkeiten, sondern auch die Wahrnehmung entgegen, daß das Thierchen sich in nicht geringeren Massen noch an entfernten Höhenzügen findet. Uebrigens lassen unsere bisherigen, nicht erschöpfenden Beobachtungen die Frage als noch nicht spruchreif erscheinen.

Viertes Kapitel.

Pflanzenleben der Schneewelt.

Landschaftlicher Charakter. — Eigenthümliche meteorologische Phänomene und Tempera-
turverhältnisse. — Das Pflanzen= und Thierleben der Jahreszeiten. — Die Oasen. —
Die Pflanzenwelt. — Ueberraschende Pracht und Zahl der Blüthenpflanzen. — Die
Flora der Gletscherzeit.

Fassen wir die bisherige Zeichnung unserer Region in wenigen Zügen zusammen, so ergiebt sich uns das Gesammtbild einer in der Höhe weithin zusammenhängenden Schnee=, Firn= und Gletscherdecke, die nach unten zu mannigfach
zerrissen und ausgezackt ist, in der mittleren Zone aber eine immerhin noch ansehnliche Zahl von nackten, theilweise mit vegetativem Leben ausgestatteten Felswänden, Schuttplätzen und sonnigen Oasen aufweist, welche nach der Höhe zu
immer mehr abnehmen und sich bald nur noch auf einzelne jäh abstürzende Terrassen beschränken. Was unter der Firn=, Schnee= und Gletscherdecke ruht, ob
tief ausgefressene Thäler, ungeheuere Felsplatten oder Trümmerreviere, ist für
unsere Betrachtung ohne Belang. Die Monotonie dieser Hochwelt wird dadurch
nur wenig modificirt. Nicht viel mehr wirkt der Wechsel der Jahreszeit ein.
In der höchsten Höhe (von 12,000′ ü. M. an) giebt es keinen solchen mehr;
der Regen netzt die silbernen Hörner nicht, die Sonne wärmt sie nicht wirksam.

Man pflegt wohl anzunehmen, die höchsten Alpengipfel haben längere Tage
und kürzere Nächte als das Thal; allein hier oben (wir sprechen von Höhen über
10,000′ ü. M.) bemerken wir weder ein Morgen= noch ein Abendroth, noch
eine unbestimmte Dämmerung. Es ist heller, klarer Tag, so lange die Sonne
am Himmel steht, und zwar länger Tag als im Tiefland.*) Sinkt aber der große,
dunkel glühende Ball hinter den Horizont, so erlischt fast mit Einem Male dem
Auge die Welt, und binnen wenigen Minuten ist es tiefe Nacht, wenn die Dunkelheit nicht durch Mondlicht gemildert wird. Eben so plötzlich wird es Tag.
Ohne jenes prachtvolle Glühen der Berggipfel, das den Sonnenaufgang auf den

---

*) Diese Verlängerung beträgt bei 5000′ ü. M. 10 Minuten und 13 Sekunden,
bei 10,000′ ü. M. 14 Minuten und 27 Sekunden.

unteren Bergen zu einem so majestätischen Schauspiele macht, taucht die dunkel=
rothe Feuerkugel fast gespensterhaft aus den undeutlichen Konturen der fernen
östlichen Gebirgszüge auf, ohne daß man in den ersten Augenblicken sagen könnte,
daß sie viel Licht in das unermeßliche Naturbild bringe. Nun fühlt man, ohne
es genau zu sehen, ein augenblickliches minutenlanges Ringen zwischen Licht und
Dunkel, unaussprechliches Wallen und Weben, und mit einem Male ist es Tag;
— aber es scheint, als ob die nähern Thäler und das ferne Tiefland früher hell
seien, und als steige der Tag von ihnen herauf in die Hochgebirge. Sausfure
bemerkte, daß auf dem Montblanc selbst am hellsten Tage ein gewisses magisches
Dunkel herrsche, und die Sonne matt, kraftlos, mondlichtartig scheine, und ein
unheimlich blasses, leichenartiges Aussehen der Berggipfel wird von andern Be=
suchern der höchsten Standpunkte am hohen Mittage wiederholt ausgesagt. Die
Fernsicht wird dadurch sehr beschränkt. Schon bei 11,000' ü. M. bemerkt
man ein Dunklerwerden und Sichverengen des Gesichtskreises, der in lasurfar=
benen, grünen und schwärzlichen Tinten verschwimmt und oft dünne Nebelmassen
auf dem Lande zeigt, die tiefer unten unsichtbar sind. Der Reflex des Sonnen=
lichts erscheint schwächer, die Formen und Farben grenzen sich unbestimmter ab.
Dagegen treten alle Umrisse bei hellem Mondlichte beinahe eben so deutlich als
bei hellem Sonnenlichte hervor, und in solchen Nächten sieht man nicht nur so
weit, sondern auch oft sogar noch klarer als bei Tage. Eine andere eigenthüm=
liche atmosphärische Erscheinung findet sich in der Höhe als das sogenannte
Guxen, ein furchtbares Tosen und Stürmen, oft auch Strahlenschießen in irgend
einem kleinen Lokale, bald in einem Firnthale, auf einem Gletscher u. dergl.
Das Guxen ist von keinen Niederschlägen begleitet und tobt sich in wenigen
Stunden aus, während die Luft ringsum ganz ruhig ist. Diese oft schrecken=
erregenden Lokalstürme sind noch wenig genau beobachtet. Oft stehen die Hoch=
firste tagelang im Sonnenglanz, während von der Alpenregion an alles Land
im Nebel und Regen oder Schneegestöber liegt.

Man stellt sich gewöhnlich die Winterkälte auf den Hochgipfeln als eine
ununterbrochene sibirische vor; allein so weit menschliche Messungen und Beobach=
tungen reichen, herrscht im Flachlande der Schweiz und Süddeutschlands (um
vom Norden nicht zu sprechen) gar nicht selten eine größere und bitterer em=
pfundene Winterkälte und zeigen sich Wärmeminima, die im Hochgebirge kaum
geringer sind, wo die Verdichtung der atmosphärischen Feuchtigkeit zu Wolken
und festen Niederschlägen, wie auch an sonnenhellen Tagen die ziemlich nachhal=
tige Erwärmung des offenen Felsbodens durch Insolation gar oft zur augen=
blicklichen Wärmeerzeugung dient, wogegen dann freilich helle Nächte und klarer
Winterhimmel eine starke Wärmestrahlung fördern. Die tiefste Temperatur, die
bisher beobachtet wurde, betrug in Bern — 30,0° C., in Innsbruck — 31,2° C.,
auf dem St. Gotthard — 30,0° C., auf dem St. Bernhard — 32,2° C.;
die größte beobachtete Wärme stieg aber an den letztgenannten Punkten nicht viel
über + 19° C., während sie in Bern + 36,2° C., in Innsbruck + 37,5° C.

betrug. Die untere Schneeregion hat wenigstens eine Ahnung von Jahres=
zeiten, im Winter, Frühling und Herbst ungeheuere Schneefälle, im Frühling,
Sommer und Herbst mitunter Regen, oft Fön, theilweise eine merkliche Wärme,
überall beträchtliche Schmelzungen, an geschützten Stellen einen regelmäßigen,
wenn auch kurzen Vegetationsprozeß.   Im Allgemeinen ist der Januar und
Februar in der Kälte und der Juli und August in der Wärme in den höchsten
Lagen sich ähnlicher als in tieferen.   Die Schneegrenze selbst fällt übrigens nicht
mit der Jahresisotherme von 0° zusammen, sondern oscillirt um die von — 4° C.
Das Hospiz des St. Bernhard (7668' ü. M.) hat nach vierzehnjähriger Be=
obachtung eine mittlere Jahrestemperatur von — 1,0° C.; in den drei Winter=
monaten Januar bis März im Mittel — 7,8°; im April, Mai und Juni — 1,8°;
im Juli, August und September + 5,9°; im Oktober, November und Dezem=
ber — 0,3° C., und zwar so, daß die größte Monatskälte auf den Januar mit
— 8,8°, die größte Monatswärme auf den Juli und August je mit + 6,6° C.
fällt.   Auf dem Faulhorn (8263' ü. M.) ergiebt sich eine mittlere Jahrestem=
peratur von — 2,33° C., im Juni eine Monatswärme von + 2,5° C., im
Juli von + 4° C., im August von + 3,5° C., im September von + 1,5° C.,
im Boden aber bei einer Tiefe von 1,30 Meter eine mittlere Erdwärme von
+ 2,60° C.   Natürlich kommt selbst bei 10,000' ü. M. an wohlgelegenen,
sonnebeschienenen Felsen eine hohe Temperatur, selbst von + 20 bis 30° R. in
der Sonne, zu Stande.

Im Allgemeinen aber stellen sich auf Höhen zwischen 10,200 und 13,200'
ü. M. die Isothermen der mittleren Jahrestemperatur auf — 8° bis — 14° C.,
und nach einem Durchschnitte umfassender Beobachtungen erreicht die mittlere
Temperatur des Sommers (Juli und August) bei 8250' ü. M. + 5° C., bei
9150' ü. M. + 2,5° C., bei 10,050' ü. M. 0°, bei 10,950' ü. M. — 2,5° C.,
bei 11,850' ü. M. — 5° C. und bei 12,750' ü. M. — 7,5° C. Bei 10,000
bis 10,500' erreicht die heißeste Temperatur im Schatten ausnahmsweise + 10°
bis + 11° C.; über 12,000' aber soll sich nur, wenn das Gestein stark be=
sonnt ist, eine Wärme von + 6° C. ergeben.   Allein G. Studer fand am
9. August auf dem großen Combin bei 13,000' ü. M. während eines un=
unterbrochenen Niederschlages feiner Schneesternchen eine Temperatur
von + 6° R.   Bei der zweiten Jungfraubesteigung stand am 3. September
Nachmittags 2 Uhr das Thermometer auf + 6° R., bei der vierten am 28. August
auf — 3° R.   Auf dem Sustenhorngipfel (10,618' ü. M.) wies das Thermo=
meter am 7. August Mittags 11 Uhr 0° R., an einer minder geschützten Schnee=
stelle dicht unter dem Gipfel aber + 11° R.; auf einem der Mischabelhörner
am 10. August 1848 bei 12,323' ü. M. Mittags um 12 Uhr fix + 10° C.,
frei + 3° C.; etwa 280' unter dem höchsten Monterosagipfel bei 14,004' ü. M.
Mittags um halb zwölf Uhr am 12. August 1848 0° fix und — 2° C. frei,
ein Jahr später am gleichen Tag um 11 Uhr fix + 9° C., frei + 1,5° C.;
auf der Spitze des Stockhorns über dem Zmuttgletscher am 15. August 1849

um 11¼ Uhr Vormittags bei 11,032′ ü. M. fix + 6° C., frei + 2° C. Saussure hat auf dem Montblancgipfel — 2,3° im Schatten und — 1,3° in der Sonne beobachtet; die Gebrüder Schlagintweit fanden auf einer Monterosa= spitze (22. August 1851) bei sehr hellem und gleichmäßigem Wetter Mittags nach 12 Uhr das Thermometer im Schatten auf — 5,1° C.; um 1 Uhr auf — 4,8° C. Auf dem Chimborazo gefror Humboldt am 23. Juni 1802 bei 18,216′ ü. M. das Quecksilber der Instrumente, das erst bei 32° R. fest zu werden pflegt.*) Den Winter 18⁶⁵/₆₆ brachten drei Männer in der höchsten europäischen Wohnung, auf dem St. Theodulspasse 10,242′ ü. M., behufs meteorologischer Beobachtungen zu. Der Winter war abnorm milde. Die ge= wöhnliche Kälte im Januar betrug blos — 12 bis 16° C., das beobachtete Maximum — 21°. In der Mittagszeit stieg das Thermometer in der Sonne nicht selten auf + 12°.

Nach Anfang Augusts wird ein Theil des Gebietes, namentlich isolirte Kuppen bis über 8500′ ü. M. und große Reihen geschützter und südlicher Ge= lände, schneefrei, nachdem vorher schon eine gewisse Sommerkraft vegetative Ent= wicklungsansätze versucht hat. Das Thierleben beeilt sich, mit dem Pflanzenleben energisch seinen Kreislauf zu vollenden; aber mühselig arbeitet es mit seiner wun= derbaren Spannkraft, gleichsam nur ruckweise. Mitten in seine Blüthenstunde schauert das todtkalte Schneegestöber, der schwere Hagel, der durchdringende Nebel, der bittere Frost. Die bedrohte organische Welt schließt sich mit zähen Wurzeln und zähem, langsamen Odem enger an den mütterlich warmen Boden und hält still aus, bis die milde Hand der Sonne es wieder aufrichtet und mit balsamischer Kraft durchströmt. Eine merkwürdige Dauerbarkeit und Zähigkeit macht die kleinen vegetabilischen Organismen selbst noch mitten in der Knospen= und Blüthezeit unempfindlich gegen einen Temperatur= und Witterungswechsel,

---

*) Nach den Untersuchungen von H. Schlagintweit ergeben sich folgende Be= stimmungen der Höhenisothermen.

Isotherme.	Nördl. Kalkalpen. Höhe.	Centralalpen. Höhe.	Gruppe des Montblanc. Höhe.
0 C.	6100′	6400′	7200′
— 1 C.	6560′	6870′	7730′
— 2 C.	7040′	7320′	8250′
— 3 C.	7540′	7770′	8750′
— 4 C.	8040′	8230′	9250′
— 5 C.	8550′	8700′	9750′
— 6 C.	9060′	9200′	10,240′
— 7 C.		9700′	10,730′
— 10 C.		11,210′	12,200′
— 14 C.		13,280′	14,200′
— 15 C.			14,700′

Die Temperatur der höch= sten Alpengipfel mit den Jahresmitteln hoher Breite verglichen, entspricht einer nördlichen Breite von bei= nahe 70 Graden.

dem die tiefländischen Gewächse erliegen müßten.   Es bietet ein liebliches Bild,
wenn wir so einen saftgrünen Graszug an der sonnigen Berglehne mit niedrigem
Gewächs, aber feurig glühendem Blüthenrasen sich hinziehen sehen.   Ueber ihm
himmelhohe, kahle Felsen, mit schmalen Schneeblättern, unter ihm tiefe Schluch=
ten und Trümmerwüsten; auf der einen Seite endlose Firnfelder bis zu den
höchsten Giebeln hinan, auf der anderen bläulich strahlende, viele hundert Fuß
mächtige Eismeere voller Schutt und Blöcke bis tief ins Hochthal hinab.   Der
Schnee bedeckt ihn, der Fels schüttet sein frostgelöstes Getrümm auf ihn herab,
der Gletscher donnert im mächtigen Spaltenwurf ihm drohend zu, des Himmels
Hochgewitter stehen flammend und brausend über ihm, die Todesgewalten der
Luft arbeiten Hand in Hand mit den zerstörenden Kräften der Erde; — aber
treu und fest, hoffend und vertrauend arbeitet sich mit stiller Kraft das Leben
zum balsamischen Licht empor, wie ein gedrücktes Menschenherz aus allem Elende
das Auge Gottes sucht.   Ein bis gegen zwei Monate geht es.   Der August
wird auf dieser Oase zum Frühling und Sommer; der September reicht schon
vom Herbste in den Winter hinein.   Selige Jahre verlängern vielleicht die Zeit
des Lebens um ein Drittheil; dafür verkümmern andere sie fast ganz.   Der
Winter thürmt dann die Schneemassen so hoch, daß die folgende Sonnenzeit die
Decke kaum für etliche Wochen wegzuziehen vermag, oder es folgen oft in einer
Reihe 4—5 Jahrgänge der Trauer und des Todes, wo der Schnee gar nicht
mehr weicht bis gegen die untere Grenze der Region, wo im Sommer der Riesel
mit dem Regen wechselt, und der nächtliche Frost die feuchten Niederschläge zu
einem Firnmantel auf Jahre hinaus bindet.   Endlich aber ist der Bann wieder
gelöst; die Sonne hat ihre Kraft nicht verloren.   Sie zieht von den Gehängen
die vieljährige Schneedecke; — aber der Rasen ist fahl, das Sträuchlein dürr,
die Larve starr.   Nun beginnt die lebendige Natur allmälig wieder von dem ihr
entrissenen Boden Besitz zu ergreifen.   Von der zusammenhängenden Vegetations=
decke tiefer unten siedelt sich nach und nach das tiefgrüne Sammtmoos (Poly-
trichum septentrionale) hie und da auf den erstorbenen Plätzen an und rückt
aufwärts der zurückgewichenen Schneegrenze nach.   In den folgenden Jahren
stirbt es ab, und seine verwesenden schwarzbraunen Polster gewähren bereits
einer höhern phanerogamen Flora wieder Lebensmöglichkeit.   Hie und da ge=
wahrst du kleine Colonien von Steinbrechen (Saxif. umbrosa, cuneifolia), Alpen=
kresse (Hutschinsia alpina), Ehrenpreisen (Ver. alpina), Ruhrkräutern (Gna-
phalium carpathicum), Löwenzahn (Leontodon alpestre), Wucherblumen
(Chrys. alpinum), Ampfern und Gräsern, und wenn du noch tiefer, wo die
Vegetationsdecke mehr Zusammenhang gewonnen hat, genauer nachsiehst, so fin-
dest du noch hin und wieder zwischen den Wurzelblättern der neuen Vegetation
einzelne Fragmente jenes Sammtmooses, das ihr Wiege und Amme zugleich war.
In solcher Weise ist in dem letzten Jahrzehnt der zusammenhängende Gewächs=
teppich fast ununterbrochen aufwärts gerückt, und es sind, wie die Hirten gar
wohl wissen, wieder viele alte Weideplätze, Schneethälchen und Einöden von der

neuen Vegetation beſetzt worden und gewähren den Schafheerden nach vieljährigem Unterbruche neuerdings Aßung. Da findet ſich denn auch mit dem neuen Pflanzen=leben ſofort wieder die vertriebene Thierwelt ein. Die Frühlingsinſekten umſummen die eben erſchloſſenen Blüthenkelche; die Falter wiegen ſich behaglich im Sonnen=ſchein und Blumenduft des ſömmerlichen Eilandes; Spinnen und Läuſe, Käfer und Milben, Aufgußthierchen, vielleicht ein wanderndes Mäuschen, eine leichtfüßige Gemſe durchwandern die junge Vegetation. Das Sichnähren, das Rauben, Krie=gen, Sterben, Lieben, Kämpfen und Fliehen beginnt in der kleinen Thierwelt und vollendet ſeinen Kreislauf in verjüngtem Maßſtab nach den Geſetzen alles Lebens.

Um ein richtiges Bild zu erhalten, unterſcheiden wir die zuſammenhängende Vegetation von den vereinzelten, halbverlornen Vegetationsanſätzen des oberſten Gebirges. Jene reicht, je nach der Gunſt der Lokalverhältniſſe, mehr oder weniger hoch hinan und iſt gegenwärtig in Folge des Zurückweichens der untern Schnee=grenze in allgemeinem Aufwärtsrücken begriffen. In einzelnen Zungen und Streifen, oft unterbrochen, reicht ſie zwiſchen ſterilen Flühen und Schneeblättern hinauf. Weit höher oben aber finden wir noch ganz iſolirte Pflanzenraſen, gleichſam die Pioniere der untern Pflanzendecke. Bald ſind es blos einzelne, von einer Pflanzenart gebildete kleine Raſen und Kolonien, die mit überraſchender Blüthenpracht in ſteilen, feuchten Felsnarben hängen oder eine humusreiche, ſonnige Kuppenſtelle beſetzt halten; bald haben ſich drei, vier Arten eng zuſammen=gethan und kämpfen mannlich gegen den ewigen Froſt und ewig wiederkehrenden Schnee der Region. Auch dieſe Pioniere ſcheinen gegenwärtig allmälig nach obenhin vorzurücken. So fand Heer 1835 bei ſeiner erſten Beſteigung des Piz Linard (10,516′ ü. M.) auf dem ſchmalen Gipfelgrath keine andere Blüthen=pflanze vor als einige dichtgedrängte Polſter des niedlichen roſenrothen Gems=blümchens (Androsace glacialis); die Beſteiger von 1864 dagegen entdeckten, daß ſich neben dieſem bereits auch die Gletſcherranunkel und die Alpenwucher=blume auf dem Gipfel angeſiedelt hatten, die Heer dreißig Jahre früher zuletzt 2—300′ tiefer angetroffen hatte.

Die Eilande der nivalen Region, wo mit zäher Hartnäckigkeit die letzte Lebenskraft der Natur ſich anklammert, ſind dem in der Schneewelt Pilgernden ſo erfreuliche Erſcheinungen und der Wiſſenſchaft ſo werthvolle Fundorte, um die äußerſten Grenzen der organiſchen Gebilde zu beſtimmen. Hier haften ſie noch mehr zurückgedrängt am mütterlichen Boden als in der Alpenzone und haben allgemein eine zwerghafte, gedrungene Tracht. Der von der Sonne erwärmte Boden einerſeits, der ihnen mehr vegetative Wärme giebt als die atmoſphäriſche Luft, und andererſeits die größere Klarheit des Lichtes ermög=lichen den kurzen Lebensprozeß. Es tritt hier in Beziehung auf das Wechſel=verhältniß der Wärme zwiſchen Luft und Boden das Umgekehrte ein wie im Tieflande. Der wärmende Sonnenſtrahl, der den Boden des Hochgebirges be=rührt, durchdringt eine ungleich dünnere und reinere Atmoſphärenſchichte und wirkt deshalb auch bedeutend kräftiger auf den Boden und deſſen Vegetation als im Tieflande. Dort wird die Erdrinde sich rascher erwärmen und mehr Wärme sich erhalten als die über ihr stehende Luftschicht, während im Tiefland die dichtere Atmosphäre mehr Wärme empfängt als der Boden. Ueberdies bewirkt bei den Hochgebirgspflanzen die Kraft dieser Insolation, verbunden mit dem geringeren Drucke der Luftsäule (der bei 12,000′ ü. M. nur noch 12 pariser Zoll beträgt), eine raschere Verdunstung des Wassers aus dem Pflanzenblatte und damit verbunden auch eine höhere Energie der Lichtwirkung und der Sonnenwärme. Die Raschheit des erwachten Pflanzenlebens würde aber noch staunenswerther sein, wenn nicht die Atmosphäre durch die von den Gletscher- und Schneefeldern der Höhe herabfließenden kälteren Luftströmungen bedeutend erniedrigt würde, wodurch überhaupt die Vegetationsgrenze der Hochalpen deprimirt wird. Die Vegetationsperiode, die vom ersten schneefreien Tage bis zum Wiedereintritt des Winters andauert, ist natürlich je höher, desto kürzer. Während sie an der unteren Grenze der Bergregion noch etwa 230 Tage, an der unteren Grenze der Alpenregion noch gegen 200 Tage dauert, sinkt sie zwischen 6000 und 7000′ ü. M. auf 132, von 7000—8000′ ü. M. auf 92 Tage und beschränkt sich bei circa 10,000′ ü. M. fast nur noch auf die Augusttage.

Für die möglichen Grenzen eines Pflanzengebildes sind unsere Alpen nicht hoch, ihre Lüfte nicht rauh, ihre Winter nicht hart und lang genug, nämlich für die verschiedenartigen Flechten, die, am Gesteine haftend, hier die letzten Grenzwächter der Pflanzenwelt bleiben, wie sie es auch in den arktischen Kreisen sind. Noch die Gipfel der Jungfrau, des Finsteraarhorns, selbst die Spitzen des Monterosa (Anfänge von Lecidea conglomerata, Lecid. geographica, var. atrovirens nebst Spuren von Parmelien und Umbilikarien) und des Montblanc (14,809′ ü. M. Lecid. confluens, Parmelia polytropa) sind an kleinen Felsenabsätzen mit Flechten in weiß- und schwarzgetupften oder grüngelben Flecken bekleidet, besonders mit der Lecidea geographica, die auch Humboldt und Bonpland bei ihrer Besteigung des Chimborazo (Juni 1802) auf den nackten Trachytfelsen, die aus dem Schnee aufragen, in einer Höhe von 17,200′ ü. M. als oberste Vegetationsspur fanden. Auf der Jungfrau bedecken sie noch zollgroße Flächen des zu Tage gehenden Gesteines und man hat unter ihnen fünf Arten, zu drei verschiedenen Geschlechtern gehörend, auch eine bisher sonst nicht entdeckte, unterschieden. Auf der Finsteraarhornspitze erscheinen die Flechten (Lec. polytropa) auf den verwitterten Gneis- und Glimmerschichten, fliehen aber bis auf 11,000′ hinab hartnäckig alle Granitformen. Hier erscheinen dann u. A. Gyrophora vellea, Urceolaria scrupora und die feuriggelbe Lecanora elegans.

Unmittelbar an die Flechten schließen sich etwas tiefer die Laub- und Lebermoose an, welche bald zierliche Verkleidungen von Felsenritzen, bald große Polster am Rande der Schmelzbächlein bilden. Sie treten bei 8500′ ü. M. in einer Fülle von Exemplaren und Arten auf und reichen mit einigen bis über 9000′ hinan, indem sie mehrere den Hochalpen eigenthümliche Formen aufweisen. Eben so hoch und noch höher gehen, wie erwähnt, die Blüthenpflanzen, von denen

etliche selbst eine moosartige Tracht haben. *) In den glarner Alpen beobachtete
Heer bisher in der unteren Schneeregion allein zweihundertundachtund-
zwanzig Blüthenpflanzenarten, in der oberen Schneeregion (über 8500'
ü. M.) immer noch vierundzwanzig solche neben dreißig Blüthenlosen. Wie
ungeheuer rasch von der höchsten Höhe an nach unten die Anzahl der Blüthenpflanzen zunimmt, ergiebt sich daraus, daß die Firninseln der rhätischen Alpen
bis auf 10,000' ü. M., von oben her gerechnet, zwei Steinbrecharten, ein
Hungerblümchen, eine Grasart, das weißblüthige Gletscherhornkraut, die
Gletscherranunkel, die Alpenwucherblume, die brennendrothen Rasen des stengel-
losen Leimkrauts und die dunkelblauen einer Gentiane aufweisen, zu denen sich
von 10,000—9000' ü. M. schon fünfzig andere Arten in 19 Familien
und großer Zahl von Exemplaren gesellen, deren Hauptmasse die kopfblüthigen,
steinbrechartigen, kreuzblüthigen, Primulaceen, Rosaceen, Hornkräuter und Gräser
bilden. Von 9000—8500' ü. M. treten wieder 45 neue Arten hinzu, so daß
wir in Rhätien in einer Region, die der Tiefländer gewöhnlich ganz in Schnee
und Eis begraben wähnt, allein an Blüthenpflanzen hundertundfünf Arten in
23 Familien finden (worunter sogar, ähnlich wie die spannenlange Salix herbacea
das einzige baumartige Gewächs Spitzbergens ist, zwei etliche Zoll hohe Weidenarten als Repräsentanten der buschartigen Holzgewächse) — die meisten zierlich
oder prächtig gefärbt, — oft in großen Kolonien den Felsen bedeckend. Dabei
bewundern wir wie auf den rhätischen so auf allen übrigen Schweizeralpen nicht

---

*) Manche der hochgebirgischen Blüthenpflanzen schweifen willkürlich in der ganzen
montanen, alpinen und nivalen Zone umher und siedeln sich überall an, wo es Sonnenschein und Lebensmöglichkeit giebt, während andere durchaus alpine Pflanzen doch eine
gewisse Höhengrenze bestimmt einhalten. Zu den ersten gehören z. B. Chrysanthemum
Halleri (von 2000—7600' heimisch), Phleum Michellii (3500—7000'), Lilium bulbi-
ferum (1300—6000'), Phyteuma Halleri (2500—7000'), Soldanella alpina (im
glarner Gebirge von 1500—7500'), Primula viscosa (4300—8000'), Primula auricula
(am Wallensee zu 1300' ü. M., in den Alpen bis 7700'), Tozzia alpina (2000—6000'),
Gentiana verna (700—10,000'), Erinus alpinus (1300—6000'), Linaria alpina
(1300—10,300'), Galium helveticum (2600—6700'), Arabis bellidifolia (2200—
7700'), Arabis pumila (3000—7700'), Potentilla caulescens (1300—7000'),
Hutschinsia alpina (von 1400—8800' in den glarner Alpen), Oxytropis montana
und campestris von 1300—7400', Saxifraga oppositifolia von 1280—11,200' u. f. w.
Die Pflanzen der oberen Schneeregion sind größtentheils weit mehr an eine schmale
Zone gebunden, ebenso viele der unteren Schnee- und oberen Alpenregion, wie z. B.
nach Heer im Kanton Glarus Draba lapponica nur von 6000—8800' ü. M. vorkommt, Viola calcarata von 5800—7720', Cerastium latifolium von 7400—9000',
Saxifraga muscoides von 6000—7800', S. stenopetala von 7000—8600', S. planifolia von 7000—8700', ebenso Potentilla frigida, Achillea nana von 7000—7800',
Leontopodium umbellatum von 6000—7000', Crepis hyoseridifolia nur von
7000—7730', Phyteuma globulariaefolium von 7000—8000', Gentiana glacialis
von 7500—8000', Draba tomentosa von 6800—8000', Arenaria biflora nur
zwischen 7000 und 8000' ü. M. u. f. w. Die meisten Pflanzen der unteren Alpenregion wie der Bergregion haben einen ungleich größeren vertikalen Verbreitungsbezirk.

nur die merkwürdige Mannigfaltigkeit in der Zusammensetzung des dünnen Vege=
tationsteppichs, sondern auch seine Anklänge an die hochnordische Flora.

So fanden Martins und Payot auf den von Firnfeldern umschlossenen
‚Felsen der glücklichen Rückkehr‘ auf der Nordseite des Montblanc⸗bei 9500—
11,000' ü. M. noch vierundzwanzig Phanerogamen, darunter fünf spitzbergische
und ein lappisches, nebst 26 Moosen, 2 Lebermoosen und 28 Flechten. A. de
Candolle sammelte auf der Felsgruppe des Jardin im Mer de Glace bei 8484'
noch 87 Phanerogamen, darunter 6 spitzbergische und 24 lappische, nebst 18
Moosen und 23 Flechten; Martins auf dem St. Theodul bei 10,200' ü. M.
23 Phanerogamen, worunter 3 spitzbergische, die Gebrüder Schlagintweit auf dem
Monterosa bei 9600' noch 47 Blüthenpflanzen, worunter 10 spitzbergische und
5 lappische. Auf der Faulhornhöhe (8260' ü. M.) sammelte Martins sogar
auf einer 4—5 Morgen großen Fläche 132 Blüthenpflanzen, worunter 11 spitz=
bergische und 40 lappische. Gegenüber dieser bunten Mannigfaltigkeit ist die
hochnordische Flora arm. Spitzbergen besitzt nach den Forschungen des schwedi=
schen Botanikers Malgrem auf einem Flächenraum von 4 1/2 Breite= und 12
Längegraden im Ganzen nur 93 Blüthenpflanzen und 152 Kryptogamen, und
das ganze gewaltige Grönland nur 104 Phanerogamen.

Als die höchstansteigende schweizerische Blüthenpflanze fanden die Gebrüder
Schlagintweit am Monterosa bei 11,770' ü. M. Cherleria sedoides, zu der
auf der ‚Nase‘ im Gletscher des Lyskammes bei 11,176' auch Chrysanthemum
alpinum, Saxifraga bryoides, Silene acaulis, Poa laxa kommen; am Weiß=
thor bei 11,138' Gentiana imbricata, Saxifraga muscoides und moschata,
Senecio uniflorus, Poa alpina. Zumstein fand auf dem Nasenkopfe die Androsace pennina, in ihrer Nähe Cerastium latifolium, Chrysanthemum alpinum,
Saxifraga oppositifolia, Ranunculus glacialis u. s. w.; Desor bei der Lauter=
aarhornexpedition bei mehr als 11,000' ü. M. im Schatten einer Felszacke
Ranunculus glacialis; Saussure auf dem kleinen Mont Cervin bei 10,800' ü. M.
Aretia helvetica, Silene acaulis, Geum montanum und Saxifraga bryoides;
Professor Heer auf der obersten Spitze des Piz Linard, wie bemerkt, die bald
weiße, bald lichtrosenrothe Androsace glacialis, die auch auf dem Schreckhorn
11,400' und auf dem Hausstock 9715' ü. M. blüht. Am Tödi bemerkten wir
als oberste Phanerogamen bei circa 9800' Linaria alpina und Saxifr. oppositifolia. Fast bis auf die Spitze des Piz Languard (10,054' ü. M.) reichen außer
der Gletscherranunkel Senecio carniolicus, Androsace glacialis, Potentilla
frigida, Arenaria biflora, Cerastium glaciale; am Oberaarhorn gehen 10,000
—10,500' das ebengenannte Cerast., die Gletscherranunkel, Saxifr. oppositifolia, die reichblühende Linaria alpina, Draba nivalis, Andros. obtusifolia,
Aretia pennina und die zierlich gelbe Artemisia spicata. Auf der Wasserscheide
des St. Theodulpasses (10,416' ü. M.) wächst die Aretia pennina und neben
ihr Ranunculus glacialis an den verwitterten Glimmer= und Chloritschiefer=
bänken ziemlich reichlich und bei 10,322' ü. M. Eritrichium nanum (das seltene,

niedere Rasen bildende Zwergvergißmeinnicht mit steifbehaarten graugrünen Blättchen und tiefblauen Blüthen), Gentiana verna, Linaria alpina, Saxifraga oppositifolia, Thlaspi cepaefolium und Salix herbacea. Im Ganzen sind am Monterosagebirge bis 11,000′ ü. M. Phanerogamen stellenweise verhältniß= mäßig häufig, besonders die Saxifragen, ähnlich wie auch am Chimborazo die Saxifraga Boussingaulti bis 14,796′ ü. M., d. h. 600′ über der lokalen Schneegrenze, lose Felsblöcke schmückt. Auf den tibetanischen Pässen fand Hooker Gnaphalien, Artemisien, Erigeron und Saussureen bis 18,500′ (engl.) ü. M., Loniceren= und Rhododendronsträucher bis 17,000′, und nach Strachey ist im Norden der kleintibetanischen Pässe erst bei 19,000′ (engl.) ü. M. die oberste Grenze der phanerogamen Vegetation.

In der unteren Schneeregion unserer Alpen mögen die Blüthenlosen den Blüthenpflanzen das Gleichgewicht halten; in der oberen überwiegen jene diese um etwas. Die Blüthenpflanzendecke wird in der unteren Schneeregion über= wiegend aus Synanthereen, Skrophularien, Primulaceen, Gentianen, Knöterichen, Glockenblumen, Ranunkulaceen, Alsineen, Kreuzblüthern, Saxifragen, Schmetter= lingsblüthern, Rosaceen, Gräsern und Halbgräsern gebildet, während die Orchi= deen, Dolden, Weiden sich auffallend vermindert zeigen. Von Sträuchern reichen neben den genannten drei Weiden nur etwa die Heidelbeeren, Seidelbaste, Preißel= beeren, die rostblätterige Alpenrose, die Azaleen und Zwergwachholder in unsere Region herein. Wir bemerken hier und auch theilweise schon in der Alpenregion, daß die landkartenartige Scheibenflechte Lecidea geographica ihre schwarz= punktirten Netzfelder, die sie in der Tiefe fast ausschließlich an Steine heftet, in unseren Höhen an die holzigen Stengel der Alpenrosen setzt und also als Pflanzen= flechte auftritt. — Während in den tyroler und salzburger Alpen die obere Grenze der Strauchregion bei 6300′ ü. M., in Bern und Bünden nicht viel über 7000′ ü. M. ist, erscheint am Bernina doch der letzte Wachholder noch bei 8300′ ü. M., am Monterosa das Rhododendron noch bei 8880′ ü. M. und ein fünf Zoll hoher Juniperus sogar noch bei 10,080′ ü. M. Von Pilzen zeigen sich nur wenige Brandpilzarten bis über 8000′ ü. M.; auch die Algen repräsentiren sich in dieser Höhe durch die Schneealge, Protococcus nivalis, im rothen Schnee. Dabei ist zu beachten, daß auf reinen Kalkgebirgen die Pflanzen= armuth der Schneeregion in viel höherem Grade hervortritt als da, wo dem Kalke viel Thon und Kiesel beigemischt ist, oder auf dem leichter verwitternden Schiefer. Die Skrophularien, die weitduftenden Aurikeln, die rothglühende Berghauswurz, die Alpenastern, die Abarten der aromatischen Primula viscosa bilden neben der weißen Dryas und rosenrothen Silene, der kurzblätterigen Gen= tiane, dem zweiblüthigen Steinbrech, der schimmernden Gletscherranunkel, dem penninischen Mansschild, den niedlichen Aretien und Vergißmeinnicht den über= raschend prächtigen Schmuck der Felsen. Es ist, als ob die Natur den sömmer= lichen Brautkranz dieser Höhen um so glänzender gestalte, je kürzer er dauert, wie sie die armen Flechten und Moose der arktischen Vegetation ähnlicherweise mit einer Farbenpracht in glühenden Gold= und Purpurtönen ausgestattet hat, die sich sonst nicht wiederfindet. Wo nur ein schneefreies Plätzchen ist, bis auf die höchsten Firste herauf, wo, wie auf dem Lyskamme, die Gletscheraretia mit einer mittleren Jahrestemperatur von — 12° bis — 15° C. zu vegetiren hat, sucht sich das Leben der Pflanzenwelt anzusiedeln. Weiter unten überzieht es rasch jeden schneefreien Geröllplatz rasenartig, setzt auf die kalten, feuchten Blöcke und den Schiefersand der Moränen mitten auf dem Gletscher noch seine Moose, Flechten, Schwämme und über dreißig Arten von Phanerogamen, bildet in den Vertiefungen nackter Kuppen und selbst in den Spalten alter Gletscherschliffflächen noch eine verhältnißmäßig reiche Torfflora. In der Region aber, wo die letzte Blüthenpflanze nicht mehr gedeihen mag, heftet es sich doch als Flechte an den feuchten, nahrungslosen Stein; es bleibt in der Regel zehn bis elf Monate von Todeserstarrung befangen, regt sich aber alljährlich wieder, sobald die Sonne beginnt, den Schneeflor des Felsens zu schmelzen und das Pflänzchen zu tränken, zu seiner kurzwöchigen Sommervegetation und breitet concentrisch seinen Thallus um ein Weniges weiter aus.

Werfen wir noch auf die ganze Pflanzenwelt des Gebirges einen Blick zurück, so fällt uns ihre bereits angedeutete Verwandtschaft einerseits mit der des hohen Nordens, anderseits mit der aller andern Hochgebirge bedeutsam in's Auge. Die arktische Flora hat volle 158 Arten und speziell Lappland 115 Arten von Blüthenpflanzen mit unsern Alpen gemein, ganz ähnlich wie der Altai 54 und das nordamerikanische Hochgebirge 70 Pflanzenarten der polaren Zone besitzen. Und wiederum findet sich unsere Alpenflora nicht nur auf dem Jura vor, sondern auch auf den Apenninen, den Pyrenäen, den Sudeten, Karpathen, dem Kaukasus; ja der mittelasiatische Altai trägt noch 80, das nordostsibirische Aldangebirge noch über 60 schweizerische Alpenpflanzen, und auch der Himálaya noch einzelne. Wo der gemeinsame Stammheerd dieser Flora war, ob im hohen Nordland oder aber im Altai und mongolischen und daurischen Gebirgslande, wo sich wenigstens die größte Zahl von arktisch=alpinen Pflanzenarten vereinigt, dürfte kaum zu ermitteln sein. Viel sicherer dagegen wissen wir, daß diese arktisch=alpine Pflanzenwelt die Flora der Gletscherzeit war, in welcher sie bis zum Nord= pol hin alles aus der Eiswüste emporragende Land gleichmäßig bedeckte. Als die Gletscher allmälig schwanden, und von Osten her die heutige Tieflandsflora einwanderte, verblieb die alte Pflanzenwelt der Eiszeit nur den Hochgebirgen und dem hohen Norden, also in ähnlichen Verhältnissen wie die, in denen sie entstanden war. Sie vermochte sich in einzelnen Kolonien sogar auf isolirten Vorbergen und höhern Hügelkuppen zu erhalten, sowie in den aller Kultur entzogenen Torf= mooren, den Ueberbleibseln alter Gletscherlagunen, wo noch heute die Rausch= und die Moosbeere, das Alpenfettkraut, die achtblätterige Dryas, die Mehlprimel, der Sonnenthau und die Bergföhre an die Alpen und an die Eiszeit zugleich erinnern.

Fünftes Kapitel.

Allgemeine Umrisse des niederen Thierlebens.

Möglichkeit des animalischen Lebens in der Schneeregion und ungleiche Wirkung der Höhenluft auf den Organismus. — Die ständigen Bewohner der Schneezone. — Letzte Vertreter des hochalpinen Thierlebens. — Thierfunde in den höchsten Regionen. — Verlängerung des Lebensprozesses der niederen Thiere. — Raubthiere und Pflanzenfresser. — Verschiedenheit der Thiergrenzen in verschiedenen Alpenzügen.

Im Allgemeinen darf das Thierleben, weil es als das höhere auch das feiner organisirte, an mannigfaltigere Bedingungen geknüpfte ist, als nicht ganz so hoch hinansteigend angenommen werden wie das Pflanzenleben. Der höhere Organismus verlangt mehr Schutz zu seiner Entwicklung, eine breitere Basis für seine Existenz, ein reicheres Material zur Uebung seiner Kräfte. Die kümmerliche, zollgroße, eiskalte Schneeblöße der Hochalpen ist ihm nicht gerecht und kann blos den niedersten animalischen Formen stellenweise zur Heimat dienen. Der Mensch, der höchste Organismus, litte auf die Dauer unter den lebensfeindlichen Einflüssen der obersten Schneeregion am meisten, obwohl ihm seine höhere geistige Begabung reichliche Hülfsmittel zum Widerstande darbietet.

Selbst ein kürzeres Verweilen in größeren Höhen ist für ihn mit mancherlei Ungemach verbunden. Die Erzknappen am Theodulpasse hielten es in der obersten Bergmannshütte 10,086′ ü. M. trotz alles Schutzes jährlich nur zwei Monate lang aus. Bei den meisten Besteigern unserer höchsten Alpengipfel zeigen sich einzelne oder ganze Reihen von Erscheinungen, welche beweisen, wie bald das thierische Leben dort oben zu leiden beginnt. Als Zumstein von 1819 an fünf Expeditionen auf den Monterosa unternahm und dabei bis in eine Höhe von 14,000′ ü. M. gelangte, nahm er an sich und seinen Gefährten Beklommenheit, Muthlosigkeit, unwiderstehliche Schlafsucht, Appetitlosigkeit wahr; die Gesichtshaut und die Augen entzündeten sich, und selbst die in der Höhe lebenden Erzknappen bekamen so aufgedunsene Köpfe, daß sie bis zur Unkenntlichkeit entstellt waren. Aehnliches erfuhr Ulrich bei seiner Monterosabesteigung. Als der berühmte Saussure 1787 zum ersten Male den Montblancgipfel erreichte, waren

auch die kräftigsten Männer nach blos 7—8stündigem Marsche so erschöpft, daß
sie jedesmal nach ein paar Dutzend Schritten wieder ruhen mußten; die geringste
Arbeit, selbst das bloße Halten der physikalischen Instrumente, entkräftete auf=
fallend; der Durst und der Ekel gegen Speisen war unüberwindlich, der Pulsschlag
noch nach vierstündiger Ruhe höchst beschleunigt, bei Einzelnen verdoppelt. Bei den
folgenden Montblancbesteigern stellten sich Uebelkeiten, Schlafsucht, Lippen= und
Nasenbluten, Gesichtsschmerzen, unlöschlicher Durst, Respirationsbeschwerden,
Gehirnaffektionen, Kolik, Anwandlungen von Ohnmacht 2c. ein. Einzelne blieben
von all diesen Krankheitsphänomenen fast ganz befreit, andere fingen schon bei
10,000' ü. M. an zu leiden. Aehnliche Beobachtungen machten Saussure auf
dem Mont Cenis, die vierzig Personen starke Expedition, welche 1841 den Großen
Venediger bestieg, Ramond auf dem Maladetta (Pyrenäen), de Sayve auf dem
Aetna, Parrot im Kaukasus, Wilkes auf dem Mauna Loa auf Hawaii (Südsee)
bei 13,190' ü. M., Glennie und Gros auf dem Popocatepetl bei 15,200' ü. M.,
Fremont auf dem höchsten Pic der Rocky Mountains (13,570'), Humboldt und
Bonpland am Chimborazo bei 18,000' ü. M., die Gebrüder Schlagintweit,
welche bisher die höchste erstiegene Berghöhe erreichten, am Ibi=Gamni im
Himálaya bei 22,260 engl. Fuß ü. M. (am 19. August 1856).

Am intensivsten erscheinen die lebensfeindlichen Höheneinflüsse am Himálaya
und in den Cordilleren. Moorcroft (1812) litt am Nitipasse im Himálaya
mit seinen Leuten schwer an der Respiration, Schwindel, Kolik, Lippenbluten,
Uebelkeit und apoplektischen Symptomen; ähnlich Frazer 1815, Webb 1819,
Jacquemont 1824, Hoffmeister, Gerard u. A. In den Cordilleren befällt die
‚Puna‘ oder Bergkrankheit beinahe alle Fremden bei 12—16,000' ü. M., auch
bei der allergeringsten körperlichen Anstrengung. Sie äußert sich namentlich in
Schwindel, Ohrensausen, Ekel, Kopfschmerz, Congestionen; oft tritt das Blut
tropfenweise aus den Augen, den Lippen und der Nase; auch Darm= und Lungen=
blutungen stellen sich ein und bisweilen selbst der Tod. Die Gebirgsindianer
leiden, wahrscheinlich in Folge ihres Cocakauens, nicht an dieser Krankheit;
Fremde acclimatisiren sich aber oft erst nach langer Zeit.

Sehr ungleichartig sind die bezüglichen Erfahrungen der Luftschiffer.
Während Gay=Lussac (1804) bei 7016 Metres ü. M. die Respiration gehemmt
und den Puls beschleunigt, Robertson (1826) bei 21,000' ü. M. das Nämliche
und überdies die Geistesthätigkeit abgestumpft und die Kälte unerträglich fand,
fühlten Barral und Bixio (1850) bei 22,000' ü. M. und Green (1838) selbst
bei 27,000' ü. M. keine Athembeschwerden. Glaisher dagegen, dessen Ballon
am 5. September 1862 den höchsten bisher gewonnenen Punkt über dem Erd=
ball bei mindestens 32,000' erreichte, stürzte bewußtlos zusammen und verdankte
nur der Geistesgegenwart seines Gefährten, der, selbst unfähig, noch einen Arm
zu rühren, das Ventil mit den Zähnen öffnete, seine Rettung.

Aus der Verschiedenheit der gemachten Erfahrungen geht zunächst hervor,
daß hier wie bei der See= und andern Krankheiten die individuellen Dispositionen

eine große Rolle spielen. Läßt man aber auch die leichterklärlichen Einwirkungen der körperlichen Anstrengungen, der ungewohnten Diät, der geistigen Affektionen (Spannung, Furcht ꝛc.) außer Berechnung, so wird man doch eine gewisse Summe objektiver Faktoren auffinden, welche dem regelmäßigen Prozesse des thierischen Lebens in solchen Höhen, wie sie unsere obersten Alpengipfel erreichen, hemmend entgegentreten. Und hierher gehören in erster Linie die meteorologischen Verhältnisse derselben. Unter der Einwirkung eines weit geringeren Druckes ist dort oben die atmosphärische Luft dünner; die Lungen bedürfen also einer weit häufigeren Athmung als im Tieflande, um das gleiche Quantum Sauerstoff einzunehmen, und dadurch ist auch die beschleunigte Blutzirkulation bedingt. Ferner reizt die große Trockenheit der Höhenluft die menschliche Haut zu einer weit stärkeren Verdunstung ihres Wassergehaltes an. Diese Verdampfung geht so rasch vor sich, daß oft bei der größten Anstrengung, welche das gleiche Individuum im Tieflande in ein Schweißbad versetzen würde, in jener Höhe kein Schweißtropfen auf die Haut tritt; er verdunstet, ehe er sich bilden kann. Daher die Erscheinung, daß Bergsteiger und Luftschiffer bei unfreundlicher Witterung, in Nebel- und Wolkenschichten sich besser befinden, ja selbst bei Regenschauern weniger leiden als bei klarer Luft oder gar bei scharfem Winde. Oft mag bei längerem Aufenthalt jene Abnahme des Sauerstoff- und Wassergehaltes der Luft sogar ungünstig auf die Säftemischung und Blutbildung einwirken; jedenfalls aber ist die starke Hautausdünstung, verbunden mit dem Einflusse der intensiven Lichtstrahlen und des Reflexes derselben von den Schneefeldern die Ursache der Austrocknung der Oberhaut, des Absterbens derselben und der Entzündung der überreizten Augen.

So fehlen, wenigstens in unseren Breiten, dem Menschen bei 11—12,000' ü. M. die Bedingungen einer normalen Existenz schon der atmosphärischen Bedingungen wegen. Wohl standen die Hütten der Naturforscher Saussure und Hugi bei 10,000' ü. M., und Zumstein übernachtete, höher als je sonst ein Mensch in Europa vor ihm, bei 13,128' ü. M., am Monterosa, wo er sein Zelt in einer zehn Klafter tiefen Eisspalte aufschlug; aber das waren nur kurze, seltene Besuche. Die obere Schneeregion trägt bleibend kein Menschenleben. Wir müssen also in solchen Höhen des europäischen Kontinents als ständige Bewohner nur niedrige Organismen suchen, Thiere von zäher Art, kleine Geschöpfe der unteren Stufen, während dagegen am Himálaya 12,200' ü. M. noch Dörfer liegen, in denen feinwollige Ziegen gepflegt werden, in den Anden zwischen den Wendekreisen bei 13,000' ü. M. noch wohlbevölkerte Städte (in denen zwar Menschen und Hunde behaglich, aber keine Katzen leben können) und bei 15—17,000' ü. M. die letzten Insekten zu finden sind, der Kondor aber 20,000' ü. M. im Aether schwebt. *)

---

*) Potosi liegt 13,665' (engl.), Cerro de Pasco 14,098', das Bergwerk Santa Barbara bei Huancavelica 14,508' ü. M. Der höchste stets bewohnte Punkt der Erde aber ist das buddhistische Kloster Hanle in Tibet bei 15,117' engl. oder 14,172 par. Fuß ü. M.

Es ist interessant, zu erfahren, daß nach den bisherigen Beobachtungen unsere Thierwelt beinahe so weit hinanreicht, als die Blüthenpflanzen. In der Schneeregion hat man bis jetzt 32 Thierarten gefunden, die stets in ihr bleiben, nämlich 18 Insekten, 13 Spinnen und eine Schnecke, die im Tieflande nur im Spätherbst und Anfangs Winters erscheint, im Frühling aber verschwindet. Diese Schnecke (Vitrina diaphana, var. glacialis) und die Insekten gehen nicht über 9000' ü. M.; von den Spinnenthieren dagegen finden sich fünf Arten noch von 9000 bis 10,000' ü. M., und eine Art, eine Weberknechts= oder Zimmermannsspinne (Opilio glacialis), die nie unter 7000' ü. M. hinabsteigt, also völlig an die Schneeregion gebunden ist, wurde als letzter Vertreter des hochalpinen Thierlebens sogar bei 11,387' ü. M. auf der Spitze des Piz Linard gefunden. Sie ist hellgrau, hat auf dem Rücken einen gelblichgrauen, leierartigen Fleck, hellere Beine und einen gelbweißen Bauch. Das Männchen ist etwas kleiner als das Weibchen; beide sind im größten Theile der höchsten Alpen heimisch. In ihrer Gesellschaft von 9—10,000' ü. M. haust in kleinen Trupps unter den Steinen die kaum über eine Linie lange, hübsch ziegelrothe Schneemilbe (Ryncholophus nivalis Hr.) mit langen, fadendünnen, blaß= gelben Beinen, von Heer, der sie zuerst abgebildet hat, auf der Spitze des Piz Levarore im Engadin (9580' ü. M.) und des Umbrail (9100' ü. M.) noch aufgefunden; ferner die eigentlichen Spinnen, worunter Lycosa blanda (die angenehme Erdspinne), ein drei Linien langes braunschwarzes Thierchen mit stark= behaarten Beinen, als die häufigste Hochalpspinne. Sie zeigt sich sogleich nach dem Wegschmelzen des Schnees und macht dann auf die übrigen, noch winter= schlaftrunkenen Thierchen Jagd. Die Weibchen schleppen große blaßgelbe Eiersäcke nach. v. Welden fand sie am Monterosa bei 9300' ü. M.

Von 9000' ü. M. bis 8500' treten zu diesen vier andere Weberknechts= spinnen, vier ächte Spinnen, dreizehn Käferarten, drei Schmetterlinge mit ihren Raupen, eine Holzlaus, eine Schlupfwespe und eine Schnecke.

Die Besteiger der Hochgipfel haben außer diesen ständigen Bewohnern der höchsten Zone des alpinen Thierlebens auch andere interessante Erscheinungen zufälliger Art gefunden. So entdeckte Hugi auf dem Finsteraarhorn bei 12,000' ü. M. die Schneemaus in lebendem Zustande; auf einem Felsenkamme des Umbrail bei 9129' ü. M. wurde mitten im Firn die Bergeidechse angetroffen; auf dem Monterosa bei 13,900' ü. M. begegnete Zumstein einer Gattung silber= farbiger halbtodter Schmetterlinge, die viel Aehnlichkeit mit dem Perlmutter= schmetterlinge hatte und selbst bei 14,022' ü. M. einem rothen Falter, der über die Zumsteinspitze wegflog, während auf dem Schnee todte und lebendige Mücken lagen.

Dicht unter dem höchsten Gipfel des Monterosa erhielt M. Ulrich, während er auf die von der Kuppe zurückkehrenden Führer wartete, den Besuch eines Raben (Schneekrähe?) bei 14,004' ü. M. Auf der obersten Spitze des Tödi (11,110' ü. M.) sah Dürler einen weißen Falter flattern. Coaz fand die

Spuren der Gemsen bis gegen den Gipfel des Bernina; Agassiz entdeckte auf
der Jungfrau einen hoch in der Luft sich wiegenden Falken (Wanderfalken?) und
Heer, der unermüdliche Forscher, auf dem Palügletscher am Bernina (11,000'
ü. M.) einen ausgetrockneten Schneefinken. Dr. Rudolf Mayer fand bei seinem
ersten Versuche zur Ersteigung des Finsteraarhorns 10,370' ü. M. eine um die
Silene acaulis schwebende Wespe, 9—10,000' in einer Eisschrunde eine lebende
Maus, 13,000' hoch Alpendohlen, 11,000' Schneehühner, 10—12,000'
Perlmutterschmetterlinge, von denen einer 9000' ü. M. auf der Höhe des Aletsch-
gletschers eben die an einen Felsen geheftete Puppe verlassen hatte, — also in
heimischer Entwickelung begriffen! Der erste Besteiger des 10,150' hohen
Scheerhorns traf auf dem Gipfel eine Schaar Schmetterlinge von 8—10 Stück
an, munter in der warmen Luft sich wiegend. Er unterschied eine größere und
kleinere Art und bemerkte einen auffallend raschen Flügelschlag der Falter. Auf
der Höhe des Montblanc fand Saussure ebenfalls noch zwei vorüberfliegende
Schmetterlinge. Auf der Wildspitze wurde das Blaukehlchen (Sylvia cyanecula)
noch bei 11,000' ü. M. entdeckt, ebenso hoch Schneefinken und Alpenflühlerchen,
und Thurwieser bemerkte auf Adlersruhe (10,432' ü. M.) sogar noch das so
zarte Goldhähnchen (Motacilla regulus). Wir selber fanden unter dem Gipfel
der Fibia große Schneereviere mit zahllosen todten Zweiflüglern bedeckt, ebenso
G. Studer auf dem Firnschnee des oberen Triftgletschers eine ziemliche Anzahl
halberstarrter Schmetterlinge, Bienen und andere Insekten, Ulrich auf dem Gipfel
des Mont Velan (11,588') eine tiefländische Fliege (Syrphus balteatus). Bei
der Ersteigung des Tödi's am 16. Juli 1866 fanden wir bei circa 10,500' ü. M.
zwei muntere Alpendohlen und auf dem weiten Firnfeld zwei große Libellen, von
denen die eine noch lebte. Wir müssen dabei voraussetzen, daß diese Luftfahrten
nur theilweise unwillkürliche, gewaltsame sind und dies nur da, wo wir einzelne
oder ganze Massen von Insekten vom Winde in diese unwirthlichen Gelände entführt sehen, während eine Menge anderer sich mit freier Bewegung hierher verirrt.
Anders sind ähnliche Thierfunde in den heißen Klimaten zu erklären. Hier ist
eine weit stärkere Luftströmung von der erhitzten Erdrinde in senkrechter Richtung
nach oben die Ursache, daß nicht nur Insekten in Höhen von 18,000' ü. M.
entführt, sondern nach Boussingault's Beobachtungen selbst kleine Ballen dürrer
Grashalme in regelmäßigem Spiele emporgehoben werden. Daß ebenso unwillkürlich ganze Heuschreckenschwärme, Wasserjungfern, Schmetterlinge (letztere von
Darwin 10 Meilen von der patagonischen Küste in ungeheueren, viele Myriaden
zählenden Schwärmen beobachtet), selbst Landspinnen 20, ja selbst 370 See-
meilen vom Land durch den Wind entführt, von den Schiffen aufgefunden wurden, ist eine bekannte Thatsache.

Daß jene Thiere hier oben sterben müssen, ist eher zu begreifen, als daß
die andern, deren Aufenthalt lebenslang diese Firninseln sind, zu leben vermögen. Flechten und Moose, ihre Nachbarn, brauchen zu ihrer Vegetation
nur Luft und Feuchtigkeit; nach jahrelangem Scheintode wachsen sie wieder fort,

sobald etliche Tropfen Waffer fie getränkt haben.   Die Vegetation der Blüthen=
pflanzen, die natürlich alle perennirend find, da fie felten zur vollen Samenreife
gelangen, ist schon wunderbar genug, wenn man erwägt, wie oft diese äußersten
Stationen gar keinen Sommer haben und die zähe Lebenskraft der kleinen Ge=
wächse ohne Luft und Licht ausdauern muß.   Aber am wunderbarsten ist es,
wie Thiere, die ihren Odem nicht in tiefe Erdwurzeln zurückziehen können, nicht
nur zu leben, sondern sogar sich fortzupflanzen vermögen, wie sie ihren ganzen,
oft so komplicirten Verwandlungsprozeß hier zu vollenden im Stande sind.   Um
dieses möglich zu machen, scheinen sie nur stationen= und ruckweise zu leben und
sich zu entwickeln.   Es ist nicht denkbar, daß in den wenigen wärmeren Wochen
das Ei alle Phasen bis zum fertigen Käfer durchzumachen vermöge; es ist wahr=
scheinlicher, daß das Thierchen zu dieser Fortbildung, zu der es im Thale 6—8
Monate bedarf, hier oben mehrere Jahre braucht, daß es jedesmal in einer neuen
Entwicklungsperiode stehen bleibt und während der zehn bis elf Eismonate starr
daliegt, im folgenden Jahre aber während des neuen Lebensmondes seine Ent=
wicklung fortsetzt und in solcher Weise sein Dasein wunderbar und außerordent=
lich verlängert.

    Woher aber nähren sich diese Thierchen?   Von den 32 sogenannten Schnee=
thierchen sind 24 Raubthiere, die nicht von Pflanzenstoffen leben, sondern als
deren Schützer und Hüter erscheinen, und unter diesen fünf Spinnenarten, die
blos nächtliche Raubthiere sind, während doch jene Nächte stets von Frost und
Eis starren!   Hierüber besitzen wir noch keine befriedigenden Aufschlüsse, obgleich
auch hier das die Vegetationsdecke schützende Naturgesetz unverkennbar herrscht.

    Nach dem früher Bemerkten wird es uns nicht befremden, wenn wir in
dieser Höhenverbreitung des pflanzlichen und thierischen Lebens eine große, durch
klimatische Verhältnisse bedingte Verschiedenheit finden.   Auf der Südseite der
Centralalpenkette sind die obersten Grenzen beträchtlich höher gesteckt als auf der
Nordseite, ist die Vegetation viel reicher ausgestattet, viel mannigfaltiger.   In
den nördlichen Alpenzügen erstirbt das Leben früher; auf gleichhohen Punkten
haben sie weit weniger Pflanzen und Thiere als die südlichen Züge.   Wir haben
in der Schneeregion dieser letzteren 105 Blüthenpflanzen gefunden, in den nörd=
lichen Gebirgen nur 24; in Bünden findet sich das letzte Thier 10,780' ü. M.,
in Glarus hat sich über 8880' ü. M. bisher noch keines gezeigt; dort (auf dem
Hinterglärnisch) fand sich die letzte Gletscherspinne.   Die Thiere selbst bleiben sich
in den nördlichen und südlichen Gebirgsarmen gleich, wie die Pflanzen, nur ihre
letzte Höhe wechselt.   So verschieden beide in der südlichen und nördlichen Thal=
und theilweise noch in der Bergregion sein mögen, — in der alpinen und nivalen
Zone tritt über das ganze Alpengehänge das gleiche System, die gleiche Art auf.
Und wie wir am Kaukasus, auf den armenischen und sibirischen Alpen und am
Himálaya einen großen Theil unserer Hochgebirgspflanzen wiederfinden, während
in den Gebirgen der neuen Welt sich die Tendenz der Gleichförmigkeit wenigstens
durch Bilduug gleicher Gattungen ausspricht, so bietet die Thier= und

Pflanzenwelt des hohen Nordens große Uebereinstimmung mit der unserer Hoch=
alpen, und zwar bleibt sich der Norden von Amerika, Asien und Europa hierin
gleich.   So finden sich auf Spitzbergen viele Insekten unserer Schneeregion und
wahrscheinlich auch andere entsprechende thierische Formen, und unsere Balden=
steinische Alpenmeise ist, wie wir bemerkt haben, die Meise des hohen Nordens
(Parus borealis). Wie bei uns das thierische Leben bis gegen die höchsten Höhen
reicht, so reicht es mit unendlicher Dauerbarkeit in die Eiswüsten der Pole hinein,
und wo längst die sichtbaren animalischen Gebilde zurückgeblieben sind, existiren
noch im Eiswasser Hunderte von Arten kieselschaliger Polygastren, und selbst 12°
vom Pole im ewigen Eise Coscinodisken mit ungestörter Lebensthätigkeit und
der Boreus hyemalis im arktischen Schnee.

Sechstes Kapitel.

Die Schneethiere.

Die einzelnen Klassen der niederen Thierwelt innerhalb der Schneeregion. — Armuth an Wirbelthieren. — Die Bergeidechse und die Viper. — Die Vögel. — Adler und Geier. — Stein- und Schneehühner. — Schneefinken. — Große Beschränkung der Säugethiere.

Wir bemerkten bereits, daß die Mehrzahl der Gliederthiere, welche die obere Schneeregion bewohnen, kleine, über 8000' ü. M. meist flügellose Geschöpfe sind, die an die Humusplätzchen, die Flechten, Moose der Felsritzen und die Spielplätze der wenigen Blüthenpflanzen ihrer Oase zeitlebens gebunden erscheinen. Geflügelte Insekten, die oft in großer Menge vom Winde bis auf die oberen Firne heraufgeweht werden, sinken dann in diese bis zwei Fuß tief ein. Man hat bemerkt, wie diese Thierchen sich mit ausgebreiteten Flügeln und Gliedern auf dem Firn niederlassen und so behaglich und unbeweglich liegen bleiben, indem ihnen wahrscheinlich die Absorption des Sauerstoffs zusagt. Will man sie auf Holz oder Stein retten, so flattern sie sogleich wieder weg nach dem Firn, wo sie sich wie berauscht ausbreiten und allmälig mit vollem Behagen einsinken. Zwei Fuß tief herausgegraben, werden sie bisweilen rasch wieder munter; sonst sterben sie bald und zerfallen dann sogleich, worauf das Tiefereinsinken aufhört. Man legte getödtete Insekten auf den Firn; der Körper schwoll zu einer weichen Masse stark auf und sank etwas ein; dann zerfiel er und die Firnöffnung schloß sich über ihm.

Auf alle einzelnen Gliederthiere, die man bisher in der Schneeregion gefunden hat, können wir natürlich nicht eingehen und beschränken uns auf folgende, diese Thierwelt etwas näher bezeichnende Angaben. Die Aufgußthierchen sind nach einer früheren Bemerkung zahlreich vertreten und weisen wahrscheinlich im ‚rothen Schnee‘ eigenthümliche, nivale Formen auf, die erst theilweise erforscht sind. Von Weichthieren haben wir bis in die obere Region die Varietät einer tiefländischen Schnecke gefunden, die man gewiß am wenigsten in solcher Höhe vermuthet; die übrigen bleiben alle wohl schon vor der unteren Schneezone zurück, da sie ohne Ausnahme an eine gedeihlichere Vegetation gebunden sind;

doch geht die durchscheinende Glasschnecke und die Helix alpicola an einigen Orten bis 7000' ü. M. — Von den Wurmthieren geht wahrscheinlich allein der kosmopolitische Regenwurm bis zur oberen Schneeregion; ihm leisten einige Tausendfüßer Gesellschaft, ferner die Schneemilbe, etliche Weberknecht=, Wolfs=, Zellen= und Krabbenspinnen, welche alle bis zu großer Höhe ihr Leben wunderbar zu fristen vermögen. Ein Bastardskorpion erscheint in den Glarnergebirgen noch bei 8000' ü. M., nämlich das Obisium sylvaticum, sonst im Tieflande erscheinend, in manchen Theilen der Schweiz aber zahlreicher in den oberen Regionen. Die Schnabelinsekten bleiben mit wenigen Ausnahmen vor und in den Alpen zurück, wo immer noch gegen 20 Arten über die Holzgrenze hinaufgehen; ein paar Blattflöhe und Zirpen sind zum Theil in eigenthümlich hochgebirgischer Form über der Schneelinie entdeckt worden. Der Gryllus pedestris zeigt sich im Wallis und Bünden noch 8000' ü. M., die Bücherlaus in Glarus noch 8800' ü. M. unter Steinen, während bei 8000' ü. M. daselbst alle Fliegen aufhören, die tiefer unten ein so bedeutendes Element der Insektenwelt bilden. Immerhin reichen aber hier noch eben so weit die zarten Federmücken in eigenen alpinen Formen und zeigen ihre Larven häufig in feuchtem Moose.

Die Schneeregion beherbergt als ständige Thiere gegen ein Dutzend Schmetterlinge [*]), die obere Hälfte selbst noch drei solche, die um so mehr als regelmäßige Bewohner derselben gelten müssen, als ihre Raupen ebenfalls daselbst leben und die ganze Verwandlung hier vor sich geht. Es sind nur dunkelfarbige Arten, die hier noch beständig auftreten, wie mehrere dunkel= und schwarzbraune Hipparchien, die rothbraune Saumeule, deren Raupe an den Primeln und Aurikelstöcken zehrt, und häufig die kupferbraune Gammaeule, die zahlreich im Tieflande vorkommt. Einzelne Fremdlinge flattern, wie bemerkt, vom Winde verschlagen, oder wahrscheinlich auch vom tiefländischen Nebel gehoben [**]), zur Rettung in die lichteren Höhen, auch über die höchsten Kulme, gehen aber ohne Zweifel vor Ermattung in den nahrungslosen Revieren zu Grunde. Von wespenartigen Insekten gehen in den südlichen Alpen manche Schlupfwespen in die Schneeregion, ebenso die Moos=, Erd= und Steinhummel; in den nördlichen bleiben diese etwas früher

---

[*]) Agassiz fand Anfangs März in der Schneewüste hoch auf dem Aargletscher einen kleinen Fuchs (Vanessa urticae), der sich so munter herumtummelte, als wäre er auf blühender Wiese, während doch das ganze Hasli= und wohl auch das Rhonethal tief im Schnee vergraben lagen.

[**]) So sahen wir noch am 16. November 1855, während alle Thäler und die ganze Niederung von mehrwöchigen frostigen Nebelmeeren dicht verhüllt waren, hoch an der Wagenlucke (6740' ü. M.) am Säntisstock zwei Bräunlinge munter umherfliegen. In der Tiefe hatte der Frost schon lange die Vegetation ausgelöscht; von 3000' an bis zu der bezeichneten Höhe aber fanden wir noch frische Blüthen von 15 Phanerogamenarten. Die Sonne schien lieblich, die Luft war fönwarm und so außerordentlich transparent, daß wir noch gegen Mittag mit bloßem Auge die Sterne leuchten sahen.

zurück; nur die Felsenhummel wird noch bei 7500' ü. M. gefunden, ebenso
einzelne, wohl verschlagene Honigbienen, die auf den aromatischen Floren der
Grasbänder noch Blumenmehl und Honig sammeln; ferner eine Blattwespe
(Tenthredo spinacula) in Bünden bis 8000' ü. M., die vielleicht ihre Larven
in den Gallen der Alpenrose birgt, und die einsam lebende Riesenameise (auf
der Spitze des Guldenstockes, 7870' ü. M.).

Im Verhältniß viel zahlreicher sind in der Schneeregion die Käfer vertreten,
gehen aber nur in den südlichen Alpen in den oberen Theil derselben bis 9000'
ü. M., während sie in den nördlichen wahrscheinlich insgesammt bei etwa 8000'
ü. M. aufhören und fast nur durch Raubkäferarten repräsentirt sind, über 8000'
immer ungeflügelte Thiere, die familienweise in Erdlöchern oder unter Steinen
bei einander wohnen. Sie gehören zur Gattung der Kurzflügeldecker, Aphodiden
und besonders der Laufkäfer, und besitzen theilweise ganz eigenthümliche Formen.
Der größere Theil kommt indessen auch in der oberen Alpenregion vor.   Wir
erwähnen von ihnen die nicht zwei Linien lange, bald dunkelblaue, bald dunkel=
grüne, fein punktirte, niedliche Chrysomela salicina, die von 6—8000' ü. M.
über die ganze Alpenwelt verbreitet ist und meist auf einer Zwergweide lebt
(Salix retusa); ferner die Nebria Escheri, einen vier Linien langen, schwarzen
Käfer mit rothbraunen Beinen und Fühlern, der in den Bündner= und Urner=
alpen bis 8700' ü. M., aber immer als Seltenheit vorkommt; die Nebria
Chevrierii, braun mit rostfarbigen Füßen und Fühlern, etwa vier Linien lang,
in den die Quellen des Hinterrheins umgürtenden Hochgebirgen bis 8700' ü. M.
gefunden. Die Larve der Nebria Germari ist am Vorderleib glänzend hellbraun,
auf den Rückenschildern schwarzbraun, am Hinterleib gelbgrau und etwa fünf
Linien lang; der Käfer ist braunschwarz mit rothbraunen Fühlern und Beinen,
etwa vier Linien lang, und steigt bis 8600' ü. M.

So wenig zahlreich im Verhältniß zu den tieferen Regionen die Fauna der
Gliederthiere über der Schneelinie auftritt, so unscheinbar und verborgen der
größere Theil dem flüchtigen Blicke sein mag, so bilden sie doch den eigentlichen
Grundstock der höchstlebenden Thierwelt und müßten auch in der ganzen Gestal=
tung ihrer Lebensform von höchstem Interesse sein, wenn wir im Stande wären,
sie nach dieser Seite hin zu schildern. Allein ihre alljährliche kurze Lebensperiode,
ihre Verborgenheit und ihr oft schwer zugänglicher Aufenthaltsort entzieht sie
großentheils der Beobachtung.

Weit mehr noch schwinden aber die höheren animalischen Gebilde vor
dem Froste der endlosen Winter, vor der Nahrungslosigkeit der höchsten Regionen
zusammen. Die oft viele Jahre lang in Schnee und Eis vergrabenen kleinen
Hochseelein ernähren mit seltenen, früher angegebenen Ausnahmen so wenig als
die kalten Schnee= und Eisbäche, die ohnehin schon in steilen Rinnsalen einher=
rauschen, irgend Pflanzen, Fische oder Frösche. Der Grasfrosch ist über der
Schneelinie noch ebenso wenig aufgetreten als eine Kröte; vielleicht daß der
schwarze Salamander und der Alpenmolch hin und wieder in den südlichen

Gebirgen sie überschreiten. In den nördlichen reichen sie blos an sie hin und können jedenfalls nicht als Bewohner des alpinen Schneegürtels angesehen werden. Ueberhaupt können von allen Reptilien nur zwei als solche betrachtet werden, nämlich die Bergeidechse und die gemeine Viper mit ihrer schwarzen Spiel= art. Sie sind aber weit mehr Bürger der Alpenregion und dort näher bezeich worden; in der Schneeregion findet man sie jedenfalls nur selten.

Etwas reichhaltiger treten auch über der Schneegrenze noch die Vögel auf, deren Beweglichkeit einen Sommeraufenthalt so hoch hinauf gestattet, als die karge Natur ihnen überhaupt ein Nahrungsfeld zu bieten vermag. Die Schnee= region weist keine ihr ausschließlich eigenthümliche ornithologische Erscheinung auf; was in ihr noch lebt, besitzt auch die Alpenregion. Wohl aber nisten und brüten in ihr regelmäßig einige dieser lieben Thierchen, sodaß dort oben wohl ihre Heimath angenommen werden kann, aus der sie nur der lange Winter ver= treibt. Man kann vielleicht ein Dutzend Vögel und zwar fast ohne Ausnahme Standvögel auf die Schneeregion rechnen.

Die Lämmergeier und Steinadler gehören jedenfalls auch zu ihnen, indem sie nicht selten selbst die höchsten Alpenkuppen besuchen, oft 14—15,000' hoch fliegen und des Sommers sich gern in die einsamsten Gehänge der unteren Schneezone zurückziehen, von wo aus sie ihre Jagdzüge über das ganze Hoch= gebirge ausdehnen. Daß auch irgend eine Falkenart so hoch gehe und selbst über die Jungfrau hinschwebe, ist oben berührt worden; doch mag es mehr eine zufällige Erscheinung sein, da diese weit fliegenden Vögel nicht an einen genau begrenzten Aufenthalt gebunden sind. Viel eigentlicher und als ächte Repräsen= tanten des Vogellebens gehören die gelbschnäbligen, rothfüßigen Schneekrähen oder Bergdohlen (Corvus pyrrhocorax) der Schneeregion an. Von der unteren Alpenzone an kann der Bergreisende sicher sein, bis zu den allerhöchsten Gipfeln hinan irgend einen schreienden Trupp dieser großen und lebhaften Vögel an einem Felsenkopf krächzend und hell pfeifend sein Wesen treiben zu sehen. Sie fehlen in keinem Theile der Alpen und verlassen diese nur höchst selten. Noch bei 9 und 10,000' ü. M. brüten sie gesellschaftlich in den geschützten Spalten nackter und steiler Felsenwände. Die etwas größere, ebenfalls schwarze, aber mit reichem Schillerglanze übergossene, einem korallenrothen Schnabel und hellrothen Füßen gezierte Steinkrähe (C. graculus) ist in den nördlichen Alpen gar nicht zu finden und auch in den rhätischen und wallisischen ziemlich selten. Sie fliegt bald mit den Schneekrähen, bald einzeln, bald familienweise, an den steilsten Felsen des oberen Hochgebirges, hat sich aber im rhätischen Gebirge dohlenartig (sie heißt dort auch ‚Tolan') in Kirchthürmen und alten Burgen angesiedelt.

Mit weniger Lärm und Lebhaftigkeit treibt das Schneehuhn sein Wesen bis weit über die Schneegrenze hinauf. Die Gletscher sagen ihm nicht zu, wohl aber die Nähe kleinerer oder größerer Schneeblätter, an denen es oft mit großem Behagen herumspaziert, um im aufgethauten lockeren Grunde die erwachenden Käfer, Spinnen und Regenwürmer auszuspüren. Da es selten oder nie sehr

weit fliegt, geht es in der Schneeregion nur so weit dieselbe mit Rasen oder
Getrümm bedeckt ist, die ihm Nahrung bieten können. Hier weilt es und brütet
und weiß mit großer Vorsicht seine Brut vor Nachstellung zu verbergen. Möchte
es dem sanften und hübschen Thierchen, das jedem Höhenbesucher eine so freundliche Erscheinung ist, immer gelingen! Sein Leben ist im harten und langen
Winter der hochgebirgischen Reviere ohnehin sauer genug.

Ein ächter Bewohner der Schneeregion ist ferner der hübsche Schneefink
oder ‚Schneevogel‘ (Fringilla nivalis), der nur selten bis zur Holzregion hinab-
geht und am liebsten in den Spalten der obersten Felsen, unter den Dächern der
Hütten und Hospize brütet. Wir finden ihn in allen Theilen des Alpenzuges,
wo er nicht wenig zur Belebung der einsam ernsten Natur beiträgt, wenn auch
sein Gesang nicht viel bedeuten will. Seltener ist der rothgeflügelte Mauerläufer;
doch geht er in einzelnen Fällen so hoch hinauf wie die Schneekrähe. Der Alpenflühvogel, der auch in den Karpathen nicht unter 4000' ü. M. brütet, der
Citronfink, das Steinhuhn, der Wasserpieper, die graue Bachstelze und der Rabe
sind gar nicht seltene Gäste der Schneeregion, doch in den unteren Alpen weit
mehr heimisch. Warme Jahrgänge und ein starkes Zurücktreten der Schneefelder
lockt sie hin und wieder zu einem Besuche der Höhe; und der Rabe holt daselbst
gern die Eingeweide der Gemse, die der Jäger ausgebrochen hat, und wird mitunter an den höchsten Kuppen bemerkt.

Ein spärliches Vogelleben; wenige Bürger, spärliche Gäste, und die eigentlichen Bewohner selber im Winter wieder in der Auswanderung. Aber noch
seltener ist das Erscheinen der höhern Thierformen, von denen vielleicht nur eine,
die Schneemaus (vielleicht auch die Alpenspitzmaus), ihr ganzes Leben ununterbrochen in der Schneeregion zubringt, — auf räthselhafte Weise freilich; doch
ist es gewiß, daß sie auch im Winter dort angetroffen wurde. Die übrigen
Mäuse, namentlich auch die Hausmaus, die den menschlichen Wohnungen bis in
die Schneeregion folgt, ziehen sich gegen den Winter der Tiefe zu. So sahen wir
im Spätherbste eine Hausmaus, die sich wahrscheinlich einen Sommer über in
der Hütte an der Säntisspitze aufgehalten hatte, in mühseligen Sätzen und
Sprüngen die jähen Schneefelder hinunter dem Thale zueilen. Die Murmelthiere reichen bis über 8000' ü. M. hinan und bauen ihre Sommerwohnungen
in grasigen Gehängen, neben denen die Schneethälchen weit hinunter gehen.
Wenn wir die Steinböcke ebenfalls für unsere Region in Anspruch nehmen, so
geschieht es nicht in der Meinung, als gehörten sie ursprünglich hierher. Sie
scheinen vielmehr für eine tiefere Lage als selbst die Gemsen bestimmt zu sein; die
Verfolgungen aber, denen sie sich weniger leicht als diese zu entziehen verstehen,
haben sie aus ihren ursprünglichen Revieren zu jenen unwirthbaren und fast
unnahbaren Hochgebirgseinöden zurückgedrängt, in denen sich die Art nur
kümmerlich im stäten Kampf mit Unwetter, Hunger und Nachstellung und den
Gefahren ihres Terrains zu behaupten vermag. Noch erinnern manche Namen
an ihr früheres Dasein im Hochgebirge. In der Nähe des Scheerhorns waren

sie besonders häufig am sogenannten ‚Bockzingel‘ und im Wallis an der Dent blanche (in Zmutt ‚Steinbockhorn‘ genannt). Ihre Verwandten, die Gemsen, fallen überwiegend der Alpenregion zu. Dort ist fast in allen Zügen des Hoch= gebirges noch jetzt ihre Heimath, wo sie drei Viertheile des Jahres leben und sich fortpflanzen. Wo sie stätig und lebhaft verfolgt werden, fliehen auch sie der Schneeregion zu und weiden auf den zerstreuten Vegetationsoasen derselben bis an die 9000′, ja bis 10,500′ ü. M. Der erste Besteiger des Plattenhorns (9290′ ü. M.) fand ihre Exkremente häufig auf dem steilen Gipfel. Sie wechseln aber ihren Aufenthalt in diesem Falle äußerst oft und rasch. Es geschieht z. B. im Frühherbste gar häufig, daß die warme Sonne des Tages die Heerde bis zu einer Höhe von 8—9000′ ü. M. lockt und das Vorgefühl des in der Nacht ein= tretenden Nebel= und Schneewetters sie noch am gleichen Abend in eine tiefe Alp 3—4000′ ü. M. hinunter treibt. Daß verfolgte Gemsen sogar in Höhen von 12—13,000′ ü. M. bemerkt worden, sind nur vereinzelte Thatsachen, die weniger für den gewöhnlichen Aufenthalt dieser Thiere zeugen als für ihre Kraft und Dauerbarkeit.

So finden wir auch vierfüßige Raubritter auf einzelnen Streifzügen in den Schneerevieren, — nicht sowohl die großen, als vielmehr ein seltenes Wiesel oder Hermelin auf der Mäusejagd, oder einen Alpenfuchs, der ein Schneehühner= völklein beschleicht oder in der Dämmerung einer Schneekrähe nahezukommen sucht, und dessen Fährte nicht selten bis 10,000′ ü. M. hinanreicht. Wie die Alpenfüchse von ihren Wohnungen in den Felsen und Gründen der mittleren Alpenregion im Winter ihre Streifzüge in das Thal ausführen, so dehnen sie dieselben im Juli und August nicht selten bis zu den höchsten Gipfeln des Berg= stocks aus und setzen mit großer Leichtigkeit über die schwierigsten Gletscher. Viel seltener findet der Alpenhase sich in der eigentlichen nivalen Zone, und wo er sich zeigt, erscheint er nur im unteren Theile derselben — entweder als Flüchtling oder zu kurzer Aesung.

Das Auftreten der höchsten Thierformen ist in unsern Bezirken ein so selte= nes, verborgenes, daß sie in der Regel ganz aus dem landschaftlichen Gemälde verschwunden scheinen, in dem unendliche todte Massen mit trotzig=kühnen Formen, kaum gemildert durch die leuchtenden Gürtel niedriger Alpenpflanzen und ein sporadisches Insekten= und Vogelleben, eine unbedingte Herrschaft behaupten. Im Himálaya dagegen reichen die großen Säugethierformen noch mit Individuen= massen in die Schneeregion hinein. Namentlich bilden die scheuen, kühnen Kiangs (Asinus polyodon, Wildesel), die eben so scheuen, reichvließigen Yaks (Poë= phagus gruniens, Grunzochsen) und die wilden Tarpans (Wildpferde), neben Antilopen, Wildschafen, Schakalen und Füchsen noch zahlreiche Heerden an der Grenze der Vegetation, ja bis 18,000′ ü. M., d. h. 1000—1500′ über der lokalen Schneegrenze.

Biographien und Thierzeichnungen.

I. Die Schneefinken.

Ihr Aufenthalt und ihre Lebensweise.

Neben den Stein- und Schneekrähen und dem Schneehuhn bewohnen die Schneefinken die höchsten Gebirgsregionen, der einzige kleine Vogel, der den größten Theil des Jahres zwischen Schnee und Eis verbringt, ein gar hübsches, munteres, zutrauliches Thierchen, das nur selten in die mittleren Theile des Hochgebirges geht, und weiter unten sowie im Tieflande kaum bekannt ist.

Diese Finken, welche unser Geßner auffallenderweise nicht kannte (denn sein ‚Schneefink‘ ist der Bergfink, F. montifringilla), gehen höher als der niedliche Citronfink und wirthschaften durchweg wenigstens über der Holzgrenze. Ihre liebsten Aufenthalts- und Brüteorte aber sind nicht milde, grasreiche Alpengegenden, sondern steile Felsenkämme. Hier baut das Weibchen gewöhnlich in einer hohen und unzugänglichen Felsenritze aus feinen Halmen ein dichtes und großes Nest und füttert es besonders sorgsam mit Wolle, Pferdehaaren, Schneehühnerfedern u. dergl. aus, wobei es vom Männchen unterstützt wird, und legt dann Ende Aprils oder Anfangs Mais, jenachdem es die Witterung erlaubt, sechs schneeweiße Eilein, größer als die des Buchfinken. Die Jungen werden von den Alten zuerst mit Larven, Spinnen und Würmchen genährt und ängstlich bewacht. Nimmt man die Kinder weg, so lassen die Eltern klägliche Zieptöne hören. Die Färbung beider ist nicht sehr verschieden, nur bei den Jungen etwas schmutziger und weniger markirt; die Schnäbelchen aber sind blaßwachsgelb und verändern sich erst im nächsten Frühjahr, indem sie bei eintretendem Fortpflanzungstrieb bei Alten und Jungen schwarz werden. Der Kopf ist aschgrau, der Rücken graubraun überlaufen, die Kehle im Winter weißlichgrau, oft schwärzlich gefleckt, im Sommer schwärzlicher, der untere Körper grauweiß, die Schwungfedern theils weiß, theils braun, theils ganz schwarz, die Schwanzfedern weiß mit schwarzem Saum, die Füße schwarz. Sowie die Schneefinken groß geworden (etwas größer als die Edelfinken), nähren sie sich überwiegend von kleineren Sämereien, im

Sommer auch gern von Inſekten, beſonders von Käferchen. Haben die Alten wegen ſpäten Froſtes und Schneefalls tiefer in der oberen Alpenregion gebrütet, ſo fliegt ſpäter die ganze Familie dem Schnee nach. Im hohen Winter verlaſſen ſie ohne Zweifel die höheren Alpen und ſtreichen gern in muntern, geſchloſſenen Schaaren den unteren Bergen zu. Einzelne fliegen in die höchſt- gelegenen Thäler auch noch im Frühling, wenn ſpäte Schneeſtürme eintreten, und werden in Bünden in den Mayenſäßen bemerkt, doch nur tagelang. Mit- unter aber fliegen ſie im Winter ſchwarmweiſe ſogar bis Marſchlins hinunter, und ein klevener Jäger berichtet, er habe im Herbſt in der unteren Ebene von Kleven einſt eine ganze Wolke von Schneefinken geſehen, die aus mehr als tauſend Exemplaren beſtand, und ſelbſt etliche hundert Stück erlegt. Sie ſeien ſehr hungrig und ſo dumm geweſen, daß ſie auf den Schuß den in der Luft getödte- ten, herunterfallenden Kameraden nachgefolgt und ſich neben dieſe auf den Boden geſetzt hätten, wo er wieder unter ſie ſchießen konnte. Sonſt ſieht man ſie bald paarweiſe, bald in kleinen Schwärmen an den Felſenköpfen. Die Männchen ſingen unbedeutend, zwitſchernd. Die weißlich ausſehenden Schaaren fliegen oft hoch in die Luft und tummeln ſich luſtig herum, dann trippeln ſie wieder ſchrei- tend und hüpfend auf der Erde herum wie die Edelfinken. Im Appenzelliſchen niſten ſie am Schäfler und finden ſich auf Megliſalp, hinter dem Oehrli, auch etwa auf dem Hohen Kaſten; im Winter fliegen ſie bis Brüliſau herab, ja im Januar 1867 wurden ſogar zwei bei St. Gallen geſchoſſen, wo ſie vor den Fenſtern Futter ſuchten. Im ſt. galliſchen Oberlande ſahen wir ſie in Flügen in den Stein- wüſten der Grauen Hörner bei 8000′ ü. M. In Graubünden ſind ſie auf allen Päſſen, beſonders auch am Splügen, ziemlich häufig. Die Finanzwachen ſchießen ſie oft und braten ſie. Hier, ſowie auf der Grimſel, dem Simplon und Bern- hard, niſten ſie auch in den Hospizgebäuden. Auf letzterem fliegen ſie frei in den Gängen aus und ein und freſſen den Reis, den ſie ſich aus den Säcken picken; ſonſt gehen ſie auch oft den Saum- und Fahrwegen nach und ſuchen in großer Geſellſchaft aus dem Miſte der Roſſe und Maulthiere die unverdauten Hafer- körner oder den aus den Säcken gefallenen Reis. Im Gotthardhospiz haben ſie ihre zahlreichen Neſter an den äußeren Balkenköpfen des Hauſes angelegt und ſind ſehr zahm. In der Nähe deſſelben entnahmen wir ein mit dem Gelege be- ſetztes Neſt einer Mauervertiefung der Todtenkapelle. Merkwürdigerweiſe finden ſich die Schneefinken auch auf dem durch ſeine Fauna ſo ausgezeichneten Salève bei Genf kaum 3500′ ü. M. neben dem Rothhuhn, der Felſenſchwalbe, Stein- und Blaudroſſel, dem Natternadler, Wanderfalken und ägyptiſchen Aasgeier; doch ſcheinen ſie wie der Mauerläufer und Alpenflühvogel dort nur zu überwintern.

Außerdem findet man die Schneefinken auch im nördlichen Aſien, den Kar- pathen, Pyrenäen und in Nordamerika, wo ſie häufig gefangen und als Lecker- biſſen nach den Städten gebracht werden. Im Käfig halten ſie ſich nur bei ſorgſamer Pflege und Angewöhnung aus und ſind anfangs ſehr ſcheu.

II. Die Alpenschneehühner.

Naturgeschichtliches. — Eigenthümlichkeiten. — Jagd.

Höher als alle übrigen hühnerartigen Vögel steigen diese Alpenhühner im Gebirge und bieten noch zwischen Felsen und Eis dem Jäger eine treffliche Beute, dem Wanderer einen freundlichen und schönen Anblick. Sie beleben die höchsten Gebirgsrücken unserer Alpenzüge in ziemlich regelmäßiger Verbreitung und finden sich zahlreich überall bis weit über die Grenze des ewigen Schnees hinauf; im Jura sind sie nicht heimisch. Vielleicht am gemeinsten ist das Schneehuhn noch jetzt im Bündnerlande, wo es (Weißhuhn genannt) über der Baumgrenze alle Berge belebt. Früher hatte es auch im Glarnerlande eine Freistätte und vermehrte sich so sehr, daß ein Jäger leicht 10—14 Stück im Tage hätte schießen können. In den Appenzellerbergen finden wir sie in einer gewissen Höhe überall paar= oder volkweise. Im Gotthard trafen wir sie noch über den letzten Murmelthierlöchern am abgeschmolzenen Rande 10 Fuß hoher Schneemauern auf der Sella (9170' ü. M.) in großer Anzahl und so zahm, daß wir eines mit einem Steine erlegen konnten, ohne daß die andern nur sogleich aufflogen; in den Tessinerbergen, am Pilatus, in den berner und walliser Alpen sind sie noch zahlreich und werden bei ihrer starken Vermehrung noch lange eine Zierde des Hochgebirges bleiben, wo sie sich am liebsten auf der Nordseite zwischen Felsenstücken und Alpenrosenbüschen oder dem verkrüppelten Tannengesträuch und Schneefeldern aufhalten. Die Jäger haben schon oft beobachtet, wie gern sie sich auf dem Schnee wälzen und reiben, wahrscheinlich um sich zu reinigen. Doch gehört im Sommer sowohl als im Winter ein geübtes Jägerauge dazu, sie zu entdecken, da sie in ihrem erdbraunen und schneeweißen Federkleide sich oft unbeweglich still am Boden halten. Im Frühling streifen sie paarweise zwischen Felsen und Steingeröll, im Herbste und Winter dagegen schaarenweise. Wenn aber der Spätherbst die Kuppen der Berge mit Schnee bedeckt, ziehen sie sich gegen die milderen Flühen und Weiden, ja mit Vorliebe auch bis zu den Paßstraßen hinab, und bleiben bis in den Frühling hinein, wo sie mit den Hasen und Gemsen sich wieder auf ihre Höhen zurückziehen.

Sie sind so groß wie ein Rebhuhn (13 bis 17 Zoll), aber schwerer als jene, von 24—33 Loth, haben einen kurzen, dicken, starkgebogenen, glänzendschwarzen Schnabel, wohlbefiederte Beine, in deren Flaume die schwarzblauen Scharrnägel fast ganz versteckt sind, und hasenpfotenartig aussehen. Das Auge ist dunkelbraun; über demselben befindet sich ein warziger, hochrother Ring, der beim Männchen viel größer ist und zur Begattungszeit kammartig anschwillt. Die auffallende Veränderung ihres Gefieders je nach der Jahreszeit dient ihnen zu besonderm Schutze gegen Verfolgungen. Ihr Winterkleid ist sehr einfach; das ganz derbe, dichte Gefieder ist vom Schnabel bis auf die Zehen blendend weiß,

SCHNEEFINKEN UND SCHNEEHÜHNER.

mit Ausnahme braunschwarzer Schaftstriche auf den sehr großen Schwungfedern; die Schwanzfedern dagegen kohlschwarz mit weißen Kanten; vom Schnabel nach den Augen hin trägt das Männchen einen schwarzen Zügel. Das Sommerkleid ist bunter und verändert sich jeden Monat etwas. Seine Hauptfärbung ist oben graulich rostgelb, schwarz und weiß gewässert; Flügel und die unteren Theile weißlich, beim Weibchen der Bauch mit gelben und schwarzen Bändern und Flecken; die Schwungfedern sind schwarz, der Schwanz braunschwarz mit grau-gelben Linien, die Fußfedern weißlich. Die schwarzen Zügel fehlen dem Männ-chen im Sommer; dafür trägt das kleinere und gelbere Weibchen braungelbe Zügel.

Nur kurze Zeit trägt das Huhn die Sommertracht rein; gewöhnlich ist sie noch mit einzelnen weißen Winterfedern untermischt, die man aber kaum wahr-nimmt. Scharfsichtige Beobachter bemerkten, daß es im Sommer sorgfältig die weißen Flügelpartien, die es verrathen könnten, einzuziehen und zu verbergen wisse, worauf es ganz dem braunmoosigen Gestein gleicht, zwischen dem es kauert. Es mausert zweimal im Jahr, und sein Farbenwechsel hält genau gleichen Schritt mit der Haarveränderung der Alpenhasen. Im Herbste legt es allmälig die Sommertracht ab, und aus der Wurzel jeder ausfallenden alten Feder sproßt zum Schutze gegen die Winterkälte eine doppelte Dunenfeder. Hat man, was auch bisweilen geschah, schon Ende Augusts weiße Schneehühner gefunden, so zählte man auf einen sehr frühen Winter. So glaubt der Bergbewohner an Hühnern, Hermelin, Hasen und Murmelthieren sichere Wetterpropheten zu haben. Auch eintretenden Regen und Schnee verkündet unser Schneehuhn durch tage-langes monotones ‚krögögögrö'=Rufen, das man oft eine halbe Stunde weit hören kann.

Trotz ihrer Schwere bewegen diese Vögel sich äußerst hurtig, laufen und fliegen schnell, aber gewöhnlich nicht hoch und weit, und hocken bald wieder zwischen die Steine ab oder ducken sich zwischen die Alpenrosen und in das Geröll der Schneeblößen. In starkem Nebel halten sie sich vor Menschen und Vögeln sicher und laufen emsig im Gestein umher. Bei großer Hitze sind sie wie alle Wildhühner sehr zahm und lassen selbst auf offenen Gipfeln, wie wir dieser Tage selbst erlebt haben, den Menschen oft bis auf zehn Schritte nahe kommen; bei strenger, reiner Kälte dagegen sind sie scheu und aufmerksam. Die Jägersagen vom Sicheingraben und Erstarren der Schneehühner sind Märchen. Freilich scharren sie oft im Schnee, wozu ihre Füße ganz geeignet sind, aber nur um Nahrung zu suchen. Glaubwürdige Beobachter erzählen auch, diese Vögel lassen sich bei ungestüm einfallender Witterung oft Tage lang überschneien, bleiben un-beweglich, schütteln nur den Schnee ab oder behalten ein Luftloch offen. Solche Stellen seien nachher durch die Häufchen ihrer Losung leicht kenntlich. In Grau-bünden fand man unter den niedrigen Tannenästen erfrorene und vom Schnee erdrückte Hühner. Häufiger wohl flüchten sie bei den grauenhaften Schneestürmen jener Region unter schützende Felsenvorsprünge.

Im Mai paaren sie sich; gegen Ende desselben oder erst im Juni legt die
Henne 7—15 gelblichweiße, schwarzbraun punktirte Eier, etwas größer als
Taubeneier, die sie sorgfältig und allein ausbrütet, nachdem sie ihnen unter Alpen=
rosen= oder Tannengebüschen oder blos unter einem Stein ein kleines Loch auf=
gescharrt und dasselbe flüchtig mit Moos gefüttert hat. Die niedlichen, flaum=
bedeckten Küchlein begleiten lange die Mutter, rufen ihr ‚pip—pip‘ zu und flüchten
unter ihre warmen Flügel. Ist Gefahr in der Nähe, so fliegt die Mutter weg,
die Jungen laufen auseinander und haben sich pfeilschnell zwischen den Steinen
verborgen.   Wenn die Henne sich wieder sicher glaubt, so lockt sie die Küchlein
und diese sammeln sich wieder eben so rasch unter ihre Flügel. Da sie so be=
hende sind, so gelingt es selten, mehrere zu fangen. Steinmüller störte einst ein
Nest auf und fing ein Küchlein ein, das jämmerlich piepte. Die Mutter schoß in
wilder Verzweiflung auf ihn zu und wurde von ihm erlegt. Welden überraschte
am Monterosa eine Henne mit neun Küchlein; obgleich in der größten Gefahr
schwebend, war sie doch nicht zum Auffliegen zu bringen, sondern lief rasch da=
von, mit den ausgebreiteten Flügeln die Jungen deckend. Von diesen huschte
während der Flucht eines nach dem andern unvermerkt ins Gestein und erst, als
die Henne alle geborgen sah, flog sie, auf die eigene Rettung bedacht, auf. Von
den versteckten Thierchen war mit aller Aufmerksamkeit nicht eines aufzufinden.
Kaum aber hatte sich Welden in ein Versteck gelegt und ein Weilchen gewartet, so
kam die Schneehenne eifrig wieder herbeigelaufen und gluckste leise, und in wenigen
Augenblicken schlüpften alle neun Küchlein wieder unter ihre Flügel. Mit Fliegen
lassen sich die Jungen kurze Zeit ernähren, sterben aber bald. Auch die von einer
Haushenne ausgebrüteten sind nicht leicht aufzubringen. Dagegen lassen sich
älter eingefangene zähmen, wie ein Tyroler bewies, der mit einem zahmen Stein=
adler, Gemse, Murmelthier, Stein= und Schneehuhn längere Zeit reiste. Das
letztere war ganz munter und zutraulich und schien sich wohl zu befinden. Geht
die erste Brut zu Grunde, so brütet die Henne mitunter zum zweiten Male und
man findet im August noch flaumbedeckte Küchlein.

In der Jugend ätzen die Alten ihre Küchlein mit Insekten und scharren
dann öfters nach solchen im lockeren Boden. Größer geworden, fressen sie die
Beeren, die sich noch etwa auf jenen Höhen vorfinden, Heidel=, Brom= und
Preißelbeeren, noch häufiger aber die Blatt= und Blüthenknospen derselben, sowie
die der Alpenrosen, Eriken, Steinbreche, Habichtskräuter und Gräser. Die zahl=
reichen Schneehühner, die den Sommer in der Schneeregion und nicht nur an
deren Grenzen zubringen, nähren sich von einigen Insekten und Pflanzenknospen.
Die Salix retusa, Dryas octopetala, Azalea procumbens und Saxifraga
androsacea bilden die bevorzugtesten Bestandtheile ihrer Nahrung. Auf dem
Albula kommen sie Sommers und Winters zum hochgelegenen Hospiz und suchen
die Haferkörner aus dem Pferdemiste und wohl auch die Käfer. Bei Nebelwetter
weiden sie den ganzen Tag nach Hühnerart. Im Winter suchen sie Stellen auf,
die der Wind von Schnee entblößt hat, und scharren einiges Kraut auf oder

behelfen sich mit Tannennadeln, die man in dieser Jahreszeit häufig in ihrem Magen findet.

Unsere Jäger schießen diese Hühner leider zu jeder Jahreszeit. Doch bedarf es eines guten Schusses mit schwerem Schrote, wenn er von ihrem dichten Gefieder nicht abprallen soll. Dringt ihnen nur ein Schrotkorn durch den Kopf, so drehen sie sich wie wahnsinnig auf dem Boden, bis sie fast alle Federn verloren haben und todt sind; deswegen verordnete ein glarner Rathsprotokoll von 1559: ‚man solle die Schneehühner nicht mit feinem Hagelgeschütz schießen‘. In Graubünden fängt man sie oft mit Roßhaarschlingen. Ueberhaupt kommen aus diesem Kantone im Winter viele Schneehühner zur Ausfuhr, besonders nach Zürich. Ihr Fleisch ist etwas derb mit scharfem, oft bitterem Wildgeschmack. Schade, daß eine große Anzahl von ihnen von Füchsen, Mardern, Geiern und Adlern vertilgt wird.

Wie bei anderen Alpenthieren unterscheiden die Jäger mancher Hochgebirge auch bei den Schneehühnern zwei Arten und behaupten, daß die über der Schneegrenze wohnenden und sich nur in den wildesten Gipfeln aufhaltenden kleiner und weißer sind als die der Alpenregion. Es ist leicht möglich, daß die größere Kälte der Schneeregion eine völlige Darstellung des Sommergewandes hindert, ohne daß die Schneehühner der obersten Region deswegen eine besondere Art bildeten. Es mag wohl das gleiche Verhältniß eintreten wie bei den Gemsen. Die günstigste Schußzeit ist der September und Oktober, wo die Hühner volkweise zusammensitzen, fett sind und, da sie dann bereits ganz weiße Flügel und einen noch dunkeln Leib haben, auch leichter zu entdecken sind als im Sommer, wo ihr erdbraunes, und im Winter, wo ihr reinweißes Gefieder sich wenig von ihrer Umgebung abhebt. Gewöhnlich sucht man sie zu schießen, wenn sie noch liegen, und ein geübtes Auge entdeckt rasch die beweglichen Köpfe mit den rothen Augenwulsten zwischen dem Geröll. Nähert man sich mehr, so laufen sie oft große Strecken bergan mit außerordentlicher Schnelligkeit, doch dies in der Regel nur bei trübem, nebligem Wetter. Gewöhnlich stäuben sie plötzlich mit einem lauten, unwilligen ‚Gör—gör‘ auf. Einmal aufgescheucht, fliegt die Schaar in sehr heftig rauschendem Fluge taubenartig mit entschiedenen Schwenkungen in mittlerer Höhe ab, selten über eine Viertelstunde, oft nur ein paar tausend Schritt weit, ist aber alsdann bereits achtsamer, und es läßt sich ihnen bei den zerrissenen Kuppen, Gräthen und Flühen jener Höhen schwerer beikommen.

Außer auf den Schweizeralpen kommen die Schneehühner auf denen von Tyrol, Salzburg, Kärnthen und Piemont, selbst im Schwarzwalde vor, doch hier viel seltener. Wahrscheinlich die gleiche Art ist es auch, welche neben den Moorschneehühnern den hohen asiatischen, amerikanischen und europäischen Norden in zahllosen Schaaren bevölkert und sich hier bis Drontheim südwärts zieht. Im schottischen Hochgebirge kommt es oberhalb des schottischen Schneehuhns (Lagopus scoticus) vor, welches eine klimatische Varietät des Moorschneehuhns zu sein scheint, im Winter aber nicht weiß wird und die kurz=

bewachsenen Torfmoorflächen vorzieht.   Seine südliche Grenze findet das Alpen=
schneehuhn in den Pyrenäen.

III. Die Stein- und Schneekrähen.

Die verschiedenen Rabenarten und deren Verbreitung. — Die seltene Steinkrähe. —
Naturgeschichte der Schneekrähe. — Ihre Namen. — Gezähmte Exemplare.

Unsere Gebirgszüge sind an rabenartigen Vögeln nicht arm. Nur werden
die verschiedenen Arten derselben selten gehörig erkannt und unterschieden. Wenn
irgend ein schwarzer Vogel vom Felsen auffliegt, so heißt er hier ohne Weiteres
Alpenkrähe, dort Bergdohle oder Schneekrähe, oder ‚Rapp‘, ‚Galgenvogel‘ und
dergl. Natürlich; der Bergbewohner nimmt sich ja nicht die Mühe, diese un=
genießbaren Vögel zu schießen oder näher zu untersuchen, und dem ungeübten
Auge sind die Unterschiede der Färbung, Größe, Schnabelbildung u. s. w. nicht
groß genug, um die Arten bestimmt zu scheiden. Wir wollen darum mit einigen
Zügen das ganze Geschlecht unserer rabenartigen Vögel berühren. Die Natur=
forscher zählen sie zu den Alles fressenden Vögeln, da sie ihre Nahrung sowohl in
der Thier= als Pflanzenwelt ohne große Sorgfalt wählen. Sie haben alle einen
sehr starken, geraden, zusammengedrückten Schnabel mit Borstenfedern und rund=
lichen Nasenlöchern und eine bedeutende Größe. Die Heher und Elstern gehören
auch zu ihnen und sind die schönsten Raben unserer Gegend; ihr buntes Gefieder
unterscheidet sie indessen so sehr, daß keine Verwechselung mit den übrigen Arten
möglich ist.

In der Alpen= und Schneeregion erscheint zunächst der eigentliche Rabe
(Corvus corax), das größte Thier der Art, ein stattlicher 2—2½ Fuß langer
Vogel mit keilförmig abgerundetem Schwanze und sehr starkem, gewölbtem
Schnabel. Sein dunkelschwarzes Gefieder spielt in bläulichem Metallschimmer.
Er ist nirgends häufig und zieht in der Regel das Mittelgebirge (und den Jura)
vor, nistet und brütet aber in manchen Revieren regelmäßig in den Felsen über
der Holzgrenze und streift nicht selten tief in die Schneeregion. Nur im Spät=
jahr sammelt er sich mit seinen Kameraden zu kleinen Gesellschaften, schreit un=
aufhörlich sein ‚Krak—krak‘, kreist in der Luft, spielend, ohne starken Flügelschlag
und späht auf Aas. Sonst lebt er einsam oder in Gesellschaft seines Weibchens,
das im Frühjahr in 20 Tagen seine fünf schmutziggrünen, braungefleckten Eier
ausbrütet. Jegliche Nahrung ist ihm gerecht; selbst Hühner, Häschen, Mäuse,
Würmer, Mist, — besonders aber das Eingeweide erlegter oder gefallener Thiere.
Den Gemsjäger begleitet er gern, um sich auf die geschossene Gemse zu stürzen
und ihr zunächst die Augen auszuhacken.

Die Rabenkrähe (Corvus corone) ist ihm sehr ähnlich in Färbung, Schwanzbildung und Nahrung, dagegen ist sie kleiner (1—1¹/₂ Fuß lang) und ihr Schnabel weniger gewölbt. Sie ist allbekannt, unendlich zahlreich, erscheint aber seltener in den Alpenwäldern, nie in der Schneeregion. In den unteren Wäldern brütet das Pärchen gemeinschaftlich in 18 Tagen sechs blaugrüne, braunpunktirte Eier aus. Die Ernährungsweise des Vogels, der junge Häschen und allerlei Vögel nicht verschmäht, mag seinen Schaden und Nutzen vielleicht im Gleich= gewicht halten; ein entschiedenes Verdienst aber erwirbt er sich dadurch, daß er den Habicht, diesen gefährlichsten unserer befiederten Räuber, stets schon von weitem signalisirt und mit einer Hartnäckigkeit verfolgt, wie kein anderer Vogel. Eine ganz weiße Spielart ist unseres Wissens in der Schweiz nur einmal (in Ebnat in Toggenburg) geschossen worden, dann im Jahre 1853 auch in Tyrol aus einer großen Gesellschaft schwarzer. Im Winter kommt aus dem europäi= schen Norden und dem nördlichen Deutschland die Nebelkrähe (Corvus cornix) zu uns und mischt sich gern unter die Flüge der Rabenkrähen, (mit denen sie sich auch paart und dann unregelmäßig grau und schwarz gezeichnete Junge bringt, von denen wir selbst welche erlegten). Mit diesen fliegt sie in den Feldern und bei den Dörfern umher, sucht alles Genießbare auf, geht gern an Bächen und Teichen den Wasserthierchen nach und schläft des Nachts sowohl auf Bäumen als hohen Mauern. Sie ist bei uns nur Gast und nistet nie in unseren Gegenden. An Größe gleicht sie der gemeinen (Raben=) Krähe, unterscheidet sich aber von ihr durch ihr trübaschgraues Gefieder, von dem sich die kohlschwarzen Flügel, Schwanz, Kehle und Kopf hübsch abheben.

Viel häufiger stellt sich die Saatkrähe (Corvus frugilegus), ein Gast meist aus dem nördlichen Deutschland, bei uns ein. Sie hat die Größe der zwei letztgenannten Krähenarten, ist aber ganz schwarz mit röthlichem Schillerglanz und zugespitztem, gekerbtem Schnabel. In der östlichen Schweiz zeigt sie sich im Herbst und Winter bald mehr nur vereinzelt, oft aber (1852) auch in solchen Massen, daß sie weit zahlreicher ist als die Rabenkrähe, die um diese Zeit sich theilweise aus dem Lande zu verlieren scheint, in der westlichen immer schaaren= weise. Im Waadtlande fängt man sie in Garnen und genießt ihr Fleisch. Da vom Wurzeln= und Würmerausklauben die Borstenfedern der Schnabelwurzel gewöhnlich abgerieben sind, nennt man sie auch Nacktschnabel und Grindschnabel. Ihre vertikale Verbreitung reicht in der Regel bis zu den unteren Grenzen der Bergregion; doch sah man sie auch schon bei Samaden. Sie nährt sich mit Vorliebe von Engerlingen, Würmern, Maikäfern u. dgl. und gehört deshalb zu unsern wichtigsten Ungezieververtilgern.

Ungleich häufiger sehen wir in der Ebene und den höheren Thälern an Mauerwerk und Felsen die Dohle oder Thurmkrähe (Corvus monedula), die blos einen Fuß lang ist, mit schwarzem, am Unterleibe ins Aschgraue übergehenden Gefieder und grauem Kopfe. Im Frühling, Sommer und Herbst schwärmt sie in großen Schaaren mit schön abschwenkenden Flügen und stätem „Jäck—jäck‘=

Rufe über Feld. Sie ist eigentlich ein Zugvogel, und viele verlassen uns im November; ein großer Theil bleibt aber wie in Deutschland so in der Schweiz auch in den härtesten Wintern zurück, selbst in St. Gallen 2081' ü. M. In altem Gemäuer und hohlen Bäumen brütet sie schaarenweise sechs blaugrüne, braungefleckte Eier aus, frißt allerlei Obst, Vogeleier, Gewürm, Mäuse, liest auf den Bergwiesen dem weidenden Vieh die Insekten ab und liebt die Nähe des Menschen, obgleich sie scheu und vorsichtig bleibt. Mit Vorliebe geht sie auf dem Felde dem wilden Knoblauch nach und bekommt von demselben einen abscheulichen Geruch. Junge Vögel werden bei uns häufig von Knaben gezähmt. Die seltenste Rabenart der Schweiz ist die Saatdohle (Corvus spermologus), blos 12½ Zoll lang, ein sehr hübscher schwarzgrüner Vogel mit lebhaft violettem Schiller und durch einen dunkeln, halbmondförmigen Fleck an jeder Kopfseite ausgezeichnet. Ihr eigentliches Vaterland ist Spanien und Südfrankreich, wo sie gemein ist. Bei uns wird sie bisweilen im Jura gefunden; doch ist es zweifelhaft, ob sie dort brütet.

Diese Rabenarten gehören alle vorwiegend der Ebene und dem Vorlande an. In den höheren und höchsten Regionen werden sie durch ähnliche Arten ersetzt, die nie bleibend in die Tiefe gehen. Diese Stellvertreter in den alpinen Zonen sind die Steinkrähe und die Schneekrähe.

Die Steinkrähe (Fregilus Graculus) ist ein ziemlich seltener Bewohner der höchsten Gebirge, 15—17 Zoll lang, mit violettschwarzem, an Kopf und Unterleib purpurglänzenden, auf den Flügeln und dem Schwanze aber grünlich schillernden Gefieder, zinnoberrothem, zwei Zoll langem, dünnem, stark gebogenem Schnabel und ziegelrothen Füßen, welche dem Thiere ein sehr zierliches Aussehen verleihen. Die hohen Alpen sind der eigentliche Aufenthaltsort dieser hübschen Krähe und auch in diesen kommt sie strichweise gar nicht vor. In der östlichen Schweiz finden wir sie nur sporadisch; am Säntis war sie früher, wenn auch selten, zu Hause; im rhätischen Gebirge nistet sie bisweilen nach Art der Dohlen in hochgelegenen Kirchthürmen (z. B. früher in Parpan); jetzt ist sie im Oberhalbstein noch ziemlich häufig, wo sie ‚Tolan' (Dohle) genannt wird und bis in die neuere Zeit die Kirchthürme von Reams, Schweiningen, Alvaschein u. s. w. bewohnte. Durch das fortwährende Nestausnehmen fängt sie aber an seltener zu werden als früher. Sie zieht dort im Oktober ab und zeigt sich erst im April wieder. Im Oktober erscheint sie regelmäßig auf dem Durchzuge beim Hospiz des St. Bernhardsberges, wo man sie Corneille impériale nennt, in Schaaren von 40—60 Stück, bleibt aber nur zwei bis drei Tage und zieht dann weiter. Sie nistet in den rauhen Gebirgen von Ormond und Faucigny in den steilsten Felsen und wird auch in den Pyrenäen, in den schottischen Hochgebirgen, im Kaukasus und in Sibirien gefunden. Ihr Nest ist ziemlich groß, aus Lärchenzweigen und Wurzeln angelegt, inwendig mit Wolle und Kuhhaaren ausgefüttert und wird im Mai mit 3—4 schmutzigweißen, hellbraungefleckten Eiern belegt, welche das Weibchen achtzehn Tage lang bebrütet. Wird das Nest in den Felsen angelegt, so steht es meist in verborgenen und unnahbaren Spalten oder Gesimsen. Die Jungen tragen in den ersten Monaten gelbe Schnäbel.

Bei 6—9000' ü. M. sahen wir diese schöne, leicht fliegende Krähe gern um vorspringende Felsenköpfe kreisen. Von hier steigt sie zu unbestimmten Höhen hinan; Saussure fand sie auf dem Col du Géant (10,500' ü. M.) und Zum= stein bemerkte noch drei Exemplare bei mehr als 13,000' ü. M. am Monterosa und wurde selbst auf der Zumsteinspitze (14,022' ü. M.) noch von einer Schaar umflattert. Eingefangene Exemplare lassen sich leicht zähmen, beweisen ihrem Herrn große Anhänglichkeit und sind mit allen Abfällen des Tisches zufrieden. In der Volière sind sie gefährlich, indem sie die Bruten der anderen Vögel zer= stören. Dagegen befreunden sie sich oft mit einzelnen größeren Thieren. Es ist uns ein Beispiel bekannt, wo eine zahmgewordene Steinkrähe sogar an das Ein= und Ausfliegen gewöhnt wurde. Ihr Herr mußte sie aber am Ende be= seitigen, da sie jedesmal, wenn sie bei ihrer Rückkunft das Fenster verschlossen fand, die Scheibe mit einem scharfen Schnabelhiebe durchbrach. Der gleiche Vogel soll nach den Nilüberschwemmungen (September und Oktober) alljährlich sich in Egypten einfinden und das Ungeziefer vertilgen helfen; man versichert, ihn auch auf Kandia gefunden zu haben. —

Wie zum Saatfeld die Lerche, zum See die Möve, zum Stall und der Wiese Ammer und Hausrothschwanz, zum Kornspeicher die Taube und der Spatz, zum Grünhag der Zaunkönig, zum jungen Lärchenwald die Meise und das Gold= hähnchen, zum Feldbach die Bachstelze, zum Buchwald der Fink, in die zapfen= behangenen Föhren das Eichhorn gehört, so gehört zu den Felsenzinnen unserer Alpen die Bergdohle (Pyrrhocorax alpinus) oder Schneekrähe. Findet der Wanderer oder Jäger auch sonst in den Bergen keine zwei= oder vierfüßigen Alpenbewohner — eine Schaar Bergdohlen, die zankend und schreiend auf den Felsenvorsprüngen sitzen, bald aber schrill pfeifend, mit wenigen Flügelschlägen auffliegen, in schneckenförmigen Schwenkungen in die Höhe steigen und dann in weiten Kreisen die Felsen umziehen, um sich bald wieder auf einen derselben nieder= zulassen, und den Fremden zu beobachten, — die findet er gewiß immer, sei es auf den Weiden über der Holzgrenze, sei es in den todten Geröllhalden der Hoch= alpen, ebenso häufig auch an den nackten Felsen am und im ewigen Schnee. Fand doch v. Dürrler und auch wir selbst auf dem Firnmeer, das die höchste Kuppe des Tödi (11,110' ü. M.) umgiebt, noch zwei solcher Krähen, und Professor Meyer bei seiner Ersteigung des Finsteraarhorns in einer Höhe von 13,000' ü. M. noch mehrere derselben. Sie gehen also noch höher als Schneefinken und Schnee= hühner und lassen ihr helles Geschrei als eintönigen Ersatz für den trillernden Gesang der Flühlerche und des Citronfinken hören, der ein paar Tausend Fuß tiefer den Wanderer noch so freundlich begleitete. Und doch ist es diesem gar lieb, wenn er zwischen ewigem Eis und Schnee wenigstens diese lebhaften Vögel noch schwärmend sich herumtreiben und mit dem Schnabel im Firn nach eingesunkenen Insekten hacken sieht.

Wie fast alle Alpenthiere gelten auch die Schneekrähen für Wetterpropheten.
Wenn im Frühling noch rauhe Tage eintreten oder im Herbst die ersten Schneefälle
die Hochthalsohle versilbern wollen, fliegen diese Krähen oft zu vielen Hunderten
hell krächzend und laut pfeifend in die Vorberge und selbst weit ins Thal hinaus,
verschwinden aber sogleich wieder, wenn das Wetter wirklich rauh und schlimm
geworden ist. Auch im härtesten Winter verlassen sie nur auf kurze Zeit die Alpenreviere, um etwa in den Thalgründen dem Beerenreste der Büsche nachzugehen,
und im Januar sieht man sie noch munter um die höchsten Felsenzinnen kreisen.
Sie fressen übrigens wie die übrigen Rabenarten alles Genießbare; im Sommer
suchen sie schaarenweise die höchsten Bergkirschenbäume auf, im Winter sogar die
rothgelben Beeren des Sanddorns an den Rheinufern, die sonst nicht leicht ein Vogel
berührt. Land- und Wasserschnecken bohren sie fertig heraus und verschlucken sie mit
der Schale (im Kropfe eines an der Siegelalp im Dezember geschossenen Exemplares
fanden wir 13 Landschnecken, meist Helixarten, unter denen kein leeres Häuschen
war) und begnügen sich in der ödesten Nahrungszeit auch mit Baumknospen und
Fichtennadeln. Im Frühling werden sie häufig den angesäeten Hanf- und Korn-
äckern im Gebirge gefährlich. Auf thierische Ueberreste gehen sie so gierig wie
die Kolkraben und verfolgen in gewissen Fällen selbst lebende Thiere wie ächte
Raubvögel. Im Dezember 1853 sahen wir bei einer Jagd in der s. g. Oehrli-
grube (am Säntis, 6200' ü. M.) mit Erstaunen, wie auf den Knall der Flinte
sich augenblicklich eine große Schaar von Schneekrähen sammelte, von denen vorher kein Stück zu sehen gewesen. Lange kreisten sie laut pfeifend über den an-
geschossenen Alpenhasen und verfolgten ihn, so lange sie den Flüchtling sehen
konnten. Um ein unzugängliches Felsenriff des gleichen Gebirges, auf dem eine
angeschossene Gemse verendet hatte (der Jäger, der sie kletternd erreichen wollte,
stürzte zerschmettert in den Abgrund), kreisten Monate lang, nachdem das Kadaver
schon knochenblank genagt war, die krächzenden Bergdohlenschaaren. Mit großer
Ungenirtheit stoßen sie angesichts des Jägers auf den stöbernden Dachshund.
Ihre Beute theilen sie nicht in Frieden. Schreiend und zankend jagen sie einander
die Bissen ab und beißen und necken sich beständig; doch scheint ihre starke gesellige
Neigung edler Art zu sein. Wir haben oft bemerkt, wie der ganze Schwarm,
wenn ein oder mehrere Stück weggeschossen wurden, mit heftig pfeifenden Klage-
tönen eine Zeit lang noch über den Erlegten schwebte und einzelne wie im Schmerz
wiederholt auf die Leichen der Kameraden herunterstießen. Kleineren Vögeln, deren
sie sich lebend bemächtigen, und gefallenen Thieren hacken sie zuerst die Hirnschale
entzwei und fressen die Hirnhöhle gierig aus. Ihre oft gemeinsamen Nester sind
in den Spalten und Höhlen der unzugänglichsten Kuppen des Mittelgebirges, und
darum noch selten beobachtet worden. Das einzelne Nest ist flach, groß, besteht
aus Grashalmen und hält in der Brütezeit (Juni) fünf kräheneigroße Eier mit
dunkelgrauen Flecken auf hellaschgrauem Grund. Die Schneekrähen bewohnen
gewisse Felsengrotten ganze Generationen durch und bedecken sie oft fußhoch mit
ihrem Kothe (wie im Säntisstock, im Schafloch ob dem Thunersee, im ‚Däviloch‘

am Itramengrath ob Grindelwald) — Guanoplätze, die von den Sennen nicht leicht benutzt werden können.

Im Glarnerlande heißt die Schneekrähe ‚Alpkray‘, im Appenzellischen ‚Berg= duhle‘ oder ‚Schneekray‘, in Bünden ‚Berne‘ und ‚Dühli‘, im Entlibuch ‚Riester‘, in Schwyz ‚Schneetase‘, im Bernbiet ‚Fluh= oder Schneedävi‘, im Freiburgischen ‚Tschuhat‘, im Tessinischen ‚Pesor‘.

Von der Steinkrähe unterscheidet sich die Schneekrähe leicht. Ihr Schnabel ist nicht wie bei jener korallenroth, sondern wachs= oder citrongelb wie beim Amselmännchen und weniger gebogen; die mennigrothglänzenden Füße mit den dunkeln Sohlen des Männchens sind bei den Weibchen und Jungen schwärzlich trübe. Das ganze Gefieder ist schwarz, mit einem bläulichen, auf dem Schwanze mehr grünlichen Metallglanz. Ganz weiße Spielarten sind auch schon, aber höchst selten, vorgekommen; J. G. Altmann besaß eine solche.

Gelingt es, eine Bergdohle jung einzufangen, so gewährt sie ihrem Pfleger viel Freude. Sie läßt sich sehr leicht zähmen und verläßt, auch freigegeben, einen gewohnten Aufenthalt nicht gern. Es wird uns von einer solchen zahmen Schneekrähe erzählt, daß diese sich ihr Fleisch, Brod, Käse, Obst (am liebsten Kir= schen, Trauben und Feigen) holte, den Fraß mit den Klauen festhielt und das nicht Verzehrte sorgfältig mit Papier verdeckte und gegen Hunde und Menschen männlich vertheidigte. Ein seltsames Gelüsten zog sie oft zum Feuer; aus der Lampe zog sie den brennenden Docht und verschluckte ihn ebenso ohne Schaden wie kleine Gluthen, die sie aus dem Kamine stahl. Eine besondere Freude hatte sie, Rauch aufsteigen zu sehen, und so oft sie ein Kohlenbecken bemerkte, suchte sie Papier, Lumpen und Spähne, warf sie hinein, stellte sich davor und sah auf= merksam dem sich entwickelnden Wölkchen zu. Gegen fremde Thiere, wie Schlangen und Krebse, schlug sie mit Flügel und Schwanz und krächzte rabenartig; gegen fremde Menschen schrie sie zum Taubwerden, während sie gegen Bekannte freund= lich und zuthunlich gackerte. War sie ausgeschlossen, so pfiff und sang sie einer Amsel ähnlich und sie lernte auch einen ganzen Marsch pfeifen. Ihre nähern Freunde begrüßte sie, mit halboffenen Flügeln auf sie zueilend, flog ihnen auf Hand, Kopf, Schulter und beguckte sie wohlgefällig von allen Seiten. Früh= morgens ging sie jedesmal in das Schlafzimmer ihres Herrn, rief ihn, setzte sich dann unbeweglich auf sein Kopfkissen und wartete, bis er sich regte oder erwachte. Dann schrie und rumorte sie vor Freuden aus Leibeskräften.

Die Unart der Bergdohlen, Feuer und glühende Kohlen zu stehlen, wird vielfach bezeugt, und mehr als einmal sollen schon Feuersbrünste entstanden sein, wenn sie in den offenen Berghäuschen brennendes Holz vom unbewachten Heerde wegschleppten. Sie theilen mit allen Rabenarten die Vorliebe für alles Glänzende und Auffallende und suchen es zu stehlen und zu verschleppen, wo es nur angeht, eine Kaprice, die ihnen, so viel wir wissen, allein eigenthümlich ist und ein merk= würdiges psychologisches Moment dieser Familie bildet, die auch sonst durch ihr

lebhaftes Temperament, ihre natürliche Klugheit und Gelehrigkeit einen hohen
Rang in der Vogelwelt einnimmt.

Bekanntlich spielen die Raben in der nordischen Mythologie und im mittel=
alterlichen Legendenwesen eine bedeutende Rolle. Sie waren es auch, welche die
Mörder des heil. Meinrades am Etzel verfolgten und verriethen. Ein ebenso
providentielles und sicherer beglaubigtes Amt übten sie im Anfange dieses Jahr=
hunderts an zwei Kindern aus. Beim Fahren durch die im Unwetter angeschwollene
Emme schlug ein Wagen um; die Kinder konnten sich nur an einem Wagenrade
über den tobenden Fluthen erhalten, während ihr Hülferuf in Sturm und Wogen=
gebraus verhallte. Da erhoben sich etliche Raben vom Ufer, flogen vor ein
benachbartes Bauernhaus und schrieen und schlugen so auffallend mit den Flügeln,
daß die Leute herauskamen und nun in der Ferne auf dem Rade über den Wellen
die Kinder sahen, über deren Häuptern die zurückgekehrten Raben flatterten.

Den intelligentesten Raben besaß im Anfang des vorigen Jahrhunderts
G. Heidegger, der berühmte Verfasser der Acerra philologica. ‚Meister Jerl, so
hieß das Thier, bellte wie ein Hund, krähte wie ein Hahn, und trieb seine Kunst=
stücke, ohne daß wir uns seiner Dressur wegen je die geringste Mühe gegeben
hatten. So oft ich rief: Jerl, mach Reverenz, duckte er den Leib, schlug die
Flügel verliebt zu Boden und fing an, im aufgeblähten Halse wunderliche Laute
zu girren. Hatte er Diebereien begangen, Papiere am Schreibtische zerrissen,
und war dafür gezüchtigt worden, so machte er sich in die Weite, oder verkroch
sich unter das Dach und hungerte hier tagelang. Ein solches Unwetter merkte
aber der Schelm schon im Voraus; er entnahm es den Mienen, ob man nach
dem Stöckchen suche. Konnte er sich dann nicht schnell genug davon machen, so
versuchte er, durch Schmeicheleien der Sache eine gute Wendung zu geben, und
verfing auch dies nicht, so legte er sich augenblicklich auf den Rücken, und parirte
den ihm zugedachten Hieb mit Klaue und Schnabel. Nach einer solchen Exekution
pflegte er sich in sein Versteck zu begeben, allemal aber brachte er bei seiner Rück=
kehr irgendwas zur Versöhnung mit, ein Geldstückchen oder sonst etwas, das er
entwendet und in seinem Schlupfwinkel aufbewahrt hatte. Alle Thiere, selbst die
Hunde, griff er an, und lächerlich zog er die Hühner am Schwanze zurück, wenn
sie das geschüttete Futter aufpicken wollten, bevor er satt geworden war. In
besonderer Freundschaft stand er zu dem Haushund; er fing ihm die Flöhe,
bellte mit ihm die Fremden an, verfolgte die Bettler und zerrte sie am Rock.
Listig stellte er sich ihnen zur Seite, und wenn sie etwa das ihnen zugeworfene
Stück Geld oder Brod nicht behende genug auffingen, hatte er es ihnen schon
weggeschnappt und flog damit fort. Sein Nachtlager wollte er durchaus auf
einem Balken im Wohnhause haben. Hatte man ihn absichtlich einmal aus=
geschlossen, so wußte er mit Anklopfen einen der Bekannten so lange nachzu=
ahmen, bis man zuletzt aufthat. Er öffnete jedes Schloß, an dem der Schlüssel
steckte, die Deckel des Brottroges und der Tabaksdosen; den Fund legte er dann
wohlgeordnet auf einer Bank aus wie ein feilbietender Krämer. Er hatte sich

allmälig so säuberlich gewöhnt, daß er nirgends anders hin mistete als eben auch, wo der Ort dazu war. Wie ein Affe that er uns alles nach, trank heißen Kaffee, aß gesalzenen Rettich, blätterte in den Büchern, probirte den Schnupf= tabak und nieste Jemand, so gab er sein ‚Salus‘ mit drein. Gar manche ehren= werthe und gelehrte Männer haben dies alles mit angesehen und können die Wahrheit davon bezeugen.‘

IV. Die Schneemaus.

(Hypudaeus alpinus und petrophilus, **Wag.** Hypudaeus nivicola, **Schinz.**
Arvicola nivalis, **Mart.**)

In der Schneeregion unserer Gebirge treffen wir noch eine Maus an. Dieses unermeßlich ergiebige Futter so vieler Vögel und Vierfüßer ist ächt kosmo= politischer Natur und reicht vielformig von dem Aequator bis zu den Polen, vom Meeresstrand bis zu den Firngipfeln.

In der Alpenregion haben wir noch mehrere Mäuse bemerkt; in der Schnee= region ist diese zähe Familie sicher wenigstens in einer Art vertreten. Hier führt die Schneemaus in unwirthlichen, bitterarmen Geländen ein lange verborgen gebliebenes, jetzt noch theilweise räthselhaftes Leben, die letzte Erscheinung des höheren Thierlebens, der wir stätig an der obersten Grenze der Möglichkeit einer animalischen Existenz begegnen. Sie wurde 1841 zuerst von Nager in Ander= matt am Gotthard und von Martins auf dem Faulhorn entdeckt, eine ziemlich große, bis zur Wurzel des 2 1/2 Zoll langen Schwanzes fast 5 Zoll messende, dunkelaschgraue bis schwärzlichgraue, obenher und an den Seiten bräunlich angeflogene Maus. Hals, Unterleib und das Innere der Schenkel sind dunkel= aschgrau, die Füße weißgrau, die Augen klein; die ovalen Oehrchen messen über das Drittel der Kopfgröße und sind oberhalb röthlichgrau behaart. Der dicke, weißlichgraue Schwanz ist halb so lang als der Rumpf und gegen das Ende hin etwas länger behaart; die Behaarung des Balges ist dicht und weich, die Schnurren sind lang und dicht, weiß und schwarz gefärbt.

Was wir von ihrer Lebensweise wissen, beschränkt sich auf folgende dürftige Angaben. Ihre Heimath ist bald in der oberen Bergregion, nie aber unter 4000‘ ü. M.; am häufigsten in der eigentlichen Alpenregion, von der sie bis hoch hinan in die Welt des ‚ewigen Schnees‘ reicht, welche das Thierchen selbst in den 9—10 Monate langen Wintern nicht verläßt. Die sparsame, aber stellenweise dichte, in üppigen Kolonien vegetirende Pflanzenwelt bietet ihr im Sommer hin= reichende Nahrung. Zu dieser Zeit besucht sie auch gern die Sennhütten der Kuh= und Schafalpen und nascht von allem Eßbaren, doch nicht von Fleisch, indem sie ihre Wohnung bald in Erdlöchern, bald in Geröll und Gemäuer nimmt. Sowohl dort als in ihren Gängen unter dem Rasen findet man zernagtes Heu

und Halme, oft auch Wurzeln von Hierazien, Bibernell, Genzianen, Geum, Ery=
trichien u. dgl. Im Winter müssen diese Mäuse theils von gesammelten Vor=
räthen leben, theils von frischen Wurzeln und Gras, zu dem sie sich zwischen dem
Schnee und dem Rasen zahlreiche und lange Gänge, oft bis in die Nähe der
Alpenhütten, wühlen. Sie sind weder besonders behende, noch sehr scheu und auch
bei Tage, besonders aber gegen Abend sowohl im Freien als in den Alphütten
sehr leicht zu beobachten und zu fangen. Ihr rundes Heunestchen findet sich bald
in einem Erdgange, bald im Geröll oder in einem Hüttenwinkel und wird vom
Mai an in 2—3 Würfen à 3—6 Junge belegt.

Man hat diese Maus in den verschiedensten Theilen der Schneealpen gefunden.
Am Gotthard ist sie von der Hochthalsohle bis zum Oberalpsee häufig. In den
Glarneralpen wurde sie am Heustock (7600' ü. M.), dann auf dem Faulhorn
bei 8220' ü. M., noch höher am Montblanc, von uns am Berninastock wieder=
holt, von Blasius auf der Spitze des Theodulhorns (10,667' ü. M.), am
Moschelhorn, auf der Piz Languardspitze, am Bernina bei 12,000' ü. M. und
häufig auch in den höchsten Tyroleralpen entdeckt, — Beispiele von einer alle
Begriffe übersteigenden Lebenszähigkeit, indem die so hoch lebenden, durch keinen
Winterschlaf geschützten Thiere wenigstens drei Viertheile des Jahres unter dem
Schnee leben müssen. Doch scheint gerade diese Schneehülle ihnen eine erträgliche
Temperatur zu erhalten, während sie nach Martin's Beobachtung bei einer Kälte
von nur 1° in freier Luft sterben sollen.

Hugi scheint unsere Schneemaus im Sinne zu haben, wenn er bei seiner
Januarreise auf den grindelwalder Eismeeren Folgendes erzählt: ‚Wir suchten
die Hütte der Stiereggalp auf, welche endlich eine etwas erhöhte Schneestelle ver=
rieth, und arbeiteten in die Tiefe. Lange war's Nacht, als wir das Dach fanden;
nun aber ging es an der Hütte schnell abwärts in die Tiefe. Wir machten die
Thüre frei, kehrten ein mit hoher Freude und erschlugen sieben Alpenmäuse,
während wohl über zwanzig die Flucht ergriffen und nicht geneigt schienen, ihren
unterirdischen Palast uns streitig zu machen. Diese gelbgrauen Thierchen hatten
ohne Schwanz fünf, und mit demselben beinahe neun Zoll Länge. Sie waren
ungemein schlank, die Hinterfüße im Verhältniß außerordentlich lang; Schwanz
und Ohren durchaus (?) nackt, die letzteren auffallend durchscheinend. Das Thier
schien mir durchaus unbekannt, wenigstens in keiner Sammlung. Gruner be=
merkt, daß eine eigene Alpenmaus um jene Gletscher vorkommen soll. Ich
beobachtete sie früher auf dem höchsten Kamme der Strahleck (10,379' ü. M.)
und wieder in den höheren Flühen des Schreckhorns, auch auf dem Finster=
aarhorn bei 12,000' ü. M. Die Schafhirten vom Zäsenberg behaupten, daß
sie auf dem Horn des Grünwengen häufig sich finde. Sie scheinen also im Winter
gegen die tieferen Regionen der Eismeere herabzukommen‘. Leider fand der
Naturforscher keine Gelegenheit, diese Thierchen, deren Größe er etwas anders
angiebt, als sie in der Regel vorkommen, näher zu untersuchen. Doch scheinen
sie trotz des angeblich nackten Schwanzes mit der Schneemaus identisch zu sein,

welche wahrscheinlich im ganzen Zuge der Alpen und in den Pyrenäen vorkommt, aber auch in einer stätigen weißlichgrauen Varietät mit weißlichem Schwanze (Arvicola leucurus, Gerbe) in den tieferen Gürteln des berner Oberlandes (Interlaken, Meiringen) erscheint.

V. Die Alpenmurmelthiere.*)

Murmelthier am warmen Steine
Reckt sich schwer im Sonnenscheine.
‚Ist der Winter überstanden,
Kräuter sprießen allerhanden!
Liebe Sonne, jetzt ist's Zeit
Warm zu scheinen; doch wenn's schneit,
Wenn der Frost am Berge hämmert,
Nebel durch die Thäler dämmert,
Könntest du das Aufgehn lassen
Und auf schön're Tage passen'.

Lächelnd spricht die Sonne drauf:
‚Seht, mein Thierchen ist schon auf
Aus dem zwanzigwöch'gen Schlafe —
Und nun meistert's mich zur Strafe!
Meint, ich hab' umsonst geschienen,
Weil ich nicht ins Loch ihm schien —
Schau auf deine Triften hin!
Grüne Kleider wob ich ihnen
Winterszeits ... du willst mich strafen,
Weil du selbst die Zeit verschlafen?'

Nahrung und Lebensweise. — Jagd. — Winterwohnung und Winterschlaf. — Wanderungen. — Gefangene Murmelthiere. — Fremde Arten.

Dort oben auf den höchsten Steinhalden der Alpen, wo kein Baum, kein Strauch mehr wächst, wo kein Rind, kaum die Ziege und das Schaf, mehr hinkommt, selbst auf kleinen Felseninseln mitten in großen Gletschern, ist die Heimath der Murmelthiere, besonders im bündnerschen, urnerschen, glarnerschen Gebirge. Doch auch im Tessin, Wallis und Beneroberlande sind sie häufig genug; aus den Gebirgen von Appenzell und Toggenburg, wo sie früher gemein waren, hat die Verfolgung sie gänzlich verdrängt. Die Tessiner nennen sie Mure montana, die Tyroler Urmenten, die Savoyarden Marmotta, die Franzosen

---

*) Das treffliche Charakterbild zu diesem Abschnitte hat W. Georgy geliefert, der 1856 in den Gebirgen der Berninagruppe viele Monate lang Landschafts= und Thierstudien mit seltener Energie verfolgte und täglich Anlaß hatte, Murmelthiere in allen möglichen Situationen zu beobachten. Wir verdanken ihm auch manche Bemerkung im Texte. Das Lokale der gezeichneten Gruppe, auf der u. A. ein säugendes, ein pfeifendes, ein zu seiner Familie kommendes altes Murmelthier mit außerordentlicher Naturwahrheit wiedergegeben wird, ist Alp Otha im Roseggthalgebiete, angesichts des Rosegg=Gletschers, über dem sich die Firnpyramide la Sella und der blanke, breite Kapütschin erheben.

Marmotte, die Engadiner Montanella. In Glarus und den kleinen Kantonen heißen sie Munk, im Bernbiet Murmeli, im Wallis Murmetli und Mistbellerli. Wer kennt nicht diese kleinen, allerliebsten Thiere, die den Sommer über zwischen dem Gesteine unserer Hochweiden spielen und von Savoyardenjungen in Dörfern und Städten umhergetragen werden, wo sie mit ihren unbedeutenden Kunststücken die kleinen und großen Kinder erbauen? Schon ums Jahr 1000 n. Chr. kannten die Mönche im st. galler Stift die Schmackhaftigkeit dieses Wildprets und hatten einen eigenen Segensspruch für das Gericht: ‚Möge die Benediktion es fett machen!‘ Es heißt hier Cassus alpinus (Alpenkatze?), während es sonst um jene Zeit in St. Gallen auch Murmenti genannt würde.

Das Murmelthier ist mit die interessanteste Erscheinung im Thierleben unserer Gebirge, und es ist über seine Natur und Lebensweise schon so viel beobachtet worden, daß wir glauben unseren Lesern ein genaueres Bild desselben vorführen zu müssen. Obgleich zu den Nagethieren gehörend, unterscheidet es sich doch in seiner ganzen Lebensweise auffallend von den inländischen Genossen dieser Ordnung. Es hat nicht die Behendigkeit der Mäuse, des Eichhorns, die außerordentliche Schnelligkeit und Klugheit des Hasen.*) Zu einer theilweise unterirdischen Existenz ausgerüstet, begnügt es sich mit dem kleinen Nahrungsfelde in der Umgebung seiner Höhle und weiß sich gegen den in dieselbe eindringenden Feind mit Beißen und Kratzen nachdrücklich zu vertheidigen. Während jener rauhen Jahreszeit aber, wo es mühsam weit umher die Mittel, sein Leben zu fristen, zusammensuchen müßte, schützt die vorsorgende Natur das Thier durch den lethargischen Schlaf vor Hunger und Feinden, denen es auf seinen Wanderungen unfehlbar erliegen müßte.

Es nährt sich fast nur von Pflanzenstoffen, im Freien am liebsten von den kräftigen Alpenkräutern der Muttern, die auch das beste Futter des Milchviehes sind, des Alpenwegerichs, der Alpenaster, des Alpenklees, der moschusduftigen Schafgarbe, des Bärenklaus, Alpensauerampfers u. s. w., angeblich auch gelegentlich von kleinen Alpenvögeln und den Eiern derselben, in der Gefangenschaft

---

*) Der gelehrte Jesuit Athanasius Kircher hielt das Murmelthier für einen Bastard vom Dachs und Eichhorn, wie das Armadill für einen Bastard vom Igel und der Schildkröte; der aufgeklärtere J. G. Altmann weist solche ‚Einbildungen‘ mit Ironie und Indignation ab, hält dem Verfasser der Arce Noë eine Lektion über Bastardirung, giebt als bekannt zu, daß ‚der Leopart ein Bastard ist von einem Löwenweiblein und einem Tiger oder Pantherthier‘, charakterisirt aber das Murmelthier als einen kleinen Dachs, der mit dem rechten Dachs zu den Schweinen gehöre, und erzählt auch, es nehme 14 Tage vor seinem Winterschlaf nichts mehr zu sich, sondern trinke viel Wasser und spüle so seine Eingeweide aus, damit sie über Winter nicht verfaulen. Ueber die Bastardirungen hatten überhaupt unsere alten Naturforscher sonderbare Begriffe. Cysat, Wagner und Scheuchzer wissen von Vermischungen von Kühen und Hirschen zu erzählen, und Vater Geßner behauptet, es sei auf dem Splügen eine Stute von einem Stier besprungen worden und das Junge davon sei eine Art Bucentaur gewesen. — Die ersten genauen und zuverlässigen Nachrichten über die Naturgeschichte des Murmelthiers verdanken wir Dr. am Stein in Bünden.

ALPENMURMELTHIERE.

aber von allerlei Kohl, Wurzeln und Früchten, nie von Fleisch. Indessen hat man in letzterer Beziehung folgende Erfahrung gemacht. Nicht selten greifen zusammen= gesperrte Murmelthiere einander an, und eines beißt das andere todt, ohne es anzufressen. In demselben Käfig mit einer Amsel, vier Steinhühnern und einem Wasserhuhn biß ein sehr wildes Murmelthier zwei von diesen Vögeln den Kopf ab; zwei andere, friedliche, jüngere bissen die Bretter eines Hühnerstalles durch und rissen, ähnlich wie die Marder, den Hühnern ebenfalls die Köpfe ab, ohne aber vom vergossenen Blute zu kosten. Sie müssen überhaupt sehr sorgsam ver= wahrt werden, wenn sie nicht ausbrechen sollen; unglaublich schnell zernagen sie die dicksten Bretter, wo sie nur einen Zahn einhaken können, zerbeißen das Blei der Fenster und klettern an Mauern und Holzwänden mit Leichtigkeit in die Höhe.

Größere Gegenstände, die sie in der Gefangenschaft bekommen, pflegen sie auf den Hinterbeinen sitzend zu genießen; im Freien geschieht dies natürlich nur selten, da sie daselbst nicht oft Etwas mit den Vorderpfoten zu halten haben. In der Gefangenschaft lieben sie bisweilen einen tüchtigen Trunk Milch, die sie mit starkem Schmatzen und ähnlich den Hühnern unter häufigem Aufrichten des Kopfes einnehmen. Im Freien wird man sie äußerst selten trinken sehen.

Das Sommerleben der Thiere ist gar kurzweilig. Mit Anbruch des Tages erscheinen zuerst die Alten am Ausgang der Röhre, strecken vorsichtig den Kopf heraus, spähen, horchen, prüfen die Umgebung, ob nichts Ungewohntes vor= handen sei, wagen sich dann langsam heraus, darauf etliche Schritte bergan, machen ein paar Mal Männchen und lassen sich endlich ans Frühstück. Mit großer Schnelligkeit weiden sie, doch jeden Augenblick umherspähend, das kürzeste Gras ab, und scheinen es besonders auf die Blüthen der kleinen Alpenpflänzchen abzusehen, da diese in einem ziemlichen Kreise sofort verschwunden sind, wenn ein Murmelthier daselbst geäzt hat. Bald nach den Eltern erscheinen auch die Jungen ohne viel Umstände vor dem Bau, um zu weiden. Sind alle gesättigt, so legen sie sich regelmäßig auf einen bestimmten Fleck, am liebsten auf einen bequemen Stein in die Sonne. Dieser traditionelle Ruheplatz darf nicht weit von dem Eingang zum Bau entfernt sein und ist so wie die tausendfach zurück= gelegte Bahn zu diesem stets kenntlich, da beide förmlich glattgerieben aussehen. Die Zeit vergeht nun unter Ruhen und Spielen. Alle Augenblicke setzen sie sich auf die Hinterbeine, spähen rings herum, putzen, kratzen und kämmen sich, spielen mit einander und treiben Kurzweil; man hat schon Junge gesehen, wie sie ver= suchten, aufrecht auf den Hinterfüßen einige Schritte weit fortzukommen. In= zwischen werden aber wohl immer ältere Thiere die Gegend bewachen. Kommt etwas Verdächtiges vor, ein Raubvogel, ein Fuchs, ein Mensch, und wäre es noch Stunden weit entfernt, so pfeift das erste Murmelthier, das dessen gewahr wird, kräftig und laut, in wenigen Absätzen durch die Zähne, daß es weit durch das Gelände tönt. Der Ton des Pfiffes*), den man in den Hochgebirgen täglich

---

*) Im Tessin versicherte uns ein Geißbub, der so zu sagen alle seine Sommer

unzählige Mal hören kann, ist eher tief als hoch, oft wie klagend gezogen, und doch grell und durchdringend. Genauen Beobachtungen zufolge wiederholen nur diejenigen Thiere das Pfeifen, welche die Ursache der Gefahr ebenfalls selbst erblicken, und wenn dasjenige, welches das Signal gegeben, dieselbe allein erspäht hat und zur Röhre eilt, so folgen die übrigen alle nach, ohne zu pfeifen. Das pfeifende flüchtet aber nur, wenn die Gefahr nahe ist. So lange der Mensch, das Raubthier noch ferne bleibt, wird der Warnungspfiff von Zeit zu Zeit unabläſſig wiederholt. Alle Murmelthiere des ganzen weiten Gebirges forschen nun unausgeſetzt nach dem Feinde und von allen Planken und Halden tönt das Zeichen, daß er auch dort gewahrt worden sei. Birgt sich der Feind hinter einem Felsen und bleibt er ruhig, so verstummen die Signale. Die Thiere bleiben aber auf der Hut und pfeifen wieder, sobald er sich zeigt. Naht er sich endlich oder macht er heftige, auffallende Bewegungen, so verschwinden die nächsten rasch in den Bau; diejenigen aber, die, ohne zu pfeifen, d. h. ohne den Feind gesehen zu haben, flüchteten, kommen schneller wieder zum Vorschein als die andern. Daß die Murmelthiere eigentliche Wachen, etwa wie die Gemsen, ausstellten, ist nicht bewiesen und wird von den Jägern geläugnet. Die Kleinheit und die Färbung der Thiere sichert sie schon mehr vor Gefährde, besonders aber ihr wunderbar scharfes, glänzendes Auge, das einen Menschen in einer Entfernung entdeckt, aus welcher derselbe das Thierchen kaum mit dem besten Fernrohr erspähen kann. Bei rauher Witterung kommen die Murmelthiere oft Tage lang nicht aus dem Bau, eben so wenig des Nachts. Ist die Sonne gesunken, so sind alle Spiel= und Weideplätze leer, im Herbst oft schon bald nach Mittag. Um diese Jahreszeit gehen sie auch nicht leicht mehr am gleichen Tage aus dem Bau, wenn sie mit Pfeifen eingefahren sind.

Das Aeußere des Murmelthieres zeigt einen kurzen, gedrungenen, in die Dicke gehenden Körperbau, mit dickem, plattem, großem Kopfe, von originellem Aussehen. Durch die gespaltene Oberlippe, die mit starken Schnurren besetzt ist, sind die bei den Alten goldgelben, bei den Jungen weißlichen, fast zollgroßen keilförmigen und stark gekrümmten Nagezähne sichtbar. Die glänzend schwarzen, rundsternigen Augen treten etwas vor; die kleinen rundlichen, wohlbehaarten Ohren liegen flach gegen den Kopf, sind aber noch in einiger Entfernung bemerk=

---

im Revier der Marmotten verlebt hatte, daß blos die jüngeren Murmelthiere pfiffen, die ganz alten nie. Gleich darauf fanden wir seine Bemerkung bestätigt. Auf dem Prosa, unweit der Hütte, beobachteten wir ein ungewöhnlich großes, altes Exemplar in einer Entfernung von kaum dreißig Schritten. Das schöne Thier sah uns aufmerksam zu, weidete wieder, setzte sich auf die Hinterbeine und ließ sich selbst durch Pfeifen und Rufen wenig beirren. Erst als wir näher kamen, schlüpfte es ohne allzugroße Eile und ohne irgend einen Ton von sich zu geben, in seine vor allen Nachgrabungen gesicherte Felsenwohnung. Doch dürften wohl nur solche Thiere nicht pfeifen, welche in der Nähe öfters besuchter Orte wohnen und an den Anblick von Menschen und Thieren gewöhnt sind; vielleicht auch nur alte Einsiedler, die keine Familiengesellschaft zu warnen haben.

bar; die mit langen Haaren besetzten Backen erscheinen aufgedunsen, der Hals kurz und dick; die ziemlich kurzen Füße verrathen kräftige Organisation. Der dichte, grobhaarige Pelz ist über dem breiten Rücken gelb und röthlichgrau, am Bauche gelblichbraun, an der Kehle rostbraun und zeigt auf dem Schädel eine schwärzliche, ins Blaugraue abgetonte Platte. Die schwarze Nase und die Schnauze sind weißlich eingefaßt, die Backenhaare gelblich, die starken, zum Graben dienenden Vorderfüße bis an die langen, gekrümmten, schwarzen Scharrnägel schmutzig-gelb behaart, die dickschwieligen, dünnbehaarten, zum ganzen Fersenauftritt dienenden Sohlen schwarz, an den Vorderfüßen mit vier, an den längern, aber schwächern Hinterfüßen mit fünf Zehen versehen. Weiße Murmelthiere (Albinos), wie der Ornitholog J. Finger in Wien wahrscheinlich aus den österreichischen Alpen längere Zeit eins besaß, sind unseres Wissens im Schweizergebirge noch nicht gefunden worden. Der zweizeilig behaarte Schwanz des Thieres ist zu zwei Drittheilen rothbraun und läuft in einen ganz schwarzen Haarbüschel aus. Die Länge des Rumpfes beträgt 1¼—1½ Fuß, die des Schwanzes gegen 6 Zoll. Beim watschelnden Gehen pflegt das Murmelthier den Kopf etwas zu senken, beim Sitzen ihn aufzurichten. Beim Spielen im Sonnenscheine, beim Zusammen-kommen der Familie wedelt es in gemessenem Tempo mit dem Schwänzchen, die muntern Jungen häufiger als die gesetzten Alten, deren Rückenpelz oft durch das Einfahren in enge Röhren ziemlich stark abgenutzt aussieht.

Während des Sommers wohnen die Murmelthiere paar- oder familien-weise auf freien, oft isolirten, von Schutt und Abgründen umgebenen Rasen-plätzen, lieber auf der Sonnen- als Schattenseite der Berge, immer aber an trockenen Orten. Hier graben sie sich ihre Sommerwohnung tief in der Erde und wühlen bald blos drei bis vier Fuß, oft aber 1—2 Klafter lange Gänge aus, die nicht selten so enge sind, daß man blos die Faust durchzwängen kann, und in einen erweiterten Kessel endigen. Der Eingang zum Bau ist oft im Rasen einer freien Halde, oft aber sehr vorsichtig unter Steinen oder zwischen zwei Felsen angelegt, wo kein Nachgraben stattfinden kann. Die Röhren gehen berg-ein bald etwas abwärts, bald mehr aufwärts, und sind bald einfach, bald in mehrere Seitenarme getheilt. Die dabei losgewühlte Erde wird nur zum kleinen Theile aus den Gängen herausgeschafft und scheint zum größern Theil vertheilt und festgetreten zu werden.

Die Paarung findet bald nach vollendetem Winterschlafe, wahrscheinlich je nach der Lage des Baues und dem frühern oder spätern Frühlingseintritte im April oder Mai statt. Die Tragezeit muß kurz sein, da man schon im Juni die aschblauen, später gelblichbraun werdenden Jungen finden soll, deren das Weibchen viere bis höchstens sechse wirft. Diese lassen sich, ehe sie etwas herangewachsen sind, selten außerhalb des Baues gewahren und theilen denselben mit den Eltern bis in den nächsten Sommer hinein. Säugt die Mutter das Kind, so setzt sie sich hundeartig auf die Hinterbeine und das Letztere schlüpft zwischen die breit auseinandergespreizten Vorderbeine an die kleinen Zitzen. (Vergl. die Abbildung.)

In der Gefangenschaft gewöhnen sie sich leicht an Milch und Brod, Kohl, Rüben und dergleichen und ertragen mehrtägigen Hunger.

Sehr oft besitzen die Murmelthiere nur Eine Wohnung für den Sommer und Winter; sie hat in diesem Falle einen geräumigeren Kessel als eine blos für den Sommeraufenthalt bestimmte. Es ist aber ganz sicher, daß es auch solche giebt, wenn auch nicht in allen Gebirgen. Wie an manchen Orten die Bergfüchse im Sommer eine Zeitlang Alpenthiere sind und hoch über der Baumgrenze ihren Bau beziehen, im Herbste aber sich in die bequemere untere Region zurückziehen, so halten es auch viele Murmelthiere. Der Grund des Quartierwechsels ist wahrscheinlich blos das ungleich ruhigere Leben in größerer Höhe, wo es manche sonnige, blumige Oase giebt bei 8000' ü. M. und höher, die schon so lange vorhält, bis die Rückkehr ins untere Gebirge räthlich erscheint. Hier, bei 6 bis 7000' ü. M. im Bereiche der obersten Alpenweiden, die der Senn Mitte Augusts zu verlassen pflegt, oft aber noch tief unter der lokalen Baumgrenze, liegt das Winterquartier ('Schübene' im Glarnerlande), das für die ganze Familie, fünf bis fünfzehn Exemplare, geräumig angelegt ist. Noch ehe dieselbe sich hier einkellert und die Röhre zustopft, was meist gegen Mitte Oktobers geschieht, verrathen Reste von eingetragenem Heu den Charakter des Baues als Winterlokal. Ist derselbe bleibend bezogen, wozu ein paar rauhe Tage die Thiere bestimmen, so findet man die Einfahrt mit Heu, Erde und Steinen, oft viele Fuß tief, wohl zugemauert. Sommerwohnungen bleiben immer offen, ebenso unbewohnte Baue. Nimmt man aus dem Schlüpfloch das Material weg, das oft fest zusammengearbeitet ist und von den Jägern Zapfen genannt wird, aber selten bis an den äußeren Rand der Röhre geht, oft erst einen bis zwei Fuß tief innen zu entdecken ist, so findet sich die Röhre bald getheilt. Die eine, ein Seitenarm, geht nicht tief und enthält manchmal Exkremente, oft auch gar nichts und soll, wie Schinz vermuthet, blos durch Wegnahme des Materials zum Zapfen entstanden sein; doch findet sich ein Seitenarm auch nicht selten in bloßen Sommerwohnungen, die kein Zapfenmaterial zu liefern haben, und es ist wahrscheinlich, daß Seitengänge oft bei Verfolgung der Thiere gegraben werden oder ursprünglich als Hauptröhre bestimmt waren und aufgegeben wurden, weil die grabenden Thiere auf Felsen u. dergl. stießen. Im Spätherbst, wenn erst eine leichte Schneedecke auf der Alp liegt, verräth sich der bewohnte Bau dem Jägerauge sofort dadurch, daß die Rasendecke über demselben schneefrei ist, sofern der Bau nicht sehr tief geht.

Die Hauptröhre der Winterwohnung ist selten kürzer als 10 Fuß vom Eingang gerechnet, soll aber öfters bis auf 4 oder 5 Klafter (?) messen. Sie geht gegen das Ende meist etwas aufwärts und mündet nun in eine längliche oder rundliche, 3—6 Fuß im Durchmesser haltende und 3—4 Fuß tief unter dem Rasen liegende Höhle oder Kammer, deren Boden mit kurzem, weichem und trockenem, gewöhnlich röthlichbraun aussehendem Heu ausgepolstert ist, das von den emsigen Thierchen gegen den Herbst hin theilweise herausgeschafft und durch frisches ergänzt wird. Im August schon fängt die kluge Marmotte an, bei schö-

nem Wetter fleißig Gräſer und Kräuter abzubeißen und dieſelben, wenn ſie trocken
ſind, im Maule in den Bau zu tragen. Die fabelhafte Erzählung des Plinius:
die Alpenmäuſe (Murmelthiere) ſchaffen das Futter ſo in die Höhlen, daß ſich
eine auf den Rücken legt, mit Heu beladen wird und daſſelbe feſthält, während
eine andere ſie mit den Zähnen am Schwanze packt und in die Höhle zieht, wes=
wegen ihr Rücken ſo abgerieben ausſieht, — hat ſich komiſcher Weiſe bis auf
unſere Tage vererbt, während man doch bei jedem der Röhrengänge an den daran
klebenden Haaren bemerken kann, woher der abgeriebene Rücken komme.

Der Keſſel einer bloßen Sommerwohnung enthält nie Heu, der eines Winter=
quartiers aber oft ſo viel, daß Ein Mann daſſelbe kaum wegzutragen vermag.
Es iſt noch nicht ganz entſchieden, ob die Thierchen von dieſem Wärmepolſter
nicht unter Umſtänden auch zu freſſen pflegen. Schinz und Römer vermuthen
mit Grund, daß dies dann geſchehe, wenn ſonnige Frühlingstage ein allzufrühes
Aufwachen veranlaſſen und dann beim Wiedereintritte rauher Winterwitterung
die erwachten Thiere keine andere Nahrung fänden. In Gefangenſchaft gehaltene
Murmelthiere freſſen, wenn ſie aus dem Winterſchlaf aufgeweckt werden, mit
Appetit. Gräbt der Jäger nun den Keſſel auf, ſo findet er darin die ganze Familie
in todesähnlicher Erſtarrung beiſammen liegen, oft 10—15 Stück, alſo alle
Marmotten innerhalb eines gewiſſen Umkreiſes. Die Temperatur der Wohnung
beträgt $+ 8 — 9° R.$ Die Thiere haben ſich zuſammengerollt, die Naſe am
Schwanze, die Sohlen der Hinterfüße bei den Kopfſeiten. In dieſem Zuſtande
einer „lethargie conservatrice‟ erhält die vorſorgende Mutter Natur auf
wunderbare Weiſe ihre Kinder, die während des 6—8 Monate langen Winters
in den Hochgebirgen zu Grunde gehen müßten, erhielte ſie nicht dieſer rettende
Schlaf in einem ſtillen Pflanzenleben fort. Während deſſelben genießt es wohl
nichts mehr. Da ſein Athem beinahe ganz aufhört, ſo bedarf es auch keiner
Speiſe, und weil ihm dieſe abgeht, wird den Lungen das gewöhnliche Brenn=
und Wärmematerial entzogen und der Organismus erkaltet und geht in Ruhe
über. Wahrſcheinlich fällt es zuerſt in einen längeren gewöhnlichen Schlaf; die
niedrige Temperatur des Keſſels und das anhaltende Faſten, verbunden mit der
abſoluten Ruhe, geſtaltet denſelben zu dem lethargiſchen Winterſchlafe, aus dem
es in der Regel vor dem April nicht aufwacht.

Das ganze intereſſante Phänomen iſt zuerſt von Buffon, Mangili, Röder
und Schinz, in neueſter Zeit von Regnault in Paris und Saci in Neuenburg
wiſſenſchaftlich beobachtet worden. Der Winterſchlaf iſt ein vollſtändiger Schein=
tod oder doch ein ſehr latentes Leben, und die Geſetze, nach denen er ſich bei
gewiſſen Thierklaſſen vollzieht, ſind uns ebenſo latent. Daß er ſchützt und erhält,
iſt unzweifelhaft; warum aber ſchützt er die eine Art und überläßt es einer ver=
wandten, unter noch härteren Bedingungen für den Schutz ſelbſt zu ſorgen?
Unſer Dachs hat ſeinen Winterſchlaf; der ihm verwandte Vielfraß aber erhält
ſich in den weit härteren nordiſchen Wintern ohne einen ſolchen. Dagegen be=
merkt Cuvier, daß ein Siebenſchläfer vom Senegal ſchon im erſten Jahre ſeines

Aufenthaltes in Europa bei Eintritt des Winters in Schlaf verfiel, während er in seiner Heimath keinen Winterschlaf kennt, und A. von Humboldt, daß wir in den tropischen Ländern eine diesem parallele Erscheinung, einen Sommerschlaf, bei gewissen Thieren finden. Dürre und anhaltend trockene Temperatur wirken dort ähnlich wie hier die Winterkälte auf Herabstimmung der Erregbarkeit, und in der erhärteten Erde der Llanos von Venezuela liegen das Krokodil, am Orinoko die Land= und Wasserschildkröten, die riesenhafte Boa und mehrere kleine Schlangenarten in regungsloser Erstarrung Monate lang ohne Nahrung.

So ruhen auch bei unserem Nager die Funktionen der Verdauung und Absonderung völlig mit dem Aufhören der Ernährung. Der Blutumlauf und das Athmen gehen zwar fort, aber so schwach, daß man es kaum bemerkt; die Thierchen sind kalt, die Glieder steif, gegen Verletzungen fast ganz unempfindlich. Der Magen ist ganz leer und zusammengezogen, der Darmkanal ebenfalls leer, die Blase dagegen mit Urin angefüllt. Das in den Leib eines im Winterschlafe getödteten Murmelthieres gesenkte Thermometer wies eine animalische Wärme von blos 7 1/2 ° R. nach; das Blut war gering und wässerig; das Herzchen schlug noch drei Stunden lang nach der Tödtung, anfangs 16—17 Mal in einer Minute und dann immer seltener; der abgeschnittene Kopf zeigte nach einer halben Stunde noch Spuren von Reizbarkeit, ebenso einige Muskelfasern, durch Galvanismus gereizt, noch nach drei Stunden, — so zäh ist diese halberloschene Lebenskraft dennoch.

Steigt die Kälte, z. B. wenn das schlafende Thier der Luft ausgesetzt wird, so erfriert es. Das immer langsamere Athemholen erzeugt in der Lunge nicht mehr die zum Leben nöthige Wärme. Professor Mangili hat berechnet, daß ein schlafendes Murmelthier in Zeit von 6 Monaten nicht mehr als 71,000 Mal athmet, während es im wachen Zustande in zwei Tagen 72,000 Mal athmet. Auch hat man bemerkt, daß bei ihm wie bei den übrigen Winterschläfern eine eigenthümliche Veränderung der Blutgefäße vorhanden ist, indem nur Eine Arterie zum Gehirn führt, und dasselbe also einen sehr geringen Blutzufluß erhält, was für die Phänomene der Lebensthätigkeit von großer Bedeutung ist. Regnault legte ein im Winterschlafe begriffenes Exemplar unter die Luftpumpe. Es blieb über 117 Stunden darunter, zeigte bei einer Lufttemperatur von + 8 ° C. 12 ° animalische Wärme und verzehrte nur ein Dreißigstel des von einem wachen Murmelthier eingeathmeten Sauerstoffs, von dem sich beinahe die Hälfte wieder in der von ihm ausgeathmeten Kohlensäure fand. Später verzehrte es in 76 Schlafstunden unter dem Glascylinder kaum 12 Grammen Sauerstoff, beim Erwachen aber in drei Viertelstunden 6 Grammen, während seine Blutwärme in 5 Stunden von 11 auf 33 ° stieg.

In der Gefangenschaft leben die Murmelthiere in einem warmen Zimmer den Winter wie im Sommer, in einem kalten von + 6—7 ° R. raffen sie Alles zusammen, bauen ein Nest und fangen an zu schlafen, doch nicht so tief wie auf den Alpen und nicht ohne Unterbrechung. An die Wärme gebracht, verschnellert sich sogleich der Puls; das Thierchen erwacht, aber erst bei hoher Temperatur, kann dann die Glieder nicht sogleich gebrauchen und ist erst nach einer halben Stunde, wenn das von der Lunge aus erwärmte Blut alle Körpertheile anhaltend durchdrungen hat, ganz munter.

Ueber den Winterschlaf der Murmelthiere hegen die Jäger absonderliche Gedanken. Manche glauben, daß die Thierchen jedesmal beim Neumond wach seien; andere versichern, daß dieselben sich bei jedem Neu- und Vollmonde über den Rücken auf die andere Seite wenden, ohne zu erwachen. Die gewöhnliche Meinung, daß die im Herbste so fetten Marmotten im Frühling ganz mager erwachen, scheint ebenfalls unrichtig; wenigstens schoß ein bündner Jäger im April eine solche, die sich durch den Schnee hervorgearbeitet und an die Sonne gesetzt hatte und so fett war als nur im Herbste, obschon Magen und Gedärme noch ganz leer waren. Dies ist auch ganz begreiflich. Bei dem während der Lethargie äußerst verminderten Stoffwechsel findet das im Herbst angesetzte Fett nur spärliche Verwendung und wird auch bei der stockenden Athmung und geringen Sauerstoffaufnahme nicht verbraucht. Die Annahme, das Thier lebe und zehre im Winter von seinem Fette, ist also irrig. Es lebt so zu sagen von nichts, weil alle organischen Funktionen fast erloschen sind, kein Stoff- und Kraftverbrauch vorhanden und also auch kein Ersatz durch Nährstoffe nöthig ist. Wahrscheinlich werden die frisch aufgewachten Murmelthiere erst in den folgenden Wochen bei noch spärlicher Weide und eintretender Paarung mager. Sie öffnen nämlich ihren Röhrenverschluß, indem sie das Material nur theilweise hereinziehen, theilweise noch im Eingang lassen, oft schon Ende März, gewöhnlich aber im April, und man findet dann ihre Spuren weit im Schnee herum. Sie suchen nun vom Schnee entblößte Stellen auf, wo altes dürres Gras steht, und sollen weit nach solchen über Schnee laufen.

So viel man auch über die Murmelthiere geschrieben hat, so ist doch ihre Lebensweise noch keineswegs hinlänglich aufgeklärt. Namentlich ist es noch nie gelungen, ihre Uebersiedelungen zu beobachten, die doch wahrscheinlich, da das Thier sonst des Nachts immer schläft, während des Tages und zwar wohl in der Morgendämmerung, zu geschehen pflegen. Wenn es wahr ist, daß die gleiche Familie ihre Sommerwohnung oft in ganz entlegenen Hochalpen bezieht, so müßte es interessant sein, die Reise dahin zu beobachten und die Bedingungen zu ergründen, unter welchen solche Domicilveränderungen vorgenommen werden. Die Thierchen sind sehr furchtsam und verstecken sich wohl bei jedem fremdartigen Geräusch in den Felsen, da sie nicht so schnell zu fliehen vermögen, daß ein Mensch sie nicht wohl einholen kann. Sie wählen wahrscheinlich den kürzesten Weg und klettern dabei durch die wegbaren Furchen der Felswände und an den Alpenbächen hinauf. Ob sie aber immer die gleichen Sommer- und Winterquartiere benutzen und in welchen Fällen sie neue graben, weiß man nicht; es ist auch nicht bekannt, ob jene Murmelthiere, deren Höhlen bei 8000' ü. M. und noch höher entdeckt werden, blos während des 10—12wöchigen Sommers daselbst wohnen und wirklich 8—9 Monate des Jahres im lethargischen Scheintode liegen. Man möchte Letzteres von vorn herein nicht annehmen, wenn es sich erklären ließe, wie denn eigentlich die Thiere in jene Höhen gelangen, da manche von jenen Weideplätzen, wie z. B. an der Allée blanche (Savoyen) und im Wallis bloße kleine Oasen sind, welche von Firn= und Gletscherwüsten in jeder Richtung stundenweit umschlossen werden.

Werden die Murmelthiere in der Winterhöhle, ehe sie fest schlafen, durch Nachgrabungen beunruhigt, so graben sie sich oft glücklich mit außerordentlicher Fertigkeit weiter bergein und retten sich zwar vor den Menschen; da sie aber für ihre zerstörte Wohnung eine neue zu graben nicht mehr Zeit haben, so überrascht sie oft die Kälte und tödtet sie. In der Sommerwohnung führt das Nachgraben fast nie zu einem günstigen Resultate, da sie noch schneller sich tiefer scharren, als der Verfolger nachzugraben vermag. Ganz gewiß ist es aber, daß Familien, welche keine höheren Sommerquartiere beziehen, doch oft weite Spaziergänge nach blumigen Weideplätzen machen; ebenso scheint festzustehen, daß jede Familie ihren gewissen Aezplatz behauptet und keine fremden Eindringlinge leidet. Kommt ein benachbartes oder wanderndes Murmelthier ihr ins Gehege, so gehen nicht selten die Angesessenen auf dasselbe los und appliciren ihm mit den Vorderpfoten tüchtige Hiebe auf Kopf und Rücken, worauf das gezüchtigte unter erbärmlichem Geschrei flüchtet.

In den meisten Kantonen ist das Graben auf Murmelthiere verboten, und mit Recht. Wo die Natur so sorglich und wunderbar das Leben eines harm= losen Thieres schützt, ist es eine Impietät, den wehrlosen Schützling seinem Zufluchtsorte zu entziehen und ihn zu tödten. Durch das Ausgraben (der technische Ausdruck im unteren Wallis ist ‚creuser‘) würden diese harmlosen und durchaus unschädlichen Thierchen in wenigen Jahren ganz ausgerottet, während die bloße Jagd bei ihrer Vorsicht ihnen nie sehr gefährlich wird, wenn ihnen nicht Fallen gestellt werden, denen sie freilich schwer entgehen. In Graubünden fangen die Bergamaskerschafhirten im Geheimen viele Marmotten auf solche Weise ab. Hie und da sind freilich die Bergbewohner vernünftig und bescheiden genug, die Fallen blos für die alten Thiere einzurichten, wie z. B. an der Gletscheralp im walliser Saaßthale, wo die Thiere in großer Menge vorhanden sind, weil die Jungen stets geschont werden.

Sehr oft ist der Bau aber so angelegt, daß die Thierchen von ihm aus die ganze Umgegend überwachen können. In diesem Falle führt der Jäger in einer Entfernung von 20—30 Schritt eine Steinblende auf, um hinter derselben auf das Wildpret zu lauern. Alte Murmelthiere gehen aber, sowie sie den Bau ge= wahren, in den ersten Tagen nicht schußgerecht aus; sie benutzen dann sogar gegen ihre sonstige Gewohnheit eine stille Nachtstunde zur Aesung und wagen sich erst, nachdem sie sich an den Anblick der Steinmauer gewöhnt haben, bei Tage auf die Weide. Leise wie ein Schatten schlüpfen sie hervor, lauschen, spähen und winden nach allen Seiten, bis die Kugel des Jägers sie niederstreckt. Jüngere Thiere sind immer unvorsichtiger und neugieriger und werden oft in Mehrzahl durch einen Schrotschuß erlegt.

Die Murmelthierjagd ist nicht so leicht, als man sich's denken mag, und Jäger, welche die Gegend nicht kennen, streichen oft viele Tage lang durchs Gebirge, ohne einen Schuß anbringen zu können, wenn sie auch überall pfeifen hören und alle fünf Minuten auf einen Bau stoßen. Ein geübter Murmelthierjäger dagegen kann in günstigen Lokalen in einem halben Tage 6—8 Stück erlegen. Am besten versteckt er sich schon vor Tagesanbruch in der Nähe des Baues, um auf die bei Sonnenaufgang erscheinenden Thiere anzukommen. Der erste Schuß ist das Signal zum augenblicklichen Verschwinden alles benachbarten Murmelwildes, und vom September an wird es sich, sofern der Jäger sich offen gezeigt hat, nicht leicht wieder am nämlichen Tage aus dem Bau wagen. Kennt der Jäger die Höhlen nicht ganz genau, so richtet er überhaupt nichts aus. Die Thiere sehen ihn meist lange vorher, ehe er sie erblickt, und ihre gellenden, weit umher von den Gefährten wiederholten Pfiffe machen ein Anschleichen auf das wachbare Wild meistens unmöglich. Daher ist es nöthig, daß der Jäger sich überhaupt immer verborgen hält. Macht er es wie der Zeichner unseres Bildes, d. h. pfeift er tüchtig hinter den Felsen, ohne sich blicken zu lassen, und treibt er dadurch die Thiere weit umher in ihre Löcher, schleicht er dann in die Nähe des ersten besten Bau's und paßt hier eine Weile, so kann er die bald wieder hervorkommenden Marmotten auf zehn Schritt weit fassen. Wir brauchen kaum zu bemerken, daß unabläßiges Spähen mit dem Fernrohr auf der Murmelthierjagd ebenso nothwendig und unerläßlich ist als auf der Gemsenjagd. Beide Jagden werden oft mit einander verbunden, d. h., wenn die erstere fehlschlägt, wird die zweite begonnen. Die unabläßige Wachsamkeit der Murmelthiere und ihre weitschallenden Pfiffe sind übrigens nicht selten ein Grund jenes Fehlschlagens und bringen den Jäger oft in Verzweiflung. Schleicht er so an, daß er dem Wilde den Rückweg in den Bau abschneidet und überrascht er es dann plötzlich, so stößt das geängstigte Thier einen lauten, grellen Schrei aus und flüchtet in die nächste beste Steinspalte, die oft so wenig tief ist, daß das Hintertheil des Murmelthieres noch hervorragt, worauf man dasselbe, um das Beißen zu verhüten, mit dem Stocke auf die Erde niederdrückt und bei den Hinterbeinen lebendig herauszieht. Es ist auch schon die rohe und barbarische Jagd angewendet worden, die Thiere mittelst Hunden, die eigens darauf abgerichtet wurden, aufzusuchen, und in solche Fluchtröhren treiben zu lassen, wo sie dann unter kläglichem Geschrei mittelst eines Stockes todtgestoßen wurden.

Die Murmelthierjagd hat auch ihre Gefahren. Im November 1852 spürten zwei Jäger aus dem Kanton Genf, Carlier und sein Sohn, an den Gletschern von Argentières nach Marmottenhöhlen. Der Vater kroch in einen der bewohnten Gänge, indem er denselben mühsam erweiterte, als plötzlich das lockere Gestein zusammenbrach und den auf dem Bauche liegenden Jäger verschüttete. Rasch kriecht der Sohn nach, um den Vater zu befreien, und arbeitet ihn glücklich schon zur Hälfte aus dem Schutte, als ein neuer Bergbruch Beide bedeckt. Zwei Stunden lang wühlen die Jäger, der Sohn auf des Vaters Rücken liegend, in dem Geröll, um sich zu befreien, bis der Jüngere, den Quetschungen und Mühsalen erliegend, den Geist aufgiebt. Drei lange und bange Tage, ohne Licht und Labsal, ohne Hülfe und Kraft, bleibt der unglückliche Vater unter der Leiche seines neunzehnjährigen Sohnes in der Kluft liegen, bis endlich die nachforschenden Freunde ihn auffinden und ausgraben. Wenige Stunden nach seiner Befreiung erlag auch er den Folgen der ausgestandenen fürchterlichen Körper- und Seelenqualen.

Für die Bergbewohner sind die Murmelthierchen wahre Universalmedicinen. Das fette, aber wohlschmeckende Fleisch geben sie gern den Wöchnerinnen. Gewöhnlich wird das Thier wie ein Ferkel gebrüht und geschabt, dann gut mit Salz und Salpeter eingerieben einige Tage in den Rauch gehängt und gesotten. Der erdige Wildgeschmack ist im frischen Zustande so stark, daß er den an diese Speise nicht Gewöhnten Ekel verursacht. Im unteren Engadin klagten uns die Jäger, daß sie für Murmelthierbeute nur selten einen Käufer fänden. Das Fett, das in Bünden mit 48 Kreuzer per Schoppen bezahlt wird (ein ganz starkes Männchen giebt im Oktober bis an drei Schoppen), soll nach dem Volksglauben Kolik und Keuchhusten heilen, Drüsenverhärtungen zertheilen u. dergl. m. und der frisch abgezogene Balg (ein dauerhaftes Pelzwerk, das indessen blos 24 Kreuzer gilt) wird gegen Rheumatismus angewendet. Die Bergbewohner betrachten diese Thierchen auch als sichere Wetterpropheten. Halten diese Heuernte, so giebt es beständiges Wetter; kläffen sie viel, so regnet's bald; stopfen sie ihre Höhlen dicht zu, so giebt's einen strengen Winter u. s. w.

Außer von den Menschen wird das Murmelthier besonders von Adlern und Bartgeiern, in deren Nestern man im Sommer stets Reste dieses Wildprets findet, dann auch von Alpenfüchsen verfolgt. Ebenso gefährliche Feinde haben sie an ihren Eingeweidewürmern, die sich oft in erstaunlicher Menge vorfinden.

Unsere Murmelthiere bewohnen ausschließlich Europa und zwar gegenwärtig nur noch die obere Alpen- und untere Schneeregion der Alpen, der Karpathen und der Pyrenäen. In den Karpathen und tyroler Alpen sind sie bereits selten geworden und in die unzugänglichsten Reviere zurückgedrängt, im salzburger Hochgebirge sogar, Dank den unsinnigen Verfolgungen, bereits seit einem Menschenalter gänzlich ausgerottet.

Ohne Zweifel bewohnten die Murmelthiere in der Eisperiode weit tiefere Regionen, die Vorberge und selbst Flußthäler des Hügellandes. Darauf weisen die drei im Diluvium von Niederwangen bei Bern aufgefundenen Skelette hin, sowie der jüngst am Rainerkogel bei Graß (1200' ü. M.) aufgedeckte alte Murmelthierbau mit Knochenresten von drei Thiergenerationen. Neben letztern fanden sich im Bau noch hunderte von mehr oder minder rundlichen Thonkugeln vor, die einen eckigen Kern von Thonschiefer einschlossen und offenbar dadurch entstanden waren, daß die bauenden Thiere losgescharrte Schieferstückchen im feuchten Thonboden gerollt und so mit Thon und Erde beklebt hatten, ohne das überflüssige Material durch die Röhre aus dem Bau zu schaffen.

Außer dem unsrigen kennt man bis jetzt nur noch ein echtes Murmelthier, den osteuropäischen Bobak (Arctomys Bobac), der aber ausschließlich die weiten Ebenen und höchstens noch die Hügelgegenden Polens, Galiziens und der Bukowina bewohnt.

VI. Die Steinböcke der Centralalpen.

Ihre Verbreitung und Ausrottung. — Thierzeichnung. — Jagd. — Abenteuer eines walliser Steinbockjägers. — Vermischung und Bastarde.

Wie auf den asiatischen Hochgebirgen die antilopen=, ochsen=, esel= und pferdeartigen Vierfüßer, in den südamerikanischen Andenketten das Lama mit seinen Gattungsverwandten, dem Paka, Huanaka und der Vikunna, die höchste Thierleben enthaltende Region vorzüglich reich bevölkern, so finden wir in dem europäischen Hochgebirge die schaaf=, gemsen= und ziegenartigen Wiederkäuer noch da, wo die Lebensbedingungen für fast alle anderen Vierfüßer schon ausgegangen sind. Hier sind sie dann noch die ansehnlichsten und Hauptrepräsentanten der Thierwelt. Ihr Verbreitungsbezirk berührt kaum die subalpine Region und steigt bis zu den unwirthbaren Firnmeeren an. Neben ihnen existiren wenige große Gattungen, über ihnen gar keine, da die Adler= und Geierarten, die etwa noch die Gipfel der Alpen überfliegen, ihren ständigen Aufenthalt und ihre Brütorte tiefer haben.

Zur Benutzung der höchsten Gebirgsregion mußte die Natur eine Thiergattung wählen, der die durch die klimatischen Verhältnisse bedingte niedere Vegetation genügt, die ferner durch ihre Organisation fähig ist, theils den zerstörenden Einflüssen und den Mühseligkeiten des rauhesten Klimas zu widerstehen, theils die jedesmal nur spärliche Ausbeute bietenden Weideplätze leicht und rasch zu wechseln und dabei die großartigen Schwierigkeiten der Bodenverhältnisse mühelos zu überwinden, wozu eben diese Hornthiere am geeignetsten sind. In unendlicher Mannigfaltigkeit von Arten, mit Ausnahme vielleicht einzig von Neuholland, über die ganze Erde verbreitet, sind sie meist Bewohner der Gebirge, in einzelnen Gattungen aber auch in Wäldern, Niederungen, Steppen und Wüsten hausend.

Obgleich unser schweizerischer Steinbock der europäische heißt, findet er sich doch nur auf wenig Punkten unseres Erdtheils und hat in Europa selbst an dem pyrenäischen Steinbock einen stark verschiedenen Rivalen. Er scheint nur auf den höchsten Erderhebungen sich zu finden und schlägt daher seine Wohnung in den unzugänglichen Alpenketten, welche das Wallis von Piemont scheiden, und in den Hochgebirgen Savoyens auf, wo auf Zumsteins Verwendung im Jahre

1821 die Jagd des Thieres bei schwerer Strafe verboten worden ist. Ehemals sollen diese Böcke nach alten Berichten auf den höheren Gebirgen Deutschlands und der Schweiz heimisch und ziemlich zahlreich gewesen sein, eine Zierde der Alpen, — ja sogar des Vorlandes, wenigstens in der vorhistorischen Zeit, worauf ein bei Meilen am Zürichsee ausgegrabenes mächtiges Steinbockshorn aus der Pfahlbauperiode zu deuten scheint. Die alten Römer führten nicht selten 100— 200 (Gordian) lebendig eingefangene Steinböcke, zumal für ihre Kampfspiele, nach Rom. Als Grund ihres zunehmenden Verschwindens dürften theils die wenig zahlreiche Vermehrung, die unerschrockenere Art des Thieres, das den Ver= folger ziemlich nahe ankommen läßt, ehe es flieht, theils die desto eifrigere Jagd und endlich die Beschaffenheit seiner Wohnplätze selbst anzusehen sein. So vielen Gefahren zwischen Felsen und Gletschern ausgesetzt, müssen manche Thiere zu Grunde gehen, und die zunehmende Schmälerung ihrer ursprünglichen Weide= plätze, die Lauinengefahr (in dem seiner Zeit so steinwildreichen Zillerthale wurden von 1683—1694 nicht weniger als 53 Thiere von Lauinen und Steinen erschlagen), die Steinschläge, die Verschüttung vieler hoher Grasplätze mußte ihrer Verbreitung hemmend entgegentreten. Mehrere Naturforscher theilen die Ansicht, der Steinbock sei eigentlich nur für die untere Alpenregion bestimmt und organisirt, und nachdem er von da vertrieben sei, müsse er in den kahlen Kämmen der Hochalpen verkümmern. Schon zu C. Geßners Zeiten war dieses Wild in die rauhesten Alpenreviere zurückgedrängt, und dieser Forscher glaubte, es bedürfe durchaus der Kälte, sonst ‚erblinde‘ es. Wahrscheinlich waren die Steinböcke noch im 15. Jahrhundert in der Schweiz ziemlich häufig; im Kanton Glarus wurde 1550 das letzte Stück am Glärnisch geschossen; die Hörner wurden im Rathhause zu Glarus aufbewahrt. In Graubünden, wo der Steinbock ebenfalls ausgerottet ist, wurde er früher oft gezähmt, und aus den Urkunden sieht man noch, daß der österreichische Burgvogt auf der Veste Castels von Zeit zu Zeit lebende Steinböcke in den Thiergarten von Innsbruck zu liefern hatte. Sie waren besonders heimisch in den Gebirgen von Oberengadin, Kleven, Rheinwald, Vals und Bergell, nahmen aber schon im 16. Jahrhundert so sehr ab, daß 1612 die Jagd bei 50 Kronen Strafe verboten wurde. Dies muß freilich ohne Erfolg geblieben sein; die Thiere sind allmälig dort spurlos verschwunden, gingen aber als Symbol der Kühnheit und Kraft in das Wappen des rhätischen Bundes, des walliser Einfischthales (wo 1809 das letzte Exemplar fiel), des Städtchens Unter= seen, sowie sehr vieler Familien über, eine Ehre, deren die Gemse nie gewürdigt worden ist. Ein, wahrscheinlich Jahrhunderte lang im Rheinwaldgletscher ver= schlossen gewesenes, in jüngster Zeit ausgestoßenes Hornpaar ist in unserm Besitz. Am Gotthard waren die Thiere noch vor hundert Jahren nicht ganz selten. Als der Schultheiß v. Steiger in der Mitte des vorigen Jahrhunderts in die italieni= schen Vogteien zog, schoß er auf dem Gotthard eigenhändig einen Steinbock.

Am längsten hielten sich die edlen Thiere in den walliser Alpen und zwar vom Monterosa bis zum Montblanc hin, wo sie bis in die Gebirge von Faucigny reichten. In Salzburg und Tyrol verschwand das sog. Fahlwild seit mehr als hundert Jahren, obgleich die Erzbischöfe von Salzburg es möglichst schützten. Diese Sorgfalt ging so weit, daß sie eigene Hüttchen für die bestellten Wildhüter auf den höchsten Bergen errichten ließen; dann ließen sie aber auch durch eine Unzahl von Jägern die Steinböcke lebendig wegfangen, um sie als eine seltene, stolze Zierde an befreundete Fürsten zu verschenken und in ihre Thiergärten zu versetzen. Auch in den nordwestlichen Karpathen (Tatragebirgen) sind seit Menschengedenken die Steinböcke nicht mehr gesehen worden.

Es war daher um so erfreulicher, als seit etlichen Jahren diese stolzen Thiere plötzlich wieder in ziemlich zahlreichen Exemplaren am Monterosa erschienen, wo man zum letzten Male in den siebziger Jahren des letzten Jahrhunderts etwa 40 Stück beisammen, dann aber länger als 50 Jahre lang kein Exemplar mehr gesehen hatte. An den Aiguilles rouges und den Dents des Bouquetins in der Nähe der Dent blanche schoß man dann vor dreißig Jahren, wie man glaubte, die letzten Steinböcke, und als man einige Jahre später auf der Seite gegen Arolla hin sieben solcher Thiere durch eine Lauine verschüttet fand, hielt man sie für nun völlig ausgerottet. Wirklich bemerkte man auch zwölf Jahre lang keine weiteren Spuren. Heute sieht man, ohne Zweifel in Folge des in Piemont sechszehn Jahre lang streng eingehaltenen Jagdverbotes, am südlichen Monterosagebirge und in dessen Verzweigungen als Seltenheit wieder Familien von 10—18 Stück bei einander, doch kaum auf schweizerischem Gebiete. Es wäre im höchsten Grade zu wünschen, daß sie sofort durch einen strengen Bann geschützt würden; aber bereits offeriren die Naturalienhändler wieder vollständige Bälge mit Hörnern, Männchen, Weibchen, Junge, je nach Belieben, um billigen Preis, und so werden die Naturforscher und Museen leider selbst zur Ursache der endlichen Vertilgung eines Thieres, das die höchste Zierde unserer Alpen wäre.

Der Steinbock, von dem zuerst der Chronist Stumpf im 16. Jahrhundert eine auf eigene Beobachtungen beruhende deutsche Monographie, die für lange Zeit mustergültig blieb, geschrieben hat, ist ein schönes und stolzes Wild, 4 1/2 Fuß lang und 2 3/4 Fuß hoch*), also bedeutend größer, als die Gemse. Sein prachtvoller Hörnerschmuck giebt ihm ein stattliches Aussehen; die Hörner des Männchens sind 1 1/2—2 1/4 Fuß lang, abgerundetvierkantig, nach oben auseinandergehend, schwach sichelförmig in gleicher Ebene gekrümmt und in eine flache, etwas gehöhlte, stumpfe Spitze auslaufend. Auf der obern Kante stehen starkerhabene, nach der Innenseite überhängende Knotenwülste, welche die Jahres-

*) Der größte frische Bock, den wir gemessen haben, war ein altes Thier, das von der Nasenspitze bis zur Schwanzwurzel 4 Fuß 9 Zoll maß und dessen sechszehnknotige Hörner in gerader Linie 21 Zoll, im Bogen gemessen 27 Zoll rhein. hielten: doch muß aus noch vorhandenen, über die Hälfte größeren Hörnern, die sich in Sammlungen aus dem 16. und 17. Jahrhundert vorfinden, geschlossen werden, daß es in jener Zeit ungleich größere Steinböcke gegeben hat als heut zu Tage. Das Kloster Engelberg besitzt ein versteinertes Steinbockshorn.

zunahme des Horns bezeichnen und gewöhnlich in der Schädelnähe enger zusammenstehen, einander aber auf beiden Hörnern entsprechen. Die des Weibchens
sind viel kürzer, kaum über 6″ lang, flacher und undeutlich abgesetzt. Die Farbe
des Balges ist im Sommer gelblichrothbraun mit einzelnen weißen Haaren und
dunklen Partien, braunem Rückenstreif, Stirn und Nase braun, Backen gelblich,
Kehle braungrau, Hinterkopf dunkelbraun und weißlich, Hals weißgrau, hinterer
Theil der Schenkel rostfarben, Bauch und After weiß mit einzelnen schwarzen
Haaren, Schwanz oben schwarzbraun. Doch sahen wir auch einen ganz alten
Sommerbock von gleichmäßig weit hellerer Behaarung. Einen eigentlichen Ziegenbart hat der Steinbock nicht, obwohl ihn schlechte Bilder immer noch mit einem
solchen darstellen; nur der Winterbalg zeigt ein kleines Büschelchen längerer,
steiferer, nach hinten gerichteter Haare am Kinn, die im Frühlingspelz wieder
theilweise verschwinden. Ein ausgeweidetes Männchen wiegt noch an 160 bis
200 Pfund, die Hörner 15—18 Pfund; die kleinere und schmächtigere Steinziege dagegen soll selten über 100 Pfund wiegen. Das Thier hat einen mus-
kulösen, gedrungenen Bau mit kühner und fester Haltung. Der Kopf, der in
der Ruhe etwas gesenkt, auf der Flucht ein wenig rückwärtsgebogen getragen
wird, ist eher klein, beim Bocke kürzer, die Stirn gewölbter und erhabener als
beim Weibchen, die Ohren kurz, weit hinten angesetzt, die Augen lebhaft glänzend
und wie bei den Gemsen ohne Thränenhöhlen. Der Steinbockschädel ist edler,
abgerundeter, als der eckigere, schmalere und flachere Ziegenschädel. Die Schnauze
hat weiße Lippen; Hals und Nacken sind außerordentlich kräftig und muskulös,
ebenso die starksehnigen Schenkel, die aber verhältnißmäßig dünn sind. Die
Hufe sind stahlhart, unten rauh und können beim Gehen auf glatten Flächen
ausgebreitet werden. Der ganze Leib ist eher walzenförmig, weniger leicht gebaut
als jener der weit beweglicheren Gemse; der Schwanz 4½—5 Zoll lang, stets
aufgerichtet wie bei den Ziegen und endet in einen kastanienbraunen Haarbüschel;
die Winterbehaarung ist viel dichter, etwas dunkler und länger als das Sommerkleid.

Ueber den Zweck des gewaltigen Hörnerschmuckes dachten unsere alten
Naturforscher fleißig nach und ersannen wunderliche Mährchen. Geßner meinte,
das Thier benutze ihn nicht nur, um darauf zu fallen und des Sturzes Wucht
zu mindern, sondern auch, um große herabstürzende Steine zu pariren. (Aehnlich erzählt er auch von den Gemsen, daß sie bei Verfolgung auf den höchsten
Felsen, wo sie nicht mehr stehen oder gehen könnten, sich mit den Hörnchen an
die Klippen hängten und dann vom Jäger hinuntergestürzt würden.) Wenn
der Steinbock aber merke, daß er sterben müsse, so steige er auf des Gebirges
höchsten Kamm, stütze sich mit den Hörnern an einen Felsen, gehe rings um denselben herum, und höre damit nicht auf, bis das Horn ganz abgeschliffen sei,
dann falle er um und sterbe also!*) In der That aber bedient er sich der Hörner

---

*) Während wir diese Bogen revidiren, erhalten wir vom Monterosa drei aus-
gezeichnet schöne Exemplare, die im November und December 1853 geschossen wurden.

STEINBOCK.

theils zum Kratzen, theils zum Stoßen. Im letztern Falle erhebt er sich ziegenbock-
artig auf die Hinterfüße und stößt von der Seite. Auch zum Pariren dienen
sie ihm.

Wir glauben um so eher eine kurze Beschreibung derselben hier beifügen zu dürfen,
als selbst in neueren naturwissenschaftlichen Werken noch manche irrthümliche oder un-
genaue Bestimmungen dieser Thiergestalt zu finden sind.

Bock (wahrscheinlich 10—12 Jahr alt, durch die Brust geschossen). Größenverhältnisse: Hörner, gerade gemessen 18 rhein. Zoll, im Bogen 2 Fuß; Durchmesser an der Basis der Höhe 3½", der Breite 2¼", Länge des Knochenzapfens 1'.
13 deutliche Knoten, an der Basis am niedrigsten, der längste 6/8" überragend, 8 deutliche und mehrere undeutliche Querringe, aber wie die Knoten an beiden Hörnern sich
entsprechend. Untere Kanten stark abgerundet: an der oberen innern Kante, wo die
Wülste am höchsten, zwischen diesen ein welliger Horngrath, gegen die Spitze überhängend. Gewicht der zwei Hornschalen 4 Pfund. Länge des Körpers von der
Schnauzenspitze bis zur Schwanzwurzel 4' 4¼", Schwanz bis zu den Haarspitzen
8½", Höhe bis zum Widerrist 2' 9", Ohren 4½", Schnauzenspitze bis Ohrwurzel
9½", Schnauzenspitze bis Hornwurzel 8¼", Abstand der Hörner an der Basis kaum
1", Abstand der Hornspitzen 15¾", Abstand der Ohrwurzeln 4½", Höhe der Vorderfüße 20", der Hinterfüße 22", der Afterklaue 3".

Färbung (Winterkleid). Hörner lehmgrau, Wülste dunkler, Hornspitzen, besonders
der äußern Seiten, dunkelschwarz. Rumpf im Ganzen ungleich bräunlichgelb mit unregelmäßigen helleren und dunkleren Partien. Die einzelnen Haare unten röthlichgrau
mit gelbweißen Spitzen. Um die Augen und Schnauze, sowie eine Nath über die
Nase dunkler, Kinn schwärzlich graubraun; am Nacken verläuft nach beiden Seiten eine
hellgelbliche Partie; von hier bis zur Krupe ein deutlicher hellgelber Rückenstreif, am
Ende zu beiden Seiten ins Fahlweiße verlaufend. Brust und Flanken röthlichbraun,
mit einzelnen weißen Haaren, an der Schwanzrübe 3½ Zoll lange, hinten schwarze,
vorn hellbraune Haare. Bauch und After gelblichweiß, Beine vorn und unten dunkel.
Lippen silbergrau, Ohren außen und am Rande weißlich, innen schwarzgrau; an den
Hinterbeinen ob den Afterklauen ein breiter, schmutzigweißer Strich. Die oberen innern
Vorderschenkelseiten schwärzlich, die Klauen und Afterklauen pechschwarz.

Im Ganzen außerordentlich dichte Behaarung, besonders an der oberen Körperhälfte, wo zwischen den langen Stachelhaaren eine dichte weiche Wolle steht. Bei
oberflächlichem Anfühlen ist der Balg rauh, in der That aber weichhaarig, etwas fettig.
Hinter den Hörnern, den Nacken hinunter, geht die hellere Haarpartie fast in eine Mähne
über mit 3—3¾" langen Haaren. Die Haare der oberen, pelzigeren Körperhälfte sind
sonst viel dichter und kürzer als die dünneren, längeren der unteren. Unser Exemplar
trägt so dichte und lange Kinnhaare (die längsten über 4" lang), wie sie sonst selten
beim centralalpinen Bocke gefunden werden. Der Schädel hat einen stark gewölbten
Nasenbug, dann einen etwas flachen Sattel und eine stark gewölbte Stirn. Die
Schneidezähne sind schön weiß, die mittleren zwei halb abgeschliffen, die schmelz-
faltigen Backenzähne an der Seite schwarz, auf der Krone weiß. Die Klauen vom
flachen Ballen, schmalkantig, etwas ausgewölbt und auswärts gebogen, in abgerundete
Spitzen zugehend, sind an den Vorderfüßen bei allen Exemplaren ungleich breiter und
länger (etwa um ⅓) als an den Hinterfüßen, weil sie die Hauptlast des Rumpfes und
die Hörner zu tragen haben.

Steingeiß. Körperlänge bis zur Schwanzwurzel 3' 7", Höhe bis zum Widerrist 2', die übrigen Theile im Verhältniß. Hörner im Bogen 7⅝", gerade 6½",
Abstand an der Basis 1½", Abstand der Spitze 7", Kopf von der Schnauzenspitze
bis zur Hörnerwurzel 8", die Hörner zweiseitig, die hinteren Kanten abgerundet, die

Gegen die Kälte scheinen die Steinböcke ziemlich unempfindlich. Man hat alte Böcke auf Felsenspitzen stundenlang im Eissturm ruhig wie Bildsäulen mit aufgerichteter Nase stehen sehen und nach dem Schusse gefunden, daß ihnen die Spitzen der Ohren erfroren waren, ohne daß sie es zu fühlen geschienen. Die Paarung findet oft unter heftigen Kämpfen im Januar statt. Ende Juni's wirft die Steinziege ein niedliches wollhaariges Junges von der Größe einer Katze, das gleich mit der Mutter wegläuft und ziegenartig meckert. Es wächst bis ins fünfte Jahr. Die älteren Steinböcke pfeifen bei Gefahr ähnlich den Gemsen, aber schärfer, weniger ausgezogen; bei heftigem Schreck aber geben sie einen eigenthümlichen Laut von sich, der wie kurzes, scharfes Niesen tönt. Sie leben gesellig in Rudeln von 6—15 Stück zusammen; doch sondern sich die alten Böcke später ab zur einsamen Weide. Gefahren trotzen sie mit vereinten Kräften. So sah der berühmte Steinbockjäger Fournier aus dem Wallis einmal sechs Steinziegen mit sechs Jungen weiden; als ein Adler über ihnen kreiste, sammelten sich die Ziegen sich mit ihren Jungen unter einem überhängenden Felsblock, indem sie ihre Hörner gegen den Raubvogel richteten und, je nachdem der Schatten des Adlers am Boden dessen Stellung bezeichnete, sie nach der gefährdeten Seite hin dirigirten. Der Jäger beobachtete lange diesen interessanten Kampf und verscheuchte zuletzt den Adler.

Des Nachts lieben es die Steinböcke, in die höchstgelegenen Bergwälder herunterzusteigen, um dort zu weiden; doch nicht leicht tiefer als eine Viertelstunde unter einem freien Grathe. Bei Sonnenaufgang ziehen sie sich höher und lagern endlich auf den höchsten und wärmsten Plätzen gegen Morgen und Mittag, wo sie den größten Theil des Tages leicht schlafen oder wiederkauen. Auf den Abend weiden sie wieder den Wäldern zu. Dies unterscheidet ihre Lebensart wesentlich von der der Gemsen, welche ihre Hauptäsung in der ersten Morgenfrühe und vor Sonnenuntergang nehmen, Nachts aber gewöhnlich festlagern. Alte Steinböcke

---

vorderen scharf, uneben, ohne eigentliche Knoten, acht ungleichartige, aber an beiden Hörnern einander entsprechende Querringe, Spitze abgerundet.

Die Färbung (Winterkleid) im Ganzen ähnlich der des Bockes, ohne Spur von Rückenstrich, fahlgelblichbraun, mehr gleichartig, die einzelnen Haare an der Basis grau mit röthlichgelber Spitze und vielen weichen, fettigen, grauen Wollhaaren, dunkler als beim Bock; die Mähne kürzer, undeutlicher, wolliger; keine besonderen Kinnhaare; das Fell auffallend dünn, aber zähe, an der Brust und den Flanken fast durchsichtig. Der Schädel flacher, ganz ohne gewölbten Nasenbug, stark gewölbte Stirn. Afterklauen verhältnißmäßig stark.

Junges (dem Schädel nach männlichen Geschlechts). Stark 1½' lang, 11½'' hoch, von der Schnauzenspitze bis zum Hornansatz 4''. Färbung (Herbstkleid) im Ganzen rehfarben, deutlicher schwarzer Rückenstrich, schwärzliches, kraushaariges Schwänzchen mit weißen Haarspitzen, bis zu diesen 2½'' lang; der Oberkörper röthlichbraun, Bauch und After weißgelb, die Füße vorn schwarzbraun gezeichnet. Ganz ausgebildete Schneide- und Backenzähne. Der Nasenbug entschieden gewölbt, auch hier die Vorderklauen weit stärker als die Hinterklauen; alle aber wie bei den Alten vom Hornballen gegen die Spitze stark eingekerbt.

sind nach der Beobachtung der Jäger ziemlich phlegmatisch und liegen oder stehen tagelang auf der gleichen Stelle, doch gewöhnlich auf einem Felsenvorsprung, der ihnen sicheren Rücken und freien Ausblick gewährt. Die Steinziegen mit ihren Jungen liegen meistens etwas tiefer im Gebirge. Sie lieben besonders die Arte= misien, Riedgräser und Mutterkräuter, verachten aber auch die jungen Sprossen der Weiden, Birken, Alpenhimbeeren und Alpenrosen nicht, und belecken wie die Gemsen und Ziegen gern salzhaltige Felsen. Im Winter ziehen sie sich in die Hochwälder zurück und müssen sich oft mit Knospen, Moosen und Flechten an Felsen und Tannen behelfen. Die Nähe der Gemsen vermeiden sie stets; doch wurde bemerkt, daß sie mitunter sich unter die Ziegenheerden verloren, ja im 16. Jahrhundert wurden im Wallis jung aufgezogene und gezähmte Steinböcke öfters mit den Ziegenheerden in die Berge getrieben und kamen willig mit diesen wieder zurück.

Von der ungeheuern Sehnenkraft dieser Thiere kann man sich kaum einen Begriff machen. Ohne Anlauf setzen sie einen 12—15 Fuß hohen Felsen hin= auf, indem sie sich sekundenlang während der drei Sprünge, deren sie dazu bedürfen, auf fast senkrechten Flächen zu halten vermögen. Auf der schmalen Kante einer Thür sogar stehen sie mit Festigkeit. Ein junger zahmer Steinbock springt einem Manne ohne allen Anlauf auf den Kopf und steht fest. Einer lief eine Mauer seitlich hinauf, an der keine anderen Haltpunkte waren als die rauhen, von Mörtel entblößten Stellen, vorher aber hatte er seine Sätze reiflich erwogen und sich einigemal auf den Schenkeln gewiegt. Jung eingefangen, mit Ziegen= milch aufgezogen, wurden sie leicht gezähmt und waren durch ihre Neugierde, ihr fein beobachtendes Wesen und ihre possirliche Munterkeit lustige Spielgesellen; ältere Böcke dagegen wurden öfters wild und bösartig. Ein in Aigle gehaltener, der sein Lager unter dem Dache des höchsten Schloßthurms gewählt hatte, blieb stets sanft und hielt immer den Kopf dar, um sich krauen zu lassen, bewies sich auch gegen die Ziege, die ihn gesäugt, so anhänglich, daß er noch später, als er erwachsen war, auf ihr Meckern immer schnell zu ihr sprang. Aufgezogene Steinziegen bleiben immer sanft, furchtsam und folgsam. Einem Mann in Chamouny, der zwei von ihm aufgezogene Steinböcke nach Chantilly bringen wollte, folgten diese ganz frei wie Hunde nach. Bei Besançon durch eine Kuh= heerde erschreckt, flüchteten sie den nächsten Felsen zu, kehrten aber auf den Lockruf ihres Führers sofort zu diesem zurück. Herr Nager in Andermatt hat in letzter Zeit zwei Jahre lang einen jungen Steinbock vom Monterosa lebendig auf einer kleinen Alp erhalten. Derselbe war äußerst zahm, weidete ganz frei und hielt sich den Tag über am liebsten auf dem Dache der Alphütte auf. Herrn Nager sprang er ebenfalls auf den Kopf und war ganz zuthunlich. Dieser Natur= forscher hat in den letzten Jahren an vierzig geschossene Exemplare vom Monterosa und Val Cogne erhalten und größtentheils an ausländische Museen abgegeben. Mehrere Male erhielt er auch lebende; im August 1854 hatte er sogar eine kleine Heerde von 8 Stück (5 weibliche und 3 männliche) auf einer Alp bei einander.

Um solche zu erhalten, bedurfte es großer Anstrengungen und Unkosten. Er ließ nämlich die wilden Steinziegen durch eine Anzahl von Jägern aufsuchen und zur Zeit des Wurfes ununterbrochen beobachten. Wenn die Stunde getroffen und der Ort zugänglich war, so konnte bei großer Eile das Junge erhascht werden; war es aber blos erst trocken geworden, so war es nicht mehr zu ereilen. Auch scheinen in tieferen Geländen die Thiere Krankheiten zu verfallen, von denen sie in der Höhe ohne Zweifel frei bleiben. Ein junges Steinböcklein erlag (1853) den Folgen der Klauenseuche.

Der Steinbock hat, wie erwähnt, ein weit fragileres Leben als die Gemse. Er fällt bei einer Verwundung, welche die Gemse nicht hindern würde, stundenweit zu fliehen. Ist er angeschossen, so fliehen seine Gefährten voll Entsetzen in rasender Eile nach allen Seiten, während er selbst langsam fortläuft, den Kopf bald auf die eine bald auf die andere Seite niedersinken läßt und sich bald niederthut, um zu verenden. Ueber die Lebensdauer des freien Thieres weiß man begreiflich nichts Sicheres; doch ist es wahrscheinlich, daß es zwanzig bis dreißig Jahre alt werden mag.

Die Steinbocksjagd ist eines der gefährlichsten Vergnügen und mit zahllosen Beschwerden verbunden. In der Schweiz giebt es nur noch wenige Freunde derselben und zwar im Wallis, wo z. B. in Servan noch in der letzten Hälfte des vorigen Jahrhunderts fast jeder Bauer ein Steinbocksjäger war. Im Herbst, wo ihr Wild am fettesten ist, übersteigen sie die südlichen Berge und suchen entweder in das Gebiet des ungeheueren Monterosastockes, oder, von den italienischen Jägern unbemerkt, auf die savoyischen und piemontesischen Alpen (Val Cogne, Savaranche, Mont Isère) zu gelangen. In beiden Gebieten ist freilich die Steinbocksjagd verboten und kann nur mit Aufbietung großer List und Vorsicht unternommen werden. Mit wenigen Lebensmitteln versehen, durchstreifen sie 8—14 Tage lang die unzugänglichsten Höhen, schlafen oft auf den Steinen, oft stehend, indem sie sich umschlingen, um nicht in die Abgründe zu stürzen. Der Steinbock läßt sich nicht jagen wie gewöhnliches Wild. Steht der Jäger nicht höher als das Thier, wenn es ihn wittert, so ist an keine Schußnähe zu denken. Deswegen muß der Schütze früh auf den höchsten Felsengräthen sein; mit Tagesanbruch zieht sich auch das Hochwild in die Höhe. Das Uebernachten an der Schneegrenze, ohne Obdach, oft nur durch Steinetragen und Springen vor dem Erfrieren sich zu schützen, ist wohl ein Tropfen Wermuth im Becher der Jagdlust. Dazu kommen noch die Gefahren der Gletscher, des Versteigens und hundert andere. So erzählt uns eine alte Druckschrift, wie auf der Limmernalp ein Gemsen- und Steinbocksjäger beim Gletscherübergang in eine tiefe Eisschrunde fiel. Seine Gefährten sahen ihn nicht mehr, und da sie dachten, der Unglückliche habe den Hals gebrochen oder werde der Kälte bald erliegen, befahlen sie seine Seele Gott. Auf dem Rückweg fiel ihnen ein, es könnte vielleicht doch noch geholfen werden. Rasch eilten sie zu der anderthalb Stunden entfernten Hütte, fanden aber nur eine Bettdecke, zerschnitten sie in Riemen und eilten zum Firnspalt zurück. Inzwischen

war Störi, so hieß der Unglückliche, in der grauenvollsten Lage. Beim Hinunter=
stürzen konnte er in einer Verengung der Eiswände sich rasch ansperren, und so
hielt er sich in der Schwebe über großer Tiefe, bis an die Brust in Eiswasser,
mit den Armen sich an das Eis stemmend, in stäter Todesfurcht und Todesgefahr,
halb erstarrt vor Kälte. ‚In diesem unergründlich tiefen Kerker,‘ sagt unser
Berichterstatter, ‚stritten wider ihne das Wasser, die Luft und das Eis, von
welchen Elementen das erste ihne wollte verschlingen, das andere erstecken und
durch aufliegende Schwerkraft vertrucken, das dritte wegen seiner Schlüpferigkeit
nicht halten.‘ Da erschienen in der Luft plötzlich die Riemen; er band sie mit
großer Vorsicht um den Leib, und seine Gefährten zogen ihn langsam in die Höhe.
Wenige Fuß vom Rande reißt das Riemenseil, und der fast gerettete ‚Candidatus
mortis‘ stürzt in die Tiefe zurück. Nun reichte der Rest des Seiles, der oben
blieb, nicht mehr hinunter, und Störi hatte im Sturz den Arm gebrochen.
Nichtsdestoweniger gaben ihn seine Gefährten noch nicht auf, theilten die Riemen
noch einmal der Länge nach, knüpften und banden sie, so gut es ging, und ließen
sie wieder hinunter. Mit seinem gebrochenen Arm knüpfte der Jäger das schwache
Rettungsmittel hoffnungslos zusammen. Die Kameraden zogen; er half durch
schmerzhaftes Anstemmen, und so gelang die wunderbare Rettung. Oben an=
gelangt, fiel er in schwere Ohnmacht und mußte nach Hause getragen werden. Er
sprach sein Leben lang nur mit Entsetzen von den im Eisgrabe verlebten Stunden.

Wie theuer muß ein einziges Wildstück erkauft werden, und wie verhältniß=
mäßig gering ist die endlich und endlich überraschte Beute! Nur eine heftige,
glühende Leidenschaft treibt den Menschen diesen ungewissen Fährten nach. Aber
die Jäger versichern, daß kein Wohlgefühl auf Erden dem gleiche, wenn in schuß=
gerechter Entfernung das weidende Thier sich zur Beute stelle. Wochenlang ist
es verfolgt, belauscht, gespürt; Schritt für Schritt hat der Waidmann den
Morgen= und Abendgängen des schönen Bockes nachgestellt, vielleicht noch nie ihn
gesehen. In den kalten Nächten hat die Hoffnung der nahen Beute die von Frost
zitternden Glieder immer neu belebt. Endlich sieht er von fern das stattliche
Thier mit den gewaltigen Knotenhörnern an der unzugänglichen Felsenwand
liegen. Jetzt den Wind abgewonnen, stundenlang auf Umwegen über Eis, Klüfte
und Gräthe geklettert! Er sieht das Thier nicht; er ahnt aber, daß es in seiner
Lage geblieben, und endlich ist es umgangen. Behutsam blickt er vor nach dem
Felsen, — der Bock ist fort. — hundert Schritte weiter wiegt er sich, in den Lüften
schnobernd, auf einer zollbreiten Felsenkante. Mit hochklopfendem Herzen, zitternd
vor Hoffnung und Furcht, naht der Jäger, legt den Stutzer auf, — der Schuß hallt
mächtig durch die Berge, und der zuckende Bock liegt blutend zwischen den Steinen.

Im zürcher, sankt galler, neuenburger und berner Museum finden sich vor=
züglich schöne Exemplare von Steinböcken. Der Jäger Alexis de Caillet aus
Salvent im Val d'Aost hat die beiden jungen Böcke des letzteren im September
1820 in der Nähe des Mont Cenis erlegt, den alten 1809 auf der Grenze von
Wallis und Piemont. Er erzählt eine seiner Jagden folgendermaßen:

‚Am 7. August ging ich über den großen St. Bernhard nach den Gebirgen von Ceresolles an den Grenzen Piemonts. Hier durchirrte ich den ganzen Monat alle Gegenden, wo Steinböcke sich aufzuhalten pflegen, ohne auch nur eine Spur zu finden. Endlich entdeckte ich solche auf den Gebirgen, die Piemont von Savoyen scheiden. Ich konnte mich nicht entschließen, ganz allein diese wilden und höchst gefährlichen Felsen zu durchsteigen und suchte noch drei andere Jäger auf. Es war am 29. September, da wir endlich über die rauhesten Felsenstiege neben fürchterlichen Abgründen in dem Reviere der Steinböcke anlangten, und nicht lange dauerte es, so erblickten wir fünf Stück bei einander. Zugleich erhob sich aber auf einmal ein eisiger Sturm und im Augenblick war Alles schuhhoch mit Schnee bedeckt. Jetzt war es gleich gefährlich, vorwärts und rückwärts zu gehen, und wir standen eine gute Weile da, ungewiß, wozu wir uns entschließen sollten. Doch die Begierde und Hoffnung, unser flüchtiges Wild zu erreichen, trieb uns vorwärts. An einer Felsenwand, die in die finstere Tiefe eines gräß= lichen Abgrundes sich lothrecht hinabsenkte, zeigte der schräg gegen den Schlund geneigte Vorsprung einer Felsenschicht — kaum so breit, um einem Fuße Raum zu geben — die einzige Möglichkeit, dahin zu gelangen, wo wir unser Wild erblickt hatten. Das Gefahrvolle dieses schmalen Pfades war noch durch den frisch= gefallenen Schnee, der den glatten Schieferfelsen noch schlüpfriger machte, ver= mehrt worden, wenn wir auch, an schwindelnde Wege gewöhnt, uns nichts daraus machten, daß jedesmal, wenn der linke Fuß sich festzustellen versuchte, der rechte mit der ganzen Hälfte des Leibes frei über dem Abgrund schweben mußte. Doch wir hatten, um unser Ziel zu erreichen, keinen andern Weg zu wählen. Langsam und still waren wir Einer hinter dem Anderen schon eine ziemliche Strecke fort= geschritten, als auf einmal unser Vordermann durch einen falschen Tritt das Gleichgewicht verlor und unaufhaltbar in die Tiefe stürzte. Dumpf und gräßlich hallte der letzte Schrei des Fallenden aus dem Abgrunde zu uns herauf; aber wir konnten ihn nicht mehr sehen. Da ergriff uns ein Schauer des Entsetzens, und nicht viel fehlte, so wären wir ihm nachgestürzt. — Doch ermannten wir uns; behutsam zogen wir uns zurück auf dem verhängnißvollen Pfade, und mit unsäg= licher Anstrengung gelang es uns, unser Leben zu retten. Die Jagd ward auf= gegeben. Vergeblich suchten wir lange unseren unglücklichen Gefährten.

Du willst doch, dachte ich, ein andermal nicht mehr so spät im Jahre jagen und rückte daher im nächsten Sommer schon am 26. Juli aus. Wiederum über= stieg ich die Gebirge bis an die Grenzen Piemonts. Nachdem ich hier einige Tage lang die wilden Einöden vergebens durchstrichen hatte, glaubte ich endlich am Fuße eines fast unersteiglichen Stockes einige Spuren zu bemerken. Mit einigen Lebensmitteln versorgt, suchte ich unter unsäglicher Mühe den Felsen zu erklimmen. Vom frühen Morgen an arbeitete ich mich höher und höher hinauf, kam aber erst mit einbrechender Nacht in eine Höhe, wo ich hoffen durfte, mein Wild zu überlisten. Ich suchte mir also unter einem Felsen ein Lager für die Nacht, wo ich gegen den heftig schneidenden Wind nothdürftig geschützt war. Ein Bissen trockenes Brod und ein Schluck Branntwein war, wie gewohnt, mein Nachteffen. Bald schlief ich ein, aber nur auf einen Augenblick, und harrte dann zähneklappernd des Morgens. Ich durfte nicht daran denken, ein Feuer anzuzünden; denn dadurch hätte ich mein Wild verscheucht, — zudem standen die letzten Tannen 3—4 Stunden unter mir. Bewegung allein konnte mir helfen. Ich lief, so weit es der Raum verstattete, trug Steine von einer Stelle zur anderen, sprang hinüber und herüber und rettete mich so vor dem Erfrieren.

Als endlich der langersehnte Tag anbrach, stellte ich meine gymnastischen Uebungen ein und wartete mit Ungeduld auf meine Steinböcke, deren zahlreiche Spuren mich mit neuer Hoffnung belebten. Allein — nirgends ließ sich einer sehen. Ich streifte umher, fand den ganzen Tag Spuren, aber kein Thier. Ich bezog mein voriges Nachtquartier und schlief fast bis zum Anbruch des Tages. Rasch sprang ich auf und ergriff mein Gewehr. Zu meinem Aerger bemerkte ich, daß mich die Thiere zum Besten hatten: sie waren dagewesen und hatten ganz in der Nähe unter dem Schirm der Nacht geweidet. Mein Mundvorrath war ganz aufgezehrt und doch wollte ich nicht vom Platze weichen. Spähend brachte ich den Tag zu; beim schwachen Schimmer der Dämmerung endlich gewahrte ich in schußgerechter Entfernung mein Wild. Ich schlage an, mein Schuß trifft — aber tödtet nicht, und in eben dem Augenblicke ist das verwundete Thier mit mächtigen Sprüngen pfeilschnell verschwunden, und da es zu finster war, es zu verfolgen, mußte ich noch eine Nacht auf dieser Höhe zubringen.

Mit dem Grauen des Tages begann ich meine Nachforschungen, und bald belebte mich die blutige Spur mit sicheren Hoffnungen. Allein erst gegen Mittag erblickte ich meine Beute neben einem Felsblock liegend. Das Thier sprang auf, that einige Sätze und legte sich dann wieder. Auf dem Bauche fortkriechend näherte ich mich auf Schußweite. Es schien mich zu bemerken und sprang auf, — meine Kugel streckte es wieder zu Boden und so sah ich mich endlich im Besitz der Beute, der ich zwanzig Tage lang nachgestellt. Unter vielen Gefahren gelangte ich mit ihr nach Hause, da ich mich, als Jäger in fremdem Revier, nur durch die unwirthbarsten Gegenden gegen das Wallis schleichen durfte und mich des Tages meist in dichten Wäldern verbergen mußte.' —

Ist das Thier gefallen, so wird es auf der Stelle ausgeweidet. Die vier Füße bindet der Jäger am Knie zusammen, wirft es über die Stirn und bindet den Kopf mit den schweren Hörnern hinten fest, damit ihre Last nicht durch Schwanken den Tritt unsicher mache. Dann wird die Flinte über die rechte Schulter und Brust gehängt, und so tritt der kühne Mann mit einer anderthalb bis zwei Centner schweren Bürde, beide Hände fest auf den Alpstock stützend, seinen meist höchst gefährlichen Heimweg an. Das Fleisch des Steinbocks ist dem des Hammels ganz ähnlich, nur derber, saftiger; mit etwas Wild-, resp. Bocksgeschmack.

Trotz des oft geäußerten Zweifels ist es doch Thatsache, daß die Steinböcke sich sowohl im Freien als in der Gefangenschaft mit Ziegen paaren und fruchtbare Bastarde erzeugen. Im Cognethal kamen einst zwei Ziegen, die im Winter im

Gebirge zurückgeblieben waren, im Frühjahr trächtig zurück und warfen Steinbock=
bastarde, die nach Turin verkauft wurden. So wurden auch in den Zwanziger=
jahren in den Stadtgräben von Bern eine förmliche Steinbock=Ziegen=Bastard=
züchtung unterhalten. Die Blendlinge waren anfangs zahm, leichter, stärker und
weit lebhafter als junge Ziegen, im Gehörn diesen ähnlich, in der Gesammtgestalt
bald mehr dem Vater, bald mehr der Mutter nachschlagend. Ein Bastardbock
gelangte durch sein besonders ungesittetes Betragen in übeln Ruf. Er machte
Angriffe auf die Schildwache, kletterte die Wälle hinan, verjagte die Spazier=
gänger, bestieg die anstoßenden Dächer und zertrümmerte die Ziegel. Auf den
Abendberg versetzt, stieß er oft die Sennen zu Boden und richtete viel Schaden
an. Als er von vier Männern auf die Saxetenalp gebracht werden sollte, warf
er alle nieder und überfiel oft die dortigen Sennen ganz bösartig. Seine ange=
traute Ziegenschaar verließ er häufig, ging ins Thal, stieß die Thüren der Ziegen=
ställe ein, besprang die Ziegen und stiftete allerlei Unfug. Zuletzt auf die Grimsel
versetzt, warf er die große Dogge des Hospitiums, die sich ihm näherte, um ihn
zu liebkosen, kurzweg mit den Hörnern über den Kopf. Endlich mußte er getödtet
werden und seine starke, langbärtige Gestalt steht noch im berner Museum. Auch
die übrigen Bastarde wurden später wild, verkletterten sich gern und stifteten allerlei
Unheil. Sie hinterließen zahlreiche und kräftige Nachkommenschaft. Auch im kais.
Park zu Hellbrunn (Salzburg) wurde einem jungen Steinbock in neuerer Zeit
durch Kreuzung mit Ziegen eine zahlreiche Nachkommenschaft abgewonnen, wovon
ein Theil ‚den vollständigsten Typus des Stammvaters‘ trägt. In dem benach=
barten altberühmten blimbacher Jagdreviere, das seit 1843 von einer Gesellschaft
österreichischer Kavaliere gehalten wird und einen schönen Wildstand an Hirschen,
Rehen, Gemsen, Murmelthieren, Dachsen, Ur= und Birkwild besitzt (1852 z. B.
an Gemsen 323 Stück Standwild und 169 Stück Wechselwild), sind neulich
9 Steinböcke eingesetzt und 18 Ziegen von möglichst ähnlicher Färbung angetraut
worden, was eine schöne, zur Jagd wohl eher als zur Oekonomie geeignete Bastard=
rasse erwarten läßt. Von Steinböcken, die im Garten von Schönbrunn mit
Ziegen gepaart wurden, erhielt man, sagt ein Bericht, fruchtbare Bastarde, welche,
unter einander gepaart, in der vierten Generation in die Ziegenspecies zurück=
schlugen. Das baseler Museum besitzt ebenfalls einen jungen männlichen Steinbocks=
bastard. Sein Vater, ein junger Steinbock aus dem Wallis, dessen Eltern weg=
geschossen worden, kam in Begleitung einer Ziege, die ihm über ein Jahr lang als
Säugamme diente, im Winter 1844/45 nach Basel. Im dritten Jahre wurde die
Ziege vom Steinbock trächtig. Der Bastard starb im achten Monate an der Ruhr.

Neben den Centralalpen besitzen die Pyrenäen, die südspanischen Schnee=
gebirge, der Altai, der Kaukasus, Kreta, Syrien und Nordafrika eigenthümliche
Steinbocksformen, deren Hauptunterschiede wesentlich in der jeweiligen Hörner=
bildung liegen. Die Thiere sind auch dort selten geworden und stellenweise dem
Erlöschen nahe, weshalb es auch an genauen Beobachtungen über sie fehlt.

Zweiter Theil.

Die zahmen Thiere der Alpen.

———◦◦◦❖◦◦———

Die zahmen Thiere der Alpen.

I. Das Alpenrindvieh.

Die Heerden als Staffage der Alpenlandschaft. — Die Kuhalpen. — Der Senne und seine Kühe. — Abstammung. — Fremde Rinderarten und Schweizerrassen. — Bedeutung der Viehzucht für die Schweiz. — Das Alpenleben der Heerden. — Eigenthümlichkeit des Alpenrindviehs. — Die Heerde im Hochgewitter. — Die Witterung von todtem Vieh. — Das Alprücken und die Gespensterkühe. — Die Zuchtstiere und ihre Wehrhaftigkeit. — Die Schönheit der Kühe. — Die Alpfahrt und der Jodel. — Die welschen Viehhändler. — Milchwirthschaft und Aufzucht.

In den stillen, weiten Revieren unserer Hochgebirge ist das Leben der zahmen, im Dienste des Menschen stehenden Thierwelt eine freundliche und fast nothwendige Ergänzung des freien Thierlebens. Beide bewerben sich um den Besitz oder wenigstens um den Genuß jener Gebirgshöhen, welche die Natur ursprünglich ihren treuen Lieblingen vorzubehalten schien. Bis auf die steilsten Hörner hinauf, bis an die breiten, gewölbten Schneefelder hin, welche in die dünne Rasendecke der obersten Weiden herunterreichen, ja selbst bis zu den armseligen Oasen der Gletscherwelt geht der stille Kampf um das Mein und Dein des würzigen Alpenkrautes, der kümmerlichen Felsenstaude. Die freien grasfressenden Thiere erlisten ihre Nahrung, der offenen Uebermacht der zahmen weichend, in nächtlichen Stunden oder an den einsamsten Stellen und ungescheut nur dann, wenn die Thiere des Thales die usurpirten Höhen noch nicht bezogen oder sie wieder verlassen haben. Selten treten sie in Freundschaft zu diesen und theilen friedlich das gemeinsame Gut; selten mischt sich eine Gemse zu dem kletternden und naschenden Volke der Ziegen. Eine Spur des verfolgenden, tödtenden Menschen hängt auch an den thierischen Genossen seines Lebens und verbreitet die gleiche Scheu, den gleichen Schreck über das freie Thierleben, wie der Mensch selber mit seiner sicher treffenden Waffe. Kaum daß die Flühlerche oder der Wasserpieper ohne große Vorsicht zwischen den Heerden fliegt, — die Berghühner bergen sich mit feiner Behutsamkeit, wenn sie die Tritte des nahenden Viehs am Boden spüren. Die reißenden Alpenbewohner dagegen eröffnen mit diesem, wo

31*

es immer geht, einen oft ergiebigen Kampf. Da geht der Wolf und der Bär den
ungehüteten Schafen und Kälbern nach, lauert der Luchs an der Quelle auf das
durstige Rind und sucht der Lämmergeier. in tollkühnem Uebermuth selbst den
weidenden Bullen vom schmalen Felsenbord in die Tiefe zu scheuchen. Gegen
diese absoluten Herren wehrt sich der Mensch seines Eigenthums in einem ewigen
Vernichtungskriege und triumphirt über die endlich erlistete Beute.

Die zahmen Alpenthiere bilden für uns eine um so nothwendigere Staffage
der in ihrer massenhaften Größe fast erdrückenden Alpendekoration, als die wilden
viel zu spärlich und unstät wären, diese zu ersetzen. Den Bergen fehlte der halbe
Reiz, wenn der Mensch nicht mit seinen kleinen Hüttenasylen ein Wahrzeichen
hinsetzte, daß er ein Herr der Erde sei, wenn er nicht seine Heerden austriebe,
seines Heerdes Rauch aufsteigen, seine jubelnden Hirtengesänge am Felsen erschallen
ließe. Da bringt die kletternde, meckernde, buntscheckige Ziegenheerde Bewegung
in die mit zähen Alpenrosenbüschen bedeckten Gehänge; der auf der Weidenpfeife
blasende Hirtenbube, die hellen Glocken, welche die Rinder bis zu den Schneefeldern hintragen, die in kühnen Sätzen über die Weide fliegenden Füllen, denen
die glänzende, spiegelglatte Stute so klug und freundlich nachsieht, selbst der ruhig
wachtsitzende Schäferhund oder der kläffende Spitz, der die immer offene Hütten-
thüre bewacht, und die grunzende Familie der Ferkel, die behaglich im Kothe des
Stallreviers an der Sonne liegt, oder die an der Feuergrube spulende graue
Katze, die auch hier noch der dem Menschen ewig folgenden Hausmaus ihr ver-
meintliches Eigenthumsrecht am Mitgenuß des kargen Brodes nachdrucksamst
bestreitet — Alles ist da oben wieder ein heimisches, versöhnendes, belebendes
Element, ein Signal der sieghaften Kultur, die mit der Naturgröße nur streitet,
um sie zu veredeln. Weißt du ja doch selber, Alpenwanderer, was für ein schwer-
müthig drückender Ton im Herbst über diesen Felsenweiden liegt, wenn Menschen
und Heerden, Pferd und Hund und Feuer und Brod und Salz ins Thal sich
zurückgezogen, wenn du an den verlassenen und verrammelten oder abgedeckten
Hütten vorübersteigst, und Alles immer einsamer und einsamer wird, wie wenn
der alte Geist des Gebirges den Mantel seines majestätischen Ernstes über sein
ganzes Revier schlüge. Kein befreundeter Athemzug weht dich meilenweit an,
kein heimischer Ton, — nur das Krächzen des hungrigen Raubvogels, das
Pfeifen des schnell verschwindenden Murmelthiers mischt sich in das Dröhnen der
Gletscher und das monotone Rauschen des Eisbaches. Die kahlgeweideten Gründe,
in denen die kleinen Gruppen der Un= und Giftkräuter, welche das Vieh nicht
berührt, sich auszeichnen, haben die letzten anmuthigen Tinten des Idylls verloren; Frösche und Tritonen nehmen wieder Besitz von den verschlammenden
Tränkbetten der Rinder, und die verspäteten Bergfalter schweben mit halb zerrissenen und abgebleichten Flügeln durch das Revier, in dem bewegliche Unken in
trostlosen Chören die sömmerlichen Jodelgesänge der Hirten nachspotten.

Wenn der Mensch diese unwirthlichen und rauhen Gebiete dem Dienste der
Kultur unterwerfen will, so kann er es nur durch seine treuen, nutzbaren Haus-

ALPENHEERDE IM HOCHGEWITTER.

thiere, durch sein ‚liebes Vieh‘, das auf den Gebirgsbewohner einen größeren Einfluß ausübt, sein Glück, seine Lebensart, ja seine schmale Weltanschauung mehr bedingt als alle welterschütternden Ereignisse der ihm so fernen politischen Kulturwelt. Das Vieh ist das Komplement seines ganzen Lebens, mehr und inniger als der Acker das des Bauers oder die Waare das des Kaufmanns. Der Senne lebt in und mit seinem Rindviehstande; der ist sein Reichthum, sein Glück, sein Vertrauter, sein Stolz, sein Ernährer, — sein Alles. Wenn er von seiner ‚Habe‘ spricht, so versteht er darunter Weib und Kind und Vieh allzumal.

Welchen vertikalen Umfang die benutzten Alpen haben, ist nicht leicht in Kürze zu bestimmen, da sich derselbe jeweilen nach den natürlichen Lokalen modifizirt. Im Allgemeinen darf man annehmen, daß bis 4000' ü. M. der nutzbare Boden zu Wiesen und anderen Kulturen ordentlich bebaut werde. Von hier an erstrecken sich die blos zur Sommerweide benutzten Alpen, oft außerordentlich weite und breite Grasgelände, die eigentlichen Pampas der Schweiz, mit einem Flächeninhalte von $2^1/_5$ Millionen Juchart, so hoch hinan, als es die Gunst der Gebirgsbeschaffenheit immer gestattet, welche aber die Grenzen gewöhnlich tiefer setzt, als sie durch vegetative Möglichkeit bestimmt würde. Als Mittel der oberen Grenze der schweizerischen Kuhalpen darf man schwerlich eine höhere Linie als 6500' ü. M. annehmen *), indem gewöhnlich von da an bis zur Schneegrenze zerrissene Schrattenfelder und Felsenzinnen, wüste Geröllhalden oder doch steile Gehänge sich hinanziehen. Die Schafalpen indessen fassen auch dieses Revier insich und reichen durchschnittlich bis über 7000', oft bis 7800' ü. M. Einzelne, in guten Jahren regelmäßig zur Schafweide benutzte grüne Plätze finden wir oasenartig hie und da bis 8500', ja auf dem Monterosa selbst noch bei 9000' ü. M.

Wo wir den Stammvater unsers Rindviehs zu suchen haben, ist bei dem gegenwärtigen ungenügenden Stande der Untersuchungen nicht mit zweifelloser Sicherheit zu entscheiden. In der Vorzeit bewohnten zwei wilde Rinderarten die Walddickungen und Moorbrüche unseres Landes, der Wisent und der Ur. Jener (Bison europaeus), auch Auerochs genannt, ein mächtiges, am Vorderkörper kraus behaartes, auf dem Halse bemähntes, fahlbraunes Thier, hat seine Knochen, zusammen mit dem Elk, noch in den Niederlassungen des Steinalters der Pfahlbauperiode nicht selten bei uns zurückgelassen und war ein schwer zu bewältigendes Jagdthier der Bewohner derselben. Wann er bei uns ausgerottet wurde (im Mittelalter?), ist nicht zu bestimmen **); in Preußen wurde der letzte im Jahre

---

*) Einzelne liegen ausnahmsweise höher, so z. B. die Märjelenalp unter den wallisischen Viescherhörnern, deren Steinhütten 7181' ü. M. stehen und deren obere Grenze noch ziemlich weit in die Viescher- und Aletschgletscher hinangeht. Auf der Südseite des Monterosa reichen die Viehweiden bis 7500' ü. M.

**) Noch bewahrt das Kloster Rheinau ein in Silber gefaßtes, früher dem Kloster St. Gallen angehöriges Wisenthorn, das die Aufschrift trägt:

1755 erlegt. Dagegen hat er sich unter strengem Jagdgesetzesschutz in den schwer zugänglichen Mooren des 30 Quadratmeilen großen Bialowieserwaldes in Litthauen in 1500 Exemplaren erhalten. Im Oktober 1860 jagte der russische Kaiser in diesem Revier und es wurden dabei 15 Stück erlegt. Alte Thiere erreichen ein Gewicht von 12—16 Zentnern. Das zahme Vieh äußert stets einen tiefen Abscheu vor der Nähe des Wisents. Dieser ist sehr nahe verwandt mit dem nordamerikanischen Bison, welcher bekanntlich in unermeßlichen, 10000 und mehr Stück enthaltenden Heerden die Prairien durchstreift, kann aber aus gewichtigen osteologischen Gründen nicht für den Stammvater unsers zahmen Rindviehs gehalten werden.

Das zweite in der Vorzeit bei uns heimische Rind war der Ur (Bos primigenius), dessen Reste in den alten Pfahlbauniederlassungen von Moosseedorf, Robenhausen, Wauwil, Concise noch häufiger zum Vorschein kommen als die des Wisents. Der Ur war noch riesiger als dieser und hat verschiedene Epochen der Erdbildung in gar verschiedenartiger Gesellschaft durchlebt. Nach Rütimeyers Nachweisen findet sich der Ur zuerst in der Kohle von Dürnten in Begleit des alten Elephanten (Elephas antiquus), später der Ur mit dem Mamut, Elephanten und Nashorn in den diluvialen Kiesbetten des Rheinthals; endlich sehen wir den Ur mit dem Elenthier und Wisent in dem Torf von Robenhausen zusammen eingebettet; — ‚den Wisent, Elk und starken Ur‘ des Nibelungenliedes. Im nördlichen Europa scheint sich der Ur bis ins sechszehnte Jahrhundert neben dem Wisent wild erhalten zu haben; in der Schweiz erlosch er weit früher und jetzt ist er allenthalben ausgestorben. Der ums Jahr 1000 von Ekkehard IV., Mönch und Magister scholarum im Kloster St. Gallen, geschriebene Codex benedictionum führt neben den Bären, Bibern, Damhirschen, Gemsen (cambissa), Steinböcken, wilden Pferden (equus feralis) u. s. w. auch folgende wilde Rinder an: den Ur (urus), den Wisent (‚vesons cornipotens‘) und den Waldochsen (bos sylvanus, bei Geßner Bos sylvestris oder ferus). Was unter Letzterem zu verstehen, ob vielleicht verwilderte Hausrinder, ist nicht gewiß. Auf das Vorhandensein des Urs in der historischen Zeit deutet übrigens auch der Name des in der Nähe von Winterthur liegenden Dorfes Wisendangen, Wisuntwangas, d. h. Wisentweide.

Das Skelett des Urs ist dem unsers zahmen Rindviehs nahe verwandt, so daß es die Möglichkeit der Stammvaterschaft nicht ausschließt. Allein noch näher

---

Norbertus donum hoc tibi, Galle, decorum
Huyc ob mercedem Paradysum da fore sedem.
Um den Rand stehen die Verse:
O bone Galle, nos lacrymarum hoc in Valle
Respice, protege Sathanae a tetro grege!
Solche Hörner wurden von den Klöstern nicht sowohl zum Pokuliren als vielmehr zur Aufbewahrung heiliger Reliquien verwendet und in den Kirchen aufgestellt; so ist noch eines von Muri vorhanden, das nach Wien und eines von Rüthi, das nach St. Gallen gekommen ist.

scheint eine andere Vermuthung zu liegen. Die Bewohner der Pfahldörfer kannten nicht nur jene beiden wilden Rinder als Jagdthiere; sie besaßen vielmehr auch zahmes Hausrindvieh und zwar, nach den vorhandenen Knochenresten zu schließen, in nicht geringer Zahl. Rütimeyers scharfsichtige, aber nicht abgeschlossene Untersuchungen haben unter diesen Hausrindviehknochen mehrere verschiedene Rassen nachgewiesen. Dem Ur am nächsten steht eine von ihm anatomisch nicht zu unterscheidende, grobknochige, schwere (Primigenius=) Rasse, welche zwar im heutigen Viehstande der Schweiz kein, dafür aber im oldenburgischen, friesischen und holländischen ein völlig entsprechendes Abbild finden soll; ebenso scheint eine zweite, nur im spätern Steinalter und nur in den Niederlassungen am Neuen= burgersee vorgefundene (Trochocerus=) Rasse aus der Schweiz verschwunden zu sein. Eine dritte, schmächtige, dünnfüßige, plattstirnige (Brachyceros=) Rasse dagegen mit kleinen, stark nach vorn und einwärts gebogenen Hörnchen, deren Spitze nach unten ging, soll der Urtypus unserer gesammten Braunviehrasse sein und sich am reinsten in dem kleinen Schlage des bündner Oberlandes erhalten haben. Woher aber diese dritte, sehr alte Rasse, die sogenannte Torfkuh stamme, ist nicht zu ermitteln. Endlich scheint eine erst später auftretende (Frontosus=) Rasse der Urtypus unsers Fleckviehs zu sein und als eine Kulturrasse vom Primi= genius herzustammen.

Doch wir wollen uns mit diesen Andeutungen begnügen und uns zum schweizerischen Viehstapel der Gegenwart wenden. Hier tritt uns die wichtige Thatsache entgegen, daß derselbe die zwei scharfgesonderten europäischen Haupt= rassen in ungefähr gleichgroßer Stückzahl und in ziemlich scharfer geographischer Abgrenzung seit vielen Jahrhunderten besitzt. Ziehen wir vom Bodensee bis zum westlichen Ende des Wallis eine Diagonale, so findet sich in der östlichen Landeshälfte der Schweiz einfarbiges oder sogenanntes Braunvieh, in der westlichen buntes oder Fleckvieh und nur an der beiderseitigen Grenze mannig= fache Uebergänge.

Der Braunviehstamm kennzeichnet sich durch seine Einfärbigkeit, die je nach den Gegenden und Schlägen vom dunkelsten Schwarzbraun in allen Abstufungen bis ins hellste Mäuse= und Dachsgrau übergeht, oft am Unterkörper in eine hellere Färbung verlaufend und mit einem ebenfalls hellern Rückenstreifen. Als beson= ders charakteristisch für die Rassenreinheit erscheint stätig ein dunkelgrauer Nasen= spiegel mit hellerer Verbrämung, dunkelgraues Maul und Zunge. Die reine weiße Farbe fehlt in der Regel, darf nur ausnahmsweise als weißer Stirn= oder Brustfleck auftreten. Dieser Viehstamm zeichnet sich im Allgemeinen durch seinen guten, gefälligen Gesammtbau, feinere Gliederung, kurzen breiten Kopf, dünnen Hals, breiten geraden Rücken, großes weißes Euter aus.

Der braune Stamm stellt sich in sehr zahlreichen Schlägen dar; in Berg= thälern mit rauhen, steilen, hochgelegenen Alpen züchtet man leichtere, im Tief= lande und in milderen Alpen schwere Formen. Der schwerste und stattlichste Schlag ist im Kanton Schwyz heimisch, von wo er sich über die angrenzenden

Kantone verbreitet hat und seiner hohen Leistungsfähigkeit wegen nach verschiede=
nen Theilen Europas ausgeführt wird. Die Mastochsen des Schwyzerschlages
erreichen mitunter ein Gewicht von 20—25 Zentnern, im Jahre 1777 wurde
sogar ein 30zentneriger geschlachtet. Jedenfalls darf man ihn als den vollendet=
sten Typus des europäischen Braunviehstammes ansehen, der in Milchergiebigkeit
und Mastungsfähigkeit alle andern Formen desselben übertrifft. In mittelschweren
Schlägen tritt er im Toggenburg, Appenzellerlande und in den bündnerischen
Thälern auf, in ganz leichten dagegen im Gebirgsvieh von Tessin, Unterwalden,
Oberhasli und Oberwallis, hier besonders im Einfischthale.

Der bunte oder Fleckviehstamm ist weiß, mit rothen, gelben oder schwarzen,
scharfbegrenzten Flecken, oft auch ganz roth oder schwarz mit weißem Stirn=
zeichen. Sein stätiges Rassenzeichen ist die Fleischfarbe an Nasenspiegel, Maul
und Zunge; nur bei ganz dunkelfarbigen Thieren sind auch diese Theile etwas
dunkler. Im Körperbau etwas schwerer als der Braunviehstamm, zeichnet er sich
durch runder gewölbte Rippen, größere, reicher gefaltete Wamme, höher an=
gesetzten Schwanz und ein wegen des starken Muskelbehanges der Hinterschenkel
mehr zurücktretendes Euter aus.

Die schwerste Form dieses Stammes ist der Freiburgerschlag, der sich von
seinem Stammsitze Bülle und Romont stark in der westlichen Schweiz verbreitet
hat. Er ist das schwerste Vieh der Schweiz, meist schwarzgefleckt, seltener ganz
schwarz oder ganz roth oder rothgefleckt, großköpfig, schwer behörnt, mit etwas
gewölbtem Nasenrücken. Nur wenig leichter ist der schöne Schlag des Saanen=
thales, der sich über das Simmenthal und weiter über den größten Theil des
Kantons Bern und dessen Nachbarschaft mehr oder weniger rein ausgebreitet hat,
von gefälligen runden Formen und gestrecktem Körperbau, meistens rothgelb
und falbgefleckt. Noch leichter sind der gedrungene Frutigschlag im Kanderthale
und der Ormontschlag der waadtländer Alpen, immerhin aber beträchtlich größer
als die kleinsten Braunviehschläge.

Wir dürfen nicht wie beim Braunvieh behaupten, daß die schweizerischen
Schläge in jeder Beziehung die vorzüglichsten des europäischen Fleckviehtypus
seien. Dieser besitzt in den englischen und den holländischen Schlägen ganz aus=
gezeichnete Repräsentanten, dort besonders in Bezug auf Mastfähigkeit, hier
besonders in Bezug auf Milchreichthum; mißt man aber den Werth eines
Schlages nach der Größe seiner Gesammtleistungen ab, so dürfen der Freiburger=
und Saanenschlag jedenfalls mit keinem andern europäischen den Vergleich scheuen.
Unsere Paläontologen suchen den alten Typus des Fleckviehs in der Frontosus=
rasse der Pfahlbaubewohner, deren Knochenreste sich bisher in den schweizerischen
Pfahlbauten nicht gefunden haben, wohl aber in den nordischen Torfmooren,
und glauben deshalb, unser Fleckviehstamm sei aus dem Norden eingewandert.

So finden wir denn überall in den Alpenthälern die Stammsitze unserer
berühmten Viehschläge, wo diese oft mit großer Vorliebe und Sachkunde mög=
lichst rein fortgezüchtet werden. Im Jura und in der schweizerischen Hochebene

verschwindet die Rassenreinheit aus dem Viehstapel; gekreuztes und ausländisches Vieh von geringem Werthe tritt in bunter Mischung auf.

Welche Bedeutung die Viehzucht für die Schweiz hat, mag man daraus entnehmen, daß sie nach der letzten Zählung 992,000 Stück Rindvieh besitzt, die zusammen ein Nationalkapital von ungefähr hundertundsechzig Millionen Franken repräsentiren, während man die Ausfuhr der Milchprodukte auf über acht Millionen, den Gesammtertrag derselben aber auf über zweihundert Millionen Franken berechnet. In den ebeneren Gegenden, wo die Stallfütterung eingeführt und der Weidegang auf den Allmenden aufgehoben worden, hat die Viehzucht sehr zugenommen; in den Alpen dagegen, wo selten vernünftige Wirthschaft dem alten Schlendrian den Vorrang abgewinnt, und die Weiden allmälig sich verengern und verschlechtern, hat der Viehstand durchschnittlich sich vermindert.

Wir können leider überhaupt wenig Tröstliches von dem Zustande der Rindviehheerden auf den Alpen erzählen. Meistens fehlt eine zweckmäßige, mitunter sogar jede Stallung. Die Kühe treiben sich beliebig in den Revieren ihrer Alp umher und weiden das kurze, würzige Gras ab. Fällt im Früh- oder Spätjahr plötzlich Schnee, so sammeln sich die brüllenden Heerden vor den Hütten, wo sie oft kein Obdach finden, wo ihnen der Senne oft nicht einmal eine Hand voll Heu zu bieten hat. Bei andauerndem kalten Regen suchen sie Schutz unter Felsen oder in Wäldern und verlieren ein Bedeutendes von ihrem Milchertrag; Frostnächte überziehen ihre Haut mitunter dicht mit Reif. Hochträchtige Kühe müssen oft weit entfernt von menschlichem Beistand kalben und bringen am Abend dem überraschten Sennen ein volles Euter und ein munteres Kalb vor die Hütte; nicht selten aber geht's auch schlimmer ab. In einigen Kantonen hat man in neuester Zeit endlich die Erbauung ordentlicher Ställe durchgesetzt. Doch das genüge, den geneigten Leser zu erinnern, daß er sich das Leben der ‚schönen, breitgestirnten, blanken Rinder‘ auf den ‚freien Höhen‘ nicht allzu idyllisch und rosig zu denken habe. Wir haben oft die Bemerkung gemacht, daß der gleiche Senne, der im Thal seine Kühe mit fast zärtlicher Sorgfalt wartet, doch nicht dazu zu bringen ist, ihnen eine, wenn auch nur dürftige Stallung zum Schutz gegen Unwetter auf den Alpen zu bauen oder Futter zu sammeln oder durch Wegschaffung von Unkraut und Steinen eine reichlichere Ernährung zu befördern.*)

---

*) Eine eigenthümliche und besonders sorgsame Pflege lassen die walliser Sennen auf der Chateletalp am Mocregletscher ihren großen Heerden angedeihen. Sie fassen um die Hütten herum große viereckige Parks-Plätze mit hohen Mauern ein, an deren inneren Seiten von Pfeilern getragene Gallerien sich hinziehen, wo das Vieh bei schlechtem Wetter Schutz findet; — eine sonst nirgends zu findende alpine Architektur. Auf jenen Alpen pflegt man auch die Butterfässer durch Wasserräder in Bewegung zu setzen. Die Sennen im Veltlin haben selten Alpenställe; sie pflegen das Vieh alle Abende an große querliegende Balken im Freien anzuketten. Im Engadin dagegen finden wir oft prächtige Hütten und Ställe, wie z. B. auf der Berninaalp, auf Orlandi's Alp im Kamogaskerthal, auf der Alp nuov, am Fuße des Morteratschgletschers, wo die große und bequeme Hütte mit weiter Stallung und eingefaßtem Melkhofe gar malerisch im

Und doch ist auch dem schlechtgeschützten Vieh die schöne, ruhige Zeit des Alpenaufenthaltes eine überaus liebe. Man bringe nur jene große Vorschelle, welche bei der Fahrt auf die Alp und bei der Rückkehr ihre weithin tönende Stimme erschallen läßt, im Frühling unter die Viehheerde im Thal, so erregt dies gleich die allgemeine Aufmerksamkeit. Die Kühe sammeln sich brüllend in freudigen Sprüngen und meinen, das Zeichen der Alpfahrt zu vernehmen. Und wenn diese wirklich begonnen wird, wenn die schönste Kuh mit der größten Glocke am bunten Band behangen und wohl mit einem Strauße zwischen den Hörnern geschmückt wird, wenn das Saumroß mit Käsekessel und Vorräthen bepackt ist, die Melkstühle den Rindern zwischen den Hörnern sitzen, die saubern Sennen ihre Alpenlieder anstimmen und der jauchzende Jodel weit durchs Thal schallt, dann soll man den trefflichen Humor beobachten, in dem die gut-, oft übermüthigen Thiere sich in den Zug reihen und brüllend den Bergen zumarschiren. Im Thale zurückgehaltene Kühe folgen oft unversehens auf eigene Faust den Gefährten auf entfernte Alpen. Freilich ist es bei schönem Wetter für eine Kuh auch gar herrlich hoch im Gebirge. Das Frauenmäntelchen, Mutterkraut, der Alpenwegerich bieten dem schnobernden Thiere die trefflichste und würzigste Nahrung. Die Sonne brennt nicht so heiß wie im Thale. Die lästigen Bremsen quälen das Rind während des Mittagsschläfchens nicht, und leidet es vielleicht noch von dem Ungeziefer, so sind die zwischen den Thieren ruhig herumlaufenden Bachstelzen stets bereit, ihnen die gleichen Liebesdienste zu erweisen wie der Crotophaga ani dem südamerikanischen Vieh, der Textor erythrorhynchus den Büffelheerden und die Buphaga africana den Gazellen- und Nashornrudeln Südafrikas. Die gute, freie Luft schmeckt ihm auch besser als der stinkende Qualm der dumpfigen Ställe, und die stäte Bewegung, die natürliche Diät, nach der es frißt, wenn es eben Lust hat und was ihm zusagt, der beliebige Verkehr mit den gehörnten Kolleginnen, alles dies trägt dazu bei, das Vieh munter, frisch und gesund zu erhalten, wie es denn überhaupt Thatsache ist, daß die in mancher Hinsicht so vortheilhafte Stallfütterung den Grund von einer Menge Krankheiten bildet, denen das Alpenvieh nicht anheimfällt. Ebenso geht bei diesem der Prozeß der Fortpflanzung viel regelmäßiger vor sich als bei jenem.

Man meint nicht mit Unrecht, das Vieh des Hochgebirges sei klüger und munterer als das des Thales. Das naturgemäße Leben bildet den natürlichen Instinkt besser aus. Das Thier, das fast ganz für sich sorgen muß, ist aufmerksamer, sorgfältiger, hat mehr Gedächtniß als das stets verpflegte. Die Alpkuh weiß jede Staude, jede Pfütze, kennt genau die besseren Grasplätze, weiß die Zeit des Melkens, kennt von fern die Lockstimme des Hüters und naht ihm zu-

---

lichten Lärchenhain daliegt. Auch in den Dörfern jenes Bergthales (z. B. in Pontresina) giebt es überaus saubere, weißgetünchte, stubenreinliche Viehställe, mit wohlgescheuerten Bänken und Tischen, wo die Hausbewohner im Winter sich gern zu behaglicher Erwärmung versammeln und die Nachbarn sich einfinden.

ZIEGEN IM HOCHGEBIRGE.

traulich; sie weiß, wann sie Salz bekommt, wann sie zur Hütte oder zur Tränke muß. Sie spürt das Nahen des Unwetters, unterscheidet genau die Pflanzen, die ihr nicht zusagen, bewacht und beschützt ihr Junges und meidet achtsam gefährliche Stellen. Letzteres aber geht bei aller Vorsicht doch nicht immer gut ab. Der Hunger drängt oft zu noch unberührten, lockenden, aber gefährlichen Rasenstellen, und indem sich die Kuh über die Geröllhalde bewegt, weicht der lockere Grund und sie beginnt bergab zu gleiten. Sowie das Thier bemerkt, daß es sich selber nicht mehr helfen kann, läßt es sich auf den Bauch nieder, schließt die Augen und ergiebt sich mit Resignation in sein Schicksal, indem es langsam fortgleitet, bis es in den Abgrund stürzt oder von einer Baumwurzel aufgehalten wird, an der es gelassen die hülfreiche Dazwischenkunft des Sennen abwartet. Noch weniger kann die Bergkuh begreiflicherweise bevorstehende Felsbrüche und Steinschläge wittern und vermeiden, die alljährlich manches schöne Heerdenstück zerschmettern. Auf der brienzer Alp Gübelegg tödtete am 7. Juli 1854 ein solcher Sturz 3 Kühe und verwundete 22 andere schwer. Sehr ausgebildet ist namentlich bei dem schweizerischen Alpenrindvieh jener Ehrgeiz, der das Recht des Stärkeren mit unerbittlicher Strenge handhabt und darnach eine Rangordnung aufstellt, der sich alle fügen. Die ‚Heerkuh,‘ welche die große Schelle oder ‚Trichle‘ trägt, ist nicht nur die schönste, sondern auch die stärkste der Heerde und nimmt bei jedem Umzug unfehlbar den ersten Platz ein, indem keine andere Kuh es wagt, ihr voranzugehen. Ihr folgen die stärksten ‚Häupter‘, gleichsam die Standespersonen der Heerde. Wird ein neues Stück zugekauft, so hat es unfehlbar mit jedem Gliede der Genossenschaft einen Hörnerkampf zu bestehen und nach deſſen Erfolgen seine Stelle im Zuge einzunehmen. Bei gleicher Stärke setzt es oft böse, hartnäckige Zwiegefechte ab, da die Thiere stundenlang nicht von der Stelle weichen. Die Heerkuh, im Vollgefühl ihres Principats, leitet die weidende Heerde, geht zur Hütte voran, und man hat oft bemerkt, daß sie, wenn sie ihres Ranges entsetzt und der Vorschelle beraubt wurde, in eine nicht zu besänftigende Traurigkeit verfiel und ganz krank wurde.*) Auch gegenüber den Angriffen der reißenden Thiere, besonders denen der in den südlichen Alpen noch immer allzuhäufigen Bären, beweist das Rindvieh des Gebirges seinen Instinkt und festen Muth. Schleicht sich in der Stille auf leisen, breiten Tatzen ein Bär heran, so wittern bei gutem, ruhigem Wetter die Kühe schon von Weitem den Mörder, brüllen heftig, eilen gegen die Hütten oder raſſeln, wenn sie angebunden sind, so laut und anhaltend mit ihren Ketten, daß die Sennen auf die Gefahr aufmerksam werden. Immer sucht das Raubthier von hinten anzukommen, da auch das halberwachsene Rind im Nothfall auf die Kraft seiner Hörner vertraut.

---

*) Auf der obern Bilterseralp bemerkten wir neulich beim Abzug der Heerde einen heftigen Hörnerkampf. Als die große Schelle einer Kuh angehängt wurde, eilte die, welche dieselbe bei der Auffahrt getragen, aus der Ferne herbei, und kämpfte mit der Neugeschmückten auf Tod und Leben.

Ist es dem Bären aber gelungen, eine Kuh niederzureißen und zu zerfleischen, so sammeln sich die versprengten Kühe sonderbarerweise ziemlich rasch wieder dicht um den Räuber, schauen mit gesenkten Hörnern, heftig schnaubend, und von Zeit zu Zeit dumpf aufbrüllend dem Fraße zu, als ob sie Lust hätten, ohne alle Scheu den Feind anzufallen. Nach der Aussage zuverlässiger Leute soll in diesem Falle der Bär sich nicht allzulange beim Mahle aufhalten, und es soll nie geschehen sein, daß er sich an eine zweite Kuh gewagt hätte. Bei anhaltendem Regen und dichtem Nebel wittert aber das Rindvieh die Raubthiere gar nicht, und es sind Beispiele bekannt, wo Bären dicht beim Vieh und den Hütten herumlungerten, ja selbst ein Rind angriffen, verzehrten oder forttrugen, ohne daß die übrige Heerde etwas davon merkte oder irgend welche Bewegung kundgab.

So vertraut die Sennen mit ihrem Vieh sind, und so gern eine jede Kuh dem Namen, mit dem sie gerufen wird, folgt, so giebt es doch auch fast in jedem Sommer Stunden der vollen Anarchie, in der alle Ordnung in der Heerde reißt und der Senne sie fast nicht mehr zu halten weiß. Wir meinen die Stunden der nächtlichen Hochgewitter, die den Alpenbewohnern wahre Noth= und Schreckens= stunden sind. Noch lagert die Heerde in der Nähe der Hütte, und die Hirten ruhen, von des Tages Hitze und Last ermüdet, im ersten Schlafe. Da leuchtet's fern am Horizont, und das nahe Schneefeld steht sekundenlang wie von glühender Lava übergossen. Schwärzer hangen die schweren, breitgeballten Wolken über den Gipfeln, und von Westen her beginnt eine tolle Jagd gelblichen Gewölkes mit leicht zuckenden Strahlen. In der fernen Tiefe ruht das schwarze Land in Todes= stille. Die Kühe wachen auf und werden unruhig; warme Windstöße fegen zwischen den Felsenköpfen her und rauschen sachte in den Alpenrosenbüschen und niedrigen Bergföhren. Die Wasser der Gletscher werden lebendig, in der Ferne beginnt es dumpf zu rollen, die oberen Lüfte kämpfen, es zuckt immer lebhafter und feuriger über den höchsten Alpengipfeln. Die Kühe stehen auf und sammeln sich; die dumpfbrüllende Heerkuh giebt das Zeichen zum Aufbruch, und bald ist die Heerde dicht um die Hütte geschaart. Noch liegt über dem Plateau drückende Schwüle; einzelne schwere Tropfen fallen schräg auf das Hüttendach, unter dem noch die Sennen ruhig fortschnarchen. Da flammt aus der nächsten lichten Wolke wie eine feurige Schlange der schwefelgelbe Blitz in den Felsen her — wie Gift beißt's in den Augen —, ein heller Knall schmettert nach, die Wolken flam= men ringsum auf, die Donnerschläge überstürzen sich, der Himmel dröhnt, die Hütte wankt, die Firne beben; in hellen Strichen rauscht der dichte Hagel auf die Weide nieder. Hochauf brüllen die getroffenen Thiere; mit aufgeworfenen Schwänzen und dichtgeschlossenen Augen rennen sie zitternd nach der Richtung des Sturmwindes auseinander. Jetzt springen die halbnackten Sennen, die Milcheimer über die Köpfe gestürzt, unter die zerstäubende Schaar, johlend, fluchend, lockend und die heilige Mutter anrufend. Aber das tolle Vieh hört und sieht nichts mehr. In schauerlichen Tönen halb stöhnend, halb brüllend, rennt es blind mit vorgestrecktem Kopfe, den Schwanz in den Lüften, gerade aus. Das ift eine Stunde des Schreckens und Unheils. Die Sennen wissen sich nicht zu helfen; bald schwarze Nacht, bald blendendes Feuer; der Hagel klappert auf dem Eimer und zwickt die nackten Arme und Beine mit scharfen Hieben, während alle Elemente im gräulichen Aufruhr sind.

Endlich ist ein Theil der Heerde gesammelt: die Winde haben die gefähr=lichen Wolken über die Wetterscheide hinausgetrieben; dem Hagel folgt ein dichter Regen; die Kühe stehen bis ans Knie in Koth, Hagelsteinen und Wasser um die Hütte her; und von Fels zu Fels hallen die vereinzelten Schläge des fernen Donners nach, — aber eine oder zwei der schönsten Kühe liegen zuckend und halbzerschmettert im Abgrund. Beispiele solcher Unfälle wären leider leicht aus allen Jahrgängen anzuführen; wir erinnern nur an das auf der werdenberger Alp Raus, wo in dem Sturmgewitter vom 1. August 1854 zehn Stück Horn=vieh sammt dem sie hütenden Handbuben über die Felsen stürzten und zerschmettert wurden. Kommt das Hochgewitter nicht so unvermuthet, so beeifern sich die Sennen, das Vieh sorgfältig zu sammeln. Es bietet einen eigenen Anblick, wenn es sich, wie sie es nennen, ‚erstellt‘. Mit starren Augen und hängendem Kopfe stehen die heftig zitternden Thiere im Haufen. Ueberall gehen die Hirten umher, reden freundlich zu, loben und schmeicheln, und da mag es noch so heftig blitzen und krachen, der Hagel noch so stark auf die Heerde hereinwettern, — keine Kuh weicht mehr vom Fleck. Es ist, als ob diese armen, gutmüthigen Thiere sich sicher vor allem Unglück wüßten, wenn sie nur des Sennen Stimme hören.

Eine andere Art von Anarchie unter den Heerden ist weniger bekannt und auch schwerer zu erklären. Wenn nämlich eine Kuh in der Alp todtfällt oder geschlachtet wird und man die Unvorsichtigkeit begeht, das halbverdaute Futter des Magens und den Inhalt der Gedärme auf den Boden zu schütten, so wird diese Stelle oft zum allgemeinen Kampfplatze. Nach sehr kurzer Zeit er=scheint sicherlich hier eine Kuh, die vielleicht noch eben in der Ferne geweidet hat, mit allen Zeichen höchster Aufregung und treibt sich scharrend und brüllend um die Stelle, oft wie tollgeworden den Boden mit den Hörnern aufwühlend. Dies ist das Signal der Sammlung für die ganze Heerde. Mit dumpfem Gebrüll eilen die Thiere herbei und nun beginnt ein Hörnerkampf, von dessen Heftigkeit und Hartnäckigkeit man sich schwerlich einen richtigen Begriff macht, und dessen Ende trotz aller Anstrengung der Sennen nicht selten schwere Verwundung oder der Tod einer Kuh ist. Selbst wenn der Inhalt jener Eingeweide rein weggekehrt oder fußtief im Boden vergraben worden, wird doch jede Kuh der Heerde diese Stelle nur mit der größten Unruhe berühren. Das sind Thatsachen, die sich mit der größten Regelmäßigkeit wiederholen, aber natürlich in der Regel mit aller Sorgfalt vermieden werden.

Dagegen ist das sogenannte ‚Alprücken‘ rein sagenhafter Art, so verbreitet und so fest auch der Glaube daran im gesammten alten schweizerischen Sennen=stamme ist. Die Sennen erzählen nicht gern von dieser unheimlichen Erscheinung vor Fremden; doch geht ihnen wohl etwa Abends, wenn sie, aus ihren kurzen

Pfeifen rauchend, am Herdfeuer sitzen, nach einem gespendeten Schlucke Kirsch=
wasser das Herz auf, und sie berichten in kurzen, geheimnißvollen Worten, wie
zu gewissen Zeiten Abends nach dem Melken die Kühe unruhig werden, wie
dann die ganze Heerde von vielen mächtigen, aber unsichtbaren Armen in die
Luft gehoben und dumpfbrüllend mit angstvoll zurückgewandten Gesichtern über
die Berge getragen werde. Kein Mensch finde auf der ganzen Alp eine Kuh mehr;
es sei auch nicht geheuer, lange nach ihnen zu suchen. Aber am andern Morgen
früh stehen alle wieder gesund und munter in den Weiden. Um dieses Alprücken
und anderes Unheil zu verhüten, wurde früher allgemein, jetzt seltener auf den von
katholischen Sennen betriebenen Alpen jeden Abend von einem der Hüttenbewohner
ein alter Bet= und Bannspruch hergesagt.*) Offenbar hängt dieser Aberglaube mit
dem Mythus vom wilden Jäger (im Entlebuch und Emmenthal der ‚Thürst‘ oder
die ‚Roththalherren‘, im berner Oberland ‚die Ostfriesen‘) zusammen. Dieser findet
sich bisweilen ganz unverkennbar ausgebildet und nach den alpwirthschaftlichen
Verhältnissen modificirt vor, und man hört auf gewissen Alpen zu bestimmter Zeit
gespensterhafte Viehheerden unter grausenerregendem Jodelruf und Gebrüll vor=
beitreiben. Auch diesen Dämonen gehen die Hirten vorsichtig aus dem Wege.
Von einzelnen ‚verzauberten‘ Kühen hört man ebenfalls auf den meisten Alpen.
Gewöhnlich sind rothe zu der Rolle verdammt und stehen in Verbindung mit
dem Höllenfürsten; der ‚Stier von Uri‘ dagegen war milchweiß, — er war aber

---

*) In den Sarganseralpen, wo er nach verrichtetem Abendgebet von dem Alpmeister
vor der Hütte in litaneiartigem Vortrage gesungen wird, lautet der Spruch folgendermaßen:
> ‚Ave Maria!
> Bhüets Gott und unser lieb Herr Jesus Christ
> Lyber, Hab und Gut und alles, was hierum ist!
> Bhüets Gott und der lieb heilig St. Jöri,
> Der wol hier ufwachi und höri!
> Bhüets Gott und unser lieb heilig St. Marti,
> Der wol hier ufwachi und warti!
> Bhüets Gott und der lieb heilig St. Gall
> Mit seinen Gottsheiligen all!
> Bhüets Gott und der lieb heilig St. Peter!
> St. Peter, nimm die Schlüssel wol in dein' rechte Hand,
> Bschließ wol dem Bären sein' Gang,
> Dem Wolf den Zahn, dem Luchs den Kräuel,
> Dem Rappen den Schnabel, dem Wurm den Schweif,
> Dem Stein den Sprung!
> Bhüetis Gott vor solcher böser Stund,
> Daß solche Thier mögen weder kratzen noch byßen,
> Wol so wenig, als die falschen Juden unsern lieben Herr Gott bschyßen.
> Bhüets Gott alles hier in unserm Ring
> Und die lieb Mutter Gottes mit ihrem Kind.
> Bhüets Gott alles hier in unserm Thal,
> Allhier und überall.
> Bhüets Gott, und es walti Gott, und das thue der lieb Gott!‘
‚Ave Maria‘ und die Rufe an die Heiligen werden drei Mal gesprochen.

der Wohlthäter des Landes und bekämpfte siegreich das gräuliche Ungethüm auf den Surenen.

Bei jeder größeren Alpenviehheerde (Sennte, Senntum) ist ein Zuchtstier (Muni, Pfarr- oder Schellstier), ein wahrer pater patriae. Er bewacht sein Privilegium mit sultanischer Ausschließlichkeit und ausgesprochenster Unduldsamkeit. Es ist selbst für den Sennen nicht rathsam, vor seinen Augen eine rindernde Kuh von der Sennte zu entfernen. In den öfters besuchten tieferen Weiden dürfen nur zahme und gutartige Stiere gehalten werden; in den höheren Alpen trifft man aber oft sehr wilde und gefährliche Thiere. Da stehen sie mit ihrem gedrungenen, markigen Körperbau, ihrem breiten Kopf mit krausem Stirnhaar am Wege und messen alles Fremdartige mit stolzen, jähzornigen Blicken. Besucht ein Fremder, namentlich in Begleitung eines Hundes, die Alp, so bemerkt ihn der Heerdenstier schon von Weitem und kommt langsam, mit dumpfem Gebrülle, heran. Er beobachtet den Menschen mit Mißtrauen und Zeichen großen Unbehagens, und reizt ihn an der Erscheinung desselben zufällig etwas, vielleicht ein rothes Tuch oder ein Stock, so rennt er geradeaus mit tiefgehaltenem Kopfe, den Schwanz in die Höhe geworfen, in Zwischenräumen, wobei er öfters mit den Hörnern Erde aufwirft und dumpf brüllt, auf den vermeintlichen Feind los. Für diesen ist es nun hohe Zeit, sich zur Hütte, hinter Bäume oder Mauern zu salviren; denn das gereizte Thier verfolgt ihn mit der hartnäckigsten Leidenschaftlichkeit und bewacht den Ort, wo es den Gegner vermuthet, oft stundenlang. Es wäre in diesem Falle thöricht, sich vertheidigen zu wollen. Mit Stoßen und Schlagen ist wenig auszurichten, und das Thier läßt sich eher in Stücke hauen, ehe es sich vom Kampfe zurückzöge. Selbst unter den Sennen giebt es nur sehr selten Männer, die sich einem solchen Angriffe stellen; nur einmal sahen wir, wie ein Aelpler mit bewundernswerther Kaltblütigkeit einen angreifenden Stier mit der rechten Hand bei einem Horn packte, mit der linken ihm ins Maul fuhr und die Zunge ergriff, dann diese rasch umdrehte und so den Stier mit herkulischer Kraft herumriß und auf den Boden warf. Später wagte sich das gebändigte Thier nie mehr an einen Menschen. Schlimmer erging es bei einem solchen Stierkampfe dem Wirthe auf dem Ofnerpaß (Engadin), Simi Gruber, einem Manne von athletischer Gestalt und großer, auf Bären- und Gemsenjagden oft bewährter Kraft. Er sömmerte auf seinen Bergweiden eine Heerde Stiere, von denen er einen als ‚einen stechenden Stier‘ kannte, und dem er immer sorgsam auswich. Eines Tages wollte er eine Kuh zu den Thieren führen, sah sich aber plötzlich seitwärts von einem derselben, das er bisher immer für gutartig gehalten hatte, mit den Hörnern gepackt und auf die Erde gestoßen. Hier faßte er den schnaubenden Stier so rasch als möglich mit der einen Hand beim Ohr, mit der andern an der Nase und warf ihn mit einem kräftigen Ruck nieder. Kaum aber war er wieder auf den Füßen, als auch das wüthende Thier wieder aufsprang und ihn zum zweiten Male auf den Boden stieß. Mit der gleichen Manipulation riß Gruber auch diesmal seinen

Feind neben sich nieder und hielt ihn mit Macht so lange auf den Boden, bis er sich gefaßt hatte, mit raschen Sprüngen sein Bergwirthshaus zu erreichen. Der gebändigte Stier stand auf, folgte dumpf brüllend bis zur Thüre und wollte nicht weichen. Da nun gerade eine fremde Familie abzureisen beabsichtigte, wollte der Wirth Platz machen, griff zu einem tüchtigen Sparren und trat vor das Haus, um mit einem gewaltigen Hiebe dem Stier ein Horn abzuschlagen. Allein der Stier wich mit einer Seitenbewegung aus, rannte den Mann zum dritten Mal nieder, stieß ihn wüthend auf die Erde und warf den Bewußtlos= gewordenen mit den Hörnern wie einen Ball hinter sich. Dann ging er eine Strecke weiter, blieb wieder stehen, kehrte zu seinem überwundenen Gegner zurück, beroch ihn wiederholt und kehrte nun erst, nachdem er kein Leben mehr in dem Manne gewahrt hatte, auf die Weide zurück. Gruber wurde für todt auf= gehoben; als er zum Bewußtsein gebracht worden, zeigte sich's, daß er bei dem Stierkampfe ein Bein gebrochen und mehrere schwere Verletzungen erhalten hatte.*) Die Bergkühe, die nur ausnahmsweise einen Menschen angreifen werden, zeigen oft heftigen Widerwillen gegen fremde Hunde und vereinigen sich zum erbitterten Kampfe, wobei der Gegner es stets vorzieht, mit eingeklemmtem Schwanze das Weite zu suchen.

Es ist bekannt, wie wählerisch der Schweizersenne in Bezug auf die Schön= heit seiner Kühe ist. Dabei ist von allgemein anerkannten Grundsätzen keine Rede. Der Geschmack richtet sich nach dem in der Umgegend herrschenden Rassen= typus. Während der Berner seine Kuh falb oder buntgefleckt haben will, will sie der Schwyzer dunkelkastanienbraun; der Greyerzer verlangt von der Kuh seines Herzens einen dicken Ochsenkopf, der Entlibucher eine weiche, weibliche Kopfbildung, ein sog. ‚Muttergesicht‘. Der Appenzeller giebt als vorzügliche Schönheitszeichen an: schwarzbraune Farbe, weißes, breites Maul, leichten, kurzen Kopf, mäßig starkes, krauses Stirnhaar, nicht große, leicht nach vorn gewundene Hörnchen, runden Leib, den Griff vom Kinn anfangend und auf die Knie niederhängend, stark hervortretende ‚Milchadern‘ unten am Bauche, einen dünnen, zarten Schwanz, ein viereckiges, fleischloses Euter, ganz gerade Beine. Die Behaarung soll dicht, aber fein und glatt sein; die Krone der Schönheitszeichen ist ein regelmäßiger, über den Rückgrath laufender, hellgrauer Strich. Vereinigen sich diese Vorzüge, so wird eine Kuh mit 1—2 Louisd'or höher bezahlt als eine genau ebenso gute von heller Farbe oder unschönen Hörnern. Es ist wirklich merkwürdig, wie verliebt der rechte Senne in die Schönheit seiner Thiere ist, mit welcher Leidenschaft er auf eine schöne Kuh bietet und wie schwer sie ihm abzukaufen ist. Manchem haben diese Liebhabereien sein ganzes Vermögen gekostet. Auf das Wichtigste

---

*) Simi Gruber, der biedere Ofenpaßwirth, dessen herkulische Gestalt, weißer, bis auf die Brust reichender Bart und menschenfreundliches Wesen wohl vielen Reisenden in Erinnerung geblieben ist, schoß, obwohl hinkend und gebrechlich, noch in jüngster Zeit kaum eine Viertelstunde vom Bergwirthshause einen schweren Bären, dessen Schinken uns vortrefflich mundete.

von Allem, auf die Bildung des Milchspiegels (Flamme), und die väterliche und mütterliche Abstammung von reinem Rassenvieh wird dabei viel zu wenig Rücksicht genommen, wohl aber, besonders bei den Heerkühen der Heerde, darauf gesehen, daß sie gute ‚Weiderinnen‘ seien, d. h. den übrigen immer fleißig vorweiden und sie an die guten Aezstellen führen.

Die festlichste Zeit für das Alpenrindvieh ist ohne Zweifel der Tag der Alpfahrt, die gewöhnlich im Mai stattfindet, ein Tag, der auch im Leben des Aelplers Epoche macht. In dieser Zeit feiern und feierten viele Thalschaften mit besonderer Vorliebe die Namensfeste ihrer Schutzpatrone, so die Grindelwalder das Fest der h. Petronella, die Walliser das ihres heiligen Bischofs Theodul, der einst den Teufel gezwungen, ihm eine geweihte Glocke von Rom über die Alpen zu tragen und dem zu Ehren auch der hohe, gefährliche und doch mit Kühen befahrene St. Theodulspaß benannt ist. Jede der ins Gebirg ziehenden Heerden hat ihr Geläut. Die stattlichsten Kühe erhalten, wie bemerkt, die ungeheueren Schellen oder Trichlen, die oft über einen Fuß im Durchmesser halten und 40—50 Gulden kosten. Es sind die Prunkstücke des Sennen; mit drei oder vier solchen, in harmonischem Verhältniß zu einander stehenden läutet er von Dorf zu Dorf seine Alpfahrt ein. Zwischenhinein tönen die kleineren Erzglocken. Voraus geht ein Handbub oder Zusenn mit sauberm Hemde und kurzen gelben Beinkleidern; ihm folgen die Kühe mit dem Heerdenstier in bunter Reihe, dann oft etliche Kälber und Ziegen. Den Beschluß macht der Senn mit dem Saumpferde, das die Milchgeräthschaften, Bettzeuge und dergl. trägt und mit buntem Wachstuche bedeckt ist. An diesem Tage besonders ertönt der Kuhreihen, den jeder Alpendistrikt in eigenthümlicher Weise besitzt. Es ist dies jener höchst eigenthümliche jauchzende Gesang, dessen ältester Text sich nur noch in einzelnen Versen vorfindet, während seine Melodie in langen Trillern, Jodeln, bald hüpfenden, bald gedehnten Tönen besteht. Etwas Anderes ist der einfache Jodel (Ruggufer), der keine Worte hat, sondern blos in schnell wechselnden, oft in der Tiefe anhaltenden und rasch in die Höhe steigenden, seltsamen, melodischen Tonverbindungen besteht, mit denen der Hirt die Kühe herbeilockt, seine Kameraden begrüßt, und dessen er sich überhaupt als Fernsprache im Gebirge bedient. Trauriger als die Alpfahrt ist für Vieh und Hirt die Thalfahrt, die in ähnlicher Ordnung vor sich geht. Gewöhnlich ist sie das Zeichen der Auflösung des familienartigen Heerdenverbandes. Ein Theil wird den verschiedenen Eigenthümern zurückgestellt und kehrt zur gewohnten Winterstallung heim, — im Oberengadin, wo der herbe, sieben Monate dauernde Winter guten Schutz gegen die Kälte fordert, in die unterirdisch unter den Häusern angebrachten Kellerställe; ein anderer Theil kommt, besonders aus der östlichen Schweiz, ins Welschland. Entweder kauft der einheimische Viehhändler die schönsten Stücke auf, um sie auf den italienischen Märkten wieder zu verkaufen, oder die welschen Viehhändler, Tessiner und Lombarden besuchen selbst die Thäler und wählen sich die prächtigsten Kühe zu guten Preisen aus. Sie kaufen vorzüglich nur junges, dunkelbraunes Milchvieh mit weißem Rückenstrich und weißen Eutern, da das rothe, das eine feinere Haut hat, sich leichter abhaart und im Süden auch schneller zu kränkeln und abzuzehren beginnt, und das dunkle dem Mückenstich weniger ausgesetzt ist. Mastochsen dagegen lieben sie besonders hellgrau, da sie sich besser mästen sollen. In Appenzell bestellt der fremde Käufer alle Bauern, denen er Kühe abgehandelt, auf einen bestimmten Tag ins „Dorf‘, wo dann das Vieh, auf dessen gute Hufe besonders gesehen wird, für die Reise beschlagen (für jede Kuh sind acht Hufeisen erforderlich, da die gespaltenen Klauen je mit zwei Eisen versehen werden), bezahlt und darauf lustig gezecht wird. Dann reist die Karavane langsam den Alpen und dem Süden zu, indem sie auf kurzen Zwischenräumen an den traditionellen Haltstationen einkehrt. Auf dem Gotthard, Lukmanier und Bernhardin (Splügen) wird es vom September bis November hinein beinahe nicht leer von solchen Wanderheerden.

Von der Milchwirthschaft auf den Alpen dürfen wir uns hier nur einige beiläufige Bemerkungen erlauben. Der Geschmack der Milch hängt auf der Alp sehr von der Beschaffenheit der Weideplätze ab. Da, wo die Laucharten, die das Vieh sehr liebt, häufig sind, bekommt Milch und Butter einen starken Knoblauchgeschmack. Auf dem Feuersteinberge unweit des Chasserals sind ganze Flächen mit Orchideen bewachsen, von denen die Milch safrangelb wird, nach Zwiebeln schmeckt und weder zu Butter noch zu Käse verarbeitet werden kann. Im berner Oberlande wird vom Satyrium nigrum die Milch blau; Butter und Käse erhalten einen auffallenden Vanillegeruch. Morgens und Abends, meist von 7—8 Uhr, in einigen Gegenden Vormittags zwischen 10 und 11 Uhr, werden die Kühe heimgerufen und entweder vor der Hütte oder im Stalle gemolken. Der Milchertrag wechselt je nach der Güte der Rasse und nach der Zeit vom Kalben an sehr stark. Wir finden Kühe, die eine Zeit lang täglich bis 50 Pfund Milch liefern; der Durchschnittsertrag guter Rassen aber geht, die Tage des Trockenstehens mit eingerechnet, auf 4,69 Schweizermaß oder 18 1/4 Pfund pr. Tag. Die Maß Milch liefert 0,11 Maß Rahm; gewöhnlich rechnet man 9 Maß gute Milch für 1 Maß Rahm und diese letztere liefert 28,9 Loth Butter. Zu einem Pfund mageren Käses sind 4,2 Maß abgerahmte Milch erforderlich. In den südlichen und westlichen Gebirgen wird die Milch meist zu fetten Käsen gemacht; in den sanct gallischen und appenzeller Bergen dagegen häufiger abgerahmt, dann magerer Käse und endlich Zieger daraus verfertigt. Im Glarnerland wird der Zieger in gegohrenem Zustande ins Thal gebracht, in bestimmten Mühlen mit der Blüthe und den Blättern des Melilotenklee's vermischt und als Schabzieger, grüner Käse oder Kräuterkäse überallhin, besonders nach Rußland, Holland und Nordamerika, versandt.

Die Kühe erreichen ein Alter von 25—40 Jahren; da aber, wo die Stallfütterung vorherrscht, treten gewöhnlich früh schon Störungen im Fortpflanzungsprozeß ein, in deren Folge die Kuh auf einen Milchertrag sinkt, der ihre Pflege nicht mehr lohnt und wo sie dem Fleischer verfällt. Fälle von anomalen Würfen sind nicht selten und im Herbst 1854 warfen in Schwyz im gleichen Stalle drei

Kühe sieben Kälber, von denen sechs gesund blieben. Von einer rationellen Vieharzneikunde ist in den Bergen nirgends die Rede. Fehlt dem Thiere etwas, oder glaubt der Senne, es fehle ihm etwas, so doktert er nach seinen Einsichten, oder mehr noch nach der Tradition mit ‚viererlei Pulver‘, oder ‚fünferlei Pulver‘ darauf los. In den Gegenden, die keinen eigenen und bestimmten Viehschlag haben, wandern die Kälber meistens zur Schlachtbank, nachdem man sie 6—12 Wochen mit frischer Kuhmilch getränkt hat. Sollen sie aufgezogen werden, so erhalten sie 6—8 Wochen lang die frische Milch von der Mutter, dann abgerahmte und nach 10—14 Wochen Heu, Gras und Wasser. Dabei läßt man in der Schweiz nur sehr selten das Kalb an der Mutter saugen; in der Regel tränkt es der Senn mit vier Fingern aus dem Eimer. In den Kantonen Bern, Zürich und Solothurn wurde öfters die seiner Zeit vom Pfarrer Meier in Kupferzell dringend empfohlene und eigenthümliche Methode, die Kälber nur etliche Mal mit frischer Milch und dann sofort mit Heublumenwasser (einem Dekokt von allerlei Grassamen) zu tränken, versucht, was schöne Erfolge gehabt haben soll.

Am Gotthard brauchte man früher die Ochsen im Winter theils zum Ziehen der Frachtschlitten, theils auch bei tiefem Schneefall zum Wegbahnen, indem man sie vor den Schneeschlitten spannte oder auf dem Schnee so lange hin und her trieb, bis derselbe festgetreten war. In unseren Tagen werden mehr Pferde und Maulthiere verwendet; dagegen benützt man in Nendaz en bas (Wallis) die Kühe und Stiere, wie anderswo die Pferde; man beschlägt, sattelt und reitet sie, während man ihren Nachbarn in Yserabloz nachsagt, sie wohnen so steil am Felsen, daß sie sogar die Hühner ‚beschlagen‘ müssen. Im Bündnerland wird mehr als sonst irgendwo in der Schweiz mit Kühen und Ochsen gefahren und mit diesen sowohl der Sommerertrag der Alpwirthschaft als auch das nöthige Holz beinahe ausschließlich zu Thal gebracht und zwar oft auf merkwürdigen Wegen. Geräuchertes oder an der Luft getrocknetes Kuhfleisch bildet in den meisten Thälern jenes Kantons den Hauptbestandtheil des Tisches. Im hoch=gelegenen Engadin erhält sich dieses mumifizirte Fleisch drei bis vier Jahre lang und ist wenigstens im ersten Jahre höchst wohlschmeckend.

II. Die Ziegen des Hochgebirges.

Abstammung und Geschlechtsverwandtschaft. — Eigenthümlichkeiten der Alpenziege. — Die Heerden. — ‚Verstellte Ziegen.‘ — Der Geißbuben Sommerleben. — Ein welt-berühmter Geißbube. — Futter und Milchprodukte. — Kaschemirziegen in der Schweiz. — Bastarde.

Wir haben bereits das nahe Verwandtschaftsverhältniß der Ziege und des Steinbocks berührt, von dem jene sich durch den schmächtigen Körperbau, das

flache, zweischneidige Gehörn und den starken Bart unterscheidet. Die wahr=
scheinliche Stammform der Hausziege ist die Bezoarziege (Hircus aegagrus) des
Kaukasus und taurischen Hochgebirges, vielleicht bis Indien verbreitet, aber erst
neuerlich entdeckt. Sie steht in ihrer Körperform zwischen Steinbock und zahmer
Ziege, ähnelt aber in ihrer Lebensart und ihrem zweiseitigen Gehörn mehr der
letztern. Sie ist braungrau mit schwarzem Rückenstrich, schwarzen Backen,
braunem Bart und schwarzem, zottigem Schwänzchen.

In der Schweiz leben die Ziegen schon seit dem Steinalter der Pfahlbau=
periode in unveränderter Form. Sie sind theils Stallthiere, wobei sie das ganze
Jahr hindurch im Thale gefüttert werden, theils halbe Bergthiere, indem sie den
Sommer über heerdenweise jeden Morgen in wilde Schluchten und Bergweiden
und Abends ins Dorf zurückgetrieben werden, theils ganz Bergthiere, die den
vollen Sommer in den Alpen zubringen. Diesen schließt sich auf der Weide auch
oft eine Gemse an und folgt sogar Abends den ausgetriebenen Heerden mitunter
bis gegen das heimatliche Dorf. In Graubünden und im Glarnerlande sind
öfters solche Fälle vorgekommen. Zwischen den eigentlichen Stallziegen und den
Bergziegen herrscht ein sichtlicher Unterschied. Jene tragen die Spuren einer
sorgsamen Kultur an sich; sie sind von stattlicher Größe, lang, kurzfüßig und von
großer Milchergiebigkeit. Ihre Euter reichen oft fast bis auf die Erde. Daneben
sind sie von etwas trägerem Humor, oft tückisch und boshaft, oft wieder lieb=
kosend und lenksam, bald muthig, bald furchtsam, überhaupt von sehr wider=
sprechendem, kapriziösem Charakter. Wird die Hausziege von gutem Schlage
gut gepflegt, so giebt sie den Frühling und Sommer täglich über 2—2½ Maß
Milch. Wird aber eine an freie Weide gewöhnte Bergziege an die Stallfütterung
gewöhnt, so verliert sie rasch die Hälfte ihrer Milch und bekommt bei der besten
Pflege ein ausgemergeltes Ansehen. Die Gebirgsziege ist kleiner, schmächtiger,
von lebhafterem Ansehen, gewöhnlich rothgrau, schwarzbraun, rothgelb oder
gefleckt, seltener weiß oder schwarz wie die Thalziege. Als Attribute vollendeter
Ziegenschönheit gelten dem Appenzeller ein ‚dürrer Grind (Kopf) und pfifegrade
(pfeifengerade) Beinli‘. Die Hörner der Bergziege sind meist kleiner, gerader;
sie ähnelt in ihrer ganzen Haltung der Gemse. Im berner Oberlande sieht man
oft ganze große Heerden von der gleichen rothbraunen Farbe mit dunklem Rücken=
streif; am Rhonegletscher trafen wir eine starke Truppe großer, prächtiger Thiere,
auf der vorderen Körperhälfte braun, auf der hinteren milchweiß. Im Schamser=
thal, erzählt Pfarrer Konrad in Andeer, gebe es bisweilen Ziegen mit Gems=
hörnern; — es sei ungewiß, ob es nicht Bastarde seien. Seltener treffen wir
Ziegen mit vier Hörnern an.

Die Ziegenböcke des Gebirges, die ausnahmsweise so außerordentlich große
Hörner haben, daß sie von Weitem Steinböcken ähnlich sehen (wir haben bei
Kapella im Unterengadin im Herbste 1855 einen kastrirten Bock gesehen, dessen
prachtvolle Hörner im Bogen gegen 2½ Fuß maßen), zeichnen sich besonders
durch ihren kecken, muthwilligen Humor aus. Sie haben etwas Ernstes, Gravi=

tätisches in der Haltung ihres Kopfschmuckes, aber ein schalkhaftes Auge und stellen, wenn es ans Naschen oder ans Spielen und Stoßen geht, ihre ganze Leichtfertigkeit heraus. Das Schaf hat nur in seiner Jugend ein munteres Temperament, ebenso der Steinbock; die Ziege behält es länger als beide. Ohne eigentlich im Ernste händelsüchtig zu sein, fordert sie gern zum munteren Zweikampf heraus. Ein Engländer hatte sich auf der Grimsel unweit des Wirthshauses auf einen Baumstamm niedergesetzt und war über seiner Lektüre eingenickt. Das bemerkt ein in der Nähe umherstreifender Ziegenbock, nähert sich neugierig, hält die nickende Kopfbewegung des Schläfers für eine Herausforderung, stellt sich in Positur, mißt die Distanz, und rennt mit gewaltigem Hörnerstoß den unglücklichen Sohn des freien Albions an, der sofort fluchend am Boden liegt und die Füße in die Luft streckt. Der siegreiche Bock, fast erschrocken über die so geringe Widerstandskraft eines Britenschädels, steigt mit dem einen Vorderfuß auf den Stamm und sieht neugierig nach seinem zappelnden und schreienden Opfer.

Neugierde ist überhaupt neben der Launenhaftigkeit ein hervorstechender Charakterzug der Ziege. Sie ist in weit höherem Grade neugierig als die Kuh; die Gemse ist ihr darin ähnlich. Zu den Gemsen verliert sich, wie bemerkt, hier und da eine Alpenziege und bleibt Monate lang in der Gesellschaft. Doch muß es ihr sauer werden, diesen Virtuosen im Springen und Klettern nachzukommen, und gewöhnlich kehrt sie im Herbste unvermuthet ins Thal zu ihrer Hütte zurück. Im Appenzellerlande überwinterten verlorene Ziegen in geschützten Alpen unter großen Tannen bald allein, bald mit Gemsen, und kehrten im Frühling mit frisch geworfenen Zicklein ins Thal zurück.

Ueberhaupt ist unsere Ziege eines der muntersten und aufgewecktesten unter den zahmen Thieren, wie schon ihr Auge, ihr feiner Kopf, ihre schlanke, leichte Körperbildung und ihr großes Gehirn auf eine intelligente Natur schließen läßt. Sie ist weit empfänglicher für die Liebkosungen des Menschen als das Schaf, folgt nicht, wie dieses, dem Gang der Masse, sondern tritt gern frei und selbstständig auf, liebt Berge und Freiheit, fürchtet sich nicht so schnell, ist im Zorne ziemlich hartnäckig, hat viel Gedächtniß und Ortssinn und würde vielleicht bei völliger Freiheit nach wenigen Generationen an Lebhaftigkeit, Kühnheit und ausgebildetem Instinkt der Gemse wenig nachstehen. Dies gilt namentlich von den gehörnten Ziegen, die in den Gebirgen weit häufiger sind als die ungehörnten, welche dafür im Thale in den Ställen vorgezogen werden. Um solche hornlose Ziegen zu erhalten, bedient man sich hie und da eines höchst barbarischen und gefährlichen Mittels. Man gräbt nämlich Zicklein, sobald die Hörnchen hervorbrechen wollen, diese tief aus dem Schädel. Die Bauern verurtheilen aber in Mehrheit eine solche Operation als ‚ein Schelmenstück‘.

Der die Gebirge durchstreifende Wanderer trifft häufig Ziegengruppen als malerische Staffage einer einsamen Alpengegend, bald frei weidend, bald unter Obhut eines wetterbraunen, barfüßigen Jungen. Sie sind selten scheu, gewöhnlich ganz zutraulich und munter. In manchen Schweizerbergen folgen sie dem

Fremden stundenweit, um eine Prise Salz oder ein Stück Brot zu erbetteln.
Erhalten sie kein Salz, so genießen sie mit ebenso großem Behagen eine Portion
Schnupftabak. Gewöhnlich sind ein halb Dutzend Stück einer Ochsen= oder
Pferdeheerde beigegeben, und ihre Milch ist fast die einzige Nahrung der Hüter;
oft finden sich einige Exemplare im Gefolge einer Kuhheerde (Kuhgeißen), oder sie
werden auch zu Heerden vereinigt und zur Alp getrieben. In diesem Falle theilt
man sie im Appenzellerlande in Haufen von je 12 Stück ab; ärmere Bauern, die
keinen ganzen Haufen vermögen, stoßen ihre Ziegen zusammen und halten gemein=
schaftlich einen Geißbuben, der nebst magerer Kost noch geringere Löhnung erhält.
Steinmüller erzählt, daß man öfters Ziegen mit vier ächten Zitzen angetroffen,
von denen die hinteren größer und milchreicher gewesen seien, als die vorderen,
eine Beobachtung, die sehr interessant wäre, wenn sie genauer verfolgt werden
könnte. Afterzitzen trifft man bei Ziegen ungleich seltener als bei Kühen an; wir
kennen auch ein Beispiel, daß das Euter einer, übrigens guten Ziege nur eine
Zitze trug.

Mit großer Kühnheit schweifen diese Thiere in den steilsten Gebirgsbänken
umher, um vereinzelte Grasbüschel oder zarte, leckere Stäudchen zu rupfen. Dabei
geschieht es nicht selten, daß sich die Ziege ‚verstellt‘ oder ‚verjuckt‘, wo sie sich
weder vor= noch rückwärts mehr getraut. So bleibt sie dann oft zwei bis drei
Tage ohne Nahrung zwischen Tod und Leben, bis der Geißbub sie entdeckt und
zu ‚lösen‘ sucht. Dies thut er mit wunderbarer Verwegenheit; manchmal bindet
er sie an ein Seil, um sie die Felswand hinaufzuziehen. Es ist in der That
merkwürdig, daß der Mensch sich da zu klettern getraut, wo selbst die leichtfüßige
Ziege den Muth verloren hat. Freilich sind die Geißbuben, die den ganzen
Sommer über zwischen den Felsen leben, großartige Virtuosen im verwegensten
Klettern und kennen die Gefahr so wenig, daß sie sich mitunter anbieten, die
jähsten Felsenköpfe und Gebirgsseiten durch beliebig zu bezeichnende Narben und
Falten zu erklimmen, wo man nicht begreift, wie eine Hand oder ein Fuß im
steilsten Absturz haften kann. Selten fallen die Ziegen todt, es sei denn, daß sie
sich im Hörnerkampfe über den Felsenrand hinausstoßen oder von einem fallenden
Steine, einer Lauine oder Geierschwinge ergriffen werden.

Die wegen ihrer Steilheit und Abgelegenheit für das große Vieh unzugäng=
lichen einzelnen Weideplätze der rhätischen Hochalpen werden häufiger durch Schaf=
heerden, die der bernschen, walliser und tessiner Alpen dagegen mehr durch Ziegen=
heerden abgeätzt, die indessen selten über 7000′ ü. M. hinanstreifen. Der
Wanderer trifft, nachdem er halbe Tage lang in den endlosen Trümmer= und
Eislabyrinthen umhergestiegen ist, ohne eine Spur von Menschen oder Vieh zu
bemerken, plötzlich und zu seinem höchsten Erstaunen eine elende Stein= und
Mooshütte, einen verwilderten Buben, den Sonne, Wind und Schmutz um die
Wette gebräunt haben, und eine kleine, höchst muntere Ziegenheerde, die sich
malerisch auf den einzelnen Blöcken, an den Grasrändern der Felsen und weit in
den Flühen hinan vertheilt hat und den fremden Besucher mit neugierigen und

muthwillig frohen Blicken betrachtet. Es sind dies gewöhnlich milchlose Heerden (ganz junge Ziegen, kastrirte und junge Böcke), die auf möglichst wohlfeile Weise übersömmert werden sollen, und 3—5 Monate in den ödesten und wildesten Gebirgslagen zuzubringen haben, ohne irgend eine Pflege zu genießen als das Bischen Salz, das ihnen der Junge von Zeit zu Zeit auf einen Felsen streut, um sie beisammen zu behalten.

Diese Hirtenbuben führen wohl das armseligste Leben, das in der Nähe der Kulturländer möglich ist. Im Frühling ziehen sie mit ihrer bestimmten Zahl von Thieren ins Gebirge, ohne Strümpfe und Schuhe, Weste und Rock, in den erbärmlichsten Kleiderfragmenten, mit einem langen Stecken, einem Salztäschchen, oft einem Wetterhute und etwas magerem Käse und Brot versehen. Das ist ihre einzige Speise während des Sommers. Von warmer Nahrung ist keine Rede. Oft bringt ihnen ein anderer Junge aus dem Thale alle vierzehn Tage, oft nur alle Monate neues Brot und Käse. Diese Nahrungsmittel werden in der Zwischenzeit beinahe ungenießbar. Der arme Tropf nagt Wochen lang an einem ganz durchschimmelten Brotstücke und einem schwarzbraunen, steinharten Käsefragmente, in dem man nur mühsam eine menschliche Speise zu erkennen vermag. Den Tag über plagt ihn die Langeweile, gegen die er oft nur in der vollendetsten Gedankenlosigkeit, weit seltener in irgend einer nützlichen Beschäftigung (wie wir z. B. im Wallis etwa strickende Hirtenbuben finden) ein Schutzmittel sucht. Bei schlechtem Wetter kauert er Wochen lang ohne Feuer, ohne Wort, vor Kälte und Hunger zitternd, in seinem feuchten Loche, aus dem er nur hervorkriecht, um seine Thiere zu überblicken, die es, obgleich auch sie schutzlos den Unbilden der alpinen Witterung preisgegeben sind, doch verhältnißmäßig weit besser haben als ihr Hirte. Gegen den Herbst hin rückt die Gesellschaft dann gegen die milderen Kuhalpen hinunter, und wenn Frost und Schnee auch hier mächtig werden, treibt der Bube zu Thal, um einen unglaublich elenden Lohn in Empfang zu nehmen. Es klingt fast fabelhaft, wenn versichert wird, daß manche dieser ‚Geißbuben‘ ein solches Sommerleben so liebgewonnen haben, daß sie es nicht leicht mit einem anderen, menschlicheren vertauschen würden, daß sie gesund und stark bleiben und den größten Theil ihrer Hirtenzeit den trefflichsten Humor behalten. Kurzweiliger wird das Geschäft, wenn mehrere Heerden in der Nähe gehen. Die Geißbuben denken sich allerlei Zeitvertreib aus; der gewöhnlichste aber besteht darin, daß sie im Erklettern der gefährlichsten Felswände, im Hinabrutschen über die steilsten Gräthe auf oft grauenvolle Art wetteifern.

Bekanntlich war der große Thomas Plater aus dem Wallis in seiner Jugend lange Ziegenhirt. In der für seinen Sohn verfaßten Autobiographie erzählt er bemerkenswerthe Scenen aus dieser Lebensperiode in naiver, treuherziger Weise. Unter anderen: ‚Da ich bei sechs Jahren alt war (also im Jahr 1505), hat man mich zu einem Vetter gethan; dem mußte ich ein Jahr der Gitzen bei dem Hause hüten. Da mag ich mich denken, daß ich etwan im Schnee besteckt, daß ich kaum daraus möcht' kommen, mir oft die Schühlein dahinten blieben und ich barfuß und zitternd heimkam. Derselbe Bauer hatte bei achtzig Geißen; deren mußte ich in meinem siebenten und achten Jahre hüten. Da war ich noch so klein, daß, wann ich den Stall aufthat, und nicht gleich nebensich sprang, stießen mich die Geißen nieder, loffen über mich weg, und traten mir auf den Kopf, Arme und Rücken. Wann ich dann die Geißen über die Vispen getrieben hatte, liefen mir die ersten über die Kornäcker; wann ich die daraus trieb, liefen die anderen darein; da weinte ich dann und schrie; denn ich wußte wohl, daß man mich zu Nacht würde schlagen'. Einst stürzte er beim Spiel von einer hohen Steinplatte in die Felsen hinunter. Die anderen Hirtenbuben hielten ihn für verloren. Er blieb aber unversehrt. Sechs Wochen später stürzte eine Ziege an der gleichen Stelle hinunter und blieb todt. ,Ein ander Mahl gingen meine Geißlein auf ein Felslein; es war eines guten Schrittes breit und darunter grausam tief, gewiß mehr denn tausend Klafter hoch nichts denn Felsen. Von dem Felsen ging eine Geiß der andern nach über einen Schroffen (Gesimse) hinauf, daß sie blos die Fußkläuelein mochten stellen auf die Krautbüschen, die auf dem Felsen gewachsen waren. Wie sie nun aufhin waren, wollt' ich auch nach; als ich aber nicht mehr als ein Schrittlein mich am Gras hatte aufgezogen, konnte ich nicht weiter kommen, mocht' auch nicht wieder auf das Schröfflein schreiten und durfte noch viel minder hindersich springen; denn ich fürchtete, wenn ich hindersich spränge, ich würde übergnepfen, und über den grausamen Felsen hinab= fallen; blieb also eine gute Weile stehen und wartete auf die Huth Gottes, indem ich mich mit beiden Händen an einem Grasböschen hielt, und mit dem großen Zehlein auf einem Büschlein stund. In dieser Noth war mir sehr angst; denn ich fürchtete, die großen Geyer, die unter mir in den Lüften flogen, möchten mich hinwegtragen, wie denn etwan in den Alpen geschieht, daß die Geyer Kinder und junge Schaaf hinwegtragen. Dieweil ich nun da stuhnd und mir der Wind mein Gewändlein hinten aufwehete, so ersieht mich mein Gesell Thomann von weitem und ruft mir: ,Thömeli, nun stand still!' gath hinzu auf das Felslein, nihmt mich beym Arm und tragt mich wieder hindersich, da wir denn aufkommen mochten zu den Geißen. — — — Solch gut Leben hab' ich in Menge auf den Bergen bei den Geißen gehabt, die mir vergessen sind. Das weiß ich wohl, daß ich selten ganze Zehen gehabt habe, sondern Bläz daran gestoßen, große Schrun= den, oft übel gefallen, ohne Schuhe der Mehrtheil im Sommer, oder Holzschuhe, großen Durst. Mein Speiß war am Morgen vor Tag ein Bray von Roggen= mehl: Käs und Roggenbrot giebt man einem in ein Körblein mit zu tragen am Rücken; zu Nacht aber erwählte Käsmilch, doch dessen alles so ziemlich genug. Im Sommer kann man im Heu liegen, im Winter auf einem Strausack voll Ungeziefers. So liegen gemeinlich die armen Hirtlein, die bei den Bauern in den Einöden dienen!'

Milchlose Ziegenheerden, gewöhnlich kastrirte oder unkastrirte Böcke, werden auch, wie gesagt, oft einfach in ein bestimmtes, ganz abgelegenes Weiderevier getrieben, sich selbst überlassen und erst im Herbst wieder zusammengesucht, wobei dann nicht selten manch theures Haupt fehlt. Oder man schickt ihnen wöchentlich durch einen Knecht oder Buben etwas Salz, das sie dann auf der bestimmten, traditionellen Steinplatte genau zur gleichen Stunde sehnsüchtig erwarten und unter vielen Neckereien und Kämpfen vom Felsen ablecken.

Wir haben schon öfters die Bemerkung gemacht, daß kaum ein anderes Hausthier des Nachts so unruhig schläft, so viel Allotria treibt und so beweglich ist wie die Ziege, die darin ein Stück Steinbocksnatur besitzt. Hat man das Unglück, sein Nachtlager in der Alphütte eines Ziegenhirten aufschlagen zu müssen, so kann man auf eine häufige Unterbrechung der Ruhe zählen, besonders wenn das Hüttendach, wie es meistens der Fall ist, auf einer Seite an den Boden sich anlehnt. Ein Theil der Ziegen nimmt gewöhnlich seine Station auf dem Schindeldache; ein anderer sucht diese zu vertreiben und herabzustoßen, so daß es unaufhörlich über dem Kopfe knattert und poltert und klingelt. Liegt zum Ueberflusse noch unter der Schlafstätte eine Gesellschaft von Ferkeln, so ergänzt das Unterhaus mit rebellisch grunzenden Konzerten die Pausen, welche vielleicht im Oberhause auf dem Dache eintreten. Einzelne Alpstriche werden in der ganzen Schweiz auch mit milchgebenden Ziegenheerden befahren und zu ordentlicher Alpwirthschaft benutzt. Die Milch wird zu Käse gemacht, und die Molke bildet die Hauptnahrung des ‚Geißsennen‘. Dieser ist in der Zwischenzeit zugleich Wildheuer und mäht jene steilen Grasbänder ab, deren Produkt sonst unbenutzt bliebe. Er sammelt im August und bis in den September einen höchst gewürzigen Heuvorrath in seiner Hütte zusammen, auf dem er gewöhnlich seine Schlafstelle einrichtet, und trägt ihn, wenn er Zeit findet, vorerst bündelweise in eine zugänglichere untere Scheune, von wo er ihn im Winter vollends ins Thal schlittet. Nicht selten aber machen Ziegen und Gemsen jene mühsame und gefährliche Heuernte an den steilsten Böschungen des Gebirges noch gefährlicher und selbst tödtlich, indem sie, über dem Kopfe des Wildheuers an den Felsen grasend, unaufhörlich Steine lösen. Ein Geißsenne erzählt uns, wie er von seinen eigenen Thieren nicht selten Stunden lang der Gefahr des Erschlagenwerdens preisgegeben wurde, da vor und hinter ihm unaufhörlich Steine niedersprangen und er jeden Augenblick erwartete, mit ins Thal geschleudert zu werden. Er bestätigte auch die öfters gehörte Wahrnehmung, daß die Ziegenheerden vor eintretendem Unwetter bergab, bei nahender guter Witterung aber bergan zu weiden pflegen. In älteren Zeiten wurden die Bergziegen öfters ein Raub der Bären, Wölfe und Luchse, oder der Lämmergeier und Steinadler. Von einer solchen Begegnung erzählt Nikolaus Servorhard in seiner Delineation ein drolliges Stücklein. Ein Bauer zog, seine Ziege am Stricke führend, über die in älterer Zeit durch Drachen und reißende Thiere, heutzutage nur noch durch ihre Schneestürme berüchtigte Lenzerheide (Bünden). Oberhalb des Dörfleins Lenz band er sein Thier an die offene Thüre der Kapelle und ging abseits. Sofort kam ein Wolf, der wahrscheinlich die Spur schon eine Weile verfolgt hatte, aus dem Bergkiefergebüsch und überfiel die Ziege. Diese rettete sich im Schreck in die Kapelle; der Wolf folgte. In der höchsten Noth nahm die hart Bedrängte einen Satz hoch über ihren Feind zur Thür hinaus und zog diese dadurch fest zu, so daß der Wolf eingeschlossen war und nun von dem zurückkehrenden Bauer und herbeigeholten Nachbarn jämmerlich erschlagen wurde. Heutzutage sind die Bestien bis auf ein geringes Maß reducirt. Gegen Adler und kleinere Raubvögel wie die gierigen Raben vertheidigen die Ziegen ihre Jungen nicht selten muthig mit den Hörnern; die Füchse dagegen wissen hin und wieder eines durch List zu erhaschen. Gefährlicher sind ihnen die Hochgewitter, deren eines z. B. am 8. Juni 1859 in den Sernfthalbergen mit einem einzigen Blitz= strahl an 70 Ziegen erschlug. Ein anderer angeblicher Ziegenfeind, die Nacht= schwalbe (Ziegenmelker), wird heutzutage auch von den Bauern kaum mehr für schädlich gehalten. Anders war es vor dreihundert Jahren. Damals erzählte Turnerus in seinem Vogelbuche, ein alter Geißhirte in den Schweizerbergen habe ihm berichtet, vor Jahren habe er solcher Vögel viel gesehen, hab' auch viel Schaden von ihnen empfangen, indem sie ihm auf einmal sechs Geißen ausgesogen hätten, worauf diese blind geworden seien. ‚Jetzt aber seien sie all' zu den nidern Teutschen geflogen, da sie dann nicht allein die Geissen saugen und ver= blenden, sondern sie tödten auch die Schaaff daselbst.'

Bekanntlich sind die Ziegenheerden durch ihre Naschhaftigkeit die gefährlich= sten Feinde und eine wahre Geißel der Gebirgswaldungen geworden; aber all= mälig wird diesem schädlichen Unwesen durch bessere Forstpolizei und Einschränkung des Ziegenstandes entgegengewirkt. Im Ganzen zieht die Ziege ein mageres, halbsaures Futter mit grünen Knospen und Zweigen dem fetten Wiesengrase vor. Merkwürdig ist die Beobachtung, daß die giftigen Eibennadeln, Wolfsmilch und Schierling von ihr ohne Nachtheil gefressen werden. Nicht selten frißt sie auch von der Germer, bricht aber gewöhnlich den Fraß wieder aus. Die Blätter des Spindelbaums (Evonymus) und die Eicheln dagegen sollen ihr nachtheilig sein. Die Ziegenmilch wird im August, wo die Thiere die höchsten Alpen besteigen, für am kräftigsten gehalten. Der größte Theil wird zu fünf= bis zehnpfündigen Käsen verarbeitet, die von vorzüglichem Wohlgeschmack sind. Dagegen sieht man selten Ziegenbutter. Um solche zu erhalten, muß man die Milch vorerst sieden, worauf erst eine gehörige Absonderung des Rahmes stattfindet. Die Butter ist ganz weiß, hat einen specifischen Ziegengeruch, ist nach zwei Tagen schon bitter und ungenießbar, wird aber von den Bergbewohnern, besonders wenn sie viele Jahre alt ist, mit großer Vorliebe als Heilmittel bei Wunden, Quetschungen und allerlei Schäden gebraucht. Daß die Alpenziegenmolke auch als Gegenmittel gegen verschiedene innere Krankheiten mit großem Vertrauen tausendfältig ge= trunken wird, beweist der starke Besuch der schweizerischen Molkenkurorte. Gewiß ist es, daß die Ziegenmilch weit kräftiger, fetter und nahrhafter ist als die Kuh= milch, und natürlich desto besser, je würziger das Futter ist. Das Fleisch der jüngeren Ziegen wird überall im Gebirge gern gegessen; von alten dagegen ist es oft zähe und nicht wohlschmeckend und wird höchstens von den ‚fremden Herr=

schaften' im berner Oberlande unter der Firma von Gemsenfleisch mit Passion genossen. In der östlichen Schweiz liebt man es gedörrt. Auch mästet man hie und da verschnittene junge Böcke, deren Fleisch sehr fett und ohne übeln Ziegengeschmack ist.

Im berner Oberlande hat der verdienstvolle Kasthofer Versuche gemacht, die Kaschemir- und Angoraziegen zu akklimatisiren. Er hat diese sogar mit Gemsen gepaart und Bastarde erhalten (?). Das Klima schien ihnen zuzusagen. Die Wolle wurde fein und lang; nur genügte der Milchertrag nicht, da diese Ziegen nicht mehr Milch erzeugten, als zur Nahrung ihrer Jungen nothwendig war. Von fruchtbarer Kreuzung unserer einheimischen Ziege mit der Gemse sind zuverlässige Beispiele bekannt; ebenso hat man, wie erwähnt, vom Steinbock und der Ziege schöne und große Bastarde erhalten, welche aber einen so bösartigen Charakter annahmen, daß sie Menschen und Thiere mit ihren starken Hörnern angriffen. Die Absicht der berner Regierung, durch Bastardirung mit Steinböcken die Ziegenzucht zu verbessern, mißlang völlig.

Noch erwähnen wir jener drolligen Mystifikation etlicher Walliser, die vor längerer Zeit mehrere lebendige Thiere als Steinböcke nach Paris brachten und zu guten Preisen verkauften. Sie kamen vom St. Bernhardsberge. Die Naturforscher hielten sie bald für Steinböcke, bald für Bezoarziegen; es waren aber in Wahrheit nichts Anderes als gewöhnliche Ziegen, die in verwildertem Zustande sehr groß und schön geworden waren und namentlich außerordentlich große Hörner bekommen hatten.

III. Die Bergschafe.

Stammeltern und Rassen. — Uebersömmerung im Gebirge. — Die Bergamaskerheerden. — Der Zug auf die Alp. — Die Pastoren und die Societät. — Lebensweise der Tessini. — Die Nutzung der Heerde. — Schafkäschen und Schafziegerchen. — Ertrag der Schafalpen. — Die Schweine als Beigabe der Heerden. — Eigenthümliche Ernährung im bündner Oberlande.

Auf den Felsengebirgen Sardiniens, Korsika's und Kreta's haust in größeren Rudeln das wilde, fuchsrothe Mufflonschaf (Ovis Musmon. Bonap.), mit weißer Schnauze, hellem Augenrand und weißer Unterseite, ein starkes, gewandtes Thier, das dem Steinbock an Sprungfertigkeit wenig nachgiebt und das Lieblingsziel der dortigen Hochjagd bildet. ·

Von dieser wilden Schafart soll unser gemeines Hausschaf abstammen, das ursprünglich für ein freies Gebirgsleben bestimmt scheint.

In der Schweiz ist die Schafzucht im Ganzen nicht sehr bedeutend *), da
die Zerstückelung des Grundeigenthums ihr sehr nachtheilig sein muß, da ferner
die Alpenweiden so sehr vernachlässigt werden, und die Schafhut meistens auf
die sorgloseste Weise betrieben wird.   Unsere gewöhnlichen Schafe liefern zwar
treffliches Fleisch, aber nur wenig und grobe Wolle (jährlich 3—4 Pfund); sie
sind indessen dabei ziemlich klein, wenngleich wohlgeformt.   Wir finden bei uns
folgende Hauptarten:

1) Das gewöhnliche schwäbische Schaf von mittlerer Größe, in der Regel
weiß, mit geringer Wolle.

2) Das flämische oder holländische Schaf mit längerer und feinerer Wolle.

3) Das Bergamaskerschaf, von dem wir als eigentlichem Bergthier genauer
berichten werden.

4) Das spanische oder Merinoschaf, klein, mit kurzem Schwanze und vorzüglich feiner, krauser Wolle.   Es hält unser Klima auch auf den mildern Alpen
gut aus, vermehrt sich stark und ist wenigen Krankheiten ausgesetzt.   Unter der
unansehnlichen, schmutzigen Oberwolle steht die lange, feine und kostbare Merino-
wolle.   Man findet solche Heerden selten in der Schweiz, am häufigsten im französischen Theile, doch auch dort nicht so zahlreich, als zu wünschen wäre.   In
den Kantonen Schwyz und Graubünden wurden die diesfallsigen Versuche allzu
schnell wieder aufgegeben, da die Bauern die Behandlung der edeln Wolle nicht
recht begriffen und das Fleisch der Merinos von geringerem Werthe ist als das
der Landschafe.   Graubünden hält außer den Bergamaskerheerden immerhin
noch etwa 80,000 Stück eigene Schafe.   Sie stammen wahrscheinlich vom
schwäbischen Landschaf ab, sind klein, von grobem Bließ, aber sehr fruchtbar,
indem sie jährlich in zwei Würfen 3 bis 6 Junge bringen.   Ihr Fleisch ist zart,
ihre Mastungsfähigkeit sehr groß und ihre Dauerhaftigkeit bewährt sich im streng-
sten Klima.   Nur im Prätigau finden wir noch hie und da eine etwas größere,
feinwollige Rasse, die von der genannten Merinoskreuzung herrührt, besonders
in Seewis, auch in Parpan.   In der südlichen Kantonshälfte wird das einheimische Landschaf öfters mit dem Bergamaskerschafe gekreuzt, doch, wie es
scheint, ohne großen Nutzen.   Im Glarnerlande war in älterer Zeit die Schafzucht weit bedeutender, deckt aber heutzutage mit 10,000 Stück den eigenen
Verbrauch nicht mehr.   Das inländische Schaf ist dort ziemlich viel größer und
an 20 Pfund schwerer als das kleine aus Graubünden, hat dichte, grobe, schwach-
krause Wolle, und ist bald gehörnt, bald hornlos; es wird mehr des Fleisches
als der Wolle halber gepflegt.   Im Tessin, das ungefähr 24,000 Stück hält,
wird theils das Bergamaskerschaf, theils eine kleine geringe einheimische Art ohne

---

*) Nach der amtlichen Zählung vom April 1866 besaß die Schweiz 105,668
Pferde, Maulthiere und Esel, 304,062 Schweine, 445,514 Schafe, 376,020 Ziegen.
Die Ziffer des Rindviehs haben wir bereits erwähnt.   Der Gesammtviehstand reprä-
sentirt nach niedrigstem Anschlag einen Werth von 206 Millionen Franken.

Sorgfalt gezogen. Im berner Oberlande dagegen läßt man dem großen, horn=
losen, weißvliessigen Frutigschafe, welches den Thalbewohnern die Wolle zum
beliebten Frutigtuche liefert, ungleich bessere Pflege angedeihen.

Im Gebirge ist den Schafen der unzugänglichste Theil, den die Kühe nicht
betreten können, als Sommerweide angewiesen, bis über 9000' ü. M., oft bloße
Eilande mitten in stundenlangen Trümmer= und Gletscherwüsten, zu denen sie
nicht selten mit großer Mühe hingeschafft, bald getragen, bald sogar an Stricken
über Felsen hinaufgezogen werden, wie z. B. auf die „Trifft‘ am Viescher=
gletscher. Ein Schafbube hütet sie, wobei er sich in Acht nimmt, die Heerde wo
möglich nicht über Firnflächen zu treiben, auf denen sie schneeblind würden, und
sie vor einfallendem Schneegestöber aus dem Hochgebirge zu führen, da oft die
Heerde, wenn sie von Schneestürmen überrascht wird, sich auf den Boden legt
und eher vor Frost und Hunger zu Grunde geht, als daß sie ihre Stelle verließe.
Der Schäfer streut seinen Thieren jeden Abend etwas Salz auf den Boden, das
sie dann die Nacht durch fleißig ablecken. Oft trifft man in abgelegenen Alpen=
einöden auch kleine herrenlose Schafheerden in halb verwildertem Zustande, deren
Junge nicht selten den Raben, Adlern und Lämmergeiern zur Beute werden.
Ueberhaupt sind unsere einheimischen Raubthiere keiner Art von Vieh gefährlicher
als den Schafen. Sowie diese im Frühjahr zuerst in die Gebirge getrieben
werden, finden sich in vielen bündnerischen Thälern die Lämmergeier, die sonst
das ganze übrige Jahr nie bemerkt werden, sofort zu ein= bis zweiwöchigem Be=
suche mit größter Regelmäßigkeit ein, wie z. B. in den Berninathälern die Geier
von Kamogask. Noch gefährlicher sind aber den rhätischen Schafheerden die
Bären, die oft in einer Nacht über dreißig Stück niederreißen. Im Jahre 1854
haben sie besonders große Geschäfte gemacht; obgleich im Sommer im Münster=
thale ein Jäger 4 Stück (Mutter und drei Junge) zumal niederschoß, spukten
sofort andere wieder an vielen Orten. Auf einer münsterthaler Weide wurden
im August vier Bären beim Spielen überrascht; in den Bergwäldern von Süß
scheinen mindestens 8—10 Stück zu hausen. Auch im Puschlav und Prätigau
wirthschaften sie schlimm unter den Schafen und sprengen oft mehr als ein
Dutzend Stück über die Felsen in den Abgrund.

Im Appenzellerlande u. a. O. bilden einige Schafe oft die Zugabe einer
Kuhheerde. Man benutzt in der deutschen und französischen Schweiz nur ihre
Wolle und ihr Fleisch, nie ihre Milch. Je höher die Schafe weiden können und
je trockener der Sommer ist, desto besser gedeihen sie. Im Unterschiede vom
Rindvieh pflegen die Schafe, wenn das Wetter abfallen will, bergan zu weiden
und zwar mit großer Hartnäckigkeit. So ziehen sie sich nicht selten im Herbst
nach den schon beschneiten Hochalpen hinauf und gehen dort oft zu Grunde, wenn
sie nicht mit Gewalt zurückgebracht werden können. Indessen haben nicht selten
im Herbst verlorengegangene Schafe sich über Winter ganz ordentlich im Gebirge
zu erhalten gewußt und sind im folgenden Frühling sogar mit einem oder mehreren
Jungen wieder aufgefunden worden. Es gehört überhaupt zu den Eigenthüm=

lichkeiten der Schafe, lieber in den sterilsten Schutthalden einzelne Alpenpflänzchen auszurupfen als in der guten Alp zu weiden. Abends suchen sie mit Passion hohe, luftige Gräthe für ihr Nachtlager aus und veranlassen auf solchen öden Stellen durch ihren kräftigen Pferch oft eine überraschend üppige Vegetation.

Für die Uebersömmerung wird gewöhnlich ein halber Gulden vom Stück bezahlt. Der Hirtenbube erhält nebst der Speise 30 Kreuzer bis einen Gulden Wochenlohn. Oft verunglücken diese Heerden, da bekanntlich nach dem eigenthümlichen Nachahmungstriebe dieser Thiere alle Stück dem Leithammel folgen, selbst wenn er in den Abgrund springt. Bald treiben fremde Hunde den Haufen zu solcher Verzweiflung, bald ein Hagelwetter, wie einst am hohen Meßmer, wo 200 Stück todtfielen, bald tödtet ein unglücklicher Blitzstrahl die ganze dicht aneinandergedrängte Heerde. Es vergeht kein Jahr ohne solche Unfälle; auf dem Arnistschafberg im Kanton Freiburg tödtete eine Gewitternacht vom 4. auf den 5. August 1853 neunzig Schafe auf einmal; im Juni 1859 erschlug der Blitz im Schlattalpli am Glärnisch fünfunddreißig Stück. Sehr gering ist dagegen die Beschädigung der Eigenthümer durch Diebstahl. Schafdiebe sind überall vom Volke schwer gebrandmarkt, fast wie die Rennthierdiebe und ‚Rennthiermörder‘ dem Lappen ein Gräuel sind. Noch heute erzählen die Zermatter, wie ein Schafdieb auf den Weiden am Matterhorn in ein dumpf und unaufhörlich blöckendes Schaf verwandelt und erst auf den Exorcismus eines Priesters zur Ruhe gebracht worden sei.*)

Es ist gewiß, daß die Schafzucht auf unseren Hochgebirgen weit nutzreicher und häufiger betrieben werden könnte und gar vieler Verbesserungen fähig wäre. Nicht nur wäre der treffliche Dünger den magern Grasstellen sehr zuträglich; die freie Alpenweide läßt die Heerden auch weit gesünder als die im Thale stattfindende Stallfütterung, die namentlich den Schafen nicht behagt. Andrerseits hat aber auch die Schafatzung wieder erhebliche Nachtheile in Lokalen, wo, wie gewöhnlich in jenen Höhen, die Rasendecke schwach, kurz, sporadisch ist, da die Schafe die Pflanzen ganz nahe am Boden und meist in der Blüthezeit abweiden, die Gewächse also sich nicht mehr selbst düngen und keine Samen ausbilden können. Zudem thun die Schafe bei Sturm und Schneewetter, wo sie sich in die Wälder ziehen, dem jungen Baumwuchs beträchtlichen Schaden und vernichten in Gemeinschaft mit den Ziegen die junge Waldsaat in ganzen Gebirgsstrecken.

Eine eigenthümliche und interessante Erscheinung von zahmen Hochgebirgsthieren bieten die Bergamaskerschafe, welche alljährlich aus den Thälern

---

*) Das Wallis ist überhaupt das gespensterreichste Schweizerlokal; namentlich kennt dort die Volkssage viele verzauberte Thiere, wie den tanzenden Esel von Zermatt, die fliegende Giftviper von Bouvry, den Riesenstier der Zauchetalp, Kaiser Maximins goldnes Kalb zu la Soye, das dreibeinige Roß und die schielende, grünäugige Rathhausfau zu Sitten, den Bock von Monthey, die schätzebewachende Schlange zu Lierre ꝛc. Zu St. Maurice schwimmt eine weiße todte Forelle auf dem Spiegel des Klosterteiches, wenn einer der Chorherren stirbt.

BERGAMASKER SCHAFE.

von Brescia und den Ebenen des südlichen Tessins nach den engadiner Alpen wandern und dort den Sommer über bleiben. Diese Rasse ist weit größer als die gewöhnliche. Die Thiere sind hochbeinig, 3' und darüber hoch im Widerrist, vom Ohr bis zum Schwanzansatz 4' lang, meist weiß; sie tragen den Kopf hoch, haben eine stark gewölbte Nase, vom Untermaul bis auf die Brust eine Art von Wamme und breite, hängende Ohren. Bei eintretendem Schneewetter blöken sie in tiefem Baßtone und mit der gleichen Stimme rufen die Mutterschafe (Auen) ihren Lämmern. Der Humor dieser Rasse ist ein sehr melancholischer; man sieht nie ein Lamm munter springen, wie dies bei den andern Rassen so häufig geschieht.

Alljährlich, wenn die Vegetation der höchsten engadiner Bergweiden sich zu entwickeln beginnt, sieht man auf den Straßen, welche aus den südmailändischen Tessinmarschen nach der Adda und dem Comersee führen, die nomadisirenden Karavanen. Langsam ziehen die gewaltigen Züge der großen Schafe überall am Wege naschend dahin. Große, magere, langhaarige Hunde halten eine musterhafte Polizei. An der Spitze des Zuges geht ein Schäfer, am Ende ebenfalls einer oder zwei. Es sind Bewohner der bergamaskischen Thäler Val Seriana und Brembana, wo Seidenbau, Ackerbau und in den unwirthlichen Seitenthälern die Schafzucht zu Hause ist. Die wandernden Heerden sind seit Jahrzehnten Eigenthum mehrerer, meist mit einander verwandter Hirten, die in einem gewissen Societätsverbande mit einander stehen und das wandernde Hirtenleben schon seit vielen Generationen betreiben. An der Spitze derselben steht ein Chef (il pastore). Dieser ist bereits im Frühling in die bündner Gebirge voraus gereist, um die Alpen, die er zu benutzen gedenkt, zu pachten, die Akkorde festzustellen und die nothwendigen Vorbereitungen zur Ankunft der Heerde zu besorgen. Die Hirten, deren wettergebräunte, von pechschwarzem Haupt= und Barthaar beschattete Gesichter oft von äußerst schönem, edelm Schnitt und mit feurigen Augen und schneeweißen Zähnen geschmückt sind, kleiden sich in grobe wollene Röcke und Beinkleider und bedecken sich mit einem spitzen, breitrandigen Hut. Bei kaltem oder regnerischem Wetter werfen sie einen weißen Mantel um; ihre Hemden sind stets rein und weiß, so dürftig auch das ganze Aussehen ist. Den Beschluß des Zuges machen ein oder mehrere wohlbepackte Esel von großer und stattlicher Art, die so viel tragen wie ein gewöhnliches Saumpferd. Die Betheiligten besorgen die Hut abwechselnd. Während die Einen bei den Schafen sind, sind die Andern für eine gewisse Zeit in ihren heimathlichen Thälern und helfen ihren Familien die Feldgeschäfte besorgen. Nur der Pastore ist von den Heerdengeschäften frei, da er mit dem Schafhandel, Verkaufe der Käse und dergl. beschäftigt ist; doch theilt er sich oft freiwillig mit seinen Genossen in die übrigen Arbeiten. Ist der Frühling bereits warm, so reisen die Heerden nur des Nachts; in den kalten Herbsttagen der Rückkehr dagegen nur des Tages. So sorgfältig die Hirten sind, so dürfen sie doch ihren vortrefflich abgerichteten Hunden, von denen gewöhnlich je einer einen größeren Trupp bewacht und in Ordnung hält, das Meiste überlassen. Sie reisen auf traditionellen Wegen und ihre Einkehr ist immer an Orten, wo sie vielleicht ihr Leben lang schon eingekehrt sind. Dabei bezahlen sie Gemeinde für Gemeinde ein kleines Passagegeld für das, was ihre Schafe unterwegs abfressen, oft auch nicht unbeträchtliche Zölle. Bei denen, die das Bergell heraufziehen, trägt ein Esel ein Heiligenbild, welches sie später über der Thüre der großen Alphütte auf Maroz fuori aufrichten. Dann wird von Stalla ein Kapuziner geholt, der die Alp einsegnen muß.

Auf der Alp, zu deren Pachtung und Besetzung sich oft mehrere Eigenthümer unter gemeinsamer Tragung der Unkosten nach der Zahl ihrer Schafe vereinigt haben, angekommen, vertheilen sie ihre Thiere in vier abgesonderte Heerden, zunächst die Mutterschafe mit den saugenden Lämmern, dann die kastrirten Mast- und Schlachtschafe, ferner die unkastrirten Widder und jungen Auen und endlich die Melkschafe, die keine Jungen haben, und etliche unkastrirte Widder. Jeder Abtheilung wird auf der nämlichen Alp ein bestimmter Weidedistrikt angewiesen, so daß sie sich nie mit einer anderen vermischen kann, ein Hund und ein Hirte beigegeben, der, wenn er von der Haupthütte allzu entfernt wäre, seine eigene kleine Wohnung hat. Die Haupthütte hat drei Abtheilungen, die Küche, das Schlafzimmer und die Milch- und Vorräthekammer, wozu oft noch eine stallartige Vorhalle für die Heerde kommt. Nun beginnt die einförmige Wirthschaft. Die Hunde nehmen sorgsam ihre Schaar ins Auge und verlassen sie nie. Kommt ein Fremder in die Alp, so nimmt ihn oft der Hund des Distrikts schon von Weitem in Empfang und begleitet ihn schweigend durchs Revier; nähert sich derselbe jedoch den Schafen, so packt ihn der Hund sofort und hält ihn fest, bis der Hirte kommt. Die Nahrung der Schafhirten ist sehr armselig, obgleich sie in der Regel ziemlich wohlhabende Leute sind. Jeden Morgen und Abend genießen sie ihre Wasserpolenta aus Mais oder Hirse mit etwas Zieger oder Käse. Ihr einziges Getränk ist Wasser und Molke; Suppe, Brot, Butter kommt ihnen nicht zu. Sie sind von düsterm Ansehen, höchst verschlagen und wortkarg. Ihr Charakter hat etwas Rauhes und Wildes. Nie hört man sie wie etwa andere Hirten ein Lied singen. Den ganzen Tag und die halbe Nacht bringen sie während der Alpzeit bei den Schafen zu. Dabei zeichnen sie sich durch außerordentliche Pünktlichkeit, Sorgfalt, Abhärtung und Genügsamkeit aus. Auf ihren hölzernen Pritschen besteht ihr Lager aus altem Heu, über das sie ihre Decke und Mäntel breiten. Der Rock dient als Kopfkissen. Nicht selten sieht man achtzigjährige Greise unter den Hirten. Das Weiden geschieht nach einem gewissen Plane, indem sich die Schafe nicht beliebig ausbreiten dürfen. Die betreffende Abtheilung bleibt immer auf einem verhältnißmäßigen Raume als lockerer Haufe bei einander. Mit der größten Folgsamkeit folgen die Thiere dem Hirten über Klippe und Gletscher still und an einander gedrängt. Ein helles, kurzes Pfeifen ist das Zeichen zum Aufbruch, ein tieferes oder ein nachgeahmtes Blöcken lockt die Schafe auf dem Zuge. Wenn diese lagern sollen, steht der Anführer still, umgeht langsam die Heerde im Kreise und treibt dann mit kurzen Kehltönen die entfernten Thiere herbei. So gelagert bleiben sie gutmüthig still, bis wieder das Zeichen zum Aufbruch ertönt. Dabei kann sie der Hirt ohne Mühe an die abgelegensten Orte dirigiren und die kleinsten Grasplätzchen von ihnen abweiden lassen. Da aber diese Rasse bei ihrer Größe und Schwere einen sehr scharfen Tritt hat und so enge gedrängt geht, brechen die Heerden gar häufig die dünne Vegetationsdecke, veranlassen Rasenabsitzungen und zerstören jährlich manches Weideplätzchen. Zudem fressen sie doppelt so viel als die Landschafe.

Wittern sie, wie es in den engadiner Bergen oft geschieht, einen Wolf, Luchs oder Bären, so bleibt dennoch die ganze Heerde dicht beisammen, während die an solche Zucht nicht gewöhnten Landschafe auseinanderstieben; dann geht der Hund vor und sucht den Hirten herbeizubellen. Die Hunde allein, so muthig sie sind, nehmen es doch vereinzelt kaum mit einem reißenden Thiere auf, da es ihnen an Kraft gebricht, greifen aber in Mehrzahl oft den Wolf an. Sie werden nur mit Kleie und Wasser oder Molken gefüttert und sind darum schon und besonders bei ihrer stäten Thätigkeit sehr mager.

Man schreibt den Mangel an fröhlichem Temperament bei diesen Schafen den vielen Strapazen zu, denen sie ausgesetzt sind. Ueberfällt sie auch der Schnee, so müssen sie doch im Freien aushalten, und zwar oft Tage lang, ohne irgend Futter zu bekommen. Sie schmiegen sich dann eng zusammen und stehen dumpf blöckend an einem Felsen.

Die bergamasker Schafhirten ziehen folgende Nutzung von ihren Heerden. Zunächst verkaufen sie den Sommer über fast fortwährend die fetten kastrirten Widder; denn kaum haben sie die Alp bezogen, so kommen schon die Fleischer der Nachbarschaft, um ‚fette Waare‘ einzuhandeln. Ferner aus der Vermehrung der Heerde durch die Lämmer. Die Mutterschafe werfen zwar im Unterschied von den Landschafen gewöhnlich nur ein Lamm, aber dafür ein sehr starkes. Der Wollertrag ist ebenfalls beträchtlich und wird jährlich zweimal gewonnen. Man rechnet die Schur des Stückes auf 5—7 Pfund; doch ist die Wolle gröber als die der Landschafe, die freilich verhältnißmäßig weniger liefern.*) Die Bergamaskerwolle wird zu groben Tüchern für Uniformen der Armee und zu Bettdecken, namentlich in Clufon im Serianerthale, verarbeitet. Das Fleisch der Schafe ist hart, aber sehr fett. Fällt auf der Alp ein Schaf todt, so schneiden sie ihm die Knochen aus, salzen es ein, spannen es mit Stäben auseinander und dörren es auf Stangen oder auf dem Hüttendache an der Luft. Diese stäte Dekoration (oft hängen 20—30 Stück an den Mauern) ist freilich nicht sehr einladend; doch riecht sie wenigstens nicht schlimm, da die Luft der hohen Alplagen Fäulniß

---

*) In neuester Zeit hat man sehr gelungene Zuchtversuche mit den Bergamaskerschafen auswärts gemacht und die Fleisch- und Wollerträge durch gute Behandlung außerordentlich gesteigert. Ein Gutsbesitzer in Westpreußen berichtet, daß seine Bergamasker jährlich 8—14 Pfund Wolle (gewaschen) liefern, die er zu 40 Thlr. pr. Centner verkaufe, und ein Gewicht von 250—300 Pfund erreichen, ja 4½ Monate alte Lämmer bereits 100 Pfund. Auch sei der Humor der Thiere viel heiterer geworden und sie springen auf dem Feld und im Stall häufig hoch empor. —

oder Madenbildung nicht so leicht zuläßt. Dieses lufttrockene Fleisch findet in
Italien Käufer zu hohem Preise; darum acquiriren die Hirten oft in der Nähe
auch anderes gefallenes Schmalvieh, um es auf gleiche Weise zuzubereiten.

Eine weitere eigenthümliche Nutzung ziehen die Tessini (so werden diese
Schafhirten gewöhnlich genannt, weil sie am Tessin überwintern) aus der Milch
ihrer Schafe. Das Melken wird von ihnen für eine sehr beschwerliche Arbeit
gehalten. Sie treiben die Schafe in einen Einfang, an dessen anderer Thüre zwei
Hirten sitzen, die jedes Schaf, das hinaus will, an sich ziehen und mit zwei
Fingern melken. Die Milch wird nun durch Leinwand geseiht. Da aber ein
gutes Schaf blos 5—6 Eßlöffel voll, höchstens 24 Loth in der besten Jahreszeit,
täglich giebt und etwa 300 Stück blos eine „Gebse‘, d. h. den vierten Theil der
zum Käsen erforderlichen Menge geben, so ergänzt der Schäfer die übrigen drei
Viertheile durch Milch von gemietheten Kühen oder Ziegen, sodaß die berühmten
zweipfündigen Schafkäschen nur zum geringsten Theil aus Schafmilch bestehen.
Indeß mag gerade die Mischung der Milch ihnen den bekannten Wohlgeschmack
verleihen. Nach dem Käse wird die Puina, der süße Zieger, ausgeschieden und
in Leinwandsäckchen zum Abtriefen geschüttet. Diese Ziegerchen sind äußerst fett
und süß und werden als Delikatesse in Graubünden verspeist; doch gehen sie
rasch in Gährung über und haben eingesalzen nicht den gleichen Wohlgeschmack.
Nach der Ausscheidung des süßen Zieger wird mit etwas frisch zugegossener
Milch und saurer Molke der zweite, herbe Zieger gewonnen, der mit der rück=
ständigen Molke die Nahrung der Schäfer und Hunde bildet. Aus vier Gebsen
gewinnen sie 6—8 Käschen von 2—2 1/2 Pfund und 12—16 Ziegerchen von
1/2—2/3 Pfund. Diese ganze Alpenindustrie ist einzig in ihrer Art, doch, wie
uns die Bergamaskerhirten selbst versichert haben, ziemlich in Abnahme, da sie
das Melken der Schafe immer unergiebiger finden. In neuerer Zeit führen die
Hirten auch seltener ihren schönen Schlag von Eseln mit, sondern nehmen aus
der Lombardei ein bis zwei Dutzend solcher Thiere mit, die heruntergekommen
und einer guten Sömmerung bedürftig sind. Haben sie im Thale Geschäfte, so
reiten sie gewöhnlich zu Esel dahin und die kräftigen braunen Gestalten mit dem
spitzen, breitrandigen Hut und hellen Mantel, auf den munteren Eseln dahin=
trabend, geben ein seltsames Bild im Gebirge.

Ist über allen diesen Geschäften und Mühen der September herangekommen,
so wird vom Pastore der Alpzins aufs Pünktlichste abgetragen, und die gestärkten
Heerden treten den Rückmarsch etwas rascher an. Die Esel werden mit den Bett=
decken und Geräthen bepackt; oben darauf kommt der Polentakessel mit dem
Rührknebel, und an einem verabredeten Tage treffen zahlreiche Bergamasker=
heerden, die auf den Bündneralpen übersömmert werden, in Borgoseso zusammen,
wo sie geschoren werden. Jedes Schaf jeder Heerde ist an einem Ohre bezeichnet,
sodaß keine Verwechselung vorkommt. Nun geht es nach den zahmeren Ebenen
des Piemonts oder in die Nähe von Brescia, Crema und dem unteren Tessin,
wo die Schäfer große Auen gepachtet haben und die Thiere wieder wie auf der

Alp abtheilen, des Nachts in Hürden einschließen und von Hunden bewachen lassen. Nur sehr selten kommen die Schafe den Winter über in einen Stall. Die Regierung verpachtet um ein ansehnliches Geld die Salpetergewinnung aus dem zurückgelassenen Schafdünger und gestattet dagegen den Heerden das Abweiden gewisser Felder und Plätze. Auch einzelne Gutsbesitzer thun dies und werden dafür von den Schäfern als patroni geehrt und mit Ziegerchen beschenkt. Da die Bergamaskerschafe an alle Abhärtungen gewöhnt sind, unterliegen sie weit wenigern Krankheiten als die Landschafe, die in dumpfigen Ställen bei unreinlicher Behandlung leben. Die gewöhnliche Krankheit ist die Rogna, gegen welche die Tessini, die fast alle Tabak kauen, den Mundsaft mit gutem Erfolge anwenden. Bekommen die Thiere sonst eine Wunde oder brechen sie ein Bein, so belecken sie sich eine Zeit lang und ihre gute Natur heilt den Schaden verhältnißmäßig rasch.

Auf solche Weise bringen in den Bündneralpen jährlich ungefähr 30 bis 40,000 Bergamaskerschafe den Sommer zu und zwar hauptsächlich in den Gebirgen von Misox, Bergell, Puschlav, Engadin, Rheinwald, Stalla und Avers.*) Die Schäfer bezahlen 16—17,000 Gulden Pachtzins, der mit den Zoll- und Reisekosten auf 24—25,000 Gulden steigt. Auf dem Splügen werden etwa 1000 Stück gesömmert nebst 100—150 Pferden, welche von den Tessini in Zins genommen werden; der aus den Pferden erlöste Zins bezahlt ihnen beinahe den ganzen Alpzins von 400 Gulden, so daß sie ihre Heerden fast umsonst weiden lassen. Im Jahre 1851 wurden 28,521 Stück ausländisches Vieh zur Sömmerung in die Bündneralpen getrieben, worunter nur 24,191 Schafe, und es läge im wahren Interesse des Landes, daß letztere, welche die Alpen verderben und sowohl auf dem Zuge als bei schlimmer Witterung in den Bergwäldern unberechenbaren Schaden anrichten, sich jährlich mehr verminderten. Gewiß würden die Bündner durch verständige eigene Benutzung ihrer Alpen weit mehr gewinnen als dadurch, daß sie den Nutzen den Fremden überlassen. Doch werden sie sich nicht leicht zu eigenem Betriebe bequemen; im Gegentheil scheinen zu den Tessini noch die Tyroler zu kommen, deren buntfarbige Heerden kleiner, rauhwolliger Schafe wir mehrmals im unteren Engadin und auf dem Ofnerberge antrafen. Freilich müßten sich die Bündner dann auch die klassische Genügsamkeit der Bergamasker zu eigen machen. Eine solche haben wir aber z. B. bei den emser Schafhirten auf der Südseite des Panixerpasses nicht gefunden. Diese Leutchen haben stets frisches Schaffleisch im Kessel oder im Rauche, und die Eigenthümer der Heerden beklagen sich wohl nicht ohne Grund darüber, wie

---

*) Dieses findet seit vielen Jahrhunderten immer gleichmäßig statt, und man findet schon im Jahre 1570 ein Dekret, daß die ‚bergamasker Schäfer den Zoll laut dem Datz und Zollbuch zu zahlen haben‘. Guler führt vom Jahre 1507 an, daß der König von Frankreich als Herzog von Mailand den Vicedominis in Veltlin das Recht bestätigt habe: ‚die frömbden schaaf, die aus Lombardey in die Alpen trieben werden, geben ihnen von 100 haubten eins‘. In jenen und noch früheren Zeiten hießen diese Schäfer: ‚Lamparter‘.

gar viele Schafe in jenen rauhen Gebirgen ‚todtfallen‘. Die Bündner haben, wie bemerkt, in Anerkennung der guten Eigenschaften der Bergamaskerschafe versucht, diese mit den inländischen zu kreuzen; allein die hochbeinige Nachzucht mit grobem Fleisch und grober Wolle hat wenig Beifall gefunden.

Von dem höchst prosaischen Vieh der Schweine als Alpenthieren ist wenig zu sagen, da es auch auf der Alp fast immer oder doch größtentheils in den Ställen gehalten und blos dadurch interessant wird und zu einem gewissen Renommé kommt, daß es in vielen Hütten sein Hauptquartier unmittelbar unter der Schlafstätte der Reisenden und Sennen, dem sogenannten Trill, hat und die ganze Nacht durch ein barbarisches Konzert in allen Tönen des Orkus aufführt.

Bei jeder Kuhheerde ist eine Anzahl von Schweinen, auf je vier Kühe ein altes und ein junges, die mit der überflüssigen Molke aufgezogen werden. Sie werden zwar nicht gerade fett davon, aber groß und munter, und der Vortheil, den die Sennen von dieser Zucht haben, ist nicht selten der einzige der ganzen Sömmerung. Wird auf der Alp mager gekäst, so kommt auch die Buttermilch den Säuen zu gute, die ihnen sehr wohl bekommt und sie durch die zurückgebliebenen Fettkügelchen mästet.

Die einzelnen Gegenden nähren verschiedene Rassen. Der Schwyzerschlag ist gelbroth, kurzbeinig, mit großen Hängeohren und starken Rückenborsten; der Luzernerschlag weiß mit schwarzen Flecken, kurzen, aufrechtstehenden Ohren, von langgestrecktem Bau; der Thurgauerschlag weiß, auch gefleckt, hochbeinig, mit vorwärtsliegenden Ohren. In Tessin finden wir die kleine Blegnorasse, im bündner Oberland, Uri und Oberwallis einen ebenfalls kleinen schwarzen oder dunkelrothbraunen Schlag mit kurzen, feinen Beinen, aufrechtstehenden Ohren und rundem Rücken. Im Sommer treibt man sie in die Berge zur ausschließlichen Grasweide; im Winter füttert und mästet man sie blos mit Heu oder Emd (Grummet), ohne daß ihnen irgend etwas von der sonst gewöhnlichen Schweinekost (Molke, Kleie, Kartoffeln u. dergl.) gereicht würde. Sie sind zwar klein und leicht, lassen sich aber sehr rasch mästen und liefern die feinsten Schinken. Die eigentlichen schwarzen und Veltlinerschweine Bündens sind Schweine der Lodirasse und zeichnen sich durch ihre Schwere (4—5 Centner) so vortheilhaft aus, daß sie die Oberländerrasse allmälig verdrängen. Die schweren chinesisch-englischen Schweine finden wir sporadisch in Bünden und den meisten anderen Kantonen; für die Alpen aber taugen sie gar nicht. Sehr vortheilhaft benutzen die Bündner die Alpenampfer (Rumex alpinus) in Wasser abgekocht und mit Salz eingemacht als treffliches Mastfutter. Diese Pflanze wächst fast überall auf den hochfetten Plätzen um die Hütten, bleibt aber, da sie roh vom Vieh nicht gefressen wird, sonst überall unbenutzt. In die Gebirge der Schneeregion kommen die Schweine nur etwa auf dem Trieb über Pässe und halten da Frost und Hunger über Erwarten gut aus. Von einer ziemlich großen Heerde junger Thiere, die auf dem Panixerpaß eingeschneit wurde und zweimal vierundzwanzig Stunden ohne Nahrung unter einem Felsen zubringen mußte, gingen blos zwei Stück zu Grunde.

Die neuesten Untersuchungen in den Fundorten der Pfahlbauperiode haben auch Knochentheile des Hausschweines zu Tage gefördert, das wahrscheinlich vom Wildschweine abstammt. Daneben hat sich aber eine eigene Art, das Torfschwein (Sus Scrofa palustris Rütim.) in großer Menge gezeigt, mit ganz abweichender Zahnentwicklung, ohne eigentliche Hauer, mit kürzerer, spitzerer Schnauze, weniger entwickeltem Rüssel und weit niedrigerem Unterkiefer. Rütimeyer ist der Ansicht, daß diese Art von den Urbewohnern nie gezähmt wurde, obschon sie nicht bösartig und wild war, wie das Wildschwein, sondern daß es blos zur Jagd diente. Obgleich es in großen Heerden die benachbarten Gründe der Pfahldörfer bewohnte, ist es doch vor der historischen Zeit als Wildthier erloschen. Die Uebereinstimmung der Skeletverhältnisse scheint aber darauf hinzudeuten, daß der kleine bündner Oberländerschlag von ihm abstammt, während die übrigen Schläge vom gewöhnlichen Wildschwein herrühren.

IV. Die Pferde.

Pferdezucht und Schläge. — Die Saumpferde. — Die Pferde der Bergpässe. — Maulthiere und Esel.

Auch die Pferde bilden einen Theil des zahmen Thierlebens im schweizerischen Hochgebirge, indem sie nicht nur im Dienste der Alpenbewohner arbeiten, sondern auch in freien Heerden die sanfteren Alpen während des Sommers bewohnen. Hat es je bei uns eigentliche wilde Pferde gegeben? Ekkehard IV. führt in seinen oben erwähnten Speisesegnungen auch eine solche über das Fleisch des ‚wilden Pferdes‘ an, doch läßt sich aus dieser Formel nichts weiter schließen. Zwar erzählen Varro, daß es in Spanien, und Strabo, daß es ‚im Norden‘ wilde Pferde gebe, deren Vorkommen noch bis ins sechszehnte Jahrhundert in Dänemark, Preußen und Pommern bezeugt ist; von wilden Pferden in unserm Gebirge ist aber keine sichere Spur zu finden.

Die Schweiz hat einen mehr oder minder eigenthümlichen, jedoch nicht genau abgegrenzten Schlag von Pferden, der sich vor den schwäbischen und norddeutschen namentlich durch stärkere Knochen, breitere Brust, stärkeres Kreuz und größere Kraft und Dauerbarkeit im Zuge auszeichnet. Sie eignen sich ihres schwereren Ganges wegen in der Regel nicht zu Reitpferden, dagegen vortrefflich zu Zug- und Kutschpferden, besonders der schöne Freiburger- und Emmenthalerschlag. Im Emmenthal und im Kanton Schwyz hat man indessen durch Kreuzung mit spanischen und norddeutschen Hengsten auch vortreffliche Reitpferde gewonnen. Die starken Freiburgerpferde, die nach Frankreich ausgeführt und in

der Gegend von Lyon zum Schiffziehen verwendet wurden, zog man daselbst den
Burgunderpferden vor. In den Kantonen Solothurn, wo die Regierung mit
Erfolg die Pferdezucht hob, Bern, wo aus dem Emmenthale oft die schönsten
Gespanne als Herrschaftspferde nach Mailand und Frankreich ausgeführt werden,
Schwyz, wo die Pferde des Klosters Einsiedeln im 16. Jahrhundert so berühmt
waren, daß sie in Deutschland und Italien für fürstliche und herzogliche Mar-
ställe gesucht wurden und wo es in der Gegend von Yberg und Schwyz jetzt
noch prächtige Schwanenhälse giebt, in Unterwalden und Glarus werden mehr
Pferde gezüchtet, als daselbst gebraucht werden. Doch ist diese Zucht im Allgemeinen sehr gesunken, da die Rindviehzucht weit vortheilhafter und sicherer ist.
Ehemals trieb Glarus noch jährlich 2 bis 300 Pferde auf den Lausermarkt,
jetzt fast keine mehr. Im St. Gallischen wird im Bezirk Gaster, Sargans und
Werdenberg die Pferdezucht betrieben, ebenso in Appenzell-Innerrhoden und in
den Urnäscherbergen, im Bündnerland: im Prätigau, Rheinwald, in der Gegend
von Maienfeld, Zizers, Igis und zwischen Reichenau und Tavetsch; doch überall
nur im Kleinen, da der schlechte Zustand der Gemeindeweiden zu einer Veredelung
oder Hebung der Inzucht nicht ermuthigt. Natürlich hängt der jeweilige Schlag
von der gerade benutzten Art der Zuchthengste wesentlich ab. Der kleine Percheron-
schlag des Jura ist von so gutem Knochenbau, daß er bei sorgfältiger Reinzucht
eine hohe und allseitige Leistungsfähigkeit erreichen würde.

Auf den Alpen werden den Pferden die feuchten, sauern Weideplätze überlassen, wo das Rindvieh nicht gern frißt. Munter treiben sie sich ohne besondere
Hut in ihren Revieren umher, die natürlich möglichst wenig steil sein dürfen.
Sowie sie auf der Alp sind, werden ihnen die hinteren Hufeisen abgezogen. Im
Appenzellerlande, wo die Pferde des Sommers wenig gebraucht werden und sehr
große Almenden vorhanden sind, übersömmern die meisten auf diesen. Haben
sie kein Futter mehr, so laufen sie oft des Nachts viele Stunden weit zum heimatlichen Stalle zurück und setzen frisch über Zäune und Gräben. Tag und Nacht
bleiben sie auf dem Gebirge im Freien, wobei sie sehr gesund bleiben und äußerst
munter, rasch und lebhaft werden. Sie gewinnen die freie Sommerweide der
Alp gewöhnlich außerordentlich lieb, und wir haben öfters erlebt, daß Pferde
aus dem Thale im Sommer viele Stunden weit in die Alp zurückliefen, auf der
sie einen Sommer zugebracht hatten. Ein solches treues Thier mußte deswegen
sogar weit außer Landes verkauft werden, weil es selbst nach jahrelanger Gewöhnung ins Thal noch jeden Moment benützte, um sich davonzumachen, und
dann immer auf einer hohen Alp geholt werden mußte. Ehe man die Pferde
von der Alp nimmt, bekommen sie täglich etwas Salz, wodurch das Haar feiner,
glatter und blanker wird. Geputzt und gestriegelt werden sie droben nie. Ganz
schwere Pferde eignen sich nicht für die Alpsömmerung und werden höchstens als
Füllen dahin gebracht. Im Winter haben in den Berggegenden der Schweiz die
Pferde oft das sehr beschwerliche Geschäft des Holzschlittens aus rauhen und
steilen Wäldern zu verrichten. Dazu werden nicht eigentliche Schlitten verwendet,

SAUMPFERDE.

sondern die Balken an ein einfaches Gestell befestigt, mit dem die Thiere muthig den rauhen Weg gehen und oft in hellem Galopp die steilsten Halden hinunter= rennen, überhaupt aber eine Muskelkraft und Klugheit beweisen, die in Erstaunen setzt. Sie erhalten im Gebirge keinen Hafer; das feine, aromatische und überaus kräftige Bergheu, das aber nur mit großer Vorsicht verfüttert werden darf, ersetzt das Körnerfutter vollständig und erhält die Thiere kräftig, fett und munter.

Viele Pferde werden jetzt noch in den Alpen zum Säumen gebraucht. Ehe die bequemen Wege in den Bergkantonen hergestellt waren, waren die Saum= pferde überhaupt fast die einzigen Transportmittel. Die Saumrosse werden mit vier Butterkübeln oder Käse beladen und mit einer buntbemalten Wachstuchdecke zugedeckt. Langsam und sicher gehen sie auf den oft nur handbreiten Bergwegen mit der schweren Last und treten, da sie in der Regel schon als Füllen die Alpen bezogen haben, auch im steilen Niedersteigen, wobei sie der Führer am Schweif zurückhält, mit einer Sicherheit auf, die bei den Pferden der Ebene nicht zu finden wäre. Im Thale setzt sich oft der Senn, der sie führt, noch zwischen die Kübel auf und galoppirt jodelnd durch die Dörfer.

Noch müssen wir jene grobknochigen, ausgezeichneten Bergpferde erwähnen, die auf den großen Alpenpässen die Güter= und Postfuhren befördern. Bekannt= lich sind im Winter die schönen Straßen mit viele Klafter hohem Schnee bedeckt, und der Transit geht in kurzen Zickzacklinien den nächsten besten Weg hinauf und hinab ins Thal. Die Postreisenden wurden bis in die neueste Zeit je einer auf einen kleinen Schlitten gepackt, in gute Mäntel gehüllt und mit einem Führer versehen, der auf der unebenen Route das schwankende Fuhrwerk vorsichtig zu balanciren hatte. Mit außerordentlicher Kraft hält auf der jäh abfallenden Schneebahn das Pferd den gleitenden Schlitten zurück und drückt je nach Bedürf= niß bald rechts, bald links an. Fällt er auf eine Seite, so stemmt das kluge Thier mit aller Macht sich gegen die Schneebahn und bleibt freiwillig stehen, bis Mann und Gepäck wieder ordentlich aufgeladen sind. Ohne diese mächtigen Bergrosse wäre die Winterfahrt über die Pässe der Hochalpen sehr gefährlich. Ihre instinktmäßige Klugheit ist eben so bewundernswerth wie ihre Geduld, Kraft und Ausdauer. Wir haben gesehen, wie ein solches Thier, nachdem ihm der Schlitten von der geneigten Schneebahn ausgeglitten war und bereits zur Hälfte über einem Abgrund hing, sich ohne Befehl sofort auf die Bergseite in den Schnee legte und nun ruhig abwartete, bis der Führer des Schlittentrains die Gefahr bemerkte und Pferd und Fuhrwerk rettete. Freilich geht es bei diesen Gebirgstransporten im Winter selten ohne Unglück ab. Ein trauriges Beispiel ist aus dem Puschlav anzuführen. Ein wohlhabender Mann säumte im Winter mit seinen zwölf Pferden Veltlinerwein über den Berninapaß. Die Thiere waren in üblicher Weise ausgerüstet; das vorderste trug eine Glocke, das zweite ein Geröll, alle waren mit Maulkörben versehen und auf jeder Seite mit einem flach= gebauten Weinfasse (Lägele) beladen. Nach schneidender Kälte trat stürmisches Schneegestöber ein und bedeckte Wege, Thiere und Führer. Der Säumer scheint

bald erlegen zu fein; man fand ihn fpäter im Schnee erftarrt. Die führerlofen
Pferde gingen von der Richtung über den Paßfattel ab und fuchten Zuflucht in
einer feitwärts liegenden Maienfäß, wo fie während des Sommers geweidet
hatten. Sie gelangten glücklich dahin, brachen fich Bahn zu der Alphütte und
ftießen die Thür ein. Die eine Hälfte der armen Thiere gelangte ins Innere; da
fie aber beim Eindringen theilweife die Fäffer abgeftreift hatten, verrammelten
fie den hinter ihnen kommenden den Eingang. Diefe erlagen nun rafch dem
Schnee und der Kälte; die in die Hütte gedrungenen fcheinen fich länger erhalten
zu haben, ftarben aber eines um fo qualvolleren Hungertodes, nachdem fie das
Lederzeug ihres Saumgefchirres benagt und das Stroh herausgeriffen und verzehrt hatten. Die Säumer, die vor Herftellung der Julierftraße im Winter zahlreich über Albula trieben, fowie die auf allen anderen Alpenpäffen, können heutzutage noch zahlreiche Gefchichten erzählen, wie fie oft nur durch den Inftinkt und
die Klugheit ihrer Thiere gerettet wurden, weil Nacht und Nebel und Schnee-
ftürme fie in den Höhen überfielen.

Nur in Teffin und Wallis, wo die Pferdezucht fehr fchwach betrieben wird,
erzieht man Maulthiere. Man braucht fie mit Vortheil, und zwar im Wallis in
großer Anzahl, zum Bergtransport, wobei fie fich durch Dauerhaftigkeit und
fichern Gang befonders nützlich erweifen. Der hohe Paß über den Griesgletfcher
(7340' ü. M.) ins Formazzathal wird faft nur mit Maulthieren betrieben.
Efel giebt es noch am zahlreichften in der franzöfifchen und in der italienifchen
Schweiz, im Teffin befonders jenfeit des Cenere. Im Gebirge kommen fie, mit
Ausnahme der erwähnten Efelheerden der Bergamasker, felten vor. Im Wallis
hat die Volksfage diefem über Gebühr geringgefchätzten Thiere den Spott an-
gethan, es unter die Gefpenfter des Landes aufzunehmen.

V. Die Hunde im Gebirge.

Die Sennenhunde. — Baftarde und Tollwuth. — Die Jagdhunde und das Alpenwild. —
Schäferhunde. — Der Bergamasferhund Beloch. — Die St. Bernhardsdoggen. —
Klima und Witterung der Hofpizgegend. — Das Exfieren. — Der Sicherheitsdienft. —
Thätigkeit und Ausrüftung der Doggen. — Der treue Barry.

Wir fchließen unfere Genrebilder aus der alpinen Thierwelt unferer Heimat
mit jenem treuen Begleiter des Menfchen, der ihn weder unter der brennenden
Sonne der Linie, noch im ewigen Eife der hochnordifchen Einöden verläßt und
auch oft die mühfeligen Arbeiten des Gebirgslebens geduldig mit ihm theilt,
überall die gleiche Treue, den gleichen Scharffinn, die gleiche Ausdauer beweifend.
Wir haben es nicht mit den verfchiedenen Raffen zu thun, deren Repräfen-
tanten fich in der Schweiz wohl vom Bologneſer und dem nackten egyptifchen

Hunde bis zum feinen Windspiele und Neufundländer ziemlich vollständig vorfinden mögen, sondern nur mit den eigentlichen Berghunden, bei denen wir
manche unserem Gebirge eigenthümliche und interessante Erscheinungen finden.

Bei vielen Viehheerden der Alp findet man einen sogenannten Sennen-
hund. Naht sich der Wanderer der Alphütte, so begrüßt ihn zuerst der hell-
bellende Hund, dann das trauliche Gekose der im Kothe sich sonnenden Schweine-
familie. Die Sennen brauchen jene kurzhaarigen, mittelgroßen, vielfarbigen
Hunde, die sich strichweise in ganz reinem, regelmäßigem, spitzartigem Schlage
vorfinden, theils zum Zusammentreiben der Heerden, theils zur Hut der Hütte.
Die nämlichen sehr treuen und sehr wachsamen Hunde begleiten sie stets, wenn
sie die Milch ins Thal oder zur Stadt tragen. Diese Hunde sollen sich am häufigsten von allen freiwillig mit den Bergfüchsen paaren und die so entstandenen
Bastarde an dem schwärzlichen Rachen, feinen Gebisse und spitzeren Kopfe kenntlich sein. Gewiß ist, daß die in den Bergen lebenden Hunde von tollen Füchsen
öfters die Wuthkrankheit erben.

Die Jagdhunde werden im oberen Hochgebirge nicht gar häufig angewendet, da die Hühner stets, die Alpenhasen oft ohne Hunde gejagt werden.
Indessen ist die Aussage, daß die Hunde zur Gemsenjagd unbrauchbar seien, doch
falsch. Nur in den höchsten Eis- und Felsregionen ist an eine Jagd mit Hunden
nicht zu denken; in den niederen und zahmeren Alpen dagegen, wo die Gemsen-
rudeln sich in den Bergwäldern umhertreiben, haben wir selbst schon Hunde mit
bestem Erfolg angewandt. Natürlich ist die Benutzung derselben sehr durch die
Lokalität bedingt. Mehrere Jäger stellen sich an jenen Posten auf, durch welche
die Gemsen gewöhnlich zu fliehen pflegen, wobei man den Grundsatz befolgt, daß
bei eintretendem rauhen Winterwetter die Gemsen mehr in die Tiefe, sonst aber
sicher in die Höhe ‚schlagen‘. Sind die Posten besetzt, so beginnt der Treiber auf
der entgegengesetzten Seite der Wälder mit etlichen Hunden an der Leine sachte
zu suchen. Nur auf eine ganz frische Fährte oder auf das Wild selbst werden
die Hunde losgelassen. Gewahren die Gemsen diese Verfolger, so lassen sie dieselben halb neugierig ziemlich nahe kommen, drehen sich um und stampfen heftig
mit den Vorderfüßen auf (ähnlich den Kaninchen, wenn sie einen Hund wittern);
dann erst fliehen sie langsam und wählen in der Regel solche Wege, wo die Hunde
bald zurückbleiben müssen. Nicht selten aber lassen sich die Hunde, von der Jagd-
hitze hingerissen, auf gefährliche Positionen locken. So gingen erst kürzlich in
den Glarneralpen zwei treffliche Hunde verloren, indem sie auf ein schmales
Felsengestell sprangen, von dem sie weder rückwärts noch vorwärts konnten.
Sieben Tage lang hörte man das abgebrochene, klagende Geheul der beiden ver-
hungernden Thiere in Berg und Thal; am achten heulte nur noch der eine und
verstummte am Abend ebenfalls. Man konnte sie weder retten noch tödten. Daß
ein Hund je eine frische Gemse erreicht, ist nicht möglich, wohl aber erleichtert
und befördert er das Geschäft des Treibens in hohem Grade und ist auch oft bei
Verfolgung angeschossener Thiere von großem Vortheil. Nichtsdestoweniger

dürfte seine Anwendung bei dem reduzirten Gemsenstande und der Scheu der Thiere wenig rathsam sein; deswegen wird auch z. B. im Engadin jeder auf der Gemsenjagd betroffene Hund vom fremden Jäger sofort niedergeschossen. Mit entschiedenem Nutzen wird der Jagdhund im Gebirge auf Füchse gebraucht, und zwar in der Regel, um den Fuchs dem in der Nähe des Baues auf dem Anstand stehenden Jäger zuzutreiben. Auf Dachse und Füchse werden auch Dachshunde, jedoch nicht allgemein, angewendet. Auf die weißen Hasen sind Hunde öfters überflüssig, da ein gewandter Jäger lieber selbst der sicheren Fährte folgt; ebenso auf die verschiedenen Hühner, die sich oft im Geröll und Gestein aufhalten, wo der Vorstehhund Mühe hätte, zu suchen. Die Jagdhunde findet man bei uns oft von der besten Art, mit starkgewölbtem Scheitelknochen und schiefliegenden Augen, langem Behäng, gestrecktem Leibe, sehr starken Läufen und halbgekrümmter Ruthe, kurzhaarig, bald dunkel=, bald hellfarbig, mit braunen Flecken oder in trefflichen Bastardvarietäten. Ihre Dressur ist in der Regel schwach, ihre Ausdauer aber, mit der sie das Wild in allen Schluchten, nach allen Felsenlabyrinthen hinauf verfolgen, und nicht ablassen, bis sie den Hasen nach zehn= bis zwölfstündiger Verfolgung erreichen, bewundernswerth. Gute Läufer ereilen Füchse oft bergab und würgen sie, ehe der Jäger zum Schuß kommt. Bracken, die an die ebene Jagd gewöhnt sind, taugen selten für die Gebirgsjagd. Von dem in frühern Jahrhunderten eigens zur Biberjagd gebrauchten ‚Bibarhunt‘ haben wir keine nähere Kenntniß mehr.

Von der Dauerhaftigkeit eines vorzüglichen Jagdhundes erlebten wir im November 1855 ein interessantes Beispiel. Der Hund, ein unqualifizirbarer Bastard, der schon eine Menge Füchse im Laufe ereilt hatte, jagte am Sonnabend früh einen Fuchs im Gartenwald am Ebenalpstock zu Bau. Wir setzten mit den übrigen Hunden die Jagd fort, ohne auf den verschwundenen Phylax und Fuchs weiter zu achten. Nun vergingen Tag um Tag, ohne daß der Hund zurückkehrte. Am Mittwoch wurde er aufgesucht und im Fuchsbau entdeckt, wo zwei mausefallenartig nach innen zugehende Felsen dem Thiere zwar das Einschlüpfen möglich, die Rückkehr aber unmöglich gemacht hatten. Fuchs und Hund staken in der Tiefe der Röhre und grinsten einander noch munter an. Nun wurde die Ausgrabung begonnen; aber erst am Donnerstag Mittag gelang es, dem Hunde Luft zu verschaffen. Pfeilschnell fuhr derselbe aus dem Bau, trank in einer nahen Pfütze etwas Wasser und war ebenso schnell wieder im Bau bei seinem Freund Reineke. Nun wurde der Fuchs mit der gespaltenen Haselruthe vorsichtig am Brustbalg angedreht, herausgezogen und todtgeschlagen, und jetzt erst, nach fünfundeinhalbtägigem Fasten und ohne Zweifel auch eben so langem unausgesetztem Wachen und Knurren, konnte der an der Schnauze arg zerbissene Hund bewogen werden, Nahrung anzunehmen. Vier Wochen später war derselbe Veranlassung zur Lebensrettung eines verirrten, bereits halb erstarrten Menschen.

Aechte Schäferhunde findet man in den Alpen fast nur bei den bergamasker Heerden und im Wallis. Wir haben von diesen vortrefflichen Thieren,

die sich selbst mit Bären und Wölfen in Kämpfe einlassen, von ihrer außerordent=
lichen Wachsamkeit, Sorgfalt und Intelligenz bei den Schafen schon das Wichtigste
berührt, hier aber sei es uns vergönnt, noch eines kleinen Abenteuers zu erwähnen,
dessen Held ein bergamasker Schäferhund war, und das heute noch von dem
Herrn desselben mit Rührung und Dankbarkeit erzählt wird.

Der Arzt J. Andeer wurde vor längerer Zeit aus Guarda (Unterengadin)
nach Zerneß in der Mitternachtstunde zu einer Kreißenden gerufen. Es war
klarer Mondenschein, aber auch eine bitterkalte Winternacht, als der Arzt mit
dem abgesandten Expressen sich auf den offenen sogenannten Reitschlitten setzte
und, von seinem mächtigen Bergamaskerhunde Beloch, der ihm schon manche
Probe von Klugheit, Treue und Muth gegeben, begleitet, die Fahrt begann.
Rasch wurde mit dem guten Pferde auf frostharter Bahn ein Stück Weges zurück=
gelegt. Als das Cotza=Tobel erreicht war, hielt plötzlich der Hund, der mit dem
Pferde bisher Schritt gehalten, an und sprang mit einem großen Satz auf eine
hochbuschige Hecke am Wege, hinter der sich ein Thier bewegte, das von den nächt=
lichen Reisenden für einen Fuchs gehalten wurde. Langsam gelangte das Fuhr=
werk auf die Höhe von Quartins. Der Hund folgte längs des Buschwerks und
näherte sich hier seinem Herrn wieder, sich hoch neben demselben aufrichtend und
zähnefletschend mit gesträubten Haaren gegen einen großen Wolf knurrend, dessen
Augen durch die Hecke glänzten. Unwillkürlich hielt das Pferd an. Wolf und
Hund maßen sich, beide knurrend, mit wüthendem Blicke. Der Arzt und sein
Begleiter erkannten entsetzt die Gefahr, deren Opfer sie jeden Augenblick werden
konnten, und da sie ganz waffenlos waren, suchten sie ihre Rettung in der Flucht.
Sie peitschten das Pferd und pfeilschnell schoß der leichte Schlitten dahin. Aber
ebenso schnell folgten Wolf und Hund diesseit und jenseit der Hecken und Mauern,
die sich des Weges entlang zogen. Mehrere Male versuchte die heißhungrige
Bestie, über die Verzäunung zu springen, aber überall fand er Beloch vor der
Bresche, bereit, ihn mit seinem gewaltigen Gebiß zu empfangen. So ging die
Hatz eine halbe Stunde lang bis zur Kirche von Lavin, wo erst der Wolf seine
Beute aufgab und mit wüthendem, heulendem Gebrüll sich gegen das Gebirge
zurückzog. Die geretteten Männer weckten ihren Gastfreund im Dorfe, um sich
eine Erfrischung und Waffen zu erbitten. Nicht ohne Rührung bemerkten sie,
wie nun Beloch das ihm gereichte Stück Brot sofort aus der Stube trug und
sich vor das Pferd setzte, um jenes zu verzehren, alle Augenblicke bereit, das Pferd
gegen den vielleicht zurückkehrenden Wolf zu vertheidigen. — Wir haben noch
von einer eigenthümlichen Rasse von Berghunden zu sprechen, deren Ruhm durch
ganz Europa verbreitet ist. Wir meinen die Hunde des großen St. Bernhards=
berges.

Die Bernhardinerhunde*) sind nach der Ansicht der Einen eine Mittel=

---

*) Auch auf dem Gotthard, Simplon, Splügen, der Grimsel und Furka werden
vorzügliche Hunde gehalten, die eine äußerst feine Witterung des Menschen besitzen,

rasse von der englischen Dogge und dem spanischen Wachtelhunde; nach besseren
Berichten aber sollen sie von einer dänischen Dogge abstammen, die ein neapoli-
tanischer Graf Mazzini von einer nordischen Reise mitgebracht und die sich mit
den wallisischen Schäferhunden paarte. Die Bernhardinerdoggen sind große,
langhaarige, äußerst starke Thiere mit kurzer, breiter Schnauze und langem Behäng, von vorzüglichem Scharfsinn und außerordentlicher Treue. Sie haben
sich durch viele Generationen durch Inzucht rein fortgepflanzt, sind aber, nachdem
mehrere bei ihrem treuen Leitdienste durch Lauinen umgekommen sind, gegenwärtig
dem Aussterben nahe. Die Heimat dieser edeln Thiere ist das Hospiz des
St. Bernhards, 7680' ü. M., jener traurige Gebirgssattel, wo in der nächsten
Nähe des ewigen Schnees ein acht- bis neunmonatlicher Winter herrscht, in dem
das Thermometer sogar — 27° R. unter dem Gefrierpunkt steht, während in
den heißesten Sommermonaten jeden Morgen und Abend das Wasser zu Eis
erstarrt und im ganzen Jahre kaum zehn ganz helle Tage ohne Sturm und
Schneegestöber oder Nebel kommen, wo, um es kurz zu sagen, die jährliche Mittelwärme niedriger steht als am europäischen Nordkap. Dort fallen blos im Sommer große Schneeflocken, im Winter dagegen gewöhnlich trockene, kleine, zerreib-
liche Eiskrystalle, die so fein sind, daß der Wind sie durch jede Thür- oder Fenster-
fuge zu treiben vermag. Diese häuft der Sturm oft, besonders in der Nähe des
Hospizes, zu 20—30 Fuß hohen, lockeren Schneewänden an, die alle Pfade und
Schlünde bedecken und in geeigneter Lage beim geringsten Anstoß als Lauinen in
die Tiefe stürzen.

Die Reise über diesen alten Bergpaß, über den nach übereinstimmenden
Nachrichten, wenn auch nicht Hannibal mit seinen Puniern, doch schon verschiedene
alte Kriegsvölker zogen, den Augustus zu einer Heerstraße machte und Kaiser
Konstantinus mit Meilensteinen besetzte, den die Römer unter Cäcinna, die Longobarden, Franken und Deutschen so oft überstiegen und wo noch die Spuren eines
dem penninischen Jupiter geweihten Tempels sich finden (weswegen die Römer den
Berg Mons Jovis nannten), ist nur im Sommer bei klarem Wetter ganz gefahrlos, bei stürmischem Wetter dagegen und im Winter, wo die vielen Spalten und
Klüfte von Schnee verhüllt sind, dem fremden Wanderer ebenso mühselig als
gefahrdrohend. Fast alljährlich fordert der Berg seine Opfer, die in einer besonderen Morgue aufbewahrt und ausgestellt werden. Bald fällt der Pilger in eine
Spalte, bald begräbt ihn ein Lauinenbruch, bald umhüllt ihn der Nebel, daß er
den Pfad verliert und in der Wildniß vor Ermüdung und Hunger umkommt,
bald überrascht ihn der Schlaf, aus dem er nicht mehr aufwacht. Wer bei
großer Kälte in jenen Höhen reist, fühlt in der Regel eine fast unwiderstehliche

---

öfters Neufundländer, oder Bastarde von solchen, auf dem Gotthard gegenwärtig neben
einer bernhardiner Hündin zwei leonberger Doggen. Die Hospizbewohner versichern
überall, daß diese Thiere besonders im Winter das Nahen eines Wanderers schon auf
eine Stunde weit vernähmen und durch unruhiges Umhergehen untrüglich anzeigten.

ST. BERNHARDSDOGGE.

Anwandlung von Schlafsucht. Kälte, Ermüdung und die Einförmigkeit der Gegend erschlaffen die Thätigkeit des Gehirns. Zuerst stockt das Blut in den äußersten kleinen Gefäßen, dann fängt es im ganzen Körper an langsamer zu cirkuliren, bis der Kreislauf zuerst in den Gliedern und zuletzt im Gehirn ganz aufhört. Von süßem, ruhigem Schlummer umhüllt, stirbt der Unglückliche. Die Gewalt dieser Schlafsucht, der nur ein sehr energischer Wille zu widerstehen vermag, ist so übermächtig, daß sie den Wanderer in jeder Stellung bewältigt. So fanden die Mönche des Hospizes im Jahre 1829 mitten auf dem Wege einen Menschen in aufrechter Stellung, den Stock in der Hand und ein Bein empor= gehoben. Er war starr und todt. Etwas weiter oben schlief der Oheim des Verunglückten den gleichen eisernen Schlaf.

Ohne die ächt christliche und aufopferungsvolle Thätigkeit der edeln Mönche wäre der Bernhardspaß nur wenige Monate des Jahres gangbar. Seit dem achten Jahrhunderte widmen sie sich der frommen Pflege und Rettung der Reisenden; die Bewirthung derselben — ihre Zahl beläuft sich jährlich auf 16—20,000 Personen — kostet über 50,000 Franken und geschieht unent= geltlich. Die festen steinernen Gebäude, in denen das Feuer des Heerdes nie erlischt, können im Nothfalle ein paar hundert Menschen beherbergen; eben so ansehnlich sind die Speisevorräthe des Klosters. Das Eigenthümlichste ist aber der stets gehandhabte Sicherheitsdienst, den die weltberühmten Hunde wesentlich unterstützen. Jeden Tag gehen zwei Knechte des Klosters über die gefährlichen Stellen des Passes, einer von der tiefsten Sennerei des Klosters hinauf ins Hospiz, ein anderer hinunter. Bei Unwetter und Lauinenbrüchen wird die Zahl verdrei= facht und eine Anzahl von Geistlichen schließen sich den ‚Suchern‘ an, die von den Hunden begleitet werden und mit Schaufeln, Stangen, Bahren, Sonden und Erfrischungen versehen sind. Jede verdächtige Spur wird unaufhörlich ver= folgt, stets ertönen die Signale, die Hunde werden genau beobachtet. Diese sind sehr fein auf die menschliche Fährte dressirt und durchstreifen freiwillig oft Tage lang alle Wege und Schluchten des Gebirges. Finden sie einen Erstarrten, so laufen sie auf dem kürzesten Wege pfeilschnell ins Kloster, bellen heftig und führen die stets bereiten Mönche dem Unglücklichen sicher zu. Treffen sie auf eine Lauine, so untersuchen sie mit der feinsten Witterung, ob sie nicht die Spur eines Men= schen entdecken, und wenn dies der Fall ist, so machen sie sich sofort daran, den Verschütteten frei zu scharren, wobei ihnen die starken Klauen und die große Körperkraft wohl zu statten kommen. Gelingt ihnen die Befreiung nicht, so holen sie im Hospiz Hülfe. Oft führen sie am Hals ein Körbchen mit Stärkungs= mitteln oder ein Fläschchen mit Wein, auf dem Rücken wollene Decken mit sich. Die Zahl der durch diese intelligenten Hunde Geretteten ist groß und in den Annalen des Hospitiums gewissenhaft verzeichnet. Der berühmteste Hund der Rasse war Barry, das unermüdlich thätige und treue Thier, das in seinem Leben mehr denn vierzig Menschen das Leben rettete. Sein Eifer war außerordent= lich. Kündete sich auch nur von ferne Schneegestöber oder Nebel an, so hielt ihn nichts mehr im Kloster zurück. Rastlos suchend und bellend, durchforschte er immer von neuem die gefahrvollsten Gegenden. Seine liebenswürdigste That während des zwölfjährigen Dienstes auf dem Hospize wird folgenderweise berichtet: Er fand einst in einer eisigen Grotte ein halberstarrtes, verirrtes Kind, das schon dem zum Tode führenden Schlafe unterlegen war. Sogleich leckte und wärmte er es mit der Zunge, bis es aufwachte; dann wußte er es durch Liebkosung zu bewegen, daß es sich auf seinen Rücken setzte und an seinem Halse sich festhielt. So kam er mit seiner Bürde triumphirend ins Kloster. Er ist im Museum von Bern aufgestellt und ein theilnehmender Dichter widmete ihm folgende charakteristische Zeilen:

Barry, freundliches Thier, du Weiser im Rüdengeschlechte,
　Stets dem unsrigen hold, Freund und Erretter in Noth;
Guter Barry, du starbst, beweint von allen Bekannten;
　Dich ersetzt dein Geschlecht nimmer dem menschlichen Stolz.
Hier auf Jupiters Berg begrüßte der Kommenden jeden
　Barry mit wedelndem Schweif, treulich umschnuppernd die Hand.
Sorglos am traulichen Heerd und bei köstlicher Tafel Geplauder
　Wacht er mit doppeltem Ohr, — öffnet sich künstlich die Thür,
Knurrt mit gehobener Schnauze, die drohenden Stürme zu wittern,
　Welche der Berggeist wild draußen erreget im Zorn.
Aengstlich jagt er zurück, die liebenden Klausner zu mahnen.
　,Bringst du wohl sichern Bericht? Tönt doch kein Maulthiergeschell'
Also der freundliche Groß, der Sammler der willigen Gaben,
　Welcher nun, wie sich's gebührt, Barry zur Reise versieht.
Pfeilschnell über den Eisgrund hinab verschwindet der Rüde,
　Während die Klausner sich selbst rüsten mit starkem Geräth,
Nachzuspüren den Pilgern, den grimmig bedrohten, die lebend
　Oft das Sturmeis bedeckt, eh sie das Wachthaus erreicht.
Doch der Dämon entflieht; und siehe dort Barry schon wieder:
　Wunder: am kräftigen Schweif hängt ihm entkräftet — ein Freund!
Athemlos stammelt er: ,Gott! noch umarm' ich euch, liebe Gefährten,
　Der ich mit wankendem Fuß nicht die Beritt'nen ereilt!
Ohne den rettenden Hund schlief ich starr zur Mumie drunten;
　Aber er riß mich empor, bietend das Fläschchen am Hals
Stärkenden Trenks, und vorne mir weisend und bahnend den Saumpfad.
　Barry, wie lohn' ich die That! Barry, empfindst du den Dank?'
Aber noch ruhet er nicht: er sucht die gelehrigen Rüden,
　Sucht und vermißt das Geräth künstlicher Sonden beim Haus,
Und die Bahren, womit die Klausner Lebend'gen und Todten
　Dienen, wenn solcher der Gast oder der Säumer bedarf.
Rastlos hinab und hinab ereilet am Schrunde der Dranze
　Barry den keuchenden Zug, mühvoll sich bahnend den Weg.
Sieh! ermattet verlor der Führer aus seinen Geworb'nen
　Zween, vom Weine des Thals schläfrig, gelagert am Fels,
Wo sie des Schneesturms Lawin' entführt in die donnernde Tiefe,
　Sonder Spur ihm, der floh, harrend im Wachthaus voll Angst.
Barry, der Retter, erforscht und eröffnet den helfenden Klausnern
　Bald das erstickende Grab; und aus der Lava von Eis

Tragen sie freudig hinauf die Jüngling' ins gastliche Kloster,
   Wo sie, gerieben mit Schnee, staunend erwachen vom Tod.
So dankt mancher der Wandrer den Traum vom Leben ins Leben
   Ihm, doch nimmer erwacht er zum belohnenden Dank —
Daß er im lastenden Alter nun ruh' und die Zöglinge selber
   Fördern das nützliche Werk, führt' ihn der Sammler hierher.
‚Hier mag ruhig ich wohnen, mag gern ich entschlafen,' so sagt uns
   Noch sein gesenkter Blick, deutend am nervigen Fuß
Auf die gestümmelten Klauen. Ja, ja: hier wohne mit Ehren,
   Fläschchen und Körbchen am Hals, Muster der Lieb' und der Treu.

Einer gefälligen Mittheilung des Priors, Herrn J. Deléglise, vom 14. Januar 1856 entheben wir Folgendes:

‚Die Rasse der Hunde, die das Hospitium seit sehr langer Zeit besitzt, ist nicht gänzlich erloschen; aber seit einigen Jahren sind wir mit ihrem Verluste bedroht, indem uns blos noch ein männliches und ein weibliches Exemplar übrig geblieben ist, das jedesmal todte Junge bringt und uns keine Hoffnung zur Aufzucht läßt. Wir hoffen diese vortreffliche Rasse durch Kreuzung des übrig gebliebenen männlichen Hundes mit einer walliser Schäferhündin, die sehr schön und sehr intelligent ist, zu ersetzen. Ich bin überzeugt, daß eine ähnliche Kreuzung mit einer dänischen Dogge eine eben so schöne und für unsere Zwecke brauchbare Abart erzeugen dürfte. Die beiden Neufundländer, die wir letzten Winter von Stuttgart erhielten, sind sehr schön herangewachsen, besonders das männliche Exemplar, das seinen Dienst im Gebirge bereits sehr gut begonnen hat; aber es ist noch ganz jung und entbehrt der nöthigen Kräfte, um denselben regelmäßig zu leisten, besonders bei schlechtem Wetter und großem Schneefall.'

‚Es ist schwierig, die Zahl der Personen zu bestimmen, welche jedes Jahr durch Hülfe der Hunde gerettet wurden, da wir während des Winters regelmäßig täglich zur Aufsuchung der Reisenden ausziehen und die Fälle, in denen diese ohne die Vermittelung unserer Hunde sich selber heraushelfen könnten oder aber umkämen, nicht wohl aus einander zu halten sind. Doch glaube ich, daß die Hunde durchschnittlich jedes Jahr die Rettung von zwei bis drei Menschenleben vermitteln. Ich selbst wäre einmal in einem furchtbaren Hochgewitter zu Grunde gegangen, wenn nicht unsere Hunde mich auf eine Viertelstunde weit gewittert und mir herausgeholfen hätten.'

Diese letzte freundliche und erhebende Gestalt aus der alpinen Thierwelt beschließe den Kreis unserer Schilderungen wie ein Wahrzeichen der Veredelung des thierischen Lebens durch den Anschluß an die menschliche Gesittung.

Ohne Zweifel gelänge es beharrlichen Versuchen, den Kreis der zahmen Alpenthiere mit nützlichen Gästen aus fremden Zonen zu bereichern. Das Renthier des hohen Nordens, mit dessen Acclimatisirung 1866 im Oberengadin ein schwacher Versuch gemacht worden ist, fände im Gürtel unserer Schneeregion im Sommer und in der oberen Bergregion im Winter die Nahrung und Temperatur einer zweiten Heimat; ebenso einige Arten aus der Auchenienfamilie der südamerikanischen Kordilleren, besonders die Vicunnas und Alpacos.

Doch wir begnügen uns mit dem Reichthum des Vorhandenen. Ein Rückblick auf die endlose Fülle von organischen Geschlechtern, auf die Vollendung der höheren animalischen Formen, auf die weise Einordnung des gesammten Thierlebens in den Zusammenhang einer so eigenthümlich sich gestaltenden Gebirgsnatur läßt in unserer Seele eine Ahnung zurück von der Größe und Herrlichkeit des Geistes, dem wir dienen.

Druck von J. J. Weber in Leipzig.